Karl G. Grell · Protozoologie

Karl G. Grell

Protozoologie

Zweite Auflage

Mit 422 Abbildungen

Springer-Verlag Berlin Heidelberg GmbH 1968

Professor Dr. Karl G. Grell,
Direktor des Zoologischen Instituts der Universität 7400 Tübingen,
Hölderlinstraße 12

ISBN 978-3-662-12842-8   ISBN 978-3-662-12841-1 (eBook)
DOI 10.1007/978-3-662-12841-1

Alle Rechte vorbehalten. Kein Teil dieses Buches darf ohne schriftliche Genehmigung des Springer-Verlages
übersetzt oder in irgendeiner Form vervielfältigt werden.
© by Springer-Verlag Berlin Heidelberg 1956, 1968
Ursprünglich erschienen bei Springer-Verlag Berlin Heidelberg 1968
Softcover reprint of the hardcover 2nd edition 1968
Library of Congress Catalog Card
Number 67-30645.

Titel-Nr. 0330

Vorwort zur zweiten Auflage

Seit dem Erscheinen der ersten Auflage hat sich die Zahl der protozoologischen Veröffentlichungen nahezu verdoppelt. Daher war eine Erweiterung des Textes unvermeidlich, obwohl auch bei der Neuauflage viele Forschungsergebnisse unberücksichtigt blieben.

Zahlreiche Abbildungen der ersten Auflage wurden fortgelassen oder durch bessere ersetzt. Neue kamen hinzu. Die Zeichnungen sind größtenteils von HEINER BAUSCHERT (Zoologisches Institut, Tübingen) angefertigt worden. Viele Mikroaufnahmen stammen aus Filmen, bei denen HANS HENNING HEUNERT (Institut f. d. wissensch. Film, Göttingen) die Kamera führte. Beide Herren haben wesentlich zur Neugestaltung des Buches beigetragen.

Wertvolle Hinweise lieferten Prof. Dr. TRACY M. SONNEBORN, Prof. Dr. HELMUT METZNER, Dozent Dr. WOLFRAM KRETSCHMAR, Dr. HANS MACHEMER und Dr. KLAUS HECKMANN. Technische Hilfe leistete Dr. GERTRUD BENWITZ.

Ihnen allen, sowie den Kollegen und Mitarbeitern, welche veröffentlichte oder unveröffentlichte Abbildungen zur Verfügung stellten, sei für ihre Beteiligung am Zustandekommen der zweiten Auflage gedankt.

Sapelo Island (Georgia, USA), im April 1968   KARL G. GRELL

Vorwort zur ersten Auflage

Die Protozoologie ist keine besondere Wissenschaft, sondern nur die Zusammenfassung der Kenntnisse, welche wir von einer bestimmten Tiergruppe, den Protozoen, besitzen. Sie ist daher nichts weiter als ein Teil der speziellen Zoologie. Trotzdem hat das Wort „Protozoologie" einen besonderen Klang. Mehr als alle anderen Tiergruppen haben die Protozoen dazu angeregt, Fragen von allgemeiner biologischer Bedeutung aufzuwerfen, und nicht wenige Fragen sind mit ihrer Hilfe beantwortet worden oder einer Beantwortung nähergerückt.

In anderen Ländern ist die Bewertung der Protozoen als Untersuchungsobjekte in ständigem Anstieg begriffen. Äußerlich kommt dies z. B. darin zum Ausdruck, daß die im Jahre 1947 in den USA gegründete „Society of Protozoologists" heute bereits über 450 Mitglieder zählt. Seltsamerweise ist aber das Interesse an den Protozoen unter den deutschen Biologen immer mehr im Schwinden begriffen.

Mit diesem Buch möchte ich dazu beitragen, dieses Interesse neu zu beleben. Die Anregung dazu gab mir eine Vorlesung, die ich in den letzten Jahren mehrmals im Zoologischen Institut der Tübinger Universität hielt. Hierzu trug auch ein protozoologischer Kurs bei, den ich in jedem Sommersemester gemeinsam mit meinem Kollegen V. SCHWARTZ veranstalte.

Von allen, die mir bei der Fertigstellung des Buches geholfen haben, möchte ich an erster Stelle Herrn E. FREIBERG nennen. Er hat nicht nur die meisten Umzeichnungen vorgenommen, sondern auch einen großen Teil der Originale nach meinen Entwürfen ausgeführt. Ohne seine verständnisvolle Mitarbeit wäre das Buch sicher nicht zustande gekommen. Ihm gilt daher mein ganz besonderer Dank. Wesentliche Hilfe leisteten mir auch Herr H. FRANK, der einen Teil der photographischen Arbeiten ausführte, sowie Frau E. KÖNITZ, welche meine Protozoenkulturen betreut.

Ebenso möchte ich auch allen Kollegen danken, die mir mit ihrem Rat oder mit ihrer Kritik geholfen haben oder mir Originale ihrer Abbildungen zur Verfügung stellten. Bei einer Reise durch die Vereinigten Staaten, welche mir die Rockefeller Foundation ermöglichte, hatte ich Gelegenheit, zahlreiche Forscher zu besuchen, welche mit Protozoen arbeiten. T. M. SONNEBORN verschaffte mir die Möglichkeit, selbst Kreuzungsversuche mit seinen Stämmen von *Paramecium aurelia* auszuführen, und L. R. CLEVELAND ließ mich mehrere Wochen lang seine unvergleichlich schönen Präparate studieren. Auch die Zeit, die ich bei T. T. CHEN in Los Angeles verbrachte, hat mich sehr gefördert. Ihnen allen möchte ich auch an dieser Stelle herzlich danken.

Das Buch widme ich meinem verehrten Lehrer MAX HARTMANN, der mir auch den Mut gab, es zu schreiben.

Tübingen, im Oktober 1955   KARL G. GRELL

Inhaltsverzeichnis

A. Einleitung	1
B. Abgrenzung und Begriff	2
C. Morphologie	11
I. Das Cytoplasma	12
1. Das Grundplasma	12
2. Die Strukturen	13
II. Die Zellhülle	39
III. Der Zellkern	47
1. Ruhekern und Chromosomen	47
2. Kernteilung	61
a) Mitose	62
b) Meiose	78
3. Kerndualismus und Polygenomie	95
a) Foraminiferen	96
b) Ciliaten	100
α) Primärtyp	100
β) Sekundärtyp	103
c) Radiolarien	115
D. Fortpflanzung	121
I. Zweiteilung	122
II. Vielteilung	136
III. Knospung	143
E. Befruchtung und Sexualität	150
I. Gametogamie	152
II. Autogamie	175
III. Gamontogamie	182
1. Gamontogamie mit Gametenbildung	182
2. Gamontogamie ohne Gametenbildung	195
3. Conjugation	195
a) Isogamontie	196
b) Anisogamontie	205
c) Paarungstypen	209
d) Physiologie der Conjugation	219
IV. Rückblick	224
F. Generationswechsel	227
G. Vererbung	230
I. Mutabilität	230
II. Kreuzungsversuche	234
1. Haplonten	236
2. Diplonten	243
Paarungstypen	245
Antigen-Eigenschaften	253
Killers und mate-killers	259
Biochemische Mutanten	262
III. Modifikabilität und Zellvererbung	263

- H. Bewegung 273
  - I. Ortsveränderung 274
    1. Pseudopodien 274
    2. Geißeln und Wimpern 284
    3. Fehlen von Bewegungsorganellen 304
  - II. Gestaltveränderung 305
- J. Verhalten 307
- K. Ernährung 321
    1. Permeation 323
    2. Pinocytose 323
    3. Phagocytose 325
- L. Parasitismus und Symbiose 342
  - I. Protozoen als Parasiten und Symbionten 343
  - II. Parasiten und Symbionten von Protozoen 348
- M. Formenübersicht 356
  - I. Klasse: Flagellata 357
    1. Ordnung: Chrysomonadina 358
    2. Ordnung: Cryptomonadina 360
    3. Ordnung: Phytomonadina 361
    4. Ordnung: Euglenoidina 364
    5. Ordnung: Dinoflagellata 368
    6. Ordnung: Protomonadina 372
    7. Ordnung: Diplomonadina 376
    8. Ordnung: Polymastigina 376
    9. Ordnung: Opalinina 383
  - II. Klasse: Rhizopoda 384
    1. Ordnung: Amoebina 384
    2. Ordnung: Testacea 390
    3. Ordnung: Foraminifera 391
    4. Ordnung: Heliozoa 405
    5. Ordnung: Radiolaria 406
  - III. Klasse: Sporozoa 417
    1. Ordnung: Gregarinida 418
    2. Ordnung: Coccidia 425
  - IV. Klasse: Ciliata 437
    1. Ordnung: Holotricha 437
    2. Ordnung: Peritricha 442
    3. Ordnung: Spirotricha 443
    4. Ordnung: Chonotricha 448
    5. Ordnung: Suctoria 448
  - Anhang: Cnidosporidia 450
- N. Veröffentlichungen 455
  - I. Zusammenfassende Darstellungen 455
  - II. Einzelarbeiten und Werke aus Nachbargebieten 455
  - III. Filme 500
- O. Sachverzeichnis 502
- P. Gattungen und Arten 506

A. Einleitung

Innerhalb des Tierreichs werden die *Protozoen* als besonderes Unterreich den vielzelligen Tieren (Metazoen) an die Seite gestellt. Ungeachtet dieser hohen systematischen Bewertung gehören sie jedoch nicht zu den Lebewesen, welche allgemein bekannt sind. Infolge ihrer *Einzelligkeit* stellen sie meistens *kleine Organismen* dar, die nur mit Hilfe des Mikroskops sichtbar gemacht werden können. Wenige Formen, wie die ausgestorbenen Nummuliten, erreichten eine Größe von mehreren Zentimetern.

Trotz ihrer Kleinheit spielen die Protozoen *im Haushalt der Natur* eine bedeutende Rolle. Die zur Photosynthese befähigten Flagellaten bilden die Urnahrung des Lebens überhaupt. Die Kalk- und Kieselskelete der frei schwebenden Foraminiferen und Radiolarien sinken in einem ständigen Regen auf den Meeresboden herab, an dessen Aufbau sie wesentlich beteiligt sind. Ganze Gesteinsschichten, wie die Kreide, der Grünsandstein und Fusulinenkalk sind auf diese Weise entstanden und im Laufe der Erdgeschichte zu hohen Gebirgen aufgetürmt worden. Die Schalen vieler Foraminiferenarten kommen außerdem in erdölhaltigen Schichten vor und werden als Leitformen zur Kennzeichnung dieser Schichten verwendet.

Für den *Menschen* haben manche Protozoen als *Schmarotzer* eine unmittelbare Bedeutung. Wenn auch von den etwa 25 Arten, welche im Menschen nachgewiesen wurden, die meisten keine pathogene Wirkung entfalten, so rufen doch einige gefährliche Krankheiten wie die Amöbenruhr, die Schlafkrankheit und die Malaria hervor.

Neben dieser praktischen Bedeutung spielen die Protozoen auch eine wichtige Rolle für die *Vertiefung unserer Naturerkenntnis*. Ihr Wert für die Forschung beruht vor allem darauf, daß sich viele Lebenserscheinungen an ihnen leichter untersuchen lassen als an höheren Organismen. Dem Biologen bieten sie die Möglichkeit, eine einzelne Zelle unmittelbar zu studieren. Hinzu kommt, daß sich viele Protozoen mit verhältnismäßig geringer Mühe unter kontrollierbaren Bedingungen in bestimmten Nährmedien züchten lassen. Daher stellen sie in vieler Beziehung geeignete Untersuchungsobjekte für den Forscher dar.

Allerdings steht die Zahl der Protozoen, die den Weg in die Laboratorien gefunden haben, in keinem Verhältnis zu der *Zahl der Arten*, die von den Systematikern beschrieben worden sind. Eine Zusammenstellung aus dem Jahre 1958 [637] schätzt die Zahl der bis zu diesem Zeitpunkt benannten Protozoenarten auf 44250. Davon sind 20182 fossil (meistens Foraminiferen). Von den übrigen Protozoen sind 17293 freilebend, 6775 parasitisch. Stichproben zeigen, daß damit aber erst ein kleiner Teil der in der Natur vorkommenden Arten erfaßt ist. So wurden 1948 bei einer monographischen Bearbeitung [771] der in der Umgebung von Erlangen vorkommenden Peritrichen allein 62 neue Arten festgestellt. Und bei einer 1954 durchgeführten Sammelreise in das Grand Canyon wurden in 25

Nagetierarten 13 neue Coccidien entdeckt. Während die im Süßwasser lebenden und in Landtieren schmarotzenden Protozoen noch verhältnismäßig gut bekannt sind, dürfte die Protozoenfauna des Meeres erst zu einem kleinen Teil erfaßt sein.

Die folgenden Seiten können daher nur einen unzureichenden Eindruck von der Mannigfaltigkeit der Protozoen und ihrer Lebenserscheinungen vermitteln.

B. Abgrenzung und Begriff

Als Geburtsjahr der Protozoenforschung kann das Jahr 1675 angesehen werden, in dem van Leeuwenhoek zum ersten Mal mit selbstgeschliffenen Vergrößerungsgläsern in abgestandenem Regenwasser zahlreiche „kleine Tierchen" (Animalcula) beobachtete. Nachdem Huyghens, 1678, diese Beobachtung bestätigt hatte, setzte eine lebhafte Entdeckerperiode ein, die während des ganzen 18. Jahrhunderts anhielt und zur Beschreibung zahlreicher, zum Teil auch heute noch wiedererkennbarer Arten führte. Mit einem von Wrisberg, 1765, vorgeschlagenen Sammelbegriff wurden alle Lebewesen, die man in den verschiedenartigsten Aufgüssen (Infusionen) fand, als „*Infusorien*" bezeichnet.

Während Leeuwenhoek und Huyghens angenommen hatten, daß die Infusorien aus „Luftkeimen" entstehen, gingen die Auffassungen der Forscher über ihren Ursprung im 18. Jahrhundert weit auseinander. Manche glaubten, daß sie Larven von Insekten seien. Die meisten schlossen sich der von Buffon und Needham, 1750, vertretenen Theorie der „*Generatio spontanea*" an, nach der die Infusorien jederzeit aus zerfallenden Stoffen entstehen sollten. Diese Theorie wurde jedoch bereits im Jahre 1776 von Spallanzani widerlegt, indem er nachwies, daß in Aufgüssen, die eine Zeitlang erhitzt worden waren, nur dann Infusorien auftraten, wenn man die Flaschen offen stehen ließ, während sie sich in zugeschmolzenen Flaschen auch nach langem Stehenlassen nicht entwickelten. Aber die Versuche Spallanzanis konnten die Anhänger der Urzeugungstheorie in der um die Wende zum 19. Jahrhundert vorherrschenden naturphilosophischen Periode nicht zum Schweigen bringen. Sie fanden erst volle Anerkennung, als man die Fortpflanzungserscheinungen der Infusorien näher studierte.

Im Jahre 1817 faßte Goldfuss alle Tiere, die er für die ursprünglichsten hielt (darunter auch einige vielzellige Gruppen), unter dem Begriff „*Protozoen*" *(Urtiere)* zusammen. Einen neuen Aufschwung erhielt die Erforschung der mikroskopischen Lebewesen durch Ehrenberg, der zwar die Urzeugungstheorie und alle naturphilosophischen Spekulationen bekämpfte, aber selbst von dem Vorurteil beherrscht war, daß alle Tiere in den Grundzügen ihres Baues übereinstimmen müßten. Er glaubte auch bei den Infusorien einen Darmkanal, Geschlechtsdrüsen und andere Organe zu erkennen. Der Titel seines Hauptwerkes (1838) lautete: „Die Infusionsthierchen als vollkommene Organismen". Demgegenüber betonte Dujardin, 1841, die einfache Organisation der Infusorien, die im wesentlichen aus einer „einfachen, bewegungsfähigen Substanz" bestehen sollten, die von ihm selbst als „Sarcode", von anderen Forschern als „Protoplasma" (Purkinje, von Mohl) bezeichnet wurde.

Nachdem Schleiden und Schwann in den Jahren 1838/39 die *Zelltheorie* aufgestellt hatten, bahnte sich eine klarere Fassung des Protozoenbegriffes an, der den rein methodologischen Infusorienbegriff mehr und mehr verdrängte. Im Jahre 1845 lieferte von Siebold die erste wissenschaftlich brauchbare Definition, indem er die Protozoen als Tiere charakterisierte, „in welchen die verschiedenen Systeme der Organe nicht scharf ausgeschieden sind, und deren unregelmäßige Form und einfache Organisation sich auf eine Zelle reduzieren lassen".

In entsprechender Weise wurden die einzelligen Pflanzen als „*Protophyten*" bezeichnet. Da es sich jedoch herausstellte, daß keine scharfe Grenze zwischen tierischen und pflanzlichen Einzellern gezogen werden kann, schlug Haeckel in seiner „Generellen Morphologie", 1866, vor, Protozoen und Protophyten unter dem gemeinsamen Begriff „*Protisten*" zu vereinigen und dieses „neutrale Mittelreich" den vielzelligen Tieren (Metazoen) und Pflanzen (Metaphyten) gegenüber zu stellen. Die Ciliaten rechnete er allerdings erst in einer späteren Auflage, 1873, zu den Protozoen.

Obwohl Haeckels Vorschlag einem allgemeinen Bedürfnis entsprach, konnte er sich nicht durchsetzen, weil die weitere Forschung zeigte, daß die pflanzlichen Einzeller so kontinuierlich zu den Algen überleiten, daß der Begriff „Protophyten" systematisch nicht verwertbar ist.

Stattdessen wurde es üblich, alle Flagellaten ohne Rücksicht darauf, ob sie sich „tierisch" oder „pflanzlich" ernähren, innerhalb der zoologischen Systematik zu den Protozoen zu rechnen, innerhalb der botanischen Systematik dagegen an den Anfang der Algen zu stellen. Da wir von dem Ziel, die Verwandtschaftsverhältnisse aller Organismen in einem System zum Ausdruck zu bringen, noch weit entfernt sind, empfiehlt es sich, an dem Protozoenbegriff, der wenigstens den Bedürfnissen der zoologischen Systematik entspricht, zunächst festzuhalten.

In den hundert Jahren, die seit dem Vorschlag HAECKELs verflossen sind, haben sich unsere Kenntnisse von den „benachbarten" Organisationsformen des Lebens wesentlich vermehrt. Es ist daher heute nicht mehr möglich, die Protozoen lediglich als „Urtiere" oder als „Einzeller" zu definieren. Neue Bestimmungsstücke müssen hinzugezogen werden, um die Brauchbarkeit des Protozoenbegriffes auch weiterhin zu gewährleisten.

Wir wissen heute, daß der Entstehung der ersten Zellen eine lange Entwicklung vorausgegangen sein muß, in der *Vorstufen des Lebens* existierten, die noch keine Zellen waren. Im „Urmeer" waren organische Stoffe, deren Synthese man früher nur in Organismen für möglich hielt, reichlich vorhanden. Modellversuche veranschaulichen, daß sie durch elektrische Entladungen, hohe Temperaturen und Ultraviolettbestrahlung in der „Uratmosphäre" entstehen konnten. Da diese noch keinen Sauerstoff enthielt, fielen sie nicht der oxydativen Spaltung zum Opfer. Es ist noch ungewiß, ob diese Vorstufen des Lebens als wesentliche Makromoleküle zunächst nur Proteine enthielten, oder ob sie von Anfang an Nucleinsäure-Protein-Komplexe waren, die die Fähigkeit besaßen, sich identisch zu vermehren und geeignete organische Verbindungen in ihr molekulares Gefüge einzubauen.

Nucleinsäure-Protein-Komplexe sind auch die sog. *Viren.* Da alle bisher untersuchten Viren nur als intracelluläre Schmarotzer vermehrungsfähig sind, können sie nicht die Vorstufen der zelligen Organismen sein. Bekanntlich werden viele Krankheiten des Menschen, seiner Nutztiere und Nutzpflanzen durch Viren hervorgerufen. Die Erforschung dieser Krankheitserreger wurde aber lange Zeit dadurch erschwert, daß sie mit dem Lichtmikroskop nicht sichtbar gemacht werden konnten. Erst das Elektronenmikroskop zeigte, daß es sich um corpusculäre Gebilde von bestimmter Größe und Eigengestalt handelt.

Zwei besonders gut untersuchte Virusteilchen sind in Abb. 1 schematisch dargestellt. Das Teilchen des *Tabakmosaikvirus* (a), welches die sog. Blattfleckenkrankheit der Tabakpflanzen hervorruft, ist ein Hohlzylinder von etwa 2800 Å[1] Länge und etwa 180 Å Dicke. An einem Schraubenfaden aus Ribonucleinsäure (RNS) reihen sich — wie die Körner eines Maiskolbens — über 2000 Protein-Untereinheiten auf, die alle untereinander gleich sind. Jede Protein-Untereinheit besteht aus 158 Aminosäuren, deren Reihenfolge (Sequenz) in der Polypeptidkette genau bekannt ist. Wesentlich komplizierter sind die Teilchen der *Bakterienviren* oder *Phagen* gebaut (b), welche zu einer Auflösung (Lyse) der Bakterien führen. Viele bestehen aus einem Kopf- und einem Schwanzteil, die je etwa 1000 Å lang sind. Mit dem Schwanzteil heftet sich das Phagenteilchen an die Zellhülle des Bacteriums. Bei der Herstellung des Kontaktes spielen besondere Strukturen (Grundplatte, Stifte, Fasern), die alle aus verschiedenen Proteinen bestehen, eine Rolle. Die den Schwanzteil nach außen abschließende Schwanzscheide ist kontraktil. Die Proteinhülle des Kopfteils umschließt einen Hohlraum, in dem sich ein nahezu 50 µ langer Faden aus Desoxyribonucleinsäure (DNS) befindet. Nach

---

[1] 1 Å = 0,0001 µ; 1 µ = 0,001 mm.

der Festheftung wird der DNS-Faden durch den kanülenartigen Schwanz in das Bacterium „injiziert", während die übrigen Strukturen des Phagenteilchens zurückbleiben.

Sowohl die RNS des Tabakmosaikvirusteilchens als auch die DNS des Phagenteilchens besitzen die Fähigkeit, sich in der Wirtszelle identisch zu vermehren und aus den dort vorliegenden Stoffen wieder vollständige Virusteilchen aufzubauen. Die Nucleinsäuren müssen daher die genetische Information enthalten, welche diese spezifische Leistung ermöglicht.

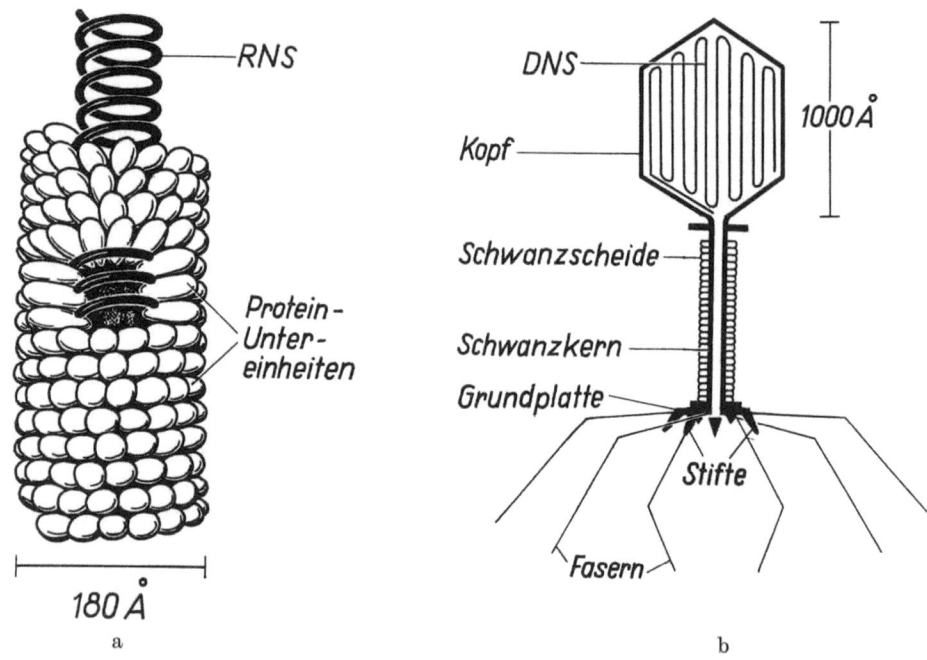

Abb. 1. Viren. Organisationsschema: a eines Tabakmosaikvirusteilchens (nur teilw. dargestellt), b eines Phagenteilchens. Nach verschiedenen Autoren

Im Gegensatz zu den Viren, die keinen eigenen Stoffwechsel besitzen, sondern auf den ihrer Wirtszellen angewiesen sind, handelt es sich bei den *Bakterien* um echte Zellen, deren Stoffe in ständiger Umwandlung begriffen sind. Sie sind durch eine Zellhülle nach außen abgegrenzt, deren innere Schicht eine Elementarmembran (S. 14) ist. Verglichen mit denen der Protozoen und Vielzeller sind aber die Zellen der Bakterien viel einfacher organisiert. Die für die Proteinsynthese wichtigen Ribosomen liegen frei im Cytoplasma. Mitochondrien und Golgi-Komplexe sind nicht erkennbar, obwohl Strukturen vorhanden sein mögen, die ihnen funktionell entsprechen. Wenn Geißeln ausgebildet sind, bestehen sie nur aus wenigen, miteinander verdrillten Filamenten, während die Geißeln aller übrigen Organismen im Querschnitt das charakteristische $9+2$-Muster zeigen (S. 286). Anscheinend kommt bei den Bakterien auch keine Plasmaströmung vor.

Lange Zeit hielt man die Bakterien für kernlos. Später gelang aber der Nachweis, daß auch bei ihnen Zentren vorkommen, welche mit den Zellkernen der Protozoen und Vielzeller verglichen werden können (Abb. 2a). Diese Gebilde lassen sich mittels der Feulgenreaktion darstellen, enthalten also Desoxyribonucleinsäure. Lichtmikroskopische Untersuchungen ergaben, daß sie immer nur durch Teilung aus ihresgleichen hervorgehen und daß ihr Teilungsverhalten in einer bestimmten Beziehung zum Zellwachstum und zur Sporenbildung steht (b). Meistens besitzen die Bakterien zwei oder vier solcher Gebilde, die man als *Kernäquivalente* oder *Nucleoide* bezeichnet hat.

Die Natur der Nucleoide wurde verständlicher, nachdem es gelungen war, *genetische Untersuchungen* an Bakterien durchzuführen [475, 520]. Als besonders

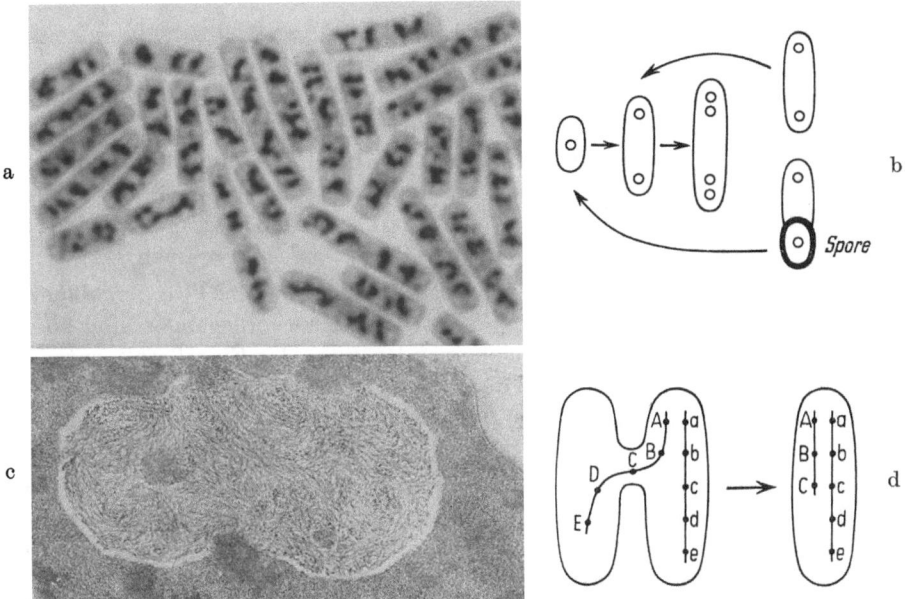

Abb. 2. Bakterien. a Zellen von *Bacillus cereus* mit Kernäquivalenten (Nucleoiden). Osmiumtetroxyd, HCl-Giemsa. Vergr. 3000×. Aufn. von C. ROBINOW. b Verhalten der Nucleoide bei Wachstum, Teilung und Sporenbildung. Nach einem Schema von PIEKARSKI, 1949. c *Staphylococcus aureus*. Dünnschnitt durch den Bereich des Nucleoids. Vergr. 53000×. Nach KLEINSCHMIDT aus D. JACHERTS und B. JACHERTS, 1964 [*519*]. d Schema der „Conjugation"

geeignetes Objekt erwies sich *Escherichia coli*. Diese Experimente ergaben, daß alle Gene einer Koppelungsgruppe angehören und einer ringförmigen Struktur zugeordnet sein müssen. Das Nucleoid von *Escherichia coli* entspricht daher nicht einem Zellkern, sondern einem einzelnen Chromosom. Im wesentlichen scheint dieses Chromosom aus einem DNS-Faden zu bestehen, der in einer noch nicht genau geklärten Weise zu einem kompakten Gebilde aufgeknäuelt ist. Im Schnittbild zeigt das Nucleoid einen fibrillären Aufbau. Es ist nicht durch eine besondere Hülle gegen das Cytoplasma abgegrenzt (c).

Die Untersuchungen, welche zu dieser Erkenntnis führten, bestanden im wesentlichen in einer Analyse der Umkombinationserscheinungen. Die Umkombination der Gene, welche bei allen übrigen Organismen an die Meiose gebunden ist (S. 78ff), findet bei den Bakterien im Anschluß an einen Vorgang statt, der als „*Conjugation*" bezeichnet wird (d). Dabei vereinigen sich zwei Zellen durch eine Plasmabrücke miteinander. Während die Verschmelzung zweier Geschlechtszellen bei den übrigen Organismen zur Ausbildung einer Zygote führt, deren Kern zu gleichen Teilen aus dem genetischen Material beider Partner besteht, steuern die „conjugierenden" Zellen der Bakterien sehr ungleiche Teile ihres Erbgutes zur

Bildung des gemeinsamen Produktes bei. Die eine Zelle kann man als die Spender (donor)-, die andere als die Empfänger (recipient)-Zelle bezeichnen. Nachdem sich der Ring des Chromosoms der Spenderzelle an einer Stelle geöffnet hat, gleitet es über die Plasmabrücke in die Empfängerzelle herüber. Dabei kommt es aber nur selten vor, daß das ganze Chromosom übertragen wird. In der Regel ist es nur ein mehr oder weniger langes Chromosomenstück, welches in die Empfängerzelle gelangt. Dieses Stück kann dann mit dem entsprechenden Abschnitt des unversehrten Chromosoms Gene austauschen. Durch die „Conjugation" wird die Empfängerzelle daher keine „Zygote" im herkömmlichen Sinne: Einer mehr oder weniger großen Anzahl von Genen, die auf ihrem eigenen Chromosom lokalisiert sind, fehlen die Gegengene oder Allele (S. 230). Aus diesem Grunde hat man sie als „*Merozygote*" und den Vorgang, der zu ihrer Bildung führt, als „*Meromixis*" bezeichnet.

Auch den *Cyanophyceen*, die man früher zu den Algen stellte, fehlt ein Zellkern. Wahrscheinlich liegt das genetische Material in Form einzelner DNS-Fäden vor. Allerdings wissen wir hierüber viel weniger als bei den Bakterien, da die licht- und elektronenmikroskopischen Befunde nicht durch genetische Ergebnisse gestützt und ergänzt werden können. Da auch gewisse Übereinstimmungen in der übrigen Organisation und in der chemischen Zusammensetzung der Zellhülle bestehen, nimmt man heute eine engere Verwandtschaft zwischen Bakterien und Cyanophyceen an und faßt sie unter dem Begriff *Prokaryonten* zusammen.

Alle übrigen Organismen besitzen echte Zellkerne und werden daher als *Eukaryonten* bezeichnet. Ob sie aus Prokaryonten hervorgegangen sind oder ob sich beide Gruppen unabhängig voneinander aus „Ur-Einzellern" entwickelt haben, wissen wir nicht. Sicher ist aber, daß die Protozoen die ursprünglichsten Eukaryonten sind und daher den Ausgangspunkt aller vielzelligen Tiere und Pflanzen bilden.

Allerdings ist die *Grenze gegen die Vielzeller* schwierig abzustecken. Obwohl die Einzelligkeit sicher eine beherrschende Organisationsform der Protozoen ist, kommt es bei ihnen so häufig zur Ausbildung von Zellverbänden, daß dieses Merkmal nicht zu ihrer Charakterisierung ausreicht.

Am besten gehen wir von der Entwicklung der *Metazoen* aus, um die Besonderheiten zu erkennen, welche sie von den Zellverbänden der Protozoen unterscheiden (Abb. 3). Die Entwicklung der Metazoen ist bekanntlich dadurch gekennzeichnet, daß die Fähigkeit zur Fortpflanzung auf bestimmte Zellen eingeschränkt wird, die in der Entwicklung eine besondere Zellteilungsfolge, die sog. *Keimbahn* bilden. Diesen *generativen* Zellen steht die Masse der Körperzellen gegenüber, welche zwar ebenfalls durch Teilungsfolgen entstehen, die aus Zellen der Keimbahn hervorgehen, aber früher oder später auf eine bestimmte Leistung festgelegt und dabei in bestimmter Weise differenziert werden. Sie bilden in ihrer Gesamtheit den Körper oder das *Soma* und werden daher als *somatische* Zellen bezeichnet.

Während die somatischen Zellen beim Tode des Individuums zugrunde gehen, der sich durch den Entwicklungsablauf zwangsläufig einstellt *(Alterstod)*, können die generativen Zellen den Ausgangspunkt einer neuen Generation bilden.

Ähnlich wie die generativen Zellen der Metazoen sind die meisten Protozoen unter geeigneten Bedingungen unbegrenzt fortpflanzungsfähig. Daher hat man auch von einer *potentiellen Unsterblichkeit der Protozoen* gesprochen. Eine Amöbe, welche sich in zwei Tochtertiere teilt, hört zwar als Einzelwesen auf zu bestehen; ihre gesamte lebende Substanz geht aber auf ihre Tochterzellen über. Der unbegrenzten Vermehrung wirkt nur entgegen, daß ständig Individuen durch äußere Einwirkungen vernichtet werden *(Katastrophentod)*.

Andererseits liefern gerade die Amöben Beispiele dafür, daß auch bei den Protozoen eine Differenzierung in Keimbahn und Soma vorkommen kann. Einige Arten, die man als *kollektive Amöben (Acrasina)* zusammengefaßt hat, sind imstande, einen vielzelligen Sporenträger von bestimmter Größe und Gestalt aufzubauen.

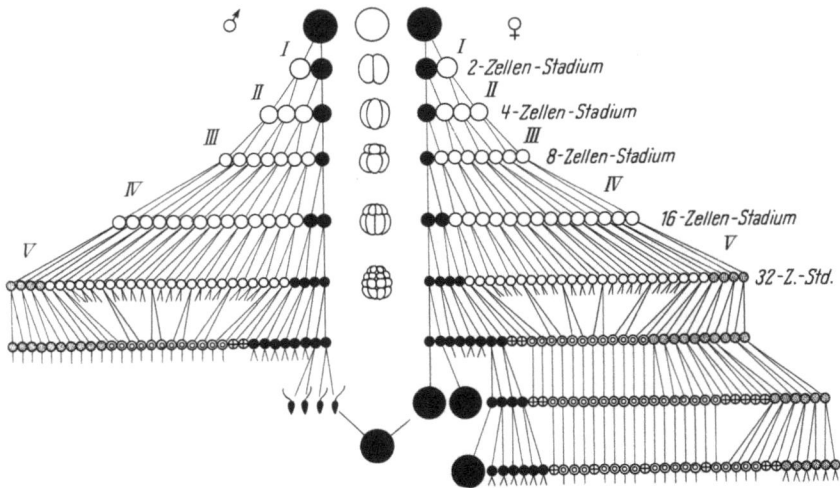

Abb. 3. Schema der Zellfolgen in der Entwicklung eines vielzelligen Tieres aus der befruchteten Eizelle. Rechts weibliches, links männliches Individuum. Keimbahn schwarz, somatische Zellen hell. Unter diesen sind verschiedene Differenzierungen gekennzeichnet: mit Kreuzen Zellen, die in einem bestimmten Stadium absterben; mit Kreisen Zellen, die, ohne sich weiter zu teilen, durch mehrere aufeinanderfolgende Stadien laufen; punktierte Zellen, die noch teilungsfähig sind, aber nur noch bestimmte Gewebezellen liefern. Im Anschluß an BELAR aus KÜHN, 1965, [*612*]

Innerhalb der Sporen, die den Cysten anderer Amöben entsprechen, vermögen sie Hunger- und Trockenperioden zu überdauern. Eine besonders eingehend untersuchte Art ist *Dictyostelium discoideum* (Abb. 4). Gelangen die Sporen auf ein geeignetes Substrat, z. B. auf einen Bakterienrasen, so keimen sie aus. Die ausgeschlüpften Amöben können sich unbegrenzt vermehren. Ihre solitäre Phase hört erst auf, wenn die Nahrung erschöpft ist. Dann setzt ein Vorgang ein, der als *Aggregation* bezeichnet wird. Ohne zu verschmelzen, schließen sich die Amöben zu Verbänden zusammen und kriechen dabei in radiär angeordneten Zügen zu einem gemeinsamen Zentrum hin, wo sie einen senkrecht aufsteigenden Kegel, den sog. *Conus*, bilden. Das ganze Gebilde, welches aus mehreren tausend Amöben bestehen kann, wird auch als *Pseudoplasmodium* bezeichnet. Es kippt schließlich um und vermag eine Zeitlang als einheitlicher Körper umherzukriechen *(Migrationsphase)*. Wieder zur Ruhe gekommen, richtet es sich auf *(Culmination)* und bildet sich zum *Sporenträger* um. Dieser besteht aus einem an seiner Basis verbreiterten Stiel und der endständigen Sporenmasse. Nur ein Teil der Amöben, die sog. *Sporenzellen*, bildet sich in Sporen um. Sie werden von einer festen Hülle umschlossen und besitzen ein besonders dichtes Cytoplasma. Die übrigen Amöben werden zu *Stielzellen*. Diese sind stark vacuolisiert und halten durch ihre Turgeszenz den Stiel aufrecht. Da nur die Sporenzellen die Kontinuität der Art sicherstellen, können sie als generative Zellen bezeichnet werden. Die Stielzellen haben dagegen ihr Fortpflanzungsvermögen eingebüßt und gehen nach Ausstreuung der Sporen zugrunde. Sie stellen somatische Zellen dar.

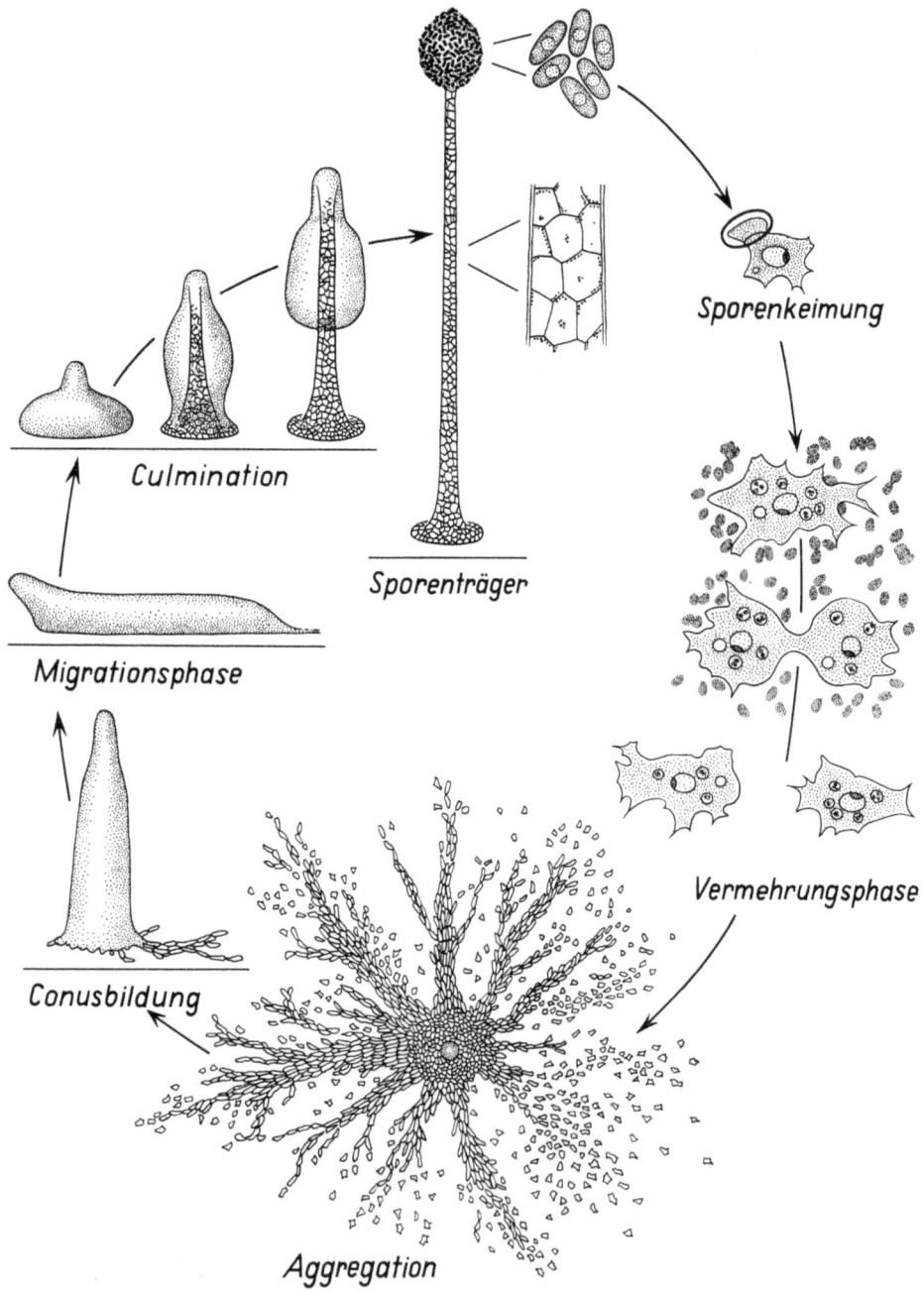

Abb. 4. *Dictyostelium discoideum* (kollektive Amöbe) Schema des Entwicklungscyclus. Im rechten Bildteil wurde die Vergrößerung wesentlich stärker gewählt als links und in der Mitte. Nach GERISCH, 1964 [*364*]

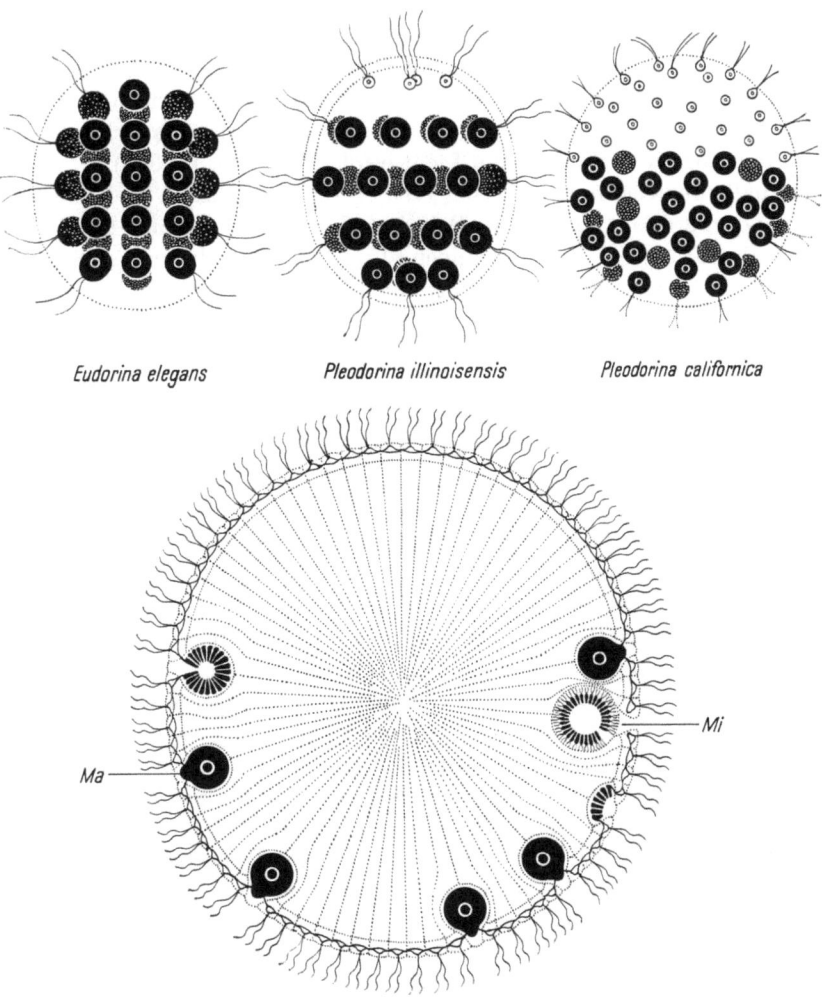

Abb. 5. Reihe der Differenzierung in generative (dunkel) und somatische Zellen (hell) bei den kolonialen Phytomonadinen (Volvocidae). *Ma* Makrogamet. *Mi* Mikrogameten. Nach verschiedenen Autoren

Während sich bei den kollektiven Amöben Einzelindividuen nach einer Vermehrungsphase zu Zellverbänden zusammenschließen, trennen sich bei anderen Protozoen die durch Teilung entstandenen Tochterzellen nicht voneinander, sondern bleiben zu einer *Zellkolonie* vereinigt. Im einfachsten Falle handelt es sich hierbei um eine bloße Anhäufung locker verbundener Einzelzellen oder um eine Kette aneinandergereihter Individuen. Dadurch, daß die Zahl der Teilungsschritte festgelegt wird, kommt es aber vielfach zur Ausbildung von kolonialen Verbänden, die eine bestimmte Größe besitzen und durch gesetzmäßige Anordnung der Einzelzellen, die von einer gemeinsamen Hüllsubstanz zusammengehalten werden, auch eine bestimmte Form erhalten.

Bei der Flagellatenordnung der *Phytomonadinen* ist die Koloniebildung besonders für die Familie der *Volvocidae* kennzeichnend. Die Einzelzellen liegen meistens in einer gemeinsamen Gallerte und sind in einer für jede Art charakteristischen Weise angeordnet. Die kugeligen Zellkolonien haben eine deutliche Polarität. Sie bewegen sich stets mit dem gleichen Pol vorwärts und drehen sich dabei — vom Vorderpol gesehen — im Uhrzeigersinn um ihre Achse (Rotationsachse). Auch die Orientierung zum Licht erfolgt gerichtet (S. 308).

Innerhalb der Gattung *Eudorina* (syn. *Pleodorina*) lassen sich die Arten in einer Reihe anordnen, in der die Polarität der Kolonie immer deutlicher wird (Abb. 5). Bei *E. elegans* sind zwar noch alle Zellen fortpflanzungsfähig, aber die vier Zellen am Vorderpol führen häufig einen Teilungsschritt weniger als die übrigen aus. Bei *E. illinoisensis* haben die Zellen des vordersten Kranzes, die schon durch ihre geringere Größe auffallen, das Fortpflanzungsvermögen meistens völlig verloren, so daß sie als somatische Zellen von den unbegrenzt teilungsfähigen generativen Zellen der Kolonie unterschieden werden können. Bei *E. californica*, wo die Kolonien aus 128 Zellen bestehen können, beträgt das Verhältnis der somatischen zu den generativen Zellen etwa 3:5. Da die somatischen Zellen weiter auseinanderstehen als die generativen, nehmen sie fast die ganze vordere Hälfte der Kolonie ein. Bei dieser Art ließ sich nachweisen, daß nur die somatischen Zellen ein Stigma besitzen und auf Licht reagieren (S. 309). Den Höhepunkt erreicht die „Somatisierung" bei *Volvox globator*, wo fast alle Zellen (etwa 10000) somatisch sind. Nur in der hinteren Hälfte der Kolonie finden sich noch einzelne generative Zellen eingesprengt, aus denen bei der ungeschlechtlichen Fortpflanzung die Tochterkolonien, bei der geschlechtlichen die Geschlechtszellen hervorgehen.

Unter den Ciliaten kommt Koloniebildung vor allem bei den *Peritrichen* vor. In der Regel sind alle Zellen einer Kolonie untereinander gleich. Alle können sich aus dem Verband der Kolonie herauslösen und durch Teilung zu einer neuen Kolonie entwickeln. Nur bei den Zellkolonien der *Zoothamnium*-Arten treten zwei verschiedene Zelltypen auf: kleinere *Mikrozooide*, welche die Mehrzahl der Zellen bilden, und größere *Makrozooide*, die einzeln am Anfang der Seitenzweige stehen (Abb. 6). Die Mikrozooide sind zwar noch teilungsfähig; aber sie sind nicht imstande, sich loszulösen und eine neue Kolonie zu gründen. Diese Fähigkeit kommt nur noch den Makrozooiden zu.

Handelt es sich in den geschilderten Fällen um eine Differenzierung in generative und somatische Zellen innerhalb eines Zellverbandes, so spielt sich bei anderen Protozoen eine entsprechende Differenzierung an den *Zellkernen* ab. Bei den heterokaryotischen Foraminiferen und Ciliaten (S. 95ff) treten neben generativen Kernen, die sich unbegrenzt fortpflanzen können, somatische Kerne auf, die früher oder später zugrunde gehen und aus Abkömmlingen der generativen Kerne neu aufgebaut werden müssen.

Die Differenzierung in Keimbahn und Soma kann sich also bei den Protozoen sowohl an Zellen innerhalb eines Zellverbandes als auch an Kernen innerhalb einer mehrkernigen Zelle abspielen und stellt daher kein auf die Metazoen beschränktes Organisationsmerkmal dar.

Ein weiteres Kennzeichen der tierischen Vielzeller ist aber, daß im Laufe der Entwicklung nicht nur eine Gliederung in generative und somatische Zellen stattfindet, sondern auch eine *Differenzierung innerhalb des Somas* erfolgt (Abb. 3). Die Körperzellen der Gewebe und Organe sind verschieden ausgebildet und auf verschiedene Leistungen eingestellt. Meistens läßt sich schon an ihrem Bau erkennen, welche Funktion sie für den Organismus zu erfüllen haben.

Bei den kollektiven Amöben und kolonialen Phytomonadinen sind zwar auch schon Ansätze einer Differenzierung der Somazellen erkennbar, aber man kann bei ihnen noch nicht von verschiedenen Zelltypen des Somas sprechen. Nur bei den *Cnidosporidien*, die meistens zu den Protozoen gerechnet werden, ist die somatische Differenzierung weiter fortgeschritten (S. 450 ff). Vielleicht handelt es sich aber bei ihnen um Reduktionsformen, welche von vielzelligen Tieren abstammen und erst durch den Parasitismus eine vereinfachte Organisation erfahren haben. Da sie zu den eigentlichen Sporozoen (Gregarinen, Coccidien), zu denen sie früher gestellt wurden, keine näheren Beziehungen besitzen, könnte man sie höchstens als besondere Klasse der Protozoen aufführen. Um zu einer klaren Abgrenzung der Protozoen gegenüber den vielzelligen Tieren zu kommen, ist aber in dieser Darstellung hiervon abgesehen worden.

Nach Ausschluß der Cnidosporidien läßt sich daher folgende *Begriffsbestimmung der Protozoen* geben:

Die Protozoen sind Eukaryonten, welche als Einzelzellen leben oder koloniale Verbände bilden. Sie besitzen einen oder mehrere Kerne. Die Zellen einer Kolonie oder die Kerne einer mehrkernigen Zelle können generativ und somatisch differenziert sein. Eine Verschiedenheit zwischen den somatischen Zellen oder Kernen besteht aber bei den Protozoen noch nicht.

Es sei jedoch ausdrücklich betont, daß diese Begriffsbestimmung nur verwendbar bleibt, solange sie sich innerhalb des durch die Tradition

Abb. 6. *Zoothamnium alternans* (Ciliat) Differenzierung in Mikrozooide (hell) und Makrozooide (schwarz). Es sind nur solche Makrozooide hervorgehoben, welche sich durch ihre Größe bereits deutlich von den Mikrozooiden unterscheiden lassen. Verändert nach SUMMERS, 1938 [1065]

festgelegten Rahmens der zoologischen Systematik hält. Würde man diesen Rahmen überschreiten, so träfe sie auch für alle Diatomeen und Conjugaten, ja selbst für jene Algen und Pilze zu, bei denen noch alle Zellen, wenigstens alle somatischen Zellen, untereinander gleichwertig sind.

C. Morphologie

Wenn wir von den im vorigen Abschnitt besprochenen Sonderfällen absehen, stellen die Zellen der Protozoen selbst Einzelwesen dar, welche alle für die Erhaltung ihrer Art erforderlichen Leistungen vollbringen. Bestimmte Funktionen werden häufig von besonderen Zellbereichen ausgeübt, die eine strukturelle Einheit bilden und in Analogie zu den Organen der Metazoen als *Organelle* bezeichnet werden. Die Einzelzellen der Protozoen erreichen daher meistens einen *höheren Grad der Differenzierung* als die Gewebezellen der Metazoen, die stets nur Teilfunktionen im Gesamtgetriebe des Organismus zu erfüllen haben.

Wie jede tierische und pflanzliche Zelle besteht auch die der Protozoen aus dem *Cytoplasma*, welches gegen die Außenwelt durch eine besondere *Zellhülle* abgegrenzt ist, und dem *Zellkern*.

I. Das Cytoplasma

Der Feinbau des Cytoplasmas stimmt bei Protozoen und Vielzellern in den Grundzügen überein (Abb. 7). In das Grundplasma sind Strukturen eingebettet, welche der Zelle durch ihre Anordnung und Ausbildungsweise ein charakteristisches Aussehen verleihen.

1. Das Grundplasma

Das Grundplasma (Hyaloplasma) erscheint im elektronenmikroskopischen Bild mehr oder weniger homogen. Daß es manchmal eine granuläre, reticuläre oder fibrilläre Beschaffenheit zu haben scheint, beruht sicher zum Teil auf der Art und Güte der Fixierung. Obwohl das Grundplasma als die strukturlose Matrix des Cytoplasmas definiert ist, kann es nicht nur als ein Gemisch organischer und anorganischer Stoffe in einer wäßrigen Phase betrachtet werden. Bestimmte Eigenschaften lassen vielmehr vermuten, daß es eine *submikroskopische Struktur* besitzt [348, 469, 600]. Diese wird dadurch ermöglicht, daß die Proteinmoleküle, welche den größten Anteil an seinem Aufbau haben, durch besondere Bindungskräfte (Valenz- und Kohäsionsbindungen) an bestimmten Stellen („Haftpunkten") miteinander verknüpft sind, so daß sie ein dreidimensionales *Molekulargerüst* bilden, in dessen Zwischenräumen die übrigen Stoffe (insbesondere Wasser) eingelagert sind. Dabei kann es sich um Proteinmoleküle handeln, die selbst fadenförmig sind, oder um Fäden, die durch Aneinanderreihung kugeliger Proteinmoleküle entstehen. Der Zusammenhalt dieses Gerüstes ist aber nur lose. Die Verknüpfungen können leicht gelöst und wieder neu hergestellt werden. Neben Regionen, in denen die submikroskopische Strukturbildung dem Grundplasma eine gewisse Festigkeit verleiht, können daher auch Bereiche auftreten, in denen sich seine Zustandsform der einer Flüssigkeit nähert.

Offenbar kann es auch sehr leicht zu einer parallelen Ausrichtung von Proteinmolekülen kommen, so daß *submikroskopische Fibrillen* entstehen. Die Kontraktilität, soweit sie eine Eigenschaft des Grundplasmas ist, setzt wahrscheinlich immer eine submikroskopische Fibrillenbildung voraus. Bei manchen Amöben werden solche Fibrillen auch elektronenoptisch sichtbar und müssen daher zu den „Strukturen" des Cytoplasmas gerechnet werden. Allerdings ist ihre Kontraktilität nicht bewiesen, sondern nur indirekt erschlossen (S. 284).

Viele Protozoen lassen eine Differenzierung in ein *Außen- oder Ektoplasma* und ein *Innen- oder Endoplasma* erkennen. Bei den Amöben besitzt das Ektoplasma eine mehr gelartige, das Endoplasma eine mehr solartige Beschaffenheit. Im elektronenmikroskopischen Bild gehen beide kontinuierlich ineinander über. Die Strukturen sind aber überwiegend auf das Endoplasma beschränkt. Wie die

Konsistenzänderung des Grundplasmas mit der Entmischung der Strukturen zusammenhängt, ist noch nicht geklärt.

Es gibt auch Amöben, bei denen das Cytoplasma nicht in Ekto- und Endoplasma differenziert, sondern gleichmäßig strukturiert ist, so daß selbst Zellkerne unmittelbar unter der Zellhülle liegen können (Abb. 9).

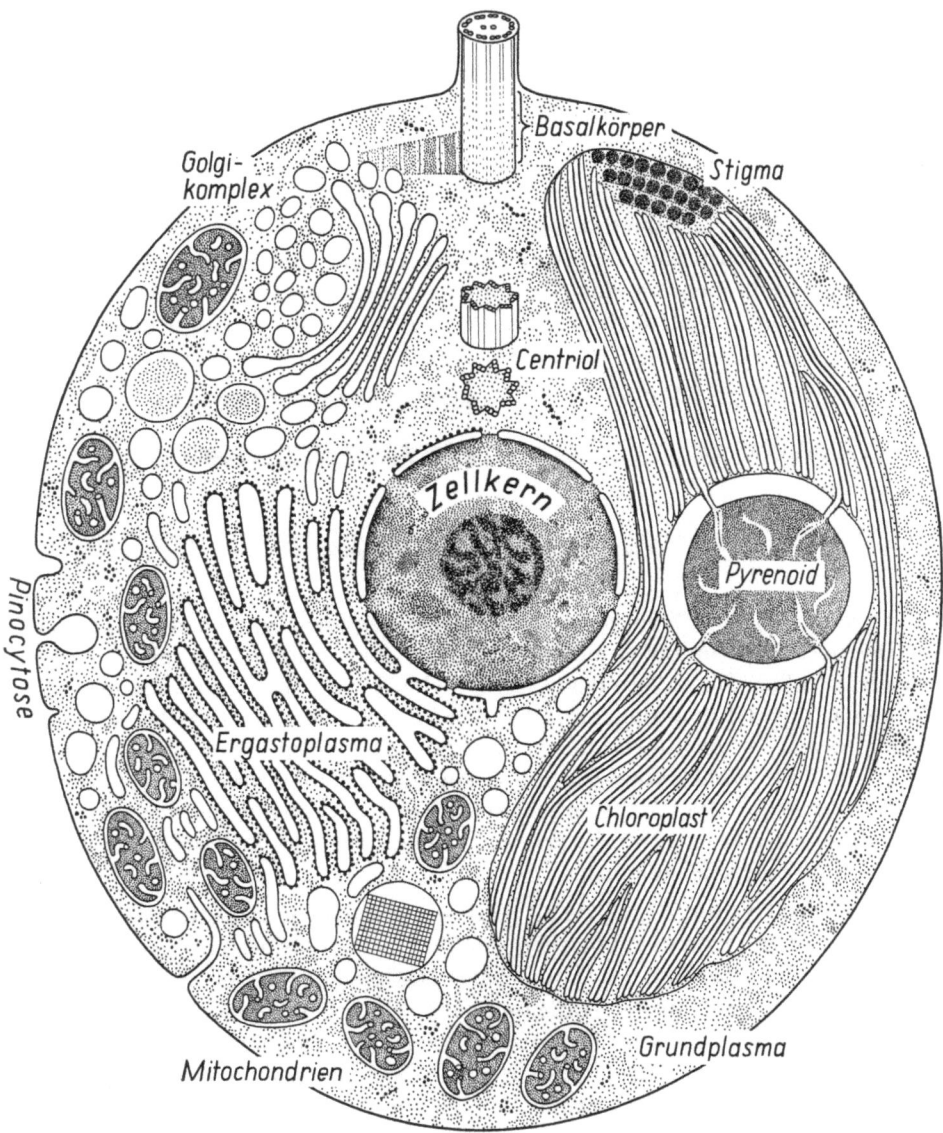

Abb. 7. Schema des Feinbaues einer Zelle

2. Die Strukturen

Manche Strukturen, welche das elektronenmikroskopische Bild der Zelle beherrschen, scheinen sich direkt aus dem Grundplasma zu entwickeln. Andere bilden sich im Anschluß an schon vorhandene Strukturen oder gehen durch Teilung aus ihnen hervor. Wenn auch über diese *strukturelle Dynamik* noch nicht viel bekannt ist, so muß man doch im Auge behalten, daß eine elektronenmikroskopische Aufnahme nur ein Momentbild ist. Erst der Vergleich vieler solcher Momentbilder ermöglicht es, den für die betreffende Zelle typischen Feinbau zu erkennen.

Neben den Strukturen, welche die sichtbaren Träger der Lebensprozesse sind, können im Cytoplasma *Reservesubstanzen* — wie Fett- und Lipoidtropfen, Stärke- und Paramylonkörner — auftreten, welche die Zelle später weiterverarbeitet, oder *Stoffwechselendprodukte*, die auf dem Wege der Defäkation nach außen abgegeben werden.

Membranen

Ein wesentlicher Bestandteil vieler Strukturen sind die *Membranen*. Biochemische und elektronenmikroskopische Untersuchungen führten zu der Auffassung, daß vielen Membranen ein einheitliches Bauelement, die sog. *Elementarmembran* (unit membrane) zugrunde liegt [*600, 902*]. Wie man sich ihren molekularen

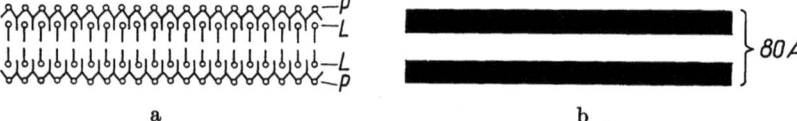

Abb. 8. Schema einer Elementarmembran. a Molekularer Aufbau (hypothetisch), *P* Proteinschicht, *L* Lipoidschicht. b Elektronenmikroskopisches Bild

Aufbau vorstellt, ist in Abb. 8 vereinfacht wiedergegeben (*a*). Innen befindet sich eine Doppelschicht von Lipoidmolekülen (*L*), welche mit ihren hydrophoben Polen aneinanderstoßen. Die äußere Begrenzung bilden Schichten von Proteinmolekülen (*P*), welche mit den hydrophilen Polen der Lipoidmoleküle verbunden sind. Die Dicke dieser Lipoproteidmembran beträgt 70—80 Å. Wegen des stärkeren Kontrastes der Proteinschichten erscheint sie im elektronenmikroskopischen Schnittbild als Doppellinie (*b*). Vieles spricht dafür, daß die Lipoide bei der selektiven Permeabilität der Elementarmembran eine Rolle spielen (S. 323), während ihr die Proteine die Festigkeit verleihen.

Membranen treten im Cytoplasma als Begrenzungen von *Bläschen oder Vesiceln* auf. Bei manchen Protozoen, vor allem Amöben (Abb. 9), sind die Vesicel so zahlreich, daß sie das Aussehen des Cytoplasmas bestimmen. Ein Teil der Membranen ist glatt. Andere sind an der Außenseite mit Körnchen (Granula) besetzt und werden daher als *granulierte Membranen* bezeichnet. Gelegentlich ist im Cytoplasma ein bestimmter Bereich erkennbar, in dem die granulierten Membranen gehäuft auftreten *(Ergastoplasma)*. Mit den von ihnen umschlossenen Spalträumen bilden die Membranen sackartige Strukturen, die vielfach parallel angeordnet sind. Diese Strukturen heißen *endoplasmatische Zisternen*. Sie können miteinander in Verbindung stehen und so ein mehr oder weniger zusammenhängendes System von Kanälen und Lacunen bilden (*„endoplasmatisches Reticulum"*). Dieses spielt wahrscheinlich beim intracellulären Stofftransport eine Rolle.

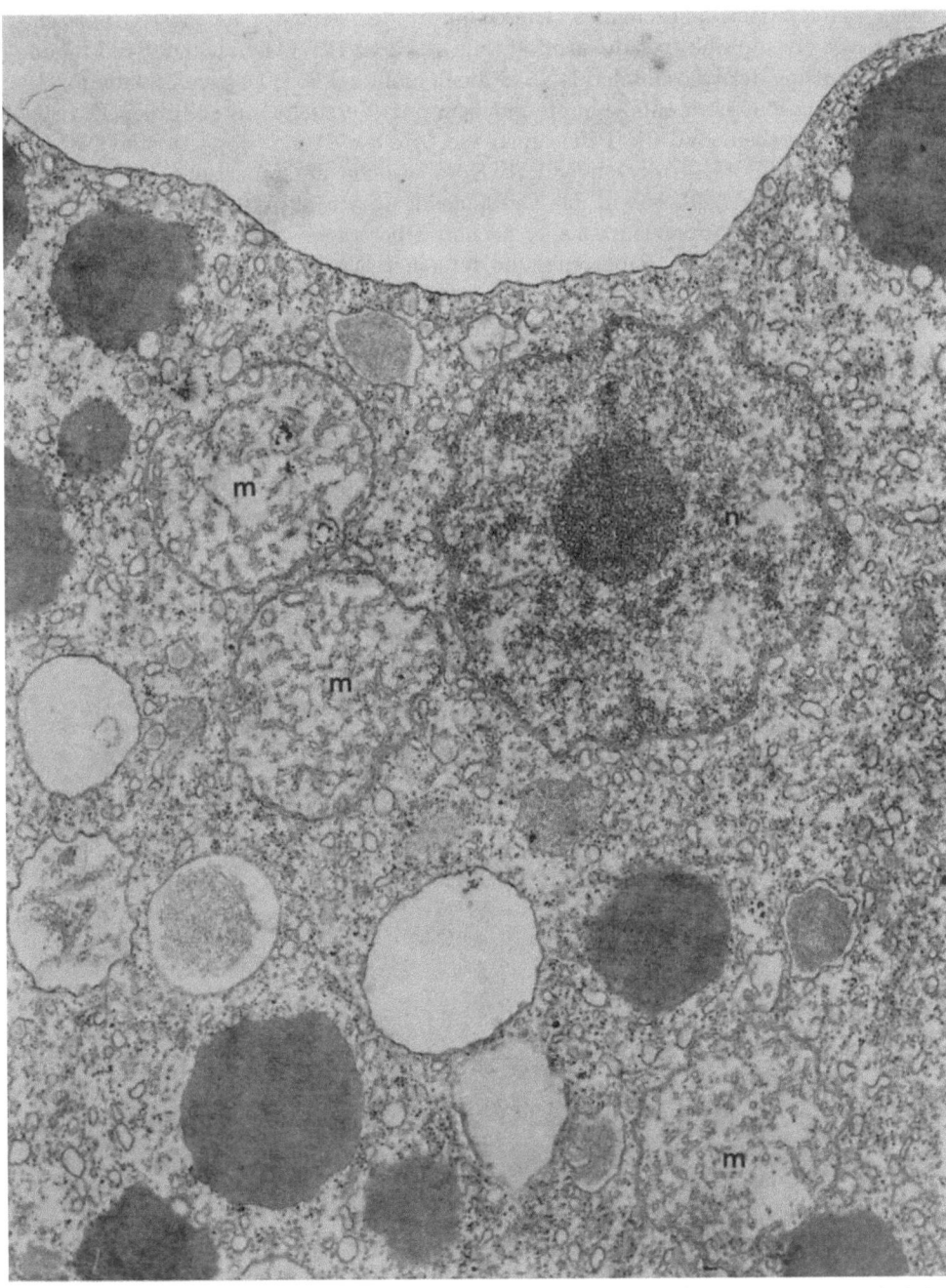

Abb. 9. *Pontifex maximus* (Amöbe). Schnitt durch den äußeren Zellbereich mit Zellkern (*n*) und Mitochondrien (*m*). Vergr. 30000×. Aufn. G. BENWITZ

Ribosomen

Die den Membranen außen ansitzenden Körnchen haben einen Durchmesser von 120—150 Å und bestehen aus Protein und Ribonucleinsäure. Sie werden daher als *Ribosomen* bezeichnet. Die Affinität des Ergastoplasmas für basische Farbstoffe (Basophilie) beruht größtenteils auf dem RNS-Gehalt der Ribosomen. Die Bedeutung der ribosomalen RNS ist noch nicht geklärt. Dagegen ist die Funktion der Ribosomen als solche heute gut bekannt. Versuche mit zellfreien Extrakten haben ergeben, daß die Ribosomen die *Orte der Proteinsynthese* sind. An sie lagert sich die Boten- (messenger-) RNS an, welche die genetische Information von der DNS des Zellkerns in das Cytoplasma überträgt. Unter Mitwirkung der für die einzelnen Aminosäuren spezifischen Überträger- (Transfer-) RNS-Moleküle werden dann an den Ribosomen die der genetischen Information entsprechenden Proteine (Polypeptidketten) synthetisiert.

Ribosomen können auch frei im Grundplasma liegen. Häufig sind sie dabei in Reihen („Polysomen") angeordnet. Offenbar beruht diese Aneinanderreihung darauf, daß die Ribosomen durch die gleiche Boten- (messenger-) RNS verbunden sind und nacheinander das gleiche Protein synthetisieren.

Soweit bisher bekannt, kommt es bei den Protozoen nur vereinzelt zu einer so auffälligen Anhäufung von granulierten Membranen, daß von einem Ergastoplasma gesprochen werden kann. In der Regel sind die granulierten Membranen unregelmäßig im Cytoplasma verstreut (Abb. 11, 12).

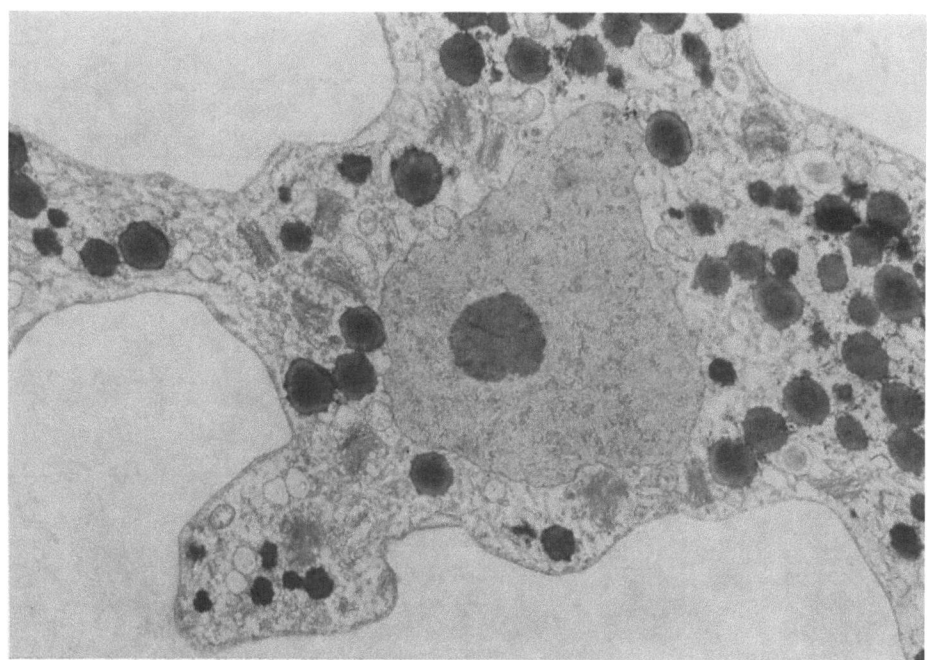

Abb. 10. *Stereomyxa angulosa* (Amöbe). Schnitt durch den zentralen Bereich der Zelle mit dem Zellkern und zahlreichen Golgi-Komplexen. Vergr. 10000×. Aufn. G. BENWITZ

Golgi-Komplexe

Als *Golgi-Komplexe (Dictyosomen)* werden Stapel von Membransäcken bezeichnet, deren Oberfläche stets frei von Ribosomen ist. Am Rande der Komplexe sind die Membransäcke meistens aufgebläht. Die aufgeblähten Bereiche werden als Vesicel abgeschnürt und durch Flächenwachstum der Membranen ergänzt (Abb. 7).

Häufig ist eine *Polarität* erkennbar: Der Golgi-Komplex zeigt eine konkave Seite, wo die Membransäcke enger zusammenliegen und eine konvexe, wo sie stärker aufgebläht sind und sich in Vesicel auflösen. In manchen Fällen steht diese Polarität in einer räumlichen Beziehung zum Zellkern, z. B. bei den Phytomonadinen (Abb. 15), wo die konkave Seite des Golgi-Komplexes immer zum Zellkern hin orientiert ist [539, 540].

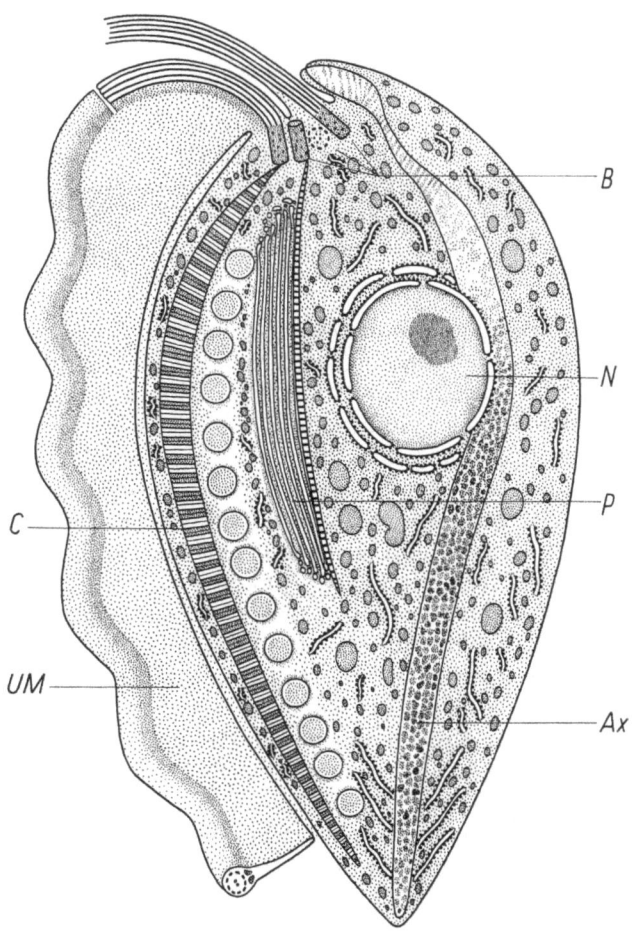

Abb. 11. *Trichomonas muris* (Polymastigine). Schema der Feinstruktur. *B* Basalkörper, *N* Zellkern, *P* Parabasalkörper, *Ax* Axostyl, *C* Costa, *UM* undulierende Membran. Nach ANDERSON aus PITELKA, 1963 [827]

Gelegentlich wurde beobachtet, daß sich eine endoplasmatische Zisterne an den Golgi-Komplex anlegt. Beide Membransysteme stehen zwar nicht in direkter Verbindung; aber zwischen ihnen treten zahlreiche Vesicel auf, die wahrscheinlich Stoffe aus der Zisterne in die Membransäcke des Golgi-Komplexes übertragen [37, 323, 1107].

Abgesehen von einigen Ciliaten sind Golgi-Komplexe bei allen näher untersuchten Protozoen gefunden worden. Ihre Zahl und Größe ist aber sehr verschieden. Ein Beispiel liefern die Amöben: Während *Stereomyxa angulosa* (Abb. 10) zahlreiche kleine Golgi-Komplexe enthält, besitzt *Paramoeba eilhardi* (Abb. 296) nur zwei, dafür aber sehr große Golgi-Komplexe. Diese liegen meistens in der Nähe des Zellkerns und sind auch im Leben (Phasenkontrast) deutlich erkennbar [440].

Die *Entstehung* der Golgi-Komplexe ist noch nicht völlig klar. Einige Beobachtungen sprechen dafür, daß sie sich teilen können, indem die Membransäcke in der Mitte durchgeschnürt werden.

Auch über ihre *Funktion* ist erst sehr wenig bekannt. In einigen Fällen wurde nachgewiesen, daß sie an der Bildung von Sekreten — insbesondere Polysacchariden — beteiligt sind, die von den Vesiceln an die Zelloberfläche transportiert werden. Dabei kann es sich um Schleimsubstanzen oder Zellwandmaterial, aber auch um geformte Sekrete handeln, die in die Zellhülle eingebaut oder ihr aufgelagert werden (S. 41). Ob die Golgi-Komplexe diese Sekrete selbst synthetisieren, ist aber ungewiß. Vielleicht dienen sie lediglich dem Wasserentzug, also der Kondensation der Sekrete, während die Synthese im Ergastoplasma erfolgt.

Parabasalkörper

Die für die Polymastiginen charakteristischen *Parabasalkörper* scheinen den Golgi-Komplexen zu entsprechen. Sie sind aber komplizierter gebaut und haben immer eine bestimmte Lage innerhalb der Zelle. Es handelt sich um stab- oder wurstförmige Gebilde, die am Vorderende der Zelle entspringen (Abb. 21). Die Trichomonadiden besitzen nur einen, wenn auch manchmal verzweigten Parabasalkörper, der an der Basis der Geißeln verankert ist und sich um den Achsenstab winden (*a, b*) oder geradegestreckt nach hinten ziehen kann (Abb. 11)[2]. Bei den Hypermastigiden kommen dagegen zahlreiche Parabasalkörper vor, die sich kranzförmig um den Zellkern gruppieren (Abb. 21 *c—e*).

Als durchlaufendes Strukturelement jedes Parabasalkörpers fungiert eine quergestreifte Proteinfaser, die als Filament bezeichnet wird. Wie Querschnittsbilder durch die Parabasalkörper von *Trichonympha* veranschaulichen (Abb. 12, *pb*), sind die Filamente (Pfeile!) stets zur Kernhülle gerichtet. Jedem Filament sitzt ein Stapel langgestreckter Membransäcke auf, der das gleiche Querschnittsbild wie ein Golgi-Komplex zeigt. Auch die strukturelle Dynamik stimmt mit der der Golgi-Komplexe überein. An der dem Filament entgegengesetzten Seite werden Vesicel abgeschnürt, die sich im Cytoplasma verteilen.

Cytochemische Untersuchungen ergaben, daß die Vesicel Polysaccharide enthalten. Anscheinend werden diese zum Hinterende der Zelle transportiert und bei der Erneuerung der Zellhülle verwendet. Die als Symbionten im Darm der Termiten lebenden Hypermastigiden (S. 380) nehmen nämlich Holzstückchen am Hinterende auf und müssen daher ihre Zellhülle ständig regenerieren. Diese Deutung wird durch Hungerversuche gestützt: Mit abnehmender Phagocytose-Tätigkeit zeigen die Parabasalkörper zunächst nur noch aufgeblähte und schließlich nahezu überhaupt keine Membransäcke mehr [452].

Mitochondrien

Während es sich bei den besprochenen Membransystemen um Strukturen handelt, von denen angenommen werden kann, daß sie bei ihrer physiologischen

---

[2] Nur *Mixotricha paradoxa*, eine besonders große Trichomonadide, besitzt keinen Parabasalkörper, dafür aber mehrere im Cytoplasma verstreute Golgi-Komplexe [207].

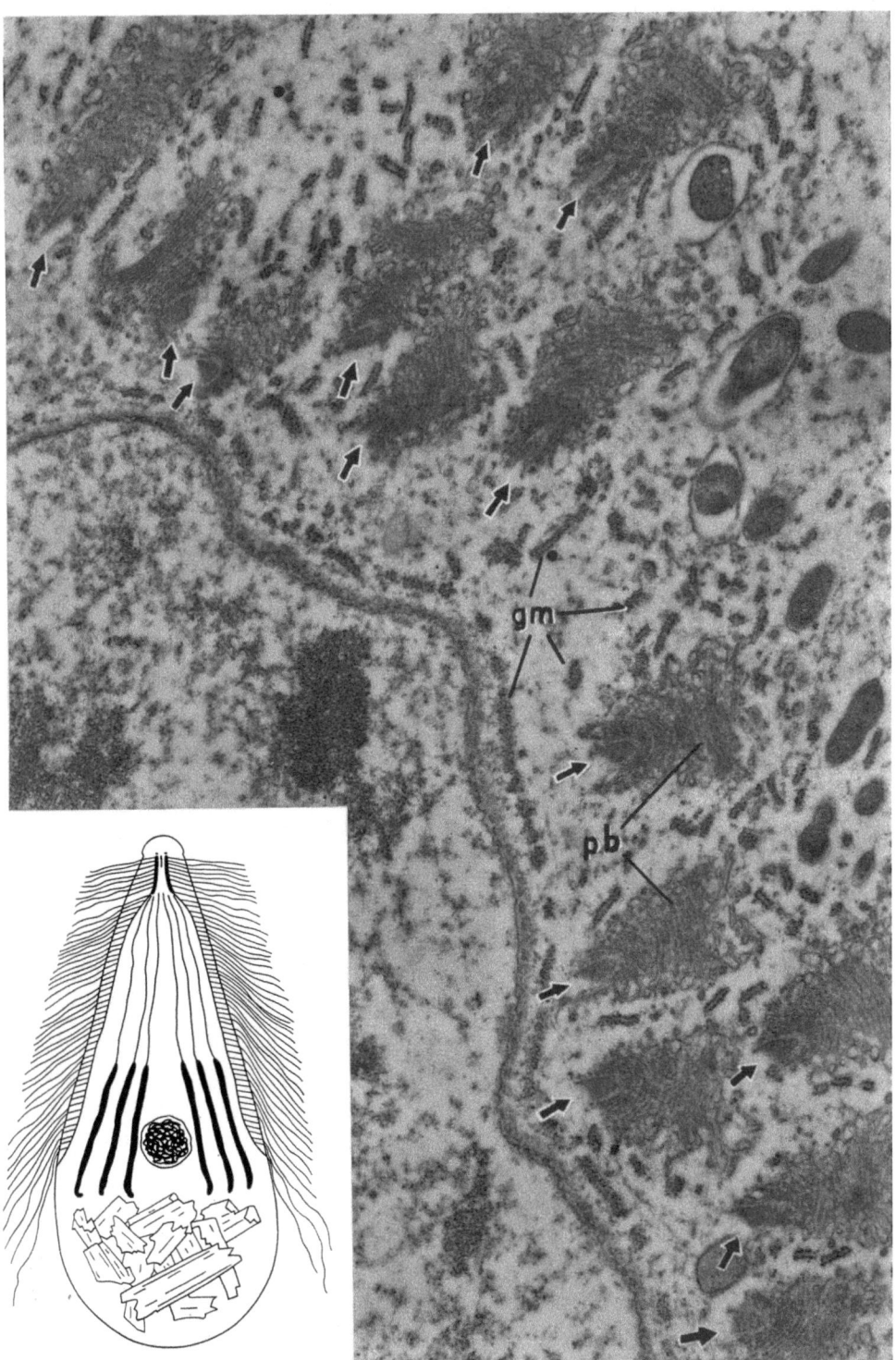

Abb. 12. *Trichonympha* (Polymastigine). Links unten: Übersichtsbild. Die elektronenmikroskopische Aufnahme zeigt einen Querschnitt im Bereich des Zellkerns und der Parabasalkörper (*pb*), deren Filamente (Pfeile) zur Kernhülle orientiert sind. An die Kernhülle schließt sich eine Zone granulierter Membranen an, die auch im Cytoplasma verstreut vorkommen (*gm*). Vergr. der elektronenm. Aufnahme 20700×. Nach GRIMSTONE, 1959 [*452*]

Aktivität ständig abgebaut und wieder erneuert werden (steady state-Systeme), besitzen die *Mitochondrien* eine größere Stabilität. Als korn- oder fadenförmige Gebilde von unterschiedlicher Größe können sie durch Strömungen im Cytoplasma umherbewegt werden, zeigen aber gelegentlich auch eine Anhäufung an bestimmten Stellen oder eine feste Lagebeziehung zu anderen Strukturen. Während die Mitochondrien früher nur durch ihre Affinität zu bestimmten Farbstoffen (z. B. Janusgrün B) charakterisiert werden konnten, ist es heute möglich, sie an ihrem spezifischen Feinbau eindeutig von anderen Strukturen zu unterscheiden.

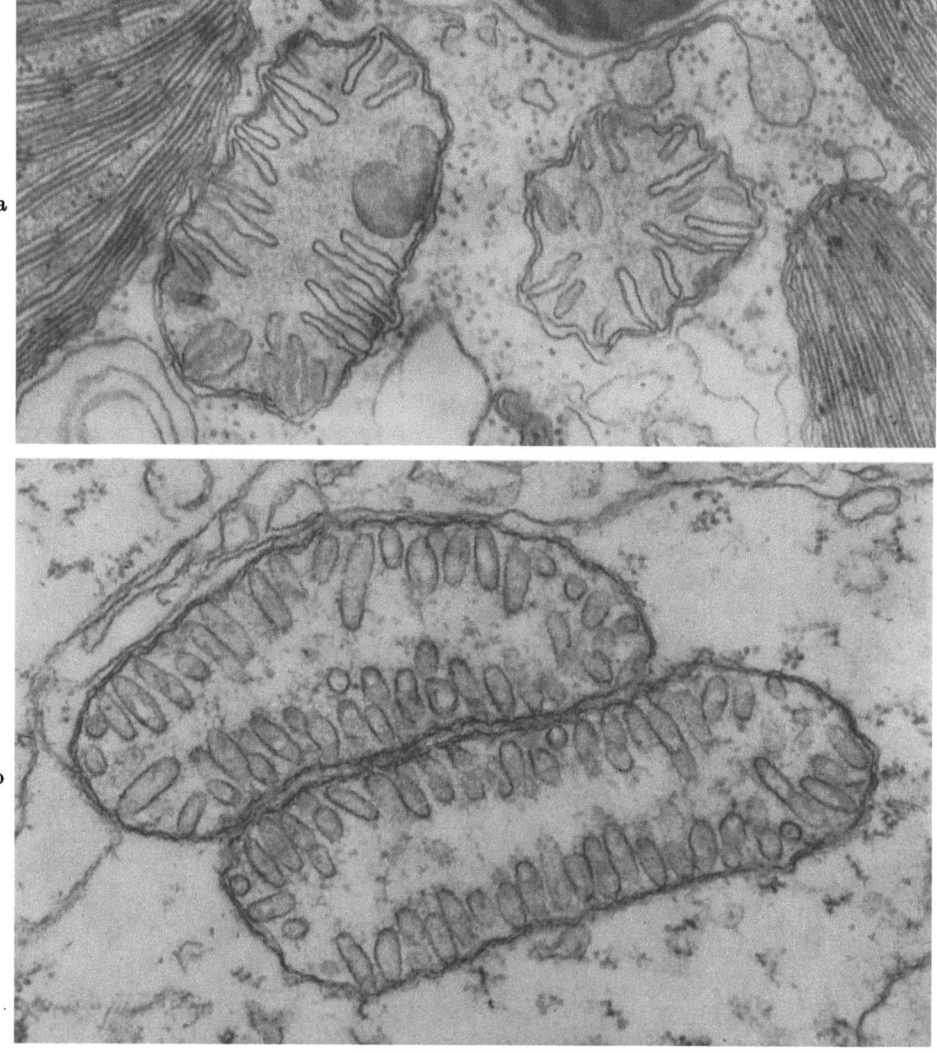

Abb. 13. Mitochondrien. a *Euglena spirogyra* (Cristae-Typ). Am linken und rechten Bildrand Anschnitte der Chloroplasten. Vergr. 47000×. Nach LEEDALE, MEEUSE u. PRINGSHEIM, 1965 [*631*]; b *Oxyrrhis marina* (Sacculi-Typ). Vergr. 60000×. Aufn. G. SCHWALBACH

Die äußere Begrenzung bilden zwei Membranen, von denen die innere *Einstülpungen* in das Mitochondrium treibt, welches im übrigen von einer als *Matrix*

(*Chondrioplasma*) bezeichneten Grundsubstanz erfüllt ist. Die Ausbildungsweise der Einstülpungen und ihr Verhältnis zur Matrix sind aber im einzelnen sehr verschieden. Bei den meisten Protozoen stellen die Einstülpungen Röhrchen (*Tubuli*) dar, welche ein dichtes Knäuel innerhalb des Mitochondriums bilden (Abb. 9, 23 u. 25). In anderen Fällen handelt es sich um kulissenartige oder sackförmige Vorsprünge (*Cristae, Sacculi*), die eine ziemlich umfangreiche Matrix freilassen (Abb. 13). Von den individuellen Größen- und Formunterschieden abgesehen, ist die Ausbildungsweise artspezifisch. Mitochondrien vom Cristae-Typus sind vor allem für die Euglenoidinen charakteristisch, kommen aber vereinzelt auch bei anderen Flagellaten (*Pedinomonas, Cercomonas*) vor. Bei den Amöben der Gattung *Pelomyxa* können die Tubuli einen zickzackförmigen Verlauf zeigen, wobei die Wendepunkte etwas angeschwollen sind [*86, 800*]. Manchmal wird die Matrix von einem dichten Faserbündel durchzogen [*323*].

Daß sich die Mitochondrien durch Teilung vermehren können, wird nicht nur durch lichtmikroskopische Beobachtungen belegt, sondern ist auch durch Markierung mit radioaktiven Substanzen wahrscheinlich gemacht worden, die von den Mitochondrien eingebaut werden. Für ihre Natur als *Selbstteilungskörper* spricht außerdem, daß sie eine eigene, von der des Zellkerns verschiedene DNS enthalten, die sich innerhalb der Mitochondrien verdoppelt [*1060, 1066*]. Bei *Tetrahymena pyriformis* konnte ^{3}H-Thymidin, welches in die DNS eingebaut worden war, über vier Zellgenerationen in den Mitochondrien nachgewiesen werden [*821*]. Es ist daher sehr unwahrscheinlich, daß die Mitochondrien „de novo" aus dem Grundplasma hervorgehen, wie früher angenommen wurde.

Die starke Oberflächenvergrößerung, welche sich im Feinbau der Mitochondrien äußert, wird durch ihre *Funktion* verständlich. Versuche mit zellfreien Extrakten zeigen, daß sie die Träger vieler Enzyme, insbesondere derjenigen des sog. Citronensäure-Cyclus und der Atmungskette sind. Die bei den Oxydationsprozessen freiwerdende Energie wird in der Adenosintriphosphorsäure (ATP) gespeichert, welche in den Mitochondrien synthetisiert und für energieverbrauchende Lebensvorgänge bereitgestellt wird. Man hat sie daher auch als die „Kraftwerke der Zelle" bezeichnet. Viele Enzyme, jedenfalls diejenigen, welche sich an der Atmungskette und der ATP-Synthese beteiligen, sind in den Membranen der Mitochondrien lokalisiert, wahrscheinlich in einer ihrer Tätigkeit entsprechenden Reihenfolge.

Anaerob lebenden Protozoen, welche ihr ATP nicht aus Oxydationsprozessen, sondern auf andere Weise gewinnen (Termitenflagellaten, *Entamoeba*-Arten, *Pelomyxa palustris*, Wiederkäuerciliaten), können die Mitochondrien fehlen. Andererseits treten sie in Zellbereichen, wo Energie verbraucht wird, beispielsweise in der Nähe von Basalkörpern und pulsierenden Vacuolen, gehäuft auf.

Kinetoplast

Die für die Flagellatenfamilien der Bodoniden und Trypanosomiden charakteristischen *Kinetoplasten* (Blepharoplasten) werden am besten im Anschluß an die Mitochondrien besprochen [*716, 1091*]. Diese Gebilde, welche größer als die meisten Mitochondrien sind, treten immer in der Einzahl auf und liegen stets hinter dem Basalkörper der Geißel. Es handelt sich zweifellos um Selbstteilungskörper. Ihre Teilung geht der des Zellkerns voraus (Abb. 114). Daß sie DNS enthalten und selbst synthetisieren, war schon lange bekannt und konnte auf verschiedene Weise nachgewiesen werden [*290, 1052, 1056*].

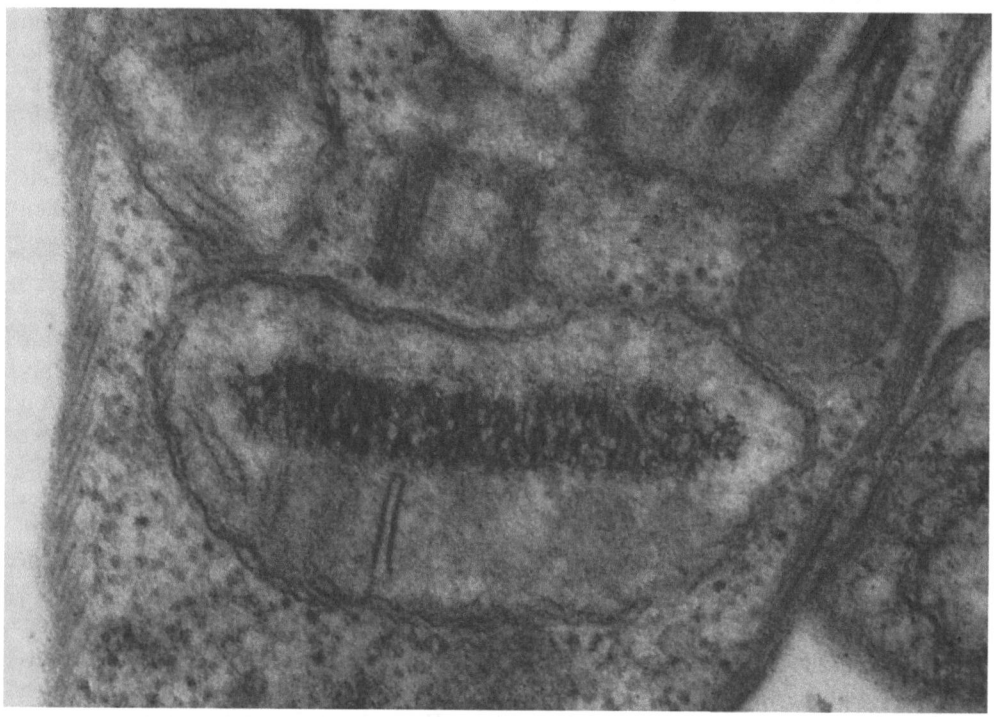

Abb. 14. *Trypanosoma lewisi*. Längsschnitt durch die Region des Kinetoplasten. Der Kinetoplast wird von einer Doppelmembran begrenzt, von welcher Cristae entspringen. Im Innern befindet sich ein fibrilläres Material (wahrscheinlich DNS). Oberhalb des Kinetoplasten: ein längsgeschnittener Basalkörper. Vergr. 46000×. Nach ANDERSON und ELLIS, 1965 [*26*]

Erst durch elektronenmikroskopische Untersuchungen [*26, 153, 716, 857, 1054*] stellte sich jedoch heraus, daß ihr struktureller Aufbau weitgehend mit dem der Mitochondrien übereinstimmt (Abb. 14). Die äußere Begrenzung bilden zwei Membranen. Von der inneren entspringen Einstülpungen, die den Cristae der Mitochondrien entsprechen. Im Innern befindet sich ein fibrilläres Material, bei dem es sich höchstwahrscheinlich um die DNS handelt. Inzwischen wurde nachgewiesen, daß die Kinetoplasten auch ähnliche Enzyme wie die Mitochondrien enthalten [*220a*].

Bei den verschiedenen Differenzierungsformen, welche die Trypanosomiden ausbilden (S. 373), kann die Größe und Struktur des Kinetoplasten wechseln [*26, 706, 917*]. Die extracellulär lebende *Leptomonas*-Form von *Leishmania donovani* besitzt beispielsweise einen großen, mit vielen Cristae ausgestatteten, die intracellulär lebende *Leishmania*-Form dagegen einen kleinen, nur wenige Cristae zeigenden Kinetoplasten. Dieser Größen- und Strukturwechsel hängt offenbar mit den Besonderheiten der Atmungskette bei beiden Zellformen zusammen: Während die *Leptomonas*-Form Cytochrom C synthetisiert, aber nur eine geringe Lactat-Dehydrogenase Aktivität zeigt, ist es bei der *Leishmania*-Form gerade umgekehrt [*604*].

Mit seiner Vergrößerung kann eine Gliederung des Kinetoplasten verbunden sein: Ein verhältnismäßig kleiner Teil enthält das fibrilläre Material (DNS), während ein langer, sich weit in das Cytoplasma erstreckender Teil die Cristae ausbildet.

Die im Wirbeltierblut lebenden *Trypanosoma*-Arten können ihren Kinetoplasten verlieren, wenn man sie der Einwirkung bestimmter Stoffe (z. B. Trypaflavin) aussetzt. Die „akinetoplastischen" Trypanosomen vermehren sich unbegrenzt weiter, lassen sich aber nicht auf Insekten übertragen. Da *Trypanosoma*-Arten, die „von Natur" keinen Kinetoplasten besitzen, nur in der *Trypanosoma*-Form vorkommen, liegt der Gedanke nahe, daß der Kinetoplast in erster Linie für die Differenzierungsformen wichtig ist, die nicht im Wirbeltierblut leben [889].

Jedenfalls kann der Kinetoplast auf Grund der elektronenmikroskopischen Befunde weder als Zellkern, noch als Symbiont, sondern am besten wohl als *spezialisiertes Mitochondrium* aufgefaßt werden.

Plastiden

Bei den Flagellaten, welche wie die grünen Pflanzen zur Photosynthese befähigt sind („Phytoflagellaten") wird ein großer Teil der Zelle von den *Plastiden* eingenommen. Wegen ihres Gehaltes an Chlorophyll sind sie meistens grün gefärbt und werden dann als *Chloroplasten* bezeichnet. Durch Beimengung verschiedenartiger Carotinoide können die Plastiden aber auch eine gelbe, braune oder rote Farbe erhalten.

Die Zahl und Größe der Plastiden ist sehr verschieden. Für die Phytomonadinen ist ein einziger, oft becherförmiger Chloroplast charakteristisch, der den Zellkern und den größten Teil des Cytoplasmas umschließt (Abb. 15 u. 302). Die übrigen Flagellaten besitzen meistens mehrere, manchmal sogar sehr viele Plastiden, die entsprechend kleiner und mehr oder weniger gleichmäßig im Cytoplasma verteilt sind (Euglenoidinen, Dinoflagellaten).

Gegen das übrige Cytoplasma sind die Plastiden durch eine Doppelmembran abgegrenzt. Bei einigen Chrysomonadinen (z. B. *Ochromonas danica*, s. Abb. 16) und Cryptomonadinen werden sie noch von einer weiteren Doppelmembran umschlossen, welche mit der Kernhülle in Verbindung steht [372, 373].

Die Grundsubstanz der Plastiden wird als *Stroma* bezeichnet. Bei den Flagellaten wird das Stroma von den sog. *Lamellen* durchzogen, die mehr oder weniger dicht gepackt sind und überwiegend parallel verlaufen. Jede Lamelle stellt jedoch ein Aggregat von Untereinheiten dar, den sog. *Membransäcken* oder *Thylakoiden*. Die beiden Membranen jedes Thylakoids gehen am Rande ineinander über und lassen nur einen schmalen Spaltraum zwischen sich frei. Der Zusammenschluß der Thylakoide ist meistens so eng, daß die aneinanderstoßenden Membranen im Elektronenmikroskop einheitlich erscheinen und dann doppelt so dick wie die Membranen sind, welche die äußere Begrenzung der Lamelle bilden. Sind die Lamellen nur aus zwei Thylakoiden aufgebaut (Cryptomonadinen), so entsteht der Eindruck als ob sie aus drei Membranen beständen, nämlich aus zwei dünnen äußeren und einer dicken inneren. In den meisten Fällen setzen sich die Lamellen aus drei Thylakoiden zusammen, so daß sie zwei dünne äußere und zwei dicke innere Membranen zeigen (Abb. 13a). Gelegentlich wechseln die Thylakoide aber

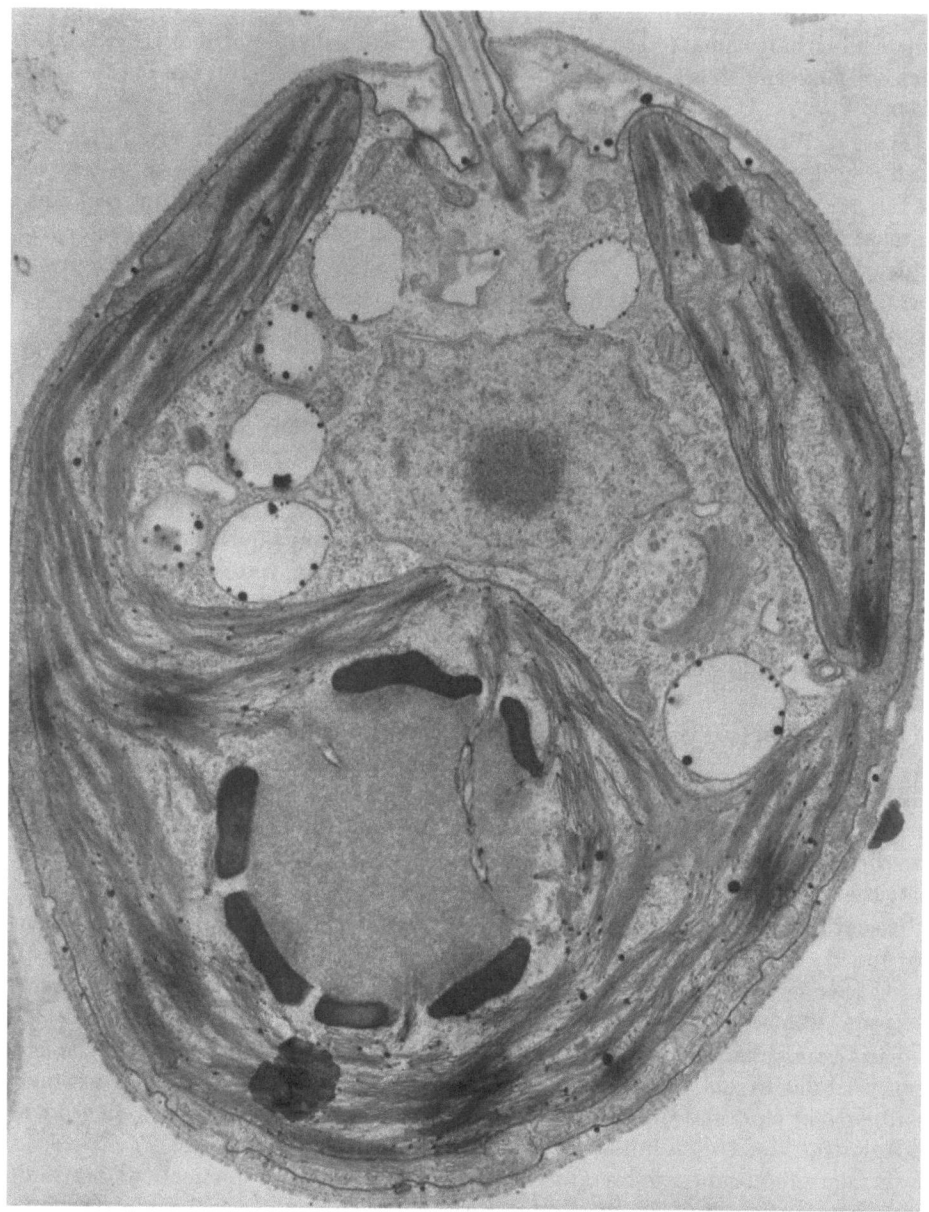

Abb. 15. *Chlamydomonas reinhardi.* Längsschnitt. Am Vorderende (oben) entspringt eine der beiden Geißeln. Der becherförmige Chloroplast (mit Lamellen und Pyrenoid) umschließt den Zellkern (mit Nucleolus) und das Cytoplasma (Vacuolen, Golgi-Komplex). Der Zellmembran ist eine Cellulose-Schicht aufgelagert. Vergr. 17 000×.
Aufn. von G. PALADE aus SAGER, 1965 [*932*]

auch von einer Lamelle zur anderen über oder schließen sich zu Stapeln zusammen, die aus mehr als drei (bis 12) Thylakoiden bestehen.

Bei den höheren Pflanzen bilden die Thylakoide keine durchgehenden Lamellen. Neben „Stroma-Thylakoiden" treten „Grana-Thylakoide" auf, geldrollenartige Stapel von Membransäcken, die wahrscheinlich dadurch zustande kommen, daß sich Fortsätze der Stroma-Thylakoide lokal übereinanderschieben. Diese „Grana" sind auch im Lichtmikroskop erkennbar. Unter den Protozoen sind sie bisher nur bei der Phytomonadine *Carteria acidicola* beobachtet worden [*542*].

Die Membranen der Thylakoide bestehen aus Proteinen, Lipoiden und Chlorophyll. Die molekulare Anordnung dieser Komponenten ist noch nicht geklärt. Daß das Chlorophyll am strukturellen Aufbau der Membranen beteiligt ist, zeigt eine Mutante von *Chlamydomonas reinhardi*, welche zum Unterschied von der Wildform im Dunkeln kein Chlorophyll mehr bilden kann. Bei ständiger Dunkelkultur verschwinden auch die Lamellen in den Chloroplasten. Bringt man die Zellen wieder ans Licht, so setzt zuerst die Chlorophyllsynthese, dann die Lamellenbildung ein. Eine schwach grüne Mutante, welche etwas Chlorophyll (etwa 5% der Wildform) aber keine Carotinoide bildet, zeigt auch einige Lamellen in den Chloroplasten [*928, 939*].[2a]

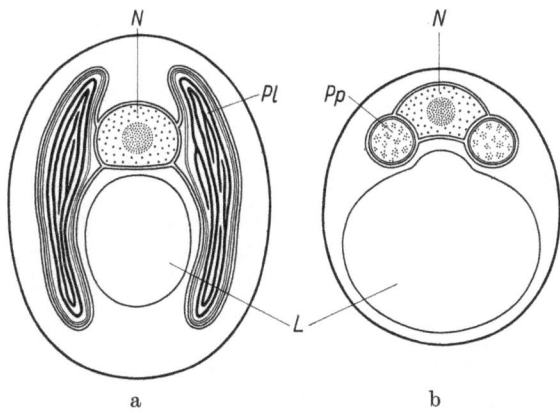

Abb. 16. *Ochromonas danica* (Chrysomonadine). Schema des Formwechsels der Plastiden. a Zelle bei Lichtkultur, b bei Dunkelkultur. *N* Zellkern, *Pl* Plastid, *Pp* Proplastid, *L* Leukosin-Vacuole. Nach den Untersuchungen von GIBBS, 1962 [*373*]

Bei den höheren Pflanzen können sich die Chloroplasten zwar durch Teilung vermehren, gehen aber bei der geschlechtlichen Fortpflanzung immer aus kleinen *Proplastiden* hervor, die zunächst noch keine Thylakoide enthalten. Neuere Untersuchungen haben ergeben, daß derartige Proplastiden auch bei den Flagellaten vorkommen. Sie stellen *Reduktionsformen der Plastiden* dar, sind aber wie diese teilungsfähig und ermöglichen daher den Zellen, auch nach einer längeren Dunkelperiode wieder zur Photosynthese überzugehen.

Bei der Chrysomonadine *Ochromonas danica* (Abb. 16), welche im Licht zwei seitliche Plastiden besitzt, sind die Proplastiden, zu denen die Plastiden bei Dunkelkultur rückgebildet werden, leicht erkennbar, weil sie wie die ausgewachsenen Plastiden von einer Abfaltung der Kernhülle umschlossen sind. Werden die Zellen einer Dunkelkultur dem Licht ausgesetzt, so wachsen die Proplastiden innerhalb von zwei Tagen wieder zu den Plastiden heran, wenn auch die Resynthese

---

[2a] Dieser Befund kann jedoch nicht verallgemeinert werden, da chlorophylldefekte Mutanten in anderen Fällen normal aussehende Lamellen bilden.

des Chlorophylls und der Carotinoide sowie die Ausbildung der Lamellen erst nach drei weiteren Tagen abgeschlossen ist [372, 373].

Wird *Euglena gracilis*, welche etwa 10 Chloroplasten enthält, im Dunkeln oder bei hoher Temperatur kultiviert, mit ultraviolettem Licht bestrahlt oder mit bestimmten Stoffen (Streptomycin, Antihistaminen u. a.) behandelt, so hört die Chlorophyllsynthese nach einiger Zeit auf, und die Chloroplasten scheinen zu verschwinden. In Wirklichkeit zerfallen sie aber in etwa 30 Proplastiden. Dabei handelt es sich um kleine Vesicel (Durchmesser: $1-2\,\mu$), welche keine Lamellen und kein Chlorophyll enthalten, aber eine rötliche Fluorescenz zeigen (Bildung von Porphyrin). Allerdings können sich die Proplastiden nur bei den durch Dunkelkultur „gebleichten" Zellen wieder zu Chloroplasten differenzieren, während sie durch die übrigen Agentien im allgemeinen irreversibel geschädigt sind, so daß keine Chlorophyllsynthese mehr möglich ist [374, 375]. Bei den „ergrünenden" Zellen scheinen jeweils drei Proplastiden wieder zu einem Chloroplasten zu verschmelzen.

Bei den Phytomonadinen und Euglenoidinen kommen farblose, sich ausschließlich heterotroph ernährende Formen vor, welche in morphologischer Beziehung weitgehend mit grünen, zur Photosynthese befähigten Formen übereinstimmen. So entspricht die farblose *Polytoma* der grünen *Chlamydomonas* und die farblose *Astasia* der grünen *Euglena*. Für die Auffassung, daß die farblosen Formen aus den grünen hervorgegangen sind, spricht der Nachweis von Vesiceln, die als degenerierte Plastiden bzw. genetisch chlorophylldefekte Proplastiden gedeutet werden können. Bei *Polytoma* enthalten diese Vesicel Stärkekörner [620].

Zum Unterschied von den typischen Zellen höherer Pflanzen treten in den Plastiden der Flagellaten und Algen *Pyrenoide* auf. Dabei handelt es sich um abgegrenzte Bereiche, die durch das Vorherrschen einer dichten granulären oder fibrillären Grundsubstanz gekennzeichnet sind. Im einfachsten Falle, z. B. bei der Chrysomonadine *Olisthodiscus*, treten diese Bereiche nur dadurch hervor, daß die Lamellen einen größeren Abstand voneinander haben. In der Regel nimmt aber die Grundsubstanz derart überhand, daß sie nur noch von wenigen Lamellen durchzogen wird und diese eine von dem Parallelverlauf der übrigen Lamellen abweichende Orientierung zeigen. Zudem bestehen die Lamellen des Pyrenoids meistens nur noch aus ein oder zwei Thylakoiden, die zwar mit denen der Plastide in Verbindung stehen, aber innerhalb des Pyrenoids mehr oder weniger aufgebläht und in röhrenartige Bildungen umgewandelt sind [369, 370]. Manchmal ragen die Pyrenoide knospenartig aus den Plastiden heraus, beispielsweise bei einigen Dinoflagellaten und der Phytomonadine *Carteria acidicola* (Abb. 17), wo sie aus mehreren Teilbereichen bestehen, die sich durch die Richtung der Lamellen unterscheiden. Das zwischen den Lamellen liegende Material weist hier eine fibrilläre Struktur auf, die senkrecht zu ihnen orientiert ist [542]. Bei *Prasinocladus marinus* erstreckt sich ein Ausläufer des Zellkerns tief in das Pyrenoid hinein [673, 819].

Einen Hinweis auf die Funktion der Pyrenoide liefert die Tatsache, daß in ihrer Nähe Polysaccharide in Form von Stärke- oder Paramylonkörnern kondensiert werden. Diese können außerhalb der Plastidenhülle oder — wie bei den Phytomonadinen (Abb. 17) — innerhalb des Chloroplasten liegen. Abb. 18 zeigt ein Beispiel für verschiedene Funktionszustände.

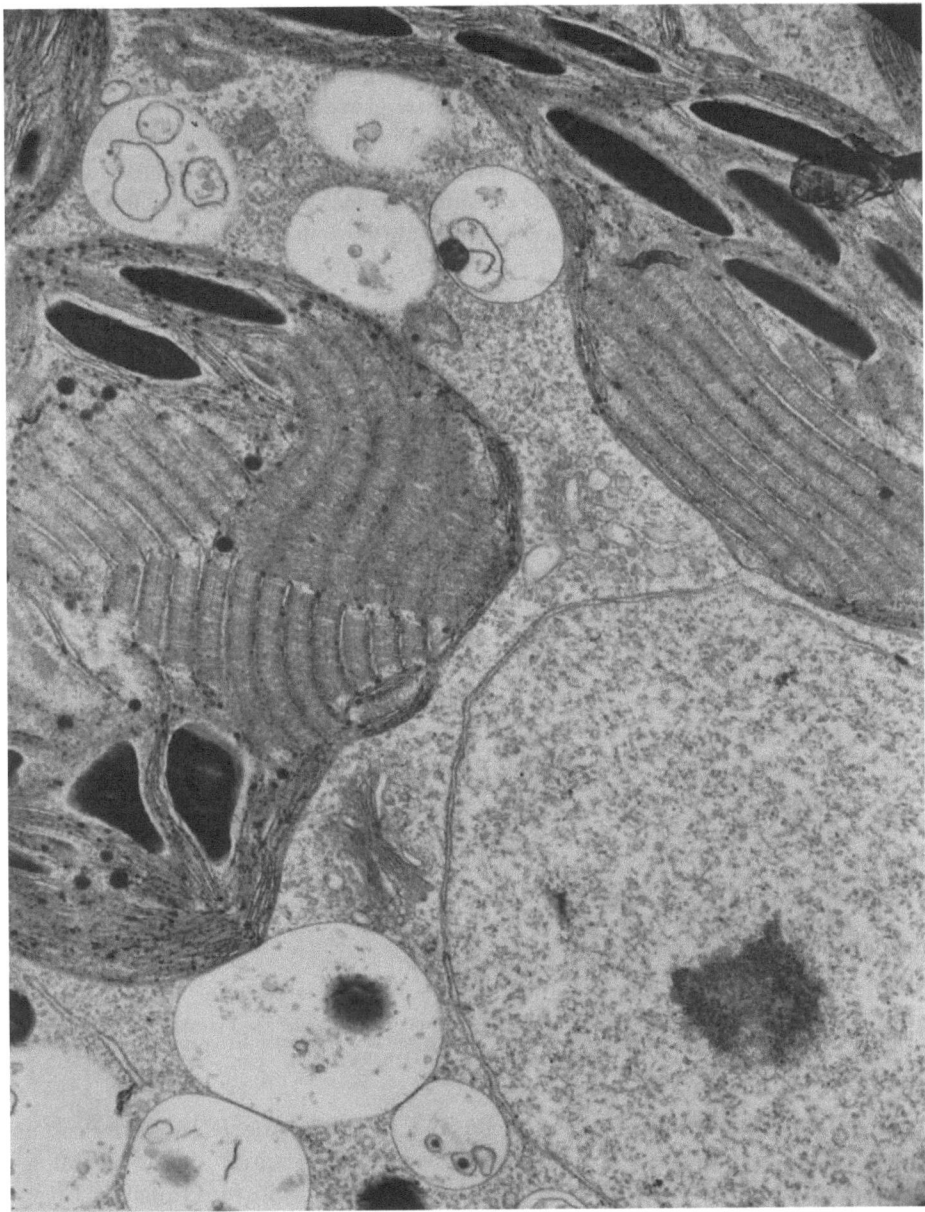

Abb. 17. *Carteria acidicola* (Phytomonadine). Teil eines Längsschnittes mit dem Zellkern (rechts unten) und dem Chloroplasten. Letzterer bildet zwei Vorwölbungen, welche die Pyrenoide enthalten. Die schwarzen Einschlüsse sind Stärkekörner. In der Nähe der Kernhülle sind zwei Golgi-Komplexe angeschnitten. Vergr. 16400×. Nach JOYON und FOTT, 1964 [*542*]

In vielen Fällen stellt auch der *Augenfleck (Stigma)* eine Differenzierung der Plastide dar (s. S. 308).

Daß die Plastiden *Selbstteilungskörper* sind, wird nicht mehr bestritten. Bei Flagellaten, die nur eine oder wenige Plastiden besitzen, läßt sich ihre Teilung unmittelbar beobachten. Außerdem wurde nachgewiesen, daß die Plastiden eine von der Kern-DNS verschiedene DNS enthalten [*90, 300, 301, 886, 938*]. Bei *Euglena gracilis* beträgt die Plastiden-DNS 1—5% der gesamten DNS-Menge der Zelle. Durch statistische Auswertung von Bestrahlungsversuchen (UV) kam man zu dem Schluß, daß bei *Euglena gracilis* etwa 30 inaktivierbare Einheiten und 10 in der Zellteilungsfolge segregierende Einheiten vorkommen. Diese Zahlen entsprechen denen der Proplastiden und Chloroplasten [*315, 664*]. Auf die Möglichkeit, daß die bei *Chlamydomonas reinhardi* entdeckten „nicht-chromosomalen" Gene an die DNS der Plastiden gebunden sind, wird später noch einzugehen sein (S. 239).

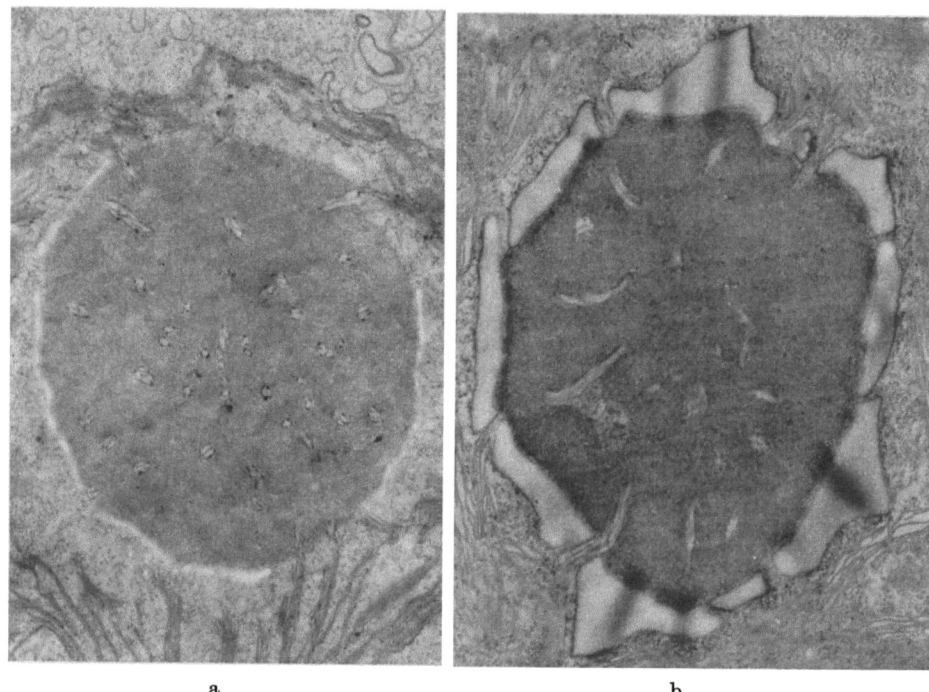

Abb. 18. *Eudorina (Pleodorina) californica*. Verschiedene Funktionszustände des Pyrenoids. a Schwach ausgebildete Stärkehülle (generative Zelle). Vergr. 18000×. b Stark ausgebildete Hülle aus Stärkekörnern (somatische Zelle). Vergr. 24000×. Aufn. G. SCHWALBACH

Da in den Plastiden auch Ribosomen und einige für die RNS- und Proteinsynthese erforderliche Enzyme nachgewiesen wurden, muß damit gerechnet werden, daß die Plastiden einen Teil ihrer strukturellen und funktionellen Eigenschaften durch „eigene" Gene kontrollieren.

Wenn auch die Funktion der besprochenen Membransysteme im einzelnen noch recht unklar ist, so steht doch fest, daß sie alle in enger Beziehung zum intermediären Stoffwechsel der Zelle stehen. Die Bedeutung der Strukturen, über welche im folgenden berichtet wird, ist dagegen in anderer Richtung zu suchen.

Fibrillen

Bei vielen Protozoen treten im Cytoplasma *fibrilläre Strukturen* auf. Ihre Mannigfaltigkeit ist so groß, daß hier nur Beispiele gebracht werden können.

Auf die Fibrillensysteme, welche in einem topographischen Zusammenhang mit der Zellhülle (S. 39) und den Basalkörpern der Geißeln und Wimpern stehen (S. 284), wird an anderer Stelle näher eingegangen.

Ob die Fibrillen eine statische Bedeutung haben oder ob ihnen eine Kontraktilität zukommt, läßt sich meistens schwer entscheiden. In vielen Fällen erfüllen sie wahrscheinlich beide Funktionen, indem sie sowohl die Beibehaltung einer bestimmten Zellform als auch Gestaltveränderungen der Zelle ermöglichen.

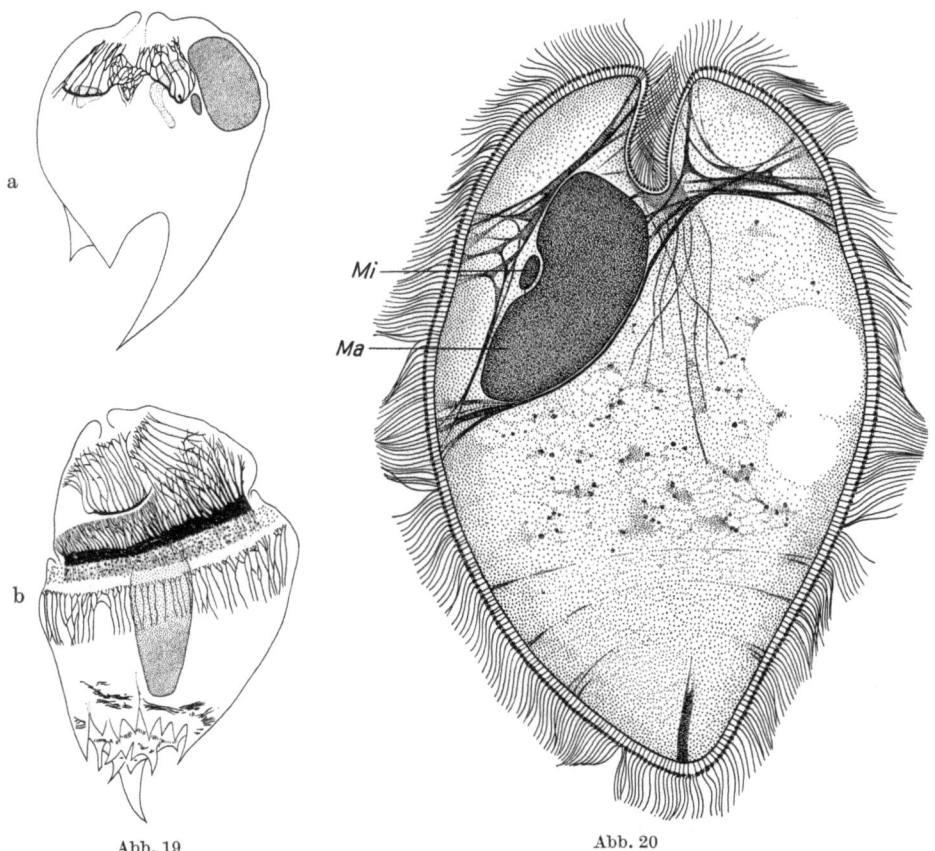

Abb. 19 Abb. 20

Abb. 19. Silberimprägnierte Fibrillen von Ophryoscoleciden. a *Entodinium caudatum*. Vergr. 730×, b *Ophryoscolex caudatus*. Vergr. 350×. Nach NOIROT-TIMOTHÉE, 1960 [776]

Abb. 20. *Isotricha prostoma*. Ciliat aus dem Wiederkäuerpansen mit fibrillärem Stützapparat am Cytostom und um die Kerne; *Mi* Mikronucleus, *Ma* Makronucleus. Vergr. 950×. Nach BELAR aus HARTMANN, 1953 [469]

Viele Wiederkäuerciliaten besitzen Fibrillen, welche eine Art intracelluläres Gerüstwerk bilden. Manchmal liegt es mehr oberflächlich (Abb. 19), manchmal durchzieht es aber auch das Endoplasma, wobei sogar die Zellkerne miteinbezogen sein können (Abb. 20).

Für eine Reihe von Strukturen wurde in den letzten Jahren nachgewiesen, daß sie aus sog. *Mikrotubuli* aufgebaut sind. Dabei handelt es sich um Fibrillen, deren äußere Begrenzung im Elektronenmikroskop dunkel erscheint, so daß der Eindruck von „Tubuli" entsteht. Die Berechtigung, sie mit einem gemeinsamen

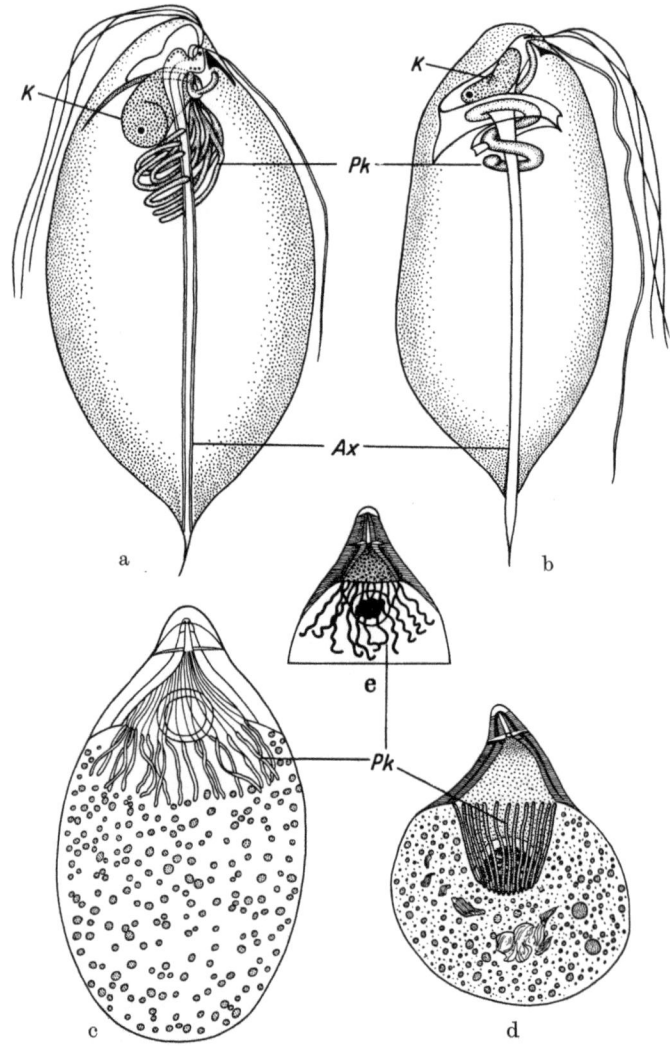

Abb. 21. Zelldifferenzierungen bei verschiedenen Polymastiginen. a *Pseudodevescovina ramosa*, b *Metadevescovina magna*, c *Trichonympha chula*, d *Trichonympha teres*, e *Trichonympha chattoni*. *K* Kern, *Ax* Achsenstab, *Pk* Parabasalkörper. Nach KIRBY, 1944 u. 1949 [586]

Namen zu belegen, wird noch dadurch gestützt, daß ihr Durchmesser weitgehend übereinstimmt (etwa 240 Å).

Die für viele Polymastiginen charakteristischen *Axostyle* können entweder in der Einzahl vorliegen und dann die ganze Zelle durchziehen (Abb. 11 u. 21) oder in großer Zahl auftreten (Abb. 330). Sie können stab-, band- oder fadenförmig sein. Elektronenmikroskopische Aufnahmen zeigen, daß sie aus zahlreichen Mikrotubuli bestehen, die in Reihen nebeneinander liegen (Abb. 22, a, b). Sowohl die Zahl der Mikrobubuli, welche eine Reihe bilden, als auch die der Reihen selbst, sind von Art zu Art verschieden.

Bei *Trichomonas* wurden aktive Krümmungen, bei *Pyrsonympha*, *Oxymonas*, *Saccinobaculus* und *Notila* [455] wellenförmige Bewegungen der Axostyle beobachtet. Wie weit diese Undulationen eine Lokomotion ermöglichen und wie sie mit der Geißeltätigkeit koordiniert sind, ist aber nicht genau bekannt. In manchen Fällen, z. B. bei *Mixotricha paradoxa* (S. 292) hat das Axostyl sicher keine lokomotorische Funktion [*207*].

Die *Axoneme*, welche die Axopodien der Heliozoen stützen, können zwar nicht mit den Axostylen der Polymastiginen homologisiert werden, stimmen aber mit ihnen darin überein, daß sie Komplexe von Mikrotubuli sind (Abb. 22c,d). Ihre Anordnung wird auf S. 277 beschrieben.

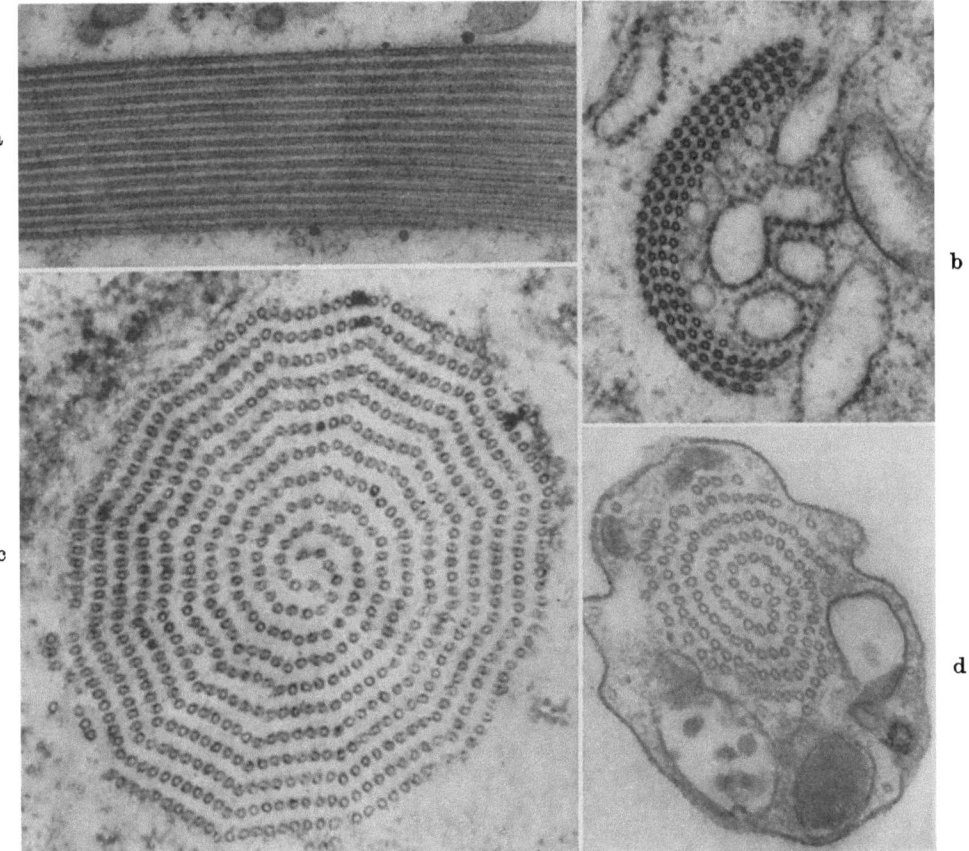

Abb. 22. Mikrotubuli. a Längsschnitt, b Querschnitt durch das Axostyl einer Polymastigine (verm. *Saccinobaculus*). Vergr. 54000×. Nach GRIMSTONE und CLEVELAND, 1965 [*455*]. c, d Querschnitte durch das Axonem des Heliozoons *Echinosphaerium nucleofilum* (c in Kernnähe, d in Höhe des Axodopiums). Vergr. 44000×. Nach KITCHING und CRAGGS, 1965 [*592*]

Schon bei den Flagellaten (z. B. *Peranema*, Abb. 311a) können Organelle ausgebildet sein, welche den Übertritt der Nahrung in die Zelle erleichtern und sie in kleinere Portionen zerlegen. Bei manchen Ciliaten wird diese Aufgabe von dem sog. Reusenapparat übernommen, welcher aus einem Kranz von *Reusenstäben* oder *Trichiten* besteht. Diese sind mit anderen Strukturen, die hier nicht im Einzelnen besprochen werden können, zu einer Funktionseinheit verbunden.

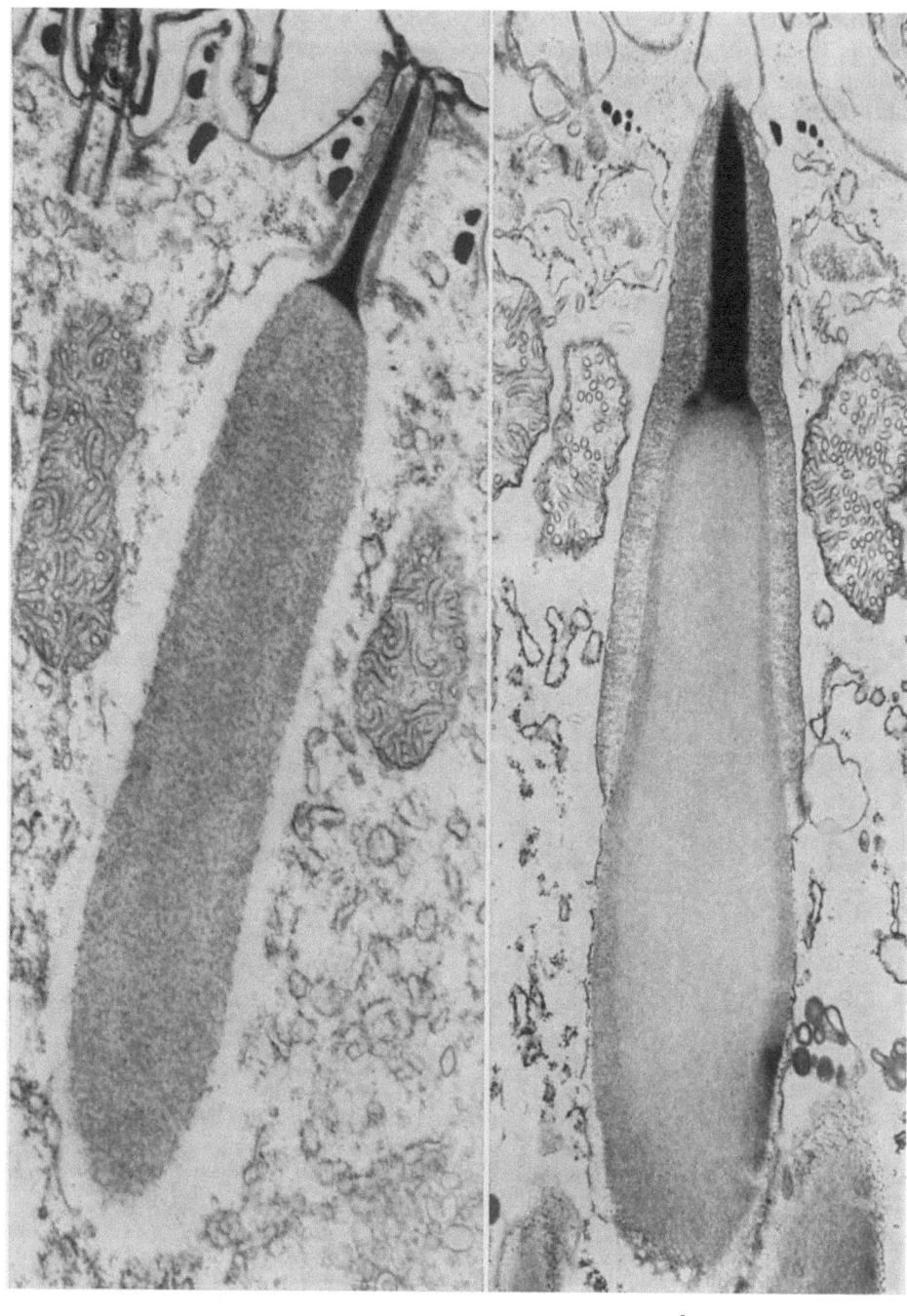

Abb. 23. Längsschnitte durch ruhende Trichocysten: a von *Paramecium caudatum*, Vergr. 31000×, b von *Frontonia vesiculosa*, Vergr. 29000×. Nach YUSA, 1963/65 [1146/1147]

Auch die Trichiten bestehen aus dichtgepackten und durch Querbrücken verbundenen Mikrotubuli.

Während die Mikrotubuli in diesem Falle eine ausschließlich statische Bedeutung haben, scheinen sie in den Tentakeln der Suktorien die kontraktilen Elemente zu sein (S. 335). In den sog. Fangtentakeln bilden sie Komplexe, die auch schon auf Grund lichtmikroskopischer Beobachtungen als „Myoneme" gedeutet wurden (Abb. 283).

Auch viele Fibrillen, die unter der Zellhülle verlaufen (S. 304) oder von Basalkörpern entspringen (S. 294), sowie die Spindelfasern und die Subfibrillen der Geißeln und Wimpern (S. 284) stellen Mikrotubuli dar.

Obwohl noch nicht zu übersehen ist, wieweit die Mikrotubuli in funktioneller Beziehung übereinstimmen, so steht doch fest, daß es sich um weiterverbreitete Elementarstrukturen handelt, die auch chemisch ähnlich aufgebaut sein könnten.

Extrusome

Viele Flagellaten und Ciliaten bilden in ihrem Cytoplasma komplizierte Strukturen aus, die unter der Einwirkung bestimmter Reize ganz oder teilweise ausgestoßen werden und daher stets unter der Zellhülle liegen. Obwohl ihre Homologie nicht erwiesen ist, empfiehlt es sich, sie unter einem gemeinsamen Begriff zusammenzufassen. Sie sollen daher hier als *Extrusome* bezeichnet werden. Nach Bau und Funktion kann man verschiedene Typen unterscheiden.

Am längsten sind die *Trichocysten* der Ciliaten bekannt. Bei den strudelnden Holotrichen (Trichostomata, Hymenostomata), können die Trichocysten als stab- oder fadenförmige Gebilde unter der ganzen Zelloberfläche verteilt sein. Mit ihren distalen Enden sind sie an der Zellhülle verankert, in deren Differenzierungsmuster sie sich in topographisch festgelegter Weise einfügen (S. 44). Wie Längsschnitte durch die Trichocyste von *Paramecium* und *Frontonia* zeigen (Abb. 23), besteht sie aus einem langgestreckten Schaft und einer Spitze. Am distalen Ende ist noch eine Kappe ausgebildet, die bei *Paramecium* nur die Spitze, bei *Frontonia* auch noch einen Teil des Schaftes umschließt.

Die Explosion der Trichocyste kann durch mechanische, chemische oder elektrische Reizung hervorgerufen werden. Sie stellt wahrscheinlich einen Quellungsvorgang dar, läßt sich aber schwer analysieren, weil sie sich in wenigen Millisekunden abspielt. Im explodierten Zustand erreicht die Trichocyste etwa die zehnfache Länge (20—30 μ). Ihr Schaft wird zu einem langen, periodisch quergestreiften und beim Austrocknen kollabierenden „Schlauch" umgebildet, dem die unverändert gebliebene Spitze vorne aufsitzt (Abb. 24).

Bei *Frontonia* konnte nachgewiesen werden, daß die Querstreifung zunächst inselartig an der Peripherie des Schaftes auftritt und schließlich seine ganze Masse erfaßt. Die Querstreifung des explodierten Schaftes kann daher nicht auf der „Entfaltung" einer vorgebildeten Struktur beruhen, sondern muß mit einer außerordentlich schnellen Umordnung der den Schaft aufbauenden Proteinmoleküle verbunden sein [*912*].

Während man früher vielfach der Auffassung war, daß die Trichocysten aus den Basalkörpern der Wimpern hervorgehen [*662*], haben neuere Untersuchungen [*1146, 1147*] gezeigt, daß sie in Vesiceln des Cytoplasmas entstehen. Bringt man sie durch Elektroschock zur Explosion, so läßt sich ihre Neubildung schrittweise verfolgen (Abb. 25). Die Vesicel sind zunächst nur von einer granulären Masse erfüllt. Dann tritt ein elektronendichter Kondensationskern auf (a), der sich auf Kosten der Grundsubstanz immer mehr vergrößert und in die Länge streckt (b). Schließlich wird auch die Spitze ausgebildet, die anfangs die gleiche parallelfaserige Struktur wie der Schaft erkennen läßt. Wie es möglich ist, daß die Trichocysten an der „richtigen" Stelle der Pellicula verankert werden, ist noch völlig rätselhaft.

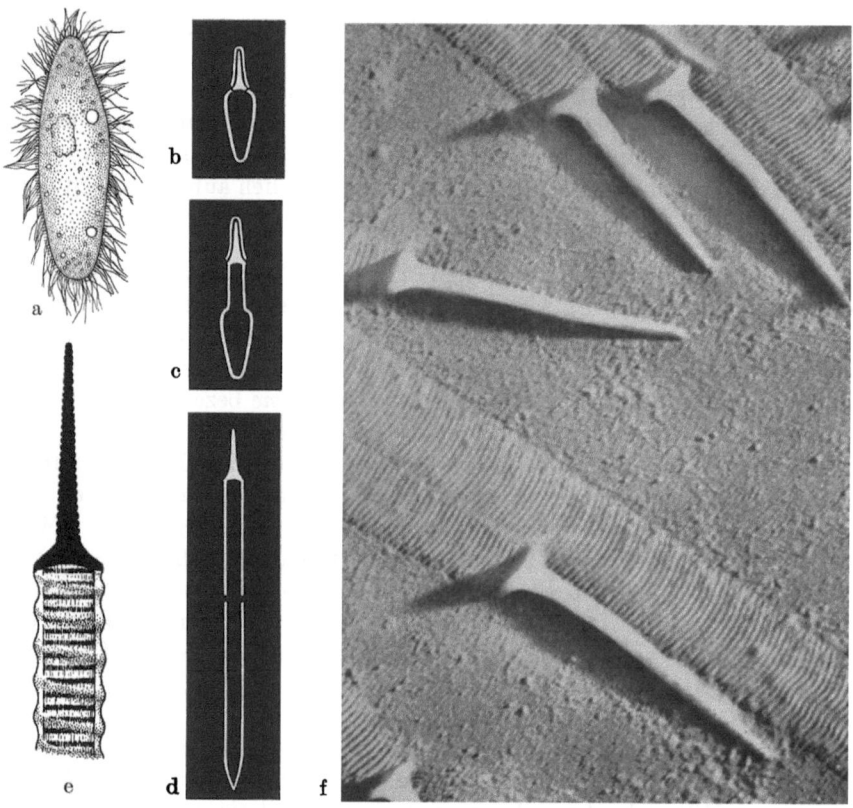

Abb. 24. Trichocysten von *Paramecium*. a *Paramecium* mit ausgeschleuderten Trichocysten (nach Behandlung mit Pikrinsäure). Nach JENNINGS, 1931; b—d Einzelne Trichocyste im Dunkelfeld, b in Ruhe, c, d während der Streckung. Kombiniert nach KRÜGER, 1930 [605] und JAKUS, 1945 [529]. e Spitze der ausgeschleuderten Trichocyste auf Grund elektronenm. Untersuchungen (teilw. hypothetisch). Nach KRÜGER und WOHLFARTH-BOTTERMANN, 1952 [606], verändert. f Trichocystenspitzen von *Paramecium*, elektronenm. Aufnahme (mit Chrom bedampft). Vergr. 14000×. Nach JAKUS und HALL, 1946 [530]

Obwohl nicht auszuschließen ist, daß sie auch noch andere Funktionen erfüllen [1133], scheinen die Trichocysten in erster Linie als *Verteidigungsorganelle* zu dienen: Durch ihre massenhafte und plötzliche Explosion wird eine Art „Sperrfeuer" hervorgerufen, welches den Zellen einen gewissen Schutz vor den Nachstellungen ihrer Feinde bietet. Wird *Paramecium* von *Didinium* angegriffen, so reagiert es stets mit der Ausstoßung von Trichocysten (S. 329).

Die bei den räuberischen Holotrichen (Gymnostomata) vorkommenden Extrusome werden heute meistens als *Toxicysten* bezeichnet. Sie liegen in der Nähe des Cytostoms und enthalten ein Toxin, welches die Lähmung des Beutetieres herbeiführt.

Auch die Toxicysten werden in Vesiceln des Cytoplasmas gebildet; sie besitzen aber einen völlig anderen Aufbau als die Trichocysten [*281*]. In einer röhrenförmigen, oft bananenartig gekrümmten Kapsel befindet sich ein Faden, der ausgestoßen werden kann. Bei *Dileptus* scheint der Faden in der Kapsel teleskopartig

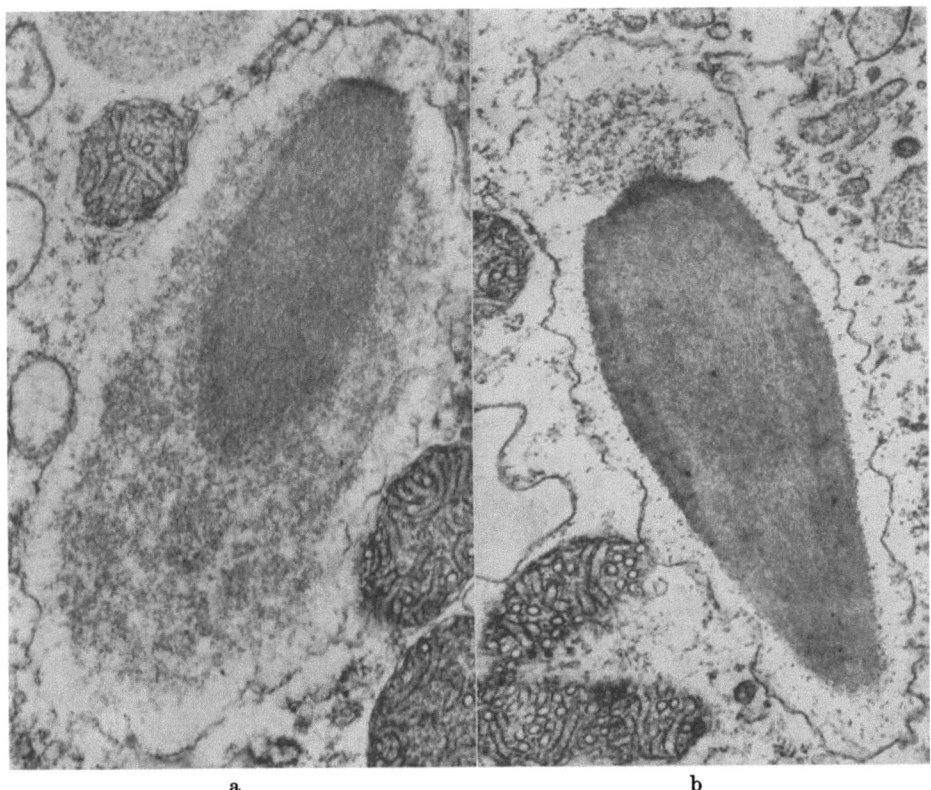

a   b

Abb. 25. *Paramecium caudatum*. Entwicklungsstadien von Trichocysten in Vesiceln des Cytoplasmas. Vergr. a: 30000×, b: 27000×. Nach YUSA, 1963 [*1146*]

zusammengeschoben zu sein. Ein am distalen Ende liegender „Pfropfen" könnte das Toxin enthalten, welches sich beim Ausstoßen des Fadens auf dessen Oberfläche verteilt (Abb. 26a). In anderen Fällen wird der Faden offenbar in ähnlicher Weise ausgestülpt wie bei den Nesselkapseln der Cnidarier. *Didinium* besitzt außer den Toxicysten noch kurze *Haftstiftchen* (Abb. 277), die unter der Kuppe des Mundkegels liegen und den Kontakt mit dem Beutetier herstellen.

In funktioneller Beziehung stimmen diese Haftstiftchen mit den sog. *Haptocysten* überein, welche neuerdings in den Tentakelköpfchen der Suktorien nachgewiesen wurden [*39, 545, 654, 916*]. Diese Gebilde sind allerdings viel kleiner als die bisher besprochenen Strukturen. Ihre Länge beträgt nur 0,3—0,4 µ, während selbst die kleinsten Trichocysten etwa 3 µ lang sind. Trotz ihrer Kleinheit haben die Haptocysten einen komplizierten Aufbau. Wie Abb. 26b an einem Beispiel zeigt, kann man drei Abschnitte unterscheiden: ein schmales, vorne geschlossenes Rohr, dessen Wand quergestreift ist, ein zartwandiges Mittelstück und einen ballonartig angeschwollenen Teil, von dem ein stempelartiger Fortsatz in das Mittelstück ragt. Der rohrförmige Abschnitt ist in der Hülle des Tentakelköpfchens verankert und durchbohrt die Pellicula des Beutetieres, sobald es das Tentakelköpfchen des Suktors berührt (S. 334).

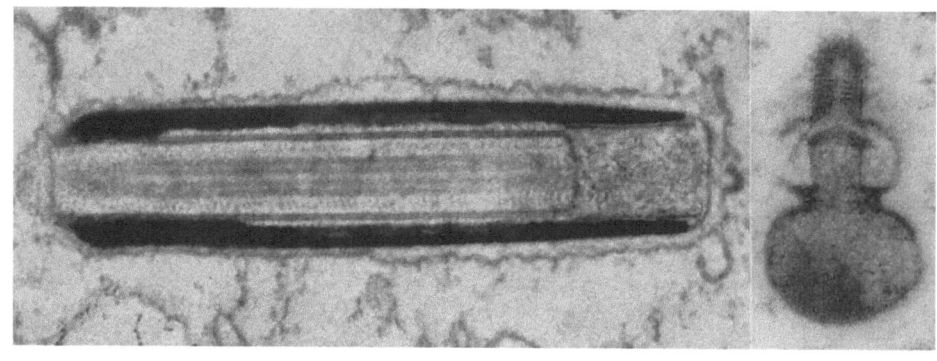

Abb. 26. Toxicysten und Haptocysten. a Toxicyste von *Dileptus anser*. Vergr. 59000×. Nach DRAGESCO, AUDERSET und BAUMANN, 1965 [*281*]. b Haptocyste von *Podophrya parameciorum*. Vergr. 73000×. Nach JURAND und BOMFORD, 1965 [*545*]

Einige Ciliaten *(Tetrahymena, Colpidium, Ophryoglena)* besitzen unter der Pellicula sackförmige Anhänge, deren schleimiger Inhalt bei Reizung ausgestoßen wird und eine Art Schutzhülle bildet. Anscheinend entstehen diese Schleimsäcke, die neuerdings als *Mucocysten* bezeichnet werden, im Endoplasma und heften sich dann der Pellicula von innen an [*128, 404, 1084*].

Bei den Flagellaten kommen Strukturen vor, die eine gewisse Ähnlichkeit mit den Trichocysten der Ciliaten haben und daher meistens mit dem gleichen Namen

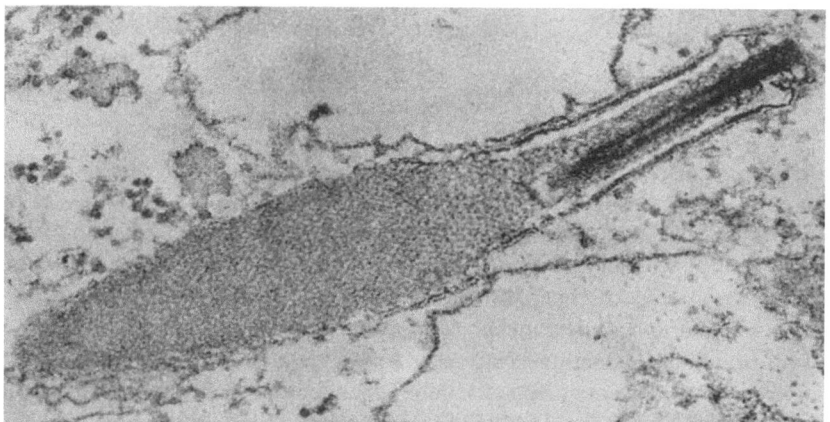

Abb. 27. *Oxyrrhis marina*. Trichocyste. Vergr. 90000×. Aufn. G. SCHWALBACH

belegt werden. In den letzten Jahren wurden sie bei einer ganzen Reihe von Dinoflagellaten nachgewiesen [*80, 282*]. Wie Abb. 27 an einem Beispiel zeigt, kann man auch bei ihnen einen Schaft und eine Spitze unterscheiden. Der Schaft ist im

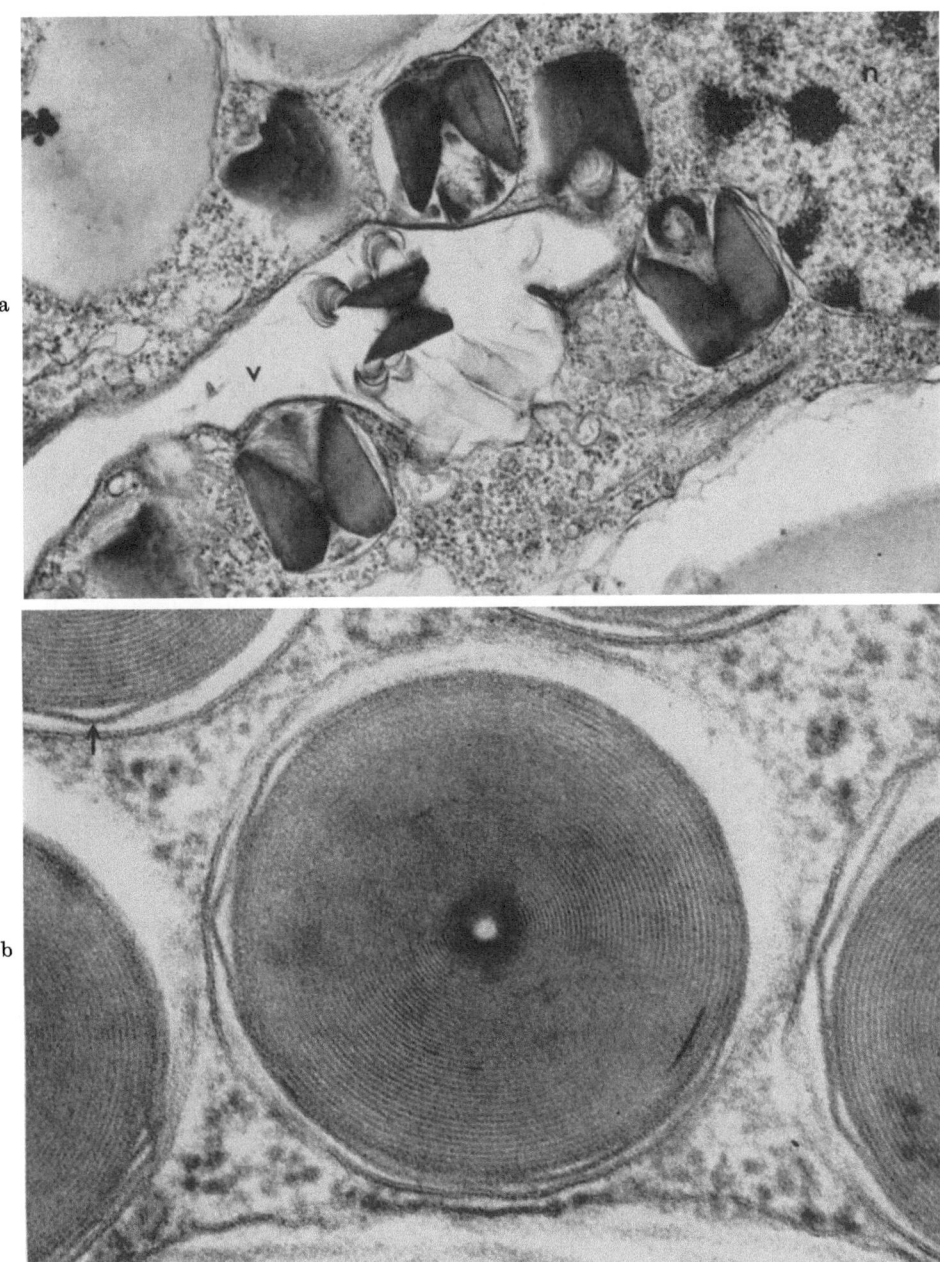

Abb. 28. *Chilomonas paramecium* (Cryptomonadine) Ejectisome. a Schnitt durch die Region des Vestibulum (v) und des Zellkerns (n). Ein Ejectisom im Lumen. Vergr. 30000×. b Einzelnes Ejectisom im Querschnitt. Der Pfeil zeigt auf eine Stelle, wo sich das „Band" lockert. Vergr. 108000×. Aufn. L. JOYON (CLERMONT-FERRAND)

Querschnitt quadratisch oder rhombisch und besitzt eine kristallartige Feinstruktur. Die Spitze, welche bei *Oxyrrhis marina* ein achsiales Stäbchen enthält, scheint bei den meisten Dinoflagellaten aus einem Büschel von Filamenten zu bestehen.

Formen, welche eine dicke Zellhülle besitzen *(Prorocentrum, Gonyaulax)*, stoßen ihre Trichocysten durch vorgebildete Poren aus. Nach ihrer Explosion stellen die Trichocysten lange Fäden dar, die wie bei den Ciliaten quergestreift sind.

Völlig anders sind die als *Ejectisome* bezeichneten Extrusome der Cryptomonadinen gebaut [21, 512, 979]. Diese Gebilde zeigen eine starke Lichtbrechung. Sie liegen vereinzelt unter der äußeren Zellhülle, vor allem aber unter der Pellicula, welche den für die Cryptomonadinen charakteristischen Schlund (Vestibulum) umschließt (Abb. 301).

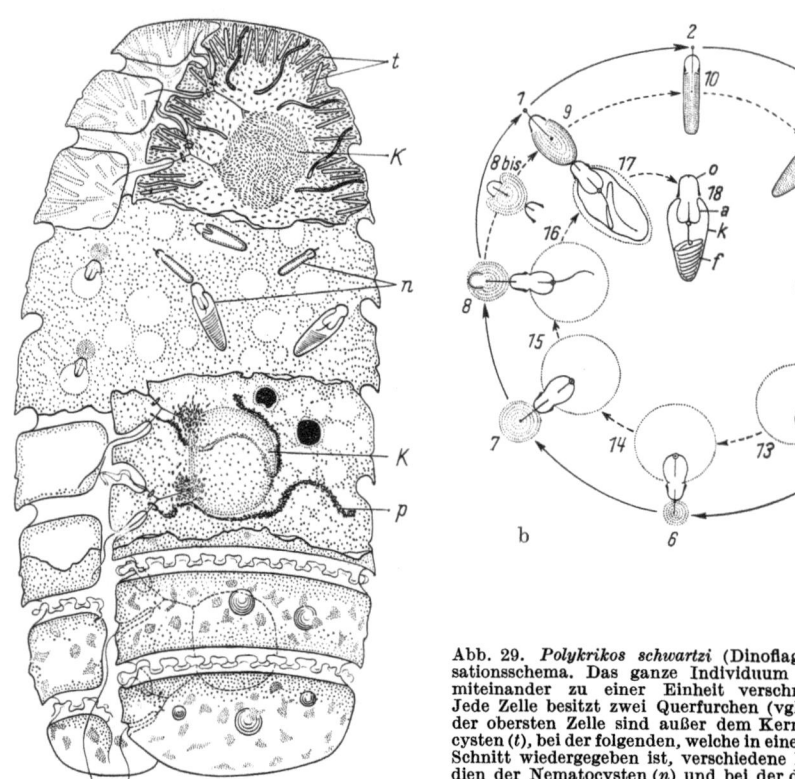

Abb. 29. *Polykrikos schwartzi* (Dinoflagellat). a Organisationsschema. Das ganze Individuum besteht aus vier miteinander zu einer Einheit verschmolzenen Zellen. Jede Zelle besitzt zwei Querfurchen (vgl. Abb. 312c). Bei der obersten Zelle sind außer dem Kern (K) die Trichocysten (t), bei der folgenden, welche in einem tieferliegenden Schnitt wiedergegeben ist, verschiedene Entwicklungsstadien der Nematocysten (n) und bei der darunterliegenden die sog. Parabasalkörper (p) dargestellt. Von der untersten Zelle ist nur die Oberfläche mit den beiden „Querfurchen" gezeichnet (Kern angedeutet). b „Autogenese" einer Nematocyste aus einer Anlage der vorhergehenden. *1—17* Verschiedene Entwicklungsstadien. *18* Fertig ausgebildete Nematocyste mit Kappe (Operculum, o), Ampulle (a), Kapsel (k) und Spiralfaden (f). Nach CHATTON, 1931 [*119*]

Elektronenmikroskopische Aufnahmen (Abb. 28a) lassen erkennen, daß jedes Ejectisom von einer Membran umschlossen ist und aus zwei Teilen besteht, die zwar von verschiedener Größe, aber von der gleichen Gestalt sind. Es handelt sich um Cylinder, die an beiden Seiten konisch ausgehöhlt sind: bei dem größeren Teil stärker an der dem Schlund zugewandten, bei dem kleineren Teil stärker an der dem Schlund abgewandten Seite.

Ein Querschnitt (b) erweckt den Eindruck, daß die Wand des Cylinders konzentrisch geschichtet ist. Wahrscheinlich stellt das Ganze aber ein aufgewickeltes Band dar, so wie es auch für die R-Körper der *kappa*-Symbionten nachgewiesen wurde (Abb. 295).

Bei der „Explosion" wandelt sich das Ejectisom in einen Faden um, der aus einem langen und einem kurzen Stück besteht. Es wird angenommen, daß diese Stücke den beiden Teilen des ruhenden Ejectisoms entsprechen und bei der Explosion aneinander kleben. Offenbar erfolgt die Explosion in ähnlicher Weise wie das Auseinanderziehen einer Papierrolle: Aus dem kompakten Cylinder wird ein langes, spitz zulaufendes Rohr, an dessen Basis die äußeren und an dessen Spitze die inneren Windungen des Bandes liegen [513a].

Sowohl die Trichocysten der Dinoflagellaten als auch die Ejectisome der Cryptomonadinen entstehen in Vesiceln, welche von den Golgi-Komplexen abgeschnürt werden.

Anhangsweise seien noch die als *Nematocysten* bezeichneten Gebilde erwähnt, welche regelmäßig im Cytoplasma einiger Dinoflagellaten (*Polykrikos, Nematodinium*) vorkommen (Abb. 29a). Ihre Funktion ist völlig rätselhaft. Ähnlich wie die Nesselkapseln der Cnidarier stellen sie kleine Kapseln dar, in denen sich ein ausschleuderbarer Faden befindet, der vorn ein Stilett trägt. Ihre Untersucher stimmen darin überein, daß sie nicht unmittelbar aus dem Cytoplasma hervorgehen, sondern in gewissem Sinne Selbstteilungskörper sind. Noch bevor eine Nematocyste fertig ausgebildet ist, entsteht an ihrem Vorderende die Anlage einer neuen Nematocyste, welche sich aber schon frühzeitig ablöst und selbständig weiterdifferenziert. Über Einzelheiten dieser „Autogenese" unterrichtet Abb. 29b [*119, 121, 511*].

II. Die Zellhülle

Gegen die Außenwelt ist das Cytoplasma immer durch eine Zellhülle (Pellicula) abgegrenzt. Diese ist für die Protozoen von besonderer Bedeutung, weil sie sie nicht nur vor schädlichen Einflüssen schützt, sondern ihnen auch ermöglicht, einen mit ihrer Lebenstätigkeit koordinierten Stoffaustausch durchzuführen, mechanische und chemische Reize wahrzunehmen und den Kontakt mit anderen Zellen herzustellen.

Diese verschiedenartigen Funktionen deuten schon darauf hin, daß die Zellhülle keine unveränderliche Grenzschicht sein kann, sondern in ständiger Wechselwirkung mit dem Cytoplasma steht. Die strukturelle Dynamik der Zellhülle, welche auch für die Membransysteme des Cytoplasmas gilt, äußert sich beispielsweise darin, daß bestimmte genabhängige Stoffe (geschlechts- und paarungstypspezifische Substanzen, Antigene) vorübergehend in sie eingebaut werden können [50].

Im einfachsten Falle besteht die Zellhülle aus einer Membran, die man am besten als *Zellmembran* oder *Plasmalemma* bezeichnet.

Bei den *Amöben* besitzt das Cytoplasma anscheinend überall und zu jeder Zeit die Fähigkeit, eine Membran abzuscheiden. Wird eine Amöbe zerschnitten, so wird an den Schnittflächen sofort eine neue Zellmembran gebildet, selbst wenn es sich um ein kernloses Fragment handelt. Plasmatropfen, die man dem Plasmodium eines Myxomyceten entnimmt, umgeben sich augenblicklich wieder mit einer elektronenmikroskopisch nachweisbaren Hülle. Andererseits kann das Plasmalemma auch sehr leicht wieder eingeschmolzen werden, beispielsweise beim Zusammenfließen benachbarter Pseudopodien.

Auch bei der Pinocytose (S. 323) und Phagocytose (S. 325), also bei der normalen Lebenstätigkeit der Amöbe, muß ein ständiger Umbau der Zellmembran stattfinden. Die durch diese Vorgänge in das Cytoplasma aufgenommenen Membranteile sind als Vesicel elektronenmikroskopisch nachweisbar. Sie müssen auf anderem Wege wieder ergänzt werden. Daß die Zellhülle einer Amöbe ständig erneuert wird, konnte durch Markierung mit fluorescierenden Antikörpern direkt nachgewiesen werden. Eine kriechende *Amoeba proteus*, deren Pinocytose-Aktivität nicht durch Induktionsstoffe beschleunigt wird, erneuert in vier Stunden etwa die Hälfte ihrer Zellmembran [*1139*]. Allerdings ist es unwahrscheinlich, daß auch mit der Bewegung als solcher eine laufende Einschmelzung und Neubildung der Zellmembran korreliert ist, da die Erneuerung viel langsamer erfolgt als bei einer Koppelung beider Prozesse zu erwarten wäre und auch andere Befunde gegen eine solche Annahme sprechen [*222*].

Auf Grund ihres elektronenmikroskopischen Aussehens wird die Zellhülle der Amöben als Elementarmembran gedeutet. In der Regel sind an ihr keine weiteren Differenzierungen zu erkennen (Abb. 9). Bei einigen Arten *(Amoeba proteus, Hyalodiscus simplex, Pelomyxa carolinensis)* wird sie dagegen noch von einer diffusen, kontrastarmen Schicht bedeckt, von welcher in regelmäßigen Abständen fransenartige Fortsätze entspringen. Diese Schicht besteht aus einem Mucopolysaccharid und könnte bei der Adhäsion der Amöbe an der Unterlage oder bei der Adsorption von Stoffen eine Rolle spielen, die auf dem Wege der Pinocytose in das Cytoplasma aufgenommen werden (S. 324).

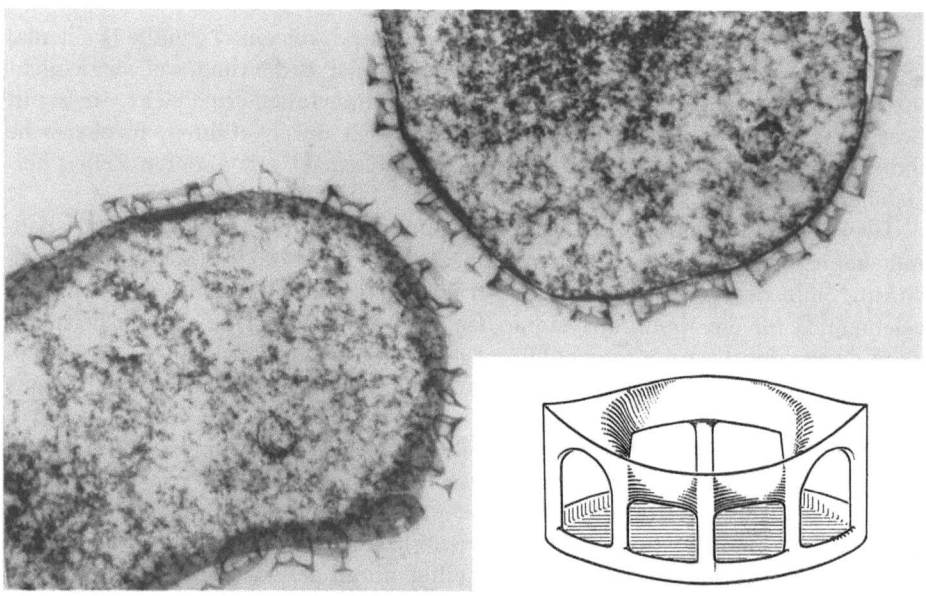

Abb. 30. *Paramoeba eilhardi*. Schnitte durch die äußere Zellregion. Der Zellmembran sitzen „Kästchen" auf. Rechts unten eine Rekonstruktion. Vergr. der elektronenm. Aufn. 27000×. Nach GRELL und BENWITZ, 1966 [*446*]

Bei *Paramoeba eilhardi* ist die Zellmembran mit einer dichten Lage von „Kästchen" bedeckt, deren Aufbau aus den Schnittbildern rekonstruiert werden konnte (Abb. 30). Jedes Kästchen hat einen spindelförmigen Umriß und ist 330—370 mµ lang. Es besitzt einen Boden und eine fensterartig durchbrochene, aus acht Pfeilern bestehende Seitenwand. Die Oberseite ist schüsselförmig vertieft und läßt eine sechseckige Öffnung frei. Da die „Kästchen" elastisch sind, wurde vermutet, daß sie die Bedeutung von „Haftnäpfen" haben, die bei der Berührung zusammengedrückt werden und die Adhäsion der Amöbe erleichtern [*446*].

Während die Zellhülle der Heliozoen durch eine einfache Membran repräsentiert wird, liegen bei den *Radiolarien* besondere Verhältnisse vor. Ein zentraler Bereich der Zelle, der einen oder mehrere Kerne enthält und als *Zentralkapsel* bezeichnet wird, ist durch eine eigene, wahrscheinlich aus organischen Stoffen bestehende Hülle von dem sog. extracapsulären Cytoplasma abgetrennt. Poren, deren Anzahl und Ausbildungsweise für die einzelnen Unterordnungen der Radiolarien charakteristisch ist, stellen die Verbindung zwischen beiden Zellbereichen her.

Von der Zellhülle der übrigen Rhizopoden ist erst sehr wenig bekannt, weil sie feste Gehäuse ausscheiden (Testaceen, Foraminiferen), deren Entstehung und Feinbau mit den derzeitigen Methoden der elektronenmikroskopischen Präparationstechnik noch nicht untersucht werden kann.

Bei den *Flagellaten* ist die Zellhülle von einer erstaunlichen Vielgestaltigkeit. Auf verschiedene Weise wird erreicht, daß sie eine größere Festigkeit erhält, vor allem bei den freilebenden Arten, die einer ständig wechselnden Umwelt ausgesetzt sind. Im folgenden können nur einige Beispiele besprochen werden.

Die *Chrysomonadinen* besitzen eine einfache Zellmembran. Bei den Arten, die keine Pseudopodien ausbilden, ist die Zellmembran häufig mit einer Lage kleiner Schuppen oder Plättchen bedeckt, die Kieselsäure enthalten und einen artspezifischen Feinbau zeigen. Die Arten der Gattung *Chrysochromulina* besitzen zwei Sorten von Schuppen, die sich durch ihre Größe, Form und Skulptur unterscheiden [*678, 682, 683*]. Manchmal entspringt in der Mitte der Schuppe ein feiner Stachel (Abb. 300).

Auch bei einigen Gattungen, die früher meistens zu den Phytomonadinen gestellt wurden, heute aber in einer besonderen Ordnung (Prasinophyceae)[3] vereinigt werden [*676, 679, 686*], kommt außerhalb der Zellmembran eine Lage winziger Schuppen vor, die sogar die Geißeln überziehen. Besonders komplizierte Bildungen treten bei *Mesostigma viride* auf [*679*]: Außerhalb der kleinen Schuppen, die auch die Geißeln bedecken, liegt eine Schicht wesentlich größerer Schuppen, die in der Aufsicht an Kieselalgen der Gattung *Navicula* erinnern. Daran schließt sich noch eine Schicht zierlich gebauter „Körbchen" an, die sich von basalen Platten erheben. Alle diese Bildungen entstehen in Vesiceln der Golgi-Komplexe. Wahrscheinlich werden sie in den Vesiceln zu der Vertiefung des vorderen Zellpols befördert, in der die Geißeln entspringen, und hier durch die Zellmembran nach außen geschleust.

Die *Phytomonadinen* haben eine verhältnismäßig einfach gebaute Zellhülle. An die Zellmembran (Elementarmembran) schließt sich eine homogene Schicht an, welche Zellulose und Pektine enthält (Abb. 15). Meistens ist sie so fest, daß die Zelle keine Gestaltveränderungen ausführen kann. Die Teilung findet innerhalb der Cellulose-Schicht statt, so daß die Tochterzellen „aus der Haut" schlüpfen müssen (S. 125). Tritt eine Gallerthülle auf (*Haematococcus, Stephanosphaera* u. a.), so kann sie wohl im wesentlichen als eine verquollene Cellulose-Schicht aufgefaßt werden. Allerdings wird sie außen noch von einer dünnen, fein gestreiften Schicht überzogen, welche offenbar aus Pektinen besteht [*539, 540*].

---

[3] *Micromonas, Nephroselmis, Pyramimonas, Halosphaera, Heteromastix, Mesostigma.*

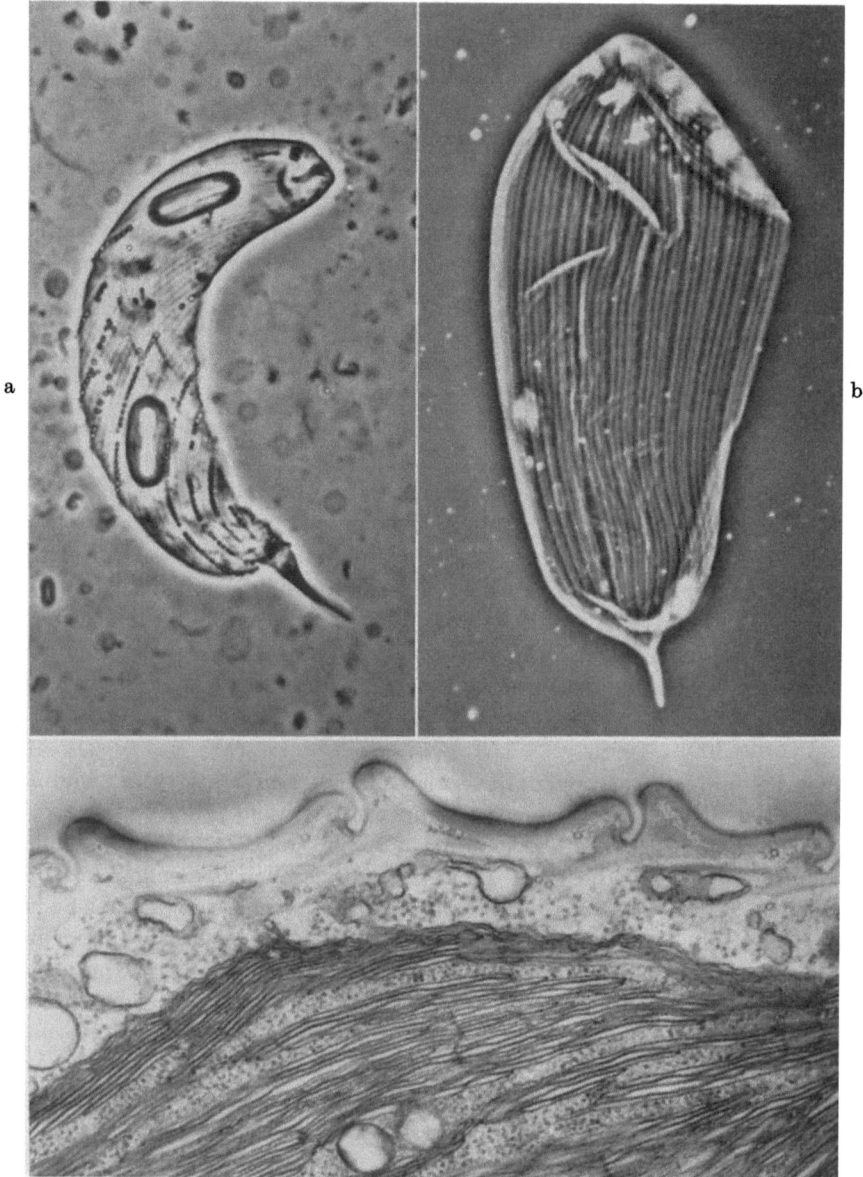

Abb. 31. *Euglena spirogyra*. Bau der Zellhülle. a Zelle, deren Inhalt — bis auf die beiden Paramylon-Körner — ausgelaufen ist. b Isolierte Pellicula. Man sieht auf die innere Oberfläche. c Teil eines Querschnitts. Unterhalb der Pellicula (Leisten, Rillen, Zahnfortsätze) ist ein Chloroplast (Lamellen-Struktur) angeschnitten. Vergr. a, b: 1000×, c: 40000×. Nach LEEDALE, MEEUSE und PRINGSHEIM, 1965 [*631*]

Die durch die Ausbildung weiterer Schichten erreichte Festigkeit kann dadurch kompensiert werden, daß die Pellicula keinen starren Panzer bildet, sondern durch die Einschaltung elastischer Bereiche flächenhaft gegliedert wird.

Das ist beispielsweise bei den *Euglenoidinen* der Fall, die zwar eine ziemlich feste Pellicula besitzen, aber trotzdem zu Gestaltveränderungen befähigt sind. Am deutlichsten sind diese bei Arten mit Metabolie (S. 305).

Wie Abb. 31 am Beispiel von *Euglena spirogyra* zeigt, läßt die Pellicula eine spiralig verlaufende Streifung erkennen, welche bereits im Geißelsäckchen beginnt und der Zelle eine äußerliche Asymmetrie verleiht. Den Streifen sitzen oft kleine „Knöpfe" auf, deren Zahl jedoch sehr variabel ist (*a*). Längs eines Streifens kann die Pellicula aufgerissen und von dem Zellinhalt abgetrennt werden. Man sieht dann, daß die Streifen leistenförmigen Erhebungen entsprechen, die durch Rillen voneinander getrennt sind (*b*). Auf Querschnitten ist zu erkennen, daß die Pellicula

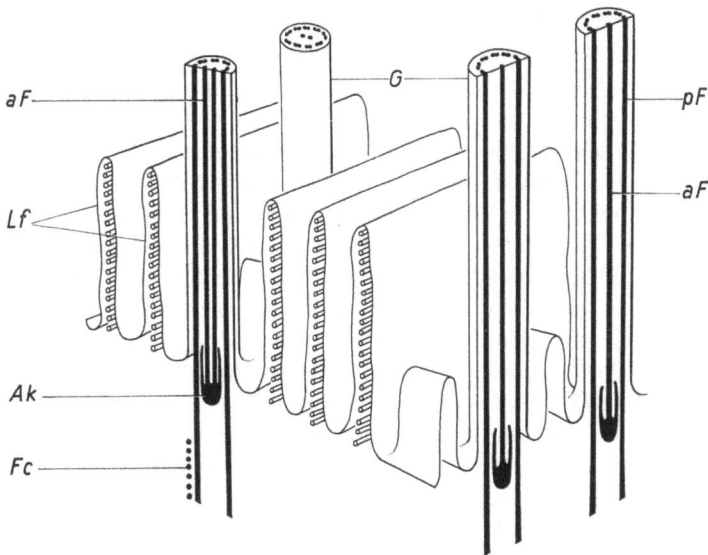

Abb. 32. *Opalina ranarum*. Schema der Pellicula nach elektronenm. Untersuchungen. *Lf* Längsfalten der Zellmembran mit Fibrillen. *G* Wimpern mit peripheren (*pF*) und zentralen Fibrillen (*aF*), welche am Achsialkorn (*Ak*) enden. *Fc* Fibrillenanschnitte am Basalkörper. Nach NOIROT-TIMOTHÉE, 1959 [*775*]

nach außen durch eine Membran begrenzt wird. Darunter befindet sich eine — überwiegend aus Proteinen bestehende — Schicht, die an den Leisten gleichmäßig dick, unterhalb der Rillen aber zu zahnartigen Fortsätzen verbreitert ist (*c*). In die Rillen öffnen sich Schleimsäcke, deren Sekret vielleicht eine Art Schmiermittel für die Pellicula bildet [*630, 631*].

Andere Euglenoidinen besitzen eine dünnere Proteinschicht und keine zahnartigen Fortsätze unter den Rillen. Auch die Anzahl der Mikrotubuli, die in der Längsrichtung der Zelle verlaufen und in einer gesetzmäßigen Lagebeziehung zu den Leisten der Pellicula stehen, kann von Art zu Art variieren [*701—703*]. *Euglena spirogyra* zeigt unter jeder Leiste nur einen Mikrotubulus (Abb. 31c).

Bei den *Opalininen* (Abb. 32) besteht die Pellicula nur aus einer Zellmembran. Diese bildet zwischen den Wimperreihen parallele Längsfalten aus, die ohne Unterbrechung von vorne nach hinten verlaufen. Innerhalb jeder Falte findet sich eine Reihe von 20—25 Längsfibrillen, deren Funktion unbekannt ist [*775*].

Es liegt natürlich nahe, die starke Oberflächenvergrößerung der Pellicula mit der Ernährungsweise der Opalininen in Zusammenhang zu bringen. Da sie kein Cytostom besitzen, könnten sie ihre Nährstoffe auf dem Wege einer selektiven Permeation (S. 323) unmittelbar durch die Pellicula aufnehmen. Andererseits konnte aber kürzlich bei der Opalinine *Cepedea dimidiata* nachgewiesen werden, daß am Grunde der Längsfalten ständig Pinocytose-Vesicel abgeschnürt werden, so daß zum mindesten ein Teil der Nährstoffe auf diesem Wege in die Zelle gelangt [*777*].

Unter den *Sporozoen* zeigen die Gregarinen eine ähnliche Fältelung der Pellicula [*613, 1109*]. Es ist wahrscheinlich, daß die Nahrungsaufnahme auch bei den Sporozoen nicht ausschließlich durch Permeation erfolgt. Bei verschiedenen Entwicklungsstadien der Coccidien wurden nämlich sog. ,,Mikroporen" in der Pellicula nachgewiesen (S. 327), die zwar keine wirklichen Poren sind, aber Abschnürungsstellen für Pinocytose-Vesicel sein könnten. Die erythrocytären Stadien der *Plasmodium*-Arten besitzen regelmäßig *eine* solche ,,Mikropore", die man geradezu als Cytostom bezeichnen kann (Abb. 275).

Eine bei den Sporozoiten und Merozoiten vorkommende Sonderbildung der Pellicula ist das sog. *Conoid*, eine konisch geformte Struktur des Vorderendes, welche das Eindringen in die Wirtszelle ermöglicht und stets mit schlauchförmigen Gebilden, den sog. *Toxonemen*, in Verbindung steht, die vielleicht ein proteolytisches Enzym enthalten [*37, 126, 132, 354—357, 970, 973*].

Die Pellicula der *Ciliaten*, welche mit den ihr zugeordneten Strukturen meistens als *Zellrinde* oder *Cortex* bezeichnet wird, ist so verschiedenartig differenziert, daß sich die folgende Darstellung auf *Paramecium* beschränken muß.

Wie bei den meisten Holotrichen stehen die Wimpern in *Längsreihen (Kineten)*. Auf der Oralseite, wo sich Mundbucht und Cytostom befinden, stoßen die Wimperreihen der beiden Körperseiten im spitzen Winkel aufeinander, und zwar an einer vorderen (präoralen) und einer hinteren (postoralen) Nahtlinie, deren Entstehung durch das unterschiedliche Wachstum der Pellicula bei der Teilung bedingt ist (S. 132). Auf der aboralen Seite ziehen alle Wimperreihen parallel von vorn nach hinten.

Entsprechend dem Verlauf der Wimperreihen ist die Pellicula in kleine morphologische Einheiten gegliedert, die als *Wimperfelder* bezeichnet werden. Im Zentrum jedes Wimperfeldes, das durch eine leistenförmige, meist sechseckige Erhebung begrenzt wird, entspringt eine Wimper oder ein Wimperpaar. Wo die Wimperfelder meridional aneinanderstoßen, ist eine Trichocyste in der Pellicula verankert. Wimpern und Trichocysten wechseln also regelmäßig miteinander ab.

Von dem Basalkörper jeder Wimper entspringt eine sog. *kinetodesmale Fibrille* (S. 293), und zwar immer auf der rechten Seite, wenn man die Pellicula von innen betrachten würde. Die kinetodesmalen Fibrillen der in der Längsreihe aufeinanderfolgenden Wimpern laufen nach vorne und vereinigen sich zu einer,,Längsfibrille". Außerdem befindet sich rechts von jeder Wimper, bzw. jedem Basalkörper, eine kleine Vertiefung der Pellicula, die als *parasomales Säckchen* bezeichnet wird. Jedes Wimperfeld zeigt daher einen asymmetrischen Aufbau.

Einen Eindruck von diesem Differenzierungsmuster erhält man, wenn man die Paramecien mit Silber imprägniert (Abb. 33). Dabei ist allerdings zu berücksichtigen, daß manchmal mehr die Basalkörper und die sie umschließenden Alveolenwände (*a*), manchmal mehr die Leisten der Wimperfelder imprägniert werden (*b*).

Elektronenmikroskopische Untersuchungen ergaben, daß die Pellicula außen durch eine Elementarmembran abgeschlossen ist, die sich in die Hülle der Wimpern fortsetzt (Abb. 34). Unter jedem Wimperfeld liegen zwei Membransäcke, die meridional aneinanderstoßen und dabei die Wimper oder das Wimperpaar nierenförmig umschließen. Diese Membransäcke, welche auch die Verankerungsstellen der Trichocysten aussparen, werden als *pelliculäre Alveolen* bezeichnet. An den meisten Stellen der Pellicula folgen daher drei Membranen aufeinander: die kontinuierliche äußere Zellmembran und die beiden Membranen der pelliculären Alveolen [*828*].

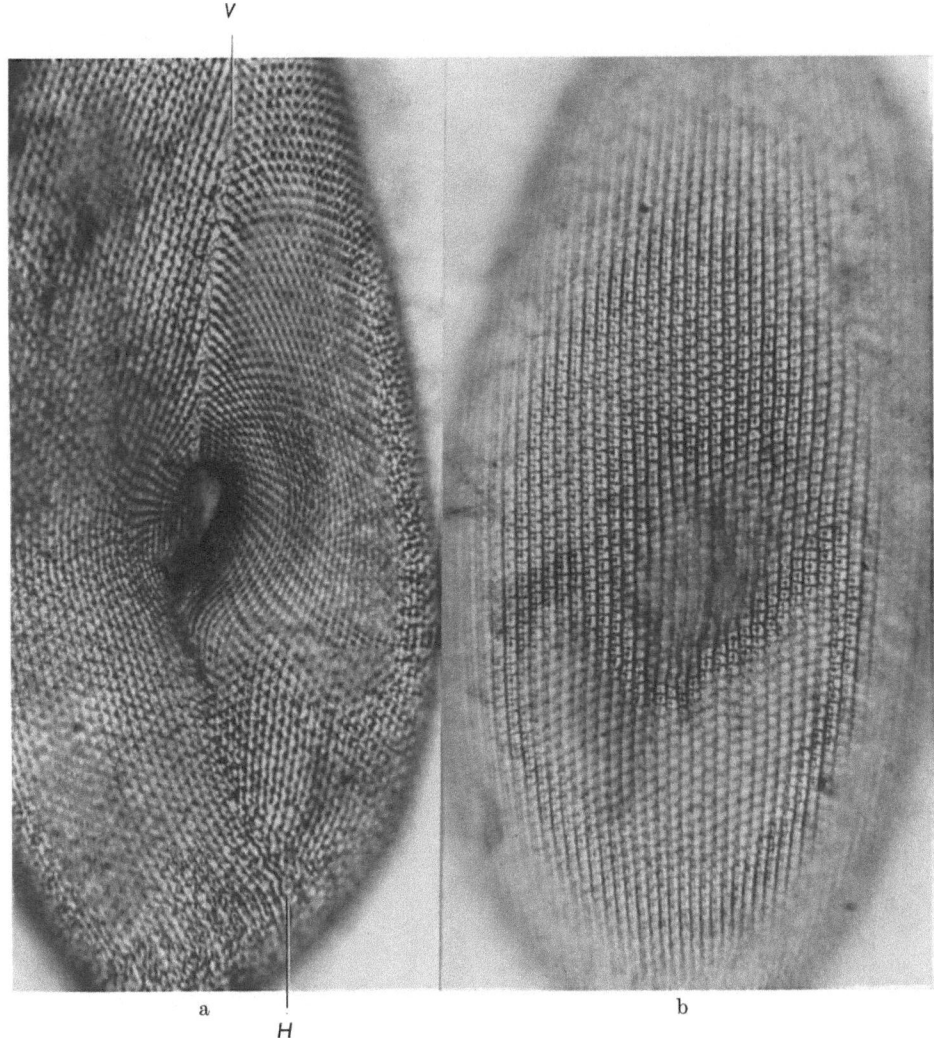

Abb. 33. *Paramecium multimicronucleatum.* Silberimprägnation. a Oralseite. Es sind hauptsächlich die Basalkörper und die sie umschließenden Alveolenwände imprägniert. *V* Vordernaht, *H* Hinternaht. Vergr. 670×. b Aboralseite. Imprägnation der die Wimperfelder begrenzenden Leisten. Vergr. 850×. Nach SCHWARTZ, 1963 [*988*]

Anscheinend stellen die Wimperfelder auch in morphogenetischer Beziehung Einheiten dar, die sich selbständig vergrößern, ihre Bauelemente verdoppeln und in neue Einheiten teilen. Dabei ist die Lokalisation der neuen Bauelemente genau festgelegt. Die neuen Basalkörper entstehen beispielsweise stets *vor* den alten [258].

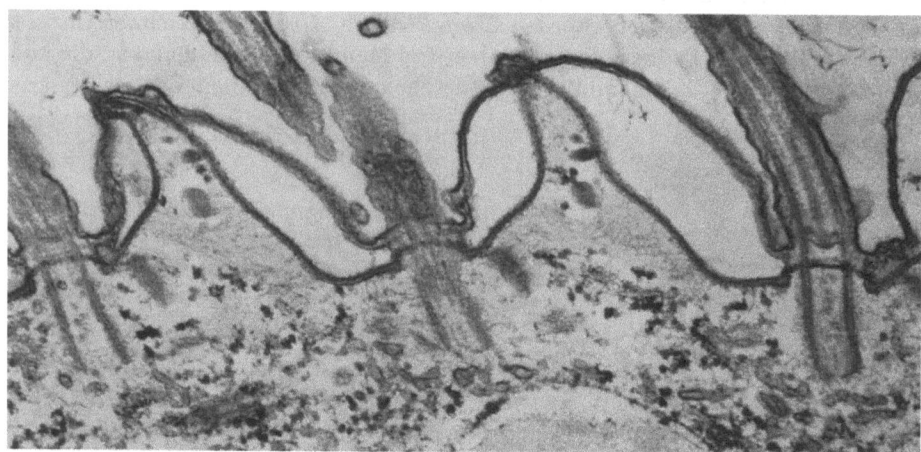

Abb. 34. *Paramecium multimicronucleatum*. Querschnitt durch die Pellicula. Vergr. 32000×. Nach PITELKA, 1965 [828]

Häufig wird der Zellkörper der Protozoen noch von einer besonderen Cystenhülle, einer Schale oder einem Gehäuse umschlossen. Derartige Bildungen können aus sehr verschiedenem Material bestehen. In der Regel besitzen sie eine organische Grundsubstanz, welche durch Ein- oder Anlagerung anorganischer Stoffe (Kalk, Kieselsäure) oder von Fremdkörpern verstärkt werden kann.

Bei den *Cysten* handelt es sich meistens um vorübergehende Hüllbildungen. Viele Protozoen besitzen die Fähigkeit, sich zu encystieren und auf diese Weise vor schädlichen Veränderungen ihrer Umwelt zu schützen. Weit verbreitet ist die Cystenbildung namentlich bei Formen, welche in ephemeren Süßwasser-

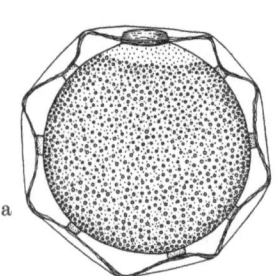 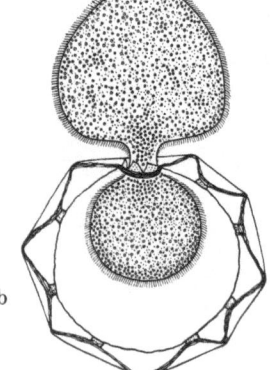

Abb. 35. *Bursaria truncatella* (Ciliat). Cyste mit kompliziert gestalteter Membran und Ausschlüpföffnung (das Ausschlüpfen ist in b dargestellt). Vergr. 190×. Nach BEERS, 1948 [62]

ansammlungen leben. Erschöpfung der Nahrung, Austrocknung und Fäulnis sind Faktoren, die die Encystierung begünstigen. In anderen Fällen sind Fortpflanzungsvorgänge regelmäßig mit einer Cystenbildung verbunden. Manche Flagellaten und Ciliaten *(Colpoda, Ichthyophthirius)* teilen sich nur im encystierten Zustand. Auch die Entwicklungsstadien parasitischer Arten, welche der Übertragung auf einen anderen Wirt dienen, sind meistens von einer festen Hülle umgeben (parasitische Amöben, Sporozoen).

Zuweilen bestehen die Cysten nicht nur aus einer einfachen Schicht, sondern aus mehreren Lagen (Ektocyste, Endocyste) und sind mit einem besonderen Porus zum Ausschlüpfen der Zelle versehen (Abb. 35). Sie können auch aus mehreren Klappen zusammengesetzt sein, die unter bestimmten Bedingungen (z. B. bei den Sporen der Sporozoen nach Einwirkung von Verdauungsfermenten des Wirtes) auseinanderklaffen.

Von *Gehäusen* und *Schalen* spricht man, wenn sich der Zellkörper ganz von der Hülle trennt oder nur stellenweise mit ihr verbunden bleibt. Besondere Öffnungen stellen die Verbindung mit der Außenwelt her. Solche Hüllbildungen kommen fast bei allen Protozoengruppen vor und werden in der Formenübersicht ausführlicher besprochen.

III. Der Zellkern

In jeder Protozoenzelle ist wenigstens ein *Zellkern* (Nucleus) ausgebildet. Viele Protozoen sind aber dauernd mehrkernig (Diplomonadina, Calonymphida, Opalinina, einige Amoebina, Testacea und Heliozoa, alle Ciliaten) oder bilden mehrkernige Entwicklungsstadien aus (Radiolarien, Foraminiferen, Sporozoen).

Die *Bedeutung* des Kerns für die Zelle läßt sich an den Folgen einer Kernentfernung unmittelbar erkennen. Diese Folgen sind je nach der Art der Zellen sehr verschieden.

Wird der Kern von *Amoeba proteus* in eine Mikropipette aufgesogen oder durch Anstich zerstört, so kann die kernlose Amöbe im Durchschnitt noch eine Woche weiterleben. Ihre Bewegung wird unkoordiniert, doch vermag sie auf Reize in der gleichen Weise zu reagieren wie eine kernhaltige Amöbe. Ihre Atmung ist bedeutend herabgesetzt. Aufgenommene Nahrungsbestandteile können nicht mehr verdaut werden. Ohne sich zu teilen, geht sie schließlich zugrunde. Bei mehrkernigen Individuen, wie sie bei *Amoeba proteus* gelegentlich vorkommen, hat die Entfernung eines Kerns dagegen keinerlei Folgen [148—151]. Auch kann eine entkernte Amöbe wieder vollständig reaktiviert werden, wenn ihr rechtzeitig der Kern von einem anderen Individuum eingepflanzt wird [226, 227, 658, 659].

Durch Sauerstoffbehandlung läßt sich bei einigen der in der Schabe *Cryptocercus punctulatus* lebenden Polymastiginen erreichen, daß der Inhalt des Kerns zerstört wird, während das Cytoplasma keine sichtbare Schädigung zeigt. Die Kernhülle bleibt dabei meistens erhalten. An kerninhaltlosen Gamonten von *Trichonympha* (S. 165) kann man dann beobachten, daß sie sich nicht nur zu encystieren, sondern auch ganz normal zu teilen vermögen. Die Centriole bilden eine typische Spindel aus, welche sich in die Länge streckt und die Kernhülle auseinanderzieht. Nach der Teilung entstehen zwei Gameten, die dann allerdings nach kurzer Zeit absterben [176].

Bei der Schirmalge *Acetabularia*, welche nur einen einzigen Kern in ihrem Rhizoidgeflecht besitzt, ließ sich zeigen, daß kernlose Stücke nicht nur bis zu drei Monaten am Leben bleiben, sondern sogar assimilieren und wachsen können. Ja, wenn sie gewisse, vom Kern stammende Stoffe enthalten, sind sie sogar befähigt, einen neuen Schirm auszubilden [460].

Die angeführten Beispiele zeigen, daß eine kernlose Zelle zwar noch in der Lage ist, verschiedene Lebensfunktionen auszuüben und sogar eine einmal begonnene Teilung zu Ende führen kann, aber dann doch früher oder später zugrunde geht. Für die normale Fortpflanzung ist der Zellkern also unbedingt erforderlich.

Auf die Verhältnisse bei den heterokaryotischen Foraminiferen und Ciliaten soll in einem besonderen Abschnitt näher eingegangen werden (S. 95 ff).

1. Ruhekern und Chromosomen

Die Ausbildungsweise, welche der Zellkern zwischen seinen Teilungen zeigt, bezeichnet man als *Ruhekern*. In diesem Stadium befindet er sich aber nicht physiologisch in „Ruhe", sondern steht in lebhafter stofflicher Wechselwirkung mit dem Cytoplasma.

Eine vergleichende Betrachtung der Zellkerne lehrt, daß an ihrem Aufbau *vier* Strukturelemente beteiligt sind, nämlich

1. die Chromosomen,
2. die Nucleolarsubstanz,
3. das Karyoplasma,
4. die Kernhülle.

Da es meistens schwierig ist, den Aufbau der Kerne im Leben zu erkennen, ist man auf *besondere Fixierungs- und Färbeverfahren* angewiesen, die es ermöglichen, diese Strukturelemente voneinander zu unterscheiden.

Chromosomen und Nucleolarsubstanz lassen sich mit *basischen* Farbstoffen (sog. Kernfarbstoffen) zur Darstellung bringen, während die beiden anderen Strukturelemente gegenüber diesen Farbstoffen indifferent bleiben. Diese Basophilie beruht darauf, daß Chromosomen und Nucleolarsubstanz *Nucleinsäuren* enthalten, welche mit bestimmten Eiweißkörpern zu Nucleoproteiden verbunden sind. Von den beiden Typen der Nucleinsäuren kommt die *Desoxyribonucleinsäure* hauptsächlich in den Chromosomen vor. In ihrer Nucleotidsequenz ist die genetische Information gespeichert. Von den *Ribonucleinsäuren* befindet sich ein Teil ebenfalls in den Chromosomen, und zwar in Form der sog. Boten (messenger)-Ribonucleinsäuren, welche die genetische Information in das Cytoplasma übertragen. Die Hauptmenge ist aber in der Nucleolarsubstanz angehäuft und bedingt deren intensive Färbbarkeit. DNS-haltige Substanzen, d. h. die Chromosomen und die auf sie zurückführbaren Strukturen, lassen sich mit Hilfe der *Feulgenschen Nuclealreaktion* spezifisch darstellen (Violettfärbung). Andere Verfahren ermöglichen einen cytochemischen Nachweis der RNS (z. B. Methylgrün-Pyronin-Färbung). Durch den Einbau von Vorstufen, die mit radioaktivem Wasserstoff (Tritium) markiert sind (^{3}H-Thymidin für DNS, ^{3}H-Uridin für RNS) läßt sich nachweisen, wo die Synthese beider Nucleinsäure-Typen erfolgt (*Autoradiographie*).

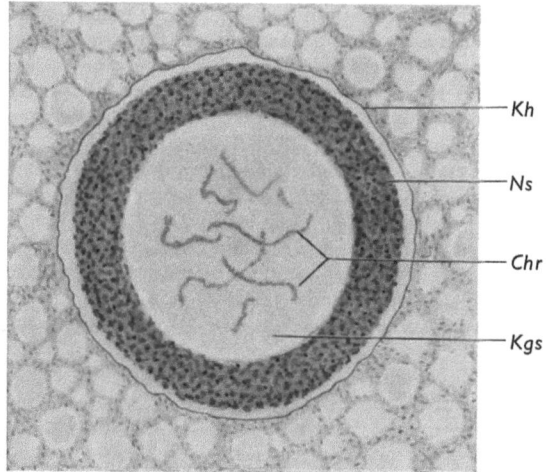

Abb. 36. *Myxotheca arenilega* (Foraminifere). Kern des Gamonten. Das Cytoplasma ist stärker basophil, als es in der Abbildung dargestellt ist. *Kh* Kernhülle, *Ns* Nucleolarsubstanz, *Chr* Chromosomen, *Kgs* Kerngrundsubstanz. BOUIN, Eisenhämatoxylin. Vergr. 850×

Die Protozoenkerne haben ein sehr verschiedenartiges Aussehen. Diese *Mannigfaltigkeit* beruht einerseits darauf, daß die Chromosomen in den Ruhekernen einen verschiedenen Formwechselzustand verwirklichen können, andererseits aber auch auf dem unterschiedlichen Anteil, welchen die oben aufgezählten Strukturelemente am Aufbau der Kerne besitzen.

Nur in wenigen Fällen kann man alle vier Bestandteile des Kerns ohne weiteres voneinander unterscheiden. Ein Beispiel hierfür ist der große Kern der Foraminifere *Myxotheca arenilega* (Abb. 36). Unter der Kernhülle findet sich eine dichte Lage von Nucleolarsubstanz, die hier in Form kleiner, unregelmäßiger Brocken auftritt, während die Chromosomen als feine Fäden im Kerninnern liegen. Der übrige Kernraum wird von Karyoplasma erfüllt.

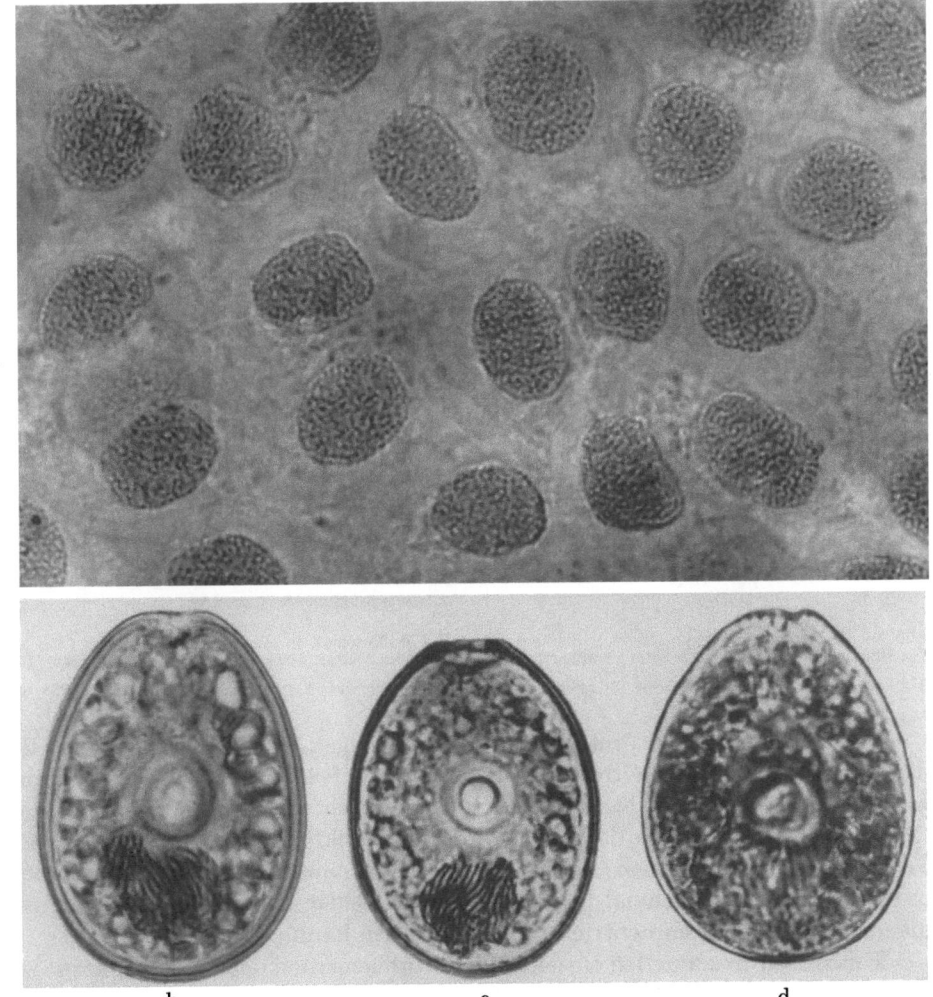

Abb. 37. Ruhekerne von Dinoflagellaten. a Teil eines Keimkörpers von *Blastodinium*. b—d *Exuviaella marina*, ganze Zellen, Kerne in der unteren Hälfte. a—c Alkohol-Eisessig, Carminessigsäure, d im Leben. Vergr. b—d 750 ×

Auch in den Ruhekernen der Dinoflagellaten (Abb. 37 und 49) und Euglenoidinen lassen sich die Chromosomen, deren Zahl hier meistens sehr groß ist, deutlich erkennen. Sie füllen den ganzen Kern aus und sind stark kondensiert, so wie man es sonst nur in den mittleren Stadien der Kernteilung findet. Auch beim lebenden Objekt sind sie häufig gut zu sehen. Ähnliche Verhältnisse liegen auch bei einigen Polymastiginen vor (Abb. 38).

In der Regel sind aber die Chromosomen nicht in der gleichen Weise im Ruhekern ausgebildet, wie sie uns bei der Kernteilung entgegentreten. Sie gehen vielmehr in eine Zustandsform über, in der sie sich durch basische Farbstoffe oder durch die Feulgenreaktion nicht mehr darstellen lassen. In der lebenden Zelle erscheint ein solcher Kern als helles Bläschen, in dem nur der Nucleolus deutlich sichtbar ist (Abb. 39).

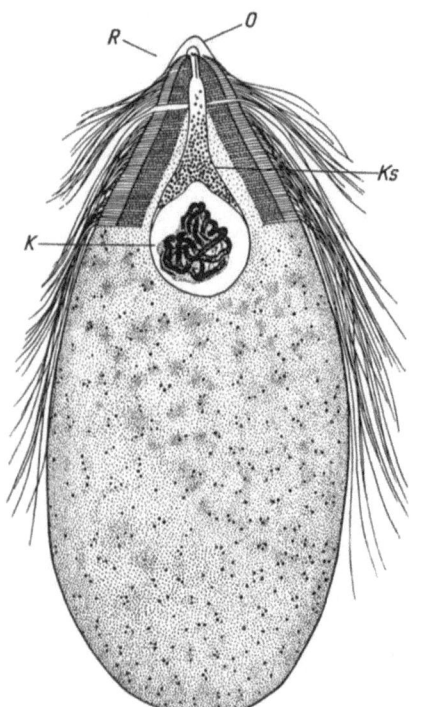
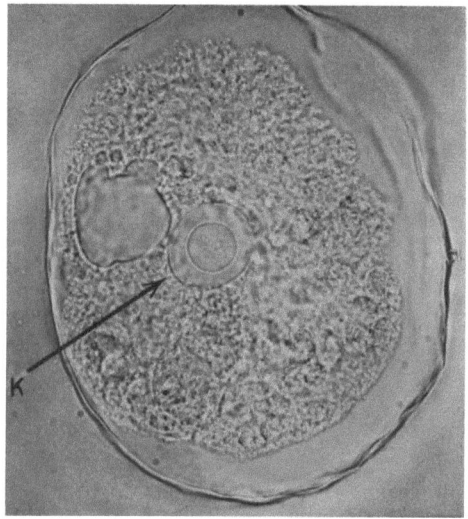

Abb. 38. *Trichonympha* (Polymastigine). Zellkern (*K*) mit Chromosomen in einem „Kernsäckchen" (*Ks*) am Vorderende (Rostrum, R) der Zelle verankert. Eisenhämatoxylin. Vergr. 400×. Nach CLEVELAND, 1949 [*161*]

Abb. 39. *Amoeba sphaeronucleolosus* im Leben. Kern (*K*) mit Nucleolus. Vergr. 450×. Nach BELAR, 1928 [*68*]

Viele Ruhekerne der Protozoen stellen derartige „Interphasekerne" dar. Bei den höheren Organismen treten in ihnen häufig feulgenpositive Bereiche auf, welche als *Chromozentren* bezeichnet werden und sich auf bestimmte (sog. heterochromatische) Abschnitte der Chromosomen zurückführen lassen (Abb. 51 und S. 62). Bei den Protozoen sind derartige „Chromozentrenkerne" aber außerordentlich selten. Manchmal liegt der Nucleolus einer knopfartigen Bildung an, die vielleicht als Chromozentrum gedeutet werden kann (Abb. 40).

Wenden wir uns nun den einzelnen Strukturelementen der Protozoenkerne zu, so müssen wir mit den *Chromosomen* beginnen, da sie als Träger der genetischen Information die wichtigsten Bestandteile der Zellkerne sind. Abgesehen von den — gelegentlich intranucleär vorkommenden — Centriolen (s. S. 62) sind sie die einzigen Kernstrukturen, welche sich *identisch verdoppeln* können.

Daß die Chromosomen auch dann ihre Individualität beibehalten, wenn sie in den Ruhekernen nicht erkennbar sind, läßt sich an den Sporogoniekernen des Coccids *Aggregata eberthi* zeigen (Abb. 41). Die Teilungen verlaufen hier oft so schnell hintereinander, daß die Ausbildung der Ruhekerne bereits erfolgt, wenn sich die Chromosomen in der Telophase noch nicht ganz voneinander getrennt haben. Auf diese Weise entstehen hantelförmige Kernbilder, welche früher als „Amitosen" gedeutet wurden. Wenn sich ein solcher Kern, der eigentlich ein Doppel-

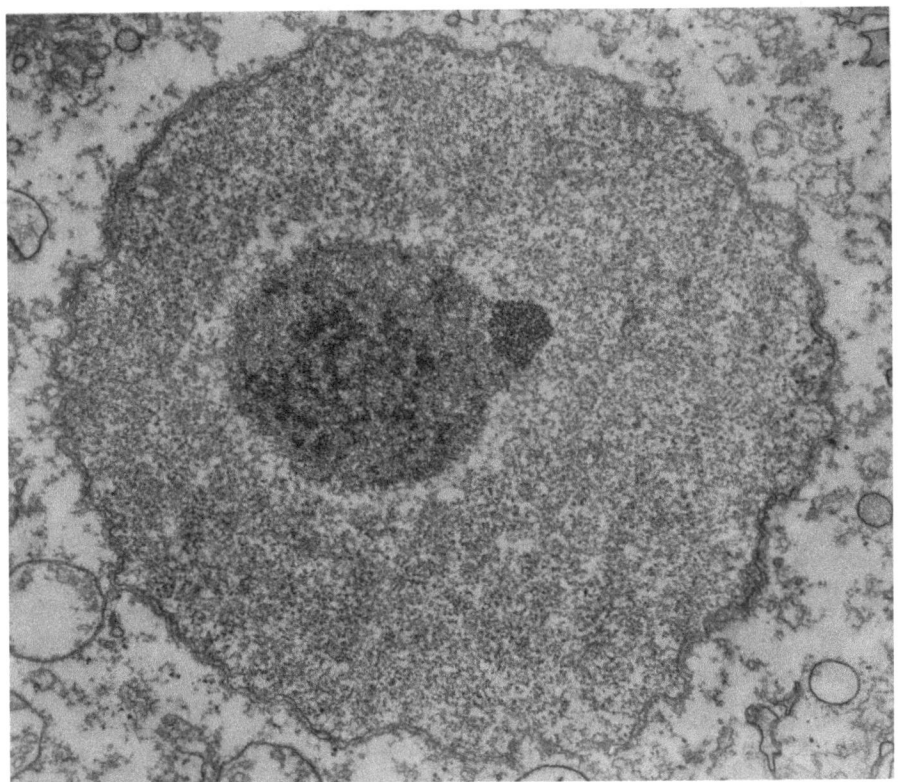

Abb. 40. *Corallomyxa mutabilis* (Amöbe). Zellkern. Der Nucleolus ist einem „Chromozentrum" angelagert. Vergr. 20000×. Aufn. G. BENWITZ

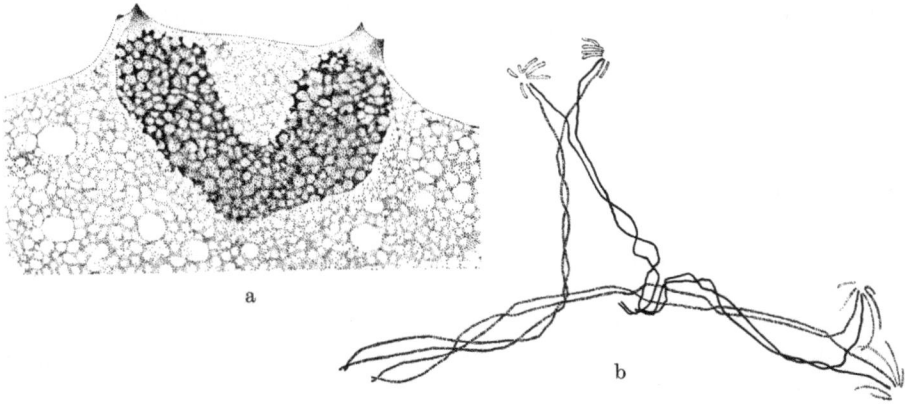

Abb. 41. *Aggregata eberthi* (Coccid). Anomale Sporogonieteilung. a Interphasestadium eines „Doppelkerns" nach unvollständiger Trennung der Chromatiden. b Nächstfolgende Anaphase eines derartigen Kerns. Eisenhämatoxylin. Vergr. 2600×. Nach BELAR, 1926 [*67*]

kern ist, abermals teilt, so gehen die Chromosomen wieder in der gleichen Anordnung aus dem Ruhekern hervor, in der sie bei der vorhergehenden Telophase in ihn eingingen.

Daß die *Zahl* der Chromosomen auch bei den Protozoen *konstant* ist, hat sich in allen näher untersuchten Fällen als sicher erwiesen. Besondere Verhältnisse finden sich nur bei den polygenomen Kernen (S. 95). Diese Zahlenkonstanz beruht darauf, daß die Tochterchromosomen bei der Mitose (S. 62) in gesetzmäßiger Weise auf die Tochterkerne verteilt werden. Über die Chromosomenzahlen, welche bei einigen Protozoenarten festgestellt wurden, gibt Tab. 1 Aufschluß.

Tabelle 1. *Chromosomenzahlen bei Protozoen*

Art	Ordnung	Haploidzahl	Autoren
Spirotrichonympha polygyra	Polymastigine	2	CLEVELAND, 1938
Holomastigotoides tusitala	Polymastigine	2	CLEVELAND, 1949
Trypanosoma lewisi	Protomonadine	3	WOLCOTT, 1952
Diplocystis schneideri	Gregarine	3	JAMESON, 1920
Gregarina blattarum	Gregarine	3	SPRAGUE, 1941
Actinocephalus parvus	Gregarine	4	WESCHENFELDER, 1938
Stylocephalus longicollis	Gregarine	4	GRELL, 1940
Klossia loossi	Coccid	4	NABIH, 1938
Volvox globator	Phytomonadine	5	CAVE und POCOCK, 1951
Echinomera hispida	Gregarine	5	SCHELLACK, 1907
Tetrahymena pyriformis	Holotriche	5	RAY, 1954
Entamoeba histolytica	Amoebine	6	KOFOID und SWEZY, 1925
Discorbis vilardeboanus	Foraminifere	6	LE CALVEZ, 1951
Zygosoma globosum	Gregarine	6	NOBLE, 1938
Aggregata eberthi	Coccid	6	DOBELL und JAMESON, 1915
Volvulina steinii	Phytomonadine	7	STEIN, 1958
Urinympha talea	Polymastigine	8	CLEVELAND, 1951
Rotaliella roscoffensis	Foraminifere	9	GRELL, 1958
Leptospironympha wachula	Polymastigine	10	CLEVELAND, 1951
Allogromia laticollaris	Foraminifere	10	ARNOLD, 1955
Pandorina morum	Phytomonadine	12	COLEMAN, 1959
Zelleriella intermedia	Opalinine	12	CHEN, 1948
Spirotrichosoma normum	Polymastigine	12	CLEVELAND und DAY, 1958
Notila proteus	Polymastigine	14	CLEVELAND, 1950
Gonium pectorale	Phytomonadine	17	CAVE und POCOCK, 1951
Tracheloraphis phoenicopterus	Holotriche	17	RAIKOV, 1958
Rotaliella heterocaryotica	Foraminifere	18	GRELL, 1957
Actinophrys sol	Heliozoon	22	BELAR, 1922
Patellina corrugata	Foraminifere	24	LE CALVEZ, 1950
Trichonympha okolona	Polymastigine	24	CLEVELAND, 1949
Spirotrichosoma promagnum	Polymastigine	24	CLEVELAND und DAY, 1958
Barbulanympha ufalula	Polymastigine	26	CLEVELAND, 1953
Spirotrichosoma paramagnum	Polymastigine	48	CLEVELAND und DAY, 1958
Spirotrichosoma magnum	Polymastigine	60	CLEVELAND und DAY, 1958

Eine Abhängigkeit der Kerngröße von der Chromosomenzahl zeigt sich namentlich bei solchen Kernen, in denen die Chromosomen den Hauptbestandteil bilden. Ein Beispiel hierfür bieten die *Mikronuclei der Ciliaten*, die — ähnlich wie der Spermienkopf eines Metazoons — sehr kondensierte Kerne darstellen. Wie Abb. 42 für *Paramecium bursaria* zeigt, kann die Größe der Mikronuclei bei einzelnen Rassen sehr verschieden sein. In der meiotischen Prophase, in der die Kerne bedeutend anschwellen, ist zu erkennen, daß große Unterschiede in der Chromosomenzahl bestehen. Während bei der Rasse Fd nur ungefähr 70 Chromosomen festgestellt wurden, kommen bei den übrigen Rassen mehrere hundert vor.

Die Erscheinung, daß ganze Chromosomensätze vervielfacht in einem Kern auftreten, wird als *Polyploidie* bezeichnet. Obwohl es bei *Paramecium bursaria* nicht möglich war, die Chromosomen exakt auszuzählen, liegt die Annahme nahe, daß die hohen Chromosomenzahlen auf Polyploidie beruhen. Diese Annahme dürfte auch für *Amoeba proteus* zutreffen, in deren Äquatorialplatte über 500 Chromosomen gefunden wurden (Abb. 43).

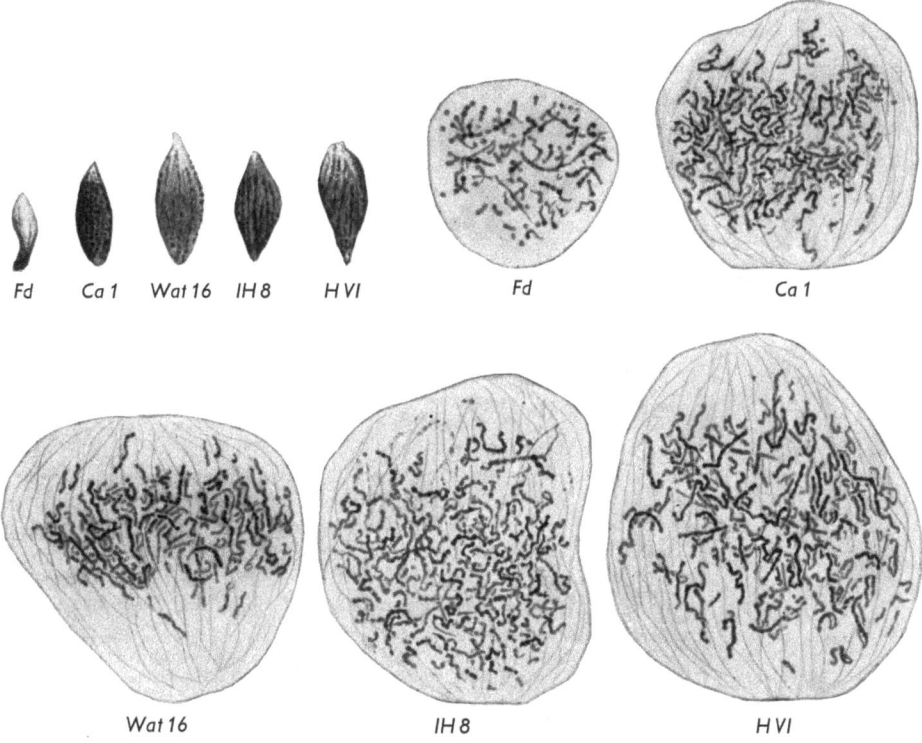

Abb. 42. *Paramecium bursaria*. Mikronuclei von fünf Rassen des gleichen Paarungstyps. Links oben die vegetativen Mikronuclei. Die übrigen Figuren stellen die Mikronuclei der gleichen Rassen während der Prophase der ersten progamen Teilung dar. Eisenhämatoxylin. Vergr. 1390×. Nach CHEN, 1940 [*134*]

Der Schluß auf Polyploidie ist natürlich nur dann zwingend, wenn nachgewiesen werden kann, daß die bei nahe verwandten Arten oder Rassen beobachteten Chromosomenzahlen *ganze Vielfache einer bestimmten Grundzahl* sind. Das ist z. B. bei den Arten der Gattung *Spirotrichosoma* (Hypermastigida) der Fall, welche in der neuseeländischen Termite *Stolotermes ruficeps* vorkommen [*206*]. Obwohl die kleinste Art die niedrigste ($n = 12$), die größte die höchste Chromosomenzahl ($n = 60$) besitzt, besteht keine durchgehende Korrelation zwischen Körpergröße und Ploidiegrad. Die Foraminifere *Rotaliella roscoffensis* ($n = 9$) besitzt halb so viele Chromosomen wie die ihr nah-

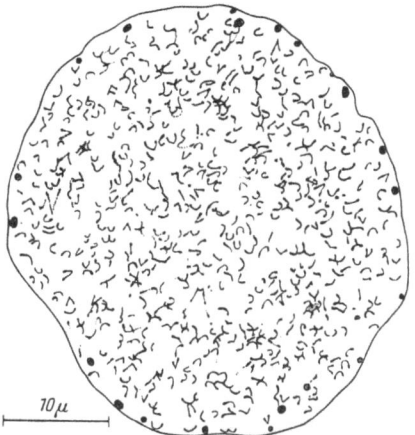

Abb. 43. *Amoeba proteus*. Späte Prophase (aus drei hintereinander liegenden Schnitten kombiniert. Anschnitte der Spindelfasern nicht eingezeichnet). BOUIN, Eisenhämatoxylin. Nach LIESCHE, 1938 [*648*]

verwandte *Rotaliella heterocaryotica* ($n = 18$); aber ihre Chromosomen sind fast doppelt so groß (Abb. 79). Bei den Hypermastigiden *Holomastigotoides tusitala* und *H. diversa*, wo die Grundzahl $n = 2$ ist (s. Abb. 44), wurden neben *euploiden* Rassen, welche alle Chromosomen verdoppelt oder verdreifacht besitzen, auch *heteroploide* Rassen gefunden, bei denen nur einzelne Chromosomen des Satzes multipel auftreten [*160*].[4]

Die *Größe* der Chromosomen schwankt auch bei den Protozoen in weiten Grenzen. Sehr kleine Chromosomen finden sich beispielsweise bei den Cryptomonadinen und Amöben, besonders große bei den Hypermastigiden (Abb. 44) und dem Radiolar *Aulacantha scolymantha* (Abb. 105—108).

Wenn ihre Zahl gering ist, wie bei den schon erwähnten Hypermastigiden, lassen sich an den Chromosomen des gleichen Satzes konstante Größen- und Formunterschiede erkennen, die ein Ausdruck ihrer Individualität sind.

Die Kenntnisse, welche wir über die Morphologie der Chromosomen besitzen, gründen sich auf das Studium besonders günstiger Objekte. In der Regel ist an jedem Chromosom eine besondere Stelle ausgebildet (Abb. 51), mit welcher es bei der Mitose an der Spindel befestigt ist, die *Spindelansatzstelle* oder der *Kinetochor*. Die Lage der Spindelansatzstelle ist für jedes Chromosom charakteristisch. Bei den meisten Chromosomen liegt die Spindelansatzstelle interkalar, d. h. sie teilt das Chromosom in zwei Arme, die von gleicher oder verschiedener Länge sein können. Derartige Chromosomen heißen *metakinetisch*. In manchen Fällen befindet sich an der Spindelansatzstelle ein Granulum, das sog. *Spindelkörperchen*

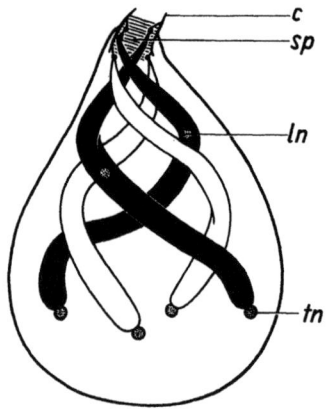

Abb. 44. *Holomastigotoides tusitala* (Polymastigine). Schema des „Ruhekerns" (Stadium der späten Prophase). Chromatiden des gleichen Chromosoms schwarz oder weiß dargestellt. *c* Centriol, *sp* Spindel, *ln* lateraler Nucleolus, *tn* terminaler Nucleolus. Nach CLEVELAND, 1953 [*170*]

oder *Kinosom* (Abb. 44), welches zuweilen durch einen feinen Faden mit dem Kinetochor verbunden ist. Bei den metakinetischen Chromosomen ist die Spindelansatzstelle häufig an einer Einschnürung des Chromosoms zu erkennen. Die Möglichkeit, daß die Spindelansatzstelle auch am Ende eines Chromosoms liegen kann, ist vielfach bestritten worden. Tatsächlich kommen aber solche Chromosomen, die man als *telokinetisch* bezeichnen kann, bei manchen Protozoen (Abb. 44) vor. Neben der primären, durch die Lage des Kinetochors festgelegten Einschnürung können auch sekundäre ausgebildet sein. Dadurch wird ein — meistens kurzer — *Satellit* oder *Trabant* von dem eigentlichen Hauptkörper des Chromosoms abgegliedert. An solchen sekundären Einschnürungen kann es zur Ausbildung von Nucleolarsubstanz kommen.

Im wesentlichen besteht das Chromosom aus einem Faden (*Chromonema*), der in unterschiedlichem Maße spiralig aufgewunden sein kann. Auf der Spiralisierung und Entspiralisierung dieses Fadens beruht der während der Kernteilung ablaufende *Formwechsel* der Chromosomen. In teilungsunfähigen Kernen (z. B. den Speicheldrüsenkernen der Dipteren) kann es zur Ausbildung *polytäner* d. h. aus zahlreichen Fäden bestehender Chromosomen kommen. Ähnliche Polytänchromosomen wurden neuerdings auch in der Makronucleus-Anlage einiger Ciliaten beobachtet. Offenbar handelt es sich dabei aber nur um vorübergehende Zustandsformen der Chromosomen (S. 107). Umstritten ist die Frage, ob außer dem Faden noch eine besondere *Hüllsubstanz* (*Matrix*) am Aufbau der Chromosomen beteiligt ist.

---

[4] Ob auch die starken Abweichungen der Chromosomenzahl, welche bei *Holomastigotoides psammotermitidis* beobachtet wurden, auf konstanten Rassenunterschieden beruhen, ist schwer zu beurteilen. Bei dieser Art wiesen *innerhalb der gleichen Population* nur 0,5% der Individuen die Grundzahl $n = 2$ auf. Die meisten hatten tetra- oder octoploide Chromosomensätze, und viele zeigten eine Heteroploidie mit 3, 5 oder 7 Chromosomen [*401*].

Bei den Arten der Gattung *Holomastigotoides* liegen insofern besondere Verhältnisse vor, als es nicht zur Ausbildung eines typischen Interphasekerns kommt. Stattdessen verharrt die Kernteilung längere Zeit auf dem Stadium der späten Prophase (Abb. 44). Auf diesem Stadium hat sich jedes der beiden Chromosomen bereits zu zwei identischen Abkömmlingen (Chromatiden) verdoppelt, die dann im weiteren Verlauf der Mitose auf die beiden Tochterkerne verteilt werden.

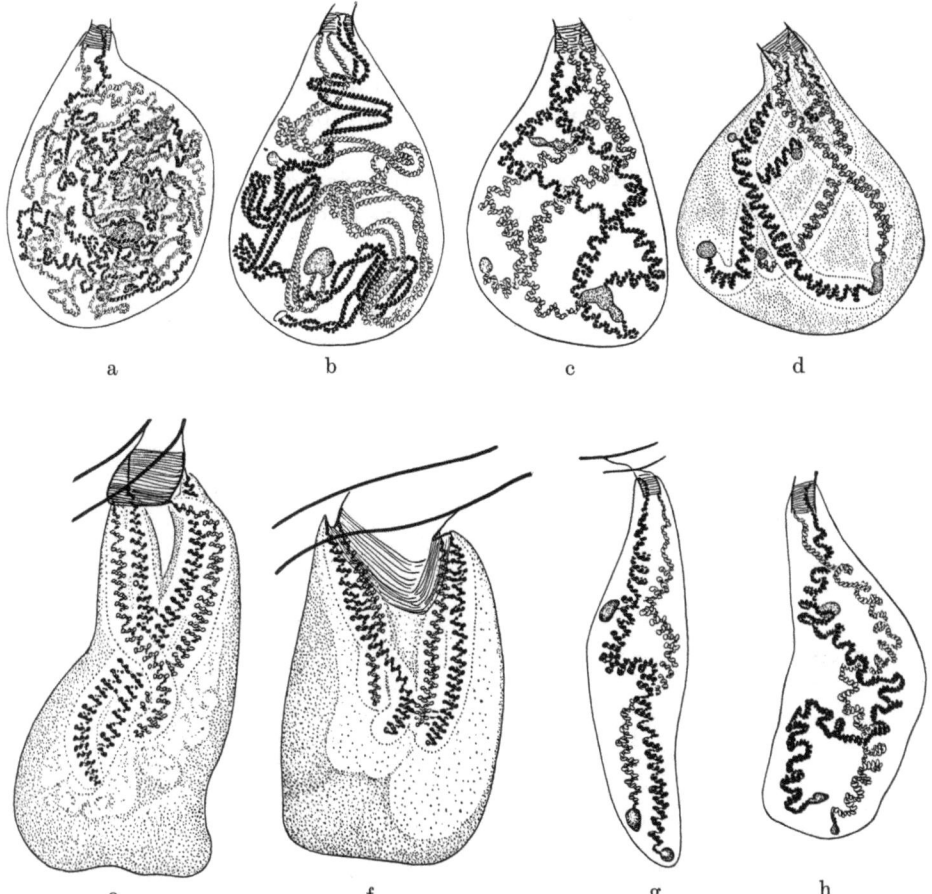

Abb. 45. *Holomastigotoides tusitala*. Spiralformwechsel der Chromosomen während der Mitose. Vergr. 1200×.
Nach CLEVELAND, 1949 [*160*]

Bei *Holomastigotoides tusitala* sind beide Chromosomen telokinetisch. Mit den von den Spindelkörperchen entspringenden Fäden sind sie an den stabförmigen Centriolen (c) befestigt, zwischen denen die Spindelfasern ausgespannt sind (sp). Beide Chromosomen unterscheiden sich durch ihre Länge, vor allem aber dadurch, daß nur das eine einen lateralen Nucleolus (ln) trägt, während ein terminaler (tn) beiden zukommt. Die terminalen Nucleolen verschmelzen häufig miteinander.

Die Chromosomen der *Holomastigotoides-Arten* sind wegen ihrer Größe besonders geeignet, um den auf der Spiralisierung und Entspiralisierung beruhenden *Formwechsel* zu studieren. Da die Kernteilung von *Holomastigotoides* einen sehr abgeleiteten Typus darstellt, soll hier nicht auf Einzelheiten eingegangen werden. Wie Abb. 45 erkennen läßt, sind die Chromosomen zu Beginn der Kernteilung lang und dünn (a). Sie zeigen aber *Kleinspiralen*, welche während der ganzen Kernteilung bestehen bleiben. Die Verdoppelung der Chromosomen findet daher ebenfalls im kleinspiralisierten Zustand statt. Sobald sich die Tochterchromosomen voneinander getrennt haben (b), treten Großspiralen an ihnen auf (c). Diese führen zu einer Verkürzung und Verdickung („Kondensation") der Chromosomen (d), d. h. also zu dem Stadium, auf dem der Kern längere Zeit verharrt (s. o.). Wenn die Teilungsvorgänge wieder anlaufen, streckt sich die Spindel (e), und die Tochterchromosomen rücken auseinander (f). In den Tochterkernen findet dann eine Abwickelung der Großspiralen statt (g, h), ein Vorgang, der wieder zur nächsten Verdoppelung der Chromosomen überleitet.

Abb. 46 zeigt die Chromosomen von *Holomastigotoides psammotermitidis* auf verschiedenen Stadien ihres Formwechsels. Bei dieser Art sind sie metakinetisch [*401*].

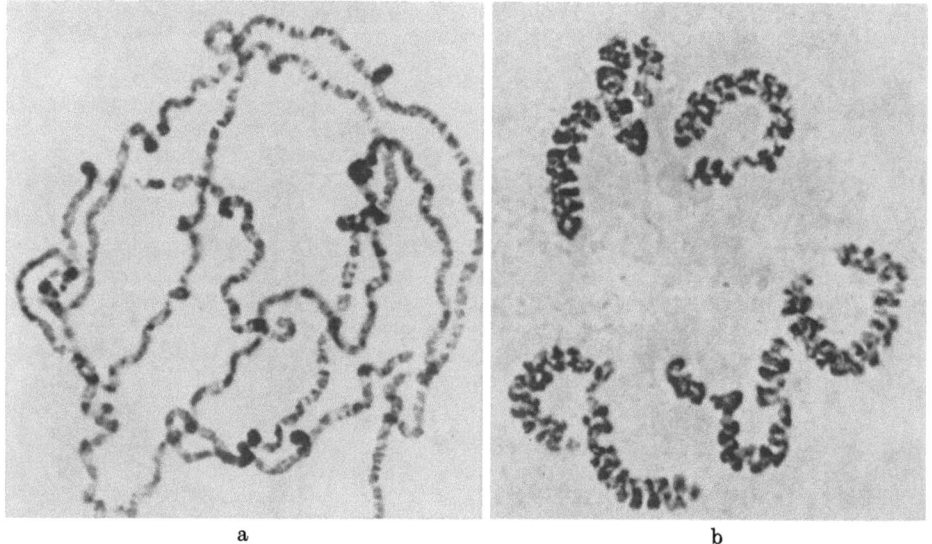

Abb. 46. *Holomastigotoides psammotermitidis*. Chromosomen der frühen (a) und späten (b) Prophase. Bei a erkennt man die Kleinspiralen, bei b die Großspiralen. Die Chromosomen sind zu eng aneinander liegenden Chromatiden verdoppelt. Carminessigsäure-Quetschpräparat. Vergr. 1500×. Nach GRASSÉ und HOLLANDE, 1963 [*401*]

Das Vorkommen lokalisierter Spindelansatzstellen und bestimmter Strecken der Chromosomen, an denen Nucleolarsubstanz ausgebildet wird, ist auch bei den Opalininen der Gattung *Zelleriella* zu erkennen (Abb. 332). Diese sind Diplonten und besitzen 24 Chromosomen. Abb. 47 zeigt den haploiden Satz der Art *Zelleriella louisianensis*. Die Chromosomen wurden mit den zugehörigen Spindelfasern aus Metaphasestadien herausgezeichnet. Alle sind metakinetisch und zeigen eine deutliche Spindelansatzstelle, welche das Chromosom in zwei Arme von verschiedener Länge teilt. Bei den mit 1, 4 und 5 bezeichneten Chromosomen ist an dem einen Arm eine Strecke erkennbar, mit welcher Nucleolarsubstanz assoziiert ist.

Die Zahl dieser ,,Nucleolus-Chromosomen" kann bei den einzelnen Arten verschieden sein. Während *Zelleriella elliptica* vier besitzt, sind bei *Z. louisianensis* und *Z. intermedia* sechs ausgebildet. Im Ruhekern, der ein typischer Interphasekern ist, bildet die Nucleolarsubstanz langgestreckte, oft undeutlich abgegrenzte Bereiche, die miteinander verschmelzen können (Abb. 48).

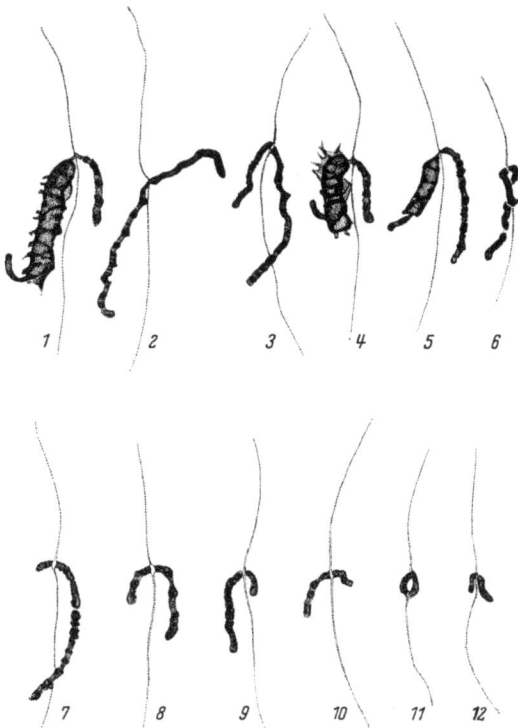

Abb. 47. *Zelleriella louisianensis* (Opalinine). Haploider Chromosomensatz (die Chromosomen sind durch kleine Ziffern bezeichnet). *1, 4* und *5* sind Nucleolus-Chromosomen. Sublimat-Alkohol, Eisenhämatoxylin. Vergr. 2640×. Nach CHEN, 1948 [*140*]

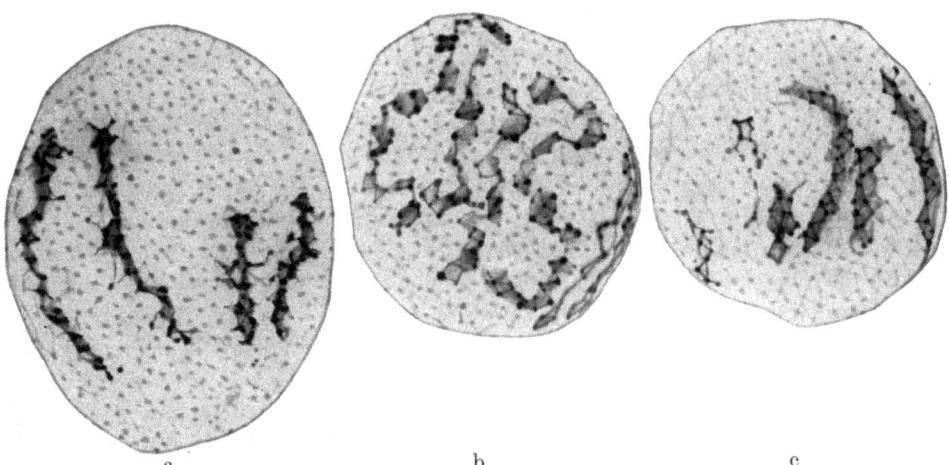

Abb. 48. Ruhekerne verschiedener *Zelleriella*-Arten. a *Z. elliptica.* b *Z. louisianensis.* c *Z. intermedia.* Sublimat-Alkohol, Eisenhämatoxylin. Vergr. 2640×. Nach CHEN, 1948 [*140*]

Viele Protozoen besitzen sog. *Karyosomkerne*, in denen die Nucleolarsubstanz in Form eines kugeligen, meist zentral gelegenen *Nucleolus* auftritt, der früher als Kernkörperchen oder Karyosom bezeichnet wurde. Kommen mehrere Nucleolen vor, so liegen sie meistens unter der Kernhülle. Auch bei *Amoeba proteus* bilden die Nucleolen eine periphere Schicht.

In manchen Fällen läßt sich im Nucleolus ein Fadenknäuel („Nucleolonema") nachweisen, oder es liegt ihm ein heterochromatischer „Knopf" an (Abb. 40). Offenbar besteht also auch hier eine Beziehung zu einem „Nucleolus-Chromosom".

Auf den elektronenmikroskopischen Bildern ist zu erkennen, daß der Nucleolus nicht durch eine Membran gegen das Karyoplasma abgegrenzt ist. Im wesentlichen besteht er aus kleinen Granula, die an die Ribosomen des Cytoplasmas erinnern. Ob der Nucleolus ein Bildungsort für die Ribosomen ist, muß aber vorläufig noch dahingestellt bleiben. Bisher konnte nur wahrscheinlich gemacht werden, daß die ribosomale RNS im Nucleolus entsteht.

Wenn auch die Funktion der Nucleolarsubstanz noch nicht befriedigend geklärt ist, so steht doch fest, daß sie in irgendeiner Weise am Stoffwechsel der Zelle beteiligt ist. Darauf weist schon die Beobachtung hin, daß sie in Kernen wachsender Zellen immer deutlich ausgebildet ist, während sie in Kernen nichtwachsender Zellen (z. B. Gameten, Sporozoiten) nur geringfügig oder überhaupt nicht nachzuweisen ist. Manchmal lassen sich an den Nucleolen strukturelle Veränderungen beobachten, die als verschiedene Funktionszustände gedeutet werden können (Gamonten der Sporozoen).

Thecamoeba verrucosa enthält in ihrem Zellkern zwei verschieden strukturierte Körper, von denen der eine als Nucleolus, der andere als „Binnenkörper" bezeichnet wurde (Abb. 334a). Beide enthalten RNS, reagieren aber feulgennegativ. Bei der Mitose bleibt der Nucleolus an der Seite der Spindel liegen, während das Material des „Binnenkörpers" auf die Spindelpole verteilt wird (s. Film C 943).

Wird *Amoeba proteus* stark zentrifugiert, so ordnen sich die Bestandteile des Zellkerns in verschiedenen Schichten an. Die Nucleolen fließen zu einer amorphen Masse zusammen, die am weitesten zentrifugal liegt und auch ihrerseits aus zwei deutlich unterscheidbaren Schichten besteht [230].

In diesen Fällen scheint daher die Nucleolarsubstanz nicht einheitlich, sondern aus verschiedenen Komponenten aufgebaut zu sein, die auch eine verschiedene Funktion haben könnten.

Über den *Feinbau der Chromosomen* haben die elektronenmikroskopischen Untersuchungen bisher erst wenige Aufschlüsse gebracht. In den typischen Interphasekernen sind sie meistens so aufgelockert, daß sie nur durch besondere Kontrastierungsverfahren vom Karyoplasma unterschieden werden können.

Die auch im Ruhekern als deutlich abgegrenzte Fäden auftretenden Chromosomen der *Dinoflagellaten* (Abb. 37) zeigen eine regelmäßige Querbänderung und einen fibrillären Aufbau (Abb. 49). Da durch lichtmikroskopische Beobachtungen nachgewiesen wurde, daß die Chromosomen des Ruhekerns entspiralisiert werden können [260], liegt die Deutung nahe, daß die Querbänderung auf der Spiralisierung eines „Chromonemas" beruht [448]. Allerdings sind auch andere Modellvorstellungen entwickelt worden [402, 403, s. auch 378, 379]. Vor allem ist ungeklärt, ob es sich um einen kompliziert aufgewickelten Faden oder um zahlreiche Fibrillen handelt. Wenn die Angabe zutrifft, daß die Chromosomen der Dino-

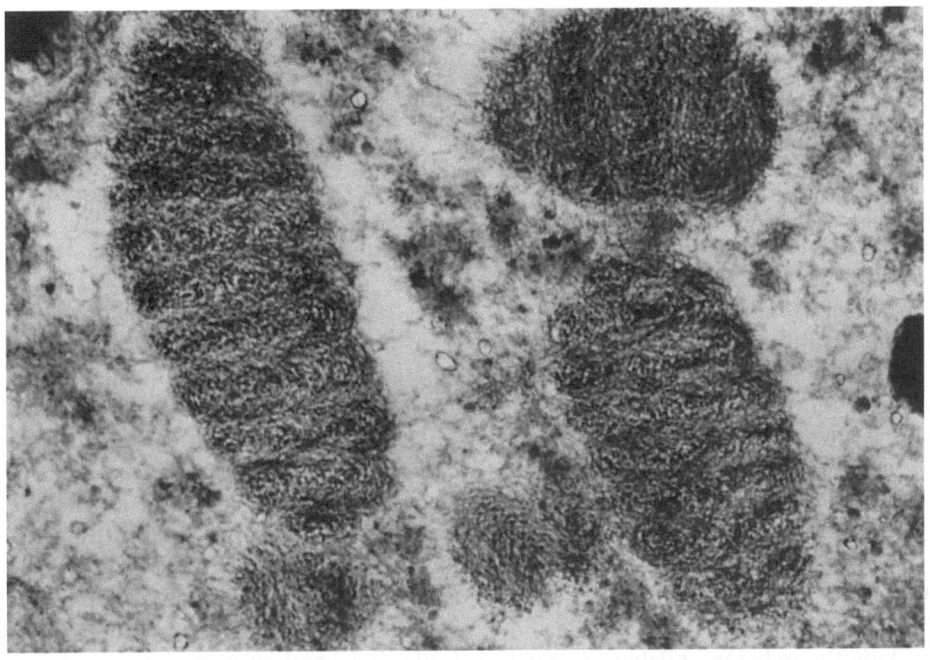

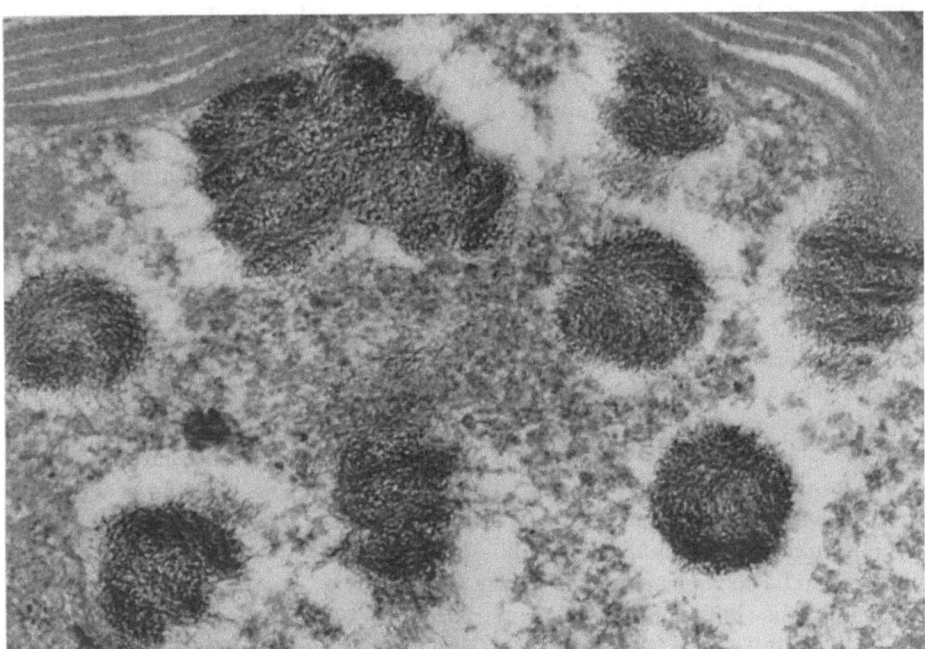

Abb. 49. *Amphidinium massarti*. (Dinoflagellat). Chromosomen im Ruhekern. Vergr. 60000×. Nach GRELL und SCHWALBACH, 1965 [*448*]

flagellaten kein Histon, sondern nur DNS enthalten [*262*], so stimmen sie in einer wesentlichen Eigenschaft mit dem Bakterienchromosom überein, für welches sicher nachgewiesen ist, daß es nur aus einem ringförmig geschlossenen DNS-

Faden besteht, der allerdings in der Zelle zu einem kompakten Gebilde, nämlich dem „Nucleoid", aufgeknäuelt ist (S. 5).

Bei *Amoeba proteus* und *Pelomyxa carolinensis* wurden in den Ruhekernen Ansammlungen von Schraubenstrukturen gefunden, die häufig von einer gemeinsamen, aber nicht näher bestimmbaren Achse entspringen, manchmal aber auch einzeln unter den Kernporen liegen oder sogar im kernnahen Cytoplasma vorkommen. Autoradiographisch konnte in ihnen keine DNS, wohl aber RNS nachgewiesen werden. Die ursprüngliche Annahme, daß diese „Helices" in einem strukturellen Zusammenhang mit den Interphasechromosomen stehen, ist daher nicht mehr haltbar. Es bestände aber die Möglichkeit, daß es sich um Aggregationen von messenger-RNS handelt [*246, 796—798, 910, 1058, 1139a*].

Die *Kernhülle* grenzt den Zellkern gegen das Cytoplasma ab. Obwohl sie in einem strukturellen Zusammenhang mit dem Cytoplasma stehen kann, muß die Kernhülle als ein Bestandteil des Zellkerns angesehen werden, da sie bei den intracellulären Bewegungen mit ihm verbunden bleibt. Auf den elektronenmikroskopischen Bildern ist zu erkennen, daß die Kernhülle aus *zwei Elementarmembranen* besteht, welche durch einen Zwischenraum von variabler Weite (100 bis 300 Å), dem sog. *perinucleären Raum* voneinander getrennt sind. In allen näher untersuchten Fällen ließen sich in der Kernhülle „Poren" nachweisen, die mehr oder weniger regelmäßig verteilt sind und einen von Art zu Art verschiedenen Durchmesser haben (500—1000 Å). An den Rändern der Poren gehen die beiden Elementarmembranen ineinander über. Einige Beobachtungen sprechen dafür, daß die Poren keine „Löcher" in der Kernhülle sind, sondern noch von einer feinen Scheidewand (Diaphragma) durchzogen werden, welche für die Regulation des Stoffaustausches zwischen Kern und Cytoplasma wichtig sein könnte[5]. Den Rändern der Poren ist vielfach ein elektronendichteres Material angelagert, so daß sie auf Tangentialschnitten durch die Kernhülle als ringförmige Strukturen (Annuli) erscheinen.

Bei *Amoeba proteus* schließt sich an die innere Elementarmembran der Kernhülle noch eine Schicht von bienenwabenartiger Struktur an. Über jeder „Wabe" befindet sich ein Porus der Kernhülle, dessen Durchmesser jedoch kleiner als der der „Wabe" ist [*910*]. Bei *Entamoeba blattae* ist die Anordnung gerade umgekehrt: die Wabenschicht befindet sich außen, die poröse Doppelmembran innen [*60*].

Von *Kerndifferenzierung* spricht man, wenn die gleiche Art verschiedene Differenzierungsformen der Zellkerne verwirklicht. Sie kann *sukzedan* oder *simultan* erfolgen. Im ersteren Falle werden nacheinander verschiedene Kerntypen ausgebildet, die sich durch den Formwechselzustand ihrer Chromosomen sowie durch ihren Gehalt an Nucleolarsubstanz und Karyoplasma unterscheiden können.

Wenn der Gamont der monothalamen Foraminifere *Myxotheca arenilega* heranwächst, erreicht sein Kern eine beträchtliche Größe (Abb. 50a). Diese Volumenzunahme beruht ausschließlich auf der Vermehrung von Nucleolarsubstanz und Karyoplasma. Sobald der Gamont eine bestimmte Grenzgröße erreicht, setzt die Gamogonie ein, die zur Bildung freischwimmender Gameten führt (vgl. Abb. 345). Die Nucleolen, die eine dicke Schicht unter der Kernhülle bildeten, fließen zu größeren Kugeln zusammen und verteilen sich unregelmäßig im Karyo-

---

[5] Wird kolloidales Gold in das Cytoplasma von *Amoeba proteus* injiziert, so lassen sich die Goldpartikel nach 24 Std nicht nur im Cytoplasma, sondern auch im Zellkern nachweisen. Auf elektronenmikroskopischen Schnitten werden die Goldpartikel sehr häufig in den Poren der Kernhülle angetroffen [*328, 329*].

plasma. Die Chromosomen, welche im Innern des Kerns lagen, wandern gemeinsam zur Peripherie, wo eine verhältnismäßig kleine Spindel ausgebildet wird (b). Anschließend findet eine völlige Desintegration des Kerns statt. Während Nucleolarsubstanz und Karyoplasma größtenteils im Cytoplasma des Gamonten resorbiert werden, entstehen zwei kleine Tochterkerne, die sich weiter vermehren und die Gametenkerne liefern (c—f).

Es braucht nicht besonders hervorgehoben zu werden, daß beide Kerntypen den gleichen haploiden Chromosomensatz haben. Die Auslösung der ersten Gamogonie-Mitose kann daher nur durch eine Bedingung des Cytoplasmas erfolgen. Diese tritt erst ein, wenn der Gamont eine bestimmte Grenzgröße erreicht.

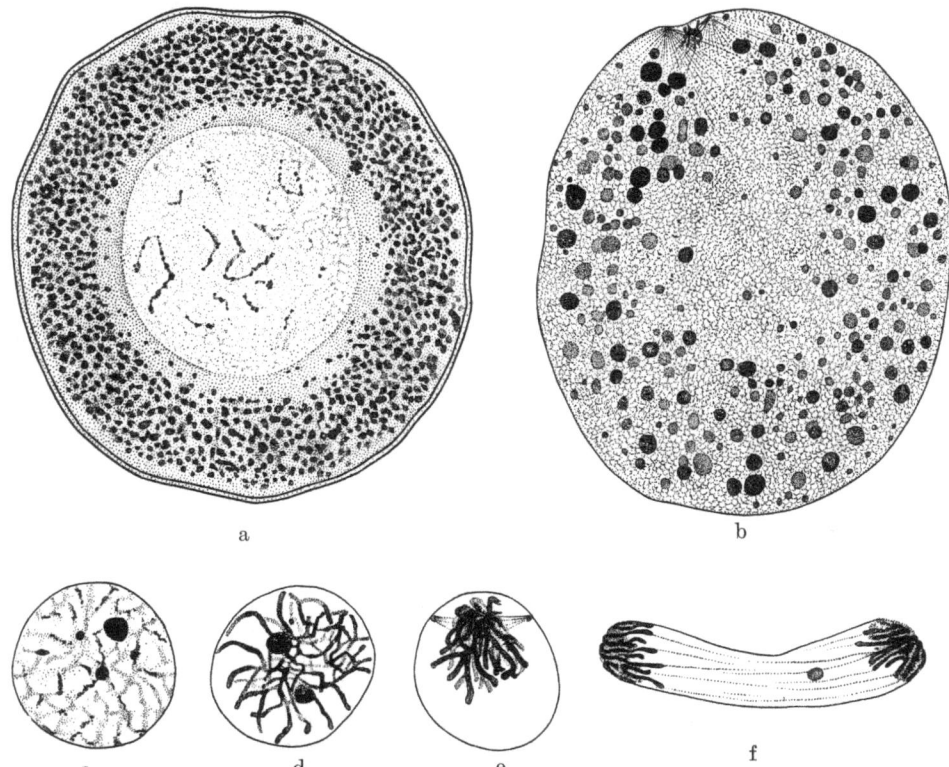

Abb. 50. *Myxotheca arenilega* (Foraminifere). Kern des Gamonten. a Ruhestadium. b Erste Gamogonie-Teilung. c—f Spätere Gamogonie-Teilungen. Vergr. bei a und b 1100×, c—f 3000×. Nach FÖYN, 1936 [339]

Die simultane Kerndifferenzierung, bei welcher innerhalb der gleichen Zelle verschiedene Kerntypen auftreten, soll erst im Anschluß an die Kernteilung besprochen werden (S. 95).

2. Kernteilung

Die gewöhnliche Teilungsweise der Protozoenkerne ist die *Mitose*. Von der Mitose leitet sich die *Meiose* ab, welche zu einer Reduktion der Chromosomenzahl führt. Auf das eigentümliche, von der Mitose abweichende Teilungsverhalten der sog. *polygenomen* Kerne wird in einem besonderen Abschnitt näher eingegangen (S. 95).

a) Mitose

Die Mitose ist ein Kernteilungsmodus, dessen Wesen darin besteht, die durch Verdoppelung der Chromosomen entstandenen *Tochterfäden* oder *Chromatiden* gesetzmäßig auf die beiden Tochterkerne zu verteilen. Diese Verteilung wird durch einen besonderen *Spindelapparat* ermöglicht.

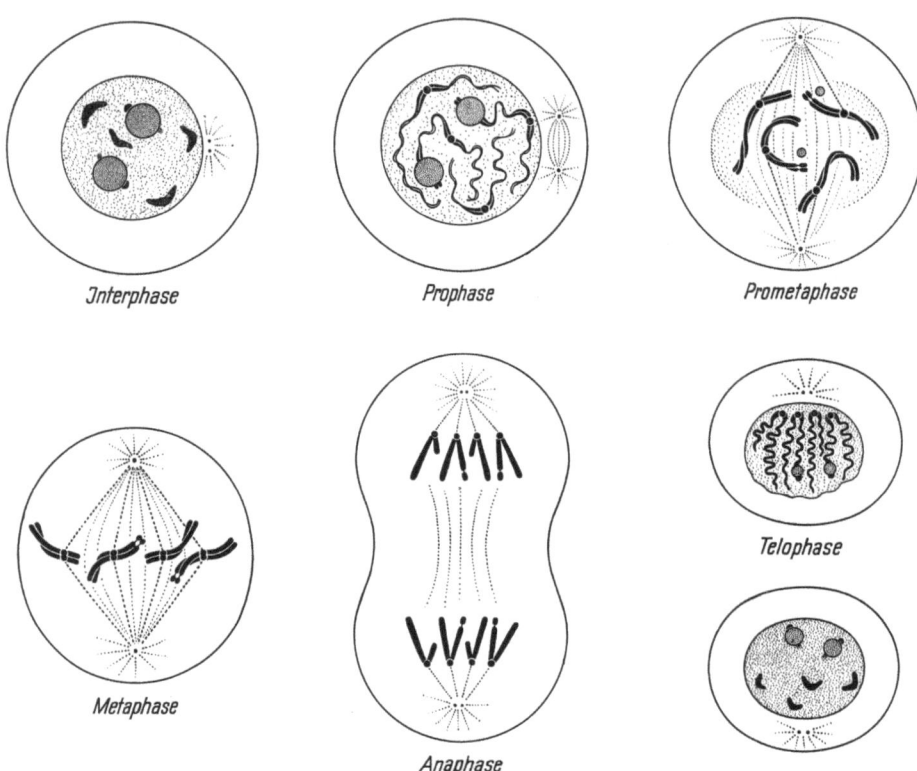

Abb. 51. Schema der Mitose eines vielzelligen Tieres

Der *Verlauf* der Mitose spielt sich bei den vielzelligen Tieren im wesentlichen in der in Abb. 51 schematisch dargestellten Weise ab. Dabei wurde angenommen, daß der sich teilende Kern diploid ist und zwei homologe Chromosomenpaare enthält, von denen das eine Paar einen Nucleolus ausbildet. Die Chromosomen bestehen teils aus *euchromatischen* Abschnitten, welche sich im Ruhekern auflockern, teils aus *heterochromatischen* Strecken, welche im Ruhekern als distinkte, feulgenpositive Bereiche *(Chromozentren)* erkennbar bleiben. In unserem Schema liegen die heterochromatischen Strecken überwiegend an den Spindelansatzstellen, wie es auch tatsächlich oft der Fall ist.

Die Spindelbildung nimmt ihren Ausgang von dem *Centriol*, einem kleinen, an der Kernperipherie liegenden Korn, welches häufig schon in der Interphase in zwei Tochtercentriole geteilt ist. In der *Prophase* werden die Chromosomen als langgestreckte Fadengebilde erkennbar, die bereits auf diesem Stadium zu den beiden Chromatiden verdoppelt sind. Gleichzeitig wandern die Tochtercentriole auseinander, wobei sie zunächst durch eine spindelartige Faserstruktur verbunden sind.

Sobald die Tochtercentriole an die gegenüberliegenden Pole gerückt sind, wird die Kernhülle aufgelöst. Von den Centriolen, welche von einer feinen *Polstrahlung* umgeben sind, wachsen Fasern in den Kernraum hinein, die sich teils miteinander zu einem Faserkörper, der

Spindel, vereinigen, teils als sog. *Zugfasern* an den Kinetochoren der Chromosomen befestigen (Prometaphase).

In der *Metaphase* ordnen sich die Chromosomen so an, daß ihre Spindelansatzstellen in eine zwischen den Teilungspolen liegende Ebene, die sog. *Äquatorialebene*, zu liegen kommen.

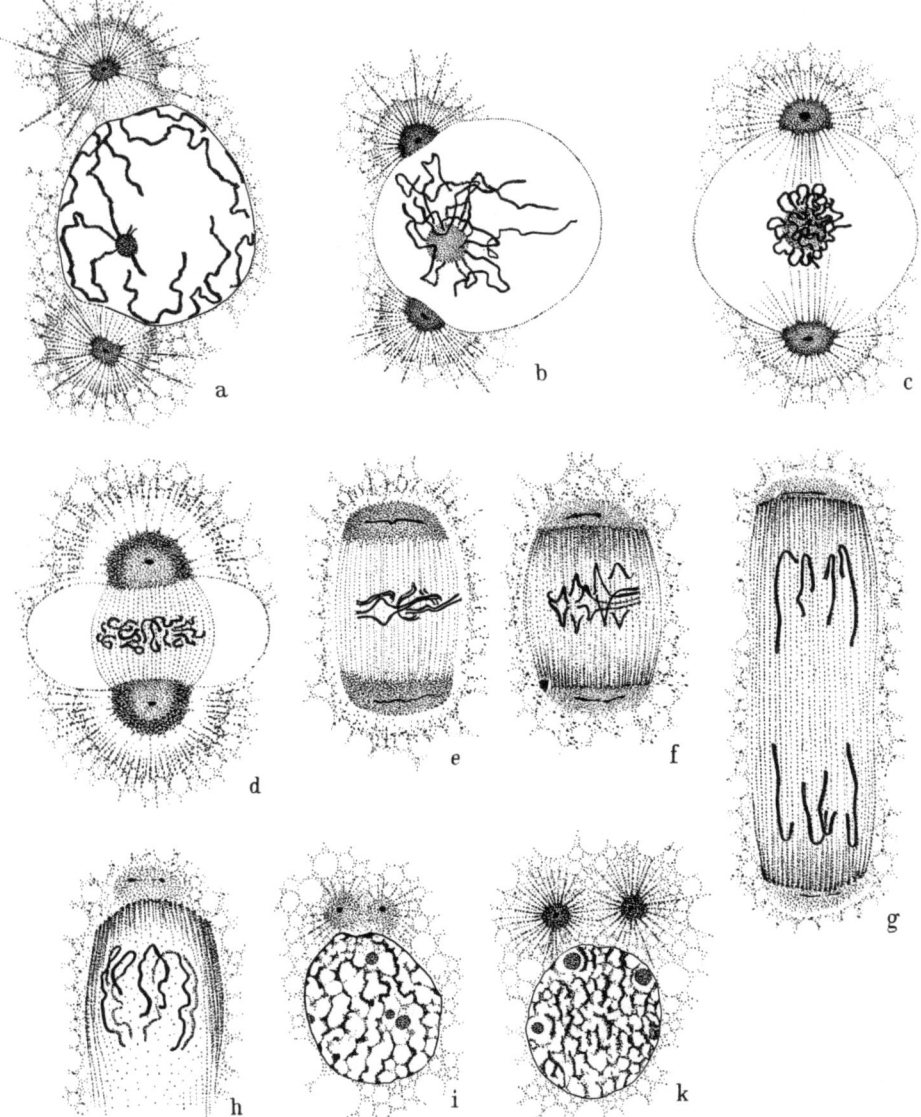

Abb. 52. *Monocystis magna* (Gregarine) Progame Teilungen. a, b Prophase. c Übergang zur Metaphase, d Metaphase. e—g Anaphase, h—k Telophase. Vergr. 1850×. Nach BELAR, 1926 [67] aus CLAUS GROBBEN-KÜHN, 1932 [154]

Nach Teilung der Kinetochore bewegen sich die Chromatiden in der *Anaphase* auseinander. Die in der Prophase einsetzende — auf der Spiralisierung beruhende — Verkürzung und Verdickung der Chromosomen erreicht jetzt ihr stärkstes Ausmaß.

Erst in der *Telophase* findet wieder eine Längsstreckung der Chromosomen statt. Indem die Chromosomen in den interphasischen Zustand übergehen, setzt auch die Ausbildung der Nucleolen, welche in der späten Prophase meistens aufgelöst werden, von neuem ein.

64 Morphologie

Bei den *Protozoen* verläuft die Mitose in sehr verschiedener Weise. Diese Mannigfaltigkeit beruht in erster Linie darauf, daß der Spindelapparat sehr unterschiedlich ausgebildet ist, in geringerem Maße aber auch auf Besonderheiten der Chromosomen selbst.

Einen Mitosetypus, der mit dem der Metazoen weitgehend übereinstimmt, zeigen die Kernteilungen, welche der Gametenbildung der *Gregarinen* vorausgehen.

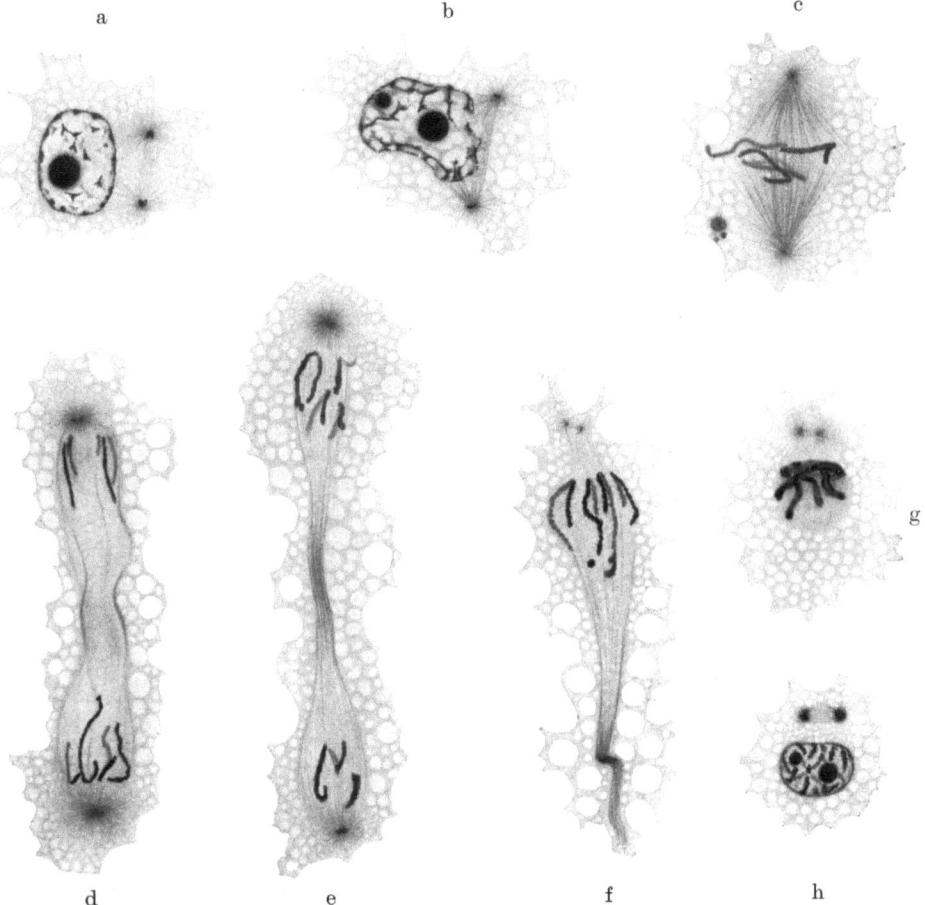

Abb. 53. *Stylocephalus longicollis* (Gregarine). Progame Teilungen. a, b Prophase. c Metaphase. d, e Anaphase. f—h Telophase. Carnoy-Eisenhämatoxylin. Vergr. 2700×. Nach GRELL, 1940 [*419*]

Bei *Monocystis magna* (Abb. 52) [67] sind die Centriole während der Kernteilung von einem etwas heller gefärbten Bereich, dem sog. *Centrosom*, umgeben. In der Prophase (a) kommt an den Centrosomen die Polstrahlung zur Ausbildung, und die Teilungszentren legen sich unmittelbar der Kernhülle an (b). Unter lokaler Auflösung der Kernhülle wachsen nun Polstrahlen in den Kernraum herein (c) und vereinigen sich zu einer tonnenförmigen Spindel (d). Damit ist die Metaphase erreicht, in der die Chromosomen die Äquatorialplatte bilden. Während die Chromatiden in der Anaphase auseinanderrücken, strecken sich die Centriole quer zur Teilungsachse in die Länge (e—g). Nach ihrer Verdoppelung wird dann in der Telophase um jedes Tochtercentriol wieder ein Centrosom mit Polstrahlung ausgebildet (h—k).

Bei einer anderen Gregarine, *Stylocephalus longicollis* (Abb. 53) [*419*], hat der Spindelmittelteil, welcher die Tochterplatten in der Anaphase voneinander entfernt, ein schlauchförmiges Aussehen. In der Telophase streckt er sich stark in die Länge, wobei er eingeschnürt wird und schließlich einknickt.

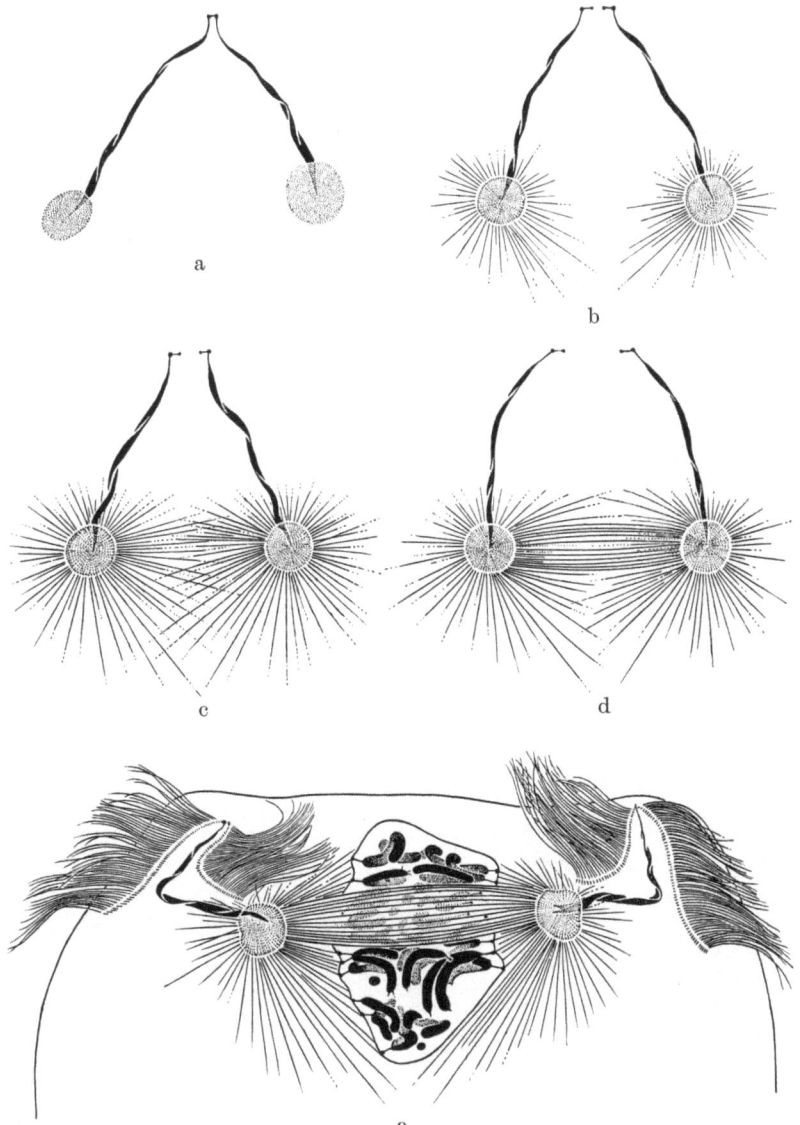

Abb. 54. *Barbulanympha* (Polymastigine). Mitose. In a—d sind nur die Centriole während der Interphase (a) und Prophase (b—d) dargestellt. e Vorderer Teil der Zelle (Anaphase). Nach CLEVELAND, 1938 [*158*]

Durch einen besonders deutlichen Spindelapparat ist auch die Mitose der *Polymastiginen* ausgezeichnet. Die Teilungsstrukturen sind hier in verschiedener

5 Grell, Protozoologie, 2. Aufl.

66   Morphologie

Weise abgewandelt und machen daher eine etwas ausführlichere Darstellung erforderlich.

Bei den Pyrsonymphida liegen die Centriole innerhalb des Zellkerns, so daß auch die Spindel *intranucleär* ausgebildet wird (Abb. 70 u. 188).

Für die meisten Polymastiginen ist aber kennzeichnend, daß der Kernraum nicht in die Spindelbildung mit einbezogen wird. Die Spindel entsteht vielmehr völlig *extranucleär*. Die Centriole sind Dauerstrukturen, die in bestimmter Weise am Vorderende der Zelle befestigt sind und bei vielen Arten auch außerhalb der Kernteilung deutlich erkannt werden können.

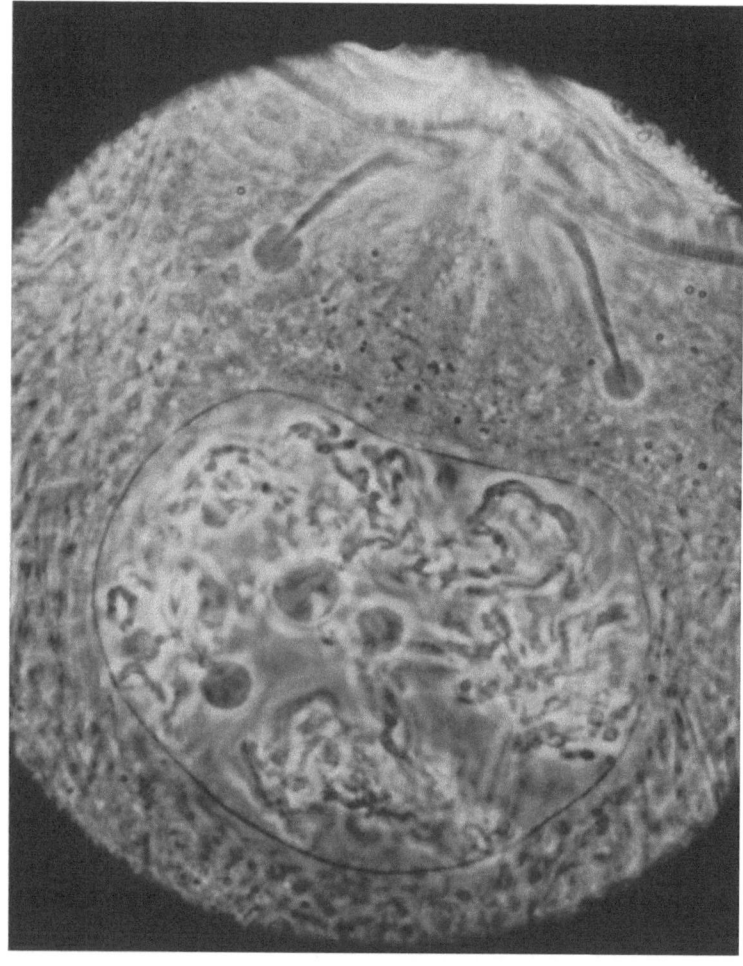

Abb. 55. *Barbulanympha*. Prophase der ersten meiotischen Teilung. Centrosome der Centriole noch ohne Polstrahlen. Im Kern sind die Chromosomen bereits zu den Chromatiden verdoppelt, welche sich relationell umwinden; außerdem sind einige Nucleolen im Kern erkennbar. Vergr. 1500 ×. Lebendaufnahme (Phasenkontrast) nach CLEVELAND, 1953 [*170*]

Bei *Barbulanympha* (Abb. 330) treten die Centriole immer in Zweizahl auf und liegen unterhalb des Geißelschopfes inmitten der Parabasalkörper und Achsenstäbe. Sie stellen stabförmige, tordierte Gebilde dar und bestehen aus drei Teilen:

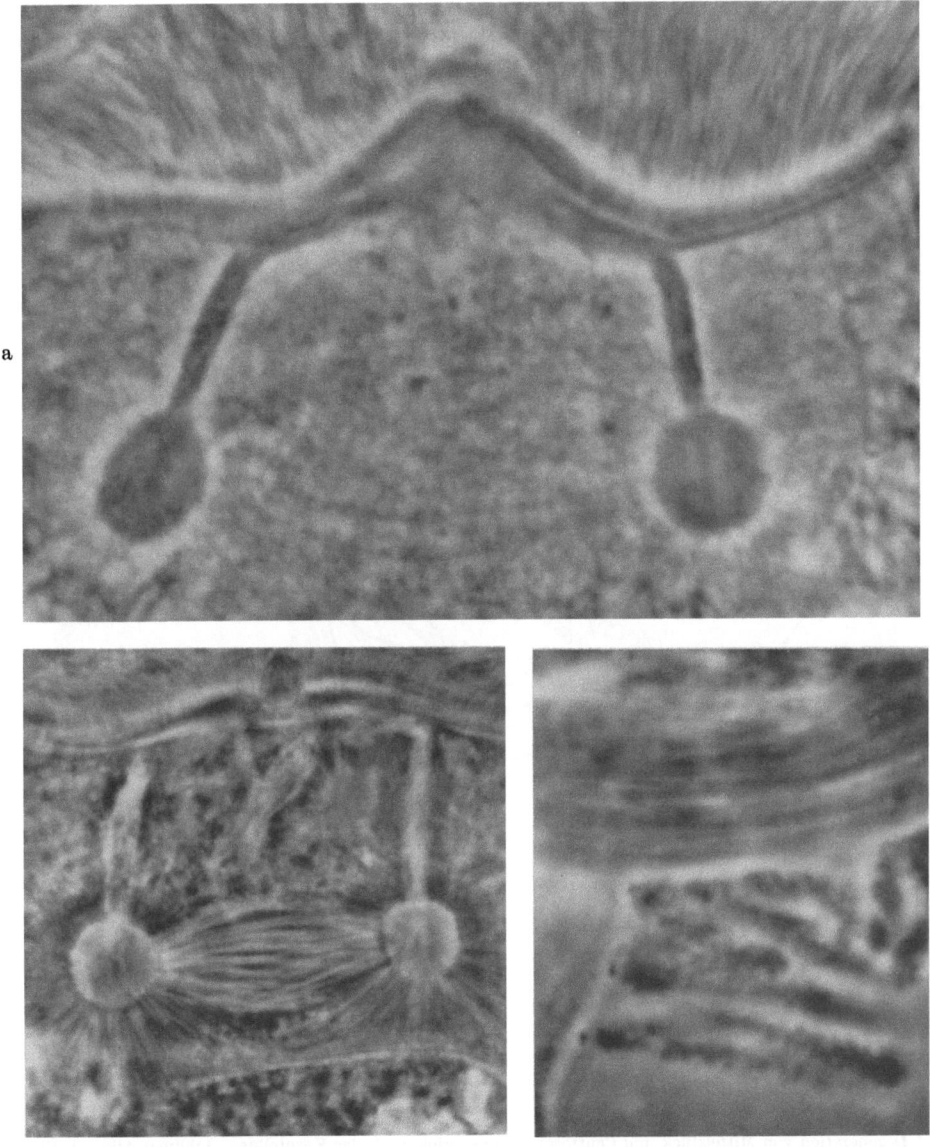

Abb. 56. *Barbulanympha*. Teilungsstrukturen. a Beginnende Ausbildung der Spindelfasern zwischen den Centrosomen. b Ausbildung der Spindel während der späten Prophase. c Drei Chromosomen (Spiralbau verschwommen erkennbar!) mit in der Kernmembran verankerten Spindelkörperchen, darüber die Spindel. Lebendaufnahmen (Phasenkontrast) a Original von L. R. CLEVELAND, b nach CLEVELAND, 1953 [*170*], c nach CLEVELAND, 1954 [*173*]

dem abgekugelten Vorderende oder Endgranulum, dem langgestreckten Mittelstück und dem zugespitzten, von einem sphärischen Centrosom umgebenen Hinterende (Abb. 54a) [*158*]. In der Prophase kommt nur an den Centrosomen eine Polstrahlung zur Ausbildung (b). Die meisten Fasern verbinden sich miteinander zur Spindel, während andere an den Spindelkörperchen der Chromatiden befestigt werden (c—e). Die Spindelkörperchen sind bei *Barbulanympha* und anderen Polymastiginen in der Kernhülle verankert. Daher wird der zwischen den Spindelkörperchen der Geschwisterchromatiden liegende Bereich der Kernhülle bei der Anaphase außerordentlich stark gedehnt. Trotz dieser Dehnung bleibt aber die Kernhülle, die hierbei offenbar einen strukturellen Umbau erfährt, bis zur Rekonstruktion der Tochterkerne erhalten.

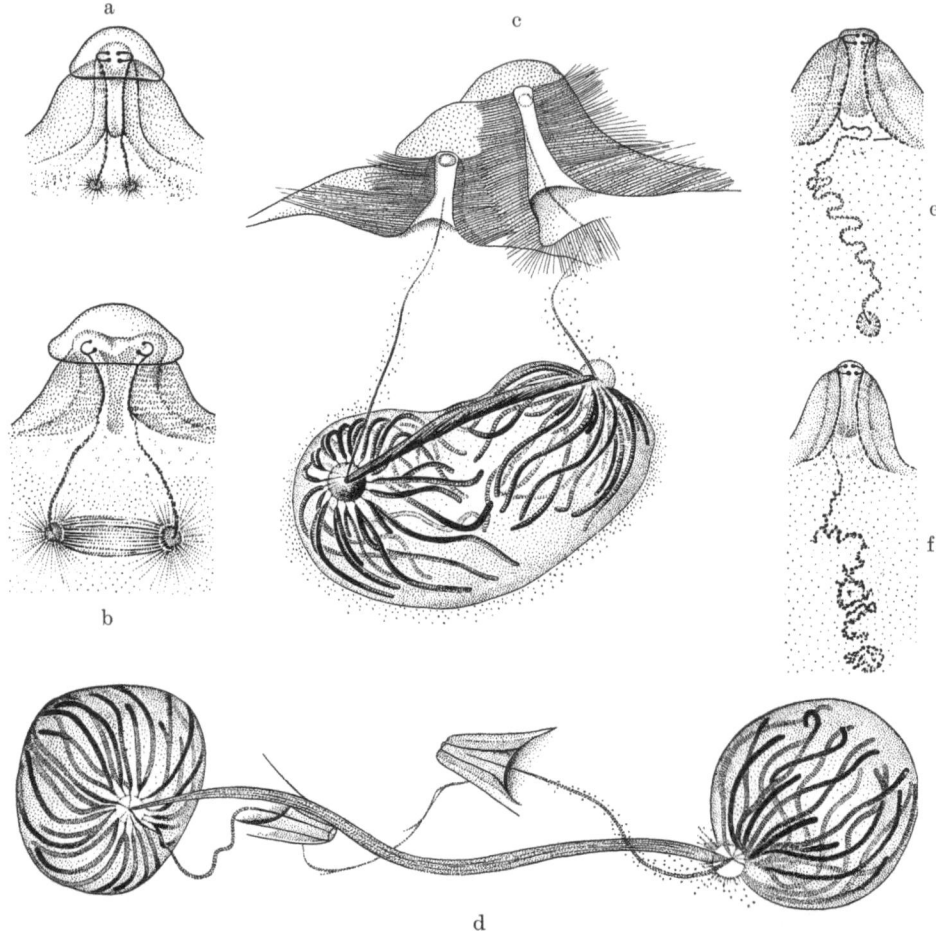

Abb. 57. *Pseudotrichonympha* (Polymastigine). Mitose. a Frühe, b späte Prophase. c Frühe, d späte Telophase. e, f Degeneration von Mittelstück und Centrosom des Centriols nach der Kernteilung. Sublimat-Alkohol, Eisenhämatoxylin. Vergr. a, b 1100×, c—f 900×. a, b, e, f nach CLEVELAND, 1935 [*156*], etwas schematisiert; c, d nach GRASSÉ und HOLLANDE, 1951 [*399*]

Schon in der frühen Prophase verdoppelt sich das Endgranulum jedes Centriols (b). Das so entstandene neue Endgranulum regeneriert dann später ein neues Mittelstück und Centrosom, so daß auf diese Weise der ursprüngliche Zustand wieder hergestellt wird. Daraus geht hervor, daß *die Fähigkeit, sich zu verdoppeln, nur dem Endgranulum des Centriols zukommt.*

Die Kernteilung von *Barbulanympha* verdient eine besondere Beachtung, weil sich nicht nur die Centriole mit ihren Centrosomen und die Chromosomen mit ihren Spindelkörperchen, sondern auch die Spindelfasern, die früher vielfach für Kunstprodukte der Fixierung gehalten wurden, mit unvergleichlicher Klarheit *im Leben* beobachten lassen (Abb. 55 u. 56) [*170*].

Auch bei den übrigen Polymastiginen, welche stabförmige Centriole besitzen, wird deutlich, daß das Vorderende der autoreproduktive Teil des Centriols ist. Im einzelnen bestehen aber im Verhalten der Centriole bei der Kernteilung bemerkenswerte Unterschiede.

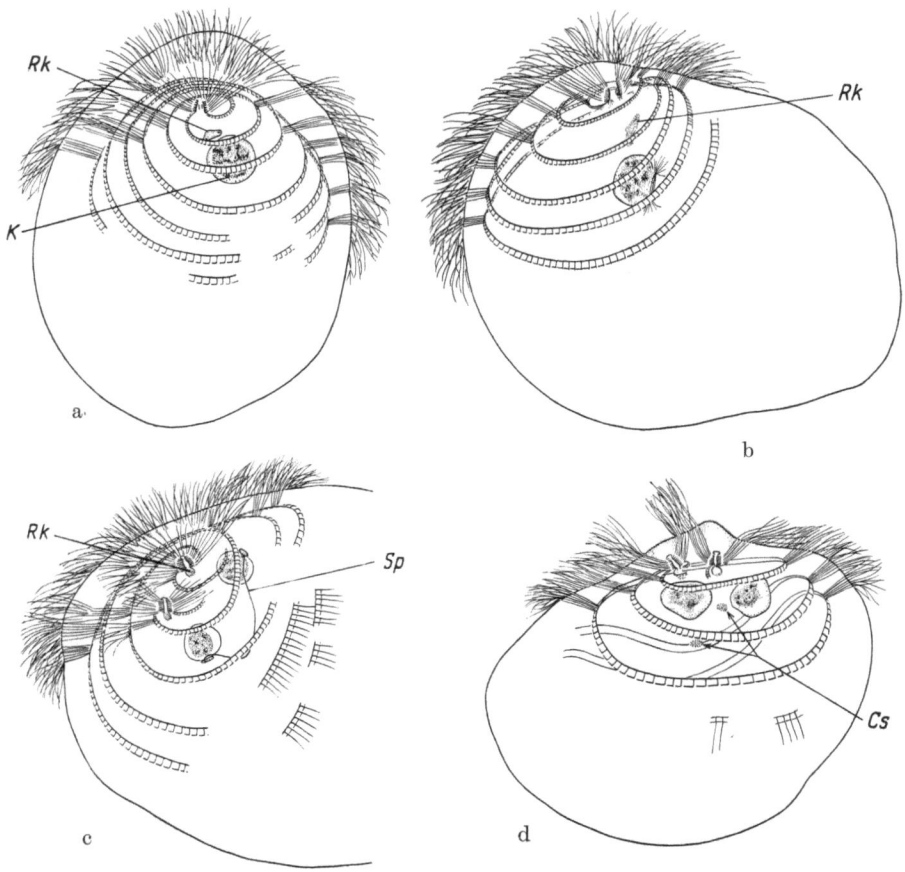

Abb. 58. *Macrospironympha* (Polymastigine) Verschiedene Teilungsstadien (Meiose I). a Kern (*K*) und Rostralkörper (*Rk*) haben sich vom Rostrum getrennt. Der Rostralkörper führt die spindelbildenden Centriolenden mit sich. b Ausbildung der Spindel und Auflösung des Rostralkörpers. c Die Centrosomen sind noch durch die Spindel (*Sp*) verbunden. An den Tochterrostren werden neue Rostralkörper ausgebildet. d Nach Auflösung der Spindel liegen die Centrosomen (*Cs*) frei im Cytoplasma und degenerieren ebenfalls. Die Tochterkerne nähern sich den Tochterrostren. Vergr. 330×. Nach CLEVELAND, 1956 [*175*]

Bei *Pseudotrichonympha* (Abb. 57) [*156, 399*] werden die Centriole nach jeder Kernteilung bis auf die Vorderenden, welche hier ebenfalls dicht unter dem Rostrum liegen, abgebaut. Erst in der frühen Prophase (a) wachsen sie zu stabförmigen Gebilden aus, die am Ende von Centrosomen umgeben sind. Noch während der Spindelbildung schreitet die Verlängerung der Mittelstücke weiter fort (b). Die Centrosome legen sich unmittelbar der Kernhülle an (c). Nach der Teilung (d) werden dann die fadenförmigen Mittelstücke und Centrosome im Cytoplasma aufgelöst (e, f).

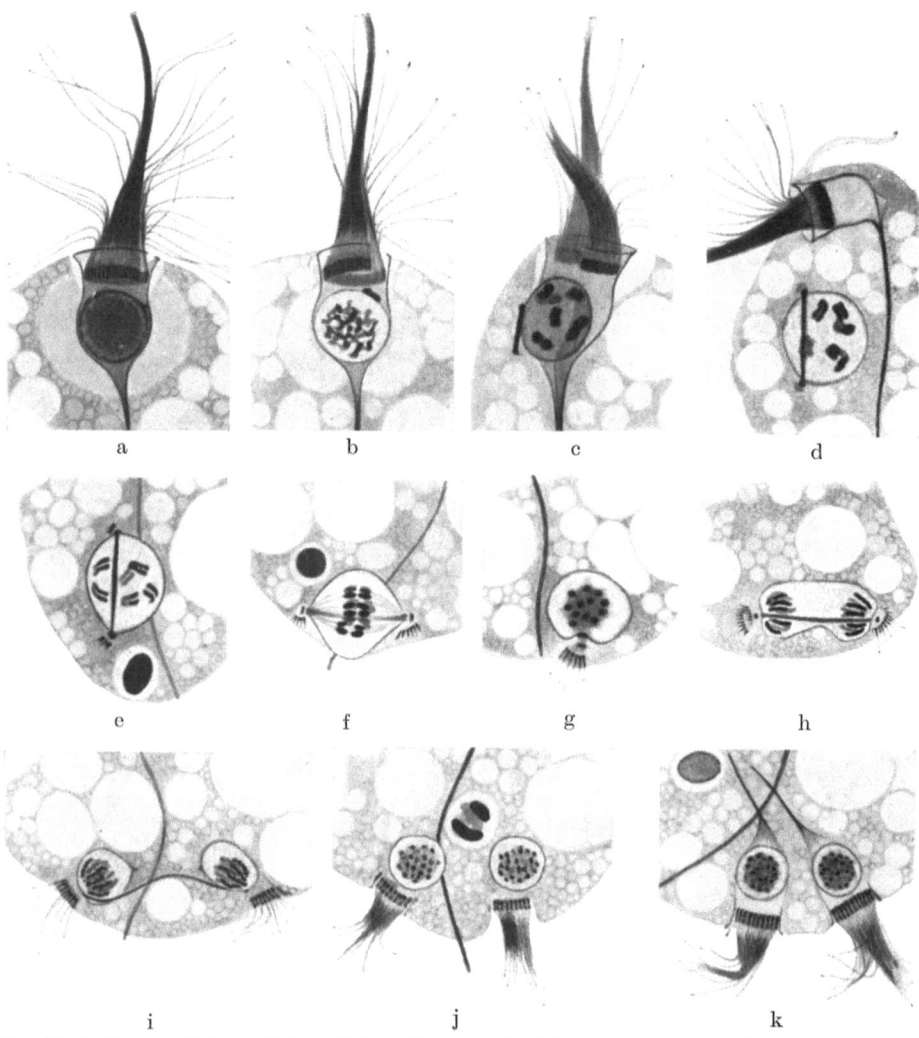

Abb. 59. *Lophomonas blattarum* (Polymastigine). Mitose. a—d zeigt einen Ausschnitt des Vorderendes, e—k des Hinterendes der Zelle. a Ruhekern im Fibrillenkelch, der sich nach hinten in den Achsenstab fortsetzt; über dem Kern der Kranz von Basalkörpern, b—d Prophase. e Metaphase. f Anaphase. g desgl. in Polansicht. h Späte Anaphase. i—k Telophase (Ausbildung der neuen Fibrillenkelche). Sublimat-Alkohol, Eisenhämatoxylin. Vergr. 1900×. Nach BELAR, 1926 [67]

Noch abweichender verhalten sich die Centriole bei *Macrospironympha* (Abb. 58) [*175*]. Sie sind hier zwar sehr klein und schwer erkennbar, aber sicher ebenfalls stabförmig. Zu Beginn der Teilung gibt der Kern seine Verbindung mit dem Rostrum auf und wandert in das Zellinnere hinein. Ihm folgt ein als „Rostralkörper" bezeichnetes Gebilde, welches normalerweise oberhalb des Kerns im Rostrum liegt. Mit dem Rostralkörper sind die spindelbildenden Enden der Centriole verklebt. Sie trennen sich daher von den übrigen Teilen der Centriole und werden von dem Rostralkörper in Kernnähe transportiert (a). Hier löst sich der Rostralkörper auf, während die Centriolenden die Spindel ausbilden (b). Nachdem sich der Kern geteilt und das Rostrum verdoppelt hat, entstehen an den Tochterrostren neue Rostralkörper (c). Während die Kerne wieder die Verbindung mit den

Rostren herstellen, lösen sich die spindelbildenden Enden im Cytoplasma auf (d). Später werden sie von den verbliebenen Teilen der Centriole regeneriert.

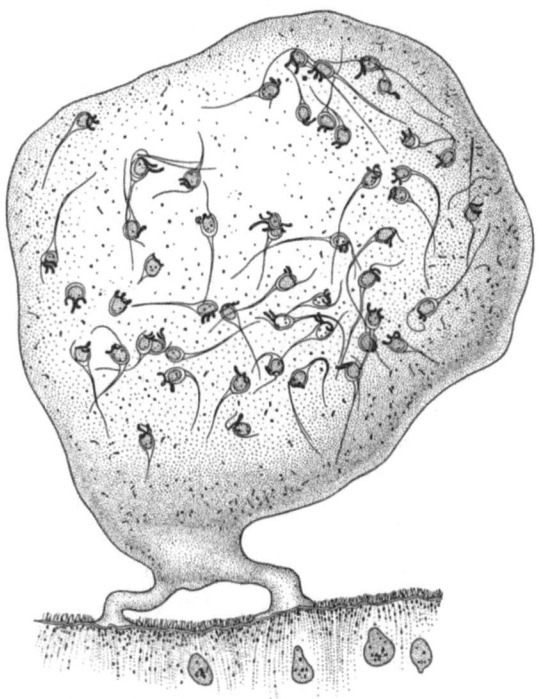

Abb. 60. *Kirbynia pulchra* (Polymastigine). Plasmodiales Stadium, durch zwei pseudopodienartige Fortsätze am Darmepithel der Termite befestigt. Im Cytoplasma zahlreiche Kerne mit Geißeln, Achsenstäben und Parabasalkörpern („Karyomastigont-Komplexe"). Nach GRASSÉ und HOLLANDE, 1951 [*400*]

Während die autoreproduktive und die spindelbildende Fähigkeit in diesen Fällen auf die beiden Enden eines stabförmigen Gebildes verteilt sind, stellt das Centriol von *Lophomonas* (Abb. 59) [*67*] wie bei den meisten Protozoen und Metazoen ein kugeliges Gebilde dar, welches beide Fähigkeiten in sich vereinigt. Auch hier wird der Kern von einer kelchartigen Bildung umschlossen, die an ein Kernsäckchen erinnert und ihm eine bestimmte Lage innerhalb der vorderen Zellhälfte verleiht. Nach hinten setzt sich dieser „Kelch" in einen Achsenstab fort. Auf seiner Innenseite befindet sich ein Kranz von Basalkörpern, von denen die zu einem Schopf zusammentretenden Geißeln entspringen (a). Zu Beginn der Mitose gleitet der Kern aus dem „Kelch" heraus. An der Kernhülle wird ein Centriol erkennbar, welches sich bald danach in die beiden Tochtercentriole teilt (b, c). Diese rücken an gegenüberliegende Pole des Kerns und bilden die Spindel aus (d, e). Schon in der Anaphase (f) ist in unmittelbarer Nähe der Tochtercentriole ein Kranz von Basalkörpern zu erkennen, die offenbar aus ihnen hervorgegangen sind und zu den Geißeln auswachsen. Während die Tochterzellen bei den vorher besprochenen Polymastiginen einige Organelle von der Mutterzelle übernehmen, werden bei *Lophomonas* Geißeln, Kelch und Achsenstab bei jeder Teilung neu gebildet.

Geißeln und Geißelbänder, ja sogar Kernsäckchen, Achsenstäbe und Parabasalkörper scheinen bei den Polymastiginen direkt oder indirekt aus dem Centriol hervorzugehen. Dieses hat also nicht nur die Bedeutung eines Teilungszentrums, welches die Spindelfasern liefert, sondern auch die eines *Organisationszentrums*, unter dessen Einfluß Differenzierungen der Zelle entstehen, die keine funktionelle Beziehung zur Kernteilung haben. Alle diese Differenzierungen werden aber auf diese Weise in einen mehr oder weniger innigen Zusammenhang mit dem Kernbereich gebracht. Das zeigt sich besonders eindrucksvoll bei Arten, welche vielkernige Plasmodien bilden (Abb. 60) [*400*]. Obwohl die Geißeln dieser Stadien gar nicht in Tätigkeit treten, bleibt jeder Kern mit einem vollständigen, intracellulären Komplex von Geißel, Achsenstab und Parabasalkörper verbunden.

Bei den Polymastiginen, welche im Darm der amerikanischen Schabe *Cryptocercus punctulatus* vorkommen, wird die geschlechtliche Fortpflanzung durch eine Mitose eingeleitet, die bei einigen Arten eine eigenartige Abwandlung erfahren hat. Diese Mitose hat den Charakter einer geschlechtsdifferenzierenden Teilung (s. S. 165). Bei *Trichonympha* (Abb. 61) [*161*] findet zunächst eine Encystierung der Zellen (Gamonten) statt (a). In jeder Cyste wird dann ein männlicher und ein weiblicher Gamet ausgebildet. In der Prophase (b) verdoppeln sich die Chromosomen, deren Zahl 24 beträgt, frühzeitig zu den Chromatiden. Da sich auch die Spindelansatzstellen der Chromosomen bereits in der Prophase völlig voneinander trennen, entstehen zwei Sätze von je 24 Chromatiden, die sich in vielen Fällen deutlich durch ihre Färbbarkeit voneinander unterscheiden. Die Chromatiden, welche später in den männlichen Gameten gelangen, sind stärker färbbar als die, welche dem weiblichen Gameten zugeteilt werden. Der differentielle Charakter der Teilung äußert sich also bereits bei der Chromosomenverdoppelung. Ein eigentümlicher Verkettungsvorgang sorgt nun dafür, daß die Chromatiden nicht zufallsmäßig auf die beiden Tochterkerne verteilt werden, sondern daß die stärker färbbaren immer in den einen, die schwächer färbbaren immer in den anderen Tochterkern gelangen. Diese Verkettung erfolgt in der Weise, daß sich je vier Chromatiden zunächst zu „Pseudotetraden" zusammenschließen. Die Vierergruppen heften sich dann ihrerseits zu einer Kette aneinander (c, d). Auf diese Weise werden also im Kern zwei „Sammelchromosomen" gebildet, von denen jedes einem ganzen Genom entspricht. Auch in der Telophase (e) und an den Kernen der fertig ausgebildeten Gameten (f) läßt sich dieser Färbungsunterschied oft noch deutlich erkennen. Erst wenn das Synkaryon mit der meiotischen Prophase beginnt (Abb. 71), treten wieder Einzelchromosomen auf.

Ein ganz entsprechender Verkettungsvorgang wurde auch bei *Barbulanympha* [*169*] beobachtet, während bei *Leptospironympha* [*166*] keine Vierergruppen gebildet werden, sondern sich die Einzelchromatiden unmittelbar aneinanderschließen (Abb. 160).

Wie allgemein bei den Mitosen der höheren Pflanzen, so können auch bei den Protozoen Centriole als distinkte, färbbare Gebilde fehlen. Aber auch in solchen Fällen lassen sich in der Regel Strukturen nachweisen, welche die Bedeutung von Teilungszentren haben und darin den Centriolen entsprechen. Bei dem Sonnentierchen *Actinophrys sol* sitzen die Axonemen der Axopodien unmittelbar dem Ruhekern auf (Abb. 62a) [*65*]. Während der Prophase werden an gegenüberliegenden Polen des Kerns kappenförmige Plasmaverdichtungen ausgebildet, welche die in der Nähe der Teilungsachse stehenden Axonemen stärker von der Kernhülle abheben (b—d). Im weiteren Verlauf der Mitose schwellen diese Pol-

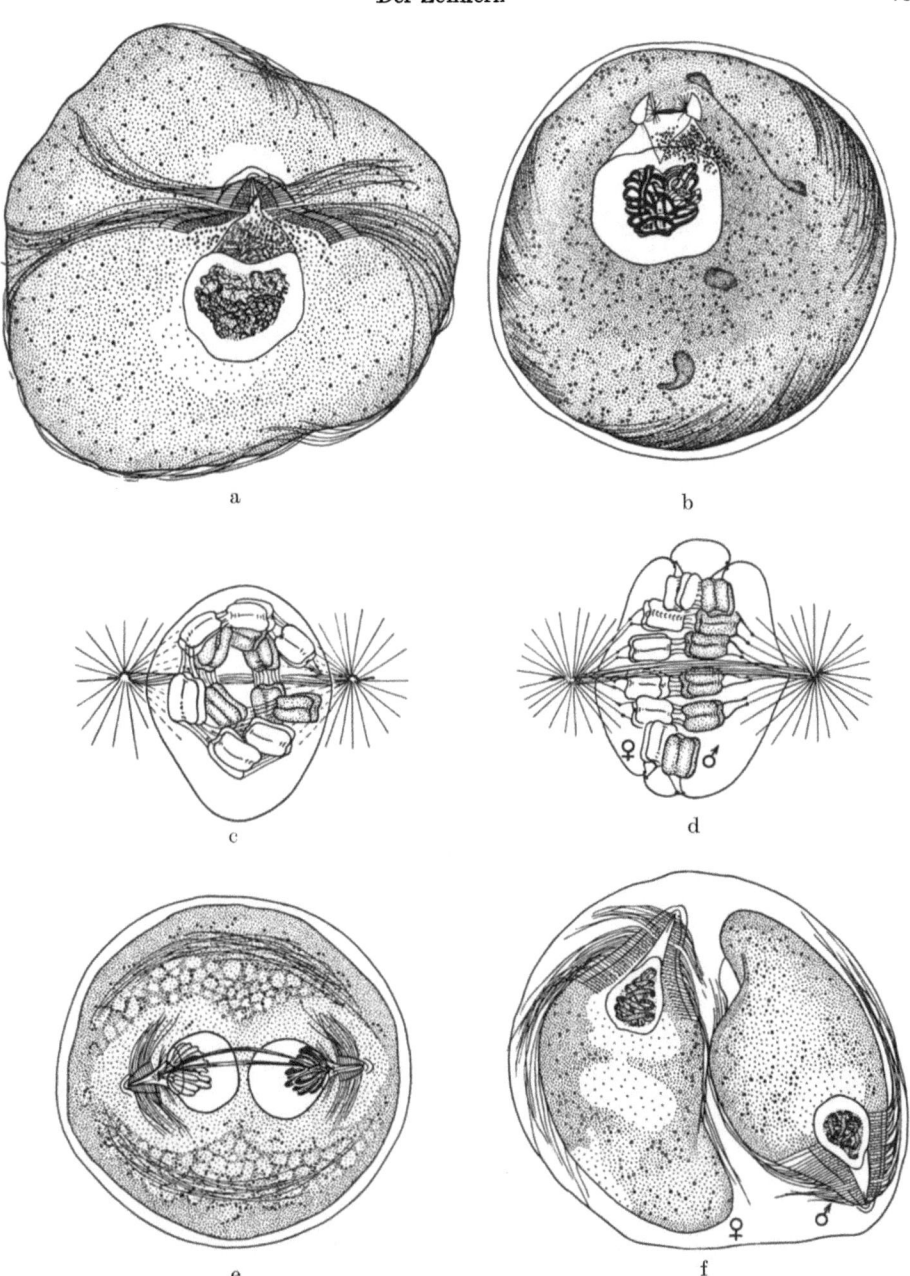

Abb. 61. *Trichonympha* (Polymastigine). Gamogonie-Teilung. a Gamont (encystiert). b Desgl. Kern in Prophase. c, d Verkettung der „Pseudotetraden" in der Pro- und Metaphase. e Telophase. f Gameten. Eisenhämatoxylin. Vergr. a, b, e, f 490×; c, d 680×. Nach CLEVELAND, 1949 [*161*]

kappen immer stärker an, während sich das Karyoplasma zu einer tonnenförmigen Spindel umgestaltet (e–g). Nach der Anaphase (h) und der Rekonstruktion der Tochterkerne (i–l) scheint sich dann die Masse der Polkappen wieder als oberflächlicher Belag um den ganzen Kern herum zu verteilen. Daher können die Axonemen nun wieder enger an die Kernhülle heranrücken (m).

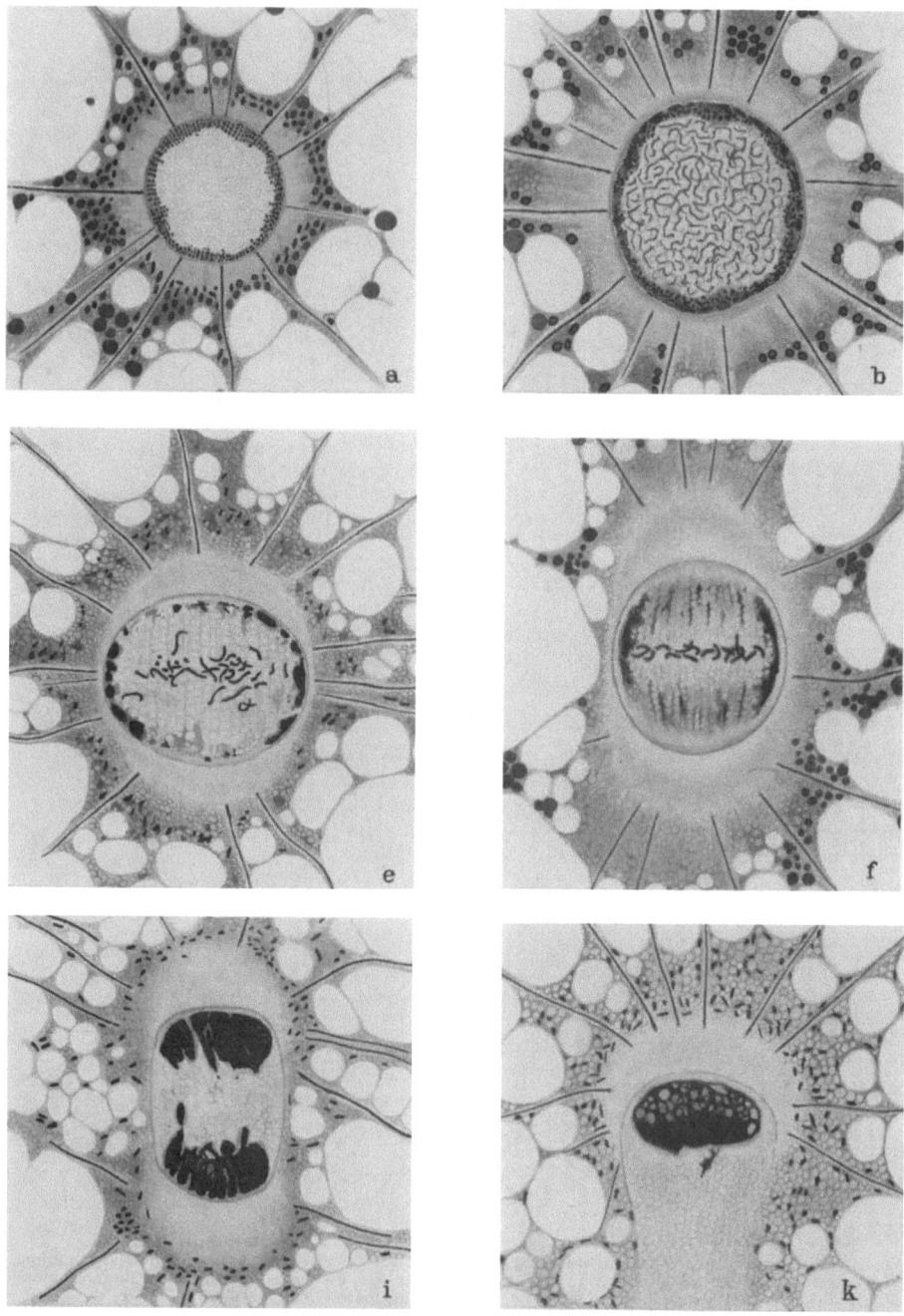

Abb. 62. *Actinophrys sol* (Heliozoon). Mitose. Nur der Kern und die umgebende Plasmapartie dargestellt. a Ruhekern. b Frühe, c und d späte Prophase (Auftreten der Polkappen). e Übergang zur Metaphase.

Eine weitere Abwandlung kann die Mitose der Protozoen dadurch erfahren, daß die Chromosomen nicht den sonst üblichen Formwechsel ausführen, sondern noch in der Metaphase gestreckt bleiben und sich erst in der Telophase stärker

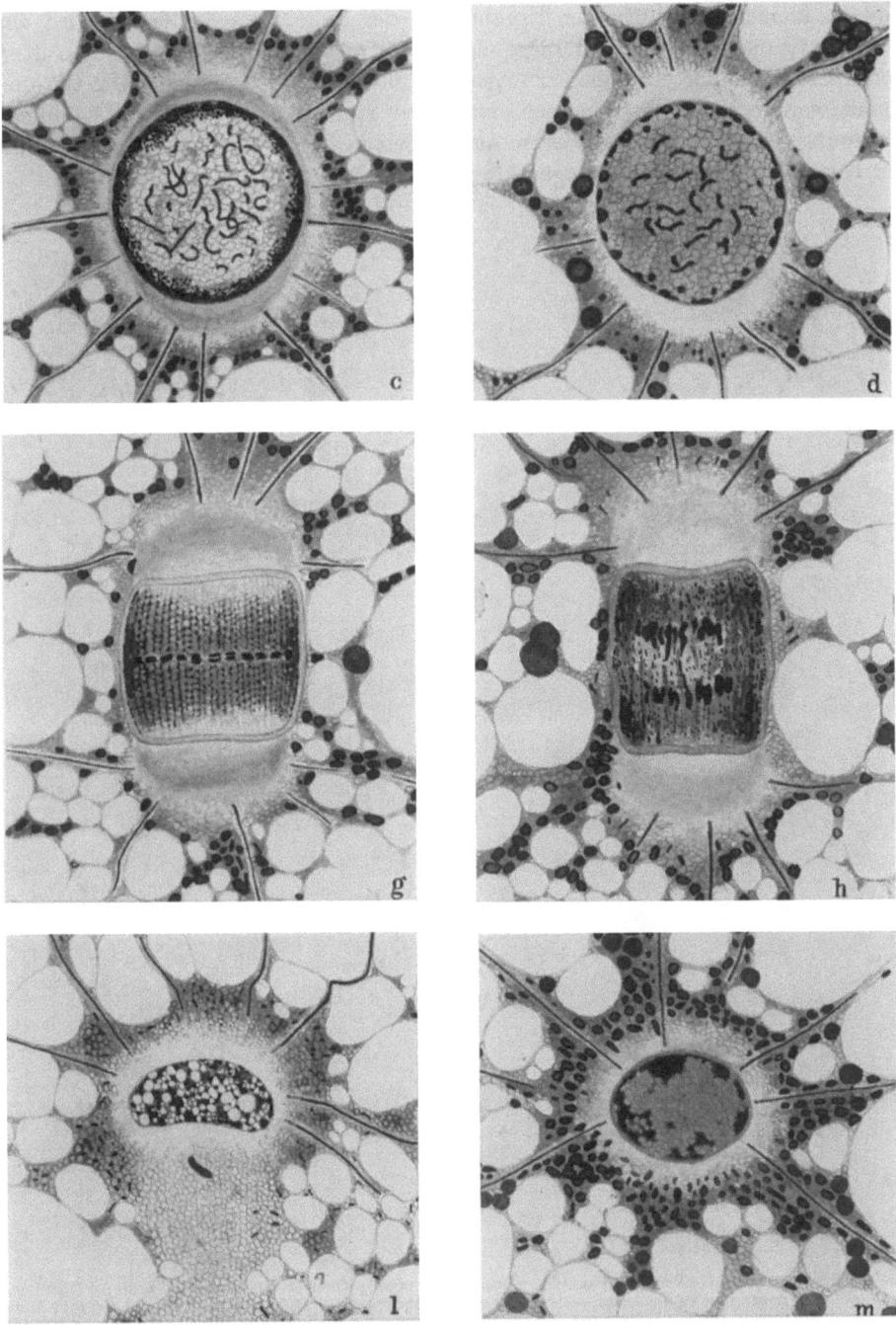

f Metaphase (Verschwinden der Nucleolarsubstanz). g Beginnende Anaphase. h Mittlere Anaphase. i, k Telophase. l und m Rekonstruktion der Tochterkerne. Eisenhämatoxylin. Vergr. 1900×. Nach BELAR, 1922 [*65*]

kondensieren. Ein Beispiel hierfür liefern die Sporogonieteilungen des Coccids *Aggregata eberthi* (Abb. 63) [*67*], die außerdem dadurch gekennzeichnet sind, daß der Spindelapparat stark zurücktritt. Zwischen den Centriolen, welche in den

Spitzen kleiner, kegelförmiger Erhebungen der Zelloberfläche liegen, wird eine feine, extranucleäre Spindel ausgebildet, die wie eine Tangente an den Kern herantritt. Zu einer eigentlichen Äquatorialplatte kommt es nicht. Die Chromosomen werden mit ihren Kinetochoren an der Spindel befestigt. Hier beginnt die Trennung der Chromatiden, deren Arme noch in der Telophase bis in die Mitte der Kernteilungsfigur hereinragen können (s. S. 50).

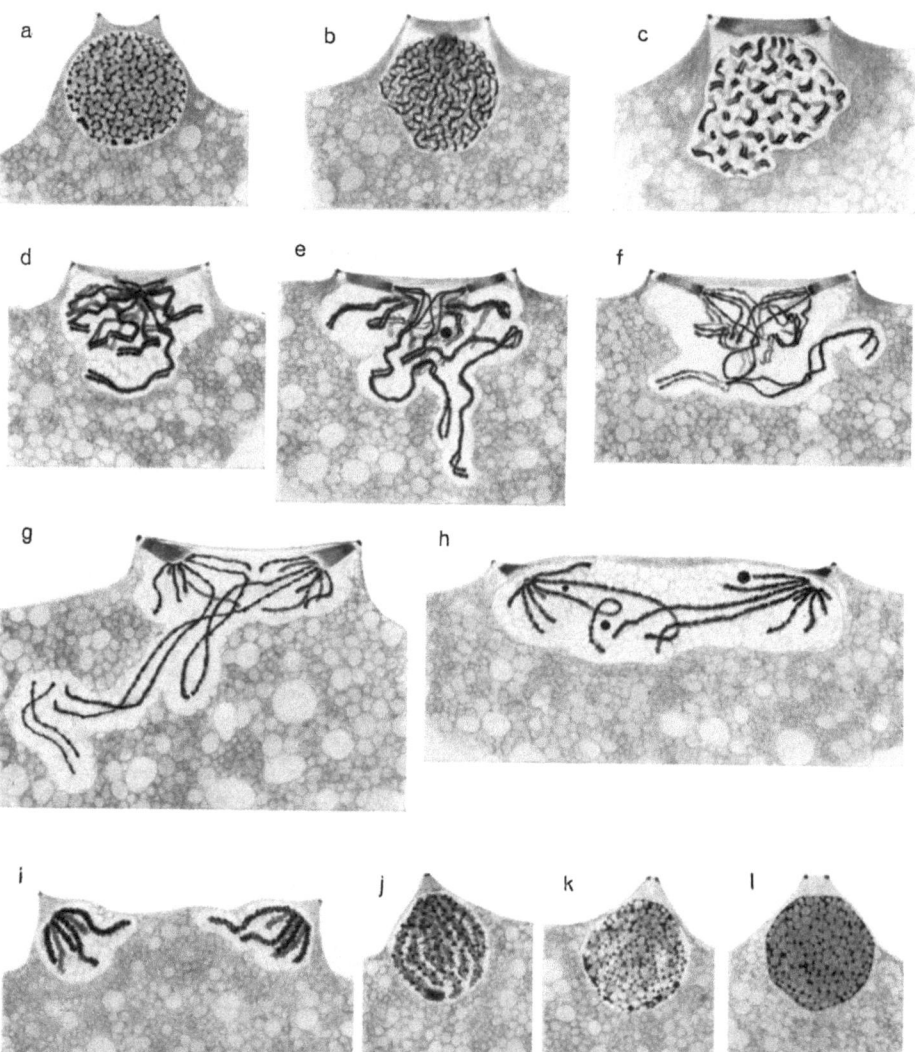

Abb. 63. *Aggregata eberthi* (Coccid). Mitosestadien aus der Sporogonie. Diese Mitosen spielen sich an der Oberfläche der Oocyste ab; daher sind kleine Ausschnitte der Peripherie dargestellt. a Ruhekern. b Prophase. c Frühe Metaphase. d—g Anaphase. h und i Beginn der Telophase. j Teilung des Centriols. k, l Rekonstruktion der Tochterkerne. Eisenhämatoxylin. Vergr. 2100×. Nach BELAR, 1926 [*67*]

Vielfach wird der Spindelapparat weitgehend durch Nucleolarsubstanz maskiert. Bei der Amöbe *Naegleria bistadialis* (Abb. 64) [*1114*] scheint er ganz in dem großen Nucleolus aufzugehen, welcher sich bei der Teilung hantelförmig in die

Länge streckt. Dabei wird der zwischen den Tochterplatten liegende Teil zu einem dünnen Faden ausgezogen. Bei manchen Amöben geht die Maskierung des Spindelapparates so weit, daß die Teilung früher vielfach für eine „Amitose" gehalten wurde. Ihr mitotischer Charakter ist dann unter Umständen nur an der äquatorialen Anordnung der Chromosomen erkennbar.

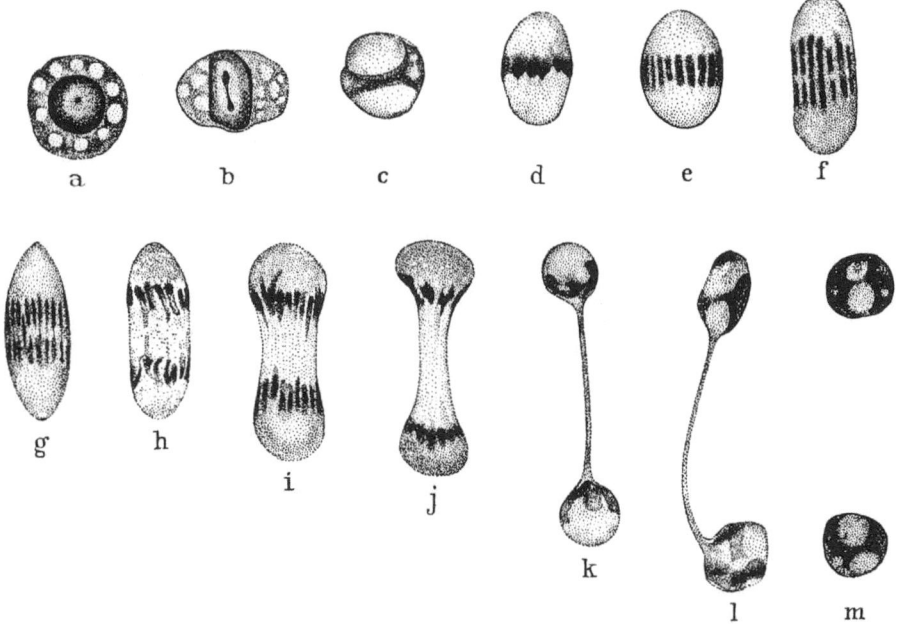

Abb. 64. *Naegleria bistadialis* (Amoebe). Mitose. a Ruhekern. b und c Prophase. d Übergang zur Metaphase. e Metaphase. f—i Anaphase. j—m Telophase und Rekonstruktion der Tochterkerne. Osmiumsäure, Giemsa-Romanowsky. Vergr. 1900×. Nach v. WASIELEWSKI und KÜHN, 1914 [*1114*]

In einigen Fällen war es noch nicht möglich, den Ablauf der Mitose hinreichend aufzuklären. Während der *Mikronucleus der Ciliaten* bei manchen Arten typische Mitosestadien zeigt (Abb. 65), scheinen die Chromosomen bei vielen Ciliaten in eigentümlicher Weise maskiert zu sein (Abb. 66) [*245*]. Diese Maskierung wird aber nicht durch Nucleolarsubstanz hervorgerufen, sondern durch ein feulgenpositives Material, dessen Beziehung zu den Chromosomen unklar ist. Bei der Mitose treten Längsstrukturen auf, welche äußerlich an Chromosomen erinnern. Ihre Zahl scheint aber nicht konstant zu sein. Auf jeden Fall ist sie kleiner als die der meiotischen Chromosomen. Außerdem ordnen sich diese Gebilde nicht zu einer Äquatorialplatte, sondern parallel zur Teilungsachse an. Zu Beginn der Anaphase werden sie quer durchgeteilt.

Auch die Kernteilung der Dinoflagellaten und Euglenoidinen, welche meistens eine sehr große Zahl von Chromosomen besitzen, ist noch nicht in allen Einzelheiten bekannt. Insbesondere bleibt noch zu untersuchen, wie hier die Trennung der Chromatiden erfolgt [*261, 263, 427, 629, 944*].

Selbst wenn wir von diesen noch nicht ausreichend analysierten Fällen absehen, zeigen die angeführten Beispiele, daß die Mitosen der Protozoen eine weit größere Vielgestaltigkeit aufweisen als die der höheren Organismen. Daher ist ihre

78 Morphologie

Untersuchung in besonderem Maße geeignet, zu einem Verständnis der verwickelten physiologischen Vorgänge beizutragen, welche dem äußerlich so einfach erscheinenden Geschehen zugrunde liegen müssen.

b) Meiose

Bei allen Organismen, welche sich *geschlechtlich* fortpflanzen, wird durch die Verschmelzung der beiden Gametenkerne eine Verdoppelung der Chromosomenzahl bewirkt. Die Zahl der Chromosomen kann natürlich nur konstant bleiben, wenn im Laufe der Entwicklung ein Vorgang stattfindet, welcher wieder zu einer Herabsetzung der Chromosomenzahl führt. Diese *Chromosomenreduktion* ist an ein besonderes Kernteilungsgeschehen gebunden, welches als *Meiose* bezeichnet wird.

Wie eine vergleichende Betrachtung lehrt, findet die Meiose nicht bei allen Organismen an der gleichen Stelle im Entwicklungsgang statt (Abb. 67). Im einfachsten Falle erfolgt sie unmittelbar bei der ersten Teilung der Zygote (*zygotische* Meiose, a). Hierbei wird also die Diplophase nur durch die Zygote selbst dargestellt, während alle übrigen Entwicklungsstadien haploid sind. Dieser Typus findet sich unter den Protozoen bei den Phytomonadinen, einigen Polymastiginen *(Trichonympha, Eucomonympha, Barbulanympha, Oxymonas, Leptospironympha, Saccinobaculus)* und den Sporozoen. Erfolgt die Reduktion erst bei der Bildung der Gameten (*gametische* Meiose, b), so spielt

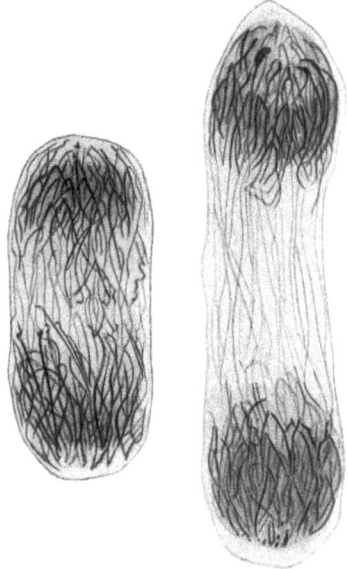

Abb. 65. *Paramecium caudatum.* Mitose des Mikronucleus, Anaphase. Vergr. 1900×. Nach CHEN, 1940 [*133*].

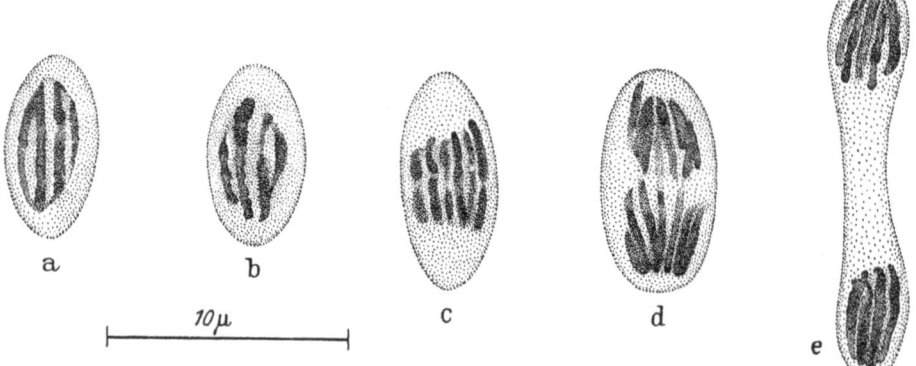

Abb. 66. *Colpidium campylum.* Mitose des Mikronucleus. Carminessigsäure. Nach DEVIDÉ und GEITLER, 1947 [*245*]

sich der größte Teil des Entwicklungsganges in der Diplophase ab. Nur die Gameten selbst sind haploid. Dieser Meiose-Typ, welcher bei allen tierischen Vielzellern vorkommt, tritt unter den Protozoen bei den Heliozoen *Actinosphaerium* und *Actinophrys*, bei einigen Polymastiginen *(Notila, Urinympha, Rhynchonympha* und *Macrospironympha)* und bei den Ciliaten auf. In anderen Fällen ist die Meiose an eine ungeschlechtliche Fortpflanzung gebunden, die zur Entstehung von Agameten führt (*intermediäre* Meiose, c). Die haploiden Agameten wachsen dann zu einer sich geschlechtlich fortpflanzenden, d. h. Gameten hervorbringenden Generation (Gamont) heran. Die Gameten kopulieren, und aus der Zygote entsteht wieder eine ungeschlechtliche Generation (Agamont), welche Agameten liefert. Eine derartige Lage der Meiose setzt natürlich immer einen Wechsel zwischen einer diploiden und einer haploiden Generation (heterophasischer Generationswechsel, s. S. 229) voraus. Während die intermediäre Meiose im Pflanzenreich (viele Algen, Moose, Farne, Blütenpflanzen) weit verbreitet ist, findet sie sich unter den Protozoen nur bei den Foraminiferen.

Wenn wir uns nun dem Verlauf der Meiose selbst zuwenden, so ist zunächst darauf hinzuweisen, daß sie in cytologischer Beziehung eine abgewandelte Mitose darstellt, welche durch zwei Besonderheiten gekennzeichnet ist:

1. Die sonst bei jeder Kernteilung stattfindende *Chromosomenverdoppelung unterbleibt*.
2. Es findet eine *Paarung* der homologen väterlichen und mütterlichen Chromosomen statt.

Beide Erscheinungen sind bei der Meiose so innig miteinander verbunden, daß sie nur im Zusammenhang betrachtet werden können.

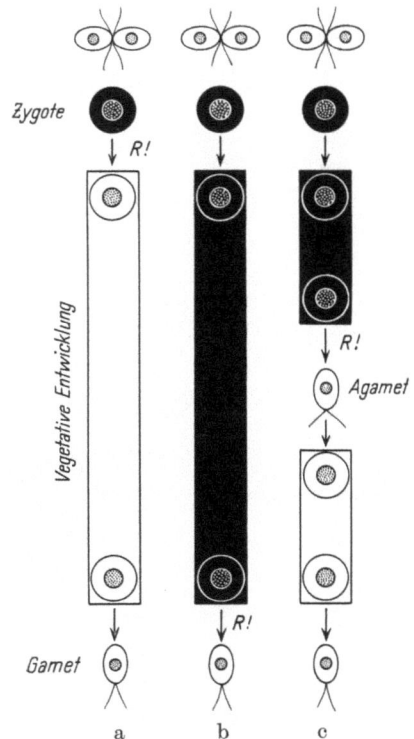

Abb. 67. Schema des Wechsels von Haploidie (Stadien weiß) und Diploidie (Stadien schwarz) durch die verschiedene Lage der Meiose (*R!*) im Entwicklungsgang der Organismen. a Haplont mit zygotischer Meiose. b Diplont mit gametischer Meiose. c Heterophasischer Generationswechsel bei intermediärer Meiose

Bei den vielzelligen Organismen spielt sich die Meiose immer in *zwei Teilungsschritten* ab (*Zwei-Schritt-Meiose*, Abb. 68). Dies beruht darauf, daß sich Spindelansatzstellen und Chromosomenarme bei der Teilung nicht gleich verhalten, eine Eigentümlichkeit, die wir bis zu einem gewissen Grade auch schon bei der Mitose kennengelernt haben. Im ersten Teilungsschritt wird die Teilung der Kinetochore verhindert, während sich die Chromosomenarme verdoppeln. Im zweiten Teilungsschritt unterbleibt die Verdoppelung der Chromosomenarme; stattdessen findet aber eine Teilung der Kinetochore statt. Da sich die Homologen in der Prophase der ersten Teilung paaren (c), kommt es zur Ausbildung von *Vierergruppen* (Vierstrangstadium, d). Jede Vierergruppe besteht also aus zwei homologen Chromosomen, von denen jedes seinerseits wieder in zwei, durch einen einheitlichen Kinetochor miteinander verbundene Chromatiden geteilt ist. Wenn diese Vierergruppen ihre maximale Kondensation erreicht haben, werden sie als *Tetraden*

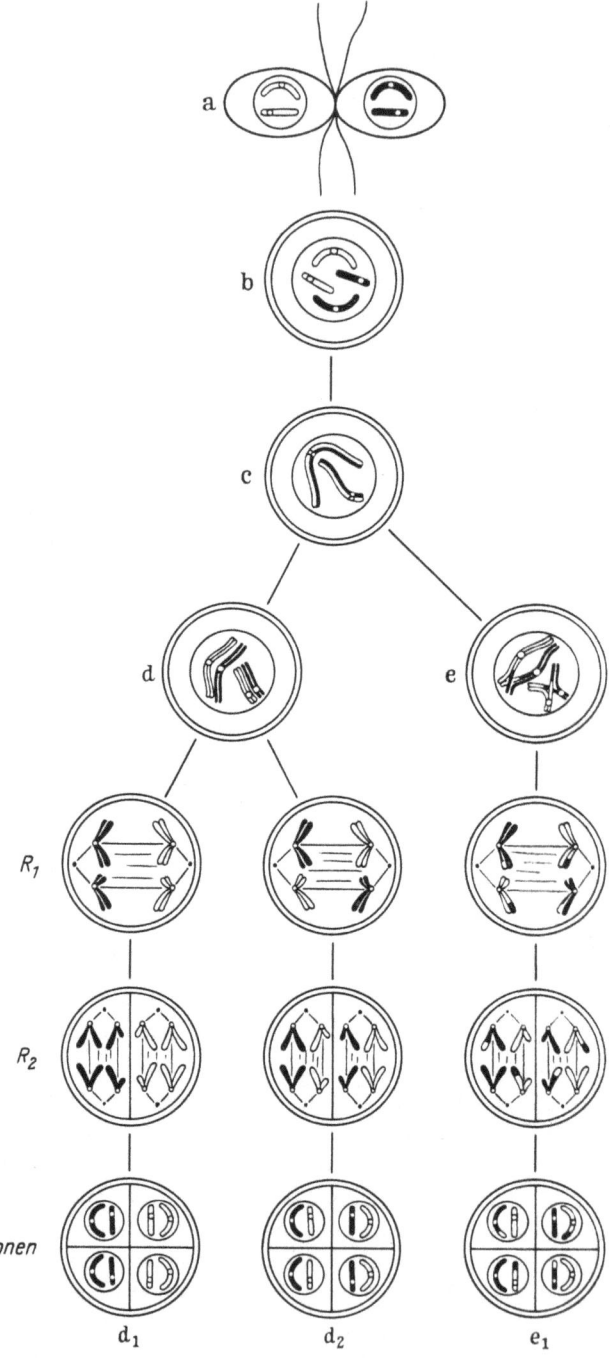

Abb. 68. Schema des äußeren Verlaufs der Zwei-Schritt-Meiose. a Kopulation der Gameten. b Zygote. c Paarung der homologen Chromosomen. d—d_1, d_2 Verschiedene Möglichkeiten der Kombination väterlicher und mütterlicher Chromosomen durch unterschiedliche Einstellung der Kinetochore bei der ersten Teilung (R_1). e—e_1 Chromatidenstückaustausch

bezeichnet. Die beiden Kinetochore jeder Tetrade können sich in der Metaphase natürlich nicht wie die Spindelansatzstellen der Chromosomen bei der Mitose verhalten, d. h. äquatorial anordnen; sie müssen sich vielmehr in einem bestimmten Abstand von der Äquatorialebene in der Teilungsachse einstellen. Diese Einstellung wird als *Co-Orientierung* bezeichnet. In der Anaphase werden dann die Tetraden in zwei *Dyaden* aufgeteilt (R_1). Da es nicht festgelegt ist, auf welcher Seite sich die beiden Kinetochore einer Tetrade befinden, ist es auch Sache des Zufalls, in welcher Kombination die Dyaden in die beiden Tochterkerne der ersten Teilung gelangen. Sind nur zwei Tetraden vorhanden, wie es in Abb. 68 dargestellt ist, so gibt es nur zwei Möglichkeiten: entweder es rücken beide väterlichen und beide mütterlichen Dyaden zum gleichen Pol (R_1, links), oder jedem Tochterkern wird je eine väterliche und je eine mütterliche Dyade zugeteilt (R_1, Mitte). Auf diese Weise werden also vier verschiedene Dyaden-Kombinationen gebildet.

Eine weitere Komplikation erfahren die chromosomalen Vorgänge dadurch, daß auf dem Vierstrangstadium ein *Stückaustausch* zwischen den Chromatiden einer Tetrade erfolgen kann[6]. In der mittleren Prophase zeigen die Homologen häufig eine Tendenz, sich voneinander zu entfernen. Dabei kann man aber beobachten, daß sie an bestimmten Stellen miteinander verknüpft bleiben. An diesen Stellen überkreuzen sich je zwei Chromatiden, so daß der Eindruck entsteht, als ob sie ihren Partner wechselten. Die allgemeine Auffassung ist jedoch, daß an solchen *Chiasmen*, wie die Überkreuzungsstellen genannt werden, ein Chromatidenstückaustausch stattgefunden hat (Chiasmatypie-Hypothese), so daß der Partnerwechsel nur vorgetäuscht wird. Allerdings muß wohl heute bezweifelt werden, daß mit jedem Chiasma ein Stückaustausch verbunden ist. Auf keinen Fall kann man aber jede Überkreuzung zwischen den beiden homologen Chromosomen als Chiasma ansehen oder gar als Stelle eines Stückaustauschs betrachten. Häufig umschlingen sich die Homologen in Spiraltouren, ohne daß es hierbei zu einer Verknüpfung in der Art von Chiasmen zu kommen braucht.

Lernten wir in der zufallsmäßigen Einstellung der Kinetochore in der Metaphase einen Weg kennen, der zu verschiedener Kombination der väterlichen und mütterlichen Chromosomen führt, so bewirkt der Stückaustausch, daß auch die Chromosomen selbst nach der Meiose nicht mehr einheitlich sind, sondern aus verschiedenen väterlichen und mütterlichen Anteilen bestehen.

Wie sich die Meiose im einzelnen abspielt, wird aus dem in Abb. 69 wiedergegebenen Schema ersichtlich. In der frühen Prophase stellen die Chromosomen lange dünne Fäden dar (*Leptotän*-Stadium), welche unter günstigen Verhältnissen eine Längsdifferenzierung erkennen lassen. Knötchenartige Verdickungen (Chromomeren), bei denen es sich wahrscheinlich um lokale Spiralisierungen handelt, sind in regelmäßiger Anordnung über die ganze Länge der Chromosomen verteilt. Nach einiger Zeit setzt die Paarung der Homologen ein (*Zygotän*-Stadium), die meistens an einem Ende beginnt und sich dann — reißverschlußartig — weiter fortsetzt. Hierbei zeigen die Chromosomen häufig eine polare Orientierung (Bukettstadium). Schließlich verkürzen sich die gepaarten Chromosomen, womit auch die Teilung jedes Homologons in die beiden Chromatiden deutlich wird (*Pachytän*-Stadium). Während die Homologen wieder eine Tendenz zeigen, sich voneinander zu entfernen (*Diplotän*-Stadium), bleiben die Chiasmen als lokalisierte Verknüpfungen zwischen ihnen bestehen. Schließlich verbinden sich die Polstrahlen mit den Kinetochoren *(Diakinese)*, und die Tetraden ordnen sich — unter Co-Orientierung ihrer Spindelansatzstellen — in der Äquatorialebene an *(Metaphase I)*. Mit

---

[6] Daß sich dieser Stückaustausch tatsächlich in der meiotischen Prophase abspielt, geht aus dem Vorkommen des genetischen crossing over hervor.

dem Auseinanderrücken der Dyaden *(Anaphase I)* ist der erste Teilungsschritt abgeschlossen. Häufig wird dann gar kein Interphasekern gebildet, sondern die Chromosomen bleiben zwischen beiden Teilungen *(Interkinese)* als distinkte Elemente erkennbar. Sie haben hierbei vielfach ein kreuzförmiges Aussehen: die beiden Balken des Kreuzes stellen die Chromatiden dar, welche durch die ungeteilte Spindelansatzstelle verbunden sind. Bei der folgenden Teilung ordnen sich dann die Chromosomen wie bei einer normalen Mitose an *(Metaphase II)*. Die Kinetochore teilen sich, und die beiden Chromatiden rücken in der üblichen Weise auseinander.

Die Zellen, welche auf dem Wege meiotischer Teilungen entstehen, werden als *Gonen* bezeichnet.

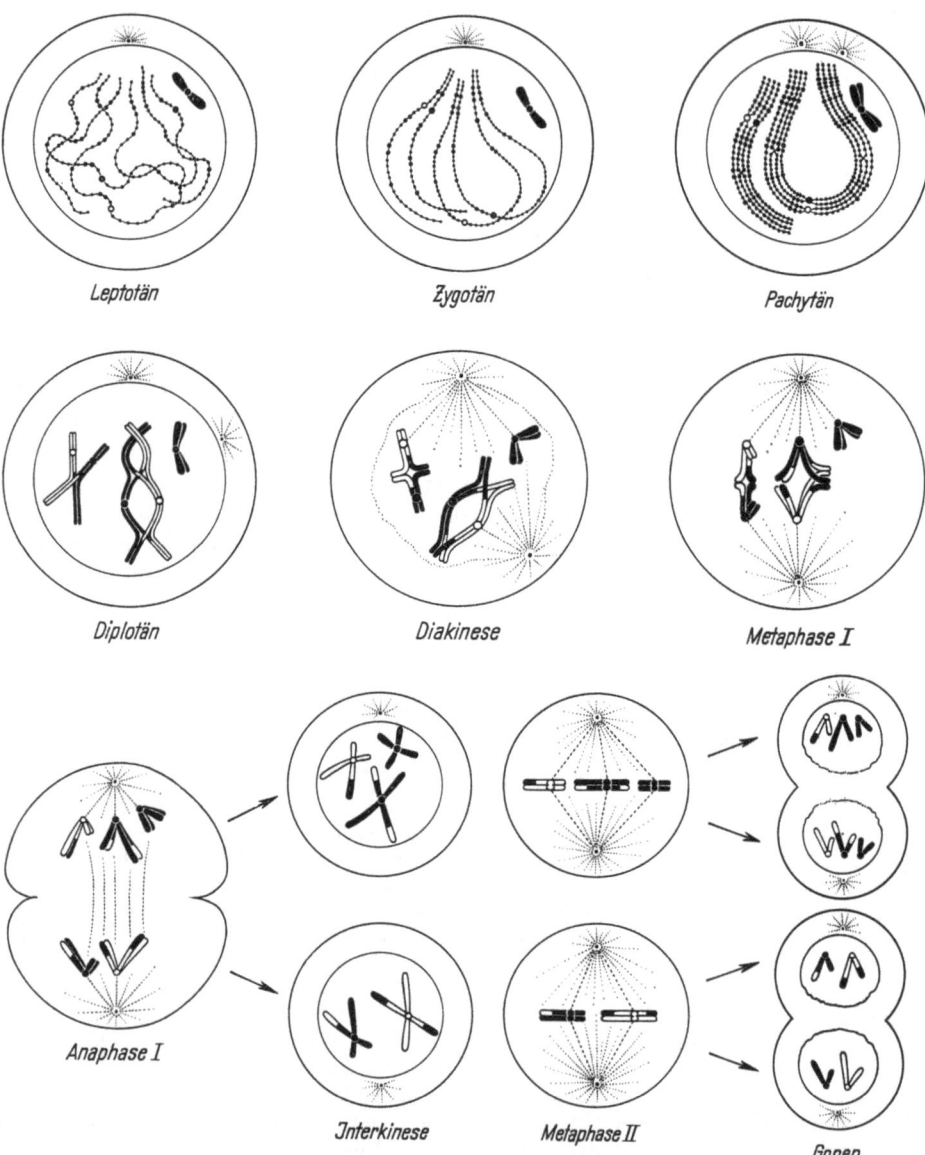

Abb. 69. Schema des Verhaltens der Chromosomen bei der Meiose (unter Zugrundelegung der Chiasmatypie-Hypothese). Außer den beiden Homologenpaaren ist ein partnerloses Chromosom (Geschlechtschromosom) dargestellt, das bereits in der Prophase kondensiert auftritt

Bei den *Protozoen* ist die Meiose in mannigfacher Weise abgewandelt. Die einfachsten Verhältnisse kommen offenbar bei den *Polymastiginen* vor. Allerdings ist die Meiose bisher nur von den Formen bekannt, die als Symbionten in der Schabe *Cryptocercus punctulatus* leben.

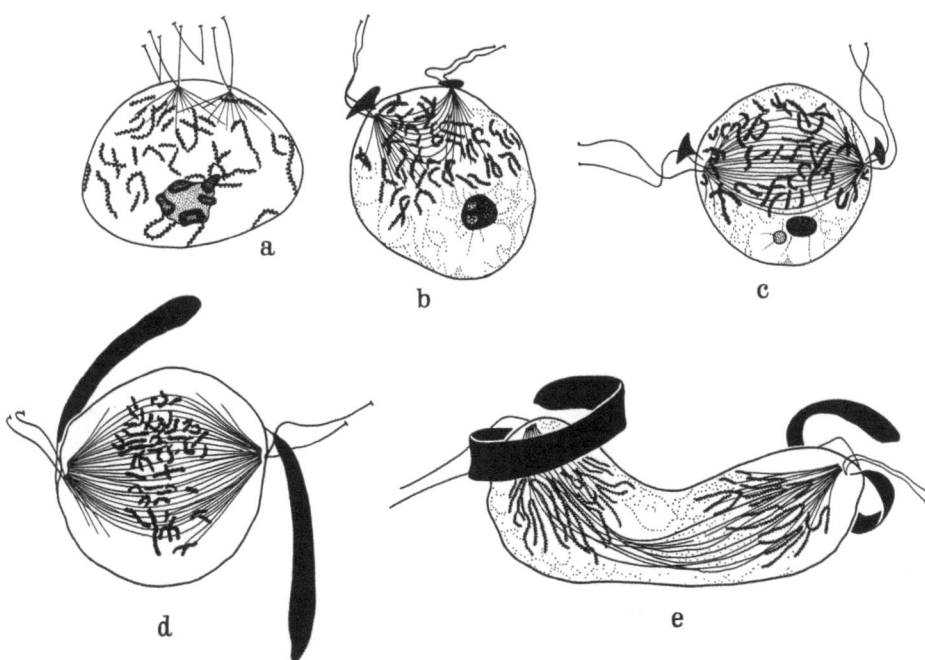

Abb. 70. *Oxymonas doroaxostylus* (Polymastigine). Ein-Schritt-Meiose. a Frühe, b und c späte Prophase. d Metaphase. e Frühe Telophase. Von den Centriolen aus, welche hier intranucleär liegen, werden die Achsenstäbe (schw.) neugebildet. Eisenhämatoxylin. Vergr. 1050×. Nach CLEVELAND, 1950 [*162*]

In einigen Fällen konnte nachgewiesen werden, daß die Chromosomenreduktion in einem Teilungsschritt durchgeführt wird, so daß man von einer *Ein-Schritt-Meiose* sprechen kann. Die Verdoppelung der Chromosomenarme und der Kinetochore wird in der gleichen Teilung unterbunden, so daß weder Tetraden noch Chiasmen ausgebildet werden. Die Umkombinierbarkeit der väterlichen und mütterlichen Chromosomen ist daher auf die zufallsmäßige Co-Orientierung in der Metaphase beschränkt.

Bei *Leptospironympha* [*166*], *Oxymonas* [*162*] und *Saccinobaculus* [*163*] ist die Ein-Schritt-Meiose zygotisch, bei *Notila* [*164*] und *Urinympha* [*167*] gametisch. Die Meiose von *Notila* (Abb. 188) findet nach der Paarung der Gamonten statt. Jeder Gamontenkern teilt sich in zwei gleichgeschlechtliche Gametenkerne. Die Meiose von *Urinympha* spielt sich dagegen in dem gleichen Gamonten ab: Der Gamontenkern teilt sich in zwei geschlechtsverschiedene Gametenkerne, die anschließend miteinander verschmelzen (Autogamie). Dabei kann natürlich keine „Umkombination" des Chromosomenmaterials erfolgen, da die homologen Chromosomen nur vorübergehend getrennt und wieder vereinigt werden.

Wie der Verlauf der Ein-Schritt-Meiose von *Oxymonas* (Abb. 70) zeigt, kommt es nur zu einer flüchtigen Paarung der homologen Chromosomen. Anscheinend ist sie auf die Co-Orientierung in der Metaphase beschränkt. Die Centriole liegen innerhalb des Zellkerns und bilden daher eine intranucleäre Spindel aus. Schon während der Teilung entstehen an ihnen neue Axostyle.

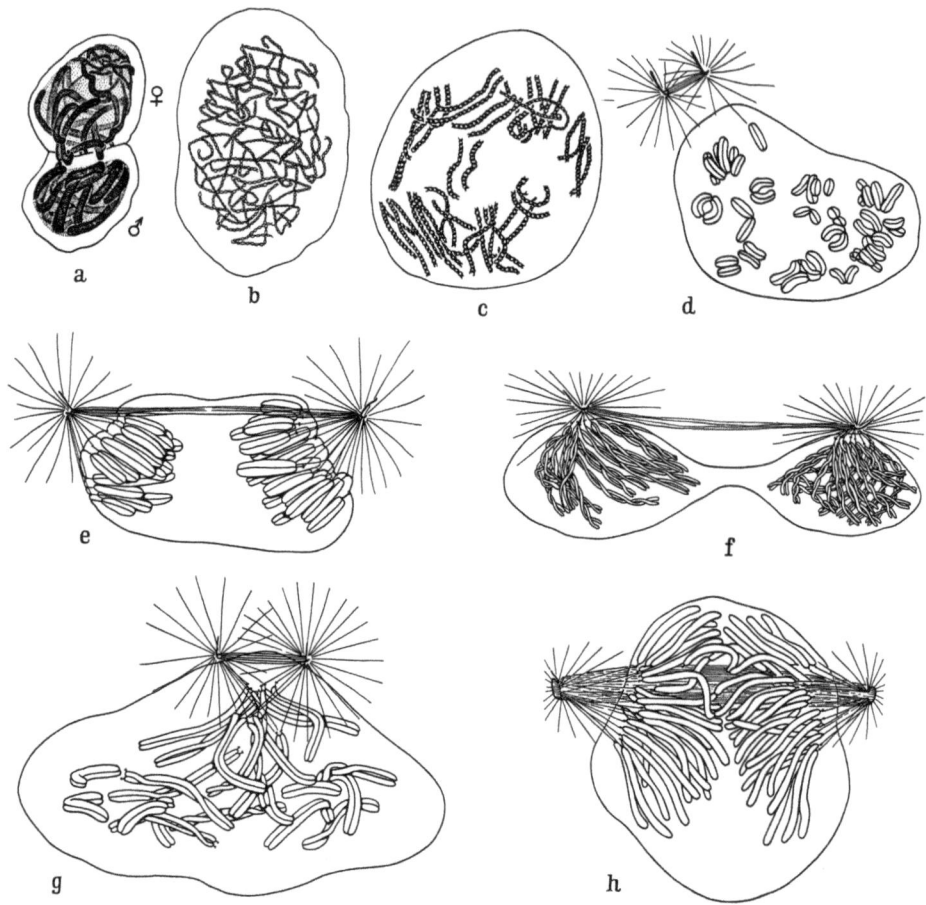

Abb. 71. *Trichonympha* (Polymastigine). Meiose. a Karyogamie. b Synkaryon; Verdoppelung der Chromosomen (die Chromatiden sind relationell spiralisiert). c Beginnende Paarung der Homologen. d Ausbildung der Tetraden. e Anaphase I. f Telophase I. g Prophase II. h Anaphase II. Eisenhämatoxylin. Vergr. 900×. Nach CLEVELAND, 1949 [*161*]

Die übrigen Gattungen, welche im Darm von *Cryptocercus punctulatus* vorkommen, führen eine *Zwei-Schritt-Meiose* durch. Bei *Trichonympha*, *Barbulanympha* und *Eucomonympha* findet sie in der Zygote statt. Wie die Beispiele von *Trichonympha* (Abb. 71) [*161*] und *Barbulanympha* (Abb. 72) [*173*] zeigen, verläuft die Ausbildung der Tetraden anders als es dem allgemeinen Schema (Abb. 69) entspricht. Die Verdoppelung der homologen Chromosomen, welche normalerweise erst nach der Paarung deutlich wird, ist hier schon frühzeitig erkennbar. In der Prophase sind die Geschwisterchromatiden zunächst umeinander gewunden (relational coiling). Jede verkürzt und verdickt sich für sich, ohne daß ihr Zusammenhalt aufgegeben wird. In mehr oder weniger kondensiertem Zustand schließen sich dann die Chromatidenpaare zu Tetraden zusammen. Obwohl also

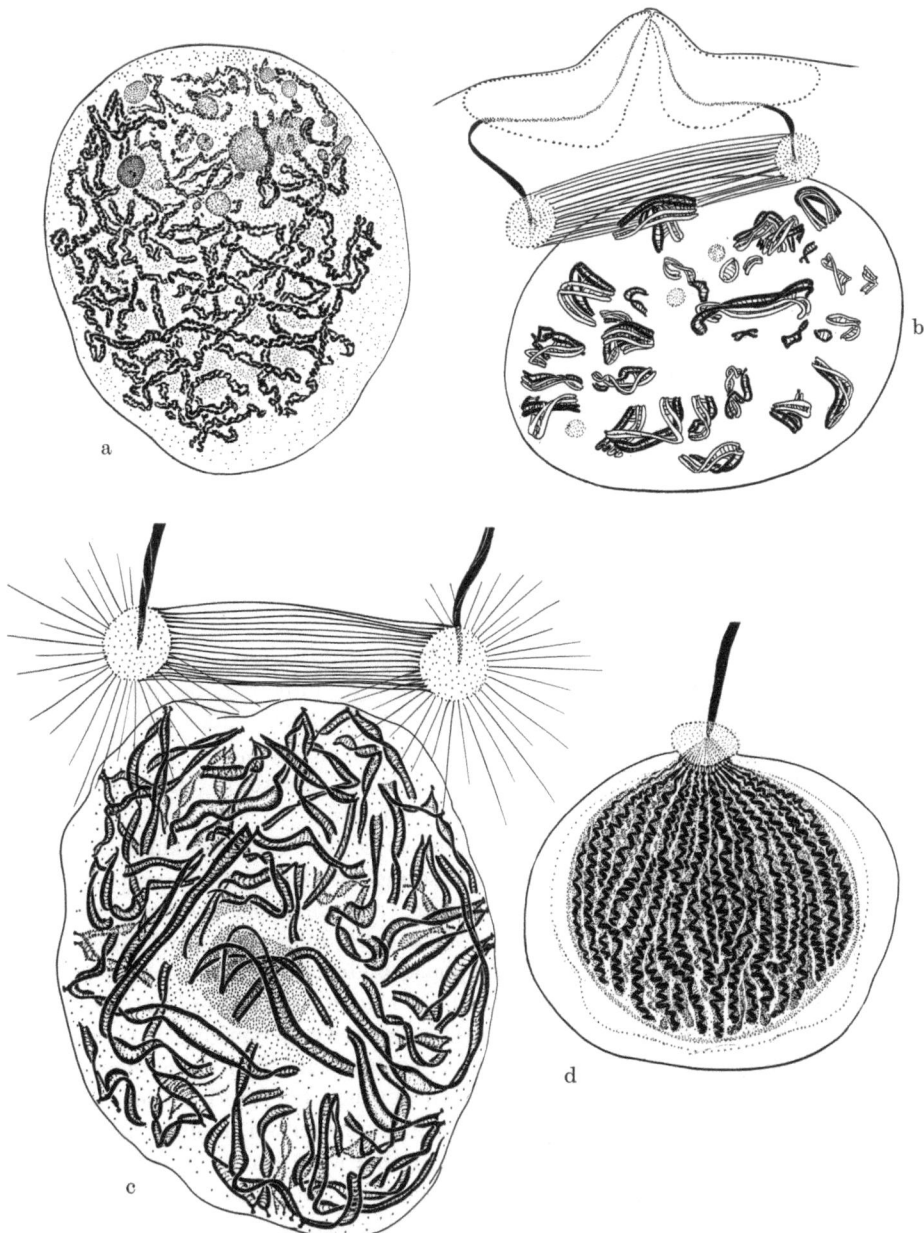

Abb. 72. *Barbulanympha ufalula* (Polymastigine). Stadien der Meiose. a Mittlere Prophase. Chromosomen verdoppelt (Chromatiden relationell umeinander gewickelt). b Späte Prophase. Bildung der Tetraden (Homologenpaare schwarz und weiß dargestellt). c Prophase II. Jede Chromatide einer Dyade mit eigener Spindelansatzstelle. d Telophase. Vergr. a: 720×, b: 950×, c, d: 1440×. Nach CLEVELAND, 1954 [*173*]

ein dem Zygotän vergleichbares Stadium fehlt, entstehen typische Tetraden, die in zwei Teilungsschritten zerlegt werden.

Bei *Barbulanympha* (Abb. 73) besitzt jede Chromatide bereits in der Metaphase der ersten Teilung eine eigene Spindelansatzstelle (a). Die beiden Chromatiden der Dyade bleiben also nicht durch einen gemeinsamen Kinetochor, sondern durch Paarungskräfte miteinander verbunden. Erst bei dem nächsten Teilungsschritt (b) findet ihre endgültige Trennung statt.

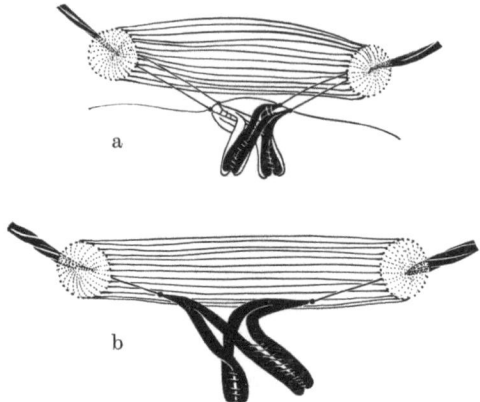

Abb. 73. *Barbulanympha ufalula*. Orientierung einer einzelnen Tetrade in der Metaphase I (a) und einer einzelnen Dyade in der Metaphase II (b). Vergr. 950×. Nach CLEVELAND, 1954 [*173*]

Die Gattungen, bei welchen die Zwei-Schritt-Meiose gametisch verläuft (*Rhynchonympha, Macrospironympha*) stimmen darin überein, daß mit dem ersten Teilungsschritt eine Zellteilung verbunden ist. Während der zweite Teilungsschritt bei *Rhynchonympha* zu einer autogamen Verschmelzung der Tochterkerne führt, spielt er sich bei *Macrospironympha* in einer Cyste ab, in der ein männlicher und ein weiblicher Gamet gebildet werden [*168, 175*].

Auch bei den *Heliozoen* besteht die Meiose in zwei Teilungsschritten, die der Gametenbildung vorausgehen. Eine Zellteilung ist damit nicht verbunden, da einer der beiden Tochterkerne nach jedem Teilungsschritt pyknotisch und im Cytoplasma aufgelöst wird. Aus jeder Zelle geht daher nur ein Gamet hervor (vgl. Abb. 169). In der meiotischen Prophase bilden die Chromosomen ein typisches Bukettstadium aus, indem sie mit ihren Enden zu der dem Centriol entsprechenden Polkappe hin orientiert sind (Abb. 74a). Dann verkürzen sie sich, womit ihre Polarisierung mehr und mehr aufgegeben wird. Mit zunehmender Kondensation tritt die Doppelnatur der Fäden deutlich hervor (b). Die Homologen zeigen wieder eine Neigung, sich voneinander zu entfernen, bleiben aber an verschiedenen Stellen überkreuzt, ohne daß erkennbar wäre, ob es sich dabei um echte Chiasmen handelt. In der Metaphase sind deutliche Doppelstäbe ausgebildet (c), deren Zahl insgesamt 22 beträgt (Haploidzahl). Daß jede Dyade aus zwei Chromatiden besteht, wird erst in der Anaphase sichtbar. Während der Interkinese bilden die Dyaden typische Kreuzfiguren (d). Im zweiten Teilungsschritt werden beide Chromatiden dann in der üblichen Weise voneinander getrennt (e, f).

Die Meiose der *Foraminiferen* ist intermediär und besteht anscheinend immer in zwei Teilungsschritten.

Zunächst sollen die Vorgänge bei den *homokaryotischen* Arten besprochen werden, bei denen sich alle Kerne des Agamonten an der Meiose beteiligen. Wenn die Agamonten eine bestimmte Größe erreicht haben, beginnen ihre Kerne mit der Meiose. Die monothalamen Gattungen *Myxotheca* und *Allogromia* besitzen besonders große Kerne, deren Aufbau schon früher beschrieben wurde (S. 49). Wie Abb. 75 für *Myxotheca arenilega* zeigt, ordnen sich die Homologen zu Beginn der Prophase zu einem deutlichen „Bukett" an (a). An der Stelle, an welcher sich

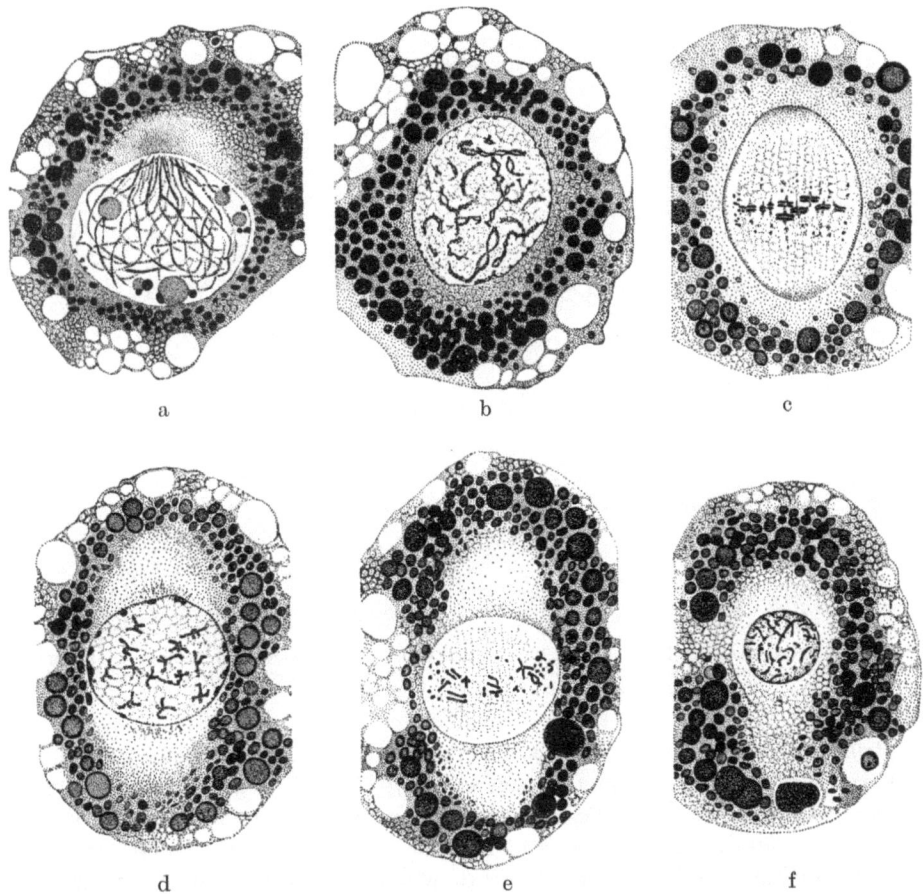

Abb. 74. *Actinophrys sol* (Heliozoon). Einige Stadien der Meiose. a Bukettstadium. b Umwickelung der Homologen („Strepsitän"). c Metaphase I. d Interkinese. e Metaphase II. f Gametenkern. Am unteren Rand der Figur befindet sich der pyknotische zweite, rechts davon in einer Vacuole der pyknotische erste Tochterkern. Eisenhämatoxylin. Vergr. 1950×. Nach BELAR, 1922 [65]

das Chromosomenbündel verengt, ist die Schicht der Nucleolarsubstanz unterbrochen. Später geben die Homologen ihre polare Orientierung wieder auf und umwickeln sich in zahlreichen Windungen, wobei aber offenbleiben muß, ob es hierbei zu echten chiasmatischen Verknüpfungen kommt (b). Nach diesem Stadium kondensieren sich die Chromosomenpaare sehr stark, so daß sie nur noch kurze Doppelfäden darstellen (c). In der späten Prophase treten an der Kernhülle kalottenförmige Centriole auf, die schon sehr früh verdoppelt sind und Polfasern ausbilden, die in den Kernraum einstrahlen. Die Centriole gleiten an der Kernhülle auseinander, rücken aber nicht bis zu den entgegengesetzten Polen, so daß die Metaphasespindel eine ausgesprochen exzentrische Lage besitzt (d).

Währenddessen fließen die Brocken von Nucleolarsubstanz, welche die periphere Schicht des Kerns bilden, zu größeren Nucleolen zusammen, die sich dann in der Ana- und Telophase (e) völlig im Karyoplasma auflösen. Nach der ersten meiotischen Teilung ist daher der Kern frei von Nucleolarsubstanz. Diese tritt erst wieder auf, wenn die jungen Agameten ausgebildet werden.

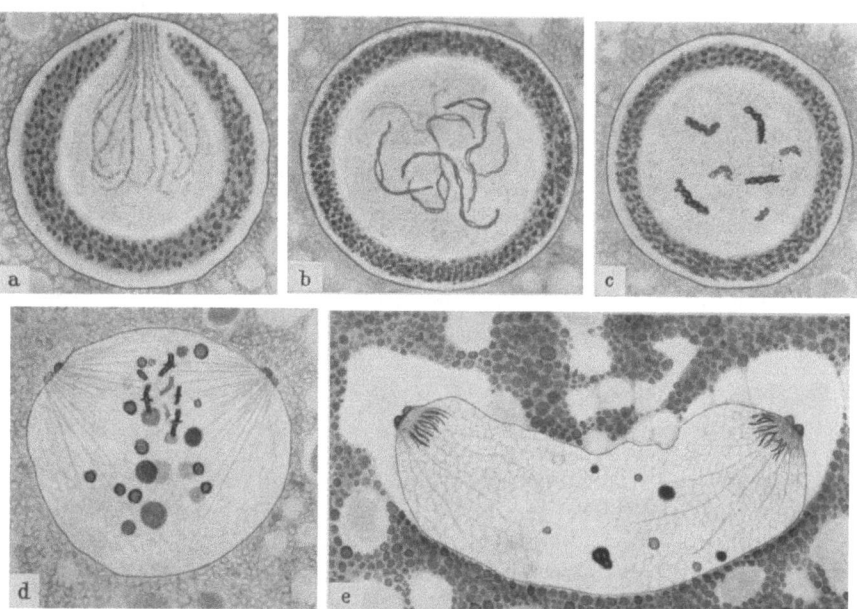

Abb. 75. *Myxotheca arenilega* (Foraminifere) Einige Stadien der ersten meiotischen Teilung. a—c Prophase. d Metaphase (aus zwei Schnitten kombiniert). e Telophase (Kern bei der Fixierung etwas geschrumpft). Bouin (a—d) und Flemming (e), Eisenhämatoxylin. Vergr. 850 ×

Patellina corrugata (Abb. 76) ist die erste Foraminifere, bei welcher die intermediäre Lage der Meiose nachgewiesen wurde [*627*]. Der Beginn der Homologenpaarung ist schwer zu erkennen, da sich die Chromosomen nicht zu einem Bukett anordnen, sondern ein dichtes Fadenknäuel bilden (a). In einem Stadium, welches offenbar dem Diplotän entspricht, winden sie sich paarweise umeinander (b). In der späten Prophase (Diakinese) sind sie dann zu Bivalenten kondensiert, an denen keine Chiasmen zu erkennen sind (c). Größenunterschiede der Chromosomen fallen vor allem in der Metaphase auf, wenn die Co-Orientierung erfolgt. Auch die Spindelansatzstellen, welche sich nicht an der prophasischen Spiralisierung beteiligen, heben sich jetzt deutlich von den Chromosomenarmen ab (d). Die Anaphase zeigt insofern eine Besonderheit als die auseinanderrückenden Dyaden nicht kondensiert bleiben, sondern sich gleichzeitig entspiralisieren (e). In späteren Stadien ist deutlich zu sehen, daß jede Dyade aus zwei Chromatiden besteht, deren Arme sich relationell umeinanderwinden (f).

Einige Stadien der ersten meiotischen Teilung sind in Abb. 77 zusammengestellt.

Bei *Patellina corrugata* kann die Anzahl der Kerne in den Agamonten variieren. Eine statistische Untersuchung ergab, daß die Grenzgröße, bei welcher die Kerne mit der Meiose beginnen, mit steigender Kernzahl zunimmt. Offenbar muß also jedem Kern eine bestimmte

Plasmamenge entsprechen, bevor in der Zelle eine Bedingung verwirklicht wird, die zur Auslösung der Meiose führt. Daß diese Bedingung nicht in den Kernen selbst, sondern im Cytoplasma liegt, zeigt das Verhalten von Restgametenkernen, die von den Agamonten phagocytiert worden sind. Derartige Kerne werden nicht verdaut, sondern nehmen das Aussehen der übrigen Kerne an. Beginnen diese mit der Meiose, so kondensieren sich auch die Chromosomen in den Restgametenkernen. Da die Restgametenkerne haploid sind, kann dieser Kondensation aber keine Paarung vorausgehen, so daß die Chromosomen sog. Univalenten bleiben, die durch die Spindel nicht gesetzmäßig auf die Tochterkerne verteilt werden können.

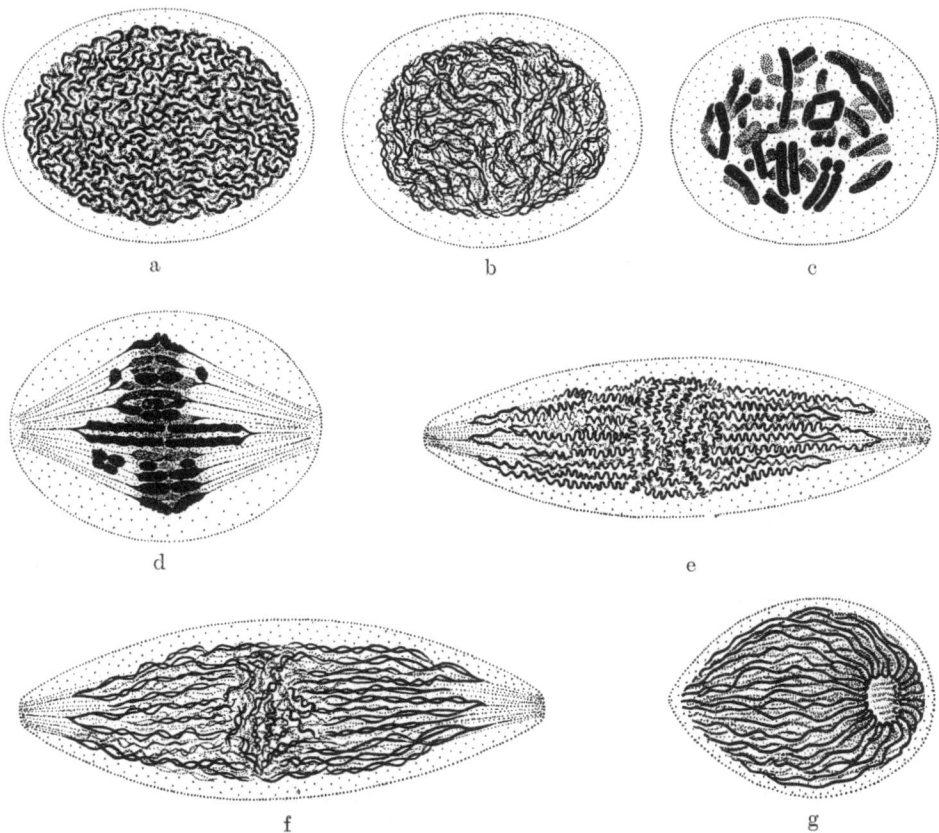

Abb. 76. *Patellina corrugata* (Foraminifere) Stadien der ersten meiotischen Teilung (etwas schematisiert). Die Nucleolen wurden nicht eingezeichnet. a Frühe, b mittlere, c späte Prophase (Diakinese). d Metaphase. e Frühe, f späte Anaphase. g Telophase. Bouin-Duboscq, Feulgenfärbung. Nach GRELL, 1959 [*438*]

Bei den *heterokaryotischen* Foraminiferen, auf deren Kerndualismus im folgenden Abschnitt noch näher einzugehen ist (S. 96), beteiligen sich nur die generativen Kerne an der Meiose. Der somatische Kern geht zwar schließlich zugrunde, kann aber einzelne Phasen der Meiose mitmachen. Bei *Rotaliella heterocaryotica* (Abb. 78) schwillt er nur vorübergehend etwas an, wird dann aber schnell pyknotisch und zerfällt in einzelne Brocken, die im Cytoplasma resorbiert werden. Bei *Rotaliella roscoffensis* (Abb. 79) und den übrigen heterokaryotischen Arten schwillt der somatische Kern nicht nur an, sondern es kondensieren sich auch seine Chromosomen, ja es wird sogar eine intranucleäre Spindel ausgebildet. In allen Fällen unterbleibt aber die Homologenpaarung. Bei *Rotaliella roscoffensis* lassen

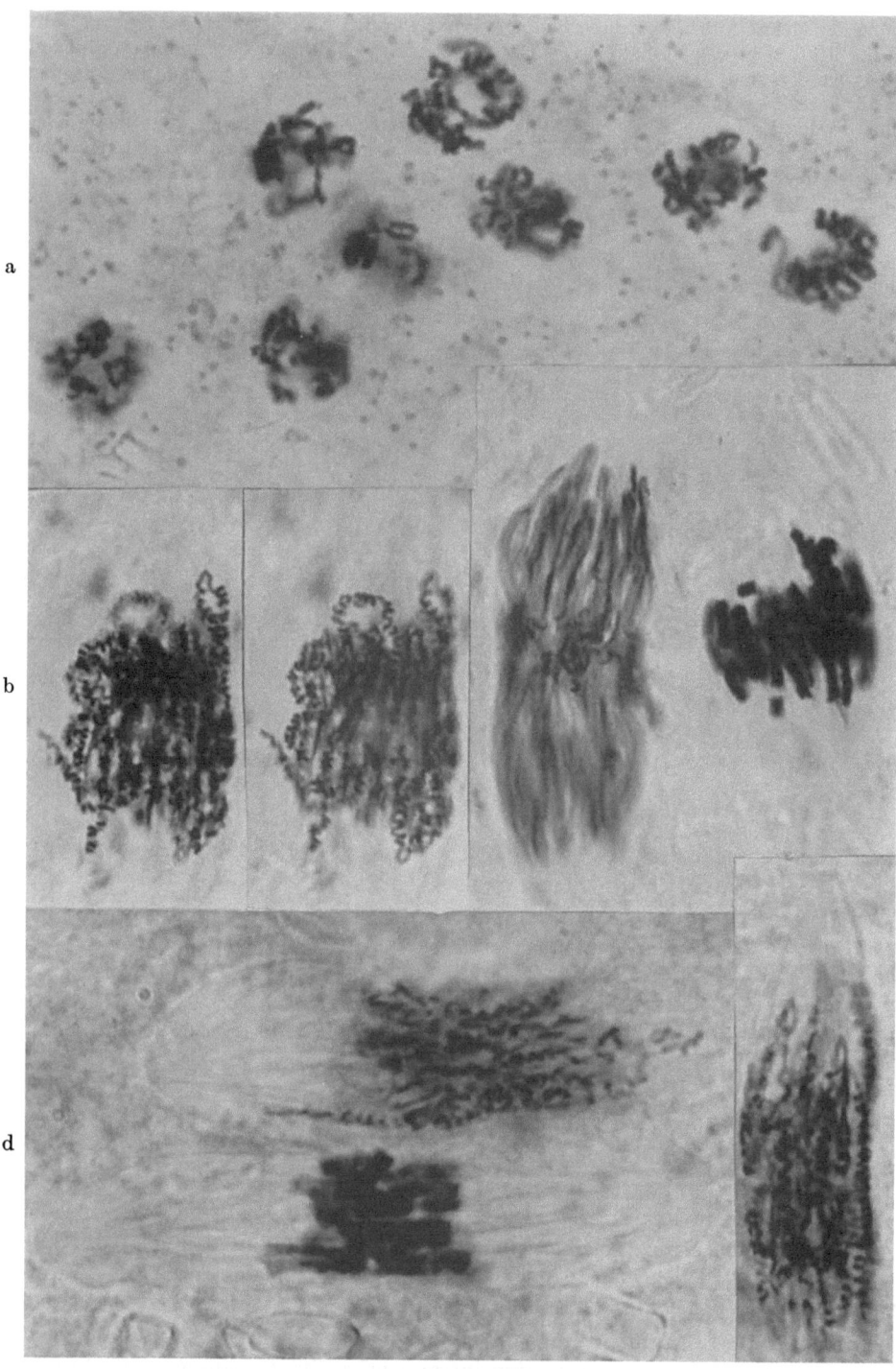

Abb. 77. *Patellina corrugata*. Stadien der ersten meiotischen Teilung. a Späte Prophase. b—e Meta- und Anaphase. Bouin-Duboscq, Feulgenfärbung. Nach GRELL, 1959 [*438*]

sich 18 Univalenten auszählen, während in den generativen Kernen 9 Bivalenten auftreten. Wenn sich der somatische Kern auf Grund der Spindelbildung in die Länge streckt, werden die Univalenten zufallsmäßig verteilt, d. h. sie rücken zwar häufig in zwei Gruppen auseinander, aber die beiden Gruppen haben nur selten die gleiche Chromosomenzahl. Schließlich löst sich die Kernhülle auf, und die Chromosomen gelangen in das Cytoplasma, wo sie pyknotisch werden und verschwinden.

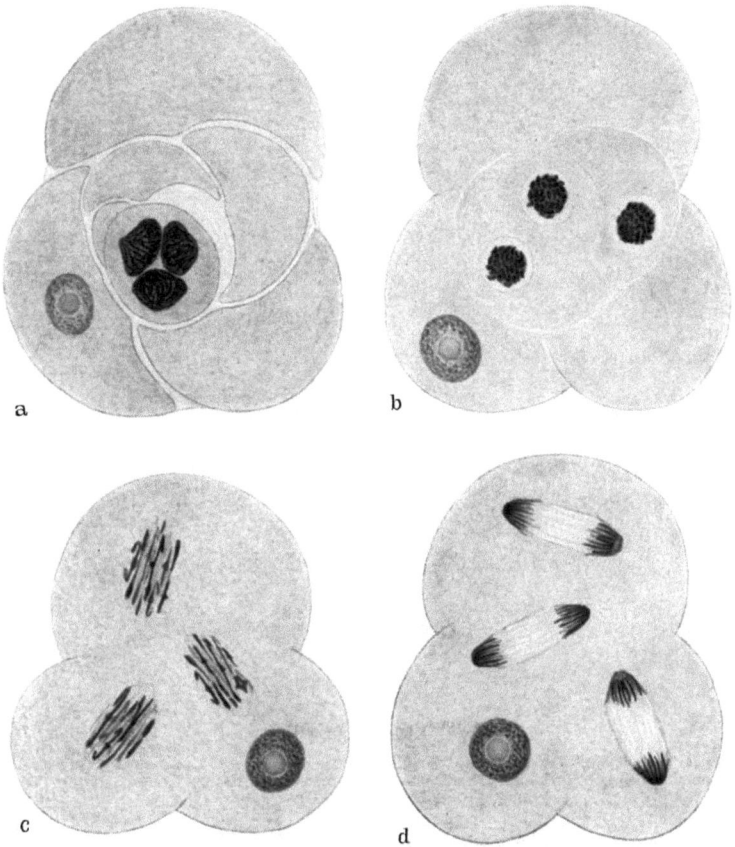

Abb. 78. *Rotaliella heterocaryotica* (Foraminifere). Stadien der ersten meiotischen Teilung. a Frühe, b späte Prophase. c Prometaphase. d Anaphase. Bouin-Duboscq, Feulgen. Vergr. 900×. Nach GRELL, 1954 [*430*]

Die Bedingung des Cytoplasmas, welche die Meiose der generativen Kerne auslöst, leitet also auch bei dem somatischen Kern meiotische Teilprozesse ein. Da aber die Homologenpaarung unterbleibt, kommt es nur zu einer ,,asynaptischen Pseudomeiose''.

Bei den *Sporozoen* führt die erste Kernteilung der Sporogonie zur Reduktion der Chromosomenzahl. Diese findet bei den *Gregarinen* in der Spore statt und ist wegen der Kleinheit der Sporen meistens schwer zu analysieren. Bei *Stylocephalus longicollis* (Abb. 80 und 375b) [*419*], einer Art mit verhältnismäßig großen, geldbörsenförmigen Sporen, lassen sich aber die charakteristischen Stadien der Paarung und Umwickelung der Homologen deutlich erkennen. Bemerkenswert ist, daß sich die Homologen vor der Metaphase vorübergehend völlig voneinander trennen und für sich kondensieren. Dieses Verhalten, welches auch bei anderen Sporozoen beobachtet wurde, deutet darauf hin, daß keine Chiasmen gebildet werden. Trotzdem findet dann in der Metaphase eine normale Co-Orientierung der Homologen statt.

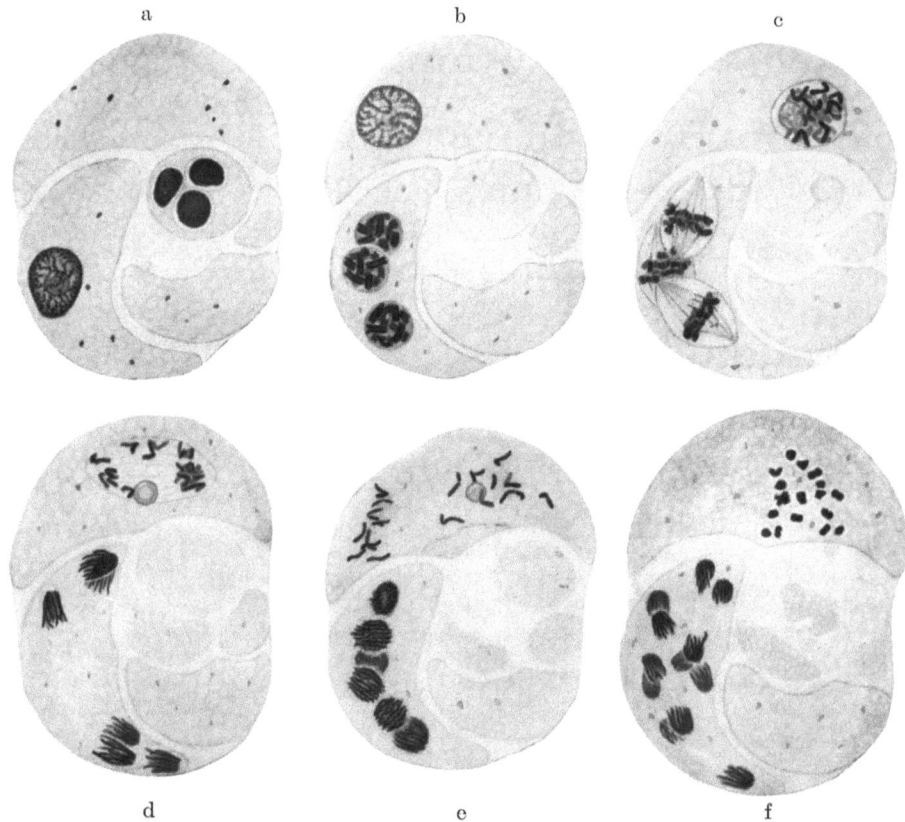

Abb. 79. *Rotaliella roscoffensis* (Foraminifere). Stadien der Meiose. a, b Prophase, c Metaphase, d Anaphase der ersten meiotischen Teilung. e Prophase, f Anaphase der zweiten meiotischen Teilung. Bouin-Duboscq, Feulgenfärbung. Vergr. 830×. Nach GRELL, 1957 [*434*]

Zum Unterschied von den Gregarinen sind die Zygoten der *Coccidien* (Abb. 81 und 82) sehr große Zellen. In der meiotischen Prophase strecken sich die Chromosomen unter Erhaltung der Kernhülle extrem in die Länge, so daß ein Chromosomenbündel entsteht, welches früher als „Befruchtungsspindel" bezeichnet wurde. Bei manchen Coccidien kann dieses Bündel die Zygote in ihrer ganzen Länge durchziehen und ist auch im Leben als spitzkegelförmige „Aussparung" des Cytoplasmas erkennbar. Nach der Paarung der Homologen (Abb. 81 b) umwickeln sich die Partner in vielen Windungen, um sich am Ende der Prophase wieder völlig voneinander zu lösen. Es sind keinerlei Anhaltspunkte vorhanden, daß bei den Sporozoen Chiasmen und Tetraden ausgebildet werden. Die Meiose scheint sich hier in einem einzigen Teilungsschritt abzuspielen.

Die Meiose der *Ciliaten* findet vor der Ausbildung der Gametenkerne statt. Sie wird nur von dem generativen Mikronucleus ausgeführt, während der soma-

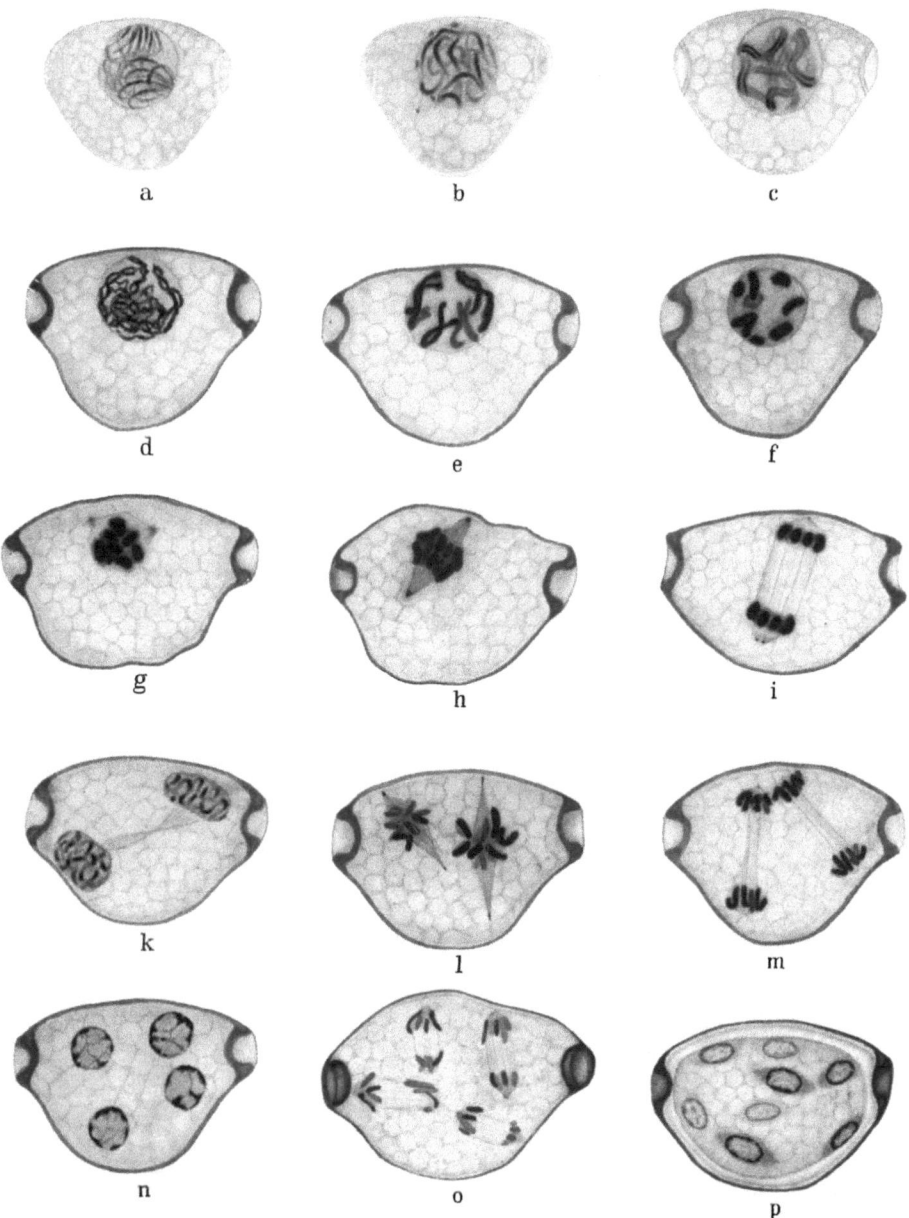

Abb. 80. *Stylocephalus longicollis* (Gregarine). Stadien der Sporogonie. a—f Prophase. g Übergang zur Metaphase. h Metaphase. i Anaphase der ersten Sporogonie-Teilung (Meiose). k Zweikerniges Stadium. l Metaphase. m Anaphase der zweiten Sporogonie-Teilung. n Vierkerniges Stadium. o Anaphase der dritten Sporogonie-Teilung. p Stadium kurz vor der Ausbildung der Sporozoiten. Carnoy, Eisenhämatoxylin. Vergr. 2700×. Nach GRELL, 1940 [*419*]

tische Makronucleus zugrunde geht. In der Prophase streckt sich der Mikronucleus häufig extrem in die Länge (Abb. 83). Wie bei der „Befruchtungsspindel" der Coccidien handelt es sich wohl um das Leptotän. In anderen Fällen ist nur ein starkes Anschwellen der Mikronuclei zu beobachten (Abb. 42). Da die Chromoso-

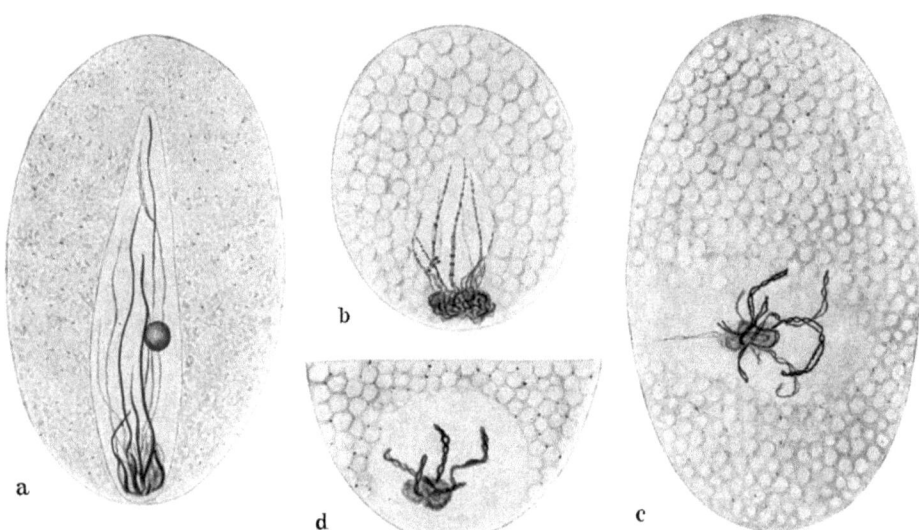

Abb. 81. *Eucoccidium dinophili* (Coccid). Einige Stadien der meiotischen Prophase. a—c Ganze Oocysten. d Teil einer Oocyste. a Bouin-Allen, Feulgen, b—d Carminessigsäure ,Vergr. 1100×. Nach GRELL, 1953 [*428*]

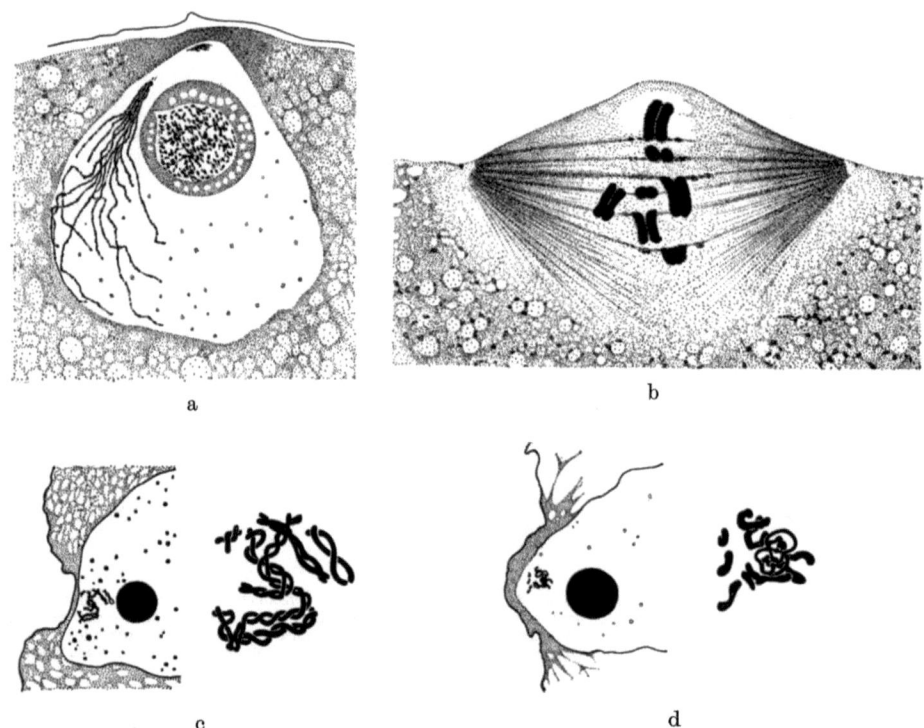

Abb. 82. *Aggregata eberthi* (Coccid). Einige Stadien der Meiose. a Bukettstadium („Befruchtungsspindel"); das Chromosomenbündel ist in der Nähe des oberen Kernpols gebogen, die Biegungsstelle also in den nächsten Schnitt geraten. b Metaphase. c Umwicklung der Homologen in der frühen Prophase. d „Diakinese-Stadium" mit mehr oder weniger getrennten Homologen. Bei c und d gibt die rechte Hälfte der Figur die gleiche Chromosomengruppe vergrößert wieder. Eisenhämatoxylin. Vergr. a 1000×. b 2300×. a, b nach BELAR, 1926 [*67*]; c, d nach NAVILLE, 1925 [*768*]

men der Ciliaten sehr klein sind, lassen sich Einzelheiten der meiotischen Vorgänge schwer erkennen. Nur in wenigen Fällen wurden Anordnungen beobachtet, die als Tetraden gedeutet werden können [*19, 245, 865, 885*].

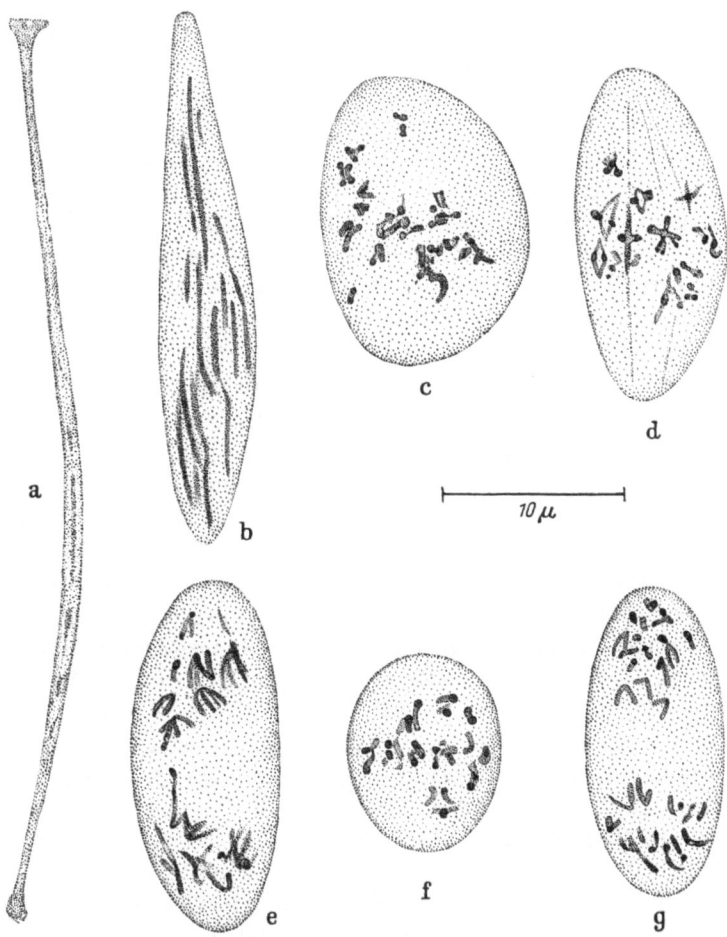

Abb. 83. *Colpidium campylum* (Ciliat). Meiose. a Mittlere Prophase („Sichelstadium"). b Übergang zur Metaphase I. c Prometaphase. d Metaphase I. e Anaphase I. f Prometaphase II. g Anaphase II. Alkohol-Eisessig, Carminessigsäure. Nach DEVIDÉ und GEITLER, 1947 [*245*]

3. Kerndualismus und Polygenomie

Als *simultane Kerndifferenzierung* wird die Ausbildung verschiedener Kernformen innerhalb der gleichen Zelle bezeichnet (S. 60). Bei den Protozoen tritt dieser Typ nur als *Kerndualismus* auf: Es gibt *generative* Kerne, welche fortpflanzungsfähig sind, und *somatische* Kerne, welche nicht oder nur begrenzt fortpflanzungsfähig, dafür aber in anderer Weise aktiv sind.

Bisher wurde Kerndualismus nur bei zwei Protozoengruppen nachgewiesen, nämlich bei den heterokaryotischen Foraminiferen und den Ciliaten.

Die meisten Ciliaten besitzen einen Makronucleus, der sich durch seine *Polygenomie* von anderen Kerntypen unterscheidet. Da auch die Zellkerne einiger

Radiolarien polygenom zu sein scheinen, ist es zweckmäßig, ihre Kernverhältnisse im Anschluß an die der Ciliaten zu besprechen.

a) Foraminiferen

Um den Kerndualismus der Foraminiferen zu verstehen, muß davon ausgegangen werden, daß sie einen heterophasischen Generationswechsel (S. 229) besitzen, bei welchem eine haploide und eine diploide Generation alternieren. Die haploide Generation (Gamont) pflanzt sich geschlechtlich, die diploide Generation (Agamont) pflanzt sich ungeschlechtlich fort. Der Gamont, welcher nur einen Kern besitzt, bildet die Gameten aus, die sich paarweise zu den Zygoten vereinigen. Aus den Zygoten gehen die Agamonten hervor. Durch die sogen. metagamen Kernteilungen werden die Agamonten mehrkernig. Meistens findet diese Kernvermehrungsperiode schon vor ihrem Ausschlüpfen statt, so daß sie zu Beginn der Wachstumsphase eine feststehende Kernzahl besitzen. Wenn die Agamonten eine bestimmte Größe („Grenzgröße") erreicht haben, setzt die Meiose ein. An diese schließt sich eine Vielteilung an, die zur Entstehung der Gamonten führt.

Bei den *homokaryotischen* Foraminiferen (monothalame F., *Spirillina*, *Patellina* u. a.) sind die Kerne des Agamonten untereinander gleich. Alle nehmen an der Meiose teil und zeigen die gleiche Struktur. Untersuchungen an *Patellina corrugata* (Abb. 346) ergaben, daß sie auch in ihrem Gehalt an DNS, RNS und Protein übereinstimmen [*1149*].

Bei den *heterokaryotischen* Foraminiferen sind die Kerne des Agamonten in zwei verschiedene Typen differenziert: Nur die generativen Kerne führen die Meiose aus, während die somatischen nicht mehr teilungsfähig sind und schließlich zugrunde gehen. Daß sie sich in unterschiedlichem Maße an der Meiose beteiligen können, wurde schon besprochen (S. 89).

Die erste Art, bei welcher ein Kerndualismus nachgewiesen werden konnte, ist *Rotaliella heterocaryotica* (Abb. 84). Die geschlechtliche Fortpflanzung (Gamogonie) führt zur Bildung amöboider Gameten, die sich in der Schale des Gamonten paarweise zu den Zygoten vereinigen (Autogamie). Auch die erste Phase der ungeschlechtlichen Fortpflanzung (Agamogonie) findet in der Schale des Gamonten statt. Sie besteht in zwei metagamen Kernteilungen. Die ausschlüpfenden Agamonten besitzen daher vier Kerne, die sich unmittelbar nach der zweiten Teilung in drei generative und einen somatischen Kern differenzieren. Während die generativen Kerne klein und kondensiert bleiben, schwillt der somatische Kern an und bildet einen Nucleolus aus. Wenn der Agamont heranwächst, bleiben die generativen Kerne in der Anfangskammer liegen, während der somatische Kern in eine jüngere Kammer rückt.

Cytochemische Messungen an isolierten Kernen ergaben, daß das Trockengewicht und der RNS-Gehalt des somatischen Kerns etwa dreimal so hoch sind wie bei einem generativen Kern. Beide Kerntypen haben aber den gleichen DNS-Gehalt und verdoppeln diesen gleichzeitig vor der Meiose [*1149*]. Obwohl der somatische Kern von *Rotaliella heterocaryotica* nur vorübergehend anschwillt, sonst aber keine meiotischen Veränderungen zeigt, macht er also die DNS-Synthese der generativen Kerne mit. Vielleicht ist die DNS-Synthese überhaupt die erste Reaktion auf die Meiose-auslösende Bedingung des Cytoplasmas.

Rotaliella roscoffensis (Abb. 348) und *Metarotaliella parva* (Abb. 349) stimmen mit *Rotaliella heterocaryotica* darin überein, daß die Agamonten normalerweise drei generative und einen somatischen Kern besitzen. *Metarotaliella parva* weicht aber insofern von den übrigen Arten ab, als die generativen Kerne vorübergehend Nucleolen ausbilden [*1116*].

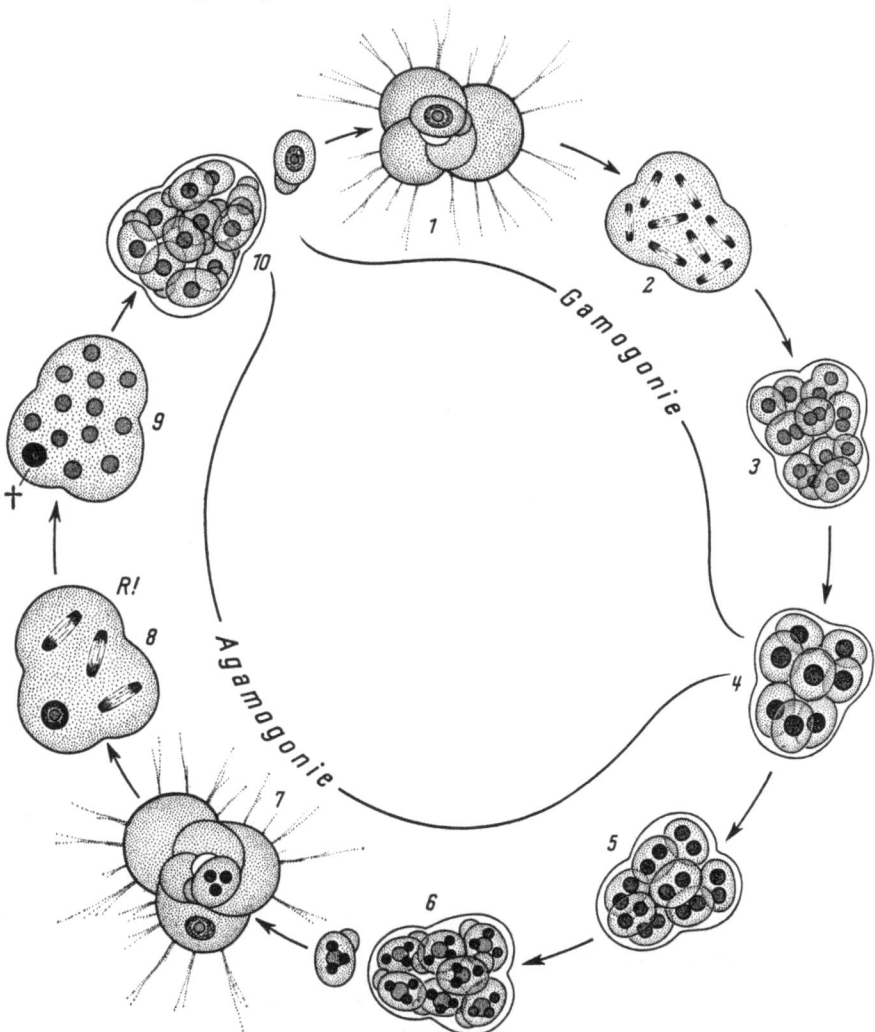

Abb. 84. *Rotaliella heterocaryotica*. Entwicklungsgang. *1* Erwachsener Gamont. *2* Letzte Gamogoniemitose. *3* Autogame Kopulation der Gameten. *4* Zygoten. *5* Zweikernige Agamonten. *6* Vierkernige Agamonten. *7* Erwachsener Agamont. *8* Erste meiotische Teilung. *9* Ende der zweiten meiotischen Teilung. *10* Agameten (= junge Gamonten). † Degenerierender Somakern. Nach GRELL, 1954 [*430*]

Die Agamonten von *Rubratella intermedia* (Abb. 351) enthalten dagegen fünf generative und einen somatischen Kern. Es finden drei metagame Kernteilungen statt; aber nach der zweiten degeneriert regelmäßig einer der vier Geschwisterkerne, so daß die dritte nur noch von dreien durchgeführt wird.

Bei *Glabratella sulcata* (Abb. 353), wo der Gamont (Abb. 85a) größer als der Agamont wird, ist die Zahl der metagamen Kernteilungen variabel, so daß die

7 Grell, Protozoologie, 2. Aufl.

ausschlüpfenden Agamonten auch verschieden viele Kerne haben können. Trotz dieser Variabilität differenziert sich immer nur einer dieser Kerne zu einem somatischen (b). Während der Agamont heranwächst, rückt der somatische Kern in eine jüngere Kammer hinein, worauf sich sofort ein anderer Kern in der Anfangskammer zu einem somatischen differenziert. Dieser Vorgang kann sich noch einmal — manchmal auch noch zwei- oder dreimal — wiederholen. Die ausgewachsenen Agamonten können daher 3—5 somatische Kerne besitzen, denen eine variable Anzahl generativer gegenübersteht (c).

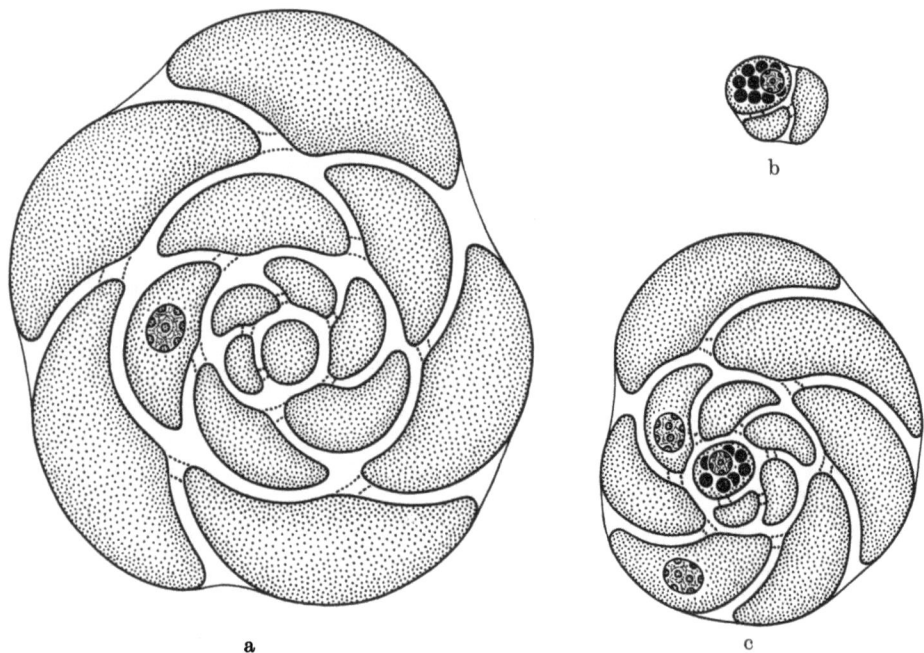

Abb. 85. *Glabratella sulcata*. Kernverhältnisse. a Gamont. b Junger, c älterer Agamont. Halbschematisch. Nach GRELL, 1956 [*432*]

Wenn auch die zellphysiologische Bedeutung des Kerndualismus als solche völlig rätselhaft ist, so gibt es doch Anhaltspunkte dafür, daß der strukturellen Differenzierung der Zellkerne eine funktionelle entspricht.

Bei *Rotaliella roscoffensis* (Abb. 348) kommt es häufig vor, daß kurz nach der zweiten metagamen Teilung ein oder zwei Kerne degenerieren. Die ausschlüpfenden Agamonten enthalten daher nur drei oder zwei Kerne, von denen aber immer einer zu einem somatischen differenziert ist.

In einigen Fällen wurden auch Agamonten gefunden, die überhaupt keine generativen, sondern nur einen somatischen Kern besaßen (Abb. 86a). Von den Gamonten lassen sie sich dadurch unterscheiden, daß der somatische Kern nicht in der Anfangskammer, sondern in einer jüngeren Kammer liegt. Wenn solche Agamonten die Größe erreicht haben, bei welcher die generativen Kerne mit der Meiose beginnen würden, führt der somatische Kern eine „asynaptische Pseudomeiose" (S. 91) durch und geht zugrunde (b). Damit ist auch das Schicksal der Zelle besiegelt.

Aus diesem „Naturexperiment" (BOVERI) läßt sich der Schluß ziehen, daß ein Agamont von *Rotaliella roscoffensis* auch ohne generative Kerne wachsen kann. Da ein Agamont ohne somatischen Kern niemals gefunden wurde, ist anzunehmen, daß dieser für das Wachstum der Zelle unentbehrlich ist („Stoffwechselkern"), während sich die Funktion der generativen Kerne im wesentlichen darauf beschränken dürfte, die genetische Information weiterzugeben („Fortpflanzungskerne").

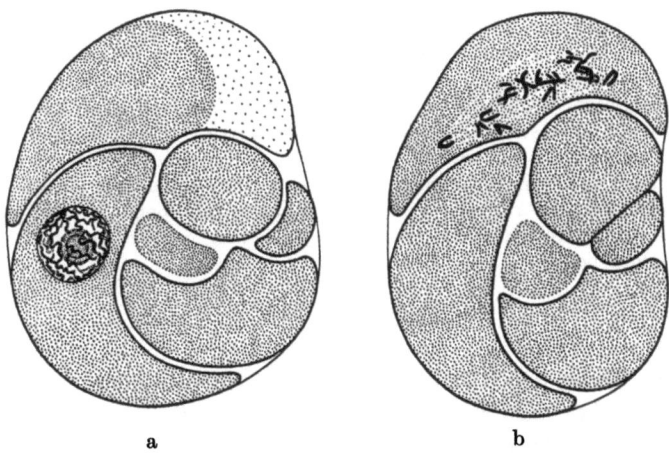

Abb. 86. *Rotaliella roscoffensis*. Agamonten ohne generative Kerne. a Somatischer Kern in der vorletzten Kammer. b Somatischer Kern in Längsstreckung (vor der Elimination). Bouin-Duboscq-Feulgenfärbung. Vergr. 960×. Nach GRELL, 1957 [*434*]

Die Beobachtung, daß trotz variabler Kernzahl immer *nur ein* Kern in somatischer Richtung differenziert wird — bei *Glabratella sulcata* allerdings nur innerhalb der Anfangskammer — legt die Annahme nahe, daß alle generativen Kerne potentielle Somakerne sind und der einmal determinierte Kern die Determination weiterer Kerne verhindert.

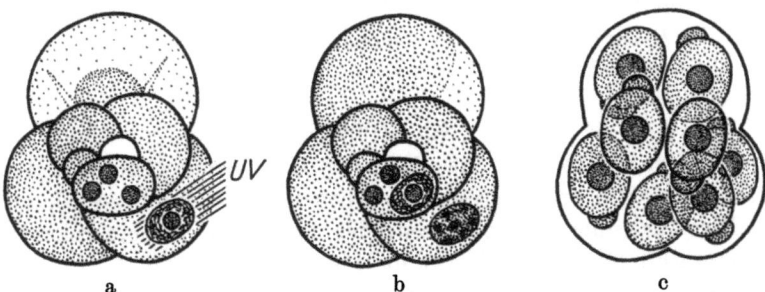

Abb. 87. *Rotaliella heterocaryotica*. Schema eines Versuchs, bei welchem der somatische Kern eines lebenden Agamonten durch UV-Bestrahlung inaktiviert wurde (a). Nach der Inaktivierung differenziert sich einer der drei generativen Kerne in der Anfangskammer zu einem somatischen (b). Nach der Meiose gehen aus einem solchen Agamonten nur 8 Gamonten hervor (c). Nach CZIHAK und GRELL, 1960 [*223*]

Diese Annahme wird durch ein Experiment bestätigt (Abb. 87). Bei *Rotaliella heterocaryotica*, wo die Zahl der Kerne nicht variiert, ist der somatische Kern im Leben sichtbar und läßt sich durch ein UV-Strahlenbündel inaktivieren (a). In manchen Fällen schwillt dann einer der generativen Kerne in der Anfangskammer an und bildet einen Nucleolus aus (b). Da sowohl der inaktivierte als auch der neu determinierte somatische Kern zugrunde geht, entstehen nach der Meiose nicht 12, sondern 8 Gamonten (c).

Cytochemische Messungen zeigten, daß der sekundäre somatische Kern den gleichen Gehalt an DNS, RNS und Protein wie der primäre hat. In einigen Fällen ist es sogar gelungen, den sekundären somatischen Kern auszuschalten und dadurch die Differenzierung eines tertiären zu induzieren [1149].

Über den Determinationsvorgang selbst wissen wir noch nichts. Manches spricht dafür, daß der auslösende Faktor eine allgemeine Bedingung des Cytoplasmas, etwa ein „Determinationsstoff" ist, dessen Konzentration in der Anfangskammer zunimmt. Die „Empfindlichkeit" gegenüber diesem Stoff könnte variieren, so daß derjenige Kern zuerst determiniert wird, der „am empfindlichsten" ist. Man könnte sich vorstellen, daß der determinierte Kern die Synthese eines Enzyms kontrolliert, welches den Determinationsstoff zerstört, oder eines Repressors, welcher seine Weiterbildung unterbindet. Daß immer nur *ein* somatischer Kern in der Anfangskammer determiniert wird, könnte daher auf einem „*Regelvorgang*" beruhen, also auf einer relativ einfachen chemischen Wechselwirkung, für welche die Bakteriengenetik Modellvorstellungen liefert.

b) Ciliaten

Das Vorkommen heterokaryotischer Foraminiferen zeigt, daß der Kerndualismus der Ciliaten kein „Privileg" ist, welches sie von allen übrigen Protozoen unterscheidet. Es bestehen sogar Anzeichen dafür, daß nicht einmal alle Ciliaten einen Kerndualismus besitzen. Jedenfalls haben sich die im Lückensystem des Meeressandes (Mesopsammon) lebenden Arten der Gattung *Stephanopogon (mesnili, colpoda)* eindeutig als *homokaryotisch* erwiesen [661, 832]. Obwohl mehrkernig, besitzen sie nur eine Sorte von Kernen, die weder als Mikronuclei, noch als Makronuclei gedeutet werden können, da sie einen zentralen Nucleolus besitzen und sich mitotisch teilen.

Für die überwältigende Mehrzahl der Ciliaten ist allerdings charakteristisch, daß sie *heterokaryotisch* sind. Die generativen Kerne werden als *Mikronuclei*, die somatischen als *Makronuclei* bezeichnet.

In den letzten Jahren durchgeführte Untersuchungen haben ergeben, daß sich *zwei Typen des Kerndualismus* unterscheiden lassen, die als Primär- und Sekundärtyp bezeichnet werden sollen.

α) Primärtyp

Bei einer Reihe von Ciliaten, die alle zu den Holotrichen gehören und größtenteils im Lückensystem des Meeressandes leben (Ausnahme: *Loxodes*), wurde ein Typ des Kerndualismus nachgewiesen, der mit dem der heterokaryotischen Foraminiferen weitgehend übereinstimmt [865—867, 870, 871].

Die *Makronuclei*, die immer in der Mehrzahl auftreten, sind *diploid*. Sie unterscheiden sich von den Mikronuclei durch ihre Größe, ihre aufgelockerte Struktur und den Besitz eines oder mehrerer Nucleolen. Außerdem sind sie *nicht teilungsfähig*, sondern gehen stets aus Abkömmlingen der Mikronuclei hervor. Autoradiographische Untersuchungen ergaben, daß sie RNS, aber keine DNS synthetisieren können [1086].

Bei Arten, die nur wenige Kerne besitzen, ist die Kernzahl konstant. Diese Konstanz beruht auf einer Synchronie der Kernteilungen (Abb. 88).

Loxodes rostrum (a) besitzt zwei Makronuclei und einen Mikronucleus. Mit der Zellteilung ist eine zweimalige Teilung des Mikronucleus verbunden. Jede Tochterzelle erhält einen der beiden Makronuclei und zwei Mikronuclei, von denen sich einer wieder zu einem Makronucleus differenziert. Bei Arten mit der gleichen Kernzahl verlaufen Teilung und Reorganisation in entsprechender Weise *(Geleia nigriceps, G. orbis, Remanella rugosa, R. granulosa)*.

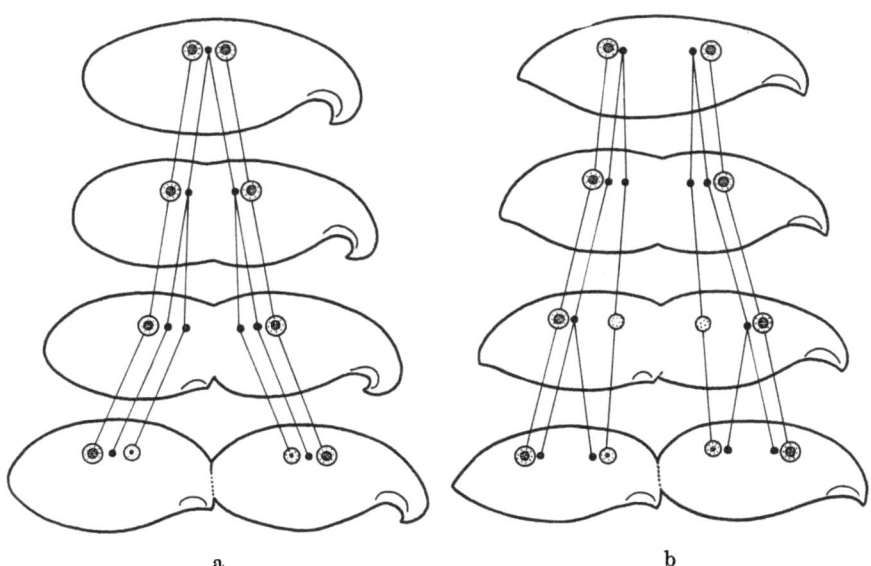

Abb. 88. *Loxodes rostrum* (a) und *Loxodes striatus* (b). Teilungsschemata. Makronuclei: große Kreise (mit Nucleolus). Mikronuclei: kleine schwarze Kreise. Nach RAIKOV, 1957

Loxodes striatus (b) enthält zwei Makronuclei und zwei Mikronuclei. Bei der Zellteilung findet zunächst eine Verdoppelung der Mikronuclei statt. Von den beiden Tochterkernen teilt sich der eine abermals und liefert die beiden Mikronuclei, während der andere ungeteilt bleibt und sich zu einem Makronucleus differenziert.

Bei Arten mit zahlreichen Makro- und Mikronuclei verlaufen die Teilungen mehr oder weniger asynchron. Ein Beispiel für diese Möglichkeit ist *Loxodes magnus* (Abb. 89).

Anscheinend sind die Makronuclei nicht unbegrenzt funktionsfähig. Bei *Loxodes magnus* wurde beobachtet, daß etwa 2—10% der Makronuclei einer Zelle pyknotisch sind. Die einzelnen Makronuclei haben daher wahrscheinlich nur eine Lebensdauer von etwa 4—7 Zellteilungsfolgen.

Eine eigenartige Abwandlung hat der Primärtyp bei einigen *Trachelocercidae* erfahren. Makro- und Mikronuclei sind hier zu einem „zusammengesetzten" Kern verschmolzen. Bei *Tracheloraphis phoenicopterus* (Abb. 90) besteht er aus sechs Mikronuclei und einem aus sechs Makronucleus-Anlagen hervorgegangenen „Makronucleus", der die Mikronuclei umschließt (a). Bei der Teilung führen zunächst die Mikronuclei eine Mitose durch, so daß 12 Mikronuclei gebildet werden (b). Dann „zerreißt" der zusammengesetzte Kern in zwei Portionen, von denen jede sechs Mikronuclei erhält (c, d). Diese teilen sich dann abermals (e). Von den zwölf

Tochterkernen (f) werden wieder sechs zu Mikronuclei, sechs zu Makronucleus-Anlagen (g). Nachdem sich die Reste des alten Makronucleus im Cytoplasma aufgelöst haben, verschmelzen die neugebildeten Makronucleus-Anlagen unter Einbeziehung der Mikronuclei wieder zu einem zusammengesetzten Kern (h).

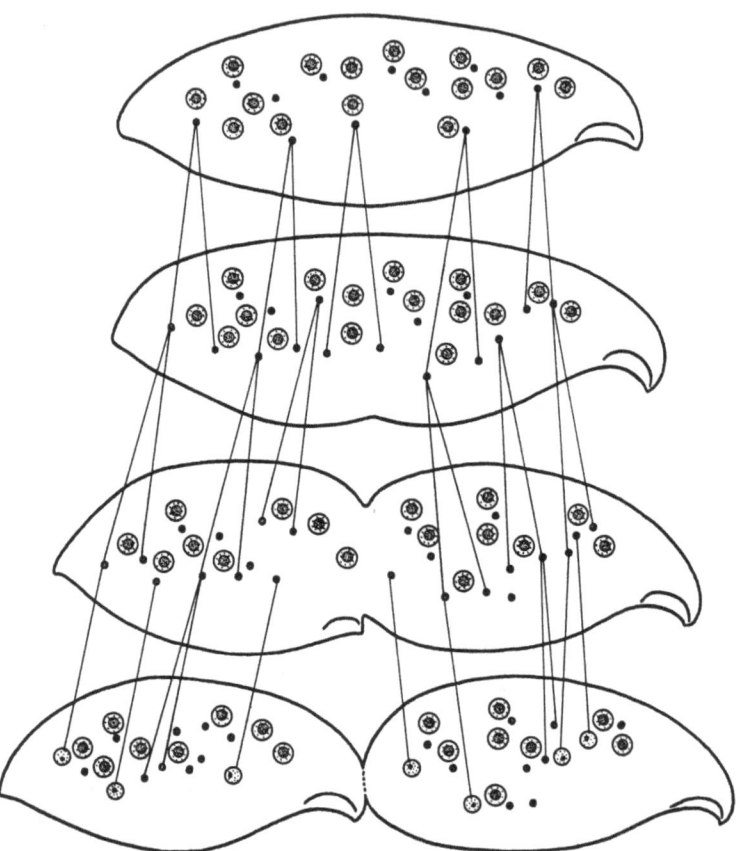

Abb. 89. *Loxodes magnus*. Teilungsschema. Nach RAIKOV, 1957

Im einzelnen variieren die Kernverhältnisse bei den Trachelocercidae stark. So besitzt *Trachelocerca coluber* nur einen zusammengesetzten Kern mit zwei Mikronuclei. *Tracheloraphis dicaryon* enthält zwei zusammengesetzte Kerne mit je vier Mikronuclei. Einige Arten, wie *Trachelonema poljanskyi*, haben überhaupt keinen zusammengesetzten Kern, sondern zahlreiche Makro- und Mikronuclei.

Häufig wurde beobachtet, daß aus den Makronuclei Nucleolarsubstanz in das Cytoplasma übertritt. Bei *Geleia nigriceps* wird sogar der ganze Nucleolus periodisch ausgestoßen [*867*]. Wie die Somakerne der Foraminiferen scheinen also auch die diploiden Makronuclei der Ciliaten die stoffwechselphysiologisch aktiven Kerne zu sein. Außerdem stimmen sie mit ihnen darin überein, daß sie irreversibel determiniert sind. Die Funktion der Mikronuclei ist dagegen im wesentlichen darauf beschränkt, sich fortzupflanzen und ein ständiges Reservoir für die Makronuclei zu bilden.

β) Sekundärtyp

Für die Mehrzahl der Ciliaten ist der Sekundärtyp charakteristisch. Der Makronucleus, welcher meistens einzeln auftritt, ist *polyploid* und *teilungsfähig*. Er geht daher bei der ungeschlechtlichen Fortpflanzung nicht zugrunde. Erst bei den Geschlechtsvorgängen (Conjugation, Autogamie) verfällt er der Desintegration und wird dann aus einem Abkömmling des Synkaryons neu aufgebaut. Trotz seines Teilungsvermögens ist es daher berechtigt, ihn als somatischen Kern zu bezeichnen.

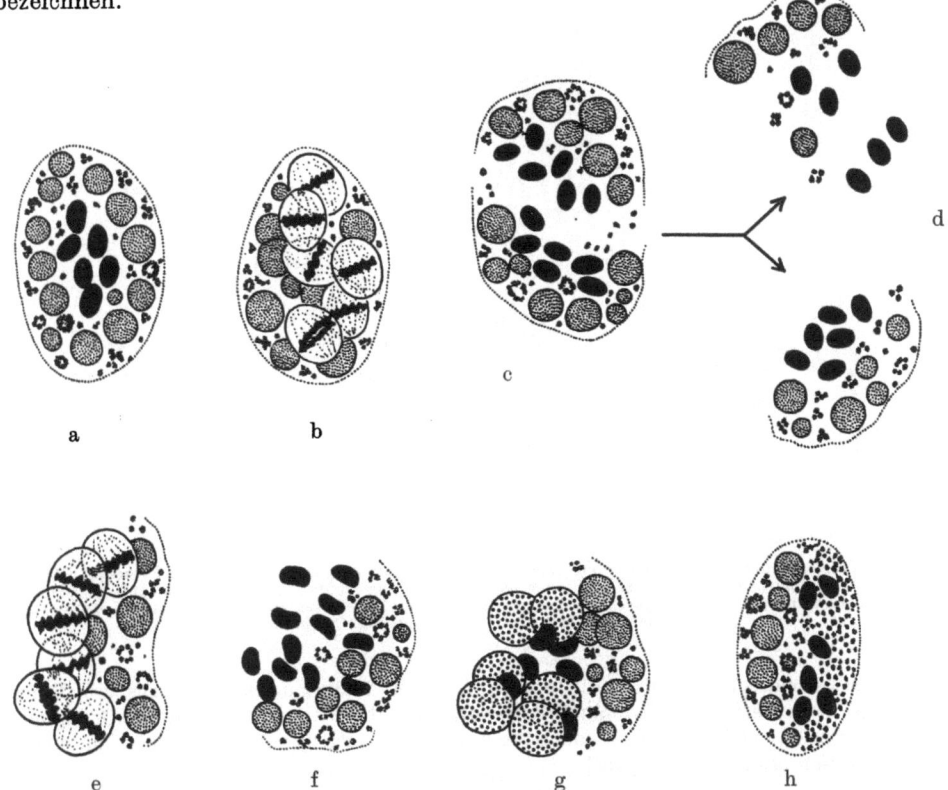

Abb. 90. *Tracheloraphis phoenicopterus*. Verhalten des „zusammengesetzten" Kerns bei der Teilung. a „Zusammengesetzter" Kern in Ruhe. Im Innern sechs (schwarz dargestellte) Mikronuclei. b Erste Mitose der Mikronuclei. c, d Teilung des „zusammengesetzten" Kerns. e—h Rekonstruktion der Tochterkerne. e zweite Mitose der Mikronuclei. f zwölf Mikronuclei. g sechs Mikronuclei, sechs Makronucleus-Anlagen. h rekonstruierter zusammengesetzter Kern. Kombiniert nach RAIKOV, 1958 [*865*]

Die Tatsache, daß der Primärtyp nur bei einigen Holotrichen nachgewiesen wurde, legt den Gedanken nahe, daß sich der Sekundärtyp aus ihm entwickelt hat. Merkwürdigerweise bilden aber die Ciliaten, welche den Primärtyp zeigen, innerhalb der Holotrichen keine systematische Einheit. Sie gehören verschiedenen Unterordnungen und Familien an, in denen ihnen Gattungen zur Seite stehen, welche polyploide Makronuclei besitzen. Wenn die im System berücksichtigten Beziehungen eine phylogenetische Grundlage haben, so kommt man daher nicht um die Annahme herum, daß sich der Sekundärtyp polyphyletisch aus dem Primärtyp entwickelt hat. In jedem Falle würde es sich bei den Ciliaten mit diploidem und teilungsunfähigem Makronucleus gleichsam um „karyologische Relikte" handeln.

Zum Unterschied von den Makronuclei des Primärtyps zeigen die des Sekundärtyps eine große *Formenmannigfaltigkeit* (Abb. 91). Bei vielen Arten ist der

Makronucleus einfach rundoval oder tropfenförmig (a). Manchmal ist er zweigeteilt (b), hufeisenförmig gebogen (c) oder wurstartig in die Länge gestreckt (d). In einigen Fällen verzweigt er sich in bestimmter Weise (f) oder bildet ein zusammenhängendes Netzwerk unter der Pellicula (g). Verschiedene Ciliaten besitzen einen rosenkranzförmig gegliederten Makronucleus (h). Selbst ganz unregelmäßige Formen kommen vor (i, k).

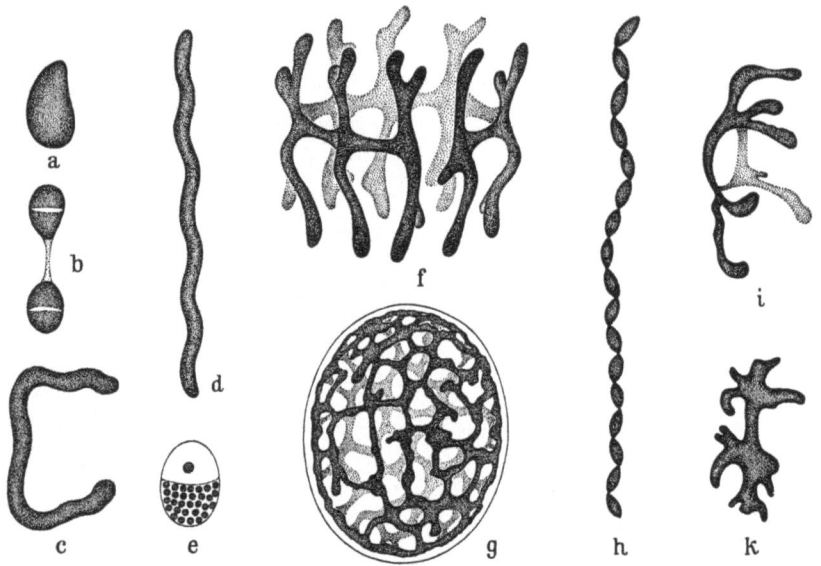

Abb. 91. Formenmannigfaltigkeit des Makronucleus. a *Paramecium*. b *Stylonychia mytilus*. c *Vorticella*. d *Stentor roeseli*. e *Spirochona gemmipara*. f *Ephelota gemmipara*. g *Metaphrya sagittae* (Pellicula durch Linie angedeutet). h *Spirostomum ambiguum*. i *Ophryodendron porcellanum*. k *Conchophthirius caryoclada*. i nach COLLIN, 1912, k nach KIDDER, 1933, die übrigen Fig. Originale

Einen besonderen Typ bilden die sog. „heteromeren" Makronuclei, welche aus zwei Teilen bestehen: einem stark färbbaren (feulgenpositiven), überwiegend granulären „Orthomer" und einem schwach färbbaren, häufig aber mit einem feulgenpositiven Korn („Endosom") ausgestatteten „Paramer" (e) [*321*].

Von den Mikronuclei lassen sich die Makronuclei durch ihre *Größe* leicht unterscheiden. Sie sind intensiv feulgenpositiv, enthalten also viel mehr DNS als die Mikronuclei. Der hohe DNS-Gehalt ist die stärkste Stütze für die Auffassung, daß die Makronuclei des Sekundärtyps *polyploid* sind.

Spektrophotometrische Messungen zeigen, daß der DNS-Gehalt bei den einzelnen Arten sehr verschieden ist. Geht man davon aus, daß der Mikronucleus diploid ist, so müßte beispielsweise der Makronucleus von *Stylonychia mytilus* etwa 64-ploid [*19*], der von *Nassula ornata* etwa 230-ploid [*875*], der von *Paramecium aurelia* etwa 860-ploid [*1140*] und der von *Bursaria truncatella* etwa 5000-ploid [*923*] sein.

Allerdings können die Makronuclei auch bei verschiedenen Zelltypen der gleichen Art verschieden groß und DNS-haltig sein. So besitzen beispielsweise die Mikrozooide von *Zoothamnium* viel kleinere und DNS-ärmere Makronuclei als die Makrozooide (Abb. 92a).

Auch verschiedene Entwicklungsstadien können sich durch die Größe und den DNS-Gehalt ihrer Makronuclei unterscheiden, wie der Vergleich zwischen einem eben metamorphosierten und einem ausgewachsenen Suktor zeigt (Abb. 93a, b).

Über die *Struktur* des Makronucleus herrscht noch keine völlige Klarheit. Die *Nucleolarsubstanz* läßt sich leicht nachweisen und tritt meist in Form zahlreicher, im ganzen Makronucleus verteilter Nucleolen auf. Das feulgenpositive Material ist dagegen schwer zu analysieren, weil es im fixierten und gefärbten Präparat oft mehr oder weniger homogen, häufig auch granulär erscheint. Dennoch kann es heute kaum noch bezweifelt werden, daß die DNS im Makronucleus an die gleichen Strukturen gebunden ist

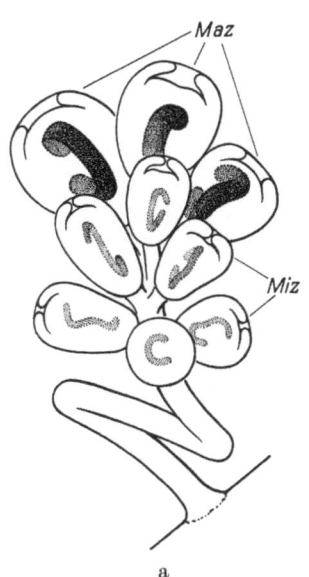
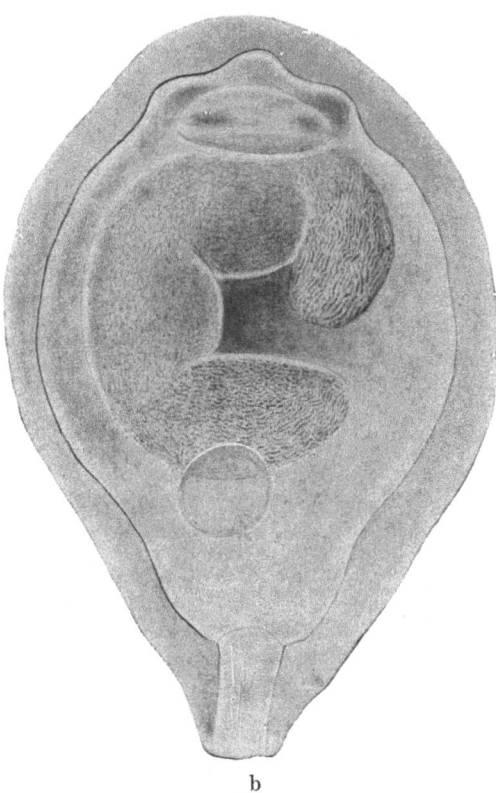

Abb. 92. *Zoothamnium.* a Kolonie mit Makrozooiden (*Maz*) und Mikrozooiden (*Miz*). Pikrinessigsäure, Feulgen. b Einzelnes Makrozooid im Leben (Phasenkontrast). Nach GRELL, 1950 [*422*]

wie bei allen Eukaryonten (s. S. 6) nämlich an *Chromosomen*. In vielen Fällen lassen sich die Chromosomen deutlich im Leben (Phasenkontrast) erkennen. Ein Beispiel bieten die Makrozooide von *Zoothamnium* (Abb. 92b). Auch bei *Tokophrya* (Abb. 93a, b) ist in den Makronuclei ein Fadenknäuel zu sehen. Dabei ist besonders hervorzuheben, daß die Fäden in dem kleinen Makronucleus des Jugendstadiums die gleichen Dimensionen haben wie in dem großen Makronucleus des ausgewachsenen Suktors. In den Makronucleusgliedern von *Loxophyllum meleagris* (c) ist stellenweise ein paarweiser Verlauf zu erkennen, wobei die Fäden aus einzelnen Gliedern zu bestehen scheinen.

Bei *Nassula ornata* (Abb. 94), wo der Makronucleus verhältnismäßig aufgelockert ist, sind vor der Kernteilung Anordnungen der Chromosomen erkennbar, die als Stadien einer Endomitose (s. u.) gedeutet werden können. Dabei scheint eine

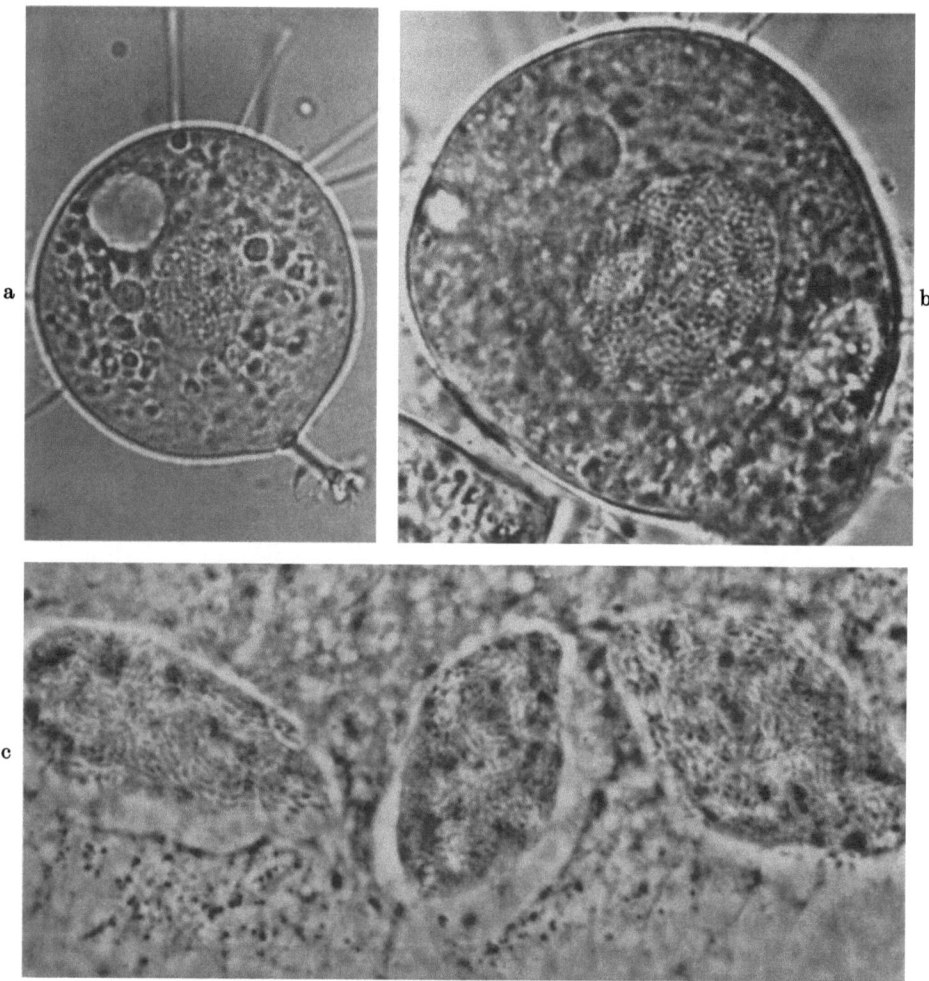

Abb. 93. Chromosomale Strukturen im Makronucleus. a, b *Tokophrya spec.* Junges und altes Wachstumsstadium. Lebendaufnahme. Vergr. 500×. Nach GRELL, 1953 [*425*]. c Drei Glieder des Makronucleus von *Loxophyllum meleagris*. Alkohol-Eisessig. Vergr. 1900×. Nach RUTHMANN, 1963 [*922*]

Synchronie zu bestehen: Während die Tochterfäden im Makronucleus auseinanderrücken, wandern die Chromatiden des Mikronucleus zu den Spindelpolen.

Da der Makronucleus nach der Conjugation oder Autogamie aus einem diploiden Kern heranwächst (S. 197), müßte seine Polyploidie in ähnlicher Weise zustande kommen wie die vieler Somakerne von Tieren und Pflanzen, nämlich auf dem Wege autonomer Chromosomenteilungen oder Endomitosen [358, 826]. Tatsächlich hat man in den „Makronucleus-Anlagen", d. h. in den Entwicklungsstadien, welche der Makronucleus bis zu seiner definitiven Ausbildung durchläuft, verschiedentlich Anzeichen einer *endomitotischen Polyploidisierung* gefunden [*420, 424, 830*]. Bei dem Suktor *Ephelota gemmipara*, wo sich die Entwicklung der Makronucleus-Anlage über mehrere Tage erstreckt, wurden *Chromosomenbündel* beobachtet, die aus vier oder acht Strängen bestehen (Abb. 95).

In anderen Fällen [*19, 393, 823*], vor allem bei *Stylonychia*, treten in den Makronucleus-Anlagen zunächst stark kondensierte Stäbchen auf, deren Anzahl ungefähr mit der der meiotischen Chromosomen (2n) übereinstimmt. Diese Stäbchen entspiralisieren sich dann zu dünnen Fäden, die ein dichtes Knäuel innerhalb des Kerns bilden. Nach einiger Zeit werden aus den Fäden breite Bänder, an denen ein deutliches Querscheibenmuster erkennbar ist, wie es auch für die sogen. *Polytänchromosomen* der Dipteren charakteristisch ist (Abb. 96).

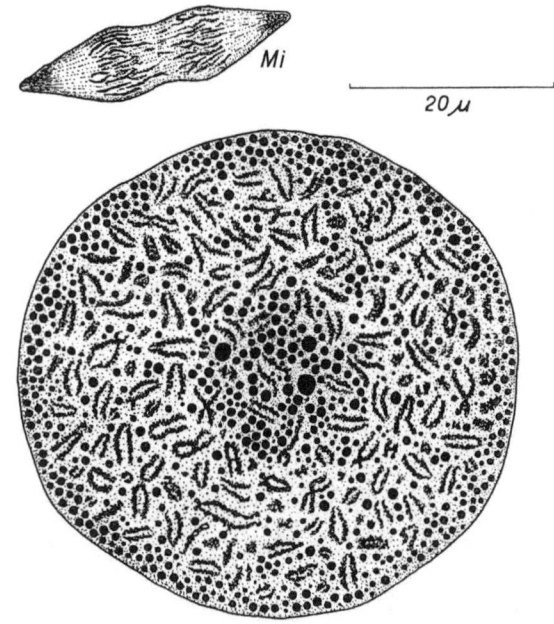

Abb. 94. *Nassula ornata*. Makronucleus mit Endomitosestadien der chromosomalen Elemente, Mikronucleus (*Mi*) in Anaphase. Nach RAIKOV, 1960

Leider ist weder das Schicksal der Chromosomenbündel, noch das der Polytänchromosomen genau bekannt. In beiden Fällen schließt sich nämlich an die „Polyploidisierungsphase" ein Stadium an, in dem die Makronucleus-Anlage das Aussehen eines Interphasekerns annimmt. Die Chromosomen sind dann nicht mehr deutlich erkennbar. Für *Stylonychia mytilus* wird sogar angegeben, daß der DNS-Gehalt auf den Betrag des diploiden Kerns absinkt. Erst im Anschluß an dieses „achromatische Stadium" findet wieder eine DNS-Synthese statt, die zu dem Betrag des definitiven Kerns führt.

In anderen Fällen scheinen sich die Endomitosen während des Interphasestadiums, also im entspiralisierten Zustand der Chromosomen abzuspielen, so daß sie sich dem unmittelbaren Augenschein entziehen. Derartige „Kryptoendomitosen" sind auch von den Somakernen vielzelliger Organismen bekannt [*302*].

Trotz dieser Unklarheiten besteht aber wohl kein Zweifel, daß sich die Chromosomen in dem „achromatischen Stadium" nicht auflösen, sondern in einem Zusammenhang mit den DNS-haltigen Fäden stehen, die den definitiven Makronucleus erfüllen. Dies würde bedeuten, daß der Makronucleus ein *endopolyploider*, d. h. durch schrittweise Endomitosen polyploid gewordener Kern ist.

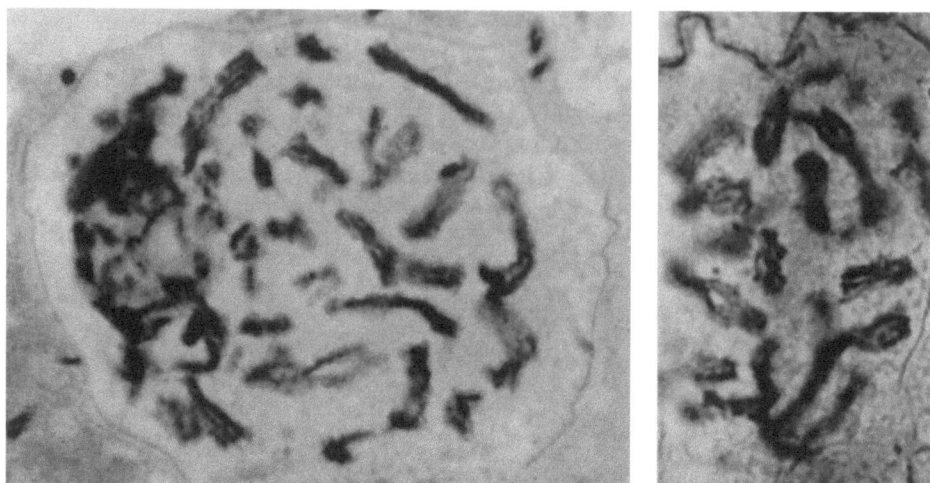

Abb. 95. *Ephelota gemmipara* (Suktor). Makronucleus-Anlage. Endomitosestadien der Chromosomen. Schnitte, Sublimat-Alkohol, Eisenhämatoxylin. Vergr. 1550×. Nach GRELL, 1953 [*424*]

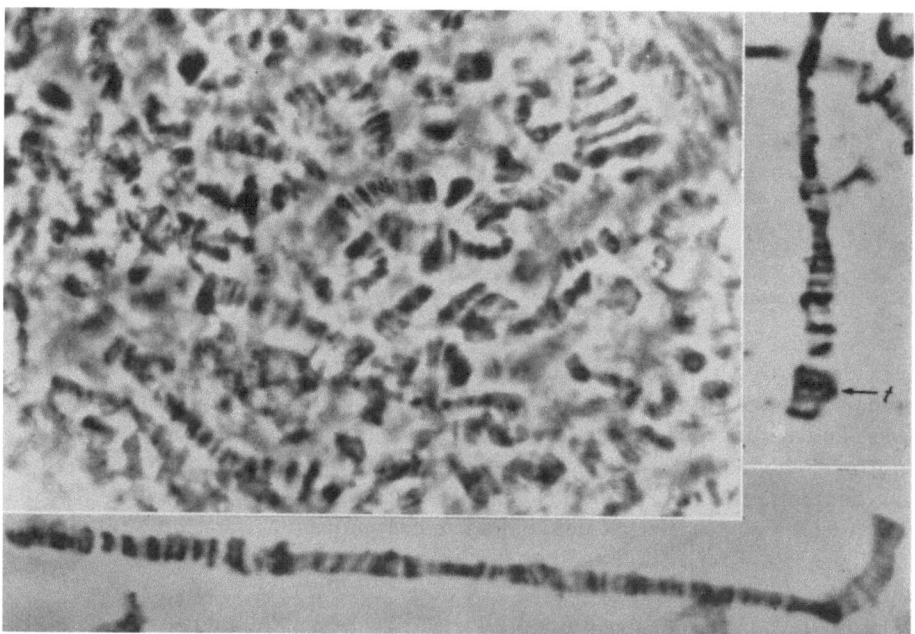

Abb. 96. *Stylonychia*. Makronucleus-Anlage mit Polytänchromosomen. Das Übersichtsbild ist ein Ausschnitt aus einer hemikaryotischen Makronucleus-Anlage von *St. mytilus*. Lebendaufnahme. Vergr. 2200×. Nach AMMERMANN, 1965 [*19*]. Die Einzelchromosomen (rechts und unten) stammen aus einer synkaryotischen Makronucleus-Anlage von *St. muscorum*. Aceto-Orcein, Quetschpräparat. Vergr. 2300×. Nach PÉREZ-SILVA und ALONSO, 1966 [*823*]

Wie die folgenden Ausführungen zeigen werden, unterscheidet er sich aber von den endopolyploiden Somakernen der Tiere und Pflanzen grundsätzlich durch seine *Teilungsweise*, so daß die Endopolyploide allein nicht ausreicht, um seine Besonderheiten gegenüber anderen Kerntypen zu kennzeichnen.

Da schon lange aufgefallen war, daß die Teilung des Makronucleus von dem gewohnten Bild der Mitose abweicht, hat man sie vielfach als *Amitose* bezeichnet. Dieser Begriff kann aber nur mit Vorbehalt verwendet werden, da man unter Amitose im allgemeinen die direkte Durchschnürung eines Interphasekerns — ohne gesetzmäßige Verdoppelung der Chromosomen und Verteilung der Chromatiden — versteht. Für die Teilung des Makronucleus ist aber sicher nachgewiesen, daß ihr eine DNS-Synthese vorausgeht und die Teilungsprodukte den vollen Genbestand erhalten. Die Weitergabe der genetischen Information muß daher ebenso gesetzmäßig wie bei der Mitose erfolgen, eine Tatsache, die durch die Bezeichnung „Amitose" eher verschleiert wird.

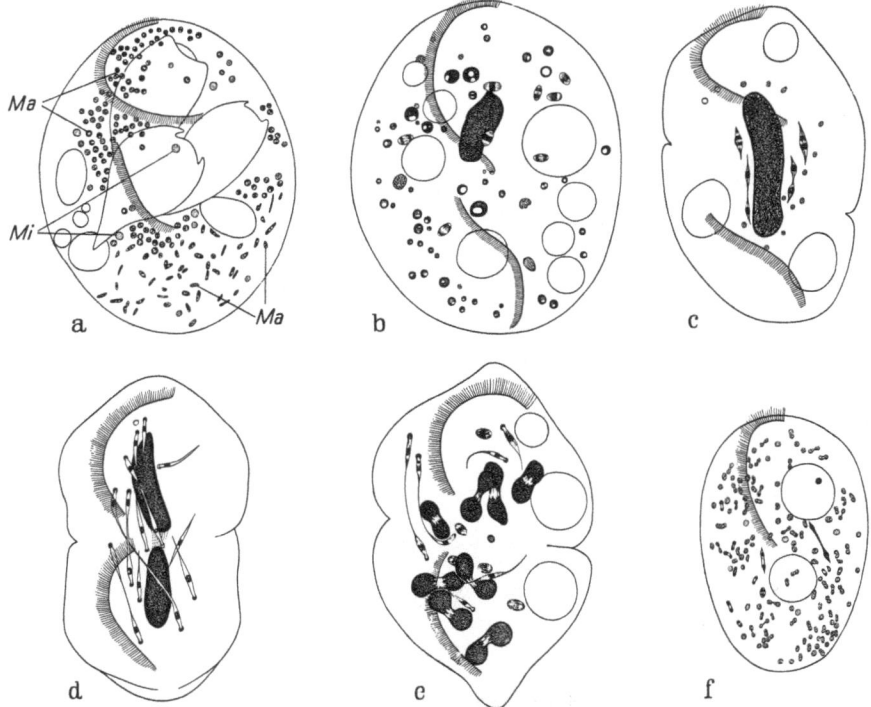

Abb. 97. *Urostyla grandis*. Kern- und Zellteilung. a Zelle in Teilungsvorbereitung. Zahlreiche, teilweise schon abgerundete Makronuclei (*Ma*) und einige in Prophase befindliche Mikronuclei (*Mi*). b Beginnende Verschmelzung der Makronuclei, Mikronuclei in Meta- und Anaphase. c Durch Verschmelzung der kleinen Makronuclei entstandener großer Makronucleus in beginnender Längsstreckung; Mikronuclei teilweise in Ruhe, teilweise in Ana- und Telophase. d Teilung des großen Makronucleus, Mikronuclei in Telophase. e Dritter Teilungsschritt des Makronucleus in jedem Tochterindividuum. f Spätes Teilungsstadium der Makronuclei in einem Tochterindividuum. Vergr. 130×. Nach RAABE, 1946/47 [*858, 859*].

Bei den meisten Ciliaten verläuft die Teilung des Makronucleus *äqual:* er streckt sich in die Länge und schnürt sich in der Mitte durch. Besteht er aus mehreren Gliedern, so verschmelzen diese zunächst zu einer einheitlichen Masse. Nach dieser „Kondensation" findet dann die Längsstreckung statt, und der Makronucleus teilt sich in zwei gleich große Tochterkerne, die sich ihrerseits wieder aufgliedern.

Auch beim Sekundärtyp kann es vorkommen, daß die Zelle zahlreiche Makronuclei enthält. Diese bilden aber insofern eine „operative Einheit", als sie vor der Zellteilung zu einem einzigen Kern verschmelzen. Dieser teilt sich dann in zwei Tochterkerne, jeder Tochterkern abermals in zwei Enkelkerne und so fort, bis wieder zahlreiche sehr kleine Makronuclei vorhanden sind (Abb. 97).

Diese Fälle leiten zu den *multiplen* und *inäqualen* Teilungen über, bei denen die Tochterkerne kleiner als der Mutterkern sind. Derartige Teilungen sind vor allem für die *Suktorien* charakteristisch, bei denen die Tochterzellen zu frei beweglichen Schwärmern werden. Der reich verzweigte Makronucleus von *Ephelota gemmipara* (Abb. 91f) kondensiert sich vor der multiplen Teilung zu einer einheitlichen Masse, die sich dann von neuem aufgliedert. In jede Plasmaknospe

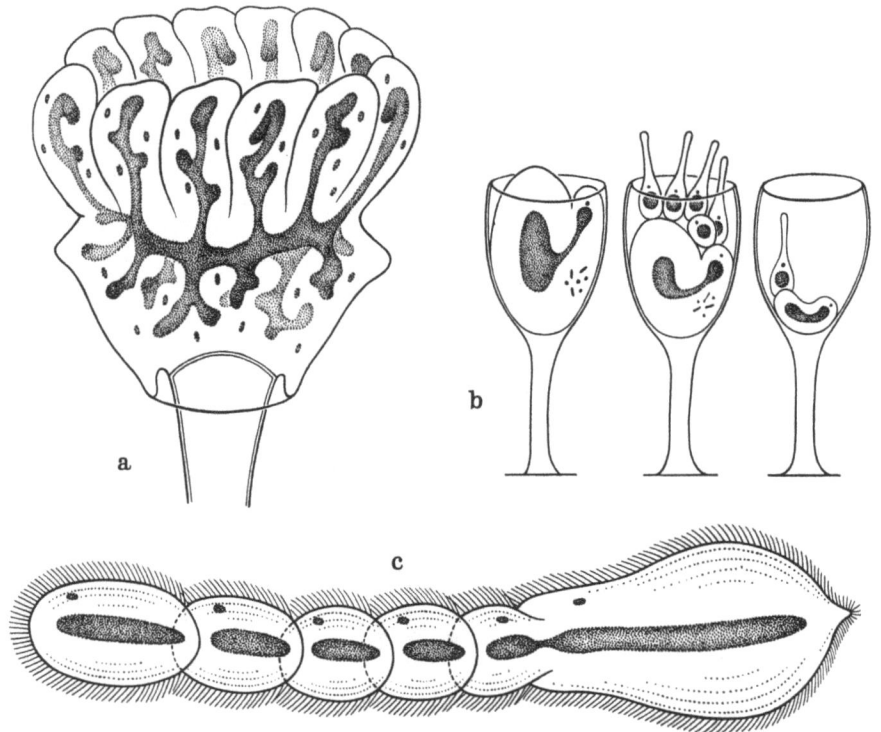

Abb. 98. Inäquale und multiple Teilung des Makronucleus. a Simultane Vielteilung bei *Ephelota gemmipara*. b Sukzedane Vielteilung bei den *Dactylophrya*-Stadien des parasitischen Suktors *Tachyblaston ephelotensis*. c Inäquale Teilung bei *Anoplophrya* (Astomata). Nach GRELL, 1953 [427]

ragt ein Fortsatz des Makronucleus, der sich bei der Differenzierung des Schwärmers von dem Mutterkern trennt (Abb. 98a). Nur bei der sogenannten reaktiven Knospung (S. 147) findet eine völlige Aufteilung des Makronucleus statt. Während es sich in diesem Falle um eine *simultane* Vielteilung handelt, erfolgt sie bei den *Dactylophrya*-Stadien von *Tachyblaston ephelotensis sukzedan* (b). Durch fortgesetzte Knospungsakte schnürt der Makronucleus einen Tochterkern nach dem anderen ab, ohne zwischendurch wieder zu seiner ursprünglichen Größe heranzuwachsen. Im ganzen werden auf diese Weise ungefähr 16 Tochterkerne gebildet (vgl. Abb. 136 und 416). Bei den meisten Suktorien ist die inäquale Teilung ein einmaliger Knospungsakt, nach welchem der Makronucleus wieder zu seiner ursprünglichen Größe heranwächst (Abb. 138). Auf die eigenartigen Bewegungsvorgänge, die sich dabei an den chromosomalen Fäden abspielen, sei hier nur hingewiesen (S. 149). Multiple und inäquale Teilungen kommen vereinzelt auch bei den übrigen Ciliaten vor. Viele Astomata schnüren am Hinterende Knospen ab, die sich nicht gleich loslösen, sondern mit der Mutterzelle oder einer später abgeschnürten Knospe verbunden bleiben. In jeder Knospe befindet sich ein Stück des Mutterkerns, der aber zwischen den Knospungsakten weiterwächst. Auch die Glieder der Kette können bereits mit dem Wachstum beginnen (Abb. 98c).

Es braucht nicht besonders hervorgehoben zu werden, daß die durch eine multiple und inäquale Teilung entstandenen Tochtermakronuclei einen geringeren DNS-Gehalt haben als der Mutterkern. Mit einer solchen Teilung ist daher stets eine *„Depolyploidisierung"* verbunden. Der in der Epidermis von Süßwasserfischen parasitierende Ciliat *Ichthyophthirius multifiliis* encystiert sich nach einer

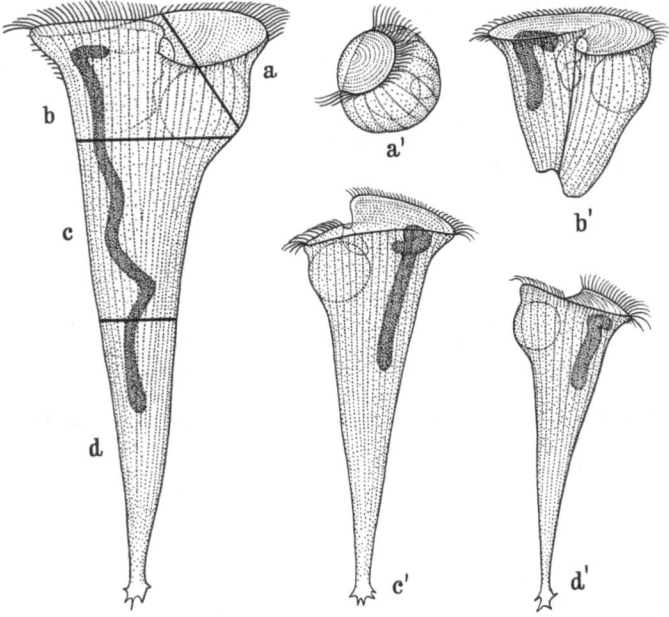

Abb. 99. *Stentor roeseli*. Zerschneidungsversuch. Das Individuum wurde durch drei Schnitte in vier Teile zerlegt (a, b, c, d). Drei (b, c, d) von ihnen, welche Stücke des Makronucleus mitbekommen haben, entwickeln sich zu völlig normalen Individuen (b', c', d'), während sich der kernlose Teil (a) abkugelt und zugrunde geht (a'). Nach BELAR aus HARTMANN, 1953 [*469*]

längeren Wachstumsphase und bildet innerhalb der „Vermehrungscyste" zahlreiche kleine Schwärmer aus, die wieder andere Wirte befallen. Während der große Mutterkern etwa 12 600-ploid ist, sind die kleinen Makronuclei der Schwärmer nur noch etwa 48-ploid [*1103*].

Der Makronucleus ist der einzige Kerntyp, welcher die *Fähigkeit zur Regeneration* besitzt. Diese läßt sich auch in solchen Fällen nachweisen, in denen er sich normalerweise durch Zweiteilung vermehrt. Wird ein *Stentor* in mehrere Teile zerschnitten (Abb. 99), so vermögen sich nur diejenigen Stücke wieder in ein neues Individuum zu verwandeln, welche ein Fragment des alten Makronucleus enthalten (b', c', d'). Dieses Fragment wächst dann bei der Regeneration zur Größe des alten Makronucleus heran. Das makronucleuslose Stück (a') geht zugrunde.

Auch die Bruchstücke, in welche der Makronucleus bei der Conjugation zerfällt, können unter bestimmten Bedingungen wieder zu normalen Makronuclei heranwachsen. Bei *Paramecium aurelia* sind es ungefähr 30—40. Durch Temperaturerhöhung läßt sich bei dieser Art die Entwicklung neuer Makronucleus-Anlagen nach der Conjugation unterdrücken. In diesem Falle wachsen dann alle Bruchstücke wieder zu normalen Makronuclei heran, welche bei den folgenden Zellteilungen so lange auf die Abkömmlinge des behandelten Parameciums verteilt werden, bis jede Zelle nur noch einen regenerierten Makronucleus enthält. Da sich die regenerierten Makronuclei in ihren genetischen Eigenschaften nicht von den normalen unterscheiden, muß in jedem Bruchstück mindestens ein vollständiger Chromosomensatz enthalten gewesen sein [*1027*]. Eine derartige Makronucleus-Regeneration findet auch ohne äußere Behandlung sehr häufig statt, wenn ein Stamm von *Paramecium aurelia* das Gen *am* homozygot enthält und eine Autogamie durchläuft.

Durch seine Fähigkeit zur multiplen und inäqualen Teilung sowie durch sein Regenerationsvermögen unterscheidet sich der Makronucleus nicht nur von allen diploiden, sondern auch von allen polyploiden Kernen. Seine Polyploidie hat daher einen besonderen Charakter und soll als *Polygenomie*[7] bezeichnet werden.

Da die Teilung des Makronucleus, auch wenn sie über beliebig viele Zellgenerationen multipel oder inäqual erfolgt, nicht zu einer Heteroploidie führt, muß man annehmen, daß die Verteilungseinheiten keine Einzelchromosomen, sondern *ganze Genome* sind. Die Makronucleusteilung stellt daher in jedem Falle eine *Genom-Segregation* dar [*422*].

Wie der Zusammenhalt der Chromosomen, welche ein Genom bilden, gewährleistet wird, ist noch nicht geklärt. Eine Möglichkeit wäre, daß sich die Chromosomen bei der Entwicklung der Makronucleus-Anlage zu einem *Sammelchromosom* vereinigen, das dann bei den Teilungen des Makronucleus als Einheit operiert und sich auch als Ganzes endomitotisch teilt [*422*]. Daß derartige Chromosomenverkettungen möglich sind, zeigen die Vorgänge bei den Polymastiginen (S. 72).

Genetische Untersuchungen sprechen dafür, daß ein heterozygoter Makronucleus auch nach beliebig vielen Teilungen heterozygot bleibt, die Verteilungseinheiten also *diploid* sind [*1044*]. Man hat daher zunächst angenommen, daß der Makronucleus aus diploiden Unterkernen (Subnuclei) besteht, welche sich bei seinem Wachstum mitotisch vermehren. Diese Auffassung wird jedoch durch die cytologischen Befunde nicht gestützt: Die chromosomalen Elemente liegen in einem gemeinsamen Kernraum und teilen sich endomitotisch. Die „Sammelchromosomen-Hypothese" könnte diese Schwierigkeit durch die Zusatzannahme umgehen, daß sich die homologen Chromosomen — ähnlich wie bei den „Riesenchromosomen" der Dipteren — miteinander paaren. In genetischer Beziehung würde sie damit natürlich zu dem gleichen Ergebnis kommen wie die „Subnuclei-Hypothese": In beiden Fällen würde der Makronucleus aus diploiden Verteilungseinheiten (Subunits) bestehen.

Auch der Mechanismus der Teilung ist noch ziemlich rätselhaft. Nachdem polarisationsoptische Untersuchungen ergeben hatten, daß bei der Teilung eine doppelbrechende achromatische Substanz ausgebildet wird [*986*], konnten neuerdings auch licht- und elektronenmikropisch Bündel von Spindelfasern im Makronucleus nachgewiesen werden [*868, 1095a*]. Wenn diese Spindelfasern auch nicht an den Chromosomen ansetzen, so bestände doch die Möglichkeit, daß sie in ihrer Gesamtheit einen „Stemmkörper" bilden, der bei der Streckungsphase der Teilung eine Rolle spielt.

Wie eine elektronenmikroskopische Aufnahme (Abb. 100) zeigt, können auch im „ruhenden" Makronucleus Bündel von Fibrillen (Mikrotubuli) auftreten. Sie bevorzugen keine bestimmte Richtung und stehen nur mit der Nucleolarsubstanz in engerem Kontakt. Welche Rolle sie bei der Teilung des Makronucleus spielen, ist unbekannt.

---

[7] Die früher übliche Bezeichnung „Polyenergidie" wird aus sprachlichen Gründen aufgegeben.

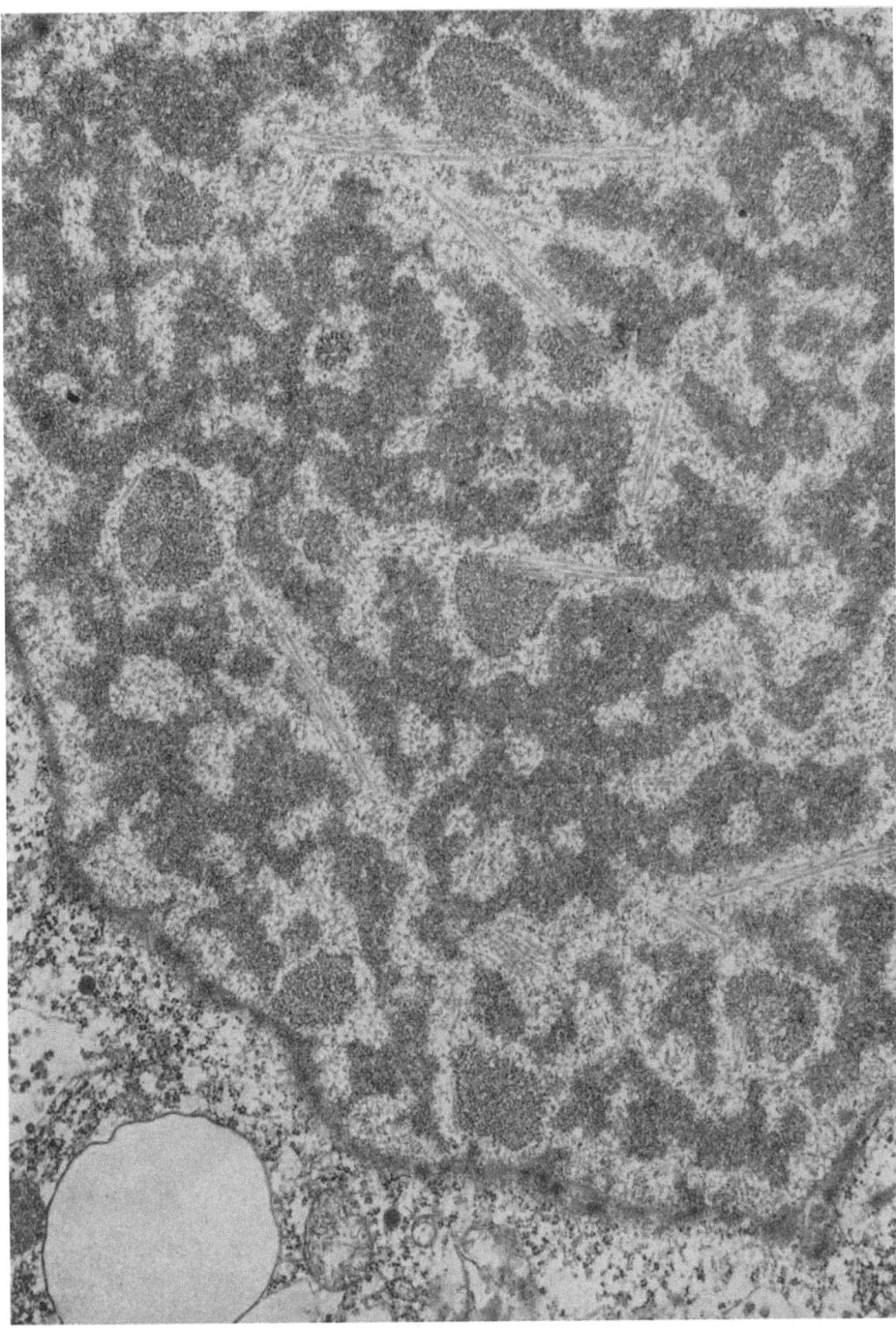

Abb. 100. *Acineta tuberosa* (Suktor). Ausschnitt des Makronucleus eines jungen Wachstumsstadiums. Außer dem Chromosomenmaterial und der Nucleolarsubstanz sind längs- und quergetroffene Bündel von Mikrotubuli erkennbar. Vergr. 30000×. Aufn. C. BARDELE

Bei den Hypotrichen und einigen anderen Ciliaten wandern vor der Teilung zwei helle Querstreifen über den Makronucleus, die als *Replikationsbänder* bezeichnet werden. Sie können entweder zuerst in der Mitte des Makronucleus auftreten und dann zu den Enden laufen (Abb. 101) oder an den Enden beginnen und sich in der Mitte treffen. Die von ihnen passierten Strecken sind stärker feulgenpositiv und dichter strukturiert.

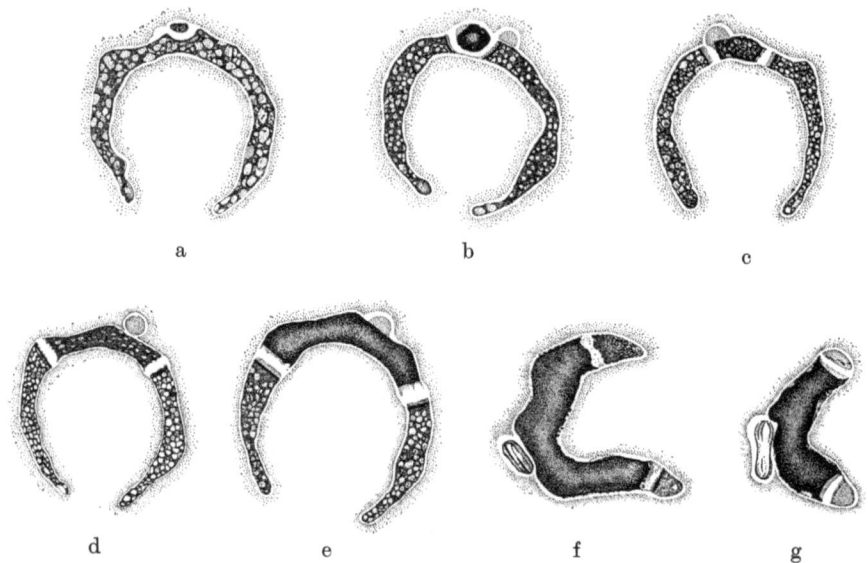

Abb. 101. *Aspidisca lynceus* (Hypotricha). Ausbildung und Verlauf der „Replikationsbänder" vor der Teilung des Makronucleus. Sublimat-Alkohol, Eisenhämatoxylin (d Feulgen). Vergr. 1180×. Nach SUMMERS, 1935 [*1064*]

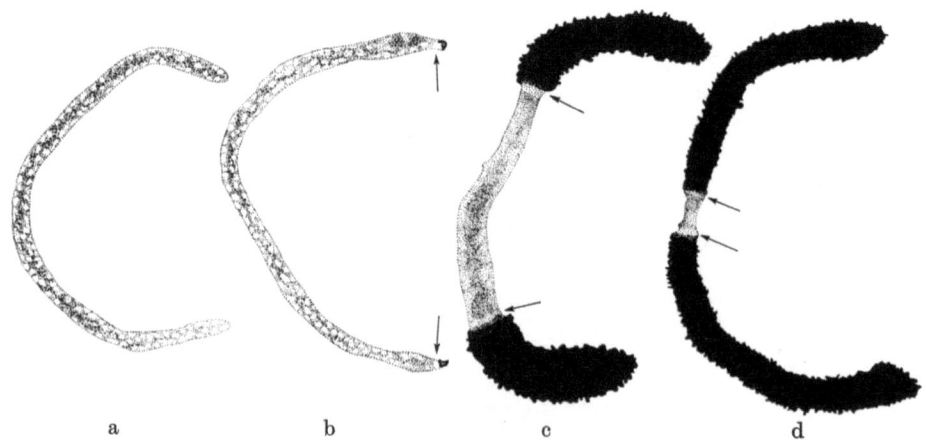

Abb. 102. *Euplotes eurystomus*. Verschiedene Stadien isolierter Makronuclei nach Markierung mit ³H-Thymidin. Die Pfeile weisen auf die Replikationsbänder. a Vor der Synthesephase: keine Markierung. b Beginn der DNS-Synthese: Erscheinen der Replikationsbänder an den Enden. c Etwa 50% der DNS des Makronucleus ist verdoppelt. d Ende der Synthesephase: Die Replikationsbänder treffen sich in der Mitte. Die Expositionszeit der Radioautogramme betrug 12 Std. Länge des Makronucleus etwa 140 μ. Nach Mikroaufnahmen von PRESCOTT, 1966 [*841*]

Am Makronucleus von *Euplotes eurystomus* (Abb. 102), wo die Replikationsbänder zur Mitte laufen, konnte autoradiographisch nachgewiesen werden, daß sie Zonen der *DNS- und Histonsynthese* sind: Hinter den Bändern ist der DNS- und Histongehalt verdoppelt. Der übereinstimmende Verlauf beider Syntheseprozesse weist auf eine enge Beziehung der Histone zur genetischen Substanz hin. Allerdings machen die Histone nur etwa 15% der Proteine des Makronucleus aus. Die übrigen Proteine und die RNS werden kontinuierlich ergänzt. Ihre Synthese steht daher in keinem Zusammenhang mit dem Auftreten der Replikationsbänder [*352, 571, 841, 842*].

Im allgemeinen nimmt das Volumen der Makronuclei mit dem der Zellen zu. Die größten Arten haben auch die umfangreichsten — manchmal außerdem verzweigten — Makronuclei. Diese Relation, deren Variabilität durch die Polygenomie ermöglicht wird, ist ein Ausdruck für die *stoffwechselphysiologische Aktivität* der Makronuclei.

Wird der Makronucleus experimentell entfernt, so ist die Zelle nicht mehr lebensfähig. Bei der *am*-Mutante von *Paramecium aurelia* werden durch ungleiche Kernverteilung in einem hohen Prozentsatz ständig makronucleuslose Tochterzellen gebildet. Diese stellen Nahrungsaufnahme, Wachstum und Teilung ein. Auch wenn sie so viele Mikronuclei besitzen, daß ihre Masse der eines regenerationsfähigen Makronucleus-Fragmentes entspricht, gehen sie innerhalb von zwei Tagen zugrunde. Ein kleines Bruchstück des Makronucleus genügt aber, um sie am Leben zu erhalten.

Genetische Untersuchungen zeigen, daß der Phänotypus der Ciliaten überwiegend durch den Makronucleus bestimmt wird (S. 243ff). Ob diese phänotypische Wirksamkeit ausschließlich auf seiner Polygenomie (Gendosis-Effekt) beruht, oder auch darauf zurückzuführen ist, daß der Mikronucleus genetisch inaktiv ist, läßt sich noch nicht übersehen. Während frühere Experimente für eine genetische Inaktivität des Mikronucleus sprachen, wurden neuerdings auch Anzeichen einer genabhängigen RNS-Synthese im Mikronucleus gefunden [*1038*].

Cytochemisch läßt sich nachweisen, daß die RNS des Cytoplasmas größtenteils aus dem Makronucleus stammt. Wird die RNS-Synthese durch Inhibitoren unterbunden, so hört auch die Proteinsynthese im Cytoplasma auf.

Eine Entfernung des Mikronucleus hat im allgemeinen keine schädlichen Folgen. Mikronucleuslose Ciliaten sind jahrelang gezüchtet worden und zeigen keine Beeinträchtigung ihres Regenerationsvermögens. Bei den meisten Arten (Ausnahme: *Tetrahymena pyriformis*) können die mikronucleuslosen Zellen auch mit geeigneten Partnern konjugieren, sind aber natürlich nicht imstande, die für eine Wechselbefruchtung erforderlichen Vorkerne zu bilden [*981*].

Obwohl eine Mitbeteiligung der Mikronuclei am Zellstoffwechsel nicht ganz auszuschließen ist, muß ihre eigentliche Bedeutung daher in der Weitergabe der genetischen Information erblickt werden.

c) Radiolarien

Außer den polyploiden Makronuclei sind die *Primärkerne* der Radiolarien die einzigen Protozoenkerne, bei welchen eine multiple Teilung beschrieben wurde. Allerdings ist ihre Polygenomie ebenso problematisch wie die der Makronuclei, wenn auch in anderer Beziehung. Eine befriedigende Interpretation der Kernverhältnisse scheiterte bisher daran, daß die Entwicklung der Radiolarien, die sich teilweise in größeren Meerestiefen abspielt, nur bruchstückhaft bekannt ist.

Außerdem wurde das Verständnis der Teilungsvorgänge lange Zeit dadurch erschwert, daß die Radiolarien häufig von parasitischen Dinoflagellaten befallen werden, die sich in den Zentralkapseln vermehren und durch ihre eigene Schwärmerbildung eine Vielteilung der Radiolarien vortäuschen (S. 349).

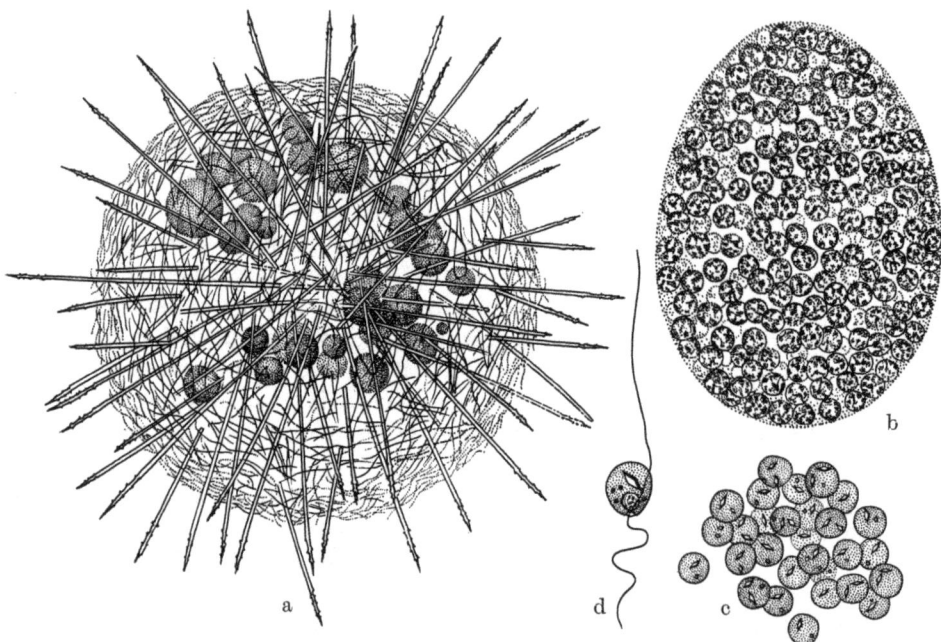

Abb. 103. *Aulacantha scolymantha*. Bildung der Kristallschwärmer. a Übersichtsbild. Phaeodium aufgelöst, Zentralkapsel in Plasmaballen zerfallen. Vergr. 70×. b Schnitt durch einen einzelnen Plasmaballen mit vielen Zellkernen. Vergr. 800×. c Quetschpräperat eines Plasmaballens (nach BORGERT: „Zellkerne"). Vergr. 1200×. d Einzelner Kristallschwärmer. a—c nach BORGERT, 1909 [79], d nach CACHON-ENJUMET, 1964 [103]

Daß auch bei den Radiolarien eine Schwärmerbildung vorkommt, welcher der „Zerfall" des Primärkerns in zahlreiche kleine Sekundärkerne vorausgeht, kann aber heute als gesichert gelten. Die Schwärmer sind durch stark lichtbrechende Einschlüsse charakterisiert und werden daher als *Kristallschwärmer* bezeichnet. Wie die Kristallschwärmer zu den ausgewachsenen Radiolarien heranwachsen, ist unbekannt. Vereinzelt wurden Wachstumsstadien mit kleineren Kernen gefunden. Es wird daher angenommen, daß die großen Primärkerne der ausgewachsenen Radiolarien das Ergebnis einer endomitotischen Polyploidisierung sind [426, 498, 501].

Bei den *Collodaria*, wie *Thalassicolla nucleata* (Abb. 361) und *Thalassophysa sanguinolenta* (Abb. 125), erreicht der Primärkern einen Durchmesser von 180 µ. Er zeigt nur eine schwache Feulgenreaktion und enthält große bandförmige Nucleolen. Kurz vor der Schwärmerbildung lösen sich die Nucleolen auf, und aus der fibrillären Grundmasse des Primärkerns differenzieren sich Gruppen stärker kondensierter Chromosomen, die zu den Sekundärkernen werden.

Zum Unterschied von den Collodaria besitzen die *Tripylea* intensiv feulgenpositive Primärkerne. Die Schwärmerbildung ist bisher nur von zwei Arten, nämlich *Coelodendron ramosissimum* [103, 624] und *Aulacantha scolymantha* [79, 103]

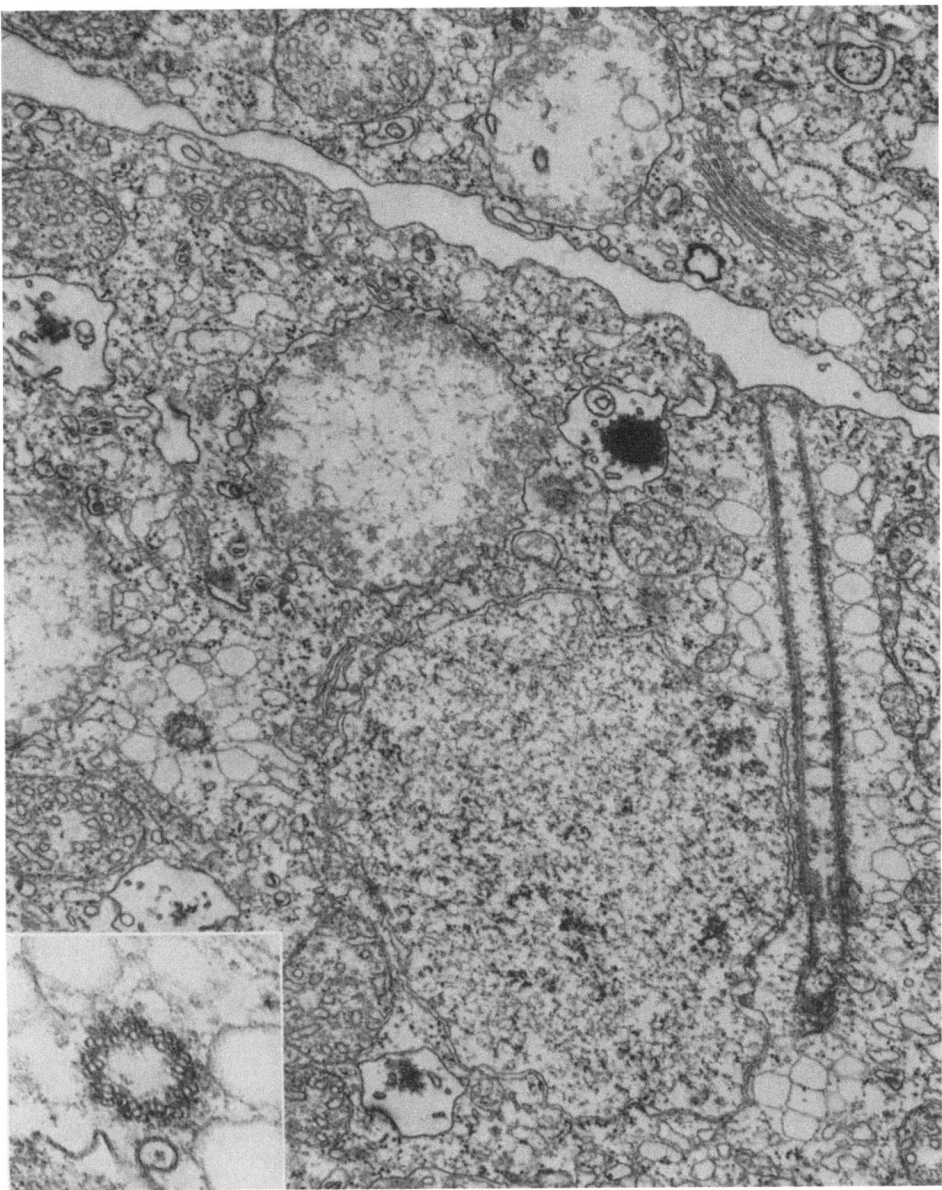

Abb. 104. *Aulacantha scolymantha*. Stadium der Schwärmerbildung. Schnitt durch einen sich zerklüftenden Plasmaballen. In Kernnähe (untere Bildhälfte): Basalkörper im Längsschnitt (rechts) und Querschnitt (links). Rechte obere Ecke: Golgi-Komplex, endoplasmatische Zisternen mit Ribosomen. Vergr. 26000×. Linke untere Ecke: Querschnitt durch einen Basalkörper. Vergr. 70000×. Aufn. E. KRUPKA

bekannt, wenn auch nur in den letzten Stadien (Abb. 103): Das Phaeodium ist verschwunden, und anstelle der Zentralkapsel finden sich mehrere Plasmaballen von verschiedener Größe (a). Diese enthalten bereits zahlreiche „interphasische" Sekundärkerne (b). Im Leben wurde beobachtet, daß die Plasmaballen nach einiger Zeit in kleine kristallhaltige Kugeln zerfallen (c), die zunächst noch unbegeißelt sind, dann aber zwei lange Geißeln ausbilden und als Kristallschwärmer umherschwimmen (d).

Wie ein elektronenmikroskopischer Schnitt durch einen Plasmaballen von *Aulacantha scolymantha* zeigt (Abb. 104), entstehen in der Nähe der Sekundärkerne lange Basalkörper, die schon vor dem Zerfall des Plasmaballens bis zur Zellhülle auswachsen und stets mit einem Kranz von Vesiceln umgeben sind. Aus diesen Basalkörpern gehen die Geißeln der Kristallschwärmer hervor.

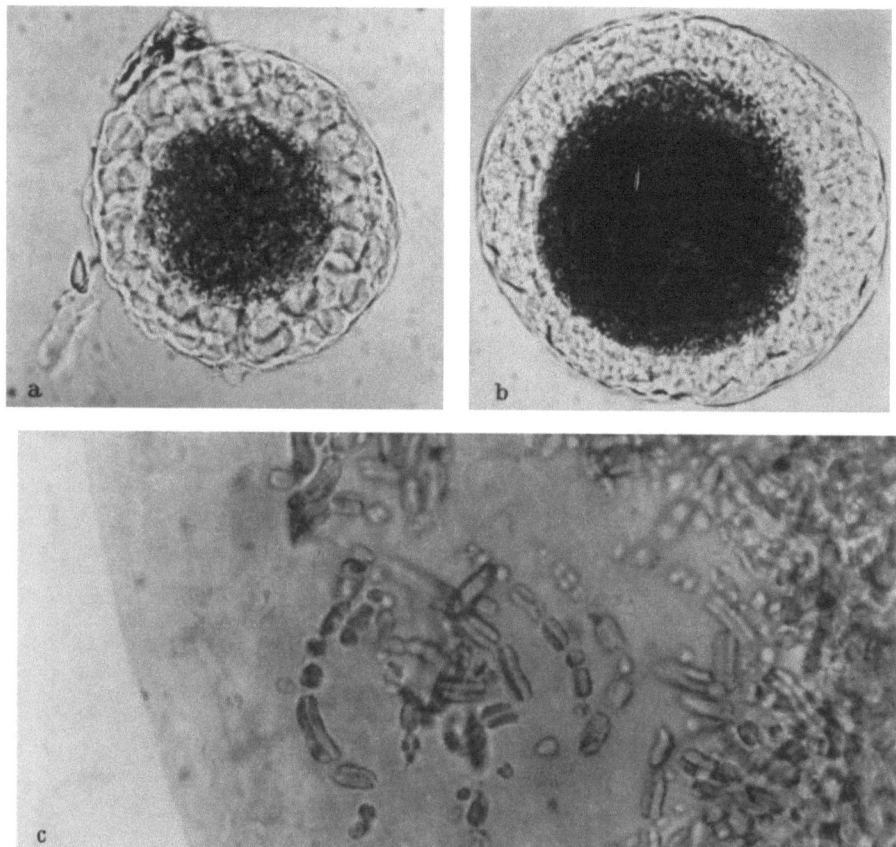

Abb. 105. *Aulacantha scolymantha*. a, b Zentralkapseln mit Kernen verschieden hoher Polyploidiestufe. Sanfelice, Feulgen. Vergr. 220×. c Ausschnitt einer gequetschten Zentralkapsel: Verdoppelung der Chromosomen. Carminessigsäure. Vergr. 1400×. Nach GRELL, 1953 [*426*]

Bei *Aulacantha scolymantha* wurden auch jüngere Wachstumsstadien gefunden (Abb. 105a), deren Kern zweifellos weniger Chromosomen enthält als der eines ausgewachsenen Individuums (b). Der Primärkern soll „weit über tausend", nach einer anderen Schätzung sogar zwei- bis dreitausend Chromosomen enthalten. Auf bestimmten, als Endomitosen gedeuteten Stadien (c) sind die Chromosomen verdoppelt und bestehen aus Abschnitten von verschiedener Länge. Vielleicht ist diese Gliederung ein Anzeichen dafür, daß es sich um Sammelchromosomen handelt. Jedes Sammelchromosom könnte einem ganzen Genom entsprechen. Allerdings ist diese Deutung insofern unsicher, als die Konstanz der Gliederung nicht bewiesen ist [*426*].

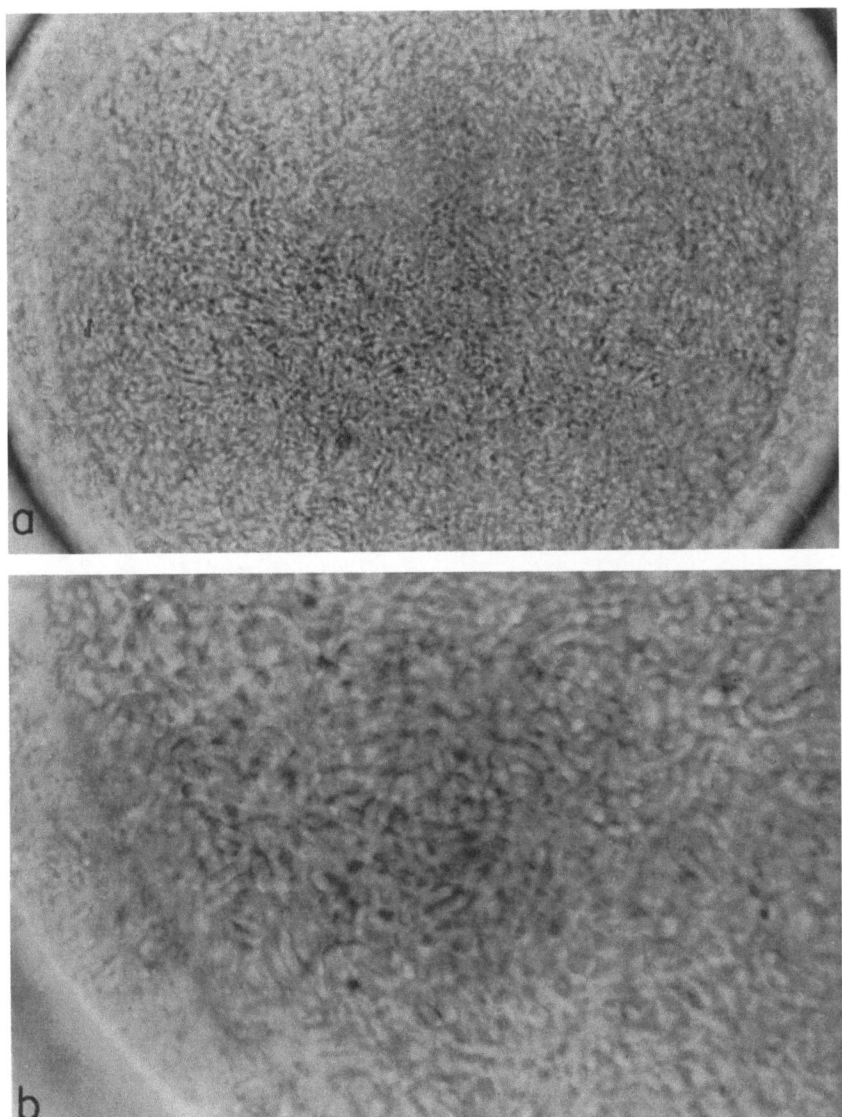

Abb. 106. *Aulacantha scolymantha*. Zellkern mit Chromosomen. a Vergr. 600×. b Ausschnitt aus a. Vergr. 1600×. Verdoppelung der Chromosomen. Lebendaufnahmen. Nach GRELL, 1953 [*426*]

Lebendaufnahmen derartiger Stadien geben einen Eindruck von der großen Zahl der Chromosomen, welche die aller anderen Protozoenkerne — mit Ausnahme der polyploiden Makronuclei — bei weitem übertrifft (Abb. 106). Innerhalb des Kerns ist die Masse der Chromosomen in ständiger Bewegung, wie vor allem bei Zeitraffung deutlich wird [Film C 829].

Die beschriebenen Stadien gehen auch der *Zweiteilung des Kerns* voraus. Verfolgt man die Teilung im Leben (Abb. 107), so ist allerdings keine Gliederung der Chromosomen mehr erkennbar. Obwohl versucht worden ist, die Zweiteilung des Kerns als Mitose zu interpretieren [*102*], weicht sie in wesentlichen Zügen von dem

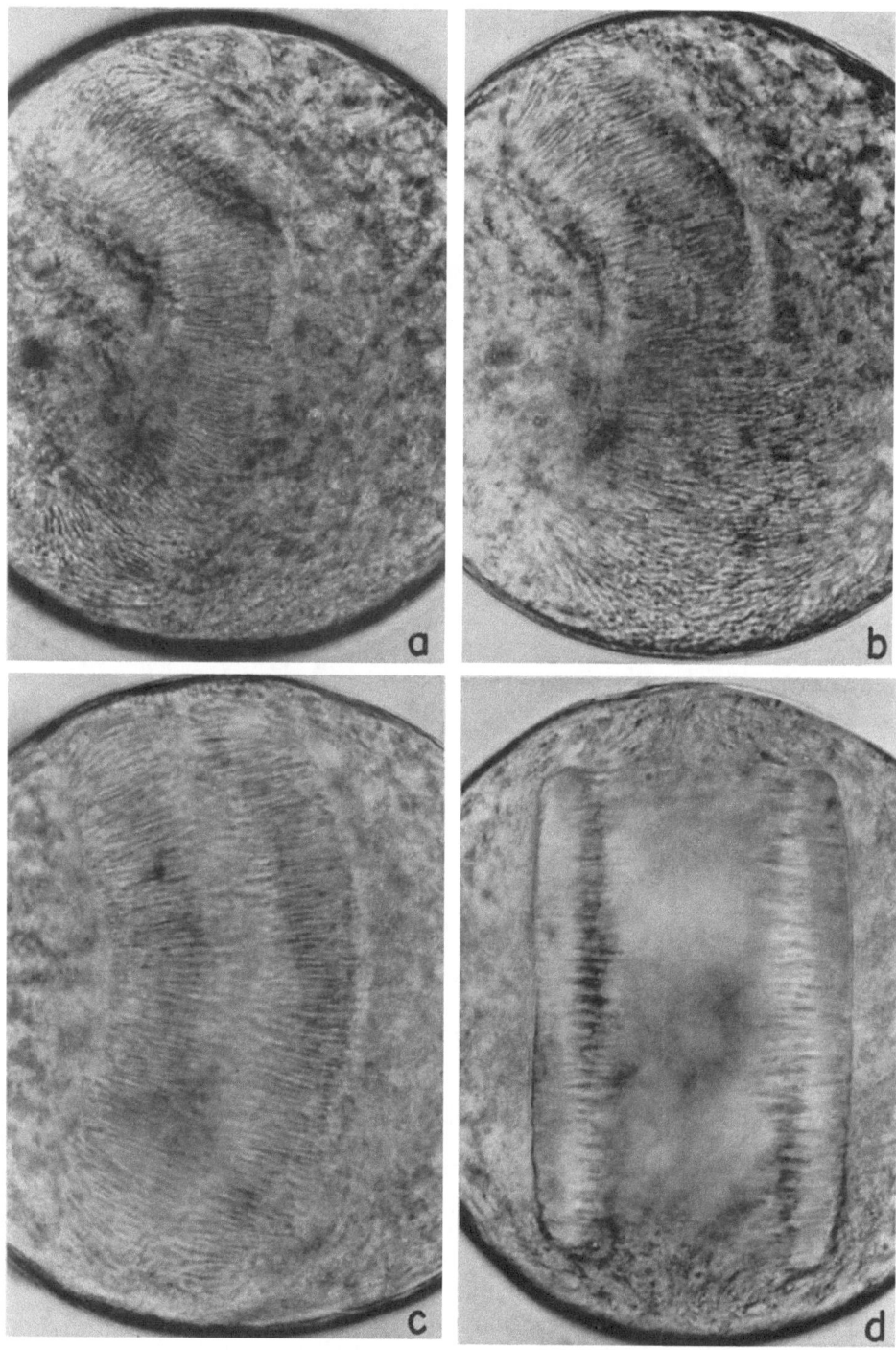

Abb. 107. *Aulacantha scolymantha*. Zweiteilung des Zellkerns. a, b Die gleiche Zentralkapsel, c, d verschiedene Zentralkapseln. Vergr. 500×. Lebendaufnahmen. Nach GRELL, 1953 [*426*]

Verlauf einer normalen Kernteilung ab. Statt sich im Äquator einer Spindel anzuordnen, bilden die Chromosomen eine tordierte „Mutterplatte" aus, in der sie nicht quer, sondern parallel zu ihrer späteren Trennungsrichtung orientiert sind (a). Auch die auseinanderrückenden „Tochterplatten" sind zunächst noch tordiert (b, c). Erst nach Abschluß der „Anaphase-Bewegung" stehen sie sich als planparallele „Scheiben" gegenüber (d). Obwohl zwischen den Tochterplatten „Spindelfasern" nachgewiesen wurden [*447*], kann ihr Auseinanderrücken nicht auf

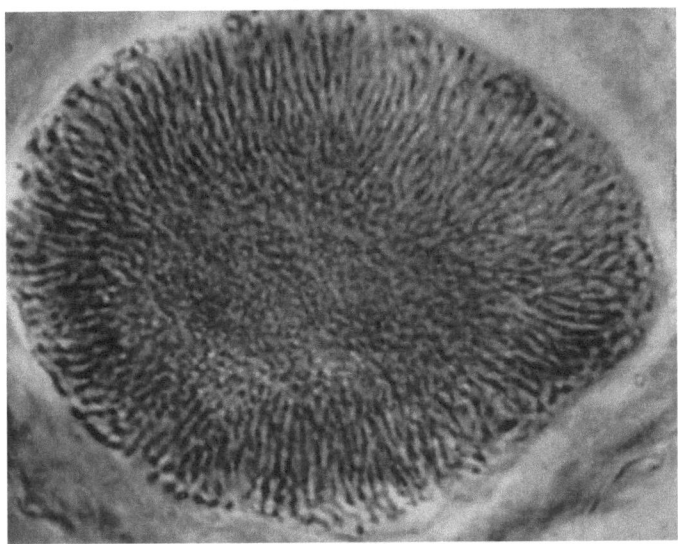

Abb. 108. *Aulacantha scolymantha*. Einzelner isolierter Tochterkern. Sanfelice, Feulgen. Vergr. 1200×. Nach GRELL, 1953 [*426*]

einem Spindelmechanismus im Sinne der Mitose beruhen, da an den Chromosomen keine Spindelansatzstellen erkennbar sind und Spindelpole (Centriole) zweifellos fehlen. Sobald die Tochterplatten einen gewissen Abstand voneinander erreicht haben, krempeln sie sich vom Rande her langsam um, so daß die Enden der Chromosomen, welche nach dem Innern der Zentralkapsel gerichtet waren, nun nach außen zu liegen kommen. Der rekonstruierte Tochterkern zeigt daher einen radiären Aufbau (Abb. 108).

Weder während der Teilung noch bei der Rekonstruktion der Tochterkerne sind an den Chromosomen deutliche Größenunterschiede erkennbar.

Nimmt man an, daß die Verteilungseinheiten nicht verschiedene Einzelchromosomen, sondern homologe Sammelchromosomen (Genome) sind, so wird verständlich, weshalb es nicht zu einer äquatorialen Anordnung der Chromosomen und zu einer gesetzmäßigen Verteilung von Chromatiden kommt. Allerdings wäre die Zweiteilung dann nicht als Mitose, sondern als „*Genom-Segregation*" (S. 112) aufzufassen.

D. Fortpflanzung

Die Fähigkeit zur Fortpflanzung gehört zu den Kennzeichen des Lebens. Sobald ein Organismus zu einer bestimmten Größe herangewachsen ist, pflanzt er sich fort. Verhindert man durch fortgesetzte Amputation von Zellteilen, daß eine

Amöbe die für ihre Teilungsfähigkeit erforderliche Wachstumsgröße erreicht, so läßt sich die Fortpflanzung völlig unterdrücken [*468*]. Die Fortpflanzung wird also durch innere Bedingungen ausgelöst, welche in einem bestimmten Wachstumsstadium verwirklicht werden.

Bei den Protozoen besteht die Fortpflanzung in einer einfachen *Zellteilung*. Dabei können die Tochterzellen gleich (*äquale* Zellteilung) oder ungleich (*inäquale* Zellteilung) sein. Außerdem können in beiden Fällen zwei (*Zweiteilung*) oder mehrere Tochterzellen (*Vielteilung*) ausgebildet werden. Eine Variante der inäqualen Zellteilung, die in einem besonderen Abschnitt besprochen werden soll, ist die *Knospung* (S. 143).

Vielfach stellen die Tochterzellen kopulationsfähige Zellen oder Gameten dar. Da die Fortpflanzung hierbei eng mit den Geschlechtsvorgängen verknüpft ist, spricht man von *geschlechtlicher Fortpflanzung* (S. 151).

Eine selbstverständliche Folge jeder Fortpflanzung ist die *Vermehrung*. Bei der geschlechtlichen Fortpflanzung kann es aber vorkommen, daß die Vermehrung nur in einer einfachen Zweiteilung besteht und durch die Verschmelzung der Gameten wieder rückgängig gemacht wird.

I. Zweiteilung

Die einfachste Form der Zweiteilung findet sich bei den *Amöben*. Wenn sie einkernig sind, steht die Teilungsebene meistens senkrecht auf der Kernteilungsachse.

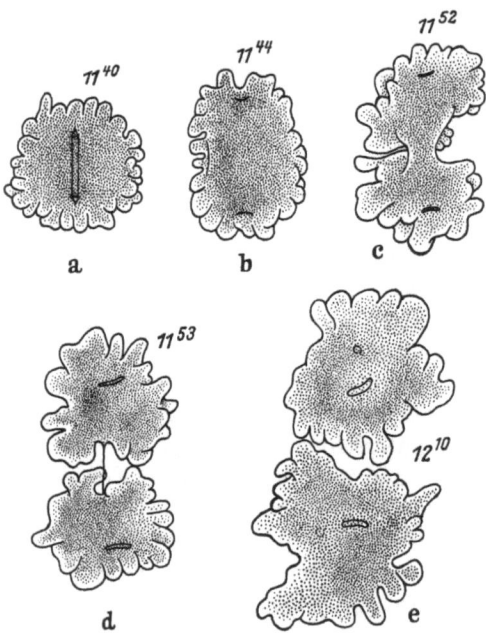

Abb. 109. *Amoeba proteus*. Zellteilung. Vergr. 100×. Nach LIESCHE, 1938 [*648*]

Bei *Amoeba proteus* (Abb. 109) werden die Pseudopodien zu Beginn der Teilung eingezogen, das Plasma verliert weitgehend seine Durchsichtigkeit, und die pulsierende Vacuole verschwindet (Abkugelungsstadium). Erst von der Telophase der Kernteilung an streckt sich die Amöbe in die Länge und schnürt sich in der Mitte durch. An den Teilungspolen entstehen große Pseudopodien, welche beide Tochterindividuen in entgegengesetzter Richtung auseinanderziehen. Bei Amöben mit sehr fester Außenschicht, z. B. bei der Moosamöbe *Amoeba sphaeronucleolosus*, wird die Trennung der Tochterzellen dadurch erleichtert, daß beide Amöben eine gegensinnige Drehbewegung ausführen und sich mittels breiter Pseudopodien („Preßwülste") gleichsam auseinanderstemmen [*1132*].

Ähnlich wie bei den Amöben verläuft auch die Zweiteilung bei den *Heliozoen* (Abb. 110). Diese besitzen zwar eine verhältnismäßig konstante Körperform; aber infolge ihres strahligen Aufbaues ist die Richtung der Teilungsebene nicht durch die Organisation der Zelle festgelegt. Dagegen kann es bei den *Radiolarien*, wo die strahlige Grundform häufig abgewandelt ist, zu einer von der Zellorganisation abhängigen Festlegung der Teilungsebene kommen. So besitzen z. B. die *Tripyleen* eine Zentralkapsel, die durch das Auftreten eines Hauptporus (Astropyle) und von zwei Nebenporen (Parapylen) gekennzeichnet ist. Die durch den Hauptporus verlaufende Symmetrieebene teilt sie in zwei spiegelbildliche Hälften. In diesem Falle entspricht die Teilungsebene der Symmetrieebene. Sie verläuft durch den Hauptporus, so daß jede Tochterkapsel einen Nebenporus erhält. Nach der Durchschnürung der Zentralkapsel werden dann die extrakapsulären Bildungen (Skelet, Phaeodium) gleichhälftig auf beide Tochterzellen verteilt.

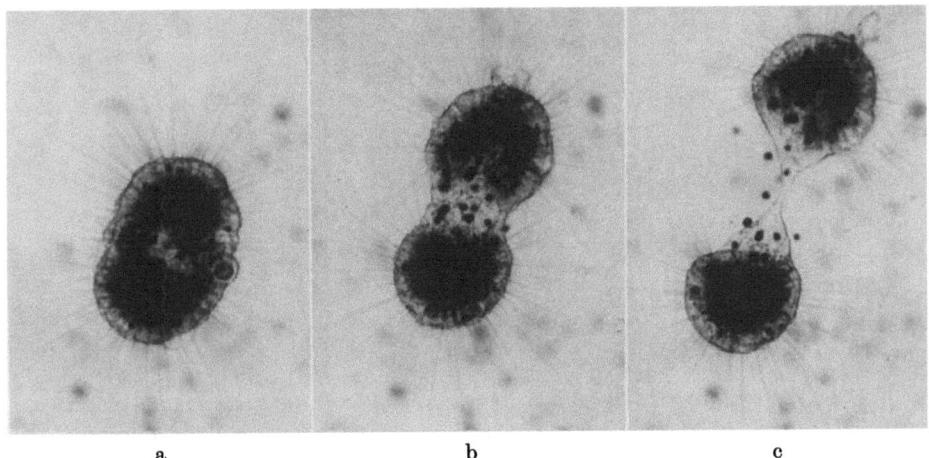

a b c

Abb. 110. *Actinosphaerium arachnoideum*. Zweiteilung. Vergr. 40×. Aus dem Film E 648

Die meisten Protozoen zeigen einen *heteropolaren Aufbau*. Ihr Zellkörper ist in der Längsachse gestreckt und am Vorderende und Hinterende verschieden differenziert. Die Teilungsrichtung steht in einer bestimmten Beziehung zur Körperachse.

Bei den *Testaceen* wird die Polarität durch die Schale festgelegt, aus deren Öffnung die Pseudopodien hervortreten. Die Teilungsweise hängt in diesem Falle von der Festigkeit der Schale ab. Besitzt sie eine weiche Beschaffenheit, wie bei *Pamphagus hyalinus* (Abb. 111), so findet eine Längsteilung statt, bei welcher die Schale mit durchgeschnürt wird. Ist sie dagegen fest und unnachgiebig, so tritt ein Teil des Zellkörpers aus der Schalenöffnung heraus und scheidet an seiner Oberfläche eine neue Schale ab. Bei *Euglypha alveolata* (Abb. 112), wo die ganze Schale aus kleinen Plättchen aufgebaut ist, werden bereits vor der Teilung Reserveplättchen im Plasma ausgebildet, welche dann an die Oberfläche der aus der Schalenöffnung hervortretenden Plasmamasse rücken und sich hier zu einer neuen Schale zusammenfügen.

Die *Flagellaten*, welche stets heteropolar gebaut sind, zeigen meistens eine Längsteilung, die je nach der Zahl und Anordnung der Geißeln, sowie der mit ihnen verbundenen Organelle sehr verschieden verlaufen kann. Da sich die Geißeln nicht selbst teilen können, müssen sie von Basalkörpern regeneriert werden, die in der Nähe der alten Basalkörper entstehen. In der Regel eilt die Vermehrung der Basalkörper der Zellteilung voraus.

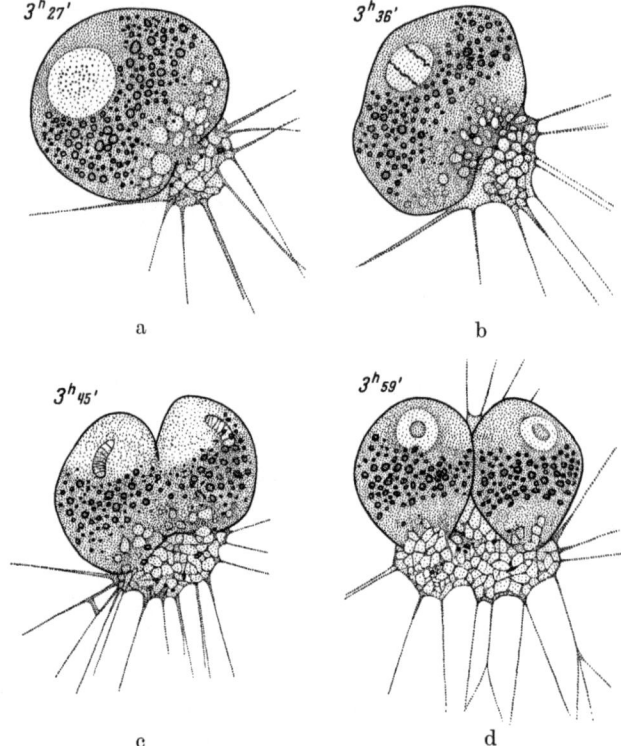

Abb. 111. *Pamphagus hyalinus* (Testacee). Eisenhämatoxylin. Vergr. 575×. Nach BELAR, 1921 [*64*]

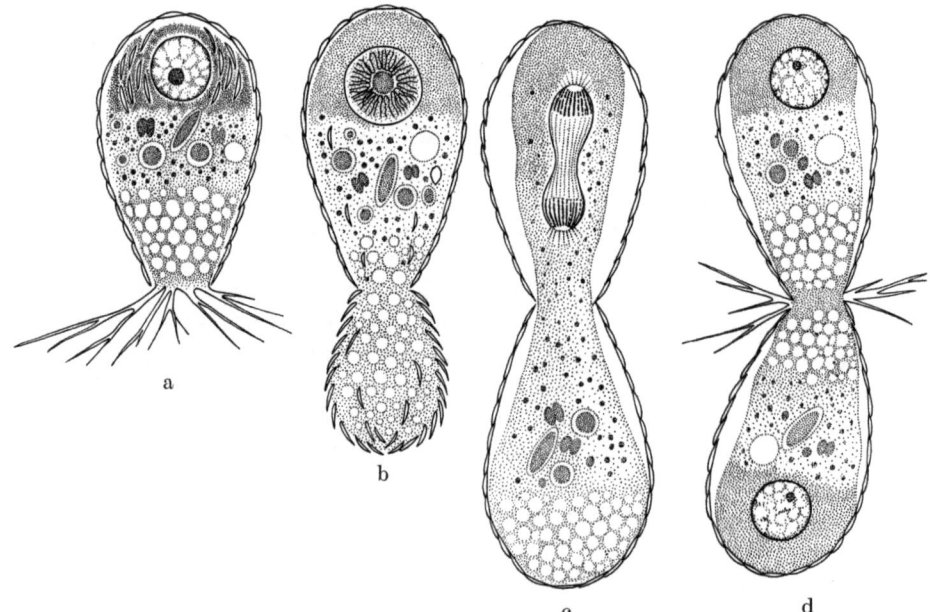

Abb. 112. *Euglypha alveolata* (Testacee). Zellteilung. a Individuum in Ruhe, im hinteren Teil der Kern und die Reserveplättchen für die Schale. b Bildung einer Plasmaknospe, an deren Oberfläche die Reserveplättchen rücken. c Kernteilung; die Reserveplättchen haben sich zur Schale zusammengefügt. d Kurz vor der Trennung der Tochterindividuen. Nach SCHEWIAKOFF, 1887, aus KÜHN, 1921

Manche Flagellaten teilen sich nur im geißellosen Zustand. Bei den *Chlamydomonas*-Arten schnürt sich der Plasmakörper innerhalb der Cellulose-Schicht der Länge nach durch. Beide Tochterzellen ordnen sich dann aber hintereinander an, so daß der Eindruck einer Querteilung entsteht. Vor dem Ausschlüpfen aus der Cellulose-Schicht bilden beide Tochterzellen eigene Geißeln aus.

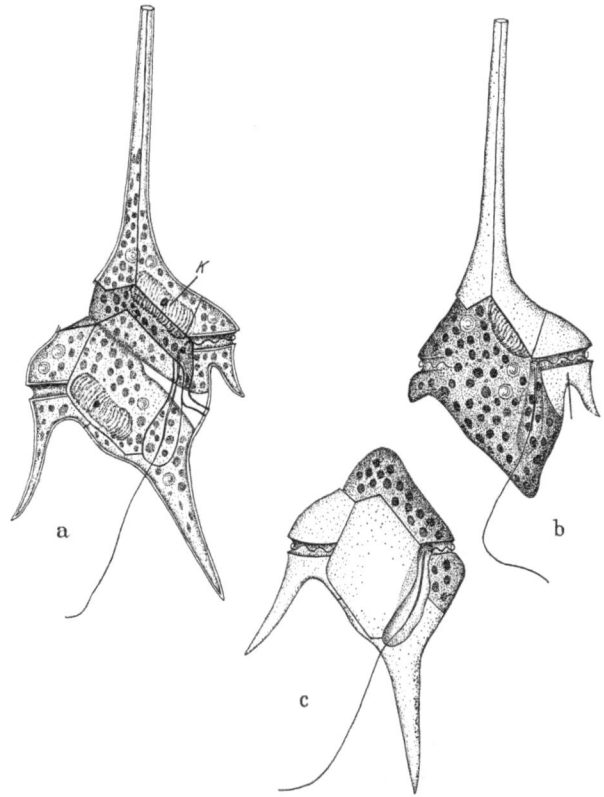

Abb. 113. *Ceratium hirundinella* (Dinoflagellat). Zellteilung. a Teilungsstadium (der Teilungsspalt verläuft schräg zur Längsachse zwischen bestimmten Panzerplatten). b, c Die beiden Tochterzellen nach der Teilung. Kombiniert nach verschiedenen Autoren, aus KÜHN, 1921

Bei den *Euglenoidinen* entspringt die Geißel aus einer Einbuchtung des Vorderendes. Früher glaubte man, daß die Geißel zwei Wurzeln hat. Eine nähere Untersuchung ergab jedoch, daß eine der beiden „Wurzeln" eine kurze zweite Geißel ist, die vor der Zellteilung zur Länge der anderen Geißel heranwächst (Abb. 309).

Die *Dinoflagellaten* sind dadurch gekennzeichnet, daß sie meistens eine Querteilung durchführen. Diese beruht darauf, daß die Basalkörper der Geißeln, welche die Teilungsebene bestimmen, nicht am Vorderende, sondern an der Seite liegen. Entspringen die Geißeln ausnahmsweise am Vorderende, wie z. B. bei *Exuviaella marina* (Abb. 37 b–d), so findet eine Längsteilung statt. Bei Arten, welche einen asymmetrischen Panzer besitzen (Abb. 113), kann die Teilung schräg verlaufen, weil sie den Nähten bestimmter Panzerplatten folgt. Beide Tochterzellen sind sehr ungleich und müssen auf verschiedene Weise die fehlenden Panzerplatten ergänzen.

Bei manchen *Ceratium*-Arten bleiben die Tochterzellen nach der Teilung miteinander verbunden, so daß Ketten von Individuen entstehen (Abb. 317).

Bei den *Trypanosomiden* (Abb. 114), wo die Geißel zu einer undulierenden Membran umgebildet ist (S. 289), wächst der neugebildete Basalkörper schon während der Kernteilung zu einem Fibrillenbündel aus, welches zum „Randfaden" einer neuen undulierenden Membran wird. Die eine Tochterzelle erhält daher die alte, die andere die neue undulierende Membran.

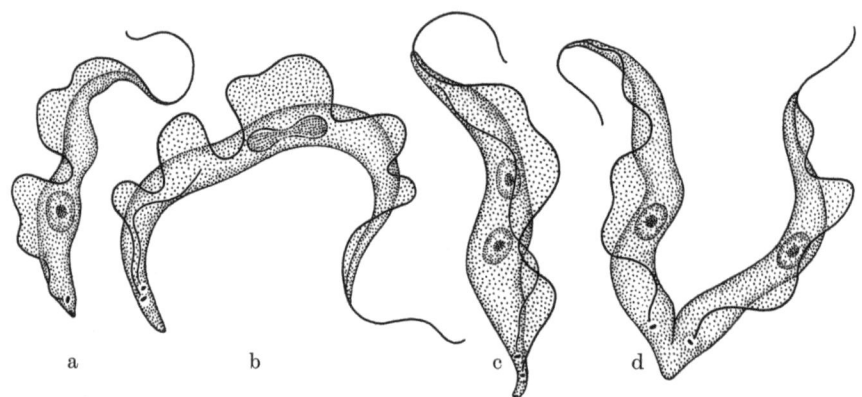

Abb. 114. *Trypanosoma brucei*. Zweiteilung, Vergr. 1500×. Nach MACKINNON und HAWES, 1961

Auch bei den *Polymastiginen* kommt es häufig vor, daß die Organelle von der Mutterzelle auf eine der beiden Tochterzellen übertragen werden, während die andere neue Organelle ausbildet. Das gilt vor allem für die Geißeln.

Häufig werden aber auch Organelle der Mutterzelle (z. B. Achsenstäbe, Parabasalkörper) eingeschmolzen und entstehen dann nach der Kernteilung neu an den Centriolen. Bei manchen Arten streckt sich die Spindel, welche die Centriole verbindet, auch nach Abschluß der Kernteilung extrem in die Länge und ist noch in den Tochterzellen als besondere Struktur neben dem Achsenstab erkennbar (Abb. 115).

Bei den *Hypermastigiden*, welche die am höchsten differenzierten Zellen der Flagellaten haben, kann die Teilung stark abgewandelt sein. Dies gilt vor allem für die Familie der *Spirotrichonymphidae*, wo die Geißeln von spiralig verlaufenden Bändern entspringen (Abb. 328). Meistens handelt es sich um mehrere Geißelbänder, die dicht beieinander am Vorderende beginnen und in etwa gleichem Abstand, aber in immer größer werdenden Spiralbahnen, zum Hinterende ziehen. Die Geißelbänder bilden sog. Relationsspiralen, sind also in der Querrichtung nicht frei trennbar. Der einfachste Weg, um dieser Schwierigkeit zu begegnen, wäre natürlich, daß die eine Tochterzelle alle Geißelbänder erhält, während die andere neue bildet. Dieser Weg ist aber bei den Spirotrichonymphidae nicht beschritten worden; offenbar deshalb, weil eine feste Verbindung der Geißelbänder mit den Centriolen besteht, ohne die bei den Hypermastigiden keine Kernteilung möglich ist (S. 65). Der umständlichste Weg ist die Abwickelung der Geißelbänder durch Rotation der freien Enden. Diese Vorgang läßt sich tatsächlich bei manchen Arten im Leben beobachten. Andere Arten haben andere „Methoden" entwickelt.

Zwei Arten der Gattung *Spirotrichonympha*, die sich morphologisch kaum unterscheiden, zeigen eine ganz verschiedene Teilungsweise [*157*]. Eine Übereinstimmung besteht nur darin, daß der Achsenstab der Mutterzelle aufgelöst und in beiden Tochterzellen neugebildet wird.

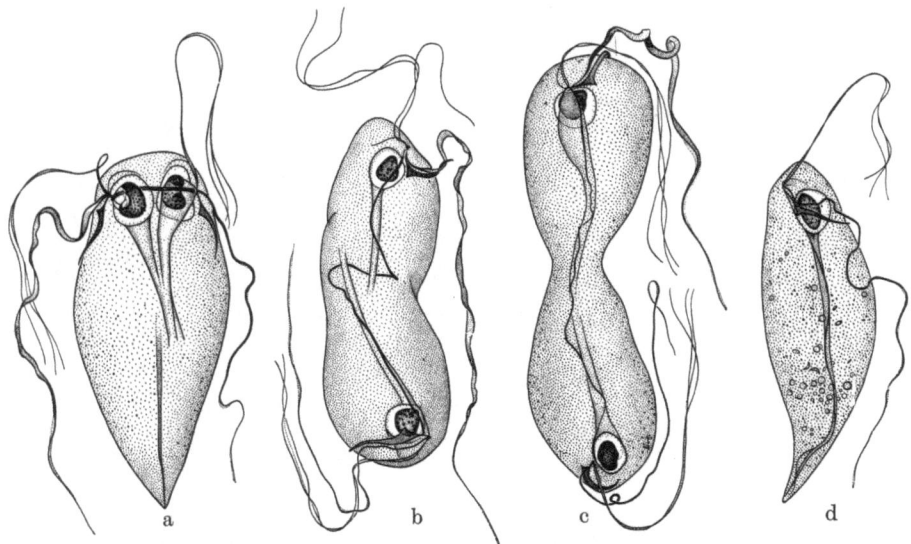

Abb. 115. *Devescovina lemniscata* (Polymastigine). Zellteilung. a Kernteilung bereits vollendet, Auswachsen der neuen Achsenstäbe. b Tochterkerne mit Geißeln, Achsenstab usw. („Karyomastigont-Komplex") an entgegengesetzte Zellpole gerückt. c Teilung des Zellkörpers (extreme Längsstreckung der Spindel!). d Einzelnes Tochterindividuum. Sublimat-Alkohol, Eisenhämatoxylin. Vergr. 1200×. Nach KIRBY, 1944 [*585*]

Spirotrichonympha polygyra (Abb. 116) besitzt vier Geißelbänder, die in zwei Gruppen am Vorderende entspringen. Die Teilung beginnt mit der Verdoppelung des Vorderpols. Dabei erhält jeder Tochterpol eine Gruppe (a). Während sich der Abstand beider Tochterpole vergrößert, winden sich die Geißelbänder auseinander, spiralisieren sich aber an den Tochterpolen gleich wieder auf. Zwischen zwei Bändern jeder Gruppe wird eine abgeflachte Spindel ausgebildet, von welcher Fasern zu den an der Kernhülle verankerten Chromosomen ziehen (b). Nach der Kernteilung rücken die Tochterpole so weit auseinander, daß sie sich schließlich gegenüberliegen (c, d). Erst nach der Zellteilung, die in diesem Falle zu gleich großen Tochterzellen führt, findet die Verdoppelung der Geißelbänder statt, so daß der ursprüngliche Zustand wiederhergestellt ist.

Spirotrichonympha bispira (Abb. 117) unterscheidet sich von der vorigen Art im wesentlichen nur dadurch, daß sie zwei Geißelbänder besitzt. Diese werden aber zu Beginn der Teilung nicht voneinander getrennt. Stattdessen entsteht durch Verdoppelung der als Spindelansatz dienenden Strecke des einen Geißelbandes ein neues Stück Geißelband, welches mit ihm durch die Spindel verbunden bleibt (a). Während der Kernteilung rückt dieses Stück, welches sich über die als Spindelansatz dienende Strecke hinaus verlängert, weiter nach hinten (b). Sobald das Hinterende der Zelle erreicht ist, setzt eine Spiralisierung des neuen Geißelbandes ein, und es kommt zur Ausbildung eines neuen „Vorderpols" (c). Die nun einsetzende Zellteilung ist inäqual: Während das große Vordertier alle „mütterlichen"

Organelle übernimmt, findet in dem kleinen Hintertier eine Reorganisation der Organelle, insbesondere eine Verdoppelung des Geißelbandes statt (d).

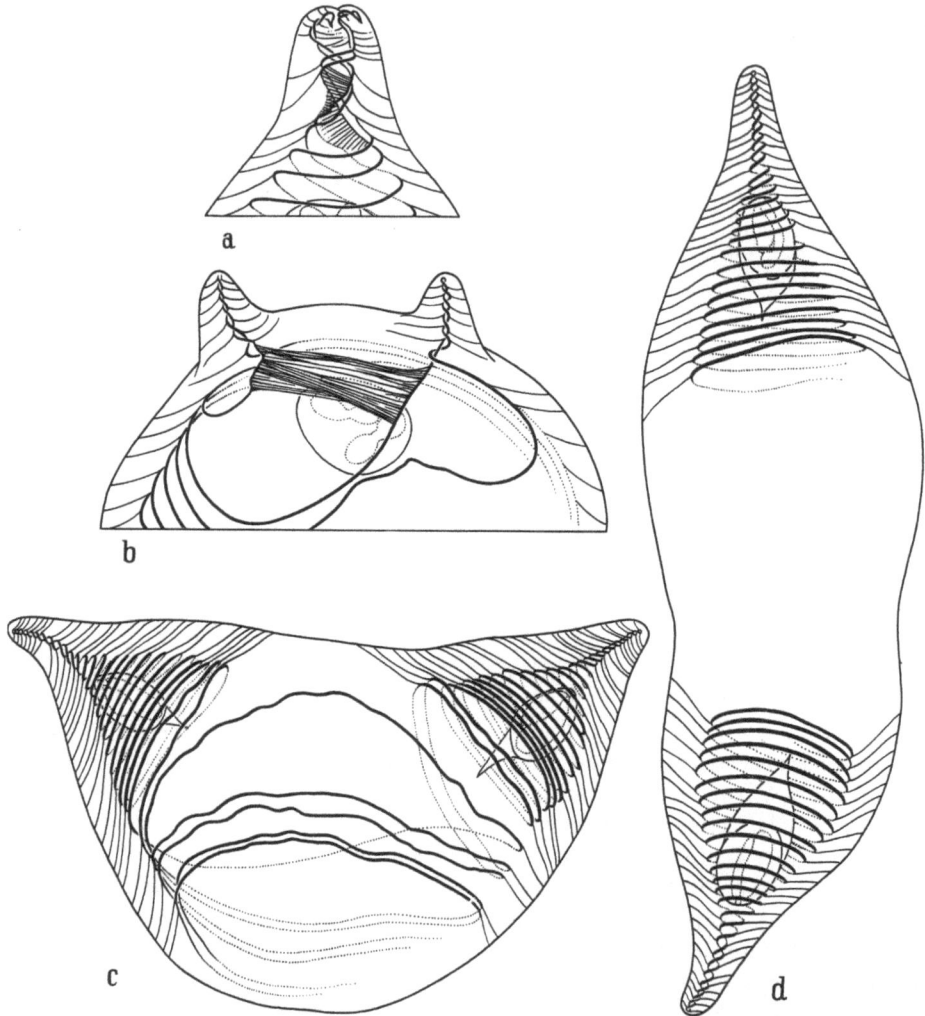

Abb. 116. *Spirotrichonympha polygyra*. Zweiteilung. Teilfigur a und b zeigen nur das Vorderende der Zelle. Erklärung im Text. Vergr. a, b: 1240×; c, d: 1000×. Nach CLEVELAND, 1938, [157]

Zu einem ähnlichen Ergebnis führt auch die Zellteilung von *Holomastigotoides tusitala* (Abb. 118). Hier wird zwar kein neues Geißelband ausgebildet; aber es löst sich das Geißelband, an welchem das Centriol des einen Tochterkerns befestigt ist, aus dem Verband der übrigen, wickelt sich völlig ab und wandert mit dem Tochterkern an das von Geißelbändern freie Hinterende der Zelle (a). Nach erneuter Spiralisierung des Geißelbandes kommt es dann hier — ähnlich wie bei der vorigen Art — zur Ausbildung eines „Vorderpols" (b). Auch in diesem Falle ist das Vordertier (c) viel größer als das Hintertier (d).

Abgesehen davon, daß die beiden Tochterzellen verschieden groß sind, weicht die Teilung von *Spirotrichonympha bispira* und *Holomastigotoides tusitala* auch dadurch von der der meisten Flagellaten ab, daß sie nicht mit einer Verdoppelung des Vorderendes beginnt, sondern eine Querteilung ist.

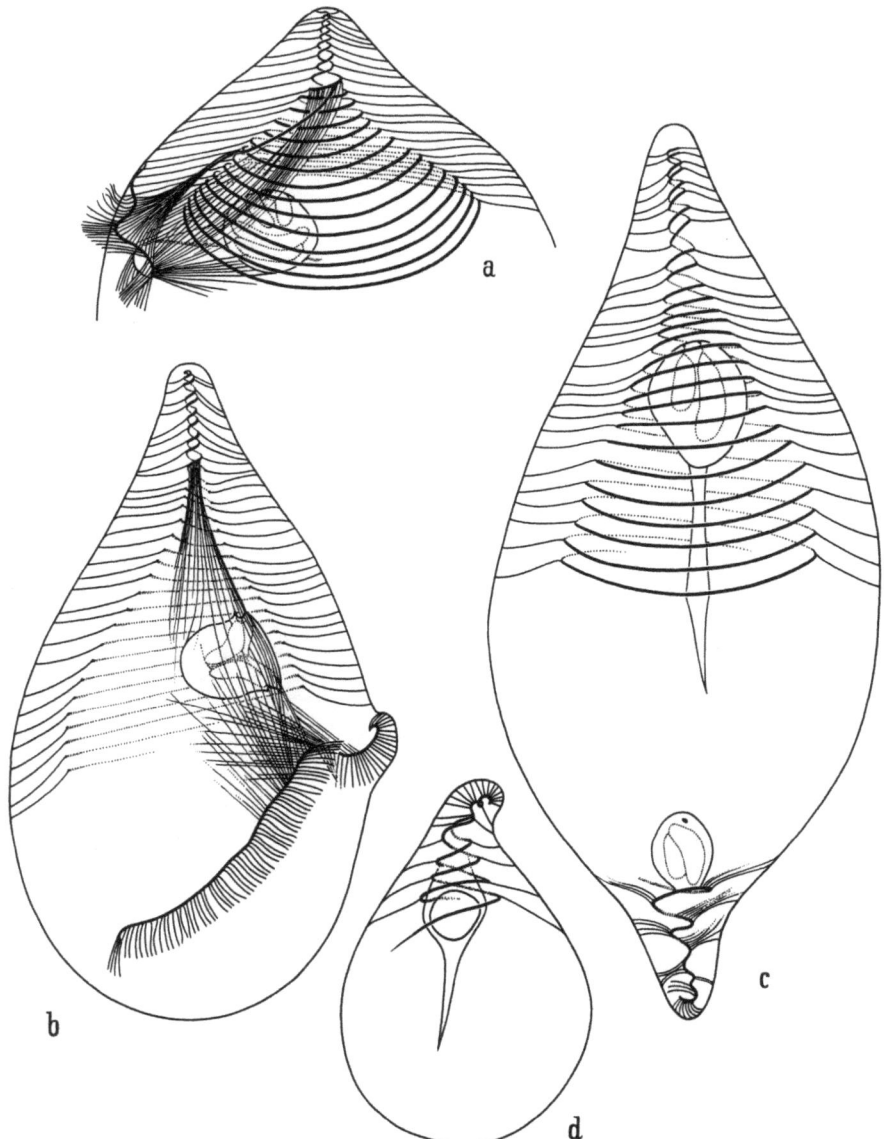

Abb. 117. *Spirotrichonympha bispira*. Zweiteilung. Teilfigur a zeigt nur das Vorderende der Zelle. Erklärung im Text. Vergr. 1300×. Nach CLEVELAND, 1938 [*157*]

Auch für die meisten *Ciliaten* ist die Querteilung charakteristisch. Eine Ausnahme bilden nur die *Peritrichen*. Ihre Längsteilung hängt offenbar mit der festsitzenden Lebensweise zusammen. Allerdings verläuft sie nur bei den kolonialen Gattungen äqual; beide Tochterzellen sind gleich und bleiben auf dem Stiel der Mutterzelle sitzen (s. S. 146).

9 Grell, Protozoologie, 2. Aufl.

Im einfachsten Falle (Abb. 119) beginnt die Querteilung mit dem Auftreten einer äquatorialen Trennungsnaht, welche die oberflächliche Zellschicht in eine vordere und hintere Hälfte teilt. Ein Durchschnürungsprozeß, der sicher mit Kontraktionsvorgängen verbunden ist, führt dann die Trennung der beiden Tochterzellen herbei. Ihre Form und Struktur läßt häufig noch erkennen, aus welcher Hälfte der Mutterzelle sie hervorgegangen sind.

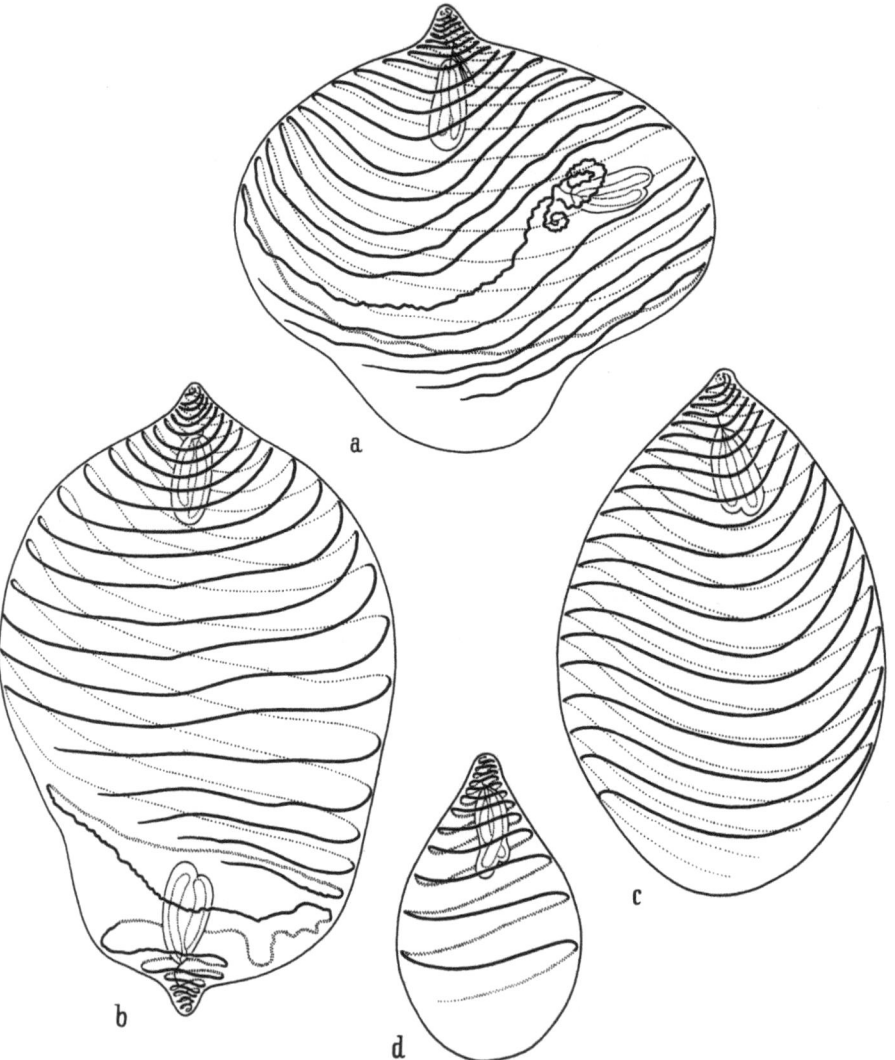

Abb. 118. *Holomastigotoides tusitala*. Zweiteilung. Erklärung im Text. Vergr. 530×. Nach CLEVELAND, 1949 [*160*]

Je nach dem Differenzierungsgrad der Art sind mit der Teilung tiefgreifende Reorganisationsvorgänge verbunden, die teils in der Umgestaltung bereits vorhandener Zellteile, welche nach Lage und Größe nicht mehr den Tochterindividuen entsprechen, teils in völliger Neubildung bestehen. Alle diese Vorgänge werden frühzeitig eingeleitet.

Die Erneuerung des Wimperkleides beginnt mit einer Vermehrung der Basalkörper (Kinetosomen). Bei manchen Arten findet diese Vermehrung in einer der späteren Zellteilungsfurche entsprechenden Gürtelzone statt (Abb. 120a—c), aus der dann sowohl die Bewimperung der neuen Hinterhälfte des Vordertieres, als auch die der neuen Vorderhälfte des Hintertieres hervorgeht. Es ist anzunehmen, daß auch die jeder Wimper räumlich zugeordneten Strukturen der Pellicula (Wimperfeld, Trichocysten usw.) im Zuge der Wachstumsprozesse entstehen, welche sich an die Vermehrung der Basalkörper anschließen.

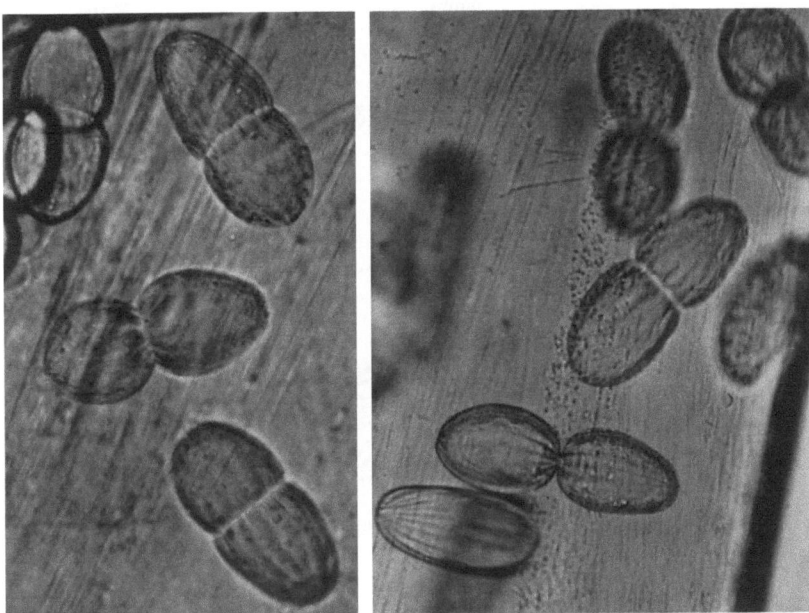

Abb. 119. *Metaphrya sagittae* (Ciliat). Verschiedene Teilungsstadien in der Leibeshöhle einer *Sagitta*-Art (aus Messina). Lebendaufnahmen

Die oberflächliche Zellschicht (Cortex) stellt allerdings nur arealweise ein Mosaik gleichartiger Baueinheiten dar. In ihrer Gesamtheit bietet sie ein artspezifisches Differenzierungsmuster, welches durch die Form des Zellkörpers, die regionalen Unterschiede der Bewimperung und durch das Auftreten besonderer Organelle mehr oder weniger reich gegliedert ist.

Die Wiederherstellung dieses Differenzierungsmusters an den Tochterzellen ist erst bei wenigen Arten näher untersucht und mit entwicklungsphysiologischen Methoden kausal erforscht worden [988, 1037, 1069]. Dabei ergab sich, daß die Differenzierung häufig von bestimmten Gebieten der Zelloberfläche, den sog. *Anlagenbereichen* ausgeht.

Wie das Beispiel von *Urocentrum turbo* (Abb. 120d—f) zeigt, können die Wimperreihen, welche zum Zellmund (Cytostom) hinführen, beim vorderen Tochtertier größtenteils aus denen des Muttertieres hervorgehen, während sich die des Hintertieres aus einem Anlagenbereich entwickeln, der zu Beginn der Teilung am Hinterrand der mütterlichen Mundregion entsteht.

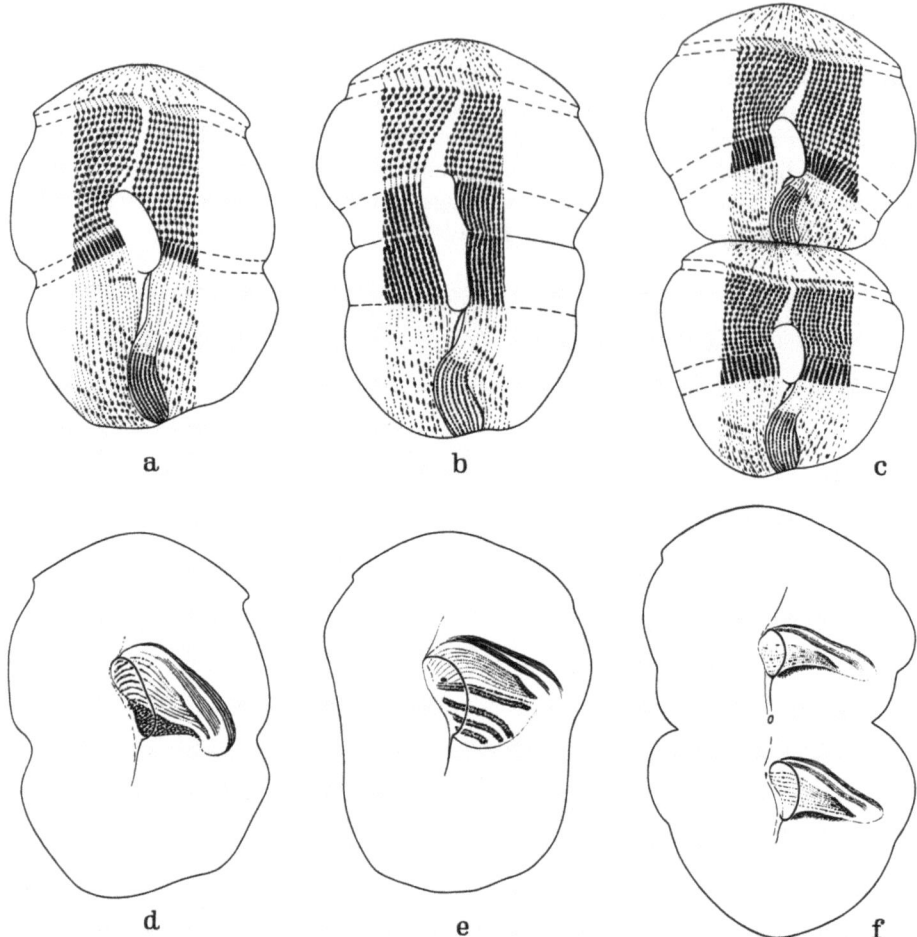

Abb. 120. *Urocentrum turbo* (Ciliat). Zellteilung. In a—c sind die Basalkörper der Körperbewimperung, und zwar in einer mittleren Zone, in d—f die der Wimperreihen, welche zum Cytostom führen, dargestellt. Silberimprägnation. Nach FAURÉ-FREMIET, 1954 [*319*]

In ähnlicher Weise spielt sich die „Verdoppelung" der Mundregion auch bei *Paramecium* ab. Hier konnte experimentell nachgewiesen werden, daß eine Zelle, welcher man die Mundregion weggeschnitten hat, nicht mehr imstande ist, eine neue auszubilden [*466*].

Bei *Paramecium* erfolgt die mit der Teilung einhergehende Vergrößerung der oberflächlichen Zellschicht (Teilungswachstum) nicht gleichmäßig über die ganze Zelle. Wie bei vielen Ciliaten (s. o.) bildet sich beiderseits der späteren Trennungsfurche eine besondere Wachstumszone aus (Abb. 121 a, b). Da das Wachstum der Pellicula auf der dem Zellmund abgewandten „aboralen" Seite aber stärker als auf der „oralen" ist, wird die an der Zelloberfläche auftretende Trennungsnaht beim Teilungswachstum des Vordertieres zu der hinter der Mundregion liegenden „Hinternaht" (c), beim Hintertier zu der vor der Mundregion liegenden „Vordernaht" (d). So erklärt es sich, daß das durch Silberimprägnation erhaltene Bild auf der oralen Seite Nahtlinien zeigt (Abb. 33).

Bei *Stentor coeruleus* ist die Bedeutung eines besonderen Anlagenbereiches für die mit der Teilung zusammenhängenden Formbildungsprozesse noch ausgeprägter. Die Zelle ist am apikalen Ende zu einem als Strudelapparat dienenden umfangreichen Mundfeld (Peristom) umgestaltet, welches von einem spiraligen Membranellenband umsäumt wird. Am basalen Ende befindet sich ein als „Fuß" bezeichnetes Haftorganell. In der äußeren Zellschicht liegt ein feines, bläuliches Pigment, welches ein regelmäßiges Streifenmuster bildet. Die Breite der Streifen, welche durch Wimperreihen getrennt sind (Abb. 122a), zeigt ein — dem Umfang der Zelle folgendes — Gefälle. An einer bestimmten Längslinie, dem sog. *Kontrastmeridian (Km)*, stoßen die schmalsten und die weitesten Streifen zusammen. Entlang des Kontrastmeridians — und zwar auf der Seite der schmalsten Streifen — befindet sich der Anlagenbereich.

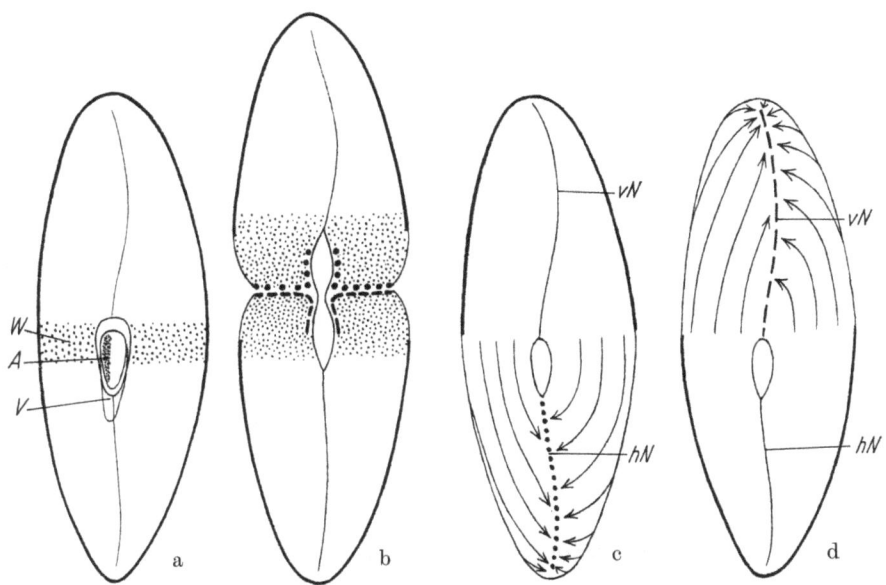

Abb. 121. *Paramecium*. Schema des Teilungswachstums, c und d die Tochterzellen nach beendetem Teilungswachstum. Die Pfeile geben die Wachstumsrichtung der Pellicula an. *V* Vestibulum, *A* Anlagenfeld, *W* Wachstumszone. *vN*, *hN* Vorder- und Hinternaht. Nach SCHWARTZ, 1963 [*988*]

Aus dem Teilungsverlauf geht hervor, daß der Anlagenbereich in Areale untergliedert werden kann, die eine verschiedene prospektive Bedeutung haben (b). Auf den Anlagenbereich (*Av*) und die Hinterendsanlage (*Hv*) des Vordertieres, welche vor der späteren Trennungslinie (*Tl*) liegen, folgt die Anlage des Mund- oder Oralfeldes (*Oh*) und des Membranellenbandes (*Mh*), sowie der Anlagenbereich (*Ah*) und die von diesem nicht scharf abzugrenzende Hinterendsanlage (*Hh*) des Hintertieres.

Bei der Teilung (c, d) wird also der größte Teil des Anlagenbereiches der Mutterzelle dem Hintertier zugeteilt. Die Wachstums- und Gestaltungsvorgänge, welche hier nicht im einzelnen besprochen werden können, sind bei der Teilung so harmonisch aufeinander abgestimmt, daß beide Tochtertiere nach der Trennung nicht voneinander zu unterscheiden sind.

Gelegentlich findet bei *Stentor coeruleus* ein Vorgang statt, der als „*physiologische Regeneration*" bezeichnet wird[8]. Seine biologische Bedeutung ist unbekannt. Dabei wird der Anlagenbereich einfacher gegliedert (e). Der vordere Teil liefert ein Stück Oralfeld (O) und ein Stück Membranellenband (M). Der hintere Teil differenziert sich zu einem neuen Anlagenbereich (A) und einem neuen Hinterende (H). Das am Vorderrand des Anlagenbereiches anstoßende Stück des alten Membranellenbandes wird eingeschmolzen, während das neugebildete Stück aufrückt und an dessen Stelle tritt (f, g).

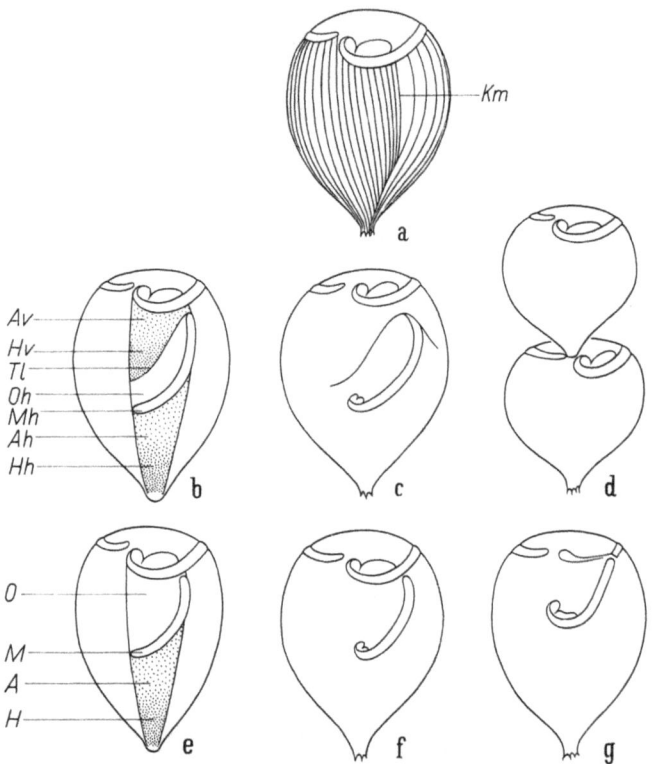

Abb. 122. *Stentor coeruleus.* a Schema des Cortexmusters. Es sind die Linien zwischen den Pigmentstreifen dargestellt. *Km* Kontrastmeridian. b Gliederung des Anlagenbereichs für die Zweiteilung (c, d). e Gliederung des Anlagenbereichs für die physiologische Regeneration (f, g). Nach SCHWARTZ, 1963 [*988*]

Durch vielfach variierte Zerschneidungs- und Transplantationsversuche [*980, 1069—1075, 1099, 1117*] konnte nachgewiesen werden, daß für die Neubildungen im Anlagenbereich das Aufeinandertreffen schmaler und weiter Streifen, der sog. „Streifenkontrast" erforderlich ist. Normalerweise ist dies am Kontrastmeridian der Fall. Zum Unterschied von *Paramecium* hat daher die Abtrennung des Anlagenbereiches keine irreparablen Folgen. Sobald sich die Wundränder geschlossen haben und wieder ein „Streifenkontrast" hergestellt worden ist, wird auch wieder ein neuer Anlagenbereich aufgebaut, von dem die Neubildungen bei der Teilung

---

[8] Physiologische Regeneration wird auch bei *Blepharisma undulans* und *Spirostomum ambiguum* beobachtet [*294, 1068*].

und physiologischen Regeneration ihren Ausgang nehmen. Durch Transplantation von Zellteilen lassen sich künstliche „Streifenkontraste" hervorrufen, die zu voraussagbaren Mißbildungen führen. Derartige Versuche zeigen, daß die Bereitschaft zur Neubildung (*Kompetenz*) mit abnehmender, die Fähigkeit, den Aufbau eines Anlagenbereiches zu veranlassen (*Induktion*), mit zunehmender Streifenbreite

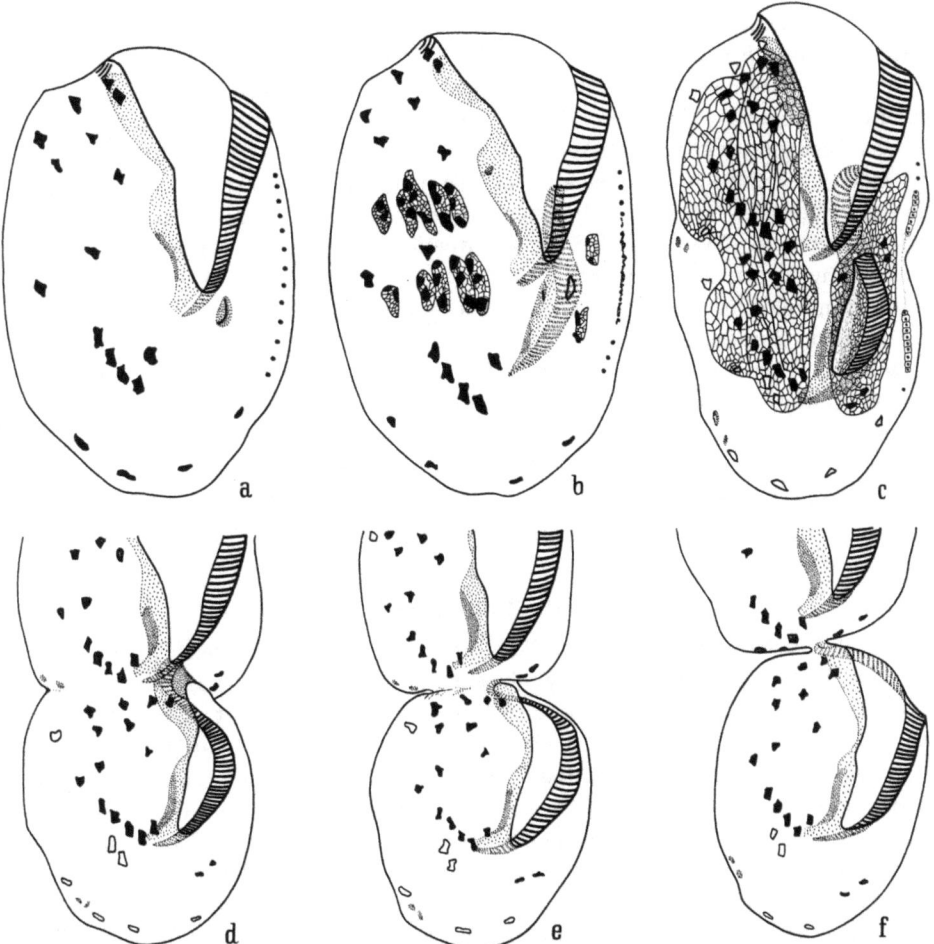

Abb. 123. *Euplotes eurystomus*. Stadien der Zweiteilung, welche die Neubildung des Peristoms für das Hintertier und die Reorganisation des Cortexmusters auf der Unterseite zeigen. Silberimprägnation. Vergr. 360×. Nach WISE, 1965 [*1130*]

wächst. Offenbar besteht also ein rings um die Zelle verlaufender „zirkulärer" *Gradient*, der dem Gefälle unterschiedlicher Streifenbreite entspricht. Andere Experimente führen zu dem Schluß, daß auch die Tendenz, basale Strukturen (z. B. das Haftorganell) auszubilden, gefälleartig von apikal nach basal zunimmt. Das Differenzierungsgeschehen bei der Teilung und der physiologischen Regeneration beruht also auf dem korrelativen Zusammenspiel eines „zirkulären" und „basalapikalen" Gradienten, deren Grundlage in gefälleartig verteilten Unterschieden der oberflächlichen Zellschicht (Cortex) zu suchen ist. Man darf vermuten, daß diese Unterschiede cytochemischer Natur sind. Ihre Analyse ist gerade erst begonnen worden [*991*].

Die *Hypotrichen* zeigen bekanntlich eine ausgeprägte Dorsiventralität. Auf der *Oberseite* verlaufen Reihen (Kineten) locker stehender kurzer Wimpern („Tastborsten"). Vor der Teilung findet — ähnlich wie bei *Urocentrum turbo* (Abb. 120) — eine Vermehrung der Wimpern innerhalb einer Gürtelzone statt, welche die spätere Trennungslinie säumt. Die *Unterseite* zeigt vorne das Peristom mit dem Membranellenband und mehrere Gruppen von Cirren, die in bestimmter Weise angeordnet sind (Abb. 123). Von diesen Differenzierungen bleibt vor der Teilung im wesentlichen nur das Peristom erhalten. Dieses fällt dem Vordertier zu. Die Anlage für das Peristom des Hintertieres geht von einer granulären Verdichtung aus, die auf einen „stomatogenen" Basalkörper (Kinetosom) zurückgeführt wird [*124*]. Sie entwickelt sich zunächst überwiegend unterhalb der Pellicula und öffnet sich erst während der Trennung beider Tochtertiere in vollem Umfang nach außen. Die Cirrengruppen der Unterseite werden eingeschmolzen. Innerhalb von scharf begrenzten Feldern, die sich bei Silberimprägnation durch die größere Dichte ihrer Netzstruktur von der übrigen Pellicula unterscheiden, werden neue Cirrengruppen ausgebildet. Diese sind von Anfang an für Vorder- und Hintertier getrennt. Kurz vor der Teilung dehnen sich diese Felder über einen immer größeren Bereich der Unterseite aus. Auf diese Weise gelangen die neuen Cirrengruppen schließlich an die durch die Proportionen der Tochtertiere festgelegten Stellen.

Während also auf der Oberseite im wesentlichen „nur angebaut" wird, findet auf der Unterseite eine weitgehende Reorganisation des Cortexmusters statt.

II. Vielteilung

Bei der Vielteilung (multiple Teilung) wird eine Mutterzelle in zahlreiche Tochterzellen aufgeteilt. In der Regel geht der Vielteilung eine Kernvermehrung in der Mutterzelle voraus, und diese zerfällt dann in kurzer Zeit in eine der Kernzahl entsprechende Anzahl von Tochterzellen (*simultane* Vielteilung).

Bei den *Flagellaten* kommt diese Art der Vielteilung nur vereinzelt vor. Bei *Trypanosoma lewisi* tritt sie neben der Zweiteilung auf. Während der Wachstumsphase vermehren sich nicht nur die Zellkerne, sondern auch die Kinetoplasten und Basalkörper, welche zu den „Randfäden" der undulierenden Membranen auswachsen. Auch bei *Noctiluca miliaris* findet neben der Zweiteilung, welche die häufigste Fortpflanzungsweise darstellt, gelegentlich eine Vielteilung statt. Diese führt zur Ausbildung begeißelter Schwärmer, deren Schicksal unbekannt ist (Abb. 124).

Unter den *Rhizopoden* ist Vielteilung weit verbreitet. Einige parasitische Amöben führen sie in encystiertem Zustand durch (*Entamoeba coli*, *E. histolytica* Abb. 337). Bei manchen Heliozoen (z. B. *Actinosphaerium arachnoideum*) kommt die multiple Teilung neben der Zweiteilung vor (Film E 648). Eine zur Schwärmerbildung führende Vielteilung stellt auch die normale Fortpflanzungsweise vieler Radiolarien dar (Abb. 125). Wie sich die Schwärmer entwickeln, ist hier ebensowenig bekannt wie bei *Noctiluca miliaris*. Bei den Foraminiferen, welche einen Generationswechsel besitzen, pflanzen sich sowohl die Agamonten (nach vorausgegangener Meiose) als auch die Gamonten durch Vielteilung fort. In einigen Fällen

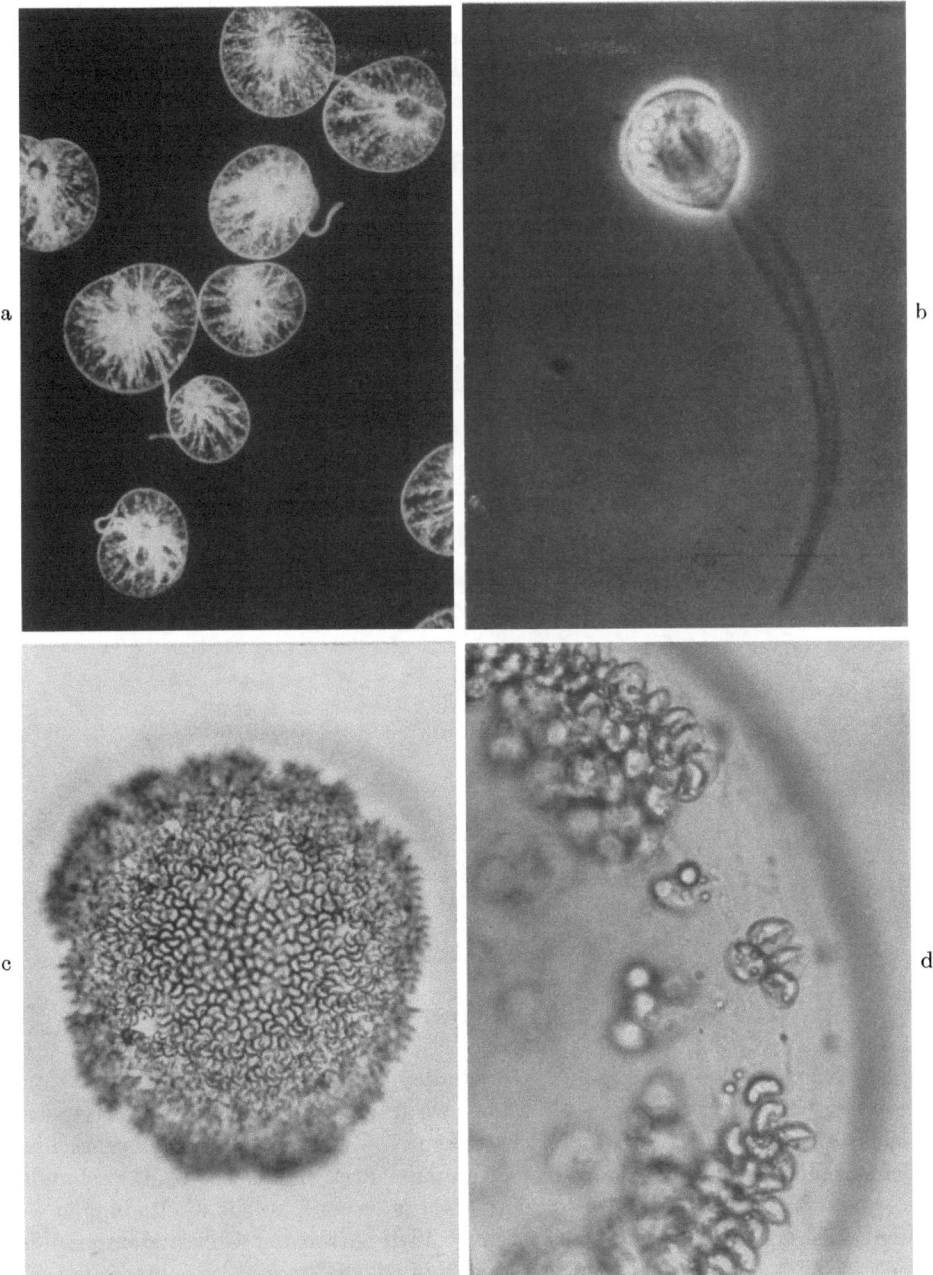

Abb. 124. *Noctiluca miliaris*. a Mehrere Zellen (Dunkelfeld). b Einzelner Schwärmer (Phasenkontrast). c Ausbildung der Schwärmer. d Desgl. stärker vergrößert. Vergr. a 40×, b 900×, c 190×, d 360×. Aus dem Film C 897

schlüpft der Plasmakörper (Protoplast) vorher aus der Schale, um außerhalb derselben in die jungen Gamonten (Agamont von *Rubratella intermedia*, Abb. 351) oder Gameten (Gamonten von *Patellina corrugata*, Abb. 346) zu zerfallen.

138 Fortpflanzung

Auch bei den *Sporozoen* pflanzen sich die Zellen, welche im Verlauf des Generationswechsels zu einer bestimmten Größe herangewachsen sind (Schizonten, Gamonten, Sporonten) durch multiple Teilung fort. Bei den Coccidien (Abb. 126) zerfallen die Plasmakörper der Oocysten nach einer Reihe von Kernteilungen zunächst in Sporen. In diesen findet dann eine weitere Vielteilung statt, die zur Ausbildung der Sporozoiten führt. Häufig wird bei den multiplen Teilungen der Sporozoen nicht das ganze Cytoplasma der Mutterzelle aufgebraucht: Ein Teil bleibt als sog. ,,Restkörper" zurück.

Abb. 125. *Thalassophysa sanguinolenta*. Zentralkapsel mit Kristallschwärmern. Nach HOLLANDE und ENJUMET, 1953 [*499*]

In einigen Fällen spielt sich die Vielteilung bei der Protozoen wie die totale Furchung eines tierischen Eies ab. Dabei wird eine Mutterzelle durch fortgesetzte — nicht von Wachstumsphasen unterbrochene — Zweiteilungen in immer kleinere Tochterzellen zerlegt, wobei mit jedem Teilungsschritt eine Kernteilung verbunden ist (*sukzedane* Vielteilung). Unter den *Flagellaten* sind solche Vielteilungen vor allem bei den *Phytomonadinen* verbreitet. Viele Arten der Chlamydomonadidae teilen sich innerhalb der Cellulose-Schicht in vier oder mehr Tochterzellen, die dann entsprechend kleiner als die Mutterzelle sind. Bei den kolonialen Volvocidae können sich entweder alle Zellen in Tochterkolonien aufteilen, oder es besteht eine Differenzierung in somatische und generative Zellen, wobei normalerweise nur die letzteren Tochterkolonien liefern (S. 10).

Wie Abb. 127 (s. auch Abb. 128) für die Gattung *Eudorina (Pleodorina)* zeigt, erfolgt die ,,Zerlegung" der Mutterzelle nach einem festgelegten Teilungsmuster.

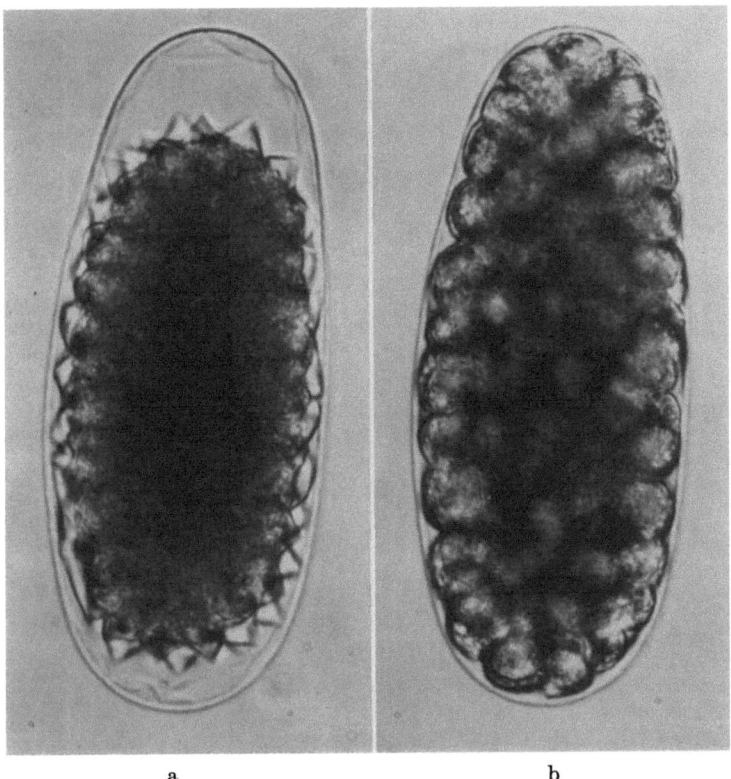

Abb. 126. *Eucoccidium dinophili.* Isolierte Oocyste. a Vor, b nach Ausbildung der Sporen. Lebendaufnahme. Nach GRELL, 1953 [*428*]

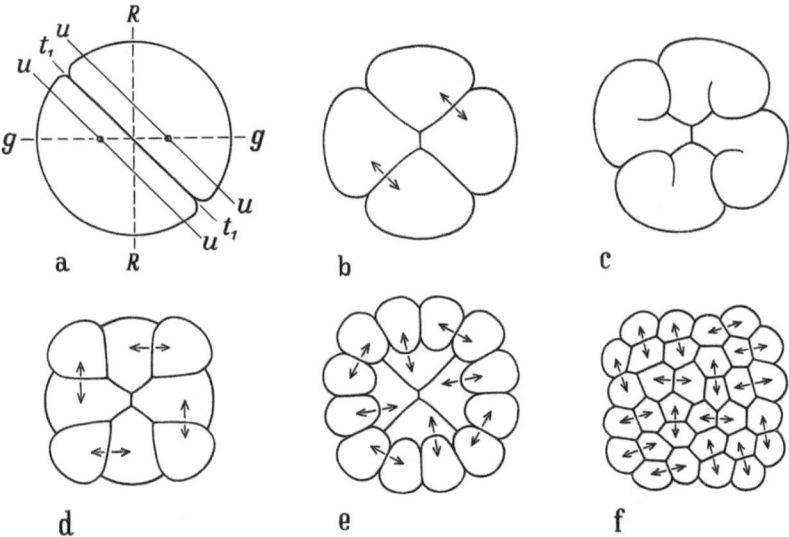

Abb. 127. *Eudorina (Pleodorina) californica.* Schema der Teilungsfolge einer generativen Zelle. a Erster Teilungsschritt. t_1—t_2 Teilungsebene, u—u Geißelschwingungsebenen, g—g Ebene durch die Ansatzstellen der Geißeln, R—R Rotationsachse der Kolonie. b 4-Zellstadium. c Dritter Teilungsschritt. d 8-Zellstadium („*Volvox*-Kreuz"). e 16-Zellstadium. f 32-Zellstadium. Die Geschwisterzellen sind durch Pfeile verbunden. Im Anschluß an GERISCH, 1959 [*362*]

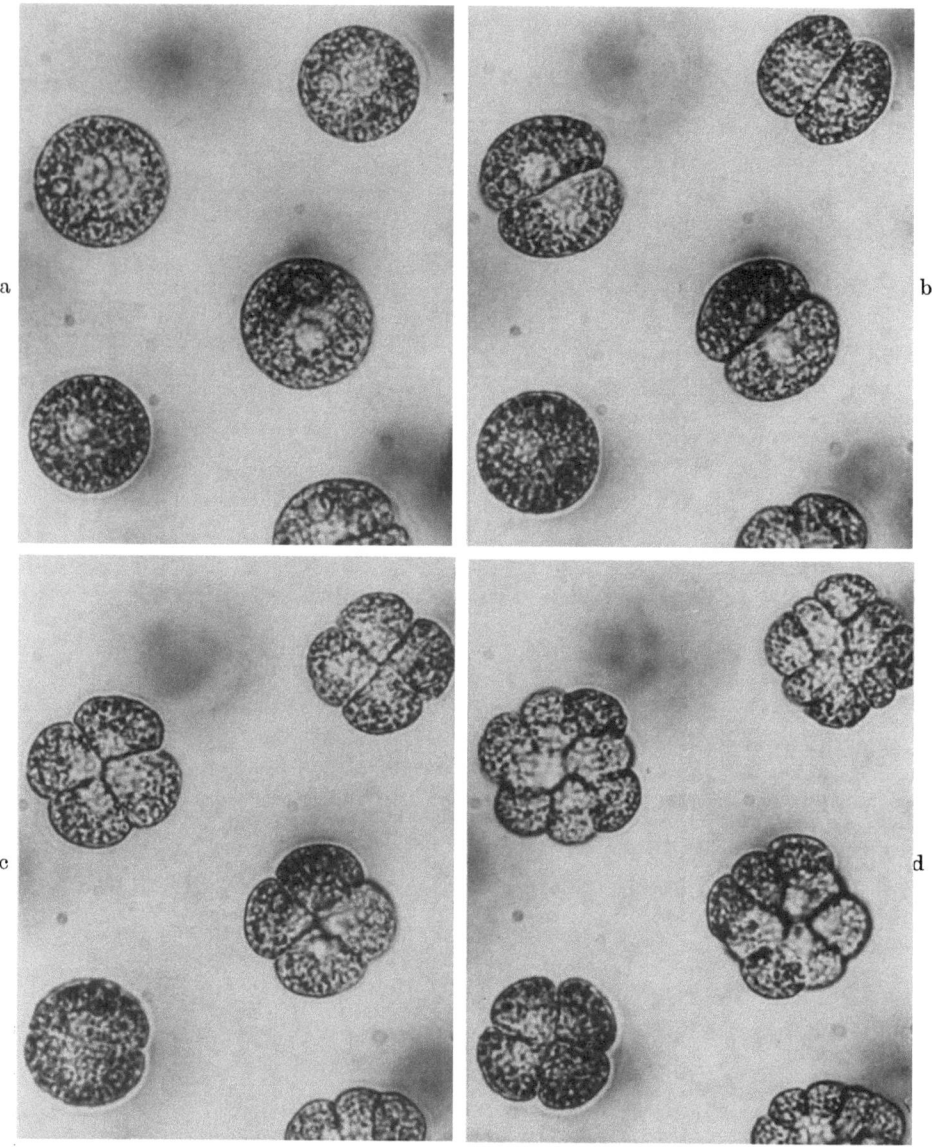

Abb. 128. *Eudorina (Pleodorina) californica.* Ausschnitt einer Kolonie. Die Teilung der generativen Zellen wurde vom Innern der Kolonie aus aufgenommen (vgl. Abb. 127). Vergr. 680×. Aus den Filmen C 883 und E 657

Die erste Teilungsebene (t_1-t_1) verläuft parallel zu den Schwingungsebenen der beiden Geißeln $(u-u)$, die gegenüber der Geraden, welche durch die Geißelansatzstellen gezogen werden kann $(g-g)$, um einen spitzen Winkel nach rechts (bei Ansicht vom Geißelpol) gedreht sind (a). Die zweite Teilungsebene steht senkrecht auf der ersten, so daß vier gleich große Zellen gebildet werden (b). Die dritte Teilung ist inäqual und dexiotrop (c). Sie führt zur Entstehung einer als „Volvox-Kreuz" bezeichneten Anordnung, bei welcher vier Zellen in der Mitte zusammenstoßen, während die anderen die Lücken der Kreuzfigur schließen (d). Auch die folgenden Teilungen verlaufen in festgelegter Weise (e). Schließlich entsteht eine Zellplatte (f), die sich schüsselförmig vertieft, wobei die konkave Fläche nach außen gerichtet ist. In diese Höhlung wachsen die Geißeln hinein.

Da die Geißeln in diesem Stadium, das bei *Volvox* (Abb. 129) eine fast geschlossene Kugel ist, nach innen gerichtet sind, muß im Anschluß an die Furchung ein Umstülpungsprozeß stattfinden, so daß die Geißeln nach außen zu liegen kommen. Dieser Vorgang, der sich sehr schnell abspielt und in seiner Mechanik noch unerforscht ist, wird als *Inversion* bezeichnet.

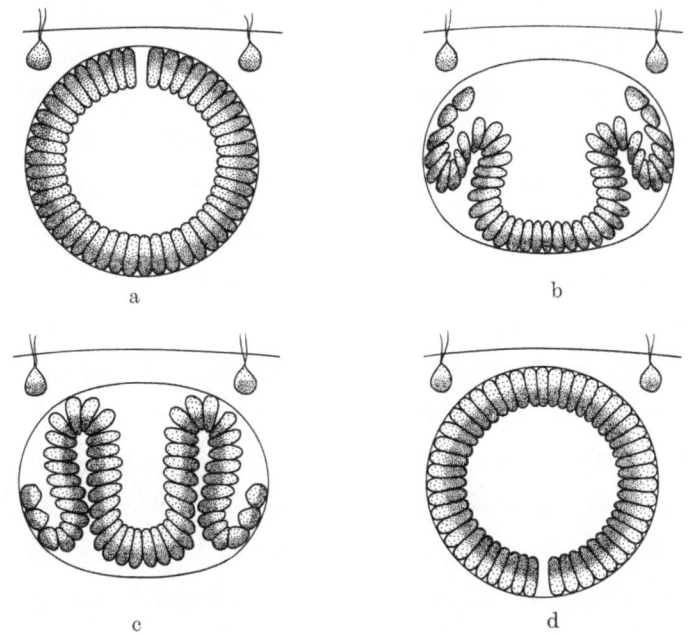

Abb. 129. *Volvox aureus*. Schema der Inversion. Die Polarität der Zellen ist durch verschiedene Dichte der Punktierung angedeutet. Der Geißelpol (hell) gelangt durch die Inversion nach außen. Im Anschluß an ZIMMERMANN, 1921

Während die Teilungsfolge bei den Gattungen *Pandorina* und *Volvox* im wesentlichen mit der von *Eudorina (Pleodorina)* übereinstimmt, weicht sie bei *Gonium* stark von den genannten Gattungen ab [362].

Unter den übrigen Flagellaten ist diese Art der Vielteilung nur bei den *Dinoflagellaten* häufiger zu beobachten. Eine pelagische Art, *Dissodinium lunula* (Abb. 130), bildet große blasenförmige Zellen aus, die durch fortgesetzte Zweiteilung 16 sichelförmige Tochterzellen liefern. In diesen finden dann abermals mehrere Zweiteilungen statt, so daß schließlich eine große Zahl kleiner, *Gymnodinium*-artiger Schwärmer entsteht.

Eine eigenartige Abwandlung hat die sukzedane Vielteilung bei Dinoflagellaten erfahren, die verschiedene Meerestiere als Ektoparasiten *(Oodinium, Apodinium)* oder Endoparasiten *(Blastodinium, Syndinium, Haplozoon)* befallen [101, 118].

Als Beispiel sei die Gattung *Blastodinium* ausgewählt, deren Arten im Darm pelagischer Copepoden leben (Abb. 131 u. 132). Der Wirt infiziert sich, indem er einen kleinen *Gymnodinium*-artigen Schwärmer mit der Nahrung aufnimmt. Dieser ist bereits zweikernig und wächst im Darm des Copepoden zu einem großen, unbeweglichen *Keimkörper* heran. Indem sich der Keimkörper innerhalb der Zellhülle durchschnürt, entstehen zwei Tochterzellen, die sich verschieden verhalten. Die eine *(Trophocyt, T)* wächst heran und teilt sich in zwei Enkelzellen (T', G'), während die andere *(Gonocyt, G)* in rasch aufeinanderfolgenden Teilungen eine große Anzahl von Schwärmerbildungszellen *(Sporocyten, S, S')* hervorbringt. Von

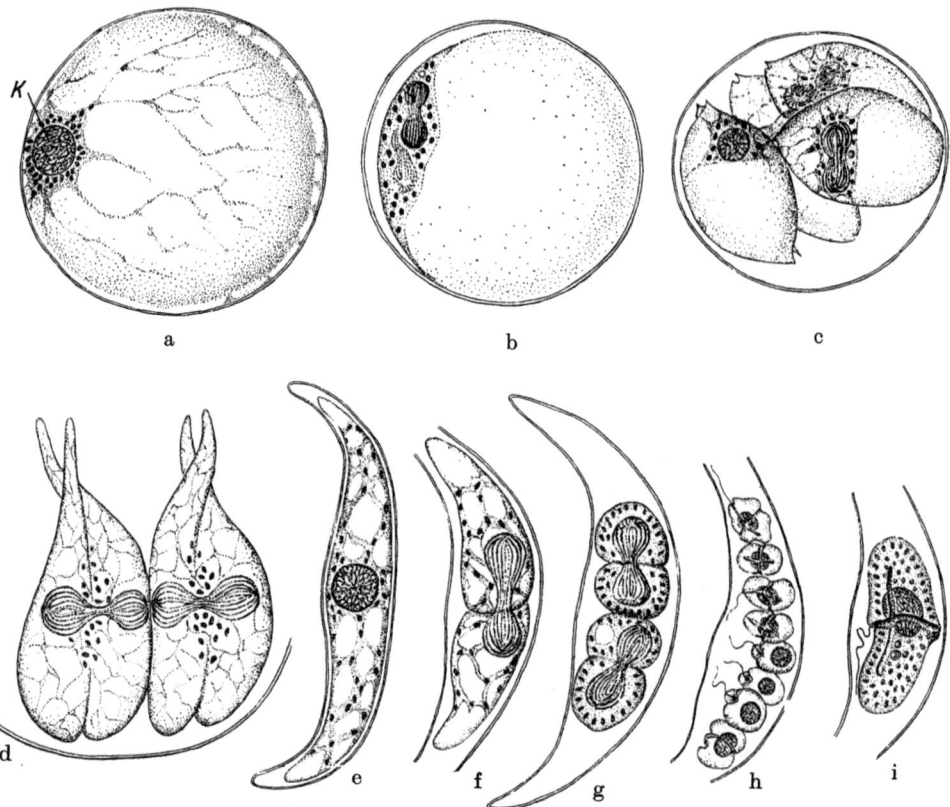

Abb. 130. *Dissodinium lunula* (Dinoflagellat). Vielteilung. a—c Die beiden ersten Zellteilungen in dem sich mit einer Cystenhülle umgebenden primären Individium. d Zwei der acht Zellen nach dem dritten Teilungsschritt. Jede Zelle teilt sich abermals (vierter Schritt). e Eine der 16 sichelförmigen Zellen. f—h Teilungen innerhalb derselben. i Gelegentlich kann sich auch der ganze Inhalt der sichelförmigen Zelle in einen Schwärmer verwandeln. Vergr. 500×. Nach DOGIEL, 1906 aus KÜHN, 1921

den beiden Enkelzellen wächst wieder die eine heran und bildet zwei Urenkelzellen (T'', G''), während von der anderen ein zweiter Schub von Schwärmerbildungszellen (S'') gebildet wird. Bei manchen Arten kann sich dieser Vorgang noch öfters wiederholen, so daß zahlreiche Schübe von Schwärmerbildungszellen entstehen, die durch die periodisch abgesonderten Zellhüllen zwiebelschalenartig ineinandergeschachtelt sind. Früher oder später platzt aber die äußerste Hülle auf, und die Schwärmerbildungszellen des ersten Schubes gelangen durch den After des Wirtes nach außen. Solange die eine Zelle (Trophocyt) weiterwächst, kann sich dieses Schwärmen in regelmäßigen Abständen — bei manchen Arten jeden Tag — wiederholen.

Auch bei den *Ciliaten* kommt sukzedane Vielteilung vor. In der Regel geht ihr eine Encystierung der Mutterzelle voraus. In dieser „Vermehrungscyste" wird dann die Zelle schrittweise in immer kleinere Abkömmlinge zerlegt. Besonders kennzeichnend ist diese Art der Vielteilung bei der Gattung *Colpoda* und der

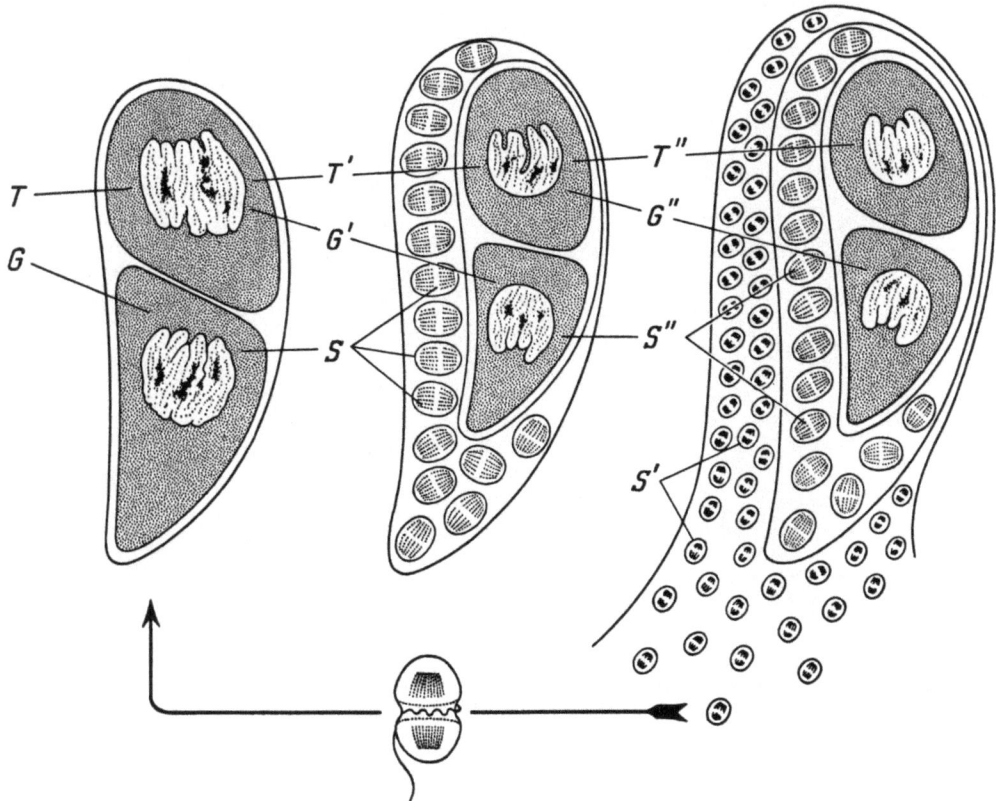

Abb. 131. *Blastodinium*. Schema der Entwicklung eines Keimkörpers. Erklärung im Text

Familie Ophryoglenidae, zu der auch der in der Haut von Süßwasserfischen schmarotzende *Ichthyophthirius multifiliis* (Abb. 399) gehört. Bei dieser Art können innerhalb der Vermehrungscyste zahlreiche kleine Tochterzellen entstehen. Wie schon früher erwähnt (S. 111), ist mit der sukzedanen Vielteilung eine fortschreitende Depolyploidisierung des Makronucleus verbunden.

III. Knospung

An und für sich könnte man natürlich jede inäquale Teilung als „Knospung" bezeichnen. Es erscheint jedoch zweckmäßig, den Begriff auf solche Fälle zu beschränken, bei denen die „Mutterzelle" sessil bleibt, während sich die „Tochterzelle" ablöst und als freibeweglicher „Schwärmer" für die Weiterverbreitung der Art sorgt. Da sich der Schwärmer nicht nur durch seinen geringeren Differenzierungsgrad von der Mutterzelle unterscheidet, sondern auch über besondere Organelle verfügt, die ihm die Fortbewegung und das Aufsuchen einer geeigneten

144 Fortpflanzung

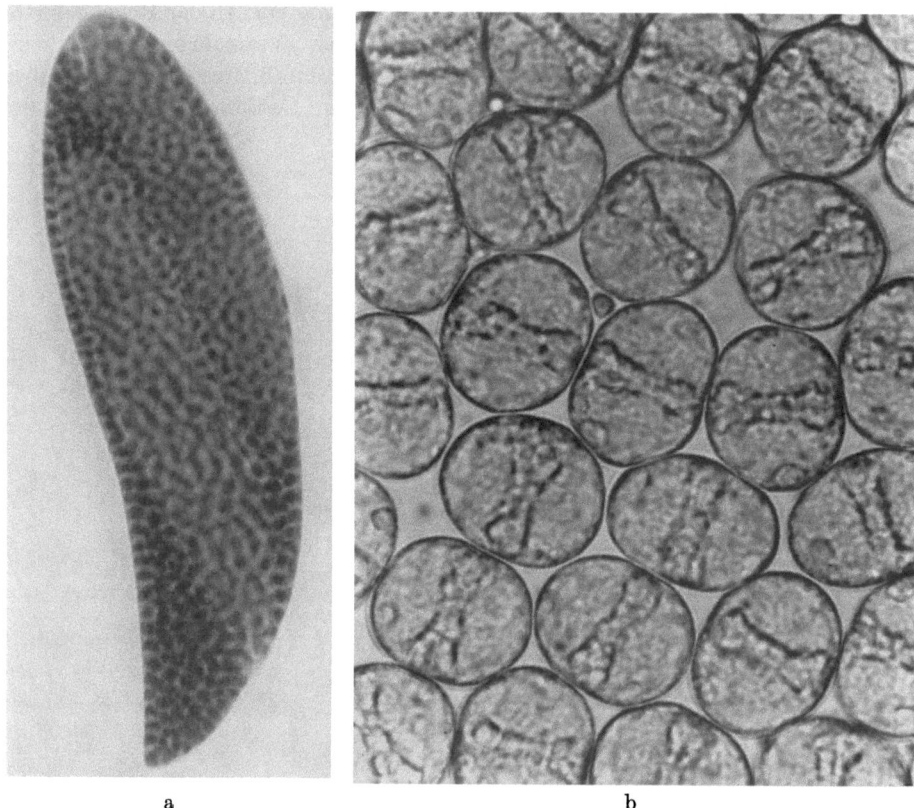

a b

Abb. 132. *Blastodinium*. a Keimkörper aus dem Darm eines Copepoden herauspräpariert und mit Carminessigsäure gefärbt. b Schwärmer im Leben

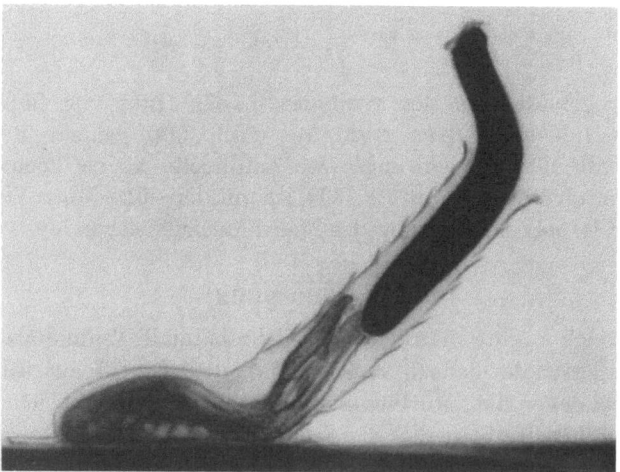

Abb. 133. *Metafolliculina andrewsi*. Der wurmförmige Schwärmer (Vordertier) kriecht aus dem Gehäuse heraus, während das Hintertier (mit Peristomflügeln) im Gehäuse zurückbleibt. Vergr. 150×. Aus den Filmen C 903 und E 649

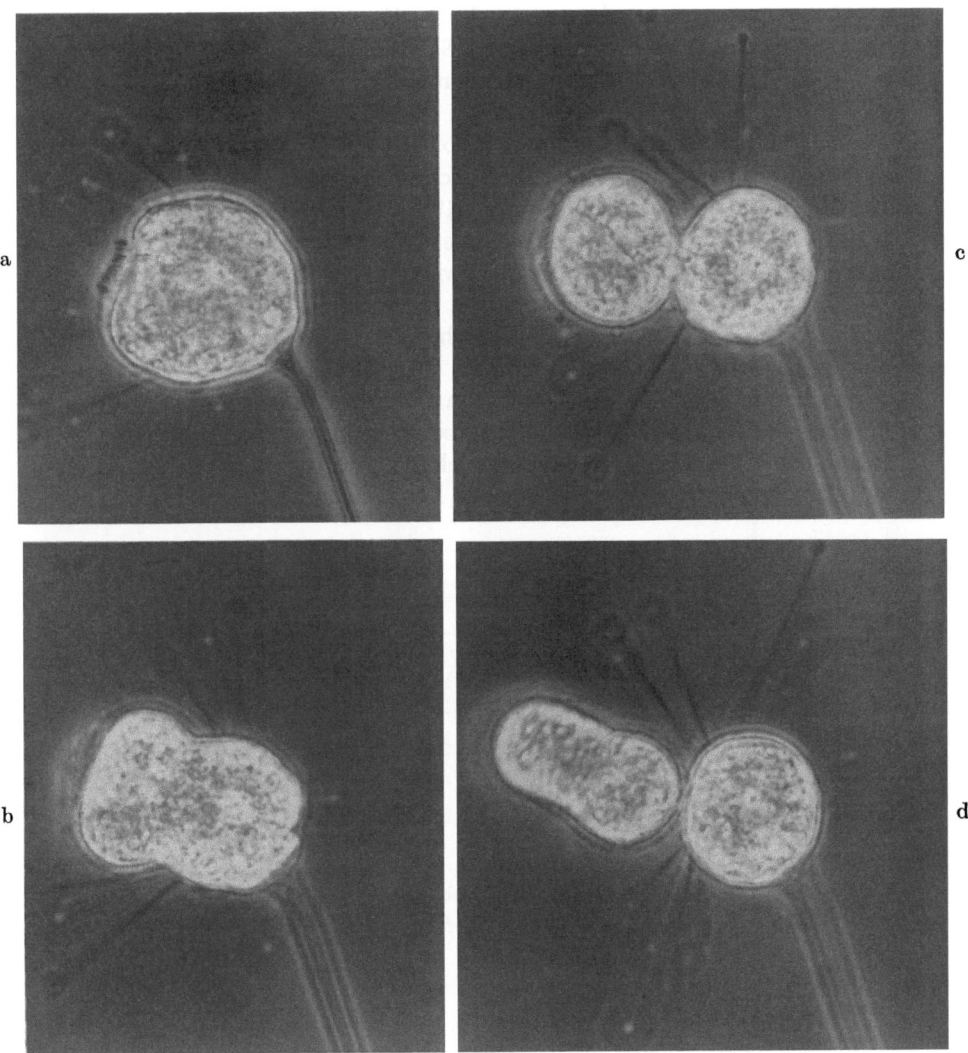

Abb. 134. *Paracineta limbata*. Exogene Knospung. Es wird nur ein Schwärmer ausgebildet, der die gleiche Größe wie die „Mutterzelle" hat. In a sind schon die Wimpern des Schwärmers erkennbar. Vergr. 540×. Aus dem Film C 913

Unterlage ermöglichen, stellt seine Umwandlung in die sessile Form eine echte *Metamorphose* dar: Die spezifischen Organelle des Schwärmers werden rückgebildet (regressive Prozesse), die der sessilen Form entstehen neu (progressive Prozesse).

Knospung und Metamorphose kommen bei den meisten sessilen *Ciliaten* vor. Die in einem ampullenartigen Gehäuse lebenden *Folliculiniden* strudeln ihre Nahrung mit Hilfe zweier großer Peristomflügel herbei (Abb. 406). Diese werden vor der Teilung eingeschmolzen. Das Pigment, welches vorher gleichmäßig verteilt war, reichert sich in der vorderen Zellhälfte an. Diese schnürt sich dann als wurmförmiger Schwärmer ab, während das im Gehäuse zurückbleibende Hintertier die

Peristomflügel regeneriert (Abb. 133). Nach Festheftung an einer geeigneten Unterlage bildet der Schwärmer ein neues Gehäuse aus, ein Vorgang, der aus verschiedenen harmonisch ineinandergreifenden Teilprozessen besteht [*1100*].

Bei den solitären *Peritrichen* bleibt die eine Zelle nach der Teilung auf dem Stiel sitzen, während die andere einen besonderen Wimperkranz am Hinterende ausbildet und als sog. „Telotroch" davonschwimmt. In ähnlicher Weise werden auch die Mikroconjuganten gebildet (Abb. 197). Auch für die artenarme Ordnung der *Chonotricha* ist die Ausbildung bewimperter Schwärmer charakteristisch.

Bei den *Suktorien* ist der Unterschied zwischen der „Mutterzelle" und der sich zum Schwärmer differenzierenden Knospe meistens ziemlich groß. Als den ursprünglicheren Modus kann man wohl ansehen, wenn die Knospe nach außen abgeschnürt wird *(exogene Knospung)*.

Die als Beispiel gewählte Knospung von *Paracineta limbata* (Abb. 134) gehört auch insofern an den Anfang, als die Knospe ebenso groß wie die Mutterzelle ist. Erst kurz vor ihrer Abschnürung streckt sich die Knospe in die Länge und unterscheidet sich dann auch gestaltlich von der Mutterzelle.

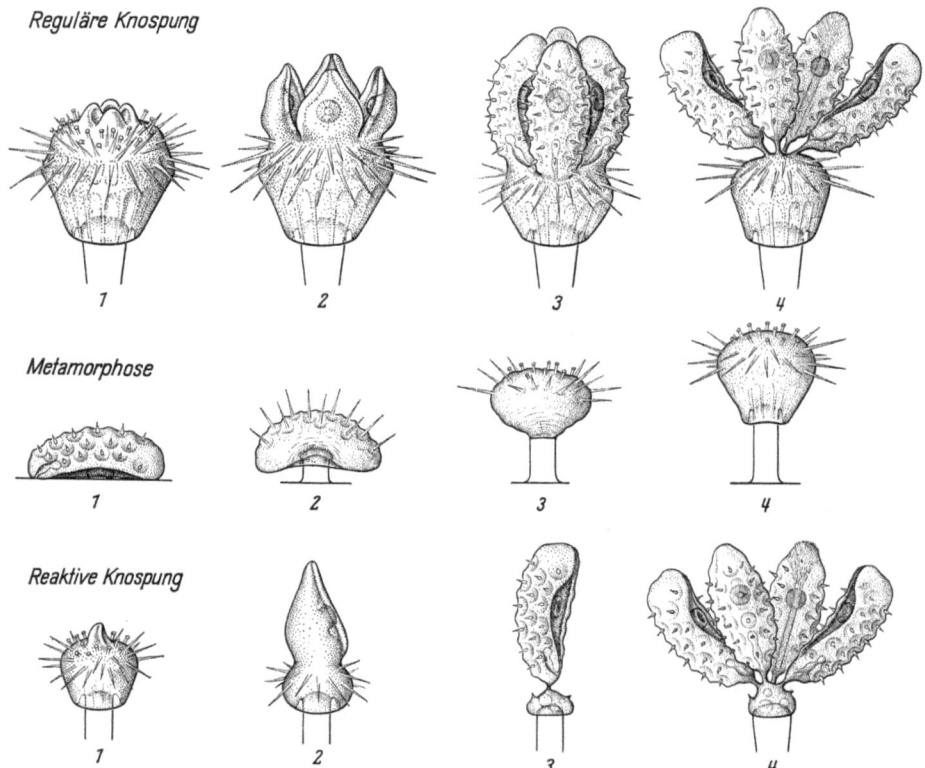

Abb. 135. *Ephelota gemmipara*. Exogene Knospung und Metamorphose (schematisch). Nähere Erklärung im Text

Bei *Ephelota gemmipara* (Abb. 135), einem besonders großen Suktor, schnürt die Mutterzelle gleichzeitig mehrere Schwärmer ab (obere Reihe). Am apikalen Pol entstehen zunächst kleine zipfelförmige Vorwölbungen, welche sich nach einiger Zeit zu ohrartigen Gebilden umgestalten. Auf der konkaven Seite jeder Knospe bildet sich ein Wimperfeld, welches aus zahlreichen Wimperreihen besteht, die um die sog. *Scopula* herumziehen. Diese stellt einen Ring dicht strukturierten Plasmas dar und ist der Anlagenbereich für den Stiel. Die weitere Umgestaltung der Knospe besteht nun darin, daß sie sich in die Länge streckt und das Wimperfeld von beiden Seiten zu einer Furche eingeengt wird. Auf diese Weise erhält der fertige Schwärmer das Aussehen einer Kaffeebohne. Nachdem er sich von der Mutterzelle abgelöst hat, kriecht er eine Zeitlang mittels des Wimperfeldes umher. Auf einer geeigneten Unterlage drückt er dann die Scopula fest an diese an und bildet einen Stiel aus. Während die Wimpern verschwinden, wachsen die Tentakel heran, deren Anlagen schon bei den Schwärmern deutlich zu sehen sind und in kleinen Gruben der Zelloberfläche stehen (mittlere Reihe).

Normalerweise geht *Ephelota gemmipara* nur dann zur multiplen Knospung über, wenn die Zelle zu einer bestimmten Größe herangewachsen ist *(reguläre Knospung)*. Treten aber ungünstige Lebensbedingungen ein (z. B. Sauerstoffmangel), so bilden alle Individuen – ohne Rücksicht auf ihre Größe – Schwärmer aus. In diesem Falle ist die Knospung eine Antwort auf die veränderten Umweltbedingungen und hat die biologische Bedeutung einer Fluchtreaktion *(reaktive Knospung)*. Dabei werden die Individuen völlig in Schwärmer umgewandelt. Die inäquale Teilung wird also gewissermaßen in eine äquale Teilung überführt. Die Zahl der Schwärmer richtet sich nach der Größe der Zelle. Ist die Zelle klein, so kann sie als Ganzes zu einem Schwärmer werden (untere Reihe, *1—3*). In diesem Falle ist also mit der „Fortpflanzung" keine Vermehrung verbunden. Ist sie größer, so entstehen mehrere Schwärmer *(4)* (Film C 913 und E 1017).

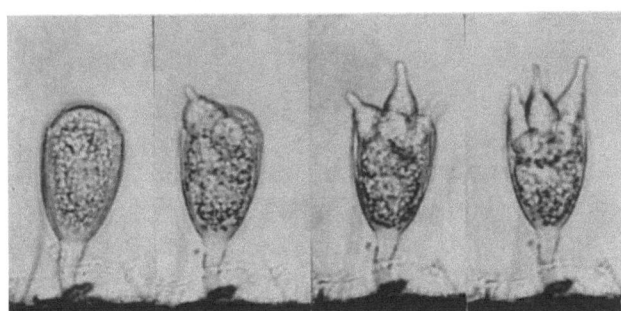

Abb. 136. *Tachyblaston ephelotensis*. Entwicklung eines *Dactylophrya*-Stadiums (vgl. Abb. 416). Vergr. 460×. Aus den Filmen C 907 und C 913

Ein eigenartiger Sonderfall der Knospung findet sich bei der freilebenden „*Dactylophrya*-Generation" von *Tachyblaston ephelotensis* (Entwicklungscyclus s. Abb. 416). Hier wird die Mutterzelle durch fortgesetzte – nicht von Wachstumsphasen unterbrochene – Knospungsakte in die sog. Dactylozoiten aufgeteilt. Diese besitzen keine Wimpern, sondern nur einen Tentakel. Nach dem Verlassen der Mutterzelle, die von einem becherförmigen Gehäuse umschlossen ist, heften sie sich an der Pellicula von *Ephelota gemmipara* fest, wo sie sich zu der parasitischen Generation entwickeln. Nach Aufteilung der Mutterzelle bleibt schließlich nur noch ein leeres Gehäuse zurück (Abb. 136 u. 417).

Bei den meisten Suktorien wird der Schwärmer (bei *Tokophrya quadripartita* mehrere) innerhalb der Mutterzelle gebildet *(endogene Knospung)*. Er verläßt die

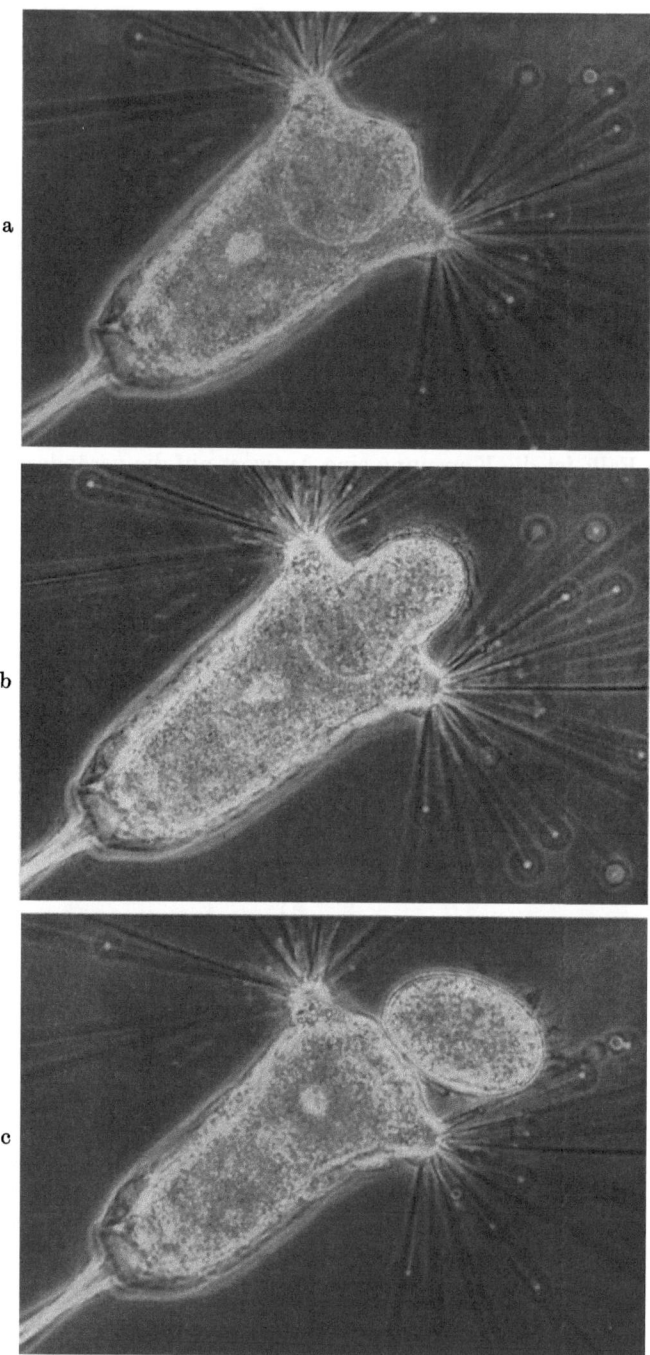

Abb. 137. *Acineta tuberosa*. Endogene Knospung. Ausschlüpfen des Schwärmers. Vergr. 430×. Aus den Filmen C 913 und E 914

Mutterzelle, ohne eine Wunde zu hinterlassen (Abb. 137). Seine Differenzierung findet nämlich innerhalb eines vorgebildeten ,,Brutraumes" statt, der mit der Außenwelt durch einen Porus in Verbindung steht (Abb. 138). Bei der Knospung der Zelle teilt sich auch der Makronucleus inäqual (s. S. 110).

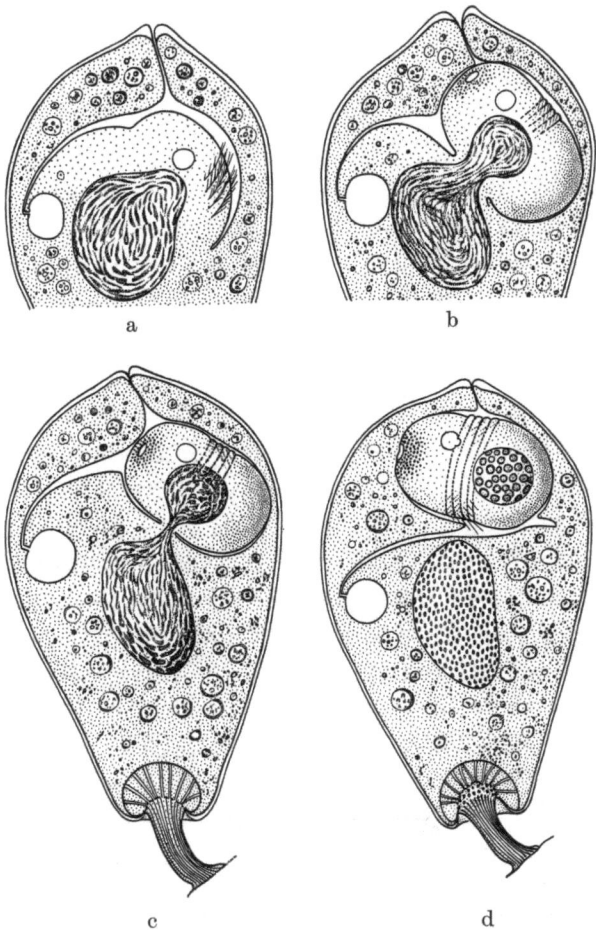

Abb. 138. *Tokophrya cyclopum*. Endogene Knospung. Vergr. 1000×. Nach COLLIN, 1912 [*215*]

Eine verhältnismäßig durchsichtige Art, *Tokophrya lemnarum*, ermöglicht es, diesen Vorgang im Leben zu beobachten und in Zeitrafferaufnahmen festzuhalten (Abb. 139). Dabei ist zu erkennen, daß die den Makronucleus erfüllenden chromosomalen Fäden zunächst starr und unbeweglich sind (a). Nach einiger Zeit geben sie aber ihre Starrheit plötzlich auf und werden innerhalb des Makronucleus umherbewegt, so als ob sie durcheinandergemischt würden (b). Nach abermaliger Erstarrung der chromosomalen Fäden schnürt der Makronucleus eine Knospe ab (c), die innerhalb des inzwischen ausdifferenzierten Schwärmers liegt (d)[9].

---

[9] Die Bedeutung der Bewegungsvorgänge im Makronucleus ist unbekannt. Wahrscheinlich kommen sie auch bei anderen Teilungen des Makronucleus vor, haben sich aber wegen der ungünstigeren optischen Verhältnisse bisher der Beobachtung entzogen.

Da der „Brutraum" durch Invagination der Zelloberfläche entsteht, liegt es nahe, die innere Knospung von der äußeren abzuleiten. Sie ermöglicht der Mutterzelle, den Fang und das Aussaugen der Beutetiere während der Knospung fortzusetzen.

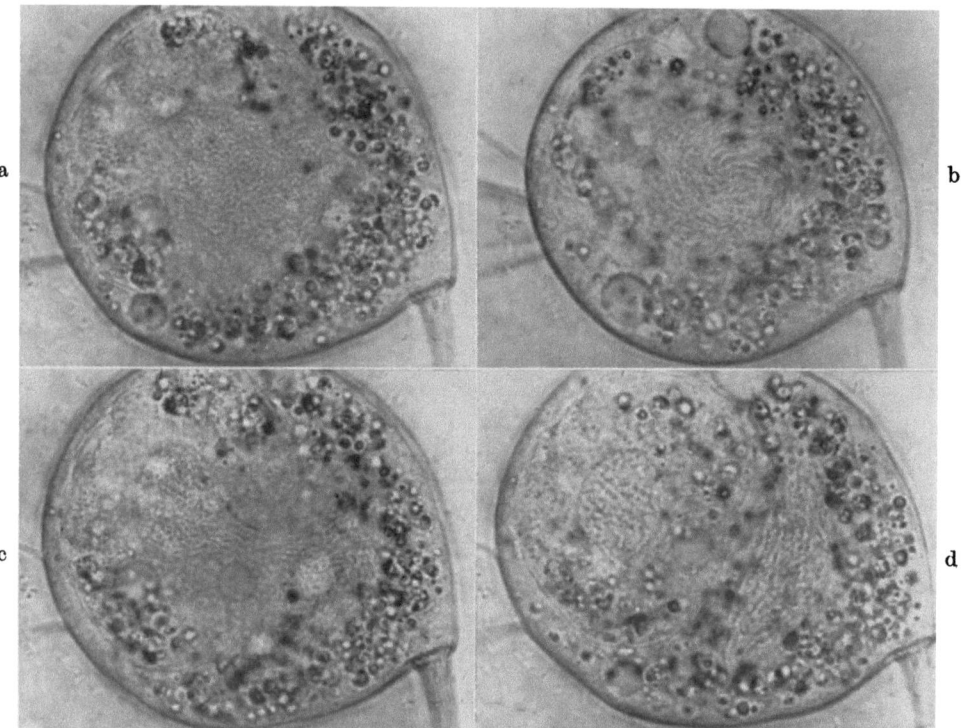

Abb. 139. *Tokophrya lemnarum*. Endogene Knospung. Die Strukturveränderungen des Makronucleus sind hier besonders gut erkennbar (vgl. Text). Vergr. 1100×. Aus den Filmen C 913 und E 913

E. Befruchtung und Sexualität

Als Befruchtung[10] oder Kopulation bezeichnet man das Verschmelzen zweier Zellen zu einer *Zygote*. Zellen, welche diese Fähigkeit besitzen, heißen *Gameten*. Zum Wesen der Befruchtung gehört, daß in der Zygote eine *Karyogamie*, d. h. eine Vereinigung der beiden Gametenkerne (Pronuclei) zu einem *Synkaryon* erfolgt. Die Verdoppelung der Chromosomenzahl, welche hiermit verbunden ist, wird durch das Kernteilungsgeschehen der *Meiose* (S. 78) wieder rückgängig gemacht.

Bei allen vielzelligen Tieren sind die Gameten, welche sich paarweise vereinigen, deutlich voneinander verschieden. Sie werden als *Eier* und *Spermien* bezeichnet. Die Eier werden von weiblichen, die Spermien von männlichen Individuen erzeugt. Nur bei den Zwittern werden Eier und Spermien vom gleichen Individuum gebildet.

Die Erscheinung, daß die Gameten, welche miteinander kopulieren, oder die Individuen, welche diese Gameten erzeugen, voneinander verschieden sind, heißt *Sexualität*.

---

[10] Dieser in der deutschen Literatur gebräuchliche Ausdruck wurde von den Verhältnissen bei den Blütenpflanzen entlehnt, wo die Bestäubung einer Narbe mit Pollen zum Fruchtansatz führt.

Da die Gameten aller vielzelligen Tiere sexuell differenziert sind, ist uns die Verknüpfung von Sexualität und Befruchtung so selbstverständlich geworden, daß wir die Gameten als „Geschlechtszellen" bezeichnen. Bei den Protozoen kann es aber vorkommen, daß sich weder die Gameten selbst noch die Individuen, welche sie erzeugen, morphologisch voneinander unterscheiden. Es muß daher erst noch geprüft werden, ob irgendein Unterschied zwischen ihnen besteht, welcher der Sexualität der vielzelligen Tiere entspricht oder mit ihr vergleichbar wäre.

Zeigen die Gameten keine morphologischen Unterschiede, so spricht man von *Isogametie*, sind sie voneinander in ihrer Größe, Form oder Struktur verschieden, von *Anisogametie*. Gameten, die sich durch ihre Größe unterscheiden, heißen *Makro- und Mikrogameten*. Bei manchen Protozoen erinnern die Makrogameten an die Eizellen, die Mikrogameten an die Spermien der vielzelligen Tiere. In diesem Falle wird die Anisogametie als *Oogametie* bezeichnet.

Bei einigen Protozoen können alle Zellen unter bestimmten Bedingungen zu Gameten werden. In der Regel wird aber zunächst ein *Gamont* gebildet, der durch einen besonderen Fortpflanzungsakt *(Gamogonie)* die Gameten erzeugt. Dabei kann es sich um eine Zweiteilung oder um eine Vielteilung handeln.

Werden Gameten, welche miteinander kopulieren können, innerhalb des gleichen Klons oder von dem gleichen Gamonten gebildet, so spricht man von *Gemischtgeschlechtlichkeit* oder *Monözie*[11]. Können dagegen nur Gameten miteinander verschmelzen, die verschiedenen Klonen angehören oder von verschiedenen Gamonten stammen, so handelt es sich um *Getrenntgeschlechtlichkeit* oder *Diözie*.

Die Determination der sexuellen Differenzierung kann auf verschiedene Weise erfolgen. Wenn Gene darüber entscheiden, welches Geschlecht verwirklicht wird, so spricht man von *genetischer* oder *genotypischer* Geschlechtsbestimmung. Hängt es dagegen von nicht-genetischen Faktoren ab, welche Differenzierungsrichtung eingeschlagen wird, so wird die Geschlechtsbestimmung als *modifikatorisch* oder *phänotypisch* bezeichnet. In beiden Fällen sind die Möglichkeiten der sexuellen Ausprägung in der Reaktionsnorm (S. 230) festgelegt.

Um einen Sonderfall der modifikatorischen Geschlechtsbestimmung handelt es sich, wenn durch eine besondere Zell- oder Kernteilung zwei Tochterzellen oder -kerne entstehen, die sexuell verschieden sind, die Determination also an eine *differentielle Zell- oder Kernteilung* gebunden ist.

Bei den Protozoen sind Befruchtungsvorgänge weit verbreitet. Auch wenn man von den unsicheren Fällen absieht, bei denen der Nachweis von Karyogamie und Meiose nicht erbracht werden konnte, gibt es keine Klasse der Protozoen, die nicht wenigstens einige Ordnungen enthält, für welche Befruchtungsvorgänge sichergestellt sind. Bei den Flagellaten sind es die Phytomonadinen und Polymastiginen, bei den Rhizopoden die Heliozoen und Foraminiferen. Für die Klassen der Sporozoen und Ciliaten ist das Vorkommen von Befruchtungsvorgängen allgemein charakteristisch.

Man darf aber nicht übersehen, daß es auch zahlreiche Flagellaten und Rhizopoden gibt, bei welchen — trotz eingehender Untersuchung — bisher keine Befruchtungsvorgänge entdeckt wurden. Manche Arten werden seit vielen Jahren im Laboratorium gezüchtet und haben

---

[11] *Autogamie* (S. 175) ist eine obligatorische Monözie, bei welcher nur Gameten kopulieren können, die von dem gleichen Gamonten gebildet worden sind.

sich nur „ungeschlechtlich", d. h. ohne Einschaltung von Befruchtungsvorgängen fortgepflanzt. Trotz ihrer weiten Verbreitung besteht daher kein Anlaß, Befruchtung und Geschlechtlichkeit als „Urphänomene des Lebens" (HARTMANN) zu betrachten.

Obwohl alle Befruchtungsvorgänge darin übereinstimmen, daß sie früher oder später zur Karyogamie führen, sind sie bei den Protozoen von einer überraschenden *Mannigfaltigkeit*. Diese erstreckt sich auf die Beziehung der Gameten zu den Gamonten, ihre Entstehungsweise, ihre sexuelle Differenzierung und auf das Vorkommen von Monözie und Diözie.

Wenn man von der Beziehung der Gameten zu den Gamonten ausgeht, so lassen sich drei Typen von Befruchtungsvorgängen unterscheiden, nämlich die *Gametogamie*, die *Autogamie* und die *Gamontogamie*.

I. Gametogamie

Im einfachsten Falle entstehen Gameten, welche nicht innerhalb von Gamonten, sondern als freischwimmende Zellen kopulieren. Diese Möglichkeit, welche sowohl bei freilebenden (Phytomonadinen, Foraminiferen) als auch bei symbiontischen und parasitischen Protozoen (Polymastiginen, Sporozoen) verwirklicht ist, wird als Gametogamie bezeichnet.

Phytomonadinen

Bei den Phytomonadinen sind Befruchtungsvorgänge für alle bekannteren Arten nachgewiesen und zum Teil eingehend untersucht worden. In allen Fällen kopulieren freischwimmende Gameten miteinander. Bei den einzeln lebenden Phytomonadinen, insbesondere den Arten der Gattungen *Chlamydomonas*, *Dunaliella* und *Polytoma* kommt es häufig vor, daß die Gameten nicht das Ergebnis eines besonderen Fortpflanzungsaktes sind, sondern unmittelbar aus den gewöhnlichen Zellen hervorgehen *(Hologamie)*.

Daß die Zellen zu Gameten werden, d. h. die Fähigkeit erlangen, mit anderen zu kopulieren, beruht auf äußeren Bedingungen, die bei den einzelnen Arten verschieden sein können oder in verschiedener Weise zusammenwirken. Bei *Chlamydomonas* wird die Determination der Gameten in erster Linie durch Stickstoffmangel hervorgerufen [937]. Übergießt man eine Agarplatte, auf der sich die Zellen im geißellosen Zustand durch Teilung vermehren, mit destilliertem Wasser, so bilden sie Geißeln aus und werden zu Gameten. Allerdings spielt hierbei auch die Belichtung eine je nach Art und Geschlecht verschiedene Rolle [335, 647]. Bei der in Salinen lebenden *Dunaliella salina* ruft eine Herabsetzung des Salzgehaltes die Gametenbildung hervor [634].

Die determinierenden Außenbedingungen bewirken eine *Synchronisation*, d. h. sehr viele, wenn nicht sogar alle Zellen einer Population oder eines Klons werden gleichzeitig kopulationsfähig.

Bei den meisten Phytomonadinen führen äußere Bedingungen jedoch zunächst zur Bildung von Gamonten, die durch eine sukzedane Vielteilung die Gameten liefern *(Merogamie)*. Über die Art dieser Bedingungen ist noch nicht viel bekannt.

Äußerlich unterscheiden sich die Gamonten der Phytomonadinen nicht von den gewöhnlichen Zellen. Bei *Chlorogonium elongatum*, welches sich auch normalerweise durch sukzedane Vielteilung vermehrt, führt der Gamont 2—3 Teilungsschritte mehr aus, so daß die Gameten kleiner als die bei der ungeschlechtlichen Fortpflanzung gebildeten Tochterzellen sind (Abb. 140).

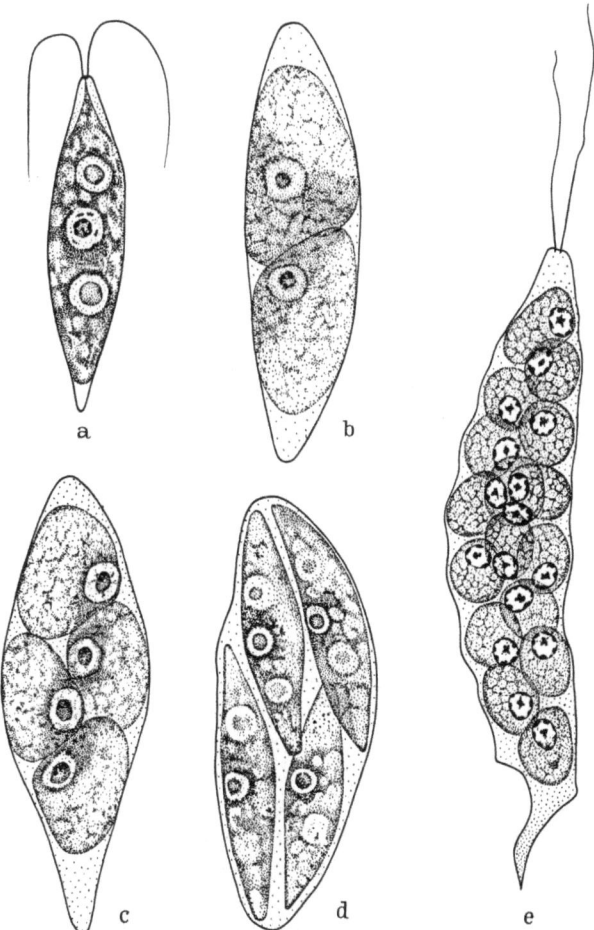

Abb. 140. *Chlorogonium elongatum* (Phytomonadine). a Gewöhnliche Zelle. b—d Fortpflanzung durch zweimalige Teilung innerhalb der Cellulosehülle. e Gametenbildung (16 Zellen). Vergr. 2200×. Nach HARTMANN, 1956 [*470*]

Sehr eigenartig verläuft die Gametenbildung bei *Chlamydomonas suboogama* (Abb. 141). Hier wird zunächst eine Gamontenmutterzelle (Progamont) determiniert. Diese ist von einer Gallerte umgeben und teilt sich in vier Tochterzellen, von denen regelmäßig drei zu Makrogamonten werden, während eine zu einem Mikrogamonten wird. Letzterer bildet vier kleine Mikrogameten aus. Die Makrogamonten teilen sich nicht, sondern wandeln sich als Ganzes in Makrogameten, also in befruchtungsfähige Zellen um. Diese Umwandlung findet aber erst statt, wenn die Mikrogameten die Gallerte verlassen haben. Infolgedessen verschmelzen normalerweise nur Makro- und Mikrogameten miteinander, die von verschiedenen Gamontenmutterzellen gebildet worden sind.

Bei den kolonialen Phytomonadinen wandeln sich entweder alle Zellen der Kolonie in Gamonten um oder — wenn nicht alle fortpflanzungsfähig sind (S. 10)

— nur die generativen. In einigen Fällen (z. B. *Pandorina morum*) wurde nachgewiesen, daß die Gametenbildung immer dann einsetzt, wenn man Kolonien von verschiedenem Geschlecht zusammenbringt [213].

Die *sexuelle Differenzierung* der Gameten ist bei den Phytomonadinen von besonderem Interesse, weil alle Übergänge von der Isogametie zur Oogametie vorkommen. Während von manchen Gattungen *(Dunaliella, Pyramidomonas, Polytoma, Haematococcus, Brachiomonas)* nur isogamete Arten bekannt sind, treten bei den Gattungen *Chlamydomonas* und *Chlorogonium* sowohl isogamete als auch anisogamete bzw. oogamete Arten auf.

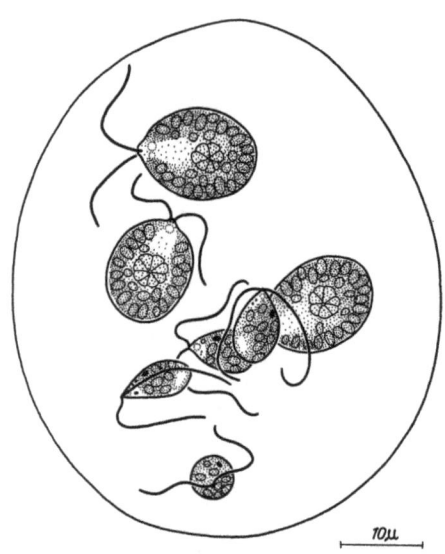

Abb. 141. *Chlamydomonas suboogama*. Gallerthülle einer Gamontenmutterzelle (Progamont) mit drei Makrogamonten und vier Mikrogameten. Nach TSCHERMAK-WOESS, 1959 [1093]

Bei der umfangreichen Gattung *Chlamydomonas* sind die meisten Arten isogamet. Allerdings wurden in einigen Fällen Unterschiede zwischen den kopulierenden Gameten festgestellt, die sich erst während der Kopulation manifestieren. Bei *Chlamydomonas eugametos syn. moewusii* schwimmen die Gameten nach der Paarung noch stundenlang umher, wobei sie durch eine Plasmabrücke verbunden sind und sich gegenüber liegen (Abb. 151b). Obwohl beide Gameten ihre Geißeln behalten, sind nur die des einen aktiv, während die des anderen zurückgeschlagen werden und nur gelegentliche Zuckungen ausführen. Bei *Chlamydomonas gymnogyne* und *Chloromonas sapprohila* stößt der eine Gamet nach der Paarung seine Cellulosehülle ab (Abb. 142a^1–a^4).

Von einer Anisogametie im morphologischen Sinne kann man natürlich erst sprechen, wenn sich beide Gameten schon vor der Paarung unterscheiden, wie es beispielsweise bei *Chlamydomonas braunii* (Abb. 142b^1, b^2) der Fall ist. Einige *Chlamydomonas*-Arten, wie *C. suboogama* (Abb. 141), *C. pseudogigantea* (Abb. 142c) und *C. coccifera* (d^1–d^3) können als oogamet bezeichnet werden, da der Makrogamet eine große ruhende Zelle ist, welcher die kleinen beweglichen Mikrogameten bei weitem an Größe übertrifft. Die Mikrogameten von *Chlamydomonas pseudogigantea* sind gelb gefärbt und chromatophorenlos.

Auch die artenarme Gattung *Chlorogonium* enthält neben isogameten Arten (z. B. *C. elongatum*, Abb. 143) eine oogamete Art, welche den Namen *Chlorogonium oogamum* erhielt. Der „männliche" Gamont bildet etwa 64 kleine begeißelte Mikrogameten aus, während sich der Plasmakörper des „weiblichen" Gamonten zusammenzieht und nach Verquellung der Zellhülle als runde „Eizelle" frei wird (Abb. 144).

Von den kolonialen Phytomonadinen sind die Gattungen *Stephanosphaera, Gonium* und *Pandorina* isogamet, die Gattungen *Eudorina (Pleodorina)* und *Volvox* dagegen oogamet.

Auch *Monözie und Diözie* können bei den Phytomonadinen innerhalb kleinster Verwandtschaftsgruppen nebeneinander vorkommen. Bei der Gattung *Dunaliella* sind z. B. die Arten *Dunaliella parva* und *minuta* monözisch, während *Dunaliella salina* diözisch ist. Auch die Gattung *Chlamydomonas* umfaßt monözische *(C. monadina, C. paupera, C. monoica)* und diözische Arten *(C. eugametos syn. moewusii, C. reinhardi). Haematococcus pluvialis* und *Stephanosphaera pluvialis*

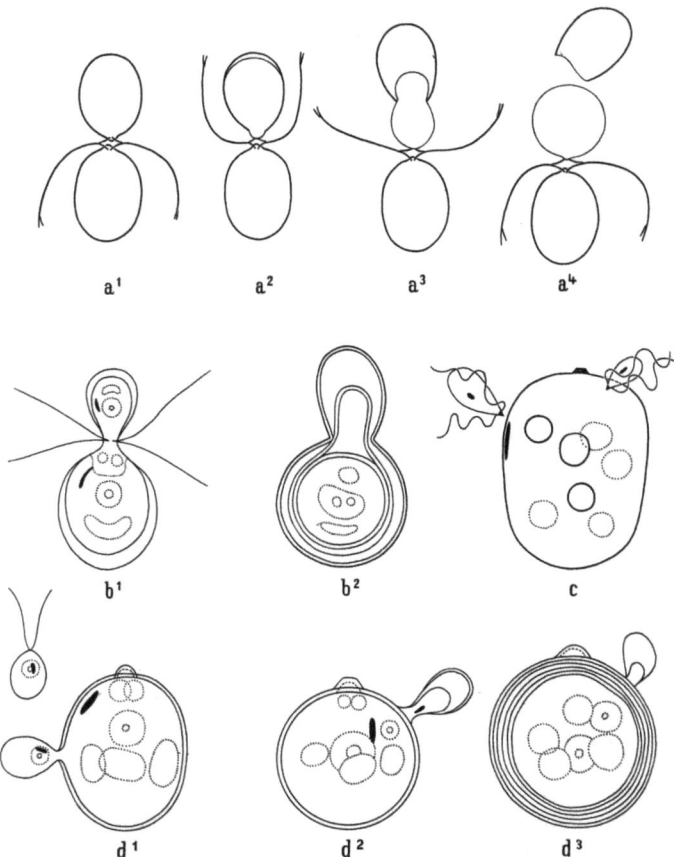

Abb. 142. Anisogametie und Oogametie bei verschiedenen Chlamydomonadidae. a^1—a^4 *Chloromonas saprophila.* Nach TSCHERMAK-WOESS, 1963. b^1, b^2 *Chlamydomonas braunii.* Nach GOROSCHANKIN, 1890. c *Chlamydomonas pseudogigantea.* Nach GEITLER, 1954. d^1—d^3 *Chlamydomonas coccifera* var. *mesopyrenigera.* Nach SKUJA, 1949. Aus GRELL, 1967 [445]

sind monözisch. Bei der letztgenannten Art führen die acht Zellen der Mutterkolonie eine variierende Anzahl von Teilungsschritten durch, so daß aus jeder 4, 8, 16 oder 32 Gameten entstehen können. Diese sind spindelförmig und gelangen meistens durch Platzen der Mutterkolonie nach außen. Gelegentlich, vor allem wenn alle Zellen einer Kolonie Gameten gebildet haben, kopulieren sie aber schon innerhalb der Gallerte der Mutterkolonie, so daß die Monözie zur Selbstbefruchtung (Autogamie) führt (Abb. 145).

Während *Gonium pectorale* diözisch ist, kommen bei den vierzelligen Arten *Gonium sociale* und *Gonium sacculiferum* neben diözischen auch monözische

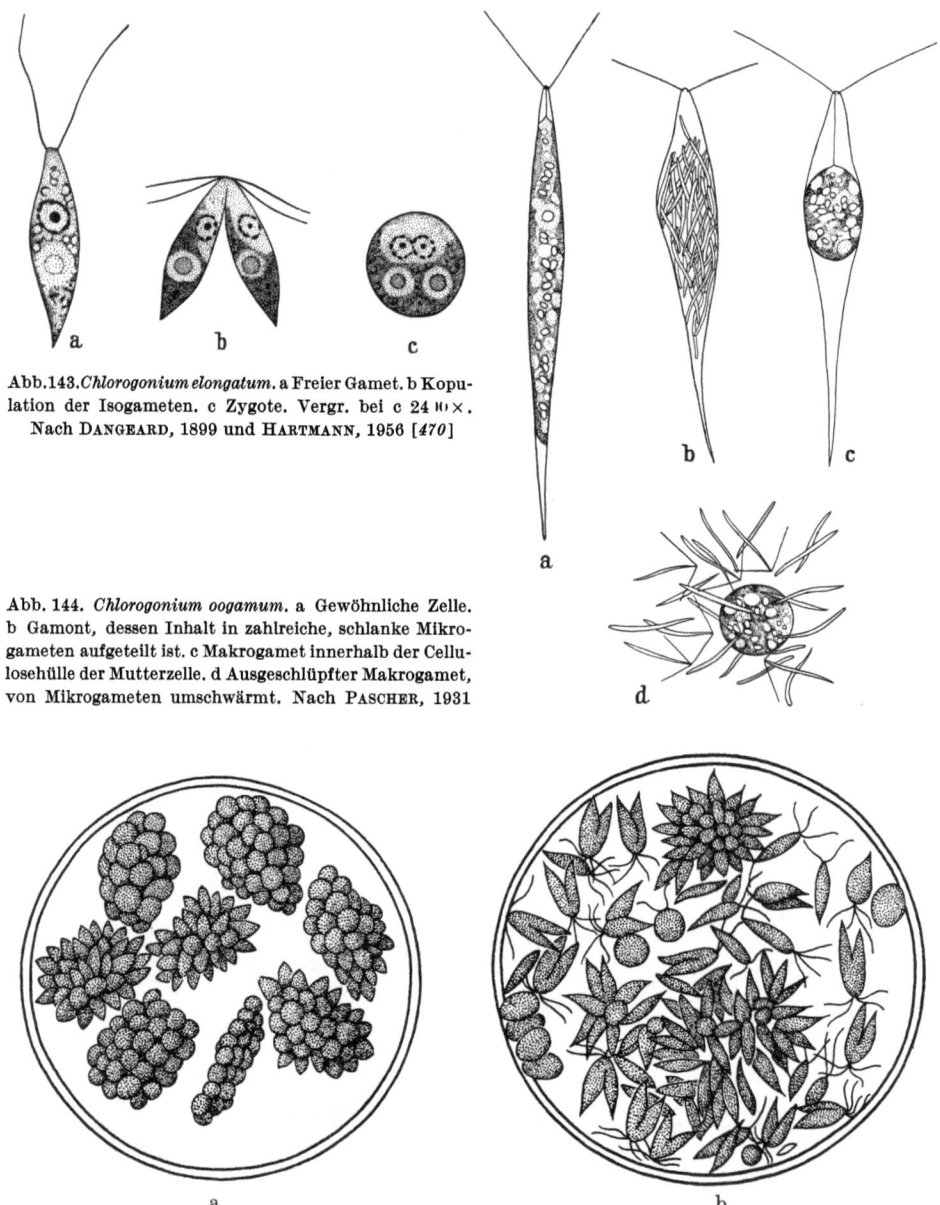

Abb.143. *Chlorogonium elongatum.* a Freier Gamet. b Kopulation der Isogameten. c Zygote. Vergr. bei c 24 ⁰⁰×. Nach DANGEARD, 1899 und HARTMANN, 1956 [*470*]

Abb. 144. *Chlorogonium oogamum.* a Gewöhnliche Zelle. b Gamont, dessen Inhalt in zahlreiche, schlanke Mikrogameten aufgeteilt ist. c Makrogamet innerhalb der Cellulosehülle der Mutterzelle. d Ausgeschlüpfter Makrogamet, von Mikrogameten umschwärmt. Nach PASCHER, 1931

Abb. 145. *Stephanosphaera pluvialis.* Bildung und Kopulation der Isogameten innerhalb der Gallerthülle einer Kolonie. Nach HIERONYMUS, 1884

Varietäten oder Stämme vor [*1045, 1047, 1048*]. Auch bei *Pandorina morum* konnten neben diözischen einige monözische Klone isoliert werden [*213*].

Die Gattung *Eudorina*, zu welcher jetzt auch die Arten gestellt werden, die früher in der Gattung *Pleodorina* vereinigt wurden, zeigt besonders variable Verhältnisse [*391*]. Die Arten *Eudorina unicocca, Eudorina cylindrica, Eudorina (Pleodorina) illinoisensis* und die Varietät *elegans* von *Eudorina elegans* sind diözisch. Es gibt Klone, die nur weibliche Kolonien, und solche, die nur männlichen Kolonien hervorbringen. Während sich die Zellen der weiblichen Kolonien nicht von den gewöhnlichen Zellen unterscheiden, führen die Zellen der männlichen Kolonien eine Vielteilung durch. Aus jeder Zelle geht ein Bündel zweigeißeliger Mikrogameten oder „Spermatozoiden" hervor (Abb. 146a). Diese

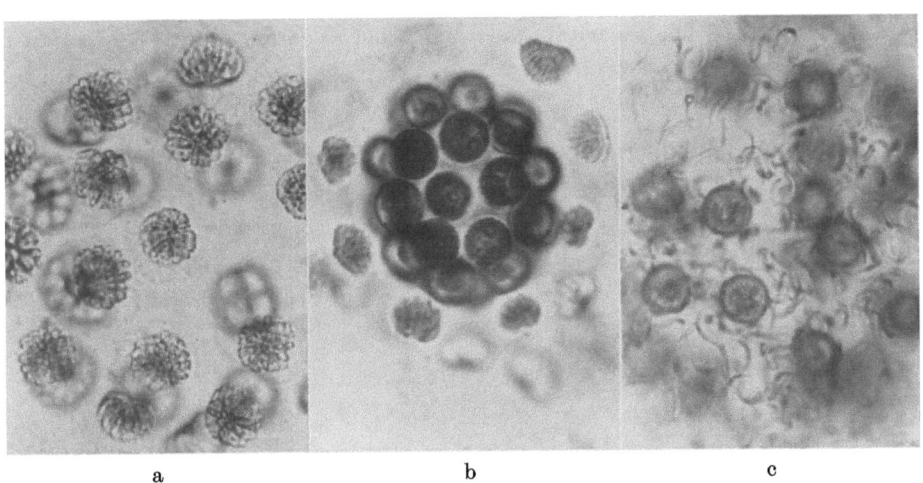

Abb. 146. *Eudorina elegans* var. *elegans*. Geschlechtliche Fortpflanzung. a Ausschnitt einer männlichen Kolonie mit Spermatozoidenbündeln. b Weibliche Kolonie, welche von Spermatozoidenbündeln umschwärmt wird. c Die Spermatozoiden sind in die Gallerte einer weiblichen Kolonie eingedrungen. Lebendaufnahmen. Vergr. 300×. Nach GOLDSTEIN, 1964 [*391*]

Spermatozoidenbündel schwimmen zunächst als Ganzes im Wasser umher. Erst in der Nähe der weiblichen Kolonien kommen sie zur Ruhe (b) und zerfallen in die einzelnen Spermatozoiden, die dann in die Gallerte eindringen und mit den Makrogameten oder „Eiern" verschmelzen (c).

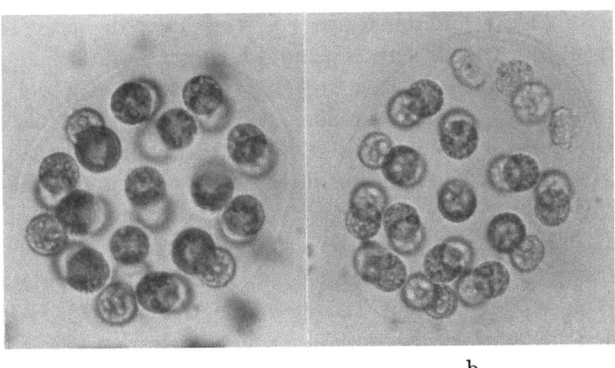

Abb. 147. *Eudorina elegans* var. *carteri*. Geschlechtliche Fortpflanzung. a Reife vegetative Kolonie. b Aus den vier Zellen des Vorderpols sind Spermatozoidenbündel hervorgegangen. Die übrigen Zellen der Kolonie sind „Eier". Lebendaufnahmen. Vergr. 320×. Nach GOLDSTEIN, 1964 [*391*]

Bei den Arten, welche monözisch sind, lassen sich zwei Möglichkeiten unterscheiden. Bei *Eudorina conradii* können nur die Klone als monözisch bezeichnet werden, während die einzelnen Kolonien entweder rein „weiblich" oder rein

„männlich" sind. Ob Diözie oder Monözie vorliegt, kann daher nur durch Klonkultur entschieden werden. Im anderen Falle erstreckt sich die Monözie auch auf die einzelnen Kolonien, d. h. ein Teil der Zellen wird zu Eiern, andere bilden Spermatozoiden-Bündel aus. Während die Verteilung der Spermatozoiden-Bündel innerhalb einer Kolonie von *Eudorina elegans var. synoica* zufallsmäßig ist, liefern bei *Eudorina elegans var. carteri* nur die vier Zellen am Vorderpol Spermatozoiden-Bündel (Abb. 147). Die Polarität, welche sich bei *Eudorina elegans var. carteri* in

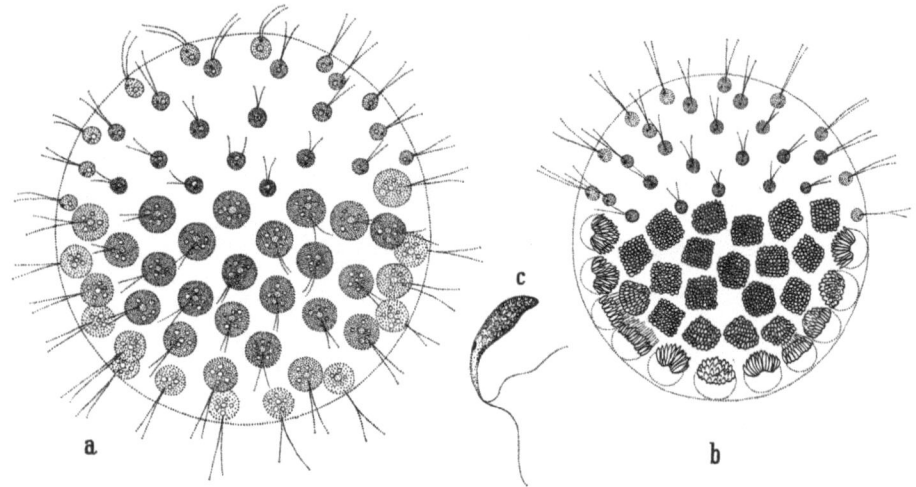

Abb. 148. *Eudorina (Pleodorina) californica*. Geschlechtliche Fortpflanzung. a Weibliche Kolonie. b Männliche Kolonie mit Spermatozoidenbündeln. c Einzelnes Spermatozoid. Vergr. a, b: 175×. Nach CHATTON, 1911 [*117*]

der sexuellen Differenzierung äußert, erinnert an die Polarität von *Eudorina (Pleodorina) illinoisensis*, wo die vier Zellen des Vorderpols somatisch, die übrigen generativ sind (Abb. 5). Auch von *Eudorina (Pleodorina) californica* kommen mindestens zwei Varietäten in der Natur vor, von denen die eine *(var. californica)* klonale (Abb. 148), die andere *(var. tiffanyi)* koloniale Monözie zeigt.

Während bei *Volvox globator* Eier und Spermatozoiden-Bündel in der gleichen Kolonie auftreten, also koloniale Monözie vorliegt, zeigt *Volvox aureus* klonale Monözie [*233*]. *Volvox perglobator* und *Volvox carteri* sind dagegen diözisch: Aus der Zygote schlüpft entweder eine weibliche oder eine männliche Gone [*594a*].

Bei allen Phytomonadinen mit Anisogametie oder Oogametie ist unmittelbar erkennbar, daß sich die sexuelle Differenzierung nur auf zwei Geschlechter erstreckt. Diese „Bipolarität", die uns auch von den Metazoen geläufig ist, gilt sowohl für die diözischen als auch für die monözischen Arten oder Varietäten.

Liegt dagegen Isogametie vor, so können nur experimentelle Untersuchungen darüber Aufschluß geben, ob die kopulierenden Gameten verschieden differenziert sind und ob diese Differenzierung bipolar ist.

Bei den *diözischen* Arten besteht über die sexuelle Differenzierung kein Zweifel. Daß sie bipolar ist, läßt sich in vielen Fällen durch Kombinationsversuche beweisen. Werden Klone, die aus den Zellen einer natürlichen Population oder aus den Gonen einer Zygote gewonnen wurden, paarweise miteinander vermischt, so findet bei bestimmten Kombinationen regelmäßig eine Kopulation statt, bei anderen nicht. Nach ihrem Kopulationsverhalten lassen sich alle Klone zwei Typen zuordnen, die als +- und --Typ bezeichnet werden.

Da es sehr unwahrscheinlich ist, daß diese Typen-Differenzierung etwas grundsätzlich anderes ist als die sich in der Anisogametie und Oogametie äußernde sexuelle Differenzierung, kann man beide Typen auch als +- und --Geschlecht bezeichnen.

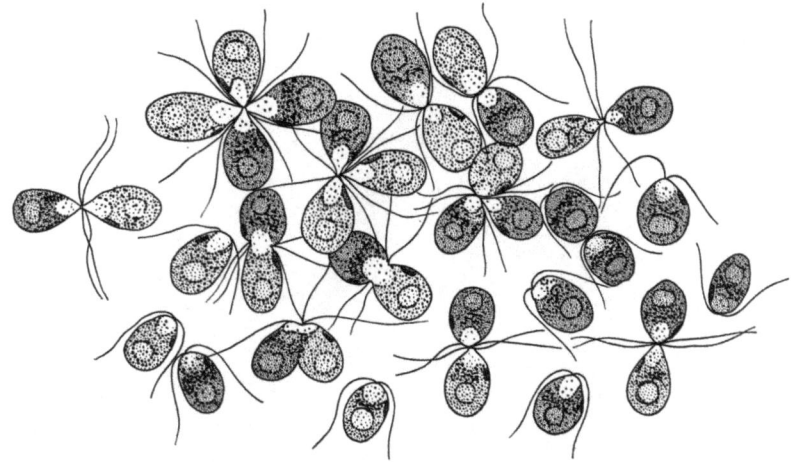

Abb. 149. *Dunaliella salina* (Phytomonadine). Kopulation der Isogameten, welche durch verschiedene Kulturbedingungen markiert wurden. Die dunkel dargestellten sind rot, die hellen grün gefärbt. Nach LERCHE, 1937 [*634*]

Daß tatsächlich immer nur ein +-Gamet mit einem --Gamet kopuliert, läßt sich unter Umständen auch durch *Markierung* der einen Gametensorte erweisen. Diese kann modifikatorisch oder genetisch sein. Züchtet man bei *Dunaliella salina* einen der Klone, welchen man zu dem Kombinationsversuch verwendet, in einer stickstoff- oder phosphorarmen Nährlösung, so nehmen die Zellen nach einiger Zeit infolge Karotinbildung eine rote Farbe an. Bringt man derart „markierte" Isogameten mit solchen des anderen Geschlechts zusammen, so paaren sich immer nur eine rote und eine grüne Zelle (Abb. 149). Bei *Chlamydomonas reinhardi* reichern die Zellen, wenn man sie auf einem stickstoffarmen Nährboden bei Licht züchtet, sehr viele Stärkekörner an. Auf diese Weise ist es daher leicht möglich, die eine Gametensorte zu markieren (Abb. 150). Wenn Mutanten zur Verfügung stehen, so lassen sich genetisch verschiedene Klone kombinieren und die Bipolarität der Gameten geht aus der Kreuzungsanalyse hervor (s. S. 236).

Bei allen diözischen Arten, die bisher untersucht worden sind [*645, 931, 974*], ist die *Geschlechtsbestimmung genetisch*. Sie beruht auf der Trennung (Segregation) eines Allelenpaares, von denen das eine für das +-, das andere für das --Geschlecht verantwortlich ist. Da die Meiose zygotisch ist (S. 78), gehören die Gonen, welche durch Teilung der Zygote entstehen, zur Hälfte dem einen, zur Hälfte dem anderen Geschlecht an (Abb. 212). Schlüpft *nur eine* Gone aus der Zygotenhülle, weil die übrigen Kerne *(Pandorina)* oder Zellen *(Eudorina)* degenerieren, so ist diese mit gleicher Wahrscheinlichkeit entweder vom +- oder vom --Geschlecht [*213, 391*].

Bei den *monözischen* Phytomonadinen mit Isogametie ist der Nachweis einer sexuellen Differenzierung und Bipolarität viel schwieriger zu erbringen. Eine

Möglichkeit würde die sog. ,,Restgametenmethode" bieten, die bei der Schirmalge *Acetabularia mediterranea* mit Erfolg angewandt wurde [*459, 470*]. Entsprechende Versuche an Phytomonadinen haben aber bisher noch nicht zu eindeutigen Ergebnissen geführt. Sollte sich herausstellen, daß auch Gameten miteinander kopulieren, die nicht sexuell differenziert sind, so könnte man natürlich nicht von einer ,,Gemischtgeschlechtlichkeit" sprechen [*846, 847*].

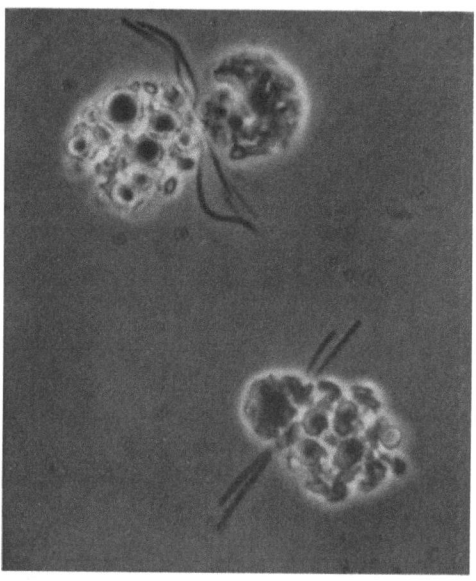

Abb. 150. *Chlamydomonas reinhardi*. Kopulation der Isogameten, von denen die eine Sorte Stärkekörner (nach Kultur auf stickstoffarmem Medium) enthält. Lebendaufnahme (Phasenkontrast). Nach SAGER und GRANICK, 1954 [*937*]

Bringt man die verschiedengeschlechtlichen Isogameten der diözischen Arten zusammen, so findet eine *Agglutinationsreaktion* statt [*335—337, 634*]. Dabei werden Gruppen von vielen — oft mehreren Hundert — Gameten gebildet, deren Zusammenhalt auf dem Verkleben der Geißelspitzen beruht. Diese Gruppen bleiben bei *Chlamydomonas eugametos syn. moewusii* etwa eine halbe Stunde, bei *Dunaliella salina* mehrere Stunden bestehen. Dann lösen sie sich in die einzelnen Kopulationspärchen auf (Abb. 151).

Bei *Pandorina morum* [*213*] und *Astrephomene gubernaculifera* [*93*] beginnt die Agglutination bereits, wenn sich die Zellen noch im Verband der Kolonien befinden. Auch nachdem sie sich aus dem Verband gelöst haben, agglutinieren sie noch eine Zeitlang weiter.

Da die Agglutinationsreaktion nur stattfindet, wenn + - und —-Gameten zusammengebracht werden, muß sie auf einer *Wechselwirkung geschlechtsspezifischer Stoffe* beruhen, die in den Geißelspitzen lokalisiert sind. Durch diese Wechselwirkung, die man sich nach Art einer Antigen-Antikörper-Reaktion vorstellen kann, wird der erste Kontakt zwischen den Gameten hergestellt. In dieser Beziehung erinnern die geschlechtsspezifischen Stoffe an die Paarungstyp-Substanzen der Ciliaten (S. 220).

Während die Paarungstyp-Substanzen jedoch am Ort ihrer Wirksamkeit bleiben, können die geschlechtsspezifischen Stoffe von *Chlamydomonas* auch in die Kulturflüssigkeit abgegeben werden. Obwohl es sich hierbei wohl um eine ,,unphysiologische" Erscheinung handelt, die für

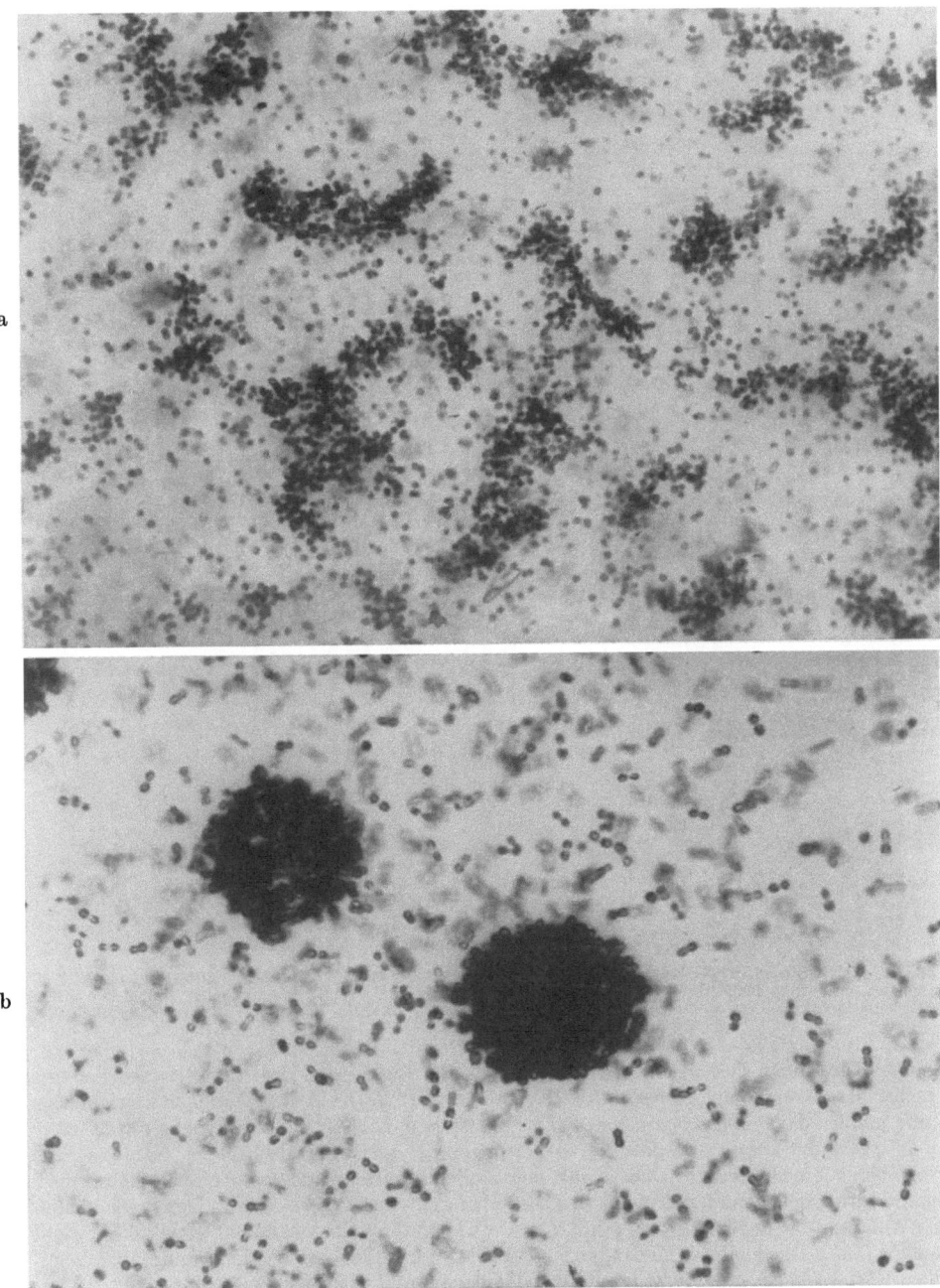

Abb. 151. *Chlamydomonas eugametos*. Agglutinationsreaktion. a Gruppenbildung nach Vermischen der + - und − Gameten. Vergr. 160 ×. b Zwei Gruppen agglutinierender Gameten und umherschwimmende Kopulationspärchen. Vergr. 400×. Aus dem Film C 883

die Kopulation als solche ohne Bedeutung ist, eröffnet sie die Möglichkeit, die Wirkungsweise und Natur der geschlechtsspezifischen Stoffe näher zu untersuchen. Solche Untersuchungen wurden mit *Chlamydomonas eugametos syn. moewusii* durchgeführt [335—337]. Bringt man die

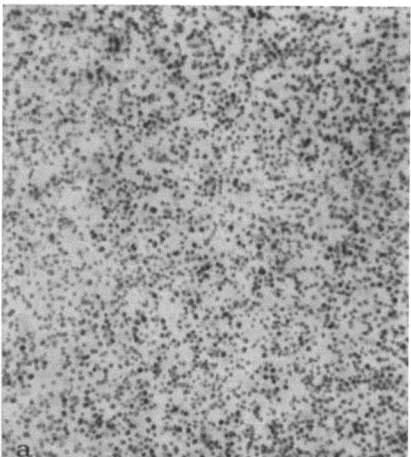
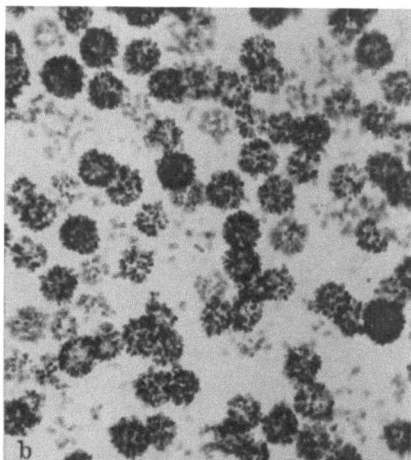
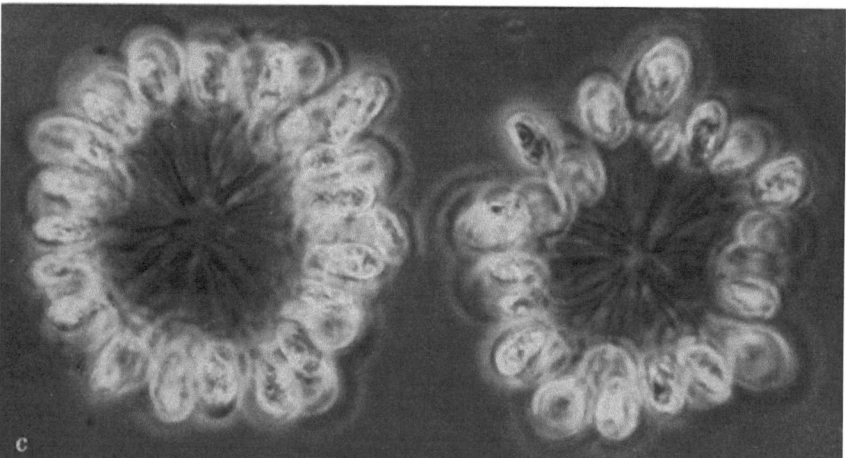

Abb. 152. *Chlamydomonas eugametos*. a „Männliche" Gameten, unbehandelt. b Isoagglutination der „männlichen" Gameten nach Zugabe des Filtrates der „weiblichen" Gameten. c Zwei Gruppen „männlicher" Gameten während der Isoagglutination (etwas unter dem Deckglas gepreßt). Nach FÖRSTER, WIESE und BRAUNITZER, 1956 [*338*]

Gameten des einen Geschlechts in ein Filtrat oder Zentrifugat der Gameten des anderen Geschlechts, so findet eine *Isoagglutination* statt (Abb. 152). Die in die Flüssigkeit abgegebenen Stoffe müssen daher sog. *polyvalente Agglutinine* sein, d. h. sie müssen mit mehreren „Rezeptoren" reagieren können, so daß die Geißelspitzen der gleichgeschlechtlichen Gameten zum Verkleben gebracht werden. Daß sie mit den Stoffen identisch sind, welche auch die normale Agglutination der Gameten ermöglichen, ließ sich experimentell beweisen [*1126*]. Die chemische Aufbereitung der Stoffe ergab, daß es sich um Glykoproteide von hohem Molekulargewicht handelt [*338*]. Die Agglutinine der beiden Geschlechter unterscheiden sich in ihren biochemischen Eigenschaften (Temperatur- und pH-Resistenz) und in ihrem Stickstoff-Gehalt. Außerdem ist die Bildung des +-Agglutinins lichtabhängig, während das —-Agglutinin auch im Dunkeln gebildet werden kann. Die Stoffe sind artspezifisch. Auf Gameten von *Chl. reinhardi* sind Filtrate von *Chl. eugametos* syn. *moewusii* unwirksam und umgekehrt.

Nach dem Kontakt an den Geißeln vereinigen sich die Gameten paarweise. Bei *Chlamydomonas eugametos* syn. *moewusii* verschmelzen zunächst die zwischen den Geißeln vorragenden Papillen beider Gameten miteinander, so daß sich die Gameten gegenüberliegen (vis à vis-Anordnung). In dieser Weise schwimmen die Pärchen stundenlang umher, wobei nur der

+-Gamet seine Geißeln betätigt, während die des —-Gameten inaktiv bleiben (S. 154). Wahrscheinlich wird der —-Gamet durch einen Stoff immobilisiert, der von dem +-Gameten gebildet wird und über die Plasmabrücke zu ihm gelangt [*642*]. Gehört der —-Klon zu einer Mutante, bei welcher es infolge einer Teilungsstörung zur Ausbildung „siamesischer Zwillinge" kommt, so werden die Geißeln beider Zellen immobilisiert, obwohl nur eine von ihnen mit einem +-Gameten verbunden ist.

Bei den oogameten Phytomonadinen, bei welchen die Makrogameten unbewegliche „Eizellen" sind, kann die Agglutination keine Rolle für den Kontakt der Geschlechtszellen spielen. Wahrscheinlich scheiden die Makrogameten Stoffe ab, welche die Mikrogameten chemotaktisch anlocken. Genauere Untersuchungen liegen aber hierüber nicht vor.

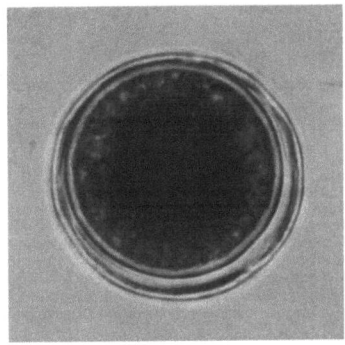

Abb. 153. *Volvox aureus.* Parthenospore. Vergr. 500×

Wenn die „Eizellen" nicht befruchtet werden, wandeln sie sich bei manchen Arten (z. B. *Volvox aureus*) in „Parthenosporen" um. Diese sind von den Zygoten nicht zu unterscheiden: Sie besitzen eine doppelte Hülle und nehmen eine rotbraune Farbe an (Abb. 153). Unter den gleichen Bedingungen, welche die Keimung der Zygoten auslösen, können sich auch die „Parthenosporen" wieder zu Kolonien entwickeln. An die Stelle einer „zweigeschlechtlichen" ist daher eine „eingeschlechtliche" Entwicklung oder *Parthenogenese* getreten.

Die Arten der Phytomonadinen, von denen eine größere Anzahl Klone isoliert und in Kultur genommen werden konnte, haben sich nicht als einheitliche Fortpflanzungsgemeinschaften erwiesen. Kombinationsversuche zeigten vielmehr, daß sie aus mehreren „Varietäten" bestehen, die sich morphologisch nicht voneinander unterscheiden, aber sexuell gegeneinander isoliert sind: Wenn man die verschiedengeschlechtlichen Gameten zweier „Varietäten" zusammenbringt, findet keine Paarung zwischen ihnen statt. Bei *Gonium pectorale* [*1047, 1049*] konnten bisher 12, bei *Pandorina morum* [*213*] 15, bei *Astrephomene gubernaculifera* [*93*] 6 und bei *Eudorina elegans* [*391*] 4 diözische „Varietäten" nachgewiesen werden. Es ist anzunehmen, daß ihre Zahl damit noch keineswegs erschöpft ist. Aus den gleichen Erwägungen, die auch bei den Ciliaten angestellt wurden (S. 210), hat man diese „Varietäten" als *Syngens* bezeichnet.

Polymastiginen

Auch bei den Polymastiginen, welche im Darmkanal von Schaben und Termiten leben, sind Befruchtungsvorgänge beschrieben und eingehend untersucht worden [*161—169, 171—179, 184—186, 189, 192, 197—200, 203, 204, 209*]. Zunächst schien es, daß sie nur bei den Arten der holzfressenden Schabe *Cryptocercus punctulatus* vorkommen. Neuerdings wurden sie aber auch bei den Polymastiginen von Termiten nachgewiesen. Es besteht daher die Möglichkeit, daß sie auch in dieser Ordnung der Flagellaten allgemein verbreitet sind.

Im Darmkanal von *Cryptocercus punctulatus* leben über 30 Arten, die sich auf 14 Gattungen verteilen. Allerdings ist die Symbiontenfauna der Schabe, welche

164 Befruchtung und Sexualität

diskontinuierlich im SO und NW der Vereinigten Staaten verbreitet ist, nicht überall gleich. *Macrospironympha xylopletha* kommt z. B. nur in kalifornischen Populationen der Schabe vor.

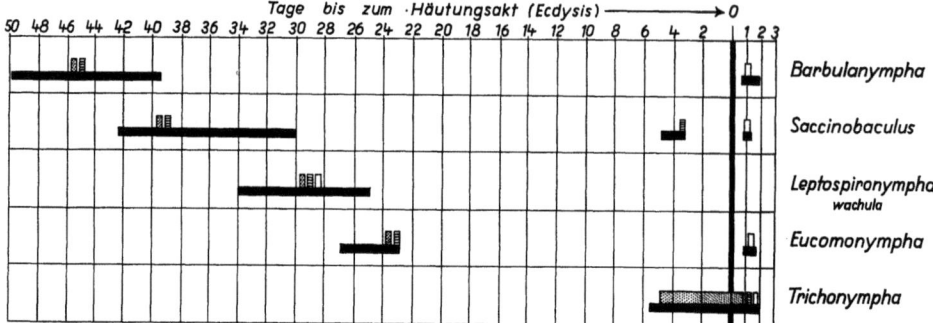

Abb. 154. Beziehung der Geschlechtsprozesse einiger haploider Polymastiginen der Schabe *Cryptocercus punctulatus* zur Häutungsperiode des Wirtes. 50—0 Tage vor, 0—3 Tage nach dem Häutungsakt (Ecdysis). Die senkrechten Balken bezeichnen die ungefähre Dauer der Gametenbildung (punktiert), der Kopulation (quergestreift) und der Meiose (weiß) bei einem einzelnen Individuum. Die waagerechten Balken (schwarz) geben die Zeitspanne an, über welche sich diese Phasen erstrecken, wenn die Befunde aus mehreren Wirten zusammengefaßt werden. Die Abwandlungen der geschlechtlichen Fortpflanzung (Autogamie, Endomitose) wurden nicht berücksichtigt. Bei *Saccinobaculus* wurde das Symbol für die Kopulation zweimal eingetragen, weil sich die Vorkerne nach der Gametenverschmelzung nicht gleich zu einem Synkaryon vereinigen, sondern mehrere Wochen nebeneinander liegen bleiben, um erst kurz vor dem Häutungsakt endgültig zu verschmelzen. Kombiniert nach CLEVELAND, 1957 [*179*]

Die geschlechtliche Fortpflanzung der Flagellaten wird durch das in den Prothorakaldrüsen gebildete *Häutungshormon (Ecdyson)* des Wirtes ausgelöst. In der Regel häutet sich die Schabe nur einmal im Jahr. Die Befruchtungsvorgänge sind daher auf einen verhältnismäßig kurzen Zeitabschnitt beschränkt. Dabei ist jedoch zu berücksichtigen, daß die Ausschüttung des Häutungshormons schon lange vor dem eigentlichen Häutungsakt (Ecdysis), d. h. vor dem Abstreifen der alten Larvenhaut, beginnt.

Wie Abb. 154 an einigen Beispielen zeigt, setzt die geschlechtliche Fortpflanzung bei den einzelnen Gattungen zu verschiedenen Zeiten ein. Bei *Barbulanympha* beginnt sie schon etwa 50 Tage, bei *Trichonympha* dagegen erst 5 Tage vor dem Häutungsakt. Zur Auslösung der Geschlechtsprozesse ist also offenbar eine bestimmte Konzentration des Häutungshormons erforderlich, die bei den einzelnen Gattungen und Arten verschieden hoch liegt.

Tabelle 2. *Typen der Befruchtungsvorgänge bei den in der Schabe Cryptocercus punctulatus lebenden Polymastiginen*. Die waagerechten Pfeile geben an, bei welchen Gattungen neben der Gametogamie oder Gamontogamie noch eine Autogamie beobachtet wurde

	Gametogamie	Autogamie	Gamontogamie
Haplonten	*Saccinobaculus* ⟶ *Oxymonas* ⟶ *Barbulanympha* ⟶ *Eucomonympha* *Leptospironympha* *Trichonympha*		
Diplonten	*Macrospironympha*	*Rhynchonympha* *Urinympha*	⟵ *Notila*

Die vorstehende Tabelle soll zunächst einen Überblick über die Mannigfaltigkeit der Befruchtungsvorgänge geben, wobei noch hinzukommt, daß es sich teils um Haplonten, teils um Diplonten handelt.

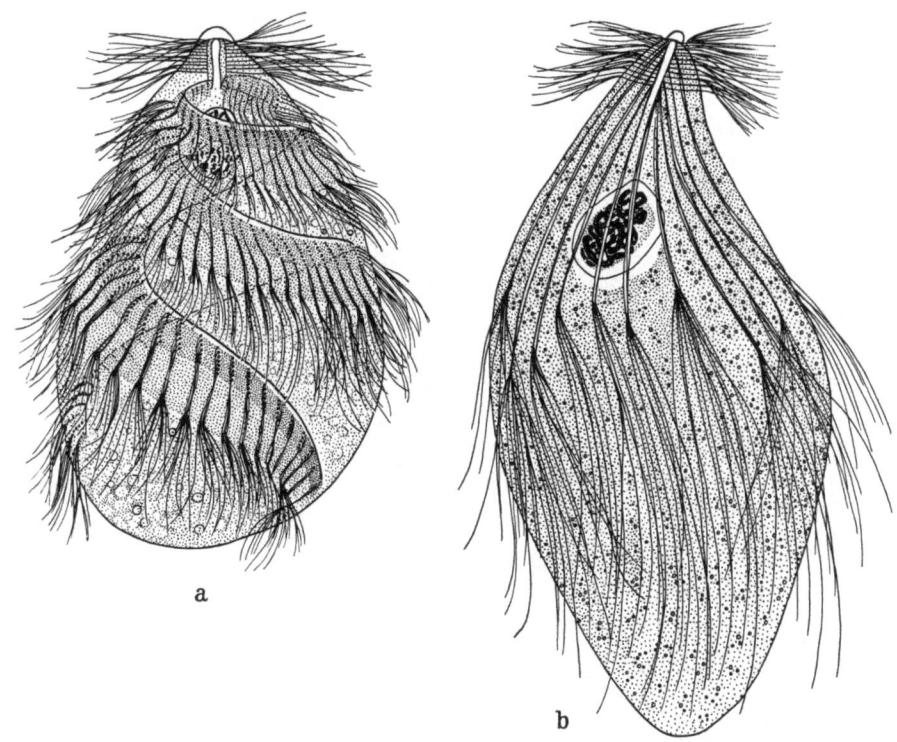

Abb. 155. *Leptospironympha wachula* (Polymastigine). a Gewöhnliche Zelle. b Gamont. Nach CLEVELAND, 1948

In allen Fällen führt die Wirkung des Häutungshormons zunächst zur Determination eines Gamonten oder Progamonten. Bei den meisten Gattungen sind mit dieser Umwandlung keine besonderen morphologischen Veränderungen verbunden. Nur bei *Leptospironympha* unterscheiden sich die Gamonten deutlich von den gewöhnlichen Zellen, indem die Geißelbänder, welche sie in Spiraltouren umziehen, abgebaut und die verbleibenden Geißelbüschel des Rostrums umgestaltet werden (Abb. 155). Bei den Arten der Gattung *Trichonympha* runden sich die Gamonten ab und umgeben sich mit einer Cystenhülle. Während der Encystierung findet eine völlige Resorption aller extranucleären Organelle (Geißeln, Parabasalkörper) statt; nur die beiden Centriole, das Kernsäckchen und Teile des Rostrums bleiben erhalten (Abb. 61a, b). Bei *Saccinobaculus* und *Oxymonas* wird auch der Achsenstab resorbiert.

Alle Haplonten stimmen darin überein, daß der Gamont eine *differentielle Zellteilung* durchführt, die zur Entstehung eines männlichen und eines weiblichen Gameten führt. Auf die eigenartigen chromosomalen Vorgänge, welche bei *Barbulanympha*, *Leptospironympha* und *Trichonympha* mit dieser Teilung verbunden sind, wurde schon früher hingewiesen (S. 72). In der Gamontencyste von *Trichonympha* lassen sich die einzelnen Phasen der Gametenbildung, die ungefähr 6 Tage dauert, im Leben verfolgen (Abb. 156). Nachdem die Centriole, zwischen denen die extranucleäre Spindel ausgebildet worden ist, zu gegenüberliegenden Polen des Zellkerns gerückt sind, entstehen an den Rostren neue Geißeln (a). Sobald die Kernteilung erfolgt ist, wird die Spindel im Cytoplasma aufgelöst. Beide Tochterkerne sind nun durch eigene Kernsäckchen, die aus dem der Mutterzelle hervorgegangen sind, mit ihren Rostren verbunden. Die Rostren können sich daher mit

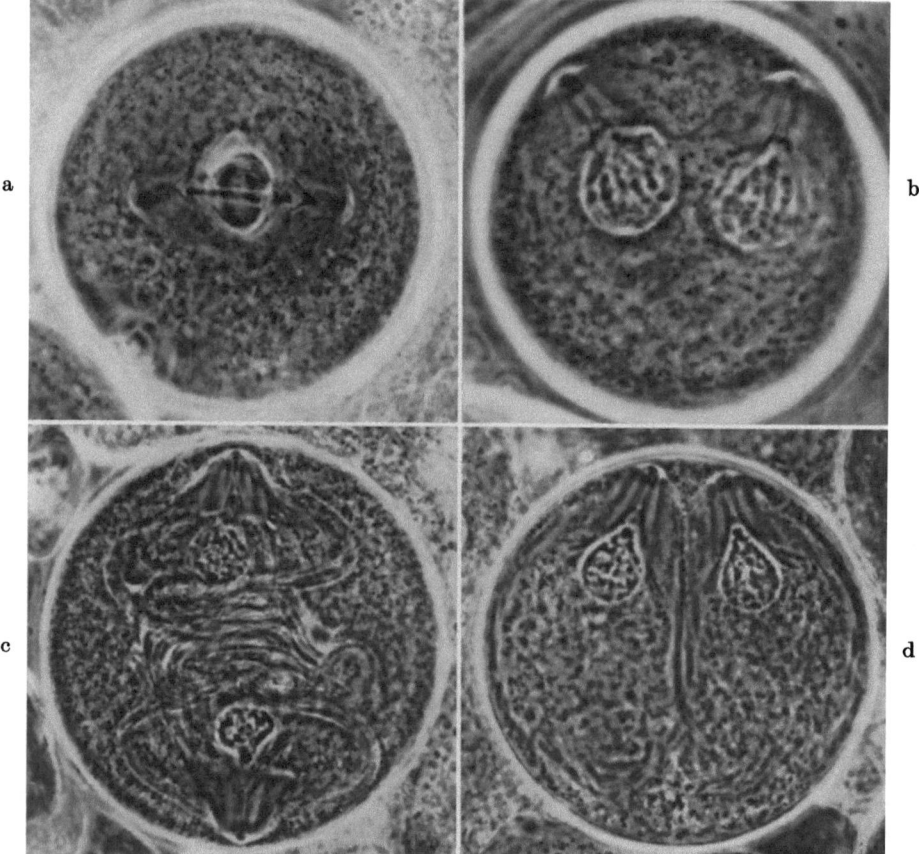

Abb. 156. *Trichonympha*. Stadien der Gametenbildung. a Gamogonie-Mitose (vgl. Abb. 61). An den Spindelpolen haben sich neue Tochterrostren gebildet. b Die Tochterrostren und die mit ihnen verbundenen Gametenkerne bewegen sich unabhängig voneinander. c Die an den Tochterrostren entspringenden Geißeln haben sich verlängert. d Die beiden Gameten liegen nebeneinander und sind nur noch in ihrer unteren Hälfte ungeteilt. Lebendaufnahmen. Vergr. 600×. Nach CLEVELAND, 1962 [*192*]

ihren Zellkernen unabhängig voneinander in der Cyste umherbewegen (b). Mit der Verlängerung der Geißeln werden ihre Bewegungen lebhafter. Währenddessen findet auch die Bildung der neuen Parabasalkörper statt (c). Schließlich trennen sich die Plasmakörper beider Gameten endgültig (d). Das Verlassen der Gamontencyste, deren Wand von den Gameten lokal aufgelöst wird, erfolgt bald danach.

Bezüglich der Differenzierung der Gameten finden sich auch bei den Polymastiginen alle Übergänge von der Isogametie zur Anisogametie. Oogametie kommt dagegen nicht vor. Während bei *Saccinobaculus* (Abb. 157), *Oxymonas* und

Leptospironympha (Abb. 160) kein Unterschied zwischen den Gameten besteht, sind die kopulierenden Gameten von *Eucomonympha* (Abb. 158), *Barbulanympha* (Abb. 159) und *Trichonympha* (Abb. 161) meistens verschieden groß. Bei *Trichonympha* kommen noch strukturelle Unterschiede dazu, die normalerweise jedoch

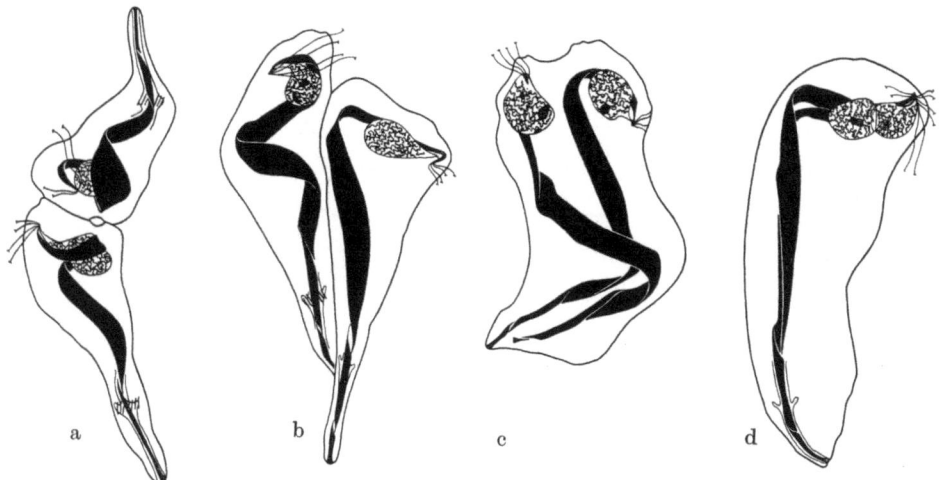

Abb. 157. *Saccinobaculus ambloaxostylus*. Verschiedene Stadien der Kopulation. a Die Gameten verschmelzen mit den Vorderenden. b Laterale Vereinigung. c Verschmelzung der Gameten abgeschlossen. d Verschmelzung der Axostyle, Gametenkerne vereinigt. Vergr. 530×. Nach CLEVELAND, 1950 [*163*]

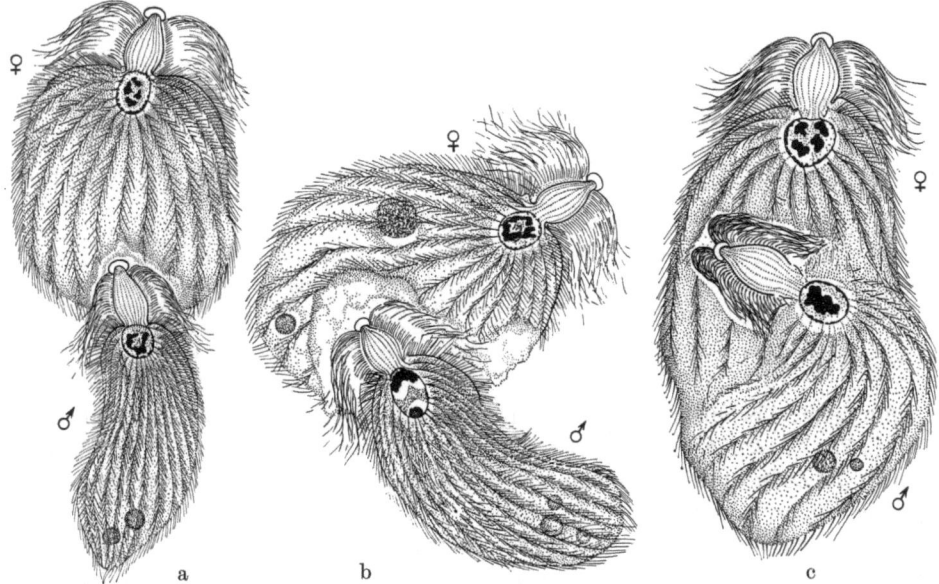

Abb. 158. *Eucomonympha imla*. Verschiedene Stadien der Kopulation. Vergr. 460×. Nach CLEVELAND, 1950 [*165*]

erst nach dem Ausschlüpfen aus der Cyste deutlich werden. Der größere Gamet bildet zahlreiche kleine Granula aus, welche an seinem Hinterende zu einem Ring zusammentreten. Innerhalb dieses Ringes befindet sich der „Empfängnishügel", ein hyaliner Bereich des Hinterendes, der aus- und eingestülpt werden kann. Der kleinere Gamet besitzt im Cytoplasma verstreute Granula, aber keine besonderen Differenzierungen am Hinterende.

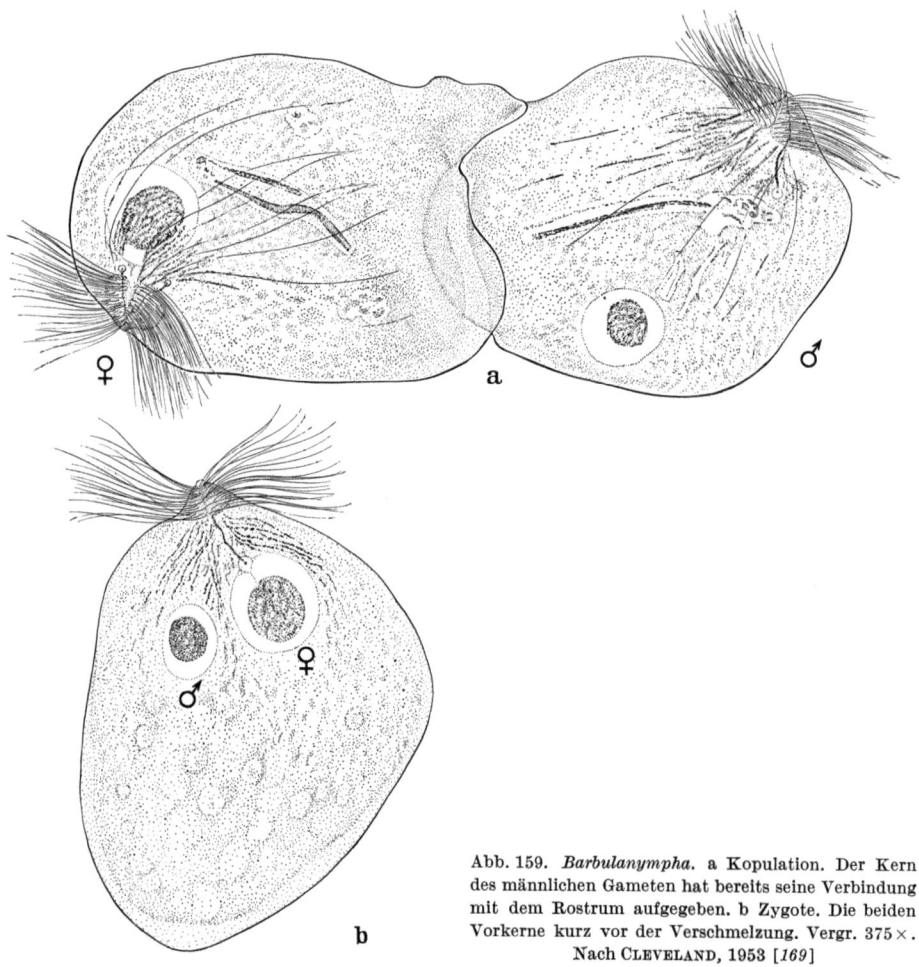

Abb. 159. *Barbulanympha*. a Kopulation. Der Kern des männlichen Gameten hat bereits seine Verbindung mit dem Rostrum aufgegeben. b Zygote. Die beiden Vorkerne kurz vor der Verschmelzung. Vergr. 375×.
Nach CLEVELAND, 1953 [*169*]

Auch der Verlauf der Kopulation ist recht verschieden. Bei *Saccinobaculus* (Abb. 157), *Oxymonas*, *Eucomonympha* (Abb. 158) und *Barbulanympha* (Abb. 159) können die Zellkörper der Gameten an beliebiger Stelle miteinander verschmelzen. Für die beiden erstgenannten Gattungen ist charakteristisch, daß nach der Kopulation auch eine Verschmelzung der beiden Achsenstäbe erfolgt. Bei *Eucomonympha* ruft der kleinere Gamet bei dem größeren eine lokale Auflösung der Pellicula hervor. Die Gameten von *Leptospironympha* und *Trichonympha* besitzen dagegen einen besonderen Kontaktbereich: Der eine Gamet heftet sich mit seinem Rostrum nur an das Hinterende des anderen. Bei *Trichonympha* wird der „Empfängnishügel" anschließend eingestülpt, und der hintere Gamet schlüpft als Ganzes in den vorderen Gameten hinein.

Die Verschiedenheit der Gameten kommt auch im Verhalten ihrer Kerne zum Ausdruck. Mit Ausnahme von *Saccinobaculus* und *Oxymonas* löst sich stets der Kern des kleineren bzw. hinteren Gameten von den Organellen des Rostrums los, mit denen er durch das Kernsäckchen verbunden ist, und wandert zu dem anderen Kern hin. Die freigewordenen Organelle werden dann im Plasma der Zygote resorbiert. Dieses übereinstimmende Verhalten rechtfertigt eine Homologisierung: Der Gamet, dessen Organelle erhalten bleiben, kann als „weiblich", derjenige, dessen Organelle eingeschmolzen werden, als „männlich" bezeichnet werden. Nachdem sich beide Vorkerne berührt haben, erfolgt die Karyogamie. Diese dauert verschieden lange. Bei *Saccinobacculus* liegen die Vorkerne über 3 Wochen nebeneinander, bevor sie endgültig verschmelzen (Abb. 157d). In anderen Fällen spielt sich ihre Vereinigung in wenigen Stunden ab.

Abb. 160. *Leptospironympha wachula* (Polymastigine). Kopulation (a) und Zygote (b). Vergr. 700×. Nach CLEVELAND, 1951 [*166*]

Während sich die Meiose bei den Haplonten an die Befruchtung anschließt, findet sie bei den Diplonten vor der Gametenbildung statt. Allerdings ist *Macrospironympha xylopletha* die einzige diploide Polymastigine aus *Cryptocercus punctulatus*, welche freischwimmende Gameten bildet. In diesem Falle beginnt die geschlechtliche Fortpflanzung mit der Determination eines „Progamonten", welcher sich in zwei Gamonten teilt. Mit dieser Zellteilung ist Meiose I verbunden. Jeder Gamont encystiert sich dann, und in der Cyste erfolgt die zur Gametenbildung führende differentielle Teilung, wobei die Kernteilung der Meiose II entspricht. Die beiden Gameten unterscheiden sich bei *Macrospironympha* nur wenig in ihrer Größe voneinander; aber auch in diesem Falle trennt sich der Vorkern des kleineren Gameten von seinen Organellen und wandert zu dem Vorkern des größeren Gameten hin.

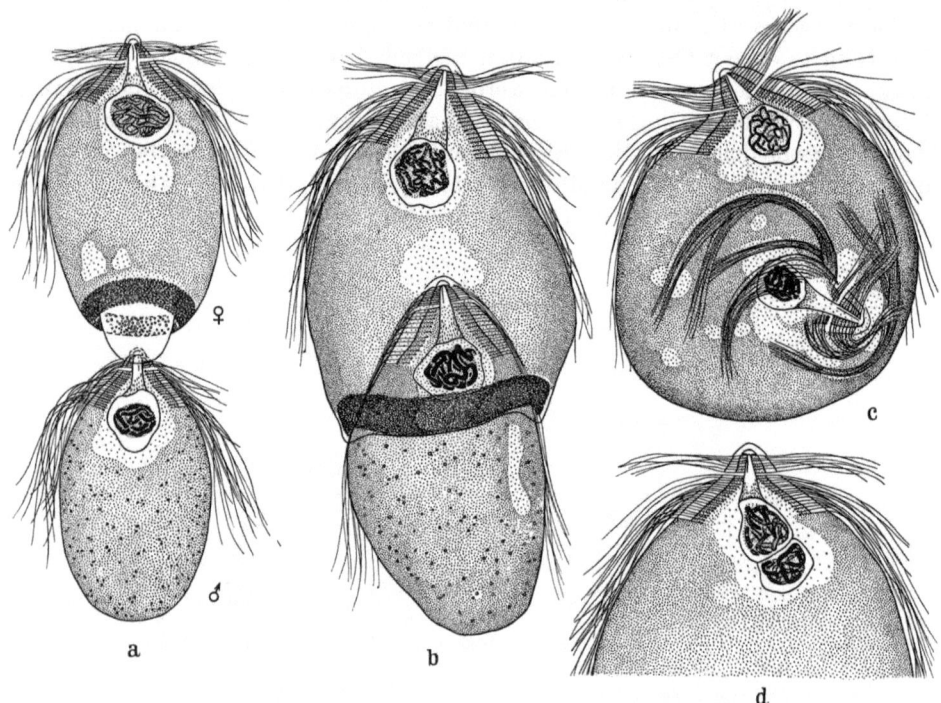

Abb. 161. *Trichonympha*. Kopulation. a Männlicher Gamet mit seinem Rostrum am vorgestülpten „Empfängnishügel" des weiblichen Gameten befestigt. b „Empfängnishügel" des weiblichen Gameten eingestülpt. Eindringen des männlichen Gameten in den weiblichen. c Völlige Verschmelzung beider Gameten. Der männliche Gamet beginnt seine Organelle zu verlieren. d Beginnende Verschmelzung der beiden Vorkerne (Färbungsunterschied!). Vergr. 375×. Nach CLEVELAND, 1949 [*161*]

Wie schon erwähnt, sind neuerdings auch bei Polymastiginen, welche im Darm von Termiten leben, Befruchtungsvorgänge beobachtet worden. Es handelt sich um die Gattungen *Trichonympha, Pseudotrichonympha, Deltotrichonympha, Koruga* und *Mixotricha*. Anscheinend sind die Geschlechtsprozesse auch hier mit der Häutung des Wirtes korreliert [197—199].

Foraminiferen

Unter den Rhizopoden wurde die Bildung freischwimmender Gameten mit Sicherheit nur bei einigen Foraminiferen nachgewiesen. Da die Foraminiferen einen Generationswechsel haben (S. 396), und die Gamonten die sich geschlechtlich fortpflanzende Generation sind, werden sie nicht — wie bei den Phytomonadinen und Polymastiginen — durch äußere Bedingungen determiniert, sondern entstehen durch eine Vielteilung der Agamonten. Wenn die Gamonten zu einer bestimmten Größe (Grenzgröße) herangewachsen sind, führen sie ihrerseits eine Vielteilung durch. Dabei wird der ganze Plasmakörper in Gameten aufgeteilt, während die leere Schale zurückbleibt.

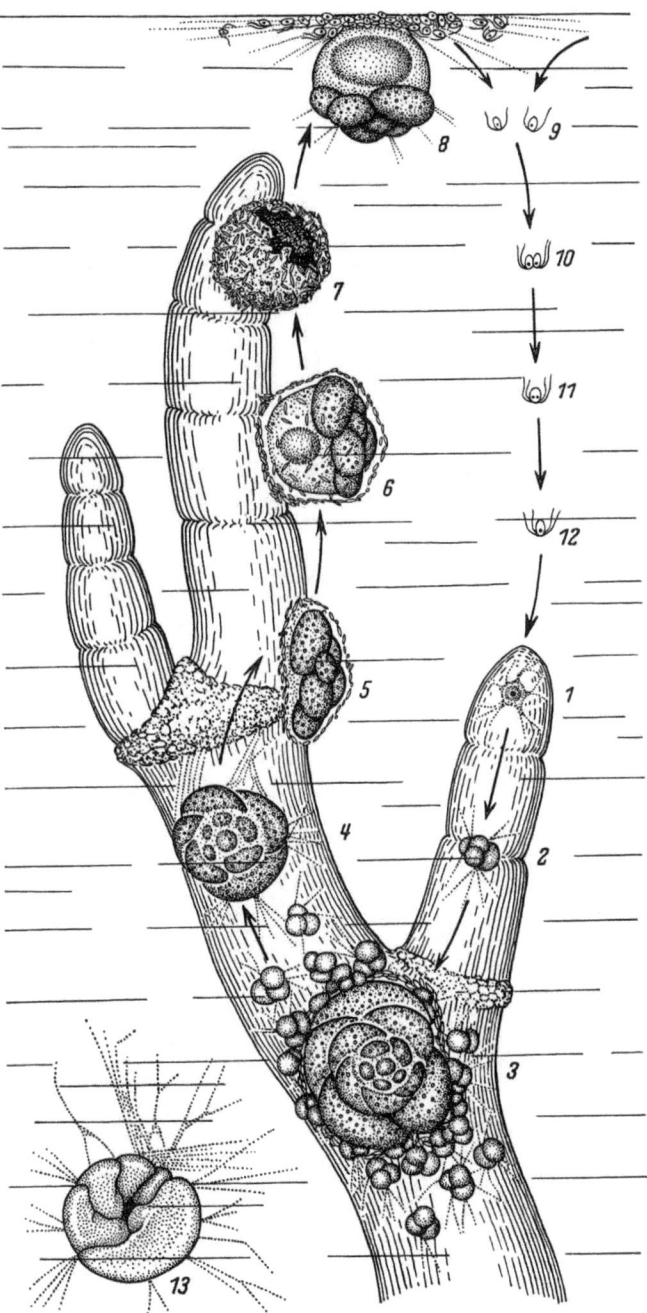

Abb. 162. *Tretomphalus bulloides*. Entwicklungsgang. *1* Amöboide Zygote. *2* Junger (vierkammeriger) Agamont. *3* Erwachsener Agamont in Ausbildung der Agameten (Gamonten). *4* Erwachsener Gamont. *5* Der Gamont umgibt sich mit einer Hülle aus Detritus-Teilchen. *6* Ausbildung der „Schwimmkammer". *7* Leere Detritus-Hülle. *8* An die Meeresoberfläche aufgestiegener Gamont mit ausschwärmenden Gameten. *9* Gameten. *10—12* Stadien der Kopulation. *13* Gamont von der Unterseite. Nach MYERS, 1943 [*732*]

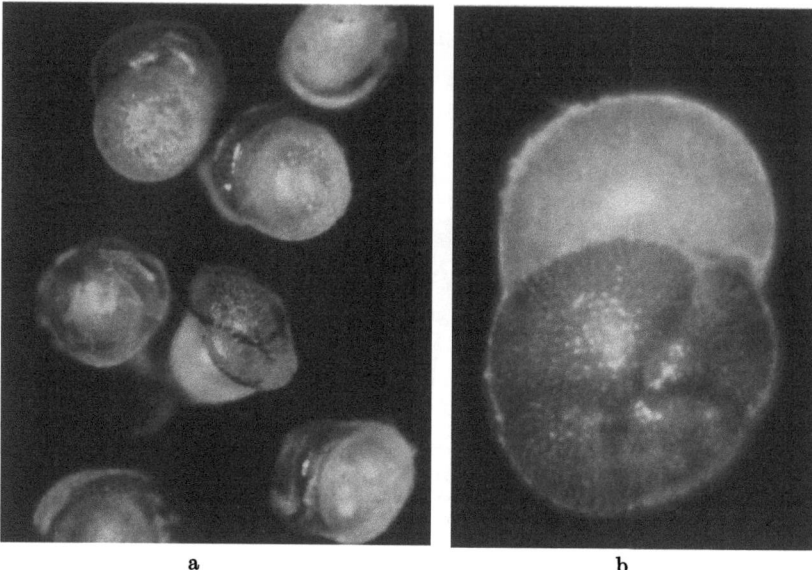

Abb. 163. *Tretomphalus bulloides*. Gamonten mit Schwimmkammern, nach Entleerung der Gameten. a Übersichtsbild verschiedener Gamonten. b Einzelner Gamont bei starker Vergrößerung. Mikroaufnahmen

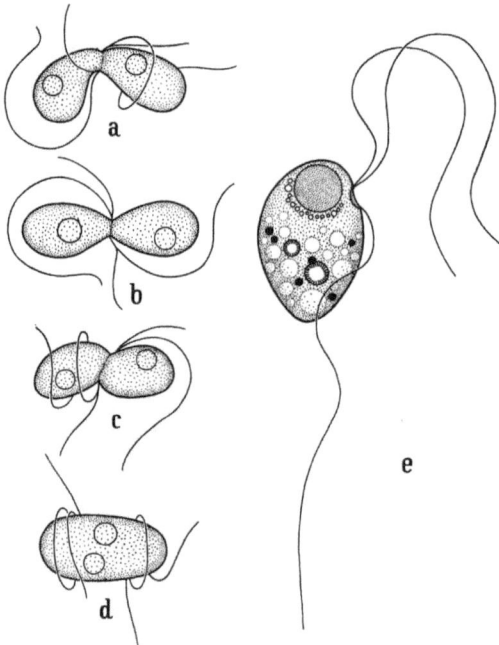

Abb. 164. Begeißelte Gameten von Foraminiferen. a—d *Iridia lucida*. Stadien der Kopulation. e *Discorbis mediterranensis*. Dreigeißeliger Gamet (diese Art ist gamontogam, s. S. 183). Vergr. e: 2100×. Nach LE CALVEZ, 1938 u. 1950 [*626, 627*]

Die Bildung freischwimmender Gameten wurde zuerst bei *Elphidium crispum* (*Polystomella crispa*) beobachtet, wo man den Generationswechsel der Foraminiferen entdeckte. Später zeigte sich, daß Gametogamie nicht nur bei polythalamen

Gattungen (*Peneroplis*, *Planorbulina*, *Discorbis*, *Orbulina*, *Tretomphalus* u. a.), sondern auch bei monothalamen Gattungen (*Myxotheca*, *Iridia* u. a.) vorkommt.

Bei *Tretomphalus bulloides* (Abb. 162) kriecht der Gamont während seiner Wachstumsphase zunächst auf der Unterlage, z. B. einem Algenthallus, umher. Wenn er eine bestimmte Größe erreicht hat, umgibt er sich mit einer Hülle aus Detritusteilchen und bildet eine gasgefüllte Schwimmkammer aus. Auf diese Weise wird er spezifisch leichter und steigt an die Wasseroberfläche, wo er die Gameten entläßt. Die leeren Schalen der Gamonten (Abb. 163) können gelegentlich in großer Zahl an der küstennahen Meeresoberfläche treiben und einen regelrechten Spülsaum am Ufer bilden.

Die Gameten, welche von den Gamonten der gametogamen Arten gebildet werden, sind sehr klein (2—5 μ) und wohl immer zweigeißelig. Über die sexuelle Differenzierung ist nichts bekannt. Wahrscheinlich handelt es sich stets um Isogameten. Ihre Kopulation wurde für *Iridia lucida* (Abb. 164a—d) beschrieben. Wenn ein Gamont von *Myxotheca arenilega* (Abb. 345) isoliert wird, so zeigt sich, daß die von ihm erzeugten Gameten untereinander kopulieren können [*429*]. Die Gamonten sind daher sicher nicht getrenntgeschlechtlich. Ob die Gameten sexuell differenziert sind, müßte durch „Restgameten"-Versuche geprüft werden (S. 160).

Sporozoen

Bei den Sporozoen ist die Bildung freischwimmender Gameten auf die Coccidien beschränkt (Ausnahme: Adeleidae). Die Gamonten entstehen entweder direkt

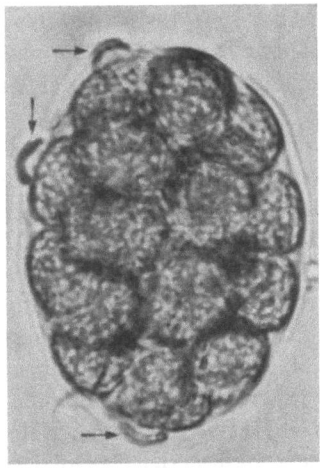

Abb. 165. *Eucoccidium dinophili*. Oocyste mit Sporen, von Mikrogameten (Pfeile!) umschwärmt. Die Oocyste wurde aus der Leibeshöhle des Wirtes herausgedrückt und liegt frei im Seewasser. Lebendaufnahme

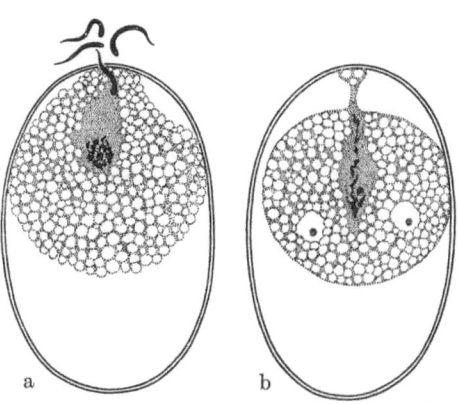

Abb. 166. *Eimeria propria*. Befruchtung. Nach SIEDLECKI aus DOFLEIN-REICHENOW, 1949

aus den Sporozoiten (Eucoccidien) oder aus den Merozoiten einer vorausgegangenen Schizogonie (Schizococcidien). Während die „Makrogamonten" unmittelbar zu großen unbeweglichen Makrogameten werden, führen die „Mikrogamonten" eine simultane Vielteilung durch, so daß zahlreiche kleine Mikrogameten entstehen. Bei den Coccidien herrscht daher allgemein *Oogametie*. In vielen Fällen ist die sexuelle Differenzierung auch schon an den Gamonten erkennbar: sie können sich durch ihre Größe, Form oder Struktur voneinander unterscheiden *(Anisogamontie)*. Bei *Eucoccidium dinophili* (Abb. 380) wachsen die Makrogamonten zu großen, zigarrenförmigen Stadien heran, die bei der Umwandlung in die befruchtungsfähigen Makrogameten eine ovale Gestalt annehmen. Die Mikrogamonten bilden sich dagegen frühzeitig in runde Cysten um, in denen dann die Mikrogameten entstehen.

Während die Mikrogameten von *Eucoccidium dinophili* napfförmig und zweigeißelig sind, haben sie bei den meisten Schizococcidien eine langgestreckte Form. Die *Eimeria*-Arten besitzen dreigeißelige Mikrogameten [*126, 967*]. Bei *Aggregata eberthi* (Abb. 383) ist eine der drei Geißeln zu einer undulierenden Membran umgebildet. Die fadenförmigen Mikrogameten der Haemosporidae scheinen dagegen im wesentlichen nur aus einer Geißel zu bestehen, wobei der Zellkern zwischen Fibrillenbündel und Geißelhülle liegt [*357b*].

Um die Makrogameten zu erreichen, müssen die Mikrogameten eine mehr oder weniger lange Strecke zurücklegen. Es ist sehr wahrscheinlich, daß von den Makrogameten ein Stoff abgeschieden wird, welcher die Mikrogameten chemotaktisch anlockt. Bei *Eucoccidium dinophili*, wo die Befruchtung in der Leibeshöhle des Wirtes erfolgt, wird auch die aus der Zygote hervorgegangene Oocyste lebhaft von den Mikrogameten umschwärmt (Abb. 165). Offenbar haftet ihr noch der Stoff an, welcher von dem Makrogameten abgeschieden wurde.

Vor der Befruchtung rückt der Kern des Makrogameten an die Zellperipherie. An dieser Stelle, an welcher die Zellhülle vorübergehend aufgelöst wird, dringt der Mikrogamet als Ganzes in den Makrogameten ein (Abb. 166). Im Anschluß an die Karyogamie streckt sich das Synkaryon in die Länge. Dieses Stadium, welches früher als „Befruchtungsspindel" bezeichnet wurde, leitet die Prophase der Meiose ein (S. 92). Mit der Meiose beginnt die Sporogonie.

Ähnlich wie bei den Phytomonadinen (S. 163) scheint auch bei den Coccidien gelegentlich eine *Parthenogenese*, d. h. eine Weiterentwicklung des Makrogameten ohne Befruchtung und Meiose vorzukommen. Sicher nachgewiesen wurde sie für *Eucoccidium dinophili*, wo sich die Entwicklung im Leben verfolgen läßt (Abb. 167). Der Makrogamont wandelt sich zunächst in den Makrogameten um, indem er sich verkürzt und abrundet (a, b). Dann rückt der Kern an die Peripherie der Zelle, wo er bei seitlicher Betrachtung wie eine „Einkerbung" des Cytoplasmas erscheint (c). Ohne die für die „Befruchtungsspindel" charakteristische Form anzunehmen, teilt er sich dann in zwei Tochterkerne (d), womit die Sporogonie eingeleitet wird, die zur Entstehung der Sporen führt (e, f). Wie nach einer Befruchtung zieht sich auch bei der parthenogenetischen Entwicklung das Cytoplasma zu Beginn der Sporogonie etwas zusammen, so daß sich die Zellhülle deutlich von ihm abhebt.

Bei *Eucoccidium dinophili* ist die Parthenogenese eine ganz regelmäßige Fortpflanzungsweise, die immer stattfindet, wenn der Wirt nur mit einer oder mit wenigen Sporen infiziert worden ist. Bei *schwacher* Infektion entwickeln sich nämlich alle Sporozoiten in der Leibeshöhle des Wirtes zu Makrogamonten. Erst bei *starker* Infektion werden in der Leibeshöhle Mikrogamonten ausgebildet, so daß eine bisexuelle Fortpflanzung stattfinden kann. Auch wenn man die Sporen, welche auf parthenogenetischem Wege aus einem Sporozoiten hervorgegangen sind, zu einer starken Infektion verwendet, treten in der Leibeshöhle des infizierten Wirtstieres beide Geschlechter auf. Die Determination von Sporozoiten zu Mikrogamonten kann daher nur auf Bedingungen beruhen, welche sich erst bei starker Infektion in der Leibeshöhle des Wirtes einstellen. Wenn die Natur dieser Bedingungen auch noch nicht bekannt ist, so steht doch fest, daß die *Geschlechtsbestimmung* auf *modifikatorischem Wege* erfolgt. Wäre sie genetisch, so könnte die Nachkommenschaft eines Sporozoiten nicht beide Geschlechter hervorbringen.

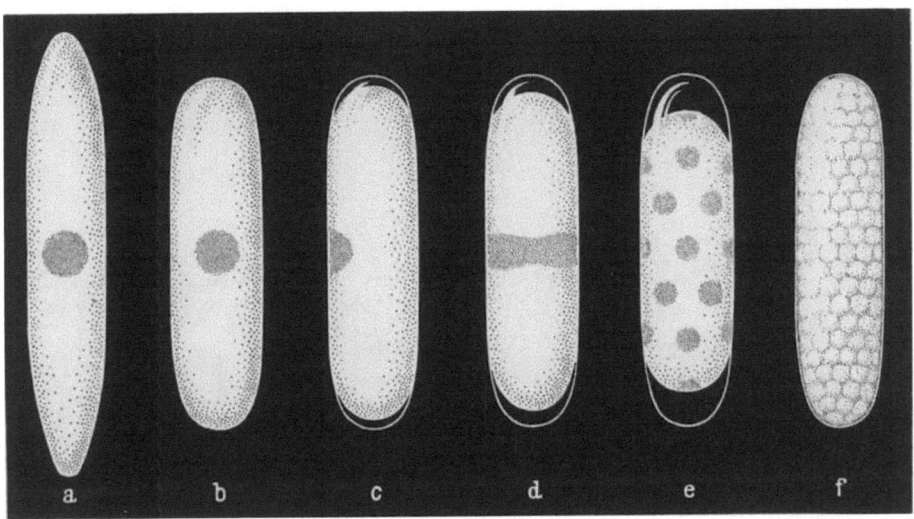

Abb. 167. *Eucoccidium dinophili*. Parthenogenetische Entwicklung des Makrogamonten, nach Lebendbeobachtungen im auffallenden Licht. Nach GRELL, 1953 [*428*]

II. Autogamie

Als Autogamie wird ein Befruchtungsvorgang bezeichnet, bei welchem nur die von dem gleichen Gamonten erzeugten Gameten oder Gametenkerne miteinander verschmelzen. Bei der Autogamie handelt es sich daher um eine obligatorische Monözie, wobei aber im Einzelfall zu prüfen ist, ob zwischen den Gameten oder Gametenkernen ein sexueller Unterschied besteht.

Die Möglichkeit, daß der Gamont *Gameten*, also ganze Zellen hervorbringt, welche miteinander kopulieren, ist bei einigen Heliozoen und Foraminiferen verwirklicht.

Die einzigen *Heliozoen*, bei welchen bisher Befruchtungsvorgänge genauer beschrieben wurden, sind die beiden Süßwasser-Arten *Actinosphaerium eichhorni* und *Actinophrys sol*. Die geschlechtliche Fortpflanzung setzt ein, wenn nach einer Vermehrungsperiode plötzlich Nahrungsmangel eintritt.

Actinosphaerium eichhorni, die vielkernige größere Art, sinkt dann auf den Boden, zieht seine Axopodien ein und flacht sich zu einer unregelmäßig begrenzten Masse ab, die von einer Gallerte umgeben ist (Abb. 168a). Von den zahlreichen (bis zu 500) Kernen, welche die schwebende Form besaß, geht der größte Teil zugrunde. Dann findet eine simultane Vielteilung statt, bei welcher die Plasmamasse in so viele Einzelzellen zerfällt wie Kerne übriggeblieben sind (b). Jede Einzelzelle umgibt sich mit einer Cystenhülle, in der sie sich in zwei Tochterzellen teilt (c, d).

Die Tochterzellen, die man als Gamonten bezeichnen kann, führen nun zunächst die Meiose durch und werden dadurch zu Gameten. Diese verschmelzen dann innerhalb der Cyste wieder zu einer Zygote (e, f). Die Zygote ist ein Ruhestadium. Unter geeigneten Bedingungen schlüpft aus ihr ein *Actinosphaerium*, das schon vorher vielkernig wird.

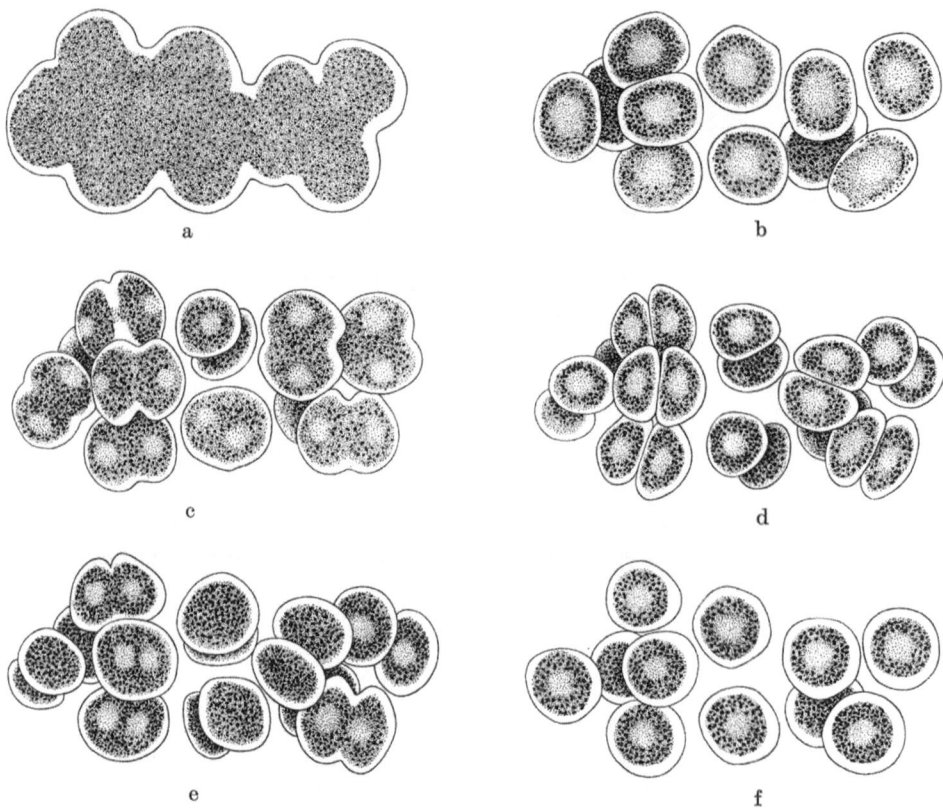

Abb. 168. *Actinosphaerium eichhorni*. Geschlechtliche Fortpflanzung (Autogamie). a Abgeflachte und dem Boden aufliegende Mutterzelle. Beginn der multiplen Teilung. b Tochterzellen (6 Std später). c Progame Teilung (15 Std später). d Gamonten während der Meiose (8 Std später). e Verschmelzung der Gameten (16 Std später). f Zygoten (9 Std später). Lebendbeobachtungen. Nach R. HERTWIG, 1898 [485]

Bei *Actinophrys sol* verläuft die geschlechtliche Fortpflanzung einfacher, da die Art einkernig ist. Die Einzelwesen verhalten sich so wie die aus der multiplen Teilung hervorgegangenen Zellen von *Actinosphaerium eichhorni* (Abb. 168b): Sie encystieren sich und teilen sich innerhalb der Cyste in zwei Tochterzellen oder Gamonten (Abb. 169a, b). Dann führt der Kern jedes Gamonten zwei meiotische Teilungen durch, wobei jedesmal ein Tochterkern pyknotisch wird und zugrunde geht (c—f). Obwohl die Gameten morphologisch gleich sind, also Isogametie vorliegt, zeigen sie einen Unterschied des Verhaltens. Einer von ihnen — offenbar immer derjenige, welcher die Meiose zuerst abgeschlossen hat — bildet ein Pseudopodium aus, während sich der andere an dieser Stelle etwas zurückzieht (g). Durch die Zellverschmelzung und Karyogamie (h) entsteht die Zygote, die auch in diesem Falle ein Ruhestadium ist (i).

Autogamie

Daß die Bildung des Pseudopodiums nicht zufällig erfolgt, sondern auf einer verschiedenen Differenzierung der Gameten beruht, wird durch Lebendbeobachtungen bestätigt. Entsteht das Pseudopodium ausnahmsweise zunächst an der dem Partner abgewandten Seite, so wird es wieder eingeschmolzen und an der „richtigen" Stelle neugebildet. Gelegentlich verschmelzen zwei Individuen zu

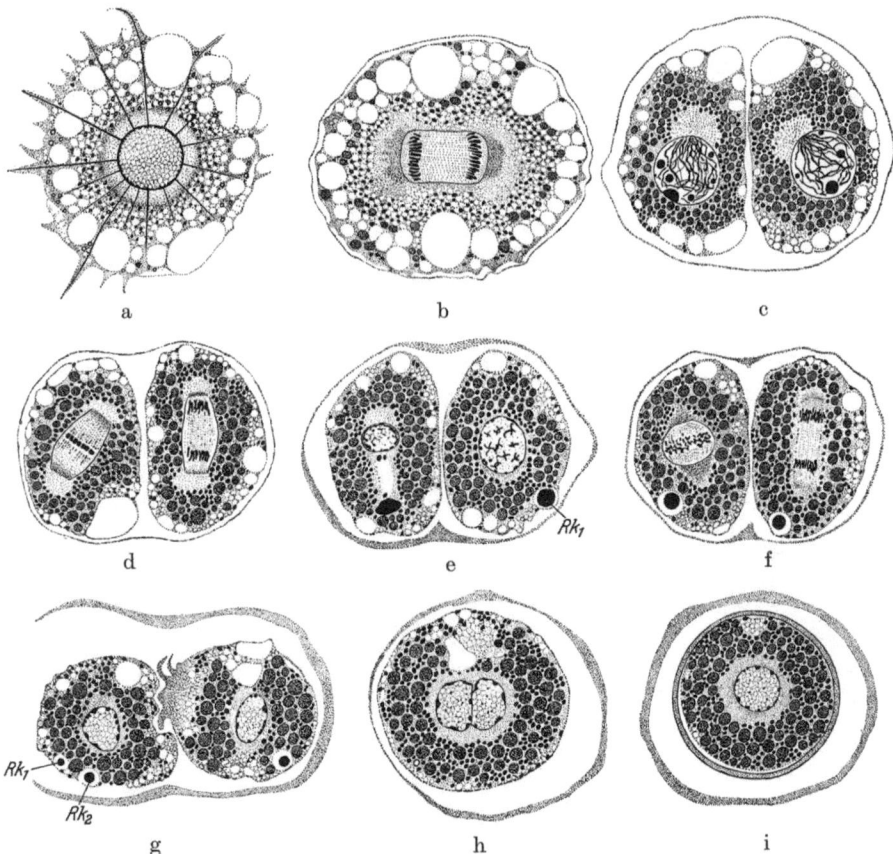

Abb. 169. *Actinophrys sol*. Geschlechtliche Fortpflanzung (Autogamie). a Einzelne Zelle. b Encystierung und Teilung in die beiden Tochterzellen. c—e Erste meiotische Teilung (Degeneration des einen Tochterkerns, Rk_1). f, g Zweite meiotische Teilung (Degeneration des einen Tochterkerns, Rk_2) und sexuelle Differenzierung der Gameten (Pseudopodienbildung bei dem einen Gameten). h Karyogamie. i Zygote. Vergr. 830×. Nach BELAR, 1922 [65]

Beginn der geschlechtlichen Fortpflanzung miteinander und umgeben sich mit einer gemeinsamen Cystenhülle. Wenn die von ihnen gebildeten Gameten so angeordnet sind, daß die pseudopodienbildenden mit den anderen abwechseln, so kann es vorkommen, daß die Befruchtung nicht autogam, sondern allogam ist (Abb. 170)[12].

Gameten, die ihren Partner nicht erreichen oder aus anderen Gründen kopulationsunfähig sind, können sich mit einer eigenen Cystenhülle umgeben. Bei dem in Abb. 171 dargestellten Fall verschmolzen drei Individuen miteinander, von denen zwei eine Autogamie durchführten, während sich die Gameten des dritten Individuums unabhängig voneinander encystierten.

---

[12] Allogamie = Fremdbefruchtung.

Die encystierten Gameten können sich *parthenogenetisch* weiter entwickeln. Zwar keimt nur noch ein Bruchteil von ihnen aus, und von den ausschlüpfenden Individuen gehen viele zugrunde; aber von den Überlebenden können Klonkulturen angelegt werden, die sich unbegrenzt vermehren. Wahrscheinlich findet bei den Überlebenden eine Heraufregulierung der Chromosomenzahl statt.

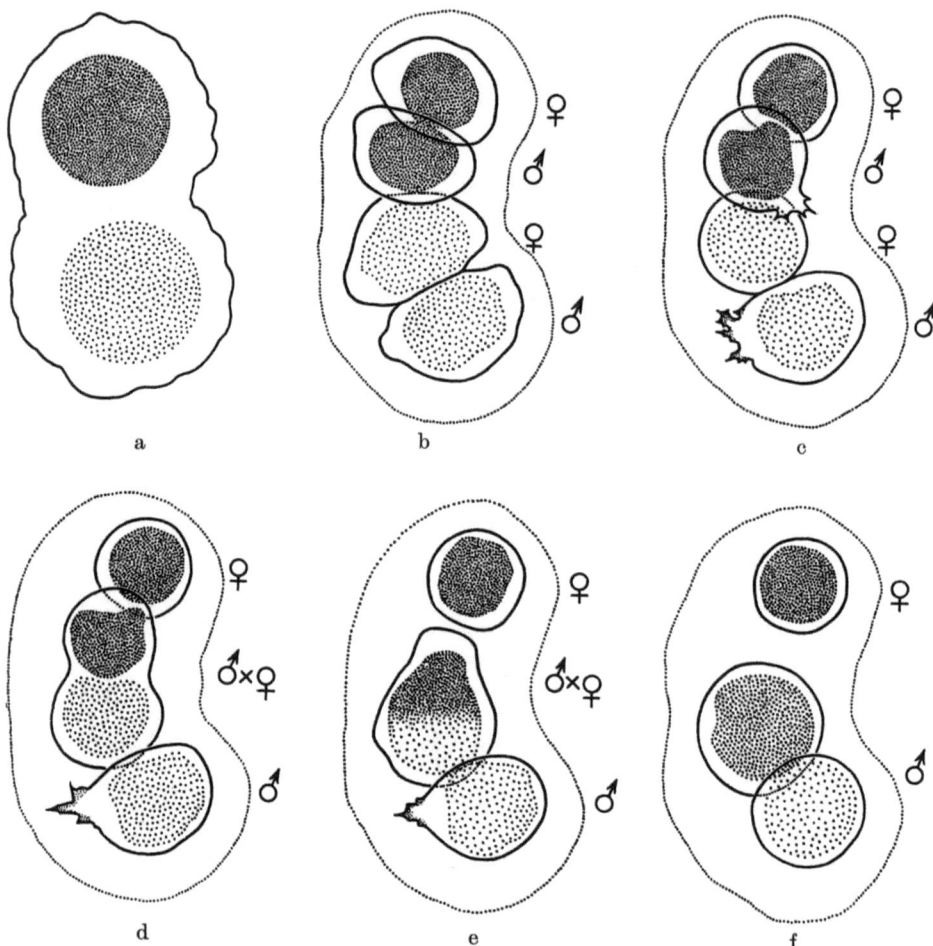

Abb. 170. *Actinophrys sol.* Kopulation zweier Gameten, die von verschiedenen, vorher miteinander verschmolzenen Mutterzellen stammen (schematisch dicht und locker punktiert). Lebendbeobachtungen. Vergr. 600×. Nach BELAR 1922 [*65*]

Geht man davon aus, daß die sexuelle Differenzierung der Gameten gesichert ist, so muß die Geschlechtsbestimmung mit der programen Zellteilung verknüpft sein, welche nach der Encystierung erfolgt. Diese wäre daher als differentielle Teilung aufzufassen.

Von den *Foraminiferen* hat sich eine monothalame Art, *Allogromia laticollaris*, als autogam erwiesen. Allerdings ist der Verlauf der Gametenbildung und Kopulation nicht genau bekannt [*30*].

Autogamie

Eingehender wurde die Autogamie bei den kleinen polythalamen *Rotaliella*-Arten untersucht. Wie bei allen Foraminiferen ist der Gamont einkernig. Wenn er zu einer bestimmten Größe herangewachsen ist, setzt die Gamogonie ein, die aus zwei Phasen besteht (Abb. 172). In der ersten Phase verlaufen die Kernteilungen auffallend asynchron (a—c). Schließlich gehen aber alle Kerne in ein Ruhestadium über (d). Ihre Zahl kann gerade oder ungerade sein. In der zweiten Phase erfolgt

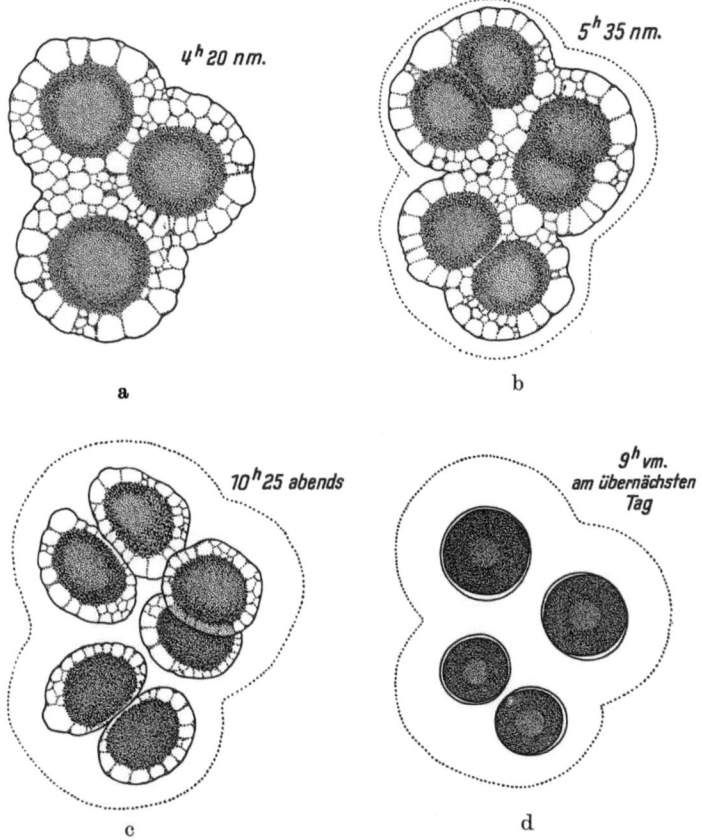

Abb. 171. *Actinophrys sol*. a Drei Zellen sind mit ihren Ektoplasmaschichten verschmolzen („Plasmogamie"). b Jede Zelle teilt sich in zwei Tochterzellen. c Nach der Meiose geht aus jeder Tochterzelle ein Gamet hervor. d Während die Gameten der beiden oberen Paare miteinander kopulieren und große, sich mit einer Cystenhülle umgebende Zygoten liefern, bleiben die Gameten des unteren Paares unverschmolzen. Sie encystieren sich aber ebenfalls und entwickeln sich parthenogenetisch weiter. Lebendbeobachtung. Vergr. 300×. Nach BELAR, 1922 [65]

dann eine synchrone Kernteilung (e). Auf diese Weise entstehen die Gametenkerne, deren Zahl immer gerade ist (f). Anschließend zerfällt der Gamont in eine entsprechende Anzahl von Gameten (Abb. 173a). Diese zeigen keinerlei morphologische Unterschiede. Sie sind amöboid beweglich und verschmelzen paarweise zu den Zygoten (b, c).

Bei den Gamonten von *Rotaliella heterocaryotica* kommt es manchmal vor, daß sich die Gametenkerne während der Karyogamie durch den Grad ihrer Kondensation unterscheiden. Einer ist immer etwas stärker kondensiert als der andere (Abb. 174). Daß dieser Unterschied auf einer sexuellen Differenzierung beruht,

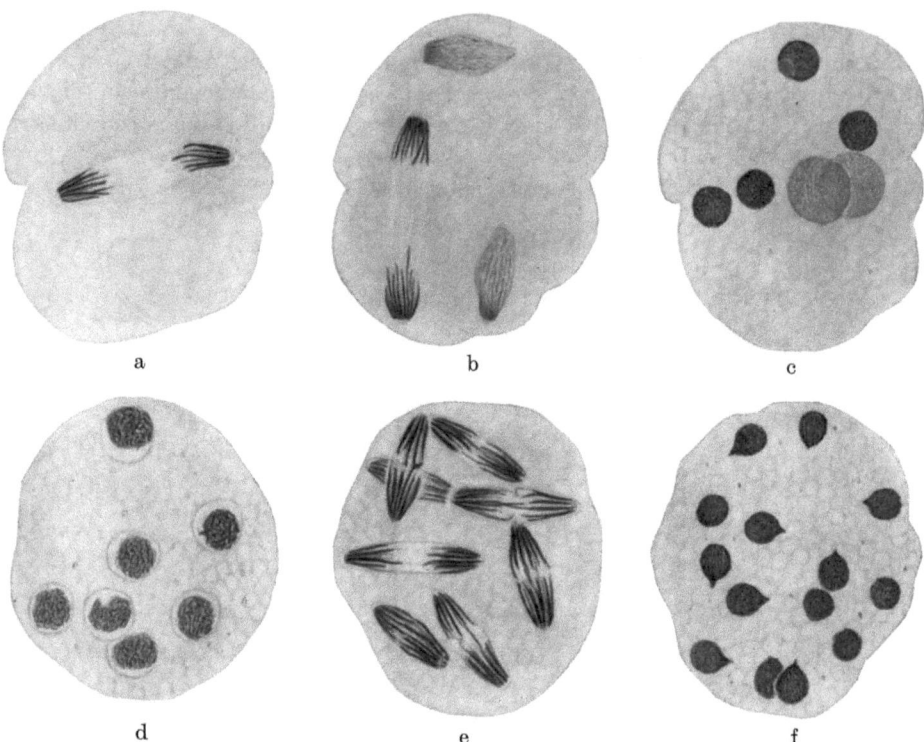

Abb. 172. *Rotaliella roscoffensis*. Gamogonie. a—c Phase der asynchronen Kernteilungen. d Ruhestadium der Kerne. e Synchrone Teilung aller Kerne. f Gametenkerne. Bouin-Duboscq, Feulgenfärbung. Vergr. 900×. Nach GRELL, 1957 [434]

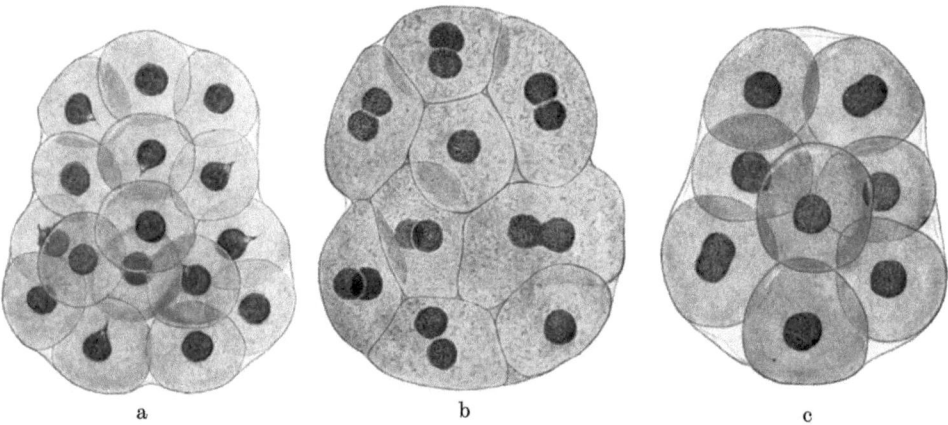

Abb. 173. *Rotaliella heterocaryotica*. Autogamie. a Gameten. b Karyogamie (zwei Gameten noch unverschmolzen). c Zygoten. Bouin-Duboscq, Feulgenfärbung. Vergr. 900×. Nach GRELL, 1954 [430]

läßt sich nur vermuten. Wenn eine solche besteht, so liegt die Annahme nahe, daß die Trennung der geschlechtlichen Tendenzen bei der letzten — synchron verlaufenden — Gamogoniemitose erfolgt. Diese hätte dann — ähnlich wie die progame Mitose der Polymastiginen und Heliozoen — den Charakter einer differentiellen Teilung.

Die zweite Möglichkeit der Autogamie liegt vor, wenn der Gamont nur noch *Gametenkerne* bildet, welche sich paarweise zu einem Synkaryon vereinigen. Bei den haploiden Polymastiginen-Gattungen *Saccinobaculus*, *Oxymonas* und *Barbulanympha* aus der Schabe *Cryptocercus punctulatus* kommt diese Art der Autogamie häufig neben der Gametogamie vor (s. Tab. 2, S. 164). Dabei wird gleichsam die Zellteilung unterdrückt, so daß nur eine differentielle Kernteilung stattfindet. Beide Gametenkerne verschmelzen dann in der gleichen Zelle miteinander.

Bei *Barbulanympha* (Abb. 175) teilt sich zwar das Rostrum, aber einer der beiden Tochterkerne gibt den Kontakt mit dem Tochterrostrum auf, mit dem er sonst verbunden bleibt und wandert zu dem anderen Tochterkern hin. Beide Vorkerne zeigen also bei der Autogamie den gleichen Unterschied des Verhaltens wie die Gametenkerne bei der Kopulation (S. 169).

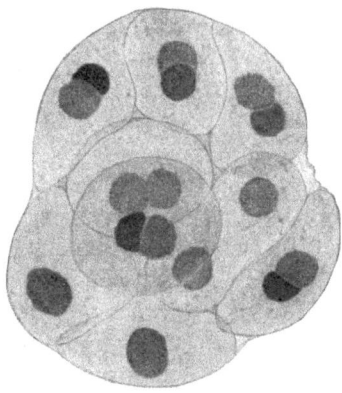

Abb. 174. *Rotaliella heterocaryotica*. Gamont mit Zygoten in Karyogamie. Die Gametenkerne zeigen einen verschiedenen Grad der Kondensation. Bouin-Duboscq, Feulgenfärbung. Vergr. 800×. Nach GRELL, 1958 [*437*]

Eine weitere — wohl kaum noch als „normal" anzusehende — Vereinfachung besteht darin, daß auch noch die Kernteilung ausfällt und nur eine Verdoppelung des Chromosomensatzes ohne Spindelbildung, also eine *Endomitose* stattfindet. Dieser Fall tritt offenbar immer dann ein, wenn eines der beiden Centriole vorzeitig degeneriert. Das auf diese Weise gebildete „Synkaryon" führt später die Meiose genauso durch wie nach einer Gametogamie oder Autogamie [*171, 173*].

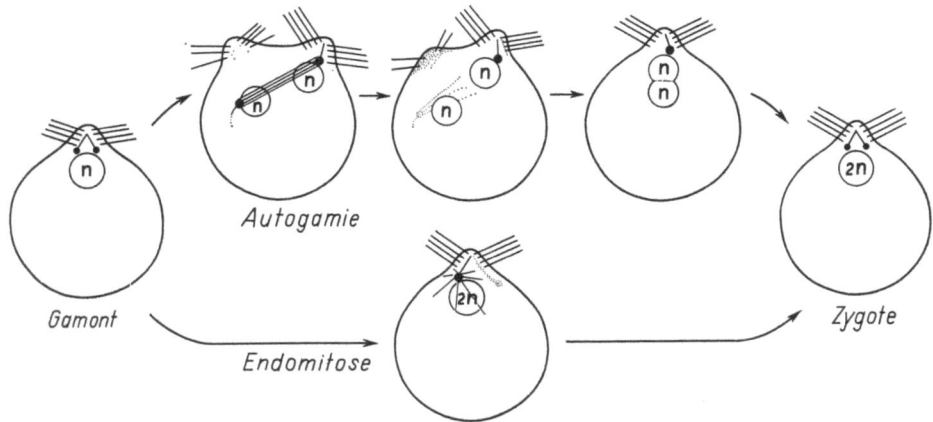

Abb. 175. *Barbulanympha*. Abwandlungen der geschlechtlichen Fortpflanzung durch Ausfall der Zellteilung (→ Autogamie) und der Kernteilung (→ Endomitose) des Gamonten. Nach einem Schema von CLEVELAND, 1956 [*177*]

Bei den diploiden Gattungen *Rhynchonympha* und *Urinympha* ist die Autogamie die ausschließliche Art der geschlechtlichen Fortpflanzung. *Rhynchonympha* vollzieht die gametische Meiose in zwei Teilungsschritten, wobei der erste mit einer Zellteilung, der zweite (differentielle) nur mit einer Kernteilung verbunden ist. Die beiden Kerne verschmelzen dann autogam. Bei *Urinympha* erfolgt die

Meiose in einem Teilungsschritt: Es entstehen zwei Geschwisterkerne, welche sich anschließend gleich wieder zu einem Synkaryon vereinigen [*167, 168*].

Auch bei den *Ciliaten*, wo die Konjugation der vorherrschende Befruchtungsvorgang ist, kommt vereinzelt Autogamie vor. Dabei führt der Mikronucleus die gleichen Teilungen durch wie bei der Konjugation, nur daß der Wanderkern nicht in eine andere Zelle übertritt, sondern mit seinem stationären Geschwisterkern verschmilzt. In den meisten Fällen (z. B. *Paramecium aurelia, Euplotes minuta*) kommt die Autogamie neben der Konjugation vor [*247, 1010*]. Manchmal legen sich die Zellen wie bei einer Konjugation aneinander, tauschen dann aber keine Wanderkerne aus, sondern vollführen – jede für sich – eine Autogamie. Diese Abwandlung der Autogamie wird als „Cytogamie" bezeichnet (Abb. 190). Bei *Paramecium polycaryum* wurden Autogamie und Cytogamie beobachtet, aber keine Konjugation [*254, 255*]. Einige Ciliaten, wie *Tetrahymena rostrata*, führen die Autogamie innerhalb einer Cyste durch [*217*].

Weitere Untersuchungen werden wahrscheinlich ergeben, daß Autogamie bei vielen Ciliaten vorkommt. Zu ihrem Nachweis ist aber eine laufende cytologische Kontrolle in Klonkulturen erforderlich.

III. Gamontogamie

Beginnt die geschlechtliche Fortpflanzung damit, daß sich bereits die Gamonten miteinander vereinigen, so kann man von einer Gamontogamie sprechen. Dabei besteht entweder die Möglichkeit, daß die Gamonten durch Vielteilung Gameten ausbilden oder aber die, daß sie gleich miteinander verschmelzen und nur noch Gametenkerne liefern.

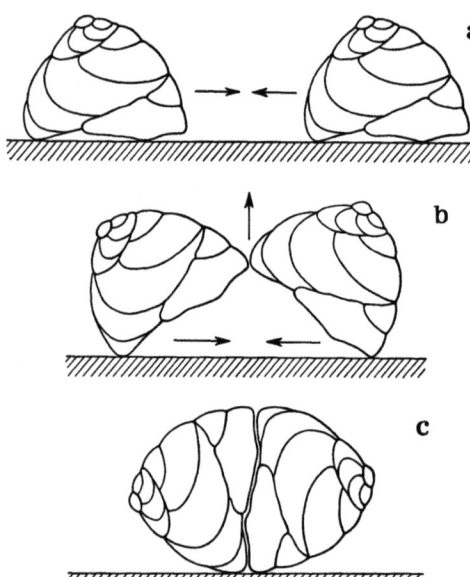

Abb. 176. *Discorbis mediterranensis.* Vereinigung der beiden Gamonten. Nach LE CALVEZ, 1950 [*627*]

Es liegt im Wesen der Gamontogamie, daß die Frage nach der sexuellen Differenzierung sowohl für die Gamonten als auch für die Gameten bzw. Gametenkerne gestellt werden kann.

1. Gamontogamie mit Gametenbildung

Foraminiferen

Bei vielen polythalamen Foraminiferen werden die Befruchtungsvorgänge dadurch eingeleitet, daß sich zwei oder mehrere Gamonten zu einem *Aggregat* vereinigen. Nach Abschluß der Gamogonie kopulieren dann die Gameten in dem von den Gamonten umschlossenen Raum.

Daß sich die Gamontogamie der Foraminiferen aus der Gametogamie entwickelt hat, ist sehr wahrscheinlich. In der Gattung *Discorbis* gibt es sowohl

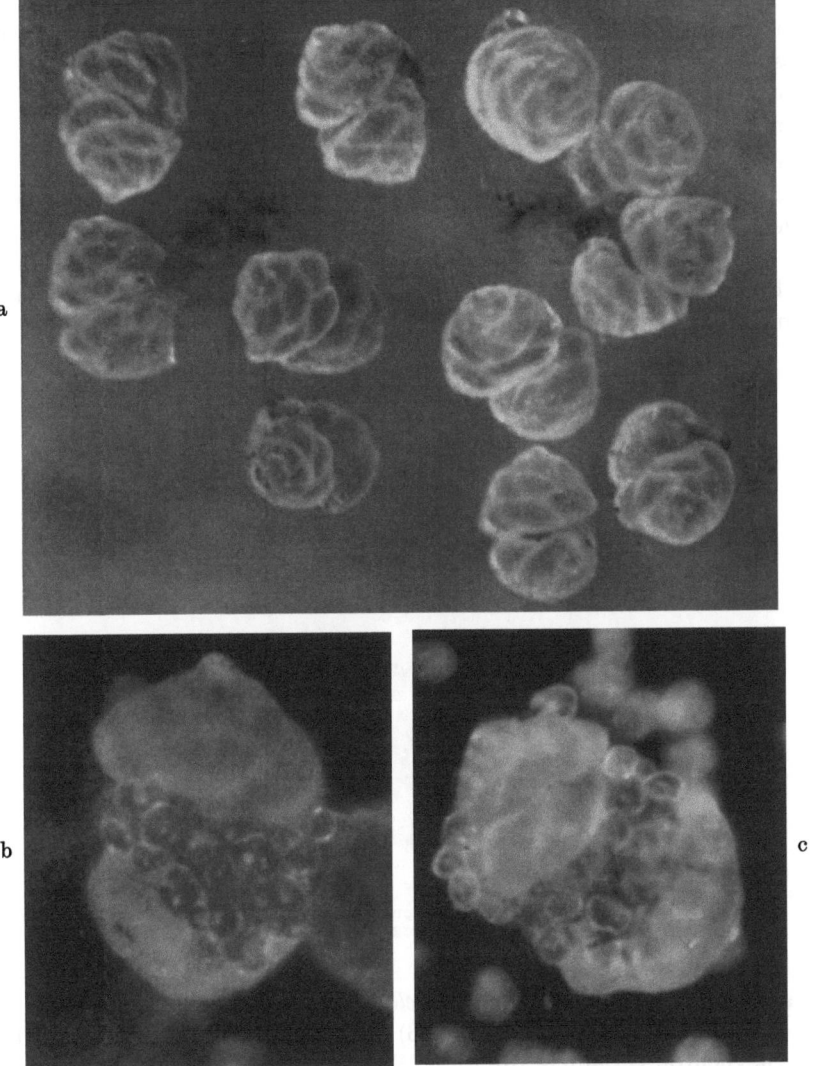

Abb. 177. *Glabratella sulcata*. Paarung der Gamonten. Lebendaufnahmen. a Mehrere Gamontenpaare. Vergr. 140×. b, c Ausschlüpfen der jungen Agamonten. Vergr. 220×. Nach GRELL, 1958 [*436*]

gametogame *(D. vilardeboanus)* als auch gamontogame Arten *(D. opercularis, D. patelliformis, D. mediterranensis)*. Die letzteren bilden mehrere hundert Gameten aus, die begeißelt sind und innerhalb des gemeinsamen Schalenraumes der Gamonten umherschwimmen. Allerdings besitzen die Gameten der gamontogamen Arten drei Geißeln (Abb. 164e). Das gleiche gilt auch für *Glabratella sulcata* (Abb. 353), welche der Gattung *Discorbis* nahesteht.

Die übrigen gamontogamen Foraminiferen, welche bisher untersucht wurden, bilden dagegen nur wenige amöboide Gameten aus und stimmen darin mit den autogamen Arten überein (S. 179). Hierzu gehören *Patellina corrugata* (Abb. 346), *Spirillina vivipara*, *Metarotaliella parva* (Abb. 349) und *Rubratella intermedia* (Abb. 351).

Im einfachsten Fall vereinigen sich nur *zwei* Gamonten miteinander. Sie kriechen aufeinander zu, berühren sich mit ihren Unterseiten und scheiden eine Kittsubstanz ab, welche sie fest zusammenschließt (Abb. 176 u. 177). Während der Gamogonie lösen sich die inneren Kammerwände der Gamonten auf, so daß die Gameten in einem einheitlichen Raum kopulieren können.

Manche Arten bilden regelmäßig Aggregate von *mehreren* Gamonten. Bei *Patellina corrugata*, wo die Anzahl der aggregierenden Gamonten zwischen 2 und 14 variiert, überdecken sich die Gamonten mit ihren Schalenrändern und bilden ein feines, organisches Häutchen aus, welches sie untereinander und mit dem Boden verbindet. In dem von den Gamonten überdachten Raum finden dann die weiteren Vorgänge statt (Abb. 178).

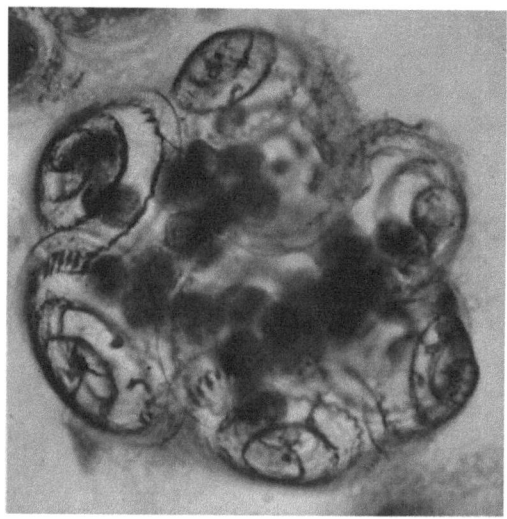

Abb. 178. *Patellina corrugata*. Aggregat von neun Gamonten (drei außerhalb der optischen Ebene). Lebendaufnahme. Vergr. 120×

Wenn sich die Gamonten von *Patellina corrugata* vereinigt haben — am häufigsten sind Dreieraggregate (Abb. 346) — finden zunächst einige Kernteilungen statt, die asynchron verlaufen. Auf diese Weise erhält jeder Gamont eine bestimmte Anzahl von Kernen, die je nach seiner Größe zwischen 2 und 5 liegt. Dann verlassen die Plasmakörper (Protoplasten) ihre Schalen und runden sich ab. Daraufhin zerfällt jeder Plasmakörper in so viele Teilstücke wie Kerne vorhanden sind. Jedes Teilstück teilt sich in zwei Gameten.

Die Gameten sind tropfenförmig, besitzen also eine deutliche Polarität. Sie bewegen sich eine Zeitlang in dem von den leeren Schalen der Gamonten überdachten Raum umher und verschmelzen dann paarweise zu den Zygoten. Wie bei allen bisher untersuchten Foraminiferen handelt es sich um Isogameten.

Viele Einzelheiten der Gametenbildung und Befruchtung lassen sich bei *Patellina corrugata* im Leben verfolgen. Die in Abb. 179 zusammengestellten Teilbilder eines Zeitrafferfilms zeigen die Kopulation von zwei Gametenpaaren. In diesem Falle entstanden sechs Zygoten und zwei Gameten, die nicht verschmolzen.

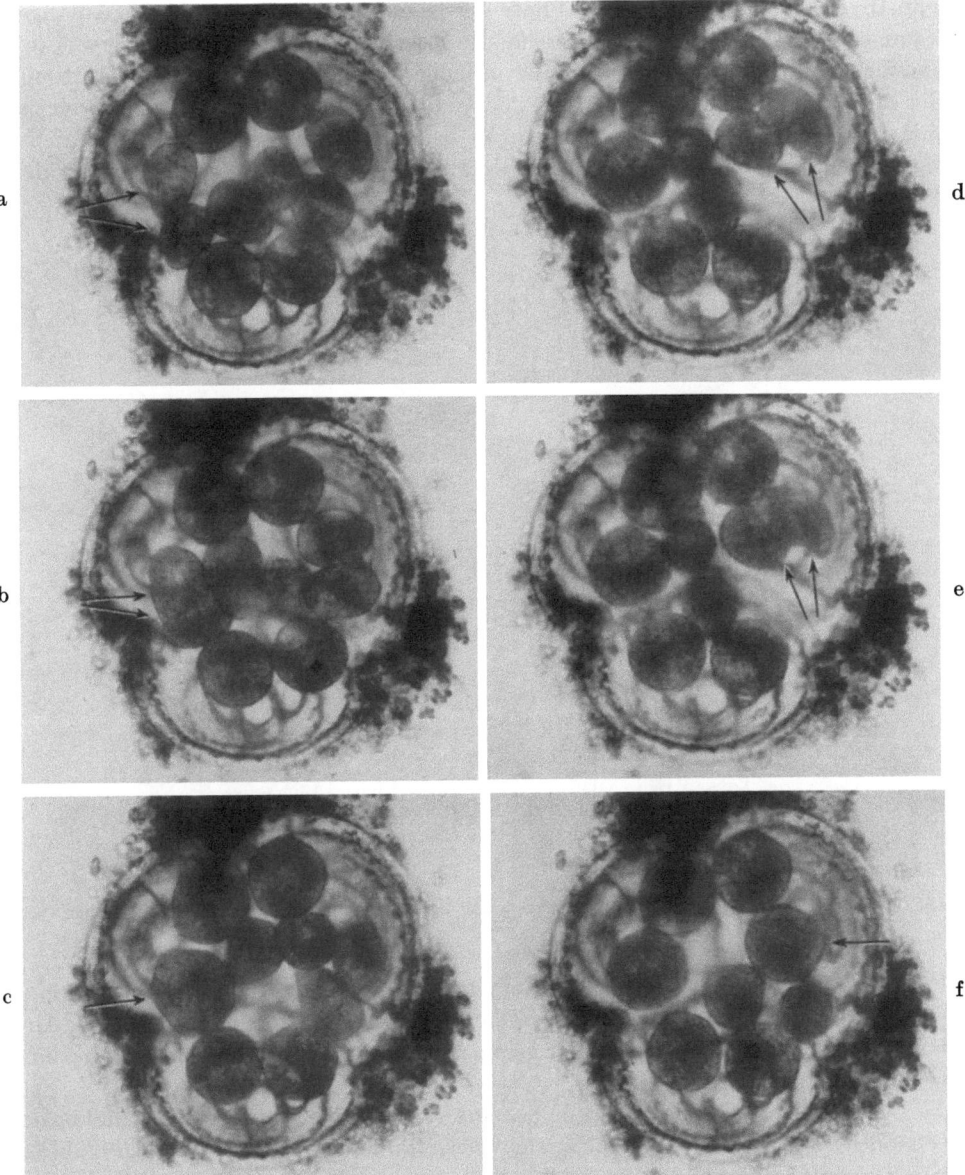

Abb. 179. *Patellina corrugata*. Dreieraggregat. a vier Zygoten, sechs Gameten. b—e Kopulation von zwei Gametenpaaren (Pfeile). f sechs Zygoten, zwei Restgameten. Vergr. 120×. Aus den Filmen C 802 und E 258

Derartige ,,Restgameten" kommen bei *Patellina corrugata* häufig vor. Sie werden von den Zygoten phagocytiert. Nur ihre Kerne werden nicht von den Zygoten aufgenommen, sondern bleiben als pyknotische Körper außen liegen[13].

Anders verläuft die Gamogonie bei *Metarotaliella parva* (Abb. 180). Hier vereinigen sich meistens zwei Gamonten. Nur gelegentlich kommt es zur Ausbildung

---

[13] Über gelegentlich aufgenommene Restgametenkerne vgl. S. 89.

von Dreieraggregaten. Die erste Phase der Gamogonie spielt sich in der Anfangskammer ab (a, b). Dann verteilen sich alle Kerne gleichmäßig im Cytoplasma (c). Bei der letzten Gamogoniemitose, die in jedem Gamonten synchron verläuft, eilt der eine Gamont dem anderen etwas voraus (d). Diese Gamont ist es auch, welcher mit den amöboiden Formveränderungen beginnt, die sich nun in dem gemeinsamen Schalenraum abspielen. Dabei dehnt sich jeder Gamont in die Schale des

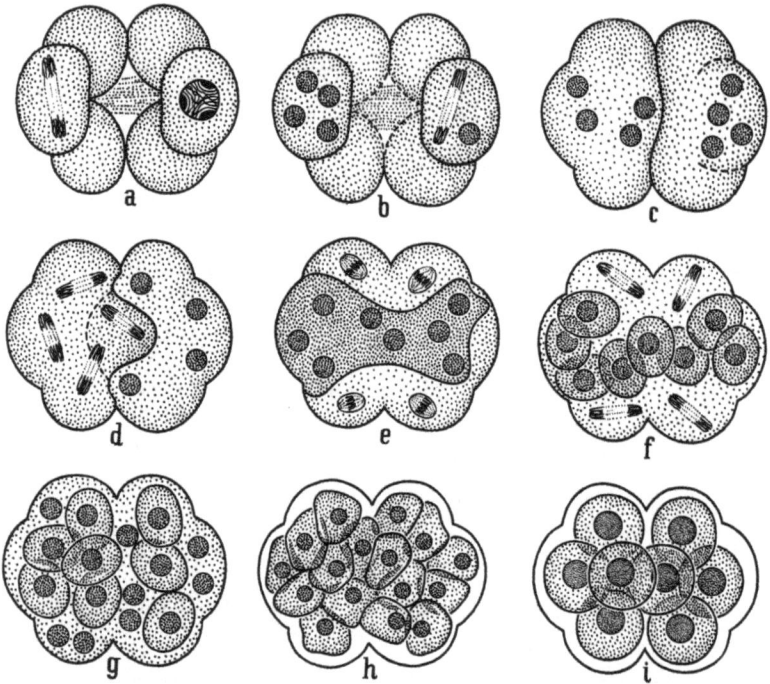

Abb. 180. *Metarotaliella parva*. Schema der Gamogonie und Befruchtung. Erklärung im Text. Nach Weber, 1965 [1116]

Partners aus, so daß er nur noch mit einem Teil seines Plasmakörpers in der eigenen Schale liegt. Auf diese Weise werden die Gameten beider Gamonten von Anfang an gleichmäßig durcheinander gemischt (e—h). Sie verschmelzen dann paarweise zu den Zygoten (i).

Das in Abb. 180 wiedergegebene Schema berücksichtigt nur den Fall, daß beide Gamonten gleich groß sind und gleich viele Gameten bilden. Bei *Metarotaliella parva* kommt es aber häufig vor, daß sich die Gamonten in der Größe unterscheiden und eine verschiedene Anzahl von Gameten hervorbringen. Dabei können auch Restgameten übrigbleiben, wie es für *Patellina corrugata* beschrieben wurde.

Da sich bei den Foraminiferen weder die aggregierenden Gamonten noch die kopulierenden Gameten morphologisch unterscheiden, kann die Frage ihrer sexuellen Differenzierung nur auf indirektem Wege beantwortet werden.

Kombinationsversuche, welche mit den Gamonten von *Discorbis mediterranensis* [627] und *Patellina corrugata* [438] angestellt wurden, führten zu dem Ergebnis, daß die Gamonten in zwei Typen differenziert sind, die als + - und − -Geschlecht bezeichnet wurden. Werden zwei Gamonten in einem Schälchen zusammengesetzt, so wandern sie entweder aufeinander zu und versuchen ein Aggregat zu bilden, oder sie verhalten sich zueinander indifferent. Da sich die aggregierenden Gamonten wieder trennen und gegen andere Gamonten testen lassen, kann man für alle von dem gleichen Agamonten gebildeten Gamonten prüfen, ob sie dem einen oder dem anderen Geschlecht angehören.

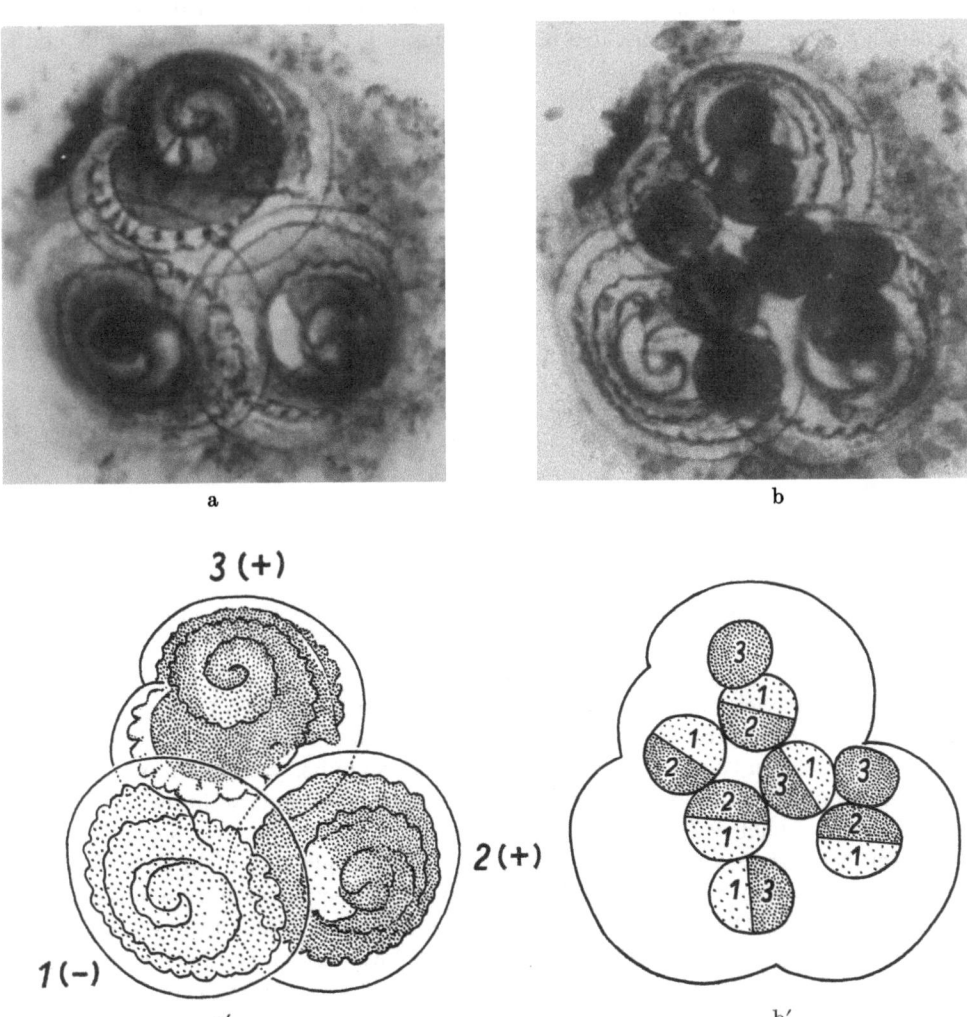

Abb. 181. *Patellina corrugata*. Dreieraggregat. a Plasmakörper noch in den Schalen der Gamonten. b Das gleiche Aggregat nach Ausbildung von 6 Zygoten und 2 Restgameten. a', b' Deutung der sexuellen Differenzierung von Gamonten und Gameten auf Grund der Teilbildanalyse eines Films (s. Text). Vergr. 120×. Nach GRELL, 1960 [*439*]

An den Aggregaten, die bei *Patellina corrugata* meistens aus mehreren Gamonten bestehen, sind immer beide Geschlechter beteiligt, wenn auch in wechselnder Zahl. Ein Dreieraggregat enthält natürlich immer zwei Gamonten vom gleichen Geschlecht (Abb. 346).

Für die Annahme, daß sich auch die Gameten von *Patellina corrugata* nicht in beliebiger Kombination paaren können, spricht die Beobachtung, daß in vielen

Aggregaten Restgameten vorkommen, die nicht miteinander kopulieren. Durch Teilbildanalyse eines Filmes konnte die Entstehungsgeschichte der Zygoten und Restgameten bis zu den Gamonten zurückverfolgt werden. Bei dem in Abb. 181 gezeigten Dreieraggregat waren sechs Zygoten und zwei Restgameten entstanden. Die Teilbildanalyse ergab, daß Gamont 1 sechs, die Gamonten 2 und 3 je vier Gameten gebildet hatten. An allen sechs Zygoten war je ein Gamet des Gamonten 1 beteiligt. Von den Gameten der beiden anderen Gamonten waren alle vier von

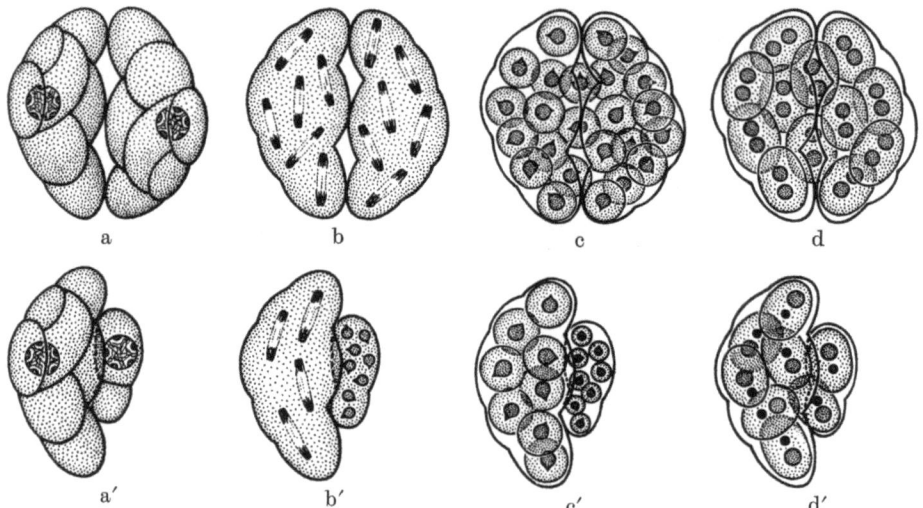

Abb. 182. *Rubratella intermedia*. Schema der geschlechtlichen Fortpflanzung bei gleicher (a—d) und verschiedener Größe (a'—d') beider Gamonten. a, a' Paarung der Gamonten. b, b' Gamogonie. c, c' Gameten. d, d' Zygoten. Nach GRELL, 1958 [435]

Gamont 2 und zwei von Gamont 3 in den Zygoten aufgegangen. Die beiden Restgameten stammten von Gamont 3. Rechnet man Gamont 1 zum −-Geschlecht, die beiden anderen Gamonten zum +-Geschlecht, so haben sich also nur Gameten verschiedengeschlechtlicher Gamonten miteinander vereinigt, während die Restgameten dem gleichen Geschlecht angehören.

Auch bei *Rubratella intermedia* ergab sich ein Hinweis, daß nicht jeder Gamet mit jedem beliebigen anderen kopulieren kann. Diese Foraminifere bildet nur Zweieraggregate. Die Paarung kann zwischen gleich großen oder verschieden großen Gamonten erfolgen (Abb. 182). Im ersten Falle sind auch die Gameten und ihre Kerne gleich groß (a—d). Im zweiten Fall kommt ein Regulationsmechanismus zur Wirkung. Beide Gamonten bilden zwar gleich viele Gameten aus; aber die Gameten des kleineren Gamonten sind auch entsprechend kleiner und besitzen stärker kondensierte Kerne. Bei der Karyogamie vereinigen sich dann immer ein großer und ein kleiner Kern miteinander (a'—d'). Es können daher auch nur Gameten verschmolzen sein, die von verschiedenen Gamonten stammen.

Daß die Befunde an den Gameten aber nicht ohne weiteres auf die Gamonten übertragen werden können, zeigen Versuche mit *Metarotaliella parva* [1116].

Bei dieser Foraminifere konnte sicher nachgewiesen werden, daß die Gamonten vor ihrer Paarung *nicht sexuell differenziert* sind. Sitzen zwei Gamonten in einem Kulturgefäß zusammen, so können sie in jedem Fall ein Zweieraggregat bilden.

Die Kombinierbarkeit der Gamonten wird also nicht durch eine Differenzierung in verschiedene Typen eingeschränkt.

Es erhebt sich daher die Frage, ob sich auch jeder Gamet mit jedem beliebigen anderen vereinigen kann. Die cytologischen Verhältnisse geben hierüber keinen unmittelbaren Aufschluß, da ein Regulationsmechanismus, wie er für *Rubratella intermedia* beschrieben wurde, bei *Metarotaliella parva* fehlt. Paaren sich verschieden große Gamonten, so bilden sie auch verschieden viele Gameten aus. Dabei bleiben Restgameten übrig.

Durch eine Analyse der in den Aggregaten auftretenden Zygoten- und Restgametenzahlen ist es jedoch möglich, auch für *Metarotaliella parva* nachzuweisen, daß normalerweise nur Gameten von verschiedenen Partnern kopulieren können. Stammen zwei Restgameten von dem gleichen Gamonten ab, so können sie in keinem Fall miteinander verschmelzen. Für eine gamontenspezifische Differenzierung der Gameten sprechen auch Kombinationsversuche. Werden Gamonten verschiedener Größe zur Paarung gebracht, so richtet sich die Zahl der von dem Aggregat gebildeten Zygoten bzw. Agamonten nach dem kleineren Partner. Wird die Größe des größeren Partners variiert, die des kleineren dagegen konstant gehalten, so ist auch die Zahl der ausschlüpfenden Agamonten konstant.

Obwohl die Gamonten vor der Paarung nicht sexuell differenziert sind, findet also auch in den Zweieraggregaten von *Metarotaliella parva* normalerweise nur eine *Fremdbefruchtung* oder *Allogamie* statt.

Für die Deutung der sexuellen Differenzierung der Gameten bieten sich zwei Möglichkeiten an:

1. Die Gameten des einen Gamonten gehören alle dem $+$-Geschlecht, die des anderen alle dem $-$-Geschlecht an: In diesem Falle wären die Gamonten diözisch, und die Geschlechtsbestimmung würde erst nach ihrer Paarung — durch wechselseitige Induktion — erfolgen.

2. Jeder Gamont bildet $+$- und $-$-Gameten aus. Aber es besteht eine Selbststerilität, d. h. es können sich nur die $+$-Gameten des einen mit den $-$-Gameten des anderen Gamonten vereinigen. In diesem Falle wären die Gamonten monözisch, und die Geschlechtsbestimmung könnte mit der letzten Gamogoniemitose korreliert sein, so wie es auch für die Autogamie erwogen wurde (S. 180).

Versuche mit Dreieraggregaten machen wahrscheinlich, daß die zweite Möglichkeit bei *Metarotaliella parva* verwirklicht ist.

Die Kombinationsversuche mit den Gamonten von *Metarotaliella parva* führten auch zu dem Nachweis, daß sie während ihrer individuellen Entwicklung drei aufeinanderfolgende Stadien durchlaufen, die sich durch ihr Paarungsverhalten voneinander unterscheiden. Diese können als Jugendstadium (I), Reifestadium (II) und Altersstadium (III) bezeichnet werden.

In einem Schema (Abb. 183) sind diese Unterschiede graphisch dargestellt. Werden *stadiengleiche* Gamonten kombiniert, so läßt sich jedes Stadium durch einen bestimmten Paarungskurven-Typ charakterisieren (a).

Für das *Jugendstadium* (Typ 1) ist kennzeichnend, daß nach der Kombination der Gamonten (I × I) zunächst eine Latenzzeit (t_0) verstreicht, ehe die Paarbildung anfängt. Diese setzt erst ein, wenn einer der Partner wenigstens 2 Tage alt ist.

Im *Reifestadium* (Typ 2), welches ungefähr vom 2.–7. Tag dauert, beginnt die Paarbildung unmittelbar nach der Kombination der Partner (II × II).

Das *Altersstadium* (Typ 3) unterscheidet sich vom Reifestadium dadurch, daß mit zunehmendem Alter der kombinierten Gamonten (III × III) die Paarungsgeschwindigkeit stetig abnimmt. Gleichzeitig wird auch der Anteil der Gamonten, die überhaupt nicht mehr zur Paarung kommen, immer größer.

Bei einer Kombination *stadienverschiedener* Gamonten (I × II oder I × III) entspricht das Paarungsverhalten dem von Gamonten des Reifestadiums (II × II).

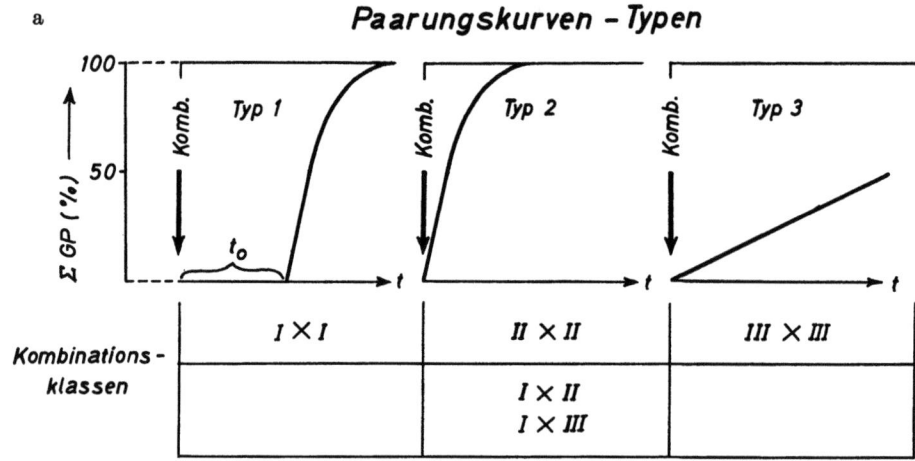

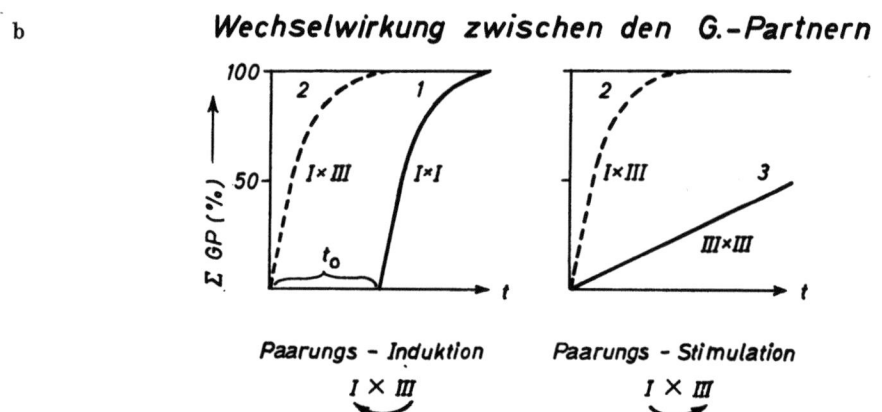

Abb. 183. *Metarotaliella parva*. Schema des Paarungsverhaltens von Gamonten verschiedener Altersstadien (a) und der Wechselwirkung bei Kombination junger und alter Partner (b). Erklärung im Text. Nach WEBER, 1965 [*1116*]

Dieses Ergebnis wird verständlich, wenn man eine *Wechselwirkung* zwischen den stadienverschiedenen Gamonten annimmt. Bei der Kombination von Gamonten des Jugendstadiums mit solchen des Altersstadiums (I × III) müssen sich beide Partner gegenseitig beeinflussen (b). Der Altersgamont bewirkt, daß für seinen jugendlichen Partner die Latenzzeit t_0 wegfällt und die Paarung sofort nach der Kombination beginnt, also zu einem Zeitpunkt, zu dem der jugendliche Gamont mit seinesgleichen noch nicht paarungsfähig ist (Typ 1). Dieser Einfluß des Altersgamonten wird als *Paarungs-Induktion* bezeichnet. Andererseits übt aber auch der jugendliche Gamont eine Wirkung auf den Altersgamonten aus. Da die Gamonten im Stadium III mit steigendem Alter zunehmend paarungsträger werden (Typ 3), tritt diese Wirkung der jugendlichen Gamonten um so deutlicher in Erscheinung, je älter ihre Partner sind. Man kann diese Wirkung als *Paarungs-Stimulation* bezeichnen.

Da die Kombination jugendlicher und alternder Gamonten zu dem gleichen Paarungsverlauf führt wie die Kombination reifer Gamonten, muß man annehmen, daß sich die Wirkungen beider Partner zu einer Leistung komplettieren können (*Komplettierungs-Phänomen*).

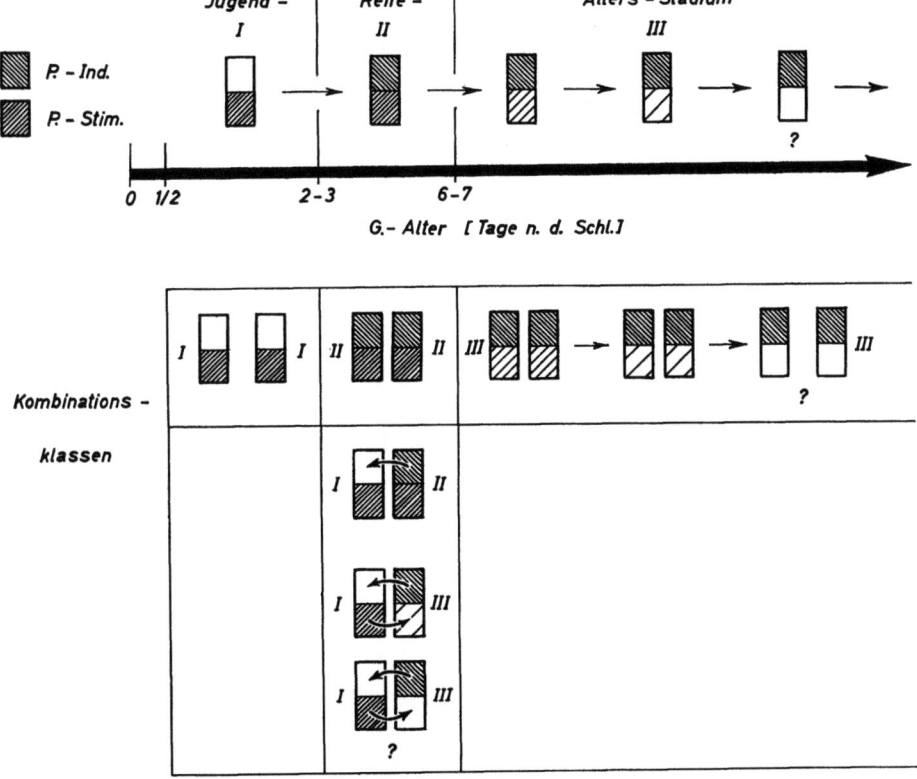

Abb. 184. *Metarotaliella parva*. Veränderung der Aggregationseigenschaften während der Entwicklung der Gamonten. *P.-Ind.* = Paarungsinduktionsfähigkeit. *P.-Stim.* = Paarungsstimulationsfähigkeit. Gebogene Pfeile = nachgewiesene Partnerwirkungen. Für die Kombinationen, bei denen Paarung möglich ist, sind die Teilfunktionen beider Partner eng zusammengerückt dargestellt; für die Kombinationen, bei denen keine Paarung möglich ist, sind sie auseinandergerückt dargestellt. Nach WEBER, 1965 [1116]

Auf Grund ihres Paarungsverhaltens sind also zwei Eigenschaften der Gamonten erfaßt worden, die nacheinander in ihrer Entwicklung auftreten (Abb. 184).

In der Jugendphase haben die Gamonten nur die Fähigkeit zur Paarungs-Stimulation. Daher ist eine Paarung zwischen zwei Gamonten dieses Stadiums noch nicht möglich. Mit dem Übergang zur Reife erwerben die Gamonten die Fähigkeit zur Paarungs-Induktion, d. h. sie können sich nun untereinander und mit jüngeren und älteren Gamonten paaren. Im Altersstadium nimmt dann die Stimulationsfähigkeit kontinuierlich ab, so daß die Gamonten untereinander immer paarungsträger werden. Dagegen bleibt die Induktionsfähigkeit unverändert bestehen.

Damit eine Paarung möglich ist, müssen beide Eigenschaften in einem Aggregat vorhanden sein. Es ist aber nicht erforderlich, daß jeder Partner beide Eigenschaften besitzt, wie dies bei einer Paarung von reifen Gamonten der Fall ist (II × II). Auch wenn dem einen Partner eine Eigenschaft fehlt (I × II) oder sich die Eigenschaften beider Partner nur ergänzen (I × III), kann die Paarung in der gleichen Weise erfolgen wie bei Gamonten des Reifestadiums untereinander.

Sporozoen

Bei den *Sporozoen* sind die Gregarinen und Adeleiden gamontogam. Während die Gamonten der Eugregarinen unmittelbar aus den Sporozoiten heranwachsen, entwickeln sie sich bei den Schizogregarinen und Adeleiden aus den Merozoiten der vorausgehenden Schizogonie.

Die Bildung der *Syzygie*, d. h. die paarweise Vereinigung der Gamonten, kann bei den *Eugregarinen* schon vor oder erst nach dem Abschluß der Wachstumsphase erfolgen. Offenbar sind diese Unterschiede artspezifisch. Wie weit die Paarungsbereitschaft durch innere Bedingungen, etwa durch Erreichen eines bestimmten Wachstumsstadiums, ausgelöst wird, wie weit sie auf Außenfaktoren beruht, bedarf noch näherer Untersuchungen. In einigen Fällen wurde nachgewiesen, daß die hormonale Situation des Wirtes eine Rolle bei der Paarung der Gamonten spielt [*293*].

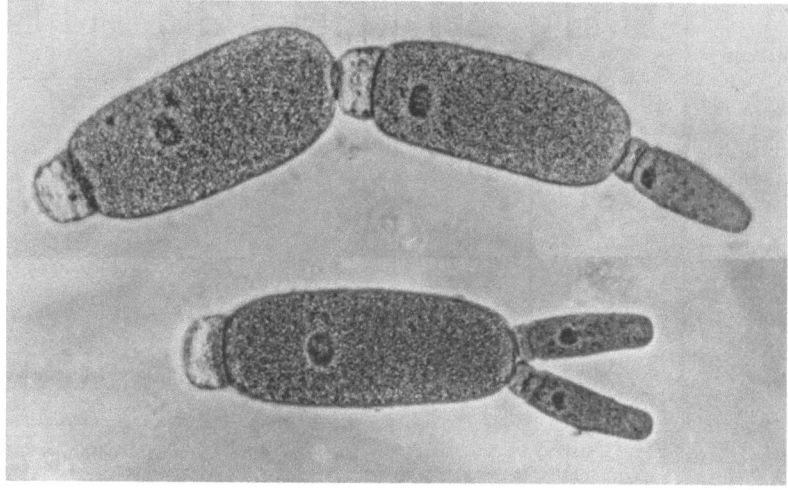

Abb. 185. *Gregarina sericostomae*. Aggregate von drei Gamonten. Lebendaufnahmen. Vergr. 280 ×. Nach BAUDOIN, 1966 [*45*]

Die Gamonten können sich entweder nebeneinanderlegen (viele Monocystidae) oder in der Längsrichtung aneinanderheften. Bei manchen Arten (z. B. *Stylocephalus longicollis*, Abb. 374) verschmelzen die Gamonten mit ihren Protomeriten. In den meisten Fällen heftet sich jedoch der eine Partner mit seinem Protomeriten an den Deutomeriten des anderen, so daß ein Vordergamont (Primit) und ein Hintergamont (Satellit) unterschieden werden können. Es kann auch vorkommen, daß eine Kette von mehr als zwei Gamonten entsteht oder mehrere Hintergamonten an einem Vordergamonten hängen (Abb. 185). Die weitere Entwicklung solcher Aggregate ist unbekannt.

Bei den *Schizogregarinen* setzt die Paarung der Gamonten erst ein, wenn durch die vorausgehenden Schizogonien ein bestimmter Infektionsgrad des Wirtes erreicht ist. Die geschlechtliche Fortpflanzung wird daher wohl durch Bedingungen ausgelöst, die durch den Parasitenbefall selbst hervorgerufen werden. Da die Gamonten bei den Schizogregarinen eine verschieden lange Wachstumsphase durchlaufen können, ist auch die Zahl der von ihnen gebildeten Gameten verschieden groß (vgl. Abb. 376 u. Abb. 378).

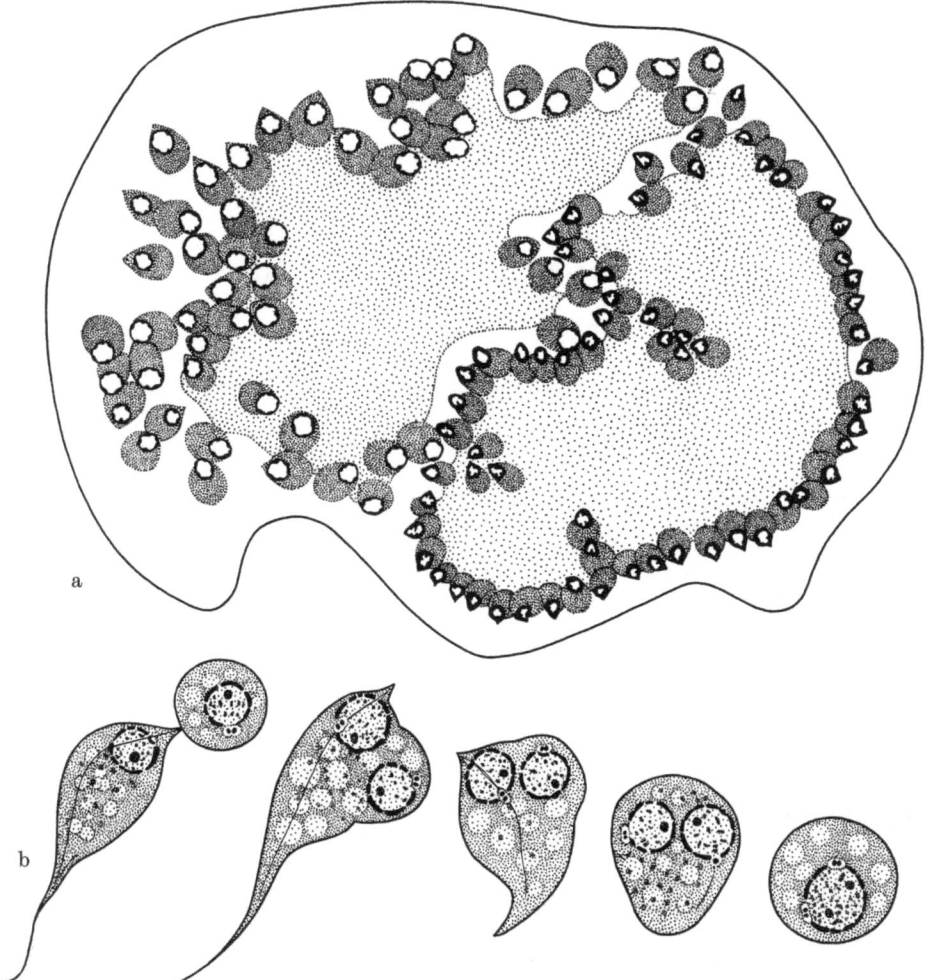

Abb. 186. Befruchtungsvorgänge der Eugregarinen. *a* Schnitt durch die Gamontencyste einer *Monocystis*-Art. Nach BRASIL, 1905. *b* Verschmelzung der Gameten von *Stylocephalus longicollis*. Nach LÉGER, 1904 [633]

Nach ihrer Vereinigung platten sich die Gamonten der Gregarinen gegeneinander ab, nehmen eine halbkugelige Form an und umgeben sich mit einer gemeinsamen Cystenhülle. Bei den darmbewohnenden Arten werden die Cysten frühzeitig mit dem Kot des Wirtes nach außen abgeschieden. Arten, die in der Leibeshöhle oder in Geweben leben, setzen dagegen ihre Entwicklung bis zur Sporenbildung innerhalb des Wirtes fort.

13 Grell, Protozoologie, 2. Aufl.

Auf die Encystierung folgt die Gamogonie, die zunächst in einer Kernvermehrungsperiode besteht. Die meisten Kerne rücken schließlich an die Oberfläche des Cytoplasmas, das häufig vorher in einzelne Portionen (Cytomeren) aufgeteilt wird. Bei der Gametenbildung, die bei beiden Gamonten synchron verläuft, wird meistens nicht das ganze Cytoplasma aufgebraucht. Die übrigbleibenden Massen verschmelzen in der Mitte der Gamontencyste zum sog. Restkörper. Dieser kann auch noch einzelne Kerne enthalten.

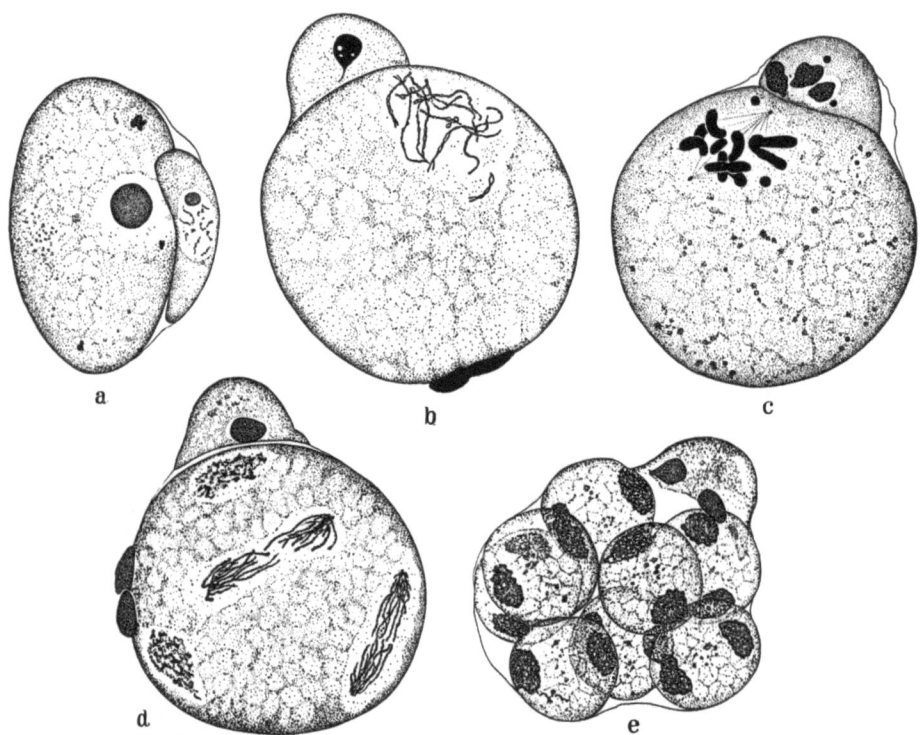

Abb. 187. *Adelina deronis*. Stadien der Gamogonie und Sporogonie. a Vereinigung von Makro- und Mikrogamont. b Synkaryon in meiotischer Prophase (Paarung der homologen Chromosomen). c Meiotische Metaphase. d Sporogonie-Teilungen. e Oocyste mit 8 Sporen. In b und d haften der Oocyste zwei nicht zur Befruchtung gelangte Mikrogameten an. Nach HAUSCHKA, 1943 [*474*]

Bei vielen Gregarinen, insbesondere bei den Schizogregarinen, unterscheiden sich weder die aggregierenden Gamonten noch die kopulierenden Gameten morphologisch voneinander. In anderen Fällen wurden zwischen den Gamonten deutliche Unterschiede in der Form, der Struktur des Cytoplasmas und im Verhalten gegenüber Vitalfarbstoffen nachgewiesen [*715*]. Anisogametie ist bei den Gregarinen besonders gut zu erkennen, weil die von den Gamonten gebildeten Gameten zu Hunderten in der gleichen Cyste nebeneinander liegen (Abb. 186a). Manchmal erstreckt sie sich nur auf geringfügige Unterschiede in der Form oder in der Größe der Kerne. Es gibt aber auch Arten, bei welchen der eine Gamet unbeweglich, der andere beweglich ist, so daß von einer Oogametie gesprochen werden kann. Am eigenartigsten ist die Differenzierung der Gameten bei *Stylocephalus longicollis*, weil die „Eizelle" hier kleiner als der bewegliche Gamet ist. Ihre Kopulation ist in Abb. 186b dargestellt.

Besteht daher wohl kein Zweifel, daß die sexuelle Differenzierung bei den Gregarinen bipolar ist, so ist doch über die Art der Geschlechtsbestimmung bisher nichts Sicheres bekannt. Da die Meiose innerhalb der Spore erfolgt, können Ein-Spor-Infektionen keinen so unmittelbaren Aufschluß geben wie das bei den Coccidien möglich ist (S. 174).

Während die *Adeleiden* durch ihre Gamontogamie von den übrigen Coccidien abweichen, stimmen sie mit ihnen darin überein, daß der Makrogamont unmittelbar zu einem Makrogameten wird und sich nur der Mikrogamont multipel teilt. Die Vereinigung der Gamonten kann schon zu Beginn (*Karyolysus*, Abb. 389) oder erst am Ende der Wachstumsphase erfolgen (*Klossia*, Abb. 388). In beiden Fällen unterscheiden sich die gepaarten Gamonten deutlich durch ihre Größe. Der Mikrogamont haftet dem Makrogamonten als linsenförmiger Körper an und bildet nur zwei oder vier Mikrogameten aus, von denen einer mit dem Makrogameten verschmilzt. Das Synkaryon führt dann gleich die Meiose durch, welche die Sporogonie einleitet (Abb. 187).

Bei den Adeleiden herrscht daher nicht nur die für alle Coccidien kennzeichnende Oogametie, sondern es besteht auch immer ein Größenunterschied der Gamonten (Anisogamontie).

2. Gamontogamie ohne Gametenbildung

Eine besondere Form der Gamontogamie liegt vor, wenn die sich paarenden Gamonten keine Gameten mehr ausbilden, sondern nur noch Gametenkerne.

Unter den *Flagellaten* ist ein solcher Fall bisher nur bei der diploiden Polymastigine *Notila proteus* beschrieben worden (Abb. 188). Die Gamonten, welche ihre Entstehung der differentiellen Zellteilung eines „Progamonten" verdanken, unterscheiden sich nicht von den gewöhnlichen Zellen (a). Wie aus dem Verhalten ihrer Kerne hervorgeht, sind sie aber geschlechtlich differenziert. Sobald ein „männlicher" und ein „weiblicher" Gamont miteinander verschmolzen sind (b), findet eine Fusion ihrer Achsenstäbe statt, so wie es auch bei den Gameten von *Oxymonas* und *Saccinobaculus* der Fall ist (Abb. 157). Gleichzeitig löst sich der Kern des männlichen Gamonten von seinen Organellen (Achsenstab, Geißeln) los, während aus den intranucleären Centriolen des weiblichen Gamontenkerns neue Organelle heranwachsen (c). Der durch Fusion entstandene alte Achsenstab wird im Cytoplasma resorbiert. Jeder Gamontenkern führt nun eine Teilung durch, die mit der Chromosomenreduktion verbunden ist (Ein-Schritt-Meiose, S. 83). Auf diese Weise entstehen zwei weibliche Gametenkerne, die mit Achsenstäben und Geißeln verbunden sind, und zwei freibewegliche männliche Gametenkerne (d, e). Letztere wandern zu den weiblichen Gametenkernen hin und verschmelzen mit ihnen zu Synkaryen (f). Dann schnürt sich die „Doppelzygote" durch, so daß wieder zwei diploide Zellen gebildet werden.

3. Conjugation

Der Befruchtungsvorgang der Ciliaten wird als „Conjugation" bezeichnet. Unter diesem Begriff werden jedoch zwei sehr verschiedene Prozesse zusammengefaßt, die äußerlich dadurch gekennzeichnet sind, daß beide Gamonten in dem einen Falle morphologisch gleich (Isogamontie), im anderen dagegen ungleich sind oder während der Paarung ungleich werden (Anisogamontie). Beide Möglichkeiten sollen daher getrennt voneinander besprochen werden.

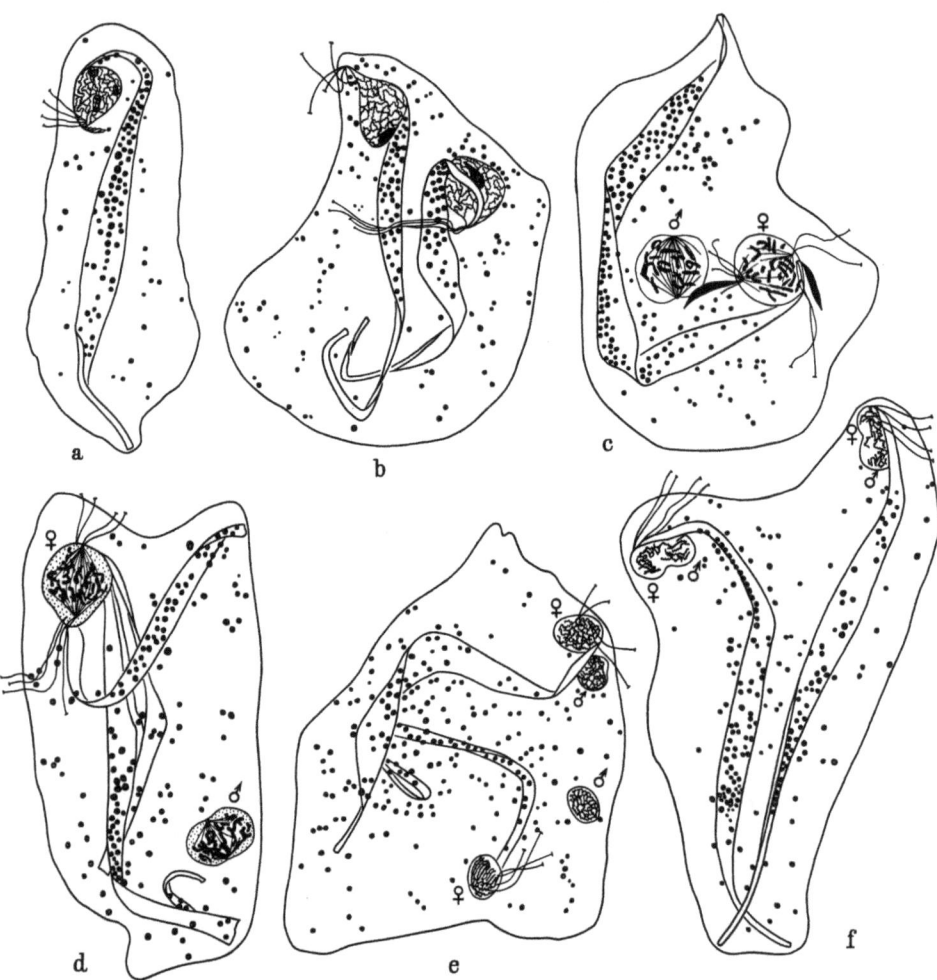

Abb. 188. *Notila proteus* (Polymastigine). Gamontogamie. a Gewöhnliche diploide Zelle. b Verschmelzung zweier diploider Zellen (Gamonten). c Der Kern des männlichen Gamonten hat sich von den Organellen, mit denen er sonst verbunden ist (Geißeln, Achsenstab), getrennt und wandert frei umher. An den Centriolen des weiblichen Gamontenkerns entstehen neue Geißeln und Achsenstäbe. d Ein-Schritt-Meiose des männlichen und weiblichen Gamontenkerns. Der alte (durch Verschmelzung entstandene) Achsenstab verschwindet; stattdessen wachsen die neuen Achsenstäbe aus. e Die männlichen Vorkerne wandern zu den weiblichen Vorkernen hin. f Karyogamie (anschließend Teilung der „Doppelzygote") Vergr. 640×. Nach CLEVELAND, 1950 [*164*]

a) Isogamontie

Bei den meisten Ciliaten sind die Conjuganten äußerlich nicht voneinander zu unterscheiden (Abb. 189). Beide Zellen berühren sich zunächst mit ihren Vorderenden und legen sich dann in ganzer Länge aneinander. Die ersten Veränderungen der Mikronuclei bestehen darin, daß sie sich stark vergrößern (a). Während dieser

Volumenzunahme (vgl. Abb. 42 u. 83) finden an den Chromosomen die Vorgänge statt, welche allgemein für die meiotische Prophase kennzeichnend sind. Jeder Mikronucleus führt nun rasch hintereinander zwei Teilungen durch, womit die Chromosomenreduktion verbunden ist (b—d). Auf diese Weise entstehen vier

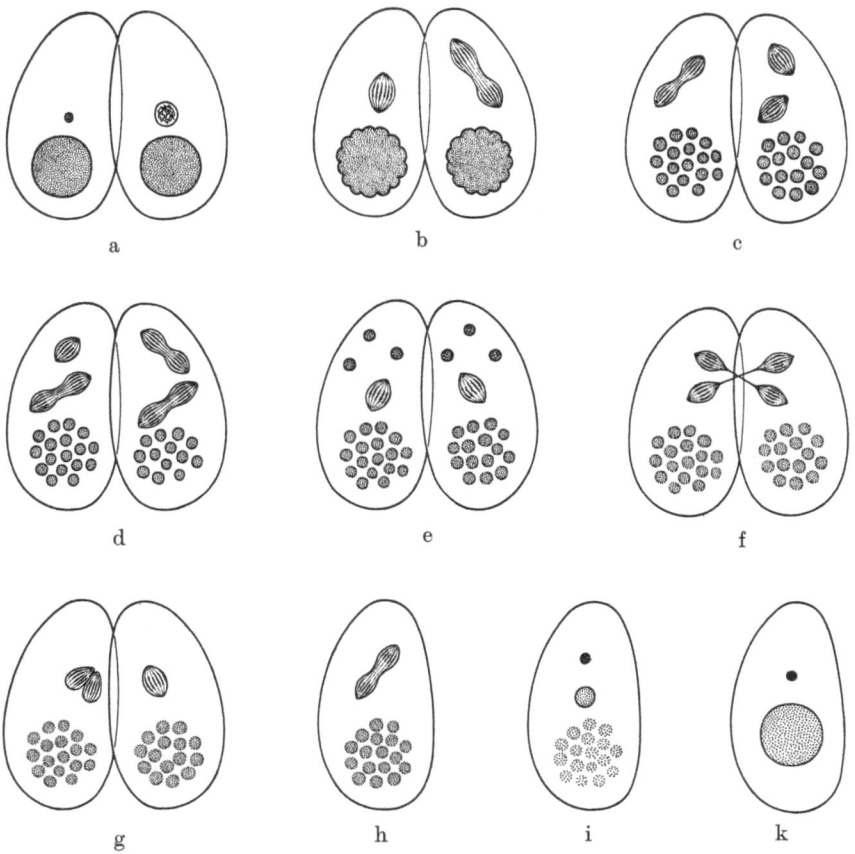

Abb. 189. Schema der Conjugation (Isogamontie) bei den Ciliaten

haploide Tochterkerne, von denen drei pyknotisch und im Plasma resorbiert werden (e). Der übriggebliebene Kern teilt sich nun abermals (f). Durch diese Teilung, die als postmeiotisch bezeichnet wird, entstehen die beiden Gametenkerne (Pronuclei). Während der eine Gametenkern in dem betreffenden Konjuganten liegen bleibt *(Stationärkern)*, wandert der andere in den Partner hinüber *(Wanderkern)*. In jeder Zelle verschmilzt dann der Stationärkern mit dem Wanderkern des anderen Conjuganten zu einem Synkaryon (g). Es findet also eine *Wechselbefruchtung* statt. Anschließend trennen sich beide Partner voneinander. In den *Exconjuganten*, wie man die aus der Conjugation hervorgegangenen Zellen nennt, teilt sich das Synkaryon in zwei Tochterkerne, von denen der eine zum Mikronucleus wird, während sich der andere zu einem neuen Makronucleus entwickelt (h—k). Im Laufe der Conjugation löst sich der alte Makronucleus auf. Meistens zerfällt er in zahlreiche Brocken, die früher oder später im Cytoplasma resorbiert werden.

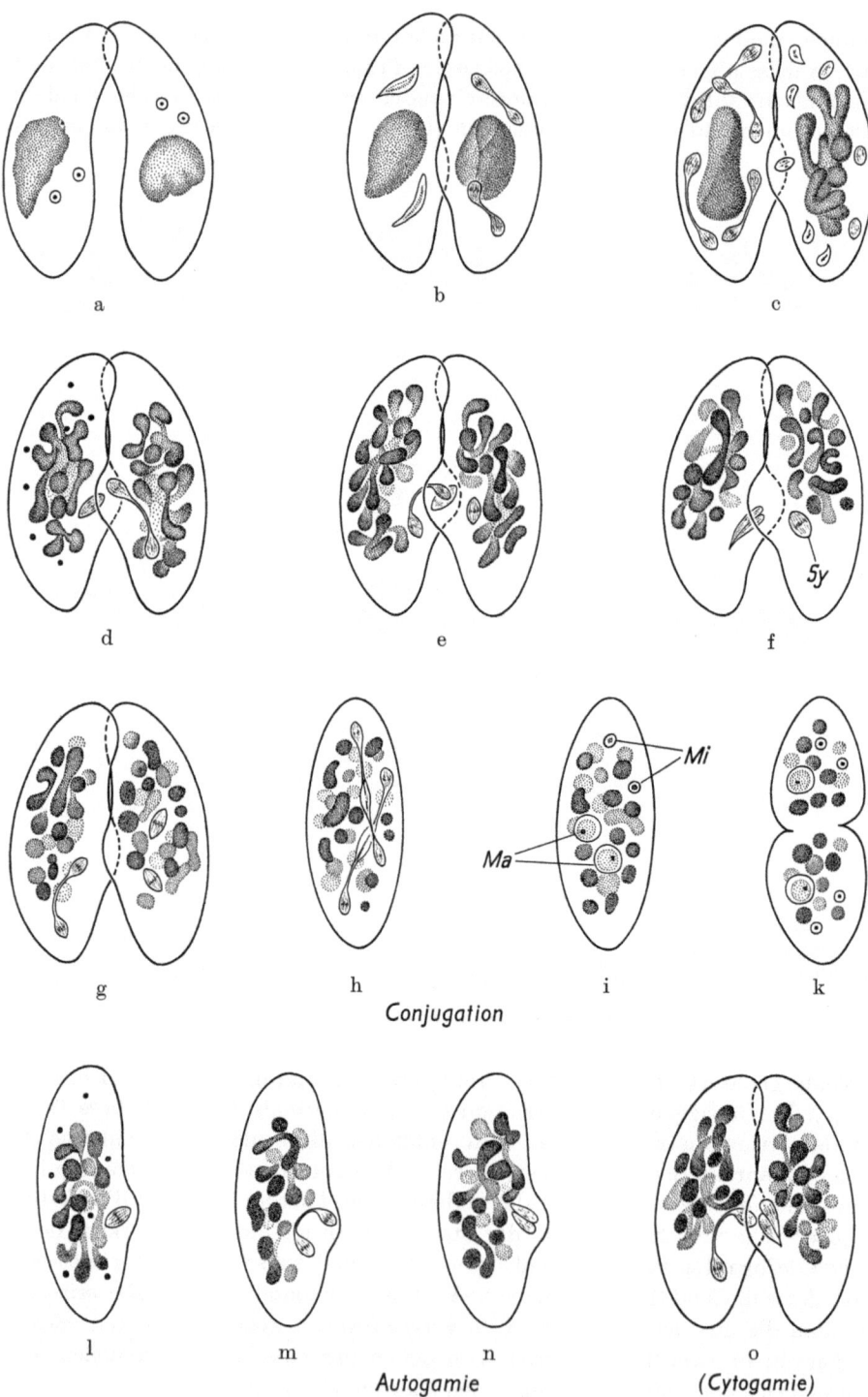

Abb. 190. *Paramecium aurelia*. Conjugation (a—k) und Autogamie (l—o, o"Cytogamie"). Bei den Conjugationsstadien ist der rechte Partner immer etwas weiter in der Entwicklung fortgeschritten als der linke. Halbschematisch. Kombiniert nach verschiedenen Autoren

Zum Unterschied von *Notila proteus* (Abb. 188), wo die beiden „männlichen" Kerne des einen Gamonten zu den beiden „weiblichen" Kernen des anderen Gamonten hinwandern, bildet jeder Gamont bei den Ciliaten zwei Gametenkerne aus, die sich verschieden verhalten. Nur einer von ihnen, den man als den „männlichen" bezeichnen kann, wandert in den Partner hinüber und verschmilzt mit dem „weiblichen" Gametenkern zum Synkaryon. Nach dem Verhalten der Gametenkerne kann man daher die isogamonten Ciliaten als *monözisch* interpretieren.

Von diesem Normaltypus der Conjugation finden sich bei den Ciliaten die verschiedenartigsten *Abwandlungen*, welche teils die vor der Karyogamie stattfindenden (progamen), teils die nach der Befruchtung verlaufenden (metagamen) Vorgänge betreffen.

Die Variabilität der *progamen* Vorgänge beruht in erster Linie darauf, daß viele Ciliaten nicht nur einen Mikronucleus, sondern deren mehrere besitzen. In allen diesen Fällen werden die meiotischen Teilungen von sämtlichen Mikronuclei begonnen und häufig auch bis zu Ende durchgeführt, selbst wenn ihre Zahl wie bei *Bursaria truncatella* sehr hoch ist [*830*]. In der Regel bleibt aber von allen Mikronuclei nach den ersten beiden Teilungen nur einer erhalten.

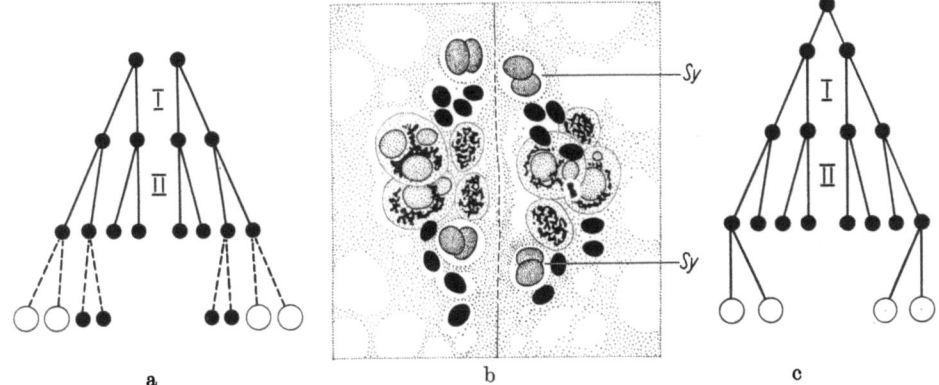

Abb. 191. Abwandlung der progamen Kernprozesse. a, b *Trachelocerca coluber*. a Schema der Kernteilung: Ausbildung von zwei Stationärkernen und zwei Wanderkernen (weiße Kreise); acht degenerierende Gonenkerne (schwarze Kreise). b Ausschnitt des Verschmelzungsbereichs zweier Conjuganten nach der Karyogamie; zwei Synkaryen (*Sy*). Nach RAIKOV, 1963 [*872*]. c *Euplotes vannus*. Schema der Kernteilungen: von vier Gametenkernen (weiße Kreise) gehen zwei zugrunde. Im Anschluß an HECKMANN, 1963 [*476*]

Bei *Paramecium aurelia* (Abb. 190a–k), einer Art mit zwei Mikronuclei, entstehen durch die beiden meiotischen Teilungen acht Tochterkerne, von denen sieben pyknotisch werden. Wie schon erwähnt (S. 182), kommt bei *Paramecium aurelia* außer der Conjugation auch regelmäßig eine Autogamie vor, wobei die Gametenkerne in der gleichen Zelle miteinander verschmelzen (l–n) [*247*]. Ein Individuum, das eine Autogamie durchlaufen hat, heißt Exautogamont. Gelegentlich vereinigen sich auch Zellen nach Art einer Conjugation, ohne daß eine Wechselbefruchtung stattfindet [*1119*]. Trotz der Paarung führt jedes Individuum für sich eine Autogamie durch (*o*). Eine derartige „Cytogamie" ist zwar biologisch nicht recht verständlich, muß aber bei der Analyse von Kreuzungsergebnissen berücksichtigt werden (S. 244).

Eine bemerkenswerte Abweichung zeigen die progamen Vorgänge bei den *Tracheloraphis*- und *Trachelocerca*-Arten. Wie neuere Untersuchungen gezeigt haben [*283, 865, 872*], können hier mehrere der durch die beiden meiotischen Teilungen entstandenen Gonenkerne eine postmeiotische Teilung durchführen. Bei *Tracheloraphis phoenicopterus*, welche sechs Mikronuclei besitzt, entsteht in jedem Conjuganten eine variable Anzahl von Gametenkernen, von denen sich ein Teil zu Wanderkernen, ein Teil zu Stationärkernen differenziert. Nach dem Austausch der Wanderkerne werden in jedem Conjuganten mehrere Synkaryen gebildet, von denen jedoch alle bis auf eins der Pyknose verfallen. Bei *Trachelocerca*

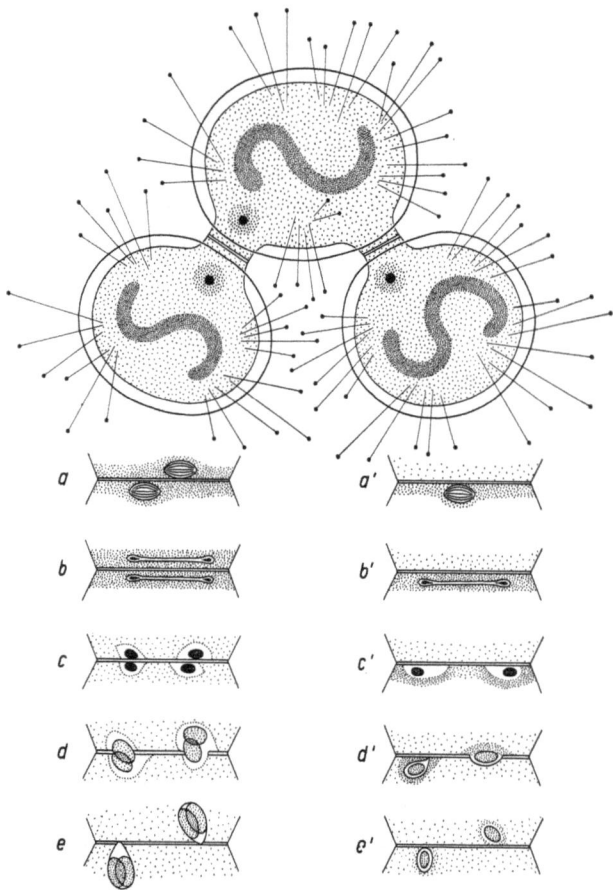

Abb. 192. *Cyclophrya katharinae*. Vereinigung von drei Individuen. Die mittlere Zelle führt nur mit der linken eine Wechselbefruchtung durch (*a—e*). Die rechte Zelle bildet aber einen Stationärkern und einen Wanderkern aus, die sich wie bei einer normalen Conjugation verhalten (*a'—e'*). Schematisch nach I. und K. KORMOS, 1960 [*602*]

coluber, welche zwei Mikronuclei besitzt, werden in jedem Conjuganten acht Gonenkerne gebildet, von denen sich vier abermals teilen. Von den acht Abkömmlingen dieser Teilung werden vier pyknotisch, während sich die vier anderen zu zwei Wanderkernen und zwei Stationärkernen differenzieren (Abb. 191a). In jedem Conjuganten entstehen daher zwei Synkaryen (b).

Bei *Euplotes vannus* (c) führt der Mikronucleus in jedem Conjuganten zunächst eine „praemeiotische" Teilung durch, sodaß nach der Meiose acht Gonenkerne vorliegen. In diesem Falle beteiligen sich zwei Gonenkerne an der postmeiotischen Teilung, so daß vier Gametenkerne entstehen. Von diesen gehen jedoch regelmäßig zwei zugrunde, während sich die beiden anderen zu einem Wander- und Stationärkern differenzieren. Genetische Untersuchungen ergaben [476], daß die beiden funktionsfähigen Gametenkerne manchmal Geschwisterkerne der gleichen Teilung sind, manchmal aber auch von verschiedenen Gonenkernen abstammen. Es ist daher — zum mindesten für *Euplotes vannus* — sehr unwahrscheinlich, daß die Differenzierung in Stationär- und Wanderkerne an die postmeiotische Teilung als solche gebunden ist.

Daß der Übertritt der Wanderkerne nicht nur darauf beruhen kann, daß sie durch die Spindelstreckung passiv in den Partner hinübertransportiert werden [984], wird auch durch Fälle bewiesen, bei welchen die postmeiotische Teilung parallel zur Grenze beider Conjuganten erfolgt. Ein Beispiel hierfür liefert das Suktor *Cyclophrya katharinae* [602, 603]. Der in Abb. 192 schematisch dargestellte Fall ist auch insofern interessant, als es sich um die Vereinigung von drei Individuen handelt. Während der mittlere Partner mit dem linken eine wechselseitige Befruchtung durchführt, so daß in jedem Conjuganten ein Synkaryon entsteht (*a—e*), muß sich der überzählige rechte Partner darauf beschränken, Gametenkerne auszubilden. Diese verhalten sich aber wie bei einer normalen Conjugation: Einer bleibt stationär, einer wandert in den Partner hinüber (*a'—e'*).

Diese Beobachtungen zeigen, daß das verschiedene Verhalten beider Gametenkerne, welches zu den Bezeichnungen Stationär- und Wanderkern geführt hat, auf einer unterschiedlichen Differenzierung beruht. Diese Auffassung wird auch dadurch gestützt, daß gelegentlich ein morphologischer Unterschied zwischen beiden Gametenkernen beobachtet wurde (s. u.).

Auch in der Art, wie sich die Conjuganten miteinander vereinigen, herrscht keine Einheitlichkeit. Bei *Paramecium aurelia* heften sich die Zellen nach der auf S. 220 beschriebenen Agglutinationsreaktion zunächst in einem bestimmten Bereich ihrer Vorderenden, der sog. Festhalte- (holdfast-) Region aneinander (Abb. 190). Auf diesem Stadium der Paarung können sie noch leicht getrennt werden. Die endgültige Verschmelzung erfolgt dann in einem nahe der Mundöffnung gelegenen Bezirk, an welchem während der Meiose eine besondere Vorwölbung der Zelle, der sog. *parorale Kegel* (paroral cone), entsteht. Die paroralen Kegel der beiden Conjuganten liegen übereinander und sind die Stellen, an welchen die erste Auflösung der Pelliculae und der Übertritt der Wanderkerne erfolgt.

Genaue Beobachtungen ergaben, daß der Gonenkern, aus welchem die beiden Gametenkerne hervorgingen, in den paroralen Kegel einwandert. Wenn diese Einwanderung unterbleibt, wie es bei einer bestimmten Mutante von *Paramecium aurelia* regelmäßig der Fall ist [1030], so wird er wie die übrigen sieben Gonenkerne pyknotisch. Der Bereich des paroralen Kegels scheint also den Kern vor einer physiologischen Veränderung zu schützen, welche sich am Ende der progamen Teilungen im übrigen Cytoplasma einstellt und auf eine Degeneration der Gonenkerne hinzielt.

Während bei *Paramecium* nur gelegentlich eine breitere Plasmaverbindung zwischen den beiden Conjuganten hergestellt wird (S. 259), kann dies bei anderen Ciliaten die gewöhnliche Art der Vereinigung sein (Abb. 193). Parorale Kegel werden dann nicht ausgebildet. Häufig wird dabei der ganze Bereich des Peristoms mit in die Verschmelzungsregion einbezogen. In anderen Fällen bleibt das Peristom

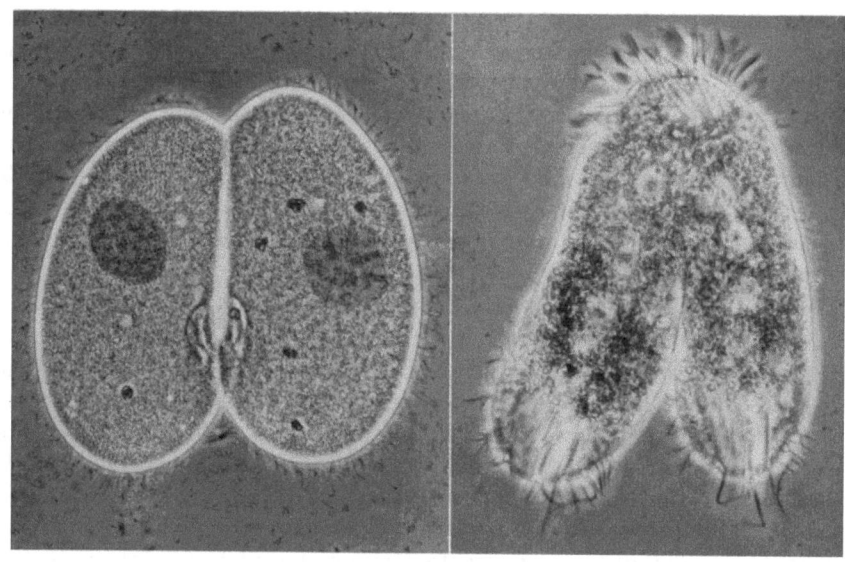

Abb. 193. Conjugationspaare. a *Paramecium trichium*. Vergr. 500×. b *Stylonychia mytilus*. Vergr. 200×. Aufn. D. AMMERMANN

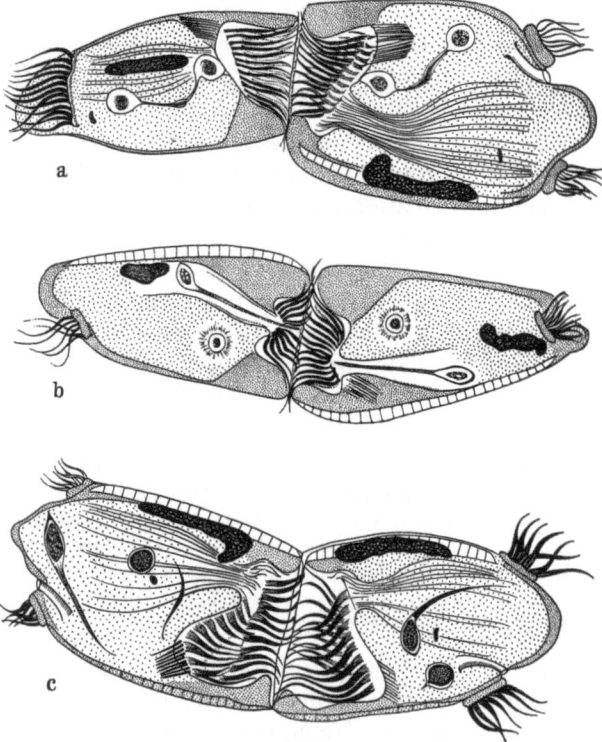

Abb. 194. *Cycloposthium bipalmatum*. Conjugationsstadien. Beide Conjuganten berühren sich mit ihren Periostomrändern. a Dritte Mikronucleusteilung. b, c Übertritt der mit einem plasmatischen „Schwanzanhang" versehenen Wanderkerne durch die beiderseitigen Peristomhöhlen in den Partner. Nach DOGIEL, 1925 [*264*]

während der Conjugation frei. Bei dem Wiederkäuerciliaten *Cycloposthium bipalmatum* (Abb. 194) vereinigen sich die beiden Conjuganten nur mit ihren Peristomrändern. Der Wanderkern ist hier mit einem langen plasmatischen Anhang versehen und muß den von den Peristomen beider Conjuganten gebildeten Raum durchqueren, um in den anderen Partner hinüberzugelangen. Im Aussehen und Verhalten erinnert der Wanderkern an ein tierisches Spermium.

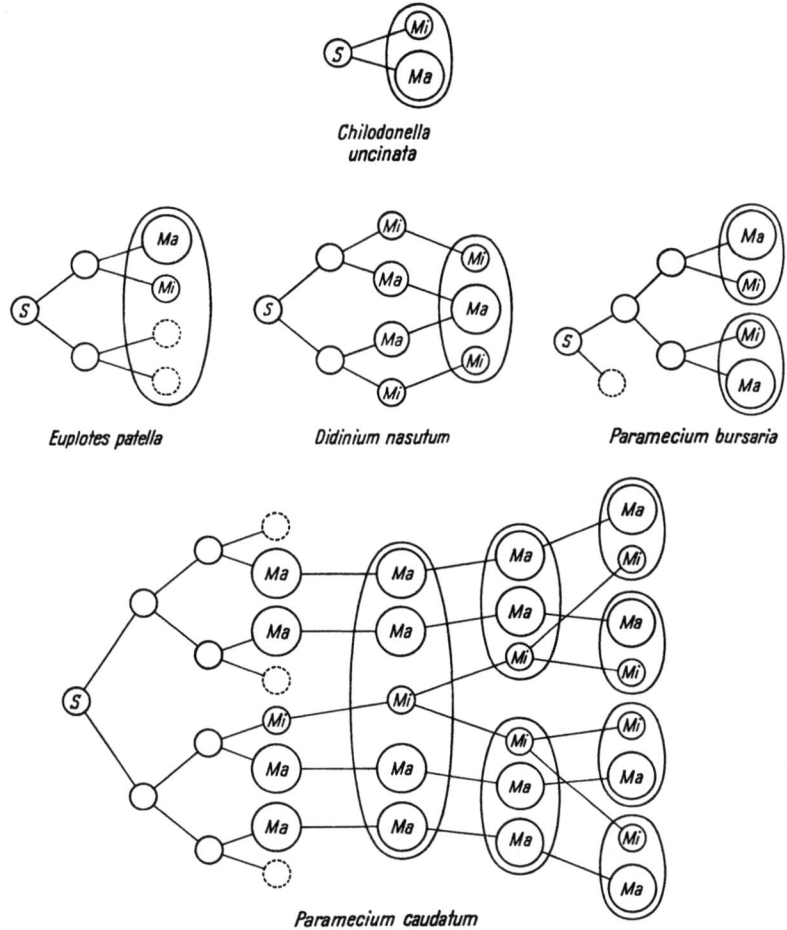

Abb. 195. Verschiedene Möglichkeiten der metagamen Kernteilungen hinsichtlich der Differenzierung von Mikronuclei (*Mi*) und Makronucleus-Anlagen (*Ma*). *S* Synkaryon

Nicht minder variabel sind auch die *metagamen* Vorgänge (Abb. 195). Daß schon die erste Teilung des Synkaryons, wie z. B. bei *Chilodonella uncinata*, zur Entstehung eines Mikronucleus und einer Makronucleus-Anlage führt, ist keineswegs die Regel. Häufig erfolgt diese Differenzierung erst nach der zweiten metagamen Mitose. Findet dabei gleichzeitig eine Zellteilung statt, wie bei *Paramecium aurelia* (Abb. 190), so erhält jede Tochterzelle einen Mikronucleus und eine Makronucleus-Anlage. Der Mikronucleus teilt sich dann von neuem. In anderen Fällen degenerieren zwei der vier Tochterkerne *(Euplotes patella)*. Es kommt auch vor, daß zwei Makronucleus-Anlagen nachträglich wieder miteinander verschmelzen

(Didinum nasutum). Bei *Paramecium bursaria* finden zwar drei metagame Teilungen des Synkaryons statt; die erste ist aber bedeutungslos, weil einer der beiden Kerne degeneriert. Dagegen führen die drei metagamen Teilungen bei *Paramecium caudatum* zur Entstehung von acht Tochterkernen. Von diesen gehen drei zugrunde, während einer zum Mikronucleus wird und sich vier zu Makronucleus-Anlagen entwickeln. In zwei aufeinanderfolgenden Zellteilungen werden dann die Makronucleus-Anlagen auf die Tochter- bzw. Enkelzellen verteilt, während sich der Mikronucleus synchron mit jeder Zellteilung vermehrt. Auf diese Weise erhält jeder Teilungsabkömmling eines Exconjuganten schließlich eine Makronucleus-Anlage und einen Mikronucleus.

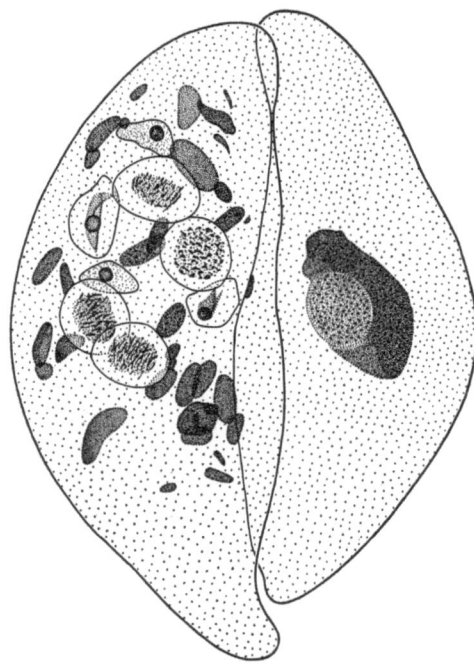

Abb. 196. *Paramecium caudatum*. Re-Conjugation. Reconjugant (links) mit vier, in Meta- oder Anaphase befindlichen Mikronuclei und vier degenerierenden Makronucleus-Anlagen. Normaler Partner (rechts) in Prophase der ersten progamen Teilung. Vergr. 750×. Nach DILLER, 1942 [*249*]

Auch innerhalb der gleichen Art sind vielfach Abweichungen vom typischen Verlauf der Conjugationsvorgänge beschrieben worden. Bei *Paramecium trichium* kann die dritte progame Mikronucleusteilung ausfallen, so daß zwei Tochterkerne der zweiten Teilung zu den Gametenkernen werden [*250*]. Eine Rasse dieser Art soll sogar nur eine progame Teilung durchführen [*251*]. Bei *Paramecium caudatum* können mehr als drei metagame Teilungen des Synkaryons stattfinden, ehe Mikronuclei und Makronucleus-Anlagen determiniert werden. Die Anzahl der letzteren kann außerdem zwischen zwei und zehn schwanken. Auch soll es vorkommen, daß von den beiden Tochterkernen des Synkaryons einer degeneriert, während der andere drei metagame Teilungen ausführt [*248, 252*].

Bei einigen Ciliaten findet bei der Conjugation ein Austausch von Bruchstücken des alten, desorganisierten Makronucleus statt.

Während die Exconjuganten in der Regel nicht wieder conjugationsfähig sind, treten hin und wieder „*Re-Conjugationen*" auf, bei welchen sich Individuen mit noch nicht wiederhergestelltem Kernapparat mit normalen Individuen paaren (Abb. 196).

Die Dauer der Conjugation ist bei den Ciliaten sehr verschieden. Meistens erstreckt sie sich über mehrere Tage. Welche Zeit auf die einzelnen Phasen entfällt, ist für *Paramecium bursaria* aus der folgenden Aufstellung [*1120*] zu ersehen:

1. Mikronucleus-Teilung.	14 Std
2. Mikronucleus-Teilung.	1 Std
3. Mikronucleus-Teilung.	3 Std
Vorkernaustausch und Karyogamie.	etwa 20 min
1., 2. und 3. Teilung des Synkaryons	je 2 Std
Reorganisation und Teilung des Exconjuganten	72 Std
Gesamtdauer der Conjugation	4 Tage

b) Anisogamontie

Bei einigen Ciliaten besteht zwischen den beiden Partnern ein konstanter Größenunterschied, der entweder schon vor der Paarung erkennbar ist oder sich erst während derselben herausbildet. In Analogie zu den Verhältnissen bei anderen Protozoen, z. B. den gamontogamen Adeleiden (S. 195), kann man daher von einer Anisogamontie sprechen und die beiden Partner als *Makro-* und *Mikrogamonten* bezeichnen.

In allen genauer untersuchten Fällen ist diese Anisogamontie damit verknüpft, daß es nur im Makrogamonten zur Ausbildung eines Synkaryons kommt und der Mikrogamont während der Paarung vom Makrogamonten resorbiert wird. An die Stelle einer wechselseitigen Befruchtung, wie sie eigentlich zum Begriff der Conjugation gehört, ist daher eine einseitige Befruchtung getreten.

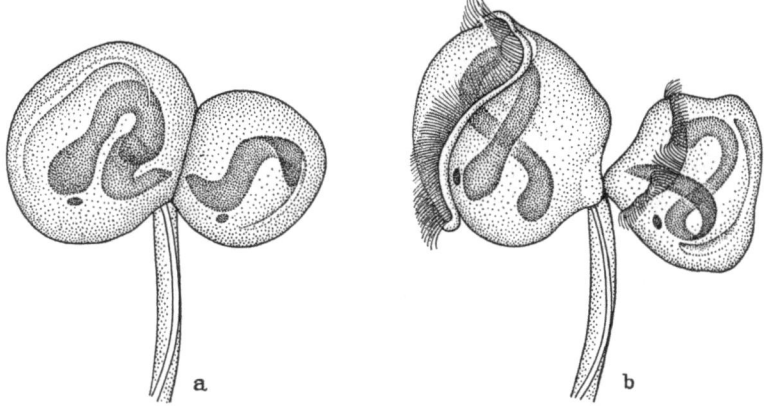

Abb. 197. *Vorticella campanula*. Inäquale, zur Entstehung eines Makroconjuganten (links) und eines Mikroconjuganten (rechts, mit aboralem Wimperkranz) führende Teilung. Nach MÜGGE, 1957 [*714*]

Besonders deutlich ist diese Anisogamontie bei den *Peritrichen*, wo die Mikrogamonten das Ergebnis eines besonderen Fortpflanzungsaktes sind. Dieser kann in verschiedener Weise verlaufen.

Bei den *solitären* Gattungen (z. B. *Vorticella, Opercularia, Urceolaria, Opisthonecta, Lagenophrys*) werden die Gamonten durch eine *differentielle* Teilung gebildet, die inäqual ist (Abb. 197a). Es entsteht eine größere Zelle, die zum Makrogamonten

206 Befruchtung und Sexualität

werden kann, und eine kleinere, die zum Mikrogamonten determiniert ist. Der Mikrogamont bildet einen besonderen Wimperkranz im hinteren Zellbereich aus (b) und entspricht in dieser Beziehung dem „Telotroch" einer normalen Zweiteilung (S. 146).

Wenn man die Gamonten durch Isolierung an der Conjugation hindert, so gehen die Mikrogamonten zugrunde, während die Makrogamonten wieder zu normalen vegetativen Zellen werden, die sich auch zu teilen vermögen. Allerdings sind die Tochterzellen dann nicht mehr conjugationsfähig. Es muß erst wieder eine erneute differentielle Teilung stattfinden, damit reaktionsfähige Makro- und Mikrogamonten entstehen [*331, 332*].

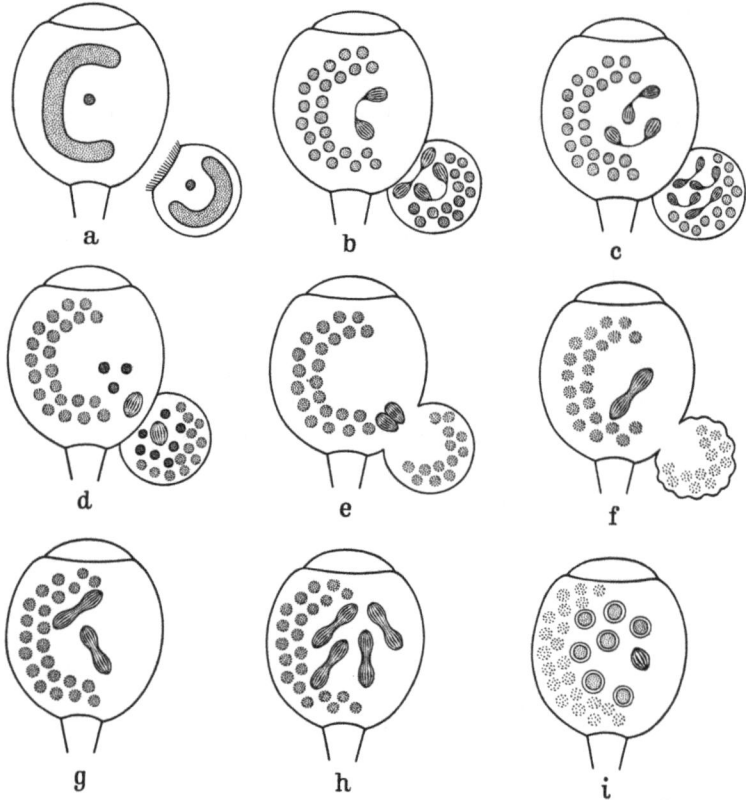

Abb. 198. Schema der Geschlechtsvorgänge (Anisogamontie) bei den Peritrichen

Bei den *kolonialen* Gattungen (z. B. *Epistylis, Carchesium, Zoothamnium*) entstehen die Mikrogamonten in der Weise, daß sich eine Zelle ein-, zwei- oder dreimal hintereinander teilt.

Während die Makrogamonten auf ihren Stielchen sitzen bleiben, sind die Mikrogamonten freibeweglich. Sie suchen die Makrogamonten auf und heften sich in der Nähe ihres Stielansatzes fest.

Die *progamen* Kernvorgänge verlaufen nicht einheitlich. Bei den meisten Arten scheinen sie sich in der in Abb. 198 dargestellten Weise abzuspielen. Während die Makronuclei zerfallen, finden im Makrogamonten zwei, im Mikrogamonten drei Mikronucleusteilungen statt (a—c). Von den vier Tochterkernen des Makrogamonten werden dann drei, von den acht Tochterkernen des Mikrogamonten sieben im Plasma resorbiert. In jedem Gamonten bleibt also nur ein Kern übrig (d). Dieser scheint sich in den meisten Fällen nicht noch einmal zu teilen. Nach Auflösung der die beiden Zellen trennenden Pelliculae wandert der Kern des Mikrogamonten zu dem Kern des Makrogamonten hin und verschmilzt mit ihm zum Synkaryon (e).

Bei manchen Arten (z. B. *Vorticella campanula*) wurde beobachtet, daß in jedem Gamonten eine postmeiotische Teilung stattfindet. Von den beiden Geschwisterkernen wird aber einer pyknotisch, so daß im Makrogamonten ein „Stationärkern", im Mikrogamonten ein „Wanderkern" übrigbleibt [*714*]. Für eine Art *(Vorticella monilata)* wird angegeben, daß beide Geschwisterkerne erhalten bleiben und ein wechselseitiger Austausch von Wanderkernen erfolgt. Zur Bildung eines Synkaryons kommt es aber nur im Makrogamonten, während die beiden Vorkerne im Mikrogamonten unverschmolzen bleiben und degenerieren [*690*].

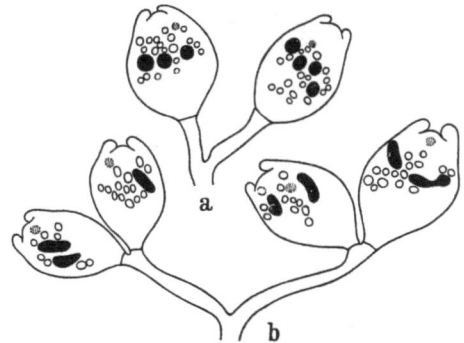

Abb. 199. *Epistylis articulata*. Metagame Teilungen des Exconjuganten. a Nach der ersten, b nach der zweiten Teilung (Makronucleus-Anlagen schwarz). Nach DASS, 1953, etwas verändert [*234*]

Diese Abwandlungen der progamen Vorgänge deuten darauf hin, daß sich die einseitige Befruchtung von einer wechselseitigen ableitet.

Während der Mikrogamont vom Makrogamonten resorbiert wird, gehen aus dem Synkaryon durch drei *metagame* Teilungen acht Tochterkerne hervor, von denen einer zum Mikronucleus wird, während sich sieben zu Makronucleus-Anlagen entwickeln (Abb. 198f—i). Diese werden dann — ähnlich wie bei *Paramecium caudatum* — bei den anschließenden Zweiteilungen so auf die Abkömmlinge des Makrogamonten verteilt, daß schließlich jede Zelle nur eine Makronucleus-Anlage enthält (Abb. 199).

Obwohl es naheliegt, in der Befruchtungsweise der Peritrichen eine Anpassung an die sessile Lebensweise zu erblicken, darf man nicht übersehen, daß Anisogamontie auch bei freibeweglichen Ciliaten vorkommt. Bei den Arten der Gattungen *Metopus* [*779*] und *Urostyla* [*478*] wurde beobachtet, daß beide Partner zunächst gleich groß sind und sich auch morphologisch nicht voneinander unterscheiden. Nach der Verschmelzung wird aber der eine Partner nach und nach von dem anderen resorbiert. Während bei *Metopus sigmoides* noch ein Rest übrigbleibt, der sich dann ablöst und zugrunde geht, wird bei *Urostyla hologama* der eine Partner völlig von dem anderen aufgenommen. In beiden Fällen findet im Anschluß an die Resorption eine Encystierung statt.

Die meisten *Suktorien* führen eine Conjugation durch, welche sich von der der übrigen Ciliaten nicht wesentlich unterscheidet. Nach dem Austausch der Wanderkerne trennen sich beide Partner wieder voneinander. Nur bei *Tokophrya cyclopum*, *Choanophrya infundibulifera* und *Ephelota gemmipara* ist die Conjugation zu einer einseitigen Befruchtung abgewandelt worden, indem der eine Partner von seinem Stiel abgerissen und von dem anderen resorbiert wird.

Bei *Ephelota gemmipara* können beide Partner von gleicher oder verschiedener Größe sein. Zunächst bilden beide Gamonten beulenförmige Vorwölbungen aus, die einander zugekehrt sind und rhythmische Pumpbewegungen ausführen. Da diese „Paarungsbeulen" schon zu erkennen sind, wenn sich die Partner noch

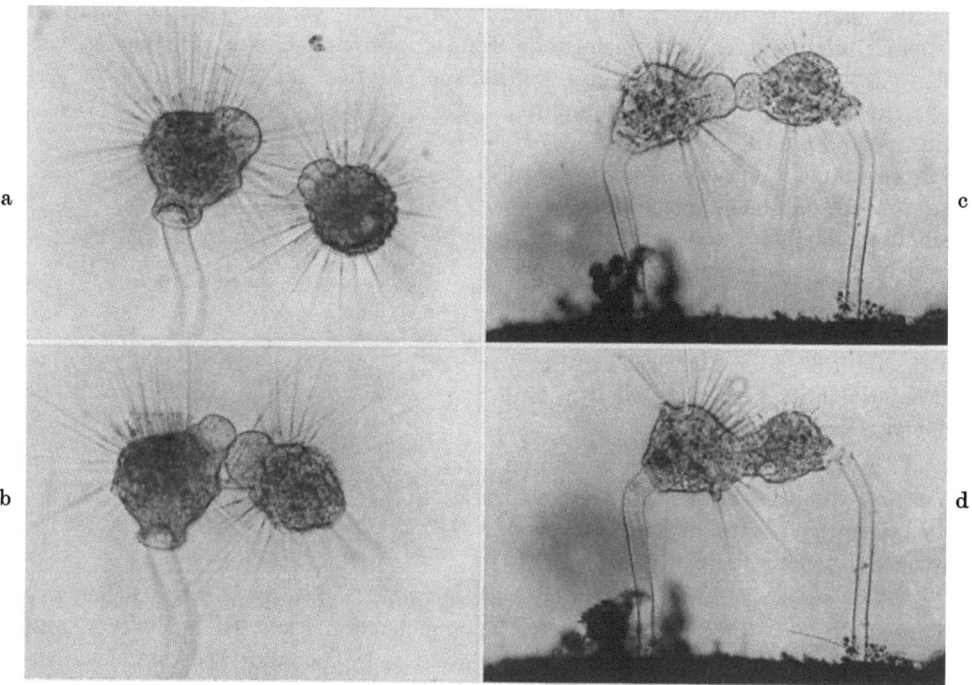

Abb. 200. *Ephelota gemmipara*. Beginn der Paarung. a, b Ausbildung der „Paarungsbeulen" und Berührung der Partner. Der Stielansatz des rechten Partners liegt bei a außerhalb der optischen Ebene. c, d Rückbildung der Paarungsbeulen und endgültige Verschmelzung. Bei d löst sich der rechte Partner von seinem Stiel. Vergr. 130×.
Aus den Filmen C 913 und E 1017

gar nicht berühren, muß ihre Bildung auf einer stofflichen Wechselwirkung beruhen. Der erste Kontakt wird durch die Fangtentakeln hergestellt, mit deren Hilfe sich beide Gamonten zueinanderhangeln (Abb. 200a, b). Die „Paarungsbeulen" stellen dann die endgültige Verbindung her (c, d). Nach einigen Stunden löst sich der eine Partner — bei ungleicher Größe wohl immer der kleinere — von seinem Stiel los und wird von dem anderen Partner resorbiert (Abb. 201). In jedem Falle bildet sich also während der Paarung ein Größenunterschied heraus, so daß man den einen Partner als Makrogamonten, den anderen als Mikrogamonten bezeichnen kann. Jede Zelle bildet normalerweise nur einen Gametenkern aus. Beide Gametenkerne verschmelzen zu einem Synkaryon, das sich im Makrogamonten in zwei Tochterkerne teilt, von denen der eine zum Mikronucleus, der andere zur Makronucleus-Anlage wird. Während sich der Mikronucleus weitervermehrt, so daß schließlich zahlreiche Mikronuclei vorhanden sind, entwickelt sich die Makronucleus-Anlage zu einem reich gegliederten Makronucleus.

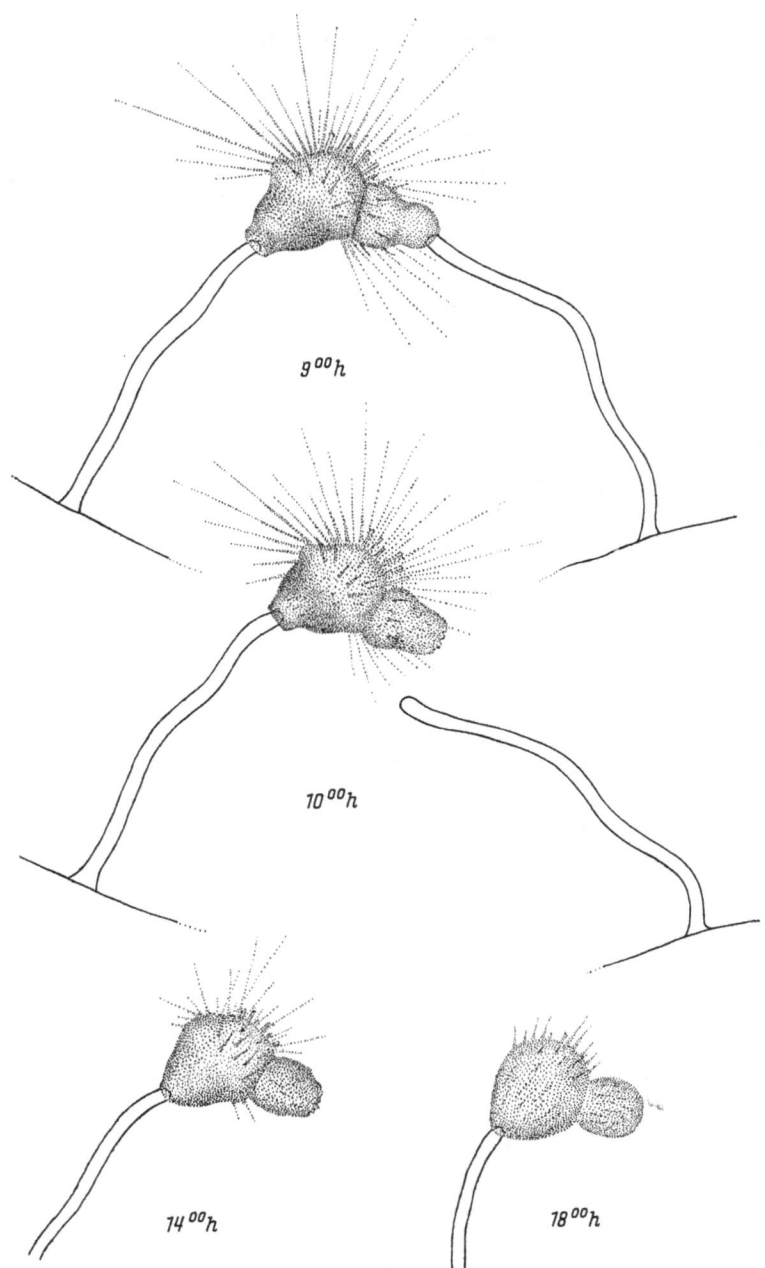

Abb. 201. *Ephelota gemmipara*. Anisogamontie. Der rechte Partner wird von seinem Stiel abgerissen. Nach Lebendbeobachtungen gezeichnet. Nach GRELL, 1953 [*424*]

c) Paarungstypen

Obwohl sich beide Partner bei Isogamontie morphologisch nicht voneinander unterscheiden und auch im Verlauf der Conjugation gleich verhalten, kann bei vielen Arten nicht jeder Gamont mit jedem beliebigen anderen konjugieren. Beide Partner müssen vielmehr verschiedenen *Paarungstypen (mating types)* angehören.

Der Nachweis, daß eine Differenzierung in Paarungstypen vorliegt, wird in der gleichen Weise erbracht wie der Nachweis der sexuellen Differenzierung bei Isogametie (S. 158). Zellen einer natürlichen Population werden in Klonkultur genommen. Normalerweise finden dann in den Klonen keine Conjugationen statt. Vermischt man aber bestimmte Klone miteinander, so erfolgt unter geeigneten Bedingungen (S. 219) stets eine Conjugation. Diese Klone gehören dann verschiedenen Paarungstypen an.

Daß die einzelnen Paare aus zwei typenverschiedenen Partnern bestehen, läßt sich am einfachsten durch die sog. „*Split-pair*"-*Methode* zeigen: Kurz nach ihrer Paarung werden die Partner künstlich wieder voneinander getrennt und isoliert zur Vermehrung gebracht. In den entstehenden Klonen treten dann keine Conjugationen auf. Vermischt man aber die von dem gleichen Paar stammenden Klone miteinander, so findet unter geeigneten Bedingungen wieder eine Conjugation statt. Wenn die „Split-pair"-Methode versagt, läßt sich der gleiche Nachweis auch durch *Markierung* der Klone erbringen. Der eine Klon kann beispielsweise aus lauter „Doppeltieren" bestehen, eine Anomalie, die auf eine Teilungsstörung zurückzuführen ist und sich über viele Zellteilungsfolgen erhalten kann (S. 271). Manchmal unterscheiden sich die Individuen zweier Klone deutlich in der Größe (Abb. 202). Stehen derartige „natürliche" Marken nicht zur Verfügung, so kann man beide Klone u. U. durch verschiedene Futterorganismen oder durch Vitalfarbstoffe (Neutralrot, Nilblausulfat) voneinander unterscheidbar machen.

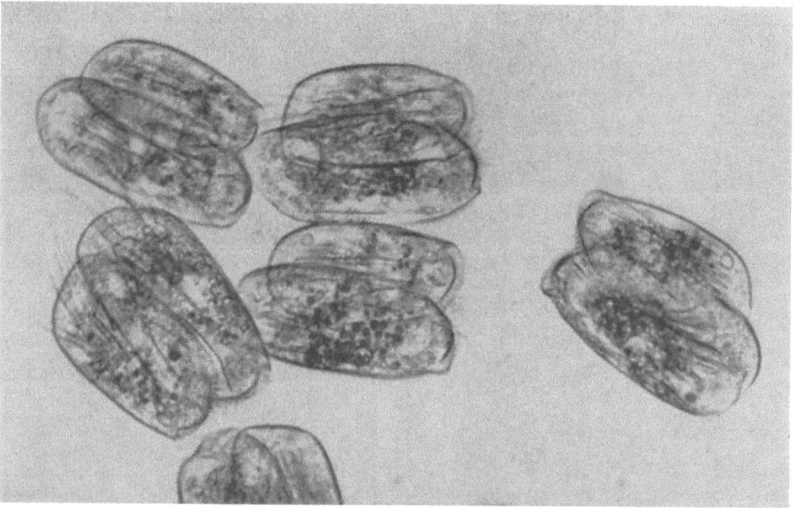

Abb. 202. *Euplotes vannus*. Conjugation zwischen Tieren zweier Klone, deren Individuen sich in der Durchschnittsgröße unterscheiden. Lebendaufnahme. Vergr. 250×. Nach HECKMANN, 1963 [*476*]

Bei allen näher untersuchten Ciliaten ergab sich, daß die von den Systematikern beschriebenen „Arten" — ähnlich wie bei den Phytomonadinen (S. 163) — keine Fortpflanzungsgemeinschaften im Sinne des herkömmlichen Artbegriffes bilden, sondern aus einer mehr oder weniger großen Anzahl von „Varietäten" bestehen, die nicht miteinander kreuzbar sind. Strenggenommen müßte man diese „Varietäten" daher als besondere Arten beschreiben. Da ihre morphologischen Unterschiede — verglichen mit denen, welche sonst zur Charakterisierung von

Arten dienen — aber nur unbedeutend sind und der Begriff der Varietät die Kreuzbarkeit einschließt, hat man es vorgezogen, sie als „*Syngens*" zu bezeichnen. Als Syngen wird somit eine Gruppe von Einzelwesen definiert, zwischen denen ein Genaustausch möglich ist [1032].

Bei den einzelnen Syngens kann die Anzahl der Paarungstypen sehr verschieden sein. Formal lassen sich zwei Arten von Paarungssystemen unterscheiden.

Bipolare Systeme

Für die bipolaren Systeme ist charakteristisch, daß in jedem Syngen *nur zwei* Paarungstypen vorkommen.

Ein solches System zeigt z. B. *Paramecium aurelia*, wo das Phänomen der Paarungstypen zuerst entdeckt wurde [1023]. Von dieser Art wurden bisher etwa 330 Stämme auf der ganzen Welt gesammelt und in Kultur genommen [1038]. Die Prüfung ihrer Paarungsbeziehungen führte zur Aufstellung von 14 Syngens (1—14) mit 28 Paarungstypen (I—XXVIII). Wie aus der Übersicht (Tab. 3) entnommen werden kann, lassen sich die meisten Syngens auf zwei Gruppen (A und B) verteilen, deren Unterscheidung weiter unten näher begründet wird. Auf die Sonderstellung des Syngens 13, für welches eine eigene Gruppe (C) gebildet werden muß, soll im Abschnitt über die Genetik der Paarungstypen eingegangen werden (S. 248).

Abgesehen von den Differenzen, welche ihre Nichtkreuzbarkeit (Inkompatibilität) bedingen, bestehen zwischen den Syngens Unterschiede in der Form und Größe der Individuen, der Teilungsrate, der Temperaturabhängigkeit, dem Spektrum der realisierbaren Antigen-Eigenschaften (Serotypes, S. 253ff), dem Conjugationsverhalten und anderen Eigenschaften. Die meisten Unterschiede lassen sich jedoch nur statistisch oder durch besondere Testverfahren erfassen. Obwohl die geographische Verbreitung nur lückenhaft bekannt ist, zeichnet es sich deutlich ab, daß bestimmte Syngens kosmopolitisch (z. B. 1 und 2), andere dagegen auf bestimmte Areale (z. B. 9 auf Europa) beschränkt sind.

Im allgemeinen sind die Syngens streng gegeneinander isoliert. Eine normale Conjugation, die den größten Teil (etwa 95%) der Individuen umfaßt und zu lebensfähigen Exconjuganten-Klonen führt, erfolgt nur dann, wenn die Paarungstypen des gleichen Syngens zusammengebracht werden. Dagegen findet bei der Vereinigung von Paarungstypen verschiedener Syngens meistens überhaupt keine Reaktion statt. In manchen Fällen ist die Paarung unvollständig und führt nicht zum Austausch der Wanderkerne (Unv.), oder es wird ein bestimmter Teil (z. B. 10% oder sogar 95%) von Paaren gebildet; aber die Exconjuganten oder die aus ihnen hervorgehenden Klone gehen früher oder später zugrunde.

Aus der Art, welche Paarungstypen hierbei miteinander reagieren, läßt sich aber der Schluß ziehen. daß zwischen den Paarungstypen der beteiligten Syngens eine *Homologiebeziehung* besteht. Diese äußert sich darin, daß sich die Paarungstypen *zwei allgemeinen Typen* zuordnen lassen, die als —- und +-Typ bezeichnet werden (Tab. 3). Die zum —-Typ gehörenden (ungeradzahlig numerierten) Paarungstypen reagieren nur mit den zum +-Typ gehörenden (geradzahlig numerierten) Paarungstypen anderer Syngens und umgekehrt (z. B. I mit X und XVI, II mit V, IX, XIII und XV, usw.). Der bipolaren Ausprägung der Paarungstypen innerhalb der einzelnen Syngens scheint also eine Bipolarität des ganzen Systems zugrunde zu liegen, welches im Laufe der Evolution variiert worden ist.

14*

Tabelle 3. *Paramecium aurelia. Paarungssystem*

Die Zahlen innerhalb der Tabelle geben in Prozent an, wieviel Paare bei der Mischung der betreffenden Paarungstypen maximal gebildet wurden. Unv. bedeutet, daß die Reaktion unvollständig und nur bei wenigen Individuen zu beobachten war. Nach Angaben von SONNEBORN [1038]

Gruppe	Syngen	Paarungstyp	A 1 I	3 V	5 IX	9 XVII	11 XXI	14 XXVII	B 2 III	4 VII	6 XI	7 XIII	8 XV	10 XIX	12 XXIII	C 13 XXV	Allg. Typ
A	1	I	95/0	0/0	0/0	0/0	0/0	0/0	0/0	0/0	0/0	0/0	0/0	0/0	0/0	0/0	−
		II	0/0	1/0	40/0	0/0	0/0	0/0	0/0	0/0	0/0	0/0	0/0	0/0	0/0	0/0	+
	3	V	0/0	95/0	0/0	0/0	0/0	0/0	0/0	0/0	0/0	0/0	0/0	0/0	0/0	0/0	−
		VI	0/0	0/0	0/0	0/0	0/0	0/0	0/0	0/0	0/0	0/0	0/0	0/0	0/0	0/0	+
	5	IX	0/0	40/0	0/0	0/0	0/0	0/0	0/0	0/0	0/0	0/0	0/0	0/0	0/0	0/0	−
		X	0/0	0/0	95/0	0/0	0/0	0/0	0/0	0/0	0/0	0/0	0/0	0/0	0/0	0/0	+
	9	XVII	0/0	0/0	0/0	95/0	0/0	0/0	0/0	0/0	0/0	0/0	0/0	0/0	0/0	0/0	−
		XVIII	0/0	0/0	0/0	0/0	0/0	0/0	0/0	0/0	0/0	0/0	0/0	0/0	0/0	0/0	+
	11	XXI	0/0	0/0	0/0	0/0	95/0	0/0	0/0	0/0	0/0	0/0	0/0	0/0	0/0	0/0	−
		XXII	0/0	0/0	0/0	0/0	0/0	0/0	0/0	0/0	0/0	0/0	0/0	0/0	0/0	0/0	+
	14	XXVII	0/0	0/0	0/0	0/0	0/0	95/0	0/0	0/0	0/0	0/0	0/0	0/0	0/0	0/0	−
		XXVIII	0/0	0/0	0/0	0/0	0/0	0/0	0/0	0/0	0/0	0/0	0/0	0/0	0/0	0/0	+
B	2	III							95/0	0/0	0/0	0/0	0/0	0/0	0/0	0/0	−
		IV							0/0	0/0	0/0	0/0	0/0	0/0	0/0	0/0	+
	4	VII							0/0	95/0	0/0	0/0	0/0	0/0	0/0	0/0	−
		VIII							0/0	0/0	0/0	0/0	0/0	0/0	0/0	0/0	+
	6	XI							0/0	0/0	95/0	0/0	0/0	0/0	0/0	0/0	−
		XII							0/0	0/0	0/0	0/0	0/0	0/0	0/0	0/0	+
	7	XIII							0/0	0/0	0/0	95/0	0/0	0/0	0/0	0/0	−
		XIV							0/0	0/0	0/0	0/0	Unv./0	0/0	0/0	0/0	+
	8	XV							0/0	0/0	0/0	0/0	95/60	Unv./0	0/0	0/0	−
		XVI							0/0	0/0	0/0	0/0	Unv./0	95/0	0/0	0/0	+
	10	XIX							0/0	0/0	0/0	0/0	0/0	95/0	Unv./0	0/0	−
		XX							0/0	0/0	0/0	0/0	0/0	Unv./0	95/0	0/0	+
	12	XXIII							0/0	0/0	0/0	0/0	0/0	0/0	95/0	0/0	−
		XXIV							0/0	0/0	0/0	0/0	0/0	0/0	0/0	0/0	+
C	13	XXV														60/0	−
		XXVI														0/0	+

Während der ungeschlechtlichen Fortpflanzung wird der Paarungstyp in der Regel unverändert beibehalten. Er wird über viele Zellteilungsfolgen weitergegeben und muß daher in dieser Beziehung als *vererbbar* betrachtet werden. Trotzdem kann ein *Wechsel* des Paarungstyps erfolgen.

Bei den Syngens der *Gruppe A* findet ein solcher Wechsel sehr häufig nach einer Conjugation oder Autogamie statt. Dabei ist bemerkenswert, daß sich dieser Umschlag nicht an dem Exconjuganten oder Exautogamonten selbst vollzieht, sondern an den Zellen, welche bei der ersten Teilung nach der Conjugation oder Autogamie entstehen. So können z. B. die beiden Tochterzellen eines Exconjuganten oder Exautogamonten, welcher aus einer zum Paarungstyp I gehörigen Zelle hervorging, entweder ebenfalls den Paarungstyp I verwirklichen oder beide zum Paarungstyp II gehören oder aber verschiedene Paarungstypen d. h. I und II ausbilden. Wie Abb. 203 an einem Beispiel zeigt, ist die Verteilung der Paarungstypen auf die beiden Tochterzellen ganz zufallsmäßig. Von 139 Exconjuganten gehörten bei 35 beide Tochterzellen zum Paarungstyp I, bei 34 beide zum Paarungstyp II, und bei 70 Exconjuganten waren beide Tochterzellen verschieden. Um einen Klon zu bekommen, der rein in bezug auf den Paarungstyp ist, kann man daher nicht von einem Exconjuganten oder einem Exautogamonten ausgehen, sondern muß eine seiner beiden Tochterzellen isolieren und zur Vermehrung bringen.

Da bei der ersten metagamen Teilung von *Paramecium aurelia* die beiden Makronucleus-Anlagen auf die beiden Tochterzellen verteilt werden (Abb. 190), liegt die Annahme nahe, daß die *Determination der Paarungstypen* bei der Entwicklung der neuen Makronucleus-Anlagen erfolgt. Diese Annahme ließ sich auf verschiedene Weise bestätigen.

Bei einem Stamm des Syngens 1 werden häufig mehr als zwei Makronucleus-Anlagen in den Exconjuganten ausgebildet.

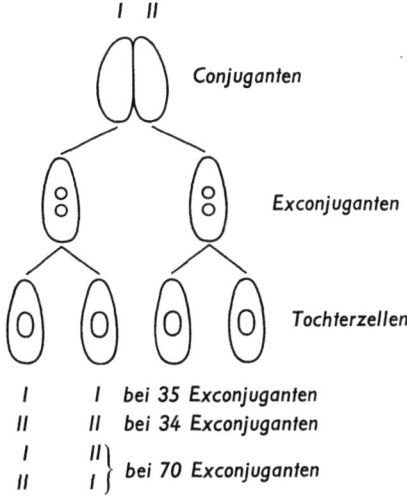

Abb. 203. *Paramecium aurelia* (Gruppe A, Syngen 1). Wechsel des Paarungstyps nach der Conjugation. Unter den beiden Tochterzellen des linken Exconjuganten sind die möglichen Verteilungen der Paarungstypen und die Häufigkeit dieser Verteilungen bei 139 geprüften Exconjuganten aufgeführt. Nach Zahlen von SONNEBORN, 1937 [1023]

Dementsprechend findet auch die Festlegung des Paarungstyps erst nach einem späteren Teilungsschritt statt, nämlich dann, wenn alle Makronucleus-Anlagen verteilt sind und in den späteren Abkömmlingen zu neuen Makronuclei heranwachsen. Für die Bindung der Paarungstyp-Differenzierung an den Makronucleus spricht auch, daß eine Zelle, die einen regenerierten Makronucleus besitzt, welcher also aus einem Bruchstück des alten, bei der Conjugation oder Autogamie zerfallenen Kerns hervorgegangen ist (S. 111), stets den gleichen Paarungstyp verwirklicht wie der Conjugant oder Autogamont, von welchem sie dieses Bruchstück erhielt.

Das Verhältnis, in welchem die beiden Paarungstypen nach einer Conjugation oder Autogamie gebildet werden, läßt sich bis zu einem gewissen Grade durch äußere Bedingungen beeinflussen. Bei der normalen Zuchttemperatur von 19 °C treten beide Typen ungefähr in gleicher Häufigkeit auf. Erhöhung der Temperatur führt zu einer Verschiebung zugunsten der +-Typen (II in Syngens 1, VI in Syngens 3, usw.). Dabei zeigte sich, daß eine verhältnismäßig kurz dauernde *sensible Phase* in der Makronucleus-Entwicklung durchlaufen wird, während der sich die Determination der Paarungstypen beeinflussen läßt.

Bei den in der *Gruppe B* zusammengefaßten Syngens ist ein Wechsel des Paarungstyps nach einer Conjugation oder Autogamie ein verhältnismäßig seltenes Ereignis. In der Regel zeigt der aus einem Exconjuganten oder Exautogamonten entstandene Klon den gleichen Paarungstyp wie der Conjugant oder Autogamont, aus welchem er hervorging. Läßt man z. B. Paarungstyp VII und VIII (Syngen 4) miteinander conjugieren, so geht aus dem VII-Conjuganten wieder ein Exconjugant hervor, der einen zum Paarungstyp VII gehörigen Klon liefert, und aus dem VIII-Conjugant entsteht wieder ein Exconjugantenklon des Paarungstypes VIII.

In einer verhältnismäßig geringen Zahl von Fällen findet aber auch bei den Syngens der Gruppe B ein Umschlag des Paarungstyps nach der Conjugation oder Autogamie statt. Eine nähere Untersuchung ergab, daß auch dieser Wechsel regelmäßig mit der Entwicklung der neuen Makronucleus-Anlagen verbunden ist und durch die Temperatur beeinflußt werden kann.

Der Unterschied zwischen beiden Gruppen kann daher nicht von grundsätzlicher Art sein [741]. Die größere Labilität der Paarungstyp-Differenzierung innerhalb der Gruppe A beruht offenbar darauf, daß das Cytoplasma eine untergeordnete Rolle als determinierender Faktor spielt, während bei der Gruppe B ein bestimmter plasmatischer Zustand durch den Makronucleus hervorgerufen wird, der dann seinerseits wieder die sich entwickelnden Makronucleus-Anlagen auf einen bestimmten Paarungstyp festlegt. Daß derartige Zustände des Cytoplasmas über viele Zellgenerationen beibehalten werden, aber gegebenenfalls auch plötzlich wieder in einen anderen Zustand umschlagen können, wird bei der Besprechung der sog. Antigen-Eigenschaften noch näher ausgeführt werden (S. 253ff).

Jedenfalls erfolgt die Bestimmung der Paarungstypen in beiden Gruppen auf modifikatorischem Wege. Da die Exconjuganten und ihre Abkömmlinge den gleichen Erbanlagenbestand besitzen (S. 244), kann die Determination der Paarungstypen nicht auf Genunterschieden beruhen.

Von *Paramecium multimicronucleatum*, welches *P. aurelia* nahesteht, konnten bisher vier Syngens isoliert werden [40, 380, 1032]. In Syngen 2 kommen neben Stämmen, bei welchen der Paarungstyp der Tochterzellklone konstant bleibt (III oder IV), sog. Cycler-Stämme vor, deren Klone einen *tagesperiodischen Wechsel* des Paarungstyps zeigen. Manche verwirklichen bei Nacht den Paarungstyp III, bei Tage den Paarungstyp IV, andere verhalten sich umgekehrt [41, 42].

Mit Klonen, deren Paarungstyp konstant bleibt ("Non-cyclers") läßt sich testen, welchen Paarungstyp die „Cyclers" gerade haben. Die Kreuzungsergebnisse sprechen dafür, daß der Unterschied auf einem Allelenpaar beruht (C für Cyclers, c für Non-cyclers).

Die Tagesperiodik wird durch einen Licht-Dunkel-Wechsel (Zeitgeber) kontrolliert, bleibt aber bei ständiger Licht- oder Dunkelkultur bestehen (endogene Rhythmik).

Von *Paramecium caudatum* sind bisher 16 Syngens bekannt, die sich z. T. durch ihre Zell- und Kerngröße unterscheiden [386—388]. Autogamie fehlt, kann aber künstlich hervorgerufen werden [789]. Stattdessen kommt häufig Selbstung (s. u.) in den Klonen vor, welche die Analyse des Paarungssystems und genetische Untersuchungen erschwert. Im Syngen 12 scheint die Determination der Paarungstypen durch die genetische Konstitution zu erfolgen [487].

Auch *Paramecium woodruffi* und *P. calkinsi* haben bipolare Paarungssysteme [20, 1032]. Die Determination der Paarungstypen ist modifikatorisch.

Multipolare Systeme

Die meisten Ciliaten, welche bisher untersucht wurden, zeigen eine Multipolarität ihres Paarungssystems: In allen Syngens kommen mehr als zwei Paarungstypen vor, die in jeder Kombination zur Conjugation führen.

Bei *Paramecium bursaria*, wo diese Differenzierungsweise zuerst entdeckt wurde [77, 534] sind in einigen Syngens vier (1, 3), in anderen acht (2, 4, 5, 6) Paarungstypen gefunden worden (Tab. 4).

Tabelle 4. *Paramecium bursaria*. Reaktionsschema der Paarungstypen in den Syngens 1 und 3 (a), bzw. 2, 4, 5 und 6 (b). Nach den Angaben von BOMFORD, 1966 [77]

	I	II	III	IV
I	−	+	+	+
II		−	+	+
III			−	+
IV				−

a

	I	II	III	IV	V	VI	VII	VIII
I	−	+	+	+	+	+	+	+
II		−	+	+	+	+	+	+
III			−	+	+	+	+	+
IV				−	+	+	+	+
V					−	+	+	+
VI						−	+	+
VII							−	+
VIII								−

b

Daß immer nur Individuen von verschiedenem Paarungstyp miteinander conjugieren, läßt sich bei *Paramecium bursaria* leicht durch *Markierung* des einen Conjuganten nachweisen. Die Art ist durch Zoochlorellen grün gefärbt. Durch Dunkelhaltung oder Röntgenbestrahlung kann man die Zoochlorellen zum Verschwinden bringen und dadurch die Zellen farblos machen. Bringt man nun einen farblos gemachten Klon des einen Paarungstyps mit einem unbehandelten Klon des anderen Typs zusammen, so conjugiert immer ein farbloses mit einem grünen Individuum.

Wie schon früher ausgeführt wurde (S. 52), kommen bei *Paramecium bursaria* verschieden hoch polyploide Rassen vor, die sich an der Größe ihrer Mikronuclei unterscheiden lassen. Kombiniert man nun zwei miteinander reagierende Paarungstypen, welche verschieden große Mikronuclei besitzen, so hat immer der eine Partner einen kleinen, der andere einen großen Mikronucleus. Manchmal heftet sich auch noch ein drittes Individuum an ein solches Conjugationspaar an (Abb. 204). Dabei zeigt sich, daß es niemals an dem Conjuganten von der gleichen Mikronucleusgröße befestigt ist. Der „überzählige" Conjugant führt dann ebenfalls die progamen Mikronucleus-Teilungen durch. Die beiden Vorkerne, welche auf diese Weise entstehen, verschmelzen autogam miteinander zu einem Synkaryon [135, 138].

Sehr eingehend wurde auch das Paarungssystem von *Tetrahymena pyriformis* untersucht. Bis 1965 konnten 12 Syngens nachgewiesen werden, von denen jedes eine bestimmte Anzahl von Paarungstypen umfaßt. Insgesamt wurden 50 Paarungstypen gefunden. Als Beispiel sei nur Syngen 1 mit 7 Paarungstypen angeführt.

Multipolare Systeme besitzen auch die hypotrichen Ciliaten der Gattungen *Oxytricha* [1002], *Stylonychia* [19, 269], *Euplotes* [476, 477, 560, 562, 566, 774, 1123, 1124] und *Uronychia* [893]. Die meisten Paarungstypen innerhalb eines Syngens wurden bei *Stylonychia mytilus* gefunden: ihre Zahl betrug 48 [19]!

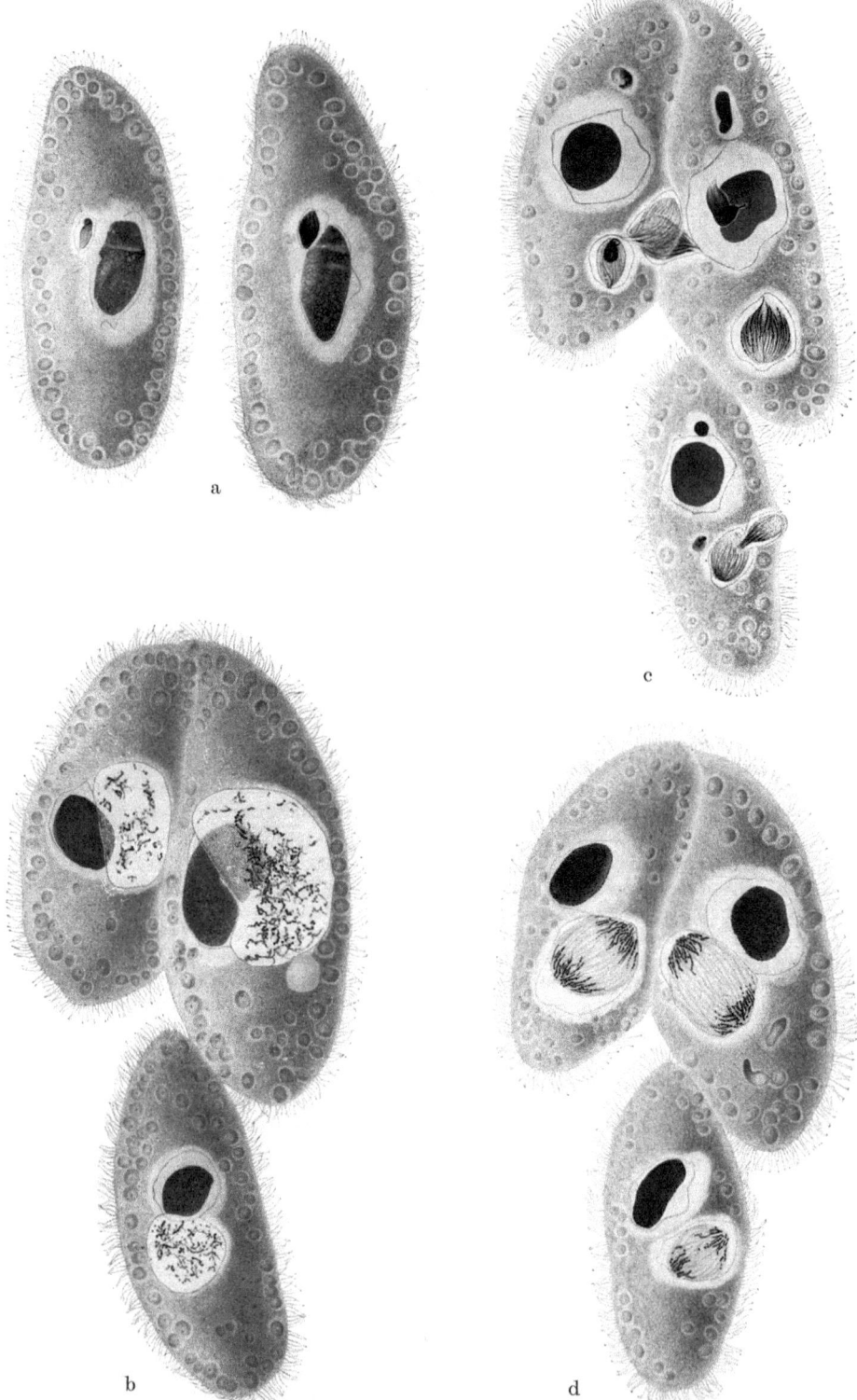

Abb. 204. *Paramecium bursaria.* Paarung von drei Individuen. Der überzählige „Conjugant" heftet sich an den Partner vom entgegengesetzten Paarungstyp (kenntlich an der Größe der Mikronuclei) und führt eine Autogamie durch. a Individuen der beiden Rassen, welche miteinander gepaart werden; links: Rasse *Fd* mit kleinem, wahrscheinlich nicht polyploiden Mikronucleus, rechts: Rasse *McD₃* mit großem polyploidem Mikronucleus, b Dreierconjugation. Späte Prophase der ersten progamen Teilung. c Austausch der Pronuclei zwischen den beiden eigentlichen Conjuganten. d Anaphase der ersten Teilung des Synkaryons. Sublimat-Alkohol, Eisenhämatoxylin. Vergr. 610×. Nach CHEN, 1946 [*138*]

Über die Determination der Paarungstypen liegen nur für einzelne Syngens der genannten Arten genauere Untersuchungen vor. In Syngen 1 von *Tetrahymena pyriformis* erfolgt sie in ähnlicher Weise wie bei *Paramecium aurelia* (Gruppe A und B), nämlich durch eine modifikatorische Festlegung der sich entwickelnden Makronucleus-Anlage. Da bei *Tetrahymena pyriformis* eine Autogamie fehlt, kann ein Wechsel des Paarungstyps in der Regel nur nach der Conjugation stattfinden. Wie bei den Syngens der Gruppe A von *Paramecium aurelia* (S. 213) können die Tochterzellklone von Exconjuganten, in denen sich verschiedene Makronucleus-Anlagen entwickeln, auch verschiedene Paarungstypen verwirklichen. Hat man eine genügende Anzahl von Klonen solcher Tochterzellen zur Verfügung, so läßt sich nachweisen, daß sie sich auf sieben Paarungstypen verteilen. Dabei treten die einzelnen Typen unter gleichen Bedingungen mit annähernd konstanter Häufigkeit auf. Die Determination besteht also darin, daß die Makronucleus-Anlage aus einem Spektrum von sieben möglichen Paarungstypen auf einen Paarungstyp festgelegt wird [740, 760—762].

Für Syngen 1 und 2 von *Paramecium bursaria*, Syngen 8 von *Tetrahymena pyriformis*, sowie die bisher geprüften Syngens von *Uronychia transfuga* und der *Euplotes*-Arten ließ sich dagegen nachweisen, daß die Paarungstypen nicht auf modifikatorischem Wege, sondern unmittelbar durch die genetische Konstitution bestimmt werden. Wie diese Konstitution herbeigeführt wird, ist aber bei den einzelnen Arten sehr verschieden und soll im Kapitel „Vererbung" ausführlicher besprochen werden.

Selbstung

Während in der Regel nur Conjugationen möglich sind, wenn Klone miteinander gemischt werden, die verschiedenen Paarungstypen angehören, kann bei bestimmten Stämmen oder unter bestimmten Bedingungen auch eine intraklonale Conjugation stattfinden. Diese Erscheinung, welche als *Selbstung (selfing)* bezeichnet wird, bedarf noch eingehender Untersuchung.

Man könnte zunächst daran denken, daß die Inkompatibilitäts-Schranke der Paarungstyp-Differenzierung bei der Selbstung aufgehoben wird, so daß jede Zelle mit jeder beliebigen anderen conjugieren kann. Eine genauere Analyse von Selfer-Klonen hat jedoch ergeben, daß der intraklonalen Conjugation die Differenzierung eines komplementären Paarungstyps vorausgeht und die Partner von verschiedenem Paarungstyp sind. Das Problem spitzt sich also auf die Frage zu, auf welche Weise in einem Tochterzellklon (S. 213), der normalerweise einheitlich differenziert sein würde, ein komplementärer Paarungstyp auftreten kann.

Bei einigen Stämmen von *Paramecium aurelia* konnten die intraklonalen Conjugationen darauf zurückgeführt werden, daß die aus den Exconjuganten oder Exautogamonten hervorgehenden Tochterzellen nicht gleich ihren Paarungstyp wechselten, sondern erst nach einigen Teilungen. Da ihre Abkömmlinge in dieser Beziehung variierten, traten in dem gleichen Klon teils Individuen auf, die noch den alten, teils solche, die schon den neuen Paarungstyp hatten [565, 1025].

In der Regel läßt sich aber die Selbstung nicht auf eine solche „phänotypische Verzögerung" (phenomic lag) zurückführen, sondern beruht auf einem Instabilwerden einer Differenzierung, die über viele Zellteilungsfolgen konstant geblieben war. Isoliert man aus Selfer-Klonen einzelne Zellen, so findet in den „Sub-Klonen" wieder eine Selbstung statt.

Für die Selfer-Klone des Syngens 7 von *Paramecium aurelia* konnte nachgewiesen werden, daß einzelne Zellen, die vorher den Paarungstyp XIII verwirklicht hatten, in den Paarungstyp XIV umschlugen. Da der Wechsel niemals in der umgekehrten Richtung erfolgte, wird vermutet, daß die dem Paarungstyp XIII entsprechende Paarungstyp-Substanz (S. 220) eine Vorstufe der dem Paarungstyp XIV entsprechenden Substanz ist [*1079, 1080*].

Daß diese Irreversibilität jedoch nicht allgemein gilt, zeigt das Beispiel der „Cycler" von *Paramecium multimicronucleatum*, wo der Paarungstyp tagesperiodisch wechselt (S. 214). Da in der Zeit, in der dieser Wechsel erfolgt, vorübergehend Individuen von verschiedenem Paarungstyp nebeneinander vorkommen, kann auch eine Selbstung stattfinden.

Während man bei einem schnellen Wechsel des Paarungstyps wohl nicht um die Annahme herumkommt, daß sich der Determinationszustand des Makronucleus als Ganzes verändert, haben Untersuchungen an den Selfer-Klonen des Syngens 1 von *Tetrahymena pyriformis* zu einer ganz anderen Deutung geführt. Wenn man aus solchen Selfer-Klonen Einzelzellen isoliert und zur Vermehrung bringt, so findet bei guter Ernährung in den Sub-Klonen wieder eine Selbstung statt. Setzt man sie dagegen Hungerbedingungen aus, so unterbleibt eine Selbstung, und die Sub-Klone werden schließlich „rein" für einen bestimmten Paarungstyp. Dabei zeigte sich, daß in den meisten Selfer-Klonen nur zwei Paarungstypen ausgebildet werden und daß bestimmte Kombinationen bevorzugt auftreten. Da die Paarungstyp-Differenzierung an den Makronucleus gebunden ist, lag es nahe, das Auftreten verschiedener Paarungstypen in den Selfer-Klonen auf eine *Heterogenität des Makronucleus* zurückzuführen. Die Untereinheiten des Makronucleus (S. 112) könnten beim Heranwachsen der Makronucleus-Anlagen unterschiedlich determiniert werden. Die Stabilisierung der Sub-Klone würde dann auf der fortschreitenden *Aussortierung der Untereinheiten* und der damit verbundenen „Vereinheitlichung" der Makronuclei beruhen. Auf Grund dieser Hypothese und der bei der Analyse der Selfer-Klone gewonnenen quantitativen Daten wurde berechnet, daß der aus einer Teilung hervorgegangene Makronucleus von *Tetrahymena pyriformis* etwa 45 Untereinheiten enthalten müßte [*16, 759, 760, 949*].

So bestechend diese Hypothese ist, so steht doch fest, daß sie in anderen Fällen nicht zur Erklärung des Phänomens der Selbstung herangezogen werden kann. Bei *Euplotes patella* geben die Zellen bestimmter Paarungstypen spezifische Stoffe ab, welche die Zellen anderer Paarungstypen zur Selbstung veranlassen (S. 249). Vermischt man Klone miteinander, die verschiedenen Paarungstypen angehören, so konjugieren — wie Markierungsversuche ergaben — nicht nur typenverschiedene, sondern auch typengleiche Zellen miteinander. Der Begriff „Paarungstyp" hat daher hier einen anderen Sinn als er eingangs definiert wurde [*566*]. Merkwürdigerweise verhält sich eine nahe verwandte Art, *Euplotes eurystomus*, gerade umgekehrt. Intraklonale Conjugationen sind hier die Regel. Vermischt man aber Klone von verschiedenem „Paarungstyp", so wird die Selbstung der typengleichen Zellen unterdrückt, und es paaren sich überwiegend typenverschiedene miteinander [*560*].

Da es sehr unwahrscheinlich ist, daß die Stoffe, welche Selbstung induzieren oder unterdrücken, im natürlichen Lebensraum der Arten eine Rolle spielen, besteht der Verdacht, daß es sich hierbei lediglich um „Labor-Effekte" handelt. Um die Physiologie der Conjugation zu verstehen (s. u.), ist aber ihre Analyse nicht weniger wichtig.

Bei *Euplotes crassus* kann eine Selbstung stattfinden, wenn Klone, die heterozygot in Bezug auf die Paarungstyp-Allele sind, ein bestimmtes Alter erreicht haben [*479*]. Auf dieses Phänomen soll später näher eingegangen werden (S. 269)

Während den bisher betrachteten Fällen von Selbstung gemeinsam ist, daß zwar ein intraklonaler Wechsel des Paarungstyps stattfindet, die Differenzierung als solche aber bestehen bleibt, scheint die sog. *chemisch induzierte Conjugation* auf einer völligen Aufhebung der Inkompatibilitätsschranke zu beruhen. Werden Paramecien mit bestimmten Stoffen (z. B. K, Mg, Heparin, EDTA) behandelt, so kann es auch zwischen typengleichen Zellen zu Conjugationen kommen, ja sogar zwischen solchen, die verschiedenen Syngens oder Arten (innerhalb der sog. *aurelia*-Gruppe) angehören. Dabei unterbleibt die Agglutinationsreaktion (S. 220). Abgesehen davon, daß alle möglichen „Unregelmäßigkeiten" in der Lage der Conjuganten zueinander vorkommen, verläuft die Conjugation als solche völlig normal. Die Exconjuganten bzw. die aus ihnen hervorgehenden Zellen sind aber nicht lebensfähig [*708, 709*].

Wahrscheinlich ist die Aufhebung der Inkompatibilitätsschranke auf eine Veränderung der Cilienhülle zurückzuführen. EDTA (Äthylendiamintetraessigsäure) könnte z. B. das Calcium binden, welches in die Cilienhülle eingebaut ist [*488*].

Wenn auch kein Zweifel besteht, daß die Differenzierung in Paarungstypen eine bei den Ciliaten weit verbreitete Erscheinung ist, so läßt sich doch die Möglichkeit nicht ausschließen, daß es auch Arten gibt, welche diese Differenzierung nicht besitzen. Bei diesen Arten würde sich auch unter natürlichen Verhältnissen jede Zelle mit jeder beliebigen anderen paaren können, vorausgesetzt, daß die inneren und äußeren Bedingungen verwirklicht sind, welche die Conjugation auch sonst erfordert.

d) Physiologie der Conjugation

Auch wenn die beiden Klone, welche miteinander vereinigt werden, geeigneten Paarungstypen angehören, findet nicht immer eine Conjugation statt. Neben der „Komplementarität", welche sich in der Paarungstyp-Differenzierung äußert, müssen noch bestimmte Bedingungen verwirklicht sein, damit eine Paarung möglich ist. Unter den *Außenfaktoren*, welche die Conjugationsbereitschaft beeinflussen, sind vor allem die Temperatur und das Licht zu nennen. Auch die Tageszeit kann eine Rolle spielen. Unerläßlich ist ein bestimmter Ernährungszustand: Hungernde oder überfütterte Individuen conjugieren im allgemeinen nicht.

Neben diesen Bedingungen, deren Wirksamkeit bei den einzelnen Syngens oder Stämmen verschieden sein kann, ist zu berücksichtigen, daß die Conjugationsbereitschaft bei den meisten Ciliaten erst nach einer mehr oder weniger langen *Unreife-Periode* (immaturity period) erreicht wird. Hierunter ist zu verstehen, daß die Abkömmlinge eines Exconjuganten nicht gleich wieder conjugationsbereit sind, sondern eine bestimmte Anzahl von Zellteilungen durchlaufen müssen, bevor sie in die *Reife-Periode* (maturity period) eintreten.

Bei *Paramecium aurelia* ist die Unreife-Periode verhältnismäßig kurz. Es gibt Stämme, deren Klone gleich wieder conjugationsbereit sind, wenn die Reorganisation des Kernapparates erfolgt ist. Auch bei den übrigen Stämmen dauert die Unreife-Periode höchstens 9 Tage (= 35 Zellteilungen). Ist der Reifezustand erst einmal erreicht, so kann er zwar für kurze Zeit durch eine Autogamie unterbrochen, nicht aber von ihr aufgehoben werden.

Bei *Paramecium bursaria*, wo sich die Unreife-Periode über Wochen und Monate erstrecken kann, geht dem Zustand der vollen Reife eine sog. *Adolescenz-Periode* (adolescence period) voraus. In dieser Zeit können die Klone noch nicht mit reifen Klonen aller übrigen Paarungstypen des betreffenden Syngens conjugieren, sondern nur mit einem Teil von ihnen. In Syngen 1, wo diese Erscheinung eingehend untersucht wurde [1005—1009], conjugieren die Klone in der Adolescenz-Periode nur mit den reifen Klonen von zwei (statt drei) Paarungstypen. Ein adolescenter Klon könnte daher dem einen oder dem anderen komplementären Paarungstyp angehören (z. B. $\overline{I-II}$), und erst beim Übergang zur vollen Reife läßt sich entscheiden, welchem der beiden Typen er zuzuordnen ist (z. B. I oder II, s. Tab. 5).

Tabelle 5. *Paramecium bursaria*
Reaktionsschema zweier Klone, die in der Adolescenz nicht zu unterscheiden sind und in der Reife den Paarungstyp I bzw. II verwirklichen

Unreife				Adolescenz				Reife					
I	II	III	IV	I	II	III	IV	I	II	III	IV	←	Testklone
−	−	−	−	−	−	+	+	−	+	+	+	→ I	Endgültiger Paarungstyp
−	−	−	−	−	−	+	+	+	−	+	+	→ II	

Sind alle Bedingungen optimal, so kommt es bei den *Paramecium*-Arten nach dem Zusammenbringen der typenverschiedenen Klone regelmäßig zu einer *Agglutinationsreaktion* (Abb. 205), welche an die von verschiedengeschlechtlichen Gameten erinnert (S. 160). Es bilden sich Gruppen von vielen — oft mehreren hundert — Individuen, die sich schließlich in Einzelpaare auflösen.

Die Agglutination beruht auf einer Wechselwirkung von Substanzen, die spezifisch für die betreffenden Paarungstypen sind und daher als *Paarungstyp-Sub-*

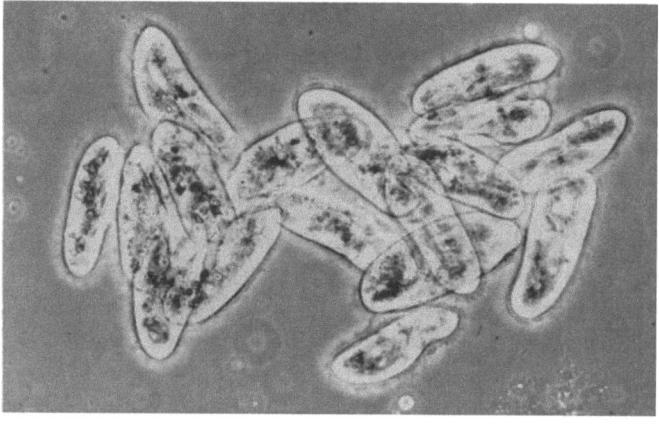

Abb. 205. *Paramecium woodruffi*. Agglutinationsreaktion. Vergr. 150×. Aufn. D. AMMERMANN

stanzen bezeichnet werden [*696*]. Enzymversuche ergaben, daß sie Proteine enthalten. Experimente mit Inhibitoren (Puromycin, Actinomycin D) zeigen, daß diese Proteine kontinuierlich gebildet werden und ihre Synthese RNS-abhängig ist [*73*].

Daß sie in den Cilien lokalisiert sind, geht aus Versuchen hervor, bei denen abgelöste und durch Zentrifugation angereicherte Cilien mit lebenden Zellen zusammengebracht wurden [*491*]. Gehören die Zellen einem komplementären Paarungstyp an, so bleiben die Cilien an der Region der Mundbucht haften, wo auch normalerweise der Kontakt bei der Agglutination erfolgt. Bei *Paramecium bursaria*, wo die Conjugationsbereitschaft tagesperiodisch wechselt, konnte nachgewiesen werden, daß auch die Cilien nur zu der entsprechenden Tageszeit (mittags) agglutinationsfähig sind und daß sich der Bereich, mit welchem sie verkleben, periodisch vergrößert und verkleinert [*210—212, 1009*]. Die Paarungstyp-Substanzen sind daher nicht ständig in den Cilien lokalisiert, sondern werden vorübergehend in sie eingebaut. Die Stoffe behalten auch dann noch ihre Wirksamkeit bei, wenn die Zellen selbst nicht mehr leben. Abgetötete Individuen agglutinieren noch mit solchen eines komplementären Paarungstyps [*695, 696*].

Bei Syngens mit zwei Paarungstypen (z. B. *Paramecium aurelia*) kommt man mit der Annahme aus, daß jedem Paarungstyp *eine* Substanz entspricht. In jedem Syngen sind zwei Substanzen komplementär ($\underline{A}_1$ und $\underline{a}_1$ in Syngen 1, $\underline{A}_2$ und $\underline{a}_2$ in Syngen 2, usw.), wobei die Homologie der Paarungstypen (S. 211) auf einer Strukturähnlichkeit der Substanzen ($\underline{A}_1, \underline{A}_2$ ... bzw. $\underline{a}_1, \underline{a}_2$ ...) beruhen könnte.

Die auffällige Erscheinung, daß die Anzahl der Paarungstypen in den Syngens von *Paramecium bursaria* der geometrischen Progression 2^n entspricht, führte zu der Hypothese, daß in den Syngens mit vier Paarungstypen (1, 3) zwei ($\underline{A}-\underline{a}$, $\underline{B}-\underline{b}$), in den Syngens mit acht Paarungstypen (2, 4, 5, 6) drei Paare komplementärer Substanzen ($\underline{A}-\underline{a}$, $\underline{B}-\underline{b}$, $\underline{C}-\underline{c}$) wirksam sind [*696*].

In den Syngens mit vier Paarungstypen wären beispielsweise folgende Kombinationen der Substanzen möglich: $\underline{A}\underline{B}$, $\underline{a}\underline{B}$, $\underline{a}\underline{b}$, $\underline{A}\underline{b}$. Nimmt man an, daß immer eine Reaktion stattfindet, wenn entweder $\underline{A}$ und $\underline{a}$ (α-Reaktion) oder $\underline{B}$ und $\underline{b}$ (β-Reaktion) auf verschiedene Individuen verteilt sind, so ergibt sich das folgende Schema (Tab. 6)[14]:

Tabelle 6. *Paramecium bursaria*
Reaktionsschema eines Syngens mit vier Paarungstypen. Nach der Hypothese von METZ, 1954, [*696*] beruhen die Reaktionen auf der Wechselwirkung von zwei Paaren komplementärer Paarungstyp-Substanzen: Sind die Zellen in $\underline{A}$-$\underline{a}$ verschieden, so findet eine α-Reaktion, sind sie in $\underline{B}$-$\underline{b}$ verschieden, eine β-Reaktion statt

Paarungstypen		I	II	III	IV
	Substanzen	$\underline{A}\underline{B}$	$\underline{a}\underline{B}$	$\underline{a}\underline{b}$	$\underline{A}\underline{b}$
I	$\underline{A}\underline{B}$	—	α	α, β	β
II	$\underline{a}\underline{B}$	α	—	β	α, β
III	$\underline{a}\underline{b}$	α, β	β	—	α
IV	$\underline{A}\underline{b}$	β	α, β	α	—

[14] Die Zuordnung der Substanz-Kombinationen zu bestimmten Paarungstypen berücksichtigt die genetischen Befunde (S. 252).

Diese zunächst sehr formal erscheinende Hypothese fand eine Stütze durch die *Analyse der Adolescenz-Erscheinungen*. In der Adolescenz würden die Klone nur eine der beiden Substanzen bilden können und daher nur zu einer α- oder β-Reaktion befähigt sein. In jedem Falle könnten sie mit zwei der vier Testklone reagieren. In der Reife-Periode würde dann noch die andere Substanz gebildet werden und daher eine α- *und* β-Reaktion möglich sein.

Tatsächlich wurden keine adolescenten Klone gefunden, die nur mit einem der vier Testklone reagierten. Es kamen auch nur die in Tab. 7 aufgeführten adolescenten Klone zur Beobachtung, während die nach der Hypothese unmöglichen Kombinationen ($\overline{\text{I} - \text{III}}$ und $\overline{\text{II} - \text{IV}}$) nicht auftraten.

Tabelle 7. *Paramecium bursaria*
Syngen 1. Reaktionen der adolescenten Klone mit reifen Testklonen. Im Anschluß an SIEGEL und COHEN, 1963 [*1009*]

Adolescente Klone	Substanzen	Reife Testklone			
		I	II	III	IV
		$\underline{A}\underline{B}$	$\underline{a}\underline{B}$	$\underline{a}\underline{b}$	$\underline{A}\underline{b}$
$\overline{\text{I}-\text{IV}}$	$\underline{A}$	—	α	α	—
$\overline{\text{II}-\text{III}}$	$\underline{a}$	α	—	—	α
$\overline{\text{I}-\text{II}}$	$\underline{B}$	—	—	—	β
$\overline{\text{III}-\text{IV}}$	$\underline{b}$	β	β	—	—

Für die Annahme von zwei Paaren komplementärer Substanzen sprach ferner, daß die Reaktionen zwischen den adolescenten Klonen auf zwei Möglichkeiten beschränkt waren, nämlich auf $\overline{\text{I}-\text{IV}} \times \overline{\text{II}-\text{III}}$ (α-Reaktion) und auf $\overline{\text{I}-\text{II}} \times \overline{\text{III}-\text{IV}}$ (β-Reaktion), während andere Reaktionen nicht vorkamen (Tab. 8).

Tabelle 8. *Paramecium bursaria*
Syngen 1. Reaktionen der vier adolescenten Klone untereinander. Im Anschluß an SIEGEL, 1961 [*1005*]

Adolescente Klone	Substanzen	$\overline{\text{I}-\text{IV}}$	$\overline{\text{II}-\text{III}}$	$\overline{\text{I}-\text{II}}$	$\overline{\text{III}-\text{IV}}$
		$\underline{A}$	$\underline{a}$	$\underline{B}$	$\underline{b}$
$\overline{\text{I}-\text{IV}}$	$\underline{A}$	—	α	—	—
$\overline{\text{II}-\text{III}}$	$\underline{a}$	α	—	—	—
$\overline{\text{I}-\text{II}}$	$\underline{B}$	—	—	—	β
$\overline{\text{III}-\text{IV}}$	$\underline{b}$	—	—	β	—

Nimmt man an, daß in den Syngens mit acht Paarungstypen drei Paare komplementärer Substanzen wirksam sind, so ergeben sich die folgenden Kombinationen: $\underline{A}\underline{B}\underline{C}$, $\underline{A}\underline{B}\underline{c}$, $\underline{A}\underline{b}\underline{C}$, $\underline{A}\underline{b}\underline{c}$, $\underline{a}\underline{B}\underline{C}$, $\underline{a}\underline{B}\underline{c}$, $\underline{a}\underline{b}\underline{C}$, $\underline{a}\underline{b}\underline{c}$.

Eine gewisse Stütze fand diese Auffassung durch die Beobachtung, daß Reaktionen zwischen verschiedenen Syngens auf vier der acht Paarungstypen beschränkt sind. Man könnte sich vorstellen, daß von den Substanzen des einen Syngens nur eine (z. B. A_2 von Syngen 2) den für eine Reaktion erforderlichen Grad von Komplementarität zu einer Substanz des anderen Syngens (z. B. a_4 von Syngen 4) besitzt.

Der endgültige Beweis für die Richtigkeit der Hypothese wurde jedoch durch die *genetische Analyse* erbracht (S. 251). Sie ergab, daß die Bildung der Substanzen in Syngen 1 durch zwei, in Syngen 4 durch drei Loci mit je zwei Allelen ($A-a$, $B-b$, $C-c$) kontrolliert wird.

Durch die Agglutinationsreaktion werden die Zellen *aktiviert*, d. h. sie vereinigen sich paarweise an der Festhalte-Region und verlieren die Fähigkeit, mit anderen Zellen zu agglutinieren. Die weiteren Vorgänge (Ausbildung der paroralen Kegel, Eintritt der Mikronuclei in die Meiose, Zerfall des Makronucleus) setzen dann zwangsläufig ein. Daß diese Reaktionsfolge auch von Genen abhängt, lehrt die Mutante *CM* ("can't mate"), deren Zellen zwar eine typische Agglutinationsreaktion mit solchen des anderen Paarungstyps ergeben, aber dann keine weiteren Conjugationsphänomene zeigen. Schon die Fähigkeit, an der Festhalte-Region mit ihrem Partner zu verschmelzen, ist bei ihnen blockiert. Außerdem bleiben sie dauernd agglutinationsfähig. Obwohl selbst nicht aktivierbar, können die *CM*-Individuen andere Zellen aktivieren. Daß bei ihnen nur die zur Conjugation führende Reaktionsfolge blockiert ist, geht daraus hervor, daß sie ganz normal autogamieren können [*697*]. Allgemein zeigt das Vorkommen der Autogamie, daß die Vereinigung in der Festhalte-Region nicht die Vorbedingung der übrigen Conjugationsphänomene ist. In welcher Wechselwirkung diese zueinander stehen, ist noch nicht geklärt. Sicher scheint nur, daß die Meiose nicht für die Bildung der paroralen Kegel und den Zerfall des Makronucleus notwendig ist, da diese Vorgänge auch in mikronucleuslosen „Conjuganten" ausgelöst werden können. Was über die Beziehung der aufeinanderfolgenden Teilvorgänge bei der Conjugation und Autogamie von *Paramecium aurelia* bisher bekannt ist, faßt das folgende Schema zusammen.

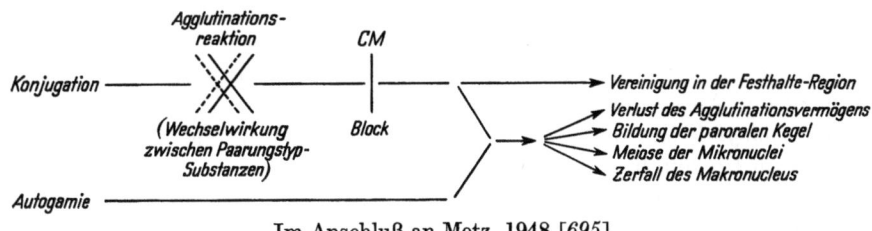

Im Anschluß an Metz, 1948 [*695*]

Die Agglutinationsreaktion, welche bei den *Paramecium*-Arten unmittelbar nach dem Vermischen der typenverschiedenen Klone erfolgt, ist aber keineswegs bei allen Ciliaten zu beobachten. Werden die typenverschiedenen Klone von *Tetrahymena pyriformis* oder der erwähnten Hypotrichen (*Oxytricha, Euplotes, Stylonychia*) zusammengebracht, so vergehen 1—2 Std, bevor eine Reaktion zu beobachten ist. Es bestehen experimentelle Hinweise darauf, daß der vorübergehende Kontakt, in welchen die typenverschiedenen Zellen in dieser „*Warte-Periode*" geraten, die verstärkte Bildung von Paarungstyp-Substanzen induziert. Diese ermöglichen dann die endgültige Verschmelzung der Partner [*481*]. Daß die Abscheidung von Stoffen, wie sie für *Euplotes patella* und *E. eurystomus* nachgewiesen wurde, wahrscheinlich in der freien Natur keine Rolle spielt, sondern ein „Labor-Effekt" ist, wurde schon früher hervorgehoben. Vielleicht ist auch die Bedeutung des „Paarungsspiels", welches bei *Stylonychia mytilus* (Abb. 271) und anderen Hypotrichen der Verschmelzung der Partner vorausgeht, in einer „Stimulation" zur Bildung weiterer Paarungstyp-Substanzen zu erblicken.

IV. Rückblick

Bei einer vergleichenden Betrachtung der Befruchtungsvorgänge muß zunächst noch einmal daran erinnert werden, daß zwischen den Verhältnissen bei den Bakterien und Protozoen eine tiefe Kluft besteht (S. 5).

Die sog. „*Conjugation*" *der Bakterien* führt zur Übertragung eines mehr oder weniger langen Abschnittes des „Chromosoms" einer Spenderzelle auf eine Empfängerzelle. In der Empfängerzelle, welche dadurch zu einer „*Merozygote*" wird, kann der übertragene Abschnitt dann mit dem entsprechenden Abschnitt des vorhandenen „Chromosoms" Stücke austauschen.

Bei allen *Eukaryonten* führt die Befruchtung zur Karyogamie. Hierbei vereinigen beide Partner ihre ganzen Chromosomensätze, so daß eine „*Holozygote*" entsteht. Der Stückaustausch zwischen den homologen Chromosomen findet bei der *Meiose* statt, die zygotisch, gametisch oder intermediär sein kann (S. 78).

Die Karyogamie ist die Voraussetzung für die Meiose und damit für die Umkombinierbarkeit des elterlichen Erbgutes. Für die Evolution sind daher Befruchtungsvorgänge wichtig, weil sie die Entstehung neuer Anpassungstypen begünstigen.

Es ist aber nicht zu leugnen, daß die biologische Bedeutung der *sexuellen Differenzierung* damit nicht „erklärt" ist. Die Bemühungen, nach einer „sexuellen Fortpflanzung ohne Sexualität" zu suchen, sind daher durchaus legitim. Allerdings ist bisher noch kein Fall beschrieben worden, der experimentell ausreichend gesichert erscheint [*470*][15].

Dagegen konnte in zahlreichen Fällen eine sexuelle Differenzierung von Isogameten nachgewiesen werden. Dabei wurden niemals mehr als zwei Geschlechter gefunden. Soweit bisher bekannt, besteht also bei Isogametie die gleiche *Bipolarität* der sexuellen Differenzierung wie bei Anisogametie und Oogametie. Dies berechtigt zu der Auffassung, daß die Differenzierungstypen der Gameten grundsätzlich *homologisierbar* sind, wenn auch ihre Bezeichnung als „männlich" oder „weiblich" im Einzelfall problematisch sein kann.

Unter den gametogamen Protozoen ist eine bipolare sexuelle Differenzierung nicht nur bei diözischen, sondern auch bei monözischen Arten festgestellt worden. Besonders eindrucksvoll ist aber, daß auch bei autogam verschmelzenden Gameten oder Gametenkernen Geschlechtsunterschiede erkennbar sein können.

Während das Bild auf dem Niveau der Gameten völlig einheitlich ist, herrschen bei den *Gamonten* verschiedene Verhältnisse, je nachdem, ob sie diözisch oder monözisch sind.

Geht man davon aus, daß die ursprüngliche Form der geschlechtlichen Fortpflanzung die *Gametogamie*, d. h. die Bildung freischwimmender und außerhalb der Gamonten copulierender Gameten ist, so lassen sich die Beziehungen zu den beiden anderen Formen der geschlechtlichen Fortpflanzung, nämlich der *Autogamie* und *Gamontogamie*, in einem Schema wiedergeben (Abb. 206).

---

[15] Von Genetikern, welche die Lebensphänomene mehr von der theoretischen Warte betrachten, werden vielfach alle Vorgänge, die zur Rekombination führen, (z. B. auch die sog. Transduktion) als „Sexualvorgänge" bezeichnet. Diese Ausweitung eines biologisch klar definierten Begriffes (S. 150) ist jedoch irreführend, weil sie den Eindruck hervorruft, daß die Sexualität immer mit den Rekombinationsvorgängen gekoppelt sein müsse, während sie in Wirklichkeit ein hiervon abtrennbares Phänomen mit eigener Problematik ist.

Bei *Diözie* kann die geschlechtliche Differenzierung der Gameten gewissermaßen auf die Gamonten übergreifen. Ein Beispiel liefern die Coccidien, wo die Gamonten schon bei den gametogamen Eimeridae und Haemosporidae deutlich voneinander verschieden sein können. Eine ausgeprägte Anisogamontie herrscht vor allem bei den gamontogamen Adeleidae, wo der Mikrogamont nur wenige Mikrogameten bildet und daher viel kleiner als der Makrogamont ist.

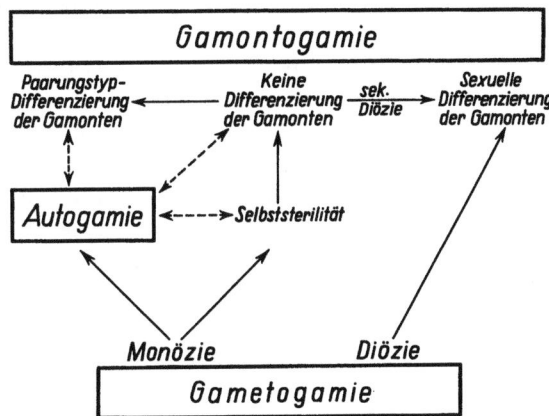

Abb. 206. Die verschiedenen Typen der geschlechtlichen Fortpflanzung und Differenzierung bei den Protozoen in ihrer wechselseitigen Beziehung. Nach GRELL, 1967 [445]

Bei *Monözie* der Gamonten kann die Entwicklung entweder zur Autogamie oder zur Gamontogamie führen. Manche Arten, z. B. die Foraminifere *Rotaliella heterocaryotica*, zeigen beide Formen der geschlechtlichen Fortpflanzung nebeneinander. Eine Fremdbefruchtung (Allogamie) ist nur dann gewährleistet, wenn die sich paarenden Gamonten *selbststeril* sind, wenn also die von dem gleichen Gamonten gebildeten Gameten oder Gametenkerne nicht miteinander, sondern nur mit solchen des anderen Gamonten verschmelzen können.

Wenn Autogamie und Gamontogamie nebeneinander vorkommen, müßte diese Selbststerilität vorübergehend aufgehoben werden können, während sie bei ausschließlich gamontogamen Arten dauernd bestehen bliebe. Wenn die Gameten oder Gametenkerne bipolar differenziert sind, können natürlich nur die verschiedengeschlechtlichen Gameten oder Gametenkerne der beiden Gamonten miteinander verschmelzen.

Das Beispiel von *Metarotaliella parva* zeigt, daß es gamontogame Protozoen gibt, bei welchen *die Gamonten nicht in verschiedene Typen differenziert* sind. Bei dieser Foraminifere kann sich jeder Gamont mit jedem beliebigen anderen paaren. Es findet aber stets eine Fremdbefruchtung statt.

Dieser Fall liefert vielleicht einen Schlüssel für das Verständnis der Verhältnisse bei den *Ciliaten*. Man könnte sich vorstellen, daß auch bei den Ciliaten, die auf Grund ihrer Kernverhältnisse als monözisch interpretiert werden müssen, ursprünglich keine Typendifferenzierung der Gamonten vorlag. Man muß sogar mit der Möglichkeit rechnen, daß es auch heute noch Ciliaten gibt, bei welchen jede Zelle unter geeigneten Bedingungen mit jeder anderen konjugieren kann (S. 219).

Nach dieser Auffassung stellt die Differenzierung in *Paarungstypen* ein sekundäres Phänomen dar, welches sich auf der Grundlage einer Monözie entwickelt hat und darin mit dem Selbststerilitäts-Phänomen der Blütenpflanzen übereinstimmt. Obwohl die Paarungstyp-Differenzierung manche Konvergenzen zur sexuellen Differenzierung aufweist (Kontakt-Mechanismen, modifikatorische und genetische Determination), empfiehlt es sich nicht, sie ebenfalls als „sexuell" zu bezeichnen.

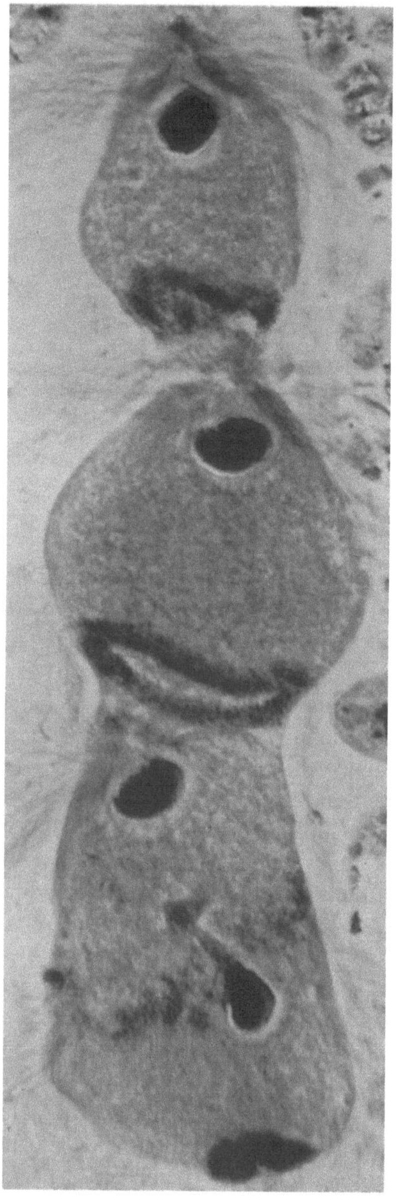

Demgegenüber handelt es sich bei der „*Anisogamontie*" der Ciliaten zweifellos um eine sekundäre Diözie, welche sich aus der Monözie durch Unterdrückung des alternativen Geschlechts entwickelt hat. Die Mikro- und Makrogamonten der Peritrichen kann man mit dem gleichen Recht als sexuell differenziert bezeichnen wie die der Adeleiden.

Ob dieser sekundären Diözie ein Zustand vorausging, bei dem keine Paarungstyp-Differenzierung vorlag (s. Abb. 206), oder ob sich die Unterdrückung des alternativen Geschlechts an zwei komplementären Paarungstypen vollzog, ist dabei von untergeordneter Bedeutung.

Die sexuelle Differenzierung, welche ein so verschiedenes Ausmaß bei den Protozoen erfahren hat, wirft viele Fragen auf, deren Beantwortung erst in den Anfängen steckt. Auf Grund einer bisexuellen Reaktionsnorm verläuft sie in zwei divergierenden Richtungen. Wenn wir auch wissen, daß die Richtung durch modifikatorische oder genetische Faktoren bestimmt wird, so sind uns doch die hierbei wirksamen Regulationsmechanismen noch völlig unbekannt. Manche Aufschlüsse liefern Fälle, bei welchen der anomale Verlauf der Befruchtung auf eine *unvollständige oder fehlgeleitete Differenzierung* der Gameten hindeutet. Bei der Polymastigine *Trichonympha*, wo die geschlechtsverschiedenen Gameten durch eine differentielle Teilung entstehen (S. 165), kommt es häufig vor, daß der hintere Gamet eines Copulationspaares selbst einen Befruchtungskegel ausbildet, der dann als Ansatzstelle für einen weiteren Gameten dient. Bei dem in Abb. 207 gezeigten Fall sind sogar vier Gameten miteinander verbunden, von denen die beiden letzten schon weitgehend verschmolzen sind.

Abb. 207. *Trichonympha*. Kette von vier Gameten. Originalaufnahme von L. R. CLEVELAND

Man hat solche Fälle als „relative Sexualität" gedeutet [*470*]. Sicher ist aber nur, daß sich die mittleren Gameten so verhalten, als ob sie vorne „männlich" und hinten „weiblich" wären. Die einfachere Deutung wäre daher, daß sie an beiden Zellpolen verschieden differenziert und dadurch gewissermaßen zu cellulären Gynandromorphen geworden sind [*161*].

Gelegentlich dringen bei *Trichonympha* zwei männliche in einen weiblichen Gameten ein. Meistens lösen sich dann die männlichen Kerne von ihren extranucleären Organellen los und wandern zu dem weiblichen Kern hin. Manchmal unterbleibt aber diese Wanderung, und die Kerne der männlichen Zellen verschmelzen miteinander (Abb. 208).

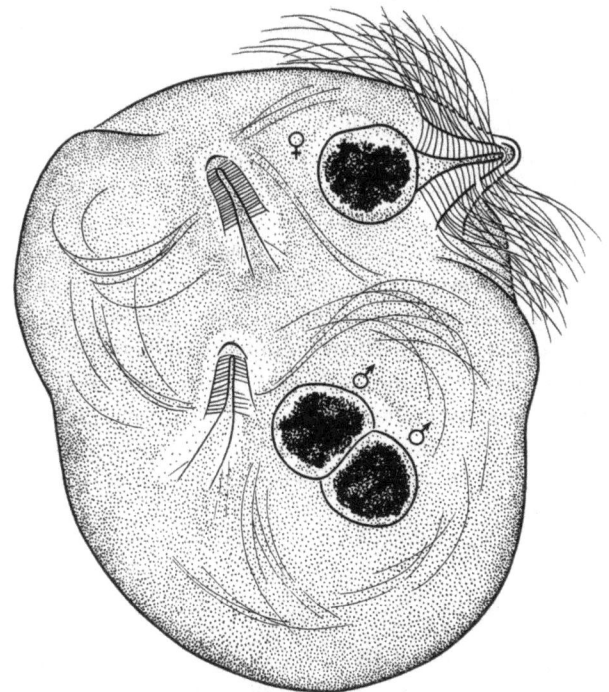

Abb. 208. *Trichonympha*. Anomales Befruchtungsstadium. Zwei männliche Gameten sind in einen weiblichen Gameten eingedrungen (vgl. Abb. 161). Die Kerne der beiden männlichen Gameten haben sich zusammengelegt. Vergr. 800×. Nach CLEVELAND, 1957 [*178*]

Man könnte daher die Frage aufwerfen, ob Gametenkerne überhaupt sexuell differenziert sind. Es bestände auch die Möglichkeit, daß nach der Copulation eine Bedingung im Cytoplasma verwirklicht wird, die allgemein auf eine Kernverschmelzung hinzielt. Einer solchen Auffassung widersprechen aber die Verhältnisse bei *Notila*, wo von den vier Gametenkernen eines Gamontenpaares immer nur die männlichen mit den weiblichen, niemals aber die männlichen miteinander verschmelzen (Abb. 188).

F. Generationswechsel

Wechseln bei einer Art zwei oder mehrere Generationen miteinander ab, welche sich verschieden fortpflanzen, so spricht man von einem Generationswechsel[16]. Zum Unterschied von den höheren Organismen, welche durch Zellteilung wachsen, pflanzen sich die Protozoenindividuen durch Zellteilung fort. Daher wird ihr Generationswechsel als *primär* bezeichnet.

Da die Entstehung der Gameten in der Regel an eine besondere Fortpflanzungsweise geknüpft ist, wechseln bei fast allen sexuell differenzierten Protozoen

---

[16] Unter „Generation" wird hierbei die Entwicklungsphase einer Art zusammengefaßt, welche von einem Fortpflanzungsakt bis zum nächsten dauert. In der Genetik versteht man dagegen unter „Generation" den gesamten Entwicklungszyklus einer Art. Im genetischen Sinne würde also z. B. ein ganzer „Generationswechsel" eines Sporozoons *eine* Generation darstellen.

geschlechtliche (Gamogonie) und ungeschlechtliche Fortpflanzung (Agamogonie) miteinander ab. Diese Form des Generationswechsels kommt daher am häufigsten vor. Ein Abwechseln verschiedener ungeschlechtlicher Fortpflanzungsweisen tritt dagegen nur als Ausnahmefall auf.

Meistens ist der Wechsel der Fortpflanzungsweisen nicht streng festgelegt (*fakultativer* Generationswechsel). Die ungeschlechtliche Fortpflanzung kann sich beliebig oft wiederholen, und erst eine Veränderung der Außenbedingungen löst die geschlechtliche Fortpflanzung aus.

In vielen Fällen tritt eine solche Veränderung zwangsläufig ein, z. B. dadurch, daß die eine Fortpflanzungsweise selbst Bedingungen herstellt, welche die andere Fortpflanzungsweise auslösen. Bei vielen Sporozoen ist der ungeschlechtlichen Vermehrung (Schizogonie) durch die Größe des Wirtes oder des befallenen Organs eine natürliche Grenze gesetzt. Daher wird nach einer bestimmten Anzahl ungeschlechtlicher Fortpflanzungen *regelmäßig* eine geschlechtliche Fortpflanzung (Gamogonie) ausgelöst, welche die Entwicklung in dem betreffenden Wirt abschließt.

Nur in wenigen Fällen erfolgt das Alternieren der Fortpflanzungsweisen in streng festgelegtem Rhythmus, weil *innere*, während des Zellwachstums sich einstellende Bedingungen bewirken, daß bei der Fortpflanzung Tochterzellen entstehen, welche sich nur in anderer Weise fortpflanzen können (*obligatorischer* Generationswechsel).

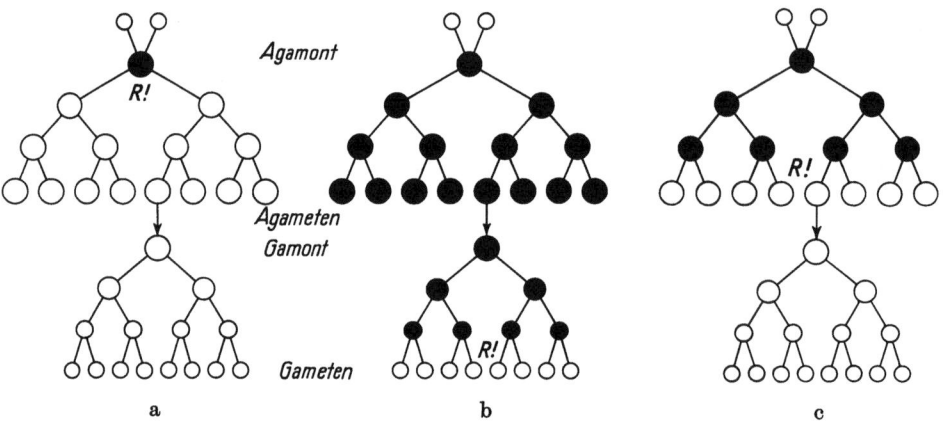

Abb. 209. Schema der verschiedenen Typen des Generationswechsels bei den Protozoen. Haploide Zellen: weiß. Diploide Zellen: schwarz. *R!* Meiose. a Haplo-homophasischer, b diplo-homophasischer, c heterophasischer Generationswechsel

Für die Unterscheidung der verschiedenen Typen des Generationswechsels (Abb. 209) kann man neben der Art der alternierenden Fortpflanzungsweisen den Ort der Chromosomenreduktion heranziehen. Ist mit dem Wechsel der Fortpflanzungsweisen keine Chromosomenreduktion verbunden so daß sich beide in der gleichen Kernphase abspielen, so spricht man von einem *homophasischen* Generationswechsel. Findet dagegen eine intermediäre Reduktion statt, so daß die eine Generation diploid, die andere haploid ist, so handelt es sich um einen *heterophasischen* Generationswechsel. Danach lassen sich *drei* Typen des primären Generationswechsels unterscheiden:

1. Beim *haplo-homophasischen* Generationswechsel ist nur die Zygote diploid; alle Fortpflanzungsvorgänge spielen sich in der Haplophase ab.

Bei den *Phytomonadinen* ist der Generationswechsel fakultativ. Die Agamogonie kann in einer Zweiteilung oder in einer Vielteilung bestehen.

Demgegenüber ist der Generationswechsel der *Sporozoen* durch den Parasitismus mehr oder weniger festgelegt. Als ungeschlechtliche Fortpflanzung tritt bei allen Sporozoen eine multiple Teilung, die *Sporogonie* auf, die zur Ausbildung der Sporozoiten führt, welche durch die Spore auf einen anderen Wirt übertragen werden. Daneben hat sich aber bei vielen Sporozoen (Schizogregarinen, Schizococcidien) noch eine weitere Form der multiplen Teilung herausgebildet, die *Schizogonie*, so daß drei verschiedene Fortpflanzungsweisen (Sporogonie, Schizogonie und Gamogonie) im Entwicklungscyclus der Art aufeinanderfolgen. Dabei ist der Wechsel von der Schizogonie zur Gamogonie fakultativ, der von der Gamogonie zur Sporogonie dagegen obligatorisch.

2. Beim *diplo-homophasischen* Generationswechsel sind nur die Gameten haploid. Alle Fortpflanzungsvorgänge spielen sich daher in der Diplophase ab.

In fakultativer Ausprägung tritt diese Form des Generationswechsels nur bei den sexuell differenzierten *Heliozoen (Actinophrys, Actinosphaerium)* und bei den *Ciliaten* auf. Die ungeschlechtliche Fortpflanzung besteht hierbei meistens in Zweiteilungen.

3. Beim *heterophasischen* Generationswechsel ist der Agamont diploid, der Gamont haploid.

Während der heterophasische Generationswechsel im Pflanzenreich weit verbreitet ist, wo der haploide Gametophyt die geschlechtliche, der diploide Sporophyt die ungeschlechtliche Generation darstellt, findet er sich unter den Protozoen nur bei den *Foraminiferen*. Agamogonie und Gamogonie sind hier multiple Teilungen und alternieren obligatorisch.

Im allgemeinen wird der Begriff des Generationswechsels auf Fälle beschränkt, bei denen sich die eine Generation geschlechtlich fortpflanzt. Es kann aber auch vorkommen, daß *zwei verschiedene ungeschlechtliche* Fortpflanzungsweisen miteinander abwechseln. Ein Beispiel ist das Suktor *Tachyblaston ephelotensis* (Abb. 416), bei welchem regelmäßig eine parasitische und eine freilebende („*Dactylophrya*"-) Generation alternieren.

Dieser Fall ist auch deshalb interessant, weil er zeigt, wie es zur Ausbildung eines Generationswechsels kommen konnte. Geht man davon aus, daß die freilebende Generation die ursprüngliche ist, so muß die parasitische dadurch entstanden sein, daß die Schwärmer zu Parasiten wurden und die Fähigkeit erlangten, sich selbständig fortzupflanzen. Während die Nahrungsaufnahme ganz auf die parasitische Generation beschränkt wurde, ging die freilebende Generation zu einer sukzedanen Vielteilung über, bei der die einzelnen Knospungsakte nicht mehr von Wachstumsphasen unterbrochen sind.

Bei den *Metazoen* dürfte der Generationswechsel häufig über eine Metamorphose entstanden sein. In vielen Fällen ist dieser Weg unmittelbar erkennbar (digene Trematoden, *Echinococcus granulosus* u. a.).

G. Vererbung

Die *Erbanlagen* oder *Gene* bilden zusammen das *Erbgut* oder den *Genotypus*, die *Merkmale* oder *Phäne* das *Erscheinungsbild* oder den *Phänotypus*. Zwischen den Erbanlagen und den Merkmalen besteht keine unmittelbare Zuordnung. Die Gene stellen vielmehr *Reaktionsnormen* her, die nur im Zusammenspiel mit bestimmten inneren und äußeren Bedingungen zur Verwirklichung (Manifestation) bestimmter Merkmale führen.

Die Gene sind an Strukturen gebunden, die von Zelle zu Zelle weitergegeben werden und die Fähigkeit besitzen, sich identisch zu vermehren. Unter diesen Strukturen stehen die Chromosomen des Zellkerns an erster Stelle. Ihre gesetzmäßige Verteilung bei den Grundvorgängen der Zellfortpflanzung (Mitose, Karyogamie, Meiose) macht den Erbgang der meisten Merkmale verständlich. Bei haploiden Zellen ist jedes Gen nur einmal, bei diploiden zweimal vertreten. Die Gene, welche sich auf den homologen Chromosomen entsprechen, heißen *Allele*.

Die stofflichen Äquivalente der Gene sind *Desoxyribonucleinsäuren*. In ihrer Nucleotidsequenz ist die genetische Information festgelegt. Auf ihrer Fähigkeit, sich identisch zu verdoppeln, beruht es, daß die genetische Information unverändert weitergegeben werden kann.

Allerdings lassen sich nicht alle Merkmale, welche den Phänotypus einer Art bilden, auf chromosomale Gene zurückführen. Auch im Cytoplasma können spezifische Bestandteile vorkommen, welche genetische Information übertragen. Die Protozoen haben sich als besonders geeignet erwiesen, um eine derartige „extrachromosomale Vererbung" nachzuweisen.

I. Mutabilität

Als *Mutationen* werden alle sprunghaften Veränderungen des Erbgutes bezeichnet. Da der Genetiker nur dann Aufschlüsse über den Erbgang eines Merkmals gewinnen kann, wenn er erblich verschiedene Individuen miteinander kreuzt, muß er bestrebt sein, möglichst viele Stämme oder Rassen mit verschiedenen Mutationen *(Mutanten)* zur Verfügung zu haben. Dabei kommt ihm sehr zu Hilfe, daß sich die Mutationsrate, welche unter natürlichen Verhältnissen ziemlich niedrig ist, durch Behandlung mit ultraviolettem Licht (UV) und ionisierenden Strahlen (z. B. Röntgenstrahlen) oder durch sog. mutagene Stoffe (z. B. salpetrige Säure, Urethan, Antibiotica) bedeutend erhöhen läßt.

Das wichtigste Ausgangsmaterial für Kreuzungsversuche bilden die Veränderungen einzelner Erbanlagen, die *Genmutationen*.

Bei *Haplonten*, wo dem mutierten Gen kein Allel gegenübersteht, welches seine Wirkung abschwächen oder unterdrücken könnte, muß sich die Veränderung einer einzelnen Erbanlage unmittelbar im Phänotypus äußern. In den meisten Fällen ist die durch die Genmutation hervorgerufene Störung so groß, daß die betreffenden Zellen absterben *(Letalmutationen)*. Auch wenn sie am Leben bleiben und sich teilen, äußert sich die Mutation meistens in einem Defekt, der zu einer Herabsetzung der Lebensfähigkeit führt *(Defektmutationen)*.

Besonders eingehend wurde die Mutabilität der *Chlamydomonas*-Arten untersucht. Diese lassen sich bei geeigneter Belichtung auf Agar-Platten züchten und benötigen als „Wildtyp" nur ein Minimalmedium, welches aus einigen anorganischen Salzen (NH_4NO_3, KH_2PO_4, $MgSO_4$, $CaCl_2$) und Spurenelementen besteht.

Die spontan aufgetretenen oder durch UV-Bestrahlung, Streptomycin-Behandlung und auf andere Weise induzierten Mutanten zeigen verschiedenartige Stoffwechsel-Defekte. Die sog. *auxotrophen* Mutanten können nur gedeihen, wenn dem Minimalmedium bestimmte „Wachstumsstoffe" wie Arginin, Thiamin, p-Aminobenzoesäure oder Nicotinamid zugegeben werden. Offenbar hat die Genmutation zu einem Block in der Biosynthese dieser Stoffe geführt. Im Vergleich zu den Bakterien und zu *Neurospora* sind bei *Chlamydomonas* verhältnismäßig wenige Aminosäure-Mangelmutanten gefunden worden.

Andere Stämme sind nicht mehr imstande, eine Photosynthese zu betreiben, sondern brauchen Na-Acetat als Kohlenstoffquelle (Acetat-Mutanten). Welcher Syntheseschritt bei ihnen blockiert ist, wird z. Z. untersucht [*638, 641*]. Obwohl sie sich heterotroph ernähren, behalten sie ihre grüne Farbe bei. Mehrere Mutanten zeigen dagegen Chlorophylldefekte. Sie sind nur schwach grün gefärbt oder werden im Dunkeln gelb, während der Wildtyp auch im Dunkeln grün bleibt. Auf die Beziehung zwischen der Chlorophyllmenge und der Lamellenstruktur der Chloroplasten wurde schon früher hingewiesen (S. 25).

Zahlreiche Mutanten zeigen eine mehr oder weniger starke Resistenz gegenüber Stoffen, die für den Wildtyp tödlich sind, beispielsweise gegenüber dem Antibioticum Streptomycin, welches sich auch als wirkungsvolles Mutagen erwies [*942, 943*].

In vielen Fällen lassen sich die Stämme nur durch allgemeine physiologische Merkmale charakterisieren. Eine Mutante kann nur wachsen, wenn der osmotische Druck im Nährmedium erhöht wird [*396, 458*]. Bei Mutanten, deren Schwimmvermögen beeinträchtigt oder ganz ausgefallen ist, konnte neuerdings nachgewiesen werden, daß eine oder beide zentrale Fibrillen in den Geißeln fehlen [*879, 1113*]. Eine Mutante mit stark herabgesetzter Lichtempfindlichkeit besitzt keinen Augenfleck [*471*].

Bei *Diplonten* kann die Wirkung eines mutierten Gens durch das nichtmutierte Allel abgeschwächt oder ganz unterdrückt werden. Bei den Ciliaten, den einzigen diploiden Protozoen, über deren Mutabilität etwas bekannt ist, kommt aber noch hinzu, daß der Phänotypus überwiegend durch den polyploiden Makronucleus bestimmt wird. Während der ungeschlechtlichen Fortpflanzung auftretende Genmutationen haben daher keine erkennbare Wirkung, weil ihnen die große Zahl der nichtmutierten Allele gegenübersteht, welche der Makronucleus außerdem noch enthält. Damit dürfte es wohl zusammenhängen, daß die Ciliaten selbst sehr hohe Dosen mutagener Strahlen vertragen können. Über die Mutabilität von Ciliaten, welche nur einzelne diploide Makronuclei besitzen (S. 100), ist nichts bekannt.

Erst wenn sich eine neue Makronucleus-Anlage entwickelt, kann es zu einer Vermehrung des mutierten Gens in der betreffenden Zelle kommen. Läßt man bestrahlte Zellen von *Paramecium aurelia* eine Autogamie durchlaufen (S. 199), so treten bei einem Teil der Exautogamonten-Klone alle möglichen Schädigungstypen auf, welche sich von einer leichten Verminderung der Teilungsrate bis zu starker Letalität innerhalb der Klone erstrecken. Es liegt daher die Annahme nahe, daß diese Schädigungen auf Mutationen im Mikronucleus beruhen, welche bei der Autogamie homozygot werden und über den neuen — aus dem homozygoten

232   Vererbung

Synkaryon hervorgehenden — Makronucleus zur Manifestation kommen. Diese Annahme ließ sich auch durch Kreuzung der geschädigten Exautogamonten-Klone mit normalen Klonen stützen [568—570].

Zum Unterschied von *Chlamydomonas* sind jedoch die meisten „Mutanten" der Ciliaten nicht durch mutagene Strahlen oder Stoffe induziert worden[16a]. Sie wurden vielmehr aus der Natur isoliert oder traten spontan in den Kulturen auf. Im allgemeinen handelt es sich auch nicht um „Defektmutanten", sondern um Varianten, welche Unterschiede in ihrer Reaktionsnorm aufweisen, die ihre Lebensfähigkeit nicht beeinträchtigen. Welche dieser Varianten als „Wildtyp" zu betrachten sind, läßt sich meistens nicht entscheiden.

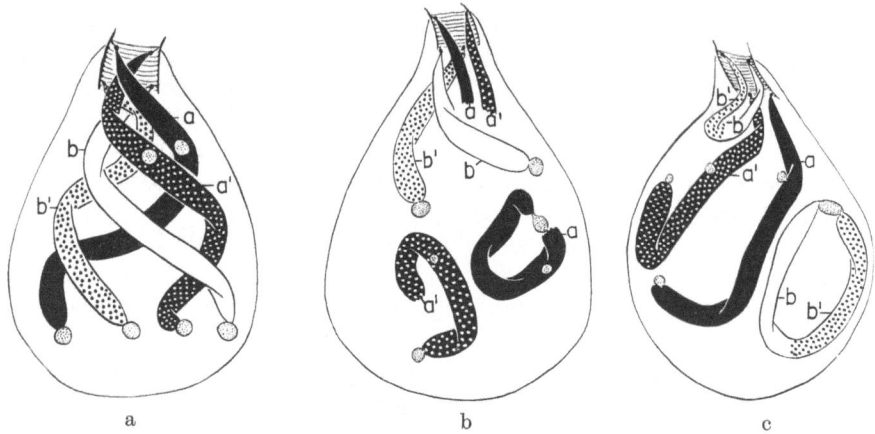

Abb. 210. *Holomastigotoides tusitala* (Polymastigine). a Kern mit normalen Chromatiden (vgl. hierzu die Ausführungen auf S. 55). Die Chromatiden des längeren — und mit seitlichem Nucleolus versehenen — Chromosoms sind schwarz (a) und schwarz mit weißen Punkten (a'), die des kürzeren Chromosoms weiß (b) und weiß mit schwarzen Punkten (b') dargestellt. b Spontaner Bruch der Chromatiden des längeren Chromosoms: zwei kinetische und zwei akinetische Fragmente. c Bruch der Chromatiden des kürzeren Chromosoms: die kinetischen Fragmente haben sich zu einer Brücke vereinigt, die akinetischen bilden einen Ring, der auf der einen Seite durch Vereinigung der Bruchflächen, auf der anderen durch Verschmelzung der terminalen Nucleoli zustande kommt. Nach CLEVELAND, 1953 [170]

Veränderungen in der linearen Architektur der Chromosomen werden als *Chromosomenmutationen* bezeichnet. Die einfachste Art einer solchen Änderung ist, daß ein Chromosom an einer Stelle zerbricht. Derartige Brüche kommen gelegentlich spontan vor, können aber natürlich nur erkannt werden, wenn besonders günstige Chromosomenverhältnisse vorliegen. Das ist z. B. bei der Hypermastigide *Holomastigotoides tusitala* der Fall (Abb. 210). Die Bruchflächen zerbrochener Chromosomen haben die Tendenz, sich mit anderen Bruchflächen zu vereinigen. Sie scheinen sich aber niemals an die normalen Enden anderer Chromosomen anzuheften. Teilt sich ein zerbrochenes Chromosom in die beiden Chromatiden, so können sich die Bruchflächen der Chromatiden wieder miteinander verbinden. Auf diese Weise entsteht ein Fragment mit zwei Spindelansatzstellen (bikinetisches F.) und ein spindelansatzloses Bruchstück (akinetisches F.).

Welche Folgen ein derartiger Chromosomenbruch in aufeinanderfolgenden Mitosen hat, ist aus Abb. 211 a—e zu ersehen. Während das akinetische Bruchstück zugrunde geht, da es keinen Spindelansatz hat, spannt sich das bikinetische

---

[16a] Bei *Paramecium aurelia* konnten neuerdings in größerem Umfange „Temperaturmutanten" durch N-Methyl-N-Nitro-N-Nitrosoguanidin induziert werden [1038].

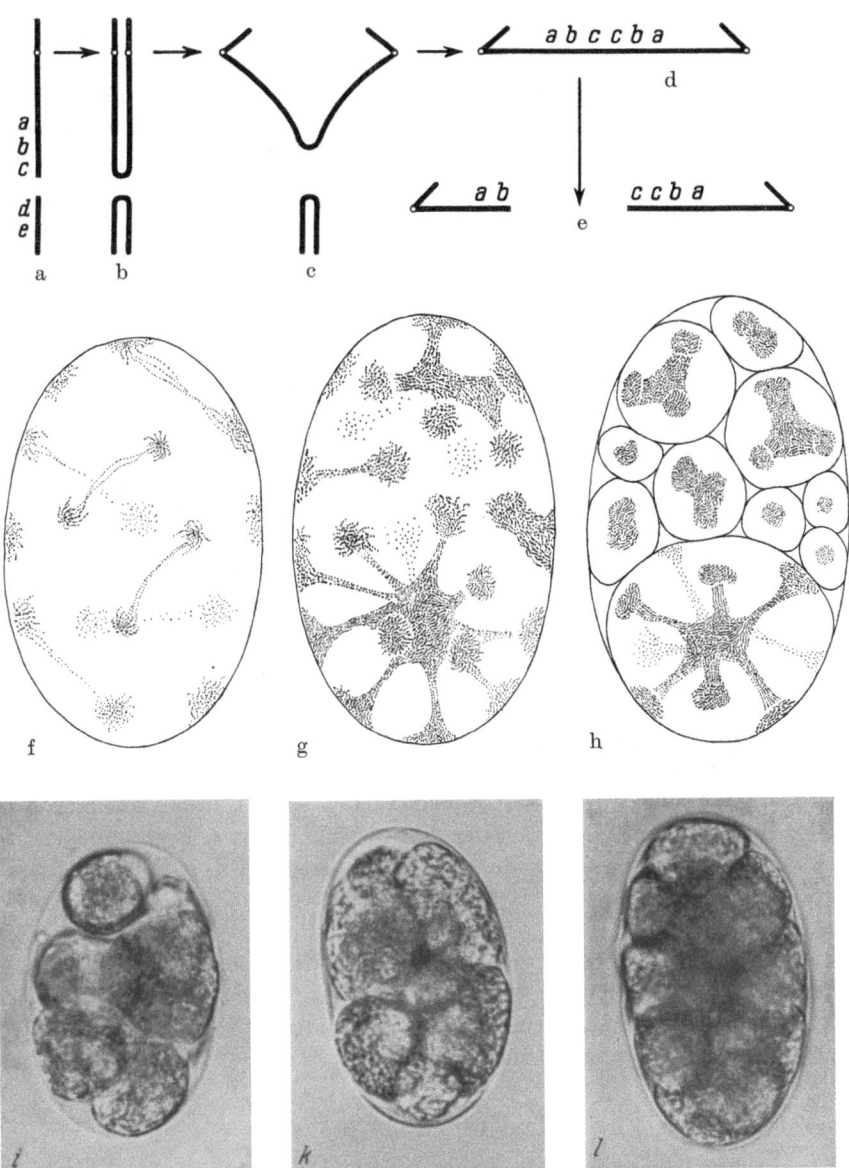

Abb. 211. Die Folgen eines einzelnen Chromosomenbruches. a—e Schema. a Kinetisches und akinetisches Fragment (Kinetochor als weißer Kreis). b Verdoppelung des Chromosoms und Vereinigung der chromatidalen Bruchflächen, c, d Brückenbildung in der Anaphase. e Zerreißen der Brücke. f—h *Eucoccidium dinophili*. Brückenbildungen und Kernverschmelzungen während der Sporogonie nach Röntgenbestrahlung der Sporen. Dargestellt sind ganze Oocysten (bei f und g wurde die Oocystenhülle weggelassen, bei h nicht der ganze Inhalt eingezeichnet). Feulgen-Reaktion. Vergr. 1090×; i—l röntgengeschädigte Oocysten im Leben. Vergr. 730×. Nach GRELL, 1955

Fragment als „Brücke" zwischen den beiden Tochterplatten aus. Diese Brücke kann entweder bestehenbleiben oder an irgendeiner Stelle durchreißen. Im letzteren Falle erhält jeder Tochterkern abermals ein Fragment, welches eine Bruchfläche besitzt. Infolgedessen wird sich der Vorgang der Brückenbildung in der nächstfolgenden und in allen weiteren Mitosen wiederholen. Da die Brücken nicht an

Stellen zerbrechen, welche der ursprünglichen Vereinigungsstelle der Chromatidfragmente entsprechen, werden Kerne, welche derartige Einzelbrüche ihrer Chromosomen aufweisen, von Teilung zu Teilung mehr in ihrem Genbestand gestört. Die Abkömmlinge von Zellen mit Einzelbrüchen gehen daher früher oder später zugrunde.

Chromosomenbrüche lassen sich leicht durch Röntgenstrahlen hervorrufen. Dabei nimmt die Bruchhäufigkeit mit der Bestrahlungsdosis zu. Werden Sporen des Coccids *Eucoccidium dinophili* (Abb. 380) röntgenbestrahlt und zur Infektion verwendet, so entwickeln sich die aus ihnen hervorgehenden Sporozoiten zunächst ganz normal. Während der Wachstumsphase unterscheiden sie sich nicht von den Sporozoiten unbestrahlter Sporen. Daß die Röntgenstrahlen bei ihnen zu Chromosomenbrüchen geführt haben, zeigt sich erst bei den Kernteilungen der Mikrogametenbildung und Sporogonie (Abb. 211). Zwischen den Tochterplatten treten deutliche Brücken auf (*f*). Diese reißen bei den ersten Sporogonieteilungen, wenn die Tochterplatten noch weiter auseinanderrücken, meistens durch. Später, wenn sich das Muster der Kerne an der Oberfläche der Oocyste verdichtet, bleiben sie erhalten, so daß mehr oder weniger umfangreiche Komplexe von Kernen entstehen, die sich nicht trennen können und schließlich miteinander verschmelzen (*g*). Um jeden dieser Kernkomplexe wird dann eine bestimmte, zu seinem Umfang in Korrelation stehende Plasmamenge abgegrenzt (*h*). Verschmilzt das gesamte Kernmaterial zu einem zusammenhängenden Komplex, so findet überhaupt keine Aufteilung des Plasmas statt. Die Chromosomenbrüche der bestrahlten Sporozoiten haben daher zur Folge, daß die aus ihnen hervorgehenden Oocysten in lauter ungleich große Plasmaportionen aufgeteilt werden (*i—l*). Diese sind meistens größer als normale Sporen. Infolge ihres gestörten Genbestandes können sie die zweite Phase der Sporogonie nicht mehr durchführen, also keine Sporozoiten bilden. Schließlich gehen sie zugrunde.

Wenn in einem Kern zwei oder mehr Chromosomenbrüche stattgefunden haben, so können sich die entstehenden Bruchstücke so miteinander verbinden, daß Kombinationen der Chromosomenabschnitte entstehen, welche erhaltungsfähig sind. Voraussetzung hierfür ist natürlich, daß jedes Chromosom eine Spindelansatzstelle besitzt. Nach der Art der Abänderung lassen sich verschiedene Typen erhaltungsfähiger Chromosomenmutationen unterscheiden, z. B. Bruchstück-Umlagerungen (Translokationen), -Umkehrungen (Inversionen) und -Verdoppelungen (Duplikationen).

Änderungen in der Chromosomenzahl heißen *Genommutationen*. Werden ganze Chromosomensätze vermehrt, so spricht man von *Euploidie*, treten nur einzelne Chromosomen eines Satzes vermehrt oder vermindert auf, von *Heteroploidie*. Über derartige Fälle wurde schon früher berichtet (S. 54).

II. Kreuzungsversuche

Um aus dem Erbgang der Merkmale Aufschlüsse über die Natur und Wirkungsweise der Gene und über die Zusammensetzung des Erbgutes zu gewinnen, ist es notwendig, Individuen miteinander zu kreuzen, die sich in bestimmten Merkmalen unterscheiden.

Bei den *Protozoen* sind solche Kreuzungsversuche erst in beschränktem Umfange möglich gewesen. Die Schwierigkeiten liegen darin begründet, daß unter den Protozoen, welche sexuell differenziert und daher für eine genetische Analyse geeignet sind, nur wenige unter kontrollierbaren Bedingungen gezüchtet und zur Auslösung der sexuellen Fortpflanzung gebracht werden können. Unter den Haplonten konnten bisher nur die *Phytomonadinen*, unter den Diplonten nur die *Ciliaten* für eine genetische Analyse erschlossen werden.

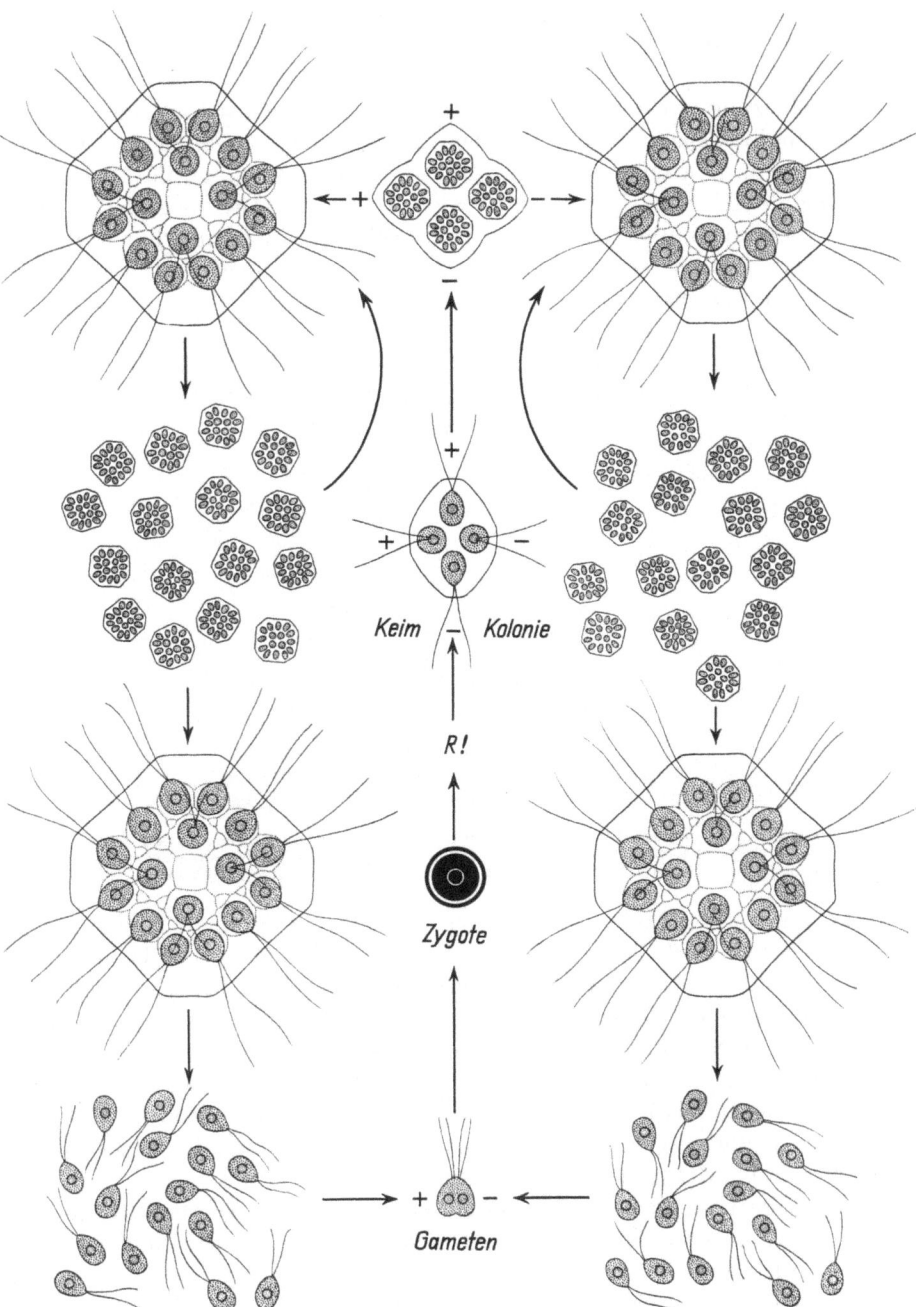

Abb. 212. *Gonium pectorale*. Geschlechtliche und ungeschlechtliche Fortpflanzung. Aus der Zygote schlüpft eine vierzellige Keimkolonie. Von den vier Gonen gehören zwei dem + -, zwei dem —-Geschlecht an. Nach den Untersuchungen von SCHREIBER, 1925 [*974*] und STEIN, 1958 [*1047*]

Vererbung

1. Haplonten

Bei einem Haplonten ist nur die Zygote diploid. Die Meiose findet bei der Keimung der Zygote statt. Die hierbei entstehenden Tochterzellen werden als *Gonen* bezeichnet.

Nach Kreuzung zweier Rassen eines Haplonten, welche sich in einem oder in mehreren Merkmalspaaren unterscheiden, kann daher *nur die Zygote Bastardcharakter* zeigen, d. h. mischerbig oder heterozygot in bezug auf die Allelenpaare sein, welche den Merkmalspaaren der beiden Rassen zugrunde liegen. Die Dominanz eines Merkmals über das andere kann sich daher nur im Phänotypus der Zygote äußern, vorausgesetzt, daß die betreffenden Gene überhaupt Merkmale an der Zygote manifestieren.

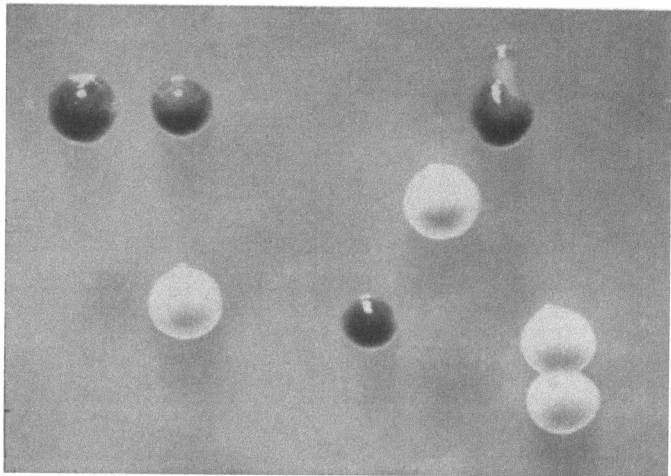

Abb. 213. *Chlamydomonas reinhardi*. Die durch Vermehrung der acht Gonen entstandenen Agarplattenkulturen einer Zygote, welche aus einer Kreuzung der Normalform mit einer chlorophylldefekten Rasse hervorgegangen war; vier Gonen sind wieder normal (dunkel-grün), vier chlorophylldefekt (hell-gelb). Nach SAGER, 1955 [*927*]

Kreuzt man zwei Rassen miteinander, welche sich in *einem* Merkmalspaar unterscheiden (*monohybride* Kreuzung), so müssen die dem Merkmalsunterschied zugrunde liegenden Allele so durch die Chromosomen bei der Meiose verteilt werden, daß die Hälfte der Gonen das eine, die andere Hälfte das andere Allel erhält (Abb. 68). Die im Synkaryon zusammengefügten Allele werden durch die Meiose wieder voneinander getrennt. Diese Erscheinung wird als *Aufspaltung* oder *Segregation* bezeichnet und läßt sich durch *Gonenanalyse*, d. h. durch isolierte Aufzucht der aus einer Zygote hervorgehenden Gonen und durch Testen der Klone, welche durch Vermehrung der Gonen entstehen, nachweisen.

Bei den getrenntgeschlechtlichen Phytomonadinen läßt sich der Erbgang des Geschlechts auf die Verteilung von zwei „Geschlechtsallelen" zurückführen. Dieser Erbgang wurde zuerst bei *Gonium pectorale* (Abb. 212) nachgewiesen, wo bei der Kopulation ein +- und ein --Isogamet verschmelzen. Aus der Zygote schlüpft eine Keimkolonie, die nur aus den vier Gonen besteht. Diese liefern durch Teilung 16zellige Kolonien, die isoliert und in Klonkultur genommen werden können. Durch Kombination der Klone läßt sich nachweisen, daß zwei Gonen dem +-Geschlecht, zwei dem --Geschlecht angehören [*974, 1047*].

Kreuzungsversuche mit Mutanten wurden bisher fast ausschließlich bei den *Chlamydomonas*-Arten *(C. eugametos syn. moewusii, C. reinhardi)* durchgeführt [*295–299, 317, 318, 396, 645, 931*]. In den meisten Fällen spalten die Merkmalspaare bei der Meiose im 2:2-Verhältnis. Manchmal kommt es aber vor, daß aus der Zygote nicht vier, sondern acht Zellen schlüpfen. In diesem Falle hat im Anschluß an die Meiose noch eine Mitose stattgefunden. Ein Beispiel zeigt Abb. 213.

Werden zwei Rassen miteinander gekreuzt, die sich in *zwei* Merkmalspaaren unterscheiden *(dihybride* Kreuzung), so kann bei der Meiose eine *Umkombination der elterlichen Merkmale* stattfinden. Es können drei verschiedene Typen von Zygoten auftreten:

1. *Eltern-Zweiertypen (parental ditypes)*, bei denen zwei Gonen die Merkmalskombination des einen, zwei die des anderen Elters aufweisen;

2. *Neukombinations-Zweiertypen (nonparental ditypes)*, bei welchen je zwei Gonen ausgebildet werden, welche die Merkmale der Eltern in reziproker Neukombination zeigen;

3. *Vierertypen (tetratypes)*, bei welchen alle vier Gonen verschieden sind: zwei entsprechen den beiden Eltern, zwei den beiden Neukombinationen.

Aus dem Zahlenverhältnis, in dem diese Zygotentypen gebildet werden, läßt sich ableiten, ob die Gene, welche die beiden Merkmale kontrollieren, auf dem gleichen Chromosom liegen *(Genkoppelung)* oder verschiedenen Chromosomen angehören.

Liegen sie auf dem *gleichen* Chromosom (Abb. 214), so überwiegen die Eltern-Zweiertypen. Die in geringerer Zahl auftretenden Vierertypen beruhen darauf, daß ein Stückaustausch zwischen zwei Chromatiden stattgefunden hat. Als seltene Ausnahme können

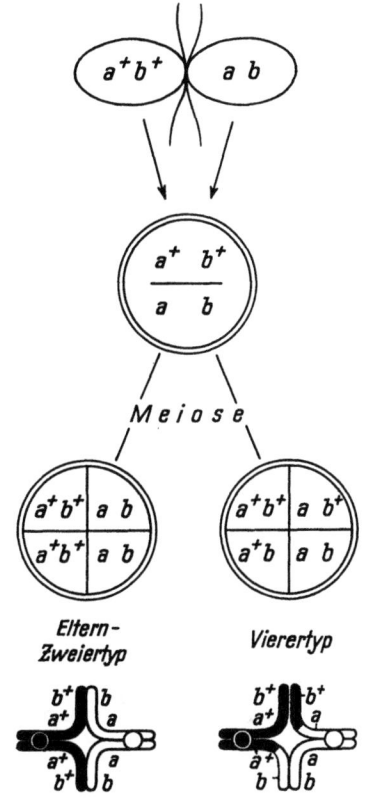

Abb. 214. Dihybride Kreuzung bei einem Haplonten. Schema der möglichen Gonenkombinationen bei Lage der Gene auf dem gleichen Chromosom (Koppelung). Bei den Tetradenschemata wurde nur der Fall dargestellt, daß in der Tetrade ein einfacher Chromatidenstückaustausch erfolgte.

auch Neukombinations-Zweiertypen gebildet werden. Sie kommen dadurch zustande, daß auch zwischen den beiden anderen Chromatiden einer Tetrade Stücke ausgetauscht wurden.

Liegen zwei Gene auf *verschiedenen* Chromosomen (Abb. 215), so können dagegen die Neukombinations-Zweiertypen ebenso häufig auftreten wie die Eltern-Zweiertypen, weil die Wahrscheinlichkeit, daß die von beiden Eltern stammenden Chromosomen zum gleichen Pol wandern, ebenso groß ist wie die, daß jedem Pol die Chromosomen eines Elters zugeteilt werden.

Im einzelnen kann das Ergebnis dadurch modifiziert sein, daß die Zahl der Eltern-Zweiertypen oder Neukombinations-Zweiertypen durch anders verlaufende Stückaustausche

238   Vererbung

verändert wird. Bei statistisch ausreichendem Material deutet aber ein erhebliches Überwiegen der Eltern-Zweiertypen immer auf Genkoppelung hin.

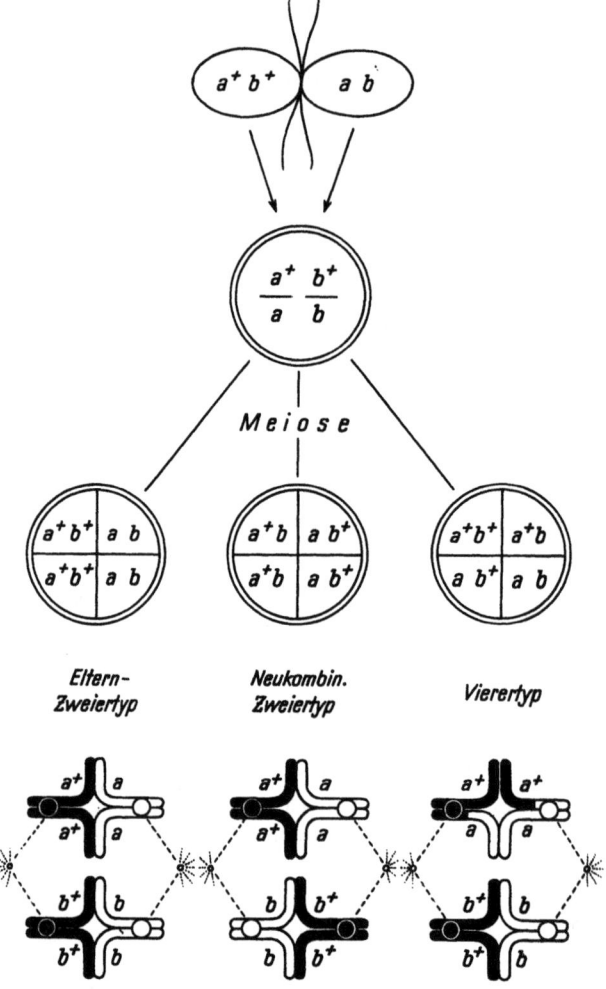

Abb. 215. Dihybride Kreuzung bei einem Haplonten. Schema der möglichen Gonenkombinationen bei Lage der Gene auf verschiedenen Chromosomen. Bei den Tetradenschemata wurde nur der Fall dargestellt, daß in einer der zwei Tetraden ein einfacher Chromatidenstückaustausch erfolgte.

Werden zwei Rassen miteinander gekreuzt, die sich in *mehr als zwei* Merkmalspaaren unterscheiden, so muß die Häufigkeit der Zygoten-Typen für je zwei Merkmalspaare gesondert bestimmt werden.

Ein Beispiel zeigt die folgende Tabelle, welche das Ergebnis einer trihybriden Kreuzung zusammenfaßt, bei der 126 Zygoten durch Gonenanalyse ausgewertet wurden.

Wie die Häufigkeit der Zygoten-Typen zeigt, müssen die Gene *arg-2* und *pab-2* auf dem gleichen Chromosom liegen, während das Gen *ac-31* einem anderen Chromosom angehört.

Tabelle 9. *Chlamydomonas reinhardi*
Beispiel einer trihybriden Kreuzung: *arg-2, pab-2,* + x +, +, *ac-31*. EZ Eltern-Zweiertypen, NZ Neukombinations-Zweiertypen, V Vierertypen. Nach Zahlen von EBERSOLD und LEVINE, 1959 [*298*]

	EZ	NZ	V
arg-2, pab-2	88	0	38
arg-2, ac-31	30	36	60
pab-2, ac-31	19	23	84

Mit statistischen Methoden, die hier nicht im einzelnen beschrieben werden sollen, ist es auch möglich, aus solchen Kreuzungsergebnissen *genetische Karten* zu errechnen, welche die Reihenfolge der Gene, ihre relativen Abstände voneinander (map distances) und ihre Entfernung von der Spindelansatzstelle wiedergeben (Abb. 216). Bei *Chlamydomonas reinhardi* konnten bisher über 80 Gene „kartiert" und auf 16 „Koppelungsgruppen" verteilt werden [*299*].

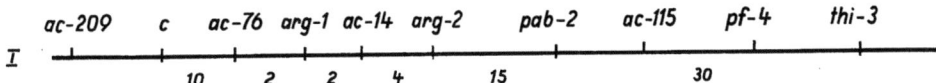

Abb. 216. *Chlamydomonas reinhardi*. Beispiel einer Genlokalisationskarte (Koppelungsgruppe I). Die Zahlen unter der Geraden geben die relativen Abstände (map distances) der Gene an, soweit sie bis 1964 bekannt waren. *c* Spindelansatzstelle. *ac* Acetat-bedürftig, *arg* Arginin-bedürftig, *pab* Paraaminobenzoesäure-bedürftig. *thi* Thiaminbedürftig, *pf* Geißeln paralysiert. Nach SAGER, 1964 [*931*]

Nicht-chromosomale Gene

Die meisten Mutanten von *Chlamydomonas reinhardi* beruhen auf Genen, deren Erbgang durch die Umkombination der Chromosomen und den Chromatidenstückaustausch bei der Meiose erklärt werden kann. In den letzten Jahren wurden jedoch in steigendem Maße Mutanten gefunden, die im Kreuzungsversuch einen abweichenden Erbgang zeigen. Diese Mutanten traten nicht spontan auf, sondern konnten durch Behandlung mit dem Antibioticum Streptomycin induziert werden [*926, 930, 942, 943*]. Einige von ihnen weisen Eigenschaften auf, die in einer Beziehung zu dem auslösenden Agens stehen: Sie sind gegen eine bestimmte Konzentration des Streptomycins resistent (z. B. *sr-500* gegen 500 µg/ml, *sr-1500* gegen 1500 µg/ml) oder können ohne eine bestimmte Streptomycin-Konzentration nicht wachsen *(sd)*. Viele Mutanten zeigen jedoch andere biochemische Defekte, indem sie beispielsweise keine Photosynthese durchführen und nur wachsen können, wenn dem Kulturmedium eine bestimmte, je nach dem Mutationsstamm verschiedene Acetat-Konzentration zugegeben wird *(ac_1, ac_2)*. Im ganzen wurden etwa 40 solcher Mutanten isoliert. Die Wirkung des Streptomycins ist daher nicht spezifisch, sondern allgemein mutagen. Auch ohne Zugabe von Streptomycin bleiben die Mutanten stabil und konnten z. T. schon über mehrere Jahre unverändert weitergezüchtet werden.

Bei der Kreuzung dieser Mutanten mit dem Wildtyp oder untereinander ergibt sich stets der gleiche Erbgang: Die meisten Zygoten liefern Gonen, welche das Merkmal des +-Elters verwirklichen und dieses auch nach Klonkultur beibehalten.

Ist der +-Elter z. B. Streptomycin-abhängig (*sd* = streptomycin dependent), der −-Elter dagegen Streptomycin-empfindlich *(ss* = streptomycin sensitive), so reifen die Zygoten nur in einem Streptomycin-Medium, und die aus ihnen hervorgehenden Gonen sind alle Streptomycin-abhängig (Abb. 217a). Bei der reziproken Kreuzung reifen die Zygoten nur in dem Streptomycin-freien Minimal-Medium des Wildtyps, und die von ihnen gebildeten Gonen sind alle Streptomycin-empfindlich (b).

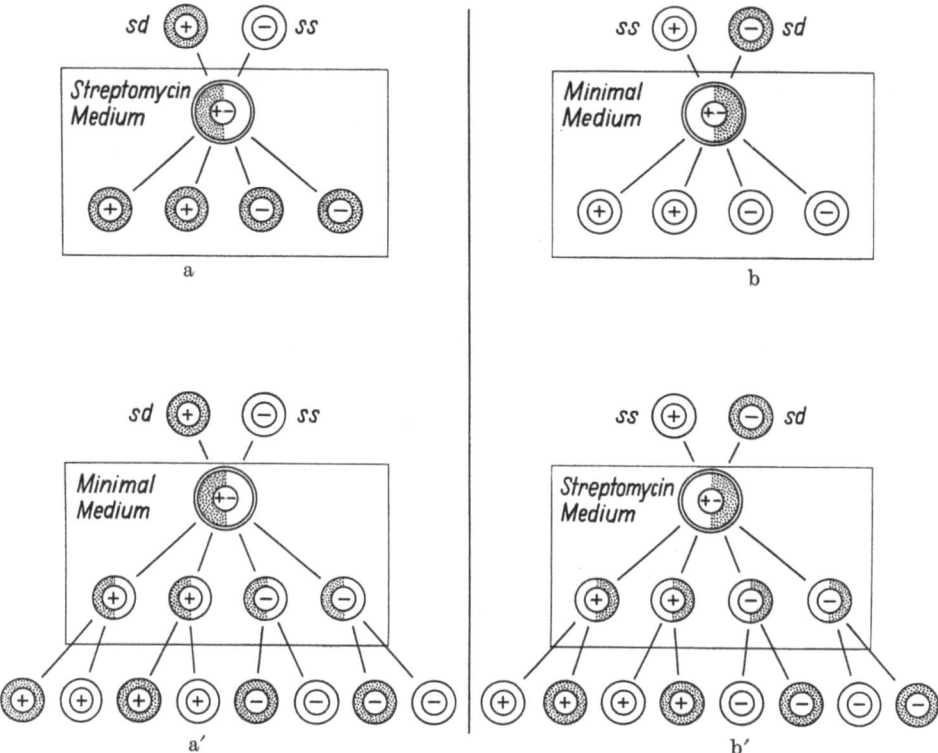

Abb. 217. *Chlamydomonas reinhardi*. Kreuzung eines Streptomycin-abhängigen (*sd*) und Streptomycin- empfindlichen (*ss*) Klons. Normalerweise (a, b) manifestieren die aus den Zygoten hervorgehenden Gonen die Eigenschaft des +-Elters. Ausnahmezygoten (a', b') liefern Gonen, deren Abkömmlinge teils die Eigenschaft des +-Elters teils die des −-Elters manifestieren können. Im Anschluß an SAGER, 1965 [*932*]

Während die Merkmalspaare, die von chromosomalen Allelen kontrolliert werden, bei der Meiose im 2:2-Verhältnis aufspalten, werden also die genannten Merkmalspaare *uniparental* vererbt, d. h. die Zygoten geben nur das Merkmal weiter, welches sie von dem +-Elter erhielten.

In dieser Beziehung erinnern die Verhältnisse an die sog. „mütterliche Vererbung", bei welcher bestimmte Merkmale nur von der Eizelle, nicht aber vom Spermium an die F_1-Generation weitergegeben werden. Während der uniparentale Erbgang in diesem Falle dadurch erklärt werden kann, daß cytoplasmatische Determinanten nur durch die plasmareiche Eizelle, nicht aber durch das plasmaarme Spermium übertragen werden, bleibt der uniparentale Erbgang bei *Chlamydomonas* rätselhaft, weil beide Isogameten in gleichem Maße in der Zygote aufgehen. Offenbar bewirkt das +-Gen eine Eliminierung oder Inaktivierung der Determinanten des --Partners [*926*].

Nicht weniger rätselhaft ist nun, daß ein kleiner Teil der Zygoten die Merkmale beider Eltern auf die Gonen überträgt, so daß von einem *biparentalen* Erbgang gesprochen werden kann [*940, 941*]. Werden Zygoten der in Abb. 217 dargestellten Kreuzungen in Medien übertragen, in denen nur die Zellen lebensfähig sind, welche die Merkmale des --Elters besitzen, so keimen etwa 0,1% von ihnen aus, und die aus ihnen hervorgehenden Gonen liefern lebensfähige Klone (a', b'). Durch Erhöhung der Zuchttemperatur von 25° auf 37° C kann die Anzahl dieser Ausnahmezygoten sogar verzehnfacht werden.

Wie die Isolierung der von den einzelnen Gonen abstammenden Zellen ergibt, verwirklicht ein Teil von ihnen wieder das Merkmal des einen, ein Teil wieder das des anderen Elters. Bei den postmeiotischen Teilungen findet also wieder eine Aufspaltung der elterlichen Merkmale statt.

Dieses Ergebnis führte zu der Hypothese, daß die Merkmale, welche normalerweise uniparental, in den Ausnahmezygoten aber biparental vererbt werden, auf trennbaren Determinanten beruhen, welche — da sie nicht in den Chromosomen lokalisiert sein können — als *nicht-chromosomale* oder *NC-Gene* bezeichnet werden.

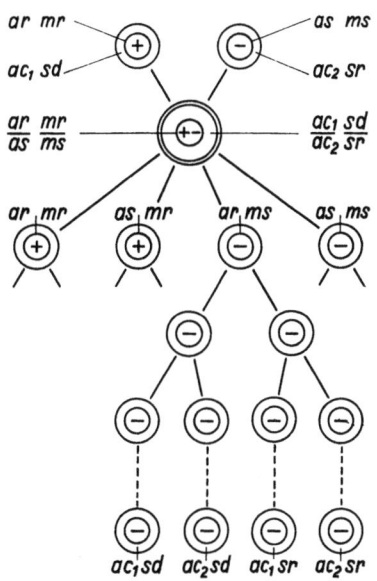

Abb. 218. *Chlamydomonas reinhardi*. Kreuzung zweier Klone, die sich in zwei, auf chromosomalen Genen (*ar mr-as ms*) und in zwei, auf nicht-chromosomalen Genen (*ac_1sd-ac_2sr*) beruhenden Merkmalspaaren unterscheiden. Die aus der Zygote hervorgehenden Gonen zeigen die möglichen Kombinationen der chromosomalen Gene. Ausnahmezygoten liefern Gonen, deren Abkömmlinge Rekombinanten der nicht-chromosomalen Gene sein können. Im Anschluß an SAGER, 1965 [*933*]

Eine weitere Stütze erhielt diese Hypothese durch den *Nachweis der Rekombinierbarkeit*. Bei der in Abb. 218 dargestellten Kreuzung unterscheiden sich beide Eltern — abgesehen vom Geschlecht (+, —) — durch zwei Merkmalspaare (*ar-as*: Resistenz bzw. Empfindlichkeit gegenüber Actidion; *mr-ms*: Resistenz bzw. Empfindlichkeit gegenüber Methionin-Sulfoximin), die auf nicht gekoppelten chromosomalen Genen beruhen. Durch Segregation und Rekombination können daher aus den Zygoten des Vierertyps (S. 237) vier genetisch verschiedene Gonen hervorgehen (*ar mr, as mr, ar ms, as ms*).

Beide Eltern unterscheiden sich aber auch durch zwei Merkmalspaare, die normalerweise uniparental vererbt werden. In diesem Falle verwirklichen alle Gonen die Merkmale des +-Elters (*ac_1, sd*).

Die Analyse von Ausnahmezygoten, welche die Merkmale beider Eltern vererben, ergibt nun, daß die aus den Gonen hervorgehenden Zellen nicht nur die Kombination der elterlichen Merkmale (*ac_1 sd, ac_2 sr*), sondern auch die Neukombinationen (*ac_2 sd, ac_1 sr*) verwirklichen. Im ganzen können aus einer Zygote also 16 verschiedene Genotypen hervorgehen.

Die von den Ausnahmezygoten gebildeten Gonen müssen daher die NC-Gene beider Eltern erhalten haben, und ihre Aufspaltung und Neukombination muß bei den postmeiotischen Teilungen erfolgt sein.

Die einander entsprechenden NC-Gene verhalten sich wie chromosomale Allele. Daß sie getrennt und mit anderen NC-Genen kombiniert werden können, legt eine partikuläre Natur nahe.

Die Isolierung und Weiterzucht von Zellen nach verschiedenen Teilungsschritten ergab, daß die Segregation der NC-Allele unmittelbar nach der Meiose beginnt. Nach der 3. postmeiotischen Teilung sind schon etwa 40% der Zellen mindestens für eins der beiden Allelenpaare rein. Beide Allelenpaare segregieren unabhängig voneinander, und zwar spalten die Acetat-Allele *(ac_1-ac_2)* im Durchschnitt früher als die Streptomycin-Allele *(sd-sr)*. Die Trennung der beiden Allele braucht nicht „reziprok" zu sein, d. h. es kann vorkommen, daß die eine Tochterzelle bereits „rein" (z. B. *sd*), die andere dagegen noch „gemischt" (z. B. *sd/sr*) ist. Offenbar liegen mehrere „Kopien" der NC-Gene vor.

Trotz ihres abweichenden Erbganges stimmen also die NC-Gene mit den chromosomalen in wesentlichen Eigenschaften überein: Sie bleiben bei den Zellteilungen und während der Befruchtung und Meiose stabil, können mutieren, werden nach der Kreuzung verschiedener Mutanten wie Allele voneinander getrennt und sind mit anderen NC-Allelen frei kombinierbar.

Eine weitere Übereinstimmung ergab sich aus dem Nachweis eines *intragenischen Austausches*. Bei eingehend untersuchten Objekten (*Drosophila, Neurospora*, Bakterien) hat sich gezeigt, daß chromosomale Gene in unterschiedlichen Teilbereichen (sites) mutiert sein können. Werden solche Mutanten gekreuzt, so kann in seltenen Fällen ein Stückaustausch zwischen beiden Teilbereichen stattfinden, so daß die eine Chromatide die beiden nicht-mutierten, die andere die beiden mutierten Teilbereiche erhält. Im ersten Fall wird daher der „Wildtyp" restituiert, im zweiten eine intragenische „Doppelmutante" hergestellt.

Bei den Kreuzungen von $ac_1 \times ac_2$ und $sd \times sr$ konnten unter den Gonen-Abkömmlingen der Ausnahmezygoten tatsächlich einzelne Zellen isoliert werden, die sich als restituierte Wildtypen *(ac^+, ss)* erwiesen. Für das Acetat-System ließ sich sogar die Doppelmutante *($ac_1 + ac_2$)* identifizieren.

Derartige Austauschvorgänge setzen eine lineare Struktur voraus. Da sie bisher nur von Strukturen bekannt sind, die überwiegend oder ausschließlich aus Nucleinsäuren bestehen, liegt die Vermutung nahe, daß auch die NC-Gene aus Nucleinsäuren aufgebaut sind. Ob es sich dabei um DNS oder um RNS handelt, ist ungewiß. Nachdem sich die Befunde häufen, daß auch in Chloroplasten [*90, 901, 938*] und Mitochondrien [*1066*] DNS vorkommt, muß mit der Möglichkeit gerechnet werden, daß eine „Organell-DNS" der Träger der nicht-chromosomalen genetischen Information ist.

Über das Ineinandergreifen der chromosomalen und nicht-chromosomalen Gene im Zellstoffwechsel ist noch nicht viel bekannt. Beide kontrollieren gleiche oder ähnliche Merkmale. Ein als „*Amplifier*" (Verstärker) bezeichnetes chromosomales Gen [*942*] erhöht sowohl die Resistenz des auf einer chromosomalen Genmutation beruhenden *sr-100*-Stammes als auch die des *sr-1500*-Stammes, so daß beide Stämme über 2 mg/ml Streptomycin vertragen können. Das *Amplifier*-Gen beeinflußt aber weder den Erbgang des chromosomalen *sr-100*-Gens, noch den des nicht-chromosomalen *sr-1500*-Gens. In Kombination mit dem Wildtyp-Gen (*ss*) ist es völlig wirkungslos.

Ohne auf weitere Einzelheiten einzugehen, sei noch erwähnt, daß es neuerdings gelungen ist, die Reihenfolge und die relativen Abstände einiger nicht-chromosomaler Gene zu berechnen [*384*]. Eine neue Möglichkeit zu ihrer Erforschung bietet die Entdeckung, daß der Erbgang nahezu hundertprozentig biparental verläuft, wenn die +-Gameten vor der Paarung mit einer schwachen UV-Dosis bestrahlt werden. Offenbar wird hierdurch ein Genprodukt (Enzym) in den +-Gameten zerstört, welches sonst die Eliminierung oder Inaktivierung der NC-Gene in den —-Gameten herbeiführt [*941a*].

2. Diplonten

Von diploiden Protozoen konnten bisher nur die *Ciliaten* zu Kreuzungsversuchen herangezogen werden. Derartige Versuche waren aber erst nach Entdeckung der Paarungstypen in größerem Umfange möglich (S. 209).

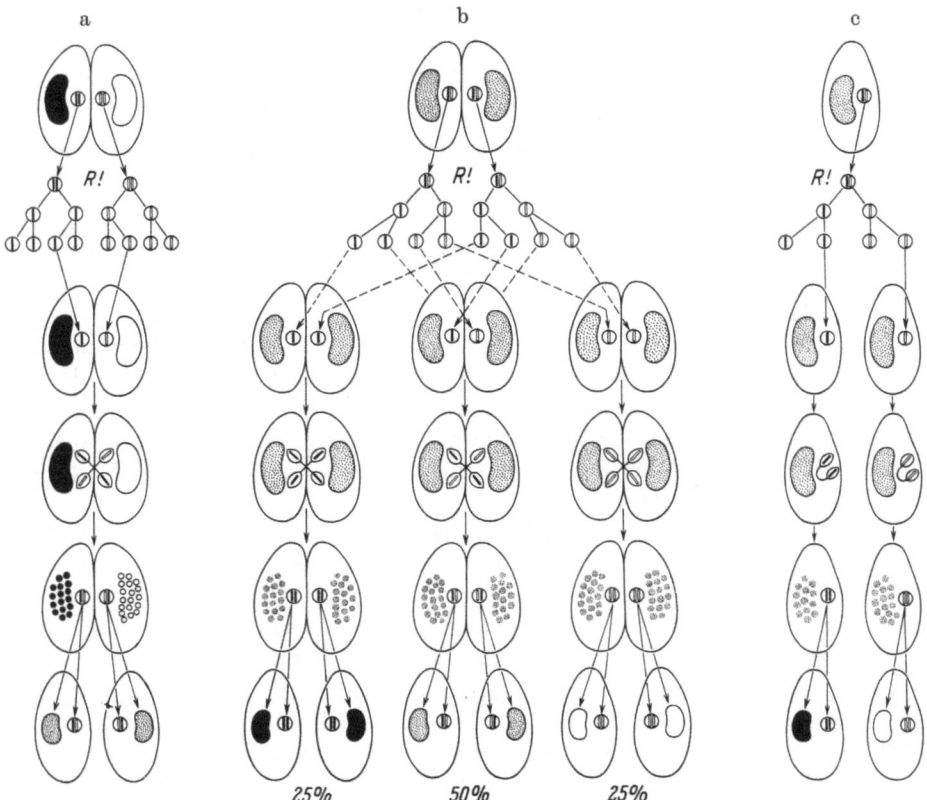

Abb. 219. Schema des Erbganges eines Chromosomenpaares bei den Ciliaten. a Kreuzung zweier homozygoter Individuen (schwarz/schwarz × weiß/weiß). b Kreuzung zweier heterozygoter Individuen (schwarz/weiß × schwarz/weiß). c Autogamie eines heterozygoten Individuums (schwarz/weiß) *R!* Meiose

Welcher Erbgang bei den Ciliaten auf Grund ihrer besonderen Fortpflanzungsverhältnisse zu erwarten ist, geht aus dem in Abb. 219 wiedergegebenen Schema hervor.

Dabei wurde der Einfachheit halber angenommen, daß nur ein Mikronucleus und ein Makronucleus vorhanden sind. Außerdem wurde nur der Erbgang eines Chromosoms dargestellt, welches bei der einen Rasse schwarz, bei der anderen weiß gezeichnet ist. Im polyploiden Makronucleus wurden keine Chromosomen eingetragen, sondern nur eine schwarze oder weiße Darstellung bei homozygoter, eine punktierte bei heterozygoter Konstitution gewählt.

Conjugation homozygoter Individuen (a). Da die Ciliaten Diplonten sind, enthält der Mikronucleus der beiden Ausgangsrassen jedes Chromosom in doppelter Ausfertigung. In unserem Schema besitzt also der eine Conjugant zwei schwarze, der andere zwei weiße Chromosomen. Nach der Meiose (R!) ist jedes Chromosom nur noch einmal vorhanden. Durch die dritte progame Mikronucleusteilung entstehen in jedem Individuum zwei Gametenkerne, von denen einer als Wanderkern zu dem anderen Partner herüberwechselt. In jedem Conjuganten wird also ein Synkaryon gebildet, welches je ein schwarzes und ein weißes Chromosom enthält und diese Konstitution auf seine beiden Tochterkerne, nämlich auf den neuen Mikronucleus und den neuen Makronucleus überträgt.

Unterscheiden sich die beiden Elternrassen in einem oder mehreren Allelenpaaren, so müssen also beide Exconjuganten und die aus ihnen hervorgehenden Klone *genetisch identisch* oder *isogen*, und zwar heterozygot sein.

Bleiben trotz der genetischen Identität beider Exconjuganten oder der aus ihnen hervorgehenden Klone Unterschiede im Phänotypus bestehen, so können diese nicht genotypisch, d. h. durch die in den Chromosomen liegenden Gene bedingt sein[17]. Man muß vielmehr annehmen, daß derartige Unterschiede durch das Cytoplasma vom Conjuganten auf den Exconjuganten übertragen worden sind. In der Möglichkeit, diese beiden Übertragungsweisen leicht voneinander zu unterscheiden, liegt die Bedeutung, welche die Kreuzungsversuche mit Ciliaten für die moderne Vererbungsforschung erlangt haben.

Conjugation heterozygoter Individuen (b). Da es vom Zufall abhängt, welcher Tochterkern nach der Meiose erhalten bleibt, wird bei der Conjugation der F_1-Individuen in jedem Conjuganten entweder ein Gametenkern mit dem einen oder mit dem anderen Chromosom ausgebildet. In unserem Schema wird also jeder Partner mit gleicher Wahrscheinlichkeit nach der Meiose ein schwarzes oder ein weißes Chromosom enthalten.

Nimmt man an, daß beide F_1-Individuen in einem Allelenpaar heterozygot waren *(Aa)*, so werden also 25% der aus einer solchen Kreuzung hervorgehenden Exconjugantenpaare homozygot in bezug auf das eine Allel *(AA)*, 50% heterozygot *(Aa)* und 25% homozygot in bezug auf das andere Allel *(aa)* sein. Unter sich sind die Exconjuganten eines Paares natürlich wieder isogen.

Allerdings ist diese Isogenie nur zu erwarten, wenn die Conjugation nach dem Normaltypus verläuft (z. B. *Paramecium aurelia*, Abb. 190), wenn also beide Gametenkerne von dem gleichen Gonenkern abstammen. Gehen beide Gametenkerne aus verschiedenen Gonenkernen hervor, wie es z. B. bei *Euplotes vannus* häufig der Fall ist (S. 201), so kann der eine Gametenkern das eine Allel (A), der andere das andere Allel (a) enthalten. Conjugiert eine solche Zelle mit einer, die zwei allelengleiche Gametenkerne bildet (z. B. a-a), so wird der eine Exconjugant heterozygot (Aa), der andere homozygot (aa) sein.

Autogamie (c). Findet in einem heterozygoten Klon eine Autogamie statt, so wird in jedem Individuum nach der Meiose entweder ein Gonenkern mit dem einen Allel *(A)* oder ein Gonenkern mit dem anderen Allel *(a)* übrigbleiben. Wenn die beiden Gametenkerne, welche autogam verschmelzen, aus diesem Gonenkern hervorgehen, so wird also entweder ein Exautogamont entstehen, der in bezug auf das

---

[17] Führen die beiden Partner ausnahmsweise keine echte Conjugation, sondern eine „Cytogamie" (S. 199) durch, so bleiben ihre Abkömmlinge natürlich genotypisch verschieden.

eine, oder einer, der in bezug auf das andere Allel homozygot ist (AA oder aa). Wahrscheinlichkeitsgemäß werden beide Fälle mit gleicher Häufigkeit auftreten.

Die Autogamie ist daher von großer genetischer Bedeutung: *Sie führt zur Aufspaltung und Homozygotie.*

Die meisten Kreuzungsversuche wurden mit *Paramecium aurelia* durchgeführt. Diese Art bietet den Vorteil, daß sie sich leicht züchten läßt und jederzeit zur Autogamie gebracht werden kann. Erst in neuerer Zeit wurden auch andere Ciliaten, wie *Paramecium bursaria*, *Tetrahymena pyriformis* und die *Euplotes*-Arten für die genetische Analyse erschlossen.

Für eine vergleichende Betrachtung erscheint es jedoch sinnvoller, nicht von den einzelnen Arten auszugehen, sondern von den Merkmalen, deren Erbgang untersucht wurde. Meistens sind besondere Testmethoden erforderlich, um diese Merkmale zu erkennen.

Paarungstypen

Wie schon früher hervorgehoben wurde (S. 217), kann die Bestimmung der Paarungstypen entweder auf modifikatorischem oder auf genetischem Wege erfolgen.

Bei *modifikatorischer* Determination ist die Reaktionsnorm, in diesem Fall also die Zahl und Art der Paarungstypen, erblich festgelegt. Bei den Syngens von *Paramecium aurelia* besteht die Reaktionsnorm in einem Spektrum von zwei, bei Syngen 1 von *Tetrahymena pyriformis* dagegen in einem Spektrum von sieben Paarungstypen.

Es sind nun Mutanten gefunden worden, die nicht mehr alle Paarungstypen des „Wildtyps" verwirklichen können.

Bei *Paramecium aurelia* lieferte die Entdeckung solcher Mutanten die erste Möglichkeit, zwei Stämme miteinander zu kreuzen, deren Merkmalsunterschied auf einem Allelenunterschied beruht [1025].

Während die meisten Stämme des Syngens 1 von *Paramecium aurelia* (S. 212) beide Paarungstypen I und II auszubilden vermögen und daher als "two type"-Stämme bezeichnet wurden, haben die "one type"-Stämme nur die Fähigkeit, den Paarungstyp I zu verwirklichen. In einem "two type"-Klon kann nach der Autogamie eine Conjugation stattfinden, in einem "one type"-Klon dagegen nicht, weil alle Exautogamonten den Paarungstyp I beibehalten.

Die Kreuzung eines "two type"-Stammes mit einem "one type"-Stamm (Abb. 220) zeigt nun, daß dieser Unterschied an ein einfach mendelndes Allelenpaar ($II+$ für Fähigkeit, $II-$ für Unfähigkeit zur Ausbildung des Paarungstyps II)[18] gebunden ist. Alle Exconjugantenpaare (F_1-Generation) liefern Klone, welche die "two type"-Eigenschaft zeigen. Die "two type"-Eigenschaft dominiert also über die "one type"-Eigenschaft.

Kreuzt man nun die heterozygoten *($II+/II-$)* F_1-Individuen miteinander, so tritt die zu erwartende Aufspaltung ein. In einem Falle zeigten z. B. von 120 Exconjugantenpaaren, bzw. den aus ihnen hervorgegangenen Klonen, 88 die "two type"- und 32 die "one type"-Eigenschaft. Das entspricht ungefähr dem

---

[18] Neuerdings wird das "two type"-Allel meistens durch $mt^{I,II}$, das "one type"-Allel durch mt^I symbolisiert.

3:1 Verhältnis bei Dominanz des einen Allels. Auch das Ergebnis der Rückkreuzung der heterozygoten F_1-Individuen *(II+/II−)* mit dem rezessiven Elter *(II−/II−)* entspricht der Erwartung. So verwirklichen von 158 Exconjugantenpaaren einer solchen Rückkreuzung 81 die "two type"-, 77 die "one type"-Eigenschaft. Das entspricht dem für Rückkreuzungen charakteristischen 1:1 Verhältnis. Durch Rückkreuzung der F_2-Individuen, welche die "two type"-Eigenschaft realisieren, läßt sich nachweisen, daß $2/3$ heterozygot, $1/3$ homozygot in bezug auf das "two type"-Allel sind.

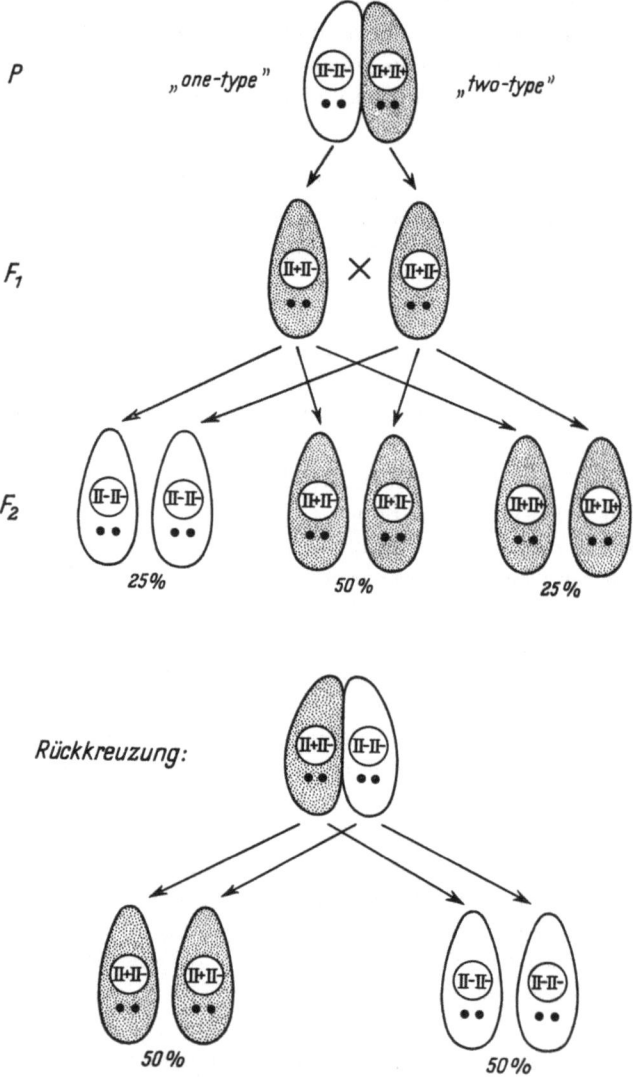

Abb. 220. Kreuzung eines "one-type"-(II—II—) und eines "two-type"-Stammes (II + II +) von *Paramecium aurelia*. Nach den Untersuchungen von SONNEBORN, 1939 [*1025*]

Ergänzend sei noch darauf hingewiesen, daß im Syngen 1 von *Paramecium aurelia* durch Hitzeschock und UV-Bestrahlung auch zwei Mutanten erhalten wurden, welche nach der

Autogamie nur noch den Paarungstyp I verwirklichten. Ihre genetische Analyse ergab den gleichen Erbgang wie bei den "one type"-Stämmen. Außerdem wurde ein Gen nachgewiesen, welches die Wahrscheinlichkeit erhöht, daß in den "two type"-Stämmen der Paarungstyp I determiniert wird [100]. Auch in Syngen 7 (Gruppe B) wurden "one type"-Stämme gefunden, welche nicht mehr die Paarungstypen XIII und XIV, sondern nur noch den Paarungstyp XIII verwirklichen können. Kreuzt man Tiere des "one type"- und des "two type"-Stammes miteinander, so manifestiert auch der Exconjugant des "one type"-Stammes den Paarungstyp XIV, obwohl es für die Determination der Paarungstypen in den Syngens der Gruppe B charakteristisch ist, daß sich der Paarungstyp der Exconjuganten nach dem Partner richtet, von dem er sein Cytoplasma erhielt (S. 214). Offenbar besteht also die Wirkung des "one type"-Allels nicht nur darin, die Reaktionsnorm auf einen Paarungstyp zu beschränken, sondern es beeinflußt auch die determinierenden Fähigkeiten des Cytoplasmas in spezifischer Weise [1076—1078].

Im Syngen 1 von *Tetrahymena pyriformis* wurden zwei Mutanten gefunden, die nicht mehr das vollständige Spektrum von sieben Paarungstypen verwirklichen können. Die eine Mutante (A) läßt die Paarungstypen IV und VII, die andere Mutante (B) den Paarungstyp I vermissen. Da die erstere immer noch fünf, die letztere noch sechs Paarungstypen ausbilden kann, lassen sich innerhalb der mutierten Stämme Conjugationen erzielen. Dabei treten die realisierbaren Paarungstypen unter den Exconjugantenklonen in ziemlich konstanter Häufigkeit auf, die allerdings durch Außenfaktoren (z. B. die Temperatur) beeinflußt werden kann.

Kreuzt man die Stämme A und B miteinander (Abb. 221), so entsteht eine F_1-Generation, die phänotypisch mit dem Wildtyp übereinstimmt, also alle sieben Paarungstypen auszubilden vermag (Phänomen der Komplementation). Daß die F_1-Generation aber nicht genotypisch dem Wildtyp entspricht, sondern heterozygot in bezug auf die dem Merkmalsunterschied der Eltern zugrundeliegenden Allele ist, wird deutlich, wenn man ihre Abkömmlinge untereinander kreuzt. In der F_2-Generation findet nämlich wieder eine Aufspaltung in drei Klassen statt, von denen eine wieder dem Stamm A, eine der F_1-Generation und eine dem Stamm B entspricht [762].

Andere Mutanten, bei denen das Spektrum der möglichen Paarungstypen abgeändert ist, wurden bisher nicht entdeckt. Dagegen wurden Mutanten gefunden, die zwar das gleiche Spektrum wie Stamm A, aber eine andere Häufigkeitsverteilung der Paarungstypen hervorrufen [745].

Formal lassen sich die geschilderten Kreuzungen am einfachsten beschreiben, wenn man die Unterschiede auf Allele zurückführt (mt^A für Mutante A, mt^B für Mutante B, s. Abb. 221).

Es ist jedoch wahrscheinlich, daß der *mt*-Locus nicht nur einer Funktionseinheit (Cistron) entspricht, sondern ein „*Komplexlocus*" ist, der aus so vielen enggekoppelten Funktionseinheiten besteht, wie Paarungstypen verwirklicht werden können (I, II im Syngen 1 von *Paramecium aurelia*; I, II, III, IV, V, VI, VII im Syngen 1 von *Tetrahymena pyriformis*).

Die *modifikatorische* Determination eines Paarungstyps würde dann auf der differentiellen Aktivierung einer dieser Funktionseinheiten beruhen, und die *mt*-Mutanten wären nur in den Funktionseinheiten defekt, welche den nicht-realisierbaren Paarungstypen entsprechen.

Bei *genetischer* Determination wird der Paarungstyp unmittelbar durch die genetische Konstitution festgelegt. Ist das Paarungssystem *bipolar*, so besteht die

Möglichkeit, daß der eine Paarungstyp durch ein recessives Allel, der andere durch ein dominantes Allel bestimmt wird. Der eine Paarungstyp wäre daher immer homozygot *(mt¹mt¹)*, während der andere heterozygot *(mt²mt¹)* oder – falls eine Autogamie vorkommt – homozygot *(mt²mt²)* sein könnte.

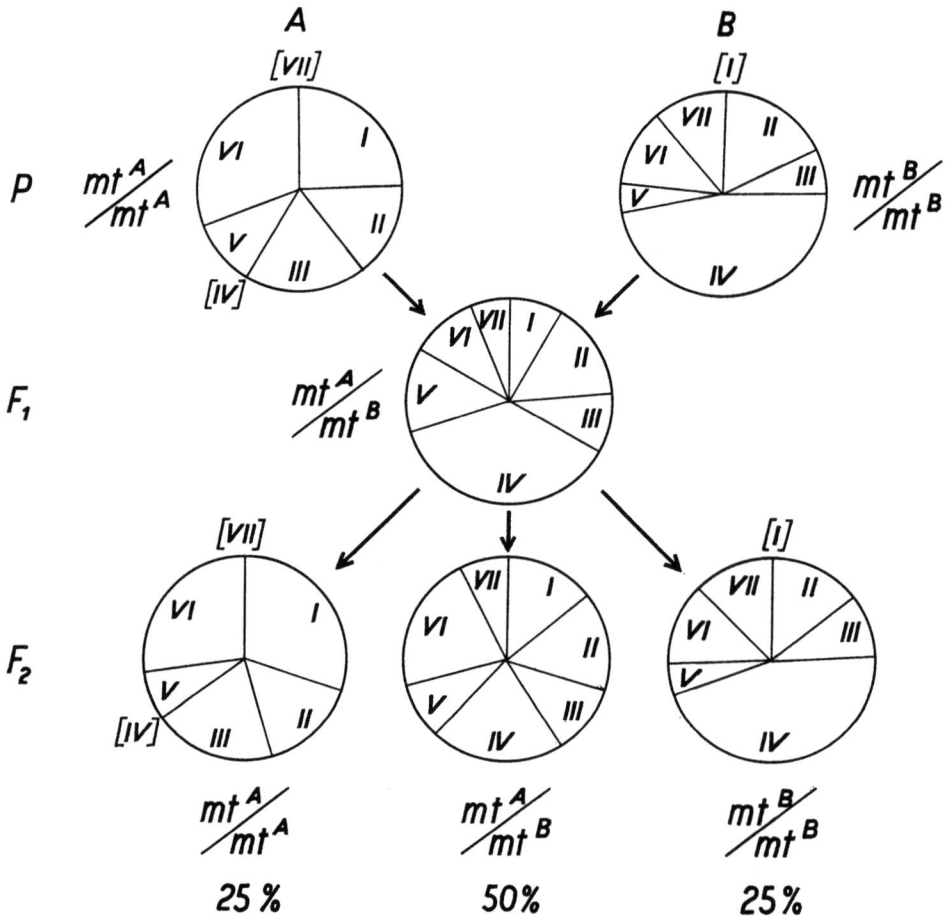

Abb. 221. *Tetrahymena pyriformis* (Syngen 1). Kreuzung der Mutanten A und B. Die Sektoren der Kreise geben die relative Häufigkeit der Paarungstypen an. Mutante A *(mtᴬmtᴬ)* kann die Paarungstypen IV und VII, Mutante B *(mtᴮmtᴮ)* den Paarungstyp I nicht realisieren (in Klammern angegeben). Von der F_1-Generation *(mtᴬmtᴮ)* können alle sieben Paarungstypen verwirklicht werden. In der F_2-Generation findet die bei einem monofaktoriellen Erbgang zu erwartende Aufspaltung statt. Im Anschluß an NANNEY, CAUGHEY und TEFANKJIAN, 1955 [*762*]

Dieser Modus der Paarungstyp-Determination, den man wohl als den ursprünglichsten ansehen kann, ist neuerdings im Syngen 13 von *Paramecium aurelia* nachgewiesen worden [*1038*], einer Art, die sonst nur modifikatorische Determination zeigt. Aus diesem Grunde kann Syngen 13 weder der Gruppe A noch der Gruppe B zugeteilt werden (Tab. 3).

Ist das Paarungssystem *multipolar*, so kann die Determination der Paarungstypen entweder durch die Kombination multipler Allele eines Locus oder durch die Kombination der Allele mehrerer Loci erfolgen.

Multiple Allelie

Hierunter versteht man die Erscheinung, daß am gleichen Genort (Locus) nicht nur zwei, sondern *mehrere* Allele auftreten können. Entsprechend ihrer Anzahl sind daher verschiedene paarweise Kombinationen dieser Allele möglich.

Bei drei marinen *Euplotes*-Arten *(E. vannus, crassus* und *minuta)* konnte durch umfangreiche Kreuzungsanalysen nachgewiesen werden [*476, 477, 774*], daß jedes Allel für die Ausbildung eines Paarungstyps verantwortlich ist. Auf Grund ihrer gegenseitigen Beziehungen lassen sich die Allele in einer Reihe anordnen. Dabei dominiert stets das Allel mit dem höheren Index über alle Allele mit niedrigerem Index (z. B. $mt^5 > mt^4 > mt^3 > mt^2 > mt^1$). Den einzelnen Paarungstypen entspricht daher eine unterschiedliche Anzahl von Genotypen, die in ihrer Bezifferung zum Ausdruck kommt (Tab. 10).

Tabelle 10. *Euplotes crassus*. Paarungstypen und Genotypen
Nach HECKMANN, 1964 [*477*]

Paarungstyp	Genotypen
I	mt^1mt^1
II	mt^2mt^2, mt^2mt^1
III	mt^3mt^3, mt^3mt^2, mt^3mt^1
IV	mt^4mt^4, mt^4mt^3, mt^4mt^2, mt^4mt^1
V	mt^5mt^5, mt^5mt^4, mt^5mt^3, mt^5mt^2, mt^5mt^1

Da der Paarungstyp I homozygot und das Allel mt^1 recessiv gegenüber allen übrigen ist, kann dieser Paarungstyp besonders gut für die Analyse eines Klons von unbekannter genetischer Konstitution verwendet werden. Bei Heterozygotie des zu analysierenden Klons (z. B. mt^5mt^2) wird nämlich in der F_1-Generation eine Aufspaltung in zwei verschiedene Typen (z. B. mt^5mt^1 und mt^2mt^1) stattfinden, aus denen die Konstitution des Klons direkt erschlossen werden kann.

Auch bei einer Art aus dem Süßwasser, *Euplotes patella*, beruht das System der Paarungstypen auf einem System von multiplen Allelen. Allerdings bestehen hier keine Dominanzerscheinungen. In einem Syngen kommen sechs Paarungstypen vor, von denen drei durch die homozygoten, drei durch die heterozygoten Kombinationen von drei Allelen bestimmt werden (Tab. 11).

Zum Unterschied von den oben erwähnten marinen *Euplotes*-Arten scheiden die zu dem gleichen Paarungstyp gehörenden Zellen von *Euplotes patella spezifische Stoffe* in die Kulturflüssigkeit ab, welche die Zellen anderer Paarungstypen zur ,,Selbstung", d. h. zur intraklonalen Conjugation veranlassen. Die Wirkung der Stoffe läßt sich prüfen, wenn man die zellfreien Filtrate mit den Zellen zusammenbringt. Dabei ergab sich ein bestimmtes System von Reaktionen, welches durch folgende Annahmen verständlich wird:

1. Jedem der drei Allele ist ein spezifischer Stoff zugeordnet, so daß die genetisch homozygoten Paarungstypen nur jeweils einen der drei Stoffe, die heterozygoten jeweils zwei von diesen Stoffen bilden;

2. Eine Selbstung findet immer dann statt, wenn in dem Filtrat ein Stoff vorhanden ist, der von den Zellen, auf welche man das Filtrat einwirken läßt, nicht gebildet werden kann.

Bringt man zwei typenverschiedene Klone zusammen, so conjugieren daher nicht nur Zellen, welche verschiedenen Paarungstypen angehören, sondern auch typengleiche untereinander. Wie schon früher betont (S. 218), ist es allerdings zweifelhaft, ob die Abscheidung dieser Stoffe unter natürlichen Verhältnissen eine Rolle spielt.

Tabelle 11. *Euplotes patella*
Induktion der Selbstung. Der dick umrandete Teil der Tabelle faßt die Versuchsergebnisse zusammen und bedeutet Selbstung innerhalb eines Paarungstyp-Klons nach Behandlung mit dem zellfreien Filtrat eines Klons von einem anderen Paarungstyp. Der übrige Teil der Tabelle gibt an, wie diese Versuchsergebnisse interpretiert werden. Nach den Untersuchungen von KIMBALL aus SONNEBORN, 1947, etwas verändert [*1027*]

			\multicolumn{6}{c}{Zellen}				
		Genotypen	mt^1mt^1	mt^2mt^2	mt^3mt^3	mt^1mt^2	mt^1mt^3	mt^2mt^3
		Stoffe	1	2	3	1,2	1,3	2,3
	Stoffe	Paarungstyp	IV	VI	III	I	II	V
Filtrate	1	IV	—	+	+	—	—	+
	2	VI	+	—	+	—	+	—
	3	III	+	+	—	+	—	—
	1,2	I	+	+	+	—	+	+
	1,3	II	+	+	+	+	—	+
	2,3	V	+	+	+	+	+	—

Auch bei *Uronychia transfuga*, einem marinen Hypotrichen, werden die Paarungstypen durch ein System "codominanter", d. h. nicht auf Grund einer Dominanzbeziehung seriierbarer Allele bestimmt. In einem Syngen konnten 10 Paarungstypen nachgewiesen werden, deren Genotypen durch die paarweise Kombination von vier Allelen zustande kommen. Wie die Übersicht (Tab. 12) zeigt, haben sechs Paarungstypen eine heterozygote, vier eine homozygote Konstitution. Merkwürdigerweise reagieren die homozygoten Paarungstypen nur mit solchen heterozygoten Paarungstypen, die in beiden Allelen von ihnen verschieden sind. Dagegen können die heterozygoten Paarungstypen in jeder Kombination miteinander reagieren, auch wenn sie ein übereinstimmendes Allel haben.

In diesem Falle wurde die Analyse des Paarungssystems mit Hilfe von Klonen ermöglicht, die durch Röntgenbestrahlung mikronucleuslos gemacht worden waren. Bringt man normale und mikronucleuslose Tiere komplementärer Paarungstypen zur Conjugation, so erhält jeder „Conjugant" einen Gametenkern des normalen Partners. In jedem „Exconjuganten" wird dann der haploide Gametenkern zu einem „Hemikaryon", d. h. er teilt sich in zwei Tochterkerne, von denen sich der eine zu einem Mikronucleus, der andere zu einem Makronucleus differenziert. Der Mikronucleus ist haploid, der Makronucleus polyploid.

Die genetische Konstitution derartiger „Exconjuganten" bezeichnet man als *hemizygot:* Von den beiden Allelen jedes Locus ist nur eins vorhanden, beim Makronucleus allerdings in großer Zahl.

Auch die hemizygoten Abkömmlinge verwirklichen einen bestimmten Paarungstyp. Sind sie aus der Conjugation eines normalen Tieres der Paarungstypen VII—X mit einem mikronucleuslosen Partner hervorgegangen, so zeigen sie den gleichen Paarungstyp wie das normale Tier. Gehört das normale Tier dagegen einem der Paarungstypen I—VI an, so manifestieren die hemizygoten Abkömmlinge mit etwa gleicher Häufigkeit zwei verschiedene Paarungstypen, und zwar stets solche der Reihe VII—X. Wie bei der Autogamie (S. 244) findet also eine *Aufspaltung* statt. Diese wird verständlich, wenn man annimmt, daß die Paarungstypen I—VI heterozygot sind: Ihre hemizygoten Abkömmlinge erhalten entweder das eine oder das andere Allel. Die von ihnen verwirklichten Paarungstypen entsprechen denen normaler Tiere, welche das Allel homozygot besitzen. Abkömmlinge des Paarungstyps I (mt^1mt^2) haben z. B. entweder den Paarungstyp VII oder den Paarungstyp VIII.

Tabelle 12. *Uronychia transfuga.* Reaktionen der Paarungstypen und ihre genetische Konstitution. Nach REIFF, 1967 [*893*]

Genotypen	mt^1mt^2	mt^3mt^4	mt^1mt^3	mt^2mt^4	mt^2mt^3	mt^1mt^4	mt^1mt^1	mt^2mt^2	mt^3mt^3	mt^4mt^4
Paarungstypen	I	II	III	IV	V	VI	VII	VIII	IX	X
I	—	+	+	+	+	+	—	—	+	+
II		—	+	+	+	+	+	+	—	—
III			—	+	+	+	—	+	—	+
IV				—	+	+	+	—	+	—
V					—	+	+	—	—	+
VI						—	—	+	+	—
VII							—	+	+	+
VIII								—	+	+
IX									—	+
X										—

Mehrere Loci

Auch bei *Paramecium bursaria* werden die Paarungstypen unmittelbar durch die genetische Konstitution bestimmt. Diese wird aber nicht durch die paarweise Kombination multipler Allele des gleichen Locus erzielt, sondern durch die Kombination der dominanten oder recessiven Allele von zwei (Syngen 1) oder drei (Syngen 4) Loci.

Für Syngen 1 sind die den vier Paarungstypen (S. 215) zugeordneten Genotypen aus der folgenden Tabelle zu entnehmen. Wie die allgemeinen Formeln erkennen lassen, wird Paarungstyp I immer dann verwirklicht, wenn an beiden Loci dominante Allele vorkommen. Beim Paarungstyp II befindet sich am *B*-Locus, beim Paarungstyp IV am *A*-Locus ein dominantes Allel. Paarungstyp III ist dagegen an beiden Loci homozygot recessiv.

Die Gültigkeit der genetischen Formeln konnte durch umfangreiche Kreuzungsversuche sichergestellt werden [*1006, 1007, 1012*]. Zur Analyse von Klonen, deren genetische Konstitution unbekannt ist, eignet sich vor allem der Paarungstyp III.

Die auf S. 221 dargestellte Hypothese, daß die Reaktionen zwischen den vier Paarungstypen des Syngens 1 auf der Wechselwirkung von zwei Paaren komplementärer Paarungstyp-Substanzen beruhen, hat damit eine eindrucksvolle Bestätigung gefunden. Zwischen den allgemeinen genetischen Formeln und den zunächst nur hypothetisch erschlossenen Substanzen der Paarungstypen besteht eine eindeutige Zuordnung (Tab. 13): Die dominanten und recessiven Allele an den beiden Loci sind dafür verantwortlich, welche Paarungstyp-Substanzen an der Oberfläche der Paramecien auftreten.

Tabelle 13. *Paramecium bursaria*, Syngen 1
Die den vier Paarungstypen entsprechenden Genotypen und die von den reifen Klonen gebildeten Paarungstyp-Substanzen. Nach SIEGEL, 1961 [*1005*]

Paarungs-typen	Geno-typen	Allgemeine genetische Formel	Paarungstyp-Substanzen	
I	$AABB$ $AABb$ $AaBB$ $AaBb$	$A\text{-}B\text{-}$	$\underline{A}$	$\underline{B}$
II	$aaBB$ $aaBb$	$aaB\text{-}$	a	$\underline{B}$
III	$aabb$	$aabb$	a	b
IV	$AAbb$ $Aabb$	$A\text{-}bb$	$\underline{A}$	$\underline{b}$

Unter diesem Gesichtspunkt erlauben auch die verschiedenen Perioden, welche die Exconjuganten-Klone bei ihrem „Lebenscyclus" durchlaufen, eine genetische Deutung. Während der Unreife-Periode sind noch beide Loci inaktiv. Es werden daher keine Paarungstyp-Substanzen gebildet. In der Adolescenz-Periode wird einer der beiden Loci aktiv, so daß eine der beiden Substanzen gebildet werden kann. Der adolescente Klon kann daher mit zwei Testklonen reagieren, welche die komplementäre Substanz besitzen (Tab. 7). In der Reife-Periode wird dann auch noch der andere Locus aktiv, so daß der Klon mit dem dritten Testklon reagieren kann, der die hierfür komplementäre Substanz besitzt.

Die Differenzierungszustände, welche während des „Lebenscyclus" der Klone von den Zellen durchlaufen werden, lassen sich daher auf eine *sukzedane Genaktivierung* zurückführen.

Ob zuerst der A-Locus oder zuerst der B-Locus aktiviert wird, hängt von der genetischen Konstitution ab. Es gibt *Regulatorgene*, welche die zeitliche Folge der Genaktivierung festlegen. Außerdem wurde ein recessives Allel des B-Locus (b^{-A}) nachgewiesen, welches die Manifestation des A-Locus verhindert. Tritt es homozygot auf, so können die Zellen nur die b-Substanz erzeugen. Sie verhalten sich daher wie „permanent-adolescente" Klone des Typs III—IV [*1008*].

Antigen-Eigenschaften

Eine eingehende Untersuchung haben Eigenschaften der Ciliaten erfahren, welche sich nur auf *serologischem* Wege nachweisen lassen.

Injiziert man Paramecien in die Ohrvene eines Kaninchens, so wirkt ein bestimmter Stoff der Paramecien als *Antigen*[19], d. h. er ruft im Blut des Kaninchens die Bildung eines spezifischen Gegenstoffes, des sog. *Antikörpers* hervor. Dieser Antikörper läßt sich nachweisen, wenn man verdünntes Serum des betreffenden Kaninchens auf Paramecien einwirken läßt, die dem gleichen Klon angehören wie die Paramecien, die man zur Herstellung des Antikörpers verwendete. Durch eine Reaktion zwischen Antikörper und Antigen, welche sich an der ganzen Zelloberfläche abspielt [*54, 55*], werden die Cilien zum Verkleben gebracht, so daß die Paramecien bewegungslos zu Boden sinken *(Immobilisations-Test)*.

In der Praxis muß die Injektion mehrfach im Abstand von einigen Tagen wiederholt werden. Diejenige Konzentration des Serums, welche gerade notwendig ist, um die Paramecien innerhalb von zwei Stunden unbeweglich zu machen, wird als *Titer* des Serums bezeichnet. Derartige Seren können monatelang bei tiefer Temperatur aufbewahrt werden, ohne ihre Wirksamkeit zu verlieren.

Wie eine nähere Untersuchung der verschiedenen Stämme von *Paramecium aurelia* ergab [*47–49, 1043*], kann jeder Stamm eine große Anzahl verschiedener Antigene erzeugen. Jedes Antigen wirkt streng *spezifisch*, d. h. die Paramecien, welche es hervorbringen, können nur durch das entsprechende Antiserum unbeweglich gemacht werden. Setzt man sie dagegen einem Serum aus, welches mit Paramecien gewonnen wurde, die ein anderes Antigen produzieren, so werden sie durch dieses Serum nicht geschädigt.

Bei Ausführung des Immobilisations-Testes kommt es aber häufig vor, daß nicht alle Paramecien durch das betreffende Antiserum unbeweglich gemacht werden. Während z. B. die meisten Individuen eines Klons das Antigen A erzeugen und daher durch das Antiserum A immobilisiert werden, bilden einige ein Antigen B aus, welches sich nachweisen läßt, wenn man sie zur Vermehrung bringt und gegen ein Antiserum B testet. Bei diesem Test können dann wieder einige Paramecien beweglich bleiben, weil sie nicht mehr das Antigen B, sondern ein Antigen C hervorbringen (Abb. 222).

Auf diese Weise wurde gefunden, daß jeder Stamm eine ganze Serie verschiedener Antigene zu erzeugen vermag, von denen manche häufiger, andere dagegen seltener auftreten. Für einen Stamm konnte ein Spektrum von 12 realisierbaren Antigenen nachgewiesen werden [*687*].

Obwohl eine bestimmte Antigen-Eigenschaft über viele Zellteilungsfolgen bestehenbleiben mag, kann auch jederzeit ein Umschlag in eine andere Eigenschaft stattfinden *(Transformation)*. Zu welcher neuen Antigen-Eigenschaft der Umschlag erfolgt, hängt aber bis zu einem gewissen Grade von äußeren Bedingungen ab. Die einzelne Zelle kann normalerweise nur *eine* Antigen-Eigenschaft verwirklichen.

Ein Vergleich verschiedener Stämme des gleichen Syngens ergab, daß manche Antigene nur von bestimmten Stämmen gebildet werden können, während andere

---

[19] Der Ausdruck „Antigen" hat natürlich mit dem Begriff „Gen" der Vererbungsforschung nichts zu tun!

allen Stämmen gemeinsam sind. Aber auch die einander entsprechenden oder *homologen Antigene* der einzelnen Stämme können sich mehr oder weniger deutlich durch ihren Titer voneinander unterscheiden.

Die genetische Untersuchung dieser Verhältnisse hat zu weitreichenden allgemeinen Schlußfolgerungen geführt.

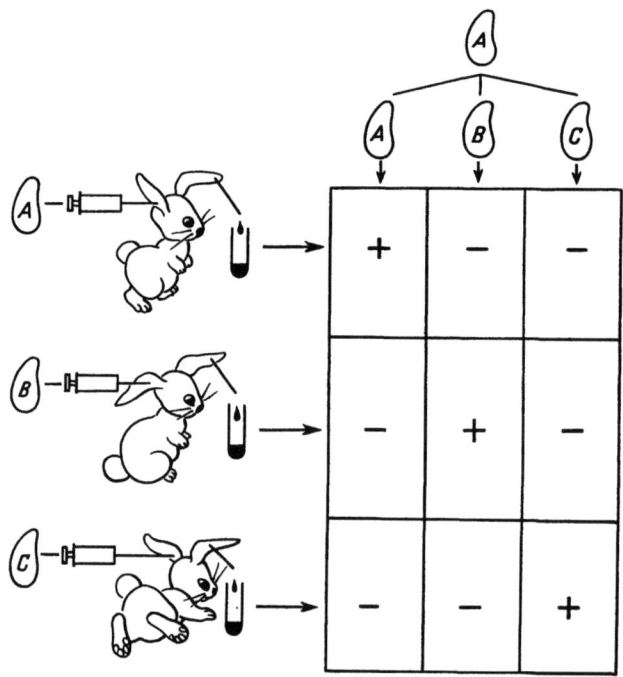

Abb. 222. Schema der Wechselwirkung zwischen den Paramecien dreier von dem gleichen Individuum abstammender Klone und der Antisera, welche durch Injektion ihrer Klongeschwister in Kaninchen gewonnen wurden. + bedeutet Immobilisierung im homologen Antiserum, — keine Immobilisierung. Im Anschluß an SONNEBORN, 1950 aus EPHRUSSI, 1953 [*314*]

Bei einer Kreuzung innerhalb des *gleichen* Stammes, bei welcher beide Paarungstypen verschiedene Antigen-Eigenschaften, z. B. A und B realisieren, wird in der F_1-Generation wieder die Eigenschaft der Eltern verwirklicht. Der A-Conjugant liefert also wieder einen A-, der B-Conjugant einen B-Exconjugantenklon. Führen die F_1-Individuen eine Autogamie durch, so behalten auch die Exautogamonten die ursprüngliche Eigenschaft bei. Daraus geht hervor, daß die Antigen-Eigenschaften auf einer Spezifität des Cytoplasmas beruhen und daher auch bei der Conjugation und Autogamie unmittelbar auf die nächste Generation übertragen werden (Abb. 223a).

Kreuzungen zwischen *verschiedenen* Stämmen lassen jedoch erkennen, daß für die Verwirklichung der Antigen-Eigenschaften Gene maßgebend sind. Kreuzt man beispielsweise die beiden Stämme 51 und 29 (Syngen 4) miteinander, deren A-Antigene sich durch ihren Titer unterscheiden lassen, und läßt die von den Exconjuganten abstammenden Klone eine Autogamie durchlaufen, so findet unter den Exautogamonten wieder eine Aufspaltung statt (Abb. 223b). Der Unterschied zwischen den homologen Antigenen muß daher auf einem Unterschied von Allelen beruhen [*1043*].

Besonders eingehend wurde die Genetik der Antigen-Eigenschaften in Syngen 1 untersucht, wo ihre Spezifität am größten und die Abhängigkeit ihrer Bildung von einer äußeren Bedingung am übersichtlichsten ist [*47*].

Die mit den Nummern 41, 60, 61 und 90 versehenen Stämme des Syngens 1 haben die Antigene S, G und D gemeinsam. Dabei lassen sich aber verschiedene homologe Antigene deutlich durch ihren Titer voneinander unterscheiden.

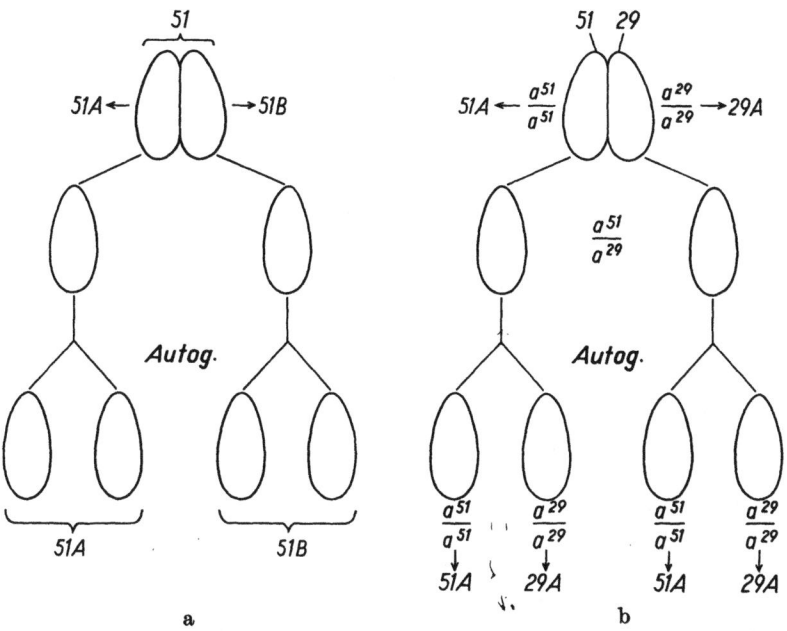

Abb. 223. Erbgang der Antigen-Eigenschaften (Syngen 4). a Kreuzung zweier Individuen des Stammes 51, von denen das eine das Antigen 51 A, das andere das Antigen 51 B bildet: keine Aufspaltung nach der Autogamie. b Kreuzung eines Individuums von Stamm 51, welches das Antigen 51 A bildet, mit einem Individuum von Stamm 29, welches das Antigen 29 A bildet: Aufspaltung nach der Autogamie. Nach den Untersuchungen von SONNEBORN und LESUER, 1948 [*1043*]

Während von den S-Antigenen nur das des Stammes 61 von den übrigen unterschieden werden kann, lassen sich die G-Antigene in allen Stämmen charakterisieren. Bei den D-Antigenen sind die der Stämme 41 und 60 identifizierbar, wogegen die der Stämme 61 und 90 nicht untereinander, wohl aber von den beiden anderen Antigenen unterscheidbar sind.

In allen vier Stämmen werden die S-Antigene überwiegend bei niedriger (18°), die G-Antigene bei mittlerer (25°) und die D-Antigene bei höherer (29—33°) Temperatur ausgebildet. Diese Beziehungen sind in der folgenden Tabelle zusammengestellt (S. 256).

Werden beispielsweise die Paramecien des Stammes 41 längere Zeit bei niedriger Temperatur gezüchtet, so bilden sie das Antigen 41 S aus. Bringt man sie dann in den mittleren Temperaturbereich, so findet nach einer bestimmten Anzahl von Zellteilungen in steigendem Maße ein Umschlag in das Antigen 41 G statt, so daß sie durch das für 41 S spezifische Antiserum nicht mehr immobilisiert werden. Nach längerer Zucht in der hohen Temperatur erfolgt dann abermals ein Wechsel, und zwar zu dem Antigen 41 D. In entsprechender Weise spielt sich auch bei den übrigen Stämmen die Transformation der Antigen-Eigenschaften bei Änderung der Temperatur ab.

Wenn auch bei den zwischen den obengenannten Werten liegenden Temperaturen in einem Klon sowohl Individuen mit dem einen wie mit dem anderen Antigen vorkommen, so vollzieht sich doch die Umstellung von der Produktion des einen auf die des anderen Antigens beim einzelnen Individuum plötzlich und ohne Übergang.

Tabelle 14
(Erklärung im Text)

Stamm	Antigene bei			Gene
	18°	25°	29—33°	
41	41 S	41 G	41 D	$s\ \ g^{41}\ d^{41}$
60	60 S	60 G	60 D	$s\ \ g^{60}\ d^{60}$
61	61 S	61 G	61 D	$s^{61}\ g^{61}\ d$
90	90 S	90 G	90 D	$s\ \ g^{90}\ d$

Die Kreuzung der verschiedenen Stämme führte zu dem Ergebnis, daß jede Antigen-Eigenschaft von einem einzelnen Gen abhängig ist und daß den homologen Antigenen Serien multipler Allele entsprechen. Dem Antigen 41 D entspricht z. B. ein Gen d^{41} und dem Antigen 60 D ein Gen d^{60}. Da sich die D-Antigene der Stämme 61 und 90 serologisch nicht unterscheiden lassen, muß es vorläufig dahingestellt bleiben, ob ihre d-Allele verschieden sind. Daher werden beide mit d bezeichnet. Wenn auch die g- und s-Allele in entsprechender Weise aufgeführt werden, so läßt sich für jeden Stamm eine bestimmte genetische Konstitution angeben (Tab. 14 rechts).

Alle Kreuzungsergebnisse stehen mit den angenommenen Gen-Formeln in Einklang. Kreuzt man beispielsweise die Stämme 90 und 60 miteinander, so bilden die F_1-Individuen bei mittlerer Temperatur (25°), bei welcher die G-Antigene verwirklicht werden, *beide* Antigene 90 G und 60 G aus, d. h. sie werden durch die beiden entsprechenden Antisera immobilisiert. Überträgt man sie dann in die hohe Temperatur (>29°), in der die D-Antigene entstehen, so erzeugen sie die beiden Antigene 90 D und 60 D. Daraus geht also hervor, daß die F_1-Generation heterozygot in bezug auf die beiden Allelenpaare ist $\left(\text{Formel}: \frac{g^{90}}{g^{60}}\ \frac{d^{90}}{d^{60}}\right)$, wobei jedoch keine Dominanz des einen Allels über das andere zu beobachten ist. Bezeichnenderweise sind aber die Reaktionen mit den homologen Antisera bei den heterozygoten (F_1-)Individuen deutlich schwächer als bei den homozygoten Eltern („Gendosis-Effekt").

Daß in den verschiedenen Temperaturbereichen tatsächlich verschiedene Gene zur phänotypischen Manifestation kommen, zeigt sich in der F_2-Generation. Läßt man nämlich die F_1-Individuen eine Autogamie durchlaufen, so treten neben den beiden Elterntypen $\left(\frac{g^{90}}{g^{90}}\ \frac{d^{90}}{d^{90}}\ \text{und}\ \frac{g^{60}}{g^{60}}\ \frac{d^{60}}{d^{60}}\right)$ auch die beiden Neukombinationstypen $\left(\frac{g^{90}}{g^{90}}\ \frac{d^{60}}{d^{60}}\ \text{und}\ \frac{g^{60}}{g^{60}}\ \frac{d^{90}}{d^{90}}\right)$ auf.

Bringt man die Paramecien in einen anderen Temperaturbereich, so vollzieht sich der Umschlag in die andere Antigen-Eigenschaft nicht unmittelbar, sondern erst nach einer größeren Anzahl (etwa 50) Teilungen. Daher ist es möglich, zwei Stämme miteinander zu kreuzen, von denen der eine das für den einen, der andere das für den anderen Temperaturbereich charakteristische Antigen erzeugt. Eine

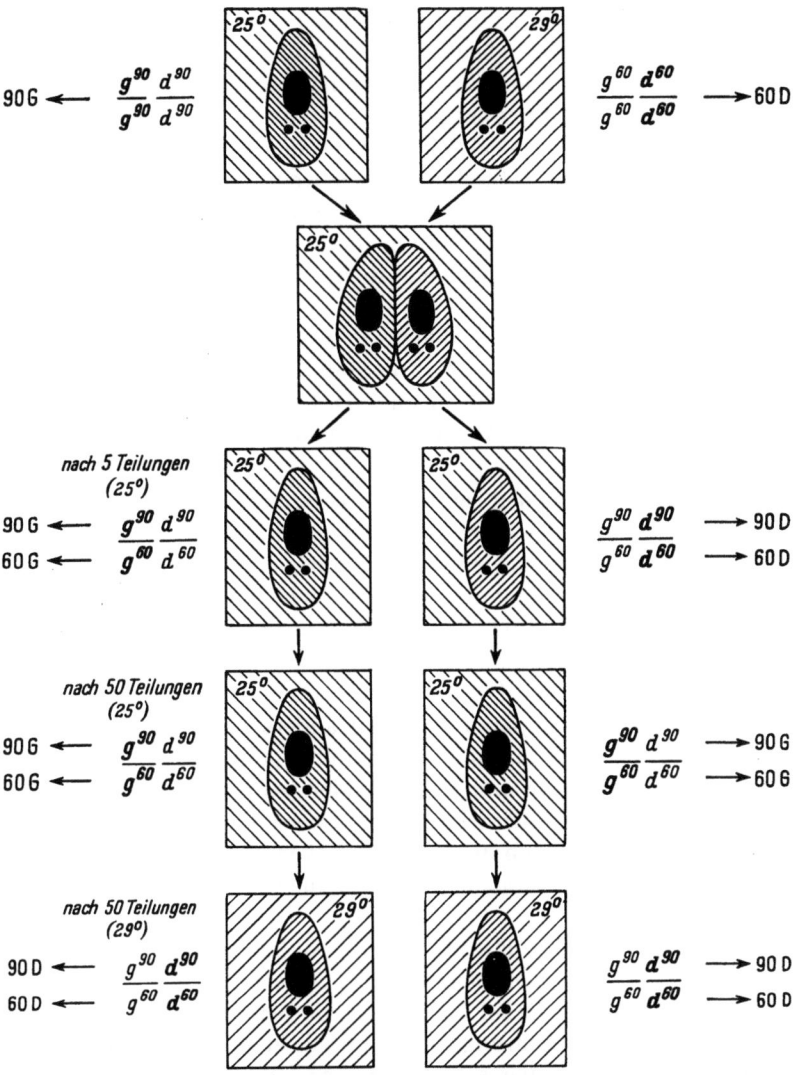

Abb. 224. Kreuzung der Stämme 90 (links) und 60 (rechts) von *Paramecium aurelia* (Syngen 1). Stamm 90 kommt aus einer Kultur, welche bei 25° (G-Antigene), Stamm 60 aus einer Kultur, welche bei 29° (D-Antigene) gezüchtet wurde. In 25° bildet der Stamm 60-Exconjugantenklon zunächst die beiden Antigene 90 D und 60 D, später die beiden Antigene 90 G und 60 G. Nach längerem Aufenthalt in 29° bilden die Exconjugantenklone beider Stämme beide D-Antigene aus. Bei den genetischen Formeln wurden die s-Allele nicht mit aufgeführt. Nach den Untersuchungen von BEALE, 1952 [47]

solche Kreuzung ist in Abb. 224 dargestellt. Der Stamm 90-Conjugant bildet das Antigen 90 G aus, weil er aus einer bei 25° gezüchteten Kultur stammt und daher das Gen g^{90} zur Manifestation bringt. Der Stamm 60-Conjugant erzeugt dagegen das Antigen 60 D, weil er von einer Kultur herrührt, welche bei 29° gezüchtet wurde und daher noch das Gen d^{60} wirksam sein läßt. Eine Prüfung der F_1-Exconjugantenklone (nach etwa fünf Teilungen) führt nun zu dem überraschenden Ergebnis, daß die von dem 90-Conjuganten stammenden Abkömmlinge die beiden *g*-Allele, die 60-Exconjuganten dagegen die beiden *d*-Allele der Eltern manifestieren. Wird der 60-Exconjugantenklon lange genug in der Temperatur von 25° belassen, so werden bei ihm ebenfalls die g-Allele zur Manifestation gebracht, überträgt man aber beide Klone in eine Temperatur von 29°, so bilden beide die D-Antigene der Stämme 60 und 90 aus.

Durch die Temperatur wird also im Cytoplasma ein bestimmter Zustand hervorgerufen, der über viele Zellteilungsfolgen weitergegeben wird und zunächst auch noch bestehenbleibt, wenn man die Zelle in eine andere Temperatur überträgt. Dieser Zustand ruft die Aktivierung eines bestimmten Gens hervor und aktiviert auch Allele dieses Gens, welche erst durch eine Kreuzung in die Zelle hereingebracht worden sind.

Auch *Tetrahymena pyriformis* bildet in verschiedenen Temperaturbereichen verschiedene Antigene aus *(649,688)*. Die Stämme des Syngens 1, welche miteinander gekreuzt werden können, erzeugen z. B. bei niedriger Temperatur (10°) die L-Antigene, bei mittlerer (20—35°) die H-Antigene und bei hoher (40°) die T-Antigene.

Einige dieser Stämme bilden serologisch verschiedene H-Antigene, einige verschiedene T-Antigene aus. Nach den Ergebnissen an *Paramecium aurelia* (s. o.) war zu erwarten, daß diese Unterschiede durch multiple Allele eines H- bzw. T-Locus kontrolliert werden, eine Annahme, die sich auch durch Kreuzungsversuche bestätigen ließ *(746, 749, 752, 763, 825, 825a)*. Für den H-Locus konnten vier, für den T-Locus drei Allele nachgewiesen werden.

Überraschend war jedoch, daß die phänotypische Manifestation der Antigene in den heterozygoten Exconjugantenklonen anders als bei *Paramecium aurelia* verläuft. Wurden z. B. die Stämme miteinander gekreuzt, welche bei mittlerer Temperatur die Antigene Hc und Hd ausbilden, so verwirklichten die Exconjugantenklone (genetische Konstitution: $H^C H^D$) nur zu Beginn ihrer Vermehrungsperiode *beide* Antigen-Eigenschaften. Später ließen sich aus den Exconjugantenklonen in steigendem Maße Subklone isolieren, die entweder nur das eine oder das andere Antigen erzeugten.

Wie die Kreuzung solcher F_1-Subklone ergab, hatte sich dabei aber die genetische Konstitution nicht geändert: In der F_2-Generation fand die zu erwartende Aufspaltung (1:2:1) statt. Dabei ließen sich die heterozygoten Klone wiederum nur zu Beginn der Zellvermehrung phänotypisch identifizieren, während sie sich später in Subklone „differenzierten", die entweder die eine oder die andere Antigen-Eigenschaft verwirklichten.

Von den beiden Allelen des heterozygoten Locus wird also alternativ das eine oder das andere „unterdrückt", ein Phänomen, das als „*allelische Repression*" bezeichnet wird.

Da der Phänotypus der Ciliaten weitgehend durch den Makronucleus bestimmt wird, liegt es nahe, die phänotypische „Vereinheitlichung" in den heterozygoten Exconjugantenklonen auf eine von Teilung zu Teilung fortschreitende Aussortierung von Makronucleus-Untereinheiten zurückzuführen, die hinsichtlich der „allelischen Repression" verschieden „differenziert" sind. Wie eine mathematische Analyse ergab, stimmt die Kinetik des Aussortierungsprozesses mit der in den Selfer-Klonen überraschend überein (S. 218): Sie wird auch in diesem Falle verständlich, wenn man annimmt, daß der Makronucleus kurz nach der Teilung 45 Untereinheiten enthält.

Bei den heterozygoten Exconjugantenklonen von Stämmen, welche verschiedene T-Antigene bilden, findet der Aussortierungsprozeß nicht gleich nach der Conjugation, sondern etwa

30 Teilungsschritte später statt. Da alle Kreuzungen und Klonaufzuchten bei 25° durchgeführt wurden und der Nachweis der realisierbaren T-Antigene nur an Proben erfolgte, die man in 40° übertrug, muß die „Differenzierung", also die Beschränkung der Makronucleus-Untereinheiten auf die Realisierbarkeit einer der beiden Antigen-Eigenschaften, unabhängig davon sein, ob das Antigen auch tatsächlich gebildet wird. Mit anderen Worten: Die „allelische Repression" schaltet zwar das eine der beiden Allele aus, führt aber nicht zwangsläufig dazu, daß sich das andere manifestiert. Hierfür, also für die eigentliche „Aktivierung" des betreffenden Allels ist der Temperaturfaktor erforderlich.

Killers und mate-killers

Bestimmte Stämme von *Paramecium aurelia* enthalten in ihrem Cytoplasma bakterienähnliche *Symbionten*, deren Vermehrung von Genen der Wirtszelle abhängig ist. Diese Symbionten, auf deren Natur hier nicht näher eingegangen werden soll (vgl. S. 353), verleihen ihren Wirtszellen die Eigenschaft, andere Stämme, welche die Symbionten nicht enthalten, abzutöten.

Am genauesten wurde die Wirkung der sog. *kappa*-Symbionten untersucht. Zellen, welche sie enthalten, heißen "*killers*". Sie scheiden laufend Partikel in die umgebende Flüssigkeit ab, welche Zellen, denen die *kappa*-Symbionten fehlen, abtöten. Diese werden daher als „*sensitives*" bezeichnet [*835, 1026, 1033, 1035*].

Es wurde nachgewiesen, daß die Partikel aus den Symbionten selbst hervorgehen und daß bei manchen sensitiven Stämmen ein Partikel genügt, um eine Zelle zum Absterben zu bringen. Wahrscheinlich gelangen die Partikel auf dem Nahrungswege in die sensitives. Während der Conjugation nehmen die Zellen keine Nahrung auf und sind daher vor den Partikeln geschützt.

Infolge dieser zeitweisen „Resistenz" ist es möglich, einen killer-Stamm mit einem sensitive-Stamm zu kreuzen (Abb. 225). Werden zwischen beiden Conjuganten nur die Wanderkerne ausgetauscht, so entsprechen die Exconjugantenklone „phänotypisch" ihren Eltern. Die Abhängigkeit der *kappa*-Vermehrung von dem Genotypus der Wirtszellen zeigt sich erst bei der Autogamie. Während die Exautogamonten, die aus dem sensitiven Exconjuganten hervorgehen, wieder alle sensitives sind, zeigen die Exautogamonten, die von dem killer-Exconjuganten abstammen, eine Aufspaltung. Die Hälfte von ihnen bleibt killers, die andere Hälfte wird zu sensitives, allerdings erst nach einer bestimmten Anzahl von Zellteilungen.

Der Unterschied zwischen beiden Stämmen muß daher auf einem Allelenpaar beruhen, welches bei dem killer-Stamm dominant *(KK)*, bei dem sensitive-Stamm recessiv *(kk)* ist. Nach der Autogamie können sich die Symbionten nur noch in den Exautogamonten mit dem dominanten Allel vermehren.

Kreuzt man die F_1-Tiere untereinander, so findet die zu erwartende Aufspaltung statt: 75% der Exconjugantenklone bleiben killers, 25% von ihnen werden zu sensitives. Daß von den F_2-killers $^2/_3$ heterozygot, $^1/_3$ homozygot sind, läßt sich leicht nachweisen, indem man die Klone eine Autogamie durchlaufen läßt.

Unter bestimmten Bedingungen, die sich künstlich herbeiführen lassen, wird zwischen beiden Conjuganten eine breitere Verbindung hergestellt als dies normalerweise der Fall ist, so daß nicht nur die Wanderkerne, sondern auch größere Plasmamengen ausgetauscht werden. Gehört nun der eine Partner zum killer-, der andere zum sensitive-Stamm (Abb. 226), so können die *kappa*-Symbionten auf den sensitiven Conjuganten übertragen werden, und der aus ihm hervorgehende Exconjugant liefert ebenfalls einen killer-Klon.

Die enge Beziehung zwischen dem K-Gen und den *kappa*-Symbionten kommt auch darin zum Ausdruck, daß die homozygoten killers (KK) etwa doppelt so viele enthalten wie die heterozygoten (Kk). [*110*].

Allerdings können auch killer-Zellen die *kappa*-Symbionten verlieren, z. B. wenn die S-Gene bestimmter sensitiver Stämme eingekreuzt werden. Bisher wurden zwei nichtgekoppelte Loci für solche S-Gene nachgewiesen. Treten die dominanten Allele an beiden Loci homozygot auf ($KKS_1S_1S_2S_2$), so verschwinden die Symbionten aus allen killer-Zellen, sind

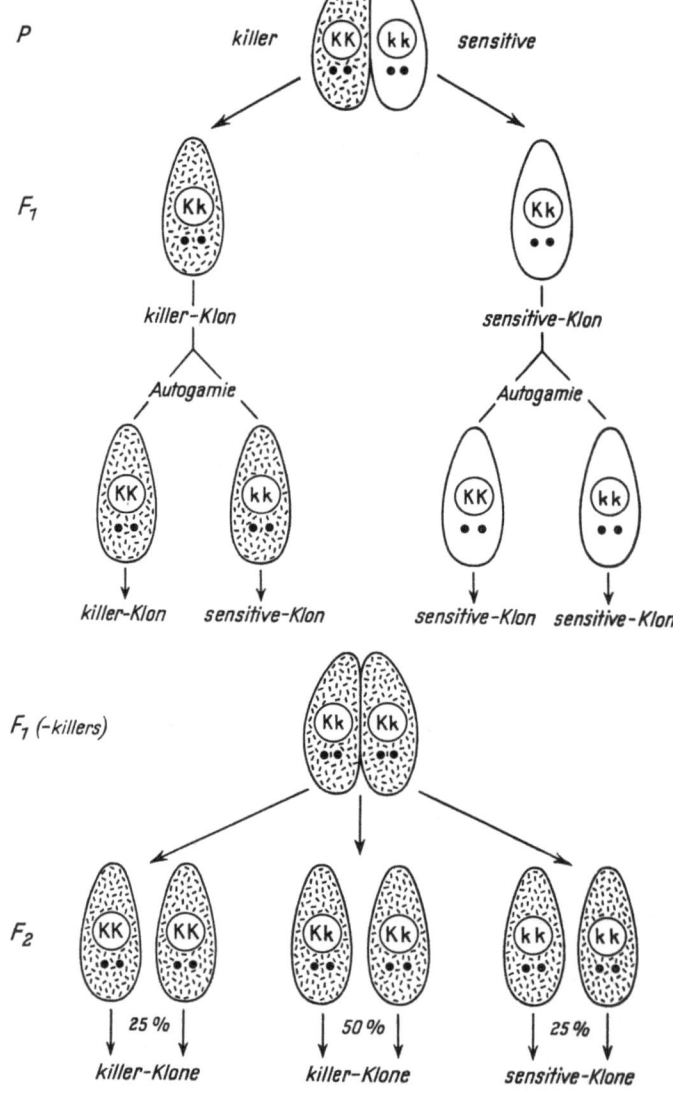

Abb. 225. Kreuzung eines homozygoten killer-(KK mit *kappa*) und sensitive- (kk ohne *kappa*) Stammes mit nachfolgender Autogamie in den Exconjugantenklonen. Unten: Kreuzung heterozygoter killers (Kk mit *kappa*). Nach den Untersuchungen von SONNEBORN, 1943 [*1026*]

sie auf einen Locus beschränkt (z. B. $KKS_1S_1s_2s_2$), so führen sie nur in einzelnen Zellen des Klons zum Verlust von *kappa* [*34, 35*].

Auch durch nicht-genetische Bedingungen, z. B. durch eine Erhöhung der Teilungsrate und Zuchttemperatur, lassen sich die *kappa*-Symbionten zum Verschwinden bringen. Zellen, die das killer-Gen (K) besitzen, lassen sich aber wieder mit den Symbionten infizieren, wenn man sie einem Brei *kappa*-haltiger Zellen aussetzt (S. 353).

Bei einigen Stämmen von *Paramecium aurelia* beherbergen die Zellen in ihrem Cytoplasma die sog. *mu*-Symbionten, die den *kappa*-Symbionten in mancher Beziehung ähnlich sind. Allerdings scheiden die Zellen keine Partikel in die umgebende Flüssigkeit ab, sondern töten

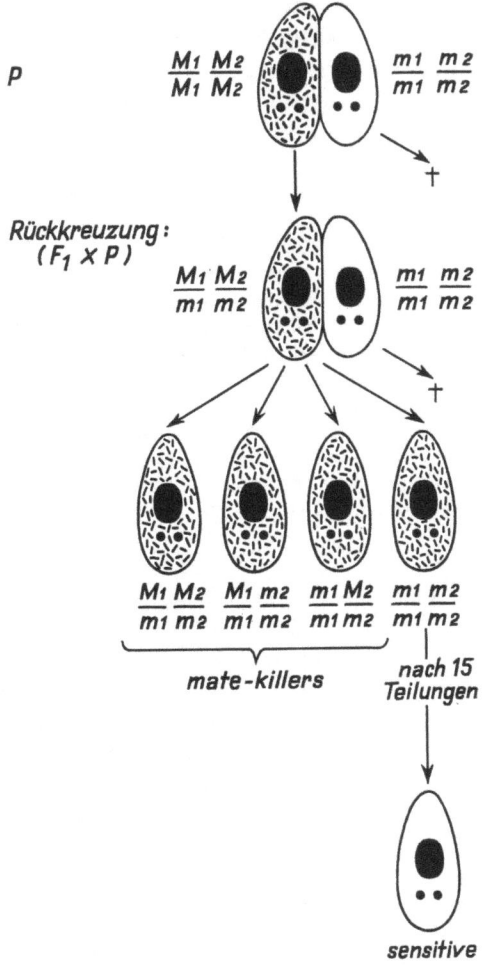

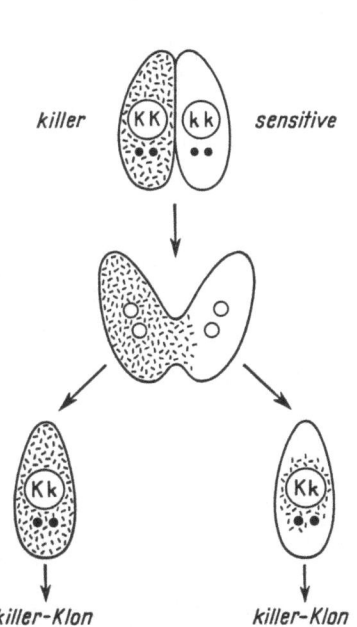

Abb. 226. Kreuzung eines homozygoten killer-(KK mit *kappa*) und sensitive-(kk ohne *kappa*) Stammes mit breiter Plasmabrücke bei der Conjugation (Übertritt von *kappa* auf den sensitiven Partner). Nach den Untersuchungen von SONNEBORN

Abb. 227. Kreuzung eines mate-killer-Stammes und eines sensitiven Stammes. Rückkreuzung des mate-killer F_1-Exconjuganten- mit dem sensitiven P-Stamm. Nach den Untersuchungen von GIBSON und BEALE, 1961 [*376*]

die Zellen der sensitives nur, wenn sie mit ihnen conjugiert haben. Sie werden daher als *mate-killers* (Gattenmörder) bezeichnet.

Da bei der Conjugation eines mate-killers mit einem sensitive noch ein normaler Kernaustausch stattfindet, ist es möglich, beide Stämme miteinander zu kreuzen. Der von dem sensitiven Partner abstammende Exconjugant geht dann zugrunde.

Bei mate-killer-Stämmen des Syngens 8 [*635, 1000, 1001*] wurde ein ähnlicher Erbgang gefunden wie bei den killer-Stämmen. Für die Beibehaltung der Symbionten ist ein M-Gen erforderlich, welches dem K-Gen entspricht.

Bei mate-killer-Stämmen des Syngens 1 [*376*] ließ sich jedoch nachweisen, daß zwei nicht-gekoppelte Loci vorkommen, die normalerweise homozygot sind (M_1M_1, M_2M_2). Kreuzungsversuche ergaben, daß die Zellen mate-killers bleiben, solange sich an einem Locus ein dominantes Allel befindet. Erst wenn die Zellen an beiden Loci homozygot-recessiv sind, gehen aus ihnen sensitive Klone hervor. Führt man beispielsweise eine Rückkreuzung zwischen einem F_1-mate-killer und einem sensitive durch, so verhält sich die Anzahl der mate-killers zu den sensitives in der F_2-Generation wie 3:1 (Abb. 227).

Zellen, welche von killer- oder mate-killer-Exconjuganten abstammen, die durch Kreuzung homozygot-recessiv geworden sind (z. B. kk, $m_1m_1m_2m_2$), verlieren die Symbionten nicht sofort. Erst nach einer variablen Anzahl von Teilungen treten in zunehmendem Maße Zellen auf, die keine Symbionten mehr enthalten. Für die einzelne Zelle erfolgt der Verlust der Symbionten nicht allmählich, sondern plötzlich. Solange die Zellen überhaupt noch Symbionten besitzen, müssen diese also noch vermehrungsfähig sein [*110, 377*].

Um diese Erscheinung zu erklären, die als „*phänotypische Verzögerung*" (phenomic lag) bezeichnet wird, muß man von der Annahme ausgehen, daß der Genotypus des Conjuganten, aus dem der Exconjugant hervorging, eine *Nachwirkung* ausübt, die noch über einige Zellteilungsfolgen im Cytoplasma bestehenbleibt. Eine neuere Hypothese suchte für diese Nachwirkung ein als „Metagon" bezeichnetes und als messenger-RNS gedeutetes Genprodukt verantwortlich zu machen, welches in einzelnen Zellteilungsfolgen weitergegeben wird und dadurch die Beibehaltung der Symbionten ermöglicht [*377*]. Jedoch haben sich die experimentellen Ergebnisse, auf welche sich diese Hypothese stützte, bisher nicht reproduzieren lassen [*1038*].

Biochemische Mutanten

Während die aus der *Neurospora*- und Bakteriengenetik bekannten „Mangelmutanten" bestimmte Stoffe nicht zu bilden vermögen (vgl. auch *Chlamydomonas*,

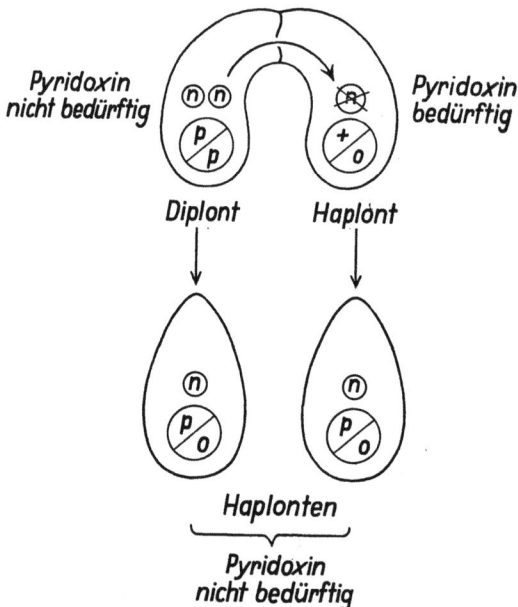

Abb. 228. *Tetrahymena pyriformis* (Syngen 2). Kreuzung eines diploiden Klons, der Pyridoxin synthetisieren kann (p/p), mit einem haploiden Klon, der Pyridoxin benötigt ($+/0$). Nähere Erklärung im Text. Im Anschluß an ELLIOTT und CLARK, 1958 [*309*]

S. 231), konnten bei *Tetrahymena pyriformis* zwei Stämme isoliert werden, die die Fähigkeit zur Synthese von Stoffen besitzen, die dem Nährmedium des „Wildtyps" zugesetzt werden müssen. Der eine Stamm vermag Pyridoxin (Vitamin B_6), der andere die Aminosäure Serin zu bilden. Kreuzungsversuche ergaben, daß beide Eigenschaften auf Genen beruhen, die gegenüber den Wildtyp-Allelen rezessiv sind [*309, 310*].

Paart sich ein Diplont der Mutante (z. B. „Pyridoxin nicht bedürftig") mit einem durch Röntgenbestrahlung erhaltenen Haplonten des Wildtyps (z. B. „Pyridoxin bedürftig"), so geht der haploide Mikronucleus des letzteren bei der Meiose zugrunde, und in beiden „Exconjuganten" wird ein Gametenkern der Mutante zum „Hemikaryon" (S. 250). Beide Abkömmlinge sind daher hemizygot und zeigen den Phänotyp der Mutante (Abb. 228).

In den letzten Jahren wurden bei *Tetrahymena pyriformis* umfangreiche Kreuzungsanalysen durchgeführt, bei denen der Erbgang von Enzym-Mustern (Esterasen) untersucht wurde, welche sich durch Stärkegel-Elektrophorese nachweisen lassen. Auf Einzelheiten kann hier nicht eingegangen werden [*6—15*]. Es sei lediglich erwähnt, daß dabei auch der erste Fall einer *Genkoppelung* bei den Ciliaten nachgewiesen wurde. Die beiden gekoppelten Loci — der *mt*-Locus und ein Esterase-Locus — haben eine *crossing-over-Häufigkeit* von 25% [*9*].

III. Modifikabilität und Zellvererbung

Die Erscheinung, daß Individuen mit gleichem Genotypus verschiedene Phänotypen verwirklichen können, bezeichnet man als *Modifikabilität*. Die Protozoen sind zum Studium der Modifikabilität besonders geeignet, weil sich aus einem Individuum leicht eine ungeschlechtliche Nachkommenschaft, also ein Klon, gewinnen läßt.

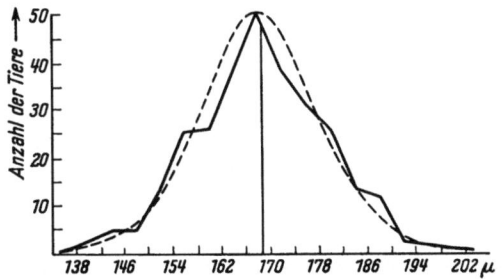

Abb. 229. Verteilung der Längen von 300 Paramecien eines Klons. Die senkrechte Linie gibt den Längenmittelwert der Verteilungskurve (= 168,5) an. Gestrichelte Linie = Zufallskurve bei gleichem Mittelwert. Nach Zahlen von JENNINGS aus KÜHN, 1965 [*612*]

Untersucht man beispielsweise einen Klon von *Paramecium caudatum*, so wird man Unterschiede in der Größe feststellen, die sich durch Ausmessen der Körperlänge erfassen lassen (Abb. 229). Die Modifikationsbreite dieses Merkmals ist durch die Länge des kleinsten und größten Individuums festgelegt. Innerhalb dieser beiden *Extremwerte* (Minimum-Maximum) finden sich alle Abstufungen des Merkmals in kontinuierlicher Folge verwirklicht. Die meisten Individuen haben eine mittlere Körperlänge. Von diesem Mittelwert fällt die Kurve stetig nach beiden Seiten ab.

Wie man sieht, stimmt die Kurve weitgehend mit der sog. *Zufallskurve* überein. Diese Übereinstimmung beruht darauf, daß die auf die einzelnen Zellen einwirkenden Außenbedingungen rein zufallsmäßig teils hemmend, teils fördernd auf die Ausprägung des Merkmals, in diesem Falle also auf die Körperlänge, eingewirkt haben. Bei den einen Individuen haben sich mehr die hemmenden, bei den anderen mehr die fördernden Faktoren summiert. Bei den meisten Individuen aber halten sich beide ungefähr die Waage. Jeder Faktorenkombination entspricht also ein bestimmter Ausprägungsgrad des Merkmals.

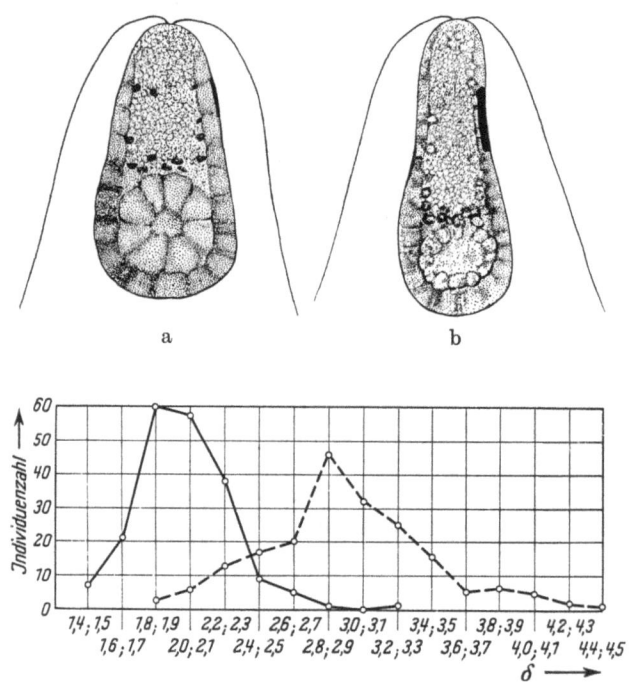

Abb. 230. *Dunaliella salina* (Phytomonadine). a Normalform, b Forma oblonga (Mutante) Vergr. 2080×. c Modifikabilität der Körperform $\delta = \frac{\text{Körperlänge}}{\text{Körperbreite}}$ der Normalform (ausgezogene Kurve) und der Forma oblonga (gestrichelte Kurve). Nach LERCHE, 1937 [634]

Abb. 230 zeigt zwei Rassen von *Dunaliella salina*, die sich durch ihre Körperform unterscheiden. Diese läßt sich durch das Verhältnis Körperlänge : Körperbreite (δ) zahlenmäßig wiedergeben. Die beiden Kurven, welche die Modifikabilität des Merkmals veranschaulichen, überschneiden sich in einem weiten Bereich. In einer Population, in der beide Rassen vertreten sind, wäre daher bei vielen Individuen nicht zu entscheiden, ob sie der einen oder der anderen Rasse angehören. Erst nach Isolierung und Klonaufzucht würde sich herausstellen, welcher der beiden Rassen die Modifikabilität entspricht. In diesem Falle konnte durch Kreuzung gezeigt werden, daß der Unterschied auf einem Allelenpaar beruht.

Die durch den Genotypus festgelegte Reaktionsnorm läßt daher eine *kontinuierliche* Modifikabilität bestimmter Merkmale zu, die in Abhängigkeit von den jeweiligen Entwicklungsbedingungen steht.

Vielfach zeigt die Modifikabilität einen deutlichen *Anpassungscharakter*. Bei dem Sporozoon *Eucoccidium dinophili* können die Oocysten sehr verschieden groß sein und dementsprechend auch eine sehr unterschiedliche Anzahl von Sporen enthalten (Abb. 231). Während die größten Oocysten bis zu 250 Sporen ausbilden können, kann die Sporenzahl in den kleinsten auf vier oder gar zwei herabgesetzt

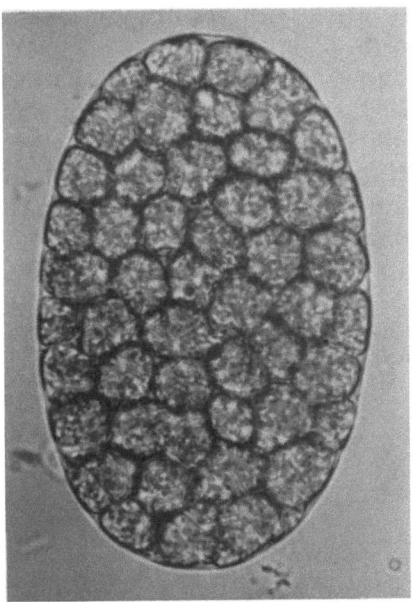
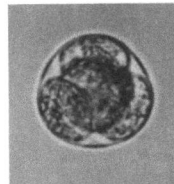

Abb. 231. *Eucoccidium dinophili* (Coccid). Modifikabilität der Oocystengröße bei gleichbleibender Sporengröße. Lebendaufnahmen. Vergr. 820×. Nach GRELL, 1953 [*428*]

sein. In dieser Modifikabilität kommt eine Anpassung an die Infektionsstärke zum Ausdruck. Bei schwacher Infektion — z. B. mit nur einer Spore — stehen den heranwachsenden Makrogamonten genügend Nährstoffe in der Leibeshöhle des Wirtes zur Verfügung, so daß sie bis zu der in ihrer Reaktionsnorm festgelegten Maximalgröße (etwa 150 μ) heranwachsen können. Bei starker Infektion werden die Nährstoffe schneller verbraucht, und die Makrogamonten wandeln sich früher in Makrogameten um, d. h. die Sporogonie setzt in einem jüngeren Wachstumsstadium ein. Auf diese Weise können alle Individuen — trotz des eintretenden Nährstoffmangels — ihre Entwicklung bis zu Ende führen. Während die Oocystengröße variiert, bleibt die Größe der Sporen konstant.

In vielen Fällen führen verschiedene Lebensbedingungen zu *verschiedenen Zellformen*. Die Amöbe *Stereomyxa angulosa* ist z. B. als „Freßform" festgeheftet und mehr oder weniger abgerundet. Wenn die Nahrung, die in diesem Falle aus Diatomeen besteht, erschöpft ist, löst sie sich von der Unterlage los und geht in die schlanke, winkelförmig abgeknickte „Schwebeform" über. Kommt sie dann wieder mit einem Diatomeenrasen in Berührung, so setzt sie sich fest und rundet sich ab. Die mit ihr verwandte *Stereomyxa ramosa* löst sich zwar als „Hungerform" nicht von der Unterlage los, verzweigt sich aber außerordentlich stark, so daß umhertreibende Beuteorganismen leicht von ihr eingefangen werden können (Abb. 238a).

Von einer *Zelldifferenzierung* wird im allgemeinen erst gesprochen, wenn sich die verschiedenen Zellformen einer Art auch durch strukturelle Merkmale unterscheiden. Ein bekanntes Beispiel bilden die sog. „*Amöboflagellaten*", die in einer amöboiden „Kriechform" und einer begeißelten „Schwimmform" auftreten können, so daß man im Zweifel sein kann, ob man sie zu den Rhizopoden oder zu den Flagellaten rechnen soll. Einige Arten besitzen außerdem noch die Fähigkeit, sich zu encystieren. *Naegleria gruberi*, welche sich von Bakterien ernährt, aber auch axenisch gezüchtet werden kann (S. 322), teilt sich nur im amöboiden Zustand. Bei Erschöpfung der Nahrung oder Verdünnung des Nährmediums wandelt sie sich innerhalb einer Stunde in die begeißelte Form um. Kommt die Schwimmform mit einer geeigneten Unterlage in Berührung, so bildet sie Pseudopodien aus. Dabei wird der Geißelpol zum Hinterende (Abb. 232). Eine Zeitlang werden die Geißeln noch von der Kriechform mitgeschleppt, schließlich aber völlig eingeschmolzen. Auch ihre Basalkörper sind dann elektronenmikroskopisch nicht mehr nachweisbar [*977, 978, 1129*].

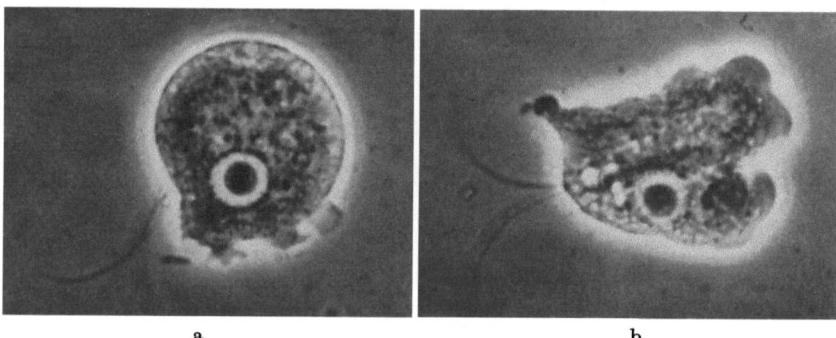

a b

Abb. 232. *Naegleria gruberi*. Umwandlung der begeißelten Schwimmform in die amöboide Kriechform. Vergr. 1680×. Aus den Filmen C 942 und E 1170

Einen ausgeprägten *Polymorphismus* zeigen auch die *Trypanosomiden*, die je nach der Wirtsart als *Leishmania-, Leptomonas-, Crithidia-* oder *Trypanosoma*-Form auftreten können. Eine besonders tiefgreifende Umstellung des Stoffwechsels ist naturgemäß mit dem Übergang von der intracellulär lebenden unbegeißelten *Leishmania*-Form in die extracellulär lebende begeißelte *Leptomonas*-Form verbunden [*604, 1090, 1091*].

Wie schon früher beschrieben wurde (S. 150ff) stehen Transformationen von Zellen auch am Beginn der geschlechtlichen Fortpflanzung, sei es, daß sie unmittelbar zu Geschlechtszellen werden, sei es, daß zunächst Gamonten determiniert werden, welche die Gameten bilden. Bei modifikatorischer Geschlechtsbestimmung können in dem gleichen Klon oder von dem gleichen Gamonten verschiedengeschlechtliche Gameten gebildet werden. In manchen Fällen ist diese alternative Determination an eine differentielle Kern- oder Zellteilung gebunden. Der kausale Zusammenhang zwischen beiden Vorgängen ist aber noch völlig ungeklärt.

Die mit der Umwandlung in einen anderen Zelltyp einhergehende Differenzierung kann *reversibel* oder *irreversibel* sein. Die Geschlechtszellen liefern Beispiele für beide Möglichkeiten. Während die Isogameten von *Chlamydomonas* wieder in Zellen zurückverwandelt werden können, die sich ungeschlechtlich fortpflanzen, sind die Isogameten der Foraminiferen nur noch imstande, eine Befruchtung durchzuführen. Bleibt diese aus, so gehen sie zugrunde. Bei Oogametie können sich die Makrogameten oft parthenogenetisch weiterentwickeln, wenn sie nicht befruchtet werden (*Volvox, Eucoccidium*).

Nach heutiger Auffassung ist die Differenzierung verschiedener Zelltypen bei gleichem Genotypus nur verständlich, wenn man eine *differentielle Genaktivierung* annimmt. Die Bakteriengenetik hat Modellvorstellungen geliefert, wie sich diese Genaktivierung im molekularen Bereich abspielen könnte [*475, 520*], und die Erforschung der Riesenchromosomen führte zum Nachweis mikroskopisch sichtbarer Strukturveränderungen, die auf der Aktivität von Genen beruhen [*61, 612*].

Wie im vorigen Abschnitt gezeigt wurde, konnten auch die Kreuzungsversuche an Ciliaten eindrucksvolle Beispiele einer differentiellen Genaktivierung aufdecken (Abb. 233). Daß die modifikatorische Determination der Paarungstypen auf der Aktivierung des Teilbereichs eines Komplexlocus beruht, können wir nur vermuten (a). Sicher bewiesen ist die sukzedane Aktivierung der die Paarungstyp-Substanzen kontrollierenden Loci von *Paramecium bursaria* (b). Auch die Verwirklichung verschiedener Antigen-Eigenschaften ließ sich auf Genaktivierung zurückführen (c). Einen eigenartigen Sonderfall bildet die „allelische Repression" (d).

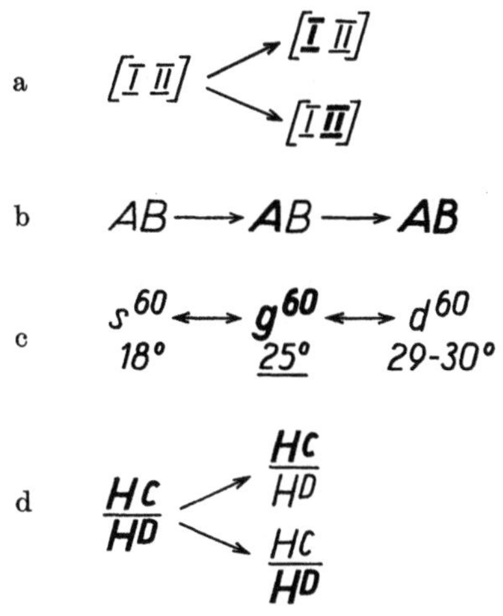

Abb. 233. Beispiele differentieller Genaktivierung bei Ciliaten. Erklärung im Text

Ein wichtiges Ergebnis der Ciliatengenetik ist aber auch der Nachweis der *Zellvererbung*. Modifikatorisch determinierte Phäne, z. B. die Eigenschaft, bestimmte Paarungstyp-Substanzen oder bestimmte Antigene zu bilden, werden über viele Zellteilungsfolgen beibehalten. Wenn ihre Verwirklichung auf Genaktivierung beruht, so muß also auch die Möglichkeit bestehen, daß die Muster der aktiven Gene bis zu einem gewissen Grade festgelegt werden können.

Über die Regulationsmechanismen, welche diese Festlegung ermöglichen, ist noch nicht viel bekannt. Wir wissen nur, daß sie in manchen Fällen auf den Makronucleus bzw. seine Untereinheiten beschränkt sind, in anderen Fällen zur Stabilisierung eines cytoplasmatischen Zustandes führen, der vielleicht den Charakter eines Fließgleichgewichtes hat.

Jedenfalls wird die Auffassung, daß modifikatorische Unterschiede des Phänotypus nicht vererbbar seien, durch die Erscheinung der Zellvererbung eingeschränkt: Neben Veränderungen, die nur in Abhängigkeit von modifizierenden Bedingungen bestehen können, gibt es andere, die zwar modifikatorisch entstanden sind, aber auch nach dem Fortfall des induzierenden Agens unverändert von Zelle zu Zelle weitergegeben werden.

Gleichsam eine Zwischenstellung nehmen in dieser Beziehung die langdauernden Veränderungen in Klonen ein, die als Dauermodifikationen und als Lebenscyclus-Phänomene bezeichnet werden.

Unter *Dauermodifikationen* versteht man Veränderungen, welche sich als Reaktion auf äußere Einwirkungen allmählich herausbilden, nach Wegfall des induzierenden Agens über viele Zellteilungsfolgen erhalten bleiben, dann aber allmählich wieder abklingen.

So konnte man Paramecien durch langsame Steigerung der Konzentration an Gifte, z. B. arsenige Säure, gewöhnen [537]. Zu diesem Zweck wurde ein Klon von *Paramecium caudatum* längere Zeit in einer Konzentration von arseniger Säure belassen, welche die Zellen gerade eben noch vertrugen. Bei einer leichten Erhöhung der Konzentration starben die meisten Paramecien ab. Die Überlebenden wurden dann erneut zur Vermehrung gebracht und wiederum in eine stärkere Lösung übertragen. Durch mehrfache Wiederholung dieses Verfahrens blieben schließlich Paramecien übrig, welche eine 0,005n Lösung vertrugen, während die Ausgangsindividuen größtenteils schon bei einer 0,001n Lösung abgetötet worden waren. Auch bei längerer Kultur in einer arsenfreien Lösung wurde diese gesteigerte Resistenz beibehalten. Trotzdem klang sie allmählich ab. Aber erst nach $8^1/_2$ Monaten war sie wieder bis auf die Stufe der Ausgangsindividuen herabgesunken.

Bei den *Ciliaten* könnte das Phänomen der Dauermodifikationen mit der besonderen Organisation des Makronucleus zusammenhängen. Da der Makronucleus polyploid ist und daher von allen Genen viele Allele besitzt, wäre es nicht unwahrscheinlich, daß in den vielen Makronuclei eines Klones einmal ein Allel zu einer Zustandsform mutiert, die in einer sinnvollen Beziehung zu der Bedingung steht, welcher der Klon experimentell ausgesetzt wird. Im obigen Beispiel würde das mutierte Allel der Zelle eine erhöhte Resistenz gegenüber der arsenigen Säure verleihen. Ein Individuum, welches ein solches Allel besitzt, würde sicher einen, wenn auch noch so geringen, Selektionsvorteil gegenüber seinen Klongeschwistern gewinnen. Durch statistische Verteilung könnte das Allel in bestimmten Abkömmlingen dieser Zelle weiter in den Makronuclei vermehrt werden. Da auch in anderen Fällen eine quantitative Beziehung zwischen Allelzahl und phänotypischer Wirkung beobachtet wurde (S. 256), ist damit zu rechnen, daß auf diese Weise immer resistentere Linien entstehen. Das spätere Abklingen der Giftresistenz würde einfach darauf beruhen, daß die Selektionswirkung des induzierenden Agens, d. h. der arsenigen Säure, fortgefallen ist, so daß sich auch diejenigen Zellen wieder weitervermehren können, welche überwiegend und schließlich nur noch normale nicht-mutierte Allele in ihrem Makronucleus enthalten. Mit dieser Auffassung stimmt überein, daß die Arsenfestigkeit nach einer Conjugation, d. h. nach dem Aufbau eines neuen Makronucleus, sofort zum Verschwinden kam.

In anderen Fällen, z. B. bei der sog. Calcium-Resistenz von *Paramecium*, bleibt aber die Dauermodifikation nach der Conjugation oder Autogamie bestehen, wenn auch die aus den Tochterzellen der Exconjuganten oder Exautogamonten hervorgehenden Klone deutliche Unterschiede in der Resistenz zeigen. Eine „mutative Erklärung" muß daher hier versagen. Man könnte sich aber vorstellen, daß anstelle mutierter Allele Genaktivierungsmuster im Makronucleus selektioniert werden und daß ihre Erhaltung über die Geschlechtsprozesse hinweg in ähnlicher Weise sichergestellt wird wie die Vererbung der Paarungstypen in der Gruppe B von *Paramecium aurelia* (S. 214), nämlich durch das Überdauern eines Plasmazustandes, der durch den Makronucleus induziert worden ist und seinerseits wieder zu einer Festlegung der sich entwickelnden Makronucleus-Anlage führt [361].

Auf die *Lebenscyclus-Phänomene* wurde schon früher hingewiesen (S. 219). Klone, welche von einem Exconjuganten oder einer seiner Tochterzellen abstammen, sind zwar schon auf einen bestimmten Paarungstyp festgelegt, können aber noch nicht conjugieren, sondern müssen zunächst eine Unreife-Periode durchlaufen, die bei den einzelnen Stämmen und Syngens verschieden lange dauern kann. Erst mit dem Eintritt in die Reife-Periode, der bei *Paramecium bursaria* eine Adolescenz-Periode vorausgeht, werden sie conjugationsfähig.

Die Analyse des Adolescenz-Phänomens (S. 252) führt zu der Auffassung, daß die den Paarungstyp bestimmenden Gene in der Unreife-Periode noch nicht aktiv sind, Paarungstyp-Substanzen daher in den Cilienhüllen fehlen. Die Gene, welche diese Substanzen kontrollieren, liegen im Makronucleus. Paramecien, welche nach der Conjugation oder Autogamie keine neue Makronucleus-Anlage erhalten, sondern ihren Makronucleus aus einem Fragment des alten regenerieren, werden nicht unreif [*1006*]. Offenbar bleiben also die Paarungstyp-Gene bzw. die Teilbereiche des *mt*-Locus (S. 247) auch nach dem Zerfall und der Regeneration des Makronucleus irreversibel aktiv.

Daß die Dauer der Unreife-Periode genabhängig ist, konnte durch Kreuzung zweier Stämme von *Paramecium caudatum* nachgewiesen werden, die sich in diesem Merkmal unterschieden [*490*].

Bei vielen Ciliaten zeigen Klone, welche keine Gelegenheit zur Conjugation haben, eine ständig abnehmende Teilungsrate. Auch wenn die Lebensbedingungen optimal sind, gehen sie schließlich zugrunde. Dieses Phänomen wurde als *Senescenz* bezeichnet. Seine physische Basis ist unbekannt.

Bei *Paramecium aurelia* ließ sich nachweisen [*1031*], daß die Senescenz der Klone unterbleibt, wenn von Zeit zu Zeit (normalerweise im Abstand von 20—30 Teilungen) eine Autogamie stattfindet. Isoliert man aber diejenigen Linien, in denen keine Autogamie erfolgte, so wird ihre Teilungsrate um so geringer und die Sterblichkeit der Individuen um so größer, je älter sie gegenüber der letzten Autogamie werden. In einem Falle starb eine solche Linie nach der 324. Teilung, und zwar am 123. Tag nach der letzten Autogamie aus, aber schon nach dem ersten Monat war eine Sterblichkeit von 1,7%, gegen Ende des zweiten Monats eine solche von 15,6% und während der letzten neun Tage eine solche von 25% zu beobachten. Obwohl die Autogamie normalerweise die Senescenz verhindert und somit eine Art „Verjüngung" der Klone herbeiführt, tritt auch unter den Exautogamonten ein größerer Teil mit herabgesetzter Teilungsrate und erhöhter Sterblichkeit auf, je älter die Linien sind, wenn sie in die Autogamie eintreten. Löst man in einer Zweigkultur kurz vor dem Aussterben des Klons eine Autogamie aus, so sterben alle Exautogamonten ab. Läßt man einen Klon altern, der homozygot in bezug auf das *am*-Gen (S. 115) ist, so kann man jederzeit anstelle einer Autogamie eine Makronucleus-Regeneration eintreten lassen. Dabei zeigt sich, daß die Senescenz auch durch eine rechtzeitige Makronucleus-Regeneration verhindert werden kann. Wie bei der Autogamie ist ihre verjüngende Wirkung aber um so unwahrscheinlicher, je weiter das Altern der Klone fortgeschritten ist. Linien, welche ihre Makronuclei von den verschiedenen Bruchstücken des gleichen ursprünglichen Makronucleus herleiten, können große Unterschiede in ihrer Teilungsrate und Sterblichkeit aufweisen. Je mehr die Zelle gealtert ist, von der diese Linien abstammen, um so größer ist der Anteil derjenigen Linien unter ihnen, welche eine herabgesetzte Teilungsrate und erhöhte Sterblichkeit zeigen. Bei sehr alten Klonen sterben auch nach der Makronucleus-Regeneration alle Abkömmlinge ab.

Bei *Euplotes crassus*, wo die Bestimmung der Paarungstypen durch ein System von multiplen Allelen erfolgt (S. 249), tritt in den Klonen, die am *mt*-Locus heterozygot sind, mit fortschreitendem Alter Selbstung auf [*479*]. Die Möglichkeit, daß der Selbstung eine Autogamie vorausgeht, ließ sich ausschließen. Mit Hilfe der Split-pair-Methode (S. 210) konnte nachgewiesen werden, daß der eine Conjugant den ursprünglichen Paarungstyp beibehalten hatte, während der andere den Paarungstyp besaß, der dem recessiven Allel entsprach. Überträgt man heterozygote Klone, die ein gewisses Alter erreicht haben, in eine niedrigere Zuchttemperatur (20° → 12°), so läßt sich der Anteil der Selfer erheblich vergrößern. Diese Beobachtung spricht dafür, daß das Auftreten eines neuen Paarungstyps nicht auf einer Segregation der Allele beruht. Außerdem erwiesen sich die neu auftretenden Paarungstypen als unstabil: Sie konnten schon nach wenigen Teilungen wieder in den ursprünglichen Typ und später abermals in den Typ umschlagen, der dem recessiven Allel entsprach. Es liegt daher die Annahme nahe, daß die Dominanz eines *mt*-Allels nur über eine gewisse Anzahl von Zellteilungen (etwa 500) aufrecht erhalten werden kann. Später setzt sich eine Bedingung in den Zellen durch, welche die Stabilität dieser interallelischen Beziehung aufhebt, so daß sich auch das ursprünglich recessive Allel manifestieren kann. Um was es sich bei dieser Bedingung handelt, ist ungeklärt.

Jedenfalls hat die Selbstung für die heterozygoten Klone von *Euplotes crassus* eine ähnliche Bedeutung wie die Autogamie für *Paramecium aurelia*: Sie ermöglicht den Beginn eines neuen Lebenscyclus und bewahrt die Klone vor dem Aussterben.

Der Phänotypus einer Zelle wird also nicht nur durch Bedingungen beeinflußt, die während ihres individuellen Wachstums herrschten, sondern auch durch „historische Faktoren", die bei einem Vorfahren der betreffenden Zelle zur Induktion eines bestimmten Zustandes im Zellkern oder im Cytoplasma führten. So verschieden die Regulationsmechanismen auch sein mögen, welche die Aufrechterhaltung dieses Zustandes ermöglichen, so scheint doch in allen Fällen die genetische Information daran beteiligt zu sein, die in den chromosomalen Genen gespeichert ist.

Nachdem gezeigt werden konnte, daß es auch „nicht-chromosomale Gene" gibt (S. 239ff) und daß Desoxyribonucleinsäure nicht nur in den Chromosomen, sondern auch in bestimmten Organellen des Cytoplasmas vorkommt, kann an der Existenz *extranucleärer Informationsträger* nicht mehr gezweifelt werden.

Über ihre Beteiligung an der Zelldifferenzierung lassen sich aber nur Vermutungen anstellen. Wahrscheinlich dient die in den *Chloroplasten* [*90, 300, 301, 886, 938*] und *Mitochondrien* [*1060, 1066*] nachgewiesene DNS in erster Linie dazu, die am Aufbau dieser Organelle beteiligten Proteine zu codieren. Dies schließt natürlich nicht aus, daß auch die chromosomalen Gene ihren Aufbau kontrollieren.

Neuere Untersuchungen [*29, 493, 992, 1019*] sprechen dafür, daß auch die *Basalkörper (Kinetosomen)* DNS enthalten. Obwohl die frühere Auffassung, daß sich die fertig ausgebildeten Basalkörper und die mit ihnen in ihrem Feinbau übereinstimmenden Centriole durch Teilung vermehren, durch die elektronenmikroskopischen Befunde nicht bestätigt werden konnte [*453*], so bleibt es doch auffallend, daß die neuen Basalkörper häufig in unmittelbarer Nähe der alten gebildet werden und eine charakteristische Lagebeziehung zu ihnen zeigen (S. 287). Die Möglichkeit, daß ihre Bildung durch die alten Basalkörper „induziert" wird, läßt sich daher nicht ausschließen.

Bei den *Polymastiginen* scheinen die Basalkörper Abkömmlinge der Centriole zu sein. Sie können nicht nur zu Geißeln auswachsen, sondern stehen auch mit verschiedenartigen anderen Strukturen in Verbindung. Es liegt nahe, sie für deren Bildung verantwortlich zu machen.

Bei den *Ciliaten* besteht keine Beziehung der Basalkörper zu den Centriolen. Nach der sog. Kinetosomen-Theorie [*662*] sollten sie aber eine ähnliche morphogenetische Polyvalenz besitzen wie bei den Polymastiginen. Sie sollten nicht nur Selbstteilungskörper sein und zu Wimpern auswachsen können, sondern auch die Fähigkeit haben, sich unter geeigneten Bedingungen zu anderen Strukturen (z. B. Trichocysten) zu differenzieren. Diese Auffassung wurde jedoch durch die elektronenmikroskopischen Befunde nicht gestützt.

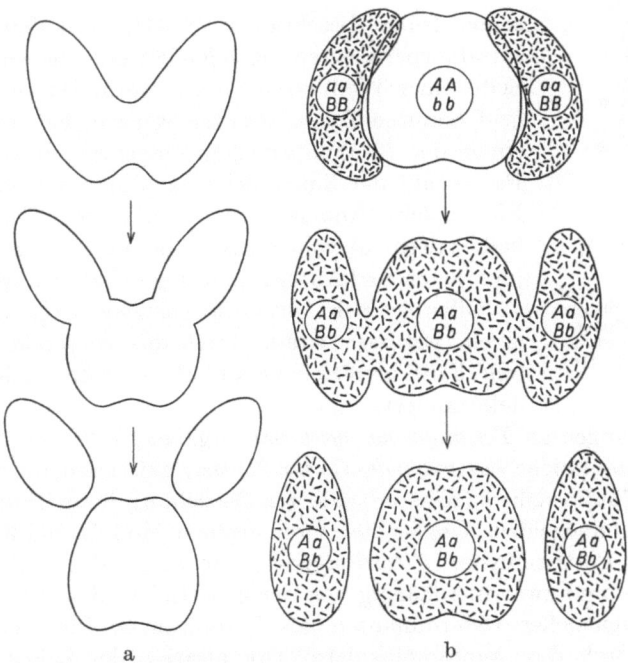

Abb. 234. *Paramecium aurelia*. Doppeltiere. a Entstehung eines Doppeltieres, b Kreuzung eines Doppeltieres mit Einzeltieren: trotz Isogenisierung und Plasmaaustausch (an der Übertragung von *kappa* erkennbar) wird das Merkmal „Doppeltier" weiter vererbt. Schema. Nach den Untersuchungen von SONNEBORN, 1963 [*1036*]

Dagegen ist nicht mehr zu bestreiten, daß der äußeren Zellschicht oder *Cortex* als solcher eine gewisse Autonomie in genetischer Beziehung zukommt. Diese äußert sich in der Beibehaltung von Musterstörungen über viele Zellgenerationen.

Bei vielen Ciliaten kommen gelegentlich sog. *Doppeltiere* vor, die alle corticalen Differenzierungen in zweifacher Ausfertigung besitzen. Meistens enthalten sie jedoch nur einen, wenn auch entsprechend vergrößerten Makronucleus. Offenbar können diese Mißbildungen auf verschiedene Weise entstehen, bei *Paramecium aurelia* z. B. dadurch, daß sich die beiden Conjuganten nicht voneinander trennen. Bei der ersten metagamen Teilung schnüren sich zwar die vorderen Hälften als Einzeltiere ab, aber die hinteren Hälften verschmelzen zu einem Doppeltier (Abb. 234a).

Die Doppeltiere teilen sich völlig normal und lassen sich in Klonkultur nehmen. Obwohl sie sich gelegentlich wieder in Einzeltiere aufteilen, bleiben sie unter konstanten Bedingungen ziemlich stabil.

Versuche mit *Paramecium aurelia* [*1036*] ergaben, daß sie diese Eigenschaft auch beibehalten, wenn man sie mit Einzeltieren kreuzt. Obwohl sie nach der Conjugation den gleichen Erbanlagebestand wie die Einzeltiere haben, kehren die Doppeltiere nicht wieder zum Normalzustand zurück. Daran ändert sich auch nichts, wenn bei der Conjugation ein Austausch des Cytoplasmas — an der Übertragung von *kappa* erkennbar — stattfindet (b).

Bei *Paramecium aurelia* können auch Störungen in der Anordnung einzelner Areale weitervererbt werden. Wie schon früher beschrieben (S. 44), verlaufen die von den Basalkörpern entspringenden Fasern alle auf der rechten Seite einer Wimperreihe nach vorn. Durch einen Kunstgriff konnten Zellen erhalten werden, bei denen eine oder einige der 70 Wimperreihen umgedreht waren, so daß die Fasern auf der linken Seite nach hinten zogen (Abb. 235). Eine solche Anomalie wurde über 800 Zellgenerationen beibehalten, obwohl auch in diesem Falle zahlreiche Conjugationen und Autogamien eingeschaltet waren [*63, 1037*].

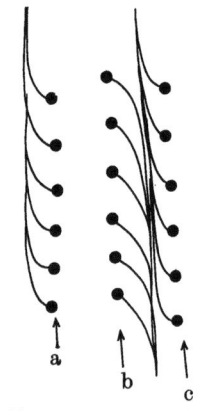

Abb. 235. Schema eines Experimentes, bei welchem ein Stück einer Wimperreihe (b) umgekehrt wurde. Nach SONNEBORN, 1964 [*1037*]

Offenbar wird also die corticale Organisation bis zu einem gewissen Grade durch das vorgebildete — in diesem Falle artifiziell veränderte — Differenzierungsmuster determiniert.

Untersuchungen an *Tetrahymena pyriformis* ergaben, daß auch in natürlichen Populationen zahlreiche *Varianten des Cortex-Musters* existieren, die sich durch die Anzahl der Wimperreihen (Kineten), die Lagebeziehung ihrer Teile und andere Charaktere unterscheiden. Ungeachtet ihrer eigenen Modifikabilität werden die verschiedenen Cortex-Muster (*"corticotypes"*) im Laufe der Zellteilungsfolgen weiter vererbt, und zwar unabhängig von der genetischen Konstitution der Zellkerne oder eventueller Determinanten des Cytoplasmas. Die „Vererbbarkeit" muß daher durch die „supramolekulare" Organisation der Zellrinde selbst ermöglicht werden [*755—758*].

Allerdings dürfen diese Beispiele nicht zu der Auffassung verleiten, daß sich diese ausschließlich selbstdifferenziert oder von Genen unabhängig entwickelt. Auch bei Arten mit weitgehender „Cortex-Autonomie" spielen *Nachbarschaftswirkungen* eine Rolle, z. B. bei der Induktion des Zellafters *(Paramecium)* oder der „Poren" für die pulsierenden Vacuolen *(Tetrahymena)*. In begrenztem Umfange sind auch Regulationen möglich, welche Mißbildungen beseitigen. Häufig erstreckt sich die Normalisierung über mehrere Zellgenerationen.

In dieser Beziehung bestehen bei den Ciliaten erstaunliche Unterschiede. *Stentor* verfügt beispielsweise über ein nahezu unbegrenztes Regulationsvermögen. Störungen des Streifenmusters werden meistens schon vor der nächsten Teilung ausgeglichen. Fehlende Teile können ergänzt, überzählige eingeschmolzen werden. Außer der Fähigkeit, einen Anlagenbereich aufzubauen und für die Teilung oder physiologische Regeneration spezifisch zu gliedern (S. 133), muß also die

Zelle noch über ein *Kontrollsystem* verfügen, welches Fehlbildungen registriert und entsprechende regulatorische Entwicklungsprozesse einleitet [*988*]. Offenbar unterbleibt die Normalisierung nur dann, wenn die Störung nicht zu einer Disharmonie der mit der Teilung koordinierten Induktionsprozesse führt. Bei *Stentor coeruleus* konnten auf operativem Wege *Dreifachtiere* hergestellt werden, die drei Kontrastmeridiane besaßen und vor der Teilung drei neue Anlagenbereiche differenzierten (Abb. 236). In einem Fall ließ sich ein Klon von Dreifachtieren fast zwei Jahre lang weiterzüchten [*1099*].

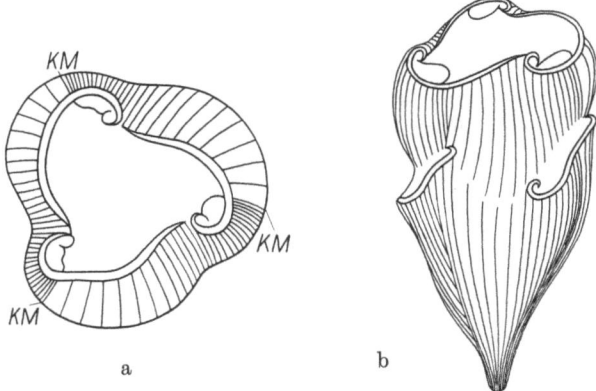

Abb. 236. *Stentor coeruleus*. Schema eines Dreifachtieres. a Ansicht von oben, b von der Seite. *KM* Kontrastmeridian (vgl. Abb. 122). Nach Versuchen von UHLIG, 1960 [*1099*] aus SCHWARTZ, 1965

Daß das corticale Differenzierungsmuster nur in beschränktem — und artspezifisch verschiedenem — Maße autonom sein kann, zeigen die mit jeder Teilung korrelierten Einschmelzungs- und Regenerationsprozesse (S. 129ff). Auch bei der physiologischen Regeneration, Encystierung und Metamorphose bilden die corticalen Veränderungen nur einen Teil des gesamten Formwechsels der Zelle. Durchläuft eine Art während ihres Entwicklungscyclus verschiedene Zelltypen, so entspricht jedem Zelltyp ein spezifisches Differenzierungsmuster. Dieser Strukturwandel kann nicht autonom sein, sondern muß von Zustandsänderungen der ganzen Zelle abhängen, die durch eine Folge von Genaktivierungen gesteuert werden.

In diese Regulationsprozesse haben wir aber bisher noch keinen Einblick.

H. Bewegung

Die Beweglichkeit (Motilität) ist eine allgemeine Eigenschaft des Protoplasmas. Bei allen Protozoen kommen intracelluläre *Plasmaströmungen* vor, die meistens schon bei normalem Zeitmoment erkennbar sind, manchmal aber erst durch Zeitrafferaufnahmen sichtbar gemacht werden können. Oft verlaufen sie in regelmäßigen Bahnen. Außerdem können sie in spezifischer Weise mit bestimmten Phasen der Fortpflanzung korreliert sein.

Am auffälligsten sind jedoch die Bewegungserscheinungen, die zur *Ortsveränderung* oder zur *Gestaltveränderung* der Zellen führen.

I. Ortsveränderung

Die Fähigkeit zur Ortsveränderung oder Lokomotion kommt allen Protozoen zu, wenn sie auch bei manchen parasitischen Formen, wie den Sporozoen, auf bestimmte Entwicklungsstadien beschränkt ist. In der Regel erfolgt die Lokomotion mit Hilfe besonderer *Bewegungsorganelle*. Diese können vorübergehende Bildungen (Pseudopodien) oder ständige Differenzierungen (Geißeln, Wimpern) der Zelle sein. Häufig haben sie auch noch andere Funktionen zu erfüllen. Manche Protozoen führen eine *Gleitbewegung* aus, an der keine besonderen Bewegungsorganelle beteiligt sind.

1. Pseudopodien

Pseudopodien sind Fortsätze der Zelle, welche an beliebiger Stelle oder in einem bestimmten Bereich entstehen und jederzeit wieder rückgebildet werden können. Sie sind vor allem für die Rhizopoden kennzeichnend, treten aber auch bei manchen Flagellaten *(Cercomonas, Chromulina)* auf.

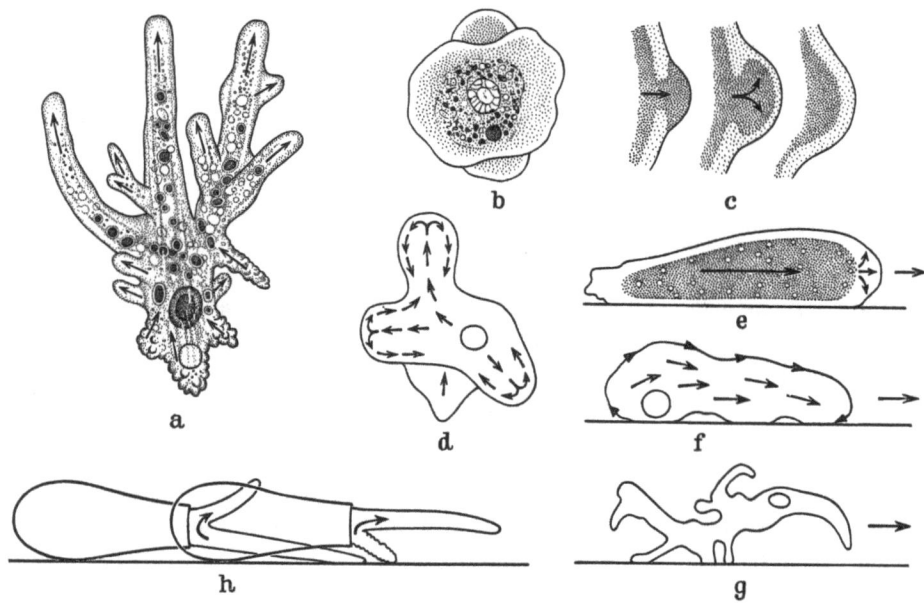

Abb. 237. Verschiedene Typen der amöboiden Bewegung. a *Amoeba proteus* mit Schlauchpseudopodien. b *Entamoeba histolytica* mit Bruchsackpseudopodien. c Schema der Entstehung eines Bruchsackpseudopodiums (Ektoplasma hell, Endoplasma dunkel). d Eine Amöbe mit Fontäneströmung. e Kriechende Fortbewegung einer Amöbe vom *Limax*-Typus. f Rollende Fortbewegung. g Schreitende Fortbewegung. h Bewegung nach dem „Spannerraupenprinzip" bei einer *Difflugia*. Zusammengestellt nach verschiedenen Autoren

Im einzelnen zeigen die Pseudopodien eine große Mannigfaltigkeit. Man hat verschiedene Typen unterschieden, die sich aber manchmal schwer gegeneinander abgrenzen lassen.

Für die *Amöben* sind die sog. *Lobopodien* charakteristisch. Diese stellen lappenförmige, mehr oder weniger breite Fortsätze dar, von denen in der Regel mehrere zur gleichen Zeit ausgebildet werden können. Nur bei einigen kleineren Arten, zu denen die in Kahmhäuten lebenden „*Limax*-Amöben" gehören, setzt sich die Zelle in ein einziges, nicht deutlich abgesetztes Pseudopodium fort. Unter bestimmten

Bedingungen können aber auch „polypodiale" Arten wie *Amoeba proteus* in eine „monopodiale" Form übergehen.

Viele Amöben zeigen bei der Fortbewegung eine *Polarität*. Arten der Gattung *Trichamoeba* besitzen einen aus feinen Plasmafäden bestehenden Schwanzanhang (Uroid). Kleine „monopodiale" Arten (z. B. *Flabellula mira, Hyalodiscus simplex*) bewegen sich mit einem breiten hyalinen Pseudopodium vorwärts.

Amoeba proteus und einige andere Süßwasserarten besitzen sog. *Schlauchpseudopodien*. Diese bestehen — wie der ganze Zellkörper — aus einem zähflüssigen Ektoplasma und einem dünnflüssigen Endoplasma. Mit der Ausbildung eines Pseudopodiums ist immer eine Strömung des Endoplasmas verbunden, welche als *Axialstrom* bezeichnet wird. Ein Teil des Endoplasmas geht aus Ektoplasma hervor und wandelt sich am Ende des Pseudopodiums wieder in Ektoplasma um (*„Ekto-Endoplasma-Prozeß"*). Der hintere Zellbereich zeigt bei der Fortbewegung eine runzelige Oberfläche (Abb. 237a).

Manche Amöben, z. B. *Entamoeba histolytica*, bilden sog. *Bruchsackpseudopodien*. Dabei wird die Ektoplasmaschicht lokal „verflüssigt", so daß das Endoplasma bruchsackartig hervorquillt und sich scheinbar tropfenförmig auf den angrenzenden Bereichen des Ektoplasmas ausbreitet. Die Zellhülle wird hierbei natürlich nicht durchbrochen (b, c).

In vielen Fällen sind jedoch keine derartigen Viscositätsunterschiede innerhalb des Pseudopodiums erkennbar. Ist das Protoplasma dünnflüssig, so kann sich der Axialstrom am Ende des Pseudopodiums teilen und als *Fontäneströmung* seitlich zurückfließen (d). Bei einigen marinen Arten bestehen die Pseudopodien aus einem ziemlich viscösen und hyalinen Protoplasma. Sie führen nur langsame Bewegungen aus, verzweigen sich aber sehr stark, so daß vorbeitreibende Beuteorganismen leicht daran hängenbleiben können (Abb. 238). Während die Zellen von *Stereomyxa ramosa* (a) ein dichtes Maschenwerk bilden, das an ein Mesenchymgewebe erinnert, wächst *Corallomyxa mutabilis* (b) zu einem netzförmigen Plasmodium aus, von dessen Plasmasträngen unzählige Pseudopodien entspringen.

Arten der Gattung *Thecamoeba* (z. B. *T. orbis*, Abb. 334b), welche eine sehr dicke, sich in Längsfalten legende Außenschicht besitzen, führen eine *rollende* Fortbewegung aus (Abb. 237f). Dabei bewegt sich die Amöbe in der Art eines Raupenschleppers, indem am Vorderende immer weitere Bereiche der Oberfläche mit der Unterlage in Berührung gebracht werden, während der Kontakt am Hinterende in gleichem Maße gelöst wird. Diese Art der Fortbewegung ist natürlich mit keiner Pseudopodienbildung verbunden. Bei Amöben, welche nicht mit breiter Fläche der Unterlage aufliegen, sondern auch nach unten Pseudopodien aussenden, kann die Fortbewegung den Eindruck eines „Schreitens" hervorrufen (g). Eine Art Schreitbewegung führt auch *Pontifex maximus* aus. Dabei wird der Kontakt mit der Unterlage durch besondere Differenzierungen der Zellhülle („Haftorganelle") ermöglicht (Abb. 334c).

Auch die Pseudopodien der *Testaceen* sind überwiegend hyalin. Sie können breit und lappenförmig (Lobosa) oder dünn und fadenförmig (Filosa) — dabei manchmal verzweigt und durch Anastomosen verbunden — sein. Oft entspringen sie von einem aus der Schale hervortretenden „Pseudopodienkegel". Bei den „lobosen" Testaceen erfolgt die Fortbewegung nach dem „Spannerraupen-Prinzip": Ein Pseudopodium wird vorgestreckt und an der Unterlage festgeheftet.

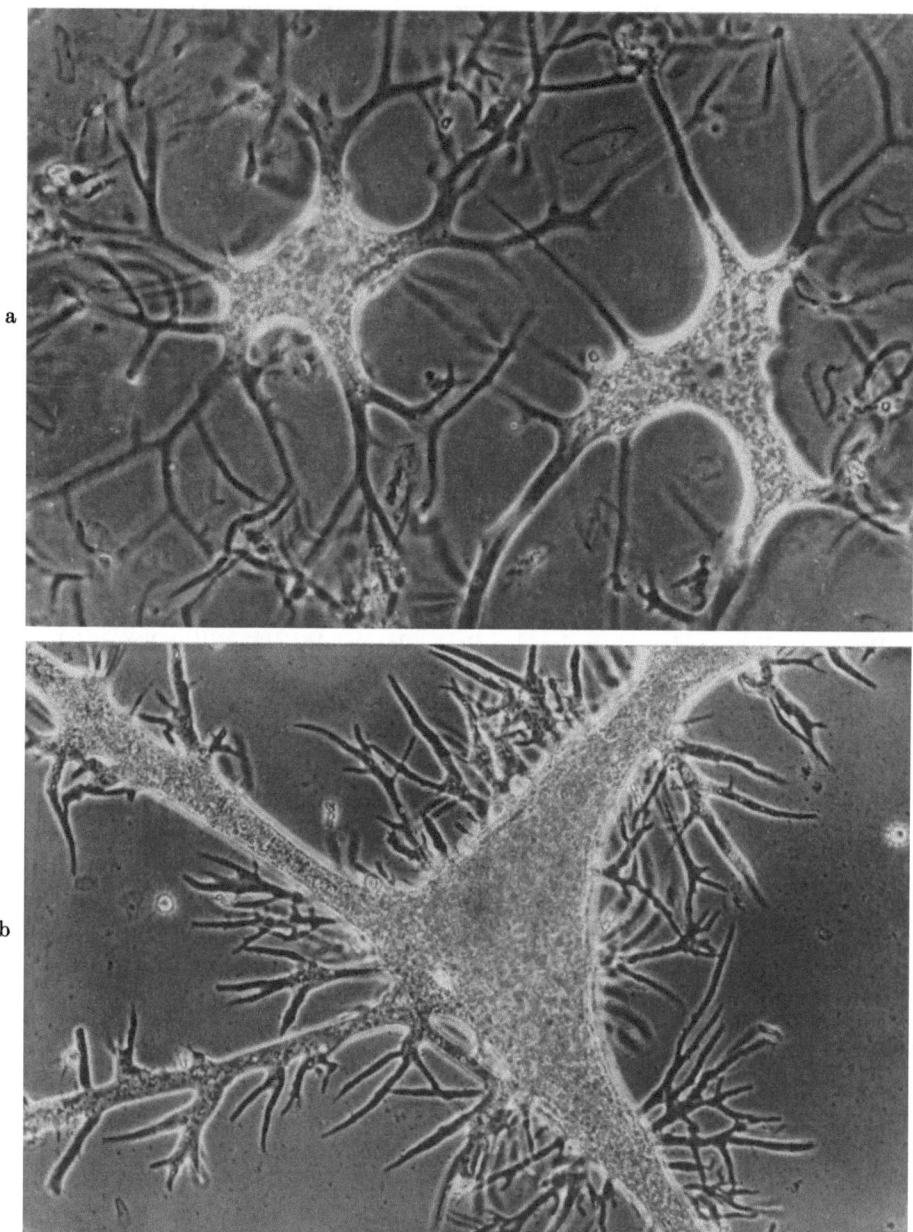

Abb. 238. Amöben mit verzweigten Pseudopodien. a Zwei Zellen von *Stereomyxa ramosa*. b Teil eines Netzplasmodiums von *Corallomyxa mutabilis*. Lebendaufnahmen. Vergr. 360×. Nach GRELL, 1966 [*444*]

Dann wird der Zellkörper mit der Schale nachgezogen und ein neues Pseudopodium ausgebildet (Abb. 237h).

Bei den freischwebenden *Heliozoen* und *Radiolarien* strahlen die Pseudopodien nach allen Richtungen aus. Sie dienen in erster Linie als Schwebefortsätze und zum Beutefang. Nur wenn sie mit einer Unterlage in Berührung kommen, können sie auch zur Fortbewegung verwendet werden.

Die Pseudopodien der *Heliozoen* werden als *Axopodien* bezeichnet. Sie enthalten einen festen Achsenstab (Axonem), der ihnen eine gewisse Starrheit verleiht, so daß sie auch seitliche Verbiegungen erfahren können. Auf dem Achsenstab strömt das Cytoplasma, welches häufig Einschlüsse (Mitochondrien, Eiweißgranula) mit sich führt, hin und her *(Körnchenströmung)*. Die Achsenstäbe der Pseudopodien setzen sich bis in das Zellinnere fort. Hier können sie frei im Cytoplasma *(Actinosphaerium)*, am Zellkern *(Actinophrys,* Abb. 62a) oder am Zentralkorn *(Acanthocystis,* Abb. 355) enden. Bei *Echinosphaerium nucleofilum* sind sie in Vertiefungen der Zellkerne eingesenkt.

Im polarisierten Licht zeigen die Achsenstäbe eine Doppelbrechung [*951*]. Elektronenmikroskopische Untersuchungen [*513, 591, 592, 1082, 1083*] ergaben, daß sie aus einem Bündel von Mikrotubuli bestehen. Auf dem Querschnittsbild wird deutlich, daß die Mikrotubuli zwei ineinandergeschachtelte Spirallamellen bilden, die um eine zentrale Achse gewunden sind (Abb. 22c, d). Während an der Basis etwa 500 Mikrotubuli gezählt werden können, nimmt ihre Zahl zur Spitze des Pseudopodiums hin immer mehr ab. Die Reduktion schreitet von außen nach innen fort, so daß schließlich nur noch einige zentrale Tubuli übrigbleiben. Abb. 239 zeigt einen Rekonstruktionsversuch.

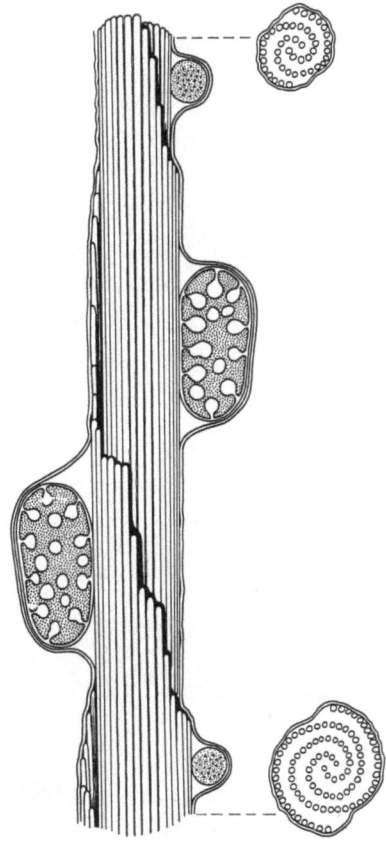

Abb. 239. *Echinosphaerium nucleofilum*. Rekonstruktion eines Axopodiums nach elektronenmikroskopischen Schnitten. Unter der Zellhülle zwei Mitochondrien und Granula. Die Querschnitte (rechts) veranschaulichen die Anordnung der Mikrotubuli. Nach TILNEY und PORTER, 1965 [*1082*]

Es ist wahrscheinlich, daß die Mikrotubuli durch ihren Zusammenschluß zum „Achsenstab" nicht nur die Stabilität, sondern auch die Biegsamkeit des Pseudopodiums ermöglichen. Da die Pseudopodien der Heliozoen leicht wieder „eingeschmolzen" und neugebildet werden können, muß sich das Auswachsen der Mikrotubuli ziemlich schnell vollziehen.

Über die Pseudopodien der *Radiolarien* liegen erst wenige Untersuchungen vor. In einigen Fällen konnte jedoch sicher nachgewiesen werden, daß sie Bündel regelmäßig angeordneter Mikrotubuli enthalten [*104, 497*] und dann ebenfalls als Axopodien bezeichnet werden können. Auch bei den Radiolarien ist die Schnelligkeit der Pseudopodienbildung überraschend. Überträgt man die Zentralkapsel von *Thalassicolla nucleata,* einer besonders großen skelettlosen Art, in eine feuchte Kammer, so bildet sie schon nach kurzer Zeit Pseudopodien aus, die aus

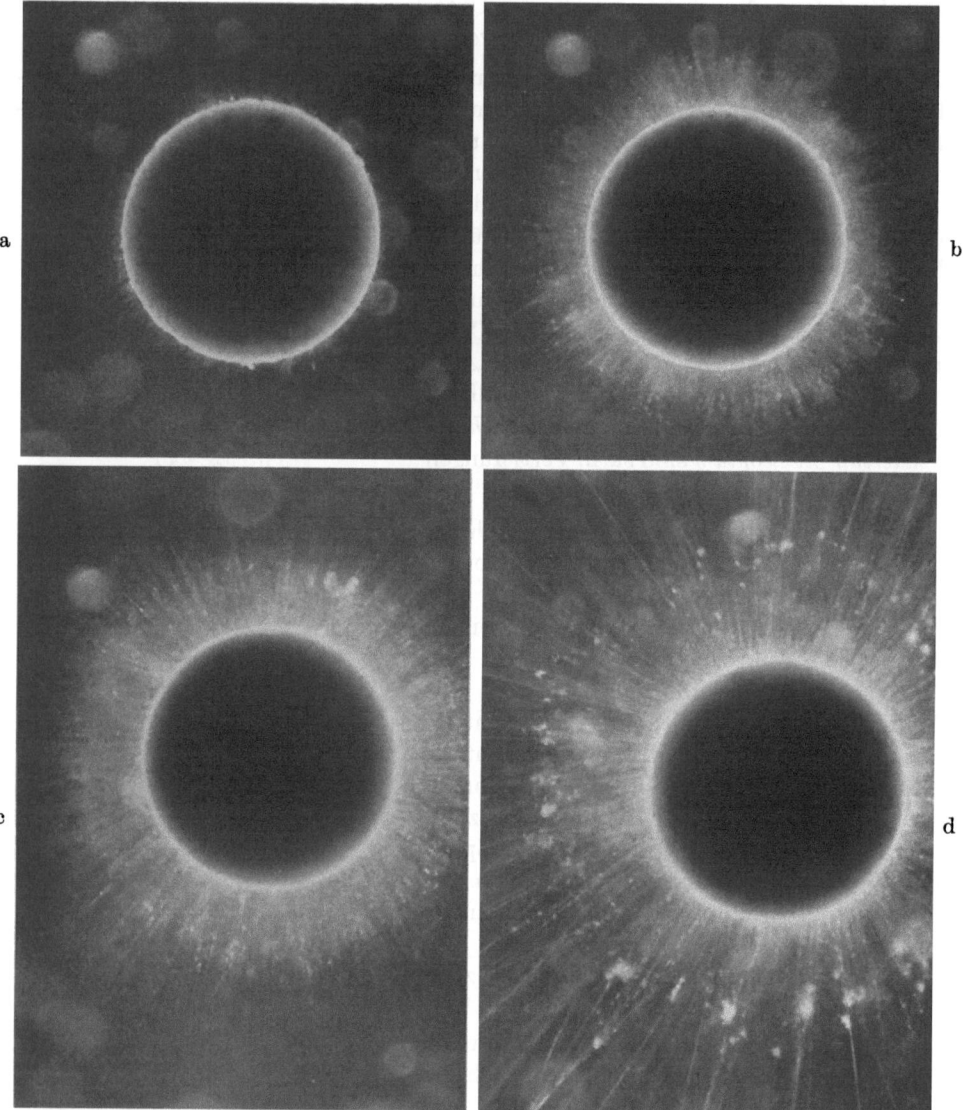

Abb. 240. *Thalassicolla nucleata*. Isolierte Zentralkapsel (feuchte Kammer), welche das extracapsuläre Cytoplasma regeneriert. Vergr. 60×. Aus dem Film C 829

feinen Poren hervortreten (Abb. 240). Später wird dann auch die vacuolenreiche Schicht des ,,Extracapsulariums" regeneriert (Abb. 361).

Bei den koloniebildenden Radiolarien (Abb. 363) liegen zahlreiche Zentralkapseln in einer gemeinsamen Gallerte. Während die Kolonie nach außen fadenförmige Pseudopodien entsendet, die zum Fang von Beuteorganismen dienen, stehen die Zentralkapseln im Innern der Gallerte durch ein plasmatisches Netzwerk in Verbindung, welches für die Verteilung der Nahrung sorgt (Abb. 241).

Die meisten *Foraminiferen* leben benthonisch und bilden wurzelartig verzweigte und durch Anastomosen verbundene Pseudopodien, die als *Rhizopodien* oder

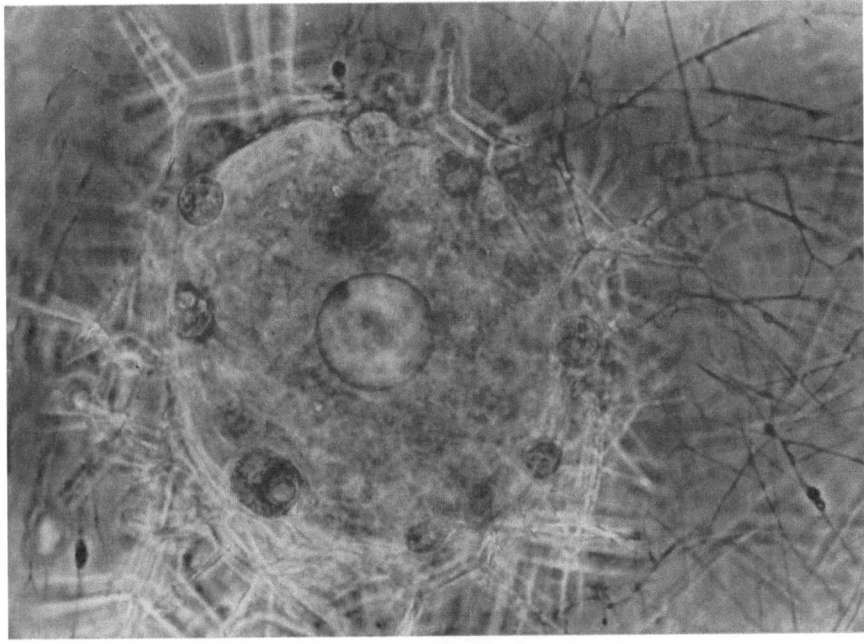

Abb. 241. *Sphaerozoum punctatum.* Einzelne Individuen einer Kolonie. Im Zentrum der Zentralkapsel befindet sich eine große Ölkugel, außen liegen ihr Zooxanthellen und Skeletnadeln an. Rechts erkennt man die Rhizopodien, welche die Einzelindividuen miteinander verbinden. Lebendaufnahme (Phasenkontrast)

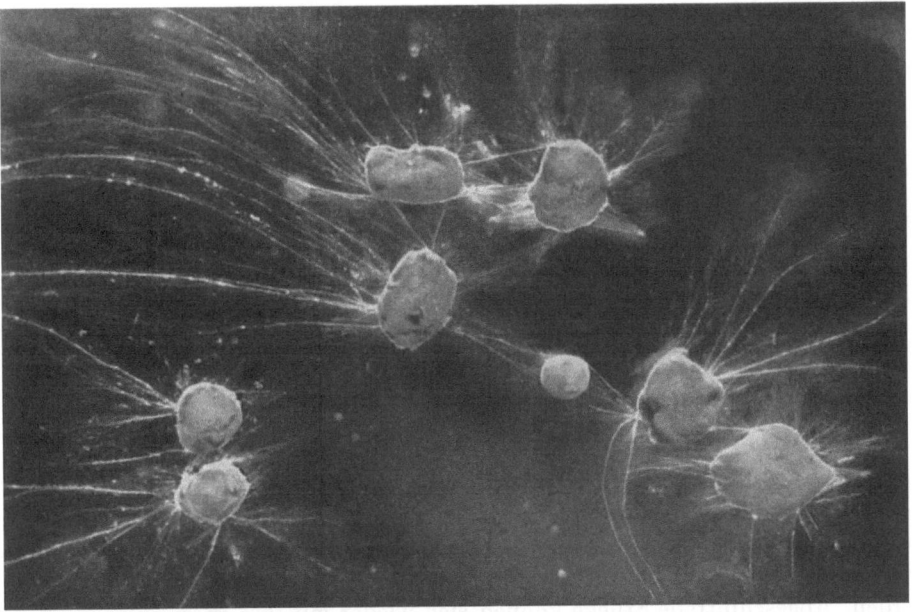

Abb. 242. *Allogromia laticollaris.* Mehrere Individuen, welche auf dem Deckglas in einer Kulturschale liegen und ihre Rhizopodien ausgebreitet haben. Lebendaufnahme

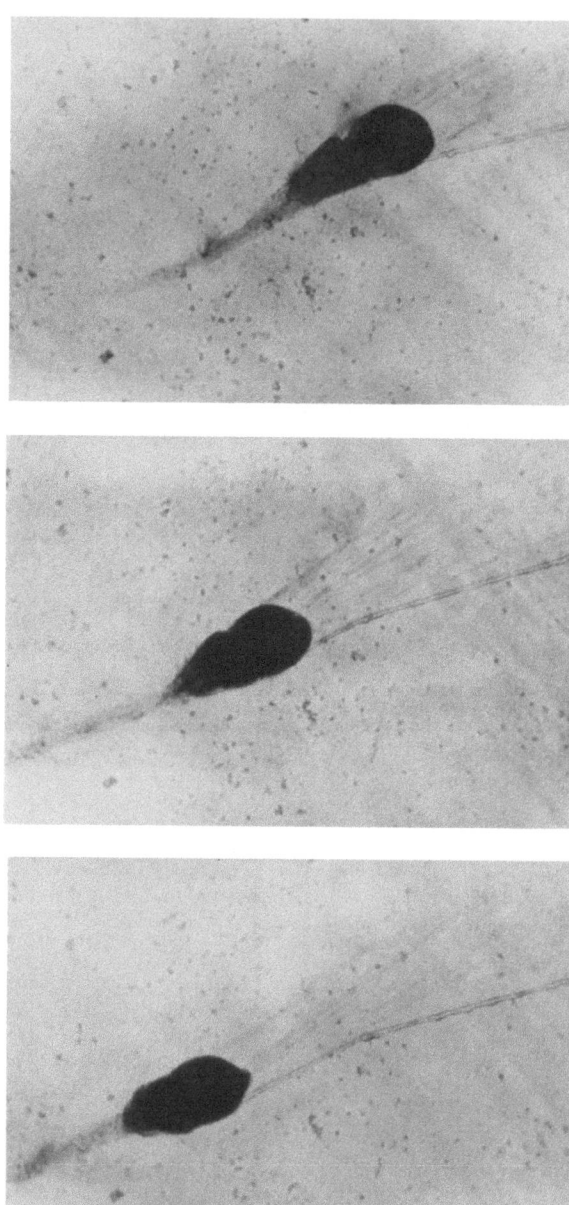

Abb. 243. *Iridia* spec. Bewegung eines frisch geschlüpften Agameten (vgl. hierzu Abb. 344)

Reticulopodien bezeichnet werden. Festsitzende und wenig bewegliche Arten überziehen ihre Umgebung mit einem dichten Netzwerk, das zum *Fang von Beuteorganismen* dient (Abb. 242). Wird das Netz zerstört, so kann es schnell repariert werden. Abgeschnittene Stücke können sich wieder mit ihm vereinigen, wenn sie nicht zu weit entfernt liegen.

Besonders auffallend ist die lebhafte „*Körnchenströmung*" an den Rhizopodien. Wie man an Foraminiferen mit durchsichtiger Schale erkennen kann, steht sie mit der Plasmaströmung im Zellinneren in Verbindung. Selbst an sehr feinen Plasmasträngen werden die Körnchen (Mitochondrien, Eiweißgranula) in beiden Richtungen transportiert. Es ist aber keineswegs so, daß alle Körnchen bis zur Spitze jedes Plasmastranges wandern und dann wieder zurückbefördert werden [*528*]. Meistens pendeln sie nur über eine mehr oder weniger lange Strecke hin und her. An den feinsten Ausläufern der Rhizopodien ist sogar manchmal nur eine Expansion und Retraktion zu beobachten. Es bestände daher die Möglichkeit, daß der Eindruck gegenläufiger Strömungen durch die Parallelverschiebung funktionell unabhängiger Fadenelemente hervorgerufen wird. Daß die Rhizopodien Komplexe feiner Plasmafäden sind, zeigen elektronenmikroskopische Aufnahmen [*1135*]. Auch der einsinnige Transport von Nahrungsbrocken läßt sich am einfachsten durch die Annahme verständlich machen, daß sich die Plasmafäden zurückziehen, an denen die Nahrungsbrocken hängen. Währenddessen dehnen sich andere aus, so daß sich die Rhizopodien im ganzen wenig verändern. Auf der anderen Seite besteht kein Zweifel, daß sich die Plasmafäden auch gemeinsam expandieren und retrahieren können. Löst man eine Foraminifere von der Unterlage, so werden die Rhizopodien sofort zurückgezogen.

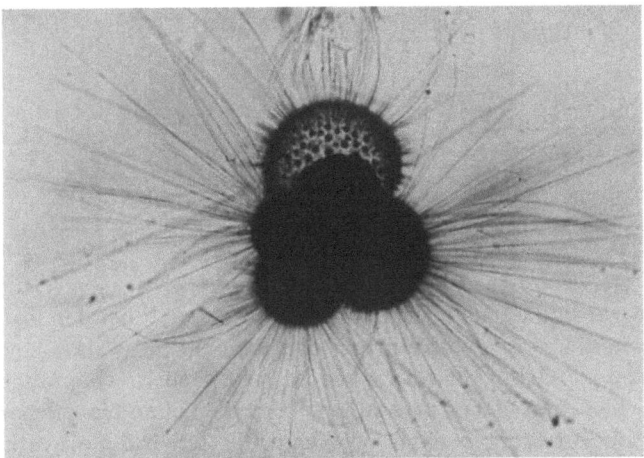

Abb. 244. *Globigerina bulloides*. Lebendaufnahme. Vergr. 160×. Aus dem Film C 836

Die Rhizopodien ermöglichen nicht nur die Nahrungsaufnahme, sondern auch die *Fortbewegung* der Zelle. Sie werden in einer bestimmten Richtung ausgestreckt und ziehen dann die Zelle hinter sich her. Wie Abb. 243 zeigt, kann hierbei ein „Leitrhizopodium" vorauseilen, während die übrigen Rhizopodien wie ein Kometenschweif folgen. Auch pelagische Arten, bei denen die Rhizopodien normalerweise nur als Schwebefortsätze und zum Beutefang dienen, können umherkriechen, wenn sie mit einer Unterlage in Kontakt geraten (Abb. 244).

Bei den polythalamen Arten scheinen die Rhizopodien auch an der *Schalenbildung* beteiligt zu sein. Während früher angenommen wurde, daß die neue Kammer einer Foraminifere um einen aus der Schale hervorquellenden Plasmatropfen geformt wird, zeigen Lebendbeobachtungen, daß sie zunächst noch gar kein Protoplasma enthält, sondern erst nach und nach damit ausgefüllt wird. Anscheinend wird die Kammerbildung von den Rhizopodien vorbereitet (Abb. 245). Bei Arten, die einer Unterlage aufliegen, ordnen sich die Rhizopodien zunächst fächerförmig an (a). Dann ziehen sie sich etwas zurück, wobei sie die angesammelten Detritusteilchen hinter sich lassen (b) und scheiden ein organisches Häutchen ab, welches durch Ein- oder Auflagerung von Kalk zur Wand der neuen Kammer ausgestaltet wird (c).

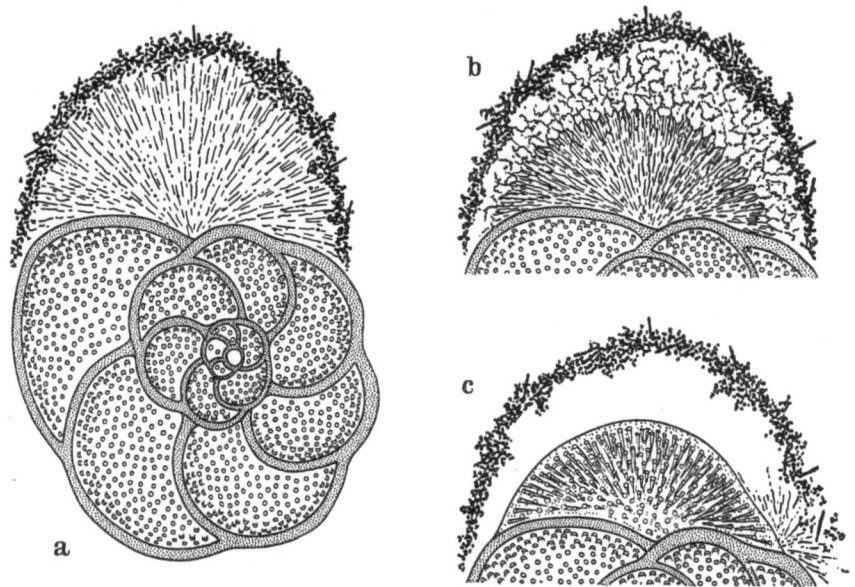

Abb. 245. *Discorbis bertheloti*. Bildung einer neuen Kammer. a Fächerförmige Anordnung der Rhizopodien. b Zurückziehung der Rhizopodien. c Abscheidung der neuen, von Poren durchsetzten Kammerwand. Nach Lebendbeobachtungen. Vergr. 55×. Nach LE CALVEZ, 1938 [*626*]

Eine merkwürdige Art der Fortbewegung findet sich bei den *Labyrinthuliden*, die nach neueren Untersuchungen mit den Amöben verwandt sind [*955, 956*]. Ihre Zellen sind spindelförmig und schließen sich nach Erschöpfung der Nahrung zu umfangreichen Aggregaten zusammen. Überträgt man ein solches Aggregat in eine Schale mit Futterorganismen, so bilden die Zellen feine hyaline Ausläufer, die zunächst beweglich sind und an Pseudopodien erinnern (Abb. 246a). Sie wachsen dann aber zu langen, sich verzweigenden Fadenbahnen aus, die völlig starr erscheinen. Offenbar können auch die Bahnen verschiedener Zellen miteinander verschmelzen, so daß schließlich ein umfangreiches Netzwerk entsteht. Die Zellen, die sich durch Zweiteilung vermehren, bewegen sich innerhalb der Bahnen gleitend hin und her (b). Wie die Gleitbewegung ermöglicht wird, ist noch völlig unklar.

Um die *Physiologie der Pseudopodienbewegung* zu verstehen, sind viele Untersuchungen angestellt worden [*4, 5, 237, 390, 412, 524, 780, 1135*], deren Ergebnisse wertvolle Bausteine einer allgemeinen Theorie bilden, aber zu ihrer Aufstellung vorläufig noch nicht ausreichen.

Die meisten Untersuchungen beschränken sich nur auf eine Variante der Pseudopodienbewegung, nämlich auf die Lokomotion der Süßwasseramöben.

Die von einer allzu einfachen physikochemischen Konzeption ausgehende Vorstellung, daß die Pseudopodienbildung an Stellen herabgesetzter *Oberflächenspannung* erfolgt, wird heute nicht mehr ernsthaft diskutiert.

Wo eine Differenzierung in Ekto- und Endoplasma besteht, wie bei den Schlauchpseudopodien von *Amoeba proteus* (Abb. 237a), ist man natürlich versucht, dem „*Ekto-Endoplasma-Prozeß*" eine Bedeutung für die Pseudopodienbewegung zuzuschreiben. Da Pseudopodien anderer Amöben aber häufig gar keine derartige Differenzierung zeigen, kann es sich nur um eine Begleiterscheinung handeln, die nicht ursächlich mit der Pseudopodienbewegung verknüpft ist.

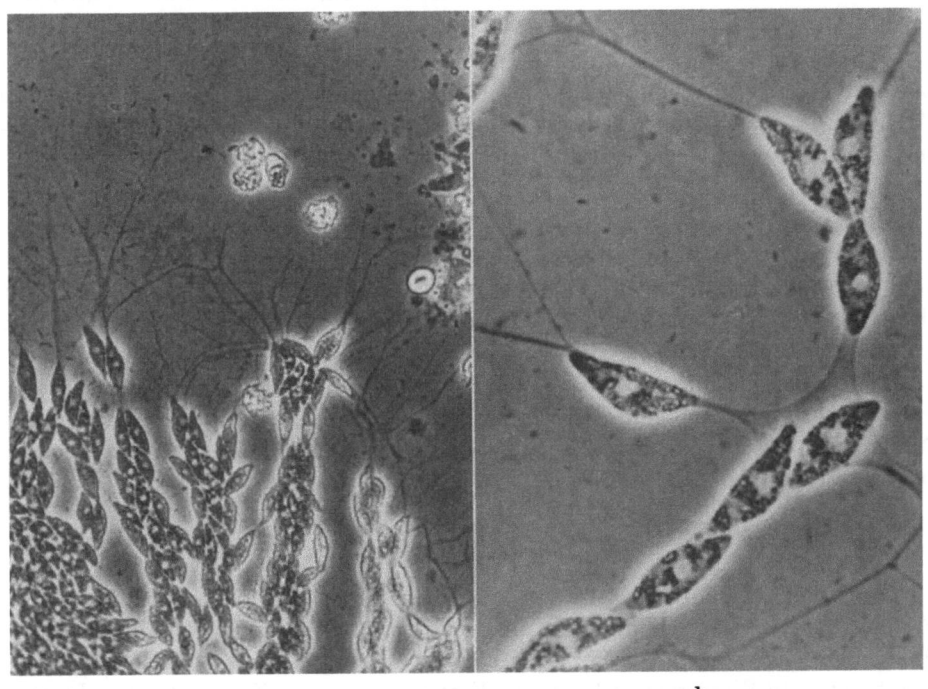

Abb. 246. *Labyrinthula coenocystis*. a Die Spindelzellen eines Aggregates bilden Fortsätze aus. Vergr. 520×. b Die Spindelzellen gleiten innerhalb der Fadenbahnen. Vergr. 1170×. Aus den Filmen C 942 und E1172

Vielfach wurde angenommen, daß mit der Pseudopodienbewegung eine ständige Erneuerung der Zellhülle verbunden sei. Nähere Untersuchungen haben jedoch ergeben, daß ein solcher Zusammenhang nicht besteht. Es findet zwar eine kontinuierliche Erneuerung der Zellhülle statt (S. 39); diese erfolgt aber viel langsamer, als bei einer Korrelation mit der Fortbewegung zu erwarten wäre [*412*].

Die neueren Hypothesen gehen fast alle davon aus, daß an der Pseudopodienbildung *Kontraktionsvorgänge* beteiligt sind. Über ihren Wirkungsmechanismus bestehen aber noch keine einheitlichen Vorstellungen. Nach den sog. „*Druckfluß-Hypothesen*" wird das Endoplasma bei der Pseudopodienbildung durch Kontraktionen anderer Zellbereiche vorwärtsgetrieben; die Strömung als solche wäre also ein passiver Vorgang. Bei der normalen Lokomotion könnte sich die Amöbe am Hinterende kontrahieren, und das durch den Druck nach vorne fließende Endoplasma würde zur Pseudopodienbildung führen. Wie eine einfache Beobachtung lehrt, kann aber ein Pseudopodium auch eingezogen werden, z. B. wenn es nach oben ausgestreckt worden ist und keinen Kontakt gefunden hat. Dabei strömt das Endoplasma in umgekehrter Richtung (s. Film C 942). Wenn die Plasmaströmung kein aktiver Vorgang ist, so kann sie daher nur durch einen Sog hervorgerufen werden, der durch Expansion der übrigen Zellbereiche entsteht. Es bestände aber auch die Möglichkeit, daß sich die Amöbe „nach Bedarf" überall, z. B. auch am Ende des Pseudopodiums, kontrahieren kann.

So wenig Sicheres wir über diese Vorgänge im einzelnen wissen, so scheint doch festzustehen, daß sich die Zellhülle nicht an den Kontraktionen und Expansionen des Cytoplasmas beteiligt, sondern sich passiv in Falten legt oder entfaltet [412].

Für die Auffassung, daß die Bewegungsvorgänge letzten Endes auf Kontraktilität beruhen, sprechen biochemische Untersuchungen an Myxomyceten und Amöben. Sie haben zum Nachweis *kontraktiler Proteine* geführt, deren Wirkungsmechanismus weitgehend mit dem des Actomyosins der Muskelfasern übereinstimmt.

Licht- und elektronenmikroskopische Beobachtungen zeigen, daß im Cytoplasma von Myxomyceten und Amöben Fibrillenzüge vorkommen, bei denen es sich um kontraktile Faserproteine handeln könnte [*1135, 1136*]. Allerdings steht der Beweis ihrer Kontraktilität noch aus. Glycerinextrahierte Zellen von *Amoeba proteus* zeigen bei ATP-Zugabe noch eine — wenn auch relativ geringe — Kontraktion. In solchen „Glycerin-Modellen" konnten elektronenmikroskopisch ebenfalls Fibrillen nachgewiesen werden [*947*]. Zur Zeit ist man bemüht, aus der Anordnung der Fasern Hinweise auf eine funktionelle Beziehung zur Pseudopodienbewegung zu erhalten [*71*].

2. Geißeln und Wimpern

Geißeln und Wimpern — in der deutschen Sprache vielfach als „Flimmern" zusammengefaßt — sind dauernd ausgebildete, fadenförmige Fortsätze, welche unregelmäßige oder regelmäßige (periodische) Bewegungen ausführen. Der hierdurch erzeugte Wasserstrom kann zur Fortbewegung der Zelle oder zum Herbeistrudeln der Nahrung dienen.

Elektronenmikroskopische Untersuchungen ergaben, daß Geißeln und Wimpern in den Grundzügen ihres Feinbaues bei allen Eukaryonten (Protozoen, Vielzeller) übereinstimmen. Diese Übereinstimmung deutet nicht nur auf einen verwandtschaftlichen Zusammenhang, sondern auch auf einen ähnlichen Wirkungsmechanismus hin.

Der wesentliche Bestandteil jeder Geißel oder Wimper (Abb. 247) ist ein *Fibrillenbündel*. Dieses besteht aus dem in der Zelle liegenden *Basalkörper* oder *Kinetosom* (B) und dem aus der Zelle herausragenden *Schaft*. Letzterer wird von einer *Membran* umschlossen, welche die Fortsetzung der Zellhülle ist. Die Fibrillen liegen in einer *Grundsubstanz* und bestehen aus Mikrotubuli. Sie lassen eine spezifische Zahl und Anordnung erkennen, die überraschend konstant ist.

Wie besonders gut analysierbare Objekte zeigen, unterscheiden sich Basalkörper und Schaft in ihrem Querschnittsbild (Abb. 248).

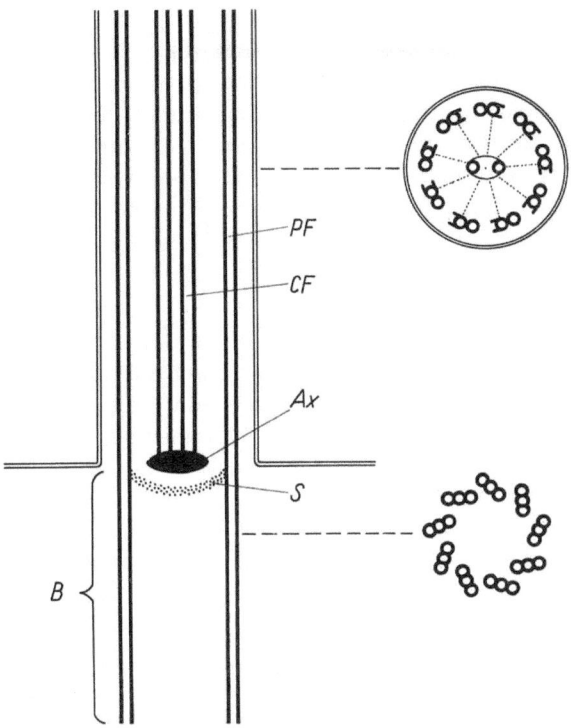

Abb. 247. Feinbau einer Geißel oder Wimper. Längsschnitt. Rechts: Querschnitte durch Basalkörper (*B*) und Schaft. *PF* Periphere Fibrillen; *CF* Zentrale Fibrillen. *Ax* Achsialkorn (Axosom). *S* Septum. Verändert nach SLEIGH, 1962 [*1016*]

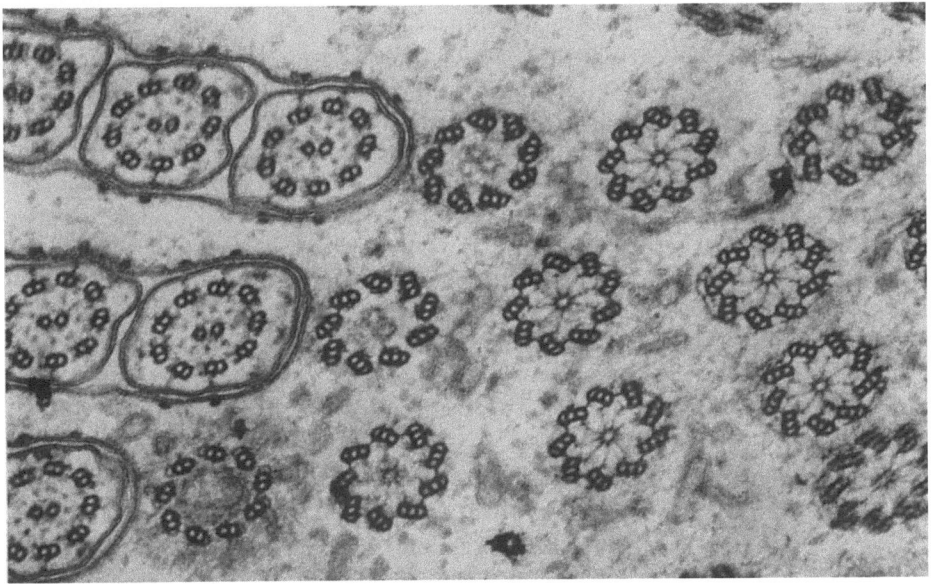

Abb. 248. *Pseudotrichonympha*. Querschnitte durch Geißelschäfte (links) und Basalkörper (rechts). Die Geißeln entspringen in Furchen der Pellicula, die in der linken Bildhälfte erkennbar sind. Vergr. 76000×. Nach GIBBONS und GRIMSTONE, 1960 [*367*]

Im Bereich des *Basalkörpers* kommen nur periphere Fibrillen vor. Diese bilden einen Kranz von neun Dreiergruppen. Jede Gruppe besteht aus drei aneinandergereihten Subfibrillen, die an ihrer Berührungsstelle gemeinsame Wände haben. Die Dreiergruppen sind nicht tangential angeordnet, sondern gegeneinander versetzt. Im Innern des Fibrillencylinders können verschiedenartige Strukturen vorkommen. Weiter unten ist häufig eine „*Radspeichenstruktur*" erkennbar: Jede Dreiergruppe steht durch eine leicht gebogene „Speiche" mit einer tubulären Achse in Verbindung, die aber viel kontrastärmer als eine Subfibrille und sicher kein Mikrotubulus ist. Außerdem können die Dreiergruppen noch untereinander verbunden sein.

Im Bereich des *Schaftes* zeigen die Fibrillen das sog. *9 + 2-Muster*. Die neun *peripheren Fibrillen* (PF) bestehen nur aus zwei Subfibrillen, welche die beiden inneren Subfibrillen der Dreiergruppen fortsetzen. Von einer der beiden Subfibrillen entspringen Fortsätze, die als „Arme" bezeichnet werden. Wenn auch die Zweiergruppen weniger gegeneinander versetzt sind als die Dreiergruppen, so zeigt das Fibrillenbündel also auch im Schaft eine deutliche *Asymmetrie*. Im Innern verlaufen die beiden *zentralen Fibrillen* (CF), die sich nicht berühren, in ihren Dimensionen aber mit den Subfibrillen übereinstimmen. Häufig werden sie von einer gemeinsamen Hülle umschlossen.

An Geißelquerschnitten von *Chlamydomonas reinhardi* konnte mit Hilfe eines besonderen elektronenoptischen Verfahrens nachgewiesen werden, daß die Subfibrillen aus sphärischen Untereinheiten (Durchmesser etwa 45 Å) bestehen. Im Querschnitt entfallen auf jede Subfibrille etwa 13 Untereinheiten. Bei den Zweier- und Dreiergruppen bestehen die gemeinsamen Wände aus 3—4 Untereinheiten. Wahrscheinlich stellen diese Untereinheiten, die auch bei anderen Mikrotubuli nachgewiesen wurden, die elementaren Protein-Bausteine der Subfibrillen dar [*900*].

Längsschnitte zeigen, daß das Innere des Basalkörpers häufig durch ein feines *Septum* (S) von dem des Schaftes getrennt ist und daß die zentralen Fibrillen des Schaftes oft an einer besonderen Struktur, dem sog. *Achsialkorn* (Axosom, Ax) enden. Weitere Einzelheiten des Feinbaues sollen hier nicht besprochen werden [*322, 327, 366, 829, 1016*].

Die *Entstehung* einer Geißel oder Wimper ist noch weitgehend ungeklärt. Es steht jedoch fest, daß sie stets von einem Basalkörper ausgeht. Dieser ist auch in morphogenetischer Beziehung heteropolar und wächst nur an seinem distalen Ende zu einem Schaft aus.

Wird *Naegleria gruberi* (Abb. 232) den Bedingungen ausgesetzt, welche die Transformation in die Schwimmform auslösen, so treten etwa 55 min später die ersten Basalkörper auf, die von Anfang an senkrecht zur Zellhülle orientiert sind (Abb. 249a). Nach einigen Minuten wachsen sie zu Schäften aus, die die Zellhülle gewissermaßen „mitziehen" (b, c). Die Wachstumsgeschwindigkeit der Fibrillen ist etwa gleich groß (0,5 μ/min) [*257*].

Basalkörper können auch ohne Schaft existieren. In vielen Fällen ist offenbar eine bestimmte zellphysiologische Situation erforderlich, damit sie ihre „Wartestellung" aufgeben und zu Geißeln oder Wimpern auswachsen können (vgl. z. B. Abb. 104).

Werden Geißeln oder Wimpern durch thermische oder chemische Behandlung abgeworfen, so können sie wieder regeneriert werden. Manche Beobachtungen sprechen dafür, daß diese Regeneration von den alten Basalkörpern ausgeht, die bei der Behandlung unversehrt geblieben sind.

Es besteht daher kein Zweifel, daß den Basalkörpern und den mit ihnen strukturell übereinstimmenden Centriolen eine gewisse Autonomie zukommt. Auch wenn sie keine „Selbstteilungskörper" im wörtlichen Sinne sind, so scheinen sie doch die Fähigkeit zu besitzen, die Bildung von ihresgleichen zu induzieren. Außerdem dürften sie Organisationszentren für die Strukturen sein, die mit ihnen in direkter Verbindung stehen (Basalfibrillen, Parabasalkörper, Costa, Axostyl usw.). Allerdings wird diese Auffassung bisher nur durch die topographische Beziehung gestützt. Der experimentelle Beweis läge erst vor, wenn es gelänge, die Bildung dieser Strukturen an künstlich dislozierten Basalkörpern nachzuweisen.

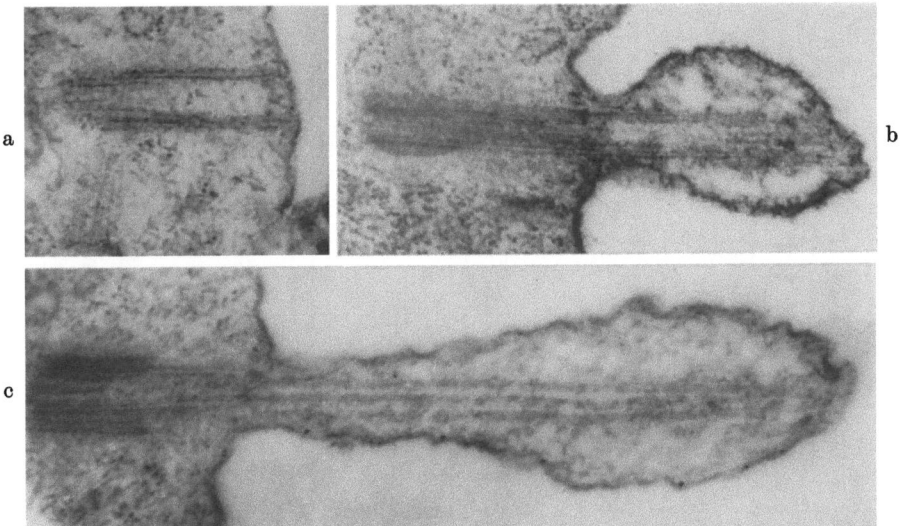

Abb. 249. *Naegleria gruberi*. Längsschnitte durch Wachstumsstadien der Geißel. Vergr. 36500×. Nach DINGLE und FULTON, 1966 [*257*]

Eine funktionelle Erklärung für die Asymmetrie des Feinbaues und die gesetzmäßige Zahl und Anordnung der Fibrillen kann noch nicht gegeben werden. Am wahrscheinlichsten ist, daß der Bewegungsmechanismus auf unterschiedlicher Kontraktion der peripheren Fibrillen beruht. Es widerspricht dieser Auffassung nicht, daß Geißeln oder Wimpern, denen die zentralen Fibrillen fehlen, bewegungsunfähig sind [*879, 1113*]. Auch wenn die zentralen Fibrillen nur eine statische oder elastische Bedeutung hätten, könnten sie für die Beweglichkeit des Schaftes unentbehrlich sein.

Wie die Verkürzung und Verlängerung der peripheren Fibrillen erfolgt und wie ihre Aktivität koordiniert wird, ist aber noch weitgehend unklar. Einen ersten Ansatz zur Lösung dieser Fragen bietet die Analyse von Querschnittsbildern durch die Schaftspitzen in verschiedenen Bewegungsphasen [*946*].

Die Beobachtung, daß sog. „Glycerin-Modelle" von Geißeln und Wimpern nach ATP-Zusatz rhythmische Bewegungen ausführen, legt den Gedanken nahe, daß die Kontraktion der Fibrillen auf einem ähnlichen Mechanismus beruht, wie die der Muskelfaser [*494, 495*]. Sogar isolierte Geißeln *(Polytoma uvella)* können sich noch fortbewegen, wenn auch mit geringerer Geschwindigkeit (10 μ/sec) und kleinerer Amplitude als bei der lebenden Zelle (40—50 μ/sec) [*91, 92*]. Neuere Untersuchungen haben ergeben, daß die „Arme" der peripheren Fibrillen aus einem Protein bestehen, welches ATP spaltet und als *„Dynein"* bezeichnet

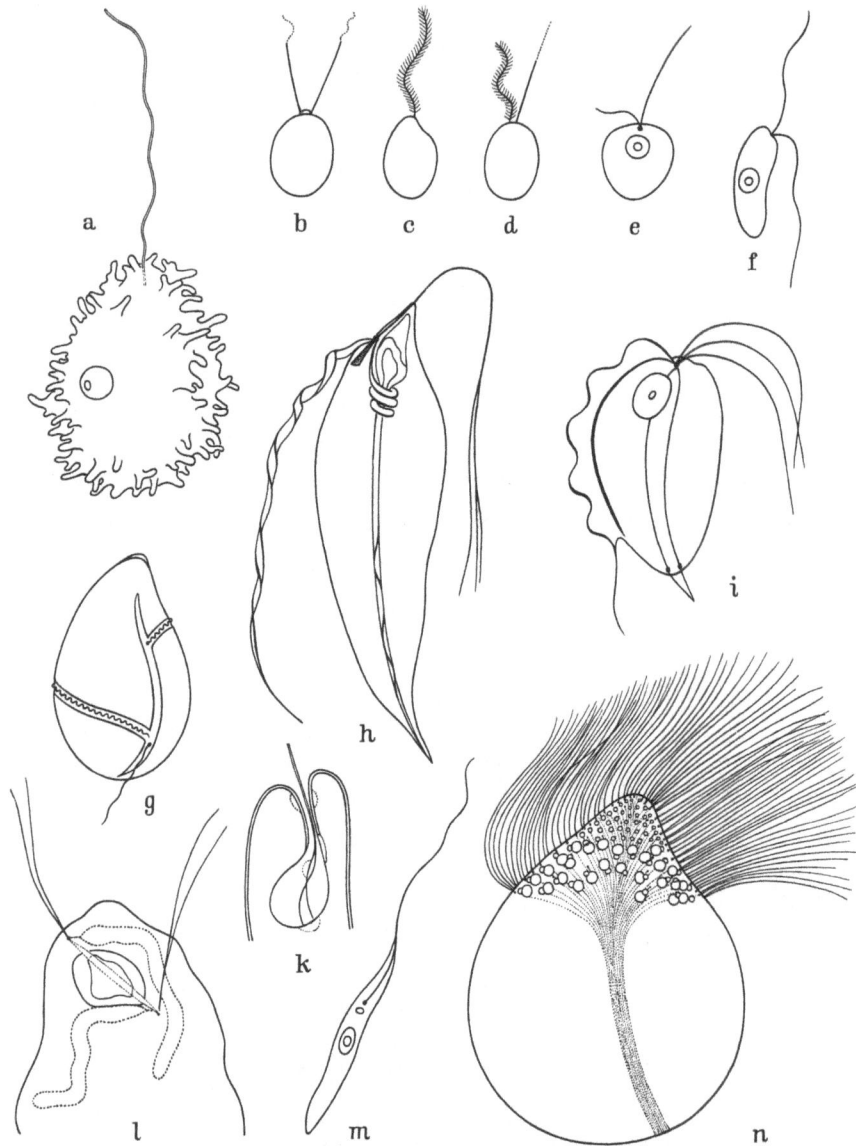

Abb. 250. Verschiedene Geißeltypen der Flagellaten. a *Mastigella vitrea*. b *Polytoma*. c *Mallomonas*. d *Synura*. e *Monas vulgaris*. f *Bodo ovatus*. g *Gyrodinium pepo*. h *Devescovina lepida*. i *Trichomonas*. k *Euglena ehrenbergi*, Vorderende mit Geißelsäckchen und Geißelwurzeln. l *Devescovina striata*, Teilungsstadium. Von den beiden Centriolen der Spindel entspringen je zwei Geißeln und ein Parabasalkörper (punktiert). m *Leptomonas*. n *Calonympha grassii*. Zusammengestellt nach verschiedenen Autoren

worden ist. Dieses Protein hat aber wenig Ähnlichkeit mit den Muskelproteinen, sondern entspricht in seinen biochemischen Eigenschaften mehr dem kontraktilen Protein der Myxomyceten (Myxomyosin) [365, 366].[20]

Die *Geißeln* oder *Flagellen* sind im allgemeinen ebenso lang oder länger als die Zelle und treten meistens nur in geringer Zahl auf. Sie sind für die Flagellaten

---

[20] Zum *chemischen* Aufbau der Cilien vgl.: [144, 145, 221, 330, 510, 538, 1115].

kennzeichnend, kommen aber vereinzelt auch bei bestimmten Entwicklungsstadien der Rhizopoden (Schwärmer der Radiolarien, Gameten vieler Foraminiferen) und Sporozoen (Mikrogameten der Coccidien) vor.

In morphologischer Beziehung sind die Geißeln sehr verschiedenartig (Abb. 250). Meistens stellen sie lange Fäden dar, welche überall von gleicher Dicke sind (a) oder aus einem dickeren Basalteil und einem dünneren, mehr oder weniger langen Endfaden bestehen (*Peitschengeißeln*, b). Für *Chromulina pusilla* konnte nachgewiesen werden, daß sich in den Endfaden nur die zentralen Fibrillen fortsetzen [*671*]. Untersuchungen im Dunkelfeld und mit Hilfe des Elektronenmikroskops zeigen, daß viele Geißeln mit einem feinen, oberflächlichen Härchenbesatz versehen sind (c, d), der manchmal allseitig, mitunter aber auch ein- oder zweireihig ausgebildet ist. Diese „Härchen" werden als *Mastigonemen* bezeichnet und können auch ihrerseits wieder eine artspezifische Feinstruktur haben. Manchmal stehen sie in Gruppen.

Bei Flagellaten, welche mehrere Geißeln besitzen, sind diese oft nach Lage, Größe und Form verschieden. Neben einer längeren *Hauptgeißel* können eine oder mehrere kürzere *Nebengeißeln* vorkommen (e). Manche Geißeln sind bei der Fortbewegung nach hinten gerichtet und werden daher als „*Schleppgeißeln*" bezeichnet (f). Bei den Dinoflagellaten sind immer zwei Geißeln, eine Quer- und eine Längsgeißel, vorhanden. Die Quergeißel führt schraubenförmige Bewegungen in einer den Körper umziehenden Ringfurche aus, während die Längsgeißel meistens nach hinten schwingt (g). Bei vielen *Devescovina*-Arten ist die rückwärtsschlagende Geißel mehr oder weniger abgeplattet und wird daher Bandgeißel genannt (h).

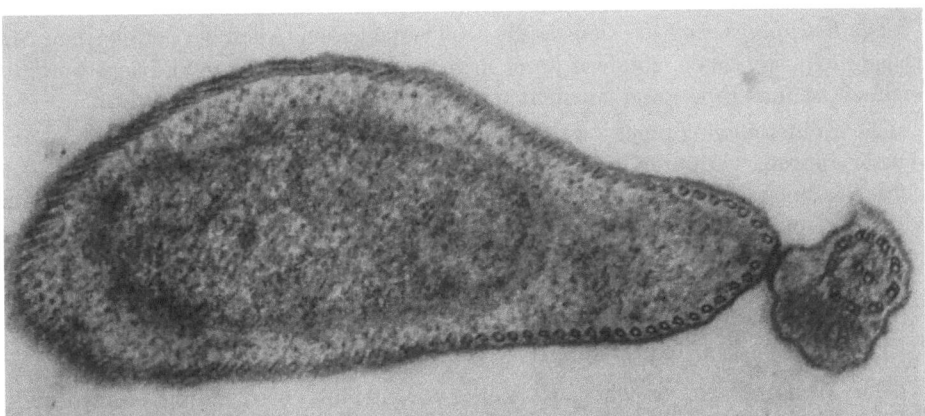

Abb. 251. *Trypanosoma lewisi*. Querschnitt durch die vordere Region der Zelle (mit Zellkern). Unter der Pellicula: Mikrotubuli (teils quer, teils schräg getroffen). Rechts die „undulierende Membran", welche der Zelle nur lose anhaftet, mit Fibrillenbündel (9 + 2-Muster) und „paraxialem Strang". Vergr. 17200×. Nach ANDERSON und ELLIS, 1965 [*26*]

Auch bei den sog. „*undulierenden Membranen*" handelt es sich im Grunde um Bandgeißeln, die lose mit dem Zellkörper verbunden sind und höchstens am Ende als schwingender Faden frei hervortreten (i). Wie eine elektronenmikroskopische Aufnahme zeigt (Abb. 251), ist die „undulierende Membran" ringsherum von einer eigenen Hülle umgeben, die der des Schaftes entspricht. Im Inneren befindet sich das Fibrillenbündel mit seinem charakteristischen 9 + 2-Muster. Neben dem

Fibrillenbündel verläuft der sog. paraxiale Strang, eine kontrastreichere Längsstruktur, deren Bedeutung unbekannt ist.

Die Geißel kann von der Oberfläche der Zelle oder in einer besonderen Vertiefung des Vorderendes, dem sog. *Geißelsäckchen*, entspringen (Abb. 250k). Sie kann unmittelbar aus dem Centriol hervorgehen (l) oder ihren Ausgang von einem Basalkörper nehmen.

Liegt der Basalkörper tief im Innern der Zelle, so setzt er sich zunächst als intracelluläres Fibrillenbündel fort, welches dann in den Schaft der frei hervortretenden Geißel übergeht (m). Besonders zahlreich sind die Geißeln bei den Polymastiginen (n). In vielen Fällen stehen die Basalkörper mit besonderen Differenzierungen, den sog. *Geißelbändern* in Verbindung, welche die Zelle in Spiraltouren umziehen (Abb. 328).

Bei verschiedenen Flagellaten, z. B. bei den Chrysomonadinen *Chrysochromulina* [678, 682] und *Prymnesium* [672], kommt neben den eigentlichen Geißeln noch ein sog. *Haptonema* vor. Äußerlich einer Geißel ähnlich, dient es in erster Linie dazu, die Zelle an der Unterlage zu befestigen. Obwohl es keine Schwingungen ausführt, vermag sich das Haptonema zu einer Spirale aufzuwickeln oder in die Länge zu strecken. Elektronenmikroskopische Untersuchungen zeigen einen von der Geißel abweichenden Feinbau. Im Innern befinden sich einzelne Mikrotubuli, die manchmal einen Ring bilden, manchmal unregelmäßiger angeordnet sind. Bei *Prymnesium* scheinen an der Basis stets 9 Mikrotubuli vorzukommen. Von diesen reichen aber einige nicht bis zum Ende des Haptonemas, so daß auf weiter distal gelegenen Querschnitten nur noch 8 oder 7 Mikrotubuli zu sehen sind. Das Bündel der Mikrotubuli wird von drei Elementarmembranen umschlossen, von denen die beiden äußeren als eine Duplikatur der Zellhülle aufzufassen sind. Offenbar handelt es sich bei dem Haptonema um ein Organell, welches aus der Geißel hervorgegangen, aber durch die Spezialisierung auf die Haftfunktion verändert und vereinfacht worden ist.

Die Bewegungsweise der Geißeln ist sehr verschieden. Auch bei der gleichen Art ist sie nicht stereotyp, sondern kann in mannigfacher Weise modifiziert werden. Vielfach ist ihre Bewegung garnicht mit einer Lokomotion verbunden.

Die Geißelschwingungen, welche zur Lokomotion, also zum Schwimmen im Wasser führen, verlaufen meistens so schnell, daß sie subjektiv nicht verfolgt werden können. Ihre Analyse kann dann nur mit Hilfe von Zeitdehneraufnahmen oder auf stroboskopischem Wege erfolgen. Auch Modellversuche können wesentlich zum Verständnis der Geißelbewegungen beitragen.

In den meisten Fällen führt die Geißel *Schlängelbewegungen* aus. Dabei kann sie in einer Ebene schwingen *(uniplanar)* oder eine Schraubenbahn beschreiben *(helicoidal)*.

Der Wasserdruck, welcher die Zelle vorantreibt, wird durch sinusförmige Wellen hervorgerufen (Abb. 252). Befindet sich die Geißel am Hinterende, so bewegen sich die Wellen in distaler Richtung (a, z. B. tierische Spermien, *Ceratium*), entspringt sie am Vorderende, so bewegen sie sich in proximaler Richtung fort (b, z. B. *Mastigamoeba*, Trypanosomiden). Die vielfach vertretene Auffassung, daß der Bewegungsimpuls immer vom Basalkörper ausgehen müsse, trifft daher nicht zu [524].

Zeitdehneraufnahmen lassen erkennen, daß die Wellen gelegentlich auch bei Geißeln, die am Vorderende entspringen, in distaler Richtung verlaufen. Für die Chrysomonadinen *Ochromonas* und *Chromulina* konnte nachgewiesen werden, daß solche Geißeln mit steifen, borstenförmigen Mastigonemen (S. 289) besetzt sind, welche bei der Wellenbewegung ruderartig nach hinten geschlagen werden und dadurch gewissermaßen die hydrodynamische Wirkung umkehren (c) [527].

Auch bei einigen festsitzenden Flagellaten *(Actinomonas, Monas, Poteriodendron)* laufen die Wellen distalwärts, obwohl die Wasserströmung, welche die Nahrungspartikel herbeiführt, zur Zelle hin gerichtet ist. Wahrscheinlich sind auch hier Mastigonemen ausgebildet [*1017*].

In manchen Fällen, beispielsweise bei *Euglena* (Abb. 263) verlaufen die Wellen zwar zum Ende der Geißel hin, aber diese ist bei der Lokomotion nach hinten gerichtet, eine Situation, die bei den sog. Schleppgeißeln ohnehin gegeben ist.

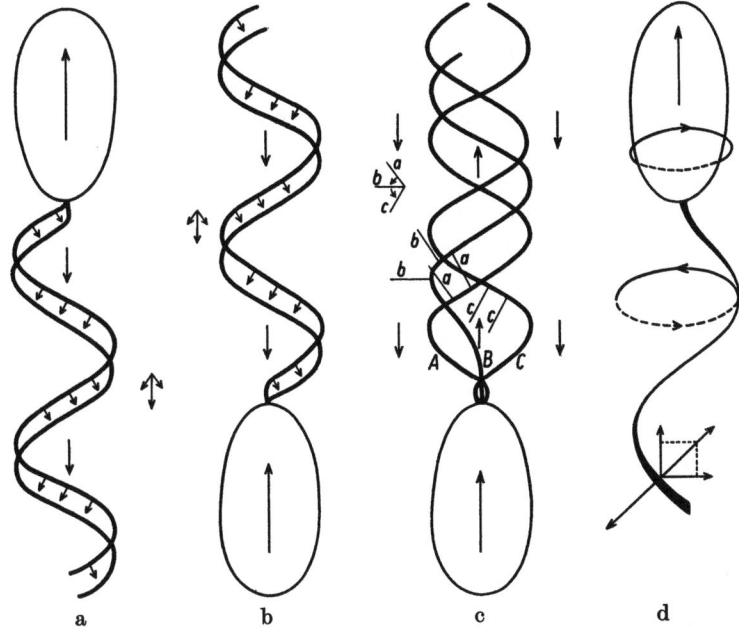

Abb. 252. Bewegungsweisen der Geißeln. a, b, c planar-sinuidale Schwingungen. a Geißel hinten (Sinus-Wellen: proximal → distal). b Geißel vorne (Sinus-Wellen: distal → proximal). c Geißel vorne, mit Mastigonemen (nur zwei eingezeichnet); *A, B, C* drei verschiedene Phasen einer proximal → distal fortschreitenden Sinus-Welle. Nach JAHN, LANDMAN und FONSECA. 1964 [*527*]. d Geißel hinten, helicoidale Schwingung. Nach BUDER aus NULTSCH, 1964

Zwischen der sinuidalen und helicoidalen Bewegungsweise ist häufig keine scharfe Grenze zu ziehen. Im letzteren Falle kommt zu der längsgerichteten noch eine quergerichtete Komponente, welche zu einer Drehung der Zelle führt. Diese „schraubt" sich gewissermaßen durch das Wasser (d).

Früher galt es als sicher, daß die Geißel in mehr oder weniger gestreckter Form um einen kegelförmigen Schwingungsraum rotieren und dadurch eine Art Sogwirkung hervorrufen kann. Diese Bewegungsweise ist jedoch aus hydrodynamischen Gründen unwahrscheinlich und in Zeitdehneraufnahmen bisher auch noch niemals beobachtet worden.

Bei den *Dinoflagellaten* wird die Lokomotion in erster Linie durch die Längsgeißel ermöglicht, welche meistens nach hinten gerichtet ist. Stroboskopische Untersuchungen an *Ceratium*-Arten ergaben, daß uniplanare Sinuswellen distalwärts laufen [*526*]. Wahrscheinlich kommen aber auch helicoidale Schwingungen vor. Die Quergeißel, welche eine Schraubenbewegung ausführt, dient nicht nur der Rotation der Zelle, sondern trägt auch zu deren Lokomotion bei. Die Dinoflagellaten schwimmen meistens in Schraubenbahnen, wobei ihre Körperachse gegen die Bewegungsachse geneigt ist [824]. Die Bewegungsrichtung kann durch Umlegen der Längsgeißel geändert werden. Außerdem kann während des Schwimmens eine Umkehr der Rotationsrichtung erfolgen.

Auch die einfachste Bewegungsweise, der *periodische Ruderschlag*, kommt bei den Flagellaten vor. Besonders interessant sind die Verhältnisse bei den kolonialen *Volvociden*. Wie schon früher hervorgehoben wurde (S. 140), ist die Schwingungsebene der Geißeln in der asymmetrischen Organisation der Zellen festgelegt. Beide Geißeln schwingen in parallelen Ebenen, und zwar von links vorne nach rechts hinten, so daß die ganze Kolonie — vom Vorderpol gesehen — im Uhrzeigersinne rotiert (Abb. 127). Diese Festlegung der Schwingungsebenen ist für die Bewegungskoordination der Kolonien notwendig. Sie hat aber zur Folge, daß isolierte Einzelzellen keine Lokomotion mehr ausführen, sondern nur noch auf der Stelle rotieren können [362].

Bei den *Polymastiginen* sind natürlich sehr verschiedenartige Bewegungsweisen zu erwarten, da die Zahl und Anordnung der Geißeln außerordentlich variiert. *Pyrsonympha* besitzt vier undulierende Membranen, die asynchrone Wellenbewegungen ausführen. Die *Trichomonadiden* haben Schleppgeißeln oder nach hinten gerichtete undulierende Membranen. Die Wellenbewegungen des Achsenstabes oder der Costa können ebenfalls eine Rolle bei der Lokomotion spielen (S. 30).

Ganz absonderliche Verhältnisse finden sich bei der Trichomonadide *Mixotricha paradoxa*, welche in der altertümlichen Termite *Mastotermes darwiniensis* lebt. Die Geißeln dienen hier nur der Steuerung. Die ganze Zelloberfläche bildet kleine konsolenförmige Erhebungen aus, die in Reihen angeordnet sind. Vor jeder Erhebung ist ein Bakterium, dahinter eine Spirochaete befestigt. Während die Bedeutung der Bakterien unbekannt ist, besteht die der Spirochaeten zweifellos darin, die Zelle vorwärts zu bewegen. Alle Spirochaeten sind nämlich nach hinten gerichtet und führen undulierende Bewegungen aus, die deutlich koordiniert sind. *Mixotricha* erinnert daher an eine Hypermastigide und wurde auch zeitweise dafür gehalten. Daß es sich nicht um Geißeln, sondern um Spirochaeten handelt, konnte elektronenmikroskopisch sichergestellt werden. Die „*Bewegungssymbiose*" von *Mixotricha paradoxa* ist eines der merkwürdigsten Beispiele einer funktionellen Ergänzung zweier ganz verschiedener Organismenarten [196, 207].

Bei den *Hypermastigiden* können die Geißeln auf Büschel beschränkt sein, die am Vorderende der Zelle befestigt sind. Sie können von spiralig verlaufenden Bändern oder in Längsfurchen (Abb. 248) entspringen. Anscheinend sind ihre Bewegungen vorwiegend undulierend. Die in gleicher Höhe inserierten Geißeln undulieren synchron, die in den Längsfurchen aufeinanderfolgenden metachron. Es verlaufen daher ständig Wellen von vorn nach hinten, deren Frequenz und Amplitude die Geschwindigkeit der Fortbewegung bestimmen (Abb. 253a).

Bei manchen Gattungen *(Deltotrichonympha, Koruga)* spielen diese „Geißelwellen" jedoch eine untergeordnete Rolle. Die Lokomotion wird in erster Linie durch wellenförmige Bewegungen der Zellwand ermöglicht, und diese „Körperwellen" bestimmen auch die Frequenz der „Geißelwellen". Allerdings ist das kontraktile Substrat der „Körperwellen" noch nicht bekannt [205].

Ist das Vorderende des Zellkörpers als Rostrum abgegliedert, so ermöglicht es eine Richtungsänderung bei der Fortbewegung und ist dann häufig mit längeren Geißeln ausgestattet (Abb. 329).

Zwischen Geißeln und Wimpern läßt sich heute keine scharfe Grenze mehr ziehen. Aus konventionellen Gründen wäre es natürlich zweckmäßig, wenn man bei den Flagellaten von Geißeln und bei den Ciliaten von Wimpern sprechen könnte. Aber dieses Prinzip läßt sich nicht eindeutig vertreten, da die Opalininen, welche heute meistens zu den Flagellaten gerechnet werden, in der Art ihrer „Bewimperung" mehr an die Ciliaten erinnern.

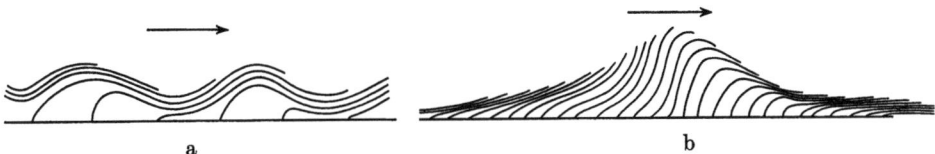

Abb. 253. Schema der metachronen Wellen. a *Trichonympha*. b *Opalina*. Der Pfeil gibt die Bewegungsrichtung der metachronen Wellen an. Nach SLEIGH, 1962 [*1016*]

Vom phylogenetischen Standpunkt aus handelt es sich bei den *Wimpern* oder *Cilien* um spezialisierte Geißeln, die im Zusammenhang mit ihrer größeren Zahl und der stärkeren Koordination ihrer Tätigkeit relativ kürzer als die Geißeln der Flagellaten sind.

Von einem den ganzen Zellkörper bedeckenden „*Wimperkleid*" kann man allerdings nur bei den *Opalininen* und den *holotrichen Ciliaten* sprechen. Die Holotrichen, welche als die ursprünglichsten Ciliaten gelten, besitzen auch die größte Wimperzahl. Bei einer besonders großen Art, *Prorodon teres*, wird sie auf 12000 geschätzt. Auf die mannigfachen Abwandlungen, welche dieses „Wimperkleid" bei den übrigen Ordnungen der Ciliaten erfahren hat, und auf die Zusammenfassung von Wimperfeldern zu komplexen Bewegungsorganellen soll weiter unten eingegangen werden (S. 299). Wie die Geißeln, so können auch die Wimpern auf verschiedenartige Weise in den Dienst des Nahrungserwerbs gestellt sein (S. 331).

Die Wimpern der Opalininen stehen in Reihen zwischen den von vorn nach hinten verlaufenden Längsfalten der Pellicula (Abb. 32). Bei den Holotrichen sind die Wimperreihen nicht durch Falten getrennt; aber ihr „meridionaler" Verlauf kann durch die Form des Zellkörpers, insbesondere durch die Lage des Peristoms, und durch das damit zusammenhängende unterschiedliche Wachstum der Pellicula mehr oder weniger „gestört" sein (S. 132).

Wie die Basalkörper der Geißeln, so dienen auch die der Wimpern als Ansatzstellen für *Fibrillen*. Diese können einen verschiedenen Verlauf und eine verschiedene Lagebeziehung zueinander haben.

Die seitlich an den Basalkörpern ansetzenden werden als *kinetodesmale* Fibrillen bezeichnet. Sie sind im elektronenmikroskopischen Bild quergestreift und scheinen immer auf der rechten Seite der Basalkörper zu entspringen, wenn man die Zelle vom Vorderpol her betrachtet (Regel der „Desmodexie", [*123*]). Bei *Paramecium* ziehen die kinetodesmalen Fibrillen der einzelnen Basalkörper alle nach vorne. Sie laufen spitz zu und enden etwa unter dem 4. oder 5. Wimperfeld der betreffenden Reihe. Dabei überdecken sie sich schindelförmig, so daß der Eindruck einer durchgehenden „Längsfibrille" (Kinetodesma) entsteht. Ähnliche Verhältnisse wurden auch bei anderen Holotrichen [*827—829*] und den Körpercilien von Heterotrichen [*324, 334, 564, 876, 878, 1142*] gefunden.

Auch das Ende der Basalkörper kann als Ansatzstelle für Fibrillen dienen. Diese werden als *nemadesmale* Fibrillen bezeichnet und unterscheiden sich von den kinetodesmalen dadurch, daß sie im elektronenmikroskopischen Bild nicht quergestreift sind. Wie die Axostyle der Polymastiginen bestehen sie aus Reihen von Mikrotubuli (S. 30). Manchmal entspringen die Fibrillen von besonderen Platten, die den Enden der Basalkörper angeheftet sind. Bei einigen Wiederkäuerciliaten ziehen die Fibrillen zur Wand des Cytopharynx oder der sog. ,,Konkrementvacuole", die als statisches Organell gedeutet wird [*24, 397*].

Bündel von Mikrotubuli treten auch sonst häufig in der Nähe von Basalkörpern auf. Manchmal verbinden sie diese mit der angrenzenden Pellicula.

Da Vorkommen und Verlauf dieser Fibrillensysteme sehr variabel sind, sollen sie hier nicht weiter besprochen werden. Zudem lassen sich über ihre *Funktion* nur Vermutungen anstellen. Sie könnten zur ,,Verankerung" der Cilien und zur Aufrechterhaltung einer bestimmten Zellform dienen. In manchen Fällen mag es sich auch um kontraktile Elemente handeln, welche Gestaltveränderungen der Zelle ermöglichen. Jedenfalls bestehen keine eindeutigen Beweise dafür, daß die bisher bekannt gewordenen Fibrillensysteme Erregungsbahnen sind, wie man früher vielfach angenommen hat. Daß solche erregungsleitenden Fibrillensysteme existieren, ist auch aus allgemeinen physiologischen Erwägungen unwahrscheinlich [*97*].

Das eindrucksvollste Phänomen, welches die Wimpern der Opalininen und Ciliaten zeigen, ist die *Koordination ihrer Tätigkeit*. Diese ist viel plastischer als die der Geißeln einer Hypermastigide oder einer Phytomonadinen-Kolonie und ermöglicht daher ein viel größeres ,,Reaktionsinventar" [*18, 801—817*].

Um diese Koordination zu verstehen, muß man davon ausgehen, daß auch die isolierte, aus dem Verband herausgelöste Cilie eine Bewegung ausführen kann. Durch Behandlung mit Ammoniakdampf läßt sich erreichen, daß manche Ciliaten hyaline Blasen ausbilden, an deren Oberfläche einzelne, aus der Pellicula herausgerissene Cilien hängen. Solche Cilien führen stets eine kontinuierliche Kreisbewegung entgegen dem Uhrzeigersinn aus, bei der sie einen Kegelmantel umschreiben (Abb. 254a). Eine entsprechende Kreisbewegung läßt sich beobachten, wenn die Ciliaten der Einwirkung von Chloroformdampf oder von Magnesium-Ionen ausgesetzt werden oder kurz vor dem Absterben sind. Sie wird von allen Cilien des Wimperkleides ausgeführt und stellt offenbar eine ,,*autonome*", von den die Koordination herbeiführenden Einflüssen unabhängige Bewegungsform dar.

Demgegenüber ist die Bewegungsform der Cilie bei der Lokomotion *polarisiert*. Sie erfolgt in einer bestimmten Richtung und besteht in einer rhythmischen Schlagfolge: Auf einen schnellen *progressiven* Schlag (Vorschlag, effective stroke) folgt ein langsamer *regressiver* Schlag (Rückschwingung, recovery stroke), durch den sie wieder in die Bereitschaftsstellung für den progressiven Schlag zurückgebracht wird. Bei *Paramecium* beträgt das zeitliche Verhältnis des progressiven und regressiven Schlages 1:6 bis 2:5. Infolge der größeren Intensität des progressiven Schlages kommt es zu einer Ruderwirkung, die durch die große Zahl der gleichzeitig schlagenden Cilien vervielfacht wird und die Zelle in entgegengesetzter Richtung vorantreibt.

Früher wurde angenommen, daß die Cilien den progressiven und regressiven Schlag in der gleichen Ebene ausführen, wie es bei den Wimperepithelien der

Metazoen der Fall ist. Es hat sich jedoch gezeigt, daß diese Annahme weder für die Opalininen, die meistens als Beispiel angeführt werden (Abb. 253b), noch für die Ciliaten zutrifft. Bei *Paramecium*, wo die aufeinanderfolgenden Bewegungsphasen mit Hilfe eines Schnellfixierungsverfahrens analysiert werden konnten [*801—803*], führt die Cilie in der regressiven Phase eine Drehbewegung aus, bei welcher sie der Zelloberfläche angeschmiegt ist und sich im wesentlichen entgegen dem Uhrzeigersinn bewegt, wie es auch bei der „autonomen" Kreisbewegung (s. o.) zu beobachten ist (Abb. 254b).

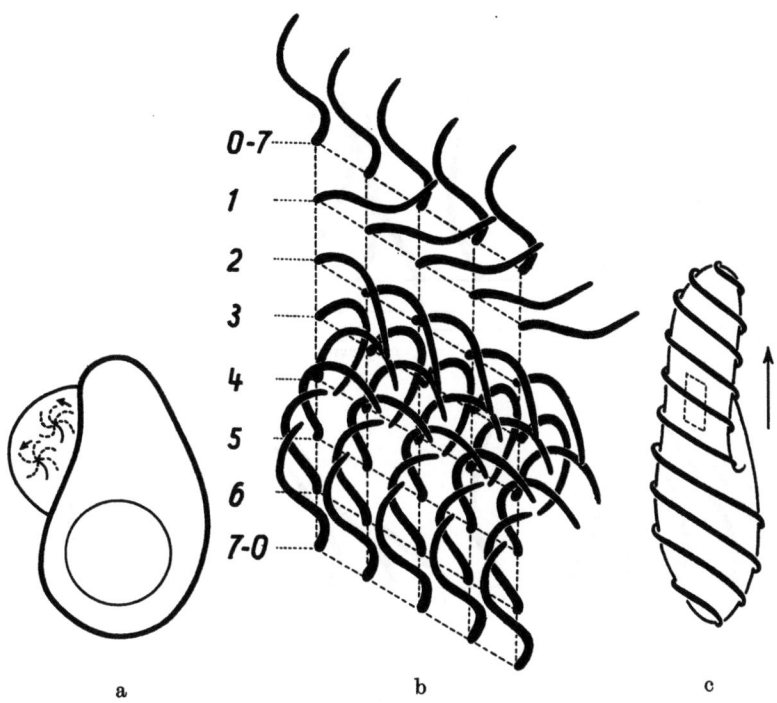

Abb. 254. Koordination der Wimpertätigkeit. a *Colpidium*. Durch Ammoniakbehandlung hervorgerufene hyaline Blase, an deren Oberfläche zwei, von ihrer Insertionsstelle losgerissene Cilien unkoordinierte Drehbewegungen ausführen. b, c *Paramecium*. Form des Wimperschlages und Metachronie. b Schema eines schnellfixierten Oberflächenbereichs mit fünf Wimperreihen. *0—2* progressiver, *2—7* regressiver Schlag. c Schema des Verlaufs der metachronen Wellen bei der Vorwärtsbewegung (dem rhombischen Ausschnitt entspricht der in b dargestellte Bereich). Nach PARDUCZ, 1954 [*803*]

Die Koordination äußert sich ferner darin, daß die Wimpern die beschriebene Schlagfolge nicht zusammenhanglos ausführen, sondern in bestimmten Richtungen nacheinander schlagen. Die rhythmische Schlagfolge ist also mit einer Phasenverschiebung von Cilie zu Cilie verbunden, eine Erscheinung, die man als *Metachronie* bezeichnet. Wird ein Ciliat während der Fortbewegung schnellfixiert, so befinden sich die in der Richtung der Phasenverschiebung stehenden Cilien in den verschiedenen Bewegungsphasen, die von der einzelnen Cilie während ihres progressiven und regressiven Schlages durchlaufen werden (Abb. 254b).

Die Richtung der Phasenverschiebung läßt sich an der Form der sog. *metachronen Wellen* erkennen, die als Zonen größerer oder geringerer Verdichtung des Wimperkleides über die Zelle wandern. Die Verdichtung kommt dadurch zustande, daß die Cilien während des progressiven oder regressiven Schlages konvergieren.

Wie vergleichende Untersuchungen gezeigt haben [594], kann die Richtung der Phasenverschiebung in einer verschiedenen Beziehung zur Richtung des progressiven Schlages stehen (Abb. 255). Von einer *symplektischen* Metachronie wird gesprochen, wenn beide Richtungen übereinstimmen (a). Die Konvergenz der Cilien findet also während des progressiven Schlages statt. Bei der Vorwärtsbewegung wandern die metachronen Wellen von vorn nach hinten. Im umgekehrten Falle, der sog. *antiplektischen* Metachronie (b), erfolgt der progressive Schlag in entgegengesetzter Richtung. Die Konvergenz der Cilien spielt sich also während des regressiven Schlages ab. Bei der Vorwärtsbewegung wandern die metachronen Wellen von hinten nach vorn.

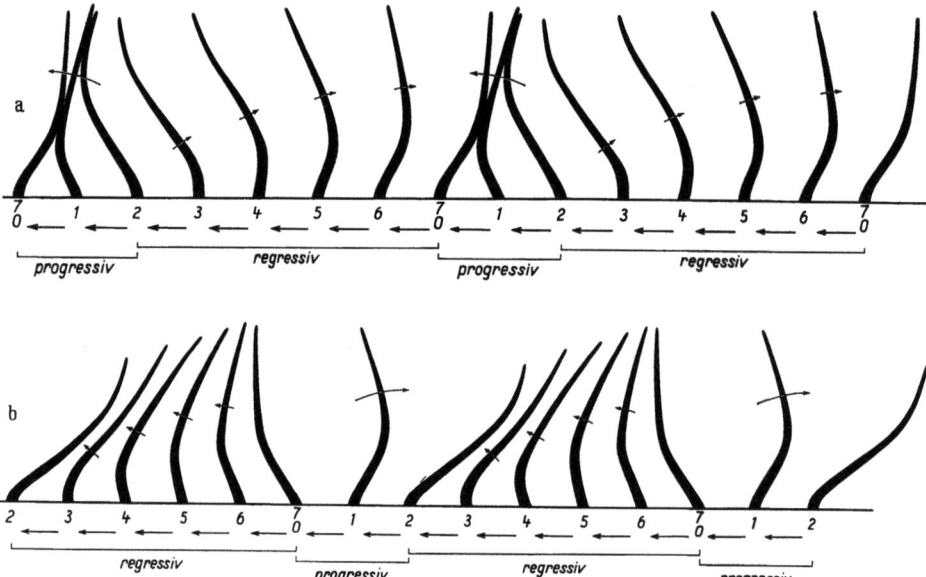

Abb. 255. Schema der symplektischen und der antiplektischen Metachronie. *0—2* progressiver, *2—7* regressiver Schlag. Bei der symplektischen Metachronie (a) entspricht die Richtung des progressiven Schlages der der metachronen Wellen, bei der antiplektischen Metachronie (b) sind beide Richtungen entgegengesetzt. Entw. H. MACHEMER

Wird der progressive Schlag quer zur Richtung der Phasenverschiebung ausgeführt, so handelt es sich um *diaplektische* Metachronie. Dabei kann der Schlag nach rechts oder links erfolgen (*dexioplektisch, laeoplektisch*).

Symplektische Metachronie, die man früher für den Normalfall hielt, scheint nur bei den Opalininen und einigen darmbewohnenden Ciliaten *(Isotricha, Balantidium)* vorzukommen, also bei Formen, die in einem viscösen und partikelreichen Medium leben. Die freilebenden Ciliaten zeigen dagegen meistens antiplektische oder diaplektische Metachronie, am häufigsten wohl Übergänge zwischen beiden Typen. Diese Metachronie-Formen sind bei größerer Schlagfrequenz günstiger, weil sich die Cilien beim progressiven Schlag nicht behindern können.

Bei *Paramecium* wandern die metachronen Wellen beim *Vorwärtsschwimmen* von hinten nach vorn. Ihre Fronten verlaufen aber nicht quer zur Körperachse, sondern etwa im Winkel von 45° nach rechts verschoben (Abb. 256a). Der progressive Schlag wird in der Richtung der Wellenfront, und zwar nach rechts (dexioplektisch), in bezug auf die Körperachse also nach rechts hinten ausgeführt [21].

In Verbindung mit der vorgegebenen Zellgestalt, die bei *Paramecium* vor allem durch die Lage des Peristoms bestimmt wird, führt diese Schlagweise dazu, daß die Zelle nicht geradlinig, sondern in linksgewundenen Schraubenbahnen schwimmt. Bei jeder Windung rotiert sie einmal um ihre Längsachse, wobei das Peristom zur Achse der Schraubenbahn gerichtet ist.

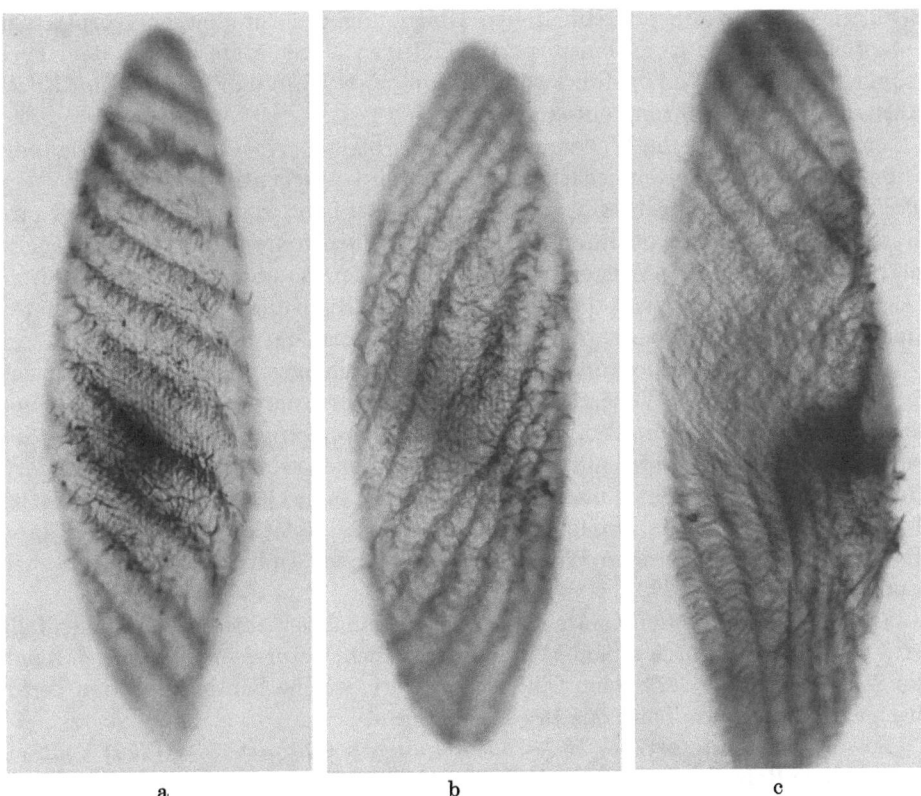

a　　　　　　　　　b　　　　　　　　　c

Abb. 256. *Paramecium multimicronucleatum*. Muster der metachronen Wellen schnellfixierter Individuen (Osmium-Eisenhämatoxylin-Methode). a beim Vorwärtsschwimmen, b beim Rückwärtsschwimmen, c in der „Kegelschwingungsphase" schnellfixiert (Vgl. Abb. 267). Nach PARDUCZ, 1963: a, b und 1956: c [*814, 806*]

Beim *Rückwärtsschwimmen* — z. B. bei einer „Fluchtreaktion" (Abb. 267) — bewegt sich das *Paramecium* mehr geradlinig, wenn auch in einer — bezogen auf die Schwimmrichtung — rechtsgewundenen Schraubenbahn. Diese Bewegungsweise wird dadurch hervorgerufen, daß der progressive Schlag nach rechts vorne ausgeführt wird. Es findet daher nicht einfach eine „Schlagumkehr", sondern eine Drehung der Schlagebene um etwa 90° statt. Dementsprechend wandern die metachronen Wellen von links vorne nach rechts hinten, wobei sie jedoch stärker meridional als beim Vorwärtsschwimmen gerichtet sind (Abb. 256b).

---

[21] Strenggenommen ist die Metachronie dexio-antiplektisch, weil der Winkel zwischen der Bewegungsrichtung der Wellen und der Richtung des progressiven Schlages größer als 90° ist [*817*].

Paramecien, die während des Übergangs vom Rückwärts- zum Vorwärtsschwimmen schnellfixiert worden sind — z. B. in der sog. „Kegelschwingungsphase" (Abb. 267) — veranschaulichen die Änderung des Wellenmusters: Während die hintere Hälfte noch das für das Rückwärtsschwimmen charakteristische Muster zeigt, ist an der vorderen Hälfte schon das Muster des Vorwärtsschwimmens erkennbar. Zwischen beiden Bereichen befindet sich eine Zone, in der die Cilien ihre Schlagrichtung ändern (Abb. 256c).

Eine gewisse Autonomie kommt den *Cilien des Peristoms* zu. Während ihre Schlagrichtung in einer partikelfreien Umgebung der der übrigen Körpercilien entspricht, schlagen sie in einem partikelhaltigen Milieu stets so, daß dem Peristom ein Wasserstrom zugeführt wird. *Paramecium* kann daher auch beim Rückwärtsschwimmen Nahrung einstrudeln [*414*].

Im einzelnen sind die Wellenmuster einer großen *Variabilität* unterworfen, die durch die wechselnde Reizsituation bestimmt wird. Gelegentlich bewegt sich *Paramecium* auch in einer rechtsgewundenen Schraubenbahn vorwärts, wobei der progressive Schlag nach links hinten und auch die Wellenfronten entsprechend geneigt sind. Muß es gegen eine Wasserströmung ankämpfen, so unterbleibt die Rotation. Der progressive Schlag wird dann in meridionaler Richtung von vorn nach hinten ausgeführt, eine Schlagweise, die früher als die „normale" angesehen wurde.

Aber nicht nur die Richtung des progressiven Schlages, welche ihren Ausdruck in einer Änderung des Wellenmusters findet, kann variiert werden, sondern auch seine *Intensität*. Ein ungefähr 200 μ langes *Paramecium multimicronucleatum* bewegt sich normalerweise mit einer Geschwindigkeit von etwa 1300 μ/sec fort. Durch Erhöhung der Schlagintensität kann es aber seine Geschwindigkeit auf etwa 3500 μ/sec, also auf das Dreifache steigern. Dieser Relation entsprechend kann die Anzahl der metachronen Wellen an gleich großen Individuen etwa zwischen 6 und 18 schwanken [*802*].

Offenbar kann die Schlagintensität auch regional verschieden sein. Jedenfalls wird das sog. „Bogenschwimmen" nur verständlich, wenn man annimmt, daß sich die Schlagintensität derjenigen Cilien vergrößert, welche bei der Rotation periodisch auf die konvexe Seite des Bogens gelangen.

Sowohl bei *Opalina* [*735, 783—785*] als auch bei *Paramecium* [*805*] konnten durch lokale Reizung charakteristische Veränderungen des Wellenmusters hervorgerufen werden. Wird *Paramecium* von *Didinium* angegriffen (S. 329), so gehen von der Kontaktstelle konzentrische Wellenfronten aus.

Obwohl bestimmte Schlagrichtungen und -intensitäten bevorzugt werden, kann also die Richtung des progressiven Schlages in beliebiger Weise, und seine Intensität in weiten Grenzen verändert werden. Die Tatsache, daß sich die Cilien bei allen Bewegungsvarianten zu Wellen anordnen, weist aber darauf hin, daß ihre Tätigkeit stets koordiniert ist.

Schon bei den Holotrichen kann es zu einer weitgehenden Reduktion des Wimperkleides kommen. Ein Beispiel ist *Didinium nasutum*, dessen Zellkörper nur von zwei gürtelförmigen Wimperbändern umzogen wird (Abb. 276). Diese Bänder bestehen aus einfachen Cilienreihen, die nicht meridional, sondern schräg von links vorne nach rechts hinten verlaufen. Beim Vorwärtsschwimmen wandern metachrone Wellen im Uhrzeigersinn über beide Wimperbänder, während die Cilien von rechts vorne nach links hinten schlagen. Das Tier bewegt sich daher in einer Rechtsschraube vorwärts. Beim Rückwärtsschwimmen wandern die Wellen entgegen dem Uhrzeigersinn und die Cilien schlagen von links hinten nach rechts vorne. Zum Unterschied von *Paramecium* (S. 297) ändert sich also die Richtung des progressiven Schlages bei der Bewegungsumkehr um 180° [*810*].

Die bereits bei den Holotrichen (Hymenostomata) und Peritrichen angebahnte Umgestaltung von Wimpergruppen zu Funktionseinheiten (undulierende Membranen, Membranellen) ist bei den *Spirotrichen* weiter fortgeschritten. Das für die ganze Ordnung charakteristische *adorale Membranellenband* dient zwar in erster Linie zur Erzeugung eines Wasserstromes, der die Nahrung zum Cytostom treibt, kann aber auch bei der Lokomotion eine Rolle spielen.

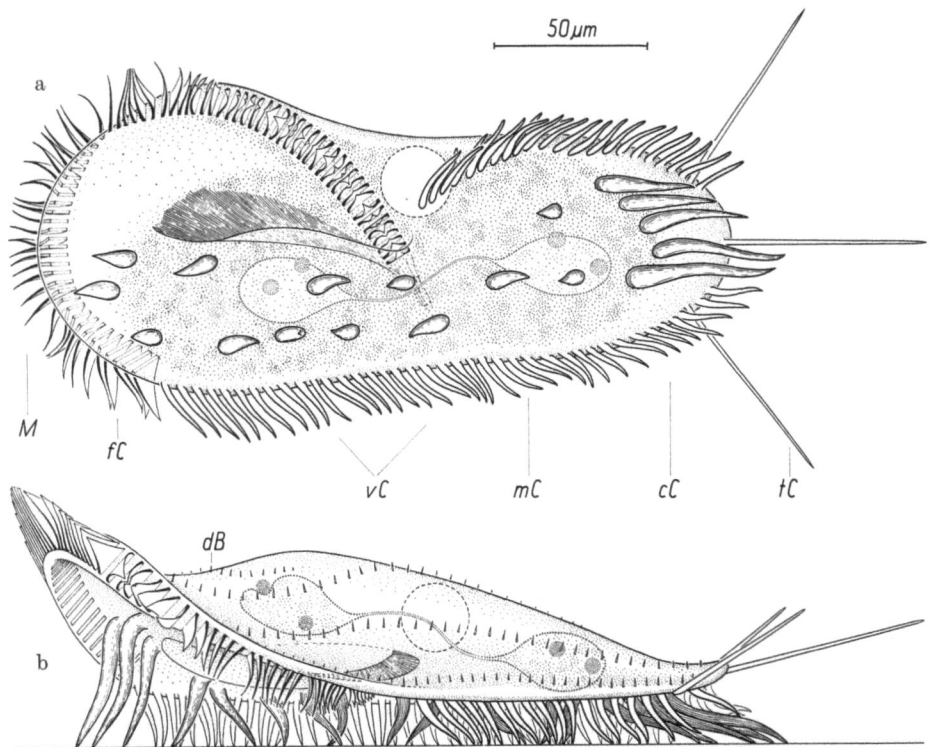

Abb. 257. *Stylonychia mytilus*. a Ventralansicht. b Seitenansicht. *M* Membranellen. *fC, vC, mC. cC, tC:* frontale, ventrale, marginale, caudale, terminale Cirren. *dB* dorsale „Tastborsten". Entw. H. MACHEMER

Jede Membranelle stellt ein Plättchen dar, welches den Umriß eines Dreiecks oder Trapezes hat und aus 2—3 Cilienreihen besteht. Während die Basalkörper durch Fibrillen oder ein amorphes Material zu einer festen Platte verkittet sind, scheinen die Schäfte der Cilien nur lose miteinander verbunden zu sein. Die Membranellen folgen mit ihren Breitseiten dicht aufeinander und schlagen metachron. In allen bisher untersuchten Fällen beginnen die über das Membranellenband wandernden Wellen am Cytostom.

Die *Heterotrichen* schließen sich insofern an die Holotrichen an, als sie außer dem Membranellenband noch in Längsreihen stehende Körpercilien besitzen.

Bei *Stentor*, wo das Membranellenband am Cytostom beginnt und dann spiralig um das trichterförmig vertiefte Peristom herumzieht, schlagen die Membranellen quer zu seiner Richtung nach außen (dexioplektisch). Sie können ihre Schlagrichtung nicht umkehren [*1018*]. Von den Basalkörpern der Membranellen entspringen Bündel nemadesmaler Fibrillen, die senkrecht in das Cytoplasma ziehen und sich hier zu einer dem ganzen Membranellenband folgenden Längsfaser vereinigen [*878*].

Von den Körperwimpern sind bei den *Hypotrichen* auf der Dorsalseite nur kurze „Tastborsten" übriggeblieben, während sie auf der Ventralseite zu komplexen Bewegungsorganellen, den Cirren, zusammengeschlossen sind. Die Membranellen schlagen nicht nach der Seite, sondern in der Richtung des Membranellenbandes.

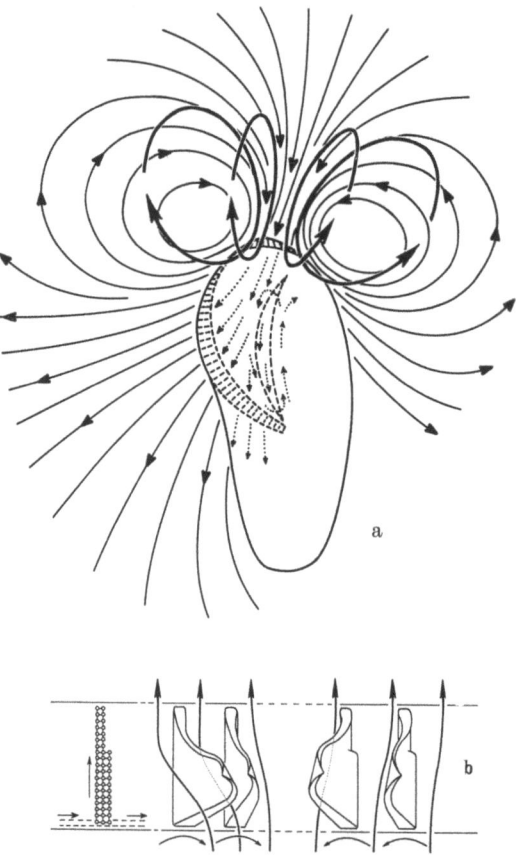

Abb. 258. *Stylonychia mytilus.* a Verlauf der Wasserströmungen im Bereich des Membranellenbandes (Dorsalansicht). Das in das Peristomgebiet einströmende Wasser wird z. T. wieder seitlich abgesaugt. b Schlagweise der Membranellen (hypothetisch): eine quergerichtete, kontinuierliche Wasserströmung (lange Pfeile) kann in beiden Schlagrichtungen (gebogene Pfeile) erzeugt werden, wenn die Membranellen während des Schlages wie Turbinenschaufeln schräg gestellt sind. Dies kann durch die einseitige metachrone Erregung (kurze Pfeile) oder durch die größere Kraftentfaltung einer Membranellenseite (vgl. Membranellengrundriß links im Bild) geschehen. Nach MACHEMER, 1966 [*668*]

Bei *Stylonychia mytilus* (Abb. 257) konnte nachgewiesen werden, daß die Membranellen zu beiden Seiten des Vorderendes nach hinten, auf der linken also antiplektisch, auf der rechten symplektisch schlagen. Auf diese Weise entstehen zwei spiegelbildlich symmetrische Wirbel, die sich über dem Vorderende des Tieres zu einem halbkreisförmigen Kranz vereinigen (Abb. 258a). Die Membranellen schlagen nicht wie starre Platten, sondern offenbar in der Weise, daß die eine Schmalseite der anderen zeitlich etwas vorauseilt (Turbinen-Effekt). Anscheinend üben die die Membranellen zusammensetzenden Cilien ihre Tätigkeit nicht völlig synchron, sondern nach einem in den Membranellen festgelegten Metachronie-Muster aus (b).

Die *Cirren* sind Komplexe zahlreicher, aber ziemlich kurzer Cilienreihen und haben einen runden oder polygonalen Querschnitt. Sie laufen am Ende spitz zu. Stets treten sie in Gruppen von verhältnismäßig konstanter Zahl und Anordnung auf.

Zum Unterschied von den Cilien und Membranellen zeigen die Cirren, welche den Hypotrichen das „Schreiten" auf der Unterlage ermöglichen, keine einförmige Schlagtätigkeit. Ihre Bewegungen erscheinen häufig ruckartig, sind aber deutlich metachron oder synchron. Die Cirrengruppen, ja sogar die einzelnen Cirren können auch unabhängig voneinander bewegt werden. Die Analyse dieser Bewegungsformen, die einen hohen Grad von Koordination voraussetzen, steckt aber erst in den Anfängen [*666—668*].

Elektrophysiologische Untersuchungen zeigen, daß an der metachronen Koordination elektrische Phänomene beteiligt sind. Nachdem es möglich wurde, mit Hilfe von Mikroelektroden an einzelnen Zellen Membranpotentiale zu messen, konnte sowohl bei *Opalina* [*579, 735*] als auch bei *Paramecium* [*1144*] nachgewiesen werden, daß mit jeder Änderung der Richtung und Geschwindigkeit des normalen progressiven Schlages eine Depolarisierung der Zellhülle korreliert ist.

Bei *Opalina* läßt sich eine Änderung der Schlagrichtung und -geschwindigkeit unmittelbar an den metachronen Wellen ablesen. Bei *Paramecium* ist ein Spezialfall der Richtungsänderung für die experimentelle Analyse besonders geeignet, nämlich die „*Schlagumkehr*", welche zum Rückwärtsschwimmen führt (S. 297).

Die Schlagumkehr läßt sich durch bestimmte Konzentrationen von Kationen in der umgebenden Flüssigkeit künstlich hervorrufen, wird aber nach einiger Zeit wieder rückgängig gemacht. Besonders geeignet sind K^+-Ionen [*413*]. Im galvanischen Strom erfolgt die Schlagumkehr an der Kathodenseite (S. 318).

Einen der Kalium-Wirkung entgegengesetzten Einfluß auf die Cilienschlagrichtung haben Ca^{++}-Ionen. Die durch die K^+-Ionen hervorgerufene Schlagumkehr wird um so schneller wieder aufgehoben, je höher der Calcium-Gehalt des Mediums ist. Demnach kann in bezug auf die Schlagrichtung von einem *Kalium-Calcium-Antagonismus* gesprochen werden, der allerdings nur innerhalb eines bestimmten Konzentrationsbereichs des Calciums zur Geltung kommt. Wird der Zelle durch allmähliche Zugabe des Komplexbildners EDTA das Calcium entzogen, so findet ebenfalls eine Schlagumkehr statt, der bei weiterem Entzug aber wieder eine Renormalisierung folgt [*415*]. Auf die Cilientätigkeit als solche scheint das Calcium sich nicht auszuwirken.

Bei einem geeigneten Verhältnis von Ba^{++}- und Ca^{++}-Ionen läßt sich bei *Paramecium* eine *periodische Schlagumkehr* erzielen, bei welcher die Cilien in Intervallen von 0,5—1 sec ständig ihre Schlagrichtung wechseln [*289*].

Da die gleichen Ionen-Wirkungen auch an festgelegten Individuen zu beobachten sind, lassen sich die mit der Schlagumkehr korrelierten Potentialschwankungen unmittelbar registrieren. Besonders eindrucksvoll ist die Korrelation bei der periodischen Schlagumkehr: 22—36 msec nach Beginn jeder Depolarisation schlägt die Cilie in umgekehrter Richtung [*580—582*].

Während Ni^{++}-Ionen bei niedriger Konzentration eine Vorwärtsbewegung in rechtsläufiger Schraubenbahn hervorrufen [*615, 812*], stellen die Paramecien bei höherer Konzentration ihren Cilienschlag ein. Diese Immobilisierung bleibt auch noch eine Zeitlang (etwa 30 min) nach Entfernung der Ni^{++}-Ionen bestehen. Werden die Paramecien währenddessen der Wirkung von K⁺-Ionen oder der des galvanischen Stroms ausgesetzt, so richten sich die Cilien wie beim Rückwärtsschwimmen nach rechts vorne, im letzteren Falle nur an der Kathodenseite. Erst später nehmen sie ihre rhythmische Schlagtätigkeit wieder auf. Dieses Experiment bestätigt die Auffassung, daß die zu einer Änderung der Schlagrichtung führende Aktivität nicht mit der Schlagtätigkeit als solcher zusammenhängt. Potentialmessungen ergaben, daß die Richtungsänderung mit einer Depolarisierung der Zellhülle verbunden ist, deren Ausmaß mit der bei normal schlagenden Cilien übereinstimmt [739]. Richtungsänderung und Depolarisierung sind daher eng miteinander gekoppelt, während die Schlagtätigkeit ein hiervon unabhängiger, autonomer Vorgang ist, wie auch schon die Beobachtungen an isolierten Cilien ergaben (S. 294).

Versuche, bei denen die Viscosität der Kulturflüssigkeit verändert wurde, haben gezeigt, daß zwischen den Cilien von *Opalina* und *Paramecium* mechanische Wechselwirkungen bestehen, welche die Koordination des Wimperschlages unterstützen [1018]. Daraus kann jedoch nicht der Schluß gezogen werden, daß die Koordination als solche ein sich in der mechanischen Wechselwirkung der Cilien erschöpfendes Phänomen ist. Die Variabilität der Koordinationsmuster legt vielmehr die Annahme nahe, daß die Koordination durch Vorgänge gesteuert wird, die sich unabhängig vom Muster der Bewimperung über die Zellhülle ausbreiten und nach dem üblichen Sprachgebrauch als „*Erregungsimpulse*" bezeichnet werden. Für diese Annahme spricht auch, daß der Verlauf der metachronen Wellen bei *Paramecium* nicht gestört ist, wenn Teilbereiche des Wimperkleides experimentell cilienfrei gemacht worden sind [614, 815, 817].

Da die Phasenverschiebung dem Erregungsfluß folgen muß, würden die metachronen Wellen unmittelbar das Fortschreiten der Impulse widerspiegeln. Die relative Dichte, in der die Wellen aufeinander folgen, wäre ein Maß für die Erregungsstärke.

Der Kern dieser Auffassung ist, daß die Cilien *Effektoren* sind. Sie reagieren auf endogene Erregungsimpulse. Exogene Reize können diese Impulse modifizieren und unterschiedliche Verteilungsmuster des Erregungsflusses, sowohl an der ganzen Zelle als auch in einzelnen Bereichen, hervorrufen. Wird die Cilie von einem Erregungsimpuls getroffen, so führt sie — gleichgültig in welcher Bewegungsphase sie sich gerade befindet — einen progressiven Schlag von bestimmter Richtung und Intensität aus. In der anschließenden Refraktärperiode nimmt sie dann wieder ihre autonome Bewegungsform, nämlich die „apolare" Kreisbewegung (S. 294) auf. Normalerweise kann sie dabei aber nur einen Teilkreis beschreiben, weil sie von dem nächsten Erregungsimpuls gezwungen wird, wieder einen progressiven Schlag, also eine polarisierte Bewegungsform auszuführen [817].

Am Membranellenband der Spirotrichen müßten die Erregungsimpulse vom Cytostom ausgehen (S. 299). Wären die Membranellen an ihrer Weiterleitung unbeteiligt, so sollte man erwarten, daß Länge und Geschwindigkeit der metachronen Wellen überall gleich sind, auch wenn die Membranellen verschieden weit voneinander entfernt stehen. Messungen am Membranellenband von *Stentor* haben jedoch ergeben, daß diese Erwartung nicht zutrifft [1013, 1014]. In der Nähe des Cytostoms, wo die Membranellen kleiner sind und dichter stehen, sind die Wellen kürzer, und ihre Geschwindigkeit ist geringer. Die Anzahl der Membranellen, die an einer Welle beteiligt sind, ist dagegen über die ganze Länge des Membranellenbandes gleich.

Wird das Membranellenband von *Stentor* angeschnitten, so können auch hinter der Schnittstelle wieder metachrone Wellen einsetzen, die manchmal eine größere, manchmal eine kleinere Frequenz als die vor der Schnittstelle wandernden Wellen haben.

Diese Beobachtungen haben zu der in Abb. 259 wiedergegebenen *Hypothese* geführt. Danach soll jede Cilie — strenggenommen: jede Membranelle — ein gewisses Maß von Spontanerregung besitzen, die so weit ansteigen kann, daß die Cilie autonom schlägt. Normalerweise wird sie aber vorher von einem Impuls getroffen, der sie dazu veranlaßt, einen koordinierten Schlag auszuführen. Überschreitet ihr Erregungszustand einen bestimmten Schwellenwert, so gibt sie einen Impuls an eine benachbarte Cilie ab. Die Weiterleitung eines Impulses wird daher durch den in jeder Cilie stattfindenden Erregungsaufbau verzögert, d. h. die Geschwindigkeit der metachronen Wellen hängt längs einer durchlaufenen Strecke von der Cilienzahl ab.

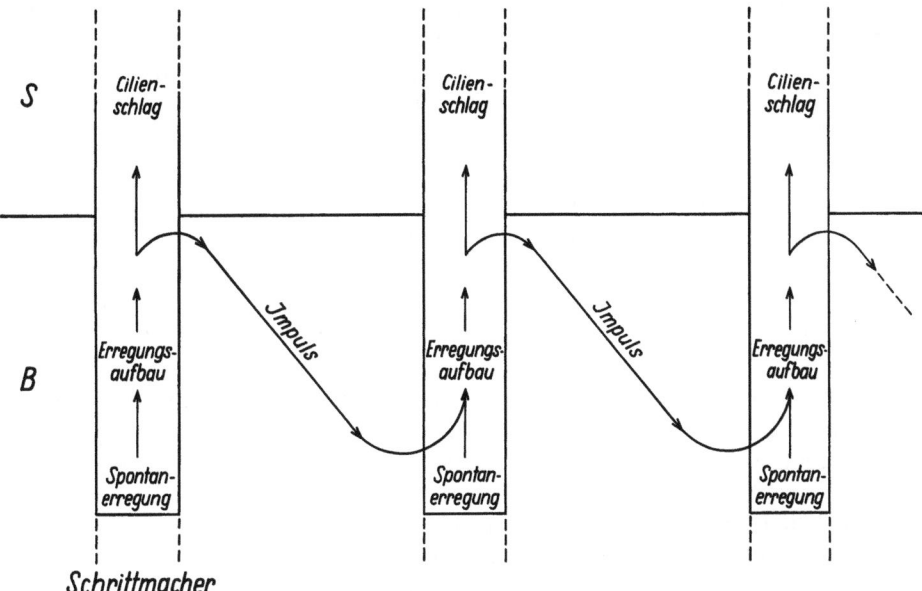

Abb. 259. Schema der Erregungsprozesse an drei aufeinanderfolgenden Membranellen von *Stentor* (hypothetisch). Erklärung im Text. Nach SLEIGH, 1957 [*1014*]

Jede Cilie kann aber — z. B. hinter einer Schnittstelle — zum *Schrittmacher (pacemaker)* für die folgenden werden. Wenn sie das erforderliche Erregungsniveau spontan erreicht, gibt sie einen Impuls an die nächste Cilie ab und bestimmt dadurch die Schlagfrequenz der ganzen Reihe.

Die Hypothese macht verständlich, weshalb die Geschwindigkeit der metachronen Wellen viel geringer als die Erregungsgeschwindigkeit in der Nervenfaser ist.

Bei *Opalina* und *Paramecium*, wo die metachronen Wellen in jeder beliebigen Richtung über die Zelle wandern können, ist es sehr unwahrscheinlich, daß Fibrillensysteme — etwa die kinetodesmalen Fibrillen von *Paramecium* (S. 293) — Leitungsbahnen für die Erregungsimpulse sind. Bei *Euplotes eurystomus* stehen die Analcirren durch nemadesmale Fibrillen mit dem distalen Ende des Membranellenbandes in Verbindung. Durchschneidungsversuche schienen zunächst dafür zu sprechen, daß das koordinierte Zusammenwirken der Cirren und Membranellen, welches sich z. B. beim Zurückzucken der Tiere zeigt, nach Unterbrechung dieser

Verbindung gestört ist [*389, 1081*]. Eine Wiederholung dieser Versuche hat jedoch ergeben, daß derartige Störungen nur kurz nach der Operation auftreten. Obwohl die Fibrillen durchschnitten sind, setzt nach einiger Zeit wieder eine Normalisierung der Koordination ein [*786*]. Auch in diesem, oft zitierten Falle scheinen die intracellulären Fasern also ebensowenig Erregung zu leiten wie die Neurofibrillen der Nervenzellen.

3. Fehlen von Bewegungsorganellen

Während sich die Gameten der *Sporozoen* mit Hilfe von Geißeln fortbewegen können, besitzen die *Sporozoiten* keine äußerlich erkennbaren Bewegungsorganelle. Trotzdem haben sie die Fähigkeit, aus der Spore auszuschlüpfen und den endgültigen Sitz ihres Schmarotzerlebens aufzusuchen. Oft müssen sie bei dieser Wanderung andere Gewebe, z. B. die Darmwand, passieren. Auch die als „*Ookineten*" bezeichneten Zygoten der Haemosporidien sind beweglich und dringen durch die peritrophische Membran in die Darmepithelzellen ein. Hierbei führen sie schraubenförmige Bewegungen aus.

Die aus den Sporozoiten heranwachsenden *Gamonten* der Eugregarinen bewegen sich im Darmsaft ihres Wirtes lebhaft umher, selbst wenn sie sich bereits zu „Syzygien" zusammengeschlossen haben. Sie können dabei ihre Richtung aktiv verändern und sich durch enge Passagen zwängen. Intensive Schlängelbewegungen sind vor allem bei den im Darm von Polychaeten lebenden *Selenidium*-Arten zu beobachten.

Wird der Darmsaft mit physiologischer Kochsalzlösung verdünnt, so beschränkt sich die Bewegung der meisten Gregarinen allerdings auf ein gleichmäßiges, wenn auch gelegentlich von „Ruhepausen" unterbrochenes Vorwärtsgleiten, das oft mit Richtungsänderungen verbunden ist. Manchmal krümmen sich die Gamonten langsam nach der Seite, um dann ruckartig in die Ausgangslage zurückzuschnellen. Zeitrafferaufnahmen zeigen, daß gelegentlich wellenförmige Bewegungen der Zelloberfläche — vor allem auf der Unterseite der Protomeriten — stattfinden und daß die Fortbewegung nicht mit einer Plasmaströmung verbunden ist. Partikel, welche der Oberfläche anhaften, werden stets von vorn nach hinten befördert, auch wenn die Zellen mit Hilfe eines Mikromanipulators an der Lokomotion gehindert werden. Dabei entspricht die Geschwindigkeit des Partikeltransportes etwa der der Gleitbewegung.

Während früher vielfach angenommen wurde, daß die Fortbewegung durch einen Schleim ermöglicht wird, den die Zellen selbst abscheiden, neigt man heute mehr dazu, die Bewegung auf sukzessive Kontraktionen der äußeren Zellschicht zurückzuführen [*613, 895*]. Auf regionalen Unterschieden, die sich aus der jeweiligen Reizsituation ergeben, könnten die Richtungsänderungen und Bewegungsvarianten beruhen.

Über die kontraktilen Elemente dieses cellulären „Hautmuskelschlauches" besteht aber noch keine Klarheit. Bei den Sporozoiten und Ookineten wurden Fibrillen (Mikrotubuli) unter der Elementarmembran nachgewiesen [*353*], und die Gamonten mancher Gregarinen besitzen unter der Pellicula eine Schicht von „Myonemen". Weitere Untersuchungen müssen zeigen, ob diese Elemente tatsächlich kontraktil sind und wie ihre Tätigkeit koordiniert wird. Hierbei kann man wohl davon ausgehen, daß alle Bewegungen der Sporozoen, sofern sie nicht durch Geißeln ermöglicht werden, auf den gleichen Mechanismus zurückzuführen sind.

Die pelagisch lebenden Heliozoen und Radiolarien können im Wasser auf- und niedersteigen, in dem sie den Gasgehalt (Kohlensäure) in ihrer vacuolenreichen äußeren Plasmaschicht verändern. Selbst Testaceen wie *Arcella* und *Difflugia* vermögen sich durch Ausbildung einer Gasblase vom Boden zu erheben und längere Zeit schwebend zu erhalten. Bei der Foraminifere *Tretomphalus bulloides* bildet der Gamont kurz vor der Gametenbildung eine besondere, mit Gas gefüllte Kammer aus, mit deren Hilfe er an die Wasseroberfläche emporsteigt (Abb. 162 u. 163).

II. Gestaltveränderung

Während eine Amöbe infolge der Pseudopodienbildung ständig ihren Umriß wechselt, besitzen die meisten übrigen Protozoen eine bestimmte Zellform. Diese kann aber in vielen Fällen aktiv verändert werden. Derartige Gestaltveränderungen werden durch kontraktile Fibrillen ermöglicht, die manchmal in Bündeln angeordnet sind und dann als *Myoneme* bezeichnet werden.

Einige Euglenoidinen und Monocystiden zeigen rhythmische Erweiterungen und Verengungen des Zellkörpers, die an die peristaltischen Wellen des Darmkanals erinnern. Ob diese „*Metabolie*" irgendeine Bedeutung für die Zelle hat, ist ungewiß.

Bei den Gestaltveränderungen der *Ciliaten* handelt es sich dagegen zweifellos um Reaktionen, die in einer sinnvollen Beziehung zu ihrer Lebensweise stehen. Am bekanntesten sind die Kontraktionen, welche sie einem schädlichen Einfluß entziehen. Das freischwimmende *Spirostomum* schnurrt plötzlich auf die Hälfte zusammen, der festgeheftete *Stentor* zieht sich in Sekundenschnelle auf ein Drittel seiner ursprünglichen Länge zurück und nimmt dabei Kugelform an. Viele Ciliaten (Folliculiniden, Tintinniden, loricate Peritrichen) besitzen ein Gehäuse, in dem sie sich im kontrahierten Zustand verbergen können. Neben den einfachen Kontraktionen und Expansionen des Zellkörpers kommen aber bei den Ciliaten auch kompliziertere Gestaltveränderungen vor, über deren Koordination nichts bekannt ist. Als Beispiel seien die Rüsselschwingungen von *Dileptus anser* (Abb. 279) erwähnt.

Während es in diesen Fällen oft sehr schwer zu entscheiden ist, welche der im Licht- oder Elektronenmikroskop erkennbaren Fibrillensysteme als Myoneme zu betrachten sind, besteht kein Zweifel darüber, daß der im Stiel der *Vorticelliden* ausgebildete „*Stielmuskel*" (Spasmonem) das kontraktile Element ist. Durch seine Kontraktion verkürzt sich der Stiel, in dem er zickzackförmig einknickt (z. B. *Zoothamnium*) oder zu einer Schraube zusammenschnurrt (z. B. *Vorticella*). Besonders eindrucksvoll ist diese Kontraktion bei dem im Meere schwebenden *Zoothamnium pelagicum*, weil alle Einzeltiere (Zooide) der verzweigten Kolonie durch einen gemeinsamen Stielmuskel verbunden sind (Film C 836).

Morphogenetisch handelt es sich bei dem Stielmuskel um eine Ausstülpung des Zellkörpers in den Stiel (Abb. 260a). Außen wird er durch eine röhrenförmige Scheide begrenzt, welche die Fortsetzung der Zellhülle ist (Ms). In einer plasmatischen Grundsubstanz verlaufen feine Fibrillen, die seine Kontraktilität ermöglichen und sich als Myoneme bis weit in den Zellkörper hinein erstrecken (My). Verkürzt sich der Stielmuskel, so zieht sich auch der Zellkörper zusammen.

Bei den *Epistyliden* (b, c), deren Stiel starr und unbeweglich ist, fehlt der Stielmuskel. Sie besitzen aber ebenfalls Myoneme, die am Stielansatz entspringen und eine Kontraktion des Zellkörpers ermöglichen (Myl). Außerdem scheint bei vielen Peritrichen ein „Retraktor" (Myr) vorzukommen, der die Peristomscheibe zurückzieht, und ein „Sphincter" (Sp), welcher die Peristomhöhle verschließt.

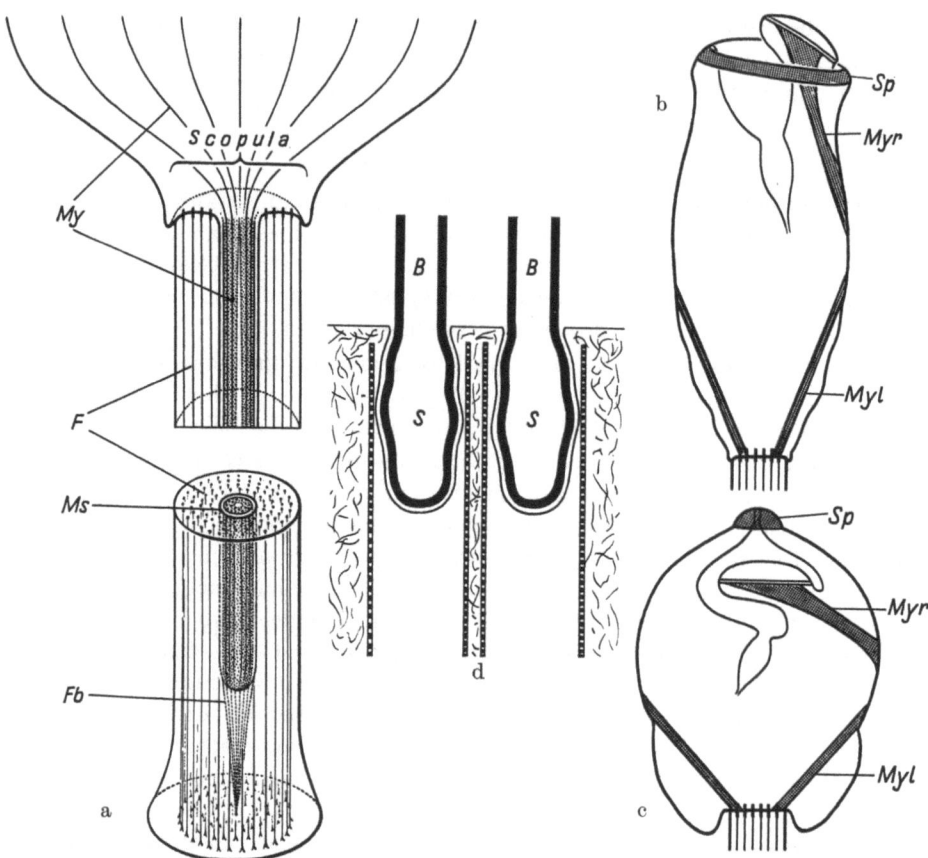

Abb. 260. Kontraktile Fibrillensysteme der Peritrichen, schematisch. *a* Stiel einer Vorticellide. *My* Myoneme des Stielmuskels, *Ms* Hülle des Stielmuskels, *F* Stielfasern, *Fb* Fibrillenbündel. *b, c Epistylis anastatica* (b ausgestreckt, c kontrahiert), *Sp* "Sphinkter", *Myr* „Retraktor", *Myl* laterale Myoneme. Vereinfacht nach FAURÉ-FREMIET, FAVARD und CARASSO, 1962 [*323*]. *d Epistylis plicatilis*. Ausschnitt der Scopula. *B* Basalkörper, *S* Schaft. Schematisch nach einer elektronenmikroskopischen Aufnahme von RANDALL und HOPKINS, 1962 [*877*]

Der Stiel selbst ist ein extracelluläres Sekretionsprodukt und wird von einem besonderen Bereich der Zelle, der sog. *Scopula* gebildet. Er besteht aus der Stielwand und einem System röhrenförmiger Fasern, die eine rein statische oder elastische Funktion haben. Bei den Vorticelliden bilden diese Stielfasern einen Kranz um den Stielmuskel, der seinerseits durch ein Faserbündel (Fb) an der Stielbasis oder -wand befestigt ist (a). Bei den Epistyliden können die Stielfasern um einen zylinderförmigen Hohlraum angeordnet sein, der vielleicht als Reminiszenz an einen früher einmal vorhanden gewesenen Stielmuskel zu betrachten ist *(Opercularia, Campanella)*. In anderen Fällen füllen die Stielfasern den ganzen Querschnitt des Stiels aus *(Epistylis)*.

Elektronenmikroskopische Untersuchungen [*323, 877, 914*] haben ergeben, daß ein wesentliches Bauelement der Scopula modifizierte Cilien sind, die zwar noch normale, in den Zellkörper ragende Basalkörper, aber mehr oder weniger reduzierte Schäfte besitzen (d). Da die röhrenförmigen Stielfasern, die sich im Elektronenmikroskop als quergestreift erweisen, im Bereich der Schäfte entspringen, liegt der Gedanke nahe, daß diese Organisationszentren für die Stielfasern sind. Diese Auffassung wird auch durch die Tatsache gestützt, daß die Wand der Stielfasern bei *Epistylis anastatica* aus 9 Einzelelementen besteht.

J. Verhalten

Die Art und Weise, wie ein Lebewesen in aktive Beziehung zu seiner Umwelt tritt, kann man als sein Verhalten bezeichnen. Das Verhalten wird in hohem Grade durch die Bedingungen festgelegt, denen es in seiner Umwelt ausgesetzt ist. Bestimmte Einwirkungen oder Reize rufen bestimmte Verhaltensweisen oder Reaktionen hervor *(reaktives Verhalten)*. Wenn die Reize sich im Rahmen der Bedingungen halten, unter denen eine Art in ihrer natürlichen Umwelt lebt, so stehen die Reaktionen in einer sinnvollen Beziehung zu ihnen: Sie ermöglichen es dem Lebewesen, sich an die jeweiligen Bedingungen seiner Umwelt anzupassen.

Die *Reize* stellen energetische Veränderungen dar und können innerhalb der natürlichen Umwelt eines Lebewesens mechanischer, chemischer oder elektromagnetischer Art („Lichtreize", „Wärmereize") sein. Sie rufen nur dann eine sichtbare Reaktion hervor, wenn der Energiebetrag einen bestimmten Wert *(Reizschwelle)* überschreitet. Wiederholte Einwirkung mit Energiebeträgen, die unterhalb dieses Wertes liegen („unterschwellige Reize"), können aber unter Umständen auch zu einer Reaktion führen *(Reizsummation)*. Ob ein Organismus eine bestimmte Reaktion ausführt, hängt bis zu einem gewissen Grade auch von seinem physiologischen Zustand ab *(Reizstimmung)*. Oft wird dieser Zustand erst nach einem bestimmten Entwicklungsablauf hergestellt. Die Reaktionsweise eines Individuums kann auch durch Zustandsänderungen beeinflußt werden, welche durch frühere Reize hervorgerufen worden sind *(individuelle Reaktionsbasis)*.

Die durch den Reiz im Organismus ausgelöste Zustandsänderung wird als *Erregung* bezeichnet. Diese breitet sich vom Ort der Reizaufnahme aus oder wird auf besonderen Bahnen zum Ort der Reaktion hingeleitet (Erregungsleitung). Die energetischen Vorgänge, welche sich zwischen Reiz und Reaktion abspielen, sind größtenteils unbekannt.

Bei den Protozoen spielen sich Reizaufnahme und -beantwortung an der gleichen Zelle ab. Die Reizaufnahme kann durch die ganze Zelle, bestimmte Bereiche oder besondere Organelle erfolgen. Die Reizbeantwortung besteht meistens in *Ortsbewegungsreaktionen* oder *Taxien*, die je nach der Art des Reizes als Phototaxis, Mechanotaxis (Thigmotaxis, Rheotaxis), Thermotaxis oder Chemotaxis unterschieden werden können. Dabei ist allerdings zu berücksichtigen, daß die gleiche Reaktion oft durch verschiedenartige Reize hervorgerufen wird. Geht man von der Frage aus, in welcher Beziehung die Reaktion zu der Richtung des Reizes steht, so kann man zwischen *Phobotaxis* und *Topotaxis* unterscheiden. Bei den phobischen Reaktionen („Schreckreaktionen") ist keine Beziehung zur Reizrichtung erkennbar. Bei den topischen Reaktionen („Orientierungsreaktionen") besteht dagegen eine solche Beziehung, in dem sich die Zelle entweder zur Reizquelle hin (positive Topotaxis) oder von ihr fort bewegt (negative Topotaxis). Die folgenden Ausführungen werden zeigen, daß sich scheinbar topische Reaktionen in manchen Fällen auf phobische Reaktionen zurückführen lassen.

Besonders eingehend ist in dieser Hinsicht die *Phototaxis* untersucht worden [*461, 472, 473, 1098*]. Ortsbewegungsreaktionen auf Lichtreize kommen nicht nur bei allen auto- und mixotrophen Flagellaten vor, wo ihre biologische Bedeutung unmittelbar verständlich ist, sondern sind auch bei manchen heterotrophen Flagellaten sowie bei einigen Rhizopoden und Ciliaten nachgewiesen worden.

Zum Unterschied von den autotrophen Pupurbakterien und Cyanophyceen, die nur phobisch auf Intensitätsänderungen des Lichtes reagieren, besitzen die Flagellaten die Fähigkeit, sich *gerichtet* zu einer Lichtquelle hin zu bewegen. Bei einseitiger Beleuchtung eines Kulturgefäßes sammeln sie sich am sog. „Lichtrand" an, d. h. sie reagieren positiv phototaktisch. Bei Erhöhung der Lichtintensität kann aber die Reaktion umschlagen: Sie reagieren negativ phototaktisch, sei es, daß sie gerichtet von der Lichtquelle wegschwimmen oder sich durch wiederholte „Schreckreaktionen" dem Bereich höherer Lichtintensität entziehen.

Für das Zustandekommen einer Reaktion spielt aber nicht nur die Intensität, sondern auch die Qualität des Lichtes eine Rolle. Zunächst könnte man denken, daß die Spektralbereiche eine positive Reaktion hervorrufen, in denen auch die Photosynthese am stärksten ist. Eine genaue Untersuchung der „*Wirkungsspektren*" hat jedoch ergeben, daß diese Übereinstimmung nicht besteht. Der phototaktisch wirksamste Wellenbereich befindet sich im kurzwelligen blauen Anteil des Spektrums, während das Maximum der Photosynthese im langwelligen roten Anteil liegt.

Damit das Licht wirksam werden kann, muß es von *Pigmenten* absorbiert werden. Die aufgenommene Energie setzt dann einen chemischen Prozeß in Gang, der die lichtabhängige Reaktion herbeiführt. Da blaues Licht phototaktisch am wirksamsten ist, muß es sich um ein gelbes Pigment handeln.

Um eine Reaktion ausführen zu können, die zu der Richtung des Reizes in Beziehung steht, genügt aber die bloße Absorption des Lichtes nicht. Die Zelle muß imstande sein, *Intensitätsunterschiede* der eingestrahlten Energie zu registrieren.

Viele auto- und mixotrophe Flagellaten besitzen *Stigmen* oder „Augenflecke", die zwar nicht selbst als „Lichtsinnesorganelle" betrachtet werden können, aber sicher eine wichtige Hilfsfunktion bei der Lichtwahrnehmung ausüben. In vielen Fällen handelt es sich um Differenzierungen der Chloroplasten, die am Vorderende unter der Zellhülle liegen (Phytomonadinen). Sie können aber auch getrennt von den Chloroplasten auftreten, wie bei den Euglenoidinen, wo die Stigmen der Wand der Geißelsäckchen anliegen. In ihrer Nähe befindet sich eine Anschwellung der Geißelbasis, die als *Paraflagellarkörper* bezeichnet wird (Abb. 309).

Im Leben zeigen die Stigmen eine gelbe oder rote Farbe. Diese beruht auf einer Ansammlung gleich großer Pigmentgranula, die manchmal nur eine einzige Schicht bilden, manchmal aber in mehreren Schichten übereinander liegen. Die Schichten können schüsselförmig gebogen sein und werden durch Membranen getrennt, die offenbar mit den Thylakoiden des Chloroplasten zusammenhängen (Abb. 261). Bei der Chrysomonadine *Chromulina psammobia* liegt über dem Stigma eine kurze, von einer Einstülpung der Zelloberfläche umschlossene Geißel, die sicher für die Lokomotion überflüssig ist, aber eine Rolle bei der Lichtwahrnehmung spielen könnte [913]. Durch Extraktionsversuche und Absorptionsmessungen konnte nachgewiesen werden, daß es sich bei dem Pigment der Stigmen um ein Carotin handelt [395, 461].

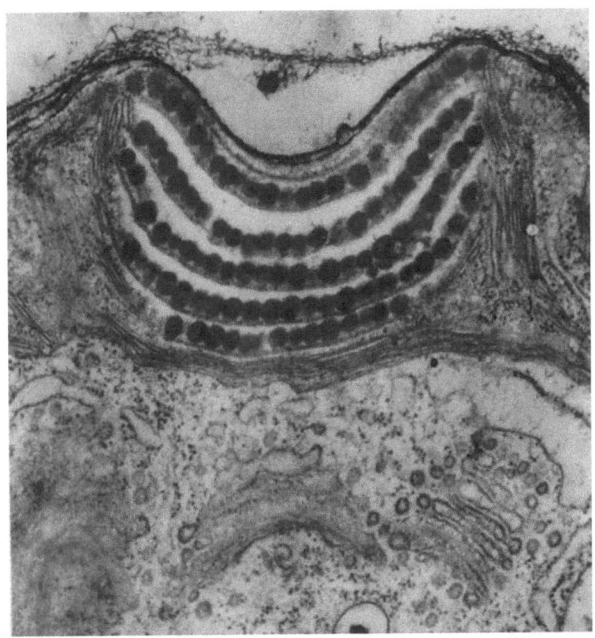

Abb. 261. *Eudorina (Pleodorina) californica*. Längsschnitt durch das Stigma einer somatischen Zelle. Das Stigma liegt innerhalb des Chloroplasten. Unten: angeschnittene Golgi-Komplexe. Vergr. 30000×.
Aufn. G. SCHWALBACH

Die Bedeutung des Stigmas für die Lichtwahrnehmung scheint bei den Flagellaten verschieden zu sein. Das geht schon aus der Tatsache hervor, daß auch stigmenlose Flagellaten (z. B. *Chilomonas, Bodo*) phototaktisch reagieren. Eine Mutante von *Chlamydomonas reinhardi*, der das Stigma fehlt, reagiert zwar weniger genau als die Wildform, kann sich aber noch nach dem Licht orientieren [471]. Auch für *Euglena*, auf deren Lichtreaktionen noch näher einzugehen ist, konnte nachgewiesen werden, daß das Pigment des Stigmas nur eine Hilfsfunktion bei der phototaktischen Orientierung ausübt.

Für die Phototaxis der *kolonialen Phytomonadinen* scheint allerdings das Stigma notwendig zu sein. Bei *Eudorina californica* können nur die somatischen Zellen, welche ein Stigma besitzen (Abb. 261), auf Lichtreize reagieren, während die stigmenlosen generativen Zellen keine Reaktionen zeigen [362].

Die einzige Reaktion, welche an den somatischen Zellen bei abwechselndem Belichten und Beschatten zu beobachten ist, besteht in einer Herabsetzung der Frequenz des Geißelschlages. Diese Hemmung tritt unmittelbar nach Änderung der Lichtintensität ein, wird aber nach einigen Sekunden — trotz gleichbleibender Lichtintensität — wieder aufgehoben. Bei ausreichender Reizstärke gehen die Geißeln in eine „Sperrstellung" über, in der sie nur noch kurze Zuckungen ausführen.

Bei positiv phototaktischen Kolonien (niedrige Lichtintensität) erfolgt die Hemmung auf Erhöhung, bei negativ phototaktischen Kolonien (hohe Lichtintensität) auf Erniedrigung der Lichtintensität.

Die Reaktionen der einzelnen Zellen, die sich an künstlich festgelegten Kolonien beobachten lassen, stehen im Einklang mit den Änderungen, welche die Schwimmgeschwindigkeit der Kolonie bei Hell-Dunkel-Versuchen erfährt. Werden positiv phototaktische Kolonien von *Eudorina californica* oder *Volvox aureus* durch Einschalten eines Orangefilters verdunkelt, so tritt nach Fortnahme des Filters eine vorübergehende Herabsetzung der Schwimmgeschwindigkeit ein (Abb 262 a und b). Werden negativ phototaktische Kolonien verdunkelt, so erfolgt die Geschwindigkeitsabnahme nach Einschalten des Filters (c).

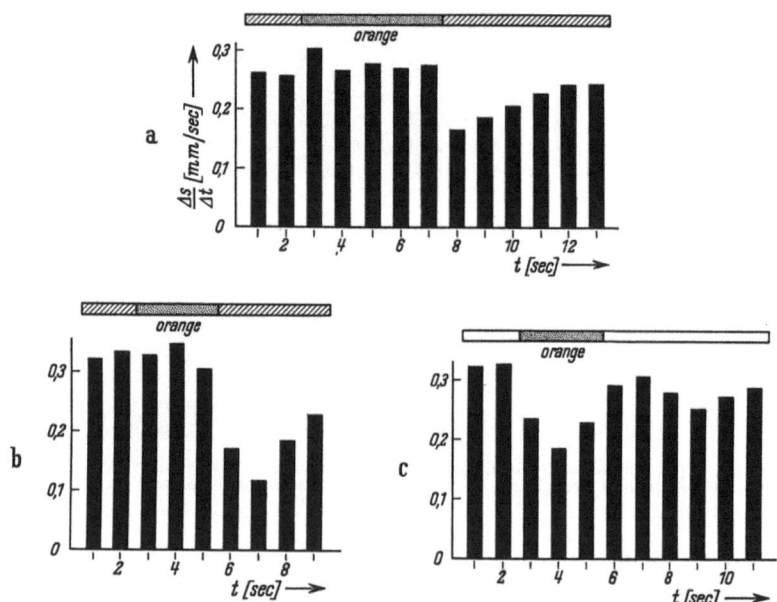

Abb. 262. *Eudorina (Pleodorina) californica* (a) und *Volvox aureus* (b, c). Änderung der Schwimmgeschwindigkeit bei vorübergehender Verdunkelung mit einem Orange-Filter. a, b Positiv phototaktische Kolonien. c Negativ phototaktische Kolonien. Erklärung im Text. Nach GERISCH, 1959 [*362*]

Diese Übereinstimmung liefert einen Schlüssel für das Verständnis der phototaktischen Reaktion. Weicht die Schwimmrichtung einer positiv phototaktischen Kolonie von der Lichtrichtung ab, so bewirkt die auf der Festlegung der Geißelschwingungsebene (S. 292) beruhende Rotation einen natürlichen Hell-Dunkel-Wechsel: Die Zellen, welche der größeren Lichtintensität ausgesetzt werden, also bei der Rotation auf die „Lichtseite" gelangen, setzen die Schlagfrequenz ihrer Geißeln herab oder gehen sogar in die „Sperrstellung" über, so daß die Kolonie in die Lichtrichtung einschwenkt. Entsprechend erfolgt die Orientierung bei negativer Phototaxis: Die Zellen, welche auf die „Schattenseite" gelangen, verringern ihre Schlagfrequenz, so daß die Kolonie geradlinig von der Lichtquelle wegschwimmt.

Während die einzeln lebenden Phytomonadinen (z. B. *Chlamydomonas*) topisch reagieren, d. h. bei positiver und negativer Phototaxis gerichtet zur Lichtquelle hinschwimmen oder sich von ihr entfernen, führen also die einzelnen Zellen der kolonialen Arten eine phobische Reaktion aus, die in keiner Beziehung zur Lichtrichtung steht und durch eine periodische Änderung der Reizintensität ausgelöst wird. Die Art dieser Reaktion und die Einordnung der Zellen in den Gesamtverband hat aber zur Folge, daß die Kolonie als Ganzes topisch reagiert.

Untersuchungen an *Euglena* [98, 99, 395] sprechen dafür, daß das Stigma hier nur die Bedeutung eines „Schattenspenders" hat. Die für die phototaktische Reaktion erforderliche Lichtabsorption erfolgt außerhalb des Stigmas, wahrscheinlich in der als Paraflagellarkörper bezeichneten Verdickung der Geißel.

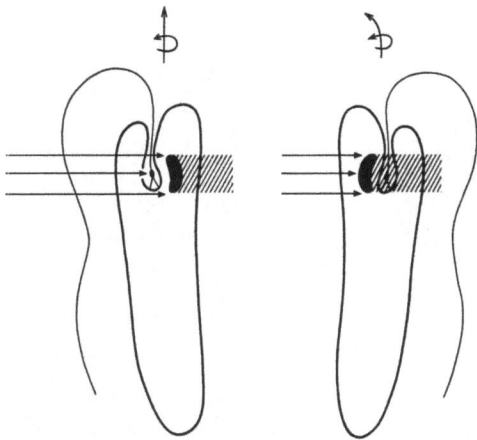

Abb. 263. *Euglena* von links beleuchtet (Pfeile), in zwei verschiedenen Lagen zum Licht. Der Augenfleck (im Bild nierenförmig) beschattet den Photoreceptor (Verdickung an der Geißelbasis) in der rechten Stellung; Ergebnis: Kursabweichung beim Vorwärtsschwimmen (Pfeil über der Zelle). Rotation um die Längsachse durch einen weiteren Pfeil angedeutet. Nach HAUPT, 1965 [472]

Während der *positiv* phototaktischen Fortbewegung rotiert *Euglena* um ihre Längsachse. Bei seitlich einfallendem Licht findet daher eine periodische Beschattung des Paraflagellarkörpers durch das Stigma statt, auf welche die Zelle so lange mit einer Kursabweichung reagiert, bis sie sich „reizlos", d. h. ohne periodische Intensitätsschwankungen, zur Lichtquelle hin bewegt (Abb. 263).

Da die periodischen Änderungen des Geißelschlages, welche zu der Richtungskorrektur führen, in keiner Beziehung zur Lichtrichtung stehen, handelt es sich um phobische Reaktionen. Durch Summation dieser Reaktionen kommt aber eine scheinbar topische (pseudotopische) Reizbeantwortung zustande.

Demgegenüber ist die *negative* Phototaxis von *Euglena*, auch in bezug auf das Verhalten der ganzen Zelle als rein phobisch zu betrachten. Wie die mikroskopische Beobachtung lehrt, prallen die Zellen lediglich zurück, wenn sie an einen Bereich des Gesichtsfeldes stoßen, welcher eine entsprechend hohe Lichtintensität hat. In einem Gradienten abgestufter Lichtintensität schwimmen sie aber nicht gerichtet von der Lichtquelle weg.

Es liegt daher die Annahme nahe, daß die negative Phototaxis von *Euglena* ohne Mitwirkung des Stigmas zustandekommt. Tatsächlich wird die Reaktion auch von stigmenlosen Stämmen ausgeführt, während ein Stamm, dem auch der Paraflagellarkörper fehlt, überhaupt nicht mehr auf Licht reagiert.

Wenn es zutrifft, daß der Paraflagellarkörper der eigentliche „Photoreceptor" von *Euglena* ist, so wäre in ihm das Pigment zu suchen, welches das phototaktisch wirksame Licht absorbiert. Über die Natur des Pigmentes besteht aber noch keine Klarheit. Vielleicht handelt es sich um ein Carotin, welches von dem des Stigmas verschieden ist [*461*].

Bei einer marinen Familie der Dinoflagellaten (*Warnowiidae*) kommen Lichtsinnesorganelle vor, die meistens als „Ocellen" bezeichnet werden. Da es sich nicht um vielzellige Organe, sondern um organartige Differenzierungen einer einzelnen Zelle — eben um Organelle — handelt, erscheint es jedoch zweckmäßiger, sie *Ocelloide* zu nennen.

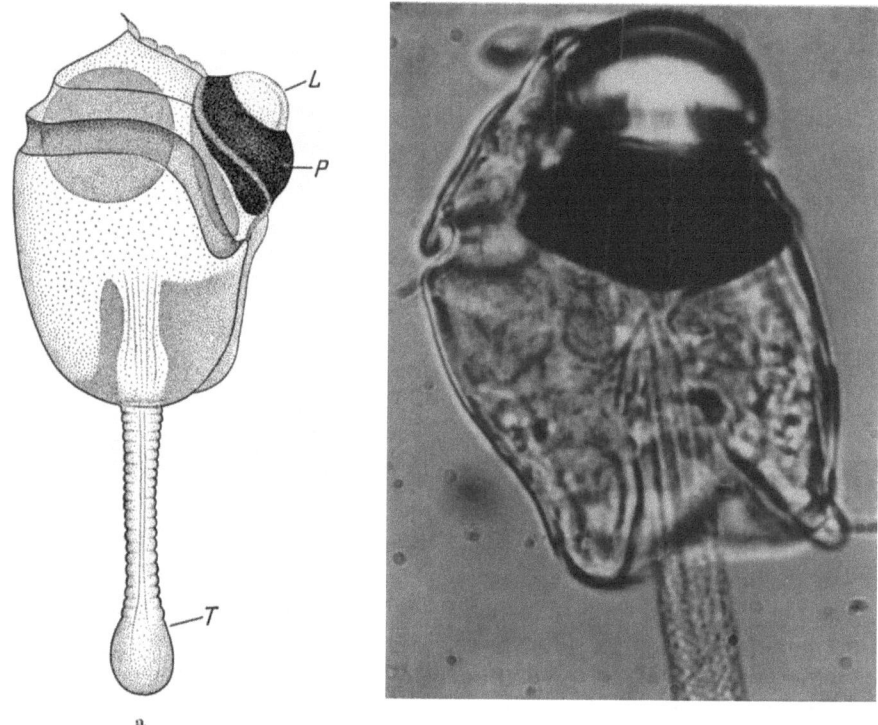

Abb. 264. *Erythropsis pavillardi*. a Übersichtsbild. *T* Tentakel, *P* Pigment, *L* sog. „Linse" des Ocelloids. Nach KOFOID und SWEZY, 1921 [*598*]. b Lebendaufnahme von C. GREUET (Villefranche-sur-mer)

Erythropsis pavillardi (Abb. 264), dessen Zellkörper noch mit einem außerordentlich kontraktions- und expansionsfähigen Tentakel ausgestattet ist, besitzt ein Ocelloid von auffallender Größe (etwa 40 μ). Lichtmikroskopisch sind an ihm ein linsenartig vorspringender, manchmal deutlich pilzhutförmiger „dioptrischer Apparat" und eine braunschwarze Pigmentmasse erkennbar, deren Umfang allerdings sehr veränderlich ist.

Elektronenmikroskopische Untersuchungen [*450*] enthüllen einen überraschend komplizierten Feinbau (Abb. 265). Der über die Zelloberfläche hinausragende Teil des „dioptrischen Apparates" bildet eine halbkugelige „Cornea" (C), die eine Lage großer, abgeplatteter Mitochondrien (M) enthält. An die „Cornea" schließt sich der

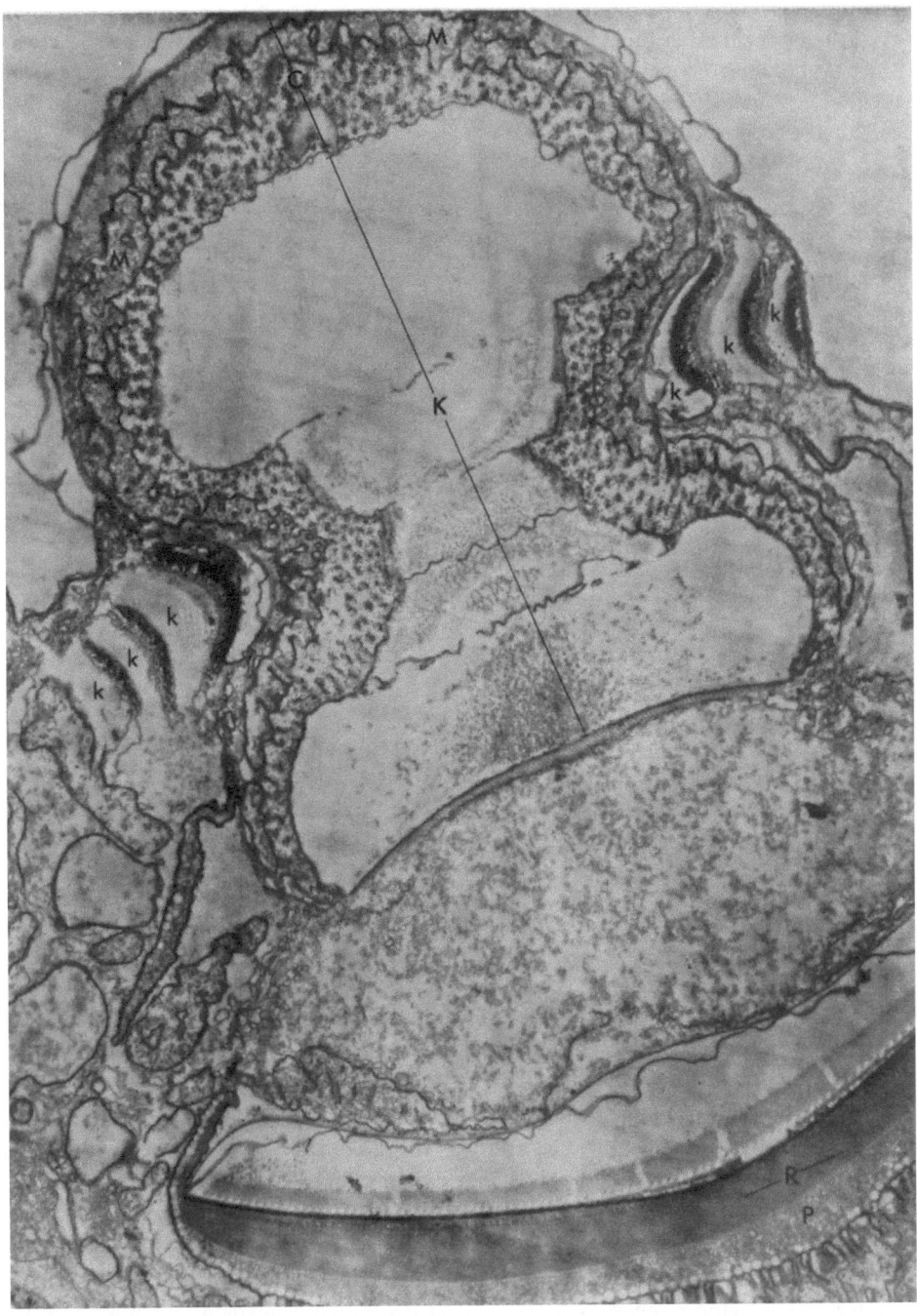

Abb. 265. *Erythropsis pavillardi*. Längsschnitt durch das Ocelloid. C „Cornea", K „Kristallkörper", R „Retina", P Pigmentschicht, k „Konstriktoren", M Mitochondrien. Vergr. 4800×. Aufn. C. GREUET (Villefranche-sur-mer)

„Kristallkörper" an, der die Hauptmasse des „dioptrischen Apparates" bildet und aus fünf vesikelartigen Schichten zusammengesetzt ist (K). Er besteht aus einer stark lichtbrechenden, im Leben völlig durchsichtigen Substanz, welche die Härte einer Augenlinse erreicht. Äquatorial wird der „Kristallkörper" durch eine dreifache Lage bandförmiger Strukturen eingeschnürt, die als „Konstriktoren" bezeichnet werden (k).

Abb. 266. *Erythropsis pavillardi*. Transversalschnitt durch die „Retina". Vergr. 55000×. Aufn. C. GREUET (Villefranche-sur-mer)

Der auf den „Kristallkörper" folgende Bereich besteht aus zwei Teilen, von denen der proximale ganz von Pigment umschlossen ist (P). Man kann eine äußere Lage großer und eine innere Lage kleiner Carotingranula unterscheiden. Am Grunde dieses Pigmentbechers befindet sich eine Schicht, die erst durch die elektronenmikroskopische Untersuchung genauer bekannt wurde. Sie stellt den eigentlichen Photoreceptor dar und wird daher als „Retina" bezeichnet (R).

Wie ein quer zur Längsachse des Ocelloids geführter Schnitt zeigt (Abb. 266), hat die „Retina" einen „parakristallinen" Feinbau. Sie setzt sich aus parallelen Doppelmembranen zusammen, zwischen denen eine dickere, regelmäßig gewellte Membran verläuft („Wellpappen-Struktur").

Da die Dinoflagellaten, welche derartige Ocelloide besitzen, ziemlich selten und hinfällig sind, ist über ihre Lebensweise wenig bekannt. Vielleicht leben sie normalerweise in tieferen Meeresschichten, wo sie auf eine größtmögliche Nutzung des Lichtes angewiesen sind. Da sie sich heterotroph ernähren, kann das Licht allerdings nur für ihre Orientierung — z. B. zum Auffinden autotropher Beuteorganismen — wichtig sein.

Bei den *Rhizopoden* und *Ciliaten* kommt, sofern sie nicht autotrophe Symbionten besitzen, im allgemeinen nur negative Phototaxis vor. *Amoeba proteus* kriecht von der Lichtquelle fort. Dabei reagiert sie am stärksten im grünen Spektralbereich [*486*]. Wird sie aus zwei verschiedenen Richtungen gleich stark beleuchtet, so orientiert sie sich nur nach einer der beiden Lichtquellen. Bei einem Richtungswechsel bleibt anscheinend stets der gleiche Teil der Zelle Vorderende [*717*]. Von den phototaktischen Ciliaten sei nur *Stentor coeruleus* als Beispiel angeführt. Stentoren, die sich in einem Gefäß mit unterschiedlicher Lichtintensität befinden, sammeln sich schließlich alle in dem dunkleren Bereich an. Ciliaten, die sonst keine phototaktischen Reaktionen zeigen (z. B. Paramecien), lassen sich durch fluorescierende Farbstoffe (Eosin, Erythrosin) sensibilisieren: Sie reagieren negativ phototaktisch, wenn sie die Farbstoffe in geringer Menge aufgenommen haben und einseitig beleuchtet werden („induzierte" Phototaxis).

Im allgemeinen spielen aber Lichtreize bei den heterotrophen Protozoen keine große Rolle. Um so deutlicher können die Reaktionen sein, die durch die übrigen Reizarten ausgelöst werden.

Mechanische Reize bestehen in Druckunterschieden, die entweder durch Berührung oder durch Wasserströmung hervorgerufen werden. Handelt es sich bei den Reaktionen um Ortsveränderungen, so bezeichnet man die durch Berührungsreize ausgelösten als *thigmotaktisch*, die auf Strömungsreizen beruhenden als *rheotaktisch*. Allerdings können derartige Reize auch mit Gestaltveränderungen, z. B. Kontraktionen, beantwortet werden, vor allem bei „haptischen" Arten, die sich vorübergehend festheften, oder solchen, die ständig sessil sind.

Als „Mechanoreceptoren" dienen bei den Flagellaten und Ciliaten wohl in erster Linie die Geißeln und Wimpern. Bei Berührung können die Wimpern von *Paramecium* ihre Tätigkeit einstellen. Schließlich kann es zu einem Stillstand aller Cilien — mit Ausnahme der peristomalen — kommen. Manchmal sind Wimpern zu „Tastborsten" umgebildet, d. h. sie sind nicht mehr beweglich, sondern auf die Perzeption von Druckunterschieden spezialisiert. Bei den Hypotrichen stehen solche „Tastborsten" auf der sonst wimperlosen Rückenfläche (Abb. 257). Bereiche erhöhter Druckempfindlichkeit dürften den freibeweglichen Stadien sessiler Formen (Telotrochs der Peritrichen, Schwärmer der Suktorien) das Auffinden einer geeigneten Unterlage ermöglichen. Allerdings ist nicht bekannt, wie weit hierbei auch chemische Reize eine Rolle spielen.

Chemische Reize sind für die Protozoen zweifellos von großer Bedeutung, wenn sie auch nur selten zu gerichteten Ortsbewegungsreaktionen führen. Auf den ersten Blick ist es oft schwer zu entscheiden, ob eine Reaktion thigmotaktisch oder chemotaktisch ist, beispielsweise, wenn eine Amöbe von einem *Paramecium* berührt wird und an dieser Stelle ein Pseudopodium ausstreckt (Film E 1171). Erst die Tatsache, daß die Amöbe gleich starke Berührungsreize durch eine negative Reaktion beantwortet, macht es wahrscheinlich, daß die positive Reaktion nicht durch den Druckunterschied, sondern durch die chemische Oberflächenbeschaffenheit des Parameciums ausgelöst worden ist.

Streng genommen handelt es sich allerdings erst dann um Chemotaxis, wenn die Reaktion in einer Ortsbewegungsreaktion besteht. Im Diffusionsgefälle eines Stoffes könnte die Reaktion phobisch verlaufen, also in einem plötzlichen Zurückprallen beim Überschreiten einer bestimmten Konzentrationsschwelle bestehen oder aber topisch, also zu einer gerichteten Bewegung in bezug auf das Diffusionszentrum führen. Auch hierbei läßt sich meist die Möglichkeit nicht ausschließen, daß scheinbar topische Reaktionen in Wirklichkeit aus einzelnen phobischen Teilreaktionen zusammengesetzt sind.

Daß viele Protozoen positiv oder negativ chemotaktisch auf bestimmte Stoffe („Reizstoffe") reagieren, läßt sich durch die sog. *Chemotaxis-Versuche* nachweisen, bei denen man eine Capillarpipette mit dem betreffenden Stoff füllt und in eine Suspension der zu prüfenden Protozoenart (z. B. unter einem Deckglas) einführt. Auf die Ergebnisse solcher Versuche soll aber hier nicht näher eingegangen werden. Auch auf die Bedeutung, welche die Chemotaxis beim Aufsuchen der Makrogameten durch Mikrogameten, oder von spezifischen Geweben durch Parasiten hat, sei nur hingewiesen.

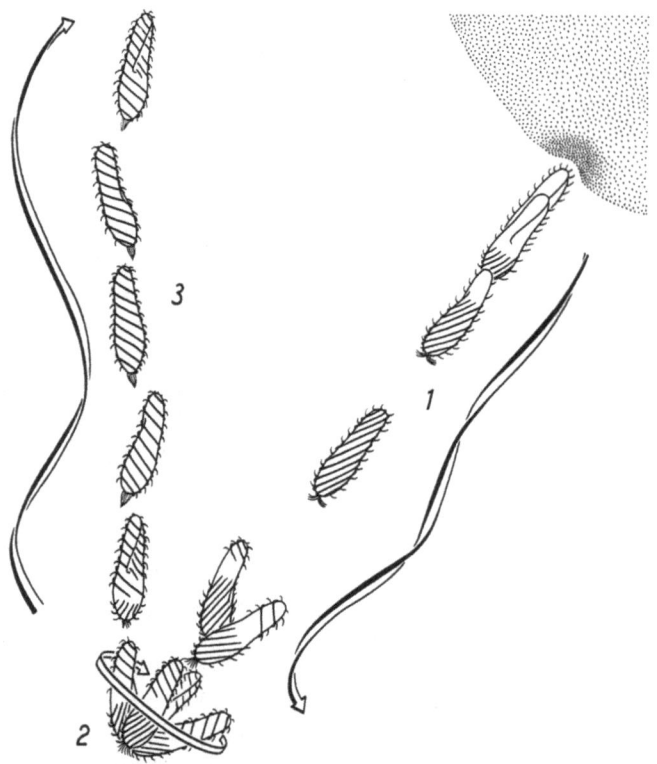

Abb. 267. *Paramecium caudatum*. Veränderungen der metachronen Wellen-Muster bei der sog. Fluchtreaktion (Schema). *1* Rückwärtsschwimmen nach Reizung. *2* Kegelschwingungsphase. *3* Vorwärtsschwimmen. Nach PARDUCZ, 1959 [*809*], verändert

Für *Paramecium caudatum* konnte gezeigt werden, daß die Chemotaxis häufig keine Reaktion auf bestimmte Stoffe, sondern auf die durch sie hervorgerufenen Änderungen des pH ist. In dem für sie optimalen pH-Bereich (5,4—6,4) ist auch die Schwimmgeschwindigkeit der Paramecien am größten [*286, 287*]. Eine Prüfung der negativen Chemotaxis gegenüber verschiedenen Alkoholen ergab, daß die Stärke der Reaktion mit dem Molekulargewicht des Alkohols zunimmt [*285, 289*].

Daß die *Temperatur* alle Lebensprozesse der Protozoen in unterschiedlichem Maße beeinflußt, ist selbstverständlich. Wenig ist aber über Ortsbewegungsreaktionen bekannt, die durch *thermische Reize* hervorgerufen werden. Daß die Protozoen auf thermische Reize positiv oder negativ reagieren und in einem Temperaturgefälle einen artspezifischen Vorzugsbereich aufsuchen können, geht jedoch aus vielen Versuchen hervor. Bei *Paramecium* ist dieser Vorzugsbereich 24°—28° C.

Für die Ciliaten galt es lange Zeit als erwiesen, daß alle mechanischen, chemischen und thermischen Reize mit der gleichen Reaktion beantwortet werden, nämlich mit der sog. *Fluchtreaktion*. Bei *Paramecium*, wo die Vorwärtsbewegung der „natürliche Zustand" ist [*803*], sollte diese Reaktion immer dann eintreten, wenn das Tier auf ein mechanisches Hindernis oder eine chemische bzw. thermische Intensitätsschwelle trifft. Die Reaktion besteht aus drei aufeinanderfolgenden Phasen[22], nämlich einem schnellen Rückwärtsschwimmen, einer Kreisbewegung, während der das *Paramecium* einen Kegelmantel umschreibt („Kegelschwingungsphase") und einem erneuten Vorwärtsschwimmen (Abb. 267). Nach der sog. „Versuch- und Irrtumtheorie" [*533*] sollte die reizphysiologische Bedeutung der Kegelschwingungsphase darin bestehen, daß das *Paramecium* Wasserproben aus verschiedenen Richtungen aufnimmt und dann diejenige für die Vorwärtsbewegung auswählt, in der es nicht mehr von dem Reiz getroffen wird.

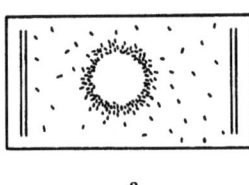 

Abb. 268. Verhalten von *Paramecium* in einem Konzentrationsgefälle. a Ansammlung am Rande eines Tropfens von einer Mischung aus Salz und Säure. b Bahn eines einzelnen Individuums innerhalb einer optimalen Zone (aufeinanderfolgende Fluchtreaktionen). Nach JENNINGS, 1910 [*533*]

Besonders deutlich ist die „Fluchtreaktion" in einem *Reizgefälle* ausgeprägt. Für viele Außenbedingungen besteht eine obere und untere Intensitätsgrenze, an der sie eine „Fluchtreaktion" auslösen. Das zwischen beiden Grenzen liegende Gebiet *(Vorzugsbereich)* ruft dagegen keine Reaktionen hervor. So sammeln sich Paramecien im Diffusionsgefälle eines Stoffes unter Umständen in einer ganz bestimmten, ringförmig um das Diffusionszentrum herumziehenden Zone an (Abb. 268a). Dabei kann es sich auch um einen bestimmten pH-Bereich handeln (S. 316). Sie schwimmen zunächst reaktionslos in diese Zone hinein, werden dann aber wie in einer Falle darin festgehalten. Die Bahn eines einzelnen Parameciums verläuft hierbei zickzackförmig und besteht aus fortgesetzten „Fluchtreaktionen", die beim Anstoßen an die obere und untere Intensitätsgrenze ausgelöst werden (b).

Obwohl die „Fluchtreaktion" als bloße Phasenfolge häufig zu beobachten ist, hat eine nähere Analyse gezeigt, daß es sich keineswegs um eine einheitliche „Reaktion" handelt [*806, 807, 809*]. Die beschriebenen Phasen brauchen nicht zwangsläufig aufeinander zu folgen. Die sog. Kegelschwingungsphase ist, wie schon auf S. 298 ausgeführt wurde, einfach dadurch zu erklären, daß sich das

---

[22] Dem Rückwärtsschwimmen soll allerdings noch ein einmaliger Synchronschlag aller Cilien zum Vorderende hin vorausgehen [*817*].

Paramecium bewegungsphysiologisch auf das Vorwärtsschwimmen umstellt, also seine normale Lokomotionsweise wieder aufnimmt (Abb. 267). Die Bedeutung, welche ihr die „Versuch- und Irrtumtheorie" zuschrieb, ist schon deshalb unwahrscheinlich, weil die Kegelschwingungsphase auch in einer völlig „reizlosen" Umgebung ausgeführt wird. Häufig geht die durch den Reiz ausgelöste Rückwärtsbewegung auch gar nicht in eine Kegelschwingungsphase über, sondern in eine andere Bewegungsform, z. B. in ein Abschwenken des Vorderendes nach einer beliebigen Seite oder in eine bloße Rotation [*287*].

Obwohl das Bestreben verständlich ist, das Bewegungsverhalten der Ciliaten einer einheitlichen Betrachtung zu unterziehen, darf man sich der Erkenntnis nicht verschließen, daß die Orientierungsbewegungen außerordentlich mannigfaltig sind [*18, 802—817*]. *Paramecium* kann z. B. während des Schwimmens seine Richtung ändern und auf diese Weise schädlichen Einflüssen ausweichen. Es kann mit oder ohne Rotation im Bogen schwimmen, sich auf der Stelle drehen und andere Bewegungsvarianten ausführen, die zwar durch äußere Reize hervorgerufen oder beeinflußt werden, aber nicht samt und sonders als abgekürzte oder modifizierte „Fluchtreaktionen" gedeutet werden können.

Wie die Analyse der Wellenmuster (S. 298) zeigt, beruht diese Variabilität auf der Fähigkeit des Parameciums, Unterschiede der Reizintensität an seiner Zelloberfläche durch regionale Abänderungen der Wimpertätigkeit (Richtung und Intensität des progressiven Schlages) zu beantworten. Über die Natur der Erregungsprozesse, welche diese Abänderungen mit der Tätigkeit der übrigen Ciliatur in Einklang bringen, wissen wir noch nichts.

Abgesehen von der Rheotaxis, bei welcher das *Paramecium* gegen den Wasserdruck stromaufwärts schwimmt, kommen „reizsymmetrische", also topische Orientierungsbewegungen bei *Paramecium* verhältnismäßig selten vor.

Bringt man Paramecien in kohlensäurereichem Wasser in ein Steigrohr, so schwimmen sie nach oben, d. h. sie reagieren negativ gegenüber dem „Schwerezentrum" der Erde. Diese Reaktionsweise, die als *Geotaxis* bezeichnet wird, beruht wahrscheinlich darauf, daß Einschlüsse in den Vacuolen einen Druck auf das darunterliegende Plasma ausüben. Füttert man nämlich die Paramecien mit feinem Eisenstaub, so bewegen sie sich im Feld eines Elektromagneten von diesem fort [*595, 597*].

Es ist allerdings zu bezweifeln, daß die Geotaxis unter natürlichen Verhältnissen eine Rolle spielt. Besonders gilt dies aber für die *Galvanotaxis*, die Erscheinung, daß viele Protozoen im galvanischen Strom gerichtete Ortsbewegungen ausführen, indem sie sich entweder zur Anode oder zur Kathode hin bewegen. Bei *Paramecium*, welches beim Einschalten des Stromes stets zur Kathode schwimmt, wurde diese Erscheinung eingehend untersucht [*406, 407, 410, 521, 522, 533, 596*].

Bewegungsphysiologisch beruht die Reaktion darauf, daß die Cilien, welche dem zur Kathode gerichteten Körperbereich ansitzen, eine „Schlagumkehr" erfahren, d. h. nach rechts vorne schlagen. Auf diese Weise führen alle Paramecien, ungeachtet der Lage, welche sie beim Einschalten des Stromes hatten, eine Drehbewegung aus, so daß sich das Vorderende der Kathode zuwendet. Obwohl die Wimpern des Vorderendes nach rechts vorne schlagen, bewegen sich die Paramecien zur Kathode hin, weil die nach rechts hinten schlagenden Wimpern viel zahlreicher sind und daher eine weit größere Wirksamkeit entfalten (Abb. 269).

Allerdings scheinen beim Hinwenden zur Kathode auch die peristomalen Cilien eine wichtige Rolle zu spielen, welche ihre Schlagrichtung beibehalten, also weiter zum Cytostom hin schlagen [*414*].

In einem Medium von geeigneter Viscosität werden die Cilien weitgehend immobilisiert, lassen sich aber wieder aktivieren, wenn man sie der Wirkung eines galvanischen Stroms aussetzt (Abb. 270).

Ist das *Paramecium* so orientiert, daß sein Vorderende zur Kathode gerichtet ist (*homodrome* O.), so schlagen bei geringer Stromstärke zunächst nur die Cilien des Vorderendes, und zwar zur Kathode hin, also nach rechts vorne. Bei Erhöhung der Stromstärke fangen auch die Cilien am Hinterende an zu schlagen, und zwar zur Anode hin, also nach rechts hinten. Schließlich dehnen sich beide Bereiche immer weiter aus, bis sie sich an einer „Demarkationslinie" treffen, die senkrecht zur Stromrichtung steht (*a*).

Ist das *Paramecium* mit dem Vorderende zur Anode orientiert (*antidrome* O.), so beginnen die Cilien an beiden Körperenden gleichzeitig zu schlagen. Die des Hinterendes schlagen jetzt von der Kathode weg, also nach rechts vorne, die des Vorderendes von der Anode weg, also nach rechts hinten (*b*).

Die Aktivierung der kathodennahen Cilien erfolgt also immer in der Weise, daß sie „umgekehrt", die der anodennahen, daß sie „normal" schlagen.

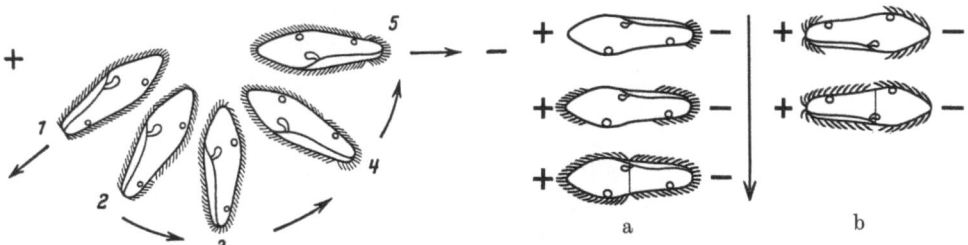

Abb. 269. Galvanotaxis von *Paramecium*. Das zunächst in beliebiger Richtung schwimmende *Paramecium* dreht sich beim Einschalten des elektrischen Stroms zur Kathode hin. Nach JENNINGS, 1910 [533]

Abb. 270. Wirkung des elektrischen Stromes auf Paramecien, die durch Erhöhung der Viscosität des Mediums immobilisiert wurden. Es sind nur die reaktivierten Cilien dargestellt. a Homodrome Orientierung: Vorderende zur Kathode gerichtet. b Antidrome Orientierung: Vorderende zur Anode gerichtet. Nach den Untersuchungen von KAMADA, 1931 [547, 548]

Der Versuch zeigt, daß die Wirkung des galvanischen Stroms sowohl in einem kathelektrotonischen, als auch in einem anelektrotonischen Effekt besteht. Das frühere Einsetzen des kathelektrotonischen Effektes bei homodromer Orientierung könnte darauf beruhen, daß das Vorderende reizempfindlicher als das Hinterende ist [547, 548], eine Auffassung, die auch durch andere Reizversuche gestützt wird.

Auch an den schwimmenden, also galvanotaktisch reagierenden Paramecien ist zu erkennen, daß die Grenzlinie zwischen dem kathodischen und anodischen Einfluß — bei beliebiger Raumlage der Zellen — senkrecht zur Stromrichtung steht. Eine Analyse der Wellenmuster mit der Schnellfixierungsmethode zeigt, daß die metachronen Wellen im kathodischen Bereich wie beim normalen Rückwärtsschwimmen, im anodischen Bereich wie beim normalen Vorwärtsschwimmen verlaufen (S. 297). Die Koordination der Cilientätigkeit wird also durch den galvanischen Strom nicht gestört.

Diese Beobachtung spricht dafür, daß der Strom nicht direkt auf die Cilien einwirkt, sondern sie indirekt über die Konzentration bestimmter Kationen (S. 301) bzw. die endogenen Erregungsimpulse beeinflußt [814]. Die depolarisierende Wirkung der Kathode entspricht der der K^+-Ionen, die hyperpolarisierende der Anode der der Ca^{++}-Ionen. Wahrscheinlich besteht die allgemeine Wirkung des galvanischen Stroms in einer regionalen Verschiebung des Ruhepotentials. Da die Oberfläche hierbei positiv gegenüber dem Zellinnern ist, findet auf der kathodischen Seite eine Abnahme des Ruhepotentials, auf der anodischen Seite dagegen ein Potentialanstieg statt [521].

Auch bei den Protozoen besteht das Verhalten nicht nur in Reaktionen auf Außeneinwirkungen. Vor allem die Ciliaten zeigen Verhaltensweisen, die auf inneren Bedingungen beruhen und daher als *spontan* bezeichnet werden müssen. Sie können in einem bestimmten Entwicklungsstadium oder beim Erreichen eines klonalen Reifezustandes zwangsläufig eintreten und eine regelmäßige Phasenfolge bilden.

Sobald der Schwärmer von *Metafolliculina andrewsi* (Abb. 133) das Gehäuse der Mutterzelle verlassen hat, sucht er mit Hilfe eines thigmotaktischen Cilienfeldes eine geeignete Unterlage auf. An der künftigen Anheftungsstelle dreht er sich mehrmals im Kreise, kommt schließlich zur Ruhe und nimmt dann eine stark abgeplattete Form an. Zunächst scheidet er ein basales Sekret ab, welches ihn fest mit der Unterlage verkittet. Dann streckt er sich etwas in die Länge und bildet den

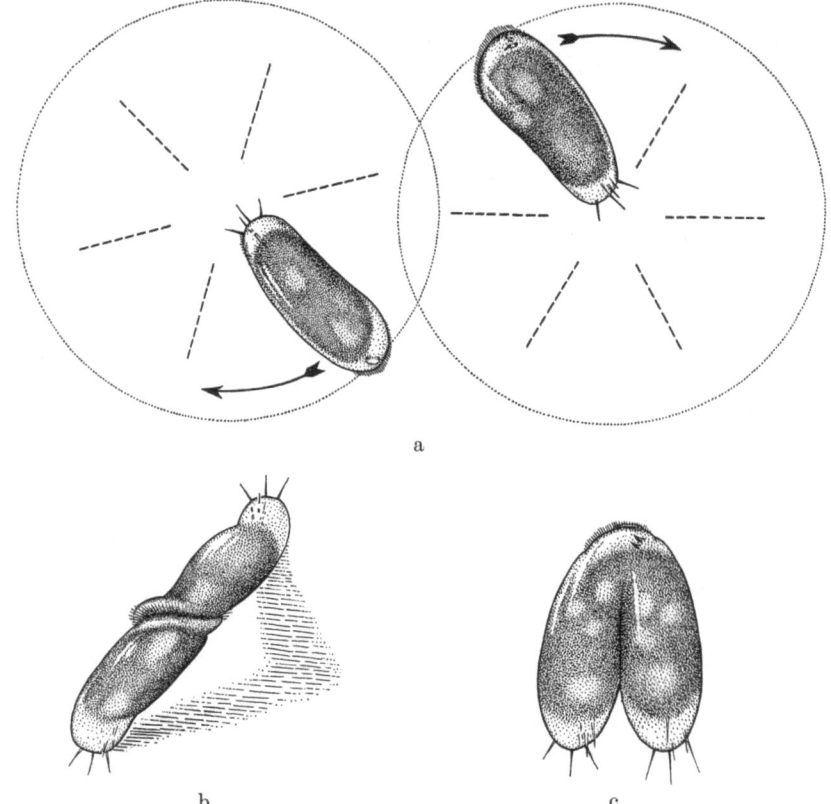

Abb. 271. *Stylonychia mytilus*. Paarungsspiel vor der Konjugation. a Ruckweise Kreisbewegungen der beiden Partner. b Berührung der Peristome. c Endgültige Verschmelzung. Nach GRELL, 1951 [*423*]

ampullenartigen Gehäuseteil aus, welcher nur am Vorderende offenbleibt. Nachdem sich das Vorderende im Winkel von 45° von der Unterlage erhoben hat, streckt sich der Schwärmer weiter in die Länge, indem er gleichzeitig eine kontinuierliche Linksrotation ausführt. Dabei findet die Ausscheidung des mit einer Spiralleiste versehenen Gehäusehalses statt, dessen Material von einer besonderen Pigmentzone geliefert wird. Indem sich das Vorderende pilzhutförmig verbreitert, wird ein kragenartiger Abschluß des Halses ausgebildet. Erst nach dem Gehäusebau setzt die Metamorphose des Schwärmers, insbesondere das Auswachsen der beiden Peristomflügel ein [*1100*].

Bei *Stylonychia mytilus* und anderen Hypotrichen geht der Conjugation ein eigenartiges „Paarungsspiel" voraus (Abb. 271). Beide Partner führen zunächst Kreisbewegungen nebeneinander aus, die infolge der Lage des Peristoms — von oben betrachtet — stets im Uhrzeigersinne verlaufen und in einzelnen, ruckartigen Teildrehungen von 45°—60° bestehen (a). Schließlich richten sie sich aneinander auf und berühren sich mit ihrem Peristom (b). Dieses Spiel kann sich mehrmals wiederholen, bevor es zur endgültigen Verklebung der Peristome und zur Verschmelzung der Zellen kommt (c).

Von besonderem Interesse sind *Verhaltensänderungen*, die als Anpassungen an eine bestimmte Reizsituation gedeutet werden können. Wird *Stentor roeseli* durch den Wasserstrom aus einer Pipette gereizt, so zieht er sich blitzschnell in seine Schleimröhre zurück, streckt sich aber bald wieder aus und beginnt erneut zu strudeln. Wird der Vorgang mehrmals wiederholt, so reagiert er nicht mehr auf den Reiz. Eine derartige *Gewöhnung* an einen wiederholt auftretenden unschädlichen Reiz ist auch bei anderen Ciliaten beobachtet worden [576].

In manchen Fällen besteht die Verhaltensänderung nicht in einer Gewöhnung, sondern im Übergang zu einer anderen Reaktionsweise. Wird *Stentor* mit einer Tusche- oder Karminsuspension angeströmt, so wendet er sich nach kurzer Zeit durch Wegkrümmen seines Vorderendes von der Reizquelle ab. Bei Fortdauer des Reizes kehren die Körpercilien ihre Schlagrichtung um und treiben die partikelreiche Wolke vom Peristom weg. Hält die Reizung weiter an, so kommt es zu immer länger dauernden Kontraktionen. Schließlich löst sich der *Stentor* von seiner Unterlage und schwimmt zu einem anderen Standort hin. In diesem Fall wird die gleichbleibende Reizung also durch eine Folge von vier verschiedenen Reaktionen beantwortet [533].

Die höheren Tiere besitzen bekanntlich die Fähigkeit, durch Reize hervorgerufene Erregungszustände als „Engramme" zu speichern. Sie können während ihres individuellen Lebens feste Verknüpfungen *(Assoziationen)* zwischen den Engrammen verschiedener Reize herstellen und sind daher befähigt, sich bestimmte Reizkombinationen zu „merken". Tritt beispielsweise eine bestimmte Bedingung, die selbst keine Reaktion auslöst, lange genug in Kombination mit einem bestimmten Reiz auf, so kann der Organismus auch diese Bedingung mit der dem Reiz zugeordneten Reaktion beantworten, wenn der Reiz selbst nicht mehr mit ihr kombiniert ist.

Man hat viele Versuche angestellt, auch bei den Ciliaten ein solches Assoziationsvermögen *(„Lernen")* nachzuweisen. Diese Versuche haben aber zu keinen klaren Ergebnissen geführt. Sicher nachgewiesen wurde lediglich, daß sich manche Ciliaten für bestimmte Reize *sensibilisieren* lassen: Bei ständiger Wiederholung der Reizung wird der Schwellenwert für diesen Reiz vorübergehend herabgesetzt [590, 669, 670].

K. Ernährung

Jeder Organismus ist auf die Aufnahme bestimmter *Nährstoffe* angewiesen, aus denen er neue Körpersubstanzen aufbauen oder die für seine Lebensvorgänge erforderliche Energie gewinnen kann.

Die *autotrophen* Lebewesen benötigen nur anorganische Nährstoffe, aus welchen sie mittels chemischer (chemoautotroph) oder strahlender Energie (photoautotroph) organische Substanzen aufbauen. Unter Verwertung chemischer Energie können nur gewisse Bakterien autotroph leben. Alle autotrophen Protozoen benutzen wie die grünen Pflanzen das Sonnenlicht als Energiequelle. Mit Hilfe bestimmter Farbstoffe [*394*], welche die Lichtenergie absorbieren und an besondere Trägerstrukturen, die Plastiden (S. 23ff), gebunden sind, können sie aus Kohlensäure und Wasser Kohlenhydrate synthetisieren. Dieser Vorgang wird daher als *Photosynthese* bezeichnet. Aus den entstandenen Kohlenhydraten und bestimmten wasserlöslichen organischen Verbindungen, unter denen die stickstoff- und phosphorhaltigen am wichtigsten sind, vermögen sie dann auch die übrigen organischen Stoffe, insbesondere die Eiweißkörper und Fette herzustellen. Solche Protozoen lassen sich daher am Licht in einer rein anorganischen Nährlösung züchten.

Kulturversuche mit reinen Nährlösungen [*517, 518, 693, 844, 845, 848*] haben allerdings ergeben, daß zahlreiche Flagellaten, welche an sich zur Photosynthese befähigt sind, bestimmte organische Stoffe nicht selbst herstellen können, sondern von außen aufnehmen müssen. Ohne solche Stoffe, welche freilich nur in sehr geringer Menge benötigt werden, ist bei vielen Chrysomonadinen, Euglenoidinen und Dinoflagellaten ein Wachstum unmöglich. Derartige „*Wachstumsfaktoren*" sind beispielsweise Thiamin (Vitamin B_1), Cobalamin (Vitamin B_{12}) und Biotin.

Auf der anderen Seite sind viele „Phytoflagellaten" imstande, auch ohne Photosynthese zu gedeihen, wenn sie längere Zeit im Dunkeln leben müssen. Sie können dann ihren Nährstoffbedarf durch Aufnahme organischer Kohlenstoff- oder Stickstoffverbindungen decken, wenn ihnen diese in ihrem natürlichen Medium zur Verfügung stehen oder in der Nährlösung geboten werden.

Flagellaten, welche trotz ihrer Fähigkeit zur Photosynthese auf organische Stoffe angewiesen sind, heißen *mixotroph*. Können sie bei Lichtmangel von der auto- oder mixotrophen zur rein heterotrophen Ernährungsweise übergehen, so kann man sie als *amphitroph* bezeichnen [23].

Die meisten Protozoen sind *heterotroph*. Sie können keine Photosynthese durchführen und sind daher in vollem Umfange auf organische Nährstoffe angewiesen.

In vielen Fällen war es möglich, auch mixo-, amphi- oder heterotrophe Protozoen *axenisch*, d. h. ohne andere Begleitorganismen in definierten Nährlösungen zu züchten. Dabei ergaben sich überraschende Unterschiede im Nährstoffbedürfnis, selbst bei nahe verwandten Arten. *Chlamydomonas reinhardi* und *Euglena gracilis* können z. B. im Dunkeln gezüchtet werden, wenn ihnen Natriumacetat als Kohlenstoffquelle zur Verfügung steht. *Chlamydomonas eugametos syn. moewusii* und *Euglena pisciformis* sind dagegen nicht imstande, das Acetat auszunutzen und gehen im Dunkeln zugrunde.

Auch einige Ciliaten, welche sich unter natürlichen Verhältnissen von Bakterien ernähren, ließen sich auf synthetische Nährlösungen umstellen. *Tetrahymena pyriformis* kann z. B. in einem sterilen Medium gezüchtet werden, welches 11 Aminosäuren, 7 B-Vitamine, Guanin, Uracil und einige anorganische Salze enthält.

---

[23] Meistens werden diese Unterschiede jedoch außer acht gelassen und alle plastidenhaltigen Flagellaten autotroph genannt.

Während diese Art (mit Ausnahme der Pyridoxin-Mutante, S. 263) Vitamin B_6 benötigt, läßt sich *Tetrahymena paravorax* auch ohne diesen Stoff kultivieren [507].

Nach der Art der Nahrungsaufnahme lassen sich bei den Protozoen verschiedene Möglichkeiten unterscheiden, die sich aber weder scharf gegeneinander abgrenzen lassen, noch gegenseitig ausschließen.

1. Permeation

Als Permeation kann man allgemein das Eindringen gelöster Stoffe in die Zelle bezeichnen.

Da die Zellhülle mindestens aus einer Elementarmembran besteht (S. 39), muß ihre Fähigkeit, aus einem Angebot verschiedenartiger Substanzen nur bestimmte Nährstoffe durchzulassen *(selektive Permeabilität)*, zunächst in den strukturellen, chemischen und physikalischen Eigenschaften der Elementarmembran gesucht werden. Daß kleinere Moleküle im allgemeinen leichter aufgenommen werden als große, könnte darauf beruhen, daß die Elementarmembran auf Grund ihrer Struktur als „Ultrafilter" wirkt. Ihr Lipoidgehalt macht verständlich, daß lipoidlösliche Stoffe bevorzugt passieren können. Für den Transport der elektrisch geladenen Ionen spielt es sicher eine Rolle, ob die Membran selbst ein bestimmtes Ruhepotential aufrecht erhält. Anscheinend sind am Ionentransport besondere Trägermoleküle beteiligt. Nach den Erfahrungen an Bakterien muß auch mit der Möglichkeit gerechnet werden, daß für die Aufnahme mancher Stoffe spezifische Enzyme (Permeasen) bereitstehen, welche sie in permeierbare Spaltstücke zerlegen. Obwohl unsere Kenntnisse über diese Prozesse noch sehr lückenhaft sind, ist es sicher, daß die Aufnahme vieler Nährstoffe nicht in einem passiven Transport besteht, der durch die Gesetze der Diffusion und Osmose erklärt werden kann, sondern einen *aktiven Vorgang* darstellt, bei dem Energie verbraucht wird.

Auch wenn die Zellhülle nur aus einer Elementarmembran besteht, ist es unwahrscheinlich, daß sie überall den gleichen Aufbau und die gleichen Permeabilitätseigenschaften besitzt. Erst recht gilt dies natürlich, wenn die Zellhülle durch Ausbildung weiterer Elementarmembranen oder anderer Schichten einen komplizierten Aufbau erhält. In solchen Fällen wird die Permeation wahrscheinlich durch besondere Stellen erfolgen, die auch licht- oder elektronenmikroskopisch als „Poren" hervortreten, aber natürlich keine Durchbrechungen der Zellhülle sind.

2. Pinocytose

Für die Aufnahme flüssiger Stoffe scheint außerdem ein Vorgang eine wichtige Rolle zu spielen, der als Pinocytose („Trinken der Zelle") bezeichnet wird. Hierunter versteht man die Erscheinung, daß von der Elementarmembran Bläschen (Vesicel) in das Zellinnere abgeschnürt werden.

Besonders eingehend wurde die Pinocytose bei verschiedenen Amöben *(Amoeba proteus, Amoeba dubia, Chaos chaos = Pelomyxa carolinensis* u. a.) untersucht, doch bestehen Hinweise, daß sie auch bei anderen Protozoen vorkommt [85, 87, 88, 111–115, 502, 503].

Bei *Amoeba proteus* (Abb. 272) spielt sich die Pinocytose in der Weise ab, daß von der Zellhülle zunächst dünne, schlauchförmige Einstülpungen in das Cytoplasma vorgetrieben werden. Diese zerfallen dann in einzelne Bläschen, die aber ihrerseits wieder Vesicel abschnüren können. Der Durchmesser der Bläschen variiert daher in weiten Grenzen (2 μ — 0,01 μ), so daß die größten noch im Lichtmikroskop, die kleinsten nur im Elektronenmikroskop erkennbar sind.

In der Regel erfolgt die Pinocytose an der Spitze pseudopodienartiger Fortsätze. Offenbar können bei den Amöben aber auch an anderen Stellen der Zellhülle kleine Vesicel abgeschnürt werden.

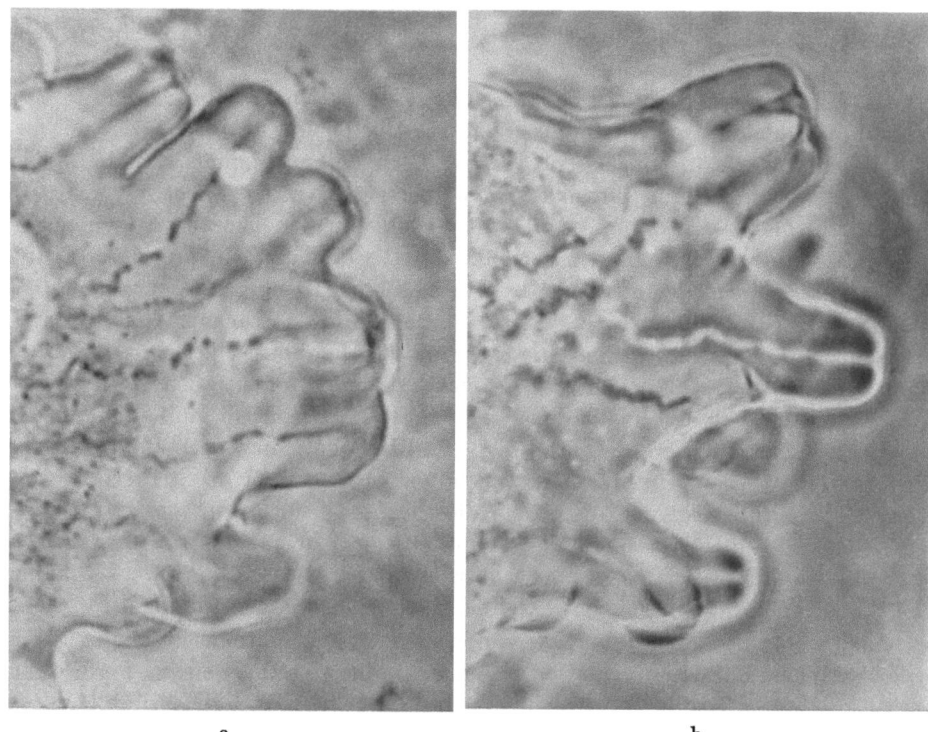

a   b

Abb. 272. *Amoeba proteus*. Ausbildung von Pinocytose-Kanälchen, die sich in Vesicel auflösen. Aufn. von D. M. PRESCOTT aus HOLTER, 1959 [*502*]

Experimentell wurde nachgewiesen, daß Makromoleküle, welche die Zellhülle als solche nicht passieren, auf dem Wege der Pinocytose in das Cytoplasma gelangen. Bestimmte Stoffe, vor allem Proteine und Aminosäuren, rufen eine lebhafte Pinocytose-Aktivität hervor. Diese Stoffe werden vorher an der Zellhülle adsorbiert, wobei wahrscheinlich die Mucopolysaccharidschicht (S. 40) eine Rolle spielt. Mit diesen Stoffen können aber auch Substanzen (z. B. Kohlenhydrate) in die Zelle gelangen, die selbst keine Pinocytose-Aktivität induzieren. Versuche mit markierten Aminosäuren und Zuckern ergaben, daß sich die Stoffe nach der Pinocytose im Grundplasma verteilen. Anscheinend löst sich die Wand der Vesicel im Innern der Zelle nicht gleich auf, sondern wird für die adsorbierten Stoffe permeabel.

Die Dauer der Pinocytose-Aktivität ist nicht unbegrenzt. Hat *Amoeba proteus* in einer halben Stunde etwa 100 Schläuche ausgebildet, so hört die Pinocytose plötzlich auf, um erst nach 3—4 Std wieder einzusetzen. Füttert man *Amoeba*

Ernährung

proteus mit Ciliaten, so bildet sie nach Übertragung in eine induzierende Lösung nur etwa $1/10$ so viele Pinocytose-Schläuche aus. Amöben, die eine lebhafte Pinocytose-Aktivität entfaltet haben, lassen sich dagegen nicht mit Ciliaten füttern.

Diese Beobachtungen zeigen, daß die Pinocytose-Aktivität von der Zelle selbst reguliert wird und nicht ein bloßes Membran-Phänomen ist.

Wahrscheinlich ist die Pinocytose bei Formen, denen man bisher eine ausschließlich „osmotische" Ernährungsweise („Osmotrophie") zuschrieb, weit verbreitet. Wie schon früher erwähnt (S. 44), werden bei der Opalinine *Cepedea dimidiata* ständig Pinocytose-Bläschen am Grunde der Pellicula-Falten abgeschnürt [777].

3. Phagocytose

Als Phagocytose wird die Aufnahme fester Nahrungspartikel bezeichnet. Eine scharfe Abgrenzung gegen die Pinocytose ist naturgemäß nicht möglich, da auch beim „Trinken der Zelle" kleine Partikel eingeschleust werden können und bei der Phagocytose wohl immer Flüssigkeit mit aufgenommen wird.

Bei vielen Protozoen sind keine besonderen Organelle zur Nahrungsaufnahme ausgebildet. Amöben, denen eine Polarität fehlt, können ihre Nahrung an jeder

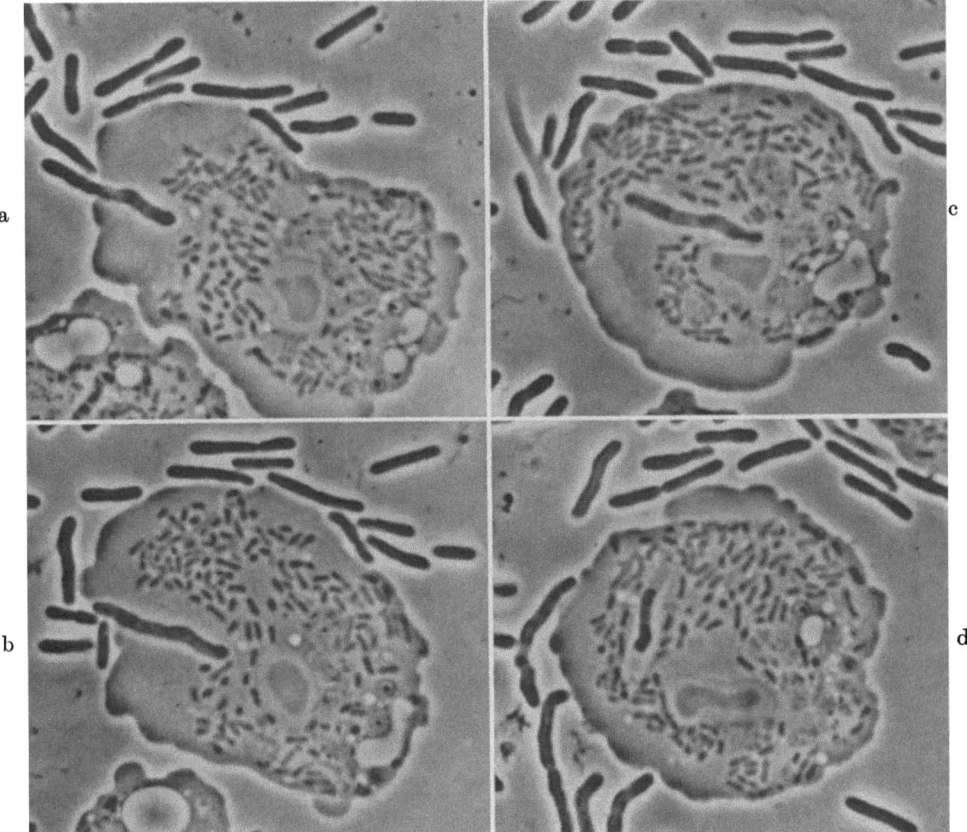

Abb. 273. *Hartmannella castellanii*. Phagocytose und Lyse eines Bakteriums. In der Amöbe sind Zellkern und Mitochondrien erkennbar. Vergr. 1500×. Aus den Filmen C 943 und E 1169

326 Ernährung

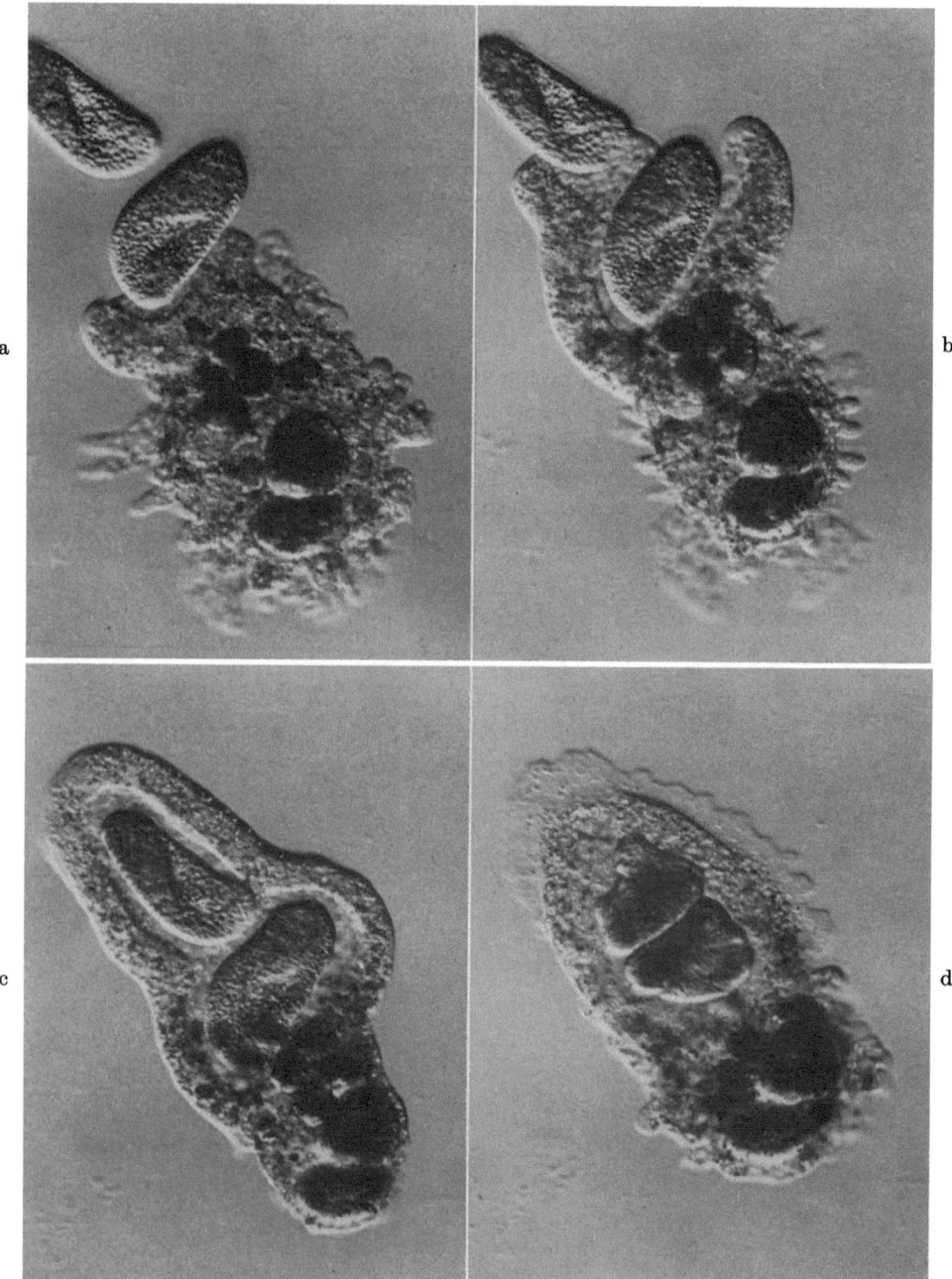

Abb. 274. *Amoeba proteus*. Phagocytose zweier Zellen von *Paramecium bursaria*. Vergr. 200×. Aus den Filmen C 943 und E 1171

beliebigen Stelle der Zelloberfläche aufnehmen. Wenn sie sich nur von Bakterien ernähren, verläuft die Nahrungsaufnahme äußerlich sehr einfach (Abb. 273): Die Amöbe fließt gewissermaßen um das Bacterium herum, schließt es dabei aber in eine ,,Nahrungsvacuole" ein, die offenbar in der gleichen Weise entsteht wie eine Pinocytose-Bläschen, nämlich durch Abfaltung von der Zellhülle. In die Nahrungsvacuole werden Enzyme abgeschieden, welche die ,,Lyse" des Bacteriums, d. h. seine allmähliche Auflösung und den Abbau seiner chemischen Substanzen in niedermolekulare Spaltprodukte herbeiführen. Während der Verdauung des Bacteriums und der Resorption der Spaltprodukte wird die Nahrungsvacuole immer kleiner, bis sie schließlich nur noch 2 oder 4 kleine Körnchen enthält, die vielleicht die Kernäquivalente des Bacteriums darstellen.

Ernährt sich eine Amöbe von größeren Beuteorganismen, so ist die Nahrungsaufnahme komplizierter. Abb. 274 zeigt *Amoeba proteus* beim Fang von *Paramecium bursaria*. Während die Paramecien völlig unbeweglich bleiben, werden sie von der Amöbe durch eine aktive Gestaltveränderung (Circumvallation) allmählich ,,eingekreist". Offenbar geht von der Amöbe, welche nur die Cilien der Paramecien berührt, ein immobilisierender Einfluß aus. Erst wenn die Paramecien in die ,,Nahrungsvacuole" eingeschlossen sind, versuchen sie ihrem Gefängnis zu entkommen. Nach einigen heftigen Bewegungen werden sie dann aber plötzlich starr, kugeln sich ab und verfallen dem Verdauungsprozeß. *Thecamoeba verrucosa* ist imstande, einen mehrere hundert µ langen Faden der Cyanophycee *Oscillatoria* in ihrem Cytoplasma aufzuwickeln. Daß derartige Vorgänge eine koordinierte Tätigkeit der ganzen Zelle voraussetzen, versteht sich von selbst.

Die Testaceen umschließen ihre Nahrung mit den Pseudopodien, die aus der Öffnung des Gehäuses hervortreten. Bei den Heliozoen, Radiolarien und Foraminiferen werden die Beuteorganismen nicht unmittelbar in den Zelleib aufgenommen, sondern bleiben an den Axopodien oder Rhizopodien hängen. Durch die oberflächliche Plasmaströmung oder durch Kontraktion der die Pseudopodien zusammensetzenden Plasmastränge (S. 281) werden die Beuteorganismen zur Zelle hinbefördert. Nach einigen Angaben soll gelegentlich auch schon an dem ausgestreckten Pseudopodium eine Verdauung stattfinden.

Viele heterotrophe Flagellaten nehmen ihre Nahrung in ähnlicher Weise wie die Rhizopoden auf. Infolge der heteropolaren Organisation der Zellen ist die Nahrungsaufnahme meistens auf einen bestimmten Oberflächenbereich beschränkt. Manche Chrysomonadinen (z. B. *Chromulina*) und Euglenoidinen (z. B. *Peranema*) phagocytieren am Vorderende. Die im Darmkanal der Termiten lebenden Hypermastigiden nehmen kleine Holzstückchen am Hinterende auf. In einigen Fällen ist der Vorgang der Nahrungsaufnahme nicht genau bekannt, z. B. bei dem Dinoflagellaten *Oxyrrhis marina*, der in kurzer Zeit zahlreiche kleinere Protozoen verschlingen kann.

Bei einigen Flagellaten stehen besondere Organelle im Dienste des Beuteerwerbs. Die Choanoflagellaten besitzen einen Kragen (Collare), an dessen klebriger Außenfläche herbeigestrudelte Partikel hängenbleiben. Diese gleiten dann zum Zellkörper hin und werden hier in Nahrungsvacuolen eingeschlossen (Abb. 319). Manche Dinoflagellaten (*Noctiluca*, Abb. 314a; *Erythropsis*, Abb. 264a) besitzen bewegliche Tentakel, die als ,,Leimruten" für Beuteorganismen dienen.

Elektronenmikroskopische Untersuchungen haben ergeben, daß bei verschiedenen Entwicklungsstadien der Sporozoen sog. ,,Mikroporen" in der Pellicula vorkommen, die offenbar Stellen eines Stoffaustausches sind [*2, 3, 37, 132, 918, 921, 1107*]. Die erythrocytären Stadien (Schizonten, Gamonten) der *Plasmodium*-Arten besitzen regelmäßig *eine* solche „Mikropore", die in diesem Falle ohne Zweifel dazu dient, den Übertritt des Cytoplasmas der Wirtszelle in den Parasiten zu ermöglichen (Abb. 275). Das Cytoplasma des Erythrocyten wird in eine tropfenförmige Einbuchtung der Zellhülle (Elementarmembran) aufgenommen, die sich dann als „Nahrungsvacuole" abschnürt. Äußerlich erinnert der Vorgang an die Ausbildung eines Pinocytose-Bläschens. Er kann aber nicht ohne weiteres als Pinocytose bezeichnet werden, da die „Mikropore" offenbar eine *ständige* Bildung der betreffenden Stadien ist. Sie wird von einer, aus zwei elektronendichten Ringen bestehenden Struktur begrenzt, so daß es sich eigentlich schon um eine Art „Cytostom" handelt.

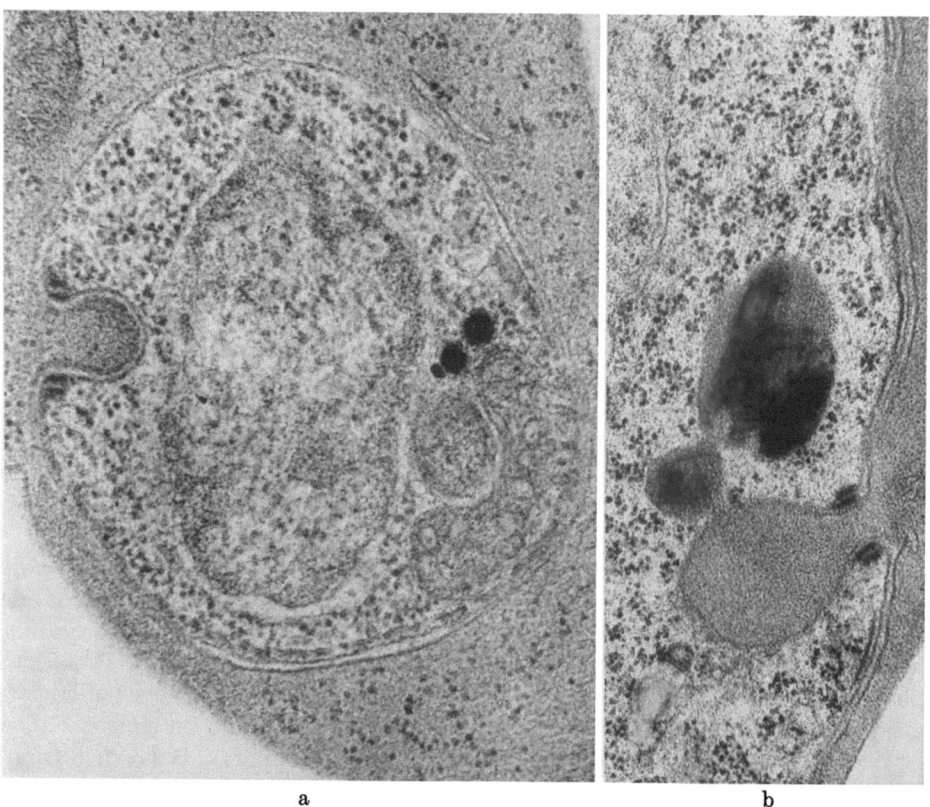

a b

Abb. 275. *Plasmodium cathemerium*. Mikroporen (Mikrocytostome). a Junger Schizont. In der Mitte der Zellkern. Vergr. 56000×. b Teil eines Gamonten. Oberhalb des aufgenommenen Erythrocytenplasmas befindet sich eine „Nahrungsvacuole". Vergr. 43000×. Nach AIKAWA, HEPLER, HUFF und SPRINZ, 1966 [3]

Der Besitz eines *Zellmundes* oder *Cytostoms* ist vor allem für die Euciliaten charakteristisch, von denen allerdings einige Gruppen, wie die Astomata, wieder sekundär mundlos geworden sind. Bei den Euciliaten schließt sich an den Zellmund der ja strenggenommen keine Öffnung, sondern nur ein „Nahrungsaufnahmebereich" der äußeren Zellschicht (Cortex) ist, eine schlundartige, aber mit Cytoplasma erfüllte Bildung an. Diese kann durch stab- und fadenförmige Differenzierungen (Reusenstäbe, Trichiten) versteift sein und wird als *Zellschlund* oder *Cytopharynx* bezeichnet.

Die Lage des Cytostoms und die Ausgestaltung des mit ihm funktionell verbundenen Zellbereichs sind bei den Ciliaten außerordentlich mannigfaltig. Den Ausgangspunkt bilden die Verhältnisse bei den „Prostomata" (Holotricha, Gymnostomata), wo sich das Cytostom am Vorderende — und zwar an der Zelloberfläche — befindet (Abb. 390). Bei den meisten Ciliaten ist aber das Cytostom vom Vorderende weggerückt oder in die Tiefe einer „Mundbucht" versenkt worden.

Nach der Art der Nahrungsaufnahme lassen sich zwei Typen unterscheiden.

Die *Schlinger* [273] ernähren sich von größeren Beuteorganismen, die sie mit dem Cytostom aufnehmen. Dieses ist daher sehr erweiterungsfähig und kann entweder am Vorderende oder an der Seite des Zellkörpers liegen. Manche Schlinger *(Nassula, Chlamydodon)* ernähren sich von fadenförmigen Cyanophyceen, die sie mit Hilfe der Reusenstäbe des Cytopharynx abkneifen können. *Coleps hirtus* verschlingt totes Zellmaterial, durch das er chemotaktisch angelockt wird. Die meisten Schlinger fressen aber lebende Beutetiere, wobei sie sich oft auf bestimmte Arten spezialisiert haben.

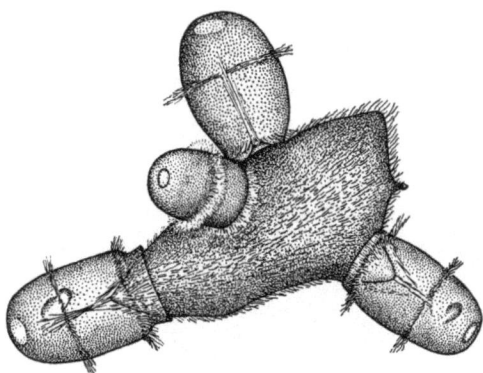

Abb. 276. Vier Individuen von *Didinium nasutum* fallen ein *Paramecium* an. Nach MAST aus DOFLEIN-REICHENOW 1949

Didinium nasutum ernährt sich fast ausschließlich von Paramecien. Diese werden jedoch nicht aktiv aufgesucht, sondern bei zufälligem Zusammenstoß festgehalten [990]. Dabei kann es vorkommen, daß mehrere Didinien gleichzeitig mit einem *Paramecium* zusammentreffen (Abb. 276).

Das Vorderende von *Didinium* ist zu dem sog. Mundkegel verjüngt. Kommt dieser mit der Beute in Berührung, so haftet er sofort fest. Der Kontakt wird durch kurze Haftstiftchen hergestellt, die unter der Kuppe des Mundkegels liegen. Die wesentlich längeren und mehr peripher angeordneten Stäbchen sind Toxicysten, die erst nach der Herstellung des Kontaktes entladen werden (Abb. 277a). Das angegriffene *Paramecium* stößt Trichocysten aus. Auch wenn es ihm gelingt, das *Didinium* etwas zurückzudrängen, behalten die Haftstiftchen den Kontakt bei, bleiben dann aber manchmal nur durch einen Plasmafaden mit dem Mundkegel in Verbindung (b). Versuche ergaben, daß die anschließende Reaktion, das Verschlingen der Beute, durch einen Stoff ausgelöst wird, der aus dem zunächst nur örtlich abgetöteten Cytoplasma des Parameciums diffundiert. Durch die

Strömung des Cytoplasmas, welches der Beute anhaftet, wird dann das *Paramecium* ganz in das Innere des Didiniums hereingezogen (Film C 881).

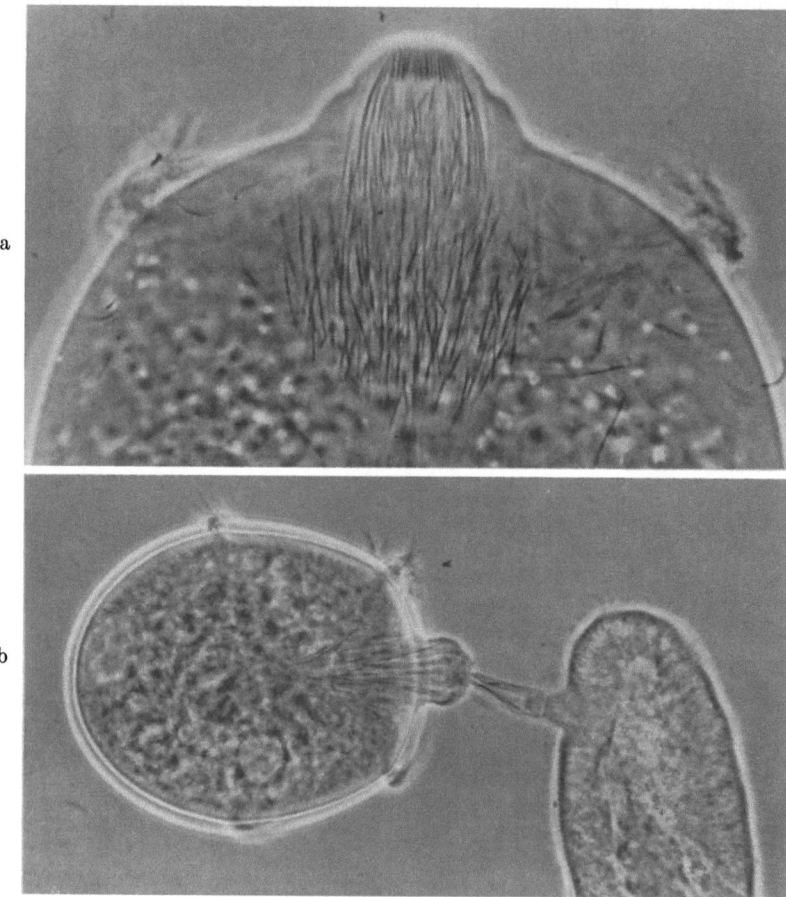

Abb. 277. *Didinium nasutum*. a Vorderende. Unter der Kuppe des Mundkegels: Haftstiftchen. Die längeren Stäbchen sind Toxicysten. Vergr. 500×. b *Didinium* und *Paramecium*, kurz nach Herstellung des Kontaktes fixiert. Die Trichocysten des Parameciums sind bei der Präparation verloren gegangen. Vergr. 350×. Nach SCHWARTZ 1965 [*990*]

Dileptus anser besitzt ein seitlich gelegenes Cytostom, vor dem sich der Zellkörper zu einem beweglichen „Rüssel" verschmälert (Abb. 278a). Dieser enthält auf der Oralseite zahlreiche Toxicysten (b), die sofort entladen werden, wenn der Rüssel ein Beutetier, etwa ein *Colpidium*, berührt. Die ausgeschleuderten Fäden der Toxicysten übertragen ein sehr wirksames Gift auf das Beutetier, so daß es meistens gleich getötet wird und schnell zerfällt. Dabei scheint das Gift selbst nur eine Lyse der Pellicula hervorzurufen. Der Vorrat des Rüssels an Toxicysten reicht aus, um etwa 70 Colpidien zu töten. Sind alle entladen worden, so benötigt *Dileptus* ungefähr zwei Stunden, um den Vorrat wieder aufzufüllen. Bei reichlichem Angebot an Beutetieren tötet er viele, ohne sie zu fressen. Im Hungerzustand gleitet er mit seinem Rüssel an der Leiche des Beutetieres entlang und erweitert das — von einem dicken Wulst umsäumte — Cytostom bereits, wenn es noch gar nicht von dem Beutetier berührt wird. Beim „Schluckakt" wird die Beute in eine große Nahrungsvacuole aufgenommen (Abb. 279). Anschließend wird das Cytostom verschlossen, wahrscheinlich durch ein sphincterartiges Myonem (Film C 881).

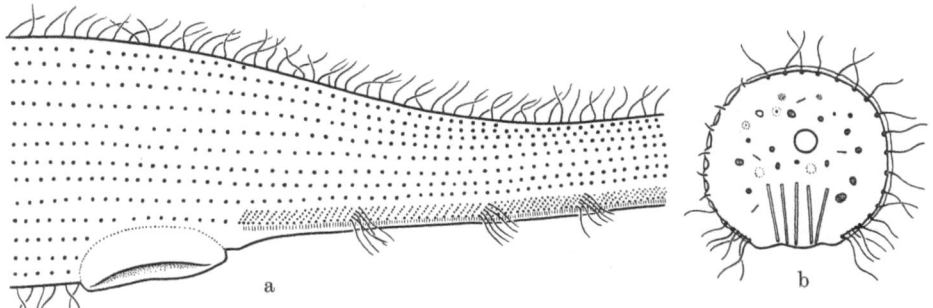

Abb. 278. *Dileptus anser*. a Bereich von Cytostom und Rüssel. b Querschnitt durch den Rüssel. Ventral befinden sich die Toxicysten. Nach DRAGESCO, 1963 [*274*]

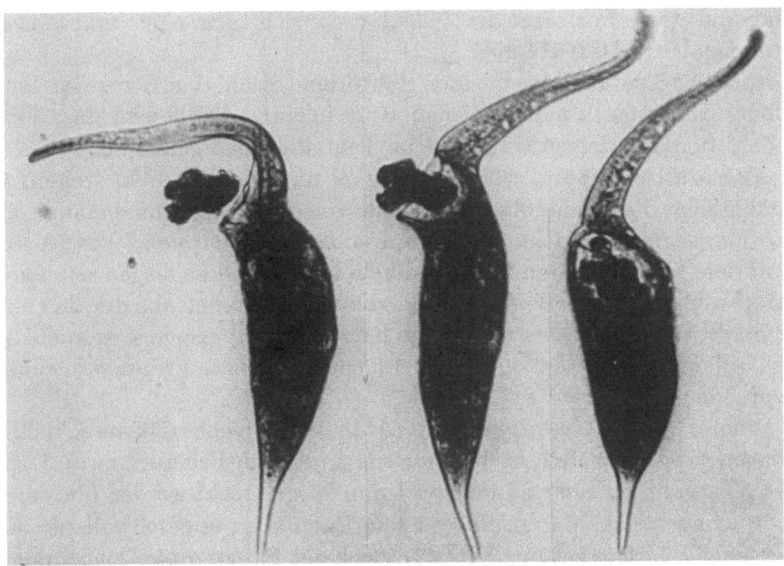

Abb. 279. *Dileptus anser*. Verschlingen eines vorher abgetöteten Beutetieres. Vergr. 170×. Aus dem Film C 881

Die *Strudler* erzeugen eine Wasserströmung, welche die Nahrung zum Cytostom treibt. Dieses ist daher stets von einem besonderen Bereich, dem *Mundfeld* oder *Peristom* umgeben, dessen Lage, Umfang und Form die Gestalt des Zellkörpers bestimmen. Vielfach verengt sich das Peristom vor dem Cytostom zum sog. *Mundtrichter* oder *Vestibulum*.

Die Wimpern des Peristoms dienen in erster Linie zum Herbeistrudeln der Nahrung und können eine gegenüber den Körpercilien autonome Schlagtätigkeit zeigen (S. 298). Schon bei den *Holotrichen* (Hymenostomata) treten im Bereich des

Cytostoms undulierende Membranen auf, welche durch Verschmelzung von Wimperreihen entstehen und den Nahrungsstrom in wirksamerer Weise lenken als es einzeln schlagende Cilien können.

Bei manchen Formen (z. B. *Pleuronema*) bildet die undulierende Membran eine Art Segel, welches weit aus dem Peristom herausragt (Abb. 400).

Diese Verhältnisse haben bei den *Peritrichen* eine weitere Ausgestaltung erfahren. Das ganze Vorderende des Zellkörpers ist scheibenförmig abgestumpft und wird von einer, entgegen dem Uhrzeigersinn zum Cytostom verlaufenden Wimperspirale bedeckt. Diese setzt sich aus zwei oder drei Cilienreihen zusammen, von denen die äußere zu einer undulierenden Membran geworden ist.

Auf das adorale Membranellenband der *Spirotrichen*, welches im typischen Falle um das ganze Peristom herumzieht, wurde schon früher hingewiesen (S. 299). Als Strudelapparat ist es vor allem bei den halbsessilen *(Stentor)* und sessilen Formen *(Folliculina)* wirksam.

Die *Suktorien* nehmen ihre Nahrung nicht durch ein Cytostom, sondern durch *Tentakel* auf. Die meisten Arten besitzen zahlreiche, oft in zwei oder mehreren Büscheln stehende Tentakel, die als stecknadelförmige Fortsätze von der Zelloberfläche entspringen und sich zurückziehen oder ausstrecken können (Abb. 414a, b). Einen besonderen Typ bilden die Tentakel von *Dendrocometes paradoxus*. Sie stellen hier dicke und starre Fortsätze der Zelle dar, die sich verzweigen und in zahlreiche Spitzen aufspalten (Abb. 414c, d).

Während die Tentakel der meisten Suktorien sowohl dem Fang der Beutetiere als auch der Nahrungsaufnahme dienen, ist es in einigen Fällen zu einer Verteilung beider Funktionen auf zwei verschiedene Tentakeltypen gekommen.

Bei *Ephelota gemmipara*, wo die Tentakel nicht in Büscheln stehen, sondern gleichmäßig über die Scheitelfläche der Zelle verteilt sind, kommen lange, spitz zulaufende *Fangtentakel* und kurze, stumpf endende *Saugtentakel* vor (Abb. 415a). Die Beutetiere bleiben an den Fangtentakeln hängen. Diese biegen sich nach innen ein und geben dabei die Beutetiere an die Saugtentakel ab, die den mittleren Bereich der Scheitelfläche besetzen. Eine Kontraktilität zeigen aber auch die Saugtentakel. Allerdings können sie sich nicht nach der Seite krümmen, sondern nur verkürzen oder verlängern.

Ein anderes Suktor, *Acinetopsis rara* (Abb. 280), welches sich ausschließlich von *Ephelota gemmipara* ernährt, besitzt nur einen (gelegentlich auch zwei) Fangtentakel. Dieser kann bis zu einer Länge von 1 mm ausgestreckt werden und regelrechte „Suchbewegungen" ausführen. Sobald sein knopfartig angeschwollenes Ende die Pellicula einer *Ephelota* berührt hat, zieht sich der Fangtentakel zusammen, wobei er eine erstaunliche Zugkraft entfaltet. Obwohl die *Ephelota* so fest auf ihrem Stiel sitzt, daß dieser zu dem Räuber hingebogen wird, gelingt es diesem schließlich doch, seine Beute von ihrem Stiel herunterzureißen. Erst wenn sich der Fangtentakel ganz kontrahiert hat und der Zellkörper der *Ephelota* auf der Scheitelfläche des *Acinetopsis* liegt, streckt dieser zahlreiche kurze Saugtentakel aus, welche das Plasma der Beute aufnehmen. Bei jedem Freßakt entwickelt sich in dem *Acinetopsis* ein Schwärmer, der seine Mutterzelle häufig schon verläßt, bevor die Beute ganz ausgesogen ist.

Bei den Suktorien, deren Tentakel gleichzeitig zum Beutefang und zur Nahrungsaufnahme dienen, kommen die Beutetiere — meistens Ciliaten — zufällig mit

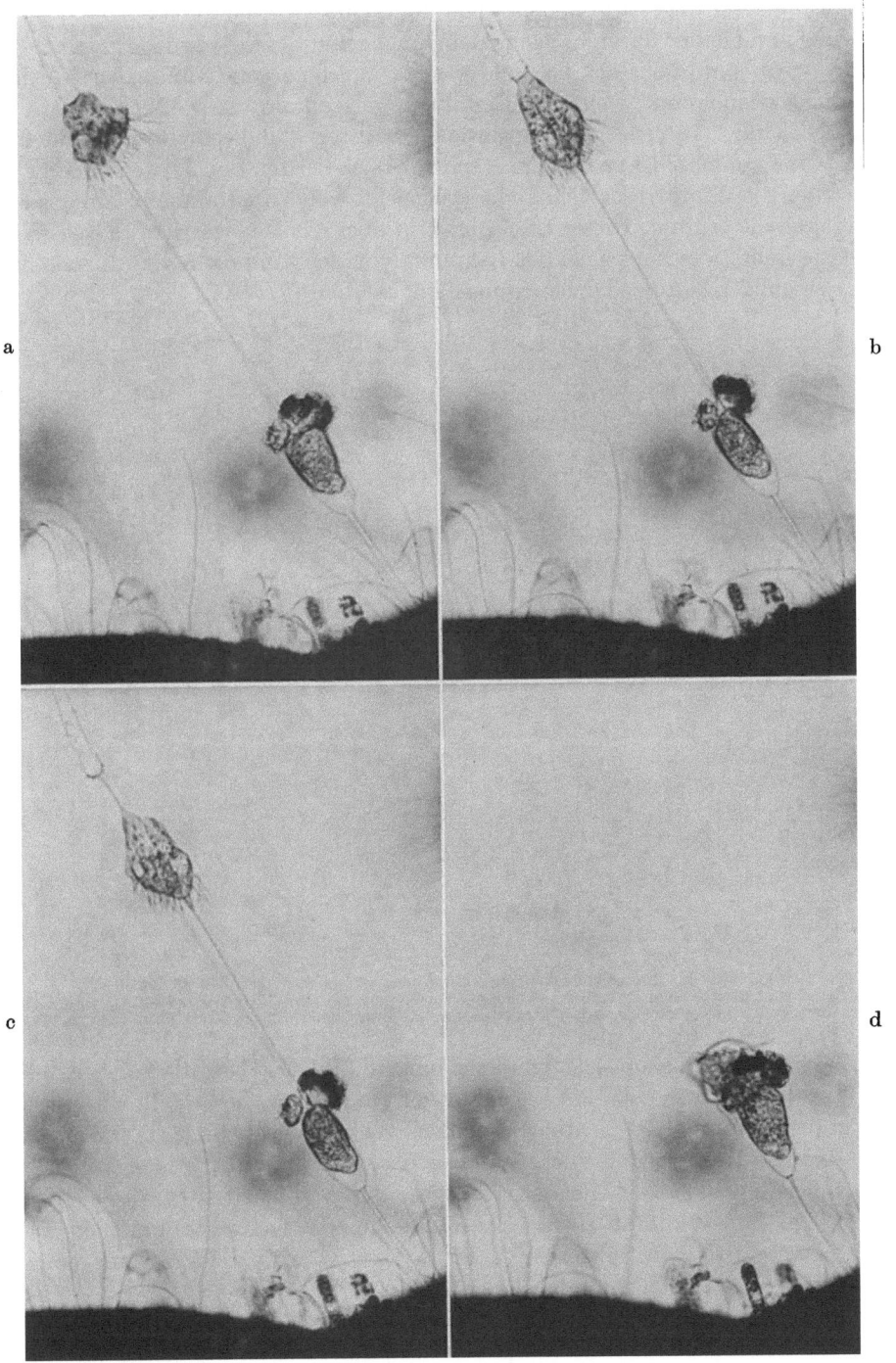

Abb. 280. *Acinetopsis rara* mit seinem Fangtentakel eine *Ephelota* von ihrem Stiel herunterziehend. Während der Kontraktion des Fangtentakels ist der *Acinetopsis* noch von den Resten einer vorher gefressenen *Ephelota* bedeckt. Vergr. 130×. Aus den Filmen C 907 und C 912

dem knopfartig angeschwollenen Ende der Tentakel (Tentakelköpfchen) in Berührung und bleiben daran hängen. Manchmal gelingt es ihnen zu entkommen, vor allem, wenn sie größer als das Suktor sind. Meistens geraten sie aber bei ihren Fluchtreaktionen mit weiteren Tentakeln in Kontakt, so daß ein Entrinnen unmöglich wird. In vielen Fällen wurde beobachtet, daß die Beutetiere nach ihrer Festheftung immobilisiert werden. Handelt es sich bei den Beutetieren um Ciliaten, so werden die Wimpern nacheinander stillgelegt, wobei die Immobilisierung an der Kontaktstelle beginnt. Dieser Effekt braucht aber nicht irreversibel zu sein. Wenn man die Beutetiere kurz nach der Lähmung von den Tentakeln ablöst, so können sie nach einiger Zeit wieder bewegungsfähig werden [916].

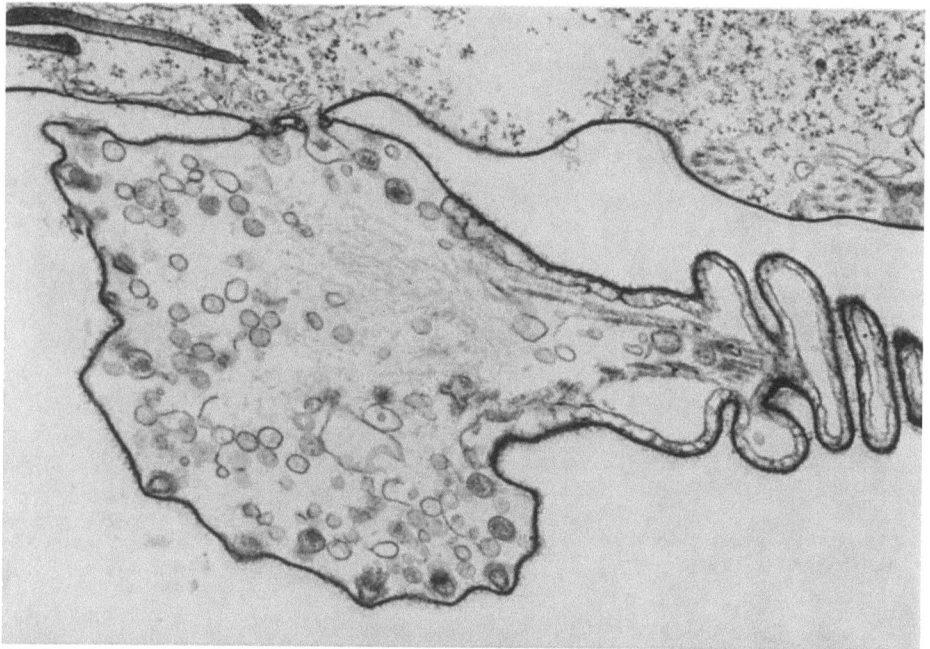

Abb. 281. *Acineta tuberosa*. Kontakt eines Tentakelköpfchens mit einem Beutetier *(Strombidium)*. Auf dem Schnitt sind zwei Haptocysten erkennbar, welche die Verbindung mit dem Beutetier herstellen. Anschnitte inaktiver Haptocysten unter der Pellicula des Tentakelköpfchens. Vergr. 40000 ×. Nach BARDELE und GRELL, 1967 [39]

Elektronenmikroskopische Untersuchungen [39] ergaben, daß der Kontakt durch die schon früher (S. 35) beschriebenen *Haptocysten* hergestellt wird, welche nur in der Membran des Tentakelköpfchens vorkommen (Abb. 281). Es ist möglich, daß die Haptocysten auch Stoffe in das Beutetier übertragen, welche die Immobilisation bewirken oder die Viscosität des Cytoplasmas herabsetzen. Ihre wesentliche Funktion muß aber in der Herstellung des Kontaktes bestehen, da sie auch bei parasitischen Suktorien (z. B. *Podophrya parameciorum*) vorkommen, welche ihre Wirte nicht immobilisieren [545].

Das an den Pinnulae der prostomialen Cirren des Polychaeten *Schizobranchia insignis* lebende Suktor *Phalacrocleptes verruciformis* besitzt zahlreiche sehr kurze Tentakel, die über den ganzen Zellkörper verstreut sind. In jedem Tentakel befindet sich nur eine Haptocyste, welche den Kontakt mit einer Cilie des Wirtes herstellt [654].

Sobald die Beute festgeheftet ist, zieht sich der Tentakel zusammen, wobei er gleichzeitig dicker wird (Abb. 282a). Seine äußere Begrenzung bildet die Tentakelhülle, die mit der Pellicula des Zellkörpers in Verbindung steht und sich bei der Kontraktion in Falten legt (b). Allerdings entspricht der strukturelle Aufbau der Tentakelhülle nur unterhalb des Köpfchens der Pellicula, während dieses selbst von einer einfachen Elementarmembran begrenzt wird.

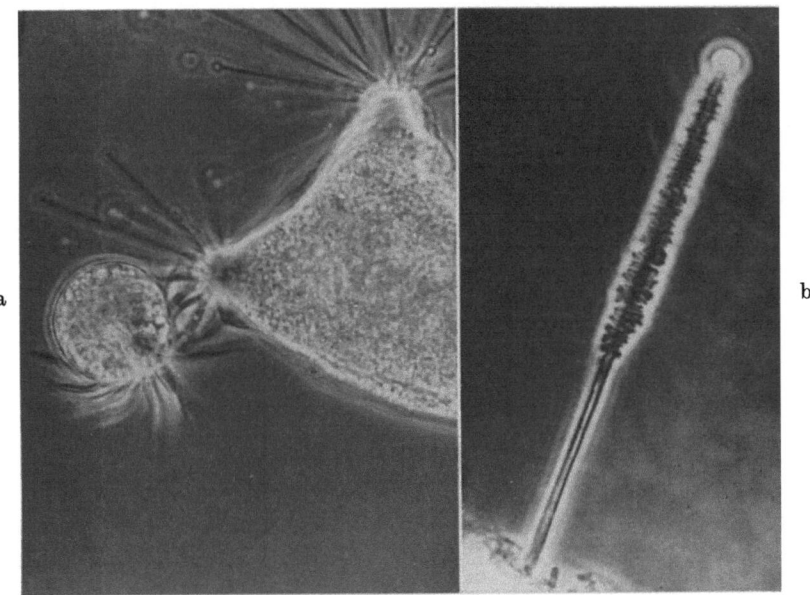

Abb. 282. Tentakel von Suktorien. a *Acineta tuberosa* beim Aussaugen von *Strombidium*. b Fangtentakel von *Acinetopsis rara* in weitgehend kontrahiertem Zustand. Vergr. 560×. Aus dem Film C 912

Früher wurde angenommen, daß der Tentakel von einem „Röhrchen" durchzogen wird, welches distal in die Wand des Tentakelköpfchens übergeht. Die elektronenmikroskopischen Untersuchungen haben jedoch ergeben, daß das „Röhrchen" keine zusammenhängende Membran ist, sondern aus vielen, voneinander getrennten Mikrotubuli besteht, die ein nach Zahl und Anordnung verschiedenes, aber artspezifisches Muster bilden. Bei den Tentakeln, die sowohl dem Beutefang als auch der Nahrungsaufnahme dienen, sind die Mikrotubuli kranzförmig angeordnet (Abb. 283a). Das gleiche ist auch bei den Saugtentakeln von *Ephelota* der Fall. Die Fangtentakel von *Ephelota* enthalten dagegen zwei zusammenhängende, durch ein Septum getrennte Gruppen von Mikrotubuli (b). Da die Fangtentakel nicht saugen, aber Krümmungen ausführen können, liegt der Gedanke nahe, daß die Mikrotubuli die kontraktilen Elemente der Tentakel sind.

Die elektronenmikroskopischen Aufnahmen sprechen dafür, daß der Saugtentakel im inaktiven Zustand geschlossen ist (Abb. 284). Erst während des Saugvorganges wird er zu einem „Röhrchen", indem die Membran des Tentakelköpfchens mit in das Innere der Zelle gezogen wird. Dabei dient der Kranz der Mikrotubuli (Mt) als Widerlager. Wo die Mikrotubuli im Cytoplasma enden, werden die Nahrungsvacuolen abgeschnürt. Nach dieser Auffassung handelt es sich bei der

Nahrungsaufnahme der Suktorien daher im Grunde um eine spezialisierte Form der Phagocytose.

Wie die Suktorien die Saugkraft erzeugen, welche sie in die Lage versetzt, in verhältnismäßig kurzer Zeit eine große Nahrungsmenge durch ihre Tentakel aufzunehmen, ist allerdings noch völlig rätselhaft [515, 516, 587].

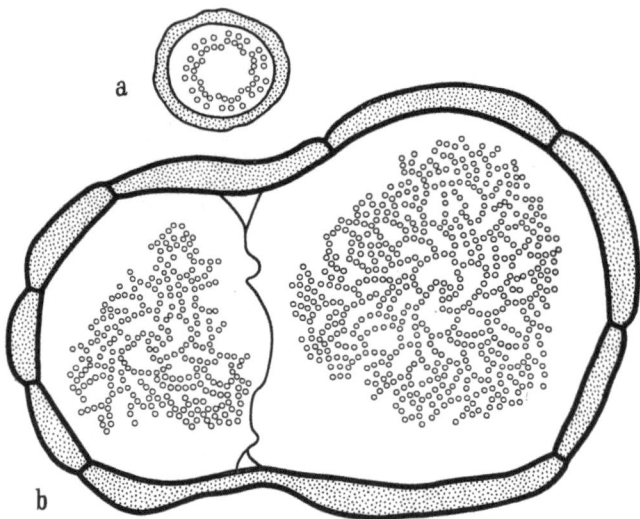

Abb. 283. Querschnitte durch Suktoriententakel. Umzeichnungen elektronenmikroskopischer Aufnahmen. a Fang- und Saugtentakel von *Tokophrya infusionum*. Vergr. 24500×. Nach RUDZINSKA, 1965 [916]. b Fangtentakel von *Ephelota gemmipara* mit zwei Gruppen von Mikrotubuli („Myonemen"). Vergr. 22500×. Nach BATISSE, 1965 [43]

Die Nahrungskörper werden wahrscheinlich in keinem Falle unmittelbar in das Cytoplasma aufgenommen, sondern stets in eine Vacuole eingeschlossen. Diese bildet sich bei den Ciliaten, welche ihre Nahrung herbeistrudeln, am Cytostom und wird als „*Empfangsvacuole*" bezeichnet. Die Bildung der Empfangsvacuole kann auch durch unverdauliche Partikel (z. B. Karmin- oder Latexkörnchen) ausgelöst werden, beruht also offenbar nur auf einer mechanischen Berührung des Cytostoms und nicht auf einem chemischen Reiz.

Sobald die Empfangsvacuole einen bestimmten Füllungsgrad erreicht hat, löst sie sich vom Cytostom ab und wandert als *Nahrungsvacuole* im Cytoplasma umher. Vielfach, z. B. bei *Paramecium* und *Vorticella*, beschreibt die Nahrungsvacuole eine bestimmte Bahn, die auf einer spezifischen Plasmaströmung beruht. Während dieser Wanderung *(Cyclose)* findet in der Nahrungsvacuole die *Verdauung* statt.

Bei *Paramecium* läßt sich mit geeigneten Farbindicatoren (z. B. Kongorot) nachweisen, daß der Inhalt der Nahrungsvacuole zunächst alkalisch, dann sauer und später wieder alkalisch reagiert. Während der sauren Phase, in der die Acidität etwa der einer 0,3%igen Salzsäure entspricht, werden die Bakterien abgetötet.

Die Verdauungsenzyme (Proteasen, Carbohydrasen, Esterasen), welche in die Nahrungsvacuole abgeschieden werden, stehen anscheinend immer in einer bestimmten Menge in der Zelle zur Verfügung und werden nicht erst bei der Nahrungsaufnahme synthetisiert. Jedenfalls ist der Gehalt an sauren Phosphatasen, die sich cytochemisch nachweisen lassen, beim Fehlen oder Vorhandensein von Nahrungsvacuolen ungefähr gleich groß [724—729].

Neuere Untersuchungen [311] haben gezeigt, daß die Verdauungsenzyme, deren Synthese an den endoplasmatischen Zisternen erfolgt, in kleinen Vesiceln, den sog. *Lysosomen*, gesammelt werden. Diese legen sich den Nahrungsvacuolen von außen an und geben ihren Inhalt an sie ab.

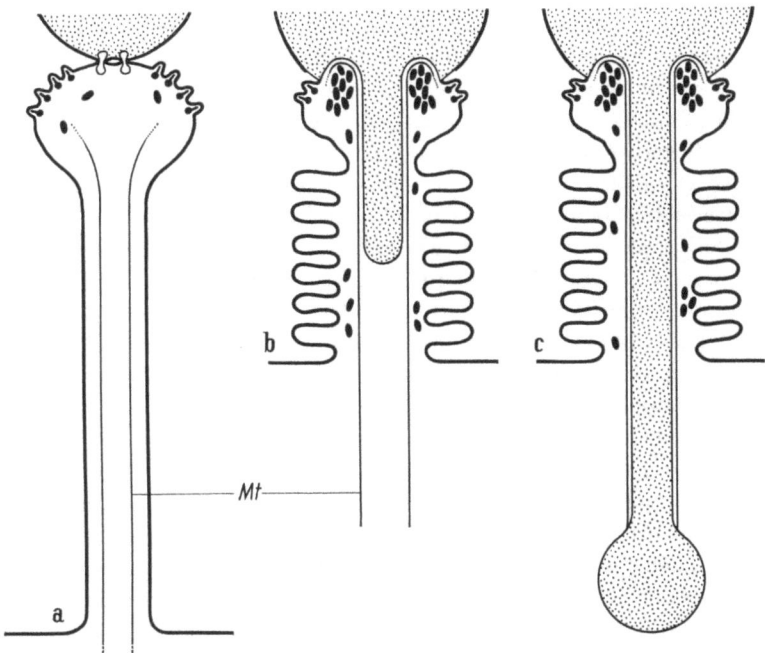

Abb. 284. Schema der Nahrungsaufnahme durch einen Saugtentakel. a Kontakt mit dem Beutetier durch Haptocysten. b,c Saugvorgang: die apikale Membran des Tentakelköpfchens umschließt das einströmende Cytoplasma des Beutetieres. Sie bildet die Wand der Nahrungsvacuolen, die sich ablösen, wo der Kranz der Mikrotubuli (*Mt*) endet. Im Tentakelköpfchen befinden sich osmiophile Granula, welche vielleicht bei der Neubildung des Membranmaterials eine Rolle spielen. Nach BARDELE und GRELL, 1967 [39]

Bei *Tetrahymena pyriformis*, welche in einer axenischen Nährlösung (S. 322) viel weniger Nahrungsvacuolen ausbildet als in einem bakterienhaltigen Medium, nimmt die Enzym-Aktivität mit der Anzahl der Nahrungsvacuolen zu. Dabei spielt es aber keine Rolle, ob die Nahrungsvacuolen verdaubare Stoffe enthalten. Füttert man mit unverdaulichen Polystyrol-Latex-Körnchen, so tritt in den Nahrungsvacuolen etwa die gleiche Menge saurer Phosphatasen auf wie nach der Aufnahme von Bakterien [726].

Während der Verdauung wird die Nahrungsvacuole kleiner und ihr Inhalt konzentrierter. Schließlich findet eine weitgehende Verflüssigung des Vacuoleninhaltes statt, wobei sie wieder etwas anschwillt. Häufig wurde beobachtet, daß von der Wand der Nahrungsvacuole Vesicel abgeschnürt werden, die sich im Cytoplasma verteilen [325, 326, 544, 725, 906, 959].

Bei *Metafolliculina andrewsi* bildet die Wand der Nahrungsvacuole zahlreiche hohe Falten aus, so daß eine erhebliche Oberflächenvergrößerung erreicht wird, welche die Permeation begünstigt [1101].

Nach Resorption der Spaltprodukte werden die unverdaulichen Reste als Kot (Faeces) nach außen abgegeben. Bei den Ciliaten ist für die Ausscheidung (Defäkation) eine besondere Differenzierung, der *Zellafter (Cytopyge)* ausgebildet, der sich häufig innerhalb oder in der Nähe des Peristoms befindet. Er tritt aber morphologisch nicht besonders hervor und ist daher meistens nur bei der Defäkation zu erkennen.

Die bei vielen Protozoen vorkommenden *pulsierenden Vacuolen* [588] unterscheiden sich von den Nahrungsvacuolen dadurch, daß sie keine geformten Bestandteile enthalten und eine rhythmische Tätigkeit ausüben. In regelmäßigen Abständen erweitern sie sich, indem sie Flüssigkeit aus dem umgebenden Cytoplasma aufnehmen *(Diastole)* und verengern sich dann wieder, um ihren Inhalt nach außen zu entleeren *(Systole)*.

Bei *Amöben*, die ständig ihre Form verändern, ist es oft schwer zu entscheiden, ob die pulsierende Vacuole an einer beliebigen Stelle oder nur in einem bestimmten Bereich des Cytoplasmas entsteht. *Thecamoeba verrucosa* (Abb. 334a), welche eine Polarität besitzt, bildet sie stets im hinteren Zellbereich (Uroid) aus. Manche Arten zeigen eine deutliche Lagebeziehung der pulsierenden Vacuole zum Zellkern (Abb. 285). Diese bleibt auch erhalten, wenn sich die Amöbe frei umherbewegt.

Die Bildung der pulsierenden Vacuole (Abb. 285) scheint bei den meisten Amöben von kleinen Bläschen auszugehen, die wie Flüssigkeitstropfen schrittweise miteinander verschmelzen. Sobald die Vacuole ihren Inhalt nach außen entleert hat, treten an der gleichen Stelle wieder neue Bläschen auf. Daß die pulsierende Vacuole jedoch nicht nur eine Ansammlung von Flüssigkeit ist, sondern von einer elastischen und semipermeablen Membran begrenzt wird, läßt sich bei größeren Arten (z. B. *Thecamoeba verrucosa*) demonstrieren, deren pulsierende Vacuole unversehrt aus der Zelle herausgelöst werden kann. Die elektronenmikroskopischen Bilder zeigen, daß es sich um eine Elementarmembran handelt [798, 799]. Mit dem rhythmischen Auftreten und Verschwinden muß daher eine ständige Neubildung und Einschmelzung von Membranen verbunden sein.

Weniger deutlich ist die Abgrenzung der pulsierenden Vacuolen bei den *Heliozoen*, deren äußere Zellschicht ohnehin stark vacuolisiert ist. Bei *Actinophrys* und *Actinosphaerium* öffnen sich einige dieser Vacuolen rhythmisch nach außen, unterscheiden sich aber eigentlich nur durch diese Tätigkeit von den übrigen „Safträumen" der Rindenschicht.

Für die *Flagellaten* ist eine bestimmte Lage der pulsierenden Vacuolen charakteristisch. Die Phytomonadinen besitzen häufig zwei Vacuolen, die am Vorderende liegen (Abb. 302). Bei den Euglenoidinen geht die Vacuole, die ihren Inhalt in das Geißelsäckchen ergießt, aus zahlreichen kleinen Bläschen hervor (Abb. 309).

Besonders ausgestaltet sind die pulsierenden Vacuolen bei den *Ciliaten*. Sie treten hier meistens in konstanter Zahl auf und entleeren ihren Inhalt durch einen vorgebildeten Porus der Pellicula.

Paramecium caudatum (Abb. 398) besitzt zwei pulsierende Vacuolen, die abwechselnd arbeiten: Während die eine in der Diastole ist, befindet sich die andere in der Systole. Bei der Diastole wird eine große zentrale Blase, das sog. *Reservoir*, gebildet, welches von sternförmig angeordneten *Zuführungskanälen* gefüllt wird. Jeder Zuführungskanal besteht aus einem spitzen Endteil, durch den die Flüssigkeit aufgenommen wird, einem ampullenartigen Mittelteil, der vor der Diastole

Ernährung

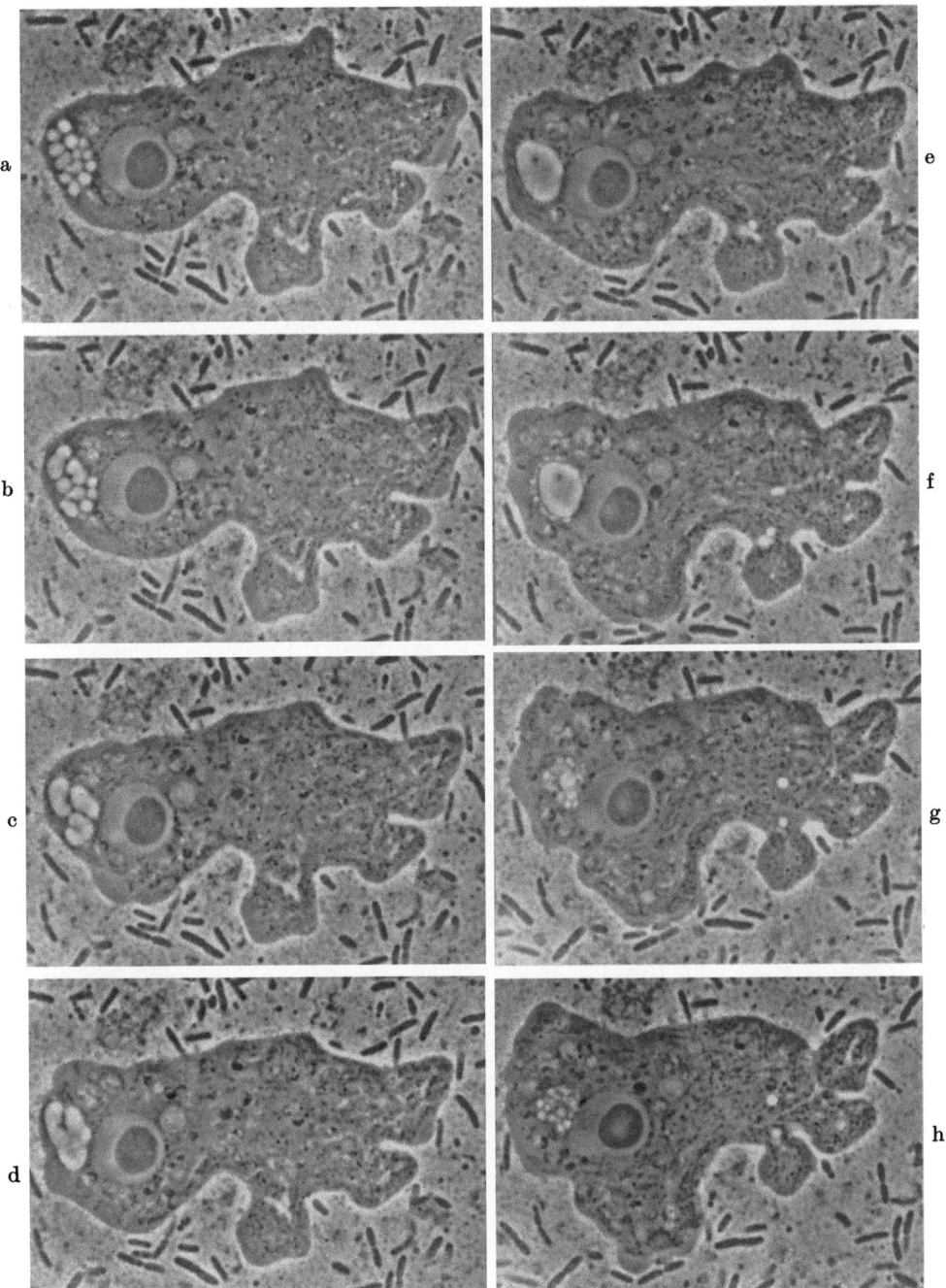

Abb. 285. *Naegleria gruberi*. Cyclus der pulsierenden Vacuole (links vom Zellkern). Vergr. 670×. Aus den Filmen C 942 und E 1170

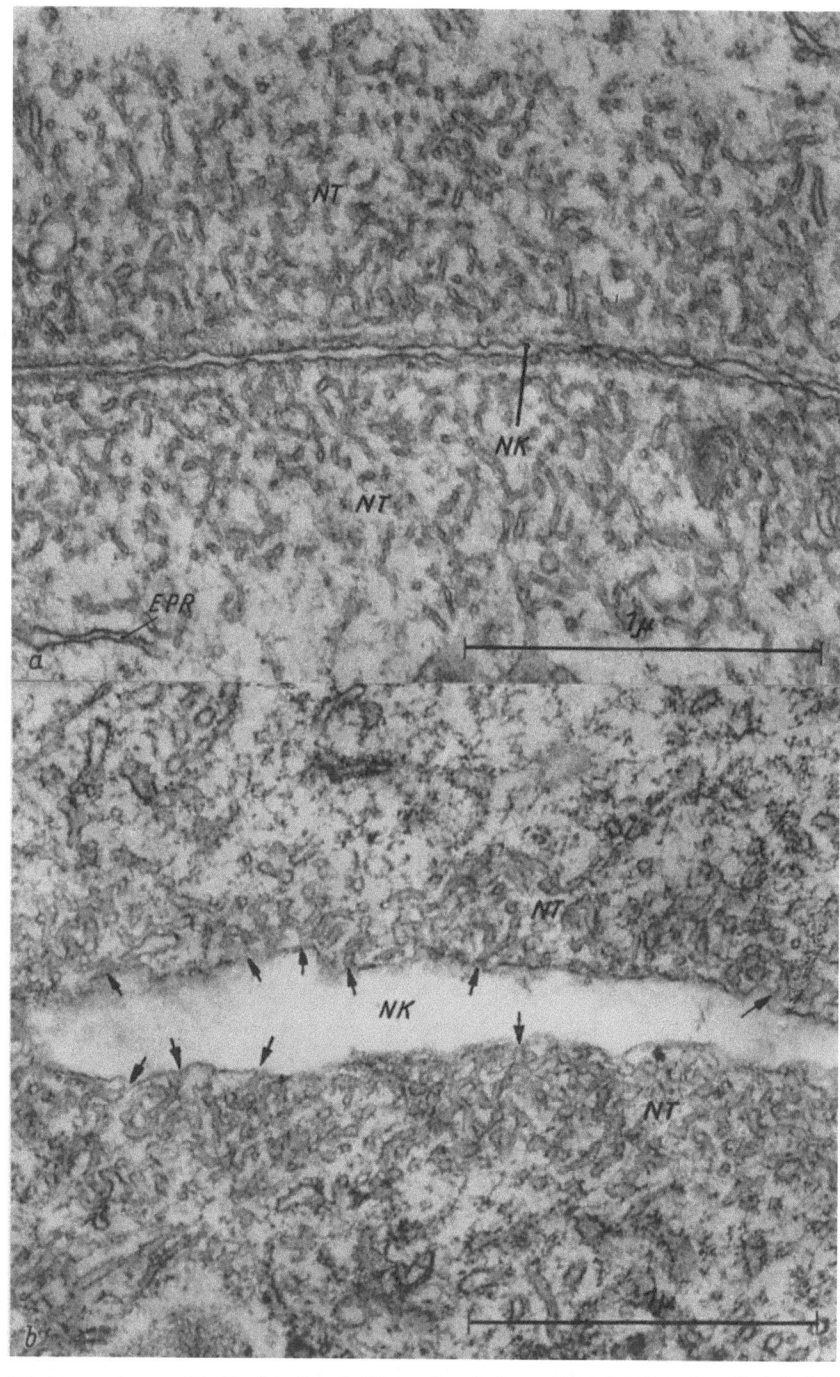

Abb. 286. *Paramecium aurelia*. Bereich eines Zuführungskanals der pulsierenden Vacuole. a Systole, b Diastole des Zuführungskanals (*Nk*). Im letzteren Falle münden die Tubuli des „Nephridialplasmas" (*Nt*) offen in den Zuführungskanal ein (Pfeile!). Vergr. etwa 50000×. Nach SCHNEIDER, 1960 [*957*]

anschwillt, und einem kurzen, nicht erweiterungsfähigen Verbindungsstück, durch das die Flüssigkeit in das Reservoir gepreßt wird. Aus lichtmikroskopischen Beobachtungen ging bereits hervor, daß die Endteile der Zuführungskanäle von einem besonderen Plasma umgeben sind [*359*]. Elektronenmikroskopische Aufnahmen zeigten dann, daß dieses „*Nephridialplasma*" aus einem Flechtwerk verzweigter Tubuli besteht, die mit den endoplasmatischen Zisternen kommunizieren (Abb. 286) (NT). Während der Systole (a) ist die Einmündung der Tubuli in den Zuführungskanal (NK) unterbrochen. Während der Diastole (b) stehen sie mit ihm in offener Verbindung (Pfeile!). An den Verbindungsstücken, dem Reservoir und dem zum Porus führenden Kanal sind bandartige Fibrillenbündel angeordnet, denen eine Kontraktilität zugeschrieben wird [*957*].

Die Vacuole von *Spirostomum ambiguum* füllt fast das ganze Hinterende der Zelle aus, während sich der Zuführungskanal, der mit ihr in offener Verbindung steht, bis zum Vorderende erstreckt (Abb. 403). *Stentor coeruleus* besitzt eine pulsierende Vacuole mit zwei Zuführungskanälen, von denen der eine in der Längsrichtung verläuft, während der andere um den Rand des Peristoms herumzieht.

Bei den meisten Ciliaten sind die pulsierenden Vacuolen einfacher gebaut, indem Zuführungskanäle fehlen. Die bei mehreren Arten nachgewiesenen Tubuli [*306*] münden daher unmittelbar in die Vacuole. Der Porus, durch den sich die Vacuole nach außen entleert, liegt am Grunde einer pelliculären Einstülpung, deren Wand durch feine Fasern mit der Membran der Vacuole verbunden ist. Bei dem Suktor *Tokophrya infusionum* ist zwischen die pelliculäre Einstülpung und die Vacuole noch ein dünnes Röhrchen eingeschaltet.

Während sich die Entleerung der Vacuole (Systole) in Bruchteilen einer Sekunde abspielen kann, dauert ihre Füllung (Diastole) viel länger. Dabei bestehen aber von Art zu Art beträchtliche Unterschiede, die teilweise von der Größe der Vacuolen abhängen. Bei *Amoeba proteus*, wo die Vacuole etwa einen Durchmesser von 50 μ erreicht, dauert die Diastole etwa 5 min, bei *Paramecium caudatum*, wo das Reservoir auf 5—10 μ anschwillt, dauert sie 5—10 sec. Dagegen entleert sich die große Vacuole von *Spirostomum ambiguum* nur alle 30—40 min.

Bei der gleichen Art wird die Pulsationsfrequenz von verschiedenen Bedingungen beeinflußt, vor allem von der Temperatur und der Salzkonzentration der Umgebung. Größe und Pulsationsfrequenz bestimmen den Nutzeffekt der Vacuole. Manche Ciliaten können in 10 min soviel Flüssigkeit abgeben wie die ganze Zelle enthält.

In funktioneller Hinsicht scheinen die pulsierenden Vacuolen in erster Linie Organelle der *Osmoregulation* zu sein. Da die Salzkonzentration in den Zellen höher als in der Umgebung ist, dringt ständig Wasser durch die Zellhülle ein, welches einen Überdruck und damit ein Aufquellen der Zellen herbeiführen würde, wenn es die pulsierenden Vacuolen nicht laufend wieder herausschafften. Mit dieser Auffassung stimmt überein, daß pulsierende Vacuolen vor allem bei Süßwasserbewohnern vorkommen, während sie Protozoen, die in einem Medium mit höherer Salzkonzentration leben (Meeresbewohner, Parasiten und Symbionten), meistens fehlen. Manchmal sind sie vorhanden, pulsieren aber so langsam, daß ihre Tätigkeit nur in Zeitrafferaufnahmen deutlich wird. Protozoen, die man in eine Umgebung mit höherer Salzkonzentration überträgt, setzen die Pulsationsfrequenz ihrer Vacuolen herab. Allerdings scheinen manche Ciliaten (z. B. *Frontonia*) ein

Adaptionsvermögen zu besitzen, indem sie ihren osmotischen Druck bis zu einem gewissen Grade den Schwankungen der Salzkonzentration anpassen, ohne ihre Pulsationsfrequenz wesentlich zu verändern. Eine Mutante von *Chlamydomonas moewusii*, welche keine pulsierenden Vacuolen ausbilden kann, läßt sich nur in einem Medium am Leben erhalten, in welchem der osmotische Druck künstlich erhöht wird [*458*]. Durch die Mutation ist sie gleichsam zu einem obligatorischen Brackwasserorganismus geworden [*1089*].

Wie weit die pulsierenden Vacuolen auch der Abscheidung wasserlöslicher Stoffwechselendprodukte dienen, also eine *exkretorische Funktion* haben, ist noch nicht zu übersehen.

L. Parasitismus und Symbiose

Um *Schmarotzertum oder Parasitismus* handelt es sich, wenn ein Organismus (Schmarotzer, Parasit) einem anderen (Wirt) Körperstoffe entzieht und ihm dadurch einen Schaden zufügt.

Vom *Räubertum* unterscheidet sich der Parasitismus dadurch, daß der Schmarotzer zeitweise oder dauernd auf die Lebenderhaltung seines Wirtes angewiesen ist. Daher führt der Parasitenbefall im allgemeinen nur dann zum Tode des Wirtes, wenn die Entwicklung des Parasiten in ihm abgeschlossen ist oder andere Einflüsse die durch den Schmarotzer hervorgerufene Schädigung verschlimmern. In vielen Fällen ist es schwierig, den Parasitismus vom bloßen *Kommensalismus* zu unterscheiden. Ein Kommensale ist ein Organismus, der sich zwar von Beuteabfällen oder Körpersäften eines anderen Lebewesens ernährt, ihm dadurch aber keinen nennenswerten Schaden zufügt.

Der Parasitenbefall kann vorübergehend sein oder zu einer ständigen Vereinigung des Schmarotzers mit dem Wirt führen (*temporärer* und *stationärer* Parasitismus). Er kann in einer äußeren Anheftung des Parasiten an den Wirt bestehen (*Ektoparasitismus*) oder sich auf innere Teile des Wirtes erstrecken (*Endoparasitismus*). Im letzteren Falle besteht die Möglichkeit, daß der Parasit sich in inneren Hohlräumen (Darm, Leibeshöhle) des Wirtes ansiedelt (*Körperhöhlenparasitismus*) oder in Gewebszellen eindringt (*Gewebsparasitismus*).

Ein Maß für die Anpassung der Parasiten ist der Grad ihrer *Wirtsspezifität*. Es gibt Parasiten, die nur auf eine Wirtsart spezialisiert sind, und andere, die mehrere oder sogar viele Wirtsarten befallen. In den meisten Fällen besteht auch eine *Organ-* oder *Gewebespezifität*, indem die Parasiten oder bestimmte Entwicklungsstadien nur spezifische Organe oder Gewebe eines Wirtes infizieren. Dabei kommt es häufig vor, daß ein Parasit zwar in verschiedenen Wirten, innerhalb dieser Wirte aber nur in bestimmten Organen oder Geweben schmarotzen kann.

Ein Zusammenleben zweier Organismen, welches nicht zu einer Schädigung der einen Art führt, sondern in einer funktionellen Ergänzung beider Partner besteht, wird als *Symbiose* bezeichnet. Der Übergang vom Parasitismus oder Kommensalismus zur Symbiose ist durchaus fließend. Wenn ein Parasit oder Kommensale nicht nur auf Kosten seines Wirtes lebt, sondern auch zu seiner Lebenderhaltung beiträgt, wird er zum Symbionten.

Bei den Protozoen sind Parasitismus und Symbiose weit verbreitet, sei es, daß sie als Parasiten oder Symbionten bei anderen Organismen vorkommen, sei es, daß sie selbst die Wirte von Parasiten oder Symbionten sind. Beide Möglichkeiten sollen daher gesondert besprochen werden.

I. Protozoen als Parasiten und Symbionten

Etwa ein Fünftel aller Protozoen sind Parasiten oder Symbionten. Unter den *Flagellaten* zeigen die *Dinoflagellaten*, welche sonst überwiegend auto- bzw. mixotroph sind, die verschiedenartigsten Formen des Schmarotzertums [*101, 118*]. Die parasitische Lebensweise hat bei ihnen meistens zum Verlust der Geißeln und häufig zu einer so weitgehenden Umgestaltung der Zellorganisation geführt, daß ihre Zugehörigkeit zu den Dinoflagellaten nur aus den Kernverhältnissen und dem Auftreten gymnodiniumartiger Schwärmer erschlossen werden kann. Manche Formen *(Oodinium, Apodinium)* leben ektoparasitisch auf pelagischen Meerestieren (Siphonophoren, Polychaeten, Appendicularien, Salpen). Ihr Zellkörper sitzt auf einem Stiel, der wurzelartige Ausläufer in das Wirtsgewebe treibt.

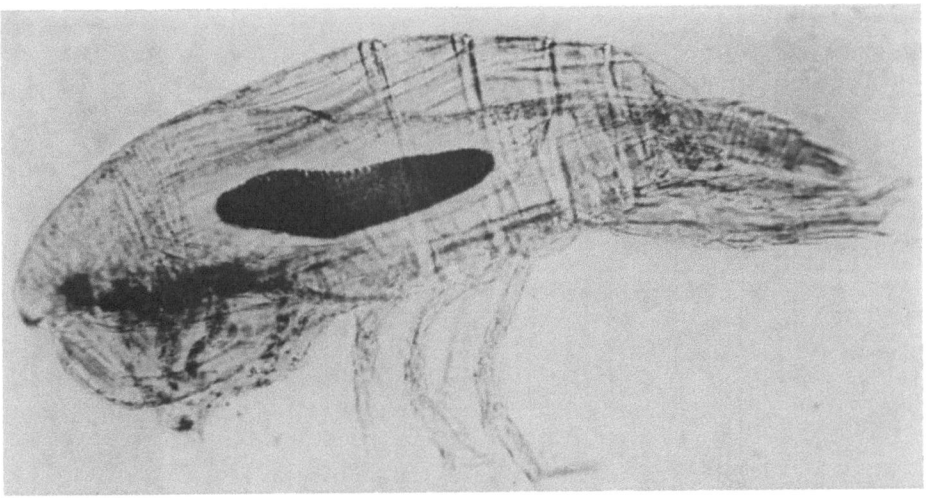

Abb. 287. Mariner Copepode, in dessen Magen sich ein Keimkörper von *Blastodinium* (Dinoflagellat) befindet. Sanfelice, Feulgen

Unter den Endoparasiten sind vor allem die Arten der Gattung *Blastodinium* (Abb. 287) zu erwähnen. Diese leben im Darm mariner Copepoden und wachsen hier zu großen Keimkörpern heran, die durch einen sich periodisch wiederholenden Vermehrungsprozeß (sukzedane Vielteilung, S. 141f) kleine Schwärmer bilden, welche schubweise durch den After des Wirtes nach außen gelangen. Obwohl es sehr wahrscheinlich — wenn auch nicht erwiesen — ist, daß die Blastodinien ihren Wirten Stoffe entziehen, verfügen sie noch über Plastiden und Pyrenoide, führen also zweifellos eine Photosynthese durch. Die mit ihnen infizierten Copepoden des Meeresplanktons sind auch im Leben leicht zu erkennen, weil die gelb oder braun gefärbten Keimkörper durch das transparente Wirtsgewebe schimmern.

Demgegenüber sind die in der Leibeshöhle von Copepoden lebenden *Syndinium*-Arten zu reinen Parasiten geworden. Sie wachsen zu vielkernigen Plasmodien heran und zerfallen schließlich in zahlreiche Schwärmer, die durch den Tod des Wirtes frei werden. Andere Dinoflagellaten sind zum intracellulären Parasitismus übergegangen, z. B. die in Fischeiern schmarotzenden *Ichthyodinium*-Arten. Viele befallen andere Protozoen (S. 349).

Auch die zu den Protomonadinen gehörigen *Trypanosomiden* sind echte Schmarotzer, welche teils im Darm, teils im Blutstrom von Wirbellosen und Wirbeltieren (einige im Milchsaft von Pflanzen) vorkommen und vielfach ebenfalls zum intracellulären Parasitismus (*Leishmania*-Arten, *Trypanosoma cruzi*, Abb. 321) übergegangen sind. Bei den Diplomonadinen, Polymastiginen (*Trichomonas*) und Opalininen handelt es sich dagegen fast ausschließlich um Darmbewohner, die ihren Wirten keinen großen Schaden zufügen.

Von den *Rhizopoden* scheinen nur die Amöben echte Parasiten bzw. Kommensalen zu stellen. Meistens leben sie in bestimmten Abschnitten des Darmkanals und seiner Anhänge (Abb. 337). *Malpighiella*- und *Malpighamoeba*-Arten haben sich auf die Malpighischen Gefäße der Insekten spezialisiert, in denen sie sich auch encystieren.

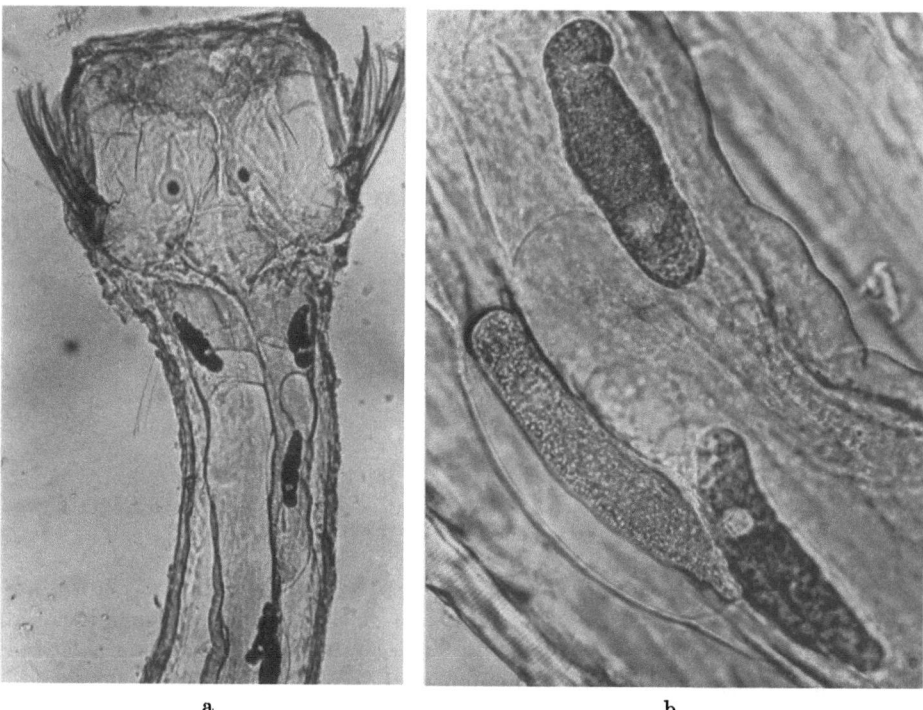

Abb. 288. Eugregarinen in der Leibeshöhle einer *Sagitta*-Art (aus Messina). a Übersicht, Vorderende des Pfeilwurmes. b Drei einzelne Gregarinen. Lebendaufnahmen

Die *Sporozoen* sind ausschließlich parasitisch. Eugregarinen und Eucoccidien treten überwiegend in Körperhöhlen auf. Die darmbewohnenden Eugregarinen können vorübergehend in Epithelzellen eindringen, verlassen diese aber wieder, wenn sie sich zu „Syzygien" zusammenschließen (S. 192). Viele Eugregarinen wandern als Sporozoiten durch die Darmwand und entwickeln sich dann in der Leibeshöhle ihrer Wirte weiter (Abb. 288). Das gleiche ist auch bei den Eucoccidien der Fall.

Im allgemeinen dürften Körperhöhlenparasiten weniger wirtsspezifisch als Gewebsparasiten sein. *Eucoccidium ophryotrochae*, welches normalerweise in der Leibeshöhle des Polychaeten *Ophryotrocha puerilis* lebt (Abb. 289a, b), kann z. B. auf den Archianneliden *Dinophilus gyrociliatus* übertragen werden. Allerdings führt hier nur ein Teil der Oocysten die Sporogonie bis zu Ende durch (c).

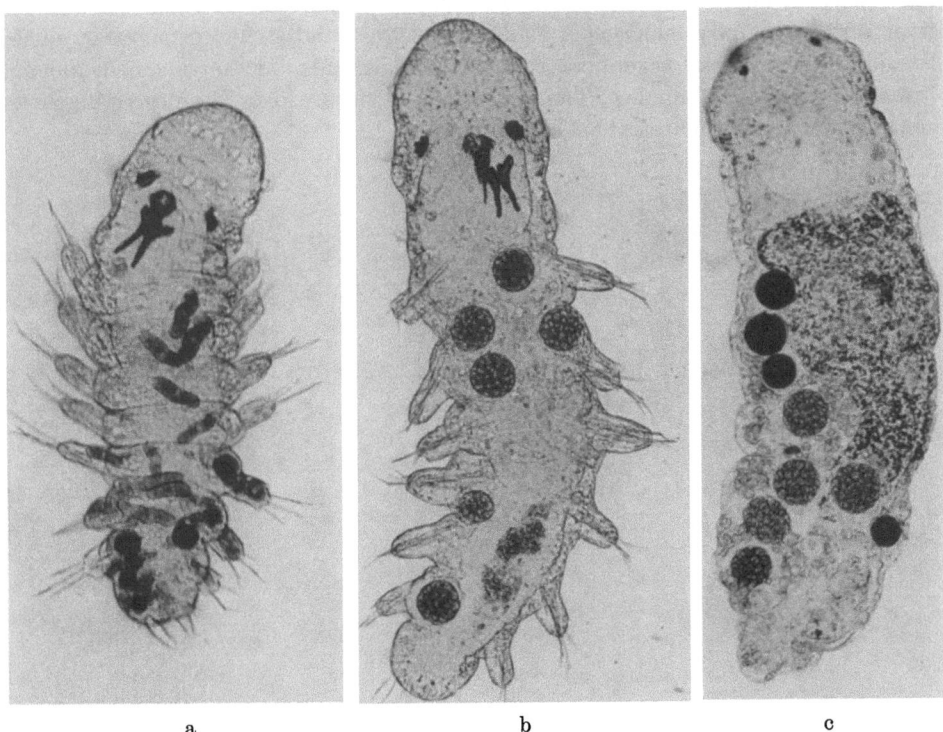

a   b   c

Abb. 289. *Eucoccidium ophryotrochae*. a, b In der Leibeshöhle junger Individuen von *Ophryotrocha puerilis* (a Wachstumsstadien der Makrogamonten, b Oocysten). c In der Leibeshöhle von *Dinophilus gyrociliatus:* fünf Oocysten haben sich bis zur Sporenbildung weiter entwickelt, vier sind degeneriert. b, c Nach GRELL, 1960 (439a).

Unter den Schizogregarinen finden sich viele Formen, die den größten Teil ihrer Entwicklung innerhalb von Wirtszellen durchmachen. Dieser Gewebsparasitismus ist bei den Schizococcidien die Regel. Da intracelluläre Schmarotzer auf die Größe ihrer Wirtszellen angewiesen sind, bleiben sie im allgemeinen kleiner als Körperhöhlenparasiten. Daher bilden die in Wirtszellen eindringenden Sporozoen in der Regel nicht so viele Sporen aus wie die Arten, die in Körperhöhlen heranwachsen. Damit dürfte es wohl zusammenhängen, daß sich bei den Schizogregarinen und Schizococcidien neben der Sporogonie noch eine weitere Form der Agamogonie herausgebildet hat, die *Schizogonie*. Diese ermöglicht eine gesteigerte Vermehrung des Parasiten im Wirt und den Befall vieler Wirtszellen. Auf diese Weise wird die durch die Wirtszellgröße bedingte Herabsetzung der Sporenzahl wieder ausgeglichen.

Allerdings vermögen manche Schizococcidien eine Vergrößerung der Wirtszelle über ihren normalen Umfang hinaus *(Hypertrophie)* zu induzieren (Abb. 290). Diese Vergrößerung erstreckt sich auch auf die Kerne der befallenen Wirtszellen.

Da diese wesentlich reicher an feulgenpositivem Material (Chromozentren) als die Kerne der nicht befallenen Gewebszellen sind, liegt die Annahme nahe, daß ihre Vergrößerung auf Endopolyploidisierung (S. 106) beruht. Offenbar ist hiermit eine Leistungssteigerung der Wirtszelle verbunden, die zu einem erhöhten Stoffentzug aus dem umgebenden Medium führt. In diesem Falle zwingt also die Parasitenzelle der Wirtszelle eine bestimmte Differenzierungsrichtung auf. Beide Zellen sind zu einer stoffwechselphysiologischen Einheit geworden und stellen gemeinsam einen Fremdkörper *(Xenon)* gegenüber dem Wirtsorganismus dar, so wie eine Galle ein Fremdkörper gegenüber der Pflanze ist, welche sie um das Ei eines Gallinsekts aus eigenem Gewebsmaterial ausbildet.

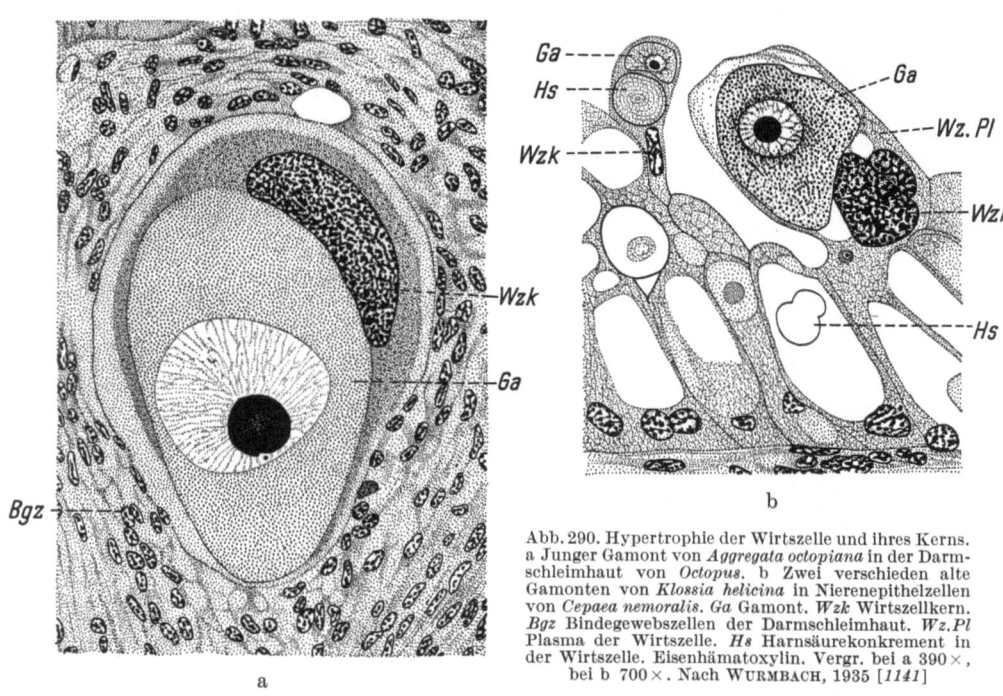

Abb. 290. Hypertrophie der Wirtszelle und ihres Kerns. a Junger Gamont von *Aggregata octopiana* in der Darmschleimhaut von *Octopus*. b Zwei verschieden alte Gamonten von *Klossia helicina* in Nierenepithelzellen von *Cepaea nemoralis*. *Ga* Gamont. *Wzk* Wirtszellkern. *Bgz* Bindegewebszellen der Darmschleimhaut. *Wz.Pl* Plasma der Wirtszelle. *Hs* Harnsäurekonkrement in der Wirtszelle. Eisenhämatoxylin. Vergr. bei a 390×, bei b 700×. Nach WURMBACH, 1935 [*1141*]

Auch unter den *Ciliaten* ist Parasitismus weit verbreitet. Neben Arten, welche als spezifische Kommensalen den verschiedenartigsten Wasserorganismen ansitzen und dabei oft ganz bestimmte Körperbereiche besiedeln, gibt es auch echte Ektoparasiten, wie der in der Haut von Süßwasserfischen schmarotzende *Ichthyophthirius multifiliis* oder die an Meerestieren lebenden *Apostomea* und *Thigmotricha*. Endoparasitische und endokommensale Arten kommen im Darmkanal vieler Metazoen vor. Unter ihnen seien vor allem die den Wiederkäuerpansen bewohnenden *Entodiniomorpha* und die in Oligochaeten lebenden *Astomata* erwähnt.

Die Wirkung des Parasiten auf den Wirt ist außerordentlich verschieden. Sie kann sich auf den Entzug von Körpersubstanzen beschränken, die der Parasit unmittelbar aufnimmt oder durch Abscheidung von Fermenten zu resorbierbaren Spaltprodukten abbaut. Die dem Wirt zugefügte Schädigung ist dann meistens nur gering oder wirkt sich erst aus, wenn der Parasit seine Entwicklung im Wirt zum Abschluß gebracht hat. In vielen Fällen führt aber der Parasitenbefall schon rein mechanisch durch Blockierung des Stoffaustausches oder durch den Zerfall des infizierten Gewebes zu Funktionsstörungen des Wirtes. Wenn die von dem Parasiten abgesonderten Stoffwechselendprodukte als *Gifte (Toxine)* wirken, so kommt es meistens schon bald nach der Infektion zu einer Erkrankung des Wirtes. Das Verhältnis zwischen Parasit und Wirt hängt dann weitgehend davon ab, ob und in welchem Umfange der Wirt Abwehrkräfte gegen den Parasiten zu mobilisieren vermag. Gegen Blutschmarotzer und ihre Stoffwechselendprodukte können spezifische Antikörper ausgebildet werden, welche die Parasiten vernichten oder ihre Gifte wirkungslos machen. Die Parasiten können durch Phagocyten aufgefressen werden. Nicht selten besitzt der Wirt auch die Fähigkeit, eine Abkapselung des Infektionsherdes (z. B. durch Bindegewebszellen bei Wirbeltieren, durch Blutzellen bei Insekten) herbeizuführen und dadurch eine weitere Ausbreitung des Parasiten zu verhindern.

Viele Protozoen leben als *Symbionten* mit Metazoen zusammen, wobei sich beide Partner stoffwechselphysiologisch ergänzen. Die als *Zoochlorellen* und *Zooxanthellen* bezeichneten Symbionten sind autotroph. Ihre allgemeine Bedeutung scheint darin zu bestehen, daß sie ihre Wirte mit dem bei der Photosynthese freiwerdenden Sauerstoff beliefern und die von diesen abgegebene Kohlensäure binden. Die Zoochlorellen sind Chlorococcales (Verwandte der Phytomonadinen) und gehören wohl größtenteils zu der auch im Freien vorkommenden Gattung *Chlorella*. Sie leben als intracelluläre Symbionten in verschiedenen Süßwassertieren, z. B. in den Entodermzellen von *Chlorohydra viridissima*. Die in dem marinen Turbellar *Convoluta roscoffensis* lebenden grünen Symbionten gehören dagegen einer anderen, aber ebenfalls durch freilebende Arten vertretenen Gattung an und wurden als *Platymonas convolutae* bezeichnet [820].

Bei den Zooxanthellen handelt es sich größtenteils um Dinoflagellaten. Sie pflanzen sich in ihren Wirtszellen durch Zweiteilung fort, führen aber gelegentlich eine multiple Teilung durch und bilden dabei kleine, gymnodiniumartige Schwärmer aus, die andere Wirtsindividuen aufsuchen. Zooxanthellen kommen bei verschiedenartigen Metazoen (Polychaeten, Riesenmuschel *Tridacna* u. a.) vor. Ihre größte Verbreitung haben sie aber bei den Nesseltieren (Cnidaria). Bei der Mangrovequalle *Cassiopea andromeda* (Scyphozoa) kommen die Zooxanthellen sowohl in den Polypen als auch in den von diesen gebildeten Schwimmlarven und Quallen vor. Sie leben in bestimmten „Trägerzellen" des Entoderms und der Mesogloea. Neuere Untersuchungen zeigen, daß die Strobilationsrate mit der Anzahl der Zooxanthellen steigt. Besonders verbreitet sind die Zooxanthellen bei den Seerosen und Korallen (Anthozoa) warmer Meere. Sie befinden sich hier hauptsächlich im Entoderm. Autoradiographische Experimente beweisen, daß sie auch Assimilationsprodukte und Reservestoffe an die Wirtszellen abgeben. Sie selbst nehmen Nitrate und Phosphate, evtl. auch Spurenstoffe (Vitamin B_{12}, Thiamin, Biotin) auf, die im freien Meerwasser kaum oder gar nicht zur Verfügung stehen. Da die meisten Riffkorallen nur bei Nacht fressen (Plankton), bietet ihnen die Symbiose mit den Zooxanthellen eine Möglichkeit, ihre Stoffwechselaktivität auch am Tage fortzusetzen. Das für ihren Skeletbau erforderliche Calcium entziehen sie dem Meerwasser gerade dann, wenn die Zooxanthellen das Maximum ihrer Photosynthese haben. Offenbar beeinflussen die Zooxanthellen auch die Reaktionsweise ihrer Wirte. Planula-Larven, welche Zooxanthellen enthalten, reagieren positiv phototaktisch, solche, denen die Zooxanthellen fehlen, verhalten sich gegenüber dem Licht indifferent. Da jede Korallenart ihr spezifisches Lichtoptimum hat, dürften die Zooxanthellen für die Ökologie des Korallenriffs von wesentlicher Bedeutung sein [284].

Zoochlorellen und Zooxanthellen lassen sich in geeigneten Nährlösungen ohne ihre Wirte züchten. Ob letztere dauernd auf ihre Symbionten verzichten können, ist aber ungewiß.

Protozoen können auch mit anderen Organismen in Symbiose leben, ohne mit ihnen eine celluläre Verbindung einzugehen. Das ist z. B. bei den *Polymastiginen* der Fall, welche im Darm der Termiten und der Schabe *Cryptocercus punctulatus* vorkommen [155, 208]. Sowohl die Termiten als auch die Schabe ernähren sich ausschließlich von Holz. Wenn man sie von ihrer Flagellatenfauna befreit – z. B. durch Übertragung in hohe Temperatur oder in eine Sauerstoffatmosphäre – so gehen sie nach einiger Zeit zugrunde. Infiziert man sie dagegen wieder rechtzeitig mit den Flagellaten, so bleiben sie am Leben. Termite und Schabe sind nicht imstande, die für den Abbau der Cellulose erforderlichen Cellulasen zu synthetisieren. Die Flagellaten sind dagegen befähigt, kleine Holzstückchen in ihre Zelle aufzunehmen und zu verdauen. Da ein Teil der Flagellaten ständig zerfällt, werden ihren Wirten auf diesem Wege Stoffe zugeführt, die sie mit ihren eigenen Fermenten abbauen können. Auf der anderen Seite sind aber auch die Polymastiginen nicht in der Lage, außerhalb ihrer Wirte zu leben. Die Termiten verlieren ihre Symbionten bei jeder Häutung und infizieren sich wieder von neuem, indem sie den Kot ihrer Stockgenossen fressen. Die Schabe behält dagegen ihre Flagellaten während der Häutung. Diese führen einen Sexualcyclus aus (S. 163ff), der bei *Trichonympha* mit einer Encystierung verbunden ist.

Die im Pansen der Wiederkäuer lebenden Ciliaten können zwar ebenfalls Holzstückchen aufnehmen und verdauen. Trotz ihres massenhaften Auftretens scheint ihnen aber keine wesentliche stoffwechselphysiologische Bedeutung für ihre Wirte zuzukommen. Zieht man diese ciliatenfrei auf, so zeigen sie keinerlei Schädigung. Offenbar handelt es sich also bei den Wiederkäuerciliaten in erster Linie um Kommensalen. Ihre Übertragung von einem Wirt auf den anderen erfolgt nicht durch Cysten, sondern unmittelbar durch den Mundspeichel (gegenseitiges Belecken, Fressen an der gleichen Futterstelle).

II. Parasiten und Symbionten von Protozoen

Auch Protozoen können von Parasiten befallen werden oder in ständiger Gemeinschaft mit Symbionten leben. Ein Rädertier, *Hertwigella volvocicola*, hat sich auf die *Volvox*-Arten spezialisiert, während es andere Volvocidae nicht befällt. Die aus Dauereiern schlüpfenden amiktischen Weibchen dringen in die *Volvox*-Kugeln ein (Abb. 291) und ernähren sich hier von den peripher angeordneten Zellen. In der Gallerte, die den größten Teil der *Volvox*-Kugel erfüllt, legen sie kleine, glattwandige Subitaneier ab, aus denen wieder amiktische Weibchen hervorgehen, die weitere *Volvox*-Kugeln befallen. Wenn eine bestimmte Befallsdichte erreicht ist, schlüpfen aus den Subitaneiern miktische Weibchen. Aus ihren Eiern gehen kleine, darmlose Zwergmännchen hervor, welche die miktischen Weibchen befruchten. Die befruchteten Dauereier sind größer als die Subitaneier und mit einer derben, stacheligen Hülle versehen. Sie fallen aus den absterbenden *Volvox*-Kugeln heraus und können längere Perioden, z. B. den Winter überdauern. Die enge Anpassung des Parasiten an den Wirt äußert sich auch darin, daß das phototaktische Aktionsspektrum von *Hertwigella volvocicola* weitgehend mit dem von *Volvox* übereinstimmt, sich von dem anderer phototaktisch reagierender Rädertiere aber deutlich unterscheidet [*948*].

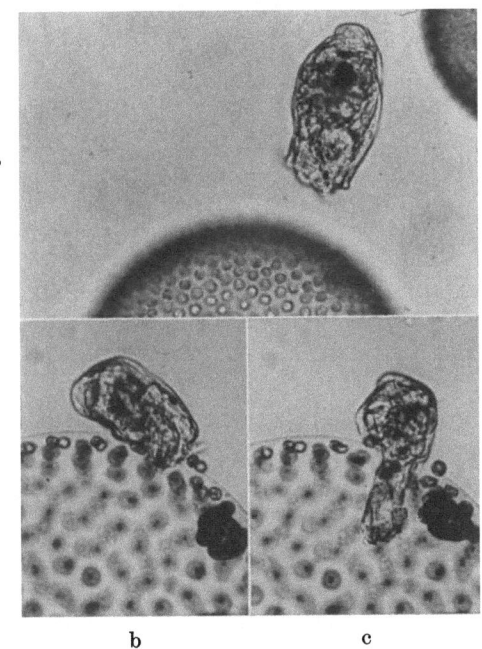

Abb. 291. *Hertwigella volvocicola* (Rotator). a Schwimmendes amiktisches Weibchen. b, c In eine Kolonie von *Volvox aureus* eindringendes Weibchen. Vergr. 210×. Aus dem Film E 566

Die meisten Parasiten der Protozoen sind ebenfalls Einzeller. Parasitische *Dinoflagellaten* können Radiolarien befallen. Sie dringen als Schwärmer in die Zentralkapseln ein und entwickeln sich häufig zunächst ausschließlich im Zellkern. Auf diese Weise können vielkernige Plasmodien entstehen, die wieder in Schwärmer zerfallen. Bei manchen Radiolarien (z. B. *Thalassicolla nucleata, Aulacantha scolymantha*) wurden derartige Stadien lange Zeit für Entwicklungsphasen der Wirte selbst gehalten (S. 115f). Manche Dinoflagellaten *(Dubosquella, Amoebophrya)* befallen pelagische Ciliaten *(Strombidium,* Tintinniden) oder andere Dinoflagellaten *(Prorocentrum, Ceratium* u. a.) und sind durch ihren intracellulären Parasitismus oft in der eigenartigsten Weise umgestaltet worden [*101, 105*]. Ihre Entwicklungsstadien wurden daher vielfach für Organelle der Wirtszelle oder für „Mesozoen" gehalten. Gelegentlich kommt es zu einem „*Hyperparasitismus*", indem parasitische Dinoflagellaten (z. B. *Oodinium*) auch ihrerseits wieder von anderen Parasiten (z. B. *Amoebophrya grassei*) befallen werden.

Um Hyperparasitismus handelt es sich auch, wenn Opalininen *(Zelleriella)* mit Amöben, Gregarinen mit Mikrosporidien infiziert sind. Über den Grad der Wirtsspezifität ist allerdings nichts bekannt.

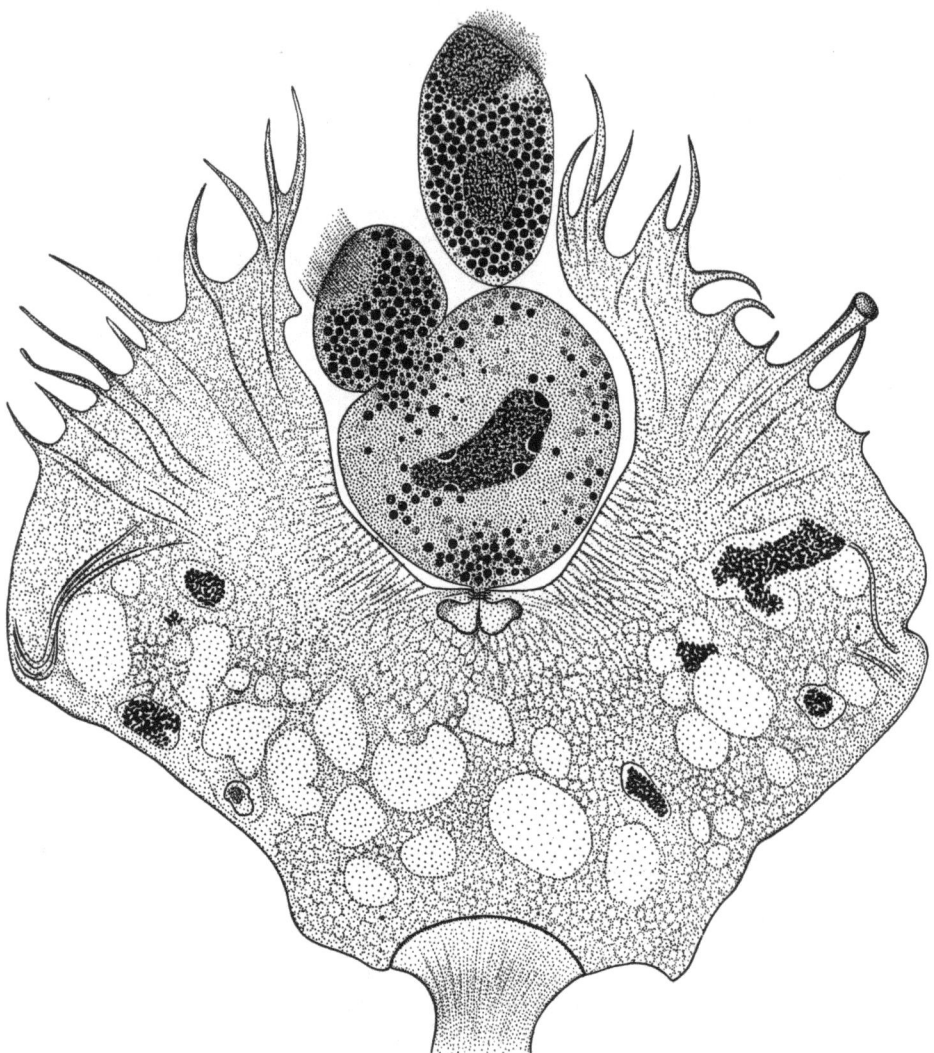

Abb. 292. *Ephelota gemmipara*, infiziert mit *Tachyblaston ephelotensis*. Der Parasit (mit Knospe und fertigem Schwärmer) saugt das Plasma der Wirtszelle mit seinem Saugtentakel auf. FLEMMING, Eisenhämatoxylin. Vergr. 750×. Nach GRELL, 1950 [*421*]

Euciliaten, welche andere Protozoen befallen, sind verhältnismäßig selten. Die mit einem Saugröhrchen ausgestatteten *Hypocoma*-Arten leben ektoparasitisch an marinen *Zoothamnium*-Arten und Suktorien. *Hypocoma acinetarum* kann auch in den Zellkörper von *Ephelota gemmipara* eindringen und sich hier durch Zweiteilung vermehren (Film C 907).

Demgegenüber ist der Parasitismus bei den *Suktorien*, die auf Grund ihrer stationären und räuberischen Lebensweise hierfür besonders prädestiniert erscheinen, ziemlich häufig. *Sphaerophrya*- und *Podophrya*-Arten befallen freischwimmende Ciliaten, in denen sie sich durch Knospung vermehren. *Pseudogemma*-Arten leben als Ektoparasiten an marinen Suktorien. *Tachyblaston ephelotensis* ist ein spezifischer Schmarotzer von *Ephelota gemmipara* (Abb. 292). Obwohl er eine tiefe Einbuchtung in die Wirtszelle treibt, ist er ebenfalls als Ektoparasit zu betrachten. Mit Hilfe eines Saugtentakels nimmt er das Plasma seiner Wirtszelle auf und bildet dabei einen Schwärmer nach dem anderen aus. Allerdings dienen die Schwärmer nicht der Neuinfektion, sondern wandeln sich in die freilebenden *Dactylophrya*-Stadien um (Abb. 416).

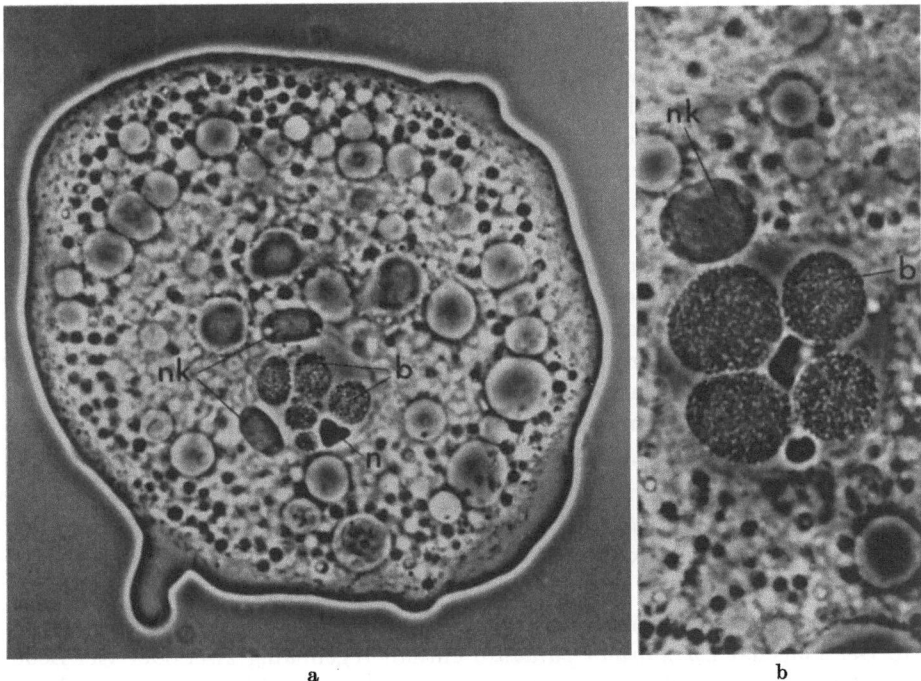

Abb. 293. *Paramoeba eilhardi*. Bakterieninfektion des Zellkerns. a Eine ganze Zelle. Vergr. 1300×. b Kernbereich einer anderen Amöbe. Vergr. 2600×. *nk* Nebenkörper, b Bakterienhaufen, n Nucleolus. Lebendaufnahmen

Abgesehen von gewissen *Pilzen (Sphaerita, Nucleophaga)* werden Protozoen vor allem von *Bakterien* heimgesucht. Manche Bakterienarten sind zu spezifischen Kernparasiten geworden. So kann z. B. die marine Amöbe *Paramoeba eilhardi* durch ein Bacterium zugrunde gerichtet werden, welches sich ausschließlich im Zellkern vermehrt und diesen zu einer übermäßigen Vergrößerung (Hypertrophie) veranlaßt (Abb. 293). Nach einiger Zeit stellt die Amöbe ihre Nahrungsaufnahme ein, stirbt schließlich ab und gibt die Bakterienmasse frei. Im Seewasser bilden die Bakterien, die im Kern der Amöbe völlig unbeweglich sind, Geißeln aus. Sie bleiben monatelang lebensfähig, ohne sich zu teilen. Versuche ergaben, daß das Bacterium nicht auf andere marine Amöben übertragbar ist. Auch der Makronucleus der Ciliaten kann manchmal von Bakterien — gelegentlich auch von Leptomonaden [*381*] — befallen werden.

Was die *Symbionten* der Protozoen anbetrifft, so ist es oft schwer zu beurteilen, wie weit sie für ihre Wirte wirklich lebensnotwendig sind. Die im Zellkörper mancher Amöben *(Amoeba viridis)*, Testaceen *(Difflugia lobostoma, Hyalosphenia papilio* u. a.) und Ciliaten *(Paramecium bursaria, Stentor polymorphus* u. a.) vorkommenden *Zoochlorellen* stehen den freilebenden *Chlorella*-Arten nahe.

Am eingehendsten wurde die Symbiose von *Paramecium bursaria* untersucht, welches sich leicht von seinen Zoochlorellen befreien läßt (S. 215). Es gibt verschiedene Chlorellen-Stämme, die sich durch ihr Infektionsvermögen und ihre Teilungsrate voneinander unterscheiden. Die meisten lassen sich unabhängig von den Paramecien – sogar axenisch – züchten. Chlorellenfreie Paramecien können leicht wieder infiziert werden, und zwar nicht nur mit den aus ihnen isolierten Stämmen, sondern auch mit Zoochlorellen von *Chlorohydra viridissima* und mit *Chlorella vulgaris*. Während sich die Teilungsrate symbiontenfreier Paramecien in einem bakterienreichen Milieu nicht wesentlich von der grüner Paramecien unterscheidet, zeigt sich ein deutlicher Unterschied, sobald die Paramecien in einer bakterienarmen oder axenischen Lösung gezüchtet werden. Die Zoochlorellen können also den Mangel an Bakteriennahrung bis zu einem gewissen Grade kompensieren, wahrscheinlich dadurch, daß sie Photosyntheseprodukte an ihre Wirte abgeben. Andererseits wurde nachgewiesen, daß sich die Zoochlorellen bei Dauerdunkel weiter teilen können, wenn den Paramecien eine ausreichende Bakteriennahrung zur Verfügung steht. Sie müssen daher auch Nährstoffe von ihren Wirten erhalten und zur heterotrophen Ernährung übergehen können. Die Integration beider Partner äußert sich vor allem darin, daß ihre Teilungsrate aufeinander abgestimmt ist, eine bestimmte Populationsdichte der Zoochlorellen also regulativ aufrechterhalten wird [*76, 557–559, 1004, 1011*].

Zooxanthellen kommen bei vielen Radiolarien und einigen Foraminiferen *(Peneroplis, Orbitolites, Globigerina)* vor. In der Regel handelt es sich um Dinoflagellaten, gelegentlich wohl auch um Chrysomonadinen. Über ihre stoffwechselphysiologische Bedeutung ist aber nichts Sicheres bekannt.

Verhältnismäßig selten treten bei den Protozoen *Cyanophyceen* als Symbionten auf. Der Flagellat *Cyanophora paradoxa* enthält regelmäßig zwei oder vier Zellen einer Cyanophycee, die sich elektronenmikroskopisch identifizieren und von Chloroplasten unterscheiden läßt [*1089*].

Spirochaeten und *Bakterien* leben häufig mit Protozoen zusammen. Bei vielen Polymastiginen hängen sie den Zellen außen an, sind dabei aber oft auf bestimmte Bereiche beschränkt oder mit besonderen Strukturen der Pellicula verbunden. Auf die eigenartige „Bewegungssymbiose" von *Mixotricha paradoxa* mit Spirochaeten wurde schon früher hingewiesen (S. 292).

Elektronenmikroskopische Untersuchungen ergaben, daß einige freilebende Amöbenarten ständig Bakterien in ihrem Cytoplasma beherbergen, die in Vesicel eingeschlossen sind. Bei der vielkernigen Sumpfamöbe *Pelomyxa palustris* kommen sogar zwei verschiedene Arten vor, von denen die eine häufig in der Nähe der Zellkerne anzutreffen ist [*231, 232*].

Bakterien kommen auch im Cytoplasma vieler Ciliaten (z. B. *Euplotes patella, Oxytricha bifaria, Halteria grandinella*, verschiedene Astomata und Suktorien) vor, ohne daß eine bestimmte Wirkung auf ihre Wirtszellen erkennbar wäre. Ob es sich um eine stoffwechselphysiologische Symbiose handelt, könnte nur durch axenische Kultur beider Partner nachgewiesen werden [689].

Die als *kappa-*, *lambda-*, *sigma-*, *pi-* und *mü-*Partikel bezeichneten bakterienähnlichen Organismen verleihen den von ihnen befallenen Ciliaten bestimmte Eigenschaften, die einen wesentlichen Anreiz zu ihrer Erfoschung bildeten [1033].

Wie schon auf S. 259 ausgeführt wurde, hängt die Vermehrung dieser Organismen von Kerngenen der Wirte ab; sie sind also stoffwechselphysiologisch auf diese angewiesen. Andererseits scheinen sie aber nicht nur nutzlose Kommensalen zu sein, da durch Kultur in axenischen Nährlösungen nachgewiesen werden konnte, daß *lambda*-haltige Paramecien ohne Zugabe von Folsäure leben können, die sonst in der Nährlösung unbedingt enthalten sein muß. Werden die *lambda*-haltigen Paramecien mit Penicillin behandelt, so verlieren sie ihre Symbionten und gehen zugrunde, falls der Nährlösung keine Folsäure zugesetzt wird [1020].

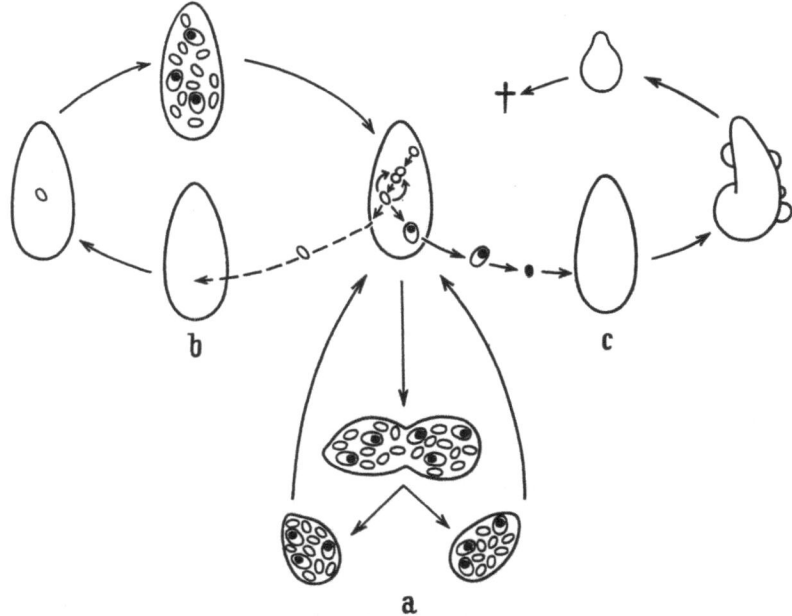

Abb. 294. *Paramecium aurelia*. Vermehrung, Infektionsweise und killer-Wirkung der *kappa*-Partikel. N-Partikel ohne Einschlußkörper, B-Partikel mit lichtbrechendem Einschlußkörper (im Schema schwarz gezeichnet). Nach SONNEBORN, 1961 [1035]

Die in den meisten killer-Stämmen von *Paramecium aurelia* vorkommenden *kappa*-Partikel sind von zweierlei Art (Abb. 294a). Die sog. N-Partikel (non brights) enthalten keinen lichtbrechenden Einschlußkörper und pflanzen sich durch Teilung fort. Von den Zellen abgetrennte N-Partikel können andere Paramecien infizieren, sofern diese die für die Vermehrung von *kappa* erforderliche genetische Konstitution besitzen (b). Ein Teil der N-Partikel wandelt sich ständig in B-Partikel (brights) um. Diese enthalten einen lichtbrechenden Einschlußkörper (R-Körper). Die B-Partikel werden in die Kulturflüssigkeit abgegeben. Ihre Fähigkeit sensitive Paramecien abzutöten, beruht auf den R-Körpern (c).

23 Grell, Protozoologie, 2. Aufl.

Im Elektronenmikroskop [25, 836, 837] erweisen sich die R-Körper als aufgewickelte Bänder, die aber häufig auch mehr oder weniger abgewickelt sind. Bei einem *kappa*-Stamm (7) findet die Abwickelung stets von außen, bei einem anderen (51) stets von innen her statt (Abb. 295).

Neuerdings [837a] konnten an den Enden der Bänder Partikel nachgewiesen werden, die allem Anschein nach *Viren* darstellen. Manches spricht dafür, daß diese Viren in den N-Partikeln als inaktive Proviren vorkommen und nach ihrer Transformation in die aktive Form die N-Partikel in B-Partikel verwandeln, also ihre Vermehrung unterbinden und die Synthese der R-Körper induzieren. Wahrscheinlich rollen sich die R-Körper, die aus einem spezifischen Protein bestehen, in den Nahrungsvacuolen der sensitiven Paramecien ab und durchbrechen dabei die Vacuolenwände. Auf diese Weise könnten die Viren in das Cytoplasma gelangen und hier die zur Abtötung führende toxische Wirkung entfalten. Daß diese Toxicität auf den Viren bzw. einem von ihnen gebildeten Protein beruht, wird durch den Nachweis gestützt, daß R-Körper des Stammes 51 nicht toxisch sind, wenn ihnen keine Viren anhaften.

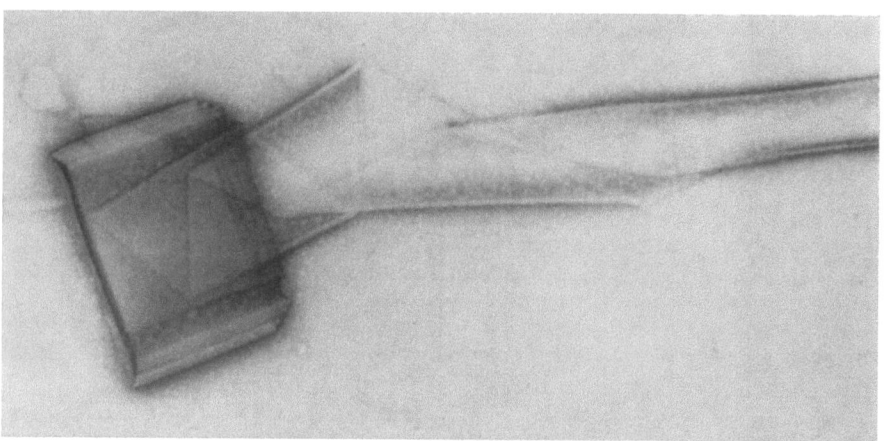

Abb. 295. R-Körper (refractile body) eines *kappa*-Symbionten von *Paramecium aurelia* (killer-Stamm 51), teilweise abgewickelt. Vergr. 52000×. Nach J. R. PREER, A. HUFNAGEL und L. B. PREER, 1966 [836]

Das vieldiskutierte „Killer-Phänomen" hätte damit eine überraschende „Erklärung" gefunden: Bakterienähnliche Symbionten, deren Vermehrung durch Wirtsgene ermöglicht wird, sind selbst zu Überträgern von Viren geworden. Ein intrazellulärer Regulationsmechanismus sorgt dafür, daß nicht alle Symbionten durch die Überträgerfunktion zugrunde gerichtet werden, sondern ein Teil erhalten bleibt, welcher die inaktiven Proviren weitergibt.

In manchen Fällen scheint die Integration von Symbiont und Wirtszelle so weit gegangen zu sein, daß der Symbiont wie ein „Organell" der Zelle erscheint. Bei *Paramoeba eilhardi* haften dem Kern der Amöbe Gebilde an, die als „Nebenkörper" bezeichnet wurden (Abb. 296). Manche Stämme haben nur ein oder zwei andere dagegen vier oder mehr Nebenkörper. Jeder Nebenkörper zeigt einen polaren Aufbau. Er besteht aus einem feulgenpositiven, fädig strukturierten Mittelteil und den beiden, mehr oder weniger leer erscheinenden Polteilen. Zunächst lag es nahe, den Nebenkörper für einen Zellkern zu halten. Elektronenmikroskopische Aufnahmen ließen jedoch erkennen, daß sich unter der Hülle des Nebenkörpers noch eine schmale körnchenhaltige Schicht befindet. Es könnte sich daher bei den Nebenkörpern um Zellen mit stark reduziertem Cytoplasma handeln, die als intracelluläre Symbionten ständig mit dem Kern der Amöbe verbunden sind.

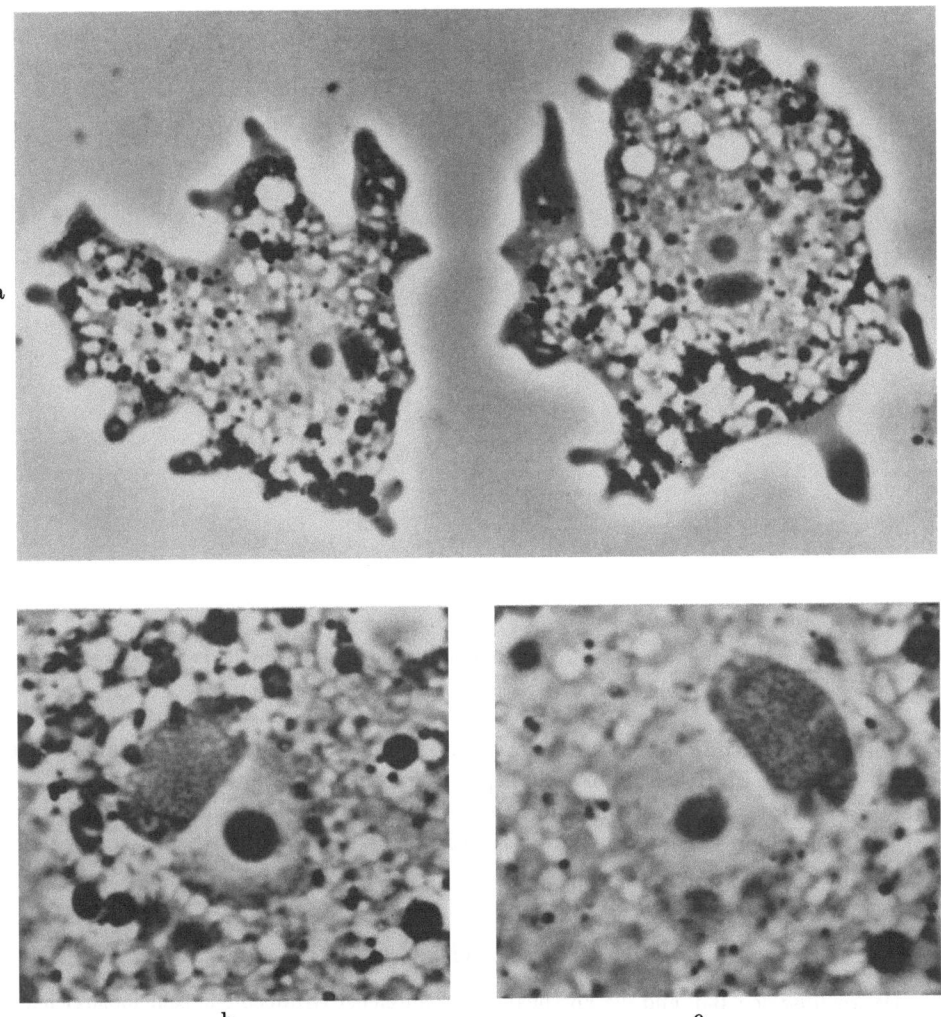

Abb. 296. *Paramoeba eilhardi.* a Zwei Amöben. Vergr. 1300×. b, c Zellkern und Nebenkörper. Vergr. 3000×. Lebendaufnahmen. Nach GRELL, 1961 [*440*]

Manchmal teilen sich die Nebenkörper unabhängig von dem Kern der Wirtszelle, manchmal mit ihm zusammen (Abb. 297). Wie die Unterschiede zwischen den Stämmen zeigen, wird aber die Anzahl der Nebenkörper in gewissen Grenzen durch die Wirtszelle reguliert.

Da in Klonkulturen noch niemals Amöben ohne Nebenkörper gefunden wurden und es auch durch lokale Bestrahlung (UV-Strahlenstich) nicht gelungen ist, lebensfähige Amöben ohne Nebenkörper zu erhalten, scheint der Symbiont zu einem lebensnotwenigen „Organell" der Zelle geworden zu sein. Vielleicht enthält seine DNS bereits einen Teil der genetischen Information, welche die Amöbe für ihren Stoffwechsel benötigt.

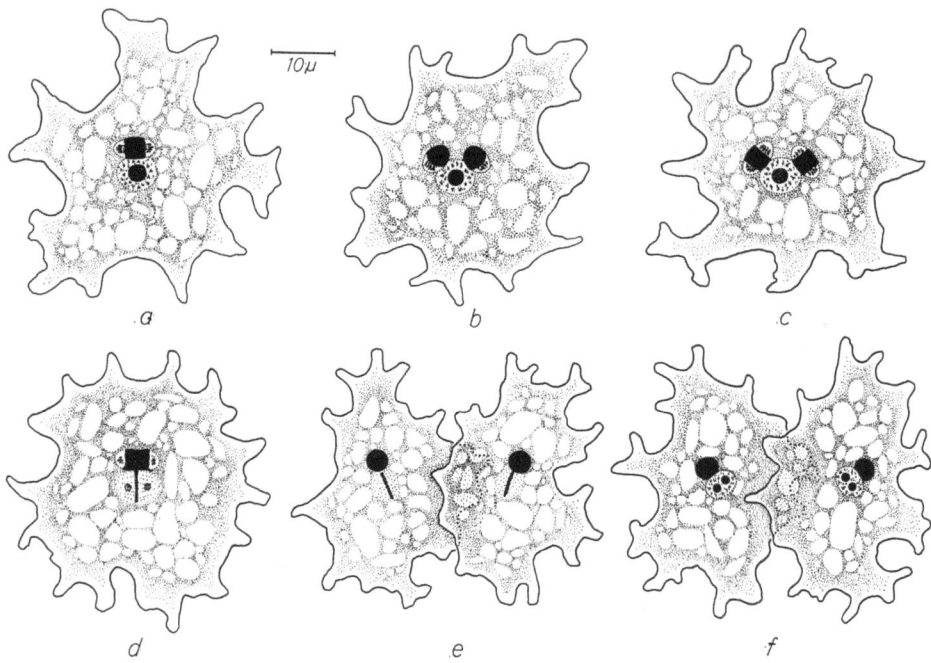

Abb. 297. *Paramoeba eilhardi*. Schema der Teilungsvorgänge (nach Eisenhämatoxylin-Präparaten). a—c Autonome Teilung des Nebenkörpers. d—f Zellteilung (synchrone Teilung des eigentlichen Kerns und des Nebenkörpers). Nach GRELL, 1961 [*440*]

Diese Betrachtung führt zu der Frage, ob nicht auch „echte" Zellorganelle, die DNS enthalten und sich identisch reproduzieren können (Chloroplasten, Mitochondrien, Kinetoplasten) ursprünglich Symbionten gewesen sind. Vorerst zeichnet sich aber noch keine Möglichkeit ab, wie diese Frage jemals beantwortet werden könnte.

M. Formenübersicht

Da wir über den Bau und die Fortpflanzung zahlreicher Gruppen erst sehr unzureichend unterrichtet sind und ihre Verwandtschaftsbeziehungen nicht kennen, ist es schwierig, ein befriedigendes System der Protozoen aufzustellen. Außerdem ist es bis zu einem gewissen Grade der Willkür der Systematiker überlassen, nach welchen Kriterien die Einteilung vorgenommen werden soll. Die in den letzten Jahren veröffentlichten Reformvorschläge [*131, 509, 860*] stimmen nur darin überein, daß die Sporozoen auf die „Telosporidia" (Gregarinen, Coccidien) beschränkt und die Opalininen zu den Flagellaten gerechnet werden.

Der folgende Überblick soll kein vollständiges System, sondern nur eine systematische Zusammenstellung der bekannteren und in den vorigen Abschnitten behandelten Formen sein. Kleinere und in ihrer systematischen Zugehörigkeit unsichere Gruppen, wie die Sarcosporidien, Toxoplasmen und Piroplasmen, werden überhaupt nicht aufgeführt. Entsprechend der in der Einleitung gegebenen Begriffsbestimmung (S. 11) werden die „Cnidosporidien" nicht zu den

Protozoen gerechnet. Da sie aber bisher zu den Protozoen gestellt wurden, sollen sie im Anschluß an die Formenübersicht besprochen werden.

Die Einteilung der Protozoen in vier Klassen, die im folgenden beibehalten wird, soll nicht darüber hinwegtäuschen, daß diese Klassen sehr heterogen zusammengesetzt sind und daß zwischen ihnen mancherlei Beziehungen bestehen. Es gibt Flagellaten, die Pseudopodien ausbilden, und Rhizopoden, die begeißelte Stadien durchlaufen. Die sog. Amoeboflagellaten lassen sich in der einen Klasse ebensogut aufführen wie in der anderen. Manches spricht dafür, daß die Sporozoen aus Flagellaten hervorgegangen sind, die einen haplo-homophasischen Generationswechsel besaßen. Der tiefe Graben, welcher die Ciliaten von den übrigen Protozoen zu trennen schien, ist heute weitgehend überbrückt, nachdem sich gezeigt hat, daß ihr Kerndualismus weder einheitlich noch einmalig ist und zwischen Geißeln und Wimpern kein grundsätzlicher Unterschied besteht.

Erste Klasse:

Flagellata

FRITSCH, F. E.: The structure and reproduction of the Algae. 2. Ed. London: Cambridge University Press 1952.
FOTT, B.: Algenkunde. Jena: Fischer 1959.
GRASSÉ, P. P.: Traité de Zoologie. 1, Fasc. 1: Protozoaires (Généralités. Flagellés). Paris: Masson et Cie. 1952.
HOLLANDE, A.: Etude cytologique et biologique de quelques flagellés libres. Arch. Zool. exp. gén. **83** (1942).
KÜHN, A.: Morphologie der Tiere in Bildern. Heft 1, Teil 1: Flagellaten. Berlin: Bornträger 1921.
OLTMANNS, F.: Morphologie und Biologie der Algen. 2. Aufl. Jena: Fischer 1922/23.
PASCHER, A.: Flagellatae. In: Die Süßwasserflora Deutschlands. Heft 1. Jena: Fischer 1914.
— Flagellaten und Rhizopoden in ihren gegenseitigen Beziehungen. Arch. Protistenk. **38** (1917).
PRINGSHEIM, E. G.: Farblose Algen. Ein Beitrag zur Evolutionsforschung. Stuttgart: Fischer 1963.
SMITH, G. M.: The fresh-water Algae of the United States. 2. Ed. New York: McGraw-Hill Book Comp. 1950.

Die Flagellaten besitzen eine oder mehrere *Geißeln*. Viele Arten gehen jedoch zeitweise in einen geißellosen Zustand *(Palmella-Stadium)* über, wobei sie sich mit einer Gallerthülle umgeben. Dadurch, daß solche Zellen nach der Teilung zusammenbleiben, können mehr oder weniger große Verbände zahlreicher Individuen entstehen. Außerdem stellen manche Arten auch selbst Kolonien von bestimmter Zahl und Anordnung der Einzelzellen dar. Auf diese Weise kommen mannigfache *Überleitungen zu den Algen* zustande.

Die Fortpflanzung besteht meistens in einer Längsteilung. Geschlechtsvorgänge sind nur bei den Phytomonadinen und einigen Polymastiginen sicher nachgewiesen worden.

Die auto-, mixo- oder amphitrophen Flagellaten (S. 322) können durch den Besitz von Plastiden grün, gelb oder braun gefärbt sein. Da Flagellaten, welche eine Photosynthese betreiben, auf bestimmte Ordnungen (1.—5.) beschränkt sind, werden diese vielfach als *„Phytoflagellaten"* zusammengefaßt und den ausschließlich heterotrophen Ordnungen (6.—9.) der *„Zooflagellaten"* gegenübergestellt. Dieser Unterschied kann jedoch nicht zur systematischen Charakterisierung verwendet werden, da auch zu den „Phytoflagellaten" viele farblose Vertreter gehören, die durch Plastidenverlust (S. 26) entstanden sind [*845*].

358   Formenübersicht

1. Ordnung:
Chrysomonadina

HOLLANDE, A.: Classe des Chrysomonadines. In: GRASSÉ, P. P.: Traité de Zoologie. 1, Fasc. 1. Paris: Masson et Cie. 1952.
PASCHER, A.: Chrysomonadinae. In: Die Süßwasserflora Deutschlands. Heft 2. Jena: Fischer 1913.
— Die braune Algenreihe der Chrysophyceen. Arch. Protistenk. 52 (1925).

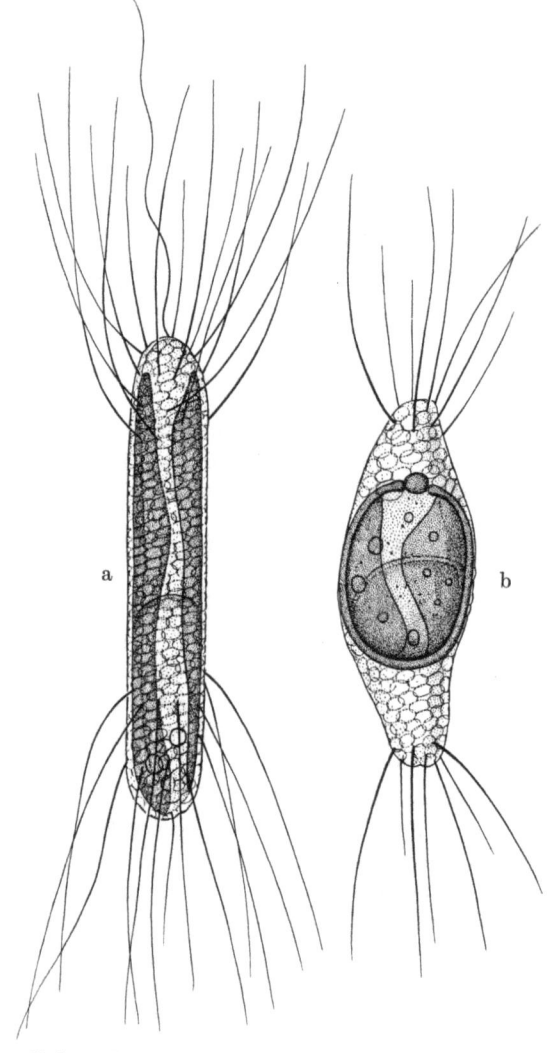

Abb. 298. *Mallomonas cylindracea* PASCHER. a Begeißeltes Individuum. b Mit Endocyste. Nach CONRAD

Die Chrysomonadinen sind kleine Flagellaten mit gelbbraunen Plastiden. Meistens besitzen sie zwei verschieden lange Geißeln, von denen die längere Mastigonemen trägt. Außerdem tritt häufig noch ein geißelartiges Haptonema (S. 290) auf, das als Haftorganell dient. Bei vielen Chrysomonadinen ist die Zellhülle mit kleinen Plättchen bedeckt, die eine artspezifische Feinstruktur besitzen und oft mit einem Stachel ausgestattet sind (Abb. 300). Reservestoffe sind Leukosin (Chrysolaminarin) und Öl. Manche Arten nehmen geformte Nahrung mit Hilfe von Pseudopodien auf.

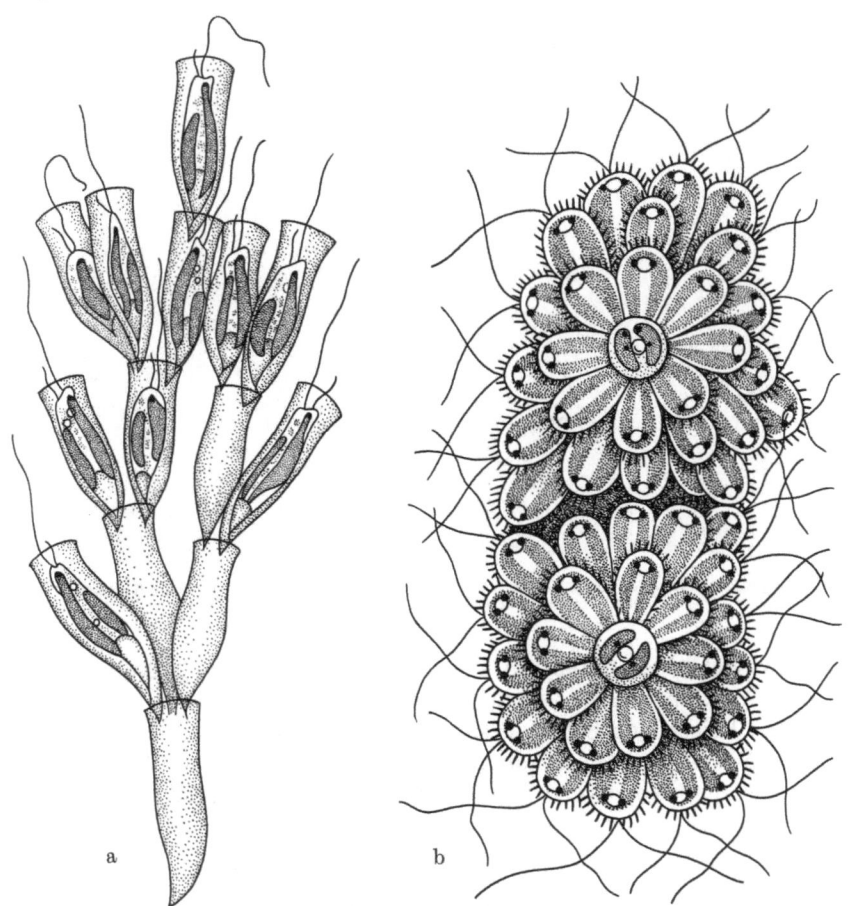

Abb. 299. Koloniale Chrysomonadinen. a *Dinobryon sertularia* EHRENBERG. Nach SENN. b *Synura uvella* EHRENBERG, in Teilung. Nach KORSCHIKOFF

Als Dauerstadien werden vielfach sog. Endocysten ausgebildet. Diese entstehen innerhalb des Cytoplasmas, enthalten Kieselsäure und sind mit einer Öffnung versehen, welche durch eine Art Stopfen verschlossen ist (Abb. 298b). Fortpflanzung durch Zweiteilung.

Chrysomonadinen kommen im Süßwasser und Meer vor.

Chromulina. 1—2 braune, plattenförmige Plastiden. Amöboid beweglich. Braune Überzüge auf Teichen.
    C. pascheri HOFENEDER, Süßwasser.
Mallomonas. Meist langgestreckt. Von der Zellhülle entspringen Kieselstacheln.
    M. cylindracea PASCHER (Abb. 298), Süßwasser.
Dinobryon. Einzellebend oder bäumchenartige Kolonien bildend, deren Einzelzellen mit ihren Gehäusen aneinander kleben.
    D. sertularia EHRENBERG (Abb. 299a), Süßwasser (Plankton).

Synura. Kugelige Kolonie, aus zahlreichen (bis zu 50) Einzelzellen.
S. *uvella* EHRENBERG (Abb. 299b), Süßwasser.

Palmelloide Chrysomonadinen können faden- oder bäumchenartige Verbände bilden, die an Algen erinnern (z. B. *Hydrurus foetidus*, in Bächen).

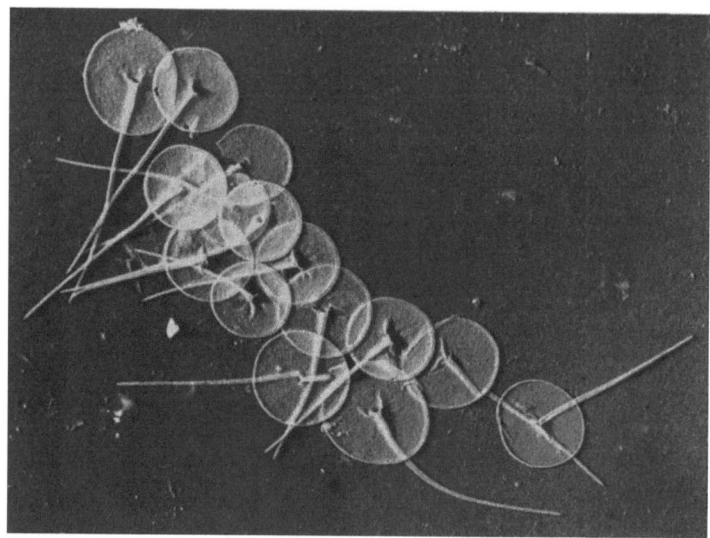

Abb. 300. *Paraphysomonas vestita* (STOKES) DE SAEDELER. Von der Zelloberfläche abgelöste Kieselsäure-Plättchen. Vergr. 7500×. Nach MANTON und LEEDALE, 1961 [*681*]

Einen wesentlichen Anteil am sog. Zwerg- oder Nannoplankton des Meeres haben die *Coccolithophoriden,* welche eine, aus Kalkplättchen oder -stäbchen (Coccolithen) bestehende Schale besitzen. Auch die mit einem Kieselskelet ausgestatteten *Silicoflagellaten* gehören dem Meeresplankton an. Vielfach werden diese Gruppen als besondere Ordnungen der Flagellaten aufgefaßt.

2. Ordnung:

Cryptomonadina

HOLLANDE, A.: Classe des Cryptomonadines. In: GRASSÉ, P. P.: Traité de Zoologie. 1, Fasc. 1. Paris: Masson et Cie. 1952.
PASCHER, A.: Cryptomonadinae. In: Die Süßwasserflora Deutschlands. Heft 2. Jena: Fischer 1913.

Die Cryptomonadinen können verschieden gefärbt sein. Häufig sind sie braun oder rot. Ihre Zelle ist bilateralsymmetrisch. Seitlich vom Vorderende öffnet sich eine schlundartige Vertiefung (Vestibulum), aus der die beiden Geißeln entspringen. In die Wand des Schlundes sind die stark lichtbrechenden Ejectisome (S. 38) eingelagert. Als Reservestoff tritt Stärke auf. Fortpflanzung durch Zweiteilung. Cryptomonadinen kommen im Süßwasser und Meer vor.

Chilomonas. Tiefer Schlund, Stärkespeicherung, farblos, in Aufgüssen (Bakterienfresser).
C. *paramecium* EHRENBERG (Abb. 301a u. 28), Süßwasser.
Cryptomonas. Zwei schalenförmige Plastiden.
C. *ovata* EHRENBERG (Abb. 301b), Süßwasser.

Cryptochrysis. Schlund reduziert.
   C. commutata PASCHER (Abb. 301 c), Süßwasser.

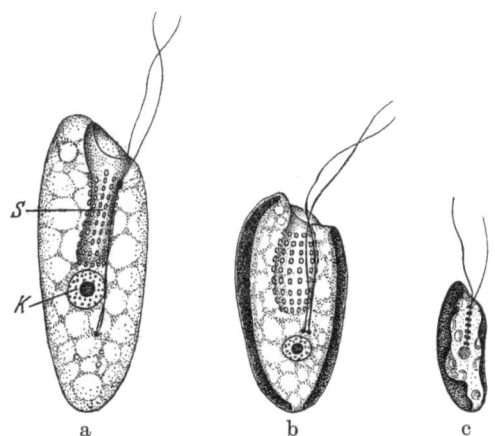

Abb. 301. Cryptomonadinen. a *Chilomonas paramecium* EHRENBERG. b *Cryptomonas ovata* EHRENBERG. c *Cryptochrysis commutata* PASCHER. *S* Schlund *K* Kern. Vergr. 800×. a, b nach DOFLEIN; c nach PASCHER aus KÜHN

3. Ordnung:
Phytomonadina

ETTL, H.: Beitrag zur Kenntnis der Morphologie der Gattung *Chlamydomonas* EHRENBERG. Arch. Protistenk. 108, 271—430 (1965).
JANET, CH.: Le Volvox. Mémoire I—III. Paris: Masson et Cie. 1912, 1922, 1923.
PASCHER, A.: Volvocales — Phytomonadinae. In: Die Süßwasserflora Deutschlands. Heft 4. Jena: Fischer 1927.
PAVILLARD, J.: Classe des Phytomonadines ou Volvocales. In: GRASSÉ, P. P.: Traité de Zoologie. 1, Fasc. 1. Paris: Masson et Cie. 1952.

   Die Phytomonadinen besitzen zwei, vier oder acht gleich lange Geißeln, die am Vorderende entspringen. Ihre Zellhülle kann durch eine Celluloseschicht (mit Pectinen) verstärkt sein. Der größte Teil der Zelle wird von einem großen, meist becherförmigen Chloroplasten ausgefüllt, der ihr eine grüne Farbe verleiht. Als Reservestoff kommt Stärke vor. Fortpflanzung durch Zwei- oder Vielteilung (S. 138). Geschlechtsvorgänge sind allgemein verbreitet und z. T. eingehend untersucht worden (S. 152 ff). Die Phytomonadinen sind Haplonten mit zygotischer Meiose. Aus der Zygote, die häufig durch Hämatochrom rot gefärbt ist, gehen in der Regel vier Gonen hervor (Abb. 212). Bei einigen Gattungen (*Pandorina, Eudorina, Volvox*) schlüpft nur eine Gone aus, weil die übrigen Gonenkerne oder -zellen vorher degenerieren.

   Die Phytomonadinen kommen vorwiegend im Süßwasser vor. Die meisten treten nur als Einzelzellen auf; einige bilden Zellkolonien, in denen entweder alle Zellen fortpflanzungsfähig sind oder eine Differenzierung in generative und somatische Zellen erfolgt (Abb. 5).

a) Einzelzellen

Dunaliella. Ohne feste Celluloseschicht.
   D. salina TEODORESCO (Abb. 149), in Salinengewässern.

Chlamydomonas (Abb. 302). Kugelig oder eiförmig; zwei Geißeln, die an einer papillenförmigen Verdickung des Vorderendes entspringen. Zahlreiche (über 300) Arten. Süßwasser und Meer.
 C. reinhardi DANGEARD, Süßwasser.

Chlorogonium. Spindelförmig langgestreckt. *C. elongatum* DANGEARD (Abb. 140 u. 143), *C. oogamum* PASCHER (Abb. 144), Süßwasser.

Haematococcus. Zellkörper durch eine von Plasmasträngen und zwei Geißelkanälen durchzogene Gallertschicht von der Zellmembran getrennt. Vielfach durch Hämatochrom rot gefärbt.
 H. pluvialis FLOTOW (Abb. 303), Süßwasser.

Polytoma. Farblos, heterotroph.
 P. uvella EHRENBERG, in stagnierendem Süßwasser.

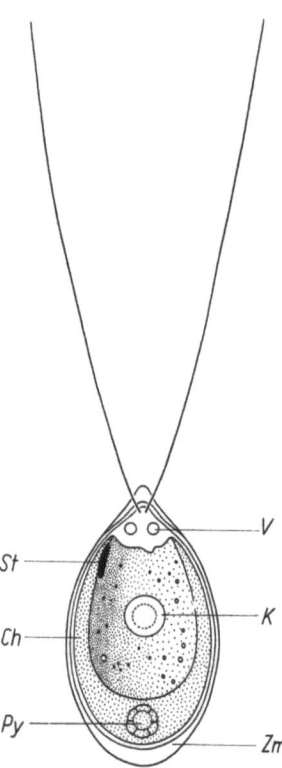
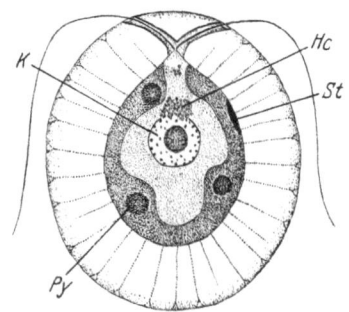

Abb. 302. *Chlamydomonas.* Schema. *St* Stigma, *Ch* Chloroplast, *Py* Pyrenoid, *V* Vacuole, *K* Kern, *Zm* Zellhülle. Verändert nach PASCHER

Abb. 303. *Haematococcus pluvialis* FLOTOW. *St* Stigma, *K* Kern. *Py* Pyrenoid. *Hc* Hämatochrom. Nach REICHENOW aus KÜHN

b) Zellkolonien

Chlamydobotrys. Achtzellige Kolonie, Zellen zweigeißelig.
 C. korschikoffi PASCHER (Abb. 304), Süßwasser.

Spondylomorum. Sechzehnzellige Kolonie, Zellen viergeißelig.
 S. quaternarium EHRENBERG (Abb. 305), Süßwasser.

Stephanosphaera. Vier, acht oder sechzehn Zellen bilden einen Kranz. Zellen mit pseudopodienartigen, aber starren Fortsätzen.
 S. pluvialis COHN, Süßwasser.

Gonium. Vier oder sechzehn Zellen bilden eine von Gallerte umhüllte Scheibe.
 G. pectorale MÜLLER, sechzehnzellig (Abb. 212), Süßwasser.

Pandorina. Kugelige Kolonie aus acht oder sechzehn herzförmigen, eng aneinanderstoßenden Zellen, von Gallerthülle umschlossen.
 P. morum BORY, Süßwasser.

Eudorina (Pleodorina). Zellen in der stark entwickelten Gallerte locker, meist in mehreren aufeinanderfolgenden Kränzen angeordnet. Polarität der Kolonie. Die Zellen des vordersten Kranzes *(E. illinoisensis)* oder der vorderen Hälfte *(E. californica)* können kleiner als die übrigen und somatisch differenziert sein (Abb. 5).
 E. elegans EHRENBERG (Abb. 306), *E. (P.) illinoisensis* KOFOID, *E. (P.) californica* SHAW (Abb. 307), alle im Süßwasser.

Volvox. Die Kolonie ist eine umfangreiche Gallertkugel, die aus hunderten, meist durch Plasmastränge verbundenen Einzelzellen besteht. Diese liegen an der Peripherie und sind größtenteils somatisch. Nur in der hinteren Hälfte der Kolonie sind einzelne generative Zellen verstreut (Abb. 5). *V. globator* EHRENBERG (Abb. 308a), *V. aureus* EHRENBERG (Abb. 308b), beide im Süßwasser.

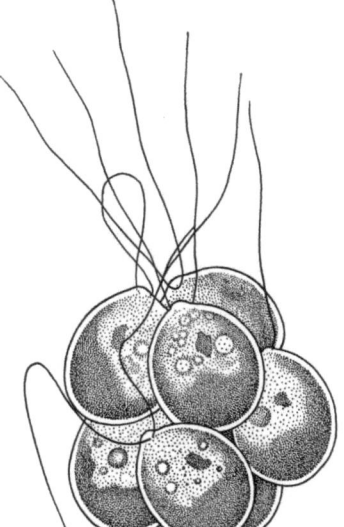

Abb. 304. *Chlamydobotrys korschikoffi* PASCHER. Nach KORSCHIKOFF

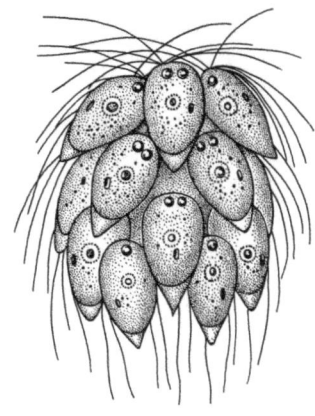

Abb. 305. *Spondylomorum quaternarium* EHRENBERG. Nach STEIN

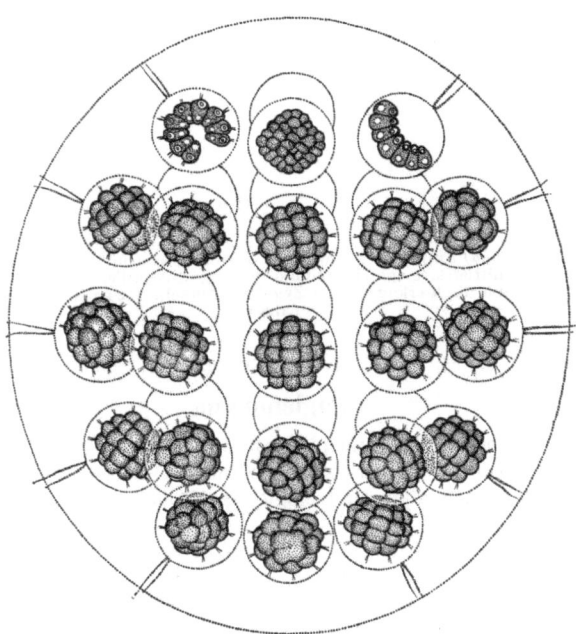

Abb. 306. *Eudorina elegans* EHRENBERG. Teilungsstadium. Nach HARTMANN

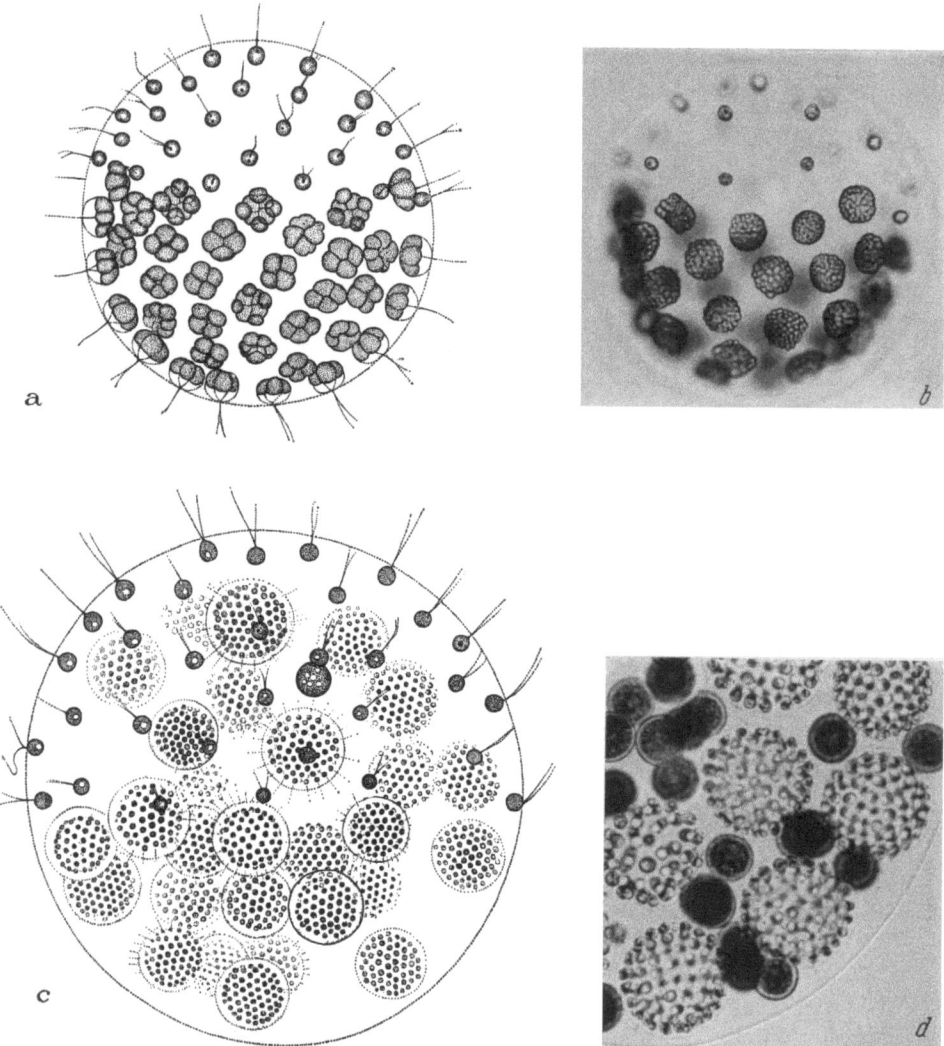

Abb. 307. *Eudorina (Pleodorina) californica* SHAW. Oben die somatische, unten die generative Hälfte der Kolonie (vgl. Abb. 5). a Frühes, b mittleres, c spätes Stadium der ungeschlechtlichen Fortpflanzung. d Ausschnitt des Hinterendes einer Kolonie mit Tochterkugeln und Zygoten (dunkel). a, c nach CHATTON, 1911; b, d Lebendaufnahmen

4. Ordnung:
Euglenoidina

DANGEARD, P.: Recherches sur les Eugléniens. Botaniste 8 (1901).
GOJDICS, M.: The genus *Euglena*. The Univ. of Madison: Wisconsin Press 1953.
HOLLANDE, A.: Etudes cytologiques et biologiques de quelques Flagellés libres. Arch. Zool. exp. gén. **83** (1942).
— Classe des Eugléniens. In: GRASSÉ, P. P.: Traité de Zoologie. 1, Fasc. 1. Paris: Masson et Cie. 1952.
JAHN, T.: The Euglenoid Flagellates. Quart. Rev. Biol. **21** (1946).
LEMMERMANN, E.: Eugleninae. In: Die Süßwasserflora Deutschlands. Heft 2. Jena: Fischer 1913.
WOLKEN, J. J.: *Euglena*. 2. Aufl., 204 S., Appleton-Century Crofts 1967.

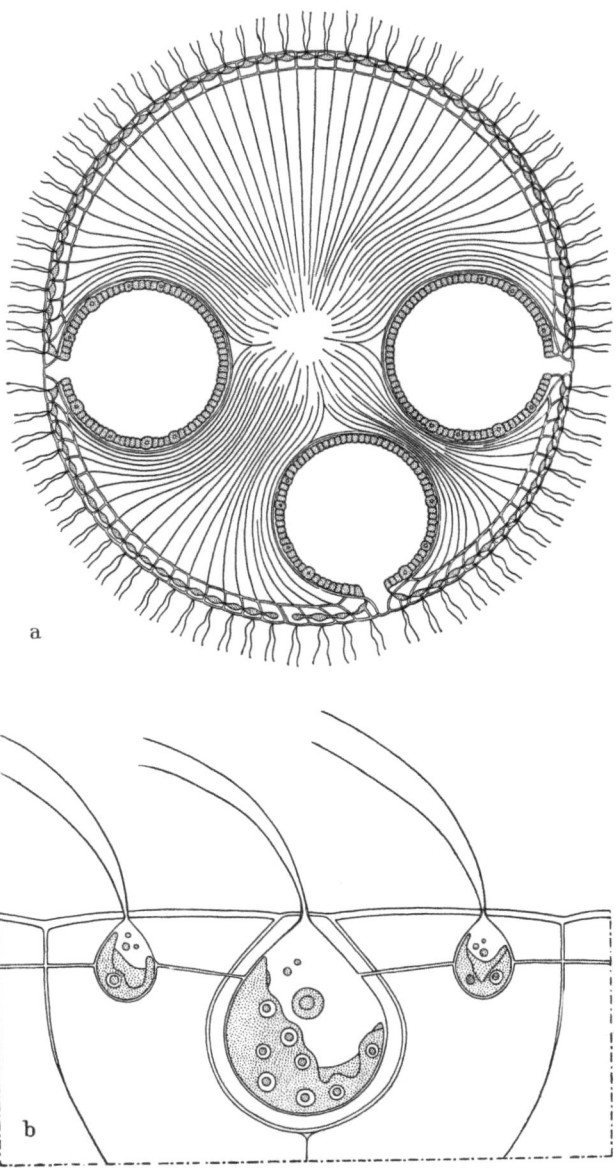

Abb. 308. *Volvox*. a *V. globator* EHRENBERG. Längsschnitt durch eine Kolonie mit Tochterkugeln (in der hinteren Hälfte). b *V. aureus* EHRENBERG. Eine generative Zelle zwischen zwei somatischen (schematisch). Nach JANET

Die Euglenoidinen haben grüne Plastiden oder sind farblos. Meistens besitzen sie zwei Geißeln, die in einer Einbuchtung des Vorderendes, dem sog. Geißelsäckchen entspringen. Eine der beiden Geißeln kann so kurz sein, daß sie nicht aus dem Geißelsäckchen hervortritt. Sie kann aber auch lang und als „Schleppgeißel" ausgebildet sein. Die Pellicula der Euglenoidinen ist stark differenziert und oft spiralig gestreift. Das Stigma, welches nicht mit den Plastiden verbunden ist, liegt in der Nähe des Geißelsäckchens. Als Reservestoff tritt Paramylon, ein stärke-

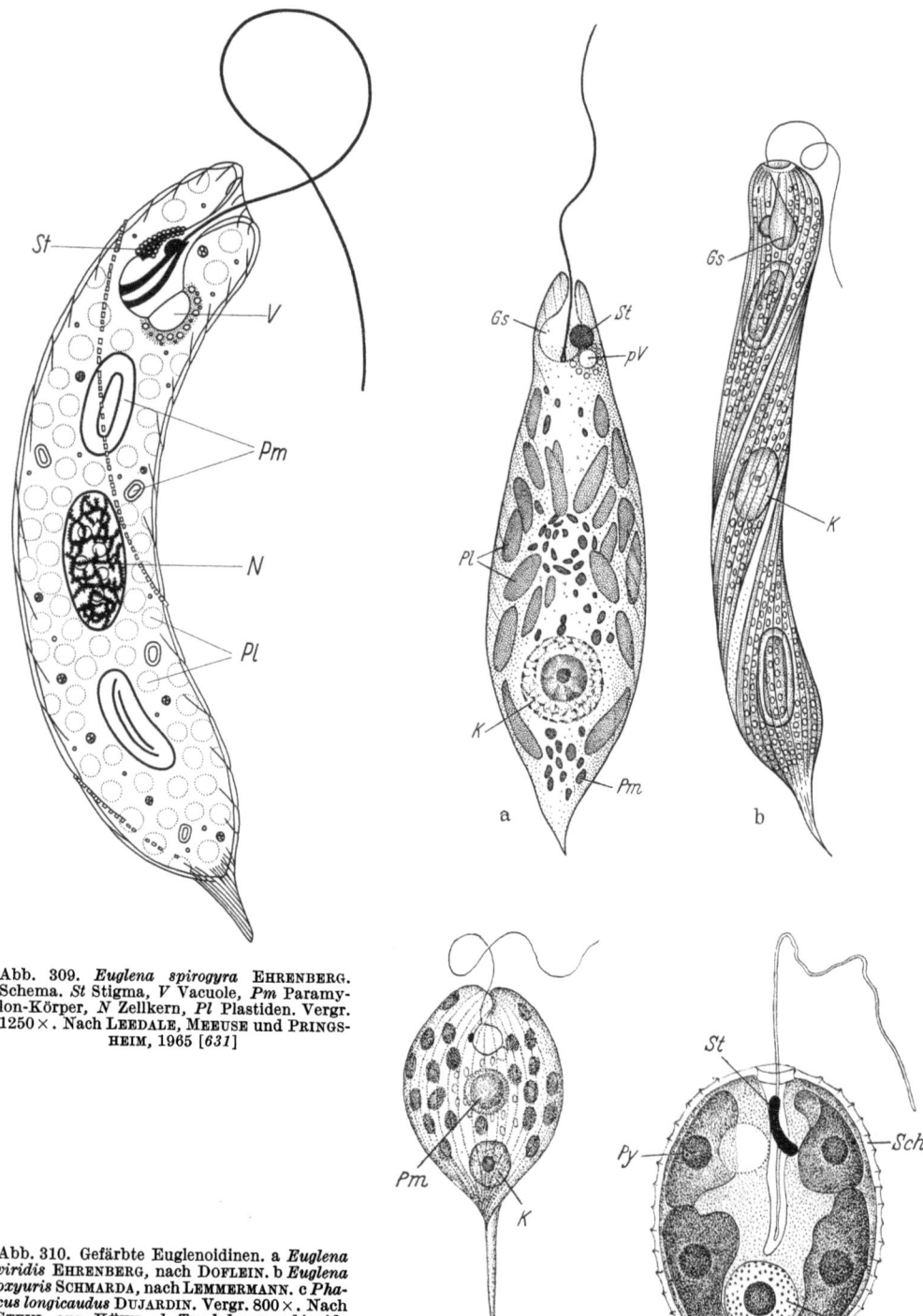

Abb. 309. *Euglena spirogyra* EHRENBERG. Schema. *St* Stigma, *V* Vacuole, *Pm* Paramylon-Körper, *N* Zellkern, *Pl* Plastiden. Vergr. 1250×. Nach LEEDALE, MEEUSE und PRINGSHEIM, 1965 [*631*]

Abb. 310. Gefärbte Euglenoidinen. a *Euglena viridis* EHRENBERG, nach DOFLEIN. b *Euglena oxyuris* SCHMARDA, nach LEMMERMANN. c *Phacus longicaudus* DUJARDIN. Vergr. 800×. Nach STEIN aus KÜHN. d *Trachelomonas hispida* STEIN. Vergr. 730×. Nach DOFLEIN aus KÜHN. *Gs* Geißelsäckchen, *St* Stigma, *pV* pulsierende Vacuole, *Pl* Plastiden, *Pm* Paramylon, *K* Kern, *Sch* Schale

ähnliches Kohlenhydrat, auf, welches in Form von Körnern oder Schollen abgelagert wird. Fortpflanzung durch Zweiteilung. Die meisten Euglenoidinen leben im Süßwasser, einige sind marin oder parasitisch.

a) Gefärbt

Eutreptia. Beide Geißeln nach vorne gerichtet. Zellkörper langgestreckt.
    E. marina DA CUNHA, marin.
Euglena. Eine Geißel kurz (im Geißelsäckchen). Zellkörper langgestreckt.
    E. spirogyra EHRENBERG (Abb. 309), *E. viridis* EHRENBERG (Abb. 310a), *E. oxyuris* SCHMARDA (Abb. 310b), alle im Süßwasser.
Phacus. Zellkörper abgeplattet, starr.
    P. longicaudus DUJARDIN (Abb. 310c), Süßwasser.
Trachelomonas. Mit brauner, skulpturierter Schale.
    T. hispida STEIN (Abb. 310d), Süßwasser.

b) Farblos

Peranema. Zellkörper stark veränderlich. An das Geißelsäckchen grenzt das sog. Staborganell (*st*), welches eine Rolle bei der Nahrungsaufnahme spielt.
    P. trichophorum EHRENBERG (Abb. 311a), Süßwasser.
Anisonema. Zellkörper starr, mit kurzer Vorder- und langer „Schleppgeißel". Auf der Ventralseite eine Furche.
    A. costatum CHRISTEN (Abb. 311b), Süßwasser.
Petalomonas. Eine Geißel kurz (im Geißelsäckchen). Zellkörper abgeplattet, mit Längsfalten.
    P. hovassei MIGNOT (Abb. 311c), Süßwasser.

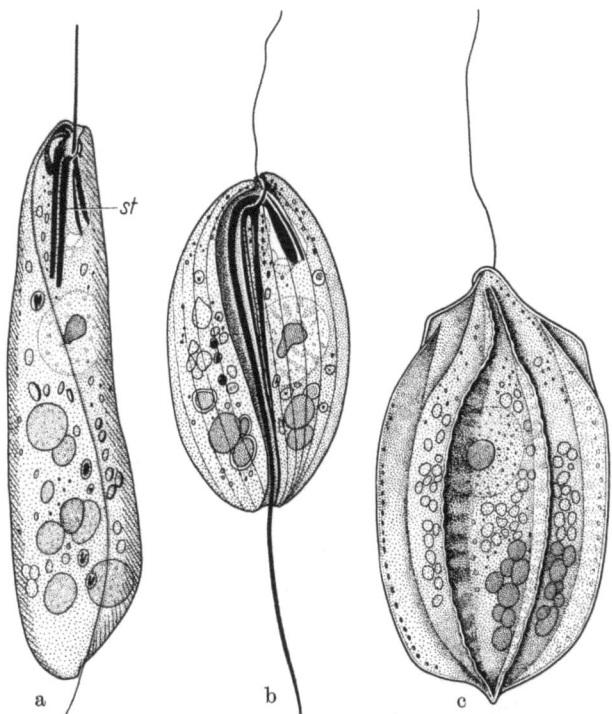

Abb. 311. Farblose Euglenoidinen. a *Peranema trichophorum* EHRENBERG. *st* sog. Staborganell. b *Anisonema costatum* CHRISTEN. c *Petalomonas hovassei* MIGNOT. Nach MIGNOT, 1966 [*703*]

5. Ordnung:
Dinoflagellata

BIECHELER, B.: Recherches sur les Péridiniens. Bull. Biol. France Belg. Suppl. **36** (1952).

CACHON, J.: Contribution à l'étude des Péridiniens parasites. Cytologie, cycles évolutifs. Ann. Sci. Nat. Zool. Paris, 12. Sér., **6** (1964).

CHATTON, E.: Les Péridiniens parasites. Morphologie, reproduction, éthologie. Arch. Zool. exp. gén. **59** (1920).

— Classe des Dinoflagellés ou Péridiniens. In: GRASSÉ, P. P.: Traité de Zoologie. 1, Fasc. 1 Paris: Masson et Cie. 1952.

KOFOID, C. A., and C. SWEZY: The free-living unarmored Dinoflagellates. Berkeley: Mem. University California Vol. 5, 1921.

PETERS, U.: Peridinea. In: GRIMPE-WAGLER: Die Tierwelt der Nord- und Ostsee. II. Leipzig: Akadem. Verlagsges. 1930.

REICHENOW, E.: Parasitische Peridinea. In: GRIMPE-WAGLER: Die Tierwelt der Nord- und Ostsee II. Leipzig: Akadem. Verlagsges. 1930.

SCHILLER, J.: Dinoflagellatae. In: RABENHORST: Kryptogamenflora, Bd. **10**, Teil 3. 2. Aufl. Leipzig: Akadem. Verlagsges. 1933.

SCHILLING, A.: Dinoflagellatae (Peridineae). In: Die Süßwasserflora Deutschlands. Heft 3. Jena: Fischer 1913.

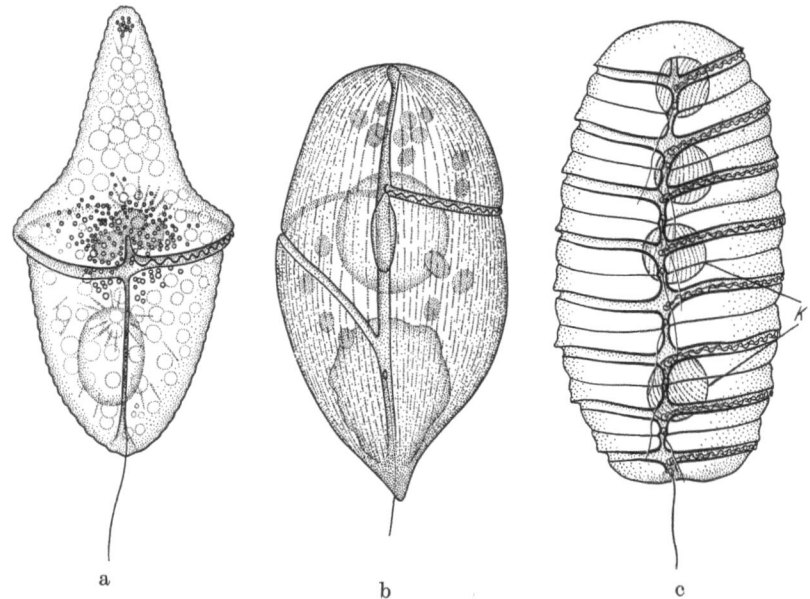

Abb. 312. Gymnodinida. a *Gymnodinium dogieli* KOFOID et SWEZY. Vergr. 360×. b *Gyrodinium postmaculatum* KOFOID et SWEZY. Vergr. 780×. c *Polykrikos schwartzi* BÜTSCHLI. Vergr. 450×. Nach KOFOID und SWEZY, 1921 [*598*]

Die Dinoflagellaten besitzen gelbbraune Plastiden oder sind farblos. Ihre beiden Geißeln sind als longitudinal schlagende Längsgeißel und als transversal schwingende Quergeißel ausgebildet. Bei den meisten Arten entspringt die Längsgeißel in einer Längsfurche (Sulcus), während die Quergeißel in einer — gürtelförmig um den Zellkörper herumziehenden — Querfurche (Annulus) schwingt. Der vor der Querfurche liegende Teil des Zellkörpers wird dann als Epiconus, der dahinter liegende als Hypoconus bezeichnet.

Der Name „Panzergeißler" deutet darauf hin, daß sie häufig eine feste Celluloseumhüllung besitzen, die zu einem aus zahlreichen Platten bestehenden Panzer oder zu einer zweigeteilten Schale differenziert sein kann.

Die Chromosomen sind dauernd im Ruhekern erkennbar. Im Zellinnern treten vielfach umfangreiche Safträume (Pusulen) auf. Manche Arten besitzen Stigmen oder Ocelloide (S. 312). Vielfach wurden Trichocysten (S. 36) nachgewiesen (bei *Polykrikos*: Nematocysten, Abb. 29).

Fortpflanzung durch Zwei- oder Vielteilung (S. 125 u. 141). Bei pelagischen Arten ist Kettenbildung häufig (Abb. 317).

Die Dinoflagellaten haben sich außerordentlich mannigfaltig differenziert. Sie leben im Süßwasser und Meer. Ein großer Teil der marinen Arten ist heterotroph, viele sind Ekto- oder Endoparasiten (S. 343).

Die Einteilung der Dinoflagellaten in Adinida und Dinifera gründet sich auf einen Unterschied, der nicht überbewertet werden darf: Wahrscheinlich sind die Adinida durch Reduktion des Epiconus aus den Dinifera hervorgegangen (vgl. *Amphidinium*, Abb. 313).

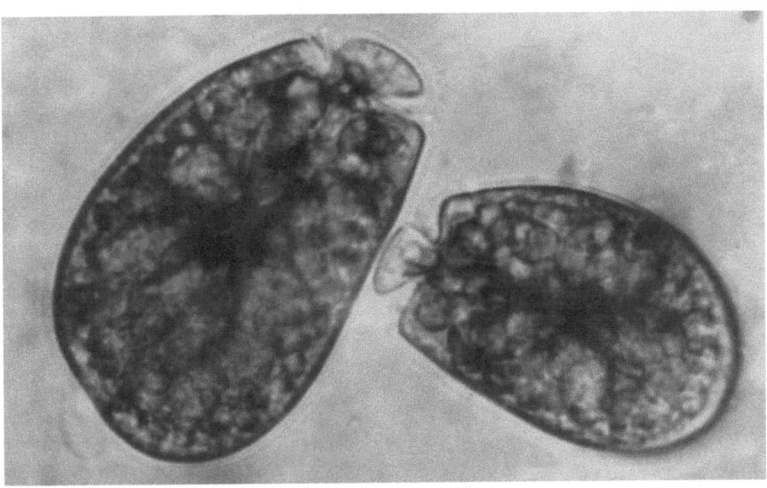

Abb. 313. *Amphidinium elegans* GRELL et WOHLFAHRTH-BOTTERMANN. Vergr. 1400×. Nach GRELL und WOHLFAHRTH-BOTTERMANN, 1957 [*449*]

1. Unterordnung: Adinida

Ohne Furchen. Geißeln am Vorderende entspringend. Längsteilung.

Prorocentrum. Mit dornartigem Fortsatz am Vorderende (wahrscheinlich Rest des Epiconus).
    P. micans EHRENBERG, marin.
Exuviaella. Ohne Fortsatz, mit zweiklappiger Schale.
    E. marina CIENKOWSKI (Abb. 37b—d), marin.

2. Unterordnung. Dinifera

Mit Furchen (Ausnahme: *Dinophysida*). Geißeln an der Seite entspringend. Querteilung.

1. Familiengruppe: Gymnodinida. Ohne Panzerplatten, aber mit Längs- und Querfurche.

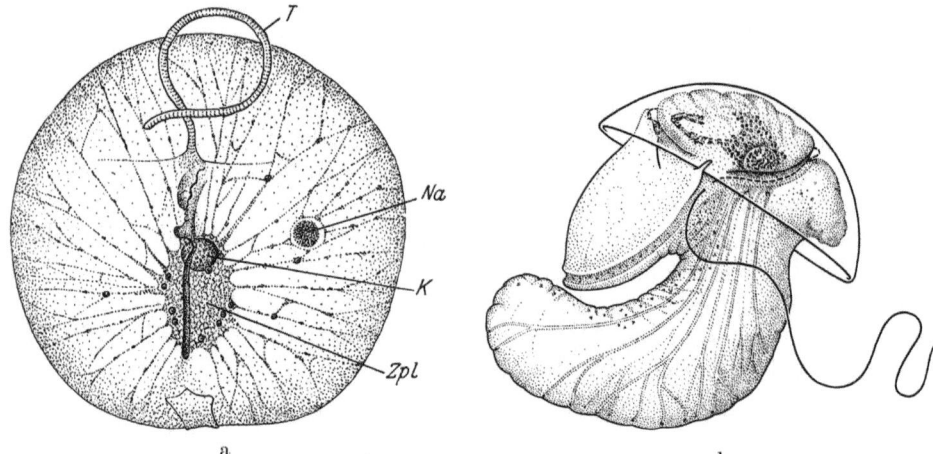

Abb. 314. Gymnodinida. a *Noctiluca miliaris* SURIRAY. *Zpl* Zentralplasma, *K* Kern, *Na* Nahrung, *T* Tentakel. Vergr. 110×. Nach PRATJE aus KÜHN. b *Pomatodinium impatiens* CACHON et CACHON-ENJUMET mit uhrglasförmiger Schale. Vergr. 200×. Nach CACHON und CACHON-ENJUMET, 1966 [*106*]

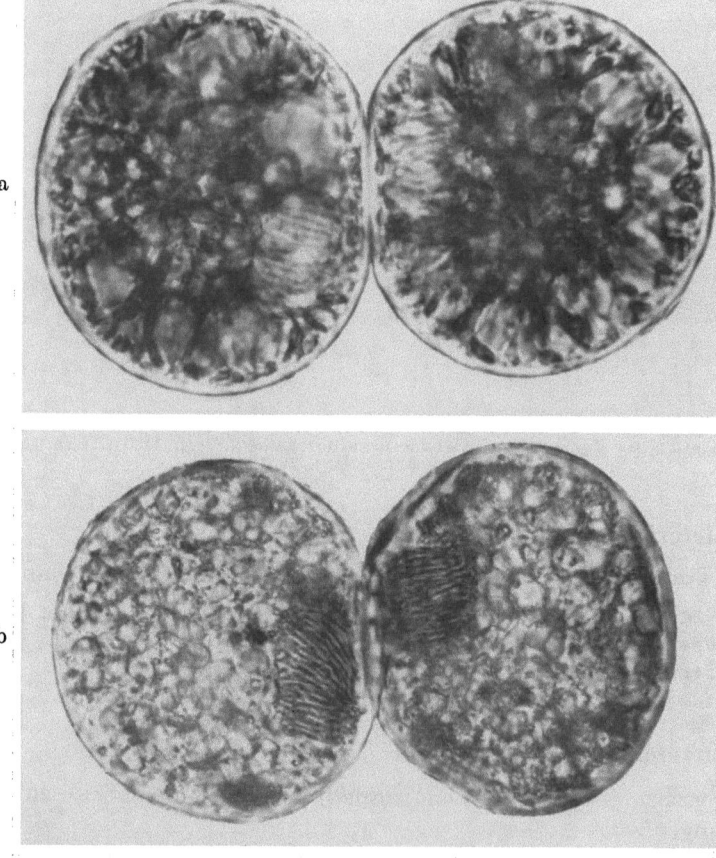

Abb. 315. *Phytodinium marinum* GRELL. Geschwisterzellen kurz nach der Teilung. An der Berührungsstelle beider Zellen erkennt man die Kerne mit den parallel angeordneten Chromosomen. a Im Leben. b Die gleichen Zellen nach Färbung mit Carminessigsäure. Vergr. 1100×. Mikroaufnahmen

Gymnodinium. Querfurche in der Mitte des Zellkörpers.
  G. dogieli KOFOID et SWEZY (Abb. 312a), marin.
Gyrodinium. Querfurche schraubenförmig.
  G. postmaculatum KOFOID et SWEZY (Abb. 312b), marin.
Polykrikos. Vielkernig. Zahlreiche Furchen und Geißeln. Die Anzahl der Zellkerne ist halb so groß wie die der Furchensysteme.
  P. schwartzi BÜTSCHLI (Abb. 312c), marin.

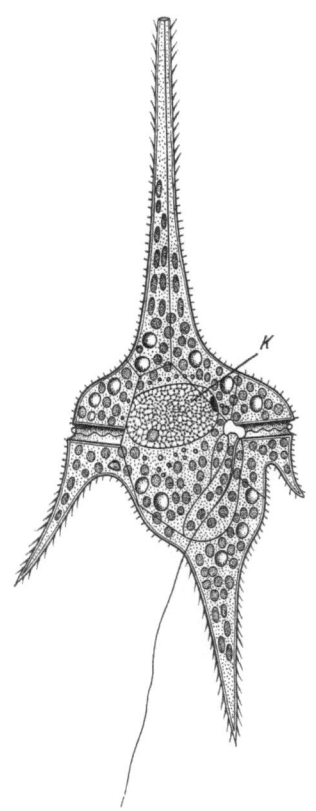

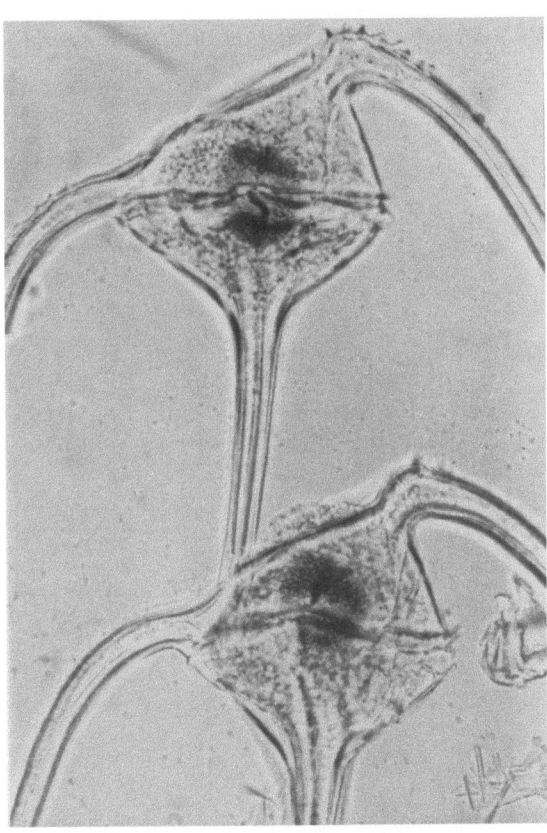

Abb. 316. *Ceratium hirundinella* MÜLLER. *K* Kern. Vergr. 450×. Nach LAUTERBORN

Abb. 317. *Ceratium tripos* NITZSCH. Das hintere Individuum ist mit dem Hinterhorn des vorderen Individuums verbunden. Carminessigsäure

Amphidinium. Querfurche dem Vorderpol der Zelle genähert. Epiconus daher klein, oft zahnartig.
  A. elegans GRELL et WOHLFARTH-BOTTERMANN (Abb. 313), marin.
Dissodinium. Blasenförmig. Fortpflanzung durch Vielteilung, Schwärmer gymnodiniumartig.
  D. lunula SCHÜTT (Abb. 130), marin.
Noctiluca. Große Gallertkugel, von Plasmasträngen durchzogen, die von dem sog. Zentralplasma entspringen. Kleine Geißel, die als rudimentäre Längsgeißel gedeutet wird. Tentakel zum Beutefang. Zwei- und Vielteilung (Abb. 124). Erreger des Meeresleuchtens.
  N. miliaris SURIRAY (Abb. 314a), marin.
Pomatodinium. Mit uhrglasförmiger, locker aufsitzender Schale.
  P. impatiens CACHON et CACHON-ENJUMET (Abb. 314b), marin.
Phytodinium. Die algenartige Ruhezelle besitzt keine Furchen und Geißeln. Sie pflanzt sich durch Zweiteilung fort. Gelegentlich wandelt sie sich in einen gymnodiniumartigen Schwärmer um.
  P. marinum GRELL (Abb. 315), marin.

Zu den Gymnodinida sind auch die *parasitischen Dinoflagellaten* zu rechnen, deren Morphologie und Fortpflanzung stark abgewandelt ist (vgl. S. 343 u. 349).

2. *Familiengruppe: Peridinida.* Zellhülle panzerartig verstärkt und aus Platten von bestimmter Zahl und Anordnung bestehend.

Peridinium. Gestalt rundlich.
    P. tabulatum CLAPAREDE et LACHMANN, Süßwasser.

Ceratium. Gestalt abgeplattet, mit hornartigen Fortsätzen.
    C. hirundinella MÜLLER (Abb. 316), Süßwasser, *C. tripos* NITZSCH (Abb. 317), marin.

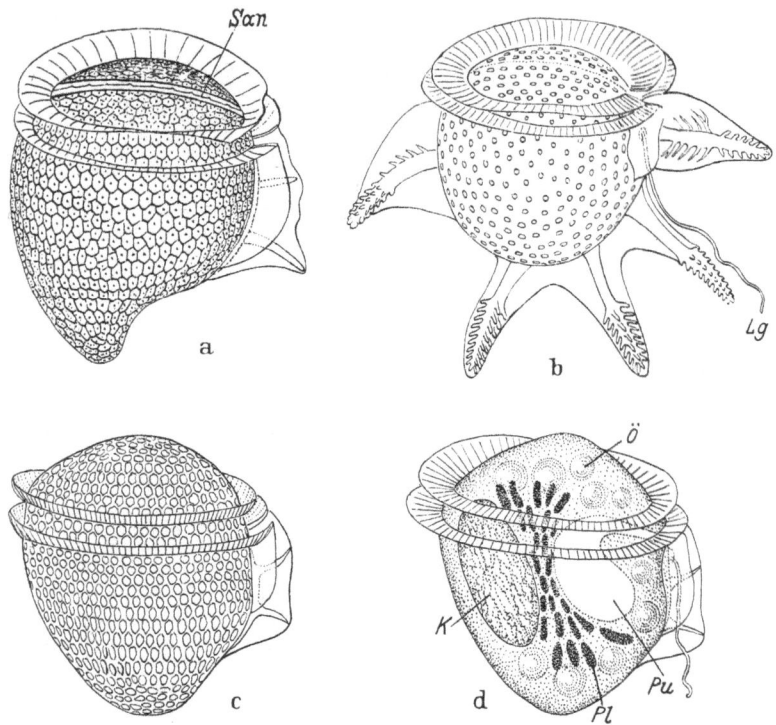

Abb. 318. Dinophysida, *Phalacroma*-Arten. a *P. mitra* SCHÜTT. b *P. jourdani* SCHÜTT. c *P. vastum* Schütt, Panzer. d Dgl., Zellinhalt. *San* Sagittalnaht. *Lg* Längsgeißel. *Ö* Öltropfen. *Pu* Pusule. *Pl* Plastiden. *K* Kern. Vergr. bei a, c, d 575×, bei b 470×. Nach SCHÜTT aus KÜHN

3. *Familiengruppe: Dinophysida.* Panzer durch eine Sagittalnaht in zwei, meist nicht ganz symmetrische Hälften geteilt. Quer- und Längsfurche nicht vertieft, sondern von „Flügelleisten" begrenzt, die oft zu umfangreichen Schwebefortsätzen ausgezogen sind.

Formen des ozeanischen Pelagials (Abb. 318).

6. Ordnung:
Protomonadina

GRASSÉ, P. P.: Ordre des Trypanosomides. In: GRASSÉ, P. P.: Traité de Zoologie. 1, Fasc. 1. Paris: Masson et Cie. 1952.

HOLLANDE, A.: Ordre des Choanoflagellés ou Craspédomonadines. In: GRASSÉ, P. P.: Traité de Zoologie. 1, Fasc. 1. Paris: Masson et Cie. 1952.

LEMMERMANN, E.: Protomastiginae. In: Die Süßwasserflora Deutschlands. Heft 1. Jena: Fischer 1914.

Als Protomonadinen werden alle farblosen Flagellaten zusammengefaßt, welche nur eine oder zwei Geißeln besitzen und sich nicht unmittelbar durch Plastidenverlust von Vertretern der vorhergehenden Gattungen ableiten lassen.

Zu dieser Ordnung, deren Aufstellung zweifellos eine „Verlegenheitslösung" ist, gehören viele freilebende und parasitische Flagellaten. Sie ernähren sich von Bakterien oder organischen Stoffen, die durch bakterielle Zersetzung entstanden sind oder in dem Wirt unmittelbar zur Verfügung stehen. Von den freilebenden Protomonadinen sind manche vorübergehend oder dauernd festsitzend. Sie können der Unterlage — oft mit einem fadenförmigen Fortsatz des Hinterendes — unmittelbar anhaften (z. B. *Amphimonas*) oder von einem zarten Gehäuse umschlossen sein (z. B. *Bicoeca*).

Die sog. *Choanoflagellaten* besitzen am Vorderende eine als *Kragen* oder *Collare* bezeichnete Bildung (z. B. *Salpingoeca*, Abb. 319) und erinnern hierdurch an die Kragengeißelzellen der Schwämme. Nachdem auch eine Chrysomonadine entdeckt worden ist, die einen derartigen Kragen aufweist *(Stylochromomonas minuta)*, läßt sich allerdings die Möglichkeit nicht ausschließen, daß die Choanoflagellaten durch Plastidenverlust aus Chrysomonadinen hervorgegangen sind.

Die überwiegend freilebenden *Bodoniden* werden neuerdings mit den Trypanosomiden als „Kinetoplastida" zusammengefaßt, weil auch bei ihnen häufig ein *Kinetoplast* (S. 21 f) ausgebildet ist [509].

Da sich unter den *Trypanosomiden* — neben harmlosen Kommensalen — viele Krankheitserreger befinden, sind sie von großer praktischer Bedeutung und daher eingehend untersucht worden.

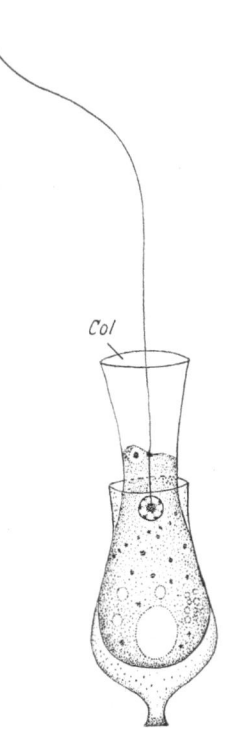

Abb. 319. *Salpingoeca amphoroideum* CLARK. *Col* Collare. Vergr. 1350×. Nach BURCK aus KÜHN

Kennzeichnend für sie ist der *Polymorphismus*. Je nach dem Wirt, in dem sie zu leben vermag, kann die gleiche Art verschiedene Modifikationsformen ausbilden. Im wesentlichen lassen sich vier Modifikationsformen unterscheiden:

1. Die *Leishmania*-Form: geißellos, Zelle rundlich.
2. Die *Leptomonas*-Form: Geißel am Vorderende entspringend.
3. Die *Crithidia*-Form: Geißel in der Zellmitte (vor dem Kern) entspringend und bis zum Vorderende als Randfaden einer kurzen undulierenden Membran verlaufend.
4. Die *Trypanosoma*-Form: Geißel am Hinterende entspringend und bis zum Vorderende als Randfaden einer langen undulierenden Membran verlaufend.

Leptomonas- und *Crithidia*-Form werden überwiegend in wirbellosen Wirten, die *Trypanosoma*-Form im Wirbeltierwirt ausgebildet. Die *Leishmania*-Form kann in beiden Wirtsarten auftreten, und zwar beim Wirbeltierwirt intracellulär, beim wirbellosen Wirt extracellulär (der Wirtszelle anhaftend).

Welche Modifikationsformen von den einzelnen Gattungen verwirklicht werden können, geht aus der folgenden Übersicht (Abb. 320) hervor:

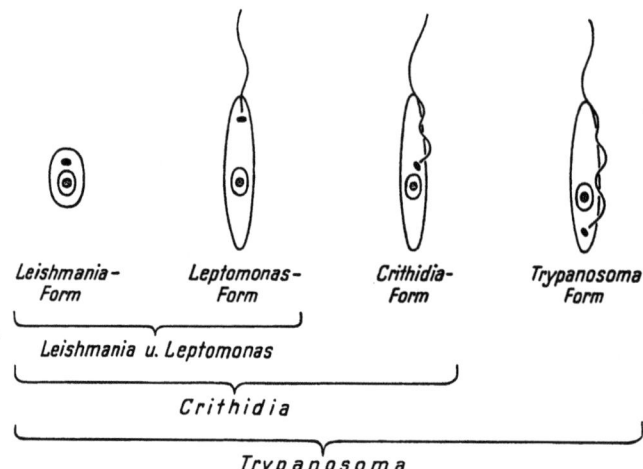

Abb. 320. Modifikationsformen der Trypanosomiden. Die Klammern geben an, welche Modifikationsformen bei den einzelnen Gattungen ausgebildet werden können

Leishmania. Wirtswechsel zwischen Wirbeltier (*Leishmania*-Form in Zellen des reticulo-endothelialen Systems) und Insekt (*Leptomonas*-Form im Darmlumen). Die als *Krankheitserreger des Menschen* wichtigen *L.*-Arten werden alle durch Arten der Schmetterlingsmücken (Phlebotomen) übertragen, im Mittelmeergebiet hauptsächlich durch *Phlebotomus papatasii.*
   L. donovani LAVERAN et MESNIL. Erreger der Eingeweideleishmaniase (Kala Azar).
   Die *Eingeweideleishmaniase* (Kala Azar) ist eine in Südasien (vor allem in Indien), Südchina und in den Mittelmeerländern verbreitete Krankheit, deren Hauptkennzeichen eine starke Vergrößerung der Milz ist. Diese beruht auf der Blockierung des reticulo-endothelialen Systems durch die Parasiten. Unbehandelt verläuft sie meistens tödlich.
   L. tropica WRIGHT. Erreger der Hautleishmaniase (Orientbeule).
   Die *Hautleishmaniase* (Orientbeule) ist eine Krankheit warmer Länder, deren Verbreitung sich im wesentlichen mit der der Eingeweideleishmaniase deckt. Der Parasitenbefall beschränkt sich auf die Endothelien der Hautcapillaren und führt zur Entstehung beulenartiger Geschwüre.
   L. mexicana BIAGI und *L. brasiliensis* VIANNA. Erreger der südamerikanischen Haut- und Schleimhautleishmaniase.

Leptomonas. Ohne Wirtswechsel. Im Darm vieler Insekten und anderer Wirbelloser (*Leptomonas*-Form frei im Darmlumen schwimmend, *Leishmania*-Form dem Darmepithel ansitzend).
   L. jaculum WOODCOOK. Im Wasserskorpion *Nepa cinerea.*
   Von der Gattung *Leptomonas* wird die mit ihr morphologisch übereinstimmende Gattung *Phytomonas* unterschieden, deren Arten im Milchsaft tropischer Pflanzen leben und durch Wanzen übertragen werden.

Crithidia. Ohne Wirtswechsel. Im Darm vieler Insekten.
   C. gerridis PATTEN. Im Wasserläufer *Gerris.*

Trypanosoma. Wirtswechsel zwischen Wirbeltier (*Trypanosoma*-Form im Blut) und wirbellosem Wirt (*Leishmania*-, *Leptomonas*- oder *Crithidia*-Form im Darm).
   T. granulosum LAVERAN et MESNIL. Im Aal. Überträger: Egel *Hemiclepsis marginata.*
   T. rotatorium MAYER. Im Wasserfrosch. Überträger: Egel *Hemiclepsis marginata.*

T. lewisi KENT. In Ratten. Überträger: Flöhe. Die Art kann sich durch Zwei- und Vielteilung fortpflanzen.

T. brucei PLIMMER et BRADFORD (Abb. 114). Erreger der Nagana-Seuche.

Die *Nagana-Seuche* ist eine afrikanische Haustierkrankheit (Pferde, Rinder) und wird durch die Tsetsefliegen *Glossina morsitans* und *Glossina palpalis* übertragen. Ein wichtiges Erreger-Reservoir stellt das afrikanische Großwild (Zebras, Antilopen usw.) dar. Auf den Menschen ist *T. brucei* nicht übertragbar.

T. evansi STEEL, Erreger der Surra.

Die *Surra* ist eine in Nordafrika und Südasien (der Name stammt aus Indien) verbreitete Haustierkrankheit (Pferde, Kamele), welche durch Bremsen (Tabaniden) übertragen wird. Der Parasit macht in der Bremse keine Entwicklung durch, sondern wird nur mechanisch übertragen.

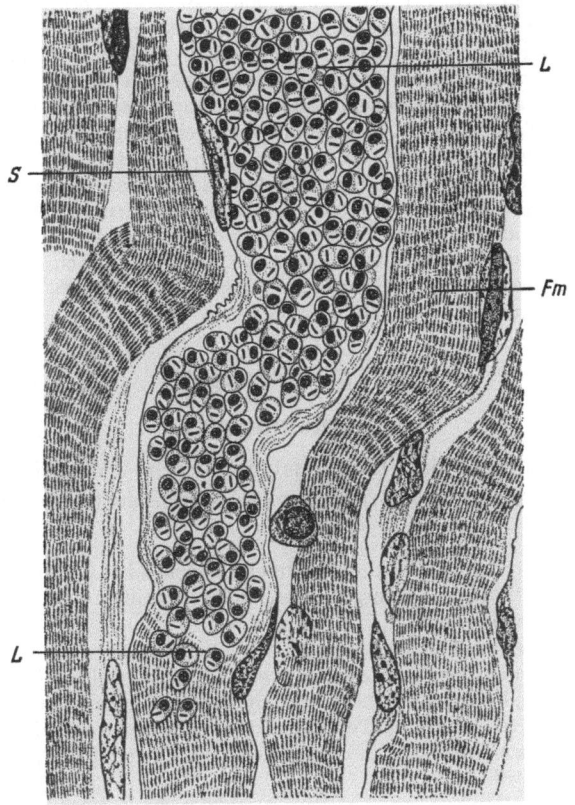

Abb. 321. *Trypanosoma cruzi* CHAGAS. Muskelfasern (*Fm*) der Ratte mit *Leishmania*-Formen (*L*). *S* Sarcolemm. Nach BRUMPT

T. equinum VOGES. Erreger des Mal de Caderas. Die Art besitzt keinen Kinetoplasten.

Das *Mal de Caderas* (Kreuzlähme) ist eine südamerikanische Pferdeseuche, welche ebenfalls durch Bremsen (Tabaniden) übertragen wird.

T. equiperdum DOFLEIN. Erreger der Beschälseuche.

Die *Beschälseuche* (Dourine) ist eine Geschlechtskrankheit der Pferde und Esel, welche vor allem in den Mittelmeerländern verbreitet ist. Zum Unterschied von den übrigen *Trypanosoma*-Arten erfolgt die Übertragung nicht durch ein Insekt, sondern beim Deckakt.

T. gambiense DUTTON und *T. rhodesiense* STEPHENS et FANTHAM. Erreger der Schlafkrankheit.

Die *Schlafkrankheit* ist eine gefährliche Seuche des Menschen im tropischen Afrika. Sie wird durch Tsetsefliegen übertragen, von denen die Art *Glossina palpalis* am wichtigsten ist. In der Fliege treten die Trypanosomen vorwiegend in der *Crithidia*-Form auf. Erst in den Speicheldrüsen wandeln sie sich in die *Trypanosoma*-Form um. Nachdem sie mit dem Speichel der Fliege in den Menschen gelangt sind, vermehren sich die Trypanosomen zunächst in der Nähe der Stichstelle, so daß es hier zu einem furunkelartigen Primäraffekt kommen kann. Nach etwa einer Woche treten sie im Blut auf. Durch den Befall des Lymphsystems kommt es zu den für die Schlafkrankheit symptomatischen Drüsenschwellungen (Nackendrüsen). Erst nach Monaten treten die Trypanosomen in die Cerebrospinalflüssigkeit über. Dadurch schädigen sie das Zentralnervensystem und rufen die als Schlafsucht bezeichnete Erscheinung hervor. Unbehandelt führt die Schlafkrankheit meistens zum Tode.

T cruzi CHAGAS. Erreger der Chagasschen Krankheit. Zum Unterschied von den übrigen *Trypanosoma*-Arten vermehrt sich *T. cruzi* als *Leishmania*-Form im Wirbeltierwirt.

Die *Chagassche Krankheit* ist eine in Süd- und Mittelamerika verbreitete Seuche, welche vor allem Kinder (aber auch Hunde und Katzen) befällt. Sie wird durch Wanzen der Gattung *Triatoma* übertragen. In der Wanze vermehrt sich die Art als *Crithidia*-Form. Die Übertragung auf den Menschen erfolgt nicht durch den Stich, sondern durch den Kot der Wanze. Die Trypanosomen dringen durch Schleimhäute in verschiedene Gewebszellen (z. B. in Muskelfasern, Abb. 321) ein, wo sie sich in die *Leishmania*-Form verwandeln und in dieser Form auch vermehren. Durch Platzen der Wirtszellen gelangen sie dann in das Blut, wo sie sich jedoch nicht fortpflanzen können. Die Wanzen infizieren sich durch Blutsaugen und untereinander durch Fressen ihres Kotes. Die meist im Kindesalter auftretende akute Infektion verläuft nur selten tödlich, doch kommt es nach Ablauf eines viele Jahre dauernden Latenzstadiums zu schweren Spätschäden in Form von Denervierung und Dilatation des Herzens und der Hohlorgane.

7. Ordnung:
Diplomonadina

Die Diplomonadinen sind bilateralsymmetrische Doppelindividuen, bei welchen Kerne und Geißelgruppen in doppelter Anzahl auftreten. Meistens sind acht Geißeln vorhanden.

Octomitus. Mit zwei vorderen, aus je drei Geißeln bestehenden Geißelgruppen und zwei aus verdickten Längsfibrillen hervorgehenden Schwanzgeißeln. *O. intestinalis* DUJARDIN (Abb. 322), im Froschdarm.

Lamblia. Mit gewölbter Rücken- und abgeflachter Bauchfläche, die vorn zu einer Sauggrube (zum Anhaften an den Darmepithelzellen) vertieft ist. Die Geißeln bilden ein System intracellulärer Fibrillen, bevor sie frei hervortreten. Zwei Geißelpaare verlassen die Zelle an der Seite, eins an der Bauchfläche und eins am Hinterende (Schwanzgeißeln).

L. intestinalis LAMBL (Abb. 323). Häufigster Darmflagellat des Menschen. Die Cysten werden mit dem Stuhl abgegeben.

8. Ordnung:
Polymastigina

CLEVELAND, L. R., S. R. HALL, E. P. SANDERS, and J. COLLIER: The wood-feeding roach *Cryptocercus*, its Protozoa and the symbiosis between Protozoa and roach. Mem. Amer. Acad. Arts Sci. **17** (1934).

GRASSÉ, P. P.: Ordre des Trichomonadines. In: GRASSÉ, P. P.: Traité de Zoologie. 1, Fasc. 1. Paris: Masson et Cie. 1952.

HONIGBERG, B. M.: Evolutionary and systematic relationship in the flagellate order Trichomonadida KIRBY. J. Protozool. **10** (1963).

KIRBY, H.: The devescovinid flagellates of termites. I—V. Univ. Calif. Publ. Zool. **45** (1941/49).

Die Polymastiginen besitzen vier oder mehr Geißeln, deren Basalkörper entweder selbst Centriole sind oder aus ihnen hervorgehen. Auch andere Zellorganelle (Axostyle, Parabasalkörper usw.) stehen mit den Centriolen in Verbindung. Fortpflanzung durch Zweiteilung. Geschlechtsvorgänge wurden bei den in der Schabe *Cryptocercus punctulatus* und bei einigen in Termiten vorkommenden Arten beobachtet (S. 163ff).

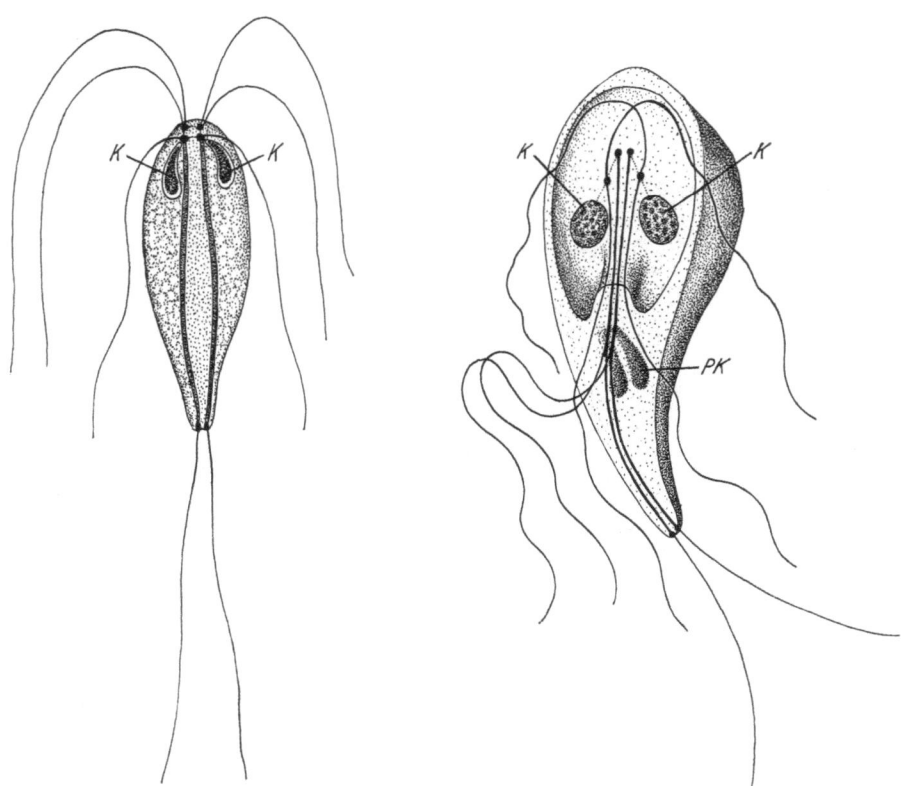

Abb. 322. *Octomitus intestinalis* DUJARDIN. Vergr. 2200×. Aus KÜHN

Abb. 323. *Lamblia intestinalis* LAMBL. K Kerne. Pk sogen. Parabasalkörper. Vergr. 3200×. Nach RODENWALDT aus KÜHN

Die meisten Polymastiginen leben als Parasiten, Kommensalen oder Symbionten im Darm von Gliederfüßlern und Wirbeltieren.

1. Unterordnung: Pyrsonymphida

Einkernig, intranucleäre Mitose, mit Axostylen, aber ohne Parabasalkörper.

Pyrsonympha. Vier bis acht Geißeln sind mit der Zellhülle verbunden und verlaufen in einer linksgewundenen Spirale nach hinten.
  P. vertens LEIDY. In der Termite *Reticulitermes flavipes*.
  Die folgenden Arten kommen in der Schabe *Cryptocercus punctulatus* vor:
Oxymonas doroaxostylus CLEVELAND.
Saccinobaculus ambloaxostylus CLEVELAND (Abb. 157).
Notila proteus CLEVELAND (Abb. 188).

378 Formenübersicht

2. Unterordnung: Trichomonadida

Einkernig, extranucleäre Mitose, mit Axostyl und Parabasalkörper. Vier bis sechs Geißeln, von denen eine als „Schleppgeißel" nach hinten gerichtet ist.

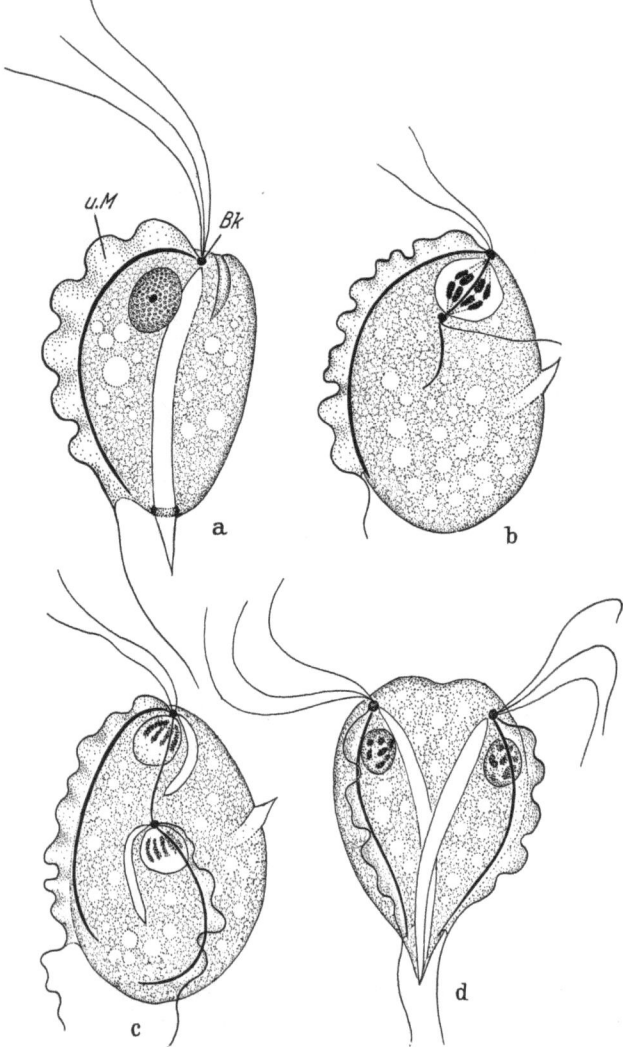

Abb. 324. *Trichomonas*. Zellteilung. *uM* undulierende Membran. *Bk* Komplex von Basalkörpern. Vergr. 2200× Nach verschiedenen Autoren aus KÜHN

Devescovina. Freie, meist bandförmige „Schleppgeißel". Der vordere Teil des Achsenstabes wird häufig von einem Parabasalkörper umwunden. Zahlreiche holzfressende Arten im Darm von Termiten (Abb. 21 u. 115).
Trichomonas. Die „Schleppgeißel" bildet den Randfaden einer undulierenden Membran. Am Vorderende befindet sich häufig ein der Nahrungsaufnahme (Bakterien) dienendes Cytostom. Teilung s. Abb. 324. Die *Trichomonas*-Arten sind weitverbreitete Darmbewohner.
T. lacertae BÜTSCHLI. In Eidechsen.
T. muris HARTMANN. In Mäusen.

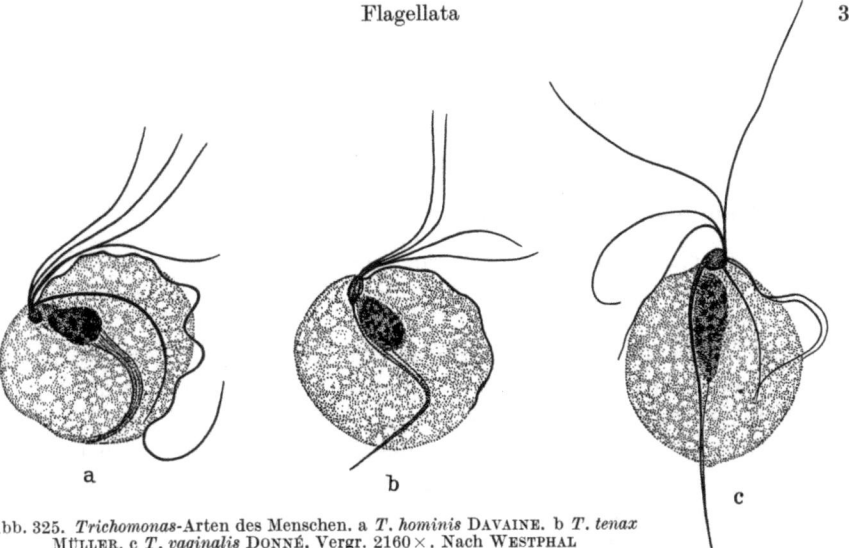

Abb. 325. *Trichomonas*-Arten des Menschen. a *T. hominis* DAVAINE. b *T. tenax* MÜLLER. c *T. vaginalis* DONNÉ. Vergr. 2160×. Nach WESTPHAL

Im Menschen vorkommende *Trichomonas*-Arten. (Abb. 325).

Im Darm:

T. fecalis CLEVELAND. Drei freie Geißeln.

T. hominis DAVAINE. Vier freie Geißeln.

T. ardin delteili DERRIEU et RAYMOND. Fünf freie Geißeln.

Im Mund:

T. tenax MÜLLER. Vier freie Geißeln.

In der Scheide:

T. vaginalis DONNÉ. Vier freie Geißeln.

3. Unterordnung: Calonymphida

Zahlreiche Kerne, von denen jeder mit einer Geißelgruppe, Parabasalkörpern und Achsenfäden ausgestattet sein kann. Häufig sind solche Komplexe auch vermehrt, ohne daß ein Kern mit ihnen verbunden ist. Im Darm von Termiten.

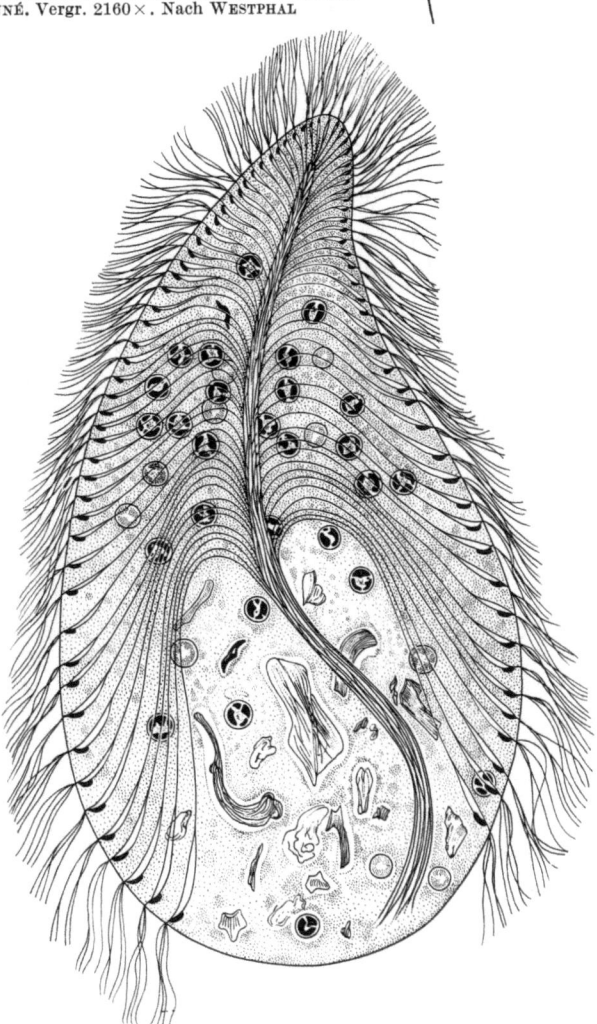

Abb. 326. *Snyderella tabogae* KIRBY. Im Cytoplasma Holzstückchen. Vergr. 640×. Nach KIRBY

Calonympha. Zahlreiche Geißeln entspringen von der vorderen Zellhälfte.
  C. grassii FOA (Abb. 250n). In *Cryptotermes grassii.*
Snyderella. Nur am Hinterende entspringen keine Geißelbüschel.
  S. tabogae KIRBY (Abb. 326). In *Kalotermes longicollis.*

4. Unterordnung: Hypermastigida

Zahlreiche Geißeln, aber nur ein Kern. Dieser ist meistens in einem besonderen Kernsäckchen am Vorderende befestigt. Die Teilungsspindel wird stets extranucleär ausgebildet.

Die reiche Ausstattung der Zelle mit Parabasalkörpern, Achsenstäben, Geißelbändern u. dgl. macht die Hypermastigiden zu den am stärksten differenzierten farblosen Flagellaten. Als Darmbewohner von Termiten und Schaben ernähren sie sich größtenteils von Holzstückchen, die sie am Hinterende aufnehmen.

Lophomonas. Mit Geißelbüschel und Achsenstab, der sich vorn zu einem den Kern umschließenden Kelch erweitert.
  L. blattarum STEIN (Abb. 327). Im Enddarm der Schabe *Blatta orientalis.*
Spirotrichonympha. Geißeln entspringen von Geißelbändern, welche die Zelle spiralig (innerhalb des Ektoplasmas) umziehen. Mit Achsenstab.
  S. bispira CLEVELAND (Abb. 328 u. 117). In *Kalotermes simplicicornis.*

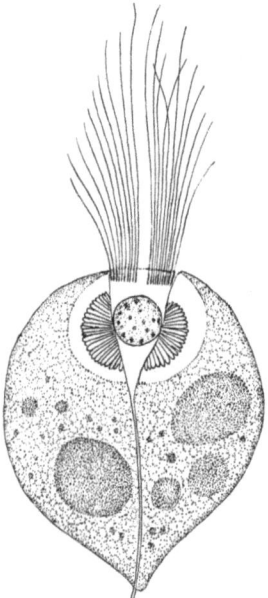

Abb. 327. *Lophomonas blattarum* STEIN. Vergr. 660×. Nach JANICKI aus KÜHN

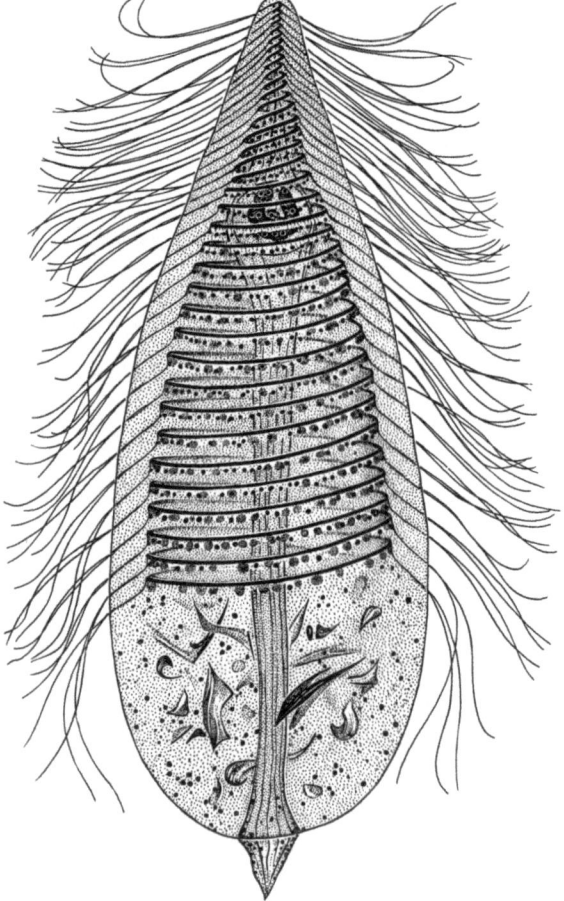

Abb. 328. *Spirotrichonympha bispira* CLEVELAND. Vergr. 940×. Nach CLEVELAND

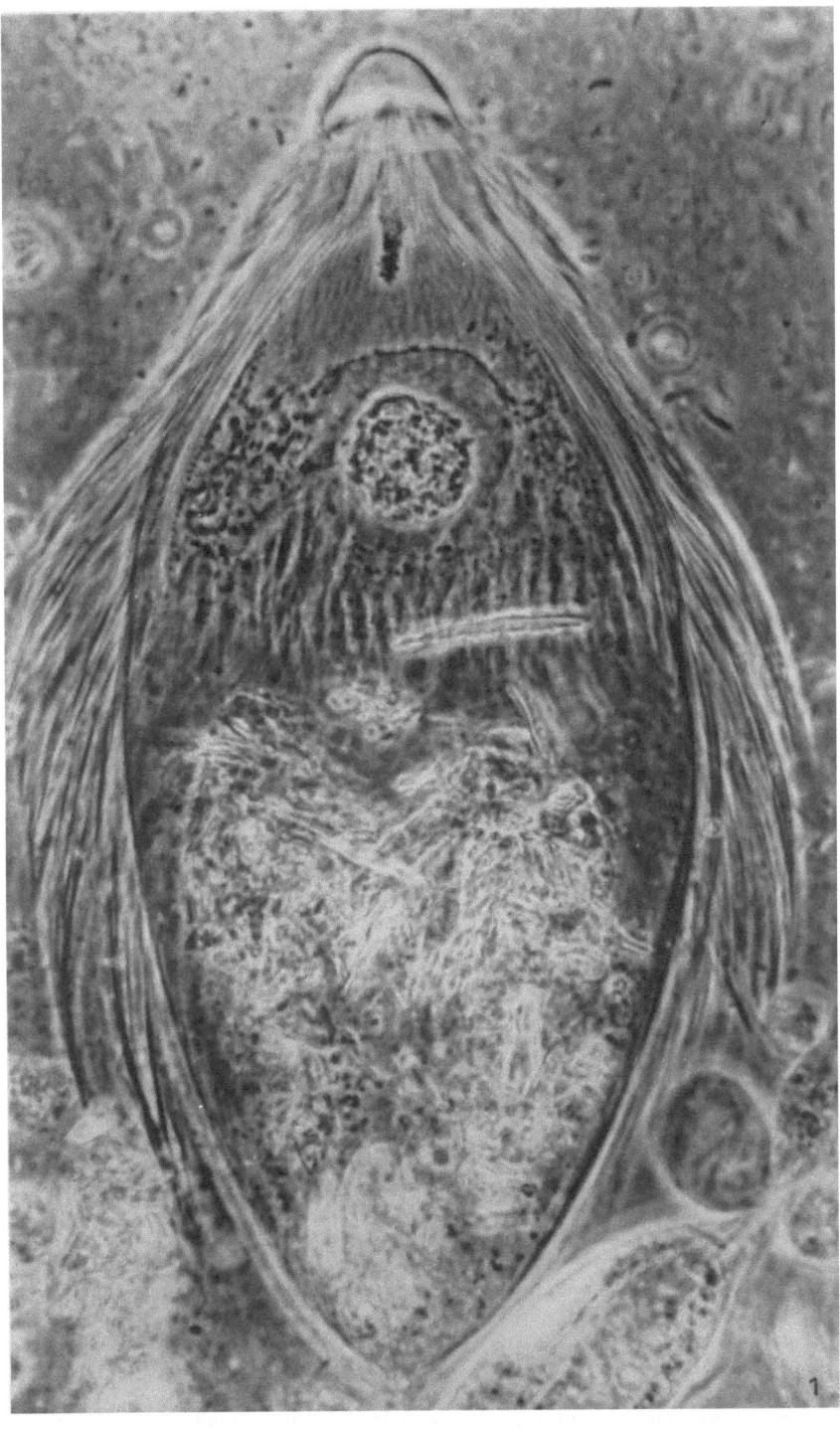

Abb. 329. *Trichonympha acuta* CLEVELAND. Die Spitze des Rostrums ist von einer doppelten Kappe bedeckt. Geißeln entspringen nur von der vorderen Zellhälfte. Die Parabasalkörper umgeben den Kern. In der hinteren Zellhälfte: phagocytierte Holzstückchen. Vergr. 800×. Nach CLEVELAND, 1962 [*192*]

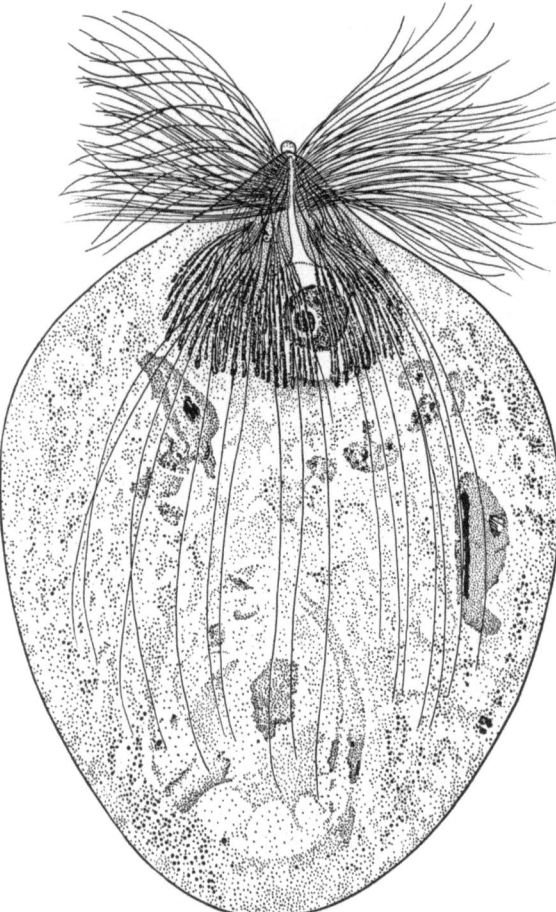

Abb. 330. *Barbulanympha ufalula*. Nach CLEVELAND

Holomastigotoides. Ähnlich der vorigen Gattung, aber ohne einheitlichen Achsenstab.
    H. tusitala CLEVELAND (Abb. 118). In *Prorhinotermes*-Termiten.

Eucomonympha. Vorderende (Rostrum) breit und mit einer hyalinen Masse erfüllt. Geißeln teils am Rostrum entspringend, teils in Längsreihen am Körper angeordnet.
    E. imla CLEVELAND (Abb. 158). In *Cryptocercus punctulatus*.

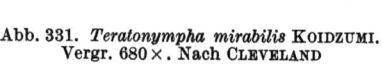

Abb. 331. *Teratonympha mirabilis* KOIDZUMI. Vergr. 680×. Nach CLEVELAND

Trichonympha. Das Vorderende (Rostrum) setzt sich durch einen zirkulären Spalt vom übrigen Zellkörper ab und ist vorn von einer mit Flüssigkeit erfüllten Kappe (Operculum) bedeckt. Zahlreiche Arten in Termiten und in *Cryptocercus punctulatus* (Abb. 161).
    T. acuta CLEVELAND (Abb. 329). In *Cryptocercus punctulatus*.

Leptospironympha. Geißeln von zwei breiten Bändern entspringend.
    L. wachula CLEVELAND (Abb. 155 u. 160). In *Cryptocercus punctulatus*.

Barbulanympha. Zwei Geißelgruppen am Vorderende. Zahlreiche Parabasalkörper und Achsenstäbe. Große, im Leben sichtbare Centriole.
    B. ufalula CLEVELAND (Abb. 330). In *Cryptocercus punctulatus*.

Teratonympha. Geißeln teils am Vorderende (Rostrum), teils von gürtelförmig die Zelle umziehenden Bändern entspringend.
T. mirabilis KOIDZUMI (Abb. 331). In *Reticulotermes*-Termiten.

9. Ordnung:
Opalinina

CORLISS, J. O.: The opalinid infusorians: flagellates or ciliates? J. Protozool. **2**, 107—114 (1955).
METCALF, M. M.: The opalinid ciliate infusorians. Smithsonian Inst. U.S. n. Museum Bull. **120** (1923).

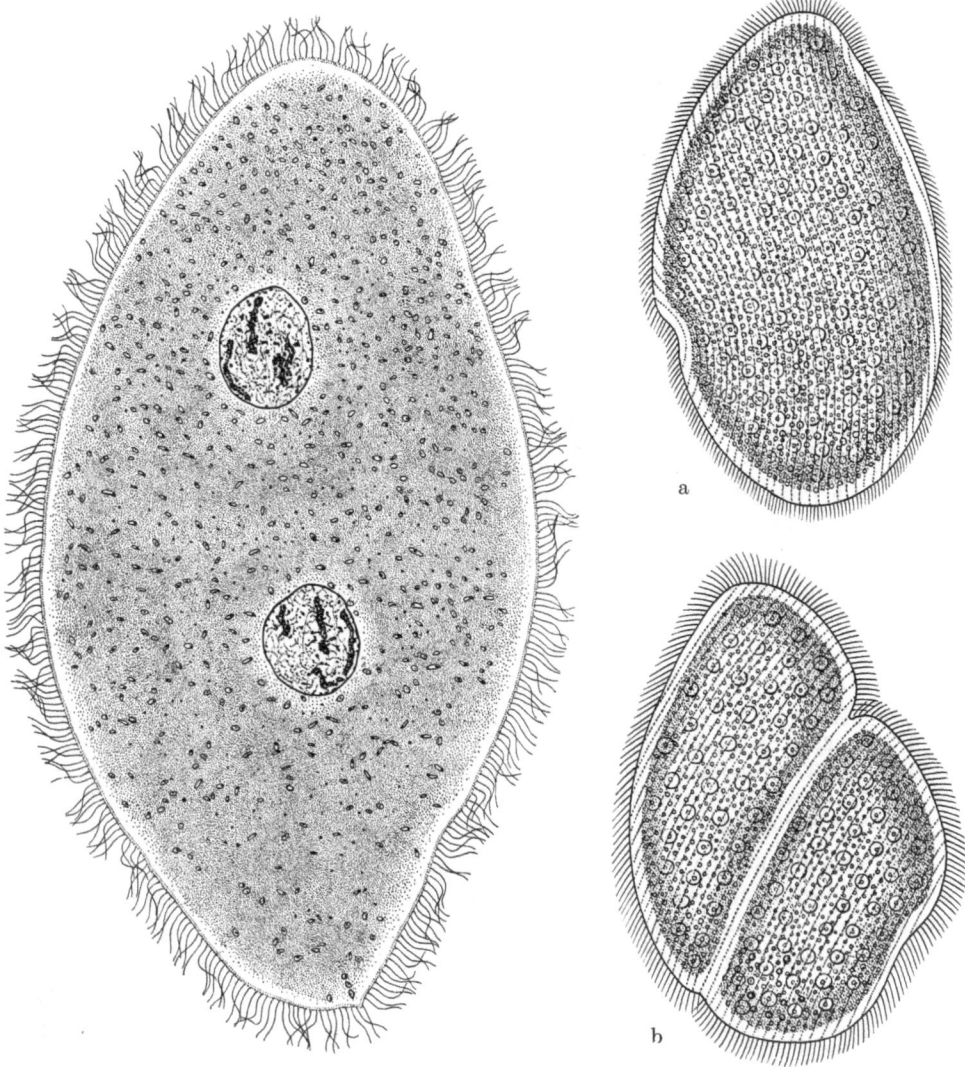

Abb. 332. *Zelleriella elliptica* CHEN. Vergr. 660×. Nach CHEN

Abb. 333. *Opalina ranarum* EHRENBERG. b *Teilung*. Nach ZELLER aus BÜTSCHLI

Die Opalininen[23] besitzen viele kurze, untereinander gleiche Wimpern, welche am ganzen Körper in schräg von vorn nach hinten verlaufenden Längsreihen angeordnet sind. Ihre Kerne treten in Zwei- oder Vielzahl auf und teilen sich durch intranucleäre Mitose. Alle Opalininen sind Parasiten. Ihre Nahrungsaufnahme erfolgt durch die ganze Körperoberfläche. Fortpflanzung durch eine schräg verlaufende Zweiteilung. Geschlechtsvorgänge (Copulation von Anisogameten) wurden beschrieben, sind aber sehr unzureichend bekannt (1118).

Die Opalininen leben vorwiegend im Enddarm von Amphibien, einzelne Arten in Fischen und Reptilien.

Protopalina. Zelle spindelförmig, zweikernig.
    P. saturnalis LÉGER et DUBOSQ. In dem marinen Fisch *Box boops.*
Zelleriella. Zelle flach, zweikernig.
    Z. elliptica CHEN (Abb. 332). In Kröten.
Opalina. Zelle abgeflacht, vielkernig.
    O. ranarum EHRENBERG (Abb. 333). Im Grasfrosch.

Zweite Klasse:
Rhizopoda

CASH, J., and G. H. WAILES: The british fresh-water Rhizopoda and Heliozoa, Vol. 4. London: Ray Society 1919.
GRASSÉ, P. P.: Traité de Zoologie. 1, Fasc. 2: Protozoaires (Rhizopodes, Actinopodes, Sporozoaires, Cnidosporidies). Paris: Masson et Cie. 1953.
GROSPIETSCH, TH.: Wechseltierchen (Rhizopoden). Stuttgart: Kosmos-Verlag 1958.
KÜHN, A.: Morphologie der Tiere in Bildern. Heft 2, Teil 2: Rhizopoden. Berlin: Borntraeger 1926.
LEIDY, J.: Freshwater rhizopods of North America. Rep. S.U. Geol. Survey Terr. **12** (1879).
PENARD, E.: Faune rhizopodique du Bassin du Léman. Genève: Henry Kündig 1902.

Die Rhizopoden besitzen keine beständigen Bewegungsorganelle, sondern bewegen sich mit Hilfe von *Pseudopodien,* die auch der Nahrungsaufnahme dienen können. Ihre Ernährungsweise ist heterotroph.

Die Fortpflanzung der Rhizopoden ist eine Zwei- oder Vielteilung. Geschlechtsvorgänge sind nur von den Heliozoen und Foraminiferen bekannt.

1. Ordnung:
Amoebina

CHATTON, E.: Ordre des Amoebiens nus ou Amoebaea. In: GRASSÉ, P. P.: Traité de Zoologie. 1, Fasc. 2. Paris: Masson et Cie. 1953.
DOBELL, C.: The Amoebas living in Man. London: J. Bale, Sons & Danielson, Ltd. 1919.
SCHAEFFER, A. A.: Taxonomy of the Amoebas. Papers from the Department of Marine Biology of the Carnegie Institution of Washington, Vol. **24**, 1926.

Die Amoebina oder „nackten" Amöben haben keine feste Körpergestalt, wenn auch vielfach eine deutliche Polarität. Ihr Cytoplasma kann in ein granuläres – an Einschlüssen reiches – Endoplasma und ein hyalines Ektoplasma geschieden sein. Im Endoplasma befindet sich der Zellkern, der meistens einen zentralen Nucleolus enthält. Viele Amöben besitzen mehrere Zellkerne. Die meisten Süßwasserarten können sich bei ungünstigen Lebensbedingungen encystieren.

---

[23] Wegen ihrer Bewimperung werden die Opalininen vielfach als „Protociliata" an die Seite der „Euciliata" gestellt. Doch sind sie durch das Fehlen des Kerndualismus und der Conjugation von diesen verschieden.

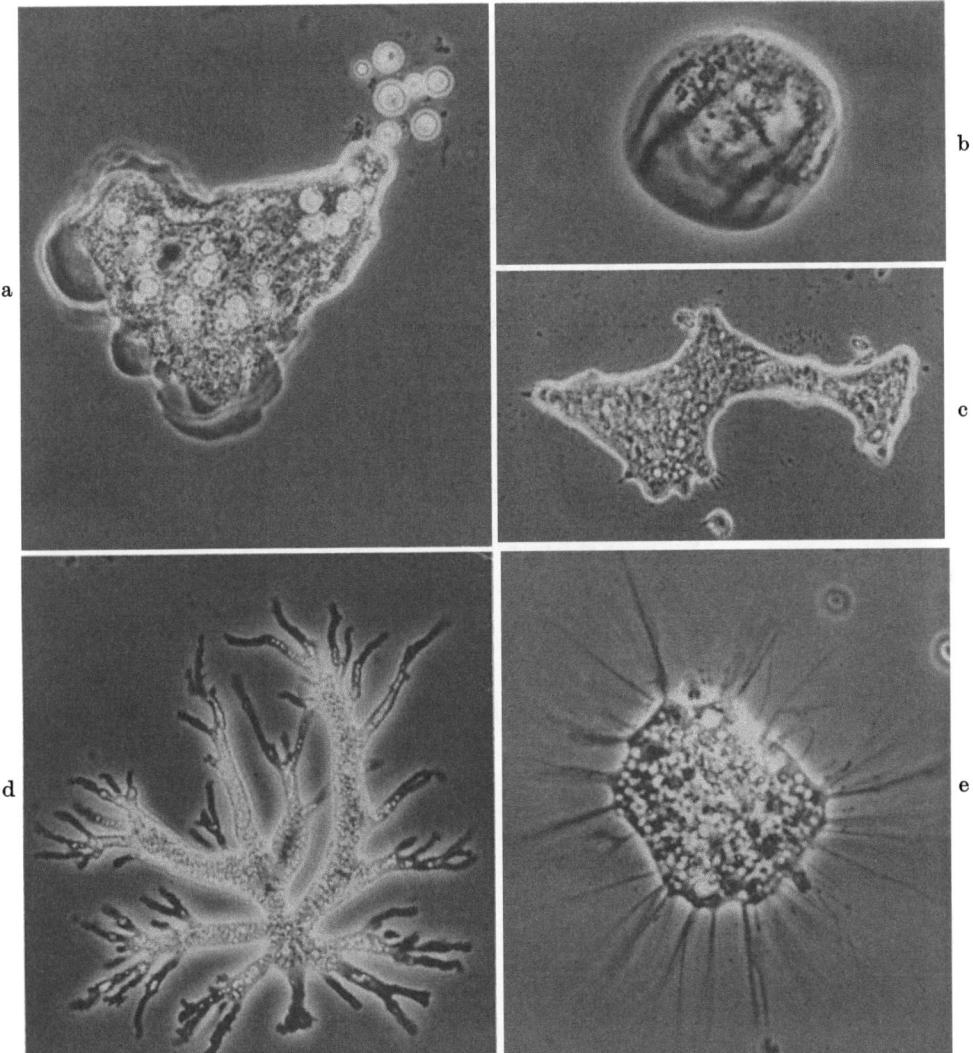

Abb. 334. Freilebende Amöben. a *Thecamoeba verrucosa* EHRENBERG. Vergr. 390×. b *Thecamoeba orbis* SCHAEFFER Vergr. 1440×. c *Pontifex maximus* SCHAEFFER. Vergr. 310×. d *Stereomyxa angulosa* GRELL. Vergr. 500×. e *Nuclearia simplex* CIENKOWSKI. Vergr. 570×. Aus dem Film C 942

Die Amöben bilden eine sehr heterogene Gruppe, deren Abgrenzung schwierig ist. Die Pseudopodien sind zwar häufig lappenförmig, können aber auch spitz zulaufen oder im ganzen fadenförmig sein (Abb. 334e). Manche Arten sind vielkernige Plasmodien, die unbegrenzt wachsen können.

Die in feuchter Erde lebenden Amöben zeigen vielfach eine Tendenz, sich vor der Encystierung zu Aggregaten zusammenzuschließen. Die Weiterverbreitung ihrer Cysten oder Cystenaggregate kann durch Ausbildung eines in den Luftraum ragenden Stiels erleichtert werden (Abb. 335).

Diese Arten leiten zu den sog. *kollektiven Amöben (Acrasina)* über, welche bei Erschöpfung der Nahrung ein „Pseudoplasmodium" bilden, das sich zu einem aus

Sporen (= Cysten) und Stielzellen bestehenden Sporenträger differenziert (Abb. 4). Form und Größe der Sporenträger sind von Art zu Art verschieden (Abb. 336).

a) Freilebend

Amoeba. Mit zahlreichen, nach verschiedenen Richtungen ausstrahlenden Lobopodien.
    A. proteus PALLAS (Abb. 237a u. 274), Süßwasser.

Thecamoeba. Mit zäher, meist runzeliger Außenschicht. Deutliche Polarität.
    T. verrucosa EHRENBERG (Abb. 334a), Süßwasser.
    T. orbis SCHAEFFER (Abb. 334b), marin.

Hartmannella. Kleine „Limax-Amöben" (Bakterienfresser); bilden Cysten.
    H. castellanii DOUGLAS (Abb. 273), Süßwasser.
    H. astronyxis RAY et HAYES (Abb. 335), Süßwasser.

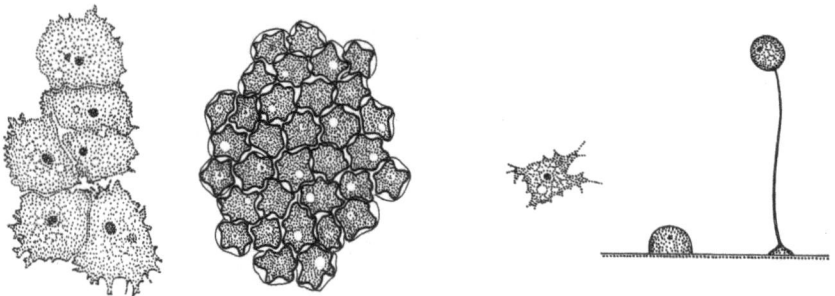

Hartmannella astronyxis   *Protostelium mycophaga*

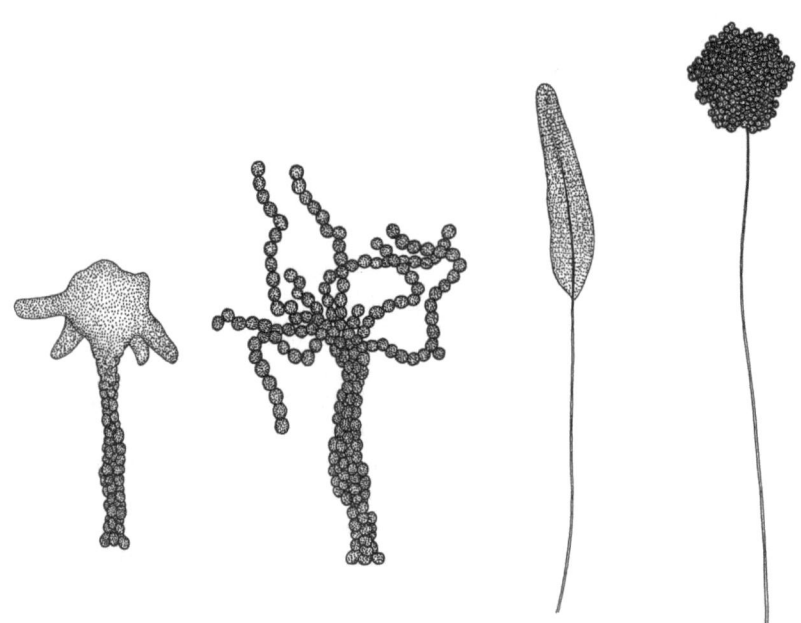

Acrasis rosea   *Acytostelium leptosomum*

Abb. 335. Freilebende Amöben, welche vor der Encystierung aggregieren und gestielte Cysten oder Cystenaggregate bilden. Zeichnung von G. GERISCH nach Mikroaufnahmen von K. B. RAPER, 1960 [*884*]

Naegleria. Als amöboide Kriechform und begeißelte Schwimmform („Amöboflagellaten"); bilden Cysten.

N. gruberi SCHARDINGER (Abb. 285), Süßwasser.

Pontifex. Vielkernig. Keine Differenzierung in Ekto- und Endoplasma. Heftet sich mit besonderen Stellen der Zellhülle an der Unterlage fest.

P. maximus SCHAEFFER (Abb. 334c), marin.

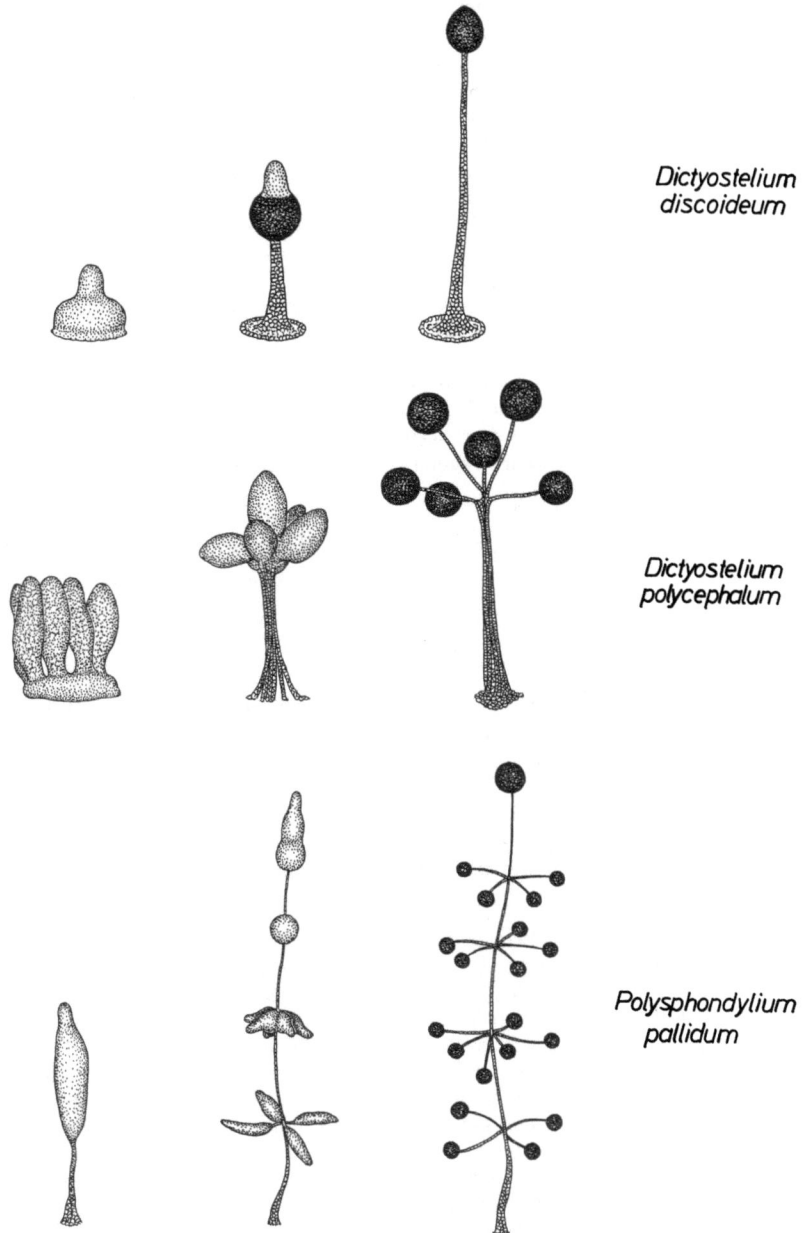

Dictyostelium discoideum

Dictyostelium polycephalum

Polysphondylium pallidum

Abb. 336. Kollektive Amöben (Acrasina). Ausbildung des Sporenträgers. Differenzierung in Stielzellen und Sporenzellen (Cysten). Zeichnung von G. GERISCH nach Mikroaufnahmen von K. B. RAPER, 1960 [*884*]

Pelomyxa. Vielkernig. Keine Differenzierung in Ekto- und Endoplasma. Bewegung rollend.
    P. palustris GREEF, in Faulschlamm.
Paramoeba. Dem Zellkern haften ein oder mehrere „Nebenkörper" an.
    P. eilhardi SCHAUDINN (Abb. 296 u. 297), marin.
Stereomyxa. Stark verzweigt, hyaline Pseudopodien.
    S. angulosa GRELL (Abb. 334d), marin.
    S. ramosa GRELL (Abb. 238a), marin.
Corallomyxa. Vielkernig, bildet unbegrenzt wachsende „Plasmodien". Knospung.
    C. mutabilis GRELL (Abb. 238b), marin.
Nuclearia. Fadenförmige Pseudopodien, heliozoenartig.
    N. simplex CIENKOWSKI (Abb. 334e), Süßwasser.
Protostelium. Einzelne Amöben können ungestielte oder gestielte Cysten bilden.
    P. mycophaga OLIVE et STOIANOVITCH (Abb. 335).
Acrasis. Einzelamöben aggregieren vor der Encystierung zu einem Pseudoplasmodium. Die zentralen Zellen des Pseudoplasmodiums, welche sich zuerst encystieren, bilden einen „Stiel", die peripheren Zellen, welche dem Stiel zunächst als gelappte Masse aufsitzen, die „Äste" des Sporenträgers.
    A. rosea OLIVE et STOIANOVITCH (Abb. 335).
Acytostelium. Die zu einem Pseudoplasmodium aggregierenden Amöben bilden gemeinsam einen nichtzelligen — aus Cellulose bestehenden — Stiel, an dessen Spitze sie sich encystieren.
    A. leptosomum RAPER et QUINLAN (Abb. 335).

Die beiden folgenden Gattungen bilden Sporenträger, welche aus somatischen Stielzellen und generativen Sporenzellen (Cysten) bestehen (Zelldifferenzierung, S. 7f).
Dictyostelium. Die Sporenkugeln („Sori") sitzen am Ende des einfachen oder verzweigten Stiels.
    D. discoideum RAPER (Abb. 336).
    D. polycephalum RAPER (Abb. 336).
Polysphondylium. Die Sporenkugeln („Sori") sitzen am Ende des Stiels und an den Enden wirtelig angeordneter Seitenäste.
    P. pallidum OLIVE (Abb. 336).

b) Parasitisch

Von den zahlreichen Arten, die im Darmkanal von Wirbellosen und Wirbeltieren vorkommen, seien im folgenden nur die *Amöben des Menschen* besprochen, die alle — mit Ausnahme von *Entamoeba histolytica* — harmlose Kommensalen sind.

In der Mundhöhle:
Entamoeba gingivalis GROS. Bei den meisten Menschen im Zahnbelag.

Im Darm (Abb. 337):
Entamoeba histolytica SCHAUDINN. Erreger der Amöbenruhr.
    Wie die übrigen Entamöben besitzt auch *E. histolytica* einen Kern mit ziemlich kleinem Nucleolus. Die Fortbewegung erfolgt durch Bruchsackpseudopodien (Abb. 237b). Die Art tritt in zwei Modifikationsformen auf, von denen die eine apathogen, die andere pathogen ist. Die apathogene Form wird als *Minuta-* oder *Darmlumenform* bezeichnet, weil sie verhältnismäßig klein (10—20 µ) ist und normalerweise auf den Hohlraum des Darmes beschränkt bleibt. Sie kann sich hier auch vermehren und vierkernige Cysten bilden, die mit dem Kot abgeschieden werden und der Weiterverbreitung dienen. Nur unter bestimmten Bedingungen wandelt sie sich in die größere *Magna-* oder *Gewebsform* um, welche Erythrocyten frißt und in die Darmwand eindringt. Da diese Bedingungen nicht bei allen Menschen, welche *E. histolytica* beherbergen, verwirklicht zu werden brauchen, sind viele Menschen „Amöbenträger", ohne jedoch Ruhrerscheinungen zu zeigen.
    Die *Amöbenruhr* ist eine Krankheit warmer Länder. Sie bricht aus, wenn die Widerstandskraft des Darmes bei den mit *E. histolytica* befallenen Menschen herabgesetzt ist.

Dann wird die *Magna*-Form gebildet, welche gewebsauflösende Fermente abscheidet und durch die Darmwand in das darunterliegende Gewebe eindringt. Dadurch entstehen die für die Amöbenruhr charakteristischen Darmgeschwüre. Durch Verschleppung der Amöben in andere Organe (z. B. Leber) kann es auch zur Entstehung von Abszessen kommen.

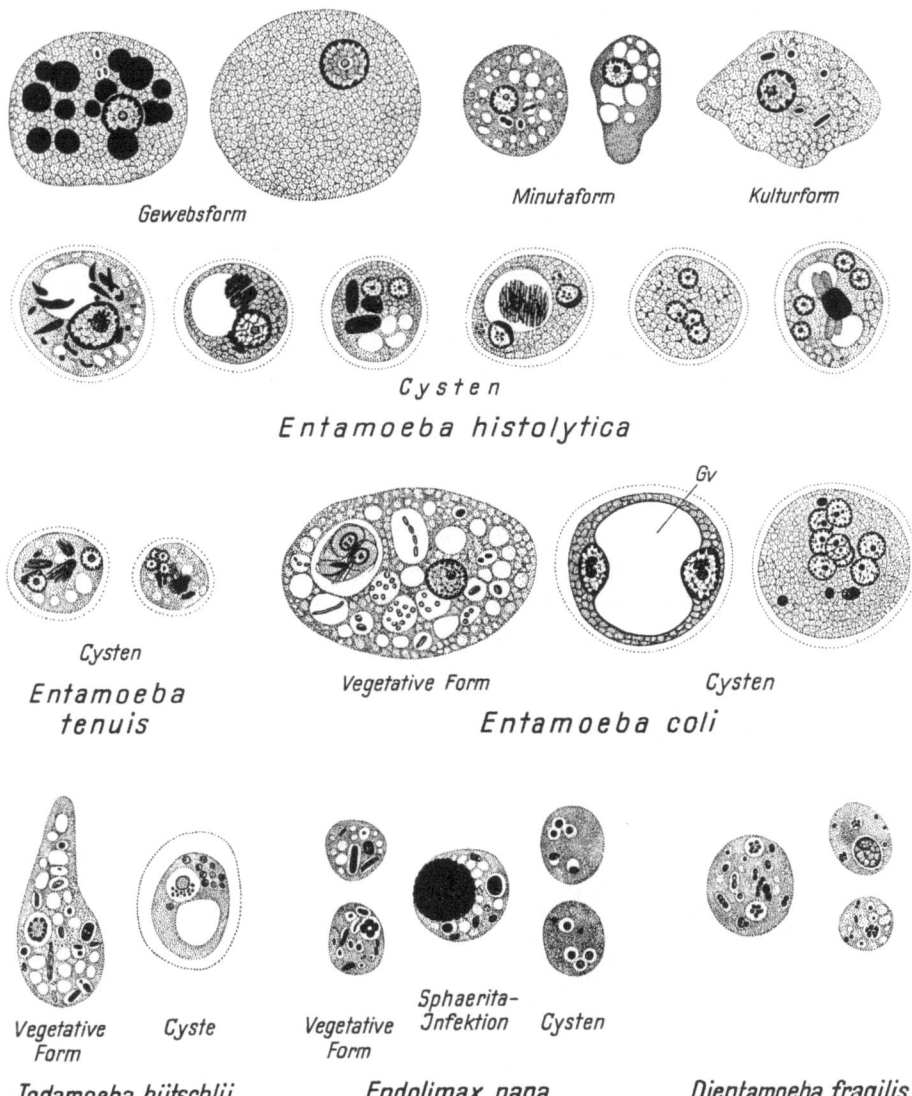

Abb. 337. Darmbewohnende Amöben des Menschen. Nach REICHENOW

- *E. tenuis* (syn. *hartmanni*) v. PROWAZEK, kleine Art, welche zwei- oder vierkernige Cysten bildet.
- *E. coli* LÖSCH ist der *E. histolytica* sehr ähnlich, enthält aber niemals rote Blutkörperchen, sondern nur Bakterien, Lambliencysten u. dgl. in ihren Nahrungsvacuolen. Sie bildet achtkernige Cysten aus. In den noch unreifen zweikernigen Cysten ist meistens eine große Glykogenvacuole (*Gv*) enthalten.

Jodamoeba buetschlii v. Prowazek. Kern mit großem Nucleolus. Cyste einkernig mit Glykogenvacuole, die sich bei Jodzusatz (Lugol'sche Lösung) rotbraun färbt.

Endolimax nana Wenyon et O'Connor. Vegetative Stadien ziemlich klein ($< 10\mu$). Cyste meist vierkernig.

Dientamoeba fragilis Jepps et Dobell. Kleine (4—12 µ), in Stuhlausstrichen sehr hinfällige Art, welche meistens zweikernig ist.

2. Ordnung:
Testacea

Deflandre, G.: Ordre des Thécamoebiens. In: Grassé, P. P.: Traité de Zoologie. 1, Fasc. 2. Paris: Masson et Cie. 1953.

Die Testaceen oder beschalten Amöben besitzen eine ungekammerte Schale, welche aus einem organischen Häutchen besteht, das häufig mit anorganischen Bestandteilen, wie Kieselsäureplättchen verbunden oder von Fremdkörpern (Sandkörnchen, Diatomeenschalen) bedeckt ist.

Die Form der Schale kann schüssel-, urnen- oder ampullenartig sein. Das Cytoplasma zeigt häufig eine deutliche Schichtung: Der hintere Teil der Zelle enthält den Kern und färbt sich intensiv mit basischen Farbstoffen, der vordere ist reich an Reservesubstanzen und Nahrungsvacuolen. Aus der Schalenmündung treten — oft von einem besonderen Plasmakegel entspringend — die Pseudopodien hervor, die Lobopodien oder Filopodien darstellen.

Die Fortpflanzung besteht in einfacher Zweiteilung, die je nach der Beschaffenheit der Schale verschieden verlaufen kann (S. 123).

Die Testaceen treten überwiegend im Süßwasser auf und sind vor allem in Mooren und Moosrasen reich entwickelt.

a) Mit Lobopodien

Arcella. Schale uhrglasförmig, ohne Fremdkörper. Oberfläche durch feine Leisten in sechseckige Felder geteilt. Mit einem oder mehreren Kernen.

  A. vulgaris Ehrenberg (Abb. 338), Süßwasser.

Difflugia. Mit Fremdkörperschale.

  D. pyriformis Perty, Süßwasser.

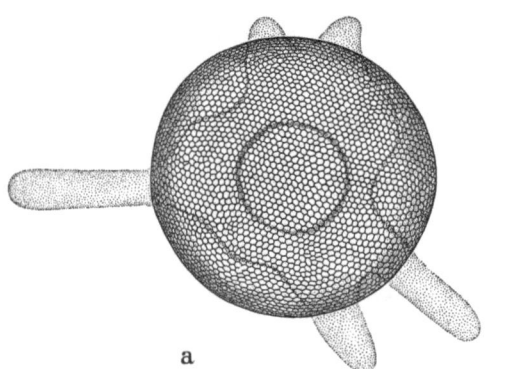
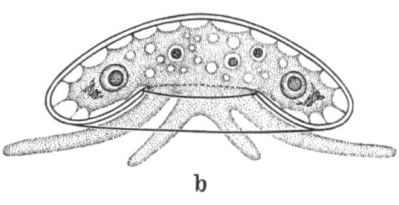

Abb. 338. *Arcella vulgaris* Ehrenberg. a Von oben. b Optischer Schnitt und Seitenansicht kombiniert. Vergr. 250×. a nach Verworn, b nach Kühn

b) Mit Filopodien

Euglypha. Schale aus schindelförmig sich überdeckenden Kieselsäureplättchen.

  E. alveolata Dujardin (Abb. 112), Süßwasser.

Chlamydophrys. Schale ampullenförmig.
  C. stercorea CIENKOWSKI. In Mistaufgüssen.
Pamphagus. Schale hyalin.
  P. hyalinus BELAR (Abb. 111), Süßwasser.

3. Ordnung:
Foraminifera

BRADY, H. B.: Foraminifera. In: Challenger Report Zool. **9** (1884).
CUSHMAN, J. A.: Foraminifera. Their classification and economic use. 4. Ed., Cambridge (Mass.) Harvard University Press (1948).
ELLIS, B. F., and A. R. MESSINA: Catalogue of Foraminifera. Published by Amer. Mus. Nat. Hist., New York. (Standardwerk, erscheint seit 1940, jedes Jahr ein Suppl.-Band.)
GALLOWAY, J. J.: A manuel of Foraminifera. Bloomington (Indiana): The Principia Press 1933.
LE CALVEZ, J.: Ordre des Foraminifères. In: GRASSÉ, P. P.: Traité de Zoologie. 1, Fasc. 2. Paris: Masson et Cie. 1953.
LOEBLICH, A. R., and H. TAPPAN: Sarcodina (chiefly "Thecamoebians and Foraminiferida"). In: MOORE, R. C.: Treatise on Invertebrate Palaeontology, Part C, Protista 2 (2 Bände). University of Kansas Press 1964.
PHLEGER, F. B.: Ecology and distribution of recent Foraminifera. Baltimore: John Hopkins Press 1960.
—, F. L. PARKER, and J. F. PEIRSON: North Atlantic Foraminifera. Rep. Swedish Deep Sea Expedition **7** (1953).

Abb. 339. Foraminiferensand vom Bikini-Atoll. Vergr. 60×. Aus dem Film C 801

Die Foraminiferen besitzen eine von Poren durchsetzte Schale. Die Pseudopodien sind meistens Rhizopodien. Bei vielen Arten wurde ein heterophasischer Generationswechsel nachgewiesen.

Zum Unterschied von den Testaceen leben die Foraminiferen ausschließlich im Meer. Die meisten Arten kommen im Sand, auf Steinen oder an Algen vor. Zwei Familien (Globigerinidae, Globorotalidae) sind zur pelagischen Lebensweise übergegangen.

392 Formenübersicht

Da die *Schalen* nach der Fortpflanzung oder dem Absterben ihrer Träger erhalten bleiben können, werden sie zu Bestandteilen des Meeressandes. Vor allem die Schalen der pelagischen Arten tragen wesentlich zur *Sedimentbildung* in den großen Ozeanen bei (Abb. 339). Die Foraminiferen sind daher auch für die erdgeschichtliche Forschung wichtig. Die sog. Mikropaläontologie befaßt sich vorwiegend mit ihnen.

Die Schale besteht aus einer organischen Grundsubstanz, welche durch Auf- oder Einlagerung von Kalk oder von Fremdkörpern (meistens Sandkörnchen) in verschiedenartiger Weise verfestigt sein kann. Neben reinen „Kalkschalern" oder „Sandschalern" kommen auch Formen vor, welche beide Bestandteile zur Ver-

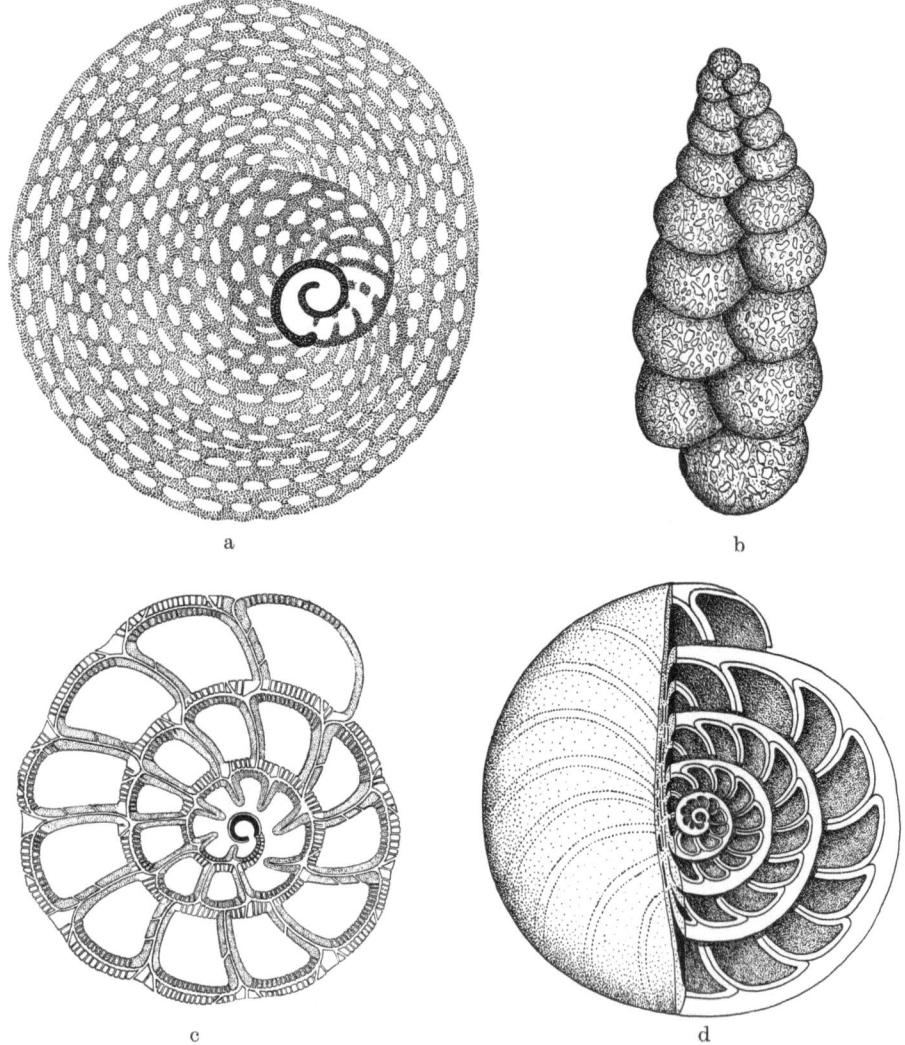

Abb. 340. Foraminiferenschalen. a *Orbitolites marginalis* LAMARCK. Vergr. 70×. Nach KÜHN. b *Textularia agglutinans* D'ORBIGNY. Vergr. 160×. Nach RHUMBLER aus KÜHN. c *Rotalia beccarii* LAMARCK. Schematischer Schnitt durch die Kammerspirale. Vergr. 70×. Nach KÜHN. d *Nummulites cummingii* CARPENTER. Die eine Hälfte der Schale längs durchgeschnitten, um die Kammern zu zeigen. Nach BRADY aus KÜHN

stärkung ihrer Schale verwenden („Gemischtschaler"). Die Wand der Schale ist von vielen, mehr oder weniger weiten Porenkanälen durchsetzt. Besondere Öffnungen dienen zum Durchtritt der Pseudopodien.

Bei den einfacher organisierten Foraminiferen besteht die Schale nur aus einer Kammer *(Monothalamia)*; bei den meisten Arten ist sie aber in zahlreiche Kammern aufgeteilt, die durch Poren miteinander verbunden sind und beim Heranwachsen der Zelle nacheinander entstehen *(Polythalamia)*. Innerhalb der vielkammerigen Gruppen sind einzelne Formen wieder sekundär einkammerig geworden. Die große Mannigfaltigkeit der Foraminiferenschalen beruht in erster Linie auf der Anordnung der Kammern. Diese können geradegestreckt hintereinander liegen *(Nodosaria*-Typ) oder zu einer Spirale aufgewunden sein (*Rotalia*-Typ). Die Spirale kann in einer Ebene liegen (planspiral) oder eine Schraube bilden (turbospiral). Mitunter sind die Kammern auch zopfartig in zwei oder drei Reihen angeordnet (*Textularia*-Typ), oder sie schließen sich in konzentrischen Kreisen von innen nach außen aneinander an (*Planorbulina*-Typ). Unterschiedliche Größe der Kammern, komplizierte Systeme von Porenkanälen, Oberflächenstrukturen wie Stacheln, Leisten, Zähne u. dgl. können weiter dazu beitragen, die Formenmannigfaltigkeit der Foraminiferenschalen zu erhöhen.

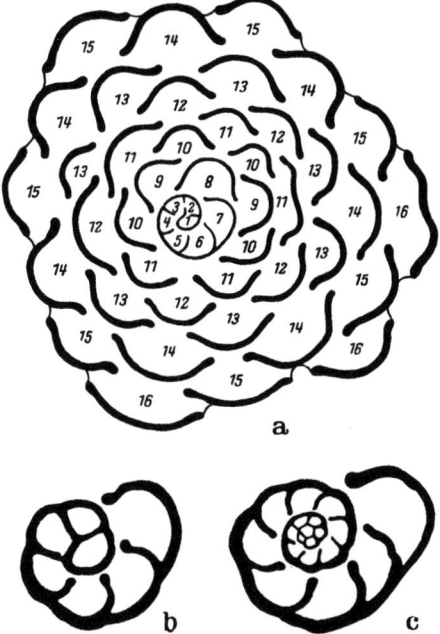

Abb. 341. *Planorbulina mediterranensis* D'ORBIGNY. a Optischer Schnitt durch die Schale eines Gamonten, um die Anordnung der Kammern zu zeigen (halbschematisch). b Innerer Schalenteil eines Gamonten (makrosphaerisch). c Innerer Schalenteil eines Agamonten (mikrosphaerisch). Nach LE CALVEZ, 1938 [*626*], verändert (b, c nach Mikrophotos umgezeichnet)

Die Größe der Schale kann zwischen 20 μ und mehreren Zentimetern liegen. Die größten Schalen besaßen die fossilen Nummuliten. Eine Art aus dem ägyptischen Eozän, *Nummulites gizehensis* EHRENBERG, erreichte einen Durchmesser von 11 cm und eine Dicke von 1 cm.

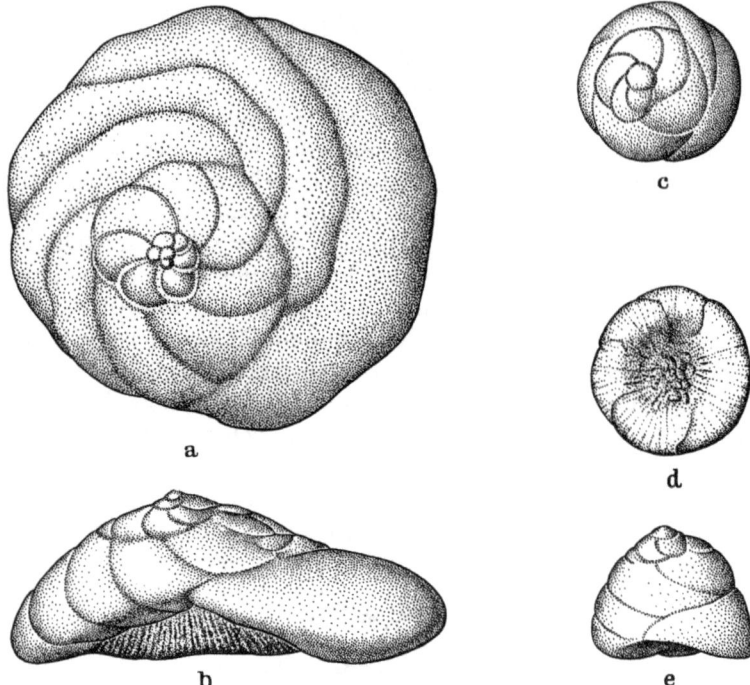

Abb. 342. *Discorbis mediterranensis.* a, b Erwachsener Agamont. c, d, e Erwachsener Gamont. Vergr. 80×. Nach LE CALVEZ, 1950 [*627*]

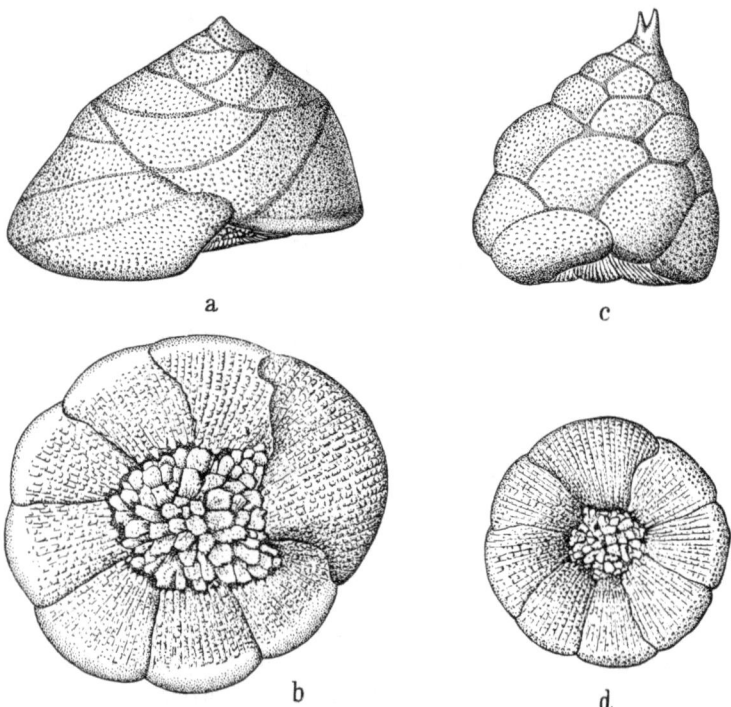

Abb. 343. *Discorbis patelliformis* BRADY — *erecta* SIDEBOTTOM. a, b Erwachsener Agamont („*D. patelliformis*"). c, d Erwachsener Gamont („*D. erecta*"). Vergr. 180×. Nach LE CALVEZ, 1952 [*628*]

Die *Rhizopodien*, welche schon früher ausführlich beschrieben wurden (S. 278ff), dienen der Fortbewegung und dem Nahrungserwerb. Wahrscheinlich spielen sie auch bei der Kammerbildung eine Rolle.

Die Nahrung besteht in Diatomeen und verschiedenartigen Protozoen, gelegentlich wohl auch in kleineren Metazoen. Viele Arten ernähren sich überwiegend von abgestorbenem organischem Material (Detritus).

Die *Fortpflanzung* ist erst von verhältnismäßig wenigen Arten bekannt. Einige Foraminiferen (Miliolinidae, Textularidae) scheinen sich ausschließlich ungeschlechtlich fortzupflanzen (Knospung, Vielteilung).

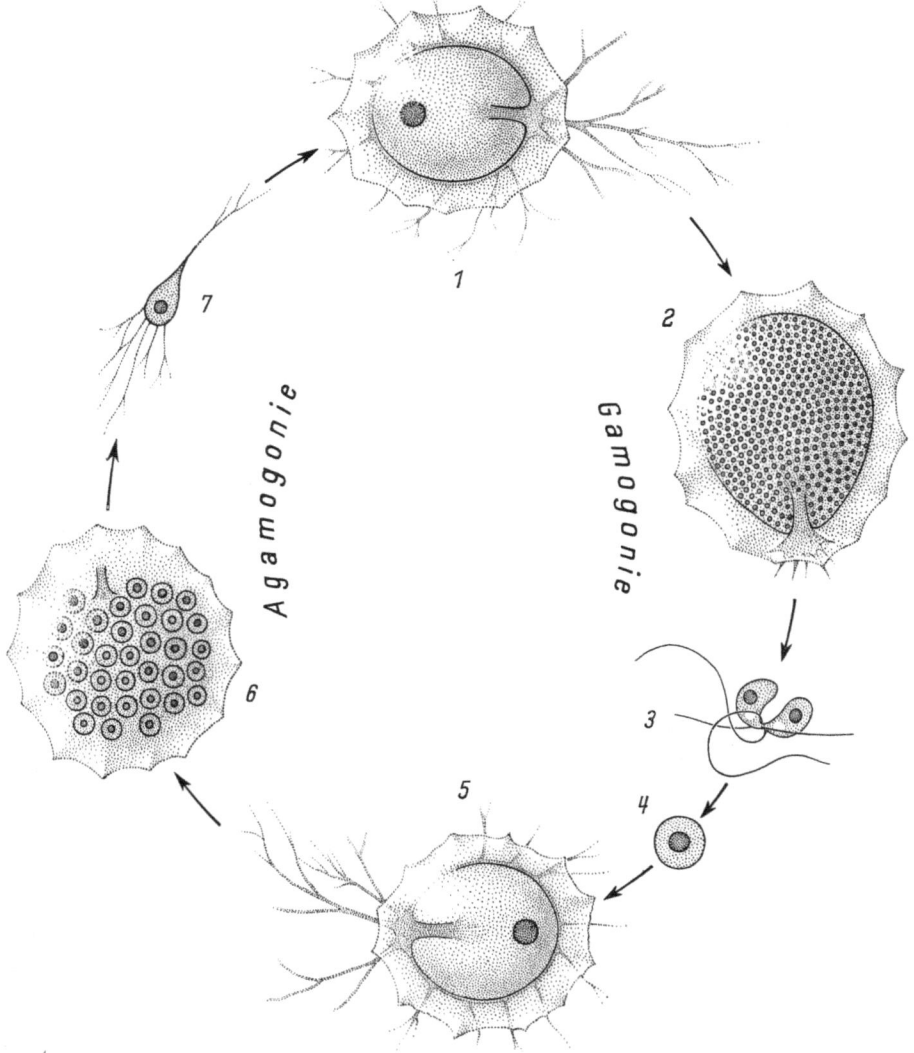

Abb. 344. *Iridia lucida* LE CALVEZ. Entwicklungsgang. Gamont und Agamont sind einkernig und von einer pseudochitinigen Hülle umgeben, die sie zeltartig überdacht. *1* Gamont. *2* Gamont nach Ausbildung der Gametenkerne. *3* Kopulation. *4* Zygote. *5* Agamont. *6* Bildung der Agameten. *7* Junger kriechender Agamet (vgl. hierzu Abb. 243). Nach den Untersuchungen von LE CALVEZ, 1938 [*626*]

396 Formenübersicht

Bei vielen Foraminiferen wurde jedoch ein *Generationswechsel* nachgewiesen, bei welchem eine sich ungeschlechtlich fortpflanzende Generation (Agamont) mit einer sich geschlechtlich fortpflanzenden Generation (Gamont) alterniert. Beide Generationen können morphologisch völlig übereinstimmen. Sie können aber auch mehr oder weniger stark voneinander abweichen. Bei den monothalamen Arten

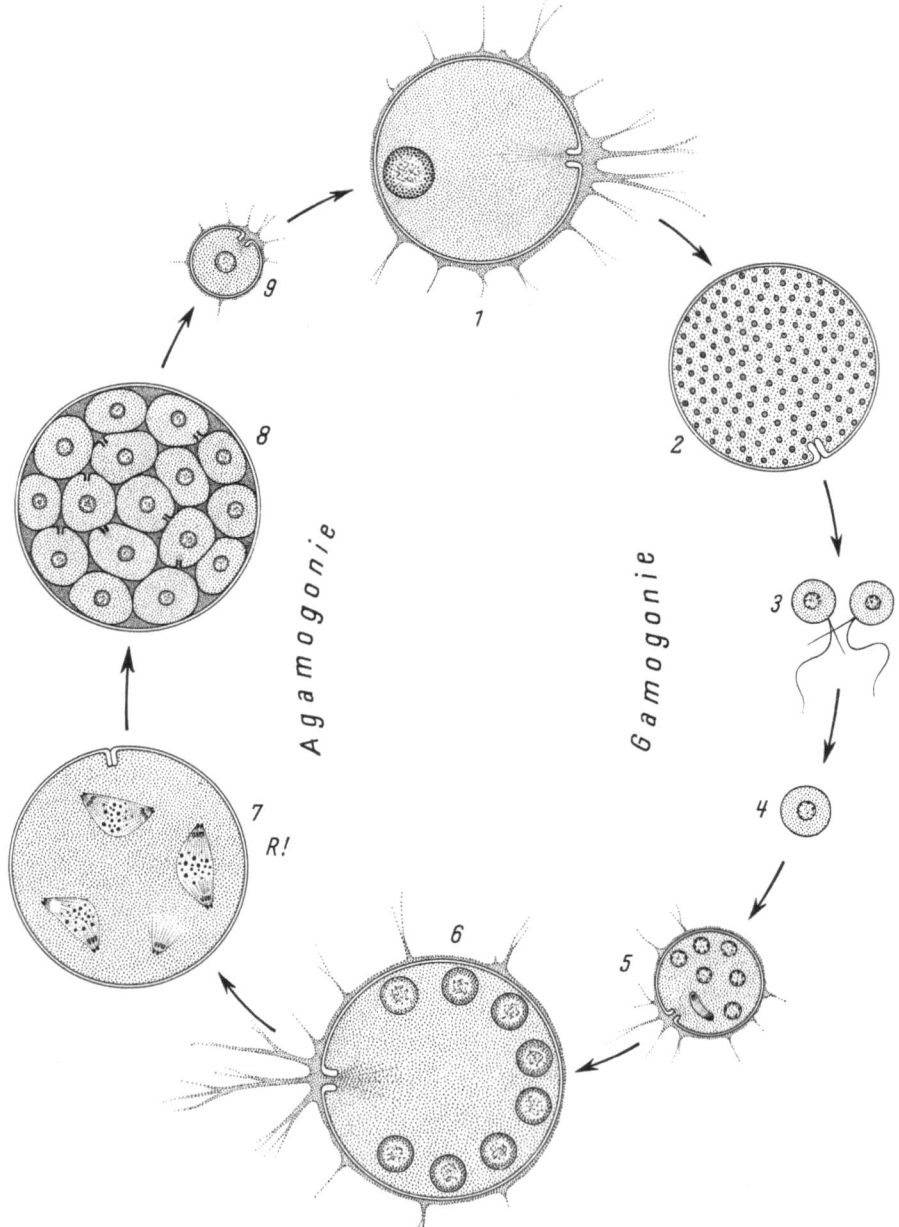

Abb. 345. *Myxotheca arenilega* SCHAUDINN. Entwicklungsgang. *1* Gamont (einkernig). *2* Gamont nach Ausbildung der Gametenkerne. *3* Kopulation. *4* Zygote. *5* Junger Agamont (erste Phase der Agamogonie). *6* Erwachsener Agamont. *7* Meiose. *8* Bildung der Agameten. *9* Junger Agamet (= Gamont). Nach eigenen Untersuchungen.

(z. B. *Iridia*, Abb. 344; *Myxotheca*, Abb. 345, *Allogromia*) sind beide Generationen gleich oder nur in ihrer Größe verschieden. Die Agamonten von *Patellina* (Abb. 346), *Rotaliella* (Abb. 348), *Metarotaliella* (Abb. 349) und *Rubratella* (Abb. 351) sind im Durchschnitt größer als die Gamonten. Bei *Glabratella* (Abb. 353), wo das Größenverhältnis gerade umgekehrt ist, sowie bei den *Discorbis*-Arten (Abb. 342 u. 343), unterscheiden sich beide Generationen auch in der Form der Schale voneinander, so daß man sie für verschiedene Arten halten könnte.

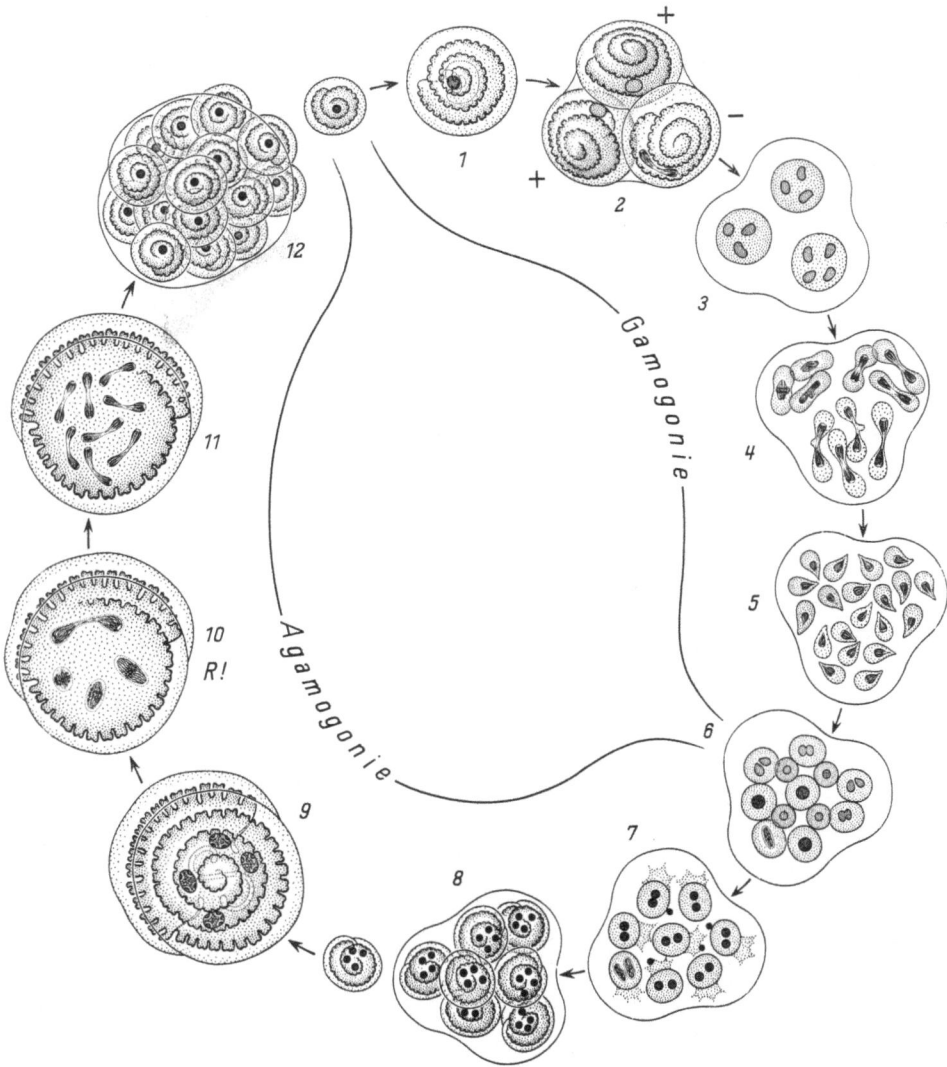

Abb. 346. *Patellina corrugata* WILLIAMSON. Entwicklungsgang. *1* Gamont. *2* Aggregat aus drei Gamonten (zwei vom +-, einer vom —-Geschlecht). *3* Plasmakörper der Gamonten auf dem Boden des von den leeren Schalen überdachten Raumes. *4* Letzte Gamogoniemitose und Gametenbildung. *5* Gameten (zwölf vom +-, acht vom —-Geschlecht). *6* acht Zygoten und vier Restgameten (vom +-Geschlecht). *7* Zweikernige Agamonten (nach der ersten Mitose). *8* Junge (vierkernige) Agamonten. *9* Erwachsener (vierkerniger) Agamont. *10* Meiose I. *11* Meiose II. *12* Ausbildung der Agameten. Die Gamonten und Gameten des +-Geschlechtes sind etwas dichter punktiert dargestellt als die des —-Geschlechts. Nach GRELL, 1959 [*438*]

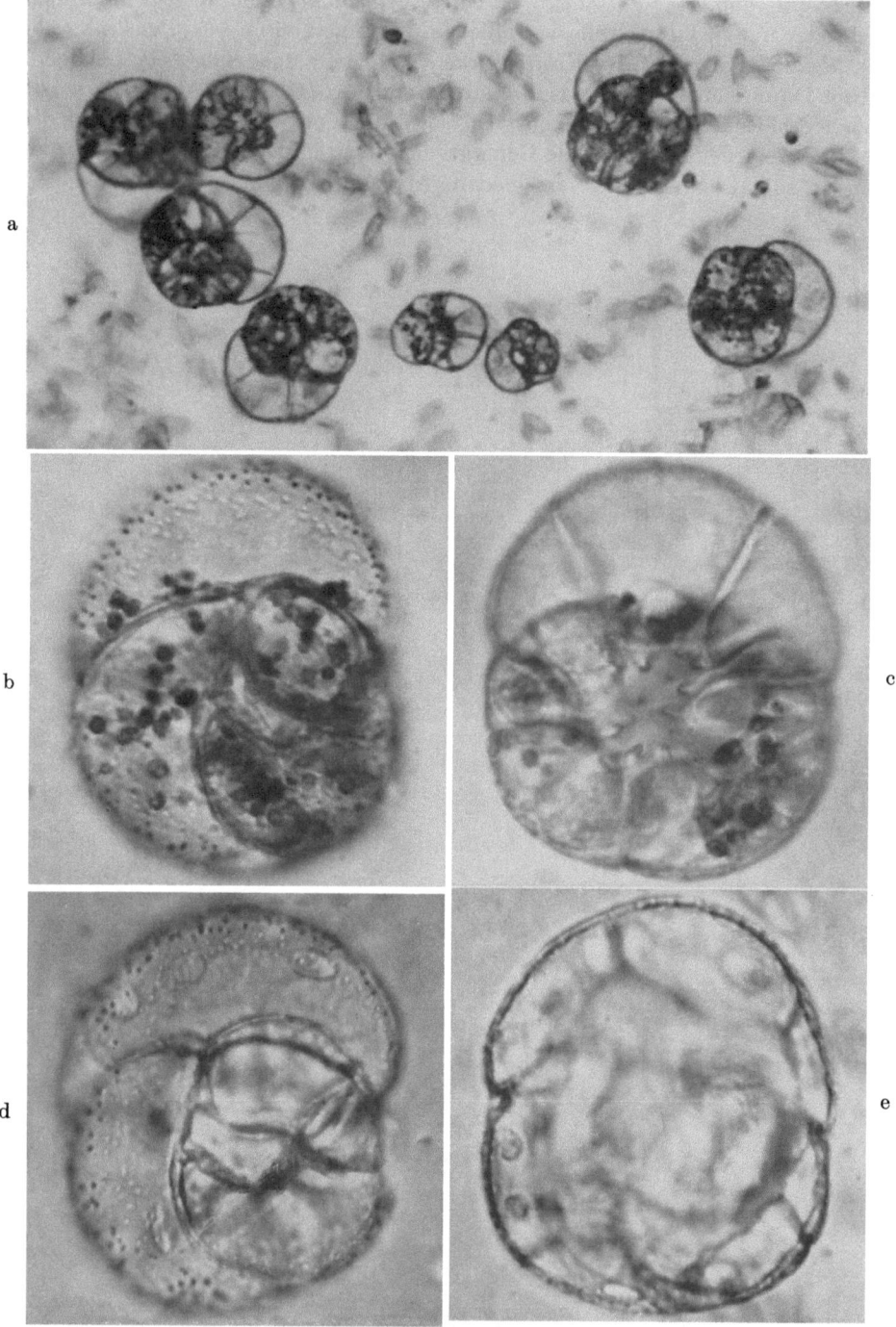

Abb. 347. *Rotaliella roscoffensis* GRELL. a Verschiedene Wachstumsstadien in einer Kulturschale. Vergr. 400×. b, c Vierkammeriger Agamont (b Oberseite, c Unterseite). Vergr. 960×. d Leere Schale eines Agamonten (Zwischenwände erhalten). e Leere Schale eines Gamonten (Zwischenwände aufgelöst). Vergr. 960×. Nach GRELL, 1957 [*434*]

Viele Foraminiferen zeigen einen Größenunterschied der Anfangskammer (Proloculus). Der durch die Vielteilung entstehende Gamont hat eine größere Anfangskammer als der aus der Zygote hervorgehende Agamont (Abb. 341). Ersterer wurde daher früher als „makrosphärische", letzterer als „mikrosphärische" Generation bezeichnet.

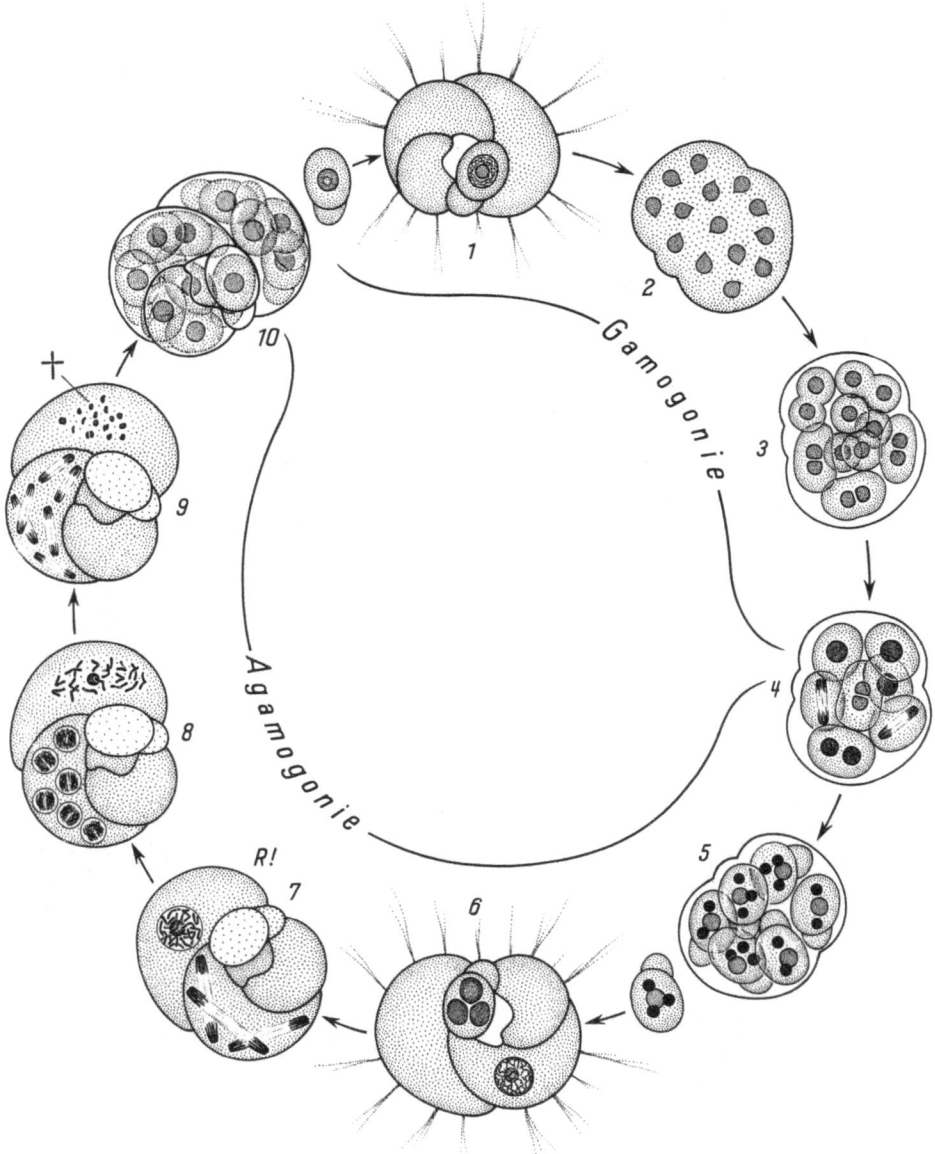

Abb. 348. *Rotaliella roscoffensis* GRELL. Entwicklungsgang. *1* Gamont; *2* Ausbildung der Gametenkerne; *3* autogame Kopulation der Gameten; *4* Zygoten und erste metagame Teilung; *5* Junge (teils drei-, teils vierkernige) Agamonten; *6* erwachsener Agamont (generative Kerne meiotisch angeschwollen); *7* Anaphase der ersten meiotischen Teilung; *8* Metaphase; *9* Anaphase der zweiten meiotischen Teilung (Zerstreuung und Pyknose der Chromosomen des somatischen Kerns); *10* Ausbildung der Agameten. Nach GRELL, 1957 [*434*]

400   Formenübersicht

In allen näher untersuchten Fällen hat sich gezeigt, daß die Meiose (S. 86ff) intermediär ist. Der Gamont ist daher haploid, der Agamont diploid.

Bei der geschlechtlichen Fortpflanzung, die schon früher besprochen wurde (S. 170, 178, 182) lassen sich drei Möglichkeiten unterscheiden, nämlich Gametogamie (Abb. 344 u. 345), Autogamie (Abb. 84 u. 348) und Gamontogamie (Abb. 346, 349, 351 u. 353).

Die ungeschlechtliche Fortpflanzung spielt sich meistens in zwei Phasen ab. Die erste Phase findet schon vor oder kurz nach dem Ausschlüpfen der jungen Agamonten statt und besteht in einer Reihe von Kernteilungen. Nach dieser Kern-

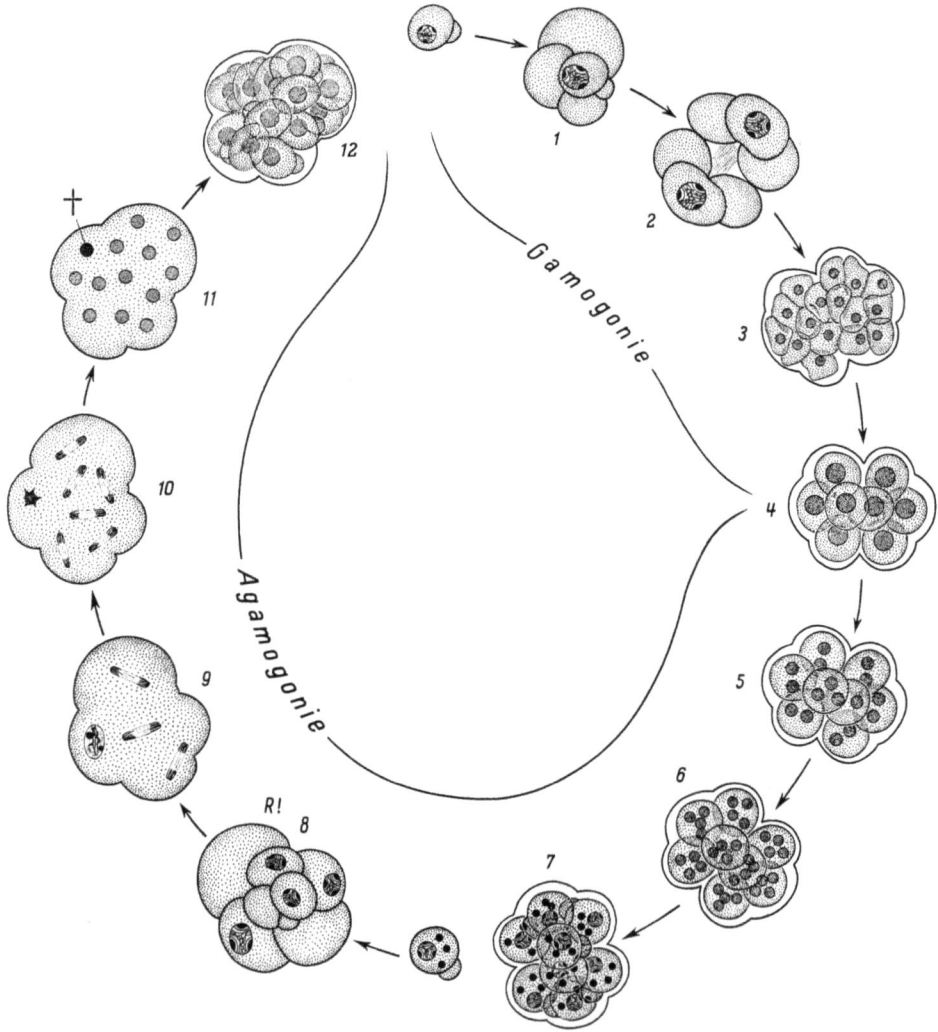

Abb. 349. *Metarotaliella parva* GRELL. Entwicklungsgang. *1* Gamont. *2* Paarung zweier Gamonten. *3* Gameten. *4* Zygoten. *5* Zweikernige Agamonten (nach der ersten metagamen Kernteilung). *6* Vierkernige Agamonten (nach der zweiten metagamen Kernteilung). *7* Vierkernige Agamonten (nach der Kerndifferenzierung: 3 generative, 1 somatischer Kern). *8* Erwachsener Agamont (die generativen Kerne haben auch Nucleolen ausgebildet). *9* Erste meiotische Teilung. *10* Zweite meiotische Teilung. *11* und *12* Ausbildung der Agameten. Nach WEBER, 1965 [*1116*]

vermehrungsperiode wächst der Agamont zu einer bestimmten Größe heran. Die zweite Phase ist mit der Meiose verbunden und führt zur Ausbildung der Gamonten.

Während bei den *homokaryotischen* Foraminiferen (Abb. 344, 345 u. 346) alle Kerne der Agamonten untereinander gleich sind, kommt es bei den *heterokaryotischen* Arten (Abb. 84, 348, 349, 351 u. 353) nach der ersten Phase der Agamogonie zu einer simultanen Kerndifferenzierung: Ein oder mehrere Kerne werden somatisch, die übrigen bleiben generativ (Kerndualismus, S. 96 ff).

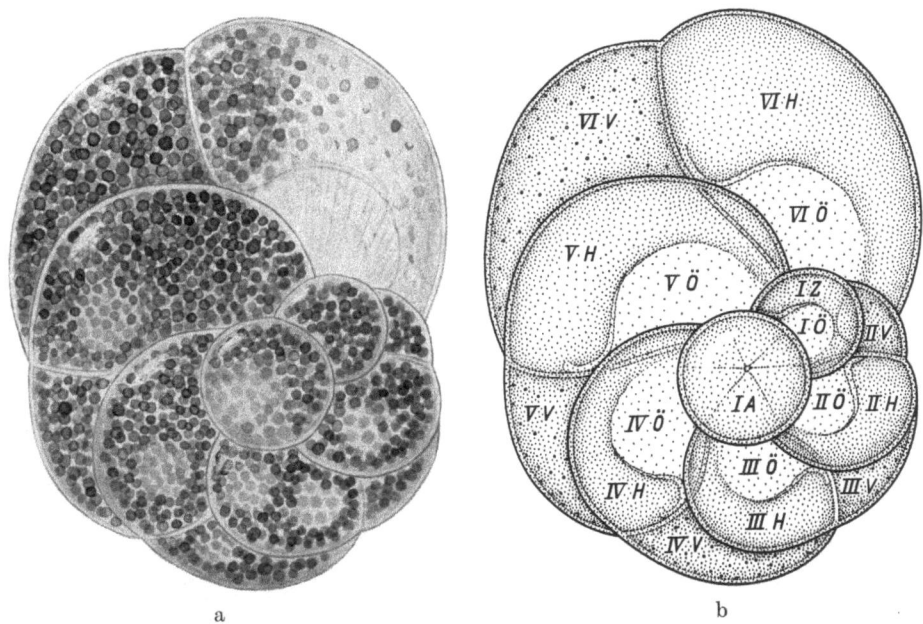

Abb. 350. *Rubratella intermedia* GRELL. Morphologie eines sechskammerigen Agamonten. a Oberseite eines lebenden Individuums. b Leere Schale, schematisch. Vergr. 1000×. Nach GRELL, 1958 [435]

Mit den Fortpflanzungsvorgängen können auch tiefgreifende *morphologische Umgestaltungen* verbunden sein. Bei einigen Arten werden zu Beginn der Gamogonie die Scheidewände, welche die aufeinanderfolgenden Kammern trennen, aufgelöst, so daß sich die leeren Schalen beider Generationen deutlich voneinander unterscheiden lassen, auch wenn sie sonst weitgehend übereinstimmen (Abb. 347). Bei anderen Arten findet diese Auflösung zu Beginn der Gamogonie *und* Meiose statt (Abb. 84). Eine besonders eigenartige Umgestaltung erfahren die Gamonten von *Tretomphalus bulloides* (S. 173).

Auch die *Dauer* des Generationswechsels ist sehr verschieden. Während kleinere Arten nur wenige Wochen benötigen, um wieder zu dem Ausgangsstadium zurückzukehren, brauchen größere Arten hierfür ein ganzes Jahr. Gelegentlich wurde beobachtet, daß die eine Generation vorwiegend im Frühjahr, die andere im Herbst anzutreffen ist.

Das *System* der Foraminiferen gründet sich ausschließlich auf den Bau der Schalen. Da die wenigen Arten, welche bisher genauer untersucht wurden, bereits große Unterschiede in ihrer Fortpflanzungsweise zeigen, ist damit zu rechnen, daß eine eingehendere Erforschung der Fortpflanzungsverhältnisse zu einem weit besseren Verständnis der verwandtschaftlichen Beziehungen führen wird, als es die Schalenmorphologie vermag. Dieses Ziel liegt aber noch weit entfernt.

402 Formenübersicht

Die Einteilung der Foraminiferen in Einkammerige (Monothalamia) und Vielkammerige (Polythalamia) hat nur formale Bedeutung, da wahrscheinlich in vielen Fällen ursprünglich vielkammerige Formen sekundär einkammerig geworden sind.

a) Einkammerig (monothalam)

Iridia. Zellkörper abgeflacht. Beide Generationen einkernig. Gametogam.
 I. lucida LE CALVEZ (Abb. 344).

Myxotheca. Zellkörper rundlich, oft mit anhaftenden Fremdkörpern. Gametogam.
 M. arenilega SCHAUDINN (Abb. 345).

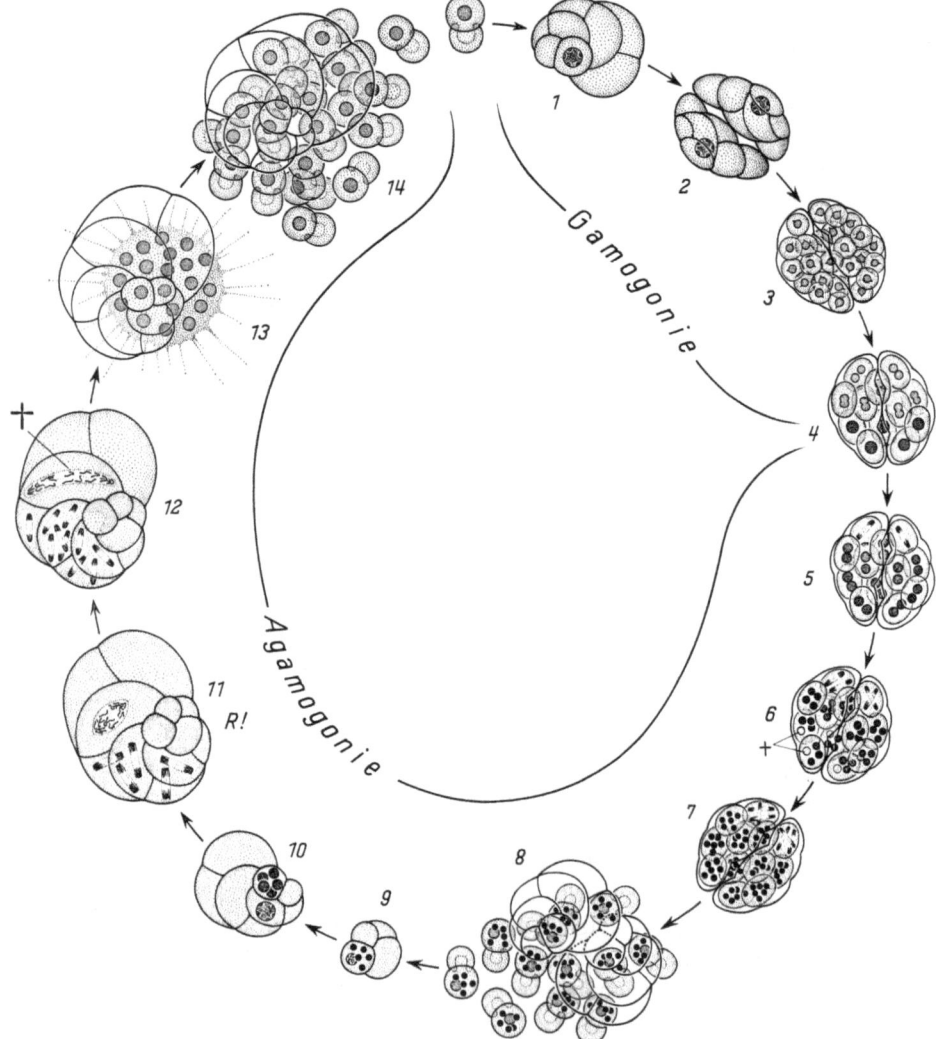

Abb. 351. *Rubratella intermedia* GRELL. Entwicklungsgang. *1* Gamont. *2* Paarung zweier Gamonten. *3* Ausbildung der Gameten. *4* Zygoten (teilweise noch Karyogamie). *5* zweikernige Agamonten (teilweise noch erste metagame Teilung) *6* vierkernige Agamonten (teilweise noch zweite metagame Teilung, teilweise schon Degeneration eines der vier Geschwisterkerne). *7* sechskernige Agamonten (teilweise noch dritte metagame Teilung). *8* Ausschlüpfen der jungen Agamonten (ein somatischer und fünf generative Kerne). *9, 10* Wachstumsstadien des Agamonten. *11* Erste meiotische Teilung. *12* Zweite meiotische Teilung (somatischer Kern in Längsstreckung). *13, 14* Ausbildung der Agameten. Nach GRELL, 1958 [*435*]

Allogromia. Zellkörper rundlich. Autogam.
   A. laticollaris ARNOLD (Abb. 242).
Rhabdammina. Zellkörper stabförmig, manchmal verzweigt. Mit Fremdkörperschale.
   R. abyssorum CARPENTER.
Astrorhiza. Zellkörper sternförmig, mit Fremdkörperschale.
   A. limicola SANDAHL.
Ammodiscus. Zellkörper spiralig aufgerollt, mit Fremdkörperschale.
   A. incertus D'ORBIGNY.

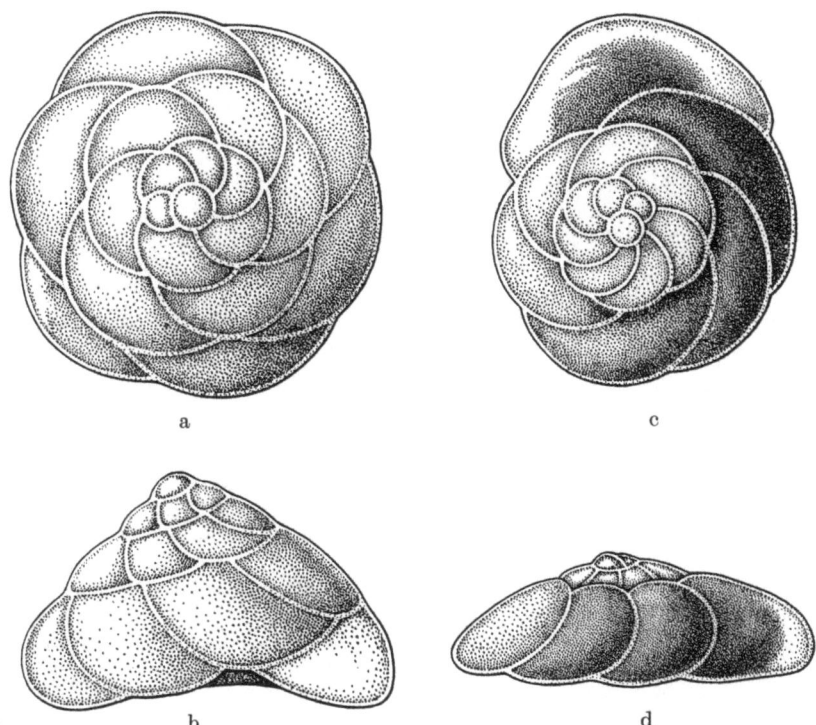

Abb. 352. *Glabratella sulcata* GRELL. a Gamont von oben, b von der Seite. c Agamont von oben, d von der Seite. Die Oberflächenstruktur der Schalen ist nicht berücksichtigt. Vergr. 270×. Nach GRELL, 1956 [*432*]

Die beiden folgenden Gattungen werden als sekundär einkammerig betrachtet (Familie Rotaliidae):

Spirillina. Schale planspiral, kalkig. Gamontogam. Homokaryotisch.
   S. vivipara EHRENBERG.
Patellina. Schale mützenförmig, kalkig. Gamontogam. Homokaryotisch.
   P. corrugata WILLIAMSON (Abb. 346).

b) Vielkammerig (polythalam)

Orbitolites. Kammern anfangs spiralig, später cyclisch angeordnet; durch sekundäre Wände unterteilt. Kalkig.
   O. marginalis LAMARCK (Abb. 340a).
Textularia. Kammern in zwei oder mehr Reihen alternierend angeordnet. Schale sandig oder kalkig.
   T. agglutinans D'ORBIGNY (Abb. 340b).
Peneroplis. Kammern anfangs spiralig, später geradegestreckt aneinandergereiht. Kalkig. Gametogam.
   P. pertusus FORSCAL.

Rotalia. Kammern turbospiral angeordnet, bikonvex, kalkig.
   R. beccarii LAMARCK (Abb. 340c).
Rotaliella. Klein, autogam. Heterokaryotisch.
   R. heterocaryotica GRELL (Abb. 84).
   R. roscoffensis GRELL (Abb. 347 u. 348).
Metarotaliella. Klein, gamontogam, heterokaryotisch.
   M. parva GRELL (Abb. 349).
Rubratella. Klein, rot gefärbt. Jede Kammer durch eine Scheidewand zweigeteilt. Heterokaryotisch.
   R. intermedia GRELL (Abb. 350 u. 351).

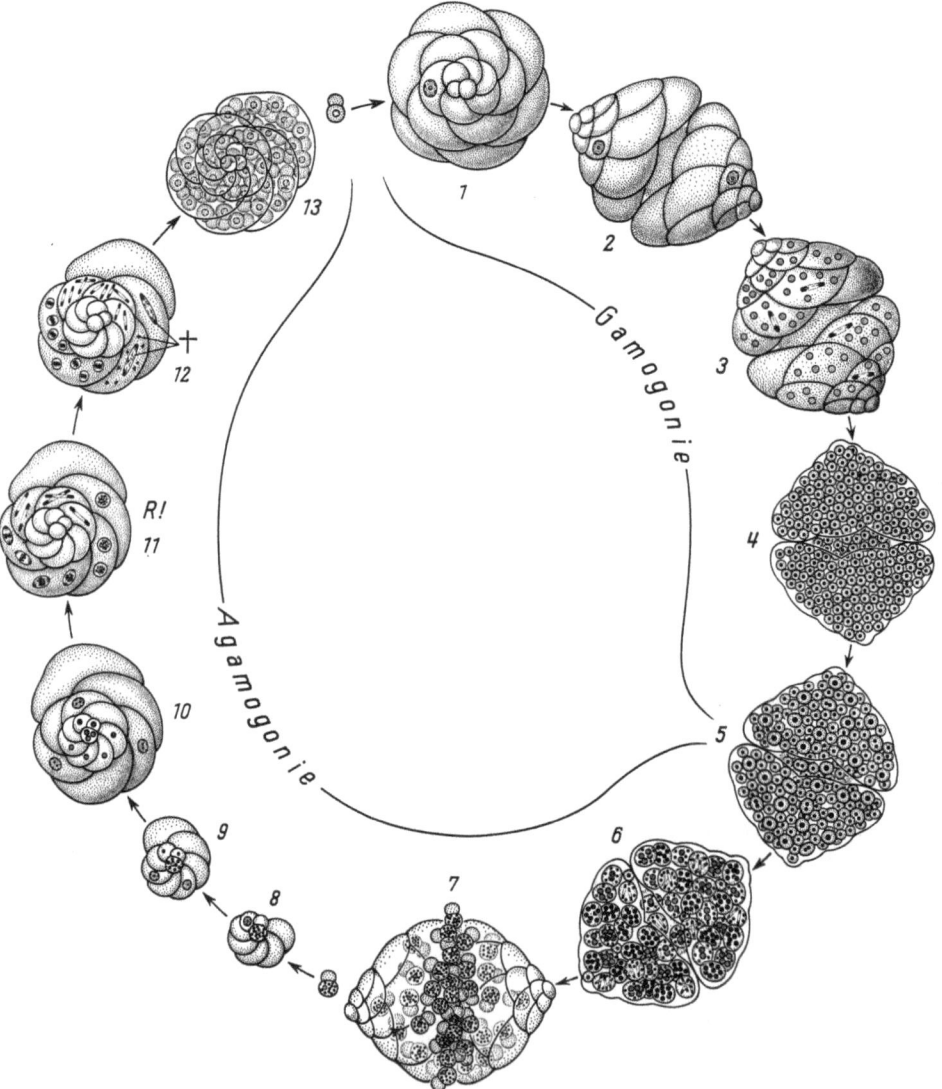

Abb. 353. *Glabratella sulcata* GRELL. Entwicklungsgang. *1* Gamont. *2* Paarung zweier Gamonten. *3* Gamogonie. *4* Gameten. *5* Kopulation (nur ein Bruchteil der Gameten) und Zygoten. *6* metagame Teilungen. *7* Ausschlüpfen der jungen Agamonten. *8, 9* Wachstumsstadien eines Agamonten. *10* erwachsener Agamont (drei somatische, neun generative Kerne). *11* Erste meiotische Teilung. *12* Zweite meiotische Teilung (Längsstreckung und Zerfall der somatischen Kerne). *13* Ausbildung der Agameten. Nach GRELL, 1958 [*436*]

Discorbis. Kammern turbospiral angeordnet, plankonvex, kalkig. Meistens gamontogam.
  D. mediterranensis D'ORBIGNY (Abb. 342).
  D. patelliformis BRADY-SIDEBOTTOM (Abb. 343).
Glabratella. Ähnlich der vorigen Gattung. Gamontogam. Heterokaryotisch.
  G. sulcata GRELL (Abb. 352 u. 353).
Tretomphalus. Ähnlich der vorigen Gattung. Gamont bildet „Schwimmkammer". Gametogam.
  T. bulloides D'ORBIGNY (Abb. 162 u. 163).
Globigerina. Kammern stark aufgetrieben, oft mit Schwebestacheln, pelagisch.
  G. bulloides CARPENTER (Abb. 244).
Nummulites. Umfangreiche fossile Gattung.
  N. cummingii CARPENTER (Abb. 340d).

4. Ordnung:
Heliozoa

PENARD, E.: Les Héliozoaires d'eau douce. Genève: Henry Kündig 1904.
TRÉGOUBOFF, G.: Classe des Héliozoaires. In: GRASSÉ, P. P.: Traité de Zoologie. 1, Fasc. 2. Paris: Masson et Cie. 1953.
VALKANOV, A.: Die Heliozoen und Proteomyxien. Arch. Protistenk. **93** (1940).

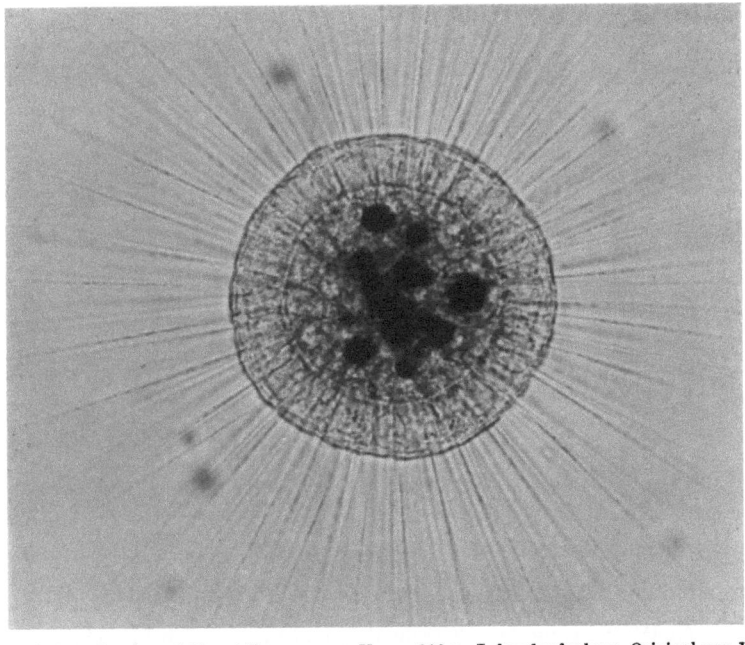

Abb. 354. *Actinosphaerium eichhorni* EHRENBERG. Vergr. 210×. Lebendaufnahme. Original von W. KUHL

Die Heliozoen oder Sonnentierchen besitzen einen kugeligen Körper. Die Pseudopodien stellen Axopodien dar und sind strahlenförmig nach allen Seiten gerichtet. Das Plasma ist vielfach in das dichter gefügte Endoplasma („Marksubstanz") und das grobvacuolige Ektoplasma („Rindensubstanz") geschieden. Das Endoplasma enthält einen oder mehrere Kerne.

Manche Arten besitzen eine oberflächliche Schicht von Skeletnadeln, eine gallertartige Hülle oder ein gitterartig durchbrochenes Gehäuse.

Die meisten Heliozoen schweben frei im Wasser, einige sitzen mit einem Stielchen an der Unterlage fest.

Fortpflanzung durch Zweiteilung. Bei einigen Arten wurden begeißelte Stadien beschrieben. Geschlechtsvorgänge sind bisher nur von *Actinophrys sol* und den *Actinosphaerium*-Arten bekannt. Anscheinend handelt es sich stets um Autogamie (S. 175).

1. Unterordnung: Actinophryida

Achsenfäden der Axopodien nicht an einem Zentralkorn endend.

Actinophrys. Klein, mit einem zentral gelegenen Kern, an dem die Achsenfäden enden.
    Actinophrys sol EHRENBERG (Abb. 169), Süßwasser.
Actinosphaerium. Groß (1 mm), mit zahlreichen Kernen. Mark- und Rindenschicht deutlich unterschieden.
    A. eichhorni EHRENBERG (Abb. 354), Süßwasser.

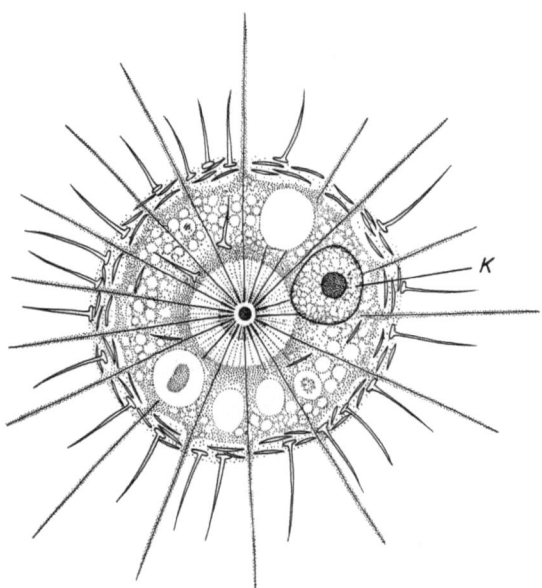

Abb. 355. *Acanthocystis aculeata* EHRENBERG. Vergr. 1200×. *K* Kern. Nach STERN

2. Unterordnung. Centrohelida

Achsenfäden der Axopodien an einem Zentralkorn endend.

Acanthocystis. Mit Hülle aus radiären Kieselnadeln und tangentialen Plättchen.
    A. aculeata HERTWIG (Abb. 355), Süßwasser.
Wagnerella. Festsitzend. Der Körper besteht aus einem Köpfchen, von dem die Axopodien ausgehen, einem Stiel und einer Basalplatte, die den Kern enthält.
    W. borealis MERESCHKOWSKI, marin.

5. Ordnung:
Radiolaria

BORGERT, A.: Die Tripyleen-Radiolarien der Plankton-Expedition. Ergebn. der Plankton-Expedition, Humboldt-Stiftung **3** (1905—1913).

BRANDT, K.: Die koloniebildenden Radiolarien (Sphärozoen) des Golfs von Neapel und der angrenzenden Meeresteile. Fauna u. Flora d. Golfs von Neapel, Monogr. 13 (1885).
HAECKEL, E.: Die Radiolarien. Berlin: Reimer 1862.
— Report on the Radiolaria collected by H. S. M. Challenger during the years 1873—1876. Challenger Report Zool. 18, (1887).
HOLLANDE, A., et M. ENJUMET: Cytologie, évolution et systématique des Sphaeroidés (Radiolaires). Arch. Muséum Nat. Hist. Nat. 7, sér. 7 (1964).
SCHEWIAKOFF, W.: Acantharia. Fauna u. Flora d. Golfs v. Neapel, Monogr. 37 (1926).
TRÉGOUBOFF, G.: Classe des Acanthaires. Classe des Radiolaires. In: GRASSÉ, P. P.: Traité de Zoologie. 1, Fasc. 2. Paris: Masson et Cie. 1953.

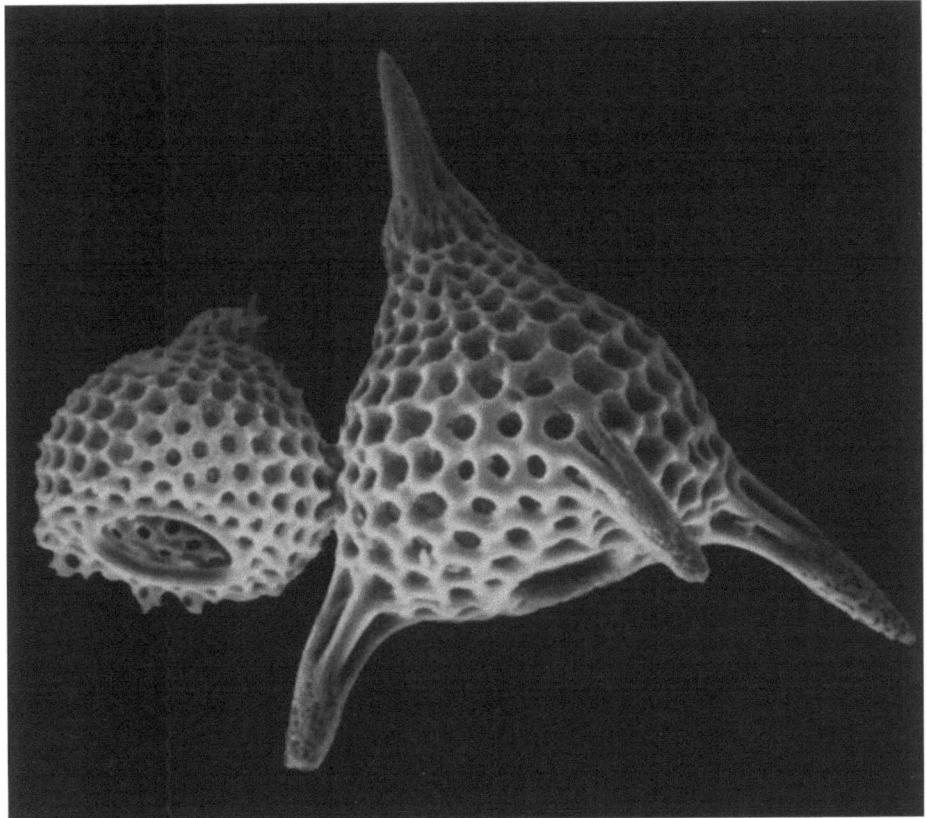

Abb. 356. Radiolarienskelete aus dem Obereocän der Insel Barbados. Vergr. 450×. Stereoscan-Aufnahme (Dipl. Phys. H. J. HUBER), Inst. f. angew. Mikroskopie, Photographie und Kinematographie der Fraunhofer-Gesellschaft (Dir. Dr. H. REUMUTH)

Die Radiolarien oder Strahlentierchen stimmen mit den Heliozoen darin überein, daß ihr Körper meistens kugelig ist und ihre Pseudopodien — Axo- oder Filopodien, manchmal Rhizopodien (S. 277f) — nach allen Seiten ausstrahlen. Sie unterscheiden sich aber von ihnen durch den Besitz einer *Zentralkapsel*. Diese stellt einen von einer Membran umschlossenen Bereich der Zelle dar, der meistens zentral gelegen ist und einen oder mehrere Kerne enthält. Das Innere der Zentralkapsel steht mit dem außerhalb liegenden Teil, dem sog. *Extracapsularium*, durch Poren in Verbindung. Wird das Extracapsularium entfernt, so kann es bei manchen Arten von der Zentralkapsel neu gebildet werden. Sowohl innerhalb wie außerhalb der Zentralkapsel kann das Plasma, welches häufig eine schaumige Beschaffenheit besitzt, verschiedenartige Einschlüsse, wie Ölkugeln, Kristalle und Zooxanthellen (S. 352) enthalten.

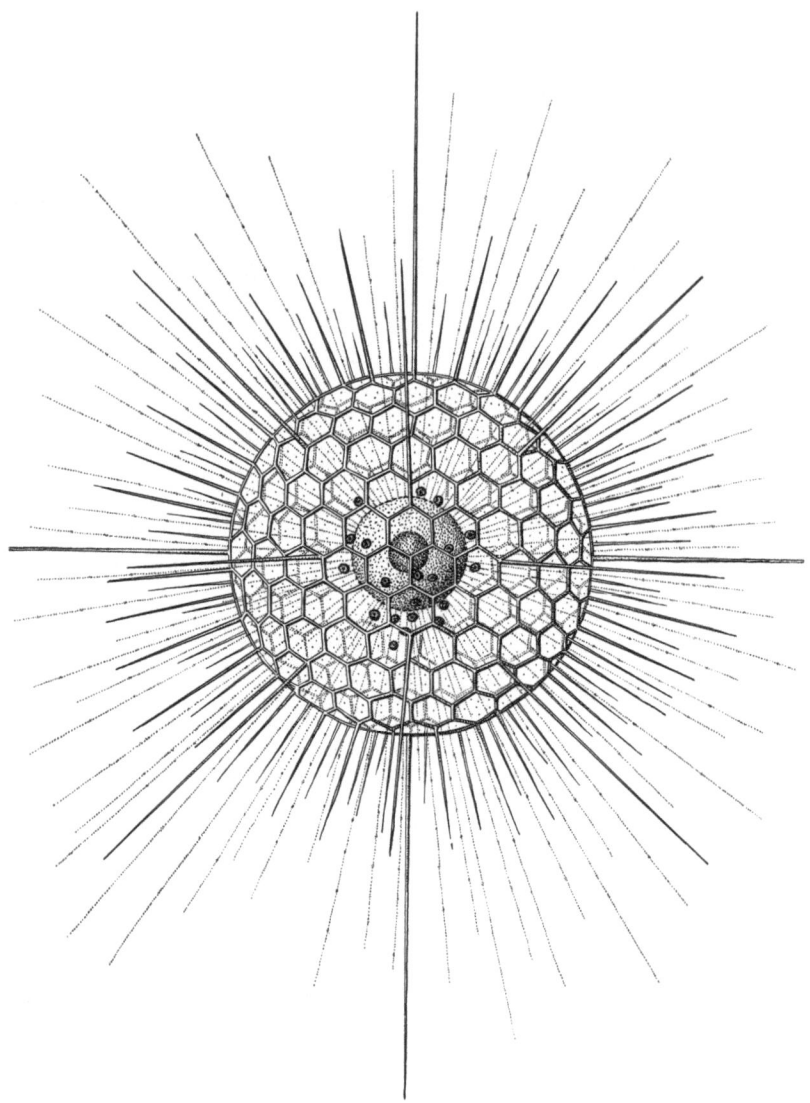

Abb. 357. *Heliosphaera actinota* HAECKEL. Im Innern der Gitterkugel befindet sich die Zentralkapsel mit dem Kern, außerhalb der Zentralkapsel Zooxanthellen. Vergr. 210×. Nach HAECKEL aus KÜHN

Besonders kennzeichnend für die Radiolarien ist aber der Besitz von *Skeleten*. Diese bestehen meistens aus Kieselsäure (nur bei den Acantharia aus Strontiumsulfat) und treten in einer ungeheuren Formenmannigfaltigkeit auf. Im einfachsten Falle stellen sie nur Systeme tangential angeordneter Nadeln oder radiärer Stacheln dar. Oft sind aber die Stacheln in bestimmten Abständen verbreitert, und die Verbreiterungen schließen sich zu gitterartig durchbrochenen

Kugelschalen zusammen. Außerdem können die Stacheln noch verzweigt oder mit den mannigfaltigsten Fortsätzen ausgestattet sein. Vielfach ist der sphärische Aufbau ganz aufgegeben, und das Skelet bildet eine flache Scheibe, ein helm-, ampel- oder käfigartiges Gerüstwerk, das häufig sogar eine bilateralsymmetrische Gestaltung erfährt. Die Vielfalt ihrer Skeletbildungen macht die Radiolarien zu den zierlichsten „Kunstformen der Natur" (HAECKEL).

Wie die Schalen der Foraminiferen, so können auch die Skelete der Radiolarien an der Bildung von Meeressedimenten beteiligt sein, wenn auch in geringerem Maße. Die tertiären Mergel der Insel Barbados (Kleine Antillen) sind besonders reich an Radiolarienskeleten, die größtenteils noch gut erhalten sind (Abb. 356).

Die *Fortpflanzung* der Radiolarien ist erst sehr unzureichend bekannt. Viele scheinen sich ausschließlich durch Vielteilung zu vermehren. Dabei entstehen zweigeißelige Schwärmer, die mit kristallinen Einschlüssen versehen sind und daher als Kristallschwärmer bezeichnet werden (Abb. 103 u. 125). Bei anderen Arten kommt neben der Vielteilung noch eine Zweiteilung vor (S. 115ff). Wahrscheinlich gibt es auch Radiolarien, die sich nur durch Zweiteilung fortpflanzen.

Die Radiolarien gehören dem Plankton warmer Meere an. Viele kommen nur in tieferen Schichten vor. Ihre Nahrung sind kleinere Planktonorganismen.

Innerhalb des Systems kommt den Acantharia eine Sonderstellung zu. Ob es berechtigt ist, sie als eigene Ordnung aufzufassen, müssen weitere Untersuchungen zeigen.

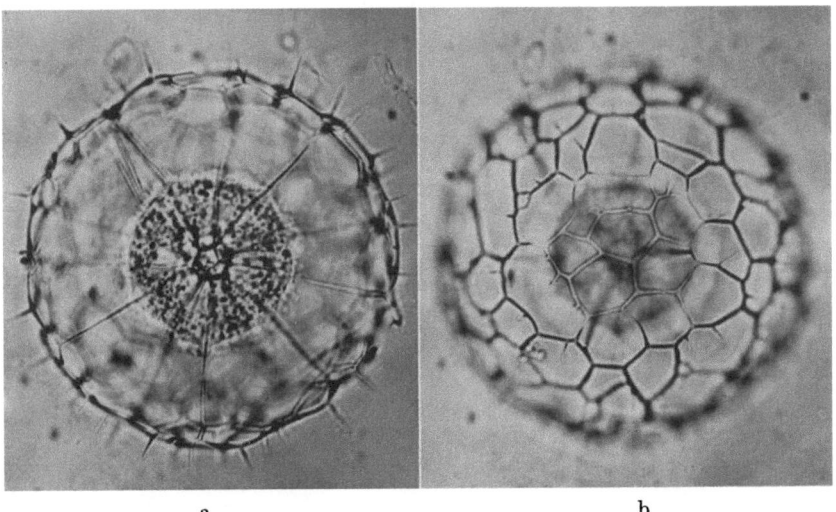

Abb. 358. *Actinosphaera capillaceum* HAECKEL. Das gleiche Individuum in verschiedener optischer Einstellung. Aufnahme: J. CACHON und M. CACHON (Villefranche-sur-mer)

1. Unterordnung: Peripylea (Spumellaria)

Die Peripyleen besitzen eine runde, allseitig von Poren durchsetzte Zentralkapsel.

1. Familiengruppe: Sphaerellaria. Skelet aus einer oder mehreren Gitterschalen bestehend, oft mit radiären Stacheln. Sehr formenreiche Gruppe.

Heliosphaera. Mit einer Gitterschale, von welcher zahlreiche, ungleich lange Stacheln entspringen. *H. actinota* HAECKEL (Abb. 357).

Actinosphaera. Mit zwei, durch radiäre Streben verbundenen Gitterschalen. Stacheln gleich lang. *A. capillaceum* HAECKEL (Abb. 358).

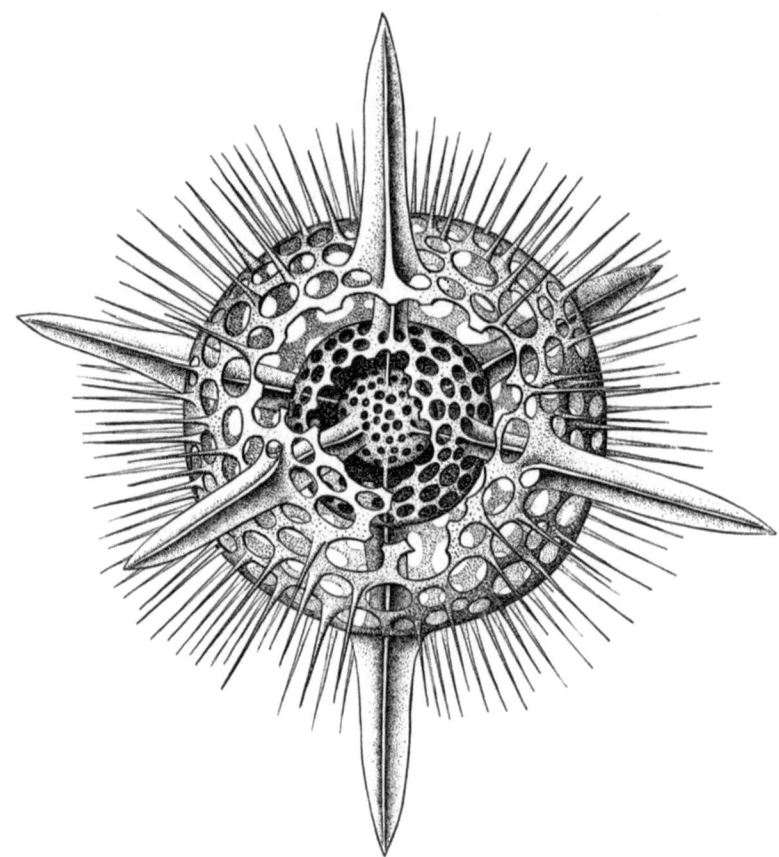

Abb. 359. *Hexacontium asteracanthion* HAECKEL. Skelet (die beiden äußeren Schalen aufgebrochen). Vergr. 480×. Nach HAECKEL aus KÜHN

Abb. 360. *Spongosphaera polyacantha* HAECKEL. Ausbildung der Pseudopodien. Vergr. 60×

Hexacontium. Mit drei Gitterschalen und sechs radiären Hauptstacheln.
H. asteracanthion Haeckel (Abb. 359).

Spongosphaera. Mit zwei kleinen (intranucleären) Gitterschalen und einem spongiösen äußeren Gerüstwerk. Lange Stacheln.
S. polyacantha Haeckel (Abb. 360).

2. *Familiengruppe: Collodaria.* Die Collodaria umfassen kugelige, meist größere Formen, bei welchen das Skelet nur aus einzelnen Kieselnadeln besteht oder völlig fehlt. Zentralkapsel mit einem oft sehr großen Kern.

Thalassicolla. Mit zahlreichen, schichtenweise angeordneten extracapsulären Vacuolen. Ohne Skelet.
T. nucleata Huxley (Abb. 361).

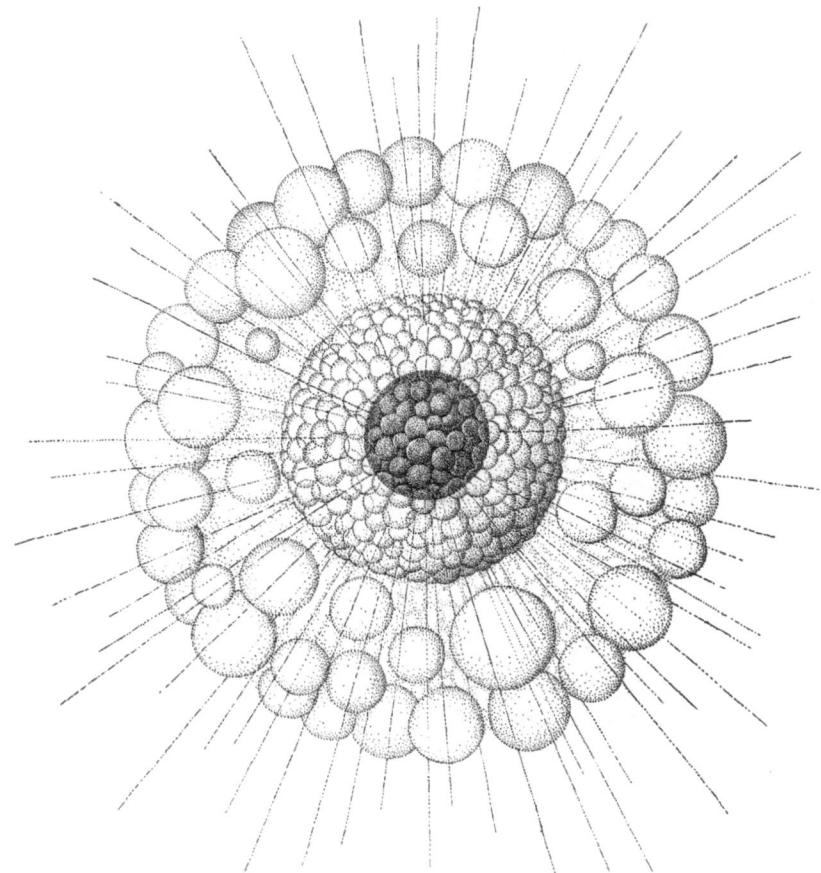

Abb. 361. *Thalassicolla nucleata* Huxley. Vergr. 40×. Nach Huth aus Kühn

3. *Familiengruppe: Polycyttaria.* Bei den Polycyttariern oder koloniebildenden Radiolarien liegen zahlreiche Zentralkapseln in einer gemeinsamen Gallertmasse. Die Zentralkapseln können durch anastomosierende Pseudopodien in Verbindung stehen und enthalten meistens viele Kerne. Im Innern jeder Zentralkapsel befindet sich häufig eine große Ölkugel. Bei manchen Arten sind die Zentralkapseln noch von Gitterkugeln umschlossen, oder es treten einzelnliegende Skeletelemente auf.

412 Formenübersicht

Collozoum. Ohne Skelet.
  C. inerme Müller (Abb. 363).
  C. pelagicum Haeckel (Abb. 362c).
Sphaerozoum. Nur mit einzelnen Skeletnadeln.
  S. punctatum Müller (Abb. 241 u. 362a, b).
Collosphaera. Zentralkapseln von Gitterschalen umhüllt.
  C. huxleyi Müller.

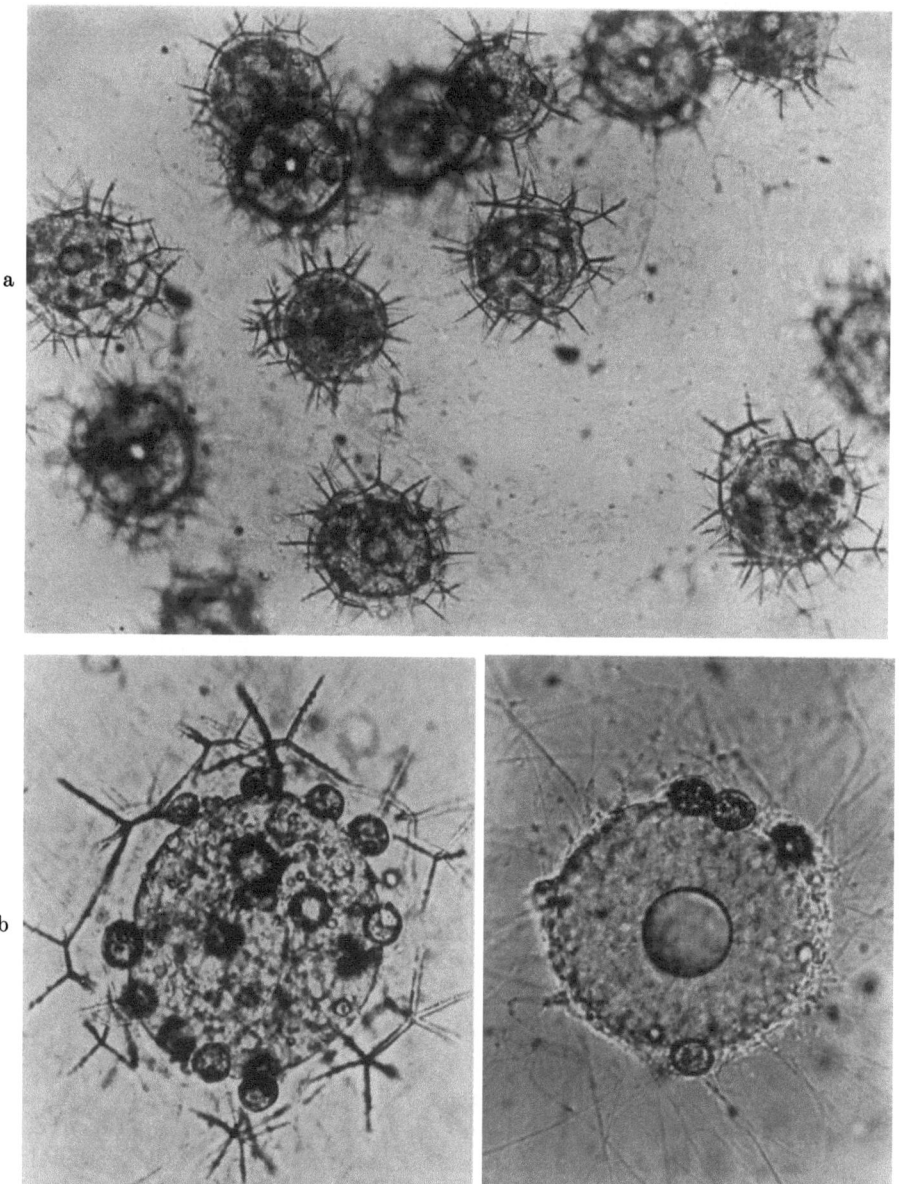

Abb. 362. Polycyttaria. a *Sphaerozoum punctatum* Müller. Übersichtsbild. Zahlreiche Zentralkapseln in einer gemeinsamen Gallerte. b Einzelne Zentralkapsel, von Zooxanthellen und Skeletnadeln umgeben. c *Collozoum pelagicum* Haeckel, einzelne Zentralkapsel (ohne Skeletnadeln). Lebendaufnahmen

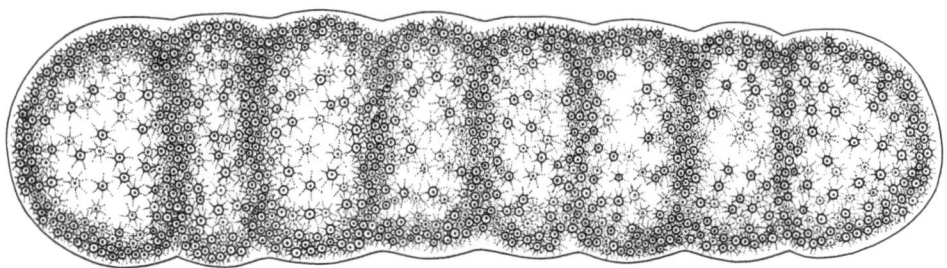

Abb. 363. *Collozoum inerme* MÜLLER. Kolonie. Vergr. 8×. Nach BRANDT

2. Unterordnung: Monopylea (Nassellaria)

Bei den Monopyleen ist die Zentralkapsel nur mit einer, axial gelegenen Öffnung versehen, welche jedoch nicht einheitlich ist, sondern ein Porenfeld darstellt. Über diesem Porenfeld erhebt sich nach innen ein von Kanälen („Porenkanälen") durchzogener, stark lichtbrechender Kegel.

Cystidium. Ohne Skelet.
   C. princeps HAECKEL (Abb. 364).
Cyrtocalpis. Mit urnenförmiger Gitterschale.
   C. urceolus HAECKEL (Abb. 365).
Theopilium. Mit helmförmiger, dreigliedriger Gitterschale.
   T. cranoides HAECKEL (Abb. 366).

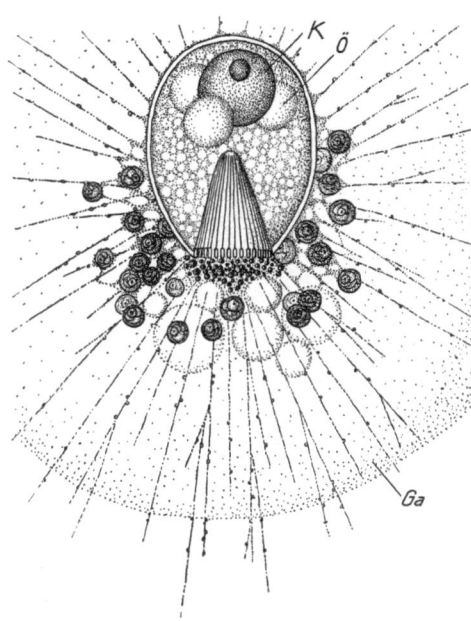

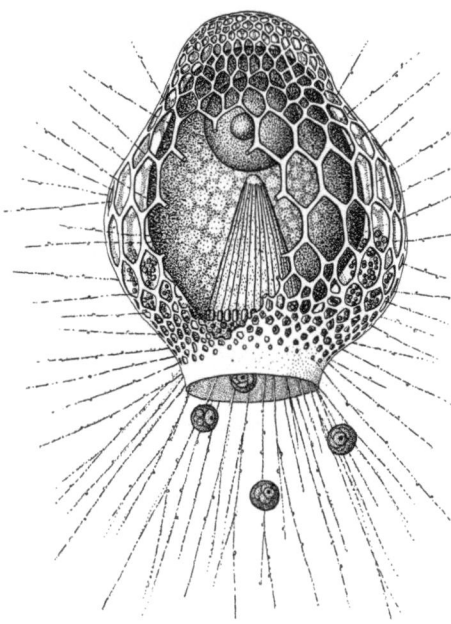

Abb. 364. *Cystidium princeps* HAECKEL. Teil einer Zelle. *K* Kern. *Ö* Öltropfen. *Ga* Gallerte. Vergr. 300×. Nach HAECKEL aus KÜHN

Abb. 365. *Cyrtocalpis urceolus* HAECKEL. Vergr. 330×. Nach HAECKEL aus KÜHN

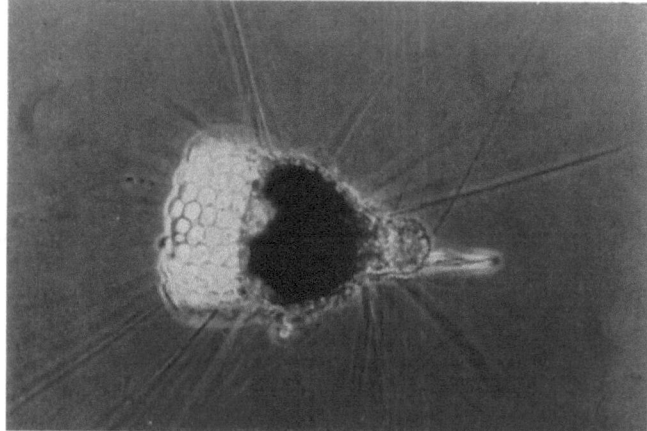

Abb. 366. *Theopilium cranoides* HAECKEL. Vergr. 380×. Aus dem Film C 829

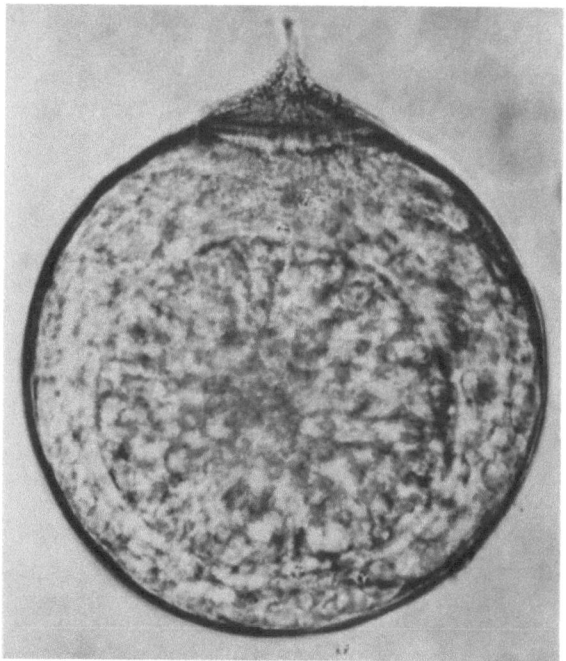

Abb. 367. *Aulacantha scolymantha* HAECKEL, isolierte Zentralkapsel. Vergr. 380×. Lebendaufnahme

3. Unterordnung: Tripylea (Phaeodaria)

Die Zentralkapsel der Tripyleen enthält drei Öffnungen: eine Hauptöffnung (Astropyle) und zwei auf der anderen Hälfte liegende Nebenöffnungen (Parapylen). Die Hauptöffnung ist durch einen radiär gestreiften Deckel verschlossen, von dessen Mitte sich eine Röhre erhebt. In der Nähe der Hauptöffnung befindet sich eine gelbbraune Pigmentmasse (Phaeodium).

Aulacantha. Skelet aus radiär angeordneten Stacheln und feinen tangentialen Nadeln bestehend.
   A. scolymantha HAECKEL (Abb. 367). Fortpflanzung S. 116 ff (Abb. 103—108).

Caementella. Mit Fremdkörperskelet.
   C. stapedia HAECKEL.

Challengeron. Mit bilateralsymmetrischer Schale.
   C. wyvillei HAECKEL (Abb. 368).

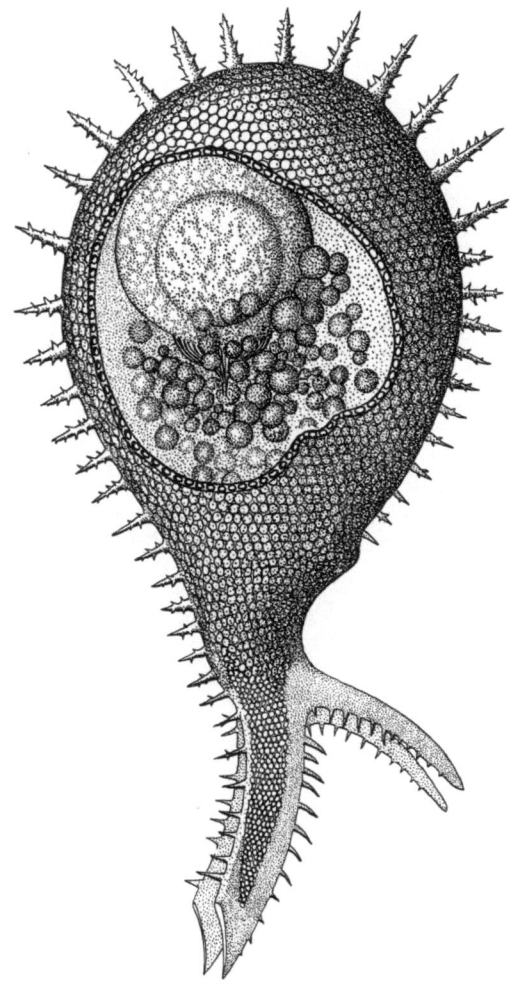

Abb. 368. *Challengeron wyvillei* HAECKEL. Seitenansicht; ein Teil der Schale aufgebrochen gezeichnet, um Zentralkapsel und Phaeodium zu zeigen. Vergr. 350×. Nach HAECKEL aus KÜHN

4. Unterordnung: Acantharia

Die Acantharia besitzen ein Skelet aus Strontiumsulfat, welches in der Regel aus 20, in der Mitte der Zelle zusammenstoßenden Stacheln besteht. Die Stacheln sind meistens in einer bestimmten geometrischen Weise („Müllersches Gesetz") angeordnet. Bei vielen Arten sind an den Stacheln Bündel von Myonemen („Myophrisken") befestigt, welche mit der Zellhülle verbunden sind. Durch ihre Kontraktion und Expansion soll die Zelle imstande sein, ihr Volumen zu verändern. Eine Zentralkapselmembran kommt nur bei einem Teil der Acantharia vor (Arthracantha). Neuerdings wurde nachgewiesen, daß sich viele Acantharia encystieren können [*496*]. Dabei findet eine weitgehende Reduktion des Skelets statt.

Abb. 369. *Acanthometron elasticum* MÜLLER. Zentralkapsel mit zahlreichen Kernen. An der Durchtrittsstelle der Stacheln: Myoneme, *My* (nicht bei allen Stacheln gezeichnet). Nach R. HERTWIG aus KÜHN

Acanthometron. Stacheln einfach, gesetzmäßig angeordnet.
    A. elasticum MÜLLER (Abb. 369).
Amphilonche. Zwei gegenüberliegende Stacheln viel länger und dicker als die übrigen.
    A. elongata MÜLLER (Abb. 370).

Lithoptera. Vier kreuzförmig zueinanderstehende Stacheln länger als die übrigen und distal zu gitterartig durchbrochenen Platten erweitert. Zellkörper kreuzförmig.
L. muelleri HAECKEL (Abb. 371).

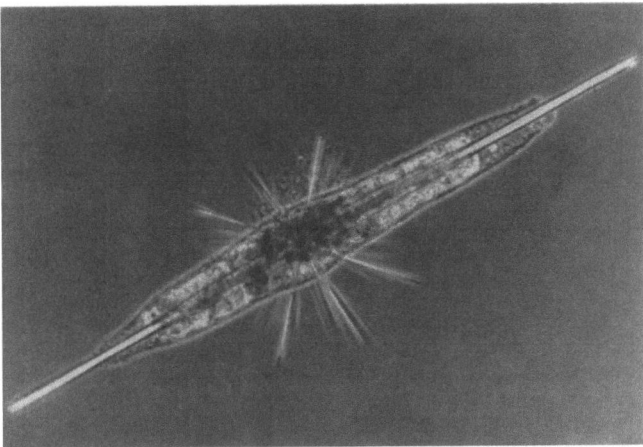

Abb. 370. *Amphilonche elongata* MÜLLER. Vergr. 440×. Aus dem Film C 829

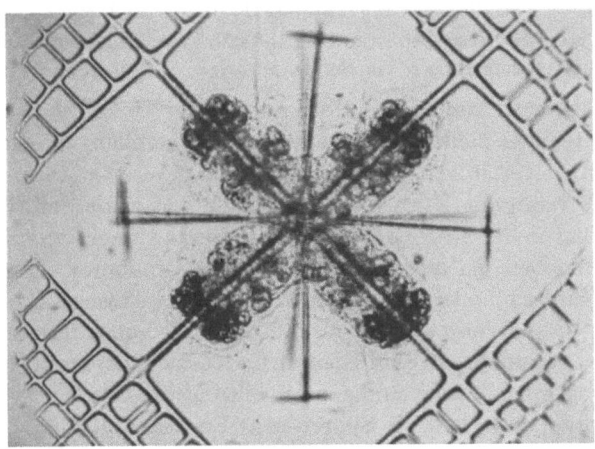

Abb. 371. *Lithoptera muelleri* HAECKEL. Aufn. J. CACHON und M. CACHON (Villefranche-sur-mer)

Dritte Klasse:

Sporozoa

GRASSÉ, P. P.: Sous-Embranchement des Sporozoaires. In: GRASSÉ, P. P.: Traité de Zoologie. 1, Fasc. 2. Paris: Masson et Cie. 1953.
LABBÉ, A.: Sporozoa. In: SCHULTZE, F. E.: Das Tierreich. Teil 5. Berlin: Friedländer 1889.
NAVILLE, A.: Les Sporozoaires (cycle chromosomique et sexualité). Mém. Soc. Phys. Hist. Nat. Genève 41 (1931).
REICHENOW, E.: Sporozoa. In: GRIMPE-WAGLER: Die Tierwelt der Nord- und Ostsee. II. Leipzig: Akadem. Verlagsges. 1932.

Alle Sporozoen[24] sind *Parasiten*. Sie besitzen einen *haplo-homophasischen Generationswechsel*, bei welchem eine geschlechtliche (Gamogonie) und eine

---
[24] Unter diesem Begriff werden hier nur diejenigen Formen verstanden, welche in anderen Darstellungen als „Telosporidien" zusammengefaßt werden (s. S. 11).

ungeschlechtliche Vielteilung (Sporogonie) miteinander abwechseln. Bei einem Teil der Sporozoen ist noch eine weitere ungeschlechtliche Vielteilung (Schizogonie) ausgebildet. Je ausgeprägter diese ist, um so mehr können die beiden anderen Fortpflanzungsweisen zurücktreten. Durch die Sporogonie entstehen die als *Sporen* bezeichneten Cysten, welche der Übertragung auf einen anderen Wirt dienen. Besondere Fortbewegungsorganelle treten nur bei den Mikrogameten in Gestalt von Geißeln auf.

Je nachdem, ob bei der Gamogonie in beiden Geschlechtern oder nur in männlichen eine Vielteilung stattfindet, lassen sich zwei Ordnungen der Sporozoen unterscheiden.

1. Ordnung:

Gregarinida

BHATHIA, B. L.: Synopsis of the genera and classification of Haplocyte Gregarines. Parasitology 22 (1930).
GEUS, A.: Die Gregarinen der land- und süßwasserbewohnenden Arthropoden Mitteleuropas. In: DAHL, F.: Die Tierwelt Deutschlands. Fischer. Jena: Im Druck.
GRASSÉ, P. P.: Classe des Grégarinomorphes. In: GRASSÉ, P. P.: Traité de Zoologie. 1, Fasc. 2. Paris: Masson et Cie. 1953.
LÉGER, L.: Les schizogrégarines des trachéates. I, II. Arch. Protistenk. 8, 18 (1907/09).
WATSON-KAMM, M. E.: Studies on Grégarines. I, II. Illinois Biol. Monogr. 2, 7 (1916—1922).
— A list of new gregarines described from 1911 to 1920. Trans. Amer. microsop. Soc. 41 (1922).
WEISSER, J.: A new classification of the Schizogregarina. J. Protozool. 2 (1955).

Bei den Gregarinen führen die *Gamonten beider Geschlechter* eine *Vielteilung* durch, so daß meistens zahlreiche männliche und weibliche Gameten ausgebildet werden. Außerdem vereinigen sich bereits die Gamonten miteinander *(Gamontogamie)*. Diese Vereinigung kann im Verlauf oder am Ende der Wachstumsphase erfolgen und führt in der Regel dazu, daß sich beide Gamonten mit einer gemeinsamen Hülle umgeben. In dieser Gamontencyste copulieren dann die Gameten, die gleich (Isogametie) oder verschieden gestaltet (Anisogametie) sein können (s. S. 194). Auf diese Weise entstehen zahlreiche Zygoten, die sich unmittelbar in die Sporen verwandeln. In den Sporen findet die Sporogonie statt, die nur in *einer* Kernteilungsfolge besteht und zur Ausbildung der Sporozoiten führt. Bei den meisten Gregarinen enthalten die Sporen acht Sporozoiten.

Die Entwicklung der Gregarinen kann ohne oder mit Schizogonie verlaufen.

1. Unterordnung: Eugregarinida

Entwicklung überwiegend extracellulär, ohne Schizogonie.

Die Sporozoiten, welche durch Aufplatzen der Spore frei werden, wachsen unmittelbar zu den geschlechtlich differenzierten Formen oder Gamonten heran. Diese Wachstumsphase, welche sich meistens in Körperhöhlen (Darmlumen, Coelom) des Wirtes abspielt, ist der am längsten dauernde Entwicklungsabschnitt der Eugregarinen. Daher sind die reifen Gamonten und die von ihnen gebildeten Cysten verhältnismäßig große Stadien. Oft sind die Gamontencysten mit besonderen Vorrichtungen zum Ausschleudern der Sporen versehen.

Die Eugregarinen sind hauptsächlich Parasiten von Anneliden und Arthropoden. Je nachdem, ob der Gamont einfach oder gegliedert ist, werden zwei Familien unterschieden.

1. **Familie: Monocystidae.** Gamont einfach.

Die Monocystiden kommen hauptsächlich in den Samenblasen von Oligochäten, einzelne Arten auch in anderen Wirbellosen vor. In den Samenblasen dringen die Sporozoiten vielfach zunächst in die Samenbildungszellen (Blastophoren) der Wirte ein. Wenn sie hier eine bestimmte Größe erreicht haben, platzt die Samenbildungszelle, und die Gamonten entwickeln sich frei im Lumen weiter.

Monocystis agilis STEIN. In den Samenblasen des Regenwurms.
Lankesteria ascidiae LANKESTER. Im Darm der Ascidie *Ciona intestinalis*.

2. **Familie: Polycystidae.** Gamont gegliedert.

Bei den Polycystiden (Abb. 372) ist der Gamont meistens langgestreckt und besteht aus zwei Abschnitten, von denen der kürzere vordere als *Protomerit*, der längere hintere als *Deutomerit* bezeichnet wird. Beide Abschnitte sind durch eine ektoplasmatische Scheidewand (Septum) getrennt. Der Kern, welcher manchmal mehrere Nucleolen enthält, befindet sich im Deutomerit. Der Protomerit kann sich vorn in einen, bei den einzelnen Arten sehr verschieden gestalteten (Abb. 373) Fortsatz oder *Epimerit* verlängern.

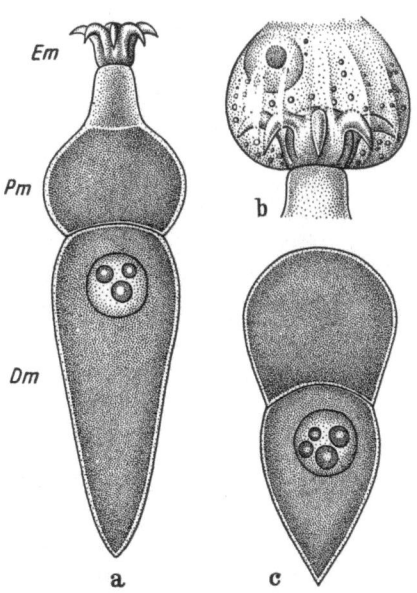

Abb. 372. *Corycella armata* LÉGER. a Ganze Zelle (Gamont). b Epimerit, in der Wirtszelle befestigt. c Gamont nach Abwurf des Epimeriten. *Em* Epimerit. *Pm* Protomerit. *Dm* Deutomerit. Nach LÉGER

Der Sporozoit dringt vielfach zunächst in eine Epithelzelle ein, aus der er aber später größtenteils wieder herauswächst. Mit Hilfe des Epimeriten kann sich der Gamont noch längere Zeit an der Epithelzelle verankern. Früher oder später entwickelt er sich dann frei im Lumen weiter, wobei der Epimerit abgeworfen wird.

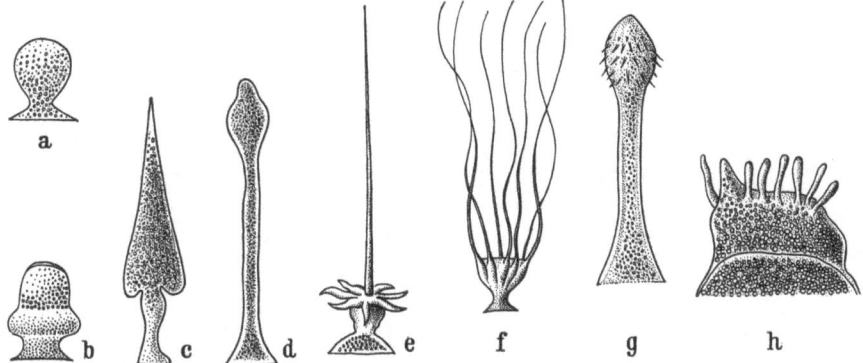

Abb. 373. Verschiedene Epimeritformen bei Eugregarinen. a *Gregarina longa*. b *Sycia inopinata*. c *Pileocephalus heeri*. d *Stylocephalus longicollis*. e *Beloides firmus*. f *Cometoides crinitus*. g *Geniorhynchus monnieri*. h *Echinomera hispida*. Nach LÉGER

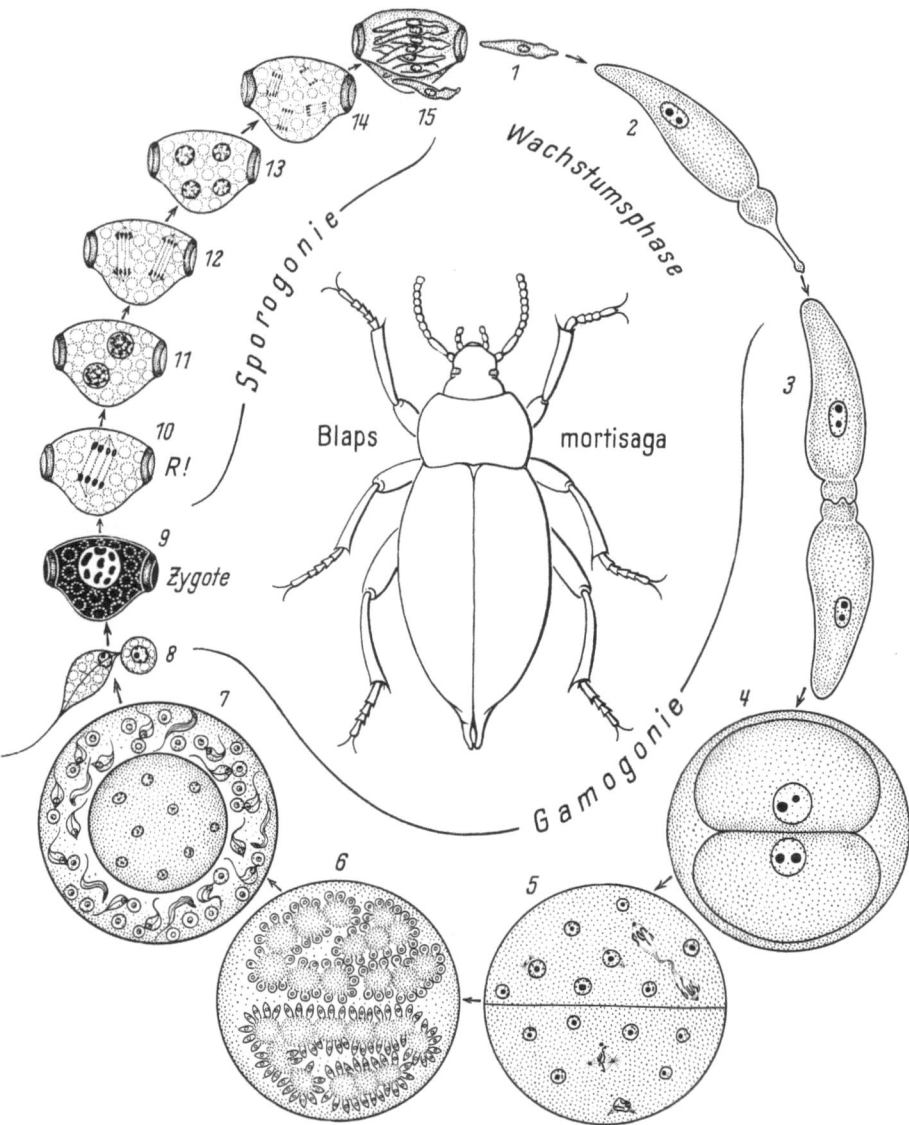

Abb. 374. *Stylocephalus longicollis* STEIN. Entwicklungsgang. Die Entwicklung spielt sich teils im Darm des Totenkäfers *Blaps mortisaga* (*1—4*), teils im Freien ab (*5—14*). Die Sporen gelangen mit der Nahrung in den Mitteldarm des Käfers, wo sie unter der Einwirkung des Verdauungssaftes aufplatzen und die Sporozoiten entlassen (s. Abb. 375 d). Die Sporozoiten (*1*) wachsen im Darmlumen zu den Gamonten (*2*) heran. Sobald die Gamonten eine bestimmte Größe erreicht haben, werfen sie ihre Epimeriten ab und vereinigen sich paarweise miteinander (*3*). Die Gamontenpaare umgeben sich mit einer gemeinsamen Cystenhülle (*4*). Die Gamontencysten gelangen mit dem Kot des Käfers ins Freie. In jedem Gamonten findet eine Kernvermehrungsperiode statt (*5*). Bei der Gametenbildung (*6*) wird nicht alles Plasma aufgebraucht. Die übrigbleibenden Plasmamassen verschmelzen miteinander zum Restkörper. Dieser grenzt sich durch eine Membran gegen den flüssigen Inhalt der Gamontencyste ab. Die Gameten sind morphologisch deutlich verschieden. Außer den Gameten, welche miteinander kopulieren (*7, 8*), treten noch sog. fusiforme Gameten auf, die nicht kopulieren können. Ihre Bedeutung ist unklar. Nach der Kopulation nimmt die Zygote, die zunächst rund ist, die geldbörsenförmige Gestalt der Spore an (*9*). Die erste Teilung der Sporogonie (*10*) führt zur Reduktion der Chromosomenzahl. Schließlich werden 8 Sporozoiten gebildet (*11—15*). Wie bei den folgenden Schemata (Abb. 376, 378, 380, 382, 383, 388, 389) sind die einzelnen Entwicklungsstadien z. T. verschieden stark vergrößert wiedergegeben. Die Diplophase, welche bei den Sporozoen nur durch die Zygote dargestellt wird, ist dunkel gezeichnet. Nach den Untersuchungen von LÉGER, 1904 [*633*] und GRELL, 1940 [*419*]

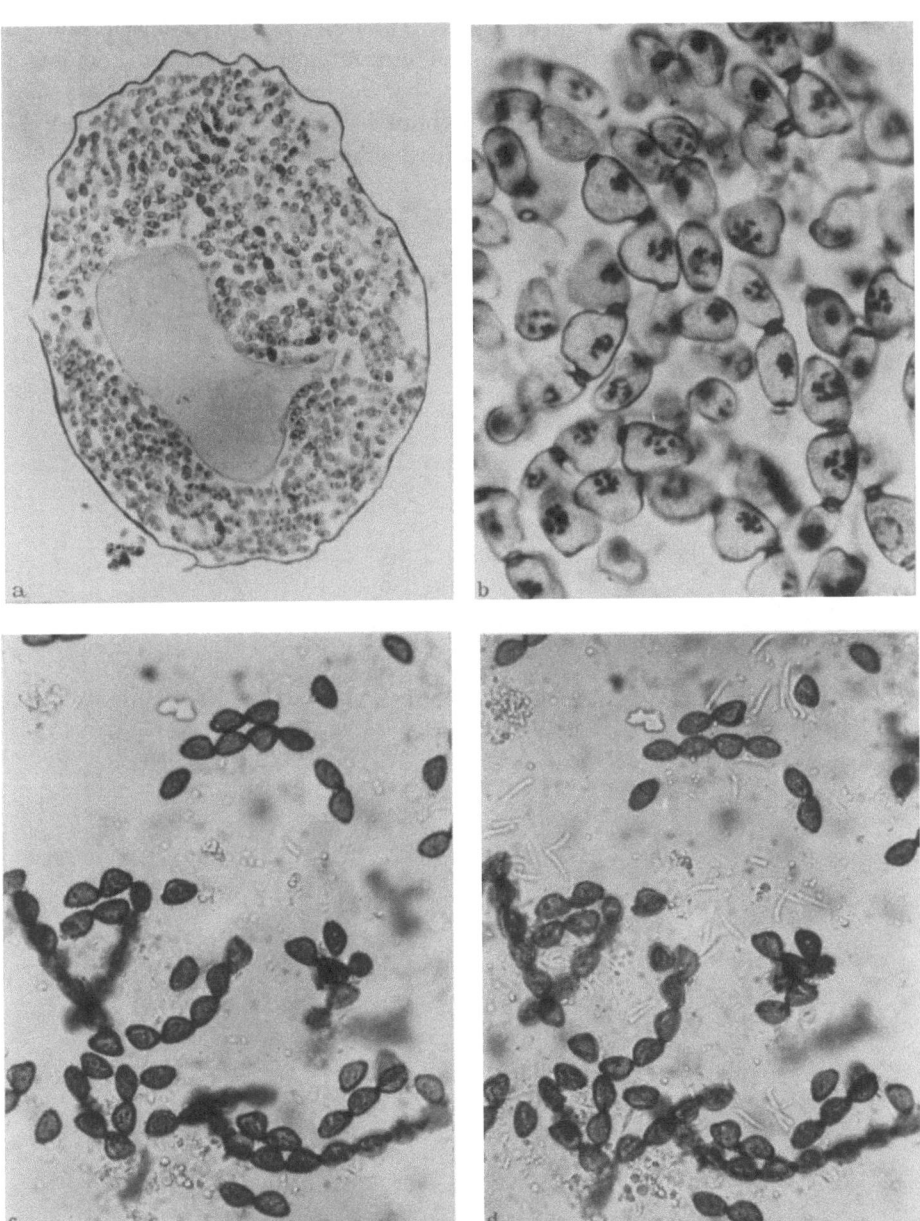

Abb. 375. *Stylocephalus longicollis* STEIN. a Gamontencyste nach Ausbildung der Sporen; in der Mitte der Restkörper. b Ausschnitt aus einer solchen Gamontencyste. In den Sporen ist der Kern mit den Chromosomen (späte Prophase der Meiose) erkennbar. c Sporen vor, d nach Einwirkung des Verdauungssaftes des Käfers: Ausschlüpfen der Sporozoiten. Die Sporen von *Stylocephalus longicollis* sind perlschnurartig zu einem langen Faden aneinandergereiht. Durch die Übertragung auf den Objektträger ist dieser Faden in einzelne Stücke zerbrochen. a, b Schnitte. Carnoy, Eisenhämatoxylin. Vergr. bei a 150×, bei b 800×; c, d im Leben. Nach GRELL, 1940 [*419*]

Die Gamonten vereinigen sich bei manchen Arten schon vor Abschluß der Wachstumsphase miteinander, und zwar meistens in der Weise, daß sich der eine Gamont mit seinem Protomeriten an den Deutomeriten eines anderen heftet. Der vordere wird dann als *Primit*, der hintere als *Satellit* bezeichnet. Die endgültige

Encystierung erfolgt erst, nachdem beide Gamonten herangewachsen sind. In anderen Fällen heften sich die Gamonten mit ihren Protomeriten aneinander (Abb. 374). Bei manchen Arten gelangen die Gamontencysten frühzeitig nach außen, bei anderen bleiben sie bis zum Abschluß der Sporogonie im Wirt. Die Polycystiden sind überwiegend Darm- und Leibeshöhlenparasiten.

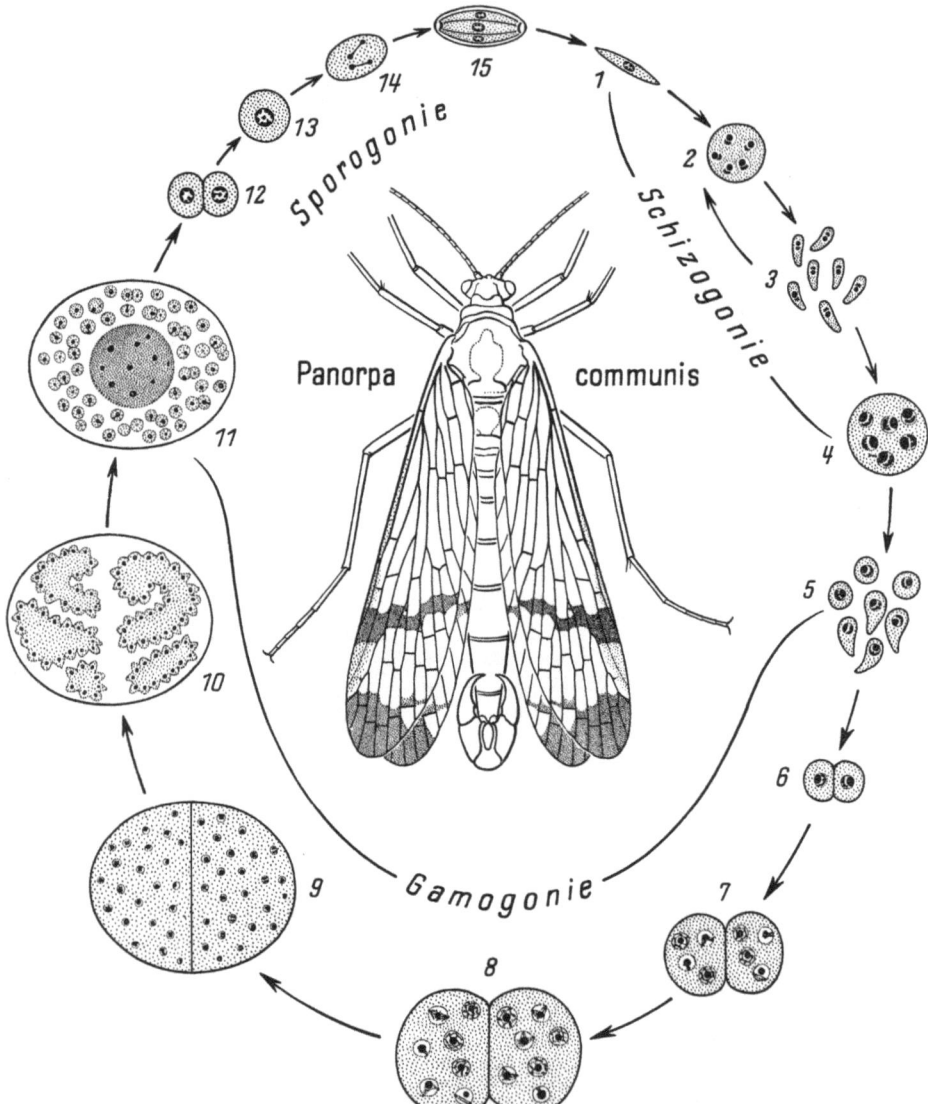

Abb. 376. *Lipocystis polyspora* GRELL. Entwicklungsgang. Die ganze Entwicklung spielt sich im Fettkörper der Skorpionsfliege *Panorpa communis* ab. Die Sporen platzen im Darm des Wirtes auf und die Sporozoiten (*1*) dringen durch die Darmwand in die Leibeshöhle ein. In den Zellen des Fettgewebes wachsen sie zunächst zu kleinkernigen Schizonten (*2*) heran, welche verhältnismäßig kleine Merozoiten (*3*) hervorbringen. Diese Schizogonie kann sich mehrmals wiederholen. Wenn ein bestimmter Infektionsgrad des Fettgewebes erreicht ist, entstehen großkernige Schizonten (*4*), welche größere Merozoiten (*5*) liefern. Diese entwickeln sich zu Gamonten und legen sich innerhalb der Fettzellen paarweise aneinander (*6*). Die Gamontenpaare wachsen nun stark heran, womit auch eine lebhafte Kernvermehrung verbunden ist (*7—9*). Bei der Gametenbildung (*10*) bleibt ein Teil des Plasmas als Restkörper zurück. Es entstehen zahlreiche Isogameten, die innerhalb der Gamontencyste kopulieren (*11, 12*). Dementsprechend werden auch viele Sporen gebildet (*13—15*), die 8 Sporozoiten enthalten. Nach den Untersuchungen von GRELL, 1938 [*418*]

Gregarina polymorpha HAMMERSCHMIDT, *G. steini* BERNDT, *G. cuneata* STEIN. Im Darm der Larve des Mehlkäfers *Tenebrio molitor*.
Stylocephalus longicollis STEIN (Abb. 374 u. 375). Im Darm des Totenkäfers *Blaps mortisaga* (Sporen geldbörsenförmig).
Echinomera hispida SCHNEIDER. Im Darm des Tausendfußes *Lithobius forficatus*.
Actinocephalus parvus WELMER. Im Darm der Larve des Hundeflohs *Ctenocephalus canis*.

2. Unterordnung: Schizogregarinida

Entwicklung überwiegend intracellulär, mit Schizogonie.

Die Sporozoiten wachsen, sobald sie in dem Gewebe oder Organ angelangt sind, in dem sie sich bevorzugt entwickeln, nicht unmittelbar zu Geschlechtsformen heran, sondern zu ungeschlechtlich sich fortpflanzenden Zellen, den sog. *Schizonten*. Diese liefern durch Vielteilung zahlreiche, meist spindelförmige Tochterzellen, die *Merozoiten*. Durch mehrfache Wiederholung dieser *Schizogonie* kommt es zu einer starken Vermehrung der Parasiten innerhalb des Wirtsorganismus, die gewissermaßen einen Ausgleich dafür bietet, daß die Wachstumsphase nicht so stark wie bei den Eugregarinen ist. Bei den intracellulär lebenden Arten hört diese Vermehrungsperiode erst auf, wenn das betreffende Gewebe ganz mit Parasiten befallen ist. Die Gamogonie setzt ein, sobald ein bestimmter Infektionsgrad erreicht ist. Die weiteren Vorgänge verlaufen dann in ähnlicher Weise wie bei den Eugregarinen. Bei Arten, welche eine sehr ausgedehnte Schizogonie haben, kann die Gamogonie mehr oder weniger zurückgebildet sein. So liefert ein Gamont von *Mattesia dispora* (Abb. 378) nur noch zwei, einer von *Ophryocystis mesnili* sogar nur noch einen einzigen Gameten. Dementsprechend ist auch die Anzahl der Sporen reduziert.

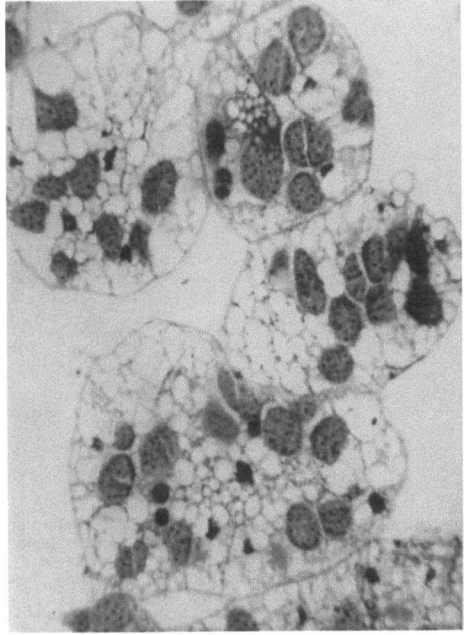 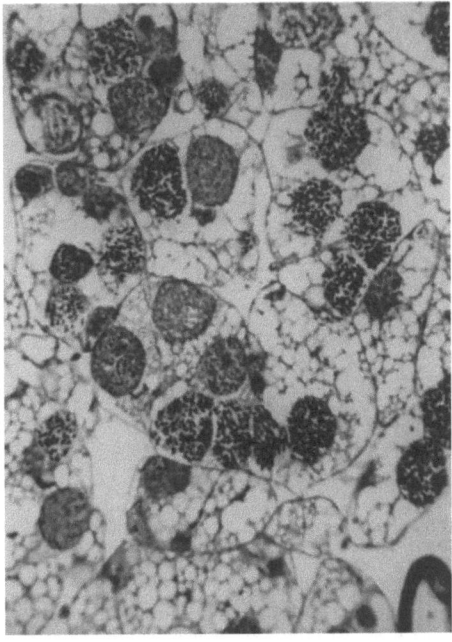

a   b

Abb. 377. *Lipocystis polyspora* GRELL. a Gamogonie-, b Sporogonie-Stadien im Fettgewebe der Skorpionsfliege *Panorpa communis*. CARNOY, Delafields Hämatoxylin. Vergr. 280×

Die durch den Gewebsparasitismus der Schizogregarinen hervorgerufene Schädigung des Wirtsorganismus ist im allgemeinen stärker als die durch den Körperhöhlenparasitismus der Eugregarinen bewirkte. Doch kommen auch bei den Schizogregarinen Arten vor, die ausschließlich in Körperhöhlen leben.

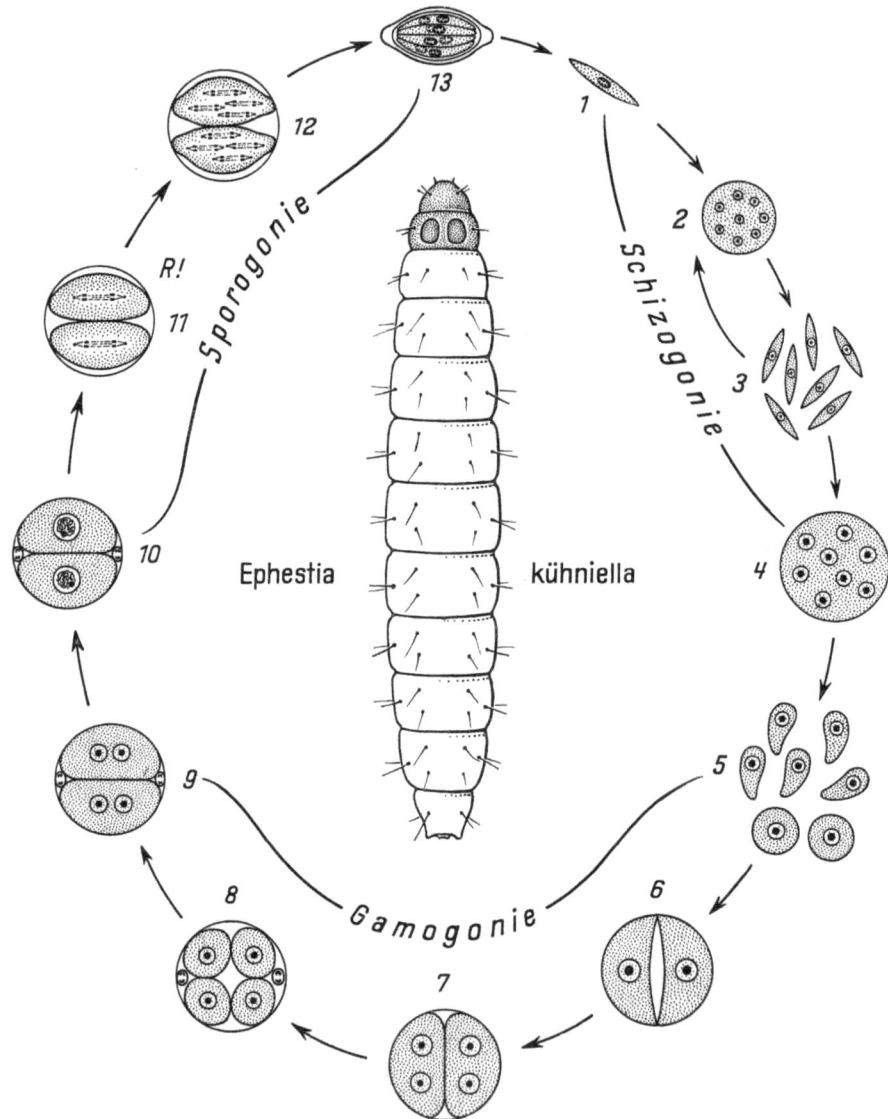

Abb. 378. *Mattesia dispora* NAVILLE. Entwicklungsgang. Die ganze Entwicklung spielt sich im Fettgewebe der Raupe der Mehlmotte *Ephestia kuehniella* ab. Wie bei *Lipocystis polyspora* (Abb. 376) entstehen zunächst kleinkernige, später großkernige Schizonten (*1—5*). Die Gamonten, welche sich paarweise vereinigen und encystieren (*6*), machen nur eine unbedeutende Wachstumsphase durch. In jedem Gamonten entstehen zunächst vier Kerne, von denen aber zwei in kleinen Restkörpern degenerieren. Jeder Gamont bildet daher nur zwei Gameten aus (*7—8*). Gelegentlich scheint es sogar vorzukommen, daß sich jeder Gamont nur in einen einzigen Gameten verwandelt. In der Regel liefert aber die Gamontencyste zwei Zygoten (*9, 10*), aus denen dann die Sporen hervorgehen (*11, 12*). Die Spore enthält 8 Sporozoiten. — Die Infektion soll nicht nur durch Sporen erfolgen, sondern auch dadurch, daß Schlupfwespen die Leibeshöhlenflüssigkeit, in welcher neben Sporen regelmäßig auch freie Merozoiten herumschwimmen (s. Abb. 379), unmittelbar auf andere Raupen übertragen. Nach Untersuchungen von NAVILLE, 1930

a) Gamontencysten mit vielen Sporen

Schizocystis gregarinoides LÉGER. Im Darm der Larven von *Ceratopogon*-Mücken.
Lipocystis polyspora GRELL (Abb. 376 u. 377). Im Fettgewebe der Mecoptere *Panorpa communis*.

b) Gamontencysten mit ein oder zwei Sporen

Ophryocystis mesnili LÉGER. In den Malpighischen Gefäßen der Larven des Mehlkäfers *Tenebrio molitor*.
Mattesia dispora NAVILLE (Abb. 378 u. 379). Im Fettgewebe der Mehlmotte *Ephestia kuehniella*.

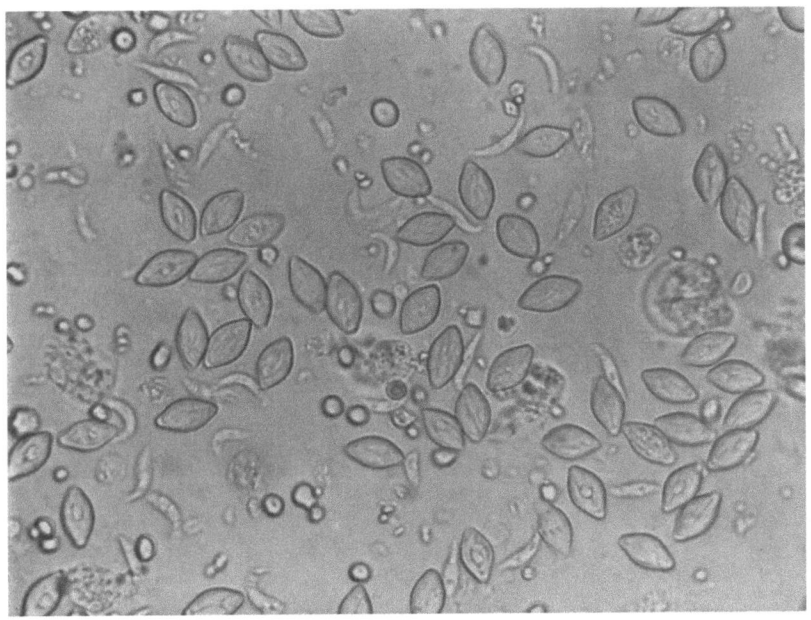

Abb. 379 *Mattesia dispora* NAVILLE. Leibeshöhlenflüssigkeit einer Raupe von *Ephestia kuehniella* mit Sporen und Merozoiten. Lebendaufnahme

2. Ordnung:
Coccidia

BECKER, E. R.: Coccidia and Coccidiosis of domesticated and laboratory animals and of man. Ames (Iowa): Collegiate Press 1934.
GARNHAM, P. C. C.: Malaria parasites and other Haemosporidia. Oxford: Blackwell Scient. Publ. 1966.
GRASSÉ, P. P.: Classe des Coccidiomorphes. In: GRASSÉ, P. P.: Traité de Zoologie. 1, Fasc. 2. Paris: Masson et Cie. 1953.
PELLÉRDY, L.: Catalogue of the genus *Eimeria* (Protozoa: Eimeriidae). Acta Veter. Acad. Sci. Hung. 6 (1956).
— Catalogue of the genus *Isospora* (Protozoa: Eimeridiae). Acta Veter. Acad. Sci. Hung. 7 (1956).
— Coccidia and Coccidiosis. Publishing house of the Hungarian Academy of Sciences, Budapest. Akadémiai Kiadó. 1965.
TYZZER, E. E.: Coccidiosis in gallinaceous birds. Amer. J. Hyg. 10 (1929).

Bei den Coccidien führt *nur der männliche Gamont* (Mikrogamont) eine *Vielteilung* durch, die zur Entstehung kleiner, begeißelter Mikrogameten führt. Der weibliche Gamont (Makrogamont) wandelt sich dagegen unmittelbar in einen großen, unbeweglichen Makrogameten um. Daher wird auch nur eine große Zygote gebildet, die als *Oocyste* bezeichnet wird. In der Oocyste findet die *Sporogonie* statt, die zum Unterschied von den Gregarinen in *zwei Phasen* verläuft. Eine erste

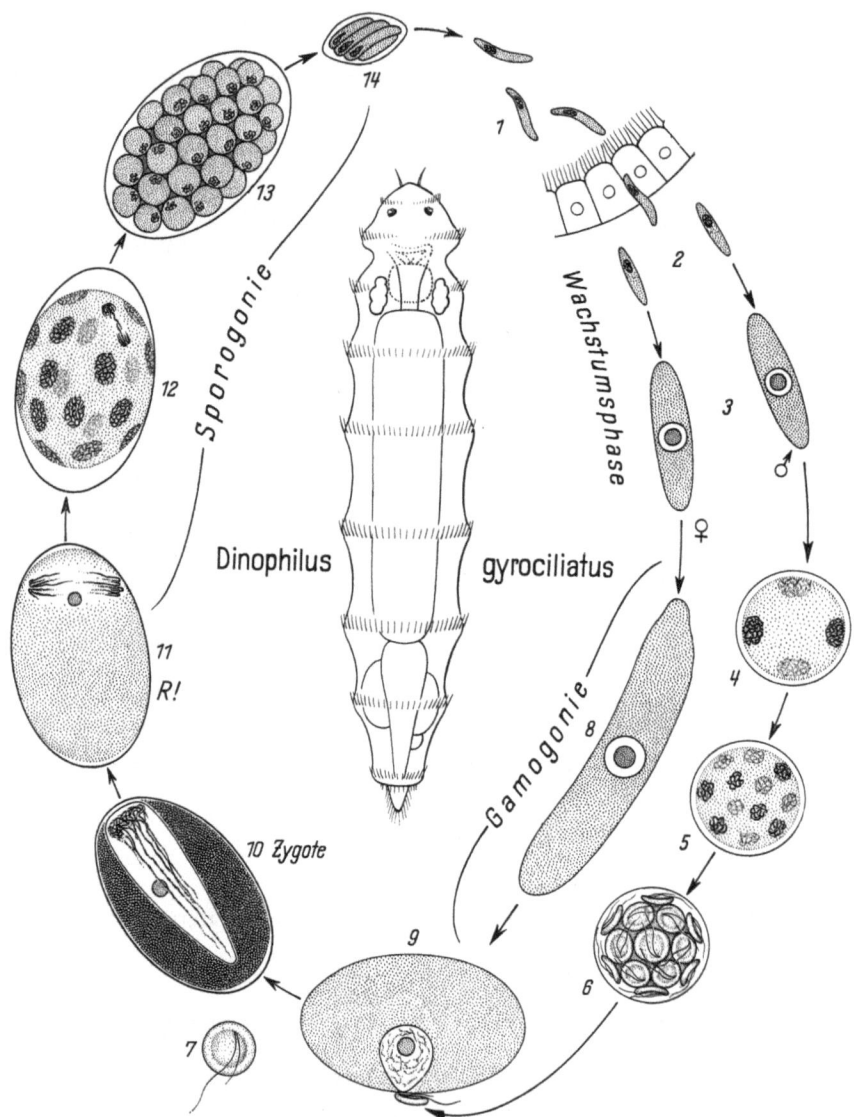

Abb. 380. *Eucoccidium dinophili* GRELL. Entwicklungsgang. Die ganze Entwicklung verläuft extracellulär in der Leibeshöhle des marinen Archianneliden *Dinophilus gyrociliatus*. Nach Aufnahme der Sporen in den Darm platzen diese auf und die Sporozoiten dringen durch die Darmwand in die Leibeshöhle ein (*1, 2*). Hier wachsen sie unmittelbar zu den Gamonten heran (*3*). Die Makrogamonten sind groß und zigarrenförmig (*8*), die Mikrogamonten klein und rund. Durch Vielteilung entstehen in den Mikrogamonten etwa 12—32 Mikrogameten (*4—6*). Diese sind napfförmig und besitzen zwei Geißeln von verschiedener Länge (*7*). Die Makrogamonten runden sich ab und werden damit zu Makrogameten. Nach der Befruchtung (*9*) streckt sich das Synkaryon in die Länge („Befruchtungsspindel", *10*). Die Sporogonie beginnt mit der Meiose (*11*) und führt zur Entstehung der Sporen (*12, 13*). Die Oocyste platzt dann auf und die Sporen flottieren frei in der Leibeshöhle umher. In jeder Spore (*14*) werden sechs Sporozoiten gebildet. Dadurch, daß der Wirt stirbt und seine Körperdecke aufplatzt, gelangen die Sporen ins Freie.
Nach GRELL, 1953 [*428*]

Teilungsfolge führt zur Entstehung der Sporen, eine zweite findet innerhalb der Sporen statt. Sie endet mit der Ausbildung der Sporozoiten. Bei manchen Coccidien kann aber die erste Phase sehr reduziert sein, so daß nur wenige Sporen in der Oocyste ausgebildet werden. Auch die Zahl der Sporozoiten innerhalb der Spore kann von Art zu Art wechseln.

Wie bei den Gregarinen kann auch bei den Coccidien eine Schizogonie fehlen oder vorhanden sein.

1. Unterordnung: Eucoccidia

Entwicklung überwiegend extracellulär, ohne Schizogonie.

Eucoccidium dinophili GRELL (Abb. 381). In der Leibeshöhle des Archianneliden *Dinophilus gyrociliatus*. Bisexuelle (Abb. 380) und parthenogenetische Entwicklung (Abb. 167).

E. ophryotrochae GRELL (Abb. 289). In der Leibeshöhle des Polychäten *Ophryotrocha puerilis*.

Coelotropha durchoni VIVIER et HENNERÉ. In der Leibeshöhle des Polychäten *Nereis diversicolor*.

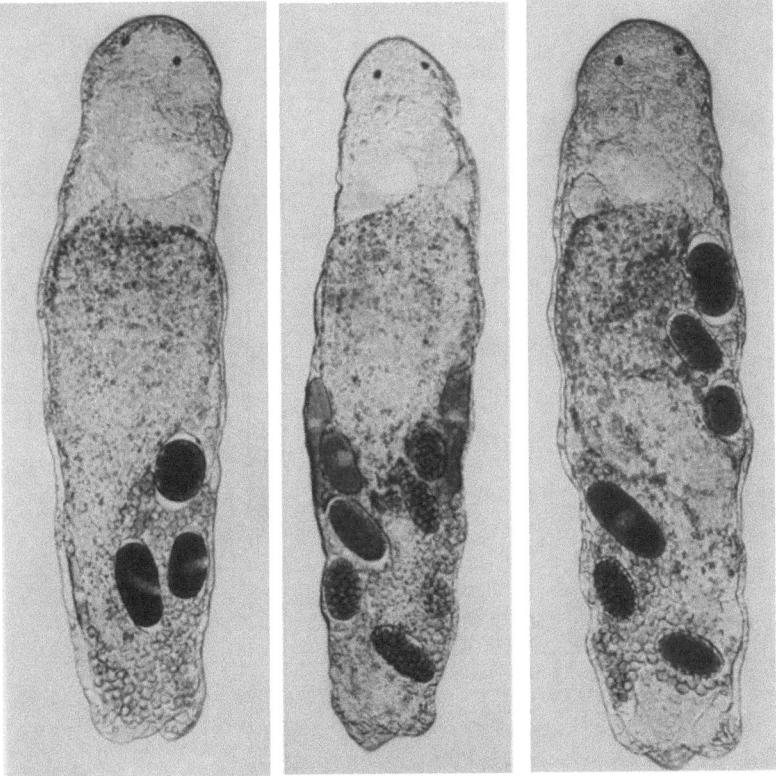

Abb. 381. *Eucoccidium dinophili* GRELL. Drei Individuen von *Dinophilus gyrociliatus* mit verschiedenen Entwicklungsstadien in der Leibeshöhle, etwas unter dem Deckglas gepreßt. Lebendaufnahmen

2. Unterordnung: Schizococcidia

Entwicklung überwiegend intracellulär, mit Schizogonie.

Die Schizococcidien kommen als Parasiten bei Wirbellosen und Wirbeltieren vor und befallen vor allem epitheliale Gewebe. Einige Arten führen einen *Wirts-*

wechsel durch, wobei ein Teil der Entwicklung (Schizogonie) in dem einen, der übrige Teil (Gamogonie und Sporogonie) in dem anderen Wirt verläuft.

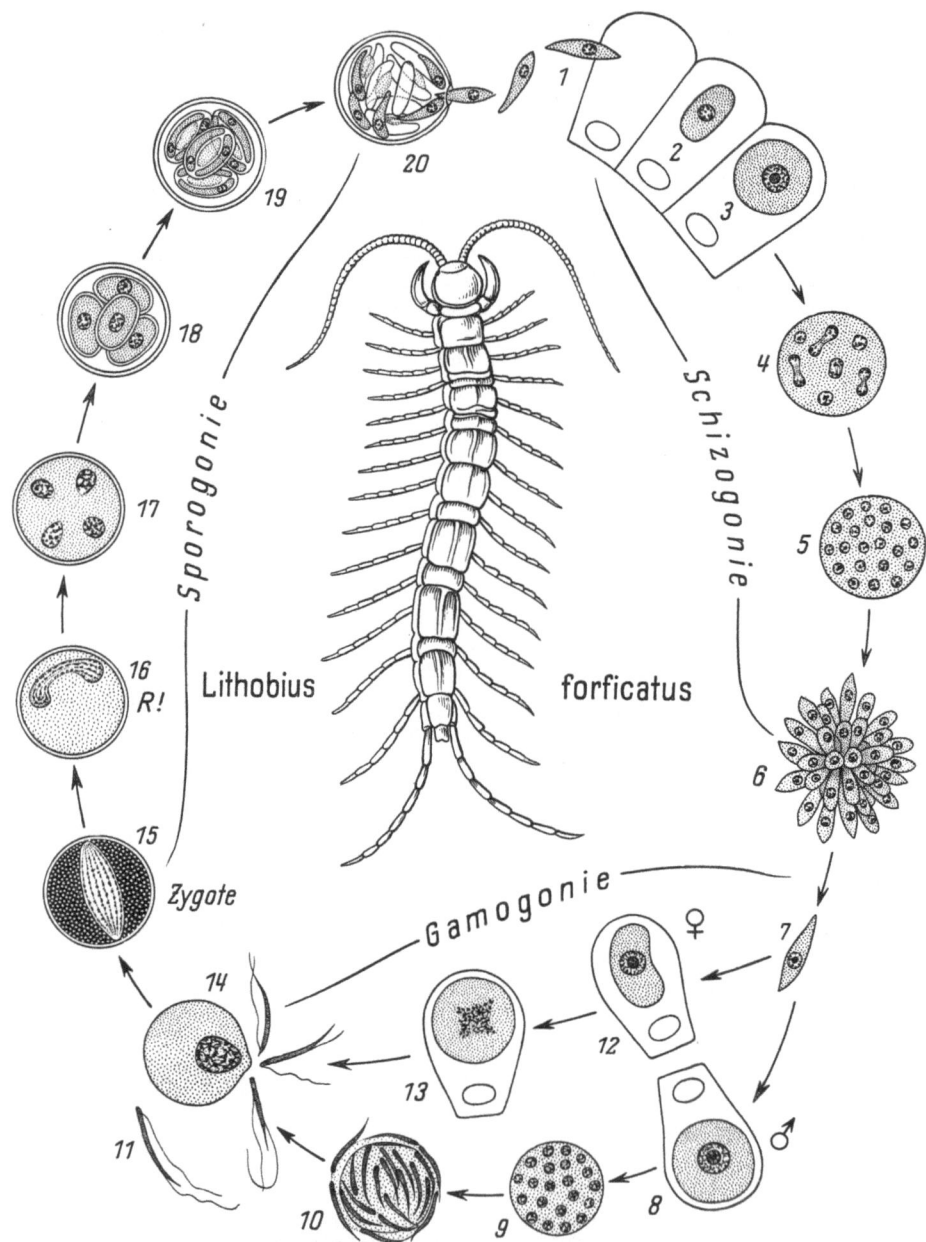

Abb. 382. *Eimeria schubergi* SCHAUDINN. Entwicklungsgang. Die ganze Entwicklung findet im Darmepithel des Tausendfußes *Lithobius forficatus* statt. Dieser nimmt die Oocysten mit der Nahrung auf. In der Oocyste schlüpfen die Sporozoiten zunächst aus den Sporen und gelangen dann durch eine besondere Öffnung der Oocyste (Mikropyle) in das Darmlumen. Die Sporozoiten (*1*) dringen in die Darmepithelzellen ein, wo sie zu Schizonten heranwachsen (*2, 3*). Bei Ausbildung der Merozoiten (*4—6*) fallen die Schizonten gewöhnlich aus den Darmepithelzellen heraus. Von einem bestimmten Infektionsgrad an entstehen Gamonten. Die Makrogamonten wandeln sich unmittelbar in Makrogameten um (*12, 13*) während die Mikrogamonten durch Vielteilung zahlreiche, begeißelte Mikrogameten liefern (*8—11*). Bei der Befruchtung (*14*) bildet der Makrogamet eine Art ,,Empfängnishügel" aus. Die Sporogonie (*15—20*) besteht wie bei den übrigen Coccidien in zwei Phasen, führt aber nur zur Entstehung von vier Sporen, von denen jede zwei Sporozoiten enthält. Im Anschluß an SCHAUDINN, 1900

1. Familie: Eimeridae. Makro- und Mikrogamonten entwickeln sich getrennt voneinander. Zwei Phasen der Sporogonie.

Eimeria. Oocyste mit vier Sporen. Jede Spore enthält zwei Sporozoiten. Ohne Wirtswechsel.
  E. schubergi SCHAUDINN (Abb. 382). Im Darmepithel des Tausendfußes *Lithobius forficatus*.
  E. stiedae LINDEMANN. Erreger der Kaninchencoccidiose.

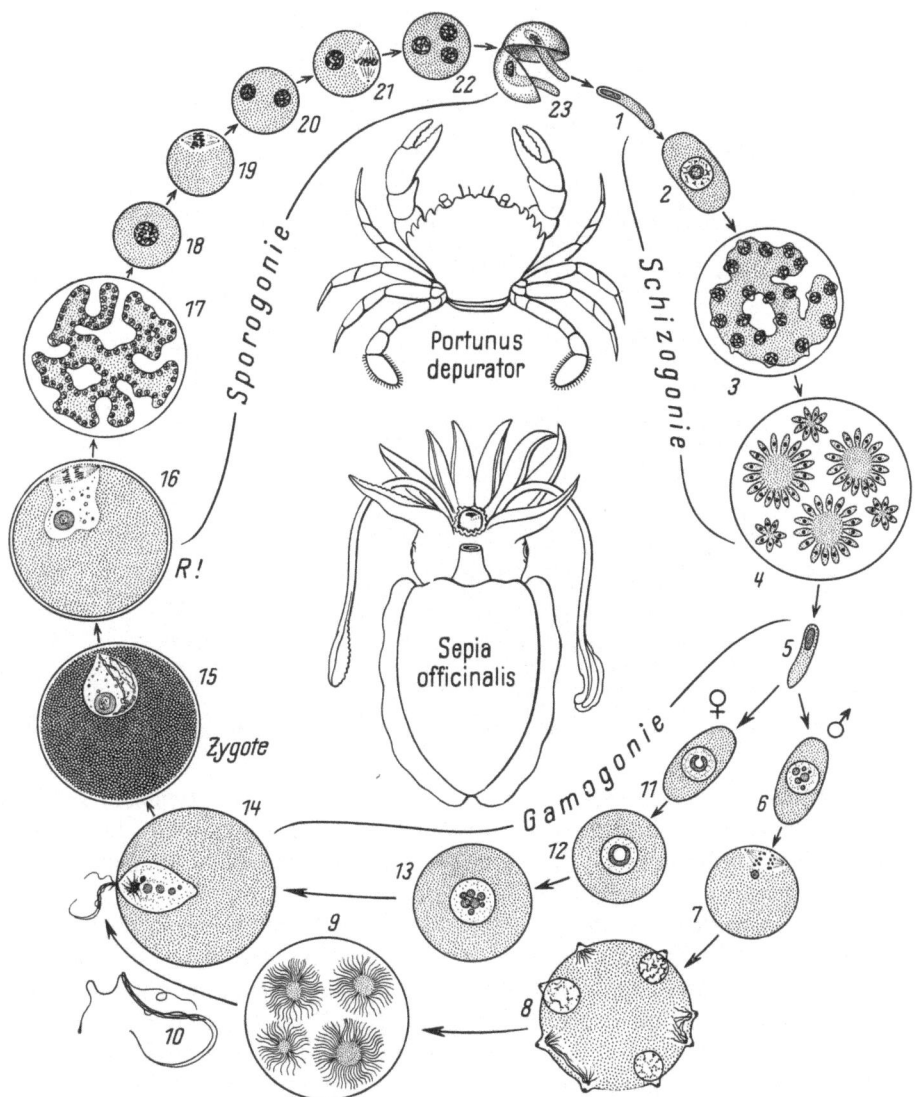

Abb. 383. *Aggregata eberthi* LABBÉ. Entwicklungsgang. Die Entwicklung ist mit einem Wirtswechsel verbunden. Die Schizogonie (*1—4*) findet in einer Schwimmkrabbe, z. B. in der Art *Portunus depurator* statt. Die Schizonten wachsen hier in den den Darm umkleidenden Bindegewebszellen heran. Sobald die Krabbe von dem Tintenfisch *Sepia officinalis* gefressen worden ist, dringen die Merozoiten durch die Darmwand in Zellen der Submucosa ein. Hier wachsen sie zu den Gamonten heran. Aus den Makrogamonten gehen die Makrogameten hervor, die besonders groß sind (*11—14*), während die Mikrogamonten zahlreiche zweigeißelige Mikrogameten erzeugen, die mit einer undulierenden Membran versehen sind (*6—10*). Durch die erste Phase der Sporogonie (*15—17*) werden sehr viele kugelige Sporen gebildet, in denen drei Sporozoiten entstehen (*18—23*). Die Infektion erfolgt nicht durch Oocysten, sondern durch Sporen. Nach den Untersuchungen von DOBELL, 1925 [259]

Die Parasiten befallen die Gallengangepithelien in der Leber von Haus- und Wildkaninchen. Sie rufen dadurch Wucherungen des Wirtsgewebes („Coccidienknoten") hervor, die häufig zum Tode führen. Andere *E.*-Arten der Kaninchen (z. B. *E. perforans* LEUCKART, *E. magna* PÉRARD) schmarotzen im Dünndarmepithel.

E. zürni RIVOLTA. Erreger der „roten Ruhr" der Rinder.

E. tenella RAILLET et LUCET und andere Arten. Erreger der Geflügelcoccidiose.

Isospora. Oocyste mit zwei Sporen. Jede Spore enthält vier Sporozoiten.

I.-Arten kommen bei Hunden und Katzen vor. Beim Menschen werden gelegentlich Infektionen mit *I. belli* oder *I. hominis* beobachtet, die aber nicht zu schweren Krankheitserscheinungen führen.

Aggregata. Die Übertragung auf einen anderen Wirt erfolgt nicht durch Oocysten, sondern durch Sporen, die in großer Zahl in jeder Oocyste gebildet werden. Wirtswechsel zwischen Krabbe (Schizogonie) und Tintenfisch (Gamogonie und Sporogonie).

A. eberthi LABBÉ (Abb. 383). Wirtswechsel zwischen dem Tintenfisch *Sepia officinalis* und Krabben der Gattung *Portunus* (z. B. *P. depurator*).

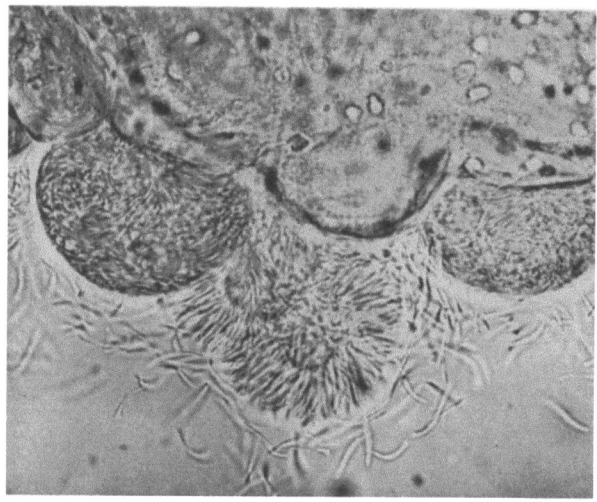

Abb. 384. *Plasmodium vivax* GRASSI et FELETTI. Reife und geplatzte Oocysten mit frei gewordenen Sporozoiten an der Darmwand von *Anopheles maculipennis*. Lebendaufnahme von WEYER und PLETT aus RUGE, MÜHLENS ZUR VERTH, 1942

2. Familie: **Haemosporidae**. Makro- und Mikrogamonten entwickeln sich getrennt voneinander. Blutparasiten mit Wirtswechsel. Infolge der besonderen Übertragungsweise besteht die Sporogonie nur in *einer* Phase und ist nicht mit der Ausbildung von Sporen verbunden.

Die Hämosporidien führen einen Wirtswechsel zwischen einem Wirbeltier und einem blutsaugenden Zweiflügler durch. Im Wirbeltier befallen sie in erster Linie das Blutgefäßsystem. Ihre Entwicklung ist aber hier im wesentlichen auf die Schizogonie beschränkt, während Gamogonie und Sporogonie im Insekt stattfinden. Die Übertragung erfolgt nicht durch Sporen, sondern dadurch, daß das Insekt beim Stechakt die Sporozoiten unmittelbar in die Blutbahnen des Wirbeltieres einspritzt. Hier dringen die Sporozoiten wahrscheinlich zunächst immer in die die Blutgefäße auskleidenden Endothelzellen oder in andere Gewebszellen ein. Nach der Schizogonie, die sich auf die Gewebszellen beschränken oder in den roten Blutkörperchen fortsetzen kann, entstehen Gamonten, welche vom Insekt beim Blutsaugen aufgenommen werden. Die Ausbildung der Mikrogameten und die Befruchtung finden im Darm des Insekts statt. Die Zygote ist amöboid beweglich (Wanderzygote,

Ookinet) und entwickelt sich an der Darmwand zur Oocyste. In der Oocyste entstehen die Sporozoiten, welche durch Platzen der Oocyste in die Leibeshöhle gelangen (Abb. 384) und in die Speicheldrüse des Insekts eindringen.

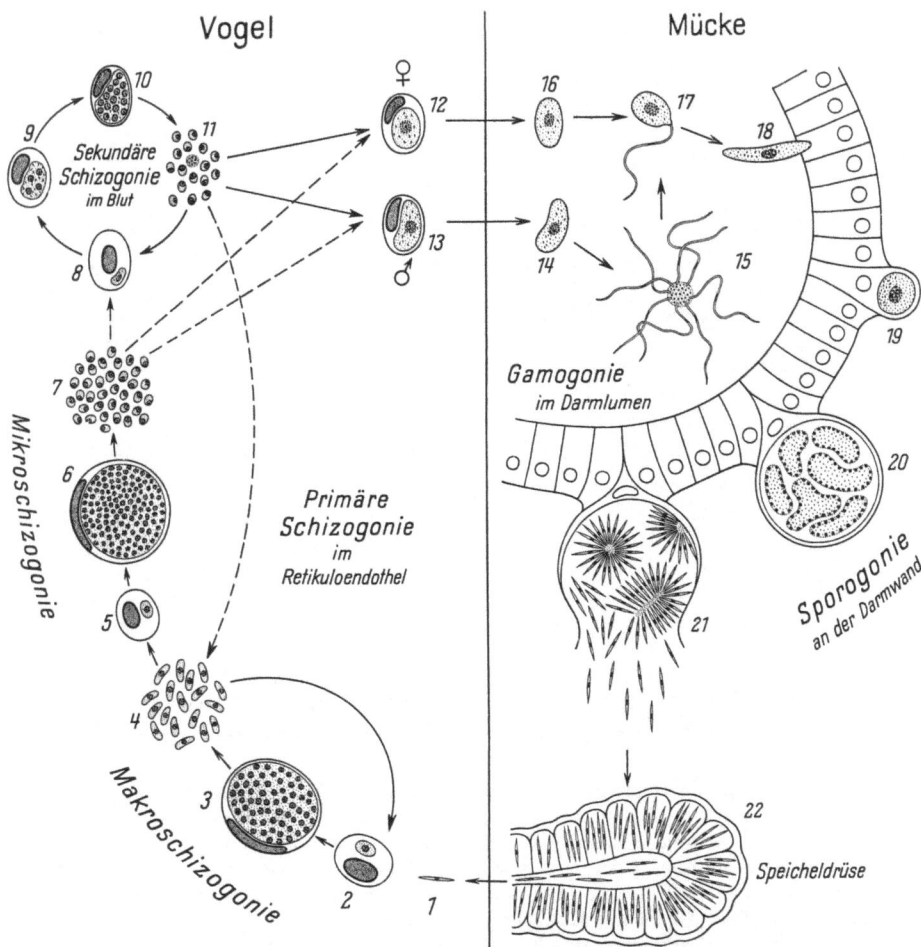

Abb. 385. *Plasmodium praecox* GRASSI et FELETTI. Entwicklungsgang. Die Entwicklung ist mit einem Wirtswechsel verbunden. Die Schizogonie (*1—13*) spielt sich in einem Singvogel, die Gamogonie (*14—18*) und die Sporogonie (*19—22*) in einer Stechmücke der Gattung *Culex* ab. Die mit dem Speichel der Mücke in die Blutbahnen des Vogels gelangten Sporozoiten entwickeln sich zunächst in Zellen des reticuloendothelialen Systems oder in Phagocyten zu Schizonten (*1—3*). Diese liefern verhältnismäßig große und plasmareiche Merozoiten und werden deshalb als Makroschizonten bezeichnet. Die Makromerozoiten (*4*) können wieder andere Gewebszellen befallen. Während sich diese Makroschizogonie wiederholt, wächst bereits ein Teil der Makromerozoiten zu Schizonten heran, welche kleinere und plasmaärmere Merozoiten hervorbringen (*5—7*). Diese heißen daher Mikroschizonten. Die Mikromerozoiten dringen normalerweise nicht mehr in Gewebszellen ein, sondern befallen die roten Blutkörperchen. Mit fortschreitender Infektion wird die Makroschizogonie mehr und mehr durch die Mikroschizogonie ersetzt. Auf diese Weise wird der Blutbefall immer stärker. In den roten Blutkörperchen spielen sich weitere Schizogonie-Cyclen ab (*8—11*). Ein Teil der von den Mikroschizonten abstammenden Merozoiten, wandelt sich unmittelbar in Geschlechtsformen (Gamonten) um. Die Gamonten können aber auch aus Merozoiten hervorgehen, welche bei der erythrocytären Schizogonie gebildet werden. Gelegentlich scheint es auch vorzukommen, daß sich erythrocytäre Merozoiten wieder in Makromerozoiten verwandeln, so daß ein sekundärer Befall des Reticuloendothels erfolgt. Wenn die Mücke das Blut des Vogels beim Stechakt aufnimmt, werden die Stadien der Schizogonie in ihrem Darm verdaut. Nur die Gamonten entwickeln sich weiter. Der Mikrogamont bildet etwa 4—8 fadenförmige Mikrogameten aus, welche sich lebhaft schlängelnd umherbewegen (*14,15*). Nach der Befruchtung (*17*) dringt die Zygote, welche amöboid beweglich ist (Ookinet, *18*), in eine Darmepithelzelle ein, in der sie zu einer großen Oocyste heranwächst. Dabei rückt die Wirtszelle aus dem Epithelverband heraus und geht schließlich zugrunde. In den Oocysten entstehen ohne Sporenbildung zahlreiche Sporozoiten (*19—21*). Sobald die Oocyste reif ist, entleert sie ihren Inhalt in die Leibeshöhle. Die Sporozoiten schwimmen in der Leibeshöhlenflüssigkeit zu den Speicheldrüsen, in deren Zellen sie eindringen (*22*). Schließlich sammeln sie sich dann im Lumen der Speicheldrüse an. Nach den Untersuchungen verschiedener Autoren, insbesondere MUDROW und REICHENOW, 1944 [*711*]

Haemoproteus. Schizogonie ausschließlich in den Endothelzellen der Blutgefäßcapillaren (hauptsächlich der inneren Organe). Nach mehrfacher Wiederholung der Schizogonie entstehen Gamonten, welche in die roten Blutkörperchen eindringen und von dem Insekt beim Blutsaugen aufgenommen werden. Gamogonie und Sporogonie wie bei der folgenden Gattung.

H. columbae KRUSE. In der Taube und der auf ihr schmarotzenden Lausfliege *Lynchia maura*.

H. oryzivorae ANSCHÜTZ. Im Reisfinken.

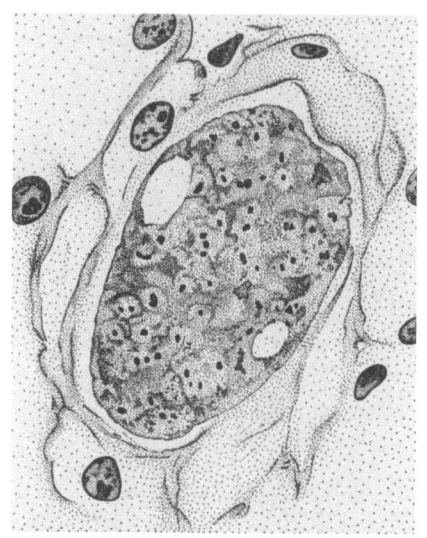 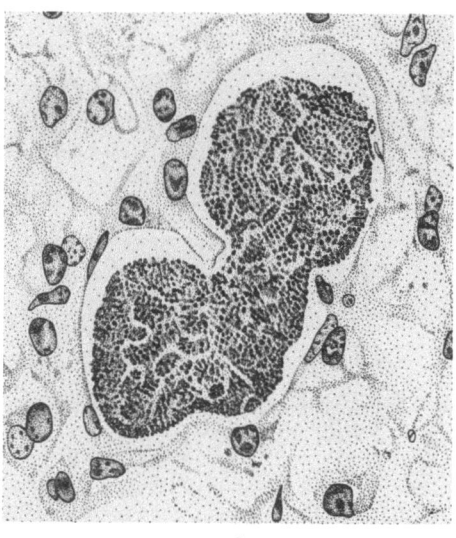

a   b

Abb. 386. Schizonten im Leberparenchym des Menschen. a *Plasmodium vivax* (7. Tag nach der Infektion) Vergr. 1200×. b *Plasmodium falciparum* (6. Tag nach der Infektion) Vergr. 800×. CARNOY, Giemsa. a Nach SHORTT und GARNHAM, 1948; b nach SHORTT, FAIRLEY, COVELL, SHUTE und GARNHAM, 1951

Plasmodium. Schizogonie zunächst in Gewebszellen (primäre oder präerythrocytäre Schizogonie), später in roten Blutkörperchen (sekundäre oder erythrocytäre Schizogonie).

Arten der Gattung *Plasmodium* kommen bei Reptilien, Vögeln und Säugetieren (Fledermäusen, Mäusen, Primaten) vor. Ihre Übertragung erfolgt durch Stechmücken.

P. praecox GRASSI et FELETTI (Abb. 385). Wirbeltierwirt: Singvögel; wirbelloser Wirt: *Culex*-Arten. Diese Art ist auf Kanarienvögel übertragbar und hat daher als Laboratoriumsobjekt für die Aufklärung des Entwicklungsganges [*711, 891*] und die Prüfung der Malariaheilmittel eine große Rolle gespielt.

P. berghei VINCKE et LIPS. Wirbeltierwirt: afrikanische Wildratten; wirbelloser Wirt: *Anopheles*-Arten. Auf Ratten, Mäuse und Goldhamster als Labortiere übertragbar.

Beim Menschen kommen vier *P.*-Arten vor, welche die sog. *Malariaerkrankungen* hervorrufen. Alle werden durch Mücken der Gattung *Anopheles* übertragen. Zum Unterschied von den Vogelmalaria-Arten (z. B. *P. praecox*) spielt sich bei den im Menschen vorkommenden Arten wenigstens ein Teil der präerythrocytären Entwicklung in Parenchymzellen der Leber ab (Abb. 386).

P. vivax GRASSI et FELETTI, *P. ovale* STEPHENS. Erreger der Malaria tertiana.

P. malariae LAVERAN. Erreger der Malaria quartana.

P. falciparum WELCH. Erreger der Malaria tropica.

Im Blutausstrich eines Patienten lassen sich *P. vivax*, *P. malariae* und *P. falciparum* an den in Abb. 387 (S. 433) zusammengestellten Merkmalen voneinander unterscheiden.

Die *Malariaerkrankungen* sind unter allen von Protozoen hervorgerufenen Seuchen für den Menschen am unheilvollsten. Sie sind vor allem in den Tropen und Subtropen verbreitet, kommen aber auch in bestimmten Gebieten der gemäßigten Zonen vor. Kennzeichnend

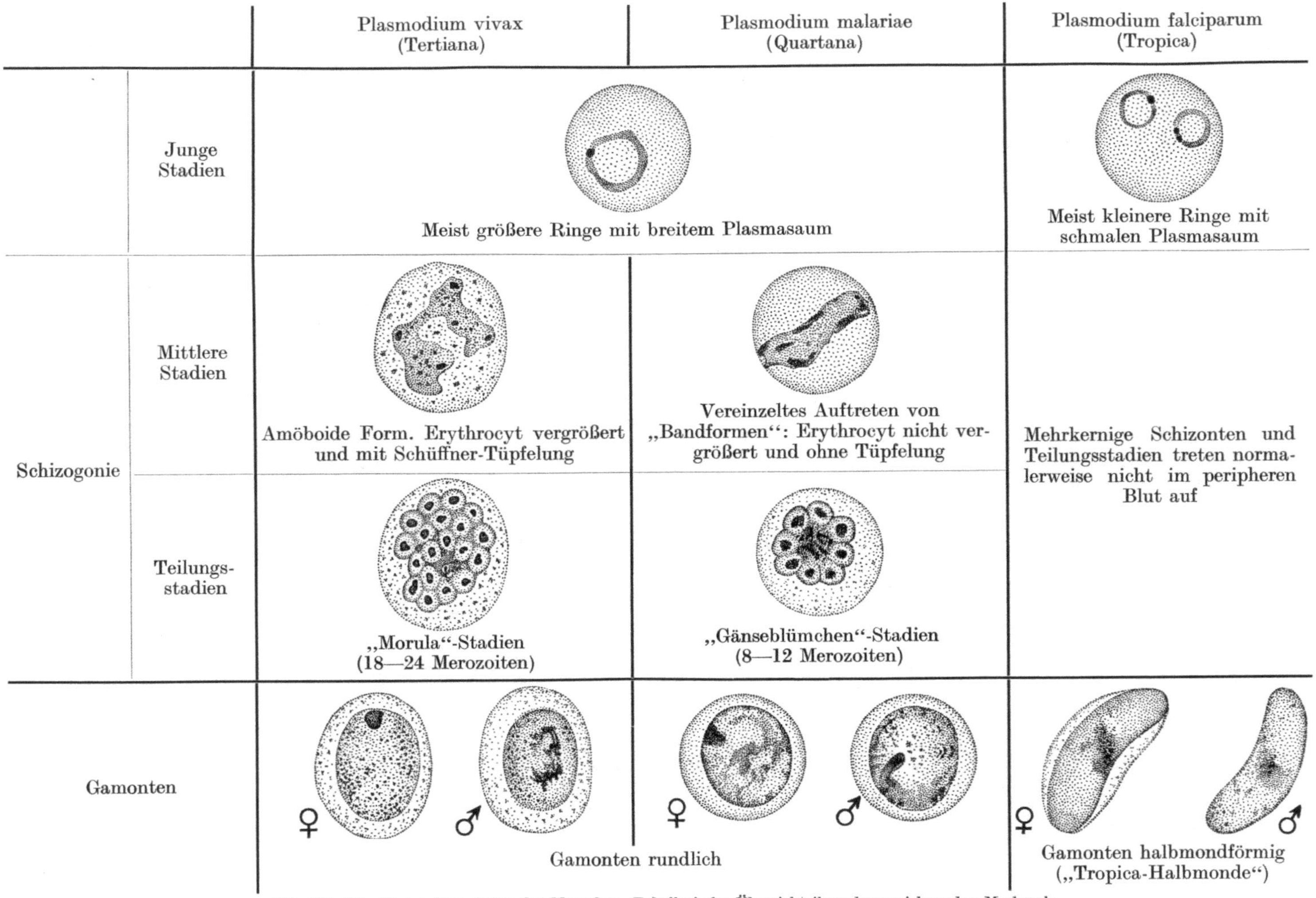

	Plasmodium vivax (Tertiana)	Plasmodium malariae (Quartana)	Plasmodium falciparum (Tropica)
Schizogonie — Junge Stadien	Meist größere Ringe mit breitem Plasmasaum		Meist kleinere Ringe mit schmalen Plasmasaum
Schizogonie — Mittlere Stadien	Amöboide Form. Erythrocyt vergrößert und mit Schüffner-Tüpfelung	Vereinzeltes Auftreten von „Bandformen". Erythrocyt nicht vergrößert und ohne Tüpfelung	Mehrkernige Schizonten und Teilungsstadien treten normalerweise nicht im peripheren Blut auf
Schizogonie — Teilungsstadien	„Morula"-Stadien (18—24 Merozoiten)	„Gänseblümchen"-Stadien (8—12 Merozoiten)	
Gamonten	Gamonten rundlich ♀ ♂	Gamonten rundlich ♀ ♂	Gamonten halbmondförmig („Tropica-Halbmonde") ♂ ♀

Abb. 387. Die *Plasmodium*-Arten des Menschen. Tabellarische Übersicht ihrer kennzeichnenden Merkmale

sind die periodischen Fieberanfälle, welche sich bei der Tertiana jeden zweiten Tag und bei der Quartana jeden dritten Tag wiederholen. Bei der Tropica sind die Anfälle unregelmäßiger und können jeden Tag stattfinden. Diese Periodizität, welche zu dem Namen ,,Wechselfieber" geführt hat, beruht darauf, daß die erythrocytären Schizogonien mehr oder weniger synchron verlaufen. Die Fieberanfälle folgen unmittelbar nach dem Freiwerden der Merozoiten. Während der präerythrocytären Phase der Parasitenentwicklung, welche etwa ein bis zwei Wochen dauert, sind noch keine Krankheitserscheinungen zu beobachten (Präpatenzzeit). In manchen Fällen kann sich diese Phase über Monate erstrecken, bevor der Blutbefall erfolgt (Spätmanifestation). Auch die Rückfälle (Rezidive), welche vor allem für die Quartana charakteristisch sind, lassen sich darauf zurückführen, daß das Blut erneut von latenten präerythrocytären Stadien befallen wird. Die Pathogenität beruht in erster Linie auf den erythrocytären Schizogonien. Sie bewirken nicht nur eine Zerstörung der roten Blutkörperchen, sondern führen auch zu einer Vergiftung des Blutes durch die Zerfallsprodukte der Erythrocyten und Schizonten-Restkörper. Die Gefahr der Malariaerkrankungen liegt aber weniger in der Schwere der Einzelfälle als vielmehr darin, daß beim Fehlen geeigneter Bekämpfungsmaßnahmen in den ,,Malariagebieten" große Teile der Bevölkerung alljährlich durch sie geschwächt werden. Die Sterblichkeit ist verhältnismäßig gering, selbst bei der Tropica, welche im allgemeinen den schwersten Verlauf nimmt.

Die *Geschichte der Malariaforschung* [712, 888] beginnt mit der Entdeckung des Erregers durch LAVERAN, 1880. Bald darauf beschrieb GOLGI, 1885, den Ablauf der erythrocytären Schizogonie. Verschiedene Forscher (insbesondere ROSS) erkannten, daß sich ein Teil der Entwicklung in der *Anopheles*-Mücke abspielt. MCCALLUM, 1897, entdeckte die Geschlechtsformen und beobachtete die Befruchtung im Mückenmagen. Die Entwicklung der Oocysten an der Darmwand der Mücke und die Einwanderung der Sporozoiten in die Speicheldrüse wurden von GRASSI, 1898, beschrieben. SCHAUDINN, 1902, gab erstmalig eine Gesamtdarstellung der Entwicklung des *P. vivax*, wobei er die Beobachtung mitteilte, daß die Sporozoiten in die roten Blutkörperchen eindringen können. Diese Beobachtung führte zu der irrtümlichen Auffassung, daß alle Entwicklungsstadien der Malaria-Erreger bekannt seien. Die bei der Malariabehandlung der Paralyse gemachte Erfahrung, daß nach Verimpfung von Sporozoiten immer eine längere Inkubationsperiode zu beobachten ist, während sie nach Blutübertragung fehlt, brachte jedoch JAMES, 1931, auf den Gedanken, daß die Sporozoiten zunächst eine latente Entwicklung in Gewebszellen durchmachen. In den Jahren 1934—1938 wurden dann von verschiedenen Forschern derartige ,,exoerythrocytäre" Stadien bei den in Vögeln schmarotzenden *Plasmodium*-Arten gefunden. MUDROW und REICHENOW (*P. praecox, P. cathemerium*) sowie HUFF und COULSTON (*P. gallinaceum*) gelang es daraufhin (1944), die Entwicklung im Vogel restlos aufzuklären. Die ,,exoerythrocytären" Stadien wurden bei den Vogelplasmodien nur in Zellen des reticuloendothelialen Systems gefunden. Für die menschlichen *Plasmodium*-Arten konnte aber der Nachweis derartiger Stadien nicht sicher erbracht werden. Durch das Studium der in Affen vorkommenden *Plasmodium*-Arten wurde der Verdacht erweckt, daß sich bei den menschlichen *Plasmodium*-Arten ein Teil der Entwicklung in der Leber abspielt. Tatsächlich wurden dann von SHORTT und GARNHAM Schizogonie-Stadien (mit sehr großen Schizonten) von *P. vivax* (1948), später auch von *P. falciparum* (1951) in den Leberparenchymzellen des Menschen gefunden (Abb. 386).

3. Familie: Adeleidae. Makro- und Mikrogamonten vereinigen sich miteinander (Gamontogamie). Zwei Phasen der Sporogonie.

Die Adeleiden stimmen mit den Gregarinen darin überein, daß sich bereits die Gamonten paarweise zusammenlegen. Diese besitzen immer einen deutlichen Größenunterschied. Während sich der Makrogamont unmittelbar in einen Makrogameten verwandelt, führt der Mikrogamont eine oder zwei Teilungen durch, so daß nur zwei oder vier Mikrogameten gebildet werden.

Adelina deronis HAUSCHKA et PENNYPACKER (Abb. 187). In der Leibeshöhle des Oligochäten *Dero limosa*.

Klossia. Im Nierenepithel von Lungenschnecken (Abb. 388 u. 290b).
 K. helicina SCHNEIDER. In *Helix-, Cepaea-* und *Succinea*-Arten.
 K. loossi NABIH. In Wegschnecken *(Arion, Limax)*.

Karyolysus. Wirtswechsel zwischen Eidechse (Schizogonie in Endothelzellen) und Milbe (Gamogonie im Darmepithel, Sporogonie teils im Darmepithel, teils im Eidotter).
 K. lacertarum DANILEWSKY (Abb. 389).

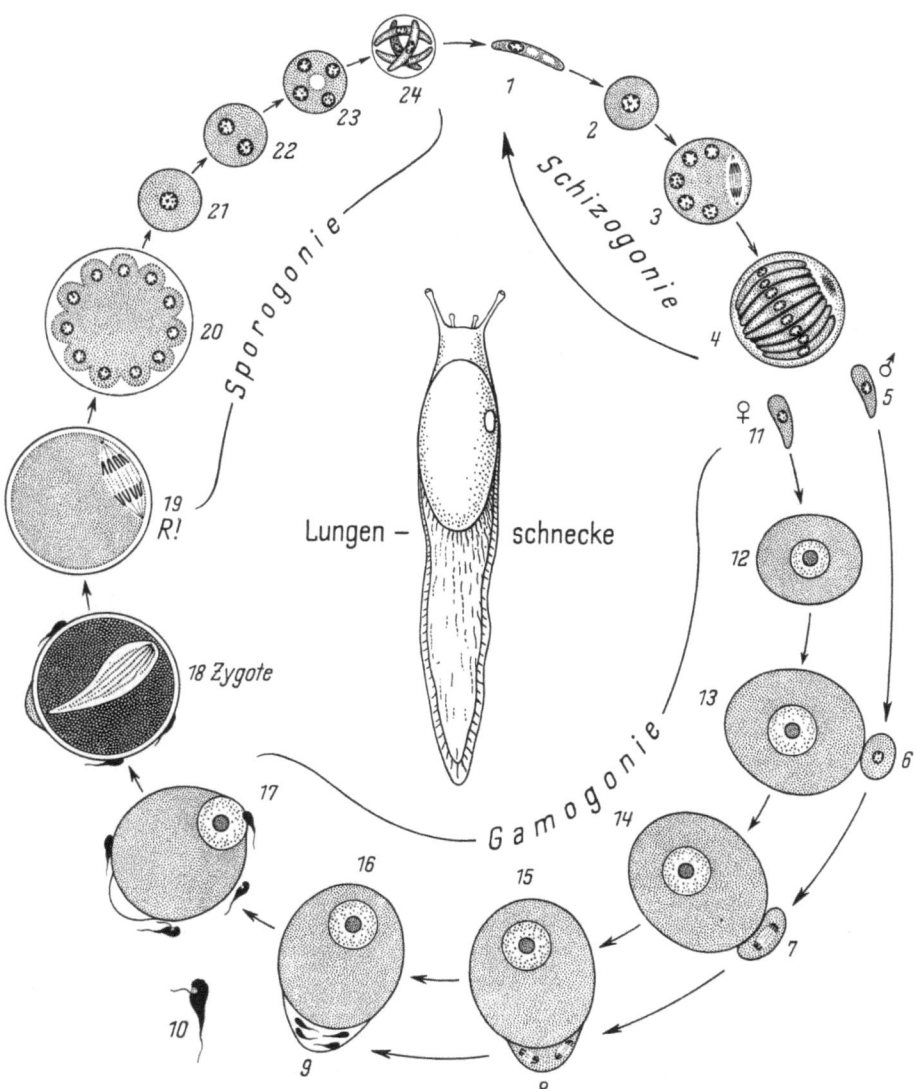

Abb. 388. *Klossia.* Entwicklungsgang. Die ganze Entwicklung spielt sich im Nierenepithel einer Lungenschnecke ab. Nachdem sich die Schizogonie *(1—4)* die hauptsächlich in den Frühjahrsmonaten stattfindet, mehrmals wiederholt hat, entstehen die Gamonten, welche sich paarweise aneinanderlegen. Die Makrogamonten entwickeln sich zu großen, eiartigen Makrogameten *(11—16),* während die Mikrogamonten, die sich den Makrogamonten linsenförmig anlegen, vier zweigeißelige Mikrogameten ausbilden *(5—10).* Einer der Mikrogameten führt die Befruchtung aus *(17).* In der Oocyste entstehen zahlreiche runde Sporen, welche vier Sporozoiten enthalten *(18—24).* Nach den Untersuchungen von NAVILLE, 1927 [*769*] und NABIH, 1938 [*733*]

Haemogregarina. Wirtswechsel zwischen Schildkröte (Schizogonie in Erythrocyten) und Blutegel (Gamogonie und Sporogonie im Darm).

H. stepanowi DANILEWSKY. In der europäischen Sumpfschildkröte *Emys orbicularis* und dem Egel *Placobdella catenigera*.

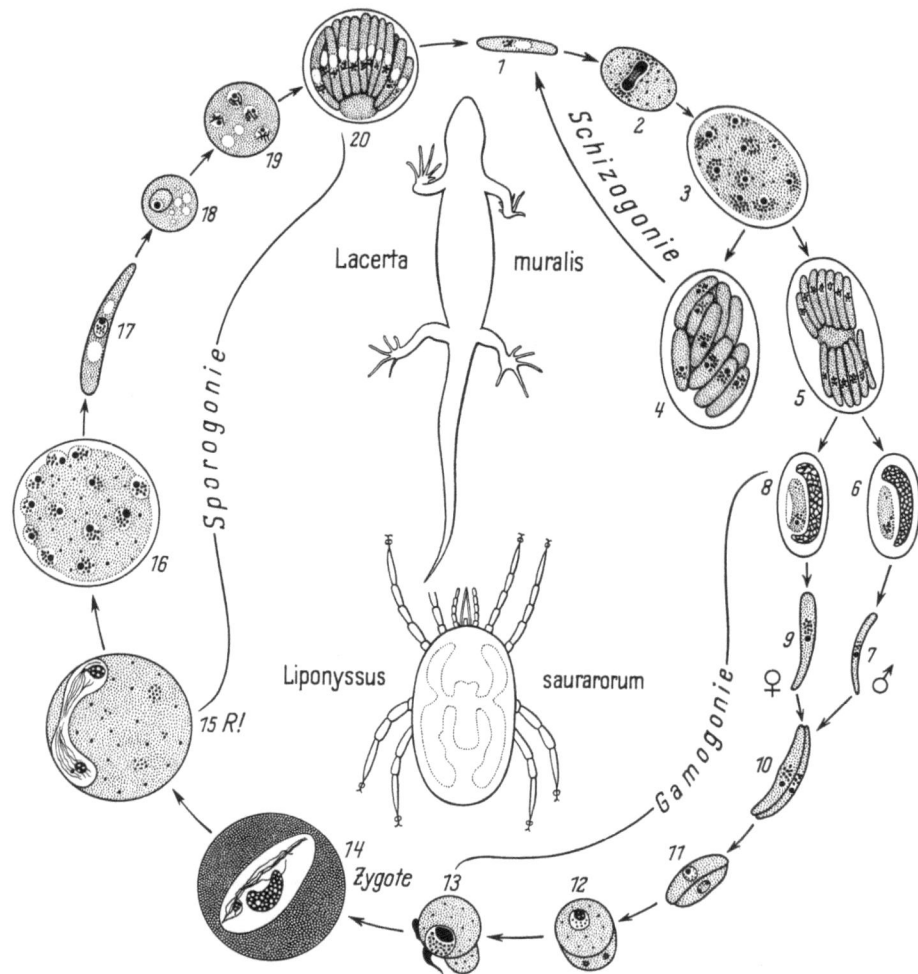

Abb. 389. *Karyolysus lacertarum* DANILEWSKY. Entwicklungsgang. Die Entwicklung ist mit einem Wirtswechsel verbunden. Die Schizogonie findet in der Mauereidechse *Lacerta muralis*, die Gamogonie und die Sporogonie in der auf ihr schmarotzenden Milbe *Liponyssus saurarorum* statt. Die Eidechsen infizieren sich, indem sie die Milben, welche die Sporen enthalten, auffressen. Die Sporozoiten dringen durch das Darmepithel in die Blutbahnen der Eidechse ein. Hier befallen sie die Endothelzellen der Blutcapillaren. Nach mehrfacher Schizogonie, bei welcher plasmareiche Merozoiten (Makromerozoiten) gebildet werden (*1—4*), entstehen schließlich schlankere und plasmaärmere Merozoiten (Mikromerozoiten, *5*), die in den roten Blutkörperchen eindringen und hier zu Gamonten heranwachsen (*6, 8*). Diese werden von der Milbe beim Blutsaugen aufgenommen. Durch Verdauung der Blutkörperchen werden die Gamonten frei (*7, 9*) und legen sich paarweise der Länge nach aneinander (*10*). In dieser Form dringen die Gamonten in eine Darmepithelzelle ein. Während der Makrogamont stärker heranwächst und zum Makrogameten wird, führt der Mikrogamont eine Kernteilung durch, so daß nur zwei Mikrogameten gebildet werden (*11—13*). Nach der Befruchtung wächst die Zygote weiter heran (*14*). Am Ende der ersten Phase der Sporogonie entstehen keine Sporen in der Oocyste, sondern große, wurmartige Stadien, die als Sporokineten bezeichnet werden (*15—17*). Diese sind beweglich und dringen in die Eier der Milbe ein. Hier führen sie noch eine kurze Wachstumsphase durch, kugeln sich aber schließlich ab und umgeben sich mit einer Membran (*18—20*). Von jetzt ab kann man sie als Sporen bezeichnen. In der Spore werden etwa 20—30 Sporozoiten gebildet. Nach den Untersuchungen von REICHENOW, 1921 [*887*]

Vierte Klasse:
Ciliata

CANELLA, M. F.: Studi e ricerche sui tentaculiferi nel quadro della biologia generale. Ann. Univ. Ferrara (N. S. Sect. III) 1 (1957).
COLLIN, B.: Etudes monographiques sur les Acinétiens. I, II. Arch. Zool. exp. gén. **48, 51** (1911—1912).
CORLISS, J. C.: The ciliated protozoa: Characterization, classification, and guide to the literature. New York: Pergamon Press 1961.
DRAGESCO, J.: Ciliés Mésopsammiques Littoraux. Travaux de la station biologique de Roscoff **12**, (1960).
KAHL, A.: Ciliata libera et ectocommensalia. In: GRIMPE-WAGLER: Die Tierwelt der Nord- und Ostsee. II. Leipzig: Akadem. Verlagsges. 1933.
— Ciliata entocommensalia et parasitica. In: GRIMPE-WAGLER: Die Tierwelt der Nord- und Ostsee. II. Leipzig: Akadem. Verlagsges. 1934.
— Suctoria: In: GRIMPE-WAGLER: Die Tierwelt der Nord- und Ostsee. II. Leipzig: Akadem. Verlagsges. 1934.
— Urtiere oder Protozoa. I. Wimpertiere oder Ciliata (Infusoria). In: DAHL, F.: Die Tierwelt Deutschlands. Jena: Fischer 1935.
LEPSI, J.: Die Infusorien des Süßwassers und Meeres. Berlin-Lichterfelde: Bermühler 1926.
MATTHES, D., u. F. WENZEL: Wimpertiere (Ciliata). (Einführung in die Kleinlebewelt.) Stuttgart: Kosmos-Verlag 1966.

Die Ciliaten besitzen zwei verschiedene Arten von Zellkernen: generative Mikronuclei und somatische Makronuclei *(Kerndualismus)*[25]. Ihre Fortbewegung erfolgt durch *Wimpern (Cilien)*, die koordiniert schlagen. Die ungeschlechtliche Fortpflanzung ist eine Zwei- oder Vielteilung, die geschlechtliche eine *Conjugation*. Bei manchen Arten kommt Autogamie vor.

Die ersten vier Ordnungen werden vielfach als *Euciliaten* zusammengefaßt, weil sie ständig Wimpern besitzen, während die *Suktorien* nur als Schwärmer bewimpert sind.

1. Ordnung:
Holotricha

Körper meist allseitig bewimpert. Ohne adorales Membranellenband.

1. Unterordnung: Gymnostomata

Cytostom an der Körperoberfläche, ohne besondere Strudelorganelle. Schlinger.

a) Rhabdophorina

Zellkörper im Querschnitt rund. Cytostom am Vorderende oder seitlich. Oft mit Toxicysten.

Prorodon. Zellkörper eiförmig.
   P. teres EHRENBERG (Abb. 390). Süßwasser.
Coleps. Zellkörper *tonnenförmig*. Pellicula panzerartig verstärkt und aus einzelnen Platten bestehend. Aasfresser.
   C. hirtus NITSCH. Süßwasser.
Lacrymaria. Zellkörper in ein dünnes bewegliches Vorderende mit „Kopfabschnitt" und ein breiteres Hinterende geteilt.
   L. olor MÜLLER (Abb. 391). Süßwasser.

---
[25] Eine Ausnahme bildet nur die homokaryotische Gattung *Stephanopogon* (S. 100).

Tracheloraphis. Zellkörper wurmförmig. Mit „zusammengesetztem" Zellkern (S. 101).
T. *phoenicopterus* COHN (Abb. 392). Meeressand.

Didinium. Zellkörper tonnenförmig, mit „Mundkegel". Bewimperung auf zwei Gürtelzonen beschränkt. Frißt Paramecien.
D. *nasutum* MÜLLER (Abb. 277). Süßwasser.

Loxodes. Vorderende schnabelartig umgebogen. Cytostom auf der konkaven Seite.
L. *rostrum* MÜLLER (Abb. 393). Süßwasser.

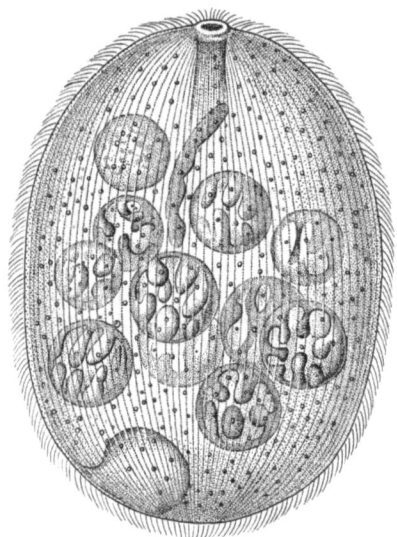

Abb. 390. *Prorodon teres* EHRENBERG. Nach LIEBERKÜHN aus BÜTSCHLI

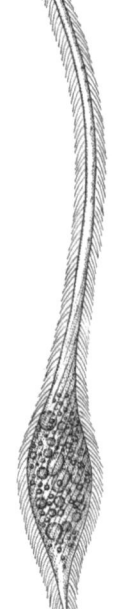

Abb. 391. *Lacrymaria olor* MÜLLER. Nach LIEBERKÜHN aus BÜTSCHLI

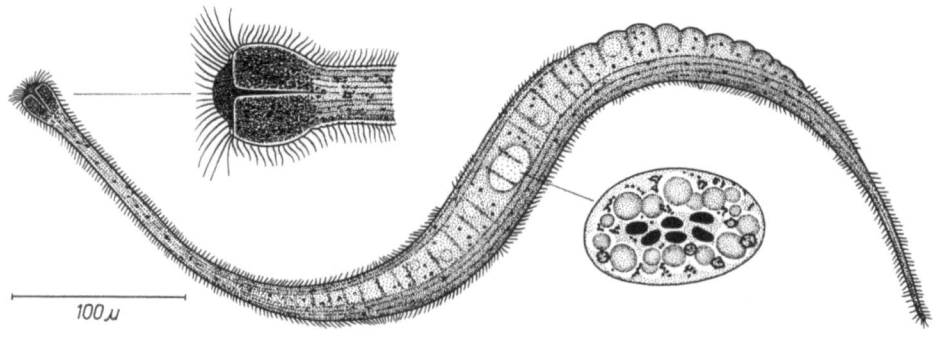

Abb. 392. *Tracheloraphis phoenicopterus* COHN. Der Maßstab bezieht sich auf das ganze Tier. Vorderende und Zellkern (vgl. Abb. 90) vergrößert dargestellt. Nach RAIKOV, 1962 [*869*]

Dileptus. Zellkörper langgestreckt, hinten zugespitzt. Vor dem seitlich liegenden Cytostom rüsselartig verschmälert.

D. anser MÜLLER (Abb. 394). Süßwasser.

Trachelius. Zellkörper kugelig, hinten abgerundet. Vor dem seitlich liegenden Cytostom fingerartig verschmälert.

T. ovum EHRENBERG (Abb. 395). Süßwasser.

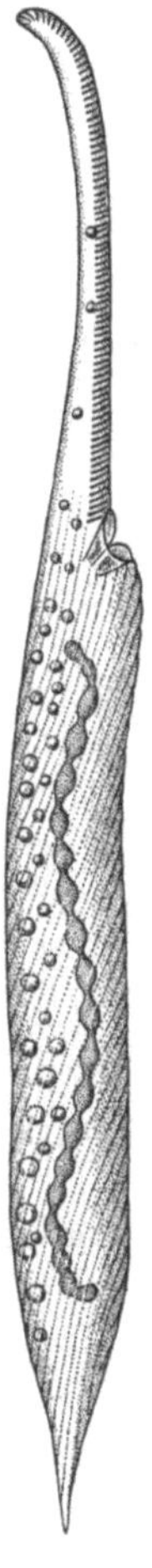

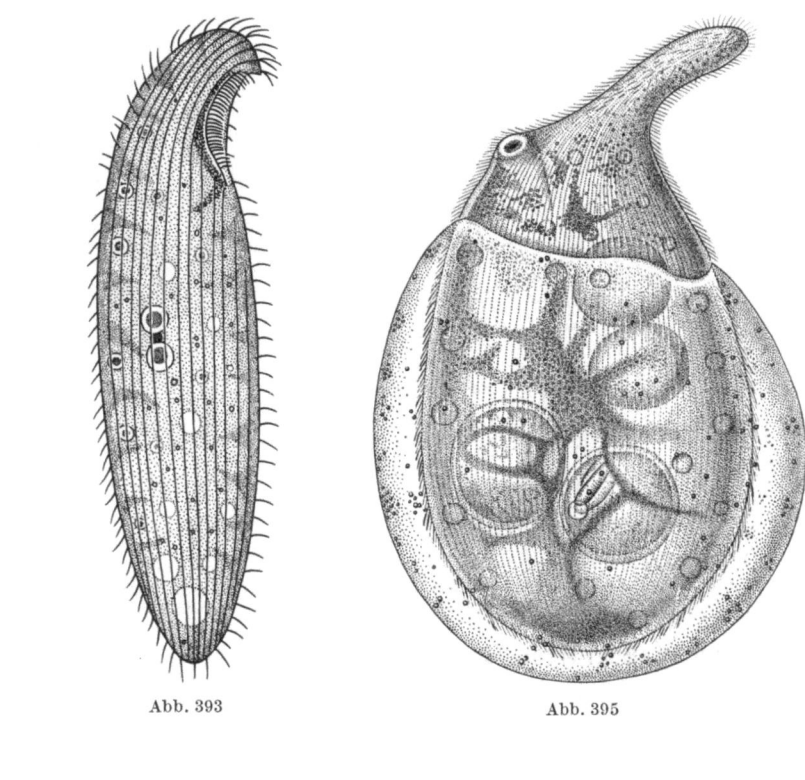

Abb. 393. *Loxodes rostrum* MÜLLER. Ein Mikronucleus (schwarz) und zwei (diploide) Makronuclei (vgl. Abb. 88). Vergr. 680×. Nach DRAGESCO, 1965 [*277*]

Abb. 394. *Dileptus anser* MÜLLER. Nach BÜTSCHLI

Abb. 395. *Trachelius ovum* EHRENBERG, aus der Cyste ausschlüpfend. Nach LIEBERKÜHN aus BÜTSCHLI

b) Cyrtophorina

Zellkörper dorsiventral abgeplattet. Cytostom ventral. „Reusenapparat" aus Trichiten zum Abkneifen von Algen.

Chilodonella. Ventralseite bewimpert.

C. uncinata EHRENBERG. Süßwasser.

Dysteria. Cytostom und Wimpern in einer Rinne. Mit besonderem Anhang (Stylus) zum Festheften.

D. monostyla EHRENBERG. Süßwasser.

2. Unterordnung: Trichostomata

Cytostom am Grunde einer Einbuchtung, in der besondere Wimperreihen zum Herbeistrudeln der Nahrung ausgebildet sind.

Colpoda. Zellkörper nierenförmig. Vermehrungscysten.
   C. cucullus MÜLLER (Abb. 396). Süßwasser.
Isotricha. Zellkörper eiförmig, hinten etwas zugespitzt.
   I. prostoma STEIN (Abb. 20). Im Wiederkäuerpansen.

Abb. 396. *Colpoda cucullus* MÜLLER. a Die ganze Zelle. Vergr. 600×. b Bereich der Mundbucht. Am Cytostom: Nahrungsvacuole. Nach MACKINNON und HAWES, 1961

3. Unterordnung: Hymenostomata

Cytostom am Grunde einer Einbuchtung, in der durch Verschmelzung von Wimperreihen entstandene Membranen ausgebildet sind.

Tetrahymena. Zellkörper birnenförmig. Kleine Mundbucht hinter dem Vorderende (mit einer undulierenden Membran und drei Membranellen).
   T. pyriformis EHRENBERG (Abb. 397). Süßwasser.
Colpidium. Zellkörper langoval. Kleine seitliche Mundbucht.
   C. campylum STOKES. Süßwasser.
Paramecium. Zellkörper langgestreckt. Die Mundbucht bildet die Fortsetzung einer tiefen seitlichen Einbuchtung (Peristom). „Pantoffeltierchen".
   P. caudatum EHRENBERG (Abb. 398).
   P. multimicronucleatum POWERS et MITCHELL.
   P. aurelia EHRENBERG.
   P. trichium STOKES.
   P. bursaria EHRENBERG.
Ophryoglena. Zellkörper zylindrisch oder eiförmig. Mundbucht seitlich mit „Uhrglaskörper". Vermehrungscysten. Große Arten (200—400 μ).
   O. atra LIEBERKÜHN. Süßwasser.
Ichthyophthirius. Zellkörper oval. Lebt parasitisch in der Haut von Süßwasserfischen, in der er zu einer Größe von etwa 800 μ heranwachsen kann. Nach kürzerer oder längerer Wachstumsphase findet eine Encystierung statt. In der Cyste, welche aus der Haut des Fisches herausfällt und zu Boden sinkt, entwickelt sich eine wechselnde Anzahl kleiner Schwärmer, welche die Fische erneut befallen.
   I. multifiliis FOUQUET (Abb. 399). Süßwasser.

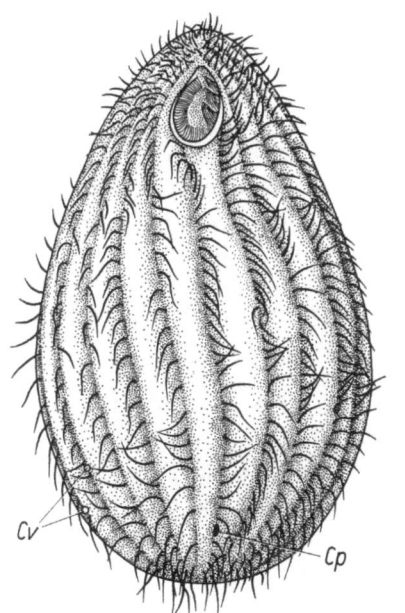

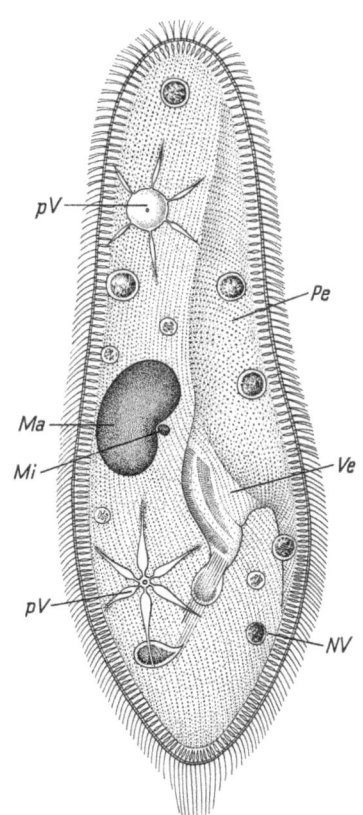

Abb. 397. *Tetrahymena pyriformis* EHRENBERG. *Cv* Poren der pulsierenden Vacuolen. *Cp* After. Vergr. 1500×. Nach MACKINNON und HAWES, 1961

Abb. 398. *Paramecium caudatum*, schematisch *Ma* Makronucleus. *Mi* Mikronucleus. *pV* Pulsierende Vacuole. *Pe* Peristom. *Ve* Vestibulum. *NV* Nahrungsvacuole. Aus KÜKENTHAL-MATTHES, etwas verändert

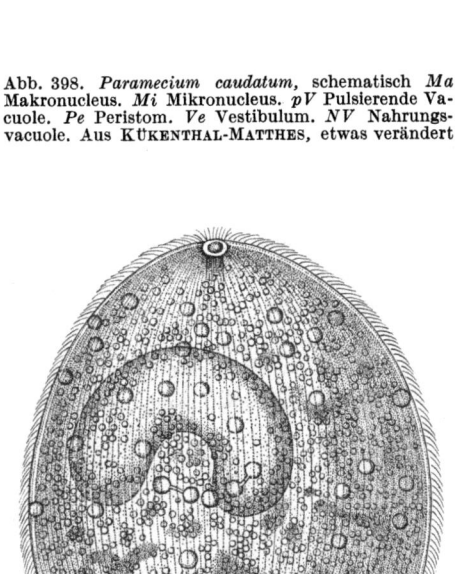

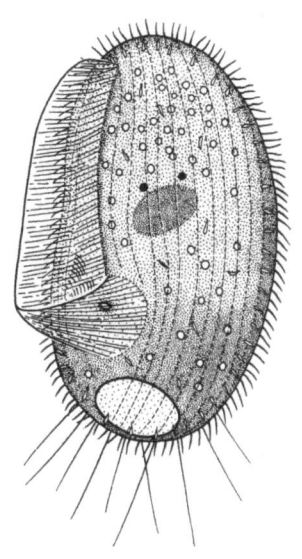

Abb. 399. *Ichthyophthirius multifiliis* FOUQUÉ. Nach BÜTSCHLI

Abb. 400. *Pleuronema marinum* DUJARDIN. Vergr. 450×. Nach DRAGESCO, 1960 [*272*]

Pleuronema. Mit großer, über den Körperrand hinausragender segelartiger Membran.
P. marinum DUJARDIN (Abb. 400). Marin.

4. Unterordnung: Astomata

Ohne Cytostom. Parasiten oder Kommensalen, welche ihre Nährstoffe durch die ganze Körperoberfläche aufnehmen. Die Fortpflanzung erfolgt meistens durch terminale Knospung. Dabei können die Tochterindividuen längere Zeit mit der Mutterzelle verbunden bleiben, so daß eine Kette von Individuen entsteht (Abb. 98c).

Die Astomata kommen hauptsächlich im Darm und in der Leibeshöhle von Oligochäten vor.

Anoplophrya lumbrici SCHRANK und
Maupasella nova CÉPÈDE. Im Darm von *Lumbricus.*
Intoshellina maupasi CÉPÈDE. Im Darm von *Tubifex.*

Die Unterordnungen der **Apostomea** und **Thigmotricha** umfassen marine Formen, welche durch ihre parasitische Lebensweise in Bau und Entwicklung stark abgewandelt sind.

2. Ordnung:
Peritricha

Vorderende des Zellkörpers zu einem scheibenförmigen Peristom erweitert, auf dem zwei in linksgewundener Spirale verlaufende Wimperreihen zum Cytostom führen. Während die innere Reihe verdoppelt sein kann, ist die äußere, deren Wimpern vor dem Cytostom zu einer undulierenden Membran verschmelzen, stets einfach. Die herbeigestrudelte Nahrung sammelt sich in einem Vestibulum, welches tief in den Zellkörper reichen kann. In das Vestibulum öffnet sich die pulsierende Vacuole. Myoneme ermöglichen das Einziehen der Peristomscheibe und andere Gestaltveränderungen des Zellkörpers (Abb. 260).

Die Fortpflanzung erfolgt durch Längsteilung. Bei den solitären Sessilia wandelt sich eine der beiden Tochterzellen zu einem, mit einem aboralen Wimperkranz ausgestatteten Schwärmer (Telotroch) um. Die Conjugation ist zu einer einseitigen Befruchtung (Anisogamontie, S. 205) abgewandelt.

Wahrscheinlich stammen die Peritrichen von Holotrichen (Hymenostomata) ab. Wegen ihrer zahlreichen Sonderanpassungen, die wohl größtenteils mit der sessilen Lebensweise zusammenhängen, ist es jedoch zweckmäßig, ihnen den Rang einer eigenen Ordnung zuzubilligen [861].

Einige Arten sind sekundär wieder zur freischwimmenden Lebensweise übergegangen.

1. Unterordnung: Sessilia. Festsitzend

a) Ohne Gehäuse

Vorticella. Einzeln lebend, mit kontraktilem Stiel.
V. nebulifera MÜLLER (Abb. 401). Süßwasser.
Epistylis. Kolonial, mit nichtkontraktilem, meist dichotom verzweigtem Stiel.
E. plicatilis EHRENBERG. Süßwasser.
Carchesium. Kolonial, mit kontraktilem Stiel. Stielmuskeln (Spasmoneme) der Einzelindividuen getrennt.
C. polypinum LINNÉ (Abb. 402). Süßwasser.

Zoothamnium. Kolonial, mit kontraktilem Stiel und gemeinsamem Stielmuskel (Spasmonem).
  Z. arbuscula EHRENBERG. Süßwasser.
  Z. alternans CLAPARÈDE et LACHMANN (Abb. 6). Marin.
  Z. pelagicum DU PLESSIS. Marin (Plankton).

b) Mit Gehäuse

Cothurnia. Gehäuse mit Stiel.
  C. astaci STEIN. Am Flußkrebs.
Vaginicola. Gehäuse ohne Stiel.
  V. terricola GREEF. In feuchtem Moos.

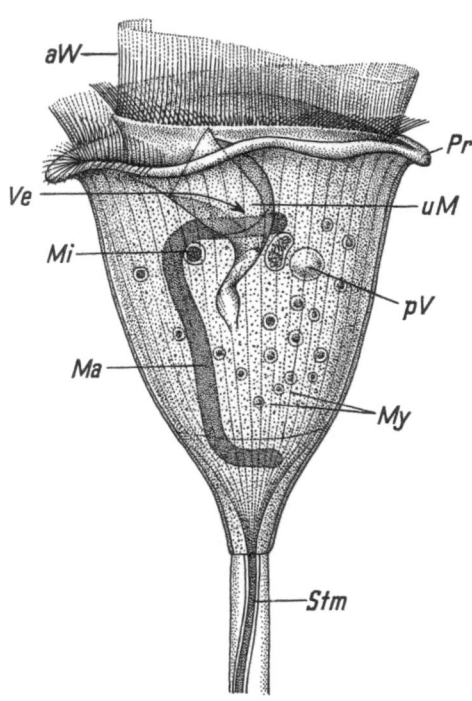

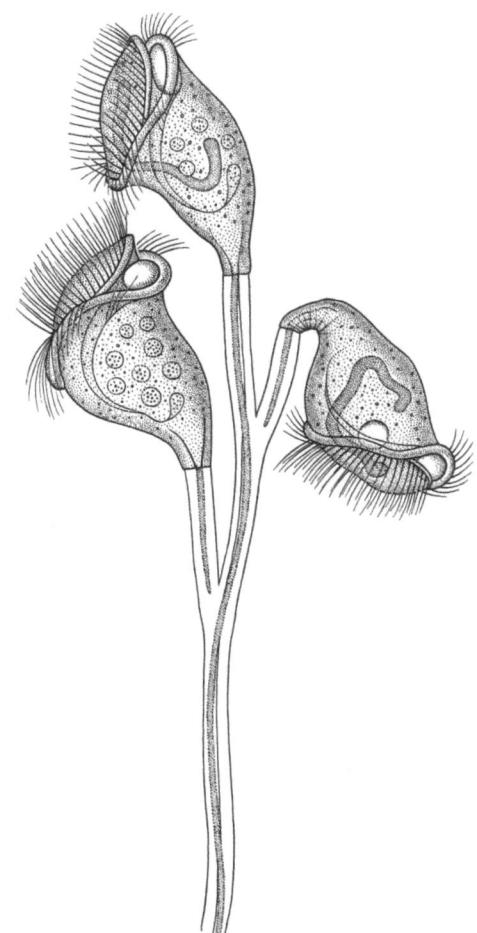

Abb. 401. *Vorticella nebulifera*, schematisch. *Ma* Makronucleus. *Mi* Mikronucleus. *aW* Adorale Wimperspirale. *Pr* Peristomrand. *Ve* Vestibulum. *uM* Undulierende Membran. *My* Myoneme. *Stm* Stielmuskel. Nach BÜTSCHLI

Abb. 402. *Carchesium polypinum* LINNÉ. Nach STEIN

2. Unterordnung: Mobilia. Freischwimmend

Trichodina pediculus EHRENBERG. Am Süßwasserpolypen („Polypenlaus").

3. Ordnung:

Spirotricha

Für die Spirotrichen ist der Besitz eines adoralen Membranellenbandes kennzeichnend, welches in rechtsläufiger Spiralwindung zum Cytostom führt.

1. Unterordnung: Heterotricha

Zellkörper im Querschnitt rund, allseitig bewimpert.

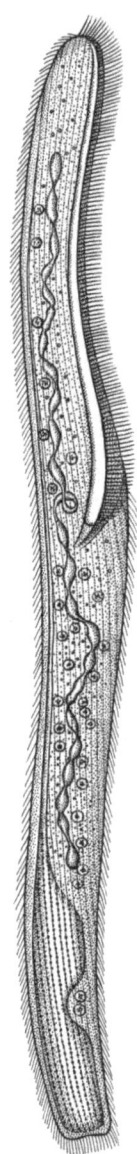
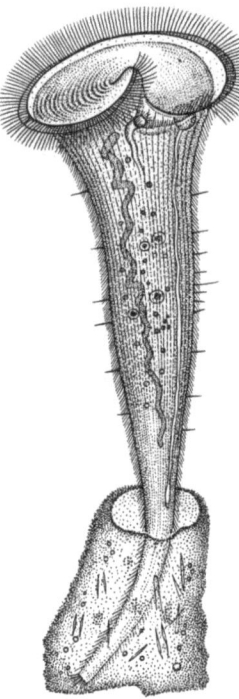
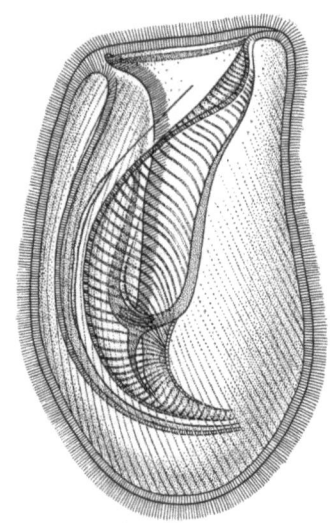

Abb. 405. *Bursaria truncatella* MÜLLER. Nach SCHUBERG aus BÜTSCHLI

Abb. 404. *Stentor roeseli* EHRENBERG. Nach STEIN aus BÜTSCHLI

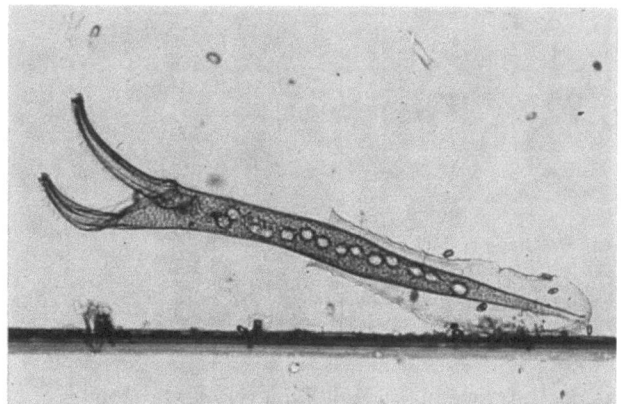

Abb. 403. *Spirostomum ambiguum* EHRENBERG. Nach STEIN aus BÜTSCHLI

Abb. 406. *Metafolliculina andrewsi* HADZI. Vergr. 100×. Aus den Filmen C 882 und E 649

Spirostomum. Zellkörper wurmförmig und kontraktil. Ohne undulierende Membran.
    S. ambiguum EHRENBERG (Abb. 403). Süßwasser (2 mm lang).
Blepharisma. Zellkörper birnenförmig. Mit undulierender Membran am rechten Peristomrand.
    B. undulans STEIN. Süßwasser.
Stentor. Vorderende zu einem trichterförmigen Peristom erweitert. Haptisch.
    S. polymorphus EHRENBERG. Durch Zoochlorellen grün gefärbt, mit rosenkranzförmigem Makronucleus.
    S. coeruleus EHRENBERG. Bläulich, mit rosenkranzförmigem Makronucleus.
    S. roeseli EHRENBERG (Abb. 404). Mit stabförmigem Makronucleus.

Bursaria. Zellkörper ei- oder beutelförmig, mit trichterartig eingesenktem, fast bis zum Hinterende reichendem Peristom.

B. truncatella MÜLLER (Abb. 405). Süßwasser (über 1 mm).

Metafolliculina. Peristom in zwei Flügel ausgezogen. In bettflaschenförmigem Gehäuse.

M. andrewsi HADZI (Abb. 406). Marin.

2. Unterordnung: Hypotricha

Zellkörper dorsiventral abgeplattet. Membranellenband auf der Ventralseite. Körpercilien zu Cirren verschmolzen (Unterseite) oder zu „Tastborsten" (Oberseite) umgestaltet.

Keronopsis. Zwei ventrale Cirrenreihen.

K. gracilis KAHL (Abb. 407). Marin.

Urostyla. Zahlreiche ventrale Cirrenreihen.

U. grandis EHRENBERG. Süßwasser.

Stylonychia. Cirren in Gruppen, mit borstenförmig abstehenden Terminalcirren.

S. mytilus MÜLLER (Abb. 257). Süßwasser.

Euplotes. Cirren in Gruppen, keine Marginalcirren.

E. patella MÜLLER. Süßwasser.

E. vannus MÜLLER (Abb. 202). Marin.

Uronychia. Mehrere, sehr kräftige Cirren bilden am Hinterende einen „Sprungapparat".

U. transfuga MÜLLER. Marin.

3. Unterordnung: Oligotricha

Körperbewimperung rückgebildet oder fehlend. Adorale Membranellen am Vorderende.

Strombidium. Ohne äquatorialen Borstenkranz.

S. arenicola DRAGESCO (Abb. 408). Marin.

Halteria. Mit äquatorialem Borstenkranz.

H. grandinella MÜLLER. Süßwasser.

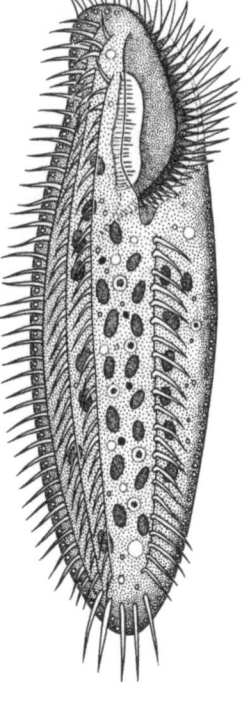

Abb. 407. *Keronopsis gracilis* KAHL. Zahlreiche Mikronuclei und Makronuclei. Vergr. 800×. Nach DRAGESCO, 1965 [277]

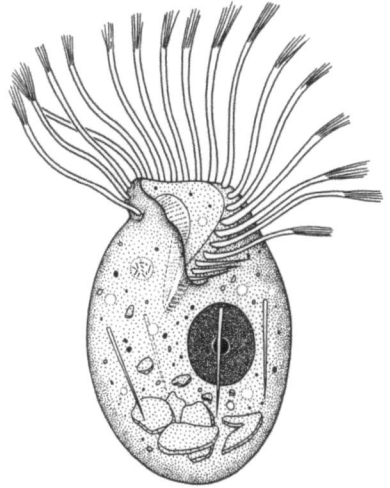

Abb. 408. *Strombidium arenicola* DRAGESCO. Vergr. 1000×. Nach DRAGESCO, 1960 [272]

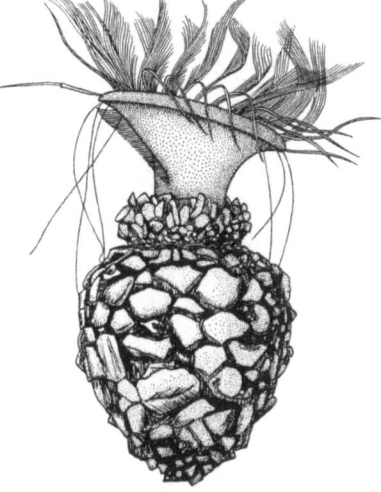

Abb. 409. *Tintinnopsis ventricosa* CLAPARÈDE et LACHMANN. Nach CORLISS, 1961 [219]

Die folgenden Gruppen werden neuerdings von den Oligotrichen abgetrennt und als besondere Unterordnungen der Spirotrichen aufgeführt. Da sie jedoch von den übrigen Spirotrichen nur durch das gleiche negative Kriterium unterschieden werden können und ihre Beziehungen untereinander unklar sind, erscheint es zweckmäßiger, sie zunächst in dieser Unterordnung zu belassen.

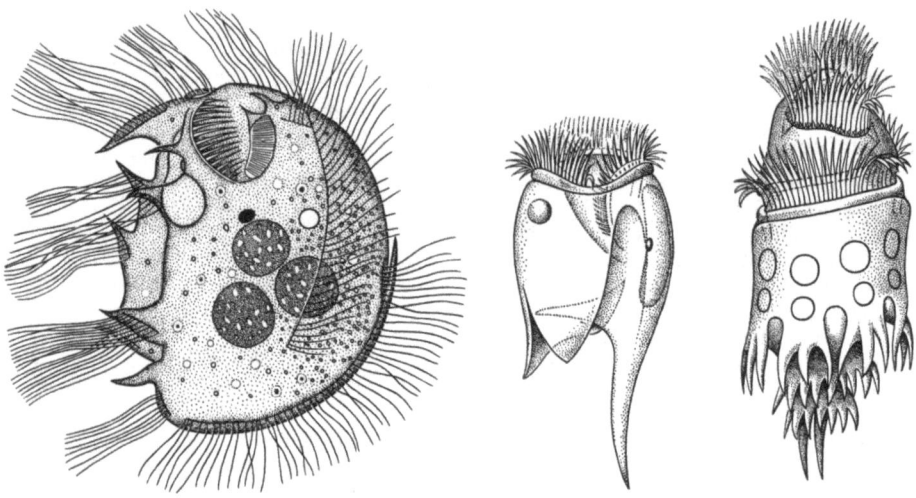

Abb. 410. *Saprodinium dentatum* LAUTERBORN. Vergr. 620×. Nach DRAGESCO, 1960 [*272*]

Abb. 411. *Entodinium caudatum* STEIN. Nach SCHUBERG

Abb. 412. *Ophryoscolex purkinjei* STEIN. Nach BÜTSCHLI

Die *Tintinnoidea* sind kleine, in einem zierlichen Gehäuse sitzende Ciliaten, welche in großer Artenzahl im Plankton, und zwar vor allem im Meeresplankton, vorkommen.

Tintinnopsis (Stenosemella) ventricosa CLAPARÈDE et LACHMANN (Abb. 409). Marin.

Die *Odontostomata* besitzen einen seitlich komprimierten, in dornenartige Fortsätze ausgezogenen Zellkörper. Pellicula panzerartig. Körperwimpern auf einzelne Gruppen beschränkt. Nur wenige, in einer Grube stehende Membranellen. In Faulschlamm.

Saprodinium dentatum LAUTERBORN (Abb. 410).

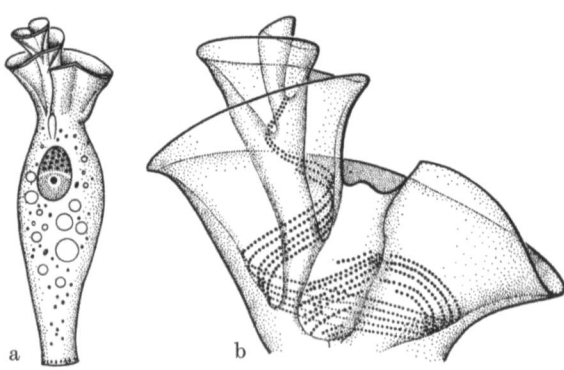

Abb. 413. *Spirochona gemmipara* STEIN. a Ausgewachsenes Individuum. Vergr. 375×. Nach HERTWIG. b Kragen mit Basalkörpern (Kinetosomen) der Wimpern. Vergr. 1500×. Nach GUILCHER, 1951 [*457*]

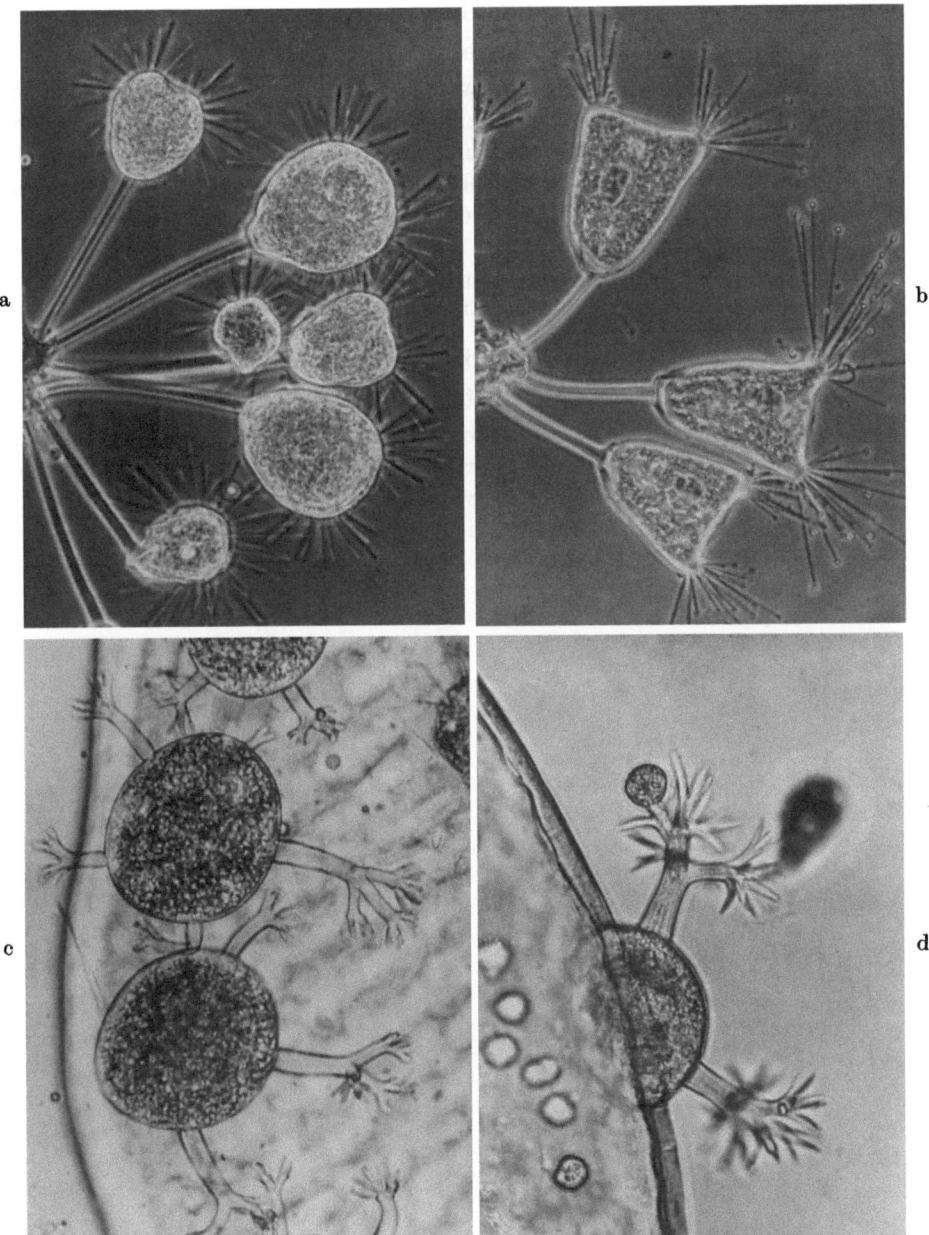

Abb. 414. Suktorien. a *Tokophrya lemnarum* STEIN. Vergr. 350×. b *Acineta tuberosa* EHRENBERG. Vergr. 240×. c, d *Dendrocometes paradoxus* STEIN auf den Kiemenblättchen von *Gammarus pulex* (c Aufsicht, d von der Seite). Vergr. 280×. Aus dem Film C 912

Die *Entodiniomorpha*, welche sich durch eine panzerartige Pellicula und bizarre Fortsätze am Hinterende auszeichnen, leben als Kommensalen im Pansen von Wiederkäuern.

Entodinium caudatum STEIN (Abb. 411).
Ophryoscolex purkinjei STEIN (Abb. 412).

4. Ordnung:
Chonotricha

Die Chonotrichen bilden eine nur wenige Gattungen und Arten umfassende Gruppe sessiler Ciliaten, deren Vorderende zu einem trichterförmigen Strudelapparat umgestaltet ist. Die hier verlaufenden Wimperreihen transportieren die Nahrung zum Cytostom. Der übrige Zellkörper ist unbewimpert. Fortpflanzung durch Knospung. Die Knospe ist ein freibeweglicher Schwärmer. Ektokommensalen auf Crustaceen.

Spirochona. Mit wendeltreppenartigem Strudelapparat.
  S. gemmipara STEIN (Abb. 413). An den Kiemenblättchen von *Gammarus pulex.*

5. Ordnung:
Suctoria

Die Suktorien sind sessile Ciliaten, die ihre Nahrung nicht durch ein Cytostom, sondern durch Tentakel aufnehmen. Fortpflanzung durch einfache oder multiple Knospung. Nur die Schwärmer sind bewimpert. Bei ihrer Metamorphose werden die Wimpern rückgebildet, während die Tentakel neu entstehen. Viele Arten bilden einen Stiel oder ein Gehäuse aus.

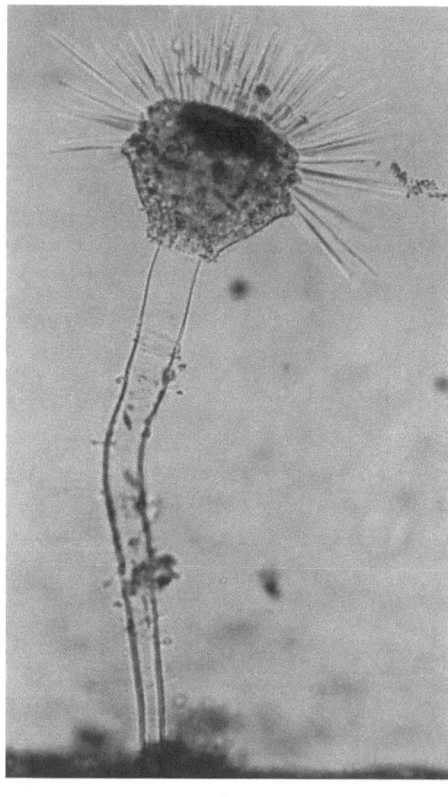
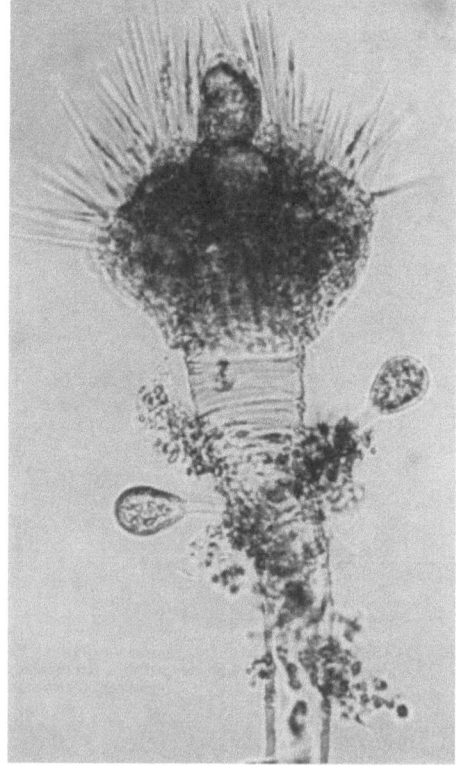

a b

Abb. 415. a *Ephelota gemmipara* HERTWIG, an einem Stolo des Hydroidpolypen *Tubularia larynx* sitzend. b Eine *Ephelota*, welche von dem Suktor *Tachyblaston ephelotensis* MARTIN befallen ist. Im Zellkörper erkennt man den Parasiten, welcher einen Schwärmer ausgebildet hat, auf dem Stiel sitzen zwei junge *Dactylophrya*-Stadien (dem Stadium 9 in Abb. 416 entsprechend). Lebendaufnahmen

a) Mit äußerer Knospung

Paracineta. In gestieltem Gehäuse. Tentakel gleichmäßig verteilt.
  P. limbata MAUPAS (Abb. 134). Marin.
Ephelota. Saug- und Fangtentakel. Multiple Knospung.
  E. gemmipara HERTWIG (Abb. 415a). Marin.
Tachyblaston ephelotensis MARTIN (Abb. 415b, 416 u. 417). Parasitisch an *Ephelota gemmipara*, mit Generationswechsel.

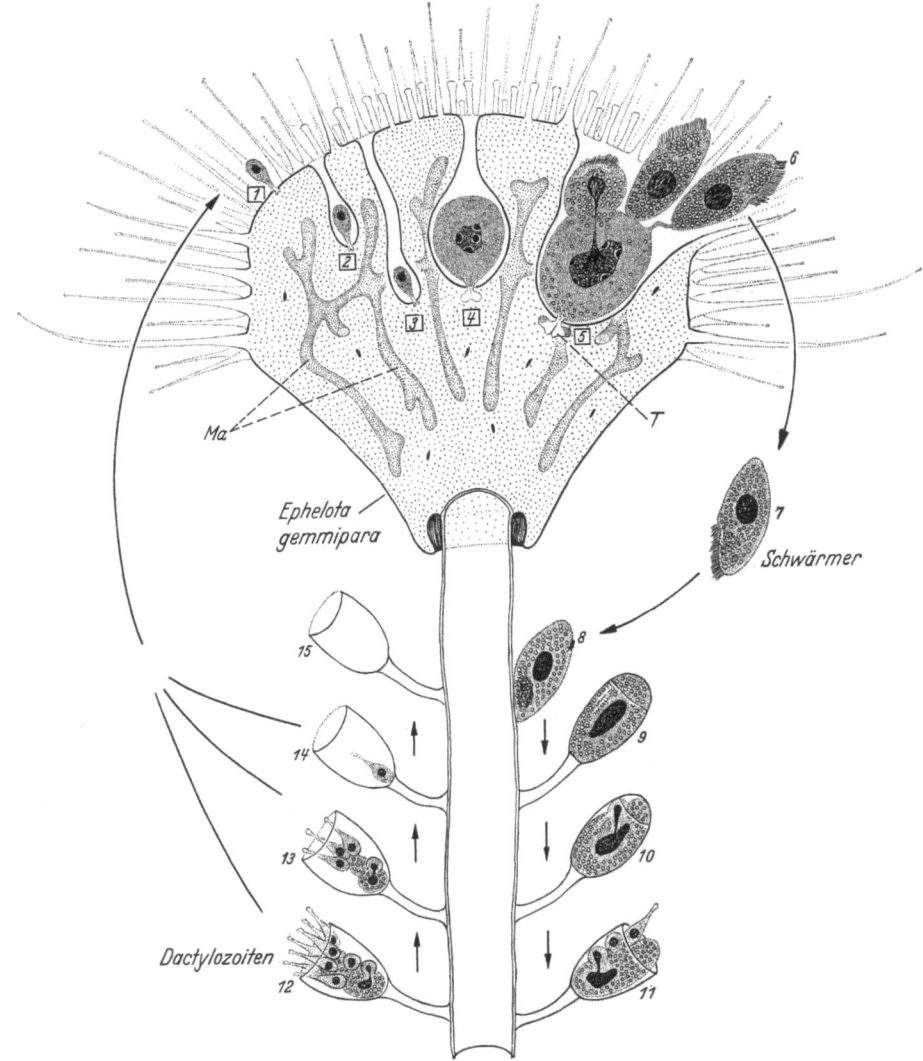

Abb. 416. *Tachyblaston ephelotensis* MARTIN. Schema des Entwicklungsganges. Die Entwicklung ist ein Generationswechsel. Die parasitische Generation lebt an dem marinen Suktor *Ephelota gemmipara*. Die jungen Infektionsstadien (Dactylozoiten) durchbohren mit ihrem Tentakel die Pellicula der Wirtszelle (*1*). Dann treiben sie einen pelliculären Kanal in die Wirtszelle hinein (*2, 3*), an dessen Ende sie zu großen plasmareichen Zellen heranwachsen (*4*). Diese nehmen das Plasma der Wirtszelle mit ihrem Saugtentakel auf (vgl. Abb. 292) und bilden schließlich einen Schwärmer nach dem anderen aus (*5*). Die Schwärmer (*6*) lösen sich ab (*7*) und setzen sich auf einer geeigneten Unterlage, z. B. dem Stiel einer *Ephelota* fest (*8*). Dann bilden sie einen Stiel und ein becherförmiges Gehäuse aus (*9*) und werden damit zur freilebenden Generation (*Dactylophrya*-Stadien). Nachdem der vordere Teil des Gehäuses aufgelöst worden ist, teilt sich die Zelle durch fortgesetzte Knospung in etwa 16 kleine Knospen auf, die dann wieder andere Wirtszellen befallen (*10—15*). Nach GRELL, 1950 [*421*]

450 Formenübersicht

b) Mit innerer Knospung

Tokophrya. Ohne Gehäuse, aber mit Stiel.
  T. lemnarum STEIN (Abb. 414a). Süßwasser.
Acineta. In gestieltem Gehäuse. Tentakel in Bündeln stehend.
  A. tuberosa EHRENBERG (Abb. 414b). Marin.
Acinetopsis. In gestieltem Gehäuse. Mit einem oder mehreren Fangtentakeln.
  A. rara ROBIN (Abb. 280). Marin.
Dendrosoma. Zellkörper verzweigt; an den Enden der Zweige stehen Tentakelbüschel.
  D. radians EHRENBERG. Süßwasser.
Dendrocometes. Zellkörper abgeflacht, mit verzweigten, nicht kontraktilen Tentakeln.
  D. paradoxus STEIN (Abb. 414c, d). An den Kiemenblättchen von *Gammarus pulex*.

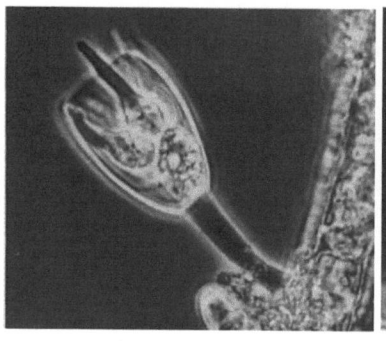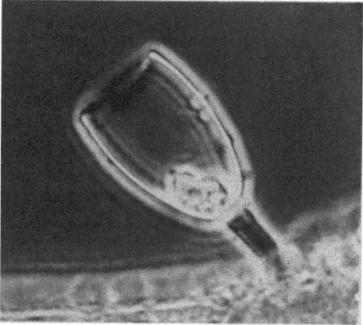

Abb. 417. *Tachyblaston ephelotensis* MARTIN. *Dactylophrya*-Stadien. Vergr. 500×. Aus dem Film C 913

Anhang:

„Cnidosporidia"

AUERBACH, M.: Die Cnidosporidien (Myxosporidien, Actinomyxidien, Mikrosporidien). Eine monographische Studie. Leipzig: Klinkhardt 1910.
GEORGÉVITCH, J.: Über Diplo- und Haplophase im Entwicklungskreis der Myxosporidien. Arch. Protistenk. 84 (1935).
GOTTSCHALK, C.: Die Amöbosporidien. Z. wiss. Zool. 160 (1958).
KUDO, R.: A biologic and taxonomic study of the Microsporidia. Illinois Biological Monographs. Vol. 9, Nos. 2 and 3 (1924).
NOBLE, E. R.: Life cycles in the Myxosporidia. Quart. Rev. Biol. 19 (1944).
WEISSER, J.: Die Mikrosporidien als Parasiten der Insekten. Monogrn. angew. Ent. Beihefte z. Z. angew. Ent. 17 (1961).

Als „Cnidosporidia" wurden bisher die Myxosporidia, Actinomyxidia und Mikrosporidia zusammengefaßt. Abgesehen davon, daß es sich durchweg um Parasiten handelt, besitzen sie ein gemeinsames Merkmal, welches sie von allen „übrigen" Protozoen unterscheidet: Sie bilden Sporen (Cysten) aus, die einen oder mehrere „*Polfäden*" enthalten. Diese sind in der Spore spiralig aufgewickelt und werden bei der Übertragung auf einen anderen Wirt handschuhfingerartig ausgestülpt. Außerdem enthalten die Sporen keine Sporozoiten, sondern eine oder mehrere amöboide Zellen, die sog. *Amöboidkeime* („Amoebulae"). Als weiteres, wenn auch negatives Kriterium könnte man noch anführen, daß bei den „Cnidosporidien" keine begeißelten oder bewimperten Stadien vorkommen.

Ob diese Merkmale allerdings ausreichen, um die genannten Gruppen in einer Klasse zu vereinigen, ist in den letzten Jahren bezweifelt worden. Leider ist die

Entwicklung erst sehr unzureichend bekannt. Insbesondere harren die Kernverhältnisse noch der Aufklärung.

Die **Myxosporidien** sind in erster Linie Fischparasiten. Sie können sowohl in Körperhöhlen (Gallenblase, Harnblase) als auch in Geweben (Muskulatur, Kiemen, Milz, Niere, Leber) vorkommen, dringen hier aber nicht in die Zellen ein, sondern füllen die intercellulären Spalträume aus („diffuse Infiltration").

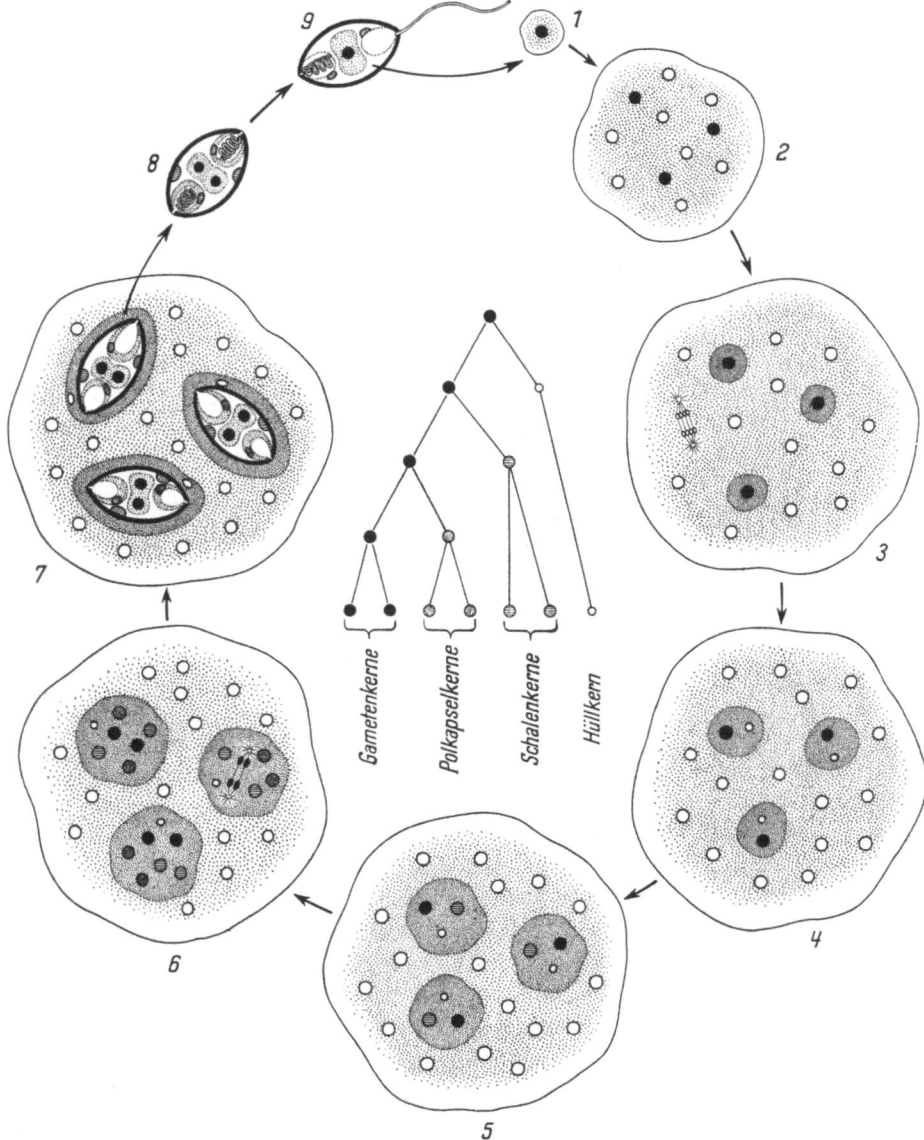

Abb. 418. Schema der Entwicklung eines Myxosporids. *1* Einkerniger Amöboidkern. *2* Mehrkerniges Plasmodium: Differenzierung in generative (schwarz) und somatische Kerne (hell). *3* Abgrenzung der Sporoblasten. *4—6* Verschiedene Stadien der Kernvermehrung in den Sporoblasten, entsprechend der in der Mitte des Schemas wiedergegebenen Teilungsfolge (Hüllkern weiß, Schalenkerne schraffiert, Polkapselkerne punktiert, Gametenkerne (Keimbahn!) schwarz. *7* Plasmodium mit Sporen. *8* Einzelne Spore mit zweikernigem Amöboidkeim. *9* Einzelne Spore mit einkernigem Amöboidkeim, eine Polkapsel mit ausgeschleudertem Polfaden

Nach Auffassung der meisten Untersucher spielt sich die Entwicklung in der in Abb. 418 vereinfacht dargestellten Weise ab. Der aus der Spore schlüpfende einkernige *Amöboidkeim* (1) wächst zu einem vielkernigen Plasmodium heran, das bei manchen Arten mehrere mm groß werden kann (Abb. 419a). Schon auf frühem Wachstumsstadium sondern sich generative und somatische Kerne (2). Um die generativen Kerne grenzt sich eine bestimmte Plasmamenge ab, so daß selbständige Zellen innerhalb des Plasmodiums gebildet werden (3). Diese Zellen liefern die Sporen und werden daher als *Sporenbildungszellen* oder *Sporoblasten* bezeichnet.

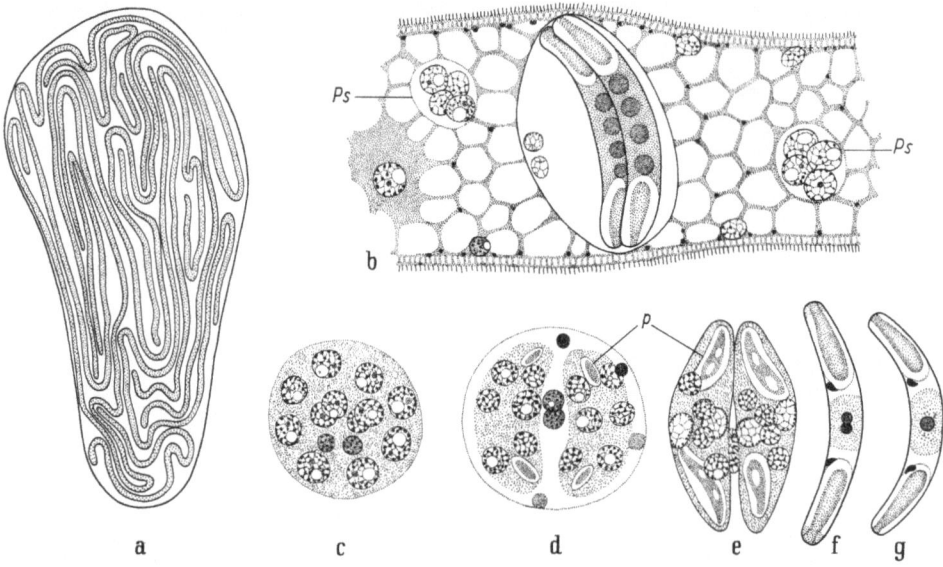

Abb. 419. *Sphaeromyxa sabrazesi* LAVERAN et MESNIL. a Schnitt durch eine Gallenblase des Seepferdchens mit zahlreichen Plasmodien. b Schnitt durch ein Plasmodium mit sich entwickelnden Pansporoblasten (*Ps*) und einem reifen Pansporoblasten (Mitte), der zwei Sporen enthält. Vergr. 1200×. c—g Entwicklung eines Pansporoblasten. *p* Polkapseln. Vergr. 1200×. Nach SCHRÖDER, 1907 [*976*]

Bei den meisten Arten gehen aus einer Sporenbildungszelle mehrere Sporen hervor. Man spricht dann von einem *Pansporoblasten*. Der Sporoblast oder Pansporoblast wächst innerhalb des Plasmodiums heran. Gleichzeitig findet eine Kernteilungsperiode statt, die in einer feststehenden Anzahl differentieller Mitosen besteht (4—7). Bei jedem Teilungsschritt bleibt ein Tochterkern generativ, während der andere zu einem somatischen Kern wird. Anscheinend sind die nacheinander gebildeten Somakerne für bestimmte physiologische Leistungen spezialisiert. Zuerst entsteht ein *Hüllkern*, welcher in einen, die fertigen Sporen umschließenden, Plasmasaum gelangt, dann zwei *Schalenkerne*, welche den beiden Schalenklappen der Spore von innen anliegen, und schließlich zwei *Polkapselkerne*, welche den für die Myxosporidien kennzeichnenden Polkapseln zugeteilt werden. Auch der generative Kern, welcher nach Ausbildung der somatischen Kerne übrigbleibt, teilt sich noch einmal. Beide Kerne liegen im Amöboidkeim, der eine zentrale Lage innerhalb der Spore einnimmt (8), vereinigen sich aber bald wieder miteinander. Offenbar stellen sie Gametenkerne dar, die autogam verschmelzen. Die Chromosomenreduktion findet wahrscheinlich bei der Teilung statt, die zur Entstehung der Gametenkerne führt. Gelangt die Spore, die beim Zerfall des Plasmodiums frei wird, in einen neuen Wirt, so stoßen die Polkapseln ihre Fäden aus. Der durch das Aufplatzen der Spore freiwerdende Amöboidkeim sucht dann den endgültigen Sitz seines Schmarotzerlebens — etwa die Gallenblase — auf, wo er wieder zu einem großen Plasmodium heranwächst.

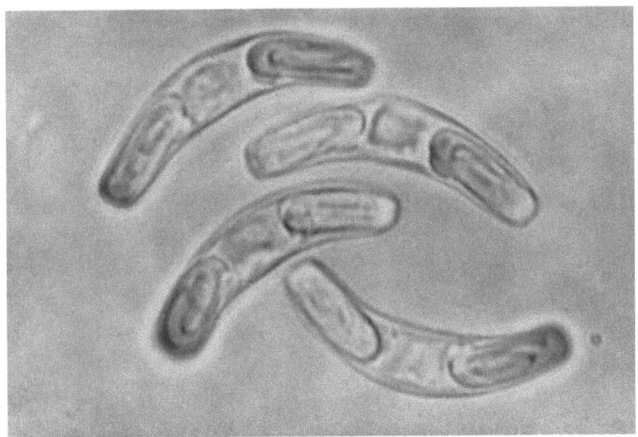

Abb. 420. Sporen von *Sphaeromyxa*. Lebendaufnahme

Da die Sporenbildung innerhalb des Plasmodiums nicht — wie es im Schema dargestellt ist — synchron erfolgt, kommen in einem fixierten und gefärbten Präparat die verschiedensten Stadien nebeneinander vor. Hierauf beruht es, daß ihre zeitliche Seriierung schwierig ist und zu verschiedenen Auffassungen über den Entwicklungsgang geführt hat.

Sphaeromyxa sabrazesi LAVERAN et MESNIL (Abb. 419). In der Gallenblase des Seepferdchens.
Myxidium lieberkuehni BÜTSCHLI. In der Harnblase des Hechtes.
Myxobolus pfeifferi THÉLOHAN. In der Muskulatur der Barbe (Erreger der ,,Beulenkrankheit'').
Myxosoma cerebrale HOFER. Im Knorpel von Forellen (Erreger der ,,Drehkrankheit'').

Die **Actinomyxidien** umfassen nur wenige Gattungen und Arten, die in der Leibeshöhle oder im Darmepithel von Oligochäten des Süßwassers und Meeres (einige in Sipunculiden) schmarotzen. Im ausgewachsenen Zustand entspricht jedes Individuum einem Pansporoblasten, in dem 8 Sporen gebildet werden. Die Sporen zeigen einen dreistrahligen Bau, enthalten drei Polkapseln und meistens zahlreiche Amöboidkeime.

Sphaeractinomyxon stolci CAULLERY et MESNIL. In *Clitellio arenarius*.
Triactinomyxon ignotum STOLC. In *Tubifex tubifex*.

Die **Mikrosporidien** kommen als intracelluläre Schmarotzer bei Arthropoden und Fischen vor und sind viel kleiner als die Myxosporidien. Der in die Wirtszelle eindringende Amöboidkeim wächst nicht zu einem großen Plasmodium heran, sondern pflanzt sich durch fortgesetzte Zwei- oder Vielteilungen fort (Abb. 421), so daß die Wirtszelle schließlich ganz mit ein- oder wenigkernigen Parasiten ausgefüllt ist.

In manchen Fällen reagiert die Wirtszelle auf den Parasitenbefall durch eine starke Hypertrophie (S. 345). Speicheldrüsenzellen von Dipteren, die mit Mikrosporidien infiziert sind, zeigen Riesenchromosomen mit höherem Polytäniegrad.

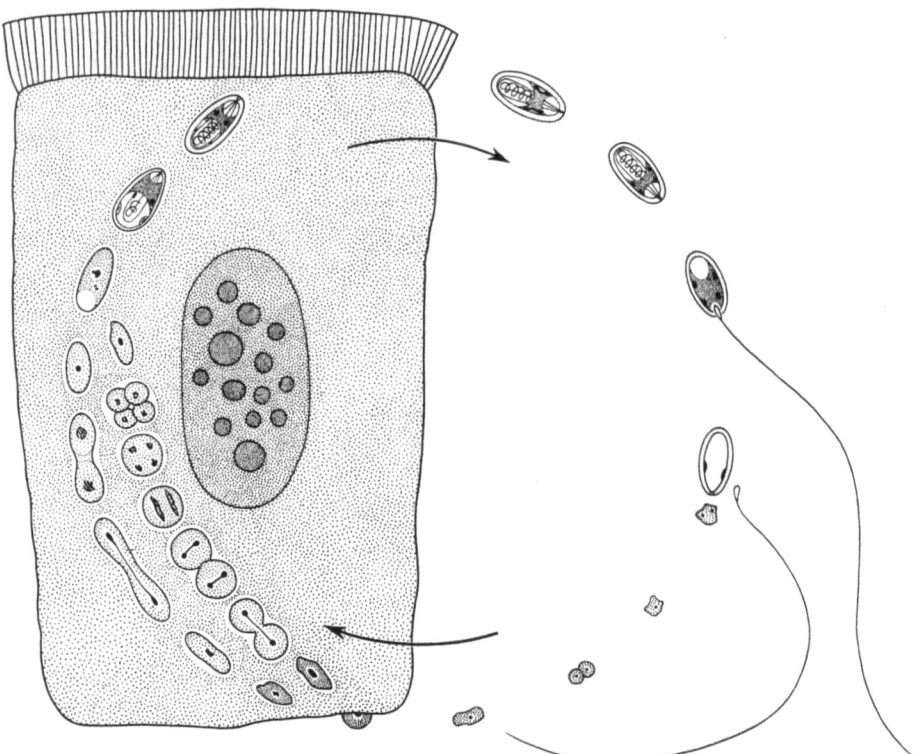

Abb. 421. *Nosema bombycis* NAEGELI. Schema der Entwicklung in einer Darmepithelzelle der Honigbiene. Rechts unten: Ausschlüpfen des Amöboidkeimes. Unten: Eindringen in die Wirtszelle. Oben: Reife Sporen. Nach STEMPELL, 1909 [*1057*]

Über die Sporenbildung ist noch nicht viel bekannt. Während frühere Untersucher angeben, daß die Sporen — wie bei den Myxosporidien — mehrkernig sind, sprechen elektronenmikroskopische Aufnahmen dafür, daß sie nur einen Kern enthalten. Der Polfaden liegt nicht in einer besonderen Kapsel, sondern ist unter der Sporenhülle spiralig aufgewunden. Beim Ausschleudern des Polfadens spielt offenbar ein quellbarer Restkörper, der sog. Polaroplast, eine Rolle (Abb. 422).

Nosema apis ZANDER (Abb. 421). In Darmepithelzellen der Honigbiene (Erreger der ,,Bienenruhr").
Nosema bombycis NÄGELI. In den Raupen des Seidenspinners *Bombyx mori*. (Erreger der ,,Fleckenkrankheit" oder Pébrine).
Glugea anomala MONIEZ. Im Stichling *Gasterosteus aculeatus*.

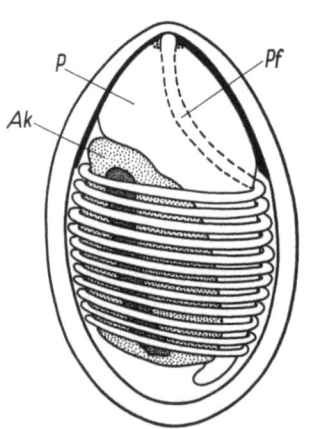

Abb. 422. *Thelohania californica* KELLEN et LIPA. Schema einer Spore (nach elektronenmikroskopischen Untersuchungen). *Ak* Amöboidkeim mit Zellkern. *P* Polaroplast. *Pf* Polfaden. Nach KUDO und DANIELS, 1963 [*607*]

Es wäre denkbar, daß die Mikrosporidien von Myxosporidien abstammen und durch den intracellulären Parasitismus so stark ,,vereinfacht" wurden, daß in den Sporen nur noch der

Amöboidkeim und der Polfaden — beide in einer Hülle vereinigt — übrigblieben. Vielleicht handelt es sich bei den Polfäden der Myxosporidien und Mikrosporidien aber auch um konvergente Bildungen, die nicht auf einer näheren Verwandtschaft beruhen. Dann wären die Mikrosporidien — im Sinne der auf S. 11 gegebenen Definition — als echte Protozoen anzusehen und ihnen als eigene Klasse einzugliedern.

N. Veröffentlichungen
I. Zusammenfassende Darstellungen

BÜTSCHLI, O.: Protozoa. In: BRONN, H. G.: Klassen und Ordnungen des Tierreichs, Bd. 1. Heidelberg: Winter 1880—1889.

CALKINS, G. N., and F. M. SUMMERS (Ed.): Protozoa in biological research. New York: Columbia University Press 1941.

CHEN, T. T. (Ed.): Research in protozoology. Vol. 1, 2. (Bd. 3 u. 4 in Vorbereitung). New York: Pergamon Press 1967/1968.

DOFLEIN, F., u. E. REICHENOW: Lehrbuch der Protozoenkunde. 6. Aufl. Jena: Fischer 1949—1953.

DOGIEL, V. A., revised by POLJANSKIJ, J. I., and E. M. CHEJSIN: General protozoology. 2. Ed., Oxford: Clarendon Press 1965.

GRASSÉ, P. P. (Ed.): Protozoaires. In: Traité de Zoologie, Vol. 1. Paris: Masson et Cie. 1952—1953.

HALL, R. P.: Protozoology. New York: Prentice-Hall Inc. 1953.

HUTNER, S. H. (Ed.): Biochemistry and physiology of protozoa, Vol. 3. New York: Academic Press 1964.

KIDDER, G. W. (Ed.): Protozoa. In: FLORKIN, M., and B. T. SCHEER: Chemical Zoology, Vol. 1, 913 pp. New York: Academic Press 1967.

KUDO, R. R.: Protozoology. 5. Ed., Springfield (Illinois): Thomas 1966.

MACKINNON, D. L., and R. S. J. HAWES: An introduction to the study of protozoa. Oxford: Clarendon Press 1961.

MANWELL, R. D.: Introduction to protozoology. London: Edward Arnold 1961.

PIEKARSKI, G.: Lehrbuch der Parasitologie. Berlin-Göttingen-Heidelberg: Springer 1954.

PITELKA, D. R.: Electron-microscopic structure of protozoa. New York: Pergamon Press 1963.

RAIKOV, I. B.: Kariologia Prostjeischich (Karyologie der Protisten). „Nauka", Leningradskoe Otdelenie, Leningrad 1967 (Russisch).

WENYON, C. M.: Protozoology. London: Baillère, Tindall and Cox 1926.

Methoden:

BELAR, K.: Untersuchung der Protozoen. S. 735—826. In: PETERFI: Methodik der wissenschaftlichen Biologie, Vol. 1. Berlin: Springer 1928.

HARTMANN, M.: Praktikum der Protozoologie. 5. Aufl. Jena: Fischer 1928.

MAYER, M.: Kultur und Präparation der Protozoen. 83 S. Stuttgart: Kosmos-Verlag 1956.

RUTHMANN, A.: Methoden der Zellforschung. 301 S. Stuttgart: Kosmos-Verlag 1966.

II. Einzelarbeiten und Werke aus Nachbargebieten

Es sind in erster Linie neuere Arbeiten aufgeführt. Zusammenfassungen einzelner Forschungsgebiete, welche größere Literaturverzeichnisse enthalten, sind mit * versehen.

1. AFZELIUS, B. A.: The nucleus of *Noctiluca scintillans*. Aspects of nucleocytoplasmic exchanges and the formation of nuclear membrane. J. Cell Biol. 19, 229—238 (1963).
2. AIKAWA, M.: The fine structure of the erythrocytic stages of three avian malarial parasites, *Plasmodium fallax*, *P. lophurae*, and *P. cathemerium*. Amer. J. trop. Med. 15, 449—471 (1966).
3. —, P. K. HEPLER, C. G. HUFF, and H. SPRINZ: The feeding mechanism of avian malarial parasites. J. Cell Biol. 28, 355—373 (1966).

*4. ALLEN, R. D.: Structure and function in ameboid movement. In: GOODWIN, T. W., and O. LINDBERG: Biological structure and function, Vol. 2, pp. 549—556. New York-London: Academic Press 1961.
*5. — Ameboid movement. In: BRACHET, J., and A. E. MIRSKY: The cell, Vol. 2, pp. 135—216. New York-London: Academic Press 1961.
6. ALLEN, S. L.: Inherited variations in the esterases of *Tetrahymena*. Genetics **45**, 1051—1070 (1960).
7. — Genetic control of the esterases in the protozoan *Tetrahymena pyriformis*. Ann. N. Y. Acad. Sci. **94**, 753—773 (1961).
8. — Genomic exclusion in *Tetrahymena*: genetic basis. J. Protozool. **10**, 413—420 (1963).
9. — Linkage studies in variety 1 of *Tetrahymena pyriformis*: a first case of linkage in the ciliated protozoa. Genetics **49**, 617—627 (1964).
10. — The esterase isozymes of *Tetrahymena*: their distribution in isolated cellular components and their behavior during the growth cycle. J. exp. Zool. **155**, 349—370 (1964).
11. — Genetic control of enzymes in *Tetrahymena*. Brookhaven Symp. Biol. **18**, 27—54 (1965).
*12. — The chemical genetics of the Protozoa. In: FLORKIN, M., and B. T. SCHEER: Chemical Zoology, Vol. 1, New York-London: Academic Press 1967.
13. — Cytogenetics of genomic exclusion in *Tetrahymena*. Genetics **55**, 797—822 (1967).
14. — Genomic exclusion in *Tetrahymena*. Genetics **55**, 823—837 (1967).
15. — Genomic exclusion: a rapid means for inducing homozygous diploid lines in *Tetrahymena pyriformis*, Syngen 1. Science **155**, 575—577 (1967).
16. —, and D. L. NANNEY: An analysis of nuclear differentiation in the selfers of *Tetrahymena*. Amer. Naturalist **92**, 139—160 (1958).
17. ALMEIDA, F. F. DE: Über den Einfluß des Parasiten *Eucoccidium dinophili* auf die freien Aminosäuren seines Wirtes *Dinophilus gyrociliatus*. Arch. Protistenk. **104**, 359—363 (1959).
18. ALVERDES, F.: Studien an Infusorien über Flimmerbewegung, Lokomotion und Reizbeantwortung. Arb. Geb. exp. Biol. **3**, 1—133 (1922).
19. AMMERMANN, D.: Cytologische und genetische Untersuchungen an dem Ciliaten *Stylonychia mytilis* Ehrenberg. Arch. Protistenk. **108**, 109—152 (1965).
20. — Das Paarungssystem der Ciliaten *Paramecium woodruffi* und *Paramecium trichium*. Arch. Protistenk. **109**, 139—146 (1965).
21. ANDERSON, E.: A cytological study of *Chilomonas paramecium* with particular reference to the so-called trichocysts. J. Protozool. **9**, 380—395 (1962).
22. —, and H. W. BEAMS: The fine structure of the heliozoan *Actinosphaerium nucleofilum*. J. Protozool. **7**, 190—199 (1960).
23. — — The ultrastructure of *Tritrichomonas* with special reference to the blepharopast complex. J. Protozool. **8**, 71—75 (1961).
24. —, and J. N. DUMONT: A comparative study of the concrement vacuole of certain endocommensal ciliates — a so-called mechanoreceptor. J. Ultrastruct. Res. **15**, 414—450 (1966).
25. ANDERSON, T. F., J. R. PREER JR., L. B. PREER, and M. BRAY: Studies on killing particles from *Paramecium*: The structure of refractile bodies from *kappa* particles. J. Microscop. **3**, 395—402 (1964).
26. ANDERSON, W. A., and R. A. ELLIS: Ultrastructure of *Trypanosoma lewisi*. Flagellum, microtubules and the kinetoplast. J. Protozool. **12**, 483—499 (1965).
27. ANDRÉ, J.: Sur quelques détails nouvellement connus de l'ultrastructure des organites vibratiles. J. Ultrastruct. Res. **5**, 86—108 (1961).
28. —, et J. P. THIERY: Mise en évidence d'une sousstructure fibrillaire dans les filaments axonématiques des flagelles. J. Microscop. **2**, 71—80 (1963).
29. ARGETSINGER, J.: The isolation of ciliary basal bodies (kinetosomes) from *Tetrahymena pyriformis*. J. Cell. Biol. **24**, 154—157 (1965).
30. ARNOLD, Z. M.: Life history and cytology of the foraminiferan *Allogromia laticollaris*. Univ. Calif. Publ. Zool. **61**, 167—252 (1955).

31. ARNOLD, Z. M.: Biological observations on the foraminifer *Spiroloculina hyalina* Schulze. Univ. Calif. Publ. Zool. **72**, 1—78 (1964).
32. — Biological observations on the foraminifer *Calcituba polymorpha* Roboz. Arch. Protistenk. **110**, 280—304 (1967).
*33. BALAMUTH, W.: Regeneration in protozoa: A problem of morphogenesis. Quart. Rev. Biol. **15**, 290—337 (1940).
34. BALBINDER, E.: Two loci controlling the maintenance and stability of the cytoplasmic factor "*Kappa*" in stock 51, var. 4 killers of *Paramecium aurelia*. Genetics **41**, 634 (1956).
35. — The genotypic control of *kappa* in *Paramecium aurelia*, syngen 4, stock 51. Genetics **44**, 1227—1241 (1959).
36. BALSLEY, M.: Dependence of the *kappa* particles of stock 7 of *Paramecium aurelia* on a single gene. Genetics **56**, 125—131 (1967).
37. BARDELE, C. F.: Elektronenmikroskopische Untersuchungen an dem Sporozoon *Eucoccidium dinophili* Grell. Z. Zellforsch. **74**, 559—595 (1966).
38. — *Acineta tuberosa*. I. Der Feinbau des adulten Suktors. Arch. Protistenk. **110**, 403—421 (1968).
39. —, u. K. G. GRELL: Elektronenmikroskopische Beobachtungen zur Nahrungsaufnahme bei dem Suktor *Acineta tuberosa* Ehrenberg. Z. Zellforsch. **80**, 108—123 (1967).
40. BARNETT, A.: Cytology of conjugation in *Paramecium multimicronucleatum*, syngen 2, stock 11. J. Protozool. **11**, 147—153 (1964).
41. — A circadian rhythm of mating type reversals in *Paramecium multimicronucleatum*. In: ASCHOFF, I.: Circadian clocks, pp. 305—308. Amsterdam: North-Holland Publ. Co. 1964.
42. — A circadian rhythm of mating type reversals in *Paramecium multimicronucleatum*, syngen 2, and its genetic control. J. cell. Physiol. **67**, 239—270 (1966).
43. BATISSE, A.: Les appendices préhenseurs d'*Ephelota gemmipara* Hertwig. C. R. Acad. Sci. Paris **261**, 5629—5632 (1965).
44. — L'ultrastructure des tentacules suceurs d'*Ephelota gemmipara* Hertwig. C. R. Acad. Sci. Paris **262**, 771—774 (1966).
44a. — Le développement des phialocystes chez les Acinétiens. C. R. Acad. Sci. (Paris) **265**, 972—974 (1967).
44b. — Données nouvelles sur la structure et le fonctionnement des ventouses tentaculaire des Acinétiens. C. R. Acad. Sci. (Paris) **265**, 1056—1058 (1967).
45. BAUDOIN, A.: Contribution à l'étude des Grégarines des Trichoptères Limnophilidae et Sericostomidae. Protistologica **2** (2), 97—107 (1966).
46. BEALE, G. H.: The process of transformation of antigenic types in *Paramecium aurelia*, variety 4. Proc. Nat. Acad. Sci. **34**, 418—423 (1948).
47. — Antigen variation in *Paramecium aurelia*, variety 1. Genetics **37**, 62—74 (1952).
*48. — The genetics of *Paramecium aurelia*. Monographs in experimental biology, Vol. 2, 178 pp. Cambridge: University Press 1954.
49. — The antigen system of *Paramecium aurelia*. Int. Rev. Cytol. **6**, 1—23 (1957).
50. — Genetic control of the cell surface. Proc. roy. Soc. Edinb. A**28**, 71—78 (1959).
51. — The role of cytoplasm in inheritance. Sci. Progr. (Lond.) **49**, 17—35 (1961).
52. —, and A. JURAND: Structure of the mate-killer (*mu*) particles in *Paramecium aurelia*, stock 540. J. gen. Microbiol. **23**, 234—252 (1960).
53. — — Three different types of mate-killer (*mu*) particles in *Paramecium aurelia* (Syngen 1). J. Cell Sci. **1**, 31—34 (1966).
54. —, and H. KACSER: Studies on the antigens of *Paramecium aurelia* with the aid of fluorescent antibodies. J. gen. Microbiol. **17**, 68—74 (1957).
55. —, and M. R. MOTT: Further studies on the antigens of *Paramecium aurelia* with the aid of fluorescent antibodies. J. gen. Microbiol. **28**, 617—623 (1962).
56. —, and J. F. WILKINSON: Antigenic variation in unicellular organisms. Ann. Rev. Microbiol. **15**, 263—296 (1961).
*57. BEAMS, H. W., and ANDERSON, E.: Fine structure of Protozoa. Ann. Rev. Microbiol. **15**, 47—68 (1961).

58. BEAMS H. W., R. L. KING, T. N. TAHMISIAN, and R. DEVINE: Electron microscope studies on *Lophomonas striata* with special reference to the nature and position of the striations. J. Protozool. 7, 91—101 (1960).
59. —, T. N. TAHMISIAN, E. ANDERSON, and W. WRIGHT: Studies on the fine structure of *Lophomonas blattarum* with special reference to the so-called parabasal apparatus. J. Ultrastruct. Res. 5, 166—183 (1961).
60. — —, R. L. DEVINE, and E. ANDERSON: The fine structure of the nuclear envelope of *Endamoeba blattae*. Exp. Cell Res. 18, 366—369 (1959).
61. BEERMANN, W.: Riesenchromosomen. In: Protoplasmatologia (Handbuch der Protoplasmaforschung) VI D, 161 S. Wien: Springer 1962.
62. BEERS, C. D.: Excystment in the ciliate *Bursaria truncatella*. Biol. Bull. 94, 86—98 (1948).
63. BEISSON, J., and T. M. SONNEBORN: Cytoplasmic inheritance of the organization of the cell cortex in *Paramecium aurelia*. Proc. nat. Acad. Sci. (Wash.) 53, 275—282 (1965).
64. BELAR, K.: Untersuchungen über Thecamöben der *Chlamydophrys*-Gruppe. Arch. Protistenk. 43, 287—354 (1921).
65. — Untersuchungen an *Actinophrys sol* Ehrenberg. I. Die Morphologie des Formwechsels. Arch. Protistenk. 46, 1—96 (1922).
66. — Untersuchungen an *Actinophrys sol*. II. Beiträge zur Physiologie des Formwechsels. Arch. Protistenk. 48, 371—434 (1924).
*67. — Der Formwechsel der Protistenkerne. Ergebn. Fortschr. Zool. 6, 420 (1926).
*68. — Die cytologischen Grundlagen der Vererbung. In: Handbuch der Vererbungswissenschaft, Bd. 1, 412 S. Berlin: Gebrüder Borntrâger 1928.
69. BEN-SHAUL, Y., H. T. EPSTEIN, and J. A. SCHIFF: Studies of chloroplast development in *Euglena*. X. The return of the chloroplast to the proplastic condition during dark adaptation. Canad. J. Bot. 43, 129—136 (1965).
70. —, J. A. SCHIFF, and H. T. EPSTEIN: Studies of chloroplast development in *Euglena*. VII. Fine structure of the developing plastid. Plant. Physiol. 39, 231—240 (1964).
71. BHOWMICK, F. K.: Electronmicroscopy of *Trichamoeba villosa* and ameboid movment. Exp. Cell Res. 45, 570—589 (1967).
72. BINGLEY, M., L. G. E. BELL, and K. W. JEON: Pseudopod initiation and membrane depolarisation in *Amoeba proteus*. Exp. Cell Res. 28, 208—209 (1962).
73. BLEYMAN, L.: The inhibition of mating reactivity in *Paramecium aurelia* by inhibitors of protein and RNA synthesis. Genetics 50, 236 (1964).
74. BLEYMAN, L. K., E. M. SIMON, and R. BROSI: Sequential nuclear differentiation in *Tetrahymena*. Genetics 54, 277—291 (1966).
75. BLUM, J. J., J. R. SOMMER, and V. KAHN: Some biochemical, cytological and morphogenetic comparisons between *Astasia longa* and a bleached *Euglena gracilis*. J. Protool. 12, 202—209 (1965).
76. BOMFORD, R.: Infection of algae-free *Paramecium bursaria* with strains of *Chlorella*, *Scenedesmus* and a yeast. J. Protozool. 12, 221—224 (1965).
77. — The syngens of *Paramecium bursaria*: New mating types and intersyngenic mating reactions. J. Protozool. 13, 497—501 (1966).
78. BORGERT, A.: Untersuchungen über die Fortpflanzung der tripyleen Radiolarien, speziell von *Aulacantha scolymantha* H. (Teil I). Zool. Jb. Anat. 14, 203—276 (1900).
79. — Untersuchungen über die Fortpflanzung der tripyleen Radiolarien, speziell von *Aulacantha scolymantha* H. (Teil II). Arch. Protistenk. 14, 134—261 (1909).
80. BOUCK, B. G., and B. M. SWEENEY: The fine structure and ontogeny of trichocysts in marine dinoflagellates. Protoplasma 61, 205—223 (1966).
*81. BRACHET, J.: Nucleocytoplasmic interactions in unicellular organisms. In: BRACHET, J., and A. E. MIRSKY: The cell. Vol. 2, p. 771—841. New York-London: Academic Press 1961.
82. BRADBURY, P., and D. R. PITELKA: Observations on kinetosome formation in an apostome ciliate. J. Microscop. 4, 805—810 (1965).
83. BRADLEY, D. E.: Observations on the flagella of two Chrysophyceae using negative staining. Quart. J. Microscop. Sci. 106, 327—331 (1965).

84. Bradley, D. E.: The ultrastructure of the flagella of three Chrysomonads with particular reference to the mastigonemes. Exp. Cell Res. 41, 162—173 (1966).
85. Brandt, P. W.: A study of the mechanism of Pinocytosis. Exp. Cell Res. 15, 300—313 (1958).
86. —, and G. D. Pappas: Mitochondria. II. The nuclear-mitochondrial relationship in *Pelomyxa carolinensis* Wilson (*Chaos chaos* L.). J. biophys. biochem. Cytol. 6, 91—96 (1959).
87. — — An electron microscopic study of pinocytosis in ameba. I. The surface attachment phase. J. biophys. biochem. Cytol. 8, 675—687 (1959).
88. — — An electron microscopic study of pinocytosis in ameba. II. The cytoplasmic uptake phase. J. Cell Biol. 15, 55—17 (1962).
89. Brawerman, G., and E. Chargaff: A self-reproducing system concerned with the formation of chloroplasts in *Euglena gracilis*. Biochim. Biophys. Acta (Amst.) 37, 221—229 (1960).
90. —, and J. Eisenstadt: Deoxyribonucleic acid from the chloroplasts of *Euglena gracilis*. Biochim. biophys. Acta (Amst.) 91, 477—485 (1960).
91. Brokaw, C. J.: Movement and nucleoside polyphosphatase activity of isolated flagella from *Polytoma uvella*. Exp. Cell Res. 22, 151—162 (1961).
92. — Movement of flagella of *Polytoma uvella*. J. exp. Biol. 40, 149—156 (1963).
93. Brooks, A. E.: The sexual cycle and intercrossing in the genus *Astrephomene*. J. Protozool. 13, 368—375 (1963).
94. Brown, K. N., J. A. Armstrong, and R. C. Valentine: The ingestion of protein molecules by blood forms of *Trypanosoma rhodesiense*. Exp. Cell Res. 39, 129—135 (1965).
*95. Buchner, P.: Endosymbiose der Tiere mit pflanzlichen Mikroorganismen. Basel: Birkhäuser 1953.
96. Bullington, W. E.: A study of spiral movement in the ciliate infusoria. Arch. Protistenk. 50, 219—274 (1925).
*97. Bullock, T. H.: Protozoa, Mesozoa and Porifera. In: Bullock, T. H., and G. A. Horridge: Structure and function in the nervous systems of invertebrates. Vol. I, pp. 433—457. San Francisco: Freeman 1965.
98. Bünning, E., und G. Schneiderhöhn: Über das Aktionsspectrum der phototaktischen Reaktion von *Euglena*. Arch. Mikrobiol. 24, 80—90 (1956).
99. —, u. M. Tazawa: Über die negativ-phototaktische Reaktion von *Euglena*. Arch. Mikrobiol. 27, 306—310 (1956).
100. Butzel, H. M.: Mating type mutations in variety 1 of *Paramecium aurelia*, and their bearing upon the problem of mating type determination. Genetics 40, 321—330 (1955).
101. Cachon, J.: Contribution à l'étude des péridiniens parasites. Cytologie, cycles évolutifs. Ann. Sci. nat. Zool. 6, 1—158 (1964).
102. Cachon-Enjumet, M.: Contribution à l'étude des Radiolaires Phaeodariés. Arch. Zool. exp. gen. 100, 151—238 (1961).
103. — L'évolution sporogénétique des Phaeodariés (Radiolaires). C. R. Acad. Sci. (Paris) 259, 2677—2679 (1964).
104. Cachon, J., et M. Cachon-Enjumet: Cytologie et ultrastructure de l'ergastoplasme et du système axopodial des Radiolaires Phaeodariés. Arch. Zool. exp. gen. 103, 1—12 (1964).
105. — — Cycle évolutif et cytologie de *Neresheimeria catenata* Neresheimer, péridinien parasite d'appendiculaires. Rapports de l'hôte du parasite. Ann. Sci. nat. Zool. (Paris) 4, 779—800 (1964).
106. — — *Pomatodinium impatiens* nov. gen. nov. sp. péridinien noctilucidae Kent. Protistologica 2, (1) 23—30 (1966).
107. Carasso, N., E. Fauré-Fremiet, et P. Favard: Ultrastructure de l'appareil excréteur chez quelques ciliés péritriches. J. Microscop. 1, 455—468 (1962).
108. —, et P. Favard: Microtubules fusoriaux dans les micro- et macronucleus de ciliés péritriches en division. J. Microscop. 4, 395—402 (1965).
109. — — Mise en évidence du calcium dans les myonèmes pédonculaires de ciliés péritriches. J. Microscop. 5, 759—770 (1966).

110. CHAO, P. K.: *Kappa* concentration per cell in relation to the life cycle, genotype and mating type in *Paramecium aurelia*, variety 4. Proc. nat. Acad. Sci. (Wash.) **39**, 103—113 (1953).
111. CHAPMAN-ANDRESEN, C.: Studies on pinocytosis in amoebae. C. R. Trav. Lab. Carlsberg **33**, 73—264 (1962).
112. — Measurement of material uptake by cells: Pinocytosis. In: PRESCOTT, D. M.: Methods in cell physiology. Vol. 1, pp. 277—304. New York-London: Academic Press 1964
113. — The induction of pinocytosis in amoebae. Arch. Biol. (Liège) **76**, 189—207 (1965).
114. —, and H. HOLTER: Studies on the ingestion of C^{14} glucose by pinocytosis in the amoeba *Chaos chaos*. Exp. Cell Res., Suppl. 3, 52—63 (1955).
115. —, and J. R. NILSSON: Electronmicrographs of pinocytosis channels in *Amoeba proteus*. Exp. Cell Res. **19**, 631—633 (1960).
116. CHARRET, R.: Caractères cytologiques du thécamoebien *Arcella polypora*. Protistologica **3**, (1) 73—78 (1967).
117. CHATTON, E.: *Pleodorina californica* à Banyuls- sur- mer. Son cycle évolutif et sa signification phylogénique. Bull. Sci. Fr. Belg. **44**, 309—331 (1911).
118. — Les péridiniens parasites: Morphologie, reproduction, éthologie. Arch. Zool. exp. gén. **59**, 1—475 (1920).
119. — Essai d'un schéma de l'énergide d'après une image objective et synthétique: le dinoflagellé *Polykrikos schwartzi* Bütschli. Arch. zool. Ital. **16**, 169—187 (1931).
120. — L'origine péridinienne des radiolaires et l'interprétation parasitaire de l'anisosporogénèse. C. R. Acad. Sci. (Paris) **198**, 309 (1934).
121. —, et R. HOVASSE: Sur les premiers stades de la cnidogénèse chez le péridinien *Polykrikos schwartzi*. C. R. Acad. Sci. (Paris) **218**, 60 (1944).
122 —, et A. LWOFF: Les ciliés apostomes. I. Aperçu historique et général; Etude monographique des genres et des espèces. Arch. Zool. exp. gén. **77**, 1—453 (1935).
123. — — La constitution primitive de la strie ciliaire des infusoires. La desmodexie. C. R. Soc. Biol. (Paris) **118**, 1068—1072 (1935).
124. —, et J. SÉGUÉLA: Sur la continuité génétique du cinétome chez quelques ciliés hypotriches. C. R. Acad. Sci. (Paris) **208**, 868 (1939).
125. CHEISSIN, E. M.: Ultrastructure of *Lamblia duodenalis*. I. Body surface, sucking disc and median bodies. J. Protozool. **11**, 91—98 (1964).
126. — Electron microscopic study of microgametogenesis in two species of coccidia from rabbit (*Eimeria magna* and *E. intestinalis*). Acta Protozool. **3**, 215—224 (1965).
127. — Ultrastructure of *Lamblia duodenalis*. II. The locomotory apparatus, axial rod and other organelles. Arch. Protistenk. **108**, 8—18 (1965).
128. —, and T. N. MOSSEVICH: An electron microscope study of *Colpidium colpoda* (Ciliata, Holotricha). Arch. Protistenk. **106**, 181—200 (1962).
129. —, and L. P. OVCHINNIKOVA: A photometric study of DNA content in macronuclei and micronuclei of different species of *Paramecium*. Acta Protozool. **2**, 225—236 (1964).
130. — —, and B. N. KUDRIAVTSEV: A photometric study of DNA content in macronuclei and micronuclei of different strains of *Paramecium caudatum*. Acta Protozool. **2**, 237—245 (1964).
*131. —, and G. I. POLJANSKY: On the taxonomic system of Protozoa. Acta Protozool. **1**, 327—352 (1963).
132. —, and E. S. SNIGIREVSKAYA: Some new data on the fine structure of the merozoites of *Eimeria intestinalis* (Sporozoa, Eimeriidea). Protistologica **1**, (1) 121—126 (1965).
133. CHEN, T. T.: Polyploidy and its origin in *Paramecium*. J. Hered. **31**, 175—184 (1940).
134. — A further study on polyploidy in *Paramecium*. (Chromosomes and mating types in *Paramecium bursaria*). J. Hered. **31**, 249—251 (1940).
135. — Conjugation of three animals in *Paramecium bursaria*. Proc. nat. Acad. Sci. (Wash.) **26**, 231—238 (1940).
136. — Polyploidy in *Paramecium bursaria*. Proc. nat. Acad. Sci. (Wash.) **26**, 239—240 (1940).
137. — Conjugation in *Paramecium bursaria* between animals with diverse nuclear constitutions. J. Hered. **31**, 185—196 (1940).

138. CHEN, T. T.: Conjugation in *Paramecium bursaria*. I. Conjugation of three animals. J. Morph. 78, 353—395 (1946).
139. — Conjugation in *Paramecium bursaria*. II. Nuclear phenomena in lethal conjugation between varieties. J. Morph. 79, 125—262 (1946).
140. — Chromosomes in Opalinidae (Protozoa, Ciliata) with special reference to their behavior, morphology, individuality, diploidy, haploidy and association with nucleoli. J. Morph. 83, 281—358 (1948).
141. — Conjugation in *Paramecium bursaria*. III. Nuclear changes in conjugation between double monsters and single animals. J. Morph. 88, 245—292 (1951).
142. — Conjugation in *Paramecium bursaria*. IV. Nuclear behavior in conjugation between old and young clones. J. Morph. 88, 293—360 (1951).
143. — Paramecin 34, a killer substance produced by *Paramecium bursaria*. Proc. Soc. exp. Biol. (N.Y.) 88, 541—543 (1955).
144. CHILD, F. M.: The characterization of the cilia of *Tetrahymena pyriformis*. Exp. Cell Res. 18, 258—267 (1959).
145. — Some aspects of the chemistry of cilia and flagella. Exp. Cell Res. 8 (Suppl.), 47—53 (1961).
146. CHRISTIANSEN, R. G., and J. M. MARSHALL: A study of phagocytosis in the ameba *Chaos chaos*. J. Cell Biol. 25, 443—457 (1965).
147. CHUNOSOFF, L., and H. I. HIRSHFIELD: Nuclear structure and mitosis in the dinoflagellate *Gonyaulax monilata*. J. Protozool. 14, 157—163 (1967).
148. CLARK, A. M.: Some effects of removing the nucleus from amoeba. Aust. J. exp. Biol. med. Sci. 20, 241—247 (1942).
149. — Some physiological functions of the nucleus in amoeba, investigated by micrurgical methods. Aust. J. exp. Biol. med. Sci. 21, 251—220 (1943).
150. — Attempts to prolong the life of enucleated amoebae. Aust. J. exp. Biol. med. Sci. 22, 179—183 (1944).
151. — The responses of enucleated amoebae to stimuli. Aust. J. exp. Biol. med. Sci. 22, 185—196 (1944).
152. CLARK, G. M., and A. M. ELLIOTT: The induction of haploidy in *Tetrahymena pyriformis* following x-irradiation. J. Protozool. 3, 181—188 (1956).
153. CLARK, T. B., and F. G. WALLACE: A comparative study of kinetoplast ultrastructure in the Trypanosomatidae. J. Protozool. 7, 115—124 (1960).
154. CLAUS, C., K. GROBBEN u. A. KÜHN: Lehrbuch der Zoologie. 10. Aufl. Berlin: Julius Springer 1932.
155. CLEVELAND, L. R.: Symbiosis among animals with special reference to termites and their intestinal flagellates. Quart. Rev. Biol. 1, 51—60 (1926).
156. — The centrioles of *Pseudotrichonympha* and their role in mitosis. Biol. Bull. 69, 46—51 (1935).
157. — Longitudinal and transverse division in two closely related flagellates. Biol. Bull. 74, 1—24 (1938).
158. — Origin and development of the achromatic figure. Biol. Bull 74, 41—55 (1938).
159. — Morphology and mitosis of *Teranympha*. Arch. Protistenk. 91, 442—451 (1938).
160. — The whole life cycle of chromosomes and their coiling systems. Trans. Amer. Phil. Soc. 39, 1—100 (1949).
161. — Hormone-induced sexual cycles of flagellates. I. Gametogenesis, fertilization, and meiosis in *Trichonympha*. J. Morph. 85, 197—295 (1949).
162. — Hormone-induced sexual cycles of flagellates. II. Gametogenesis, fertilization, and one-division meiosis in *Oxymonas*. J. Morph. 86, 185—214 (1950).
163. — Hormone-induced sexual cycles of flagellates. III. Gametogenesis, fertilization, and one-division meiosis in *Saccinobaculus*. J. Morph. 86, 215—228 (1950).
164. — Hormone-induced sexual cycles of flagellates. IV. Meiosis after syngamy and before nuclear fusion in *Notila*. J. Morph. 87, 317—348 (1950).
165. — Hormone-induced sexual cycles of flagellates. V. Fertilization in *Eucomonympha*. J. Morph. 87, 349—368 (1950).

166. CLEVELAND, L. R.: Hormone-induced sexual cycles of flagellates. VI. Gametogenesis, fertilization, meiosis, oocysts, and gametocysts in *Leptospironympha*. J. Morph. 88, 199—244 (1951).
167. — Hormone-induced sexual cycles of flagellates. VII. One-division meiosis and autogamy without cell division in *Urinympha*. J. Morph. 88, 385—440 (1951).
168. — Hormone-induced sexual cycles of flagellates. VIII. Meiosis in *Rhynchonympha* in one cytoplasmic and two nuclear divisions followed by autogamy. J. Morph. 91, 269—324 (1952).
169. — Hormone-induced sexual cycles of flagellates. IX. Haploid gametogenesis and fertilization in *Barbulanympha*. J. Morph. 93, 371—403 (1953).
170. — Studies on chromosomes and nuclear division. I. Fusion of nucleoli independent of chromosomal homology. II. Spontaneous aberrations, homologous and non-homologous union of fragments. III. Pairing, segregation, and crossing-over. IV. Photomicrographs of living cells during meiotic divisions. Trans. Amer. Phil. Soc. 43, 809—869 (1953).
171. — Hormone-induced sexual cycles of flagellates. X. Autogamy and endomitosis in *Barbulanympha* resulting from interruption of haploid gametogenesis. J. Morph. 95, 189—212 (1954).
172. — Hormone-induced sexual cycles of flagellates. XI. Reorganization in the zygote of *Barbulanympha* without nuclear or cytoplasmic division. J. Morph. 95, 213—236 (1954).
173. — Hormone-induced sexual cycles of flagellates. XII. Meiosis in *Barbulanympha* following fertilization, autogamy, and endomitosis. J. Morph. 95, 557—620 (1954).
174. — Hormone-induced sexual cycles of flagellates. XIII. Unusual behavior of gametes and centrioles of *Barbulanympha*. J. Morph. 97, 511—542 (1955).
175. — Hormone-induced sexual cycles of flagellates. XIV. Gametic meiosis and fertilization in *Macrospironympha*. Arch. Protistenk. 101, 99—168 (1956).
176. — Cell division without chromatin in *Trichonympha* and *Barbulanympha*. J. Protozool. 3, 78—83 (1956).
*177. — Brief accounts of the sexual cycles of the flagellates of *Cryptocercus*. J. Protozool. 3, 161—180 (1956).
178. — Additional observations on gametogenesis and fertilization in *Trichonympha*. J. Protozool. 4, 164—168 (1957).
179. — Correlation between the molting period of *Cryptocercus* and sexuality in its Protozoa. J. Protozool. 4, 168—175 (1957).
180. — Types and life cycles of centrioles of flagellates. J. Protozool. 4, 230—241 (1957).
181. — Achromatic figure formation by multiple centrioles of *Barbulanympha*. J. Protozool. 4, 241—248 (1957).
182. — A factual analysis of chromosomal movement in *Barbulanympha*. J. Protozool. 5, 47—62 (1958).
183. — Movement of chromosomes in *Spirotrichonympha* to centrioles instead of the ends of central spindle. J. Portozool. 5, 63—68 (1958).
184. — Photographs of fertilization in the smaller species of *Trichonympha*. J. Protozool. 5, 105—115 (1958).
185. — Photographs of fertilization in *Trichonympha grandis*. J. Protozool. 5, 115—122 (1958).
186. — Sex induced with ecdysone. Proc. nat. Acad. Sci (Wash.) 45, 747—753 (1959).
187. — The centrioles of *Trichonympha* from termites and their function in reproduction. J. Protozool. 7, 326—341 (1960).
188. — Photographs of living centrioles in resting cells of *Trichonympha collaris*. Arch. Protistenk. 105, 110—112 (1960).
189. — Photographs of fertilization in *Eucomonympha*. Arch. Protistenk. 105, 137—148 (1961).
190. — The centrioles of *Trichomonas* and their functions in cell reproduction. Arch. Protistenk. 105, 149—162 (1961).
191. — Pairing and segregation in haploids and diploids of *Holomastigotoides*. Arch. Protistenk. 105, 163—172 (1961).

192. CLEVELAND, L. R.: Photographs of gametogenesis in living cells of *Trichonympha*. Arch. Protistenk. **105**, 497—508 (1962).
193. — Reproduction in *Deltotrichonympha*. Arch. Protistenk. **109**, 8—14 (1966).
194. — General features of the flagellate and amoeboid stages of *Deltotrichonympha operculata* and *D. nana*, sp. nov. Arch. Protistenk. **109**, 1—7 (1966).
195. — General features and reproduction in *Koruga bonita*, gen. et sp. nov. Arch. Protistenk. **109**, 18—23 (1966).
196. — General features and reproduction in *Mixotricha*. Arch. Protistenk. **109**, 26—36 (1966).
197. — Fertilization in *Deltotrichonympha*. Arch. Protistenk. **109**, 15—17 (1966).
198. — Fertilization in *Koruga*. Arch. Protistenk. **109**, 24—25 (1966).
199. — Fertilization in *Mixotricha*. Arch. Protistenk. **109**, 37—38 (1966).
200. — Nuclear division without cytokinesis followed by fusion of pronuclei in *Paranotila lata* gen. et sp. nov. J. Protozool. **13**, 132—136 (1966).
201. — Reproduction by binary and multiple fission in *Gigantomonas*. J. Protozool. **13**, 573—585 (1966).
202. —, and A. W. BURKE: Effects of temperature and tension on oxygen toxicity for the protozoa of *Cryptocercus*. J. Protozool. **3**, 74—77 (1956).
203. — — Modifications induced in the sexual cycles of the protozoa of *Cryptocercus* by change of host. J. Protozool. **7**, 240—245 (1960).
204. —, and P. KARLSON: Ecdysone induced modifications in the sexual cycles of the protozoa of *Cryptocercus*. J. Protozool. **7**, 229—239 (1960).
205. —, and B. T. CLEVELAND: The locomotory waves of *Koruga*, *Deltotrichonympha* and *Mixotricha*. Arch. Protistenk. **109**, 39—63 (1966).
206. —, and M. DAY: Spirotrichonymphidae of *Stolotermes*. Arch. Protistenk. **103**, 1—53 (1958).
207. —, and A. V. GRIMSTONE: The fine structure of the flagellate *Mixotricha paradoxa* and its associated microorganisms. Proc. roy. Soc. B, **159**, 668—686 (1964).
208. —, D. R. HALL, E. P. SANDERS, and J. COLLIER: The wood-feeding roach *Cryptocercus*, its protozoa, and the symbiosis between protozoa and roach. Mem. Amer. Acad. Arts Sci. **17**, I—X, 185—342 (1934).
209. —, and W. L. NUTTING: Suppression of sexual cycles and death of the Protozoa of *Cryptocercus* resulting from change of hosts during molting period. J. exp. Zool. **130**, 485—514 (1955).
210. COHEN, L. W.: Diurnal intracellular differentiation in *Paramecium bursaria*. Exp. Cell Res. **36**, 398—406 (1964).
211. — The basis for the circadian rhythm of mating in *Paramecium bursaria*. Exp. Cell Res. **37**, 360—367 (1965).
212. —, and R. W. SIEGEL: The mating-type substances of *Paramecium bursaria*. Genet. Res. **4**, 143—150 (1963).
213. COLEMAN, A. W.: Sexual isolation in *Pandorina morum*. J. Protozool. **6**, 249—264 (1959).
214. — Immobilization, agglutination and agar precipitin effects of antibodies to flagella of *Pandorina* mating types. J. Protozool. **10**, 141—148 (1963).
215. COLLIN, B.: Études monographiques sur les acinétiens I, II. Arch. Zool. exp. gén. **51**, 1—400 (1911/12).
216. COOPER, J. E.: A fast-swimming "mutant" in stock 51 of *Paramecium aurelia*, variety 4. J. Protozool. **12**, 381—384 (1965).
217. CORLISS, J. O.: Le cycle autogamique de *Tetrahymena rostrata*. C. R. Acad. Sci. (Paris) **235**, 399—402 (1952).
*218. — An illustrated key to the higher groups of the ciliated protozoa with definition of terms. J. Protozool. **6**, 265—281 (1959).
*219. — The ciliated Protozoa. 310 pp. London: Pergamon Press 1961.
220. — L'autogamie et la sénescence du cilié hyménostome *Tetrahymena rostrata* (Kahl). Ann. Biol. **4**, 49—69 (1965).
220a. COSGROVE, W. B.: Cytochemical demonstration of mitochondrial enzymes in kinetoplasts. J. Protozool. **13** (Suppl.) 16 (1966).

221. CULBERTSON, J. R.: Physical and chemical properties of cilia isolated from *Tetrahymena pyriformis*. J. Protozool. 13, 397—406 (1966).
222. CZARSKA, L., and A. GREBECKI: Membrane folding and plasma-membrane ratio in the movement and shape transformation in *Amoeba proteus*. Acta Protozool. 4, 201—239 (1966).
223. CZIHAK, G., u. K. G. GRELL: Zur Determination der Zellkerne bei der Foraminifere *Rotaliella heterocaryotica*. Naturwissenschaften 47, 211—212 (1960).
224. DAHLGREN, L.: On the ultrastructure of the gamontic nucleus and the adjacent cytoplasm of the monothalamous foraminifer *Ovammina opaca* Dahlgren. Zool. Bidrag (Uppsala) 37, 78—112 (1967).
225. — On the nuclear distribution of RNA and DNA and on the ultrastructure of nulcei and adjacent cytoplasm of the foraminifers *Hippocrepinella alba* Heron-Allen and Earland and *Globobulimina turgida* (Bailey). Zool. Bidrag (Uppsala) 37, 114—138 (1967).
226. DANIELLI, J. F.: The cell-to-cell transfer of nuclei in amoebae and a comprehensive cell theory. Ann. N. Y. Acad. Sci. 78, 675—687 (1959).
*227. — Cellular inheritance as studied by nuclear transfer in amoebae. In: WALKER, P. M. B.: New approaches in Cell biology. p. 15—22. New York-London: Academic Press 1960
228. DANIELS, E. W.: Electron microscopy of centrifuged *Amoeba proteus*. J. Protozool. 11, 281—290 (1964).
228a. — Origin of the Golgi system in amoebae. Z. Zellforsch. 64, 38—51 (1964).
229. —, and E. BREYER: Differences in mitochondrial fine structure during mitosis in amoebae. J. Protozool. 12, 417—422 (1965).
230. — — Stratification within centrifuged amoeba nuclei. Z. Zellforsch. 70, 449—460 (1966).
231. — — Ultrastructure of the giant amoeba *Pelomyxa palustris*. J. Protozool. 14, 167—179 (1967).
232. —, and R. R. KUDO: *Pelomyxa palustris* Greef. II. Its ultrastructure. Z. Zellforsch. 73, 367—383 (1966).
232a. —, and L. E. ROTH: Electronmicroscopy of mitosis in a radiosensitive giant amoeba. J. Cell Biol. 20, 75—84 (1964).
233. DARDEN JR., W. H.: Sexual differentiation in *Volvox aureus*. J. Protozool. 13, 239—255 (1966).
234. DASS, C. M. S.: Studies on the nuclear apparatus of peritrichous ciliates. I. The nuclear apparatus of *Epistylis articulata* (From.). Proc. nat. Inst. Sci. India B 19, 389—404 (1953).
235. — Studies on the nuclear apparatus of peritrichous ciliates. II. The nuclear apparatus of *Carchesium spectabile* Ehrenbg. Proc. nat. Inst. Sci. India B 20, 174—186 (1954).
236. — Studies on the nuclear apparatus of peritrichous ciliates. III. The nuclear apparatus of *Epistylis sp*. Proc. nat. Inst. Sci. India B 20, 703—715 (1954).
*237. DEBRUYN, P. P. H.: Theories of amoeboid movement. Quart. Rev. Biol. 22, 1—14 (1947).
238. DEDEKEN-GRENSON, M.: The mass induction of white strains in *Euglena* as influenced by the physiological conditions. Exp. Cell Res. 18, 185—186 (1959).
239. —, and A. GODTS: Descendance of *Euglena* cells isolated after various bleaching treatments. Exp. Cell Res. 19, 376—382 (1960).
240. —, et S. MESSIN: La continuité génétique des chloroplastes chez les Euglènes. Biochim. biophys. Acta (Amst.) 27, 145—155 (1958).
241. DELLINGER, O.: Locomotion of amoebae and allied forms. J. exp. Zool. 3, 337—358 (1906).
242. DE TERRA, N.: A study of nucleo-cytoplasmic interactions during cell division in *Stentor coeruleus*. Exp. Cell Res. 21, 41—48 (1960).
243. — Nucleocytoplasmic interactions during the differentiation of oral structures in *Stentor coeruleus*. Develop. Biol. 10, 269—288 (1964).
244. DEVI, R. V.: Autogamy in *Frontonia leucas* (Ehrbg.). J. Protozool. 8, 277—283 (1961).

245. DEVIDÉ, Z., u. L. GEITLER: Die Chromosomen der Ciliaten. Chromosoma (Berl.) **3**, 110—136 (1947).
246. DICKINSON, A. H.: Cytochemistry of the helices in the nucleus of *Amoeba proteus*. J. Cell Biol. **31**, 27 (1966).
247. DILLER, W. F.: Nuclear reorganization processes in *Paramecium aurelia*, with descriptions of autogamy and "hemixis". J. Morph. **59**, 11—67 (1936).
248. — Nuclear variation in *Paramecium caudatum*. J. Morph. **66**, 605—633 (1940).
249. — Re-conjugation in *Paramecium caudatum*. J. Morph. **70**, 229—259 (1942)
250. — Nuclear behavior of *Paramecium trichium* during conjugation. J. Morph. **82**, 1—52 (1948).
251. — An abbreviated conjugation process in *Paramecium trichium*. Biol. Bull. **97**, 331—343 (1949).
252. — An extra postzygotic nuclear division in *Paramecium caudatum*. Trans. Amer. microscop. Soc. **69**, 309—316 (1950).
253. — Cytological evidence for pronuclear interchange in *Paramecium caudatum*. Trans. Amer. microscop. Soc. **69**, 317—323 (1950).
254. — Autogamy in *Paramecium polycaryum*. J. Protozool. **1**, 60—70 (1954).
255. — Studies on conjugation in *Paramecium polycaryum*. J. Protozool. **5**, 282—292 (1958).
256. — Correlation of ciliary and nuclear development in the life cycle of *Euplotes*. J. Protozool. **13**, 43—54 (1966).
257. DINGLE, A., and C. FULTON: Development of the flagellar apparatus of *Naegleria*. J. Cell Biol. **31**, 43—54 (1966).
258. DIPPELL, R. V.: Reproduction of surface structure in *Paramecium*. 2nd Intern. Conf. Protozool. Excerpta Medica **91**, 65 (1965).
259. DOBELL, C. C.: The life history and chromosome cycle of *Aggregata eberthi*. Parasitology **17**, 1—136 (1925).
260. DODGE, J. D.: Chromosome structure in the Dinophyceae. I. The spiral chromonema. Arch. Mikrobiol. **45**, 46—57 (1963).
261. — The nucleus and nuclear division in the Dinophyceae. Arch. Protistenk. **106**, 442 to 452 (1963).
262. — Chromosome structure in the Dinophyceae. II. Cytochemical studies. Arch. Mikrobiol. **48**, 66—80 (1964).
263. — Nuclear division in the dinoflagellate *Gonyaulax tamarensis*. J. gen. Microbiol. **36**, 269—276 (1964).
264. DOGIEL, V. A.: Die Geschlechtsprozesse bei Infusorien (speziell bei den Ophryoscoleciden) neue Tatsachen und theoretische Erwägungen. Arch. Protistenk. **50**, 283—442 (1925).
265. — Die sog. „Konkrementvacuole" der Infusorien, als eine Statocyste betrachtet. Arch. Protistenk. **68**, 319—348 (1929).
266. DOROSZEWSKI, M.: The response of *Dileptus* and its fragments to the punkture. Acta Protozool. **1**, 313—319 (1963).
267. — The response of the ciliate *Dileptus* and its fragments to the water shake. Acta Biol. exp. (Warszawa) **23**, 3—10 (1963).
268. — The response of *Dileptus cygnus* to the bisection. Acta Protozool. **3**, 175—182 (1965).
269. DOWNS, L. E.: Mating types and their determination in *Stylonychia putrina*. J. Protozool. **6**, 285—292 (1959).
270. DRAGESCO, J.: Sur la Biologie du *Zoothamnium pelagicum* (de Plessis). Bull. Soc. Zool. Fr. **73**, 130—134 (1948).
271. — La capture des proies chez *Dileptus gigas* (Cilié Holotriche). Bull. Soc. Zool. Fr. **73**, 62—65 (1948).
272. — Les Ciliés mésopsammiques littoraux (systématique, morphologie, écologie). Trav. St. Biol. Roscoff **12**, 356 (1960).
273. — Capture et ingestion des prois chez les Infusoires ciliés. Bull. Biol. Fr. Belg. **96**, 123—167 (1962).
274. — Révision du genre *Dileptus*, Dujardin 1871 (Ciliata Holotricha) (Systématique, Cytologie, Biologie) Bull. Biol. Fr. Belg. **97**, 103—145 (1963).

275. DRAGESCO, J.: Compléments à la connaissance des Ciliés mésopsammiques de Roscoff. I. — Holotriches. Cah. Biol. mar. **4**, 91—119 (1963).
276. — Compléments à la connaissance des Ciliés mésopsammiques de Roscoff, II. — Hétérotriches, III. — Hypotriches. Cah. Biol. mar. **4**, 251—275 (1963).
277. — Ciliés mésopsammiques d'Afrique noire. Cah. Biol. mar. **6**, 357—399 (1965).
278. — Étude cytologique de quelques Flagellés mésopsammiques. Cah. Biol. mar. **6**, 83—115 (1965).
279. — Observations sur quelques ciliés libres. Arch. Protistenk. **109**, 155—206 (1966).
280. — Armature fibrillaire interne chez *Harmannula acrobates* Entz (Cilié Holotriche Gymnostome). Protistologica **3**, (1) 61—66 (1967).
281. —, G. AUDERSET et M. BAUMANN: Observations sur la structure et la genèse des trichocystes toxiques et des protrichocystes de *Dileptus* (Ciliés Holotriches). Protistologica **1**, (2) 81—95 (1965).
282. —, et A. HOLLANDE: Sur la présence de trichocystes fibreux chez les Péridiniens; leur homologie avec les trichocystes fusiformes des Ciliés. C. R. Acad. Sci. (Paris) **260**, 2073—2076 (1965).
283. —, et I. RAIKOV: L'appareil nucléaire, la division et quelques stades de la conjugaison de *Tracheloraphis margaritatus* (Kahl) et *T. caudatus sp. nov.* (Ciliata Holotricha). Arch. Protistenk. **109**, 99—113 (1966).
*284. DROOP, M. R.: Algae and invertebrates in symbiosis, p. 171—199. In: Symbiotic associations. Thirteenth Symposium of the Society f. gen. Microbiology, London. Cambridge: University Press 1963.
285. DRYL, S.: Chemotactic and toxic effects of lower alcohols on *Paramecium caudatum*. Acta Biol. exp. **19**, 95—104 (1959).
286. — Chemotaxis in *Paramecium caudatum* as adaptive response of organism to its environment. Acta Biol. exp. **21**, 75—83 (1961).
287. — Contributions to mechanism of chemotactic response in *Paramecium caudatum*. Anim. Behav. **11**, 393—396 (1963).
288. — Oblique orientation of *Paramecium caudatum* in electric field. Acta Protozool. **1**, 193—199 (1963).
*289. —, and A. GREBECKI: Progress in the study of excitation and response in ciliates. Protoplasma **62**, 255—284 (1966).
289a. —, and J. R. PREER: The possible mechanism of resistance of *Paramecium aurelia* to kappa toxin from killer stock 7, syngen 2 during autogamy, conjugation and cell division. J. Protozool. **14** (Suppl.), 33—34 (1967).
290. DU BUY, H. G., C. F. T. MATTERN, and F. L. RIDLEY: Isolation and characterization of DNA from kinetoplasts of *Leishmania enrietti*. Science **147**, 754—756 (1965).
291. DUMONT, J. N.: Observations on the fine structure of the ciliate *Dileptus anser*. J. Protozool. **8**, 392—402 (1961).
292. DUNCAN, D., J. EADES, S. R. JULIAN, and D. MICKS: Electron microscope observations on malarial oocysts (*Plasmodium cathemerium*). J. Protozool. **7**, 18—26 (1960).
293. DURCHON, M., and E. VIVIER: Influence des sécrétions endocrines sur le cycle des Grégarines chez les Néreidiens (Annelides polychètes). Ann. endocr. (Paris) **25**, 43—48 (1964).
294. EBERHARDT, R.: Untersuchungen zur Morphogenese von *Blepharisma* und *Spirostomum*. Arch. Protistenk. **106**, 241—341 (1962).
295. EBERSOLD, W. T.: Crossing over in *Chlamydomonas reinhardi*. Amer. J. Bot. **43**, 408 to 410 (1956).
296. — Biochemical genetics. In: LEWIN, R. A.: Physiology and biochemistry of algae, pp. 731—739. New York-London: Academic Press 1962.
297. — Heterozygous diploid strains of *Chlamydomonas reinhardi*. Genetics **48**, 888 (1963).
298. —, and R. P. LEVINE: A genetic analysis of linkage group I of *Chlamydomonas reinhardi*. Z. Vererbungsl. **90**, 74—82 (1959).
299. — —, E. E. LEVINE, and M. A. OLMSTED: Linkage maps in *Chlamydomonas reinhardi*. Genetics **47**, 531—543 (1962).

300. EDELMAN, M., C. A. COWAN, H. T. EPSTEIN, and J. A. SCHIFF: Studies of chloroplast development in *Euglena*. VIII. Chloroplast-associated DNA. Proc. nat. Acad. Sci. (Wash.) **52**, 1214—1219 (1964).
301. —, J. A. SCHIFF, and H. T. EPSTEIN: Studies of chloroplast development in *Euglena*. XII. Two types of satellite DNA. J. molec. Biol. **11**, 769—774 (1965).
302. EGELHAAF, A.: Cytologisch-entwicklungsphysiologische Untersuchungen zur Konjugation von *Paramecium bursaria* Focke. Arch. Protistenk. **100**, 447—514 (1955).
302a. EHRET, C. F., and G. DEHALLER: Origin, development, and maturation of organelles and organelle systems of the cell surface of *Paramecium*. J. Ultrastruct. Res. Suppl. **6**, 1—42 (1963).
303. —, and E. L. POWERS: The cell surface of *Paramecium*. Int. Rev. Cytol. **8**, 97—133 (1959).
303a. —, N. SAVAGE, and J. ALBLINGER: Patterns of segregation of structural elements during cell division. Z. Zellforsch. **64**, 129—139 (1964).
*304. ELLIOTT, A. M.: Biology of *Tetrahymena*. Ann. Rev. Microbiol. **13**, 79—95 (1959).
*305. — A quarter century exploring *Tetrahymena*. J. Protozool. **6**, 1—7 (1959).
306. —, and I. J. BAK: The contractile vacuole and related structures in *Tetrahymena pyriformis*. J. Protozool. **11**, 250—261 (1964).
307. —, and G. M. CLARK: The induction of haploidy in *Tetrahymena pyriformis* following X-irradiation. J. Protozool. **3**, 181—188 (1956).
308. — — Further cytological studies on haploid and diploid strains of *Tetrahymena pyriformis* with special reference to univalent spindles. Cytologia **22**, 355—359 (1957).
309. — — Genetic studies of the pyridoxine mutant in variety two of *Tetrahymena pyriformis*. J. Protozool. **5**, 235—240 (1958).
310. — — Genetic studies of the serine mutant in variety nine of *Tetrahymena pyriformis*. J. Protozool. **5**, 240—246 (1958).
311. —, and G. L. CLEMMONS: An ultrastructural study of ingestion and digestion in *Tetrahymena pyriformis*. J. Protozool. **13**, 311—323 (1966).
312. —, and J. R. KENNEDY: The morphology and breeding system of variety 9, *Tetrahymena pyriformis*. Trans. Amer. microscop. Soc. **81**, 300—308 (1962).
313. —, and D. L. NANNEY: Conjugation in *Tetrahymena*. Science **116**, 33—34 (1952).
*314. EPHRUSSI, B.: Nucleo-cytoplasmic relations in microorganisms. Oxford: Clarendon Press 1953.
315. EPSTEIN, H. T., and J. A. SCHIFF: Studies of chloroplast development in *Euglena*. IV. Electron and fluorescence microscopy of the proplastid and its development into a mature chloroplast. J. Protozool. **8**, 427—437 (1961).
316. ETTL, H., and I. MANTON: Die feinere Struktur von *Pedinomonas minor* Korschikoff. Nova Hedwigia **8**, 421—451 (1964).
317. EVERSOLE, R. A.: Biochemical mutants of *Chlamydomonas reinhardi*. Amer. J. Bot. **43**, 404—407 (1956).
318. —, and E. L. TATUM: Chemical alteration of crossing over frequency in *Chlamydomonas*. Proc. nat. Acad. Sci. (Wash.) **42**, 68—72 (1956).
319. FAURÉ-FREMIET, E.: Morphogénèse de bipartition chez *Urocentrum turbo* (Cilié holotriche). J. Embryol. exp. Morphol. **2**, 227—238 (1954).
*320. — Les problèmes de la différenciation chez les protistes. Bull. Soc. zool. Fr. **79**, 311 to 329 (1954).
321. — Le macronucleus hétéromère de quelques ciliés. J. Protozool. **4**, 7—17 (1957).
*322. — Cils vibratiles et flagelles. Biol. Rev. **36**, 464—536 (1961).
323. —, P. FAVARD et N. CARASSO: Étude au microscope électronique des ultrastructures d'*Epistylis anastatica* (Cilié Péritriche). J. Microscopie **1**, 287—312 (1962).
324. —, et C. ROUILLER: Myonèmes et cinétodesmes chez les ciliés du genre *Stentor*. Bull. Micr. appl. **8**, 117—119 (1958).
325. FAVARD, P., et N. CARASSO: Mise en évidence d'un processus de micropinocytose interne au niveau des vacuoles digestives d'*Epistylis anastatica* (Cilié Péritriches). J. Microscopie **2**, 495—498 (1963).

326. FAVARD, P., et N. CARASSO: Étude de la pinocytose au niveau des vacuoles digestives de ciliés Péritriches. J. Microscopie 3, 671—696 (1964).
*327. FAWCETT, D. W.: Cilia and flagella. In: BRACHET, J., and A. E. MIRSKY: The cell. Vol. 2, pp. 217—298. New York-London: Academic Press 1961.
328. FELDHERR, C. M.: The nuclear annuli as pathways for nucleocytoplasmic exchanges. J. Cell Biol. 14, 65—72 (1962).
329. —, and J. M. MARSHALL: The use of colloidal gold for studies of intracellular exchanges in the ameba *Chaos chaos*. J. Cell Biol. 12, 640—645 (1962).
330. FINCK, H., and H. HOLTZER: Attempts to detect myosin and actin in cilia and flagella. Exp. Cell Res. 23, 251—257 (1961).
331. FINLEY, H. E.: Sexual differentiation in *Vorticella microstoma*. J. exp. Zool. 81, 209—229 (1939).
332. — The conjugation of *Vorticella microstoma*. Trans. Amer. microscop. Soc. 62, 97—121 (1943).
333. — Sexual differentiation in peritrichous ciliates. J. Morph. 91, 569—606 (1952).
334. —, C. A. BROWN, and W. A. DANIEL: Electron microscopy of the ectoplasm and infraciliature of *Spirostomum ambiguum*. J. Protozool. 11, 264—280 (1964).
335. FÖRSTER, H., u. L. WIESE: Untersuchungen zur Kopulationsfähigkeit von *Chlamydomonas eugametos*. Z. Naturforsch. 9b, 470—471 (1954).
336. — — Gamonwirkungen bei *Chlamydomonas eugametos*. Z. Naturforsch. 9b, 548—550 (1954).
337. — — Gamonwirkung bei *Chlamydomonas reinhardi*. Z. Naturforsch. 10b, 91 (1955).
338. — — u. G. BRAUNITZER: Über das agglutinierend wirkende Gynogamon von *Chlamydomonas eugametos*. Z. Naturforsch. 11b, 315—317 (1956).
339. FÖYN, B.: Über die Kernverhältnisse der Foraminifere *Myxotheca arenilega* Schaudinn. Arch. Protistenk. 87, 272—295 (1936).
340. — Zur Kenntnis der asexuellen Fortpflanzung und der Entwicklung der Gamonten von *Discorbina vilardeboana* D'Orbigny. Bergens Museum Arbok, Naturvid. r. 5 (1937).
341. FRANCESCHI, T.: Ciclo vitale e sistemi ereditari di *Paramecium aurelia*. Riv. Sci. Nat. Natura 55, 1—48 (1964).
342. FRANKEL, J.: Morphogenesis in *Glaucoma chattoni*. J. Protozool. 7, 362—376 (1960).
343. — Effects of localized damage on morphogenesis and cell division in a ciliate, *Glaucoma chattoni*. J. exp. Zool. 143, 175—193 (1960).
344. — Cortical morphogenesis and synchronization in *Tetrahymena pyriformis* GL. Exp. Cell Res. 35, 349—360 (1964).
345. — Morphogenesis and division in chains of *Tetrahymena pyriformis* GL. J. Protozool. 11, 514—526 (1964).
346. — The effect of nucleic acid antagonists on cell division and oral organelle development in *Tetrahymena pyriformis*. J. exp. Zool. 159, 113—148 (1965).
346a. — Studies on the maintenance of oral development in *Tetrahymena pyriformis* Gl-C. I. An analysis of mechanism of resorption of developing oral structures. J. exp. Zool. 164, 435—460 (1967).
346b. — Studies on the maintenance of oral development in *Tetrahymena pyriformis* Gl-C. II. The relationship of protein synthesis to cell division and oral organell development. Cell Biol. 34, 841—858 (1967).
347. FREUDENTHAL, H. D.: *Symbiodinium* gen. nov. and *Symbiodinium microadriaticum* sp. nov., a Zooxanthella: Taxonomy, life cycle, and morphology. J. Protozool. 9, 45—62 (1962).
*348. FREY-WYSSLING, H.: Die submikroskopische Struktur des Cytoplasmas. In: HEILBRUNN, L. V., u. F. WEBER: Protoplasmatologia. Wien: Springer 1955.
349. FRIEND, D. S.: The fine structure of *Giardia muris*. J. Cell Biol. 29, 317—332 (1966).
350. FRIZ, C. T.: Studies of the nucleic acids of the amoeba, *Chaos chaos*. C. R. Trav. Lab. Carlsberg 35, 287—339 (1966).
351. FURSSENKO, A.: Lebenscyclus und Morphologie von *Zoothamnium arbuscula* Ehrenberg (Infusoria Peritricha). Arch. Protistenk. 67, 376—500 (1929).
352. GALL, J. G.: Macronuclear duplication in the ciliated protozoan *Euplotes*. J. biophys. biochem. Cytol. 5, 295—308 (1959).

*353. GARNHAM, P. C. C.: Locomotion in the parasitic Protozoa. Biol. Rev. 41, 561—586 (1966).
354. —, J. R. BAKER, and R. G. BIRD: Fine structure of *Lankesterella garnhami*. J. Protozool. 9, 107—114 (1962).
355. —, R. G. BIRD, and J. R. BAKER: Electron microscope studies of motile stages of malaria parasites. I. The fine structure of the sporozoites of *Haemamoeba (Plasmodium) falcipara*. Trans. roy. Soc. trop. Med. Hyg. 54, 274—278 (1960).
356. — — — Electron microscope studies of motile stages of malaria parasites. II. The fine structure of the sporozoites of *Laverania (Plasmodium) gallinacea*. Trans. roy. Soc. trop. Med. Hyg. 55, 98—102 (1961).
357. — — — Electron microscope studies of motile stages of malaria parasites. III. The ookinete of *Haemamoeba* and *Plasmodium*. Trans. roy. Soc. trop. Med. Hyg. 56, 116—120 (1962).
357a. — — — Electron microscope studies of motile stages of malaria parasites. IV. The fine structure of the sporozoites of four species of *Plasmodium*. Trans. roy. Soc. trop. Med. Hyg. 57, 27—31 (1963).
357b. — — — Electron microscope studies of motile stages of malaria parasites. V. Exflagellation in *Plasmodium, Hepatocystis* and *Leucocytozoon*. Trans. roy. Soc. Med. Hyg. 61, 58—68 (1967).
*358. GEITLER, L.: Endomitose und endomitotische Polyploidisierung. In: HEILBRUNN, L. V., u. F. WEBER: Protoplasmatologia. Wien: Springer 1953.
359. GELEI, G. v.: Neue Beiträge zum Bau und zu der Funktion des Exkretionssystems von *Paramecium*. Arch. Protistenk. 92, 384—400 (1939).
360. GÉNERMONT, J.: Le déterminisme génétique de la vitesse de multiplication chez *Paramecium aurelia* syng. 1. Protistologica 2, (4), 45—51 (1966).
361. — Recherches sur les modifications durables et le déterminisme génétique de certains caractères quantitatifs chez *Paramecium aurelia*. Thèse à la Fac. Sci. Univ. Paris, 1966.
362. GERISCH, G.: Die Zelldifferenzierung bei *Pleodorina californica* Shaw und die Organisation der Phytomonadinenkolonien. Arch. Protistenk. 104, 292—358 (1959).
*363. — Die zellulären Schleimpilze als Objekte der Entwicklungsphysiologie. Ber. dtsch. bot. Ges. 75, 82—89 (1962).
364. — *Dictyostelium discoideum* (Acrasina). Aggregation und Bildung des Sporophors. Begleitveröff. z. d. Film E 631, 1964.
365. GIBBONS, I. R.: Studies on the protein components of cilia from *Tetrahymena pyriformis*. Proc. nat. Acad. Sci. (Wash.) 50, 1002—1010 (1963).
366. — The Organization of cilia and flagella. In: ALLEN, J. M.: Molecular organization and biological function, pp. 211—237. New York-Evanston-London: Harper & Row Publ. 1967.
367. —, and A. V. GRIMSTONE: On flagellar structure in certain flagellates. J. biophys. biochem. Cytol. 7, 697—716 (1960).
368. GIBBS, S. P.: The fine structure of *Euglena gracilis* with special reference to the chloroplasts and pyrenoids. J. Ultrastruct. Res. 4, 127—148 (1960).
369. — The ultrastructure of the pyrenoids of algae, exclusive of the green algae. J. Ultrastruct. Res. 7, 247—261 (1962).
370. — The ultrastructure of the pyrenoids of green algae. J. Ultrastruct. Res. 7, 262—272 (1962).
371. — The ultrastructure of the chloroplasts of algae. J. Ultrastruct. Res. 7, 418—435 (1962).
372. — Nuclear envelope — chloroplast relationships in algae. J. Cell Biol. 14, 433—444 (1962).
373. — Chloroplast development in *Ochromonas danica*. J. Cell Biol. 15, 343—361 (1962).
374. GIBOR, A., and S. GRANICK: The plastid system of normal and bleached *Euglena gracilis*. J. Protozool. 9, 327—334 (1962).
*375. — — Plastids and mitochondria: Inheritable systems. Science 145, 890—898 (1964).
376. GIBSON, I., and G. H. BEALE: Genic basis of the mate-killer trait in *Paramecium aurelia*, stock 540. Genet. Res. 2, 82—91 (1961).

377. GIBSON, I., and G. H. BEALE: The mechanism whereby the genes M_1 and M_2 in *Paramecium aurelia*, stock 540, control growth of the mate-killer (*mu*) particles. Genet. Res. **3**, 24—50 (1962).
378. GIESBRECHT, P.: Vergleichende Untersuchungen an den Chromosomen des Dinoflagellaten *Amphidinium elegans* und denen der Bakterien. Zbl. Bakt. II. Abt. **187**, 452 bis 498 (1962).
379. — Über das Ordnungsprinzip in den Chromosomen von Dinoflagellaten und Bakterien. Zbl. Bakt. II. Abt. **196**, 516—519 (1965).
380. GIESE, A.: Mating types in *Paramecium multimicronucleatum*. J. Protozool. **4**, 120—124 (1957).
381. GILLIES, C., and E. D. HANSON: A new species of *Leptomonas* parasitizing the macronucleus of *Paramecium trichium*. J. Protozool. **10**, 467—473 (1963).
382. GILLHAM, N. W.: The nature of exceptions to the pattern of uniparental inheritance for high level streptomycin resistance in *Chlamydomonas reinhardi*. Genetics **48**, 431—440 (1963).
383. — Induction of chromosomal and nonchromosomal mutations in *Chlamydomonas reinhardi* with N-methyl-nitro-N-nitrosoguanidine. Genetics **52**, 529—537 (1965).
384. — Linkage and recombination between nonchromosomal mutations in *Chlamydomonas reinhardi*. Proc. nat. Acad. Sci. (Wash.) **54**, 1560—1567 (1965).
385. —, and R. P. LEVINE: Studies on the origin of streptomycin resistant mutants in *Chlamydomonas reinhardi*. Genetics **47**, 1463—1474 (1962).
386. GILMAN, L. C.: Mating types in diverse races of *Paramecium caudatum*. Biol. Bull. **80**, 384—402 (1941).
387. — Distribution of the varieties of *Paramecium caudatum*. J. Protozool. **3**, (Suppl.) 4 (1956).
388. — European varieties of *Paramecium caudatum*. J. Protozool. **5**, (Suppl.) 17 (1958).
389. GLIDDON, R.: Ciliary organelles and associated fibre systems in *Euplotes eurystomus* (Ciliata, Hypotrichida). J. Cell Sci. **1**, 439—448 (1966).
*390. GOLDACRE, R. J.: On the mechanism and control of ameboid movement. In: ALLEN, R. D., and N. KAMIYA: Primitive motile systems in cell biology, pp. 237—255. New York-London: Academic Press 1964.
391. GOLDSTEIN, M.: Speciation and mating behavior in *Eudorina*. J. Protozool. **11**, 317—344 (1964).
391a. — Colony differentiation in *Eudorina*. Canad. J. Bot. **45**, 1591—1596 (1967).
392. GOLDSTEIN, L., and W. PLAUT: Direct evidence for nuclear synthesis of cytoplasmic ribose nucleic acid. Proc. nat. Acad. Sci. (Wash.) **41**, 874—879 (1955).
393. GOLIKOWA, M. N.: Der Aufbau des Kernapparates und die Verteilung der Nukleinsäuren und Proteine bei *Nyctotherus cordiformis* Stein. Arch. Protistenk. **108**, 191—216 (1965).
*394. GOODWIN, T. W.: The plastid pigments of flagellates. In: HUTNER, S. H.: Biochemistry and physiology of protozoa. Vol. 3, pp. 319—337. New York-London: Academic Press 1964.
395. GÖSSEL, I.: Über das Aktionsspektrum der Phototaxis chlorophyllfreier Euglenen und über die Absorption des Augenflecks. Arch. Mikrobiol. **27**, 288—305 (1957).
396. GOWANS, C. S.: Some genetic investigations in *Chlamydomonas eugametos*. Z. Vererbungsl. **91**, 63—73 (1960).
397. GRAIN, J.: Étude cytologique de quelques ciliés holotriches endocommensaux des ruminants et des équidés. Protistologica **2** (1), 5—52 (1966).
398. GRASSÉ, P. P., et J. DRAGESCO: L'ultrastructure du chromosome des péridiniens et ses conséquences génétiques. C. R. Acad. Sci. (Paris) **245**, 2447—2452 (1957).
399. —, et A. HOLLANDE: Cytologie et mitose des *Pseudotrichonympha* Grassi et Foà 1911. Ann. Sci. nat. Zool. **13**, 237—246 (1951).
400. — — Recherches sur les symbiontes des termites Hodotermitidae nord-africains. I. Le cycle évolutif des flagellés du genre *Kirbynia*. II. Les Rhizonymphidae fam. nov. III. *Polymastigoides*, nouveau genre de Trichomonadidae. Ann. Sci. nat. Zool. **13**, 1—32 (1951).

401. GRASSÉ, P. P., et A. HOLLANDE: Les flagellés des genres *Holomastigotoides* et *Rostronympha*. Structure et cycle de spiralisation des chromosomes chez *Holomastigotoides psammotermitidis*. Ann. Sci. nat. Zool. 5, 749—792 (1963).
402. — —, J. CACHON et M. CACHON-ENJUMET: Nouvelle interprétation de l'ultrastructure du chromosome de certains péridiniens (*Prorocentrum, Gymnodinium, Amphidinium, Plectodinium* et Xanthelles d'Anémones). C. R. Acad. Sci. (Paris) 260, 1743—1747 (1965).
403. — — — — Interprétation de quelques aspects infrastructuraux des chromosomes de péridiniens en division. C. R. Acad. Sci. (Paris) 260, 6975—6978 (1965).
404. —, et H. MUGARD: Les organites mucifères et la formation du kyste chez *Ophryoglena mucifera*. Progr. Protozool. (Prag) 417—418 (1963).
405. GREBECKI, A.: L'enregistrement microphotographique des courants d'eau autour d'un cilié. Experientia (Basel) 17, 93—94 (1961).
406. — Phénomènes électrocinétiques dans le galvanotropisme de *Paramecium caudatum*. Bull. Biol. Fr. Belg. 96, 723—754 (1962).
407. — Rebroussement ciliaire et galvanotaxie chez *Paramecium caudatum*. Acta Protozool. 1, 99—112 (1963).
408. — Point isoélectrique superficiel et quelques réactions locomotrices chez *Paramecium caudatum*. Protoplasma 56, 80—88 (1963).
409. — Electrobiologie d'ingestion des colorants par le cytostome de *Paramecium caudatum*. Protoplasma 56, 89—98 (1963).
410. — Galvanotaxie transversale et oblique chez les ciliés. Acta Protzool. 1, 91—98 (1963).
411. — Calcium substitution in staining the cilia. Acta Protozool. 2, 375—377 (1964).
*412. — Modern lines in the study of amoeboid movement. Acta Protozool. 2, 379—402 (1964).
413. — Rôle des ions K^+ et Ca^{2+} dans l'excitabilité de la cellule protozoaire. I. Equilibrement des ions antagonistes. Acta Protozool. 2, 69—79 (1964).
414. — Gradient stomato-caudal d'excitabilité des ciliés. Acta Protozool. 3, 79—101 (1965).
415. — Rôle of Ca^{2+} ions in the excitability of protozoan cell. Decalcification, recalcification, and the ciliary reversal in *Paramecium caudatum*. Acta Protozool. 3, 275—289 (1965).
416. —, and L. KUZNICKI: Immobilization of *Paramecium caudatum* in the chloralhydrate solutions. Bull. Acad. pol. Sci. Cl. II. 9, 459—462 (1961).
417. — — The influence of external pH on the toxicity of inorganic ions for *Paramecium caudatum*. Acta Protozool. 1, 157—164 (1963).
418. GRELL, K. G.: Untersuchungen an Schizogregarinen. I. *Lipocystis polyspora* n. g. n. sp., eine neue Schizogregarine aus dem Fettkörper von *Panorpa communis* L. Arch. Protistenk. 91, 526—545 (1938).
419. — Der Kernphasenwechsel von *Stylocephalus (Stylorhynchus) longicollis* F. Stein. (Ein Beitrag zur Frage der Chromosomenreduktion der Gregarinen). Arch. Protistenk. 94, 161—200 (1940).
420. — Die Entwicklung der Makronucleusanlage im Exkonjuganten von *Ephelota gemmipara* R. Hertwig. Biol. Zbl. 58, 289—312 (1949).
421. — Der Generationswechsel des parasitischen Suktors *Tachyblaston ephelotensis* Martin. Z. Parasitenk. 14, 499—534 (1950).
*422. — Der Kerndualismus der Ciliaten und Suktorien. Naturwissenschaften 37, 347—356 (1950).
423. — Die Paarungsreaktion von *Stylonychia mytilus* Müller. Z. Naturforsch. 6b, 45—47 (1951).
424. — Die Konjugation von *Ephelota gemmipara* R. Hertwig. Arch. Protistenk. 98, 287 bis 326 (1953).
425. — Die Struktur des Makronucleus von *Tokophrya*. Arch. Protistenk. 98, 466—468 (1953).
426. — Die Chromosomen von *Aulacantha scolymantha* Haeckel. Arch. Protistenk. 99, 1—54 (1953).
*427. — Der Stand unserer Kenntnisse über den Bau der Protistenkerne. Verh. dtsch. zool. Ges. Freiburg 1952, 212—215 (1953).
428. — Entwicklung und Geschlechtsbestimmung von *Eucoccidium dinophili*. Arch. Protistenk. 99, 156—186 (1953).

429. GRELL, K. G.: Zur Sexualität der Foraminiferen. Naturwissenschaften **41**, 44—45 (1954).
430. — Der Generationswechsel der polythalamen Foraminifere *Rotaliella heterocaryotica*. Arch. Protistenk. **100**, 268—286 (1954).
431. — Röntgeninduzierte Chromosomenmutationen bei *Eucoccidium dinophili*. Arch. Protistenk. **100**, 323—330 (1955).
432. — Der Kerndualismus der Foraminifere *Glabratella sulcata*. Z. Naturforsch. **11b**, 367—368 (1956).
433. — Über die Elimination somatischer Kerne bei heterokaryotischen Foraminiferen. Z. Naturforsch. **11b**, 759—761 (1956).
434. — Untersuchungen über die Fortpflanzung und Sexualität der Foraminiferen. I. *Rotaliella roscoffensis*. Arch. Protistenk. **102**, 147—164 (1957).
435. — Untersuchungen über die Fortpflanzung und Sexualität der Foraminiferen. II. *Rubratella intermedia*. Arch. Protistenk. **102**, 291—308 (1958).
436. — Untersuchungen über die Fortpflanzung und Sexualität der Foraminiferen. III. *Glabratella sulcata*. Arch. Protistenk. **102**, 449—472 (1958).
*437. — Studien zum Differenzierungsproblem an Foraminiferen. Naturwissenschaften **45**, 25—32 (1958).
438. — Untersuchungen über die Fortpflanzung und Sexualität der Foraminiferen. IV. *Patellina corrugata*. Arch. Protistenk. **104**, 211—235 (1959).
439. — Nachweis der sexuellen Differenzierung bei *Patellina corrugata* durch Teilbildanalyse eines Films. Z. Naturforsch. **15b**, 270 (1960).
439a. — Reziproke Infektion mit Eucoccidien aus verschiedenen Wirten. Naturwissenschaften **47**, 47—48 (1960).
440. — Über den „Nebenkörper" von *Paramoeba eilhardi* Schaudinn. Arch. Protistenk. **105**, 303—312 (1961).
*441. — Morphologie und Fortpflanzung der Protozoen (einschließlich Entwicklungsphysiologie und Genetik). Fortschr. Zool. **14**, 1—85 (1962).
442. — Entwicklung und Geschlechtsdifferenzierung einer neuen Foraminifere. Naturwissenschaften **49**, 241 (1962).
*443. — The protozoan nucleus. In: BRACHET, J., and A. E. MIRSKY: The cell. Vol. 6, pp. 1—79. New York-London: Academic Press 1964.
444. — Amöben der Familie Stereomyxidae. Arch. Protistenk. **109**, 147—154 (1966).
*445. — Sexual reproduction in protozoa. In: CHEN, T. T.: Research in protozoology. Vol. 2, pp. 149—213. Oxford: Pergamon Press 1967.
446. —, u. G. BENWITZ: Die Zellhülle von *Paramoeba eilhardi* Schaudinn. Z. Naturforsch. **21b**, 600—601 (1966).
447. —, u. A. RUTHMANN: Über die Karyologie des Radiolars *Aulacantha scolymantha* und die Feinstruktur seiner Chromosomen. Chromosoma (Berl.) **15**, 185—211 (1964).
448. —, u. G. SCHWALBACH: Elektronenmikroskopische Untersuchungen an den Chromosomen der Dinoflagellaten. Chromosoma (Berl.) **17**, 230—245 (1965).
449. —, u. K. E. WOHLFARTH-BOTTERMANN: Licht- und elektronenmikroskopische Untersuchungen an dem Dinoflagellaten *Amphidinium elegans*. Z. Zellforsch. **47**, 7—17 (1957).
450. GREUET, C.: Structure fine de l'ocelle d'*Erythropsis pavillardi* Hertwig, péridinien Warnowiidae Lindemann. C. R. Acad. Sci. (Paris) **261**, 1904—1907 (1965).
450a. — Organisation ultrastructurale du tentacule d'*Erythropsis pavillardi* Kofoid et Swezy Péridinien Warnowiidae Lindemann. Protistologica **3**, 335—345 (1967).
451. GRIFFIN, J. L., and R. D. ALLEN: The movement of particles attached to the surface of amebae in relation to current theories of ameboid movement. Exp. Cell Res. **20**, 619—622 (1960).
452. GRIMSTONE, A. V.: Cytoplasmic membranes and the nuclear membrane in the flagellate *Trichonympha*. J. biophys. biochem. Cytol. **6**, 369—377 (1959).
*453. — Fine structure and morphogenesis in protozoa. Biol. Rev. **36**, 97—150 (1961).
454. — The fine structure of some polymastigote flagellates. Proc. Linn. Soc. London **174**, 49—52 (1963).
455. —, and L. R. CLEVELAND: The fine structure and function of the contractile axostyles of certain flagellates. J. Cell Biol. **24**, 387—400 (1965).

455a. GRIMSTONE, A. V., and I. R. GIBBONS: The fine structure of the centriolar apparatus and associated structures in the complex flagellates *Trichonympha* and *Pseudotrichonympha*. Phil. Trans. B, **250**, 215—242 (1966).
456. GRUCHY, D. F.: The breeding system and distribution of *Tetrahymena pyriformis*. J. Protozool. **2**, 178—185 (1955).
457. GUILCHER, Y.: Contribution à l'étude des ciliés gemmipares, chonotriches et tentaculifères. Ann. Sci. nat. Zool. (sér. 11) **13**, 33—132 (1951).
458. GUILLARD, R. R. L.: A mutant of *Chlamydomonas moewusii* lacking contractile vacuoles. J. Protozoology **7**, 262—268 (1960).
459. HÄMMERLING, J.: Über die Geschlechtsverhältnisse von *Acetabularia mediterranea* und *Acetabularia wettsteinii*. Arch. Protistenk. **83**, 57—97 (1934).
*460. — Nucleo-cytoplasmic interactions in *Acetabularia* and other cells. Ann. Rev. Plant Phys. **14**, 67—92 (1963).
*461. HALLDAL, P.: Phototaxis in protozoa. In: HUTNER, S. H.: Biochemistry and physiology of protozoa. Vol. 3, pp. 227—295. New York-London: Academic Press 1964.
462. HALLER, G. DE: Altération expérimentale de la stomatogenèse chez *Paramecium aurelia*. Rev. Suisse Zool. **71**, 592—600 (1964).
463. — Sur l'hérédité de characteristique morphologique du cortex chez *Paramecium aurelia*. Arch. Zool. exp .gén. **105**, 169—178 (1965).
464. —, et C. ROUILLER: La structure fine de *Chlorogonium elongatum*. I. Etude systématique au microscope électronique. J. Protozool. **8**, 452—462 (1961).
465. HAMMOND, D. M., J. V. ERNST, and M. L. MINER: The development of first generation schizonts of *Eimeria bovis*. J. Protozool. **13**, 559—564 (1966).
465a. — E. SCHOLTYSECK, and M. L. MINER: The fine structure of microgametocytes of *Eimeria perforans*, *E. stiedae*, *E. bovis* and *E. auburnensis*. J. Parasit. **53**, 235—247 (1967).
466. HANSON, E. D.: Morphogenesis and regeneration of oral structures in *Paramecium aurelia*: An analysis of intracellular development. J. exp. Zool. **150**, 45—68 (1962).
467. — Evolution of the cell from primordial living systems. Quart. Rev. Biol. **41**, 1—12 (1966).
468. HARTMANN, M.: Über experimentelle Unsterblichkeit von Protozoen-Individuen. Ersatz der Fortpflanzung von *Amoeba proteus* durch fortgesetzte Regeneration. Zool. Jb. Physiol. **45**, 973—987 (1928).
*469. — Allgemeine Biologie. 4. Aufl. 940 S. Stuttgart: Gustav Fischer 1953.
*470. — Die Sexualität. 2. Aufl., 463 S. Stuttgart: Gustav Fischer 1956.
471. HARTSHORNE, J. N.: The function of the eyespot in *Chlamydomonas*. New Phytologist **52**, 292—297 (1953).
*472. HAUPT, W.: Die Orientierung der Pflanzen zum Licht. Naturw. Rundschau **18**, 261—267 (1965).
*473. — Phototaxis in plants. Intern. Rev. Cytol. **19**, 267—299 (1966).
474. HAUSCHKA, T.: Life-history and chromosome cycle of the coccidian *Adelina deronis*. J. Morph. **73**, 529—581 (1943).
*475. HAYES, W.: The genetics of bacteria and their viruses. 740 S. Oxford: Blackwell Scientific Publ. 1964.
476. HECKMANN, K.: Paarungssystem und genabhängige Paarungstypdifferenzierung bei dem hypotrichen Ciliaten *Euplotes vannus* O. F. Müller. Arch. Protistenk. **106**, 393—421 (1963).
477. — Experimentelle Untersuchungen an *Euplotes crassus*. I. Paarungssystem, Konjugation und Determination der Paarungstypen. Z. Vererbungsl. **95**, 114—124 (1964).
478. — Totale Konjugation bei *Urostyla hologama* n. sp. Arch. Protistenk. **108**, 55—62 (1965).
479. — Age dependent intraclonal conjugation in *Euplotes crassus*. J. exp. Zool. **165**, 269 to 278 (1967).
480. —, J. R. PREER, and W. H. STRAETLING: Cytoplasmic particles in the killers of *Euplotes minuta* and their relationship to the killer substance. J. Protozool. **14**, 360—363 (1967).

481. HECKMANN, K., and R. W. SIEGEL: Evidence for the induction of mating-type substances by cell to cell contacts. Exp. Cell Res. **36**, 688—691 (1964).
482. HEDLEY, R. H.: The biology of Foraminifera. Intern. Rev. gen. exp. Zool. **1**, 1—45 (1964).
483. —, and W. S. BERTAUD: Electron-microscopic observations of *Gromia oviformis* (Sarcodina). J. Protozool. **9**, 79—87 (1962).
484. HENNERÉ, E.: Etude cytologique des premiers stades du dévelopement d'une coccidie: *Myriosporides amphiglenae.* J. Protozool. **14**, 27—39 (1967).
485. HERTWIG, R.: Über Kernteilung, Richtungskörperbildung und Befruchtung von *Actinosphaerium eichhorni.* Abhandl. k. bayer. Akad. Wiss. II. Cl. **19**, 633—734 (1898).
486. HITCHCOCK, L.: Color sensitivity of the amoeba revisited. J. Protozool. **8**, 322—324 (1961).
487. HIWATASHI, K.: Inheritance of mating types in variety 12 of *Paramecium caudatum.* Sci. Rep. Res. Inst. Tohoku Univ. Biol. **24**, 119—129 (1958).
488. — Induction of conjugation by ethylenediamine tetraacetic acid (EDTA) in *Paramecium caudatum.* Sci. Rep. Res. Inst. Tohoku Univ., Biol. **25**, 81—90 (1959).
489. — Analysis of the change of mating type during vegetative reproduction in *Paramecium caudatum.* Jap. J. Genet. **35**, 213—221 (1960).
490. — Inheritance of difference in the life feature of *Paramecium caudatum*, syngen 12. Bull. biol. Stn. Asamushi Tohoku Univ. **9**, 157—159 (1960).
491. — Locality of mating reactivity on the surface of *Paramecium caudatum.* Sci. Rep. Res. Inst. Tohoku Univ. Biol. **27**, 93—99 (1961).
492. — Mating type inheritance in *Paramecium caudatum*, syngen 3. Genetics **50**, 225—256 (1964).
493. HOFFMAN, E. J.: The nucleic acids of basal bodies isolated from *Tetrahymena pyriformis.* J. Cell Biol. **25**, 317—228 (1965).
494. HOFFMANN-BERLING, H.: Geißelmodelle und Adenosintriphosphat (ATP). Biochem. biophys. Acta (Amst.) **16**, 146—154 (1955).
*495. — Physiologie der Bewegungen und Teilungsbewegungen tierischer Zellen. Fortschr. Zool. **11**, 142—207 (1958).
496. HOLLANDE, A., J. CACHON et M. CACHON-ENJUMET: Les modalités de l'enkystement présporogénétique chez les Acanthaires. Protistologica **1**, (2), 91—104 (1965).
497. — — L'infrastructure des axopodes chez les Radiolaires Sphaerellaires Périaxoplastidiés. C. R. Acad. Sci. (Paris) **261**, 1388—1391 (1965).
498. —, et M. CACHON-ENJUMET: La polyploidie du noyau végétatif des Radiolaires. C. R. Acad. Sci. (Paris) **248**, 2641—2643 (1959).
499. —, et M. ENJUMET: Contribution à l'étude biologique des Sphaerocollides (Radiolaires collodaires et Radiolaires polycyttaires) et de leurs parasites. Ann. Sci. nat. Zool. **15**, 99—183 (1953).
500. — — Parasites et cycle évolutif des Radiolaires et des Acanthaires. Bull. Stn. Agric. Pêche Castiglione Nouv. sér. **7**, 153—176 (1955).
501. — — Cytologie, évolution et systématique des Sphaeroidés (Radiolaires). Arch. Mus. nat. Hist. nat. Paris **7**, (7e Sér.) 1—134 (1960).
*502. HOLTER, H.: Pinocytosis. Intern. Rev. Cytol. **8**, 481—504 (1959).
503. — Membrane in correlation with pinocytosis. In: SENO, S., and E. V. COWDRY: Intracellular membraneous structure, pp. 451—465. Okayama: Japan Soc. Cell Biol. 1965.
504. HOLWILL, M. E. J.: The motion of *Strigomonas oncopelti.* J. exp. Biol. **42**, 125—137 (1965).
505. — The motion of *Euglena viridis*: The role of flagella. J. exp. Biol. **44**, 579—588 (1966).
*506. — Physical aspects of flagellar movement. Physiol. Rev. **46**, 696—785 (1966).
*507. HOLZ JR., G. G.: Nutrition and metabolism of ciliates. In: HUTNER, S. H.: Biochemistry and physiology of protozoa. Vol. 3, pp. 199—233. New York-London: Academic Press 1964.
508. HONIGBERG, B. M.: Evolutionary and systematic relationships in the flagellate order Trichomonadina Kirby. J. Protozool. **10**, 6—10 (1963).

*509. HONIGBERG, B. M., and Committee: A revised classification of the Phylum Protozoa. J. Protozool. 11, 7—20 (1964).
510. HOPKINS, J. M., and M. R. WATSON: The cilia of *Tetrahymena pyriformis*. Isolation of ciliary segments. Exp. Cell Res. 32, 187—189 (1963).
511. HOVASSE, R.: Quelques faits nouveaux concernant les trichocystes et nématocystes des *Polykrikos* (Dinoflagellés). Arch. Zool. exp. gén. 102, 189 (1963).
*512. — Trichocystes, Corps trichocystoides, Cnidocystes et Colloblastes. In: Protoplasmatologia (Handbuch der Protoplasmaforschung), III, F, 1—57. Wien-New York: Springer 1965.
513. — Ultrastructure comparée des axopodes chez les héliozoaires des genres *Actinosphaerium*, *Actinophrys* et *Raphidiophrys*. Protistologica 1 (1), 81—88 (1965).
513a. — J.-P. MIGNOT et L. JOYON: Nouvelles observations sur les trichocystes des Cryptomonadines et les "R bodies" des particules *kappa* de *Paramecium aurelia* killer. Protistologica 3, 241—255 (1967).
514. HUFNAGEL, L. A.: Structural and chemical observations on pellicles isolated from Paramecia. J. Cell Biol. 27, 46 A (1965).
515. HULL, R. W.: Studies on suctorian protozoa: The mechanism of prey adherence. J. Protozool. 8, 343—350 (1961).
516. — Studies on suctorian protozoa: The mechanism of ingestion of prey cytoplasm. J. Protozool. 8, 351—359 (1961).
*517. HUTNER, S. H., and L. PROVASOLI: Nutrition of algae. Amer. Rev. Plant Physiol. 15, 37—56 (1964).
*518. — — Comparative physiology: Nutrition. Ann. Rev. Physiol. 27, 19—50 (1965).
*519. JACHERTS, D., u. B. JACHERTS: Elemente der Bakterienphysiologie. 349 S. Frankfurt a. M.: Akadem. Verlagsgesellschaft 1964.
*520. JACOB, F., and F. J. WOLLMAN: Sexuality and the genetics of bacteria. 374 S. New York-London: Academic Press 1961.
521. JAHN, T. L.: The mechanism of ciliary movement. I. Ciliary reversal and activation by electric current; the Ludloff phenomenon in terms of core and volume conductors. J. Protozool. 8, 369—380 (1961).
522. — The mechanism of ciliary movement. II. Ion antagonism and ciliary reversal. J. cell. comp. Physiol. 60, 217—228 (1962).
523. — Relative motion in *Amoeba proteus*. In: Primitive motile systems in cell biology, pp. 279—302. New York-London: Academic Press 1964.
523a. — The mechanism of ciliary movement. III. Theory of suppression of reversal by electrical potential of cilia reversed by Barium ions. J. Cell Physiol. 70, 79—90 (1967).
*524. —, and E. C. BOVÉE: Protoplasmic movements and locomotion of Protozoa. In: HUTNER, S. H.: Biochemistry and physiology of protozoa. Vol. 3, pp. 62—119. New York-London: Academic Press 1964.
*525. — — Movement and locomotion of microorganisms. Ann. Rev. Microbiol. 19, 21—58 (1965).
526. —, W. M. HARMON, and M. LANDMAN: Mechanisms of locomotion in flagellates. I. *Ceratium*. J. Protozool. 10, 358—363 (1963).
527. — M. LANDMAN, and J. R. FONSECA: The mechanism of locomotion of flagellates. II. Function of the mastigonemes of *Ochromonas*. J. Protozool. 11, 291—296 (1964).
528. —, and R. A. RINALDI: Protoplasmic movement in the foraminiferan, *Allogromia laticollaris*; and a theory of its mechanism. Biol. Bull. 117, 100—118 (1959).
529. JAKUS, M. A.: The structure and properties of the trichocysts of *Paramecium*, J. exp. Zool. 100, 457—485 (1945).
530. —, and C. E. HALL: Electron microscope observations of the trichocysts and cilia of *Paramecium*. Biol. Bull. mar. biol. Lab. Woods Hole 91, 141—144 (1946).
531. JANET, CH.: Le Volvox Mémoire I—III. Paris: Masson et Cie. 1912, 1922, 1923.
532. JANISCH, R.: Regeneration of surface structures in *Paramecium caudatum*. Acta Protozool. 3, 363—367 (1965).
*533. JENNINGS, H. S.: Das Verhalten der niederen Organismen. Leipzig: Teubner 1910.

534. JENNINGS, H. S.: Genetics of *Paramecium bursaria*. I. Mating types and groups, their interrelations and distribution: mating behavior and self sterility. Genetics 24, 202—233 (1939).
*535. — Inheritance in protozoa. In: CALKINS, G. N., and F. M. SUMMERS: Protozoa in biological research, pp. 710—771. New York: Columbia University Press 1941.
536. JEON, K. W., and L. G. BELL: Behaviour of cell membrane in relation to locomotion in *Amoeba proteus*. Exp. Cell Res. 33, 531—539 (1964).
537. JOLLOS, V.: Dauermodifikationen und Mutationen bei Protozoen. Arch. Protistenk. 83, 197—219 (1934).
538. JONES, R. F., and R. A. LEWIN: The chemical nature of the flagella of *Chlamydomonas moewusii*. Exp. Cell Res. 19, 408—410 (1960).
539. JOYON, L.: Contribution à l'étude cytologique de quelques protozoaires flagellés. Ann. Fac. Sci. Univ. Clermont 22, 1—96 (1963).
540. — Compléments à la connaissance ultrastructurale des genres *Haematococcus pluvialis* Flotow et *Stephanosphaera pluvialis* Cohn. Ann. Fac. Sci. Univ. Clermont 26, 57—69 (1964).
541. — Sur la présence de glycogène dans l'axostyle de *Trichomonas lacertae* (Prowaczek.) Arch. Zool. exp. gén. 105, 285—288 (1965).
542. —, et B. FOTT: Quelques particularités infrastructurales du plaste des *Carteria* (Volvocales). J. Microscopie 3, 159—166 (1964).
543. —, et J. LOM: Sur l'ultrastructure de *Costia necatrix* Leclerq (Zooflagellé); place systématique de ce Protiste. C. R. Acad. Sci. (Paris) 262, 660—663 (1966).
544. JURAND, A.: An electron microscope study of food vacuoles in *Paramecium aurelia*. J. Protozool 8, 125—130 (1961).
545. —, and B. BOMFORD: The fine structure of the parasitic suctorian *Podophrya parameciorum*. J. Microscopie 4, 509—522 (1965).
*546. KALMUS, H.: *Paramecium*, das Pantoffeltierchen. 188 S. Jena: G. Fischer 1931.
547. KAMADA, T.: Polar effect of electric current on the ciliary movements of *Paramecium*. J. Fac. Sci. Tokyo Imp. Univ. 2, 285—298 (1931)
548. — Reversal of electric polar effect in *Paramecium* according to the change of current strength. J. Fac. Sci. Tokoy Imp. Univ. 2, 299—307 (1931)
549. — Some observations on potential differences across the ectoplasm membrane of *Paramecium*. J. exp. Biol. 11, 94—102 (1934).
550. — Intracellular calcium and ciliary reversal in *Paramecium*. Proc. imp. Acad. Japan Tokyo 14, 260—262 (1938).
551. — Ciliary reversal of *Paramecium*. Proc. imp. Acad. Japan Tokyo 16, 241—247 (1940).
552. —, and H. KINOSITA: Calcium-potassium factor in ciliary reversal of *Paramecium*. Proc. imp. Acad. Japan Tokyo 16, 125—130 (1940).
553. KANEDA, M.: On the division of macronucleus in the living gymnostome ciliate, *Chlamydodon pedarius*, with special reference to the behaviors of chromonemata, nucleoli and endosome. Cytologia (Tokyo) 26, 89—104 (1961).
554. — On the interrelation between the macronucleus and the cytoplasm in the gymnostome ciliate *Chlamydodon pedarius*. Cytologia (Tokyo) 26, 408—418 (1961).
555. — Fine structure of macronucleus of the gymnostome ciliate, *Chlamydodon pedarius*. Jap. J. Genet. 36, 223—234 (1961).
556. — Fine structure of the oral apparatus of the gymnostome ciliate *Chlamydodon pedarius*. J. Protozool. 9, 188—195 (1962).
557. KARAKASHIAN, S. J.: Growth of *Paramecium bursaria* as influenced by the presence of algal symbionts. Physiol. Zool. 36, 52—68 (1963).
558. —, and M. W. KARAKASHIAN: Evolution and symbiosis in the genus *Chlorella* and related algae. Evolution 19, 368—377 (1965).
559. —, and R. W. SIEGEL: A genetic approach to endocellular symbiosis. Exp. Parasit. 17, 103—122 (1965).
560. KATASHIMA, R.: Mating types in *Euplotes eurystomus*. J. Protozool. 6, 75—83 (1959).
561. — The intimacy of union between the two members of the conjugating pairs in *Euplotes eurystomus*. Japan. J. Zool. 12, 329—343 (1959).
562. — Breeding system of *Euplotes patella* in Japan. Jap. J. Zool. 13, 39—61 (1961).

563. KATASHIMA, R.: Mate-killing in *Euplotes patella*, syngen 1. Annotationes Zool. Japan 38, 207—215 (1965).
564. KENNEDY JR., J. R.: The morphology of *Blepharisma undulans* Stein. J. Protozool. 12, 542—561 (1965).
565. KIMBALL, R .F.: A delayed change of phenotype following a change of genotype in *Paramecium aurelia*. Genetics 24, 49—58 (1939).
566. — The nature and inheritance of mating types in *Euplotes patella*. Genetics 27, 269 to 285 (1942).
*567. — Mating types in the ciliate Protozoa. Quart. Rev. Biol. 18, 30—45 (1943).
*568. — Physiological genetics of the ciliates. In: HUTNER, S. H.: Biochemistry and physiology of protozoa. Vol. 3, pp. 244—275. New York-London: Academic Press 1964.
569. —, and N. GAITHER: Behavior of nuclei at conjugation in *Paramecium aurelia*. I. Effect of incomplete chromosome sets and competition between complete and incomplete nuclei. Genetics 40, 878—889 (1955).
570. — — Behavior of nuclei at conjugation in *Paramecium aurelia*. II. The effects of x-rays on diploid and haploid clones with a discussion of dominant lethals. Genetics 41, 715—728 (1965).
571. —, and D. M. PRESCOTT: Desoxyribonucleic acid synthesis and distribution during growth and amitosis of the macronucleus of *Euplotes*. J. Protozool. 9, 88—92 (1962).
572. — — RNA and protein synthesis in amacronucleate *Paramecium aurelia*. J. Cell Biol. 21, 496—497 (1964).
573. —, L. VOGT-KÖHNE, and T. O. CASPERSSON: Quantitative cytochemical studies on *Paramecium aurelia*. III. Dry weight and ultraviolet adsorption of isolated macronuclei during various stages of the interdivision interval. Exp. Cell Res. 20, 368—377 (1960).
574. — — Quantitative cytochemical studies on *Paramecium aurelia*. IV. The effect of limited food and starvation on the macronucleus. Exp. Cell Res. 23, 479—487 (1961).
575. — — Effects of radiation on cell and nuclear growth in *Paramecium aurelia*. Exp. Cell Res. 28, 228—238 (1962).
576. KINASTOWSKI, W.: Der Einfluß der mechanischen Reize auf die Kontraktilität von *Spirostomum ambiguum* Ehrbg. Acta Protozool. 1, 201—222 (1963).
577. KINOSITA, H.: Electrical stimulation of *Paramecium* with two successive subliminal current pulses. J. cell. comp. Physiol. 12, 103—117 (1938).
578. — Electrical stimulation of *Paramecium* with linearly increasing current. J. cell. comp. Physiol. 13, 253—261 (1939).
579. — Electric potentials and ciliary response in *Opalina*. J. Fac. Sci. Tokyo Univ. (Sec.IV) 7, 1—14 (1954).
580. —, S. DRYL, and Y. NAITOH: Changes in the membrane potential and the responses to stimuli in *Paramecium*. J. Fac. Sci. Tokyo Univ. (Sec. IV) 10, 291—301 (1964).
581. — — — Relation between the magnitude of membrane potential and ciliary activity in *Paramecium*. J. Fac. Sci. Tokyo Univ. (Sec. IV) 10, 303—309 (1964).
582. — — — Spontaneous change in membrane potential of *Paramecium caudatum* induced by barium and calcium ions. Bull. Acad. pol. Sci. Cl. II 12, 459—461 (1964).
582a. —, A. MURAKAMI, and M. YASUDA: Interval between membrane potential change and ciliary reversal in *Paramecium* immersed in Ba-Ca mixture. J. Fac. Sci. Tokyo Univ. (Sec. IV) 10, 421—425 (1965).
*583. KIRBY, H.: Relationships between certain protozoa and other animals. In: CALKINS, G. N., and F. M. SUMMERS: Protozoa in biological research, pp. 890—1008. New York: Columbia Univ. Press 1941.
*584. — Organisms living on and in protozoa. In: CALKINS, G. N., and F. M. SUMMERS: Protozoa in biological research, pp. 1009—1113. New York: Columbia Univ. Press 1941.
585. — Some observations on cytology and morphogenesis in flagellate Protozoa. J. Morph. 75, 361—421 (1944).
586. — Systematic differentiation and evolution of flagellates in termites. Rev. Soc. mex. Hist. nat. 10, 57—79 (1949).

587. KITCHING, J. A.: Effects of high hydrostatic pressure on a feeding suctorian. Protoplasma **46**, 475—480 (1956).
*588. — Contractile vacuoles of Protozoa. Protoplasmatologia. Vol. 3, (D-3a), pp. 1—45. (Handbuch der Protoplasmaforschung). Wien-New York: Springer 1956.
*589. — Food vacuoles. Protoplasmatologia. Vol. 3 (D-3b), pp. 1—57. (Handbuch der Protoplasmaforschung). Wien-New York: Springer 1956.
*590. — The physiological basis of behavior in the Protozoa. In: RAMSAY, J. A., and V. B. WIGGLESWORTH: The cell and the organism, pp. 60—78. Cambridge: Cambridge Univ. Press 1961.
591. — The axopods of the sun animalcule *Actinophrys sol* (Heliozoa). In: Primitive motile systems in cell biology, pp. 445—456. New York-London: Academic Press 1964.
592. —, and S. CRAGGS: The axopodial filaments of the heliozoon *Actinosphaerium nucleofilum*. Exp. Cell Res. **40**, 658—660 (1965).
593. KLUSS, B. C.: Electron microscopy of the macronucleus of *Euplotes eurystomus*. J. Cell Biol. **13**, 462—465 (1962).
*594. KNIGHT-JONES, E. W.: Relations between metachronism and the direction of ciliary beat in metazoa. Quart. J.micr. Sci. **95**, 503—521 (1954).
594a. KOCHERT, G. D.: Differentiation of reproductive cells in the NB-3 and NB-7 strains of *Volvox carteri*. Indiana University, Thesis (1967).
595. KOEHLER, O.: Über die Geotaxis von *Paramecium*. Arch. Protistenk. **45**, 1—94 (1922).
*596. — Galvanotaxis. In: Handbuch der norm. und path. Physiol. Bd. 11, S. 1027—1049. 1925.
597. — Über die Geotaxis von *Paramecium*. II. Arch. Protistenk. **70**, 279—360 (1930).
598. KOFOID, C. A., and C. SWEZY: The free-living unarmored Dinoflagellates. Mem. Univ. Calif. **5** (1921).
599. KOIZUMI, S.: Serotypes and immobilization antigens in *Paramecium caudatum*. J. Protozool. **13**, 73—76 (1966).
*600. KOMNICK, H., u. K. E. WOHLFARTH-BOTTERMANN: Morphologie des Cytoplasmas. Fortschr. Zool. **17**, 1—154 (1964).
601. KORFSMEIER, K.: Strukturen des Stieles und Köpfchens peritricher sessiler Ciliaten. Zool. Jb. Anat. **70**, 199—224 (1949).
602. KORMOS, J., u. K. KORMOS: Direkte Beobachtung der Kernveränderungen der Konjugation von *Cyclophrya katharinae*. (Ciliata Protozoa). Acta. biol. hung. **10**, 373 bis 394 (1960).
603. — — Experimentelle Untersuchung der Kernveränderungen der Konjugation von *Cyclophrya katharinae*. (Ciliata Protozoa). Acta. biol. hung. **10**, 395—419 (1960).
604. KRASSNER, S. M.: Cytochromes, lactic dehydrogenase and transformation in *Leishmania*. J. Protozool. **13**, 286—290 (1966).
605. KRÜGER, F.: Untersuchungen über den Bau und die Funktion der Trichocysten von *Paramecium caudatum*. Arch. Protistenk. **72**, 91—134 (1930).
606. —, u. K. E. WOHLFAHRTH-BOTTERMANN: Elektronenoptische Beobachtungen an Ciliatenorganellen. Mikroskopie **7**, 121—130 (1952).
607. KUDO, R. R., and E. W. DANIELS: An electron microscope study of the spore of a microsporidian, *Thelohania californica*. J. Protozool. **10**, 112—120 (1963).
608. KUDRJAVTSEV, B. N.: Changes of the DNA content in macro- and micronucleus of *Paramecium putrinum* in the interdivision phase. Acta Protozool. **4**, 51—57 (1966).
609. KUHL, W.: Mikrodynamische Untersuchungen an der lebenden Zelle von *Actinosphaerium eichhorni* Ehrbg., unter Änderung des Zeitmomentes. Protoplasma **40**, 555 bis 613 (1951).
*610. KÜHN, A.: Die Orientierung der Tiere im Raum. Jena: Fischer 1919.
611. — Untersuchungen zur kausalen Analyse der Zellteilung. I. Zur Morphologie und Physiologie der Kernteilung von *Vahlkampfia bistadialis*. Wilhelm Roux Arch. Entwickl,-Mech. Org. **46**, 259—327 (1920).
*612. — Grundriß der Vererbungslehre. 4. Aufl. Heidelberg: Quelle und Meyer 1965.
613. KÜMMEL, G.: Die Gleitbewegung der Gregarinen. Elektronenmikroskopische und experimentelle Untersuchungen. Arch. Protistenk. **102**, 501—522 (1958).

614. KUŽNICKI, L.: Recovery in *Paramecium caudatum* immobilized by chloral hydrate treatment. Acta Protozool. **1**, 177—185 (1963).

615. — Reversible immobilization of *Paramecium caudatum* by nickel ions. Acta Protozool. **1**, 301—312 (1963).

616. — Role of Ca^{2+} ions in the excitability of protozoan cell. Calcium factor in the ciliary reversal induced by inorganic cations in *Paramecium caudatum*. Acta Protozool. **4**, 241—256 (1966).

617. — Ciliary reversal in *Paramecium caudatum* in relation to external pH. Acta Protozool. **4**, 257—261 (1966).

618. —, and J. SIKORA: Inversion of spiralling of *Paramecium aurelia* after homologous antiserum treatment. Acta Protozool. **4**, 263—268 (1966).

619. LANG, N. J.: An additional ultrastructural component of flagella. J. Cell Biol. **19**, 631 to 634 (1963).

620. — Electron-microscopic demonstration of plastids in *Polytoma*. J. Protozool. **10**, 333—339 (1963).

621. — Electron microscopy of the Volvocaceae and Astrephomenaceae. Amer. J. Bot. **50**, 279—300 (1963).

622. LARISON, L. L., and R. W. SIEGEL: Illegitimate mating in *Paramecium bursaria* and the basis for cell union. J. gen. Microbiol. **26**, 499—508 (1961).

623. LEADBEATER, B., and J. D. DODGE: An electron microscope study of dinoflagellate flagella. J. gen. Microbiol. **46**, 305—314 (1967).

623a. — — An electronmicroscope study of nuclear and cell division in a dinoflagellate. Arch. Mikrobiol. **57**, 239—254 (1967).

624. LE CALVEZ, J.: Flagellispores du radiolaire *Coelodendrum ramosissimum* (Haeckel). Arch. Zool. exp. gén. **77**, 99—102 (1935).

625. — Observations sur le genre *Iridia*. Arch. Zool. exp. gén. **78**, 115—131 (1936).

626. — Recherches sur les foraminifères. 1. Développement et reproduction. Arch. Zool. exp. gén. **80**, 163—333 (1938).

627. — Recherches sur les foraminifères. 2. Place de la méiose et sexualité. Arch. Zool. exp. gén. **87**, 211—243 (1950).

628. — *Discorbis patelliformis* (Brady), *erecta* (Sidebottom) et les *Discorbis* plastogamiques. Arch. Zool. exp. gén. **89** (1952).

629. LEEDALE, G. F.: Nuclear structure and mitosis in the Euglenineae. Arch. Mikrobiol. **32**, 32—64 (1958).

630. — Pellicle structure in *Euglena*. Brit. Phycol. Bull. **2**, 291—306 (1964).

630a. — Endonuclear bacteria in species of *Euglena*, *Strombomonas* and *Trachelomonas*. Brit. phycol. Bull. **3**, 413 (1967).

630b. — Euglenida/Euglenophyta. Ann. Rev. Microbiol. **21**, 31—48 (1967).

631. —, B. J. D. MEEUSE, and E. G. PRINGSHEIM: Structure and physiology of *Euglena spirogyra* I. and II. Arch. Mikrobiol. **50**, 68—102 (1965).

632. — — — Structure and physiology of *Euglena spirogyra* III—VI. Arch. Mikrobiol. **50**, 133—155 (1965).

633. LÉGER, L.: La reproduction sexuel chez les *Stylorhynchus*. Arch. Protistenk. **3**, 303—357 (1904).

634. LERCHE, W.: Untersuchungen über Entwicklung und Fortpflanzung in der Gattung *Dunaliella*. Arch. Protistenk. **88**, 236—268 (1937).

635. LEVINE, M.: The diverse mate-killers of *Paramecium aurelia*, variety 8: their interrelations and genetic basis. Genetics **38**, 561—578 (1953).

636. — The interaction of nucleus and cytoplasm in the isolation and evolution of species of *Paramecium*. Evolution **7**, 366—385 (1953).

637. LEVINE, N. D.: Protozoology today. J. Protozool. **9**, 1—6 (1962).

638. LEVINE, R. P.: Genetic control of photosynthesis in *Chlamydomonas reinhardi*. Proc. nat. Acad. Sci. (Wash.) **46**, 972—978 (1960).

639. —, and W. T. EBERSOLD: Gene recombination in *Chlamydomonas reinhardi*. Cold Spr. Harb. Symp. quant. Biol. **23**, 101—109 (1958).

*640. — — The genetics and cytology of *Chlamydomonas*. Ann. Rev. Microbiol. **14**, 197 to 216 (1960).

641. LEVINE, R. P., and D. VOLKMAN: Mutants with impaired photosynthesis in *Chlamydomonas reinhardi*. Biochem. biophys. Res. Commun. **6**, 264—269 (1961).
642. LEWIN, R. A.: Gamete behaviour in *Chlamydomonas*. Nature (Lond.) **166**, 76 (1950).
643. — Isolation of sexual strains of *Chlamydomonas*. J. gen. Microbiol. **5**, 926—929 (1951).
644. — Ultraviolet induced mutations in *Chlamydomonas moewusii* Gerloff. J. gen. Microbiol. **6**, 233—248 (1952).
645. — The genetics of *Chlamydomonas moewusii* Gerloff. J. Genetics **51**, 543—560 (1953).
*646. — Sex in unicellular algae. In: WENRICH, D. H.: Sex in microorganisms, pp. 100—133. Washington: Amer. Ass. Advanc. Sci. 1954.
647. — Control of sexual activity in *Chlamydomonas* by light. J. gen. Microbiol. **15**, 170 to 185 (1956).
648. LIESCHE, W.: Die Kern- und Fortpflanzungsverhältnisse von *Amoeba proteus* (Pall.). Arch. Protistenk. **91**, 135—186 (1938).
649. LOEFER, J. B., R. D. OWEN, and E. CHRISTENSEN: Serological types among 31 strains of the ciliated protozoan, *Tetrahymena pyriformis*. J. Protozool. **5**, 209—217 (1958).
650. —, E. B. SMALL, and W. H. FURGASON: Range of variation in the somatic infraciliature and contractile vacuole pores of *Tetrahymena pyriformis*. J. Protozool. **13**, 90—102 (1966).
651. LOM, J.: The morphology and morphogenesis of the buccal ciliary organelles in some peritrichous ciliates. Arch. Protistenk. **107**, 131—162 (1964).
652. — Notes on the extrusion and some other features of myxosporidian spores. Acta Protozool. **2**, 321—327 (1964).
653. —, and J. O. CORLISS: Ultrastructural observations on the development of the microsporidian protozoon *Plistophora hyphessobryconis* Schäperclaus. J. Protozool. **14**, 141—152 (1967).
654. —, and E. N. KOZLOFF: The ultrastructure of *Phalacrocleptes verruciformis*, an unciliated ciliate parasitizing the polychaete *Schizobranchia insignis*. J. Cell Biol. **33**, 355—364 (1967).
655. —, and J. VÁVRA: The mode of sporoplasm extrusion in microsporidian spores. Acta Protozool. **1**, 81—90 (1963).
656. — — Fine morphology of the spore in Microsporidia. Acta Protozool. **1**, 279—283 (1963).
657. — — Notes on the morphogenesis of the polar filament in *Henneguya* (Protozoa, Cnidosporidia). Acta Protozool. **2**, 57—60 (1964).
658. LORCH, I. J., and J. F. DANIELLI: Nuclear transplantation in Amoebae. I. Some species characters of *Amoeba proteus* and *Amoeba discoides*. Quart. J. micr. Sci. **94**, 445—460 (1953).
659. — — Nuclear transplantation in Amoebae. II. The immediate results of transfer of nuclei between *Amoeba proteus* and *Amoeba discoides*. Quart. J. micr. Sci. **94**, 461—480 (1953).
660. LOWNDES, A. G.: On flagellar movement in unicellular organism. Proc. Zool. Soc. Lond. **111A**, 111—134 (1941).
660a. LUPORINI, P., and R. NOBILI: New mating types and the problem of syngens in *Euplotes minuta* Yocum (Ciliata, Hypotricha). Atti Ass. Genet. Ital. **12**, 345—360 (1967).
661. LWOFF, A.: Le cycle nucléaire de *Stephanopogon mesnili* Lw. (cilié homocaryote). Arch. Zool. exp. gén. **78**, 117—132 (1936).
*662. — Problems of morphogenesis in ciliates. The kinetosomes in development, reproduction and evolution. 103 S. New York: John Wiley & Sons 1950.
*663. — Biochemistry and physiology of protozoa. 434 S. New York-London: Academic Press 1951.
664. LYMAN, H., H. T. EPSTEIN, and J. A. SCHIFF: Studies of chloroplast development in *Euglena*. I. Inactivation of green colony formation by ultraviolet light. Biochim. Biophys. Acta (Amst.) **50**, 301—309 (1961).
665. MACHEMER, H.: Abhängigkeit der Lebensdauer und Teilung bei *Stylonychia mytilus* von äußeren Faktoren. Zool. Jb. Physiol. **71**, 245—256 (1965).

666. MACHEMER, H.: Analyse langzeitlicher Bewegungserscheinungen des Ciliaten *Stylonychia mytilus* Ehrenberg. Arch. Protistenk. **108**, 91—107 (1965).
667. — Analyse kurzzeitlicher Bewegungserscheinungen des Ciliaten *Stylonychia mytilus* Ehrenberg. Arch. Protistenk. **108**, 153—190 (1965).
668. — Zur Koordination und Wirkungsweise der Membranellen von *Stylonychia mytilus*. Arch. Protistenk. **109**, 257—277 (1966).
669. — Erschütterungsbedingte Sensibilisierung gegenüber rauhem Untergrund bei *Stylonychia mytilus*. Arch. Protistenk. **109**, 245—256 (1966).
670. — Versuche zur Frage nach der Dressierbarkeit hypotricher Ciliaten unter Einsatz hoher Individuenzahlen. Z. Tierpsychologie **6**, 641—654 (1966).
671. MANTON, I.: Electron microscopical observations on a very small flagellate: The problem of *Chromulina pusilla* Butcher. J. Mar. Biol. Ass. U. K. **38**, 319—333 (1959).
672. — Further observations on the fine structure of the haptonema in *Prymnesium parvum*. Arch. Mikrobiol. **49**, 315—330 (1964).
673. — Some possibly significant structural relations between chloroplasts and other cell components. In: GOODWIN, T. W.: Biochemistry of chloroplasts. Vol. 1, pp, 23—47. New York: Academic Press 1966.
674. — Further observations on the fine structure of *Chrysochromulina chiton*, with special reference to the pyrenoid. J. Cell Sci. **1**, 187—192 (1966).
675. — Observations on scale production in *Prymnesium parvum*. J. Cell Sci. **1**, 375—380 (1966).
676. — Observations on scale production in *Pyramimonas amylifera* Conrad. J. Cell Sci. **1**, 429—438 (1966).
677. — Further observations on the fine structure of *Chrysochromulina chiton*, with special reference to the pyrenoid. J. Cell Sci. **1**, 187—192 (1966).
678. — Further observations on the fine structure of *Chrysochromulina chiton* with special reference to the haptonema, "peculiar" Golgi structure and scale production. J. Cell Sci. **2**, 265—272 (1967).
678a. — Further observations on scale formation in *Chrysochromulina chiton*. J. Cell Sci. **2**, 411—418 (1967).
679. —, and H. ETTL: Observations on the fine structure of *Mesostigma viride* Lauterborn. J. Linn. Soc. Bot. **59**, 175—184 (1965).
680. —, and K. HARRIS: Observations on the microanatomy of the brown flagellate *Sphaleromantis tetragona* Skuja with special reference to the flagellar apparatus and scales. J. Linn. Soc. Bot. **59**, 397—403 (1966).
681. —, and G. F. LEEDALE: Observations on the fine structure of *Paraphysomonas vestita*, with special reference to the Golgi apparatus and the origin of scales. Phycologia **1**, 37—57 (1961).
682. — — Further observations on the fine structure of *Chrysochromulina ericina* Parke and Manton. J. Mar. Biol. Ass. U. K. **41**, 145—155 (1961).
683. — — Further observations on the fine structure of *Chrysochromulina minor* and *C. kappa* with special reference to the pyrenoids. J. Mar. Biol. Ass. U. K. **41**, 519—526 (1961).
684. —, and M. PARKE: Further observations on small green flagellates with special reference to possible relatives of *Chromulina pusilla* Butcher. J. Mar. Biol. Ass. U. K. **39**, 275—298 (1960).
685. — — Observations on the fine structure of two species of *Platymonas* with special reference to flagellar scales and the mode of origin of the theca. J. Mar. Biol. Ass. U. K. **45**, 743—754 (1965).
686. —, D. G. RAYNS, H. ETTL, and M. PARKE: Further observations on green flagellates with scaly flagella: The genus *Heteromastix* Korshikov. J. Mar. Biol. Ass. U. K. **45**, 241—255 (1965).
687. MARGOLIN, P.: The ciliary antigens of stock 172, *Paramecium aurelia*, variety 4. J. exp. Zool. **133**, 345—387 (1956).
688. —, J. B. LOEFER, and R. D. OWEN: Immobilizing antigens of *Tetrahymena pyriformis*. J. Protozool. **6**, 207—215 (1959).

689. MATTHES, D., u. W. GRÄF: Ein Flavobacterium (*Flavobacterium buchneri* n. *sp.*) als Endosymbiont zweier Sauginfusorien. Z. Morph. Ökol. Tiere 58, 381—395 (1967).
690. MAUPAS, E.: Le rajeunissement karyogamique chez les ciliés. Arch. Zool. exp. gén. 7, 149—517 (1889).
691. MCDONALD, B. B.: Synthesis of deoxyribonucleic acid by micro- and macronuclei of *Tetrahymena pyriformis*. J. Cell Biol. 13, 193—203 (1962).
692. — The exchange of RNA and protein during conjugation in *Tetrahymena*. J. Protozool. 13, 277—285 (1966).
*693. MCLAUGHLIN, J. J. A.: Axenic culture. In: McGraw Hill Encyclopedia of Science and Technology. pp. 698—701. 1960.
694. MEGO, J. L., and D. E. BUETOW: Influence of cell division on the degree of streptomycin bleaching of *Euglena gracilis*. J. Protozool. 13, 20—23 (1966).
695. METZ, C. B.: The nature and mode of action of the mating type substances. Amer. Naturalist 82, 85—95 (1948).
*696. — Mating substances and the physiology of fertilization in ciliates. In: WENRICH, D. H.: Sex in microorganisms, pp. 284—334. Washington: Amer. Ass. Advanc. Sci. 1954.
697. —, and M. T. FOLEY: Fertilization studies on *Paramecium aurelia*: An experimental analysis of a non-conjugating stock. J. exp. Zool. 112, 505—528 (1949).
698. METZNER, F.: Zur Mechanik der Geißelbewegung. Biol. Zbl. 40, 78—83 (1920).
699. MIGNOT, J. P.: Quelques particularités de l'ultrastructure d'*Entosiphon sulcatum*, (Duj.) Stein; Flagellé Euglénien. C. R. Acad. Sci. (Paris) 257, 2530 (1963).
700. — Etude ultrastructurale de *Cyathomonas truncata* From. (Flagellé Cryptomonadine). J. Microscopie 4, 239—252 (1965).
701. — Ultrastructure des Eugléniens. I. Etude de la cuticule chez différentes espèces. Protistologica 1 (1) 5—15 (1965).
702. — Etude ultrastructurale des Eugléniens: II. A, dictyosomes et dictyocinèse chez *Distigma proteus* Ehrbg. B, mastigonèmes chez *Anisonema costatum* Christen. Protistologica 1, (2), 17—22 (1965).
703. — Structure et ultrastructure de quelques Euglénomonadines. Protistologica 2 (3), 51—117 (1966).
704. — Affinités des euglénomonadines et des chloromonadines. Remarques sur la systématique des Euglenida. Protistologica 3 (1), 25—60 (1967).
705. — Structure et ultrastructure de quelques chloromonadines. Protistologica 3 (1), 5—24 (1967).
706. MILDER, R., and M. P. DEANE: Ultrastructure of *Trypanosoma conorhini* in the crithidial phase. J. Protozool. 14, 65—72 (1967).
707. MILLER JR., O. L., and G. E. STONE: Fine structure of the oral area of *Tetrahymena patula*. J. Protozool. 10, 280—288 (1963).
708. MIYAKE, A.: Artificial induction of conjugation by chemical agents in *Paramecium* of the "*aurelia* group" and some of its applications to genetic work. Amer. Zoologist 1, 373—374 (1961).
709. — Induction of conjugation by cell-free preparations in *Paramecium multimicronucleatum*. Science 146, 1583—1585 (1964).
710. MORIBER, L. G., B. HERSHENOV, S. AARONSON, and B. BENSKY: Teratological chloroplast structures in *Euglena gracilis* permanently bleached by exogenous physical and chemical agents. J. Protozool. 10, 80—86 (1963).
711. MUDROW, L., u. E. REICHENOW: Endotheliale und erythrocytäre Entwicklung von *Plasmodium praecox*. Arch. Protistenk. 97, 101—170 (1944).
*712. MUDROW-REICHENOW, L.: Unser heutiges Wissen von der Plasmodienentwicklung im Wirbeltier. Z. Tropenmed. Parasit. 1, 113—152 (1949).
713. —, u. E. REICHENOW: Die Entwicklung von *Plasmodium cathemerium* im Endothel und im Blut des Kanarienvogels. Zool. Jb. Anat. 70, 129—168 (1949).
714. MÜGGE, E.: Die Konjugation von *Vorticella campanula* (Ehrbg.). Arch. Protistenk. 102, 165—208 (1957).
715. MÜHL, D.: Beitrag zur Kenntnis der Morphologie und Physiologie der Mehlwurmgregarinen. Arch. Protistenk. 43, 361—414 (1921).

*716. Mühlpfordt, H.: Über den Kinetoplasten der Flagellaten. Z. Tropenmed. Parasit. 15, 289—323 (1964).
717. Müller, H.: Zur Phototaxis von *Amoeba proteus*. Exp. Cell Res. 39, 225—232 (1965).
718. Mueller, J. A.: Separation of *kappa* particles with infective activity from those with killing activity and identification of the infective particles in *Paramecium aurelia*. Exp. Cell Res. 30, 492—508 (1963).
719. — Cofactor for infection by *kappa* in *Paramecium aurelia*. Exp. Cell Res. 35, 464—476 (1964).
720. — Vitally stained *kappa* in *Paramecium aurelia*. J. exp. Zool. 160, 369—372 (1965).
721. — *Kappa*-affected Paramecia develop immunity. J. Protozool. 12, 278—281 (1965).
722. — Resistance of *kappa*-bearing Paramecia to *kappa* toxin. Exp. Cell Res. 41, 131—137 (1966).
723. —, and T. M. Sonneborn: Killer action on cells other than *Paramecium*. Anat. Rec. 134, 613 (1959).
724. Müller, M.: Studies on feeding and digestion in Protozoa. V. Demonstration of some phosphatases and carboxylic esterases in *Paramecium multimicronucleatum* by biochemical methods. Acta biol. hung. 13, 283—297 (1962).
725. —, and P. Röhlich: Studies on feeding and digestion in Protozoa. II. Food vacuole cycle in *Tetrahymena corlissi*. Acta morph. hung. 10, 297—305 (1961).
726. — —, and I. Törö: Studies on feeding and digestion in Protozoa. VII. Ingestion of polystyrene latex particles and its early effect on acid phosphatase in *Paramecium multimicronucleatum* and *Tetrahymena pyriformis*. J. Protozool. 12, 27—34 (1965).
727. — —, J. Toth, and I. Törö: Fine structure and enzymic activity of protozoan food vacuoles. In: De Reuch, A. V. S., and M. P. Cameron: Ciba foundation symposium on lysosomes, pp. 201—216. London: J. A. Churchill, Ltd. 1963.
728. —, and I. Törö: Studies on feeding and digestion in Protozoa. III. Acid phosphatase activity in food vacuoles of *Paramecium multimicronucleatum*. J. Protozool. 9, 98—102 (1962).
729. — —, M. Polgár, and A. Druga: Studies on feeding and digestion in Protozoa. VI. The effect of ingestion of non-nutritive particles on acid phosphatase in *Paramecium multimicronucleatum*. Acta biol. hung. 14, 209—213 (1963).
730. Myers, E. H.: The life history of *Patellina corrugata* Wiliamson, a foraminifer. Bull. Scripps Inst. Oceanogr. tech. Ser. Univ. Calif. 3, 355—392 (1935).
731. — The life-cycle of *Spirillina vivipara* Ehrenberg, with notes on morphogenesis, systematics and distribution of the Foraminifera. J. roy. micr. Soc. 56, 120—146 (1936).
732. — Biology, ecology and morphogenesis of a pelagic foraminifer. Stanford Univ. Publs. Biol. Sci. 9, 5—30 (1943).
733. Nabih, A.: Studien über die Gattung *Klossia* und Beschreibung des Lebenscyclus von *Klossia loossi* (nov. sp.). Arch. Protistenk. 91, 474—515 (1938).
734. Nachmias, V. T.: Fibrillar structures in the cytoplasm of *Chaos chaos*. J. Cell Biol. 23, 183—188 (1964).
735. Naitoh, Y.: Direct current stimulation of *Opalina* with intracellular microelectrode. Annotationes. zool. Jap. 31, 59—73 (1958).
736. — Local chemical stimulation of *Opalina*. I. The mode of action of K ions to induce ciliary reversal. Zool. Mag. 70, 435—446 (1960).
737. — Ciliary responses of *Paramecium* to external application of various chemicals under different ionic conditions. Zool. Mag. 73, 207—212 (1964).
738. — Effect of change in external Ca-concentration on the membrane potential of *Opalina*. Zool. Mag. 73, 233—238 (1964).
739. — Reversal response elicited in nonbeating cilia of *Paramecium* by membrane depolarization. Science 154, 660—662 (1966).
740. Nanney, D. L.: Caryonidal inheritance and nuclear differentiation. Amer. Naturalist 90, 291—307 (1956).
741. — Mating type inheritance at conjugation in variety 4 of *Paramecium aurelia*. J. Protozool. 4, 89—95 (1957).
742. — Inbreeding degeneration in *Tetrahymena*. Genetics 42, 137—146 (1957).

743. NANNEY, D. L.: Epigenetic control systems. Proc. nat. Acad. Sci. (Wash.) **44**, 712—717 (1958).
*744. — Epigenetic factors affecting mating type expression in certain ciliates. Cold Spr. Harb. Symp. quant. Biol. **23**, 327—335 (1958).
745. — Genetic factors affecting mating type frequencies in variety 1 of *Tetrahymena pyriformis*. Genetics **44**, 1173—1184 (1959).
746. — Serotype determination in *Tetrahymena pyriformis*, variety 1. Rec. Genet. Soc. Amer. **28**, 89 (1959).
747. — Vegetative mutants and clonal senility in *Tetrahymena*. J. Protozool. **6**, 171—177 (1959).
748. — Temperature effects on nuclear differentiation in variety 1 of *Tetrahymena pyriformis*. Physiol. Zool. **33**, 146—151 (1960).
749. — The relationship between the mating type and the H serotype systems in *Tetrahymena*. Genetics **45**, 1351—1358 (1960).
750. — Anomalous serotypes in *Tetrahymena*. J. Protozool. **9**, 485—487 (1962).
*751. — Cytoplasmic inheritance in Protozoa. In: BURDETTE, W. J.: Methodology in basic genetics, pp. 355—380. San Francisco: Holden-Day 1963.
752. — The inheritance of H—L serotype differences at conjugation in *Tetrahymena*. J. Protozool. **10**, 152—155 (1963).
753. — Irregular genetic transmission in *Tetrahymena* crosses. Genetics **48**, 737—744 (1963).
754. — Macronuclear differentiation and subnuclear assortment in ciliates. In: LOCKE, M.: Role of chromosomes in development, pp. 253—273. New York-London: Academic Press 1964.
755. — Corticotype transmission in *Tetrahymena*. Genetics **54**, 955—968 (1966).
756. — Cortical integration in *Tetrahymena*: An exercise in Cytogeometry. J. exp. Zool. **161**, 307—318 (1966).
757. — Corticotypic technics in *Tetrahymena* taxonomy. J. Protozool. **13**, 483—490 (1966).
758. — Corticotypes in *Tetrahymena pyriformis*. Amer. Naturalist **100**, 303—318 (1966).
759. —, and S. L. ALLEN: Intranuclear co-ordination in *Tetrahymena*. Physiol. Zool. **32**, 221—229 (1959).
760. —, and P. A. CAUGHEY: Mating type determination in *Tetrahymena pyriformis*. Proc. nat. Acad. Sci. (Wash.) **39**, 1057—1063 (1953).
761. — — An unstable nuclear condition in *Tetrahymena pyriformis*. Genetics **40**, 388—398 (1955).
762. — —, and A. TEFANKJIAN: The genetic control of mating type potentialities in *Tetrahymena pyriformis*. Genetics **40**, 668—680 (1955).
763. —, and J. M. DUBERT: The genetics of the H serotype system in variety 1 of *Tetrahymena pyriformis*. Genetics **45**, 1335—1358 (1960).
764. —, and M. J. NAGEL: Nuclear misbehavior in an aberrant inbred *Tetrahymena*. J. Protozool. **11**, 465—473 (1964).
765. —, and R. W. TOUCHBERRY: The timing of H antigenic differentiation in *Tetrahymena*. J. exp. Zool. **155**, 25—42 (1964).
766. —, S. J. REEVE, J. NAGEL, and S. DE PINTO: H serotype differentiation in *Tetrahymena*. Genetics **48**, 803—813 (1963).
*767. —, and M. A. RUDZINSKA: Protozoa. In: BRACHET, J., and A. E. MIRSKY: The cell. Vol. 4, pp. 109—149. New York-London: Academic Press 1960.
768. NAVILLE, A.: Recherches sur le cycle sporogonique des *Aggregata*. Revue suisse Zool. **32**, 12—179 (1925).
769. — Recherches sur le cycle évolutif et chromosomique de *Klossia helicina* (A. Schneider). Arch. Protistenk. **57**, 427—474 (1927).
770. — Recherches cytologiques sur les Schizogrégarines. I. Le cycle évolutif de *Mattesia dispora* n. g. n. sp. Z. Zellforsch. **11**, 375—396 (1930).
771. NENNINGER, U.: Die Peritrichen der Umgebung von Erlangen mit besonderer Berücksichtigung ihrer Wirtsspezifität. Zool. Jb. (Systematik) **77**, 169—266 (1948).
772. NIELSEN, M. H., J. LUDWIG, and R. NIELSEN: On the ultrastructure of *Trichomonas vaginalis* Donné. J. Microscopie **5**, 229—250 (1966).

773. NOBILI, R.: On conjugation between *Euplotes vannus* O. F. Müller and *Euplotes minuta* Yocum. Caryologia **17**, 393—397 (1964).
774. — Mating types and mating type inheritance in *Euplotes minuta* Yocum (Ciliata, Hypotrichida). J. Protozool. **13**, 38—41 (1966).
774a. —, and P. LUPORINI: Maintenance of heterozygosity at the *mt* locus after autogamy in *Euplotes minuta* (Ciliata, Hypotrichida). Genet. Res. **10**, 35—43 (1967).
775. NOIROT-TIMOTHÉE, C.: Recherches sur l'ultrastructure d'*Opalina ranarum*. Ann. Sci. nat. Zool. 12e sér., 265—281 (1959).
776. — Etude d'une Famille des ciliés: les "Ophryoscolecidae". Structures et ultrastructures. (Thèse, Paris). Ann. Sci. nat. Zool. 12e sér, 527—718 (1960).
777. — Présence simultanée de deux types de vésicules de micropinocytose chez *Cepedea dimidiata* (Protozoa Opalinina). C. R. Acad. Sci. (Paris) **263**, 1230—1233 (1966).
778. —, et J. LOM: L'ultrastructure de l'haplocinétie des cilié péritriches. Comparaison avec la membrane ondulante des hyménostomes. Protistologica **1** (1), 33—40 (1965).
779. NOLAND, L. E.: Conjugation in the ciliate *Metopus sigmoides* C. and L. J. Morph. **44**, 341—361 (1927).
*780. — Protoplasmic streaming: a perennial puzzle. J. Protozool. **4**, 1—6 (1957).
781. NUTTING, W. L., and L. R. CLEVELAND: Effects of glandular extirpations on *Cryptocercus* and the sexual cycles of its protozoa. J. exp. Zool. **137**, 13—37 (1958).
782. O'DONNELL, E. H. J.: Nucleolus and chromosomes in *Euglena gracilis*. Cytologia (Tokyo) **30**, 118—154 (1965).
783. OKAJIMA, A.: Studies on the metachronal wave in *Opalina*. I. Electrical stimulation with the micro-electrode. Jap. J. Zool. **11**, 87—100 (1953).
784. — Studies on the metachronal wave in *Opalina*. II. The regulating mechanism of ciliary metachronism and of ciliary reversal. Annotationes Zool. japon. **27**, 40—45 (1954).
785. — Studies on the metachronal wave in *Opalina*. III. Time-change of effectiveness of chemical and electrical stimuli during adaption in various media. Annotationes Zool. japon. **27**, 46—51 (1954).
786. —, H. KINOSITA: Ciliary activity and coordination in *Euplotes eurystomus*. I. Effect of microdissection of neuromotor fibers. Comp. Biochem. Physiol. **19**, 115—131 (1966).
787. O'NEILL, C. H.: Isolation and properties of the cell surface membrane of *Amoeba proteus*. Exp. Cell Res. **35**, 477—496 (1964).
788. —, and L. WOLPERT: Isolation of the cell membrane of *Amoeba proteus*. Exp. Cell Res. **24**, 592—595 (1961).
789. OSSIPOV, D. V.: Methods of obtaining homozygous *Paramecium caudatum* clones. Genetika **2**, 41—48 (1966) (Russisch).
790. — Analysis of hereditary mechanisms determining thermostability of *Paramecium caudatum*. Genetika **1**, 119—131 (1966) (Russisch).
791. — On macronuclear regeneration in *Paramecium caudatum*. Cytologia **8**, 108—110 (1966) (Russisch).
792. OUTKA, D. E.: Conditions for mating and inheritance of mating type in variety seven of *Tetrahymena pyriformis*. J. Protozool. **8**, 179—184 (1961).
793. — The amoeba-to-flagellate transformation in *Tetramitus rostratus*. I. Population dynamics. J. Protozool. **12**, 85—93 (1965).
794. OVCHINNKOVA, L. P., G. V. SELIVANOVA, and E. M. CHEISSIN: Photometric study of the DNA content in the nuclei of *Spirostomum ambiguum*. (Ciliata, Heterotricha). Acta Protozool. **3**, 69—78 (1965).
795. PANTIN, C.: On the physiology of amoeboid movement. I. J. Mar. Biol. Ass. U. K. **13**, 24—69 (1923).
796. PAPPAS, G. D.: The fine structure of the nuclear envelope of *Amoeba proteus*. J. biophys. biochem. Cytol. **2**, 431—434 (1956).
797. — Helical structures in the nucleus of *Amoeba proteus*. J. biophys. biochem. Cytol. **2**, 221—222 (1956).
798. — Electron microscope studies on Amoebae. Ann. N. Y. Acad. Sci. **78**, Art. 2, 448 to 473 (1959).

799. PAPPAS, G. D., and P. W. BRANDT: The fine structure of the contractile vacuole in Ameba. J. biophys. biochem. Cytol. 4, 485—488 (1958).
800. — — Mitochondria. I. Fine structure of the complex patterns in the mitochondria of *Pelomyxa carolinensis* Wilson (*Chaos chaos* L.). J. biophys. biochem. Cytol. 6, 85—90 (1959).
801. PARDUCZ, B.: Die Fixation als Reizwirkung in der Tätigkeit der Zellorganellen. Acta biol. hung. 3, 1—17 (1952).
802. — Reizphysiologische Untersuchungen an Ziliaten. I. Über das Aktionssystem von *Paramecium*. Acta microbiol. hung. 1, 175—221 (1954).
803. — Reizphysiologische Untersuchungen an Ziliaten. II. Neuere Beiträge zum Bewegungs- und Koordinationsmechanismus der Ziliatur. Acta biol. hung. 5, 169 bis 212 (1954).
804. — Reizphysiologische Untersuchungen an Ziliaten. III. Über die Tätigkeit der Peristomalzilien von *Paramecium*. Ann. hist.-nat. Mus. nat. hung. (Ser. Nov.) 6, 189 bis195 (1955).
805. — Reizphysiologische Untersuchungen an Ziliaten. IV. Über das Empfindungs- bzw. Reaktionsvermögen von *Paramecium*. Acta biol. hung. 6, 289—316 (1956).
806. — Reizphysiologische Untersuchungen an Ziliaten. V. Zum physiologischen Mechanismus der sog. Fluchtreaktion und der Raumorientierung. Acta biol. hung. 7, 73—99 (1956).
807. — Reizphysiologische Untersuchungen an Ziliaten. VI. Eine interessante Variante der Fluchtreaktion bei *Paramecium*. Ann. hist.-nat. Mus. nat. hung. (Ser. Nov.) 7, 363—370 (1956).
808. — Reizphysiologische Untersuchungen an Ziliaten. VII. Das Problem der vorbestimmten Leitungsbahnen. Acta biol. hung. 8, 219—251 (1958).
809. — Reizphysiologische Untersuchungen an Ziliaten. VIII. Ablauf der Fluchtreaktion bei allseitiger und anhaltender Reizung. Ann. hist.-nat. Mus. nat. hung. 51, 227—246 (1959).
810. — Bewegungsbilder über Didinien. Ann. hist.-nat. Mus. nat. hung. (Pars Zool.) 53, 267—280 (1961).
811. — Die ektoplasmatischen Fibrillensysteme der Ciliaten im Lichte der neueren elektronenmikroskopischen Befunde. Biol. Közlem. 9, 41—54 (1961).
812. — Studies on reactions to stimuli in ciliates. IX. Ciliary coordination of right spiraling Paramecia. Ann. hist.-nat. Mus. nat. hung. (Pars Zool.) 54, 221—230 (1962).
813. — On a new concept of cortical organization in *Paramecium*. Acta biol. hung. 13, 299—322 (1962).
814. — Reizphysiologische Untersuchungen an Ziliaten. X. „Momentbilder" über galvanotaktisch frei schwimmende Paramecien. Acta biol. hung. 13, 421—429 (1963).
815. — On the nature of metachronal ciliary control in *Paramecium*. J. Protozool. 9 (Suppl.), 27 (1962).
816. — Swimming and its ciliary mechanism in *Ophryoglena sp*. Acta Protozool. 2, 267 to 374 (1964).
*817. — Ciliary movement and coordination in ciliates. Intern. Rev. Cytol. 21, 91—128 (1967).
818. PARKER, J. W., and A. C. GIESE: Nuclear activity during regeneration in *Blepharisma intermedium* Bhandary. J. Protozool. 13, 617—622 (1966).
819. PARKE, M., and I. MANTON: Preliminary observations on the fine structure of *Prasinocladus marinus*. J. Mar. Biol. Ass. U. K. 45 (2), 525—536 (1965).
820. — — The specific identity of the algal symbiont in *Convoluta roscoffensis*. J. Mar. Ass. U. K. 47, 445—464 (1967).
821. PARSONS, J. A.: Mitochondrial incorporation of tritiated thymidine in *Tetrahymena pyriformis*. J. Cell Biol. 25, 641—646 (1965).
821a. PAULIN, J. J.: The fine structure of *Nyctotherus cordiformis* (EHRENBERG). J. Protozool. 14, 183—196 (1967).
822. PEASE, D.: The ultrastructure of flagellar fibrils. J. Cell Biol. 18, 313—326 (1963).
823. PÉREZ-SILVA, J., and P. ALONSO: Demonstration of polytene chromosomes in the macronuclear anlage of oxytrichous ciliates. Arch. Protistenk. 109, 65—70 (1966).

824. Peters, U.: Orts- und Geißelbewegung bei marinen Dinoflagellaten. Arch. Protistenk. 67, 291—321 (1929).
825. Phillips, R. B.: Inheritance of T serotypes in *Tetrahymena*. Genetics 56, 667—681 (1967).
825a. — T serotype differentiation in *Tetrahymena*. Genetics 56, 683—692 (1967).
826. Piekarski, G.: Endomitose beim Großkern der Ciliaten ? Versuch einer Synthese. Biol. Zbl. 61, 416—426 (1941).
*827. Pitelka, D. R.: Electron microscopic structure of Protozoa. 269 S. New York-Oxford: Pergamon Press 1963.
828. — New observations on cortical ultrastructure in *Paramecium*. J. Microscopie 4, 373—394 (1965).
*829. —, and F. M. Child: The locomotor apparatus of ciliates and flagellates: Relations between structure and function. In: Hutner, S.H.: Biochemistry and physiology of protozoa. Vol. 3, pp. 131—198. New York- London: Academic Press 1964.
830. Poljansky, G.: Geschlechtsprozesse bei *Bursaria truncatella* O. F. Müll. Arch. Protistenk. 81, 420—546 (1934).
*831. —, and I. B. Raikov: The role of polyploidy in the evolution of Protozoa. Cytologia (Moskau) 2, 509—518 (1960) (Russisch).
*832. — — Nature et origine du dualisme nucléaire chez les infusoires ciliés. Bull. Soc. zool. Fr. 86, 402—411 (1961).
833. Porchet-Henneré, E.: Etude des premiers stades de développement de la Coccidie *Coelotropha durchoni*. Z. Zellforsch. 80, 556—569 (1967).
834. Porter, E. D.: The buccal organelles in *Paramecium aurelia* during fission and conjugation with special reference to the kinetosomes. J. Protozool. 7, 211—217 (1960).
835. Preer, J. R.: Microscopically visible bodies in the cytoplasm of the "killer" strains of *Paramecium aurelia*. Genetics 35, 344—362 (1950).
836. —, L. A. Hufnagel, and L. B. Preer: Structure and behavior of "R" bodies from killer Paramecia. J. Ultrastruct. Res. 15, 131—143 (1966).
837. Preer, L. B., and J. R. Preer: Killing activity from lysed *kappa* particles of *Paramecium*. Genet. Res. 5, 230—239 (1964).
837a. Preer, J. R., and L. B. Preer: Virus-like bodies in killer paramecia. Proc. nat. Acad. Sci. (Wash.) 58, 1774—1781 (1967).
838. Prescott, D. M.: Nuclear synthesis of cytoplasmic ribonucleic acid in *Amoeba proteus*. J. biophys. biochem. Cytol. 6, 203—206 (1959).
839. — The nuclear dependence of RNA synthesis in *Acanthamoeba sp*. Exp. Cell Res. 19, 29—34 (1960).
840. — Nucleic acid and protein metabolism in the macronuclei of two ciliated Protozoa. J. Histochem. Cytochem. 10, 145—153 (1962).
841. — The syntheses of total macronuclear protein, histone, and DNA during the cell cycle in *Euplotes eurystomus*. J. Cell Biol. 31, 1—9 (1966).
842. —, and R. F. Kimball: Relation between RNA, DNA, and protein syntheses in the replicating nucleus of *Euplotes*. Proc. nat. Acad. Sci. 47, 686—693 (1961).
843. — — and R. F. Carrier: Comparison between the timing of micronuclear and macronuclear DNA synthesis in *Euplotes eurystomus*. J. Cell Biol. 13, 175—176 (1962).
*844. Pringsheim, E.: Algenreinkulturen. 109 S. Jena: Fischer 1954.
*845. — Farblose Algen. Ein Beitrag zur Evolutionsforschung. 471 S. Stuttgart: Fischer 1963.
*846. — Entwicklung und biologische Bedeutung der Sexualität. Biol. Zbl. 83, 739—756 (1964).
847. —, u. K. Ondracek: Untersuchungen über die Geschlechtsvorgänge bei *Polytoma*. Beih. Bot. Zbl. 59, 118—172 (1939).
*848. Provasoli, L.: Nutrition and ecology of protozoa and algae. Ann. Rev. Microbiol. 12, 279—308 (1958).
849. Puytorac, P. de: Observations sur l'ultrastructure de la microsporidie *Mrazekia lumbriculi*, Jirovec. J. Microscopie 1, 39—46 (1962).
850. — Contribution à l'étude des ciliés astomes Haptophryidae Cépède, 1903 (Cytologie. Ultrastructure, Taxinomie). Ann. Sci. nat. Zool. Biol. Animale (12e sér.) 5, 173—190 (1963).

851. PUYTORAC, P. DE: Observations sur l'ultrastructure du cilié astome, *Mesnilella trispiculata* K. J. Microscopie **2**, 189—196 (1963).
852. — L'ultrastructure des cnidocystes de l'actinomyxidie: *Sphaeractinomyxon amanieui* sp. nov. C. R. Acad. Sci. (Paris) **256**, 1594—1596 (1963).
853. — Sur le cytosquelette de quelques ciliés Hysterocinetidae. Arch. Zool. exp. gén. **102**, 213—224 (1963).
854. — Quelques aspects de l'ultrastructure du cilié: *Prorodon viridis* Ehrbg. Kahl. Acta Protozool. **2**, 147—151 (1964).
855. — Sur l'ultrastructure des trichocystes mucifères chez le cilié *Holophrya vesiculosa* Kahl. C. R. Séanc. Soc. Biol. **158**, 526—528 (1964).
856. PYNE, C. K.: L'ultrastructure de l'appareil basal des flagelles chez *Cryptobia helicis* (Flagellé Bodonidae). C. R. Acad. Sci. (Paris) **250**, 1912 (1960).
857. — Etudes sur la structure inframicroscopique du cinétoplaste chez *Leishmania tropica*. C. R. Acad. Sci. (Paris) **251**, 2776—2778 (1960).
857a. — Etudes préliminaires sur l'organisation de la chromatine pendant l'interphase chez *Euglena gracilis*. Protistologica **3**, 291—294 (1967).
857b. — L'ultrastructure des flagellés des familles Trypanosomidae et Bodonidae. Ann. Sci. nat. Zool. **9**, 23—424 (1967).
858. RAABE, H.: L'appareil nucléaire d'*Urostyla grandis* Ehrbg. I. Appareil micronucléaire. Ann. Univ. M. Curie-Sklodowska, Sect. C. **1**, 1—34 (1946).
859. — L'appareil nucléaire d'*Urostyla grandis* Ehrbg. II. Appareil macronucléaire. Ann. Univ. M. Curie-Sklodowska, Sect. C. **1**, 133—170 (1947).
*860. RAABE, Z.: Remarks on the principles and outline of the system of Protozoa. Acta Protozool. **2**, 1—18 (1964).
861. — The taxonomic position and rank of Peritricha. Acta Protozool. **2**, 19—32 (1964).
862. RABINOVITCH, M., and W. PLAUT: Cytoplasmic DNA synthesis in *Amoeba proteus*. II. On the behavior and possible nature of the DNA-containing elements. J. Cell Biol. **15**, 535—540 (1962).
863. RADZIKOWSKI, S.: Changes in the heteromeric macronucleus in division of *Chilodonella cucullulus* (Müller) Acta Protozool. **3**, 233—238 (1965).
864. — Study on morphology, division and postconjugation morphogenesis in *Chilodonella cucullulus* (Müller). Acta Protozool. **4**, 89—95 (1966).
865. RAIKOV, I. B.: Der Formwechsel des Kernapparates einiger niederer Ciliaten. I. Die Gattung *Trachelocerca*. Arch. Protistenk. **103**, 129—192 (1958).
866. — Der Formwechsel des Kernapparates einiger niederer Ciliaten. II. Die Gattung *Loxodes*. Arch. Protistenk. **104**, 1—42 (1959).
867. — Cytological and cytochemical peculiarities of the nuclear apparatus and division in the holotrichous ciliate *Geleia nigriceps* Kahl. Cytologia (Moskau) **1**, 566—579 (1959) (Russisch).
868. — Der Kernapparat von *Nassula ornata* Ehrbg. (Ciliata, Holotricha). Zur Frage über den Chromosomenaufbau des Makronucleus. Arch. Protistenk. **105**, 463—488 (1962).
869. — Les ciliés mésopsammiques du littoral de la Mer Blanche (U.R.S.S.) avec une description de quelques espèces nouvelles ou peu connues. Cah. Biol. mar. **3**, 325—361 (1962).
870. — The nuclear apparatus of the holotrichous ciliates *Geleia orbis* Fauré-Fremiet and *G. murmanica* Raikov. Acta Protozool. **1**, 21—30 (1963).
871. — The nuclear apparatus of *Remanella multinucleata* Kahl (Ciliata, Holotricha). Acta biol. hung. **14**, 221—229 (1963).
872. — Some stages of conjugation of the holotrichous ciliate *Trachelocerca coluber* Kahl. Cytologia (Moskau) **5**, 685—689 (1963) (Russisch).
873. — DNA content of the nuclei and nature of macronuclear chromatin strands of the ciliate *Nassulopsis elegans* (Ehrbg.). Acta Protozool. **2**, 339—355 (1964).
874. — Elektronenmikroskopische Untersuchung des Kernapparates von *Nassula ornata* Ehrbg. (Ciliata, Holotricha). Arch. Protistenk. **109**, 71—98 (1966).
875. —, E. M. CHEISSIN, and E. G. BUZE: A photometric study of DNA content of macro- and micronuclei in *Paramecium caudatum*, *Nassula ornata* and *Loxodes magnus*. Acta Protozool. **1**, 285—300 (1963).

876. RANDALL, J. T.: The fine structure of the protozoan *Spirostomum ambiguum*. Symp. Soc. exp. Biol. **10**, 185—198 (1957).
876a. —, and C. DISBREY: Evidence for the presence of DNA at basal body sites in *Tetrahymena pyriformis*. Proc. royal Soc. B. **162**, 473—491 (1965).
877. —, and J. M. HOPKINS: On the stalks of certain peritrichs. Phil. Trans. roy. Soc. **245**, 59—79 (1962).
878. —, and F. S. JACKSON: Fine structure and function in *Stentor polymorphus*. J. biophys. biochem. Cytol. **4**, 807—830 (1958).
879. —, J. R. WARR, J. M. HOPKINS, and A. McVITTIE: A single-gene mutation of *Chlamydomonas reinhardi* affecting motility: A genetic and electron microscope study. Nature (Lond.) **203**, 912—914 (1964).
880. RAO, M. V. N.: Nuclear behavior of *Euplotes woodruffi* during conjugation. J. Protozool. **11**, 296—304 (1964).
881. — Conjugation in *Kahlia sp.* with special reference to meiosis and endomitosis. J. Protozool. **13**, 565—573 (1966).
882. — Macronuclear development in *Euplotes woodruffi* following conjugation. J. Cell Biol. **31**, 90 (1966).
883. —, and D. M. PRESCOTT: Micronuclear RNA synthesis in *Paramecium caudatum*. J. Cell Biol. **33**, 281—285 (1967).
*884. RAPER, K. B.: Levels of cellular interaction in amoeboid populations. Proc. Amer. phil. Soc. **104**, 579—604 (1960).
885. RAY, C.: Meiosis and nuclear behavior in *Tetrahymena pyriformis*. J. Protozool. **3**, 88—96 (1965).
886. RAY, D. S., and P. C. HANAWALT: Properties of the satellite DNA associated with the chloroplasts of *Euglena gracilis*. J. molec. Biol. **9**, 812—824 (1964).
887. REICHENOW, E.: Die Hämococcidien der Eidechsen. Vorbemerkungen und erster Teil: Die Entwicklungsgeschichte von *Karyolysus*. Arch. Protistenk. **42**, 179—291 (1921).
*888. — Die endothelialen Entwicklungsformen der Malariaparasiten im Lichte der Phylogenie der Hämosporidien. 3. Intern. Congr. Microbiol. New York, pp. 139—151, 1940.
889. — Zur Frage der Bedeutung des Blepharoplast der Trypanosomen. Archos Inst. biol. S. Paulo **11**, 433—436 (1940).
890. — Die Entwicklung der Malariaplasmodien im Vogelkörper. Zbl. Bakt., II. Abt. **152**, 272—284 (1947).
891. —, u. L. MUDROW: Der Entwicklungsgang von *Plasmodium praecox* im Vogelkörper. Dtsch. tropenmed. Z. **47**, 289—299 (1943).
*892. REICHENOW, L.: Die Fortschritte der Malaria-Parasitologie. Zbl. Bakt., II. Abt. **157**, 3—13 (1951).
893. REIFF, I.: Die genetische Determination multipler Paarungstypen bei dem Ciliaten *Uronychia transfuga* (Hypotricha, Euplotidae). Arch. Protistenk. **110**, 372—397 (1968).
894. RENAUD, F. J., A. J. ROWE, and I. R. GIBBONS: Some properties of the protein forming the outer fibers of Cilia. J. Cell Biol. **31**, 92A (1966).
895. RICHTER, I.-E.: Bewegungsphysiologische Untersuchungen an polycystiden Gregarinen unter Anwendung des Mikrozeitrafferfilmes. Protoplasma **51**, 197—241 (1959).
896. RINALDI, R. A., and T. L. JAHN: On the mechanism of ameboid movement. J. Protozool. **10**, 344—357 (1963).
897. RINGERTZ, N. R., L. BOLUND, and L. E. DEBAULT: Isolation and chemical composition of macronuclei from *Tetrahymena*. Exp. Cell Res. **45**, 519—532 (1967).
898. —, and G. C. HOSKINS: Cytochemistry of macronuclear reorganisation. Exp. Cell Res. **38**, 160—179 (1965).
899. RINGO, D. L.: Electron microscopy of *Astasia longa*. J. Protozool. **10**, 167—173 (1963).
900. — The arrangement of subunits in flagellar fibers. J. Ultrastruct. Res. **17**, 266—277 (1967).
901. RIS, H., and W. PLAUT: Ultrastructure of DNA-containing areas in the chloroplast of *Chlamydomonas*. J. Cell Biol. **13**, 383—391 (1962).
*902. ROBERTSON, J. D.: A molecular theory of cell membrane structure. Verhandl. 4. intern. Kongr. Elektronenmikroskopie, Berlin, Bd. 2, S. 159—171, 1960.

903. Röhlich, P., J. Toth, and I. Törö: Fine structure and enzymic activity of protozoan food vacuoles. In: De Reuck, A. V. S., and M. P. Cameron: Lysosomes, pp. 201 to 225. London: Churchill 1963.
904. Roque, M.: Recherches sur les infusoires ciliés: Les hymenostomes peniculiens. Bull. biol. Fr. Belg. 95, 432—519 (1961).
905. —, P. De Puytorac et J. Lom: L'architecture buccale et la stomatogénèse d'*Ichthyophthirius multifiliis* Fouquet 1876. Protistologica 3, (1), 79—90 (1967).
906. Roth, L. E.: Electron microscopy of pinocytosis and food vacuoles in *Pelomyxa*. J. Protozool. 7, 176—185 (1960).
907. —, and E. W. Daniels: Infective organisms in the cytoplasm of *Amoeba proteus*. J. biophys. biochem. Cytol. 9, 317—323 (1961).
908. — — Electron microscopic studies of mitosis in Amebae. II. The giant ameba *Pelomyxa carolinensis*. J. Cell Biol. 12, 57—78 (1962).
909. —, and O. T. Minick: Electron microscopy of nuclear and cytoplasmic events during division in *Tetrahymena pyriformis*, strains W and HAM 3. J. Protozool. 8, 12—21 (1961).
910. —, S. W. Obetz, and E. W. Daniels: Electron microscopic studies of mitosis in Amebae. I. *Amoeba proteus*. J. biophys. biochem. Cytol. 8, 207—220 (1960).
911. —, and Y. Shigenaka: The structure and formation of cilia and filaments in rumen protozoa. J. Cell Biol. 20, 249—270 (1964).
912. Rouiller, C., et E. Fauré-Fremiet: L'ultrastructure des trichocystes fusiformes de *Frontonia atra*. Bull. Micr. appl. 7, 135—139 (1957).
913. — — Structure fine d'un flagellé chrysomonadien: *Chromulina psammobia*. Exp. Cell Res. 14, 47—67 (1958).
914. — — et M. Gauchery: Fibres scléroprotéiques d'origine ciliaire chez les infusoires péritriches. C. R. Acad. Sci. (Paris) 242, 180—182 (1956).
915. Rudzinska, M. A.: An electron microscope study of the contractile vacuole in *Tokophrya infusionum*. J. biophys. biochem. Cytol 4, 195—202 (1958).
916. — The fine structure and function of the tentacle in *Tokophrya infusionum*. J. Cell Biol. 25, 459—477 (1965).
917. — P. A. D'Alesandro, and W. Trager: The fine strucutre of *Leishmania donovani* and the role of the kinetoplast in the Leishmania-leptomonad transformation. J. Protozool. 11, 166—191 (1964).
918. —, R. S. Bray, and W. Trager: Intracellular phagotrophy in *Plasmodium falciparum* and *Plasmodium gonderi*. J. Protozool. 7, 24—25 (1960).
919. —, G. J. Jackson, and M. Tuffrau: The fine structure of *Colpoda maupasi* with special emphasis on food vacuoles. J. Protozool. 13, 440—459 (1966).
920. —, and W. Trager: The role of the cytoplasm during reproduction in a malarial parasite (*Plasmodium lophurae*) as revealed by electron microscopy. J. Protozool. 8, 307—322 (1961).
921. — — and R. S. Bray: Pinocytotic uptake and the digestion of hemoglobin in malaria parasites. J. Protozool. 12, 563—576 (1965).
922. Ruthmann, A.: Die Struktur des Chromatins und die Verteilung der Ribonucleinsäure im Makronucleus von *Loxophyllum meleagris*. Arch. Protistenk. 106, 422 bis 436 (1963).
923. — Autoradiographische und mikrophotometrische Untersuchungen zur DNS-Synthese im Makronucleus von *Bursaria truncatella*. Arch. Protistenk. 107, 117—130 (1964).
924. —, u. K. G. Grell: Die Feinstruktur des intracapsulären Cytoplasmas bei dem Radiolar *Aulacantha scolymantha*. Z. Zellforsch. 63, 97—119 (1964).
925. —, u. K. Heckmann: Formwechsel und Struktur des Makronucleus von *Bursaria truncatella*. Arch. Protistenk. 105, 313—340 (1961).
926. Sager, R.: Mendelian and non-Mendelian inheritance of streptomycin resistance in *Chlamydomonas reinhardi*. Proc. nat. Acad. Sci. (Wash.) 40, 356—363 (1954).
927. — Inheritance in the green alga *Chlamydomonas reinhardi*. Genetics 40, 476—489 (1955).
928. — The architecture of the chloroplast in relation to its photosynthetic activities. In: The photochemical apparatus, its structure and function. Brookhaven Symp. Biol. 11, 101—117 (1958).

929. SAGER, R.: Genetic systems in *Chlamydomonas*. Science **132**, 1459—1465 (1960).
930. — Streptomycin as a mutagen for nonchromosomal genes. Proc. nat. Acad. Sci. (Wash.) **48**, 2018—2026 (1962).
*931. — Studies of cell heredity with *Chlamydomonas*. In: HUTNER, S. H.: Biochemistry and physiology of protozoa. Vol. 3, pp. 297—318. New York-London: Academic Press 1964.
*932. — Genes outside the chromosomes. Sci. Amer. **212**, 70—79 (1965).
*933. — On the evolution of genetic systems. In: BRYSON, V., and H. J. VOGEL: Evolving genes and proteins, pp. 591—597. New York-London: Academic Press 1965.
*934. — On non-chromosomal heredity in microorganisms. In: 15th Symp. Soc. Genl. Microbiol., pp. 324—342. Cambridge: University Press 1965.
*935. — Mendelian and non-Mendelian heredity: A reappraisal. Proc. roy. Soc., London **164**, 290—297 (1966).
936. —, and S. GRANICK: Nutritional studies with *Chlamydomonas reinhardi*. Ann. N. Y. Acad. Sci. **56**, 831—838 (1953).
937. — — Nutritional control of sexuality in *Chlamydomonas reinhardi*. J. gen. Physiol. **37**, 729—742 (1954).
937a. —, and M. G. HAMILTON: Cytoplasmic and chloroplast ribosomes of *Chlamydomonas*: Ultracentrifugal characterization. Science **157**, 709—711 (1967).
938. —, and M. R. ISHIDA: Chloroplast DNA in *Chlamydomonas*. Proc. nat. Acad. Sci. (Wash.) **50**, 725—730 (1963).
939. —, and G. E. PALADE: Chloroplast structure in green and yellow strains of *Chlamydomonas*. Exp. Cell Res. **7**, 584—588 (1954).
940. —, and Z. RAMANIS: The particulate nature of nonchromosomal genes in *Chlamydomonas*. Proc. nat. Acad. Sci. (Wash.) **50**, 260—268 (1963).
941. — — Recombination of nonchromosomal genes in *Chlamydomonas*. Proc. nat. Acad. Sci. (Wash.) **53**, 1053—1061 (1965).
941a. — — Biparental inheritance of nonchromosomal genes induced by ultraviolet irradiation. Proc. nat. Acad. Sci. (Wash.) **58**, 931—937 (1967).
942. —, and Y. TSUBO: Genetic analysis of streptomycin-resistance and -dependence in *Chlamydomonas*. Z. Vererbungsl. **92**, 430—438 (1961).
943. — — Mutagenic effects of Streptomycin in *Chlamydomonas*. Arch. Microbiol. **42**, 159—175 (1962).
944. SAITO, M.: Studies in the mitosis of *Euglena*. I. On the chromosome cycle of *Euglena viridis* Ehrbg. J. Protozool. **8**, 307—322 (1961).
945. — A note on the duplication process of macronuclear chromosomes in a peritrichous ciliate, *Vorticella campanula*. Jap. J. Genet. **36**, 184—186 (1961).
*946. SATIR, P.: Structure and function in cilia and flagella. In: Protoplasmatologie (Handbuch der Protoplasmaforschung), III. Ed., pp. 1—52. Wien-New York: Springer 1965.
946a. — Morphological aspects of ciliary motility. J. gen. Physiol. **50**, 241—258 (1967).
947. SCHÄFER-DANNEEL, S.: Strukturelle und funktionelle Voraussetzungen für die Bewegung von *Amoeba proteus*. Z. Zellforsch. **78**, 441—462 (1967).
948. SCHAIRER, U.: Unveröff. Staatsexamensarbeit.
949. SCHENSTED, I. v.: Model of subnuclear segregation in the macronucleus of ciliates. Amer. Naturalist **92**, 161—170 (1958).
*950. SCHERBAUM, O. H., and J. B. LOEFFER: Environmentally induced growth oscillations in Protozoa. In: HUTNER, S. H.: Biochemistry and physiology of protozoa. Vol. 3, pp. 10—55. New York-London: Academic Press 1964.
951. SCHMIDT, W. J.: Polarisationsmikroskopische Beobachtungen an *Actinosphaerium eichhorni*. Biol. Zbl. **64**, 314 (1954).
952. SCHMOLLER, H.: Kultur und Entwicklung von *Labyrinthula coenocystis* n. sp. Arch. Mikrobiol. **36**, 365—372 (1960).
953. — Zur Entwicklung der Labyrinthulen. Arch. Mikrobiol. **40**, 224—230 (1961).
954. — Beschreibung einiger Kulturamöben mariner Herkunft. J. Protozool. **11**, 497—502 (1964).

955. SCHMOLLER, H,: Beitrag zur Kenntnis der Labyrinthulen-Entwicklung. Arch. Protistenk. **109**, 226—244 (1966).
956. — Die Natur der Labyrinthulen. Naturwissenschaften **53**, 711—712 (1966).
957. SCHNEIDER, L.: Elektronenmikroskopische Untersuchungen über das Nephridialsystem von *Paramecium.* J. Protozool. **7**, 75—90 (1960).
958. — Elektronenmikroskopische Untersuchungen der Konjugation von *Paramecium.* I. Die Auflösung und Neubildung der Zellmembran bei den Konjuganten. Protoplasma **56**, 109—140 (1963).
959. — Elektronenmikroskopische Untersuchungen an den Ernährungsorganellen von *Paramecium.* II. Die Nahrungsvakuolen und die Cytopyge. Z. Zellforsch. **62**, 225 bis 245 (1964).
960. —, u. K. E. WOHLFARTH-BOTTERMANN: Protistenstudien. IX. Elektronenmikroskopische Untersuchungen an Amöben unter besonderer Berücksichtigung der Feinstruktur des Cytoplasmas. Protoplasma **51**, 377—389 (1959).
961. SCHNELLER, M. V.: Genic interrelationships between two particle-bearing stocks of syngen 4, *Paramecium aurelia.* Amer. Zoologist **1**, 386—387 (1961).
962. — Some notes on the rapid lysis type of killing found in *Paramecium aurelia.* Amer. Zoologist **2**, 446 (1962).
963. —, T. M. SONNEBORN, and J. A. MUELLER: The genetic control of *kappa*-like particles in *Paramecium aurelia.* Genetics **44**, 533—534 (1959).
964. SCHOLTYSECK, E.: Electron microscope studies on *Eimeria perforans* (Sporozoa). J. Protozool. **9**, 407—414 (1962).
965. — Elektronenmikroskopische Untersuchungen über die Wechselwirkung zwischen dem Zellparasiten *Eimeria perforans* und seiner Wirtszelle. Z. Zellforsch. **61**, 220 bis 230 (1963).
966. — Vergleichende Untersuchungen über die Kernverhältnisse und das Wachstum bei Coccidiomorphen unter besonderer Berücksichtigung von *Eimeria maxima.* Z. Parasitenk. **22**, 428—474 (1963).
967. — Die Mikrogametenentwicklung von *Eimeria perforans.* Z. Zellforsch. **66**, 625—642 (1965).
968. — Elektronenmikroskopische Untersuchungen über die Schizogonie bei Coccidien (*Eimeria perforans* und *E. stiedae*). Z. Parasitenk. **26**, 50—62 (1965).
969. —, D. M. HAMMOND, and V. ERNST: Fine structure of the macrogametes of *Eimeria perforans, E. stiedae, E. bovis* and *E. auburnensis.* J. Parasitology **52**, 975—987 (1966).
970. —, u. G. PIEKARSKI: Elektronenmikroskopische Untersuchungen an Merozoiten von Eimerien (*Eimeria perforans* und *E. stiedae*) und *Toxoplasma gondii.* Zur systematischen Stellung von *T. gondii.* Z. Parasitenk. **26**, 91—115 (1965).
971. —, u. D. SCHÄFER: Über schlauchförmige Ausstülpungen an der Zellmembran der Makrogametocyten von *Eimeria perforans.* Z. Zellforsch **61**, 214—219 (1963).
972. —, u. W. H. VOIGT: Die Bildung der Oocystenhülle bei *Eimeria perforans* (Sporozoa). Z. Zellforsch. **62**, 279—292 (1964).
973. —, B. VOLKMANN u. D. HAMMOND: Spezifische Feinstrukturen bei Parasit und Wirt als Ausdruck ihrer Wechselwirkungen am Beispiel von Coccidien. Z. Parasitenk. **28**, 78—94 (1966).
974. SCHREIBER, E.: Zur Kenntnis der Physiologie und Sexualität höherer Volvocales. Z. Bot. **17**, 337—376 (1925).
975. SCHREVEL, J., et. E. VIVIER: Etude de l'ultrastructure et du rôle de la région antérieure (mucron et épimerite) de Grégarines parasites d'Annélides Polychètes. Protistologica **2** (3), 17—28 (1966).
976. SCHRÖDER, O.: Beiträge zur Entwicklungsgeschichte der Myxosporidien, *Sphaeromyxa sabrazesi* (Laveran et Mesnil). Arch. Protistenk. **9**, 359—429 (1907).
977. SCHUSTER, F.: An electron microscope study of the amoeboflagellate, *Naegleria gruberi* (Schardinger). I. The amoeboid and flagellate stages. J. Protozool. **10**, 297—313 (1963).
978. — An electron microscope study of the amoeboflagellate, *Naegleria gruberi* (Schardinger). II. The cyst stage. J. Protozool. **10**, 313—320 (1963).
979. — Trichocysts of the Cryptomonad *Cryptomonas truncata.* J. Cell Biol. **31**, 102 (1966).

980. SCHWARTZ, V.: Versuche über Regeneration und Kerndimorphismus bei *Stentor coeruleus* Ehrbg. Arch. Protistenk. **85**, 100—139 (1935).
981. — Konjugation micronucleusloser Paramecien. Naturwissenschaften **27**, 724 (1939).
982. — Der Formwechsel des Makronukleus in der Konjugation mikronukleusloser Paramecien. Biol. Zbl. **65**, 89—94 (1946).
983. — Über die Physiologie des Kerndimorphismus bei *Paramecium bursaria*. Z. Naturforsch. **2b**, 369—381 (1947).
*984. — Die Sexualität der Infusorien. Fortsch. Zool., N. F. **9**, 605—619 (1952).
985. — Nukeolenformwechsel und Zyklen der Ribosenukleinsäure in der vegetativen Entwicklung von *Paramecium bursaria*. Biol. Zbl. **75**, 1—16 (1956).
986. — Über den Formwechsel achromatischer Substanz in der Teilung des Makronucleus von *Paramecium bursaria*. Biol. Zbl. **76**, 1—23 (1957).
987. — Chromosomen im Makronucleus von *Paramecium bursaria*. Biol. Zbl. **77**, 347—364 (1958).
*988. — Die Sicherung der arttypischen Zellformen bei Ciliaten. Naturwissenschaften **50**, 631—640 (1963).
989. — Die Teilungsspindel des Mikronucleus von *Paramecium bursaria*. Verh. dtsch. zool. Ges. Kiel, S. 123—131, 1964.
990. — Einleitende Beobachtungen am Beutefang von *Didinium nasutum*. Z. Naturforsch. **20b**, 383—391 (1965).
990a. — Modifizierbarkeit des polaren Differenzierungsmusters der Heterotrichen. Verh. dtsch. zool. Ges. Göttingen (30. Suppl.) 490—494 (1966).
990b. — Reaktionen der polaren Differenzierung von *Spirostomum ambiguum* auf Lithium- and Rhodanidionen. Roux' Arch. Entwicklungsmech. **158**, 89—102 (1967).
991. SCHWEIKHARDT, F.: Zytochemisch-entwicklungsphysiologische Untersuchungen an *Stentor coeruleus* Ehrbg. Roux' Arch. Entwickl.-Mech. Org. **157**, 21—74 (1966).
992. SEAMAN, G. R.: Large-scale isolation of kinetosomes from the ciliated protozoan *Tetrahymena pyriformis*. Exp. Cell Res. **21**, 292—302 (1960).
992a. — Protein synthesis by kinetosomes isolated from the protozoan *Tetrahymena*. Biochim. biophys. Acta (Amst.) **55**, 889 (1962).
993. SEVARIN, L. N.: A critical survey of the modern state of the problem of ameboid movement. Citologija (Moskau) **6**, 653—667 (1964) (Russisch).
994. —, I. I. SKOBLO, and I. G. BAGNJUCK: Mechanism of contraction of myonemes in the ciliate *Spirostomum ambiguum*. Acta Protozool. **3**, 327—335 (1965) (Russisch).
995. SESHACHAR, B. R.: Observations on the fine structure of the nuclear apparatus of *Blepharisma intermedium* Bhandary (Ciliata: Spirotricha). J. Protozool. **11**, 402—409 (1964).
996. — The fine structure of the nuclear apparatus and the chromosomes of *Spirostomum ambiguum* Ehrbg. Acta Protozool. **3**, 337—343 (1965).
997. SHIGENAKA, Y.: The electron microscope studies of ciliary apparatuses and fibrillar systems in the protozoan ciliates. I. The cilia and their basal bodies. Annotationes Zool. Japon. **36**, 27—39 (1963).
998. SIDDIQUI, W. A., and M. RUDZINSKA: The fine structure of axenically-grown trophozoites of *Entamoeba invadens* with special reference to the nucleus and helical ribonucleoprotein bodies. J. Protozool. **12**, 448—459 (1965).
999. SIEGEL, R. W.: The genetic analysis of mate-killing in *Paramecium aurelia*. Genetics **37**, 625—626 (1952).
1000. — A genetic analysis of the mate-killer trait in *Paramecium aurelia*, variety 8. Genetics **38**, 550—560 (1953).
1001. — Mate-killing in *Paramecium aurelia*, variety 8. Physiol. Zool. **27**, 89—100 (1954).
1002. — Mating types in *Oxytricha* and the significance of mating type systems in ciliates. Biol. Bull. **110**, 352—357 (1956).
1003. — An analysis of the transformation from immaturity to maturity in *Paramecium aurelia*. Genetics **42**, 394—395 (1957).
1004. — Hereditary endosymbiosis in *Paramecium bursaria*. Exp. Cell Res. **19**, 239—252 (1960).

1005. SIEGEL, R.W.: The genic control of complementary sex substances in *Paramecium bursaria*. "Progress in Protozoology". Proc. 1st. Intern. Conf. Protozool. Prague, pp. 115 to 119, 1961.
1006. — Nuclear differentiation and transitional cellular phenotypes in the life cycle of *Paramecium*. Exp. Cell Res. **24**, 6—20 (1961).
1007. — New results on the genetics of mating types in *Paramecium bursaria*. Genet. Res. **4**, 132—142 (1963).
1008. — Hereditary factors controlling development in *Paramecium*. In: Genetic control of differentiation. Brookhaven Symp. Biol. **18**, 55—65 (1965).
*1008a. — Genetics of ageing and the life cycle in ciliates. Symp. Soc. exp. Biol. **21**, 127—148 (1967).
1009. —, and L. W. COHEN: A temporal sequence for genic expression: cell differentiation in *Paramecium*. Amer. Zoologist **3**, 127—134 (1963).
1010. —, and K. HECKMANN: Inheritance of autogamy and the killer trait in *Euplotes minuta*. J. Protozool. **13**, 34—38 (1966).
1011. —, and S. J. KARAKASHIAN: Dissociation and restoration of endocellular symbiosis in *Paramecium bursaria*. Anat. Rec. **134**, 639 (1959).
1012. —, and L. L. LARISON: The genic control of mating types in *Paramecium bursaria*. Proc. nat. Acad. Sci. (Wash.) **46**, 344—349 (1960).
1013. SLEIGH, M. A.: Metachronism and frequency of beat in the peristomial cilia of *Stentor*. J. exp. Biol. **33**, 15—28 (1956).
1014. — Further observations on co-ordination and the determination of frequency in the peristomial cilia of *Stentor*. J. exp. Biol. **34**, 106—115 (1957).
1015. — The form of beat in cilia of *Stentor* and *Opalina*. J. exp. Biol. **37**, 1—10 (1960).
*1016. — The biology of cilia and flagella. 242 S. Oxford: Pergamon Press 1962.
1017. — Flagellar movement of the sessile flagellates *Actinomonas, Codonosiga, Monas*, and *Poteriodendron*. Quant. J. micr. Sci. **105**, 405—414 (1964).
*1018. — The co-ordination and control of cilia. Symp. Soc. exp. Biol. **20**, 11—31 (1965).
1019. SMITH-SONNEBORN, J., and W. PLAUT: Evidence for the presence of DNA in the pellicle of *Paramecium*. J. Cell Sci. **2**, 225—234 (1967).
1020. SOLDO, A. T., G. A. GODOY, and W. J. VAN WAGTENDONK: Growth of particle-bearing and particle-free *Paramecium aurelia* in axenic culture. J. Protozool. **13**, 492—497 (1966).
1021. SOMMER, J. R.: The ultrastructure of the pellicle complex of *Euglena gracilis*. J. Cell Biol. **24**, 253—257 (1965).
1022. —, and J. J. BLUM: Pellicular changes during division in *Astasia longa*. Exp. Cell Res. **35**, 423—425 (1964).
1023. SONNEBORN, T. M.: Sex, sex inheritance and sex determination in *Paramecium aurelia*. Proc. nat. Acad. Sci. (Wash.) **23**, 378—385 (1937).
1024. — Genetic evidence of autogamy in *Paramecium aurelia*. Anat. Rec. **75**, 85 (1939).
1025. — *Paramecium aurelia*: Mating types and groups; lethal interactions; determination and inheritance. Amer. Naturalist **73**, 390—413 (1939).
1026. — Gene and cytoplasm. I. The determination and inheritance of the killer character in variety 4 of *Paramecium aurelia*. II. The bearing of the determination and inheritance of characters in *Paramecium aurelia* on problems of cytoplasmic inheritance, pneumococcus transformations, mutations and development. Proc. nat. Acad. Sci. (Wash.) **29**, 329—343 (1943).
*1027. — Recent advances in the genetics of *Paramecium* and *Euplotes*. Advanc. Genet. **1**, 263—358 (1947).
*1028. — Methods in the general biology and genetics of *Paramecium aurelia*. J. exp. Zool. **113**, 87—148 (1950).
1029. — The cytoplasm in heredity. Heredity **4**, 11—36 (1950).
1030. — Patterns of nucleocytoplasmic integration in *Paramecium*. Proc. IXth Intern. Congr. Genet. Bellagio/Italy, 1953, (1954).
1031. — The relation of autogamy to senescence and rejuvenescence in *Paramecium aurelia*. J. Protozool. **1**, 38—53 (1954).

*1032. SONNEBORN, T. M.: Breeding systems, reproductive methods, and species problems in Protozoa. In: MAYR, E.: The species problem, pp. 155—324. Washington: Amer. Ass. Advanc. Sci. Publ. **50** (1957).
*1033. — Kappa and related particles in *Paramecium*. Advanc. Virus Res. **6**, 229—356 (1959).
1034. — The gene and cell differentiation. Proc. nat. Acad. Sci. **46**, 149—165 (1960).
1035. — Kappa particles and their bearing on host-parasite relations. In: POLLARD, M.: Perspectives in virology. Vol. 2, pp. 5—12. Minneapolis: Burgess Publ. (1961).
1036. — Does preformed cell structure play an essential role in cell heredity? In: ALLEN, J. M.: The nature of biological diversity, pp. 165—221. New York-London: McGraw-Hill 1963.
1037. — The differentiation of cells. Proc. nat. Acad. Sci. (Wash.) **51**, 915—929 (1964).
1038. — Persönliche Mitteilung.
1039. —, and R. V. DIPPELL: Sexual isolation, mating types, and sexual responses to diverse conditions in variety 4, *Paramecium aurelia*. Biol. Bull. **85**, 36—43 (1943).
1040. — — Mating reactions and conjugation between varieties of *Paramecium aurelia* in relation to conceptions of mating type and variety. Physiol. Zool. **19**, 1—18 (1946).
1041. — — Self-reproducing differences in the cortical organization in *Paramecium aurelia*, syngen 4. Genetics **46**, 900 (1961).
1042. — — The modes of replication of cortical organization in *Paramecium aurelia*, syngen 4. Genetics **46**, 899—900 (1961).
1043. —, and A. LESUER: Antigenic characters in *Paramecium aurelia* (Variety 4): Determination, inheritance and induced mutations. Amer. Naturalist **82**, 69—78 (1948).
1044. —, M. V. SCHNELLER, and M. F. CRAIG: The basis of variation in phenotype of gene-controlled traits in heterozygotes of *Paramecium aurelia*. J. Protozool. **3** (Suppl.) 8 (1956).
1045. STARR, R. C.: Sexuality in *Gonium sociale* (Dujardin) Warming. J. Tenn. Acad. Sci. **30**, 90—93 (1955).
1046. STEHBENS, W. E.: The ultrastructure of *Lankesterella hylae*. J. Protozool. **13**, 63—73 (1966).
1047. STEIN, J. R.: A morphological and genetic study of *Gonium pectorale*. Amer. J. Bot. **45**, 664—672 (1958).
1048. — The four-celled species of *Gonium*. Amer. J. Bot. **46**, 366—371 (1959).
1049. — Sexual populations of *Gonium pectorale* (Volvocales). Amer. J. Bot. **52**, 379—388 (1965).
1050. — Growth and mating of *Gonium pectorale* (Volvocales) in defined media. J. Phycol. **2**, 23—28 (1966).
1051. — Effect of temperature on sexual populations of *Gonium pectorale* (Volvocales). Amer. J. Bot. **53**, 941—944 (1966).
1052. STEINERT, G., H. FIRKET et M. STEINERT: Synthèse de l'acide désoxyribonucléique dans le corps parabasal de *Trypanosoma mega*. Exp. Cell Res. **15**, 632—635 (1958).
1053. STEINERT, M.: Etudes sur le déterminisme de la morphogénèse d'un Trypanosome. Exp. Cell Res. **15**, 560—569 (1958).
1054. — Mitochondria associated with the kinetonucleus of *Trypanosoma mega*. J. biophys. biochem. Cytol. **8**, 542—546 (1960).
1055. —, and A. B. NOVIKOFF: The existence of a cytostome and the occurrence of pinocytosis in the trypanosome, *Trypanosoma mega*. J. biophys. biochem. Cytol. **8**, 563—570 (1960).
1056. —, et G. STEINERT: Synthèse de l'acide désoxyribonucléique au cours du cycle de division de *Trypanosoma mega*. J. Protozool. **9**, 203—211 (1962).
1057. STEMPELL, W.: Über *Nosema bombycis* Näg. nebst Bemerkungen über Mikrophotographie mit gewöhnlichem und ultraviolettem Licht. Arch. Protistenk. **16**, 281 bis 358 (1909).
1058. STEVENS, A. R.: Machinery for exchange across the nuclear envelope. In: L. GOLDSTEIN: The control of nuclear activity, pp. 189—271. Englewood Cliffs, N. J.: Prentice-Hall, Inc. 1967.

1059. STEWART, J. M., and A. R. MUIR: The fine structure of the cortical layers in *Paramecium aurelia*. Quart. J. micr. Sci. **104**, 129—134 (1963).
1060. STONE, G. E., and O. L. MILLER: A stable mitochondrial DNA in *Tetrahymena pyriformis*. J. exp. Zool. **159**, 33—37 (1965).
1061. — —, and D. M. PRESCOTT: H³-thymidine derivate pools in relation to macronuclear DNA synthesis in *Tetrahymena pyriformis*. J. Cell Biol. **25**, 171—177 (1965).
1062. —, and P. M. PRESCOTT: Cell division and DNA synthesis in *Tetrahymena pyriformis* deprived of essential amino acids. J. Cell Biol. **21**, 275—281 (1964).
1063. STÖSSEL-MÜGGE, E.: Über die Wirkung einer Röntgenbestrahlung während der Wachstumsphase auf die Entwicklung von *Eucoccidium dinophili*. Z. Naturforsch. **16 b**, 598—604 (1961).
1064. SUMMERS, F. M.: The division and reorganization of the macronuclei of *Aspidisca lynceus* Müller, *Diophrys appendiculata* Stein, and *Stylonychia pustulata* Ehrbg. Arch. Protistenk. **85**, 173—208 (1935).
1065. — Some aspects of normal development in the colonial ciliate *Zoothamnium alternans*. Biol. Bull. **74**, 41—55 (1938).
1066. SUYAMA, Y., and J. R. PREER: Mitochondrial DNA from protozoa. Genetics **52**, 1051—1058 (1965).
1067. SUZUKI, S.: Conjugation in *Blepharisma undulans japonicus* Suzuki, with special reference to the nuclear phenomena. Bull. Yamagata Univ. Nat. Sci. **4**, 43—84 (1957).
1068. — Morphogenesis in the regeneration of *Blepharisma undulans japonicus* Suzuki. Bull. Yamagata Univ. Nat. Sci. **4**, 85—192 (1957).
*1069. TARTAR, V.: The biology of Stentor. 413 S. New York-London: Pergamon Press 1961.
1070. — Induced division and division regression by cell fusion in *Stentor*. J. exp. Zool. **163**, 297—310 (1963).
1071. — Extreme alteration of the nucleocytoplasmic ratio in *Stentor coeruleus*. J. Protozool. **10**, 445—461 (1963).
1072. — Morphogenesis in homopolar tandem grafted *Stentor coeruleus*. J. exp. Zool. **156**, 243—252 (1964).
1073. — Fission and morphogenesis in a marine ciliate under osmotic stress. J. Protozool. **12**, 444—447 (1965).
1074. — Fission after division and primordium removal in the ciliate *Stentor coeruleus* and comparable experiments on reorganizers. Exp. Cell Res. **42**, 357—370 (1966).
1075. — Synchronization of oral primordia in *Stentor coeruleus*. J. exp. Zool. **161**, 53—62 (1966).
1076. TAUB, S. R.: The genetics of mating type determination in syngen 7 of *Paramecium aurelia*. Genetics **44**, 541—542 (1959).
1077. — The effect of nuclear genes on nuclear differentiation in syngen 7, *Paramecium aurelia*. Genetics **47**, 990—991 (1962).
1078. — The genetic control of mating type differentiation in *Paramecium aurelia*. Genetics **48**, 815—834 (1963).
1079. — Unidirectional mating type changes in individual cells from selfing cultures of *Paramecium aurelia*. J. exp. Zool. **163**, 141—150 (1966).
1080. — Regular changes in mating type composition in selfing cultures and in mating type potentiality in selfing caryonides of *Paramecium aurelia*. Genetics **54**, 173—189 (1966).
1081. TAYLOR, C. V.: Demonstration of the function of the neuromotor apparatus in *Euplotes* by the method of microdissection. Univ. Calif. Publ. Zool. **19**, 403—470 (1920).
1082. TILNEY, L. G., and K. R. PORTER: Studies on the microtubules in heliozoa. I. The fine structure of *Actinosphaerium nucleofilum* (Barrett), with particular reference to the axial rod structure. Protoplasma **60**, 317—344 (1965).
1083. — — Studies on the microtubules in heliozoa. II. The effect of low temperature on these structures in the formation and maintenance of the axopodia. J. Cell Biol. **34**, 327—343 (1967).
1084. TOKUYASU, K., and O. H. SCHERBAUM: Ultrastructure of mucocysts and pellicle of *Tetrahymena pyriformis*. J. Cell Biol. **27**, 67—81 (1965).

1085. TORCH, R.: The nuclear apparatus of a new species of *Tracheloraphis* (Protozoa, Ciliata). Biol. Bull. **121**, 410—411 (1961).
1086. — Autoradiographic studies of nucleic acid synthesis in a gymnostome ciliate, *Tracheloraphis* sp. J. Cell Biol. **23**, 98A (1964).
1087. TOWNES, M. M., and D. E. S. BROWN: The involvement of pH, adenosine triphosphate, calcium, and magnesium in the contraction of the glycerinated stalks of *Vorticella*. J. cell. comp. Physiol. **65**, 261—270 (1965).
*1088. TRAGER, W.: Intracellular parasitism and symbiosis. In: BRACHET, J., and A. E. MIRSKY: The cell. Vol. 4, pp. 151—214. New York-London: Academic Press 1960.
*1089. — The cytoplasm of Protozoa. In: BRACHET, J., and A. E. MIRSKY: The cell. Vol. 6, pp. 81—137. New York- London: Academic Press 1964.
*1090. — Differentiation in Protozoa. J. Protozool. **10**, 1—6 (1963).
*1091. — The kinetoplast and differentiation in certain parasitic protozoa. Amer. Naturalist **99**, 255—266 (1965).
1092. —, and M. A. RUDZINSKA: The riboflavin requirement and the effects of acriflavin on the fine structure of the kinetoplast of *Leishmania tarentolae*. J. Protozool. **11**, 133—145 (1964).
1093. TSCHERMAK-WOESS, E.: Extreme Anisogamie und ein bemerkenswerter Fall der Geschlechtsbestimmung bei einer neuen *Chlamydomonas*-Art. Planta **52**, 606 bis 622 (1959).
1094. — Zur Kenntnis von *Chlamydomonas suboogama*. Planta **59**, 68—76 (1962).
1095. — Das eigenartige Kopulationsverhalten von *Chloromonas saprophila*, einer neuen Chlamydomonadacee. Öst. bot. Z. **110**, 294—307 (1963).
1095a. TUCKER, J. B.: Changes in nuclear structure during binary fission in the ciliate *Nassula*. J. Cell Sci. **2**, 481—498 (1967).
1096. TUFFRAU, M.: Les processus régulateurs de la "caryophtisis" du macronucleus de *Nassulopsis lagenula* Fauré-Fremiet, 1959. Arch. Protistenk. **106**, 201—210 (1962).
1097. — Les différenciations fibrillaires d'origine cinétosomienne chez les ciliés hypotriches. Arch. Zool. exp. gén. **105**, 83—96 (1965).
*1098. — Le phototropisme chez les protozoaires. Revue des données essentielles résultant des principaux travaux. Ann. Biol. **3**, 267—281 (1965).
1099. UHLIG, G.: Entwicklungsphysiologische Untersuchungen zur Morphogenese von *Stentor coeruleus* Ehrbg. Arch. Protistenk. **105**, 1—109 (1960).
1100. — Der Gehäusebau bei *Metafolliculina andrewsi* (Ciliata, Heterotricha). Verh. dtsch. zool. Ges. München. S. 498—507 (1963).
1101. —, H. KOMNICK, u. K. E. WOHLFARTH-BOTTERMANN: Intrazelluläre Zellzotten in Nahrungsvakuolen von Ciliaten. Helgoländer wiss. Meeresunters. **12**, 61—77 (1965).
1102. USPENSKAJA, A. V.: On the mode of nutrition of vegetative stages of *Myxidium lieberkühni* (Bütschli). Acta Protozool. **4**, 81—88 (1966).
1103. —, and L. P. OVCHINNIKOVA: Quantitative changes of DNA and RNA during the life cycle of *Ichthyophthirius multifiliis*. Acta Protozool. **4**, 127—141 (1966).
1104. VANDERBERG, J., J. RHODIN, and M. YOELI: Electron microscopic and histochemical studies of sporozoite formation in *Plasmodium berghei*. J. Protozool. **14**, 82—103 (1967).
1105. VAVRA, J., L. JOYON et P. DE PUYTORAC: Observation sur l'ultrastructure du filament polaire des microsporidies. Protistologica **2** (2), 109—112 (1966).
1106. VIVIER, E., et E. HENNERÉ: Cytologie, cycle et affinités de la coccidie *Coelotropha durchoni*, nomen novum (= *Eucoccidium durchoni* Vivier), parasite de *Nereis diversicolor* O. F. Müller (Annélide Polychète). Bull. Biol. Fr. Belg. **98**, 153—206 (1964).
1107. — — Ultrastructure des stades végétatifs de la coccidie *Coelotropha durchoni*. Protistologica **1** (1), 89—104 (1965).
1108. —, J. SCHREVEL et E. HENNERÉ: Corrélations entre le cycle de quelques sporozoaires et le cycle de leurs hôtes (Annélides Polychètes). Arch. Zool. exp. gén. **102**, 231—238 (1963).
1109. — — Etude, au microscope électronique, d'une grégarine du genre *Selenidium* parasite de *Sabellaria alveolata* L. J. Mircoscopie **3**, 651—670 (1964).

1110. VIVIER, E., et J. SCHREVEL: Les ultrastructures cytoplasmique de *Selenidium hollandei*, n. sp. Grégarine parasite de *Sabellaria alveolata* L. J. Microscopie **5**, 213—228 (1966).

1111. — — et E. HENNERÉ: L'ultrastructure de l'enveloppe nucléaire et de ses pores chez des sporozaires. J. Microscopie **5**, 84a—85a (1966).

*1112. WALKER, P. J.: Reproduction and heredity in trypanosomes. Int. Rev. Cytol. **17**, 51—98 (1964).

1113. WARR, J. R., A. McVITTIE, J. RANDALL, and J. M. HOPKINS: Genetic control of flagellar structure in *Chlamydomonas reinhardi*. Genet. Res. **7**, 335—351 (1966).

1114. WASIELEWSKI, T. v., u. A. KÜHN: Untersuchungen über Bau und Teilung des Amöbenkerns. Zool. Jb. Anat. **38**, 353—326 (1914).

1115. WATSON, M. R., J. B. ALEXANDER, eud N. R. SILVESTER: The cilia of *Tetrahymena pyriformis*. Fractionation of isolated cilia. Exp. Cell Res. **33**, 112—129 (1964).

1116. WEBER, H.: Über die Paarung der Gamonten und den Kerndualismus der Foraminifere *Metarotaliella parva* Grell. Arch. Protistenk. **108**, 217—270 (1965).

*1117. WEISZ, P. B.: Morphogenesis in Protozoa. Quart. Rev. Biol. **29**, 207—229 (1954).

1118. WESSENBERG, H.: Studies of the life cycle and morphogenesis of *Opalina*. Univ. Calif. Publ. Zool. **61**, 315—370 (1961).

1118a. — Observations on cortical ultrastructure in *Opalina*. J. Microscopie **5**, 471—492 (1966).

1119. WICHTERMAN, R.: Cytogamy: a sexual process occuring in living joined pairs of *Paramecium caudatum* and its relations to other sexual phenomena. J. Morph. **66**, 423—451 (1940).

*1120. — The biology of *Paramecium*. 527 S. New York: Blakiston 1953.

1121. — Survival and reproduction of *Paramecium* after X-irradiation. J. Protozool. **8**, 158—162 (1961).

1122. — Studies on *Euplotes*. I. Structure and life cycle of a new species of marine *Euplotes*. Biol. Bull. **123**, 516 (1962).

1123. — Studies on *Euplotes*. II. Mating types and conjugation in a marine species of *Euplotes*. Biol. Bull. **123**, 516—517 (1962).

1124. — Mating types, breeding system, conjugation and nuclear phenomena in the marine ciliate *Euplotes cristatus* Kahl from the Gulf of Naples. J. Protozool. **14**, 49—58 (1967).

1125. WIDMAYER, D. J.: A nonkiller resistant *kappa* and its bearing on the interpretation of *kappa* in *Paramecium aurelia*. Genetics **51**, 613—623 (1965).

1126. WIESE, L.: On sexual agglutination and mating type substances (gamones) in isogamous heterothallic *Chlamydomonas*. I. Evidence of the identity of the gamones with the surface components responsible for sexual flagellar contact. J. Phycol. **1**, 46—54 (1965).

1127. —, and R. F. JONES: Studies on gamete copulation in heterothallic Chlamydomonads. J. cell. comp. Physiol. **61**, 265—274 (1963).

1128. WILLE, J. J.: Abnormal morphogenesis and altered cellular localization of DNA-like RNA in *Paramecium aurelia*. Genetics **50**, 294—295 (1964).

1128a. — Induction of altered patterns of cortical morphogenesis and inheritance in *Paramecium aurelia*. J. exp. Zool. **163**, 191—214 (1967).

1129. WILLMER, E. N.: Amoeba-flagellate transformation. Exp. Cell Res. 8 (Suppl.) 32—46 (1961).

1130. WISE, B. N.: The morphogenetic cycle in *Euplotes eurystomus* and its bearing on problems of ciliate morphogenesis. J. Protozool. **12**, 626—648 (1965).

1131. — Effects of ultraviolet microbeam irradiation on morphogenesis in *Euplotes*. J. exp. Zool. **159**, 241—268 (1965).

1132. WITTMANN, H.: Untersuchungen zur Dynamik einiger Lebensvorgänge von *Amoeba sphaeronucleolosus* (GREE) bei natürlichem „Zeitmoment" und unter Zeitraffung. Protoplasma **40**, 23—47 (1951).

1133. WOHLFARTH-BOTTERMANN, K. E.: Experimentelle und elektronenoptische Untersuchungen zur Funktion der Trichocysten von *Paramecium caudatum*. Arch. Protistenk. **98**, 169—226 (1953).

1134 — Protistenstudien. X. Licht- und elektronenmikroskopische Untersuchungen an der Amöbe. *Hyalodiscus simplex n. sp.* Protoplasma **52**, 58—107 (1960).

*1135. — Cell structures and their significance for ameboid movement. Int. Rev. Cytol. **16**, 61—131 (1964).

1136. — Weitreichende, fibrilläre Protoplasmadifferenzierungen und ihre Bedeutung für die Protoplasmaströmung. III. Entstehung und experimentell induzierbare Musterbildungen. Wilhelm Roux' Arch. Entwickl.-Mech. Org. **156**, 371—403 (1965).

1137. —, u. W. STOCKEM: Pinocytose und Bewegung von Amöben. II. Permanente und induzierte Pinocytose bei *Amoeba proteus*. Z. Zellforsch. **73**, 444—474 (1966).

1138. WOLPERT, L.: Cytoplasmic streaming and amoeboid movement. Symp. Soc. gen. Microbiol. **15**, 270—293 (1965).

1139. —, and C. H. O'NEILL: Dynamics of the membrane of *Amoeba proteus* studied with labelled specific antibody. Nature (Lond.) **196**, 1261—1266 (1962).

1139a. WOLSTENHOLME, D. R.: Electronmicroscopic identification of the interphase chromosomes of *Amoeba proteus* and *Amoeba discoides* using autoradiography; with some notes on helices and other nuclear components. Chromosoma **19**, 449—468 (1966).

1140. WOODARD, J., B. GELBER, and H. SWIFT: Nucleoprotein changes during the mitotic cycle in *Paramecium aurelia*. Exp. Cell Res. **23**, 258—264 (1961).

1140a. —, M. WOODARD, B. GELBER, and H. SWIFT: Cytochemical studies of conjugation in *Paramecium aurelia*. Exp. Cell Res. **41**, 55—63 (1966).

1141. WURMBACH, H.: Über die Beeinflussung des Wirtsgewebes durch *Aggregata octopiana* und *Klossia helicina*. Arch. Protistenk. **84**, 257—284 (1935).

1142. YAGIU, R., and Y. SHIGENAKA: Electron microscopy of the longitudinal fibrillar bundle and the contractile fibrillar system in *Spirostomum ambiguum*. J. Protozool. **10**, 364—369 (1963).

1143. — — Electron microscopy of the ectoplasm and the proboscis in *Didinium nasutum*. J. Protozool. **12**, 363—381 (1965).

1144. YAMAGUCHI, T.: Studies on the modes of ionic behavior across the ectoplasmic membrane of *Paramecium*. I. Electric potential differences measured by the intracellular microelectrode. J. Fac. Sci. Univ. Tokyo, Sec. IV **8**, 573—591 (1960).

1145. — Studies on the modes of ionic behavior across the ectoplasmic membrane of *Paramecium*. II. In- and outfluxes of radioactive calcium. J. Fac. Sci. Univ. Tokyo, Sec. IV **8**, 593—601 (1960).

1146. YUSA, A.: An electron microscope study on regeneration of trichocysts in *Paramecium caudatum*. J. Protozool. **10**, 253—262 (1963).

1147. — Fine structure of developing and mature trichocysts in *Frontonia vesiculosa*. J. Protozool. **12**, 51—60 (1965).

1148. ZAHALSKY, A. C., S. H. HUTNER, M. KEANE, and R. M. BURGER: Bleaching *Euglena gracilis* with antihistamines and streptomycin-type antibiotics. Arch. Microbiol. **42**, 46—55 (1962).

1148a. ZEBRUN, W., J. O. CORLISS, and J. LOM: Electronmicroscopical observations on the mucocysts of the ciliate *Tetrahymena rostrata*. Trans. Amer. Microsc. Soc. **86**, 28—36 (1967).

1149. ZECH, L.: Zytochemische Messungen an den Zellkernen der Foraminiferen *Patellina corrugata* und *Rotaliella heterocaryotica*. Arch. Protistenk. **107**, 295—330 (1964).

1150. — Cytochemical studies on the distribution of DNA in the macronucleus of *Stentor coeruleus*. J. Protozool. **13**, 532—534 (1966).

III. Filme[26]

1. Protozoa (allgemein)

C 386. Der Bewegungsapparat von Bakterien und Protozoen. (F. Neumann, 1928) 9 min.
C 650. Bewegungsweisen bei Protozoen. (H. Mühlpfordt, 1952) 12^1/$_2$ min.
C 836. Mittelmeerplankton-Protozoen. (K. G. Grell, 1961) 11^1/$_2$ min.

2. Flagellata

C 883. Morphologie und Fortpflanzung der Phytomonadinen (K. G. Grell, 1964) 13^1/$_2$ min.
E 656. *Gonium pectorale* (Phytomonadina). Ungeschlechtliche Fortpflanzung. (K. G. Grell, 1963) 4^1/$_2$ min.
E 657. *Pleodorina californica* (Phytomonadina). Ungeschlechtliche Fortpflanzung. (K. G. Grell, 1963) 4^1/$_2$ min.
E 566. *Hertwigella volvocicola* (Rotatoria). Parasitismus bei *Volvox aureus*. (K. G. Grell, 1963) 8^1/$_2$ min.
C 897. Entwicklung von *Noctiluca miliaris*. (G. Uhlig, 1965) 15 min.
+ Sexuality and other features of the flagellates of *Cryptocercus*. (L. R. Cleveland).
+ Gametogenesis and fertilization in *Trichonympha*. (L. R. Cleveland)
+ Flagellates of Termites — Part I—III (L. R. Cleveland)

3. Rhizopoda

C 942. Form und Bewegung freilebender Amöben. (K. G. Grell, 1967) 11 min.
C 943. Nahrungsaufnahme und Fortpflanzung freilebender Amöben. (K. G. Grell, 1967) 11 min.
E 1171. *Amoeba proteus* (Amoebina). Nahrungsaufnahme und Fortpflanzung. (K. G. Grell, 1967) 5 min.
E 1169. *Hartmannella castellanii* (Amoebina). Nahrungsaufnahme und Fortpflanzung. (K. G. Grell, 1967) 6 min.
E 1170. *Naegleria gruberi* (Amoebina). Nahrungsaufnahme. (K. G. Grell, 1967) 10 min.
E 407. *Paramoeba eilhardi* (Amoebina). Fortbewegung. (K. G. Grell, 1960) 4 min.
E 1174. *Paramoeba eilhardi* (Amoebina). Bakterieninfektion des Zellkerns. (K. G. Grell, 1967) 4^1/$_2$ min.
W 130. Amibes ingérant des Algues oscillaires. (Aufnahme von Blaualgen durch *Thecamoeba verrucosa*.) (J. Commandon et P. de Fonbrune, 1935) 9^1/$_2$ min.
W 129. Observation sur une Amibe (Acanthamoeba). (J. Commandon et P. de Fonbrune, 1935) 12 min.
E 1173. *Corallomyxa mutabilis*. Formwechsel. (K. G. Grell, 1967) 4 min.
C 876. Entwicklung von *Dictyostelium* (Acrasina). (G. Gerisch, 1963) 14^1/$_2$ min.
E 1172. *Labyrinthula coenocystis* (Protomyxoidea). (K. G. Grell, 1967) 7 min.
C 801. Morphologie der Foraminiferen. (K. G. Grell, 1959) 4^1/$_2$ min.
C 802. Fortpflanzung der Foraminiferen. (K. G. Grell, 1959) 14^1/$_2$ min.
E 259. *Allogromia laticollaris* (Foraminifera). Nahrungsaufnahme. (K. G. Grell, 1958) 3 min.
E 258. *Patellina corrugata* (Foraminifera). Fortpflanzung. (K. G. Grell, 1958) 11 min.
C 627. *Actinosphaerium eichhorni* Ehrbg. Bewegung, Defäkation, Plasmogamie, Verhalten nach Zentrifugieren und Pressen (W. u. G. Kuhl, 1952) 18 min.
E 648. *Actinosphaerium arachnoideum* (Heliozoa). Fortpflanzung. (K. G. Grell, 1963) 8 min.
C 829. Morphologie der Radiolarien. (K. G. Grell, 1960) 13^1/$_2$ min.

---

[26] Die mit einer Nummer versehenen Filme werden vom *Institut für den wissenschaftlichen Film in Göttingen, Nonnenstieg 72* verliehen oder verkauft (Preisliste anfordern!). C Unterrichtsfilme. E Filme der „Encyclopedia cinematographica". Filme, die innerhalb einer Woche zurückgeschickt werden, können unentgeltlich entliehen werden. Die mit + bezeichneten Filme werden von Prof. L. R. Cleveland (Union, Mississippi 39 365, Route 5, USA) verliehen.

4. Sporozoa

C 683. Die Entwicklung von *Eucoccidium dinophili*. (K. G. Grell, 1954) 12 min.
E 485. *Isospora sylvianthina* (Sporozoa). Exogene Entwicklungsphase (Sporulation). (G. Schwalbach, K. G. Lickfeld, 1962) 13 min.

5. Ciliata

C 881. Morphologie der Ciliaten I. Holotricha. (K. G. Grell, 1963) $9^1/_2$ min.
C 882. Morphologie der Ciliaten II. Spirotricha. Peritricha, Chonotricha, Suctoria. (K. G. Grell, 1963) $11^1/_2$ min.
C 878. Fortpflanzung der Ciliaten. (K. G. Grell, 1963) $10^1/_2$ min.
C 214. Reizphysiologische Versuche an *Paramecium caudatum*. (C. Schlieper, 1937) $9^1/_2$ min.
B 500. Heiznadelversuche an normalen und quergeschnittenen Paramecien. (O. Koehler, 1939—1942) $9^1/_2$ min.
W 437. Alimentation des Infusoires Ciliés. I. Nutrition des Ciliés Végétivores. (J. Dragesco, 1948—1958) $14^1/_2$ min.
W 438. Alimentation des Infusoires Ciliés. II. Nutrition des Ciliés Histophages. (J. Dragesco, 1948—1958) 10 min.
W 439. Alimentation des Infusoires Ciliés. III. Nutrition des Ciliés Gymnostomes Prédateurs. (J. Dragesco, 1948—1958) $25^1/_2$ min.
W 440. Alimentation des Infusoires Ciliés. IV. Nutrition des Tentaculifères (Acinétiens). (J. Dragesco, 1948—1958) $13^1/_2$ min.
E 649. *Metafolliculina andrewsi* (Ciliata). Fortpflanzung. (G. Uhlig, 1963) 12 min.
C 903. Morphogenese der Folliculiniden (Ciliata). I. Morphologie und Zellteilung. (G. Uhlig, 1965) 8 min.
C 904. Morphogenese der Folliculiniden (Ciliata). II. Gehäusebau und Reorganisation. (G. Uhlig, 1965) 12 min.
C 912. Morphologie der Suktorien. (K. G. Grell, 1964/65) $9^1/_2$ min.
C 913. Fortpflanzung der Suktorien. (K. G. Grell, 1964/65) 14 min.
C 907. Parasiten und Räuber von *Ephelota gemmipara* (Suctoria). (K. G. Grell, 1965) $9^1/_2$ min.
E 1017. *Ephelota gemmipara* (Suctoria). Nahrungsaufnahme und Fortpflanzung. (K. G. Grell, 1965) 13 min.
E 914. *Acineta tuberosa* (Suctoria). Nahrungsaufnahme und Schwärmerbildung. (K. G. Grell, 1965) 10 min.
E 913. *Tokophrya lemnarum* (Suctoria). Nahrungsaufnahme und Schwärmerbildung. (K. Heckmann, 1964/65) 11 min.

O. Sachverzeichnis

Achsenstäbe 30f.
Achsialkorn 285f.
Adolescenz 220ff., 252
Agglutinationsreaktion 160f., 220ff.
Agglutinine 162
Allele 6, 230, 249ff.
allelische Repression 258, 267
Allogamie 177, 189
Altern von Klonen 268ff.
Amitose 109
Amöbenruhr 388f.
Amöboidkeim 451f.
Amphitrophie 322
Amplifier-Gen 242
Anisogametie 151ff.
Anisogamontie 195, 205ff., 226
Anlagenbereiche 131ff.
Antigene 253ff.
Antikörper 253ff.
Augenfleck 27, 308ff.
Autogamie 152, 164, 175ff.
Autotrophie 322
auxotrophe Mutanten 231
axenische Kulturen 322
Axoneme 31
Axopodien 277
Axosome 285f.
Axostyle 30f.

Bakterien 4, 224
Basalkörper 270f., 284ff.
Befruchtung 150ff.
Befruchtungsspindel 92
biochemische Mutanten 262
Bivalente 91
Blepharoplast 21

Centriole 13, 62ff.
Centrosome 64ff.
Chemotaxis 315f.
Chiasmen 81ff.
Chromatiden 62
Chromatiden-Stückaustausch 81
Chromosomen 48ff.
Chromozentren 50f., 62
Cilien 284, 293ff.
Cirren 301
Conjugation 195ff.
Conoid 44

Co-Orientierung 81
Cortex 44, 271ff.
Cycler-Stämme 214
Cyclose 336
Cysten 46
Cytogamie 198f.
Cytoplasma 12ff.
Cytopyge 338
Cytostom 328ff.

Dauermodifikationen 268
Depolyploidisierung 111
Desoxyribonucleinsäuren 3, 48
Deutomerit 419
differentielle Teilung 151, 266
Diözie 151
Diplonten 78f.
Doppeltiere 271
Dyaden 81

Ein-Schritt-Meiose 83f.
Ein-Spor-Infektion 174, 195
Ejectisome 38f., 360
Elementarmembran 14
Empfangsvacuole 336
Endocysten 358f.
Endomitose 105ff., 181
Endoplasmatisches Retikulum 14
Epiconus 368
Epimerit 419
Ergastoplasma 13f.
Erregung 302ff., 307
euchromatisch 62
Eukaryonten 6
Extrusome 33ff.

Fibrillen 28ff., 293f.
Filopodien 390
Flimmern 284
Fluchtreaktion 317f.
Fortpflanzung 121ff.

Galvanotaxis 318f.
Gameten 150ff.
Gamogonie 151
Gamontogamie 152, 182ff.
Geißeln 284ff.
Geißelsäckchen 290, 365f.
Gel-Zustand 12

Gemischtgeschlechtlichkeit 151
Gen-Aktivierung 267
Gendosis-Effekt 115, 256
Gene 5, 230ff.
Generationswechsel 227ff.
Genkoppelung 237
Genom-Segregation 112, 121
Genotypus 230
Geotaxis 318
Geschlechtsbestimmung 151
geschlechtsspezifische Stoffe 160
Getrenntgeschlechtlichkeit 151
Gleitbewegung 282, 304
Golgi-Komplexe 16ff.
Gonen 80ff., 236ff.
Gonenanalyse 236
Grundplasma 12f.

Hämatochrom 361
Häutungshormon 164
Haplonten 78f.
Haptocysten 35, 334
Haptonema 290, 358
Hemikaryon 250, 263
hemicygotisch 251, 263
heterochromatisch 62
heterokaryotisch 10, 89, 95ff., 401
heteromere Makronuclei 104
Heterotrophie 322
Hologamie 152
Holocygote 224
homokaryotisch 86, 96, 100, 401
Hypoconus 368

Immobilisationstest 253
Infusorien 2
Inkompatibilität 219
Interphasekern 50
Inversion 141
Isogametie 151ff.
Isogamontie 196
isogen 244

kappa-Symbionten 259, 353
Karyogamie 150ff.
Karyosomkerne 58
Keimbahn 6
Kerndifferenzierung 60
Kerndualismus 95ff.
Kernentfernung 47
Kernhülle 60
Kernporen 60
killers 259
Kineten 44
Kinetochor 54
Kinetoplast 21ff.
Kinetosome 131

Klon 263
Knospung 143ff.
Körnchenströmung 277, 281
kollektive Amöben 7, 385ff.
Koloniebildung 9, 357
Kommensalismus 342
Komplettierungs-Phänomen 191
Komplexlocus 247
Kontrastmeridian 133ff., 273
Kristallschwärmer 116, 138, 409

Lebenscyclus-Phänomene 268ff.
Lobopodien 274ff.
Lysosomen 337

Makronucleus 100ff.
Malaria 432ff.
Mastigonemen 289f.
mate-killers 259
Meiose 78ff.
Membranen 14ff.
Merogamie 152
Meromixis 6
Merozoiten 423
Merozygote 6, 224
messenger-RNS 16, 48, 262
Metachronie 292, 295ff.
Metagon 262
Metamorphose 145
Metazoen 2, 6
Mikronucleus 77
Mikroporen 44, 327
Mikrotubuli 29ff., 277, 284, 294, 304, 335f.
Mitochondrien 18ff.
Mitose 62
Mixotrophie 322
Modifikabilität 263
Monözie 151ff.
Mucocysten 36
Mundfeld 331
Mundtrichter 331
mu-Symbionten 261
Mutationen 230
Myoneme 305f.

Nahrungsvacuole 336
NC-Gene 239ff.
Nebenkörper 354ff.
Nematocysten 39
Nephridialplasma 341
Nucleinsäuren 3ff., 48ff.
Nucleoide 5
Nucleolarsubstanz 48, 54ff.
Nucleolus 50, 54, 58
Nucleoproteide 48

Ocelloide 312ff.
Oogametie 151ff.
Ookineten 430f.
Organelle 12
Osmoregulation 341f.
Osmotrophie 325

Paarungs-Induktion 190f.
Paarungsspiel 321
Paarungs-Stimulation 191
Paarungstypen 209ff.
Paarungstyp-Substanzen 220ff.
Palmella-Stadium 357
Parabasalkörper 18
Parasitismus 342ff.
paroraler Kegel 201
Parthenogenese 163, 174, 178
Parthenosporen 163
Pellicula 39
Peristom 331
Permeation 323
Phänotypus 230
Phobotaxis 307ff.
Phototaxis 308ff.
Pinocytose 323ff.
Plasmalemma 39
Plasmaströmung 273
Plastiden 23ff.
Polfäden 450
Polyenergidie 112
Polygenomie 95ff.
Polymorphismus 266, 373f.
Polyploidie 52f., 104ff.
Polytänchromosomen 54, 107
potentielle Unsterblichkeit 6
Primärkern 115ff.
Prokaryonten 6
Proplastiden 25f.
Protisten 2
Protomerit 419
Pseudomeiose 91, 98
Pseudopodien 274
pulsierende Vacuole 338
Pusulen 369
Pyrenoide 26

Räubertum 342
Reaktionsnorm 230
Regeneration 111, 134
Reife-Periode 219f., 252
Reize 307ff.
Replikationsbänder 114f.
Restgameten 160, 185ff.
Restkörper 138
Reusenstäbe 31f.
Rheotaxis 307, 315
Rhizopodien 278ff.

Ribonucleinsäuren 3, 48
Ribosomen 15f.
Ruhekern 47ff.

Sammelchromosomen 72, 112, 121
Satellit 54
Schizogonie 345, 418, 423
Schizont 423
Schlafkrankheit 375f.
Schlinger 329ff.
Scopula 147, 306
Segregation 236
Sekundärkerne 116ff.
Selbstung 217ff.
Senescenz 269
sensitives 259
Sexualität 150ff.
Sol-Zustand 12
Soma 6
Spindel 62ff.
Spindelansatzstelle 54
Spindelkörperchen 54
Split-pair-Methode 210
Sporenbildungszellen 452
Sporogonie 418
Stationärkern 197ff.
Stroma 23
Strudler 331ff.
Symbiose 342ff.
Syngen 163, 210f.
Synkaryon 150
Syzygie 192

Taxien 307ff.
Telotroch 146
Tentakel 332ff.
Tetraden 97f.
Thermotaxis 317
Thigmotaxis 315
Thylakoide 23ff.
Topotaxis 307ff.
Toxicysten 34f., 329ff.
Toxonemen 44
Trichiten 31f.
Trichocysten 33

undulierende Membranen 289
uniparentaler Erbgang 240ff.
Univalente 89f.
Unreife-Periode 219f., 252

Verhalten 307ff.
Vesikel 14
Vestibulum 331
Vielteilung 136ff.
Viren 3f.

Wachstumsfaktoren 322
Wanderkern 197 ff.
Wanderzygote 430 f.
Warte-Periode 223
Wimpern 293 ff.

Zellafter 338
Zelldifferenzierung 8 ff., 266 ff.
Zellhülle 39

Zellmembran 39
Zellmund 328 ff.
Zellteilung 122 ff.
Zellvererbung 267 ff.
Zentralkapsel 117, 123, 138, 277 f., 407 f.
Zoochlorellen 347, 352
Zooxanthellen 347, 352
Zwei-Schritt-Meiose 84 ff.
Zweiteilung 122 ff.
Zygote 150

P. Gattungen und Arten

Acanthocystis 277
— aculeata *406*
Acanthometron elasticum *416*
Acineta tuberosa 113, 148, *334f*, *447*, 450
Acinetopsis rara 332, *333*, *335*, 450
Acrasis rosea *386*, 388
Actinocephalus parvus 52, *423*
Actinomonas 291
Actinophrys 79, 229, 277, 338
— sol 52, 72, *74f*, *87*, 175f, *177ff*, 406
Actinosphaera capillaceum *409*, 410
Actinosphaerium 78, 229, 277, 338
— arachnoideum *123*, 136
— eichhorni 175, *176*, *405*, 406
Acytostelium leptosomum *386*, 388
Adelina deronis *194*, 434
Aggregata eberthi 50, *51*, 52, 75, *76*, *94*, 174, *429*, 430
— octopiana *346*
Allogromia 87, 397
— laticollaris 52, *178*, *279*, 403
Ammodiscus incertus 403
Amoeba dubia 323
— proteus 40, 47, *53*, 58, 60, *122*, *274*, 275, 283f, 315, 323, *324*, *326*, 327, 341, 386
— sphaeronucleolosus *50*, 122
— viridis 352
Amoebophrya grassei 349
Amphidinium elegans *369*, 371
— massarti *59*
Amphilonche elongata 416, *417*
Amphimonas 373
Anisonema costatum *367*
Anoplophrya *110*
— lumbrici 442
Apodinium 141, 343
Arcella 305
— vulgaris *390*
Aspidisca lynceus *114*
Astasia 26
Astrephomene gubernaculifera 160, 163
Astrorhiza limicola 403
Aulacantha scolymantha 54, *116ff*, 349, *414*, 415

Balantidium 296
Barbulanympha *65ff*, 68, 72, 78, 84, *164*, 165, 167, *168*, *181*
— ufalula 52, *85f*, *382*

Beloides firmus *419*
Blastodinium *49*, 141, *143f*, *343*
Blepharisma undulans 134, 444
Bodo 309
— ovatus *288*
Brachiomonas 154
Bursaria truncatella *46*, 104, 199, *444*, 445

Caementella stapedia 415
Calonympha grassii *288*, 380
Campanella 306
Carchesium 206
— polypinum 442, *443*
Carteria acidicola 25f, *27*
Cepedea dimidiata 44, 325
Ceratium 126, 290f, 349
— hirundinella *125*, *371*, 372
— tripos *371*, 372
Cercomonas 21, 274
Challengeron wyvillei *415*
Chilodonella uncinata *203*, 439
Chilomonas 309
— paramecium 37, 360, *361*
Chlamydobotrys korschikoffi 362, *363*
Chlamydodon 329
Chlamydomonas 26, 125, 152, 230ff, 262, 267, 310, *362*
— braunii 154, *155*
— coccifera 154, *155*
— eugametos syn. moewusii 154f, 160, *161f*, 237, 322, 342
— gymnogyne 154
— monadina 155
— monoica 155
— paupera 155
— pseudogigantea 154, *155*
— reinhardi *24*, 25, 28, 155, 159, *160*, 162, *236*, 237, 239, *240f*, 286, 309, 322, 362
— suboogama 153, *154*
Chlamydophrys stercorea 391
Chlorogonium elongatum 152, *153*, 154, *156*, 362
— oogamum 154, *156*, 362
Chloromonas saprophila 154, *155*
Choanophrya infundibulifera 207
Chromulina 274, 290, 327
— pascheri 359
— psammobia 308
— pusilla 289

Chrysochromulina 41, 290
Coelodendron ramosissimum 116
Coelotropha durchoni 427
Coleps hirtus 329, 437
Collosphaera huxleyi 412
Collozoum inerme 412, *413*
— pelagicum *412*
Colpidium 36, 295, 330
— campylum *78*, *95*, 440
Colpoda 46, 143
— cucullus *440*
Cometoides crinitus *419*
Conchophtirius caryoclada *104*
Corallomyxa mutabilis *51*, 275, *276*, 388
Corycella armata *419*
Cothurnia astaci 443
Crithidia *374*
— gerridis 374
Cryptochrysis commutata *361*
Cryptomonas ovata 360, *361*
Cyanophora paradoxa 352
Cyclophrya katharinae *200*, 201
Cycloposthium bipalmatum *202*, 203
Cyrtocalpis urceolus *413*
Cystidium princeps *413*

Deltotrichonympha 170, 292
Dendrocometes paradoxus 332, *447*, 450
Dendrosoma radians 450
Devescovina 289, 378
— lemniscata *127*
— lepida *288*
— striata *288*
Dictyostelium discoideum 8, *387*, 388
— polycephalum *387*, 388
Didinium 34f
— nasutum 203, 204, 298, *329f*, 438
Dientamoeba fragilis *389*, 390
Difflugia *274*, 305
— lobostoma 352
— pyriformis 390
Dileptus 35
— anser *36*, 305, 330, *331*, *439*
Dinobryon sertularia *359*
Diplocystis schneideri 52
Discorbis 173, 397
— bertheloti *282*
— mediterranensis *172*, *182*, 183, 186, *394*, 405
— opercularis 183
— patelliformis 183, *394*, 405
— vilardeboanus 52, 183
Dissodinium lunula 141, *142*, 371
Dubosquella 349
Dunaliella 154
— minuta 155
— parva 155

Dunaliella salina 152, 155, *159*, 160, *264*, 361
Dysteria monostyla 439

Echinomera hispida 52, *419*, 423
Echinosphaerium nucleofilum *31*, 277
Eimeria 174
— magna 430
— perforans 430
— propria *173*
— schubergi *428*, 429
— stiedae 429
— tenella 430
— zürni 430
Elphidium crispum 172
Endolimax nana *389*, 390
Entamoeba 21
— blattae 60
— coli 136, *389*
— gingivalis 388
— histolytica 52, 136, *274*, 275, 388, *389*
— tenuis *389*
Entodinium caudatum 29, *446*, 447
Ephelota *333*, 335
— gemmipara *104*, 106, *108*, *110*, *146*, 147, 207, *208f*, 332, *336*, *350*, 351, *448*, 449
Epistylis 206
— anastatica *306*, 307
— articulata *207*
— plicatilis *306*, 442
Erythropsis 327
— pavillardi *312ff*
Eucoccidium 267
— dinophili *94*, *139*, *173*, 174, *175*, *233*, 234, *265*, *426f*
— ophryotrochae *345*, 427
Eucomonympha *78*, 84, *164*, 168
— imla *167*, 382
Eudorina 138, 141, 154, 159, 361
— californica 9, 10, *28*, *139f*, *158*, *309f*, 362, *364*
— conradii 157
— cylindrica 156
— elegans 9, 10, 156, *157*, 158, 163, 362, *363*
— illinoisensis 9, 10, 156, 158, 362
— unicocca 156
Euglena 26, 291, 309, *311*, 312
— ehrenbergi *288*
— gracilis 26, 28, 322
— oxyuris *366*, 367
— pisciformis 322
— spirogyra *20*, *42*, 43, *366*, 367
— viridis *366*, 367
Euglypha alveolata 123, *124*, 390
Euplotes 215, 217, 245
— crassus 219, 249, 269f
— eurystomus *114*, *135*, 218, 223, 303

Euplotes minuta 182, 249
— patella *203*, 218, 223, 249f, 352, 445
— vannus *199*, 200f, *210*, 244, 249, 445
Eutreptia marina 367
Exuviaella marina *49*, 125, 369

Flabellula mira 275
Folliculina 332
Frontonia 33, 341
— vesiculosa *32*

Geleia nigriceps 101f
— orbis 101
Geniorhynchus monnieri *419*
Glabratella 397
— sulcata 97, *98*, 99, *183*, *403f*, 405
Globigerina 352
— bulloides *281*, 405
Glugea anomala 454
Gonium 141, 154
— pectorale 52, 155, 163, *235*, 236, 362
— sacculiferum 155
— sociale 155
Gonyaulax 38
Gregarina *344*
— blattarum 52
— cuneata 423
— longa *419*
— polymorpha 423
— sericostomae *192*
— steini 423
Gymnodinium dogieli *368*, 371
Gyrodinium pepo *288*
— postmaculatum *368*, 371

Haematococcus 41, 154
— pluvialis 155, *362*
Haemogregarina stepanowi 436
Haemoproteus columbae 432
— oryzivorae 432
Halosphaera 41
Halteria grandinella 352, 445
Haplozoon 141
Hartmannella astronyxis *386*
— castellanii *325*, 386
Heliosphaera actinota *408*, 410
Heteromastix 41
Hexacontium asteracanthion *410*, 411
Holomastigotoides diversa 54
— psammotermitidis 54, *56*
— tusitala 52, *54f*, 128, *130*, *232*, 382
Hyalodiscus simplex 40, 275
Hyalosphenia papilio 352
Hydrurus foetidus 360
Hypocoma acinetarum 350

Ichthyodinium 344

Ichthyophthirius 46
— multifiliis 111, 143, 346, 440, *441*
Intoshellina maupasi 442
Iridia *280*, 397
— lucida *172*, 173, *395*, 402
Isospora belli 430
— hominis 430
Isotricha 296
— prostoma *29*, 440

Jodamoeba buetschlii *389*, 390

Karyolysus 195
— lacertarum 435, *436*
Kerenopsis gracilis *445*
Kirbynia pulchra *71*
Klossia 195, *435*
— helicina *346*, 435
— loossi 52, 435
Koruga 170, 292

Labyrinthula coenocystis *283*
Lacrymaria olor *437*, *438*
Lagenophrys 205
Lamblia intestinalis 376, *377*
Lankesteria ascidiae 419
Leishmania 344, *374*
— brasiliensis 374
— donovani 22, 374
— mexicana 374
— tropica 374
Leptomonas *288*, *374*
— jaculum 374
Leptospironympha 72, 78, 83, 167f
— wachula 52, *164f*, *169*, 382
Lipocystis polyspora *422f*, 425
Lithoptera muelleri *417*
Lophomonas 71
— blattarum *70*, *380*
Loxodes 100
— magnus 101, *102*
— rostrum *101*, *438*, *439*
— striatus *101*
Loxophyllum meleagris 105, *106*

Macrospironympha *69*, 70, 79, 86, 170
— xylopletha *164*, 169
Mallomonas *288*
— cylindracea *358*, 359
Malpighamoeba 344
Malpighiella 344
Mastigamoeba 290
Mastigella vitrea *288*
Mattesia dispora 423, *424f*
Maupasella nova 442
Mesostigma viride 41
Metadevescovina magna *30*

Metafolliculina andrewsi   *144*, 320, 337, *444*, 445
Metaphrya sagittae   *104*, *131*
Metarotaliella   397
— parva   97, 183, 185, *186*, 188f, *190f*, 225, *400*, 404
Metopus sigmoides   207
Micromonas   41
Mixotricha   170
— paradoxa   18, 31, 292, 352
Monas   291
— vulgaris   *288*
Monocystis   *193*
— agilis   419
— magna   *63*, 64
Myxidium lieberkuehni   453
Myxobolus pfeifferi   453
Myxosoma cerebrale   453
Myxotheca   397
— arenilega   *48*, 49, 60, *61*, 87, *88*, 173, *396*, 402

Naegleria bistadialis   76, *77*
— gruberi   *266*, 286, *287*, *339*, 387
Nassula   329
— ornata   104f, *107*
Nematodinium   39
Nephroselmis   41
Noctiluca   327
— miliaris   136, *137*, *370*, 371
Nodosaria   393
Nosema apis   454
— bombycis   *454*
Notila   30, 79, 83, 164, 227
— proteus   52, 195, *196*, 199, 377
Nuclearia simplex   *385*, 388
Nummulites cummingii   *392*, 405
— gizehensis   393

Ochromonas   290
— danica   23, *25*
Octomitus intestinalis   376, *377*
Olisthodiscus   26
Oodinium   141, 343, 349
Opalina   *293*, 298, 301ff
— ranarum   *43*, *383*, 384
Opercularia   205, 306
Ophryocystis mesnili   423, 425
Ophryodendron porcellanum   *104*
Ophryoglena   36
— atra   440
Ophryoscolex purkinjei   *446*, 447
— caudatus   *29*
Opisthonecta   205
Orbitolites   352
— marginalis   *392*, 403

Orbulina   173
Oxymonas   30, 78, 164ff, 168f, 181, 195
— doroaxostylus   *83*, 377
Oxyrrhis marina   *20*, *36*, 37, 327
Oxytricha   215, 223
— bifaria   352

Pamphagus hyalinus   123, *124*, 391
Pandorina   141, 159, 361
— morum   52, 154, 156, 160, 163, 362
Paracineta limbata   *145*, 146, 449
Paramecium   33, *34*, 44, *104*, 132, *133*, 293f, *295*, 296, 299, 301ff, 315, *317*, 318, *319*, *329f*, 336
— aurelia   104, 112, 115, 182, *198*, 199, 201, 203, 211f, *213*, 214, 217ff, 221, 223, 231f, 244f, *246*, 247f, 253ff, *257*, 258f, 261, 268ff, *271*, 272, *340*, *353f*, 440
— bursaria   52, *53*, *203*, 204f, 215, *216*, 217, 220ff, 245, 251f, 267, 269, 327, 352, 440
— calkinsi   214
— caudatum   *32*, *35*, *78*, *203f*, 207, 214, 263, 268f, *316*, 338, 341, 440, *441*
— multimicronucleatum   *45f*, 214, 218, *297*, 298, 440
— polycaryum   182
— trichium   *202*, 204, 440
— woodruffi   214, *220*
Paramoeba eilhardi   18, *40*, *351*, 354, *355f*, 388
Paraphysomonas vestita   *360*
Patellina corrugata   52, 88, *89f*, 96, 137, 183, *184f*, 186, *187*, 397, 403
Pedinomonas   21
Pelomyxa carolinensis   40, 60, 323
— palustris   21, 352, 388
Peneroplis   173, 352
— pertusus   403
Peranema   31, 327
— trichophorum   367
Peridinium tabulatum   372
Petalomonas hovassei   367
Phacus longicaudus   *366*, 367
Phalacroma jourdani   372
— mitra   372
— vastum   372
Phalacrocleptes verruciformis   334
Phytodinium marinum   *370*, 371
Pileocephalus heeri   *419*
Planorbulina   173
— mediterranensis   *393*
Plasmodium   44, 327
— berghei   432
— cathemerium   *328*, 434
— falciparum   *432f*, 434
— gallinaceum   434
— malariae   432, *433*

Plasmodium ovale 432
— praecox *431*, 432, 434
— vivax *430*, *432f*, 434
Platymonas convolutae 347
Pleuronema 332
— marinum *441*, 442
Podophrya 351
— parameciorum *36*, 334
Polykrikos 39, 369
— schwartzi *38*, *368*, 371
Polysphondylium pallidum *387*, 388
Polytoma 152, 154, *288*
— uvella 26, 287, 362
Pomatodinium impatiens *370*, 371
Pontifex maximus 275, *385*, 387
Poteriodendron 291
Prasinocladus marinus 26
Prorocentrum 38, 349, 369
— micans 369
Prorodon teres 293, 437, *438*
Protopalina saturnalis 384
Protostelium mycophaga *386*, 388
Prymnesium 290
Pseudodevescovina ramosa *30*
Pseudogemma 351
Pseudotrichonympha *68*, 69, 170, *285*
Pyramidomonas 154
Pyramimonas 41
Pyrsonympha 30, 292
— vertens 377

Remanella granulosa 101
— rugosa 101
Rhabdammina abyssorum 403
Rhynchonympha 79, 86, 164, 181
Rotalia 179, 393
— beccari *392*, 404
Rotaliella 397
— heterocaryotica 52, 54, 89, *91*, 96, *97*, 99, 179, *180f*, 225, 404
— roscoffensis 52f, 89, *92*, 97f, *99*, *180*, *398f*, 404
Rubratella 397
— intermedia 97, 137, 183, *188*, 189, *401f*, 404

Saccinobaculus 30, *31*, 78, 83, *164*, 165f, 168f, 181, 195
— ambloaxostylus *167*, 377
Salpingoeca amphoroideum *373*
Saprodinium dentatum *446*
Schizocystis gregarinoides 425
Selenidium 304
Snyderella tabogae *379*, 380
Sphaeractinomyxon stolci 453
Sphaeromyxa *453*
— sabrazesi *452*, 453

Sphaerophrya 351
Sphaerozoum punctatum *279*, *412*
Spirillina 96
— vivipara 183, 403
Spirochona gemmipara *104*, *446*, 448
Spirostomum 305
— ambiguum *104*, 134, 341, *444*
Spirotrichonympha bispira 127f, *129*, *380*
— polygyra 52, 127, *128*
Spirotrichosoma 53
— magnum 52
— normum 52
— paramagnum 52
— promagnum 52
Spondylomorum quaternarium 362, *363*
Spongosphaera polyacantha *410*, 411
Stentor 272, 299, 302, *303*, 305, 332
— coeruleus 133, *134*, *273*, 315, 341, 444
— polymorphus 352, 444
— roeseli *104*, *111*, 321, *444*
Stephanopogon 437
— colpoda 100
— mesnili 100
Stephanosphaera 41, 154
— pluvialis 155, *156*, 362
Stereomyxa angulosa *16*, 17, 265, *385*, 388
— ramosa 265, 275, *276*, 388
Strombidium *334f*, 349
— arenicola 445
Stylocephalus longicollis 52, *64*, 65, 91, *93*, 192, *193*, 194, *419ff*, 423
Stylochromomonas minuta 373
Stylonychia mytilus *104*, 107, *108*, *202*, 215, 223, *299f*, *320*, 321, 445
— muscorum *108*
Sycia inopinata *419*
Syndinium 141, 343
Synura *288*
— uvella *359*, 360

Tachyblaston ephelotensis *110*, *147*, 229, *350*, 351, *448ff*
Teratonympha mirabilis *382*, 383
Tetrahymena 36
— paravorax 323
— pyriformis 21, 52, 115, 215, 217f, 223, 245, 247, *248*, 258, *262*, 263, 272, 322, 337, 440, *441*
— rostrata 182
Textularia 393
— agglutinans *392*, 403
Thalassicolla nucleata 116, 277, *278*, 349, *411*
Thalassophysa sanguinolenta 116, *138*
Thecamoeba orbis 275, *385*, 386
— verrucosa 58, 327, 338, *385*, 386
Thelohania californica *454*

Theopilium cranoides 413, *414*
Tintinnopsis ventricosa *445*, 446
Tokophrya 105, *106*
— cyclopum *149*, 207
— infusionum *336*, 341
— lemnarum 149, *150*, *447*, 450
— quadripartita 147
Trachelius ovum *439*
Trachelocerca coluber 102, *199*, 200
Trachelomonas hispida *366*, 367
Trachelonema poljanskyi 102
Tracheloraphis 199
— dicaryon 102
— phoenicopterus 52, 101, *103*, 200, *438*
Tretomphalus bulloides *171f*, 173, 305, 401, 405
Triactinomyxon ignotum 453
Trichamoeba 275
Trichodina pediculus 443
Trichomonas 30, *288*, 344, *378*
— ardin delteili 379
— fecalis 379
— hominis *379*
— lacertae 378
— muris *17*, 378
— tenax *379*
— vaginalis *379*
Trichonympha 18, *19*, 47, *50*, 72, *73*, 78, *84*, *164*, 165, *166*, 167f, *170*, *226f*, *293*, 348
— acuta *381*, 382
— chattoni *30*
— chula *30*
— okolona 52
— teres *30*
Trypanosoma 23, *374*
— brucei *126*, 375
— cruzi 344, *375*, 376
— equinum 375
— equiperdum 375

Trypanosoma evansi 375
— gambiense 375
— granulosum 374
— lewisi *22*, 52, 136, *289*, 375
— rhodesiense 375
— rotatorium 374

Urceolaria 205
Urinympha 79, 83, 164, 181
— talea 52
Urocentrum turbo 131, *132*, 136
Uronychia 215
— transfuga 217, 250f, 445
Urostyla grandis *109*, 445
— hologama 207

Vaginicola terricola 443
Volvox 154, 267, 348, *349*, 361
— aureus *141*, *163*, *310*, 363, *365*
— carteri 158
— globator *9*, 10, 52, 158, 363, *365*
— perglobator 158
Volvulina steinii 52
Vorticella *104*, 305, *306*, 336, 442
— campanula *205*, 207
— monilata 207
— nebulifera 442, *443*

Wagnerella borealis 406

Zelleriella 350
— elliptica *57*, *383*, 384
— intermedia 52, *57*
— louisianensis 56, *57*
Zoothamnium 104, *105*, 206, 350, 443
— alternans *11*, 443
— arbuscula 443
— pelagicum 305, 443
Zygosoma globosum 52

MIX
Papier aus verantwortungsvollen Quellen
Paper from responsible sources
FSC® C105338

If you have any concerns about our products,
you can contact us on
ProductSafety@springernature.com

In case Publisher is established outside the EU,
the EU authorized representative is:
**Springer Nature Customer Service Center GmbH
Europaplatz 3, 69115 Heidelberg, Germany**

Printed by Libri Plureos GmbH
in Hamburg, Germany